Springer-Lehrbuch

Hans Mohr   Peter Schopfer

Pflanzenphysiologie

Vierte, völlig neubearbeitete
und aktualisierte Auflage

Mit 698 Abbildungen und 144 Tabellen

Springer-Verlag
Berlin Heidelberg New York London Paris
Tokyo Hong Kong Barcelona Budapest

Professor Dr. Hans Mohr
Professor Dr. Peter Schopfer
Biologisches Institut II der Universität
Lehrstuhl für Botanik
Schänzlestraße 1
7800 Freiburg i. Br.

ISBN 3-540-54733-9 4. Aufl. Springer-Verlag Berlin Heidelberg New York

ISBN 3-540-08739-7 3. Aufl. Springer-Verlag Berlin Heidelberg New York

Die Deutsche Bibliothek – CIP-Einheitsaufnahme
Mohr, Hans:
Pflanzenphysiologie : mit 144 Tabellen / Hans Mohr ; Peter
Schopfer. – 4., völlig neubearb. und aktualisierte Aufl. – Berlin,
Heidelberg, New York ; London ; Paris ; Tokyo ; Hong Kong ;
Barcelona ; Budapest : Springer, 1992
(Springer-Lehrbuch)
Bis 3. Aufl. u.d.T.: Mohr, Hans: Lehrbuch der Pflanzenphysiologie
ISBN 3-540-54733-9
NE: Schopfer, Peter:

Einbandgestaltung: W. Eisenschink, Heddesheim
Satz: Konrad Triltsch, Graphischer Betrieb, Würzburg
15/3145-5 4 3 2 1 0 – Gedruckt auf säurefreiem Papier

Vorwort

Die vorliegende 4. Auflage des Lehrbuchs wurde neu gestaltet. Es galt, Text und Abbildungen dem derzeitigen Stand unserer Disziplin anzupassen, ohne den Umfang des Buches wesentlich zu erweitern.

Nach Inhalt und Form wendet sich auch das neue Lehrbuch an den *fortgeschrittenen* Biologiestudenten. Es ist nach den Ansprüchen, die es erhebt, und nach den Voraussetzungen, die es macht, an den Vorlesungen über Pflanzenphysiologie orientiert, die nach dem Freiburger Lehrplan im 5. oder 6. Semester, also *nach* dem Vorexamen, gehört werden sollen.

Einige Leitlinien haben sich bei den früheren Auflagen bewährt. Sie wurden deshalb bei der Neugestaltung des Lehrbuchs beibehalten:

Obgleich der Text auf das Lehrbuch „Biochemie der Pflanzen" (Kindl), auf die „Experimentelle Pflanzenphysiologie" (Schopfer) und auf das Lehrbuch „Biologie" des Springer-Verlages abgestimmt wurde, kann die 4. Auflage der „Pflanzenphysiologie" als ein in sich geschlossenes Lehrbuch benützt werden.

Der Bezug zur aktuellen Forschung wird durch die explizite Darstellung experimenteller Zusammenhänge hergestellt. Die Originalliteratur wird im Zusammenhang mit Abbildungen und Tabellen zitiert. Außerdem sind am Ende eines jeden Kapitels einige neuere, zusammenfassende Darstellungen aufgeführt, die uns für ein vertieftes Studium geeignet erscheinen. Dadurch ist der umittelbare Kontakt mit der Originalliteratur gewährleistet, obgleich der eigentliche Text frei von Referenzen bleibt.

Die Einheiten und Dimensionen wurden auf den neuesten Stand gebracht. Soweit wie möglich und sinnvoll wurden SI-Einheiten gebraucht. Die verwendeten Einheiten sind in einem Anhang (→ S. 621) übersichtlich zusammengestellt. In den Abbildungen und Tabellen erscheinen die Dimensionen in eckigen Klammern.

Die praktischen Anwendungen der Pflanzenphysiologie sind stärker berücksichtigt worden als in den früheren Auflagen. Diese Modifikation wird, wie wir hoffen, das Interesse des Studenten an den praktischen Konsequenzen unserer Disziplin wecken oder steigern.

Wo immer es angemessen erschien, haben wir uns bemüht, die Physiologie als exakte Wissenschaft darzustellen, deren Gesetzmäßigkeiten sich auf quantitative experimentelle Daten beziehen. Daher spielen quantitative Darstellungen auch bei den Illustrationen eine dominierende Rolle. In der Regel wird der in einer Abbildung dargestellte Sachverhalt in einer ausführlichen Legende beschrieben. Dies erschien uns aus mehreren Gründen vorteilhaft. Einmal kann im fortlaufenden Text der „rote Faden" konsequenter verfolgt werden. Zum anderen bilden eine Abbildung und der unmittelbar zu ihrem Verständnis notwendige Text auch räumlich eine Einheit. Dieses Vorgehen hat jedoch zur Folge, daß auch allgemein wichtige Information häufig nicht im fortlaufenden Text, sondern in den Legenden steht. *Text und Legenden müssen daher mit derselben Aufmerksamkeit studiert werden.* Auch die 4. Auflage beabsichtigt keine umfassende, sondern eine *repräsentative* Darstellung der Pflanzenphysiologie. Wir haben uns bei der Neuauflage bemüht, in der Auswahl der Themen das Buch ausgewogen zu gestalten und in allen Teilen dem Erkenntnisfortschritt anzupassen. Molekulare Aspekte der Pflanzenphysiologie treten, dem Trend der Zeit entsprechend, stärker in Erscheinung als bei früheren Auflagen.

Unser Dank gilt den Mitarbeitern, die uns bei der Herstellung des Manuskripts unermüdlich unterstützt haben: Frau G. Amschlinger und Frau U. Meurer bei den Abbildungen; Frau E. Janssen und Frau E. Ruth beim Manuskript und Herrn Dr. M. Hohl bei den Korrekturen und beim Sachverzeichnis. Eine Reihe von Fachkollegen haben uns durch die Überlassung von z. T. unveröffentlichten Abbildungsvorlagen und elektronenmikroskopischen Aufnahmen unterstützt, insbesondere Herr Dr. R. Bergfeld.

Unser Dank gilt auch den beteiligten Mitarbeitern des Springer-Verlages für sachkundige Beratung und vertrauensvolles Entgegenkommen.

Freiburg i.Br., Sommer 1992   HANS MOHR
                                                            PETER SCHOPFER

Inhaltsverzeichnis

1 Zur Zielsetzung der Physiologie

Das Selbstverständnis der Physiologie

Fragen nach dem Charakter einer wissenschaftlichen Disziplin gehören in die Wissenschaftstheorie. Sie können an dieser Stelle nur kurz behandelt werden. Das Selbstverständnis der heutigen Physiologie ist reichlich verschwommen. Die Erfolge der Biochemie und der Molekularbiologie haben das Selbstbewußtsein der Physiologen gemindert und nicht selten eine Profilneurose verursacht, die sich bis zur Feststellung steigert, die Physiologie „halte sich meist im Vorhof der Probleme auf". Die folgenden Bemerkungen sollen einen konstruktiven Beitrag zu der Frage leisten, welche Bedeutung heutzutage der Physiologie innerhalb der experimentellen Biologie zukommt. Wir gehen dabei von dem klassischen Selbstverständnis der Physiologie aus, wie es sich z. B. in den Einleitungskapiteln bedeutender physiologischer Lehrbücher implizit oder explizit manifestiert. Der Gegenstand der Physiologie, so heißt es, sei das Lebensgeschehen. Die Aufgabe der Physiologie sei die Analyse und kausale Erklärung der Lebensvorgänge. Natürlich wußten auch die klassischen Physiologen, daß die Objekte der Physiologie, die lebendigen Systeme, ungeheuer komplex sind, und daß diese Komplexität nicht auf der Zahl der Elemente, sondern auf der Vielfalt der Wechselwirkungen beruht. Die Physiologen konzentrierten sich deshalb auf die Regulationsvorgänge. Und dabei ist es geblieben: Physiologie ist die Wissenschaft von den Regulations- und Kontrollprozessen.

Ihrem Selbstverständnis nach ist die Physiologie eine quantitative (oder exakte) Wissenschaft. Die Zielsetzung der Physiologie ist deshalb darauf gerichtet, quantitative Zusammenhänge („Funktionen") zu begründen, die das Verhalten des ins Auge gefaßten Individuums oder der Art so zuverlässig beschreiben, daß auch im strengen Sinn quantitative Prognosen möglich werden. Die von Reichardt ausgearbeitete Theorie der Muster-indu-zierten Flugorientierung der Stubenfliege kann auch heute noch als Prototyp und Vorbild einer derartigen Funktionstheorie gelten.

Darüber hinaus versteht sich die Physiologie als Gesetzeswissenschaft. Sie möchte nicht nur quantitative Funktionen für bestimmte Lebensvorgänge und bestimmte Lebewesen aufstellen, sondern auch – in Analogie zur Physik – generelle Sätze mit Gesetzescharakter formulieren.

Den Wunsch, wenigstens manchen Sätzen der Physiologie die Sicherheit und Verbindlichkeit physikalischer Gesetze zukommen zu lassen, haben die Physiologen seit jeher gehegt. Eines der bedeutendsten Werke der klassischen Physiologie, das 1852 erschienene Lehrbuch der Physiologie von Carl Ludwig, beginnt mit dem Satz: „Die wissenschaftliche Physiologie hat die Aufgabe, die Leistungen des Tierleibs festzustellen und sie aus den elementaren Bedingungen desselben mit Notwendigkeit herzuleiten." Nach Erwin Bünning ist die „Naturbetrachtung" des Physiologen darauf gerichtet, „jedes Geschehen auf mathematisch formulierbare Gesetze zurückzuführen".

Der so verstandenen Zielsetzung der Physiologie stellen sich gewaltige Widerstände entgegen. Die Objekte der Physiologie, die *lebendigen Systeme*, treten in einer historisch bedingten, riesigen Mannigfaltigkeit auf, und sie sind sehr viel komplizierter als die Objekte der Physik und Chemie, die *nicht-lebendigen Systeme*. Daraus ergeben sich einige Konsequenzen.

Heterogenität der Physiologie

Die Formulierung allgemeiner Gesetze (Allsätze im Sinn der Wissenschaftstheorie) ist wegen der riesigen Mannigfaltigkeit der Systeme schwierig. Häufig formuliert die Physiologie deshalb eingeschränkte (= partikuläre) Allsätze, das heißt solche Gesetzesaussagen, die lediglich für eine beschränkte Zahl von Arten (oder Sippen) Gültigkeit haben. Damit hängt natürlich die bereits klassische Einteilung der Physiologie in Human-, Tier- und Pflanzenphysiologie zusammen. Es ist indessen nicht nur die riesige Mannigfaltigkeit der Objekte, welche die Formulierung von Allsätzen erschwert; die Vervielfachung der Methoden und der damit einhergehende Zerfall der Physiologie in unzählige *methodisch* geprägte Disziplinen und Spezialitäten macht die integrierende Arbeit zu einem formidablen Unternehmen. Wir alle wissen, daß bei jedem einzelnen Forscher die Begrenztheit des Wissens, der Arbeitskraft und der geistigen Kapazität dem Bemühen, die divergierenden physiologischen Disziplinen zusammenzuführen, Grenzen setzt. Im Prinzip aber bleibt der Anspruch der Physiologie, generelle oder partikuläre Allsätze formulieren zu können, uneingeschränkt erhalten. Die praktischen Schwierigkeiten, die erfahrungsgemäß auftreten, liegen in unserer Begrenztheit, nicht in der prinzipiellen Natur der Sache.

Grenzen des Reduktionismus

Das zweite schwierige Problem der Physiologie ist die *Terminologie*. Das Diktum, daß die Leistungsfähigkeit einer wissenschaftlichen Disziplin durch die Leistungsfähigkeit der von ihr gebrauchten Begriffe begrenzt wird, gilt in besonderem Maße für die Physiologie. Der rigorose Reduktionismus, d. h. die konsequente *begriffliche* Reduktion der Physiologie auf Physik, hat sich als nicht praktikabel erwiesen. Damit meinen wir den folgenden Sachverhalt: Die Eigenständigkeit der Physiologie als Wissenschaft beruht nicht darauf, daß die lebendigen Systeme irgendwelche metaphysischen, der Wissenschaft nicht zugänglichen Komponenten enthielten. Die Eigenständigkeit der Physiologie ist vielmehr darauf zurückzuführen, daß lebendige Systeme so hochgradig kompliziert sind, daß für die Theorienbildung in der Physiologie Begriffe gebraucht werden, welche in den Theorien der Physik, etwa in der Quantentheorie, keine Rolle spielen.

Die Physiologie benötigt bei der Theorienbildung unbedingt eine große Zahl von Begriffen, wie z. B. die Begriffe „Appetenz" oder „Reiz", oder die Begriffe „Kompartiment", „Enzym", „Chromo-

som" und „Gen", die in der Physik nicht gebraucht werden. Die Verfeinerung der Theorienbildung in der modernen Physiologie geht zwar Hand in Hand mit der Eliminierung solcher spezifisch biologischer Begriffe; es scheint aber zweifelhaft, ob der Versuch überhaupt zweckmäßig ist, die Theorie der ungeheuer komplizierten lebendigen Systeme aus der Theorie der Atome deduzieren zu wollen. Eine direkte Erhebung von Daten und eine Verwendung dieser Daten für die Theorienbildung erscheinen vernünftiger.

Ein Beispiel: Das erklärte Ziel der Molekulargenetik war eine Zeitlang die Reduktion der Genetik auf Physik. Um dieses Ziel zu erreichen, müßten spezifisch biologische Begriffe wie Gen, Chromosom, Operon, Repressor, Meiosis, Allel, in physikalische Begriffe übergeführt werden. Es müßte also z. B. möglich sein, den Begriff „Gen" in einer physikalischen Terminologie, also letztlich in der Begrifflichkeit der Quantentheorie, neu zu definieren. Die heutigen Biologiestudenten haben sich an diese Tendenz bereits angepaßt. Wenn man im Vordiplom die Aufgabe stellt: Definieren Sie den Begriff „Gen", erhält man in der Regel nicht mehr die Antwort der „Mendelgenetik"; es wird vielmehr etwa folgendermaßen definiert: Ein Strukturgen ist ein zur Transkription fähiger Abschnitt auf einem DNA-Makromolekül, der ein Protein codiert. Die exakte quantentheoretische Behandlung komplizierter aperiodischer Makromoleküle bereitet indessen noch immer große Schwierigkeiten. Diese sind zwar durch Näherungsverfahren im Prinzip zu überwinden; die derzeitige Terminologie und Argumentationsweise der Molekulargenetik (oder Molekularphysiologie) erfüllt jedoch, verglichen mit der quantentheoretischen Behandlung einfacher Systeme, noch nicht einmal näherungsweise die Ansprüche einer physikalischen Theorie. Dieses Beispiel mag zeigen, wie weit man selbst in der Molekularphysiologie von einer exakten Reduktion der Physiologie auf Physik noch entfernt ist. Wir müssen uns damit abfinden, daß erfolgreiche Reduktion *innerhalb* der Physik, z. B. die Reduktion der klassischen Thermodynamik auf statistische Mechanik oder die Bildung der Einheit stiftenden Quantentheorie oder der Relativitätstheorie, viel eher möglich ist als eine Reduktion von Biologie auf Physik.

Man wird in der Physiologie (wie in der Chemie) bezüglich der Terminologie auch weiter so verfahren müssen, daß man den Reduktionismus so weit wie möglich treibt. Jenseits der durch die praktische Vernunft gesetzten Grenzen soll man sich aber nicht scheuen, spezifisch *physiologische* Begriffe zu bewahren bzw. neu einzuführen; wenn nötig, durch eine operationale Definition. Der grundsätzlichen Schwierigkeit, daß die Begriffe der einzelnen physiologischen Disziplinen häufig nicht ineinander übergeführt werden können, kann man durch Terminologie-Kommissionen vermutlich kaum begegnen. Diese Schwierigkeit wird solange andauern, bis entweder die Physiologie definitiv in eine Vielzahl von Disziplinen zerfallen ist – von der Molekularphysiologie bis hin zur Verhaltensphysiologie – die ihr jeweils eigenes Vokabular gebrauchen und nicht mehr ernsthaft miteinander kommunizieren, oder bis das Unternehmen einer „Allgemeinen Physiologie" von Erfolg gekrönt ist. Mit *Allgemeiner Physiologie* meinen wir jene Disziplin, deren Zielsetzung ausdrücklich auf die Formulierung von Allsätzen, auf die Formulierung von Gesetzesaussagen, gerichtet ist. Diese Zielsetzung impliziert eine weitgehende terminologische Einigung innerhalb der physiologischen Disziplinen; sie ist also per definitionem Einheit stiftend.

Der komplementäre (nicht feindliche!) Partner der *Allgemeinen* Physiologie ist die *Spezielle* Physiologie, die sich das Ziel setzt, „die Eigenheiten des Individuums und der Art" zu erforschen. Der Wunsch, zu einer Allgemeinen Physiologie beizutragen, hat in der Pflanzenphysiologie eine lange Tradition. Wilhelm Pfeffer, einer der Begründer unserer Disziplin, wollte die Pflanzenphysiologie ausdrücklich als Teilgebiet einer *allgemeineren* Wissenschaft verstanden wissen. Er schrieb 1880: „Eine solche allgemeine Physiologie hat insbesondere nach dem Zusammenhang und nach dem Wesentlichen in der Mannigfaltigkeit der Erscheinungen zu suchen und so zugleich nach Gewinnung der Fundamente zu streben, die wiederum zur Orientierung in der Mannigfaltigkeit unentbehrlich sind."

Gesetzesaussagen in der Biologie

Die Aussagen der Wissenschaft erfolgen durch singuläre Sätze (*Tatsachen*) oder durch generelle Sätze (*Gesetze*). Die höchste Stufe an Wissenschaftlichkeit ist dann erreicht, wenn generelle Sätze, die den logischen Charakter von Allsätzen haben, formuliert werden können. Allsätze sind solche Gesetzesaussagen, die universell gelten, das heißt für alle Systeme der Wirklichkeit. Die Erhaltungssätze der Physik sind zum Beispiel solche Allsätze. Von *eingeschränkten* (partikulären) Allsätzen spricht man dann, wenn man anzeigen will, daß die Gesetzesaussagen lediglich für bestimmte Systeme (oder Systemklassen) Gültigkeit haben. Die Gesetzesaussagen der *Vergleichenden* Biologie sind vortreffliche Beispiele für partikuläre Allsätze in der Biologie. Diese partikulären Allsätze sind unter anderem dadurch ausgezeichnet, daß bei ihnen eine mathematische Formulierung nicht angemessen wäre. Es ist zu bedauern, daß die logische Qualität und die wissenschaftstheoretische Bedeutung dieser Allsätze der vergleichenden Biologie dem Schüler und auch dem Studenten heutzutage kaum noch zum Bewußtsein kommen. Erkenntnislogisch haben diese Allsätze durchaus die Qualität der Erhaltungssätze in der Physik. Es hat zum Beispiel die Aussage, der Inhalt des sogenannten Embryosacks der Blütenpflanzen stelle eine weibliche Geschlechtspflanze, einen weiblichen Gametophyten, dar, durchaus Gesetzescharakter, da sie ganz allgemein für alle Blütenpflanzen gilt. Solche Beispiele könnten beliebig vermehrt werden. Aus ihnen kann man folgendes lernen: Im biologischen Gesetz will man etwas Allgemeines ausdrücken; man will eine Aussage machen, die für eine Vielzahl von Systemen exakt verbindlich ist. Die Art, wie diese Aussage gemacht wird, ob zum Beispiel mathematisch oder nicht, ist dabei zweitrangig, falls den logischen und semantischen Ansprüchen der Wissenschaft Genüge getan ist. Das eben genannte Beispiel ist das Resultat von Beobachtung und Vergleich, ist also Resultat einer vergleichenden Forschung. Die Gesetze der vergleichenden Biologie haben erkenntnislogisch denselben Rang wie jene Gesetze, welche die Physik oder die Physiologie formuliert. Es wird vermutlich immer so bleiben, daß jeder, der mit Aussicht auf Erfolg Physiologie an höheren Systemen betreiben will, zuerst die Gesetze der vergleichenden Biologie kennenlernen muß. Diese Gesetze beschreiben *phänomenologisch* die wichtigsten spezifischen Eigenschaften der lebendigen Systeme, also jene Systemeigenschaften, durch welche sich die überaus komplexen, im Verlauf einer genetischen Evolution entstandenen lebendigen Systeme von den relativ einfachen physikalischen Systemen unterscheiden. Wir stellen uns jetzt die Frage, ob auch die heutige *Physiologie* Allsätze formulieren kann, die für die Gesamtheit (oder doch zumindest für definierte

Klassen) lebendiger Systeme gelten und die nicht trivial sind.

Allsätze in der Physiologie

Wir haben uns längst daran gewöhnt, daß die Allsätze der Physik auch in der Physiologie gelten. Es gibt, wie wir alle wissen, kein Argument dafür, daß irgendwelche Gesetze der Physik bei der Theorienbildung in der Physiologie nicht verwendet werden dürften. Der Umstand, daß manche Gesetze der Physik für den Gebrauch in der Physiologie nicht optimal formuliert sind, schränkt diese prinzipielle Aussage nicht ein.

Die Eigenständigkeit der Physiologie gegenüber der Physik erweist sich auf dem Niveau der Allsätze darin, daß die Physiologie Allsätze formuliert, die in der Physik nicht benötigt werden. Als Beispiel für einen Allsatz, der sowohl in der Physik als auch in der Physiologie eine Rolle spielt, sei der Satz $\Delta G \neq 0$ angeführt. Dies ist ein Allsatz, der für alle *offenen Systeme* gilt. *Alle* lebendigen Systeme sind offene Systeme; aber nur *manche* physikalischen Systeme sind offene Systeme. Der Satz $\Delta G \neq 0$ ist also in der Biologie ein Allsatz, in der Physik ein *partikulärer* Allsatz, da er hier nur für eine bestimmte Systemklasse gilt. Mit dem Satz $\Delta G \neq 0$ will man in der Physiologie zum Ausdruck bringen, daß lebendige Systeme sich grundsätzlich nicht im thermodynamischen Gleichgewicht befinden und sich diesem Gleichgewicht auch nicht etwa asymptotisch nähern. Jedes Reaktionsgeschehen in einem lebendigen System gehorcht, isoliert betrachtet, den Gesetzen der klassischen Thermodynamik; die einzelnen Reaktionen sind aber im Gesamtsystem derart miteinander verknüpft, daß es im lebendigen System zu keiner generellen Einstellung des thermodynamischen Gleichgewichts kommt. Die Ausschaltung jener Systemeigenschaften, die das $\Delta G \neq 0$ ermöglichen, führt zum „Tod". Der Tod ist also charakterisiert durch einen mehr oder minder schnellen Zerfall in das thermodynamische Gleichgewicht. Man kann den Allsatz $\Delta G \neq 0$ auch so erläutern, daß jedes lebendige System der beständigen Zufuhr freier Enthalpie bedarf, um dem Tod, d. h. dem thermodynamischen Gleichgewicht zu entgehen. Auch mit dem Entropiebegriff läßt sich der gemeinte Sachverhalt prägnant ausdrücken: Das lebendige System bedarf der beständigen Zufuhr „negativer Entropie", um der beständigen Produktion an „positiver Entropie" entgegenzuwirken. Der Zustand maximaler Entropie, das thermodynamische Gleichgewicht, ist mit den Systemeigenschaften eines *lebendigen* Systems nicht verträglich.

Unter dem Gesichtspunkt der *Organisation* läßt sich der Sachverhalt folgendermaßen beschreiben: Ein lebendiges System ist durch „organisierte Komplexität" ausgezeichnet. Seine Komponenten sind also *nicht* zufallsmäßig zusammengeführt. Die bei der *Entwicklung* des lebendigen Systems, zum Beispiel im Zuge der Zelldifferenzierung, investierte (genetische) Information steckt in der „organisierten Komplexität". Wird diese zerstört und erlaubt man anschließend eine völlige Durchmischung der Komponenten, so regeneriert sich das System nicht von selbst, da die hierfür notwendige Information bei der Zerstörung der Systemeigenschaften vernichtet wurde, auch wenn diese Zerstörung ohne jeden Verlust an stofflichen Komponenten geschah. Die „Selbstorganisation" (self assembly), die beim TMV-Partikel, und weitgehend auch noch beim T_4-Bakteriophagen, funktioniert, ist aus prinzipiellen Gründen auf dem Niveau der Zelle und des vielzelligen, differenzierten Systems nicht mehr möglich.

Systemtheorie

Der trivial anmutende Allsatz $\Delta G \neq 0$ ist natürlich einer Verfeinerung zugänglich. Bereits 1946 schlug Prigogine vor, bei der Thermodynamik biologischer Systeme von den Reversibilitäts- und Gleichgewichtsapproximationen der klassischen Thermodynamik abzugehen und statt dessen eine Thermodynamik irreversibler Vorgänge einzuführen. Prigogines Theorie ergab, daß bei einem offenen System (alle lebendigen Systeme *sind* offene Systeme) die Zunahme der Entropie pro Zeiteinheit ein Minimum darstellt, wenn sich das System im steady state, im Fließgleichgewicht (→ S. 41), befindet. In generalisierter Form besagt der Allsatz von Prigogine, daß die gesamte Energieentwertung eines offenen Systems sich vermindert, wenn das System einen steady state anstrebt und *im* steady state am geringsten ist *. Andererseits ist zu erwar-

---

* Das sog. Prigoginesche Theorem gilt nur für Zustände, die nicht allzu weit vom Gleichgewicht entfernt sind.

ten, daß beim Entwicklungsgeschehen, das Differenzierung und Morphogenese einschließt, eine konstitutive Abweichung von einem steady state auftritt. Dies bedeutet, daß die Intensität der Energieentwertung unter diesen Umständen ansteigt. Die Erfahrungen bezüglich des energetischen Wirkungsgrads bei der Morphogenese stehen im Einklang mit dieser Schlußfolgerung aus dem Prigogineschen Allsatz. Mit diesem Beispiel wollten wir einen physiologischen Allsatz einführen und gleichzeitig herausstellen, welche immense Bedeutung die methodischen Ansätze und die Aussagen der *Allgemeinen Systemtheorie* für die Physiologie besitzen. Innerhalb der Biologie ist die Physiologie die Systemwissenschaft par excellence. Die große Chance der Physiologie besteht in der *konsequenten* und umfassenden (das heißt über die Kybernetik hinausgehenden) Einbeziehung der systemtheoretischen Arbeitsweisen in ihr intellektuelles Methodenarsenal. Die neueren Entwicklungen innerhalb der Physikalischen Chemie können der Physiologie auch hierbei als Richtschnur dienen. Vielleicht gelingt es mit Hilfe der Systemtheorie, der Zersplitterung und Überspezialisierung in unserem Fach entgegenzuwirken und einen Weg zu öffnen, der in Analogie zur Physik der Jahrhundertwende zu der wissenschaftlich begründeten Formulierung einer größeren Zahl von Allsätzen und partikulären Allsätzen führt.

Ein *System* ist ein Gebilde aus Elementen (Komponenten), die miteinander in „Wechselwirkung" (gemeint sind definierte Beziehungen) stehen. Die „Wechselwirkung" hat die Konsequenz, daß das System Eigenschaften zeigt, die an den isolierten Elementen nicht erkannt werden können. Diese Systemeigenschaften sind der Ausdruck „organisierter Komplexität". Man sieht unmittelbar ein, daß ein noch so genaues Studium der einzelnen Elemente in vitro eine Erkenntnis der Systemeigenschaften *nicht* erlaubt. Eine rigorose Analytik, welche die „organisierte Komplexität" zerstört, führt zum Verlust genau jener Eigenschaften, die es zu erkennen gilt. Die Molekularisierung der Elemente genügt also nicht; erst die komplementäre Erforschung der Systemeigenschaften in vivo, unter Erhaltung der „organisierten Komplexität", macht die Molekularisierung der Elemente physiologisch relevant.

Dies gilt generell: Am klassischen Beispiel des Cytochroms und der Atmungskette, am Beispiel des Chlorophylls und der Elektronentransportkette der Photosynthese, am Beispiel des Phytochroms und der Photomorphogenese kann man sich diese Gesichtspunkte ebenso klar machen wie am Östradiol und am Modell der hormonalen Steuerung des mensuellen Cyclus.

Leitende Gesichtspunkte

Im folgenden sind jene Gesichtspunkte zusammengefaßt, die bei der Niederschrift des vorliegenden Lehrbuchs eine besondere Rolle gespielt haben, auch wenn dies nicht in jedem Kapitel explizit zum Ausdruck kommt:

- Die Physiologie ist die auf quantitative Aussagen zielende Wissenschaft von den Regulations- und Kontrollprozessen.
- Die Modelle der Physiologie sollten anpassungsfähig sein. Damit meinen wir die Eigenschaft, daß sie durch die Änderung weniger Parameter eine quantitative Beschreibung der in *verschiedenen* lebendigen Systemen gegebenen Situationen erlauben. Dies würde den Weg zu einer Allgemeinen Physiologie eröffnen.
- Regulierende Elemente (z. B. Phytochrom, Hormone, Regulator-Metaboliten) können in ihrer wirklichen Bedeutung nur erkannt werden, wenn man sie als Elemente von *Systemen* auffaßt.
- Ein und dasselbe regulierende Element kann auch im selben Organismus völlig verschieden wirken, je nachdem, in welche „organisierte Komplexität", in welches *System*, es eintritt.
- Bei in-vitro-Studien geht in der Regel die „organisierte Komplexität", der Systemcharakter, mehr oder minder verloren. Die Entscheidung über die biologische Relevanz einer in-vitro-Studie fällt deshalb im *physiologischen* Experiment. Die Kunst, am intakten Organismus, d. h. bei voller Erhaltung der „organisierten Komplexität", sinnvolle Experimente anzustellen, bleibt die Grundlage der experimentellen Biologie.

Die letzte Feststellung steht nicht im Gegensatz zu der Tendenz, die Systemelemente biochemisch zu fassen. Das System als black box, definiert durch input und output, ist auch nach einer stochastischen Verfeinerung unbefriedigend. Diese Feststellung besagt aber, daß eine biochemische („molekulare") Beschreibung der Systemelemente nur dann sinnvoll ist, wenn parallel dazu die Beziehungen zwischen den Elementen unter Erhaltung der Systemeigenschaften erforscht werden.

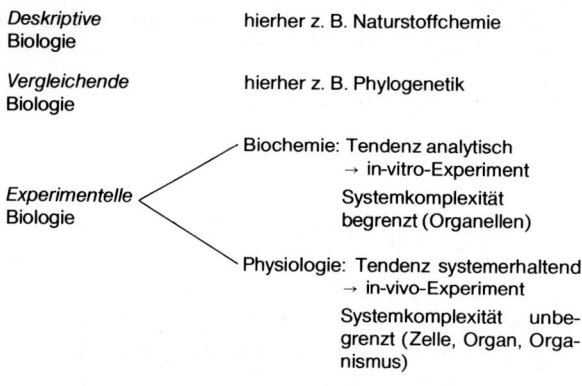

Deskriptive
Biologie   hierher z. B. Naturstoffchemie

Vergleichende
Biologie   hierher z. B. Phylogenetik

Experimentelle   Biochemie: Tendenz analytisch
Biologie   → in-vitro-Experiment
                            Systemkomplexität
                            begrenzt (Organellen)

                            Physiologie: Tendenz systemerhaltend
                                 → in-vivo-Experiment
                            Systemkomplexität unbe-
                            grenzt (Zelle, Organ, Orga-
                            nismus)

Abb. 1.1. Gliederung der Biologie. Sie soll die komplementäre Funktion der biochemisch-analytischen und der physiologisch-systemerhaltenden Arbeitsrichtungen innerhalb der experimentellen Biologie zum Ausdruck bringen. Die Physiologen verwenden häufig biochemisch-analytische Methoden und sind in dieser Hinsicht weitgehend von den Fortschritten der analytischen Biochemie abhängig. Die Wechselwirkung zwischen den Disziplinen ist also noch enger, als es die Abbildung unmittelbar anzeigt. Von Molekularphysiologie („Molekularbiologie") spricht man dann, wenn die untersuchten Regulationsvorgänge unmittelbar mit der Genexpression zu tun haben

Biochemie und Physiologie

Biochemie und Physiologie sind Partner, die unabdingbar aufeinander angewiesen sind. Die Abb. 1.1 soll aufzeigen, in welcher Weise die biochemisch-analytischen und die physiologisch-systemerhaltenden Arbeitsrichtungen kooperieren müssen, damit die experimentelle Biologie ihren Auftrag erfüllen kann. Dieser Auftrag lautet: kausale Erklärung biologischer Systeme, bei besonderer Berücksichtigung der Regulationsprozesse.

Weiterführende Literatur

Bertalanffy L von (1971) General system theory. The Penguin Press, London

Glansdorff P, Prigogine I (1971) Thermodynamic theory of structure, stability and fluctuations. Wiley Interscience, New York

Mohr H (1975) Zur Zielsetzung der Physiologie. Naturwiss Rdsch 28:154–160

Mohr H (1981) Biologische Erkenntnis. Teubner, Stuttgart

Mohr H (1989) Is the program of molecular biology reductionistic? In: Hoyningen-Huene P, Wuketits FM (eds) Reductionism and systems theory in the life sciences. Kluwer, Dordrecht

Poggio T, Reichardt W (1973) A theory for the pattern-induced flight orientation of the fly *Musca domestica*. Kybernetik 12:185–203

2 Einige theoretische Grundlagen der Physiologie

Prinzipien wissenschaftlichen Arbeitens

Ihrem Selbstverständnis nach ist die Physiologie eine quantitative (oder exakte) Naturwissenschaft. Die Verfahren der Erkenntnisgewinnung sind also im Prinzip dieselben wie in den anorganischen Naturwissenschaften; allerdings sind die Objekte der Forschung in der Biologie sehr viel komplizierter als in Physik und Chemie. Aus dieser Tatsache ergeben sich die besonderen Schwierigkeiten, denen sich die physiologische Forschung gegenübersieht.

Prinzipiell geht der Weg der Erkenntnisgewinnung von experimentellen oder Beobachtungsdaten aus, die mit Hilfe genau definierter Methoden gewonnen werden. Die Ausgangsdaten liefern die Grundlage für die Hypothesenbildung (*Induktion*). Die formulierte *Hypothese* gestattet Schlußfolgerungen (*Deduktion*). Die Schlußfolgerungen können im Experiment auf ihre Richtigkeit geprüft werden. Aus dem erfolgreichen Wechselspiel von Induktion und Deduktion resultiert schließlich die gesicherte *Theorie* (Abb. 2.1).

Die Grundlagen aller Erkenntnisgewinnung sind also *Beobachtungsdaten* und *experimentelle Daten*. Sind sie falsch, ist alles weitere sinnlos. Charakteristisch für die wissenschaftliche Arbeit ist also, daß nur solche Daten berücksichtigt werden, die mit Hilfe *zuverlässiger* Methoden gewonnen wurden (Fakten). Die Methoden müssen so sicher beherrscht und beschrieben werden, daß Beobachtungen und experimentelle Resultate jederzeit reproduziert werden können. Wer absichtlich oder grob fahrlässig falsche „Fakten" für sicher ausgibt, scheidet aus dem Bereich der Naturwissenschaften aus. Die intellektuelle Ehrlichkeit gehört wesentlich zur wissenschaftlichen Arbeit.

Wichtig ist die Art der Frage, die wir im Experiment an das biologische System richten. Nur solche Fragen sind „sinnvoll", die im Prinzip auch beantwortet werden können. Dabei können „sinnlose"

Fragen durch einen Fortschritt der Technik zu „sinnvollen" werden (z. B. die Frage, wie die Rückseite des Mondes aussieht oder die Frage nach der Menge an Phytochrom in einem Organ).

Zuverlässige Methoden sind die Voraussetzung für die Datengewinnung. In der Regel geht man in der Forschung von bereits etablierten („bewährten") Methoden aus. Der Forscher muß aber jederzeit bereit sein, die theoretischen und materiellen Methoden, deren er sich bedient, zu modifizieren, falls sich ihre Unzulänglichkeit erweist. Der Fortschritt der Naturwissenschaften ist in erster Linie auf die Verbesserung der Begriffe und der experimentellen Methoden zurückzuführen.

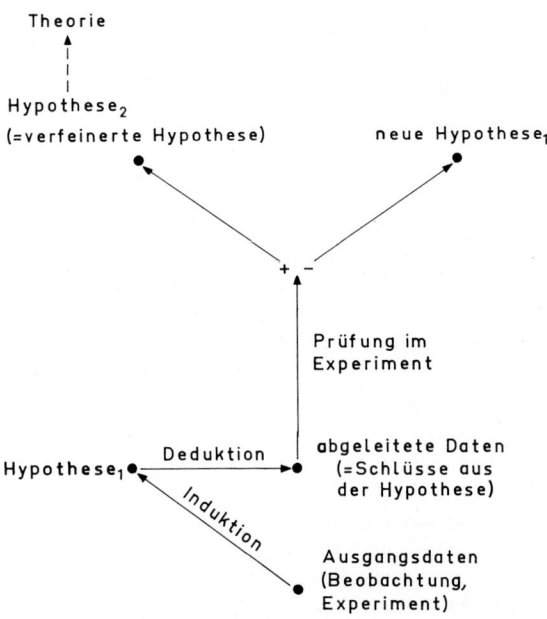

Abb. 2.1. Diese Skizze soll den Erkenntnisprozeß der Wissenschaft veranschaulichen. (Nach Mohr 1977b)

Bezugsgrößen

Eine *Bezugsgröße* (= Bezugssystem) ist ein Parameter, der hinsichtlich der jeweiligen Fragestellung das zu untersuchende System in geeigneter Weise repräsentiert. Meßgrößen, also Versuchsdaten, sind im allgemeinen nur dann sinnvoll zu verwenden, wenn sie mit einer Bezugsgröße in Beziehung gebracht werden (z. B. Anthocyanmenge/20 Kotyledonenpaare, Protein-Stickstoff/mg Trockenmasse des Gewebes). Die richtige Wahl des Bezugssystems ist daher entscheidend wichtig. Diese Wahl ist abhängig von der Fragestellung und von den Eigenschaften des untersuchten Objektes. Die Bezugsgröße sollte möglichst einfach und ohne wesentliche Versuchsfehler bestimmbar sein. Es gibt für eine bestimmte Fragestellung theoretisch sinnvolle, wenig brauchbare und unsinnige Bezugssysteme. Unsinnig ist eine Bezugsgröße z. B. dann, wenn sie Veränderungen zeigt, die keinen unmittelbaren Zusammenhang mit der Meßgröße aufweisen, z. B. Chlorophyllgehalt/Einheit Frischmasse. Die Frischmasse, die zum größten Teil auf den Wassergehalt des Gewebes zurückzuführen ist, kann beispielsweise leicht tagesperiodische Schwankungen zeigen, die mit dem Chlorophyllgehalt nichts zu tun haben.

Das Kausalitätsprinzip in der Physiologie

Die Physiologie, so heißt es häufig, sei identisch mit biologischer „Kausalforschung". Die Struktur dieser Kausalforschung wird aber in der Regel nicht explizit erläutert. Dies führt leicht zu Mißverständnissen, da die biologische Kausalforschung erkenntnislogisch stets als „Faktorenanalyse" angesehen werden muß.* Die Abb. 2.2 illustriert das Kausalitätsprinzip, wie es (in der Regel implizit) der biologischen Forschung zugrunde gelegt wird. Das Kausalitätsprinzip enthält den Zeitfaktor und

---

* Wir verwenden den (kaum ersetzbaren) Begriff „Faktorenanalyse" in einer allgemeinen, durch die Abb. 2.2 anschaulich gemachten Bedeutung. In der Psychologie bedeutet „Faktorenanalyse" eine mit psychologischen Theorien eng verflochtene statistische Methode. Der klassische Bereich der Faktorenanalyse in der Psychologie ist die Theorie der Intelligenz.

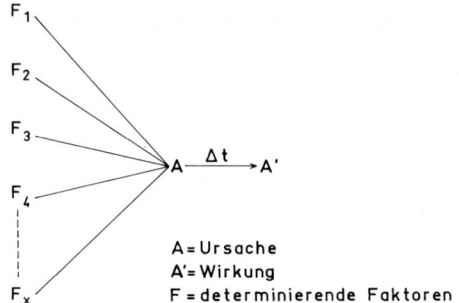

Abb. 2.2. Eine Formulierung für das Kausalitätsprinzip, die andeuten soll, in welcher Form dieses Prinzip bei der biologischen „Kausalforschung" in der Regel vorausgesetzt wird. (Nach Mohr 1977 b)

den (philosophischen) Begriff *Determination*. Man kann es als „Wenn-dann-Satz" formulieren: Wenn x Faktoren ($F_1 \ldots F_x$) den Zustand A determinieren und aus A mit der Zeit A' folgt, dann gilt allgemein: Wenn sich irgendwo der Zustand A (determiniert durch die Faktoren $F_1 \ldots F_x$) einstellt („Ursache"), dann wird sich die „Wirkung" A' mit der Zeit *und mit Notwendigkeit* einstellen. Wir können in der biologischen Kausalforschung an einem gegebenen System nicht mehr tun als einen oder mehrere Faktoren im Experiment zu variieren und die resultierenden Effekte anhand geeigneter Merkmale auf dem Niveau der „Wirkung" zu messen. Merkmale sind solche Eigenschaften von Lebewesen, die man mit wissenschaftlichen Methoden messen kann.

Durch die Unterscheidung von „schwacher" und „starker" Kausalität erfuhr das Kausalitätsprinzip neuerdings eine wesentliche Verfeinerung. Das in Abb. 2.2 illustrierte Kausalitätsprinzip „Gleiche Ursachen haben gleiche Wirkung", das seit Newton die Geschichte der Naturwissenschaften geprägt hat, sagt nichts darüber aus, wie stark *kleine Änderungen* der Ursachen oder Anfangsbedingungen die Wirkung beeinflussen. Eine sensible Abhängigkeit von den Anfangsbedingungen ist ein Charakteristikum *chaotischer Systeme*, die in den Naturwissenschaften eine immer größere Rolle spielen. Man unterscheidet deshalb zwischen einem schwachen Kausalitätsprinzip („Gleiche Ursachen haben gleiche Wirkungen"), das für alle deterministischen Systeme gilt, und einem starken Kausalitätsprinzip („Ähnliche Ursachen haben ähnliche Wirkungen"), das nur für nicht-chaotische Systeme gilt.

Das starke Kausalitätsprinzip wird mit Recht als Grundlage der (Regel-)Technik und als theoretisches Fundament der experimentellen Naturwissenschaften angesehen. Die Reproduzierbarkeit eines Experiments beruht auch in der Physiologie auf der Gültigkeit des starken Kausalitätsprinzips.

Ist die starke Kausalität nicht mehr gewährleistet, z. B. bei extrem sensitiven Rückkoppelungen, zeigen Systeme chaotisches Verhalten. Dies bedeutet im Sinn der Abb. 2.2, daß beliebig kleine Änderungen der Ursache beliebig große und unterschiedliche Wirkungen haben können. Das Verhalten eines Systems ist unter diesen Bedingungen nicht mehr vorauszusagen.

In diesem Buch setzen wir stets die Gültigkeit starker Kausalität voraus. Chaotische Systeme sind deshalb von der Betrachtung ausgeschlossen.

Einfaktorenanalyse

Wir benutzen den Faktor F_1 in der Abb. 2.2 als variablen Faktor (experimentelle Variable) und betrachten lediglich den einfachsten Fall, nämlich daß der Faktor F_1 entweder fehlt oder vorhanden ist. Für diese Alternativsituation gilt folgender Formalismus (unter Benutzung der Abb. 2.2): Ursache-Wirkungszusammenhang ohne F_1: $a \xrightarrow{\Delta t} a'$ (Merkmalsgröße ohne F_1); Ursache-Wirkungszusammenhang mit F_1: $A \xrightarrow{\Delta t} A'$ (Merkmalsgröße mit F_1); A' und a' unterscheiden sich um die Merkmalsgrößendifferenz $\Delta a'$; $A' = a' + \Delta a'$. Wenn keine Wechselwirkung zwischen F_1 und den übrigen Faktoren vorliegt, so kann $\Delta a'$ als eine Funktion von F_1 angesehen werden, auch wenn wir die übrigen Faktoren ($F_2 \dots F_x$) und damit den größten Teil der Ursache (für das betreffende Merkmal) nicht kennen. Dieser Zusammenhang gilt natürlich auch, wenn der Faktor F_1 quantitativ abgestuft ist: $\Delta a' = f$ (Menge von F_1); $F_2 \dots F_x =$ konst. Der einfachste Fall liegt vor, wenn für $F_1 = 0$ auch $a' = 0$ ist. Ist $a' = 0$, so nennen wir die Merkmalsgröße $\Delta a'$ die „Reaktionsgröße".

Hierzu ein Beispiel aus der klassischen Genetik (Abb. 2.3): x Faktoren (in diesem Fall Gene genannt) bringen das Merkmal „Anthocyan" hervor. Wenn auch nur eines dieser Gene (wir nehmen an, das Gen_4) defekt ist, tritt die als Merkmal Anthocyan operationalisierte Wirkung nicht auf. Das Auftreten der Wirkung hängt also von dem Gen_4

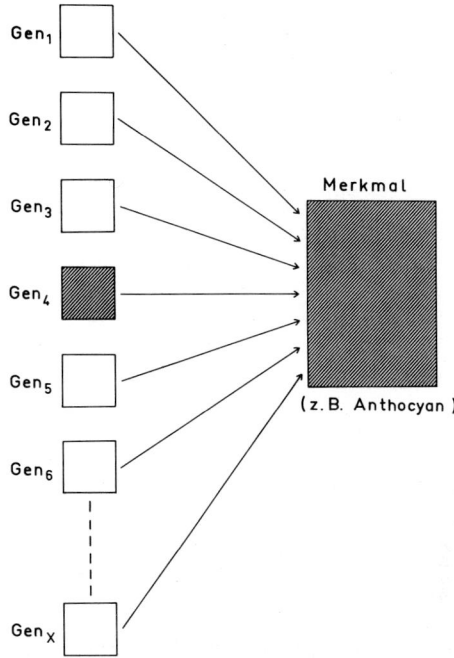

Abb. 2.3. Diese Darstellung dient der formalen Veranschaulichung der Gen-Merkmal-Beziehung. Der Begriff „Merkmal" wird hier im Sinn der klassischen Genetik gebraucht, z. B. ist die auf Anthocyansynthese beruhende Rotfärbung eines Blütenblattes ein Merkmal. (Nach Mohr 1970)

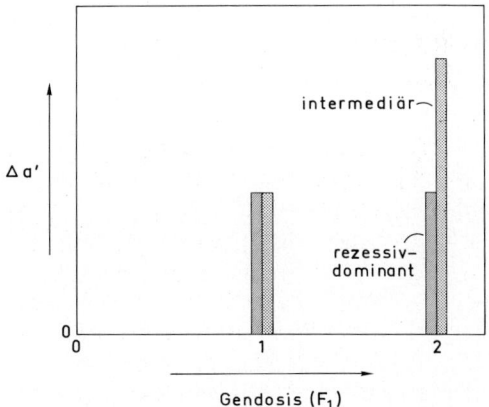

Abb. 2.4. Mit dieser Darstellung (Merkmalsträger diploid) sollen zwei Fälle des quantitativen Zusammenhangs zwischen Faktormenge (Gendosis) und Merkmalsgröße veranschaulicht werden. Der erste Fall: Die Reaktionsgröße $\Delta a'$ ist proportional der Faktormenge (intermediäre Vererbung). Der zweite Fall: Die Faktormenge 1 saturiert das System. Die Faktormenge 2 bringt keine Vermehrung von $\Delta a'$, da andere Faktoren das Ausmaß an $\Delta a'$ limitieren (rezessiv-dominante Vererbung). (Nach Mohr 1970)

ab, obgleich natürlich alle x Gene zum Merkmal Anthocyan beitragen:

$$\Delta a' = f(\text{Menge an Gen}_4)_{\text{Gen } 1-3, \text{ Gen } 5-x = \text{konst.}}, \quad (2.1\,a)$$

Umwelt konst.

Man kann den Zusammenhang auch formulieren als

$$\Delta a' = k \cdot \text{Menge an Gen}_4, \quad (2.1\,b)$$

wobei k die Beiträge aller übrigen Faktoren (Gen 1–3, Gen 5–x, Umweltfaktoren) berücksichtigt. Für den quantitativen Zusammenhang zwischen Gendosis und Merkmalsgröße gibt es zwei Möglichkeiten, die als rezessiv-dominante bzw. intermediäre Vererbung bekannt sind (Abb. 2.4).

Mehrfaktorenanalyse

Wir beschränken uns auf die Behandlung der Zweifaktoren-Analyse. Auf ein (im Sinn der Abb. 2.2) durch x−2 Faktoren definiertes System a wirken gleichzeitig die beiden variablen Faktoren F_1 und F_2 ein. Wir fragen uns: Wie verhält sich $\Delta a'$, eine ins Auge gefaßte Reaktionsgröße, unter dem *simul-*

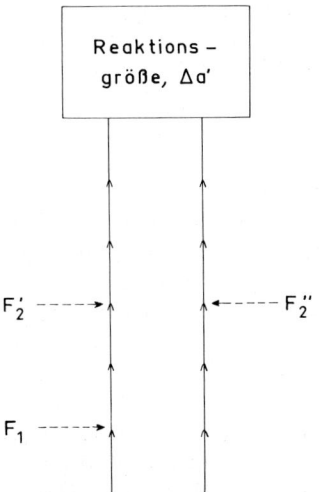

Abb. 2.5. Dieses Modell gibt an, wie zwei Faktoren (F_1, F_2) simultan auf ein System a → a' einwirken können. Die Veränderung des Systems (Merkmalsgrößendifferenz $\Delta a'$) kann über eine oder über zwei *getrennte* Reaktionssequenzen („Kausalketten") hervorgebracht werden. (Nach Schopfer 1970)

tanen Einfluß von zwei unabhängigen Faktoren F_1 und F_2 (Abb. 2.5)?

Multiplikative Verrechnung

Als Beispiel dient die Regulation der Intensität des Hypokotylwachstums beim Senfkeimling (*Sinapis alba*; → Abb. 19.18) durch die Faktoren Phytochrom (operational Dauer-Dunkelrotlicht; → S. 362) und Saccharose. Wir setzen die Merkmalsgröße *ohne* die beiden variablen Faktoren (a') = 1. Die Reaktionsgröße $\Delta a'$ wird also auf a' bezogen. Genaue Messungen ergaben, daß Phytochrom die Wachstumsintensität mit oder ohne Saccharosezufuhr um den Faktor 0,2 fördert (d. h. das Wachstum auf 20% reduziert). Hingegen fördert Saccharose ($0,1 \text{ mol} \cdot 1^{-1}$) das Wachstum mit oder ohne Phytochrom um den Faktor 1,5. Die Interpretation dieser Daten stützt sich auf das Modell der Abb. 2.5: Wirken die beiden Faktoren Phytochrom und Saccharose gleichzeitig, aber *unabhängig voneinander* auf die gleiche Kausalkette (Abb. 2.5, *links*), so herrscht *multiplikative Verrechnung*. Als Formel:

$$\Delta a'_{F_1, F_2} = \Delta a'_{F_1} \cdot \Delta a'_{F_2}. \quad (2.2)$$

In Worten: Die von beiden Faktoren gemeinsam hervorgebrachte Reaktionsgröße ist bei konstanter Konzentration des einen Faktors stets proportional der Reaktionsgröße, die der andere Faktor bewirkt. Angewandt auf unser Beispiel:

$$\Delta a'_{\text{Phytochrom, Saccharose}} = 0,2 \, \Delta a'_{\text{Saccharose}},$$
$$\Delta a'_{\text{Phytochrom, Saccharose}} = 1,5 \, \Delta a'_{\text{Phytochrom}}.$$

Numerisch additive Verrechnung

Die theoretische Alternative zu der eben dargestellten Situation besteht darin, daß die beiden variablen Faktoren (F_1 und F_2'' in Abb. 2.5) völlig unabhängige Reaktionsketten beeinflussen, die zum gleichen Merkmal führen. In diesem Fall herrscht *numerisch additive Verrechnung*:

$$\Delta a'_{F_1, F_2''} = \Delta a'_{F_1} \pm \Delta a'_{F_2''}. \quad (2.3)$$

In Worten: Die Reaktionsgröße, die F_1 und F_2'', simultan verabreicht, bewirken, setzt sich additiv aus den Reaktionsgrößen zusammen, welche die Faktoren, einzeln verabreicht, bewirken. Ein Beispiel für numerisch additive Verrechnung: Das

Hypokotylwachstum des Senfkeimlings wird durch Phytochrom (Hellrotlicht) und exogene Gibberellinsäure (GA_3) beeinflußt. Die experimentelle Analyse zeigt, daß sich der Gesamteffekt der beiden Faktoren auf die Merkmalsgröße (Hypokotyllänge) numerisch additiv zusammensetzt aus dem hemmenden Lichteffekt und dem fördernden GA_3-Effekt (Abb. 2.6). Daraus läßt sich der Schluß ziehen, daß GA_3 (zumindest beim Senfkeimling) kein Glied in der Kausalkette zwischen Phytochrom und dem Zellwachstum sein kann.

Wechselwirkungen

Findet man experimentell weder eine multiplikative noch eine numerisch additive Verrechnung, so liegt meist eine *Wechselwirkung* zwischen den Faktoren vor. In diesen Fällen ist eine Erklärung schwierig, da man mit vielen Möglichkeiten rechnen muß. Ein verhältnismäßig einfaches Modell für die Erklärung von *additiver Interaktion* ist die kompetitive Hemmung bei Enzymreaktionen, die längst ein integraler Bestandteil der Michaelis-Menten-Theorie der Enzymwirkung geworden ist ($\rightarrow$ S. 67). In der Physiologie ist der Fall besonders interessant, daß zwei regulierende Substanzen (beispielsweise Hormone) um ein und denselben Receptor konkurrieren. Liegt diese Situation vor, so muß man erwarten, daß selbst die *relative* Wirkung des einen Faktors vom Ausmaß der Wirkung des anderen Faktors abhängt. Die Wirkungen der beiden Faktoren sind also nicht, wie im Fall der multiplikativen oder numerisch additiven Verrechnung, unabhängig voneinander. Ein Beispiel: Die „Wuchsstoffe" IAA und 2,4-D ($\rightarrow$ Abb. 23.6) steigern beide die Wachstumsintensität von Sproßachsen- oder Koleoptilsegmenten ($\rightarrow$ Abb. 23.25). Die Konzentrations-Effekt-Kurven sind für die beiden Substanzen zwar nicht identisch (2,4-D hat eine geringere molare Wirksamkeit als IAA), können aber durch eine einfache Transformation ineinander übergeführt werden. Falls die beiden Substanzen an der gleichen Stelle wirken, wobei die molare Wirksamkeit (interpretiert als Affinität) von 2,4-D geringer ist als die von IAA, so kann man voraussagen, daß ein Zusatz von 2,4-D bei einer saturierenden IAA-Konzentration die Wachstumsintensität reduzieren wird. Die Prognose läßt sich experimentell bestätigen. Die Interpretation lautet, daß die beiden Substanzen um den gleichen Receptor konkurrieren, wobei IAA eine höhere Affinität besitzt.

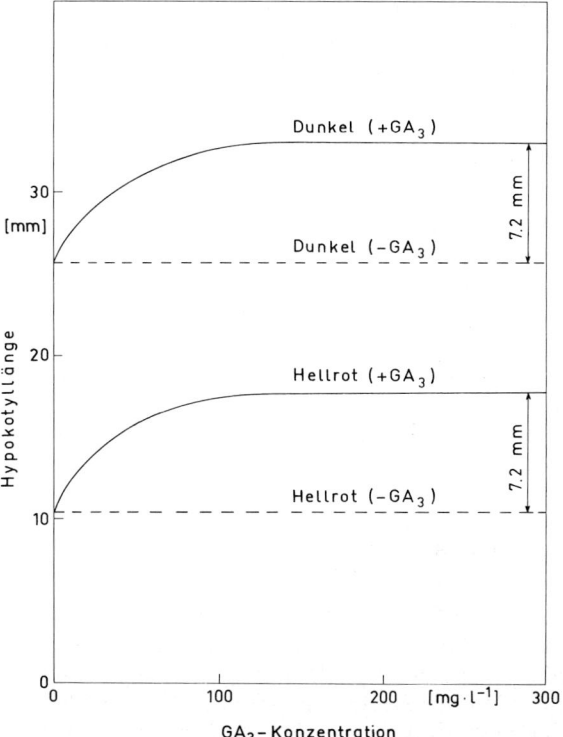

Abb. 2.6. Ein empirisches Beispiel für numerisch additive Verrechnung. Gemessen wurde das Hypokotylwachstum beim Senfkeimling (*Sinapis alba*). Die Konzentrations-Effekt-Kurven für von außen zugeführte Gibberellinsäure (GA_3) sind beim Wachstum im Dunkeln und beim Wachstum im Standard-Dauerhellrot gleich. GA_3 fördert das Hypokotylwachstum, Hellrot hemmt das Hypokotylwachstum. Hellrot wirkt, ebenso wie Dunkelrot, über Phytochrom. Die Messung der Hypokotyllänge erfolgte 72 h nach Aussaat. (Nach Mohr und Appuhn 1962)

Die meisten Formen der Wechselwirkung sind zu kompliziert, als daß sie sich mit einfachen Modellen interpretieren ließen. Immerhin aber sollte dieser Abschnitt über Zweifaktorenanalyse gezeigt haben, welche Bedeutung den strengen, quantitativen Modellen auch in der Physiologie bei der Erklärung von Sachverhalten zukommt. Indem sie sich an strengen, quantitativen Modellen orientiert, ersetzt die moderne physiologische Forschung allmählich das „theoretisch blinde" Experimentieren (die Sammlung quantitativer, aber theoretisch irrelevanter physiologischer Daten) durch den Versuch, in Analogie zur Physik im physiologischen Experiment partikuläre Allsätze auf ihre Gültigkeit hin zu prüfen. Erst wenn Theorie und Experiment in der Physiologie generell in ein gesundes Verhältnis gebracht sind, wird man die Physiologie im strengen Sinn eine quantitative und exakte Wissenschaft nennen dürfen.

Das Problem der Komplexität

Ein bestimmtes Volumen Wasser, in ein Gefäß eingeschlossen, bezeichnen wir als ein *homogenes System*. Dasselbe gilt für eine wäßrige Lösung, die zum Beispiel Kochsalz oder Zucker enthält. Solche homogenen Systeme lassen sich verhältnismäßig leicht experimentell und theoretisch untersuchen. Es gibt aber kein lebendiges System, das man als homogenes System auffassen dürfte. Auch die einfachste Protocyte ist kein „mit Enzymen und Substraten gefüllter Sack". Alle lebendigen Systeme sind mehr oder minder *kompartimentiert*.

Dies hängt damit zusammen, daß die lebendigen Systeme eine Vielzahl komplizierter Moleküle enthalten (Abb. 2.7, 2.8). Wir betrachten jetzt einige Stufen in der Skala steigender Komplexität. Die Bakterienzelle (Abb. 2.9) enthält vielleicht 10^9 Moleküle, darunter eine große Zahl verschiedener Makromoleküle (z. B. Proteine, Nucleinsäuren, Mureine). Die im elektronenmikroskopischen Bild feststellbare Kompartimentierung ist zwar bescheiden; aber auch der Ungeübte erkennt leicht, daß eine Bakterienzelle auf keinen Fall als homogenes System angesehen werden darf. Die Zelle der Eukaryoten (Abb. 2.10) ist strukturell viel komplizierter als die Bakterienzelle. Eine solche Zelle enthält vielleicht 10^{12} Moleküle; die Kompartimentierung ist offensichtlich, selbst wenn man lediglich das Lichtmikroskop als Instrument der Strukturanalyse heranzieht. Wenn man im Rahmen einer biochemischen Analyse die Zelle „homogenisiert", verliert man sehr viel Information. Dies muß man bei der Bestimmung und Interpretation biochemischer Funktionsdaten stets im Auge behalten.

Die Zelle ist das kleinste, für sich lebens- und vermehrungsfähige biologische System und damit der *elementare* Baustein höherer biologischer Systeme. Die Zelle ist ein *Konstrukt*. Mit diesem Begriff aus der Wissenschaftstheorie bezeichnet man eine für die intellektuelle Organisation der realen Welt brauchbare geistige Erfindung. In der Wirklichkeit gibt es eine große Zahl verschiedenartiger Zelltypen. Ihre gemeinsamen Züge bringt das Kon-

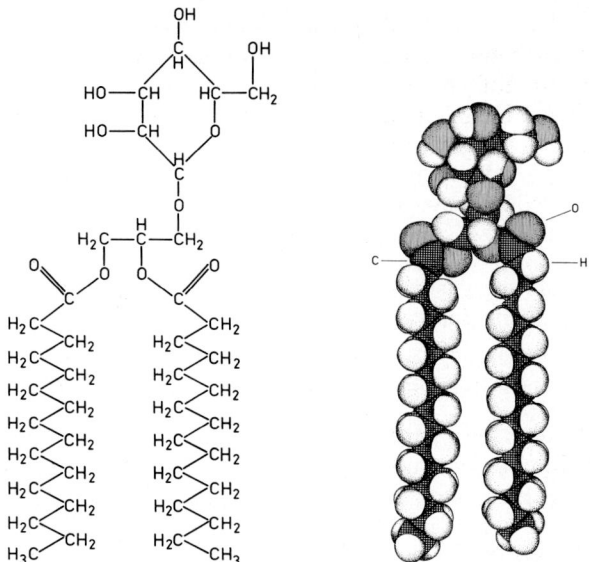

Abb. 2.7. Das Monogalactosyllipid-Molekül als Prototyp eines mittelgroßen, biologisch bedeutsamen Moleküls. Es besteht aus zwei lipophilen Fettsäuremolekülen, die über ein Glycerolmolekül mit einem hydrophilen Galactosemolekül verbunden sind. Das Gesamtmolekül besitzt somit eine polare Struktur. Es ist deshalb für den Einbau in Biomembranen besonders geeignet. Die Thylakoidmembranen der Chloroplasten enthalten große Mengen an Mono- und Digalactosyllipiden. Um die Molekülstruktur zu veranschaulichen, ist sowohl die konventionelle Schreibweise (*links*) als auch das Atomkalottenmodell (*rechts*) angegeben. Oben ist jeweils die Galactose; die „Schwänze" der Fettsäuren sind nach unten gerichtet. (Nach Kreutz 1966)

strukt zum Ausdruck. Das jeweilige Interesse des Wissenschaftlers bestimmt diejenigen Eigenschaften des Konstrukts, die besonders hervorgehoben werden. Eine Darstellung der pflanzlichen Zelle, die den Begriff „Freier Diffusionsraum" erläutern soll (→ Abb. 3.16) wird anders ausfallen als jene Darstellungen, welche die osmotischen Eigenschaften oder das postembryonale Wachstum in den Vordergrund rücken (→ Abb. 4.4, 8.1). Das Konstrukt Zelle tritt in zwei Sub-Konstrukten auf: *Eucyte* und *Protocyte*. Die Eucyte gilt für die Zellen der Flagellaten und aller aus ihnen im Laufe der Evolution entstandenen Pflanzen und Tiere (*Eukaryoten*). Die Protocyte gilt für die Zellen der Bakterien und Blaualgen (Cyanobakterien), die man als *Prokaryoten* zusammenfaßt. Die Zellen dieser primitiven Organismen sind wesentlich kleiner (→ Abb. 2.11) und einfacher gebaut als die Zellen der

Eukaryoten. Prokaryoten und Eukaryoten weichen in der Tat derart stark voneinander ab, daß sie nicht auf einen gemeinsamen stammesgeschichtlichen Ursprung zurückgeführt werden können. In einem Buch über Pflanzenphysiologie interessieren uns in erster Linie die Eigenschaften der Eukaryotenzelle (Eucyte).

Die Zelle ist sehr groß im Vergleich zu den molekularen Dimensionen (Abb. 2.11). Trotzdem kann es vorkommen, daß manche Molekülsorten nur in kleinen Zahlen vorhanden sind, z. B. Gene oder regulatorische Proteine. Die „makroskopischen" Gesetze der Chemie, die große Zahlen voraussetzen, gelten dann nicht mehr (Massenwirkungsgesetz, Thermodynamik, Kinetik). Auch der Konzentrationsbegriff wird häufig sinnlos, z. B. dann, wenn gewisse Substanzen an bestimmten Stellen der Zelle gehäuft vorkommen, sonst aber fehlen, z. B. das Chlorophyll. Die Ca^{2+}-Konzentration, über die Zelle gemittelt, liegt in der Größenordnung von 10^{-3} mol $\cdot$ l^{-1}, im Cytosol aber nur bei 10^{-7} mol $\cdot$ l^{-1}. Derartige Ungleichverteilungen sind in der Zelle die Regel. Pflanzenzellen sind z. B. in der Lage, große Mengen an Nitrat im Zellsaft (Vacuole) zu speichern (bis 100 mmol $\cdot l^{-1}$); der cytosolische Gehalt ist hingegen stets sehr niedrig.

Die höhere Pflanze und das höhere Tier enthalten Billionen von Zellen, die weder gleich, noch zufallsmäßig zusammengefügt sind. Die Zellen sind vielmehr *differenziert* und in einer *spezifischen* Weise zusammengefügt. Die Zellen bilden *Gewebe* und *Organe* (Abb. 2.12); die Organe konstituieren den *Organismus*. Es ist eine triviale Forderung, daß die Untersuchungsmethoden der Physiologie die strukturelle Komplexität berücksichtigen müssen. Dieser Forderung kann man in der Praxis indessen nur selten wirklich nachkommen. Wenn man z. B. bei einer biochemischen Analyse nolens volens ein Wurzelsegment als homogenes System betrachtet, verzichtet man offensichtlich auf einen Großteil der Information, die in dem Wurzelsegment steckt. Drei weitere Momente vergrößern die Schwierigkeiten, vor denen wir stehen, wenn wir lebendige Systeme strukturell und funktionell verstehen wollen:

- Die lebendigen Systeme sind stets *offene* Systeme. Sie tauschen mit ihrer Umgebung beständig Materie, Energie und Information aus. Offene Systeme sind theoretisch sehr viel schwerer zu behandeln als geschlossene oder isolierte Systeme (→ S. 41).

- Die lebendigen Systeme sind in beständiger Entwicklung befindliche Systeme. Zumindest langfristig kann sich kein lebendiges System in einem zeitunabhängigen Zustand halten. Lebendige Systeme können deshalb nur durch ihren gesamten Entwicklungsgang (Ontogenie) vollständig charakterisiert werden, nicht durch einen Querschnitt an einer bestimmten Stelle der Ontogenie (→ S. 295).

- Die hierarchisch organisierten höheren lebendigen Systeme können nicht voll verstanden werden, wenn man sich auf die Analyse der Elemente beschränkt. In einem höheren System muß ein bestimmter Satz von Elementen (z. B. Zellen) nicht nur an und für sich und im Hinblick auf die Frage studiert werden, was sich innerhalb der Elemente abspielt. Die ebenso wichtige Frage ist, in welcher Weise die Elemente in die höhere Einheit (z. B. in ein Blatt) integriert sind. Molekularbiologie und Zellbiologie sind deshalb jeweils ein Etappen- und nicht ein Endziel biologischer Forschung an höheren Systemen. Auch die Physiologie ist nur ein Element in der Hierarchie der wissenschaftlichen Disziplinen. In den Worten von Sir George Porter [*]: „The highest wisdom has but one science, the science of the whole, the science explaining the creation and man's place in it".

Formulierung von Sätzen

Die Aussagen der Wissenschaft erfolgen durch singuläre Sätze (*Tatsachen*) oder durch generelle Sätze (*Gesetze*). Dies gilt auch für die Physiologie. Die singulären Sätze werden in der Physiologie in der Regel dadurch zum Ausdruck gebracht, daß die Meßdaten in geeigneten Koordinatensystemen angeordnet werden. Die in der Abb. 2.13 wiedergegebene empirische Wachstumskurve z. B. ist zunächst nichts anderes als eine günstige Darstellung von Meßdaten. Etwas „Gesetzhaftes" kommt aber darin zum Ausdruck, daß das Wachstum während der ganzen Versuchsdauer strikt einer exponentiellen Funktion folgt. Die mathematische Formulierung lautet:

$$N_t = N_0\, e^{kt}, \qquad (2.4)$$

[*] Englischer Physikochemiker, geb. 1920. Er untersuchte vor allem die ultraschnellen chemischen Reaktionen. Zusammen mit Norrish und Eigen erhielt er 1967 den Nobelpreis für Chemie.

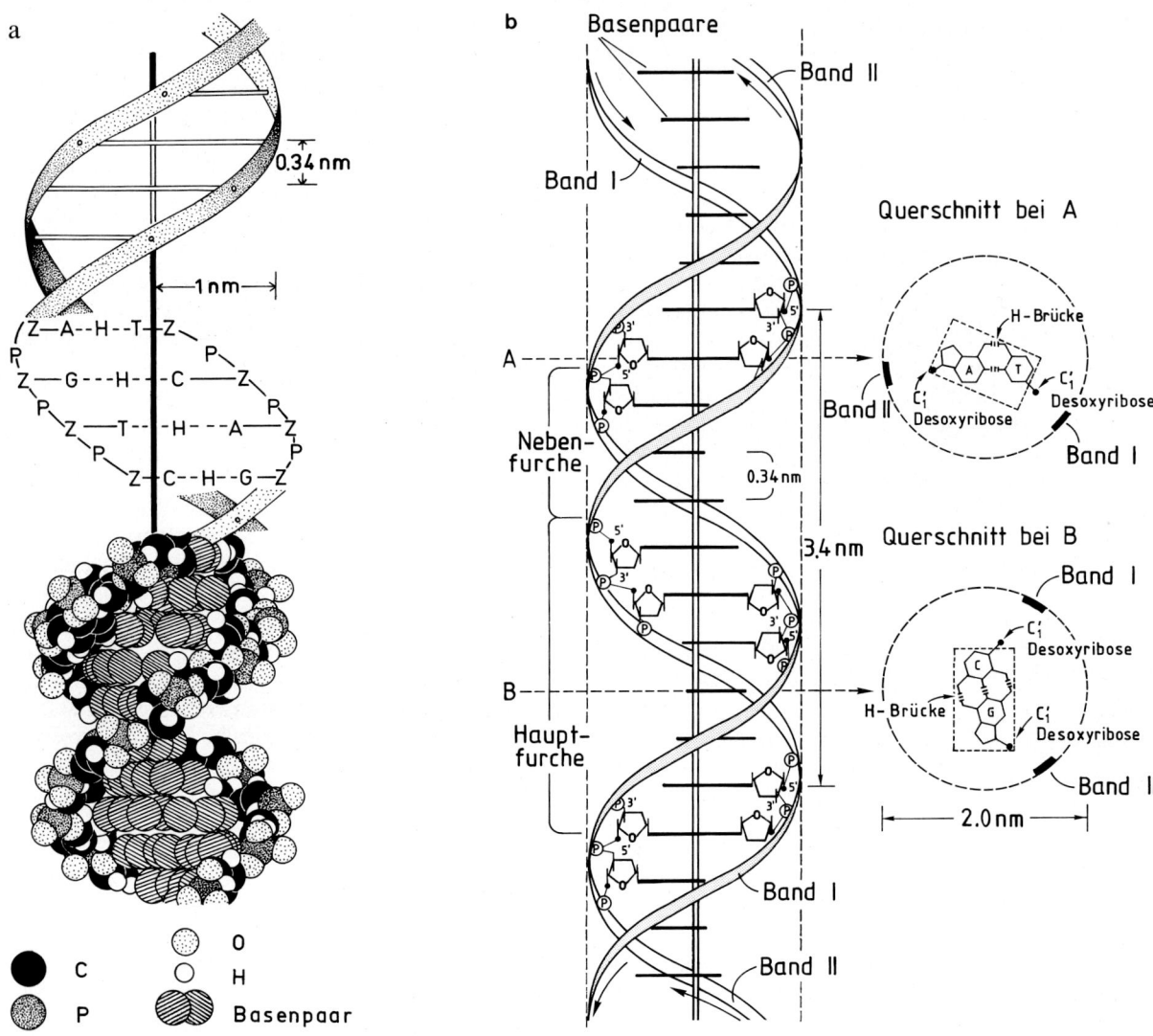

Abb. 2.8 a und b. Die DNA als Repräsentant der aperiodischen, biologisch bedeutsamen Makromoleküle. Das Molekulargewicht der nativen DNA liegt in der Größenordnung von 10^9 Da. (a) Drei verschiedene Möglichkeiten, die Doppelhelix-Struktur der DNA im Modell wiederzugeben. *Oben*: Die Bänder repräsentieren die Phosphat-Zucker-Sequenz, die Querbalken repräsentieren die Basenpaarung zwischen A und T bzw. G und C. *Mitte*: Die Bausteine werden durch Buchstaben symbolisiert: P, Phosphat; Z, Desoxyribose; A, Adenin; T, Thymin; G, Guanin; C, Cytosin; H, Wasserstoff. *Unten*: Raumfüllendes Atomkalottenmodell. (Nach Swanson 1960). (b) Eine präzise Wiedergabe des Watson-Crick-Modells der DNA (hydratisierte „B"-Form des Moleküls). *Links*: Das Molekül ist in Seitenansicht gezeichnet, als wäre es in einen durchsichtigen Zylinder mit einer zentralen Achse eingeschlossen (*gestrichelte Längslinien*). Die Basenpaare

(*stark ausgezogene Querlinien*) sind flache Moleküle, die den zentralen Bereich des Zylinders einnehmen. *Rechts*: Querschnitte durch das DNA-Molekül. Die Basenpaare sind durch Thymin (T) und Adenin (A) (Querschnitt A) und durch Cytosin (C) und Guanin (G) (Querschnitt B) repräsentiert. Die für die Basenpaarung essentiellen Wasserstoffbrücken sind in dieser Aufsicht erkennbar. Von der Seite gesehen, sind die Basenpaare jeweils 0,34 nm auseinander. Von oben gesehen, sind sie jeweils um 36° gegeneinander versetzt. Deshalb sind die stark ausgezogenen Linien, die in der Seitenansicht die Basenpaare repräsentieren, verschieden lang. Die Bänder repräsentieren auch in diesem Modell das Phosphat-Zucker-Rückgrat des Moleküls. An einigen günstig gelegenen Positionen ist die molekulare Zusammensetzung des Rückgrats angedeutet (P, Phosphatrest). Die Kontinuität der Rückgrate wird durch die Bänder repräsentiert, die auf

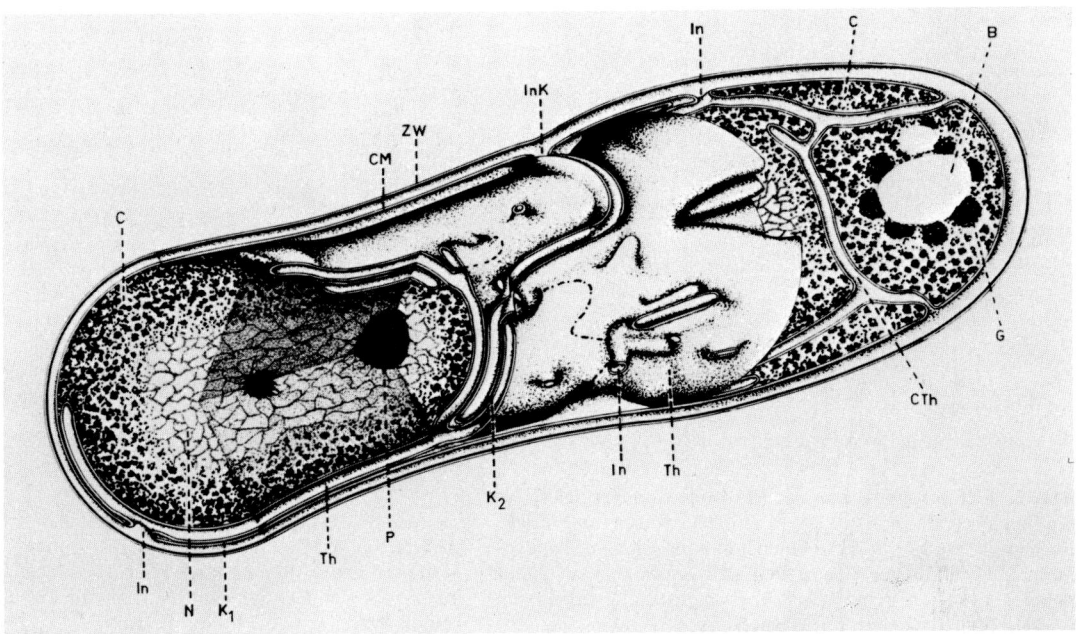

Abb. 2.9. Räumliches Modell einer vegetativen Zelle des obligat phototrophen Bacteriums *Rhodopseudomonas palustris*. B, Granula von Poly-*β*-hydroxybuttersäure; C, ribosomenhaltiges Cytoplasma; CM, Plasmamembran; G, Ribosomenaggregate (?); In, InK, Invaginationen der Plasmamembran; N, Nucleoplasma; P, Polyphosphat-Granula; ZW, Zellwand; Th, Thylakoidsystem, mit Querthylakoid, CTh; K_1, Kontaktzone zwischen Plasmamembran und Thylakoiden; K_2, Kontakt zwischen Thylakoiden. (Nach einer Zeichnung von Tauschel)

Abb. 2.10. Modell einer Zelle aus dem Assimilationsparenchym eines Blattes von *Vallisneria spiralis*. Eingetragen sind nur solche Strukturen, die man mit dem Lichtmikroskop erkennen kann: Mittellamelle, Primärwand, Plasmodesmen, wandständiger Plasmasack, große, mit ungefärbtem Zellsaft gefüllte Vacuole. Im Protoplasma: Kern mit Nucleolus, Chloroplasten mit Grana, Mitochondrien ▶

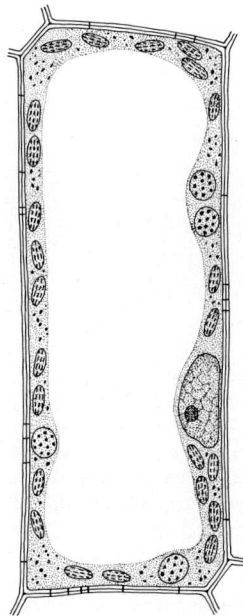

◀

der Oberfläche des imaginären Zylinders verlaufen. Die beiden Bänder sind um etwa 120° getrennt. Da die azimutale Distanz weniger als 180° beträgt, kommt es zur Bildung der alternierenden Haupt- und Nebenfurchen. Die Querschnitte zeigen, daß jedes Rückgrat etwa ein Viertel des Durchmessers in den Zylinder hineinragt. (Nach Etkin 1973; Kelln und Gear 1980; geändert)

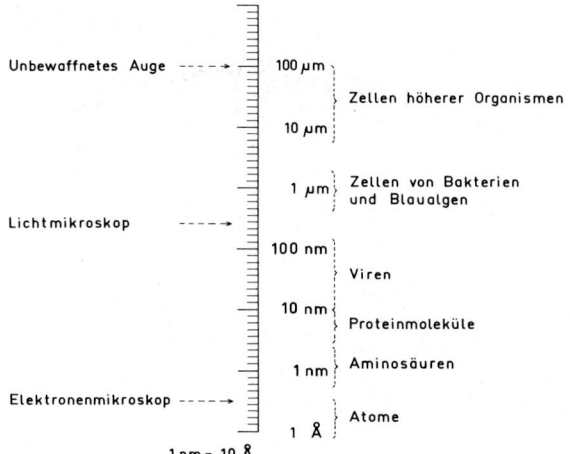

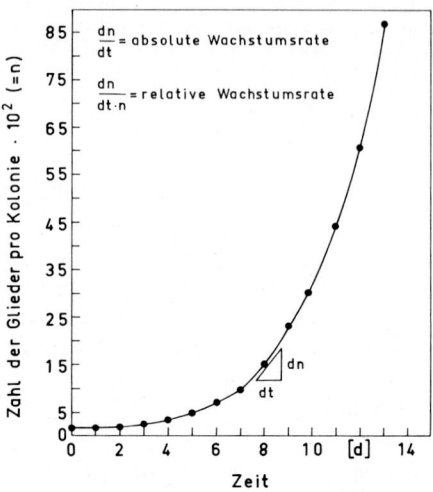

Abb. 2.11. Ein logarithmischer Maßstab zum Vergleich der Auflösungskraft von Auge, Lichtmikroskop und Elektronenmikroskop mit den Dimensionen von Zellen, Makromolekülen, einfachen Molekülen und Atomen. Die früher beliebte Einheit 1 Å ist seit 1. 1. 78 nicht mehr zugelassen (Gesetz über Einheiten im Meßwesen)

Abb. 2.13. Wachstumsverlauf einer Kolonie (Klon) der Wasserlinse (*Lemna minor*) unter Kulturbedingungen. Die Ausgangszahl der Laubglieder (N_0) ist mit 100 angenommen. (Nach Wareing und Phillips 1970)

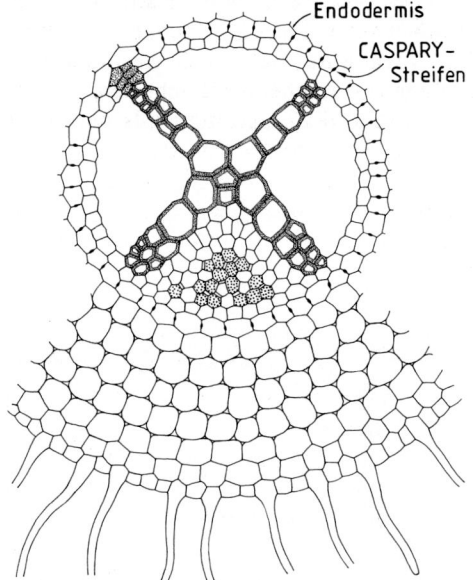

Abb. 2.12. Modellartige Darstellung einer Dikotylenwurzel im Querschnitt. Man erkennt von außen nach innen: Rhizodermis mit Wurzelhaaren, sechs Cortexschichten (Rinde), Endodermis (mit Caspary-Streifen) als innerste Cortexschicht, Pericykel (äußerste Schicht des Zentralzylinders). Im Zentralzylinder sind Xylemplatten und Phloemstränge in Form eines radialen Leitbündels angeordnet

wobei: N_t = Zahl der Glieder zum Zeitpunkt t; N_0 = Zahl der Glieder zum Zeitpunkt 0; k = Wachstumskonstante (= relative Wachstumsintensität). Die Gleichung ist ein mehr oder minder genereller Satz, da exponentielles Wachstum häufig und bei ganz verschiedenen Systemen vorkommt.

Bei manchen anderen biologischen Gesetzen wäre eine mathematische Formulierung nicht angemessen, z. B. bei den meisten Gesetzesaussagen der *Vergleichenden* Biologie (→ S. 3). Die optimale Formulierung biologischer Gesetze, ob mathematisch oder nicht, ist ein Problem, das ad hoc und pragmatisch gelöst werden muß.

Merkmale und Variabilität

Die Aussagen der Physiologie sind in der Regel quantitative Aussagen über *Populationen*. Populationen sind Kollektive von Individuen, die sich in bezug auf Merkmale gemeinsam behandeln lassen. Merkmale sind direkt meßbare Eigenschaften lebendiger Systeme. In der Regel zeigen die Individuen einer Population ein bestimmtes Merkmal in verschiedenem Ausmaß. Dieses Phänomen nennt man *Variabilität* (oder *Variation*). Populationen lassen sich quantitativ durch *Merkmale* und deren *Häufigkeitsverteilung* charakterisieren.

Man unterscheidet unter dem Gesichtspunkt der Variabilität zwei Klassen von Merkmalen: *Alternativmerkmale* (z. B. die Geschlechtstypen ♀ und ♂) und *gleitende Merkmale* (z. B. das Körpergewicht). Die Häufigkeitsverteilung bei Alternativmerkmalen wird in der Regel durch Prozentangaben zum Ausdruck gebracht, z. B. 25% Keimung, entsprechend 75% Nichtkeimung. Die Variabilität eines gleitenden Merkmals in einer Population kann quantitativ durch die *Verteilungsfunktion* beschrieben werden. Wir veranschaulichen dies am Beispiel der Hypokotyllänge des Senfkeimlings (→ Abb. 21.12). Dabei behalten wir im Auge, daß gleitende Merkmale in der Regel nicht zeitunabhängig sind. Die Verteilungsfunktion für ein bestimmtes Merkmal kann sich im Verlauf der Entwicklung auch bei einer synchronisierten Population durchaus ändern.

Wir bestimmen die Verteilungsfunktion für das Merkmal Hypokotyllänge bei Senfkeimlingen. Zuerst messen wir möglichst viele Hypokotyle möglichst genau (Basisdaten, Ausgangsdaten). Dabei ergeben sich Hypokotyllängen zwischen 13 und 38 mm. Von der Zuverlässigkeit (Präzision, Güte) der Basisdaten hängt natürlich die Präzision aller weiterführenden Aussagen ab. Wir teilen die Population nach aufsteigender Merkmalsgröße in Größenklassen ein, z. B. kommen alle Hypokotyle zwischen 15,6 und 18,5 mm in die Größenklasse 17, alle Hypokotyle zwischen 18,6 und 21,5 in die Größenklasse 20, usw. Die Häufigkeit, mit der die

Individuen der Population in den einzelnen Größenklassen vorkommen, die *Klassenhäufigkeit*, trägt man als Funktion der Merkmalsgröße auf. Dies ist die *Verteilungsfunktion* (Abb. 2.14). Sie ist kontinuierlich, nahezu symmetrisch und glockenförmig, und damit der theoretischen Normalverteilung (Abb. 2.15) recht ähnlich. Man erhält eine Normalverteilung, so besagt die Theorie, immer dann, wenn an der Ausprägung eines Merkmals viele, unabhängig voneinander wirkende Faktoren beteiligt sind. Wenn die Verteilungsfunktion für ein Merkmal normal ist, also wenigstens näherungsweise der Gaußschen Verteilung folgt, kann die Population im Hinblick auf das in Frage stehende Merkmal charakterisiert werden durch den *Mittelwert* M (das arithmetische Mittel) und durch die *Standardabweichung* s, die ein Maß ist für die Variabilität des Merkmals in der Population.

Die Erklärung der phänotypischen Variabilität kann nur aufgrund von Experimenten erfolgen. Man muß hierbei die Gesamtvariabilität (= phänotypische Variabilität) in ihre Komponenten (= Teilvariabilitäten) aufgliedern: genetische Variabilität, umweltbedingte Variabilität, altersbedingte Variabilität. Die genetische Variabilität läßt sich durch die Verwendung von Klonen eliminieren; die umweltbedingte Variabilität läßt sich in modernen Phytotronanlagen weitgehend ausschalten; die altersbedingte Variabilität ist gering, falls man eine hochgradige Synchronisation der Population erreicht.

Nicht immer sind die Verteilungsfunktionen normal oder doch wenigstens einigermaßen sym-

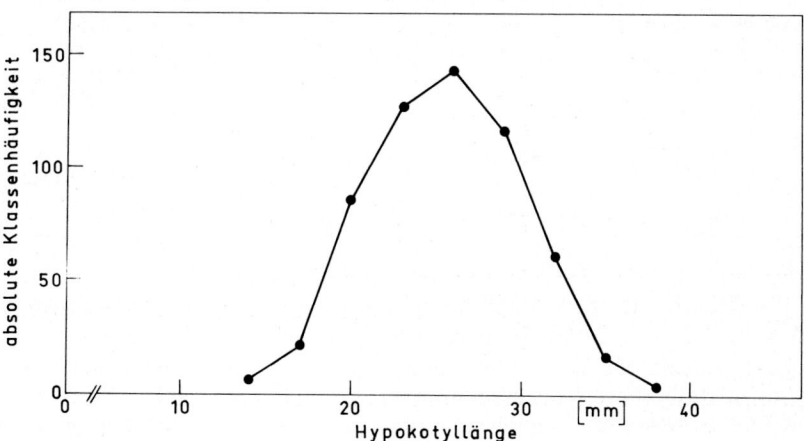

Abb. 2.14. Häufigkeitsverteilung einer Population von Senfkeimlingen (*Sinapis alba*) bezüglich der Hypokotyllänge 72 h nach Aussaat (25 °C). Die Verteilungsfunktion ist einer Normalverteilung recht ähnlich. (Nach Mohr 1972)

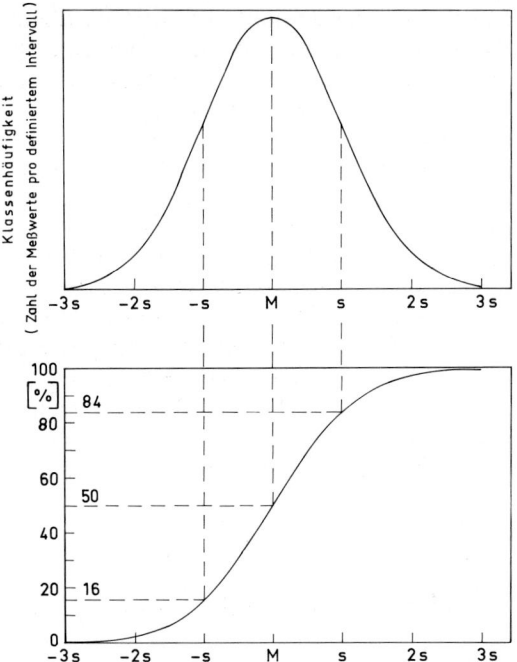

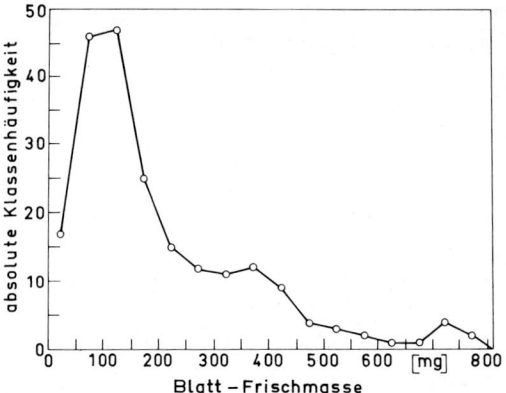

Abb. 2.16. Asymmetrische (schiefe) Verteilungsfunktion für Blattgewicht. Objekt: *Cornus mas*. Bei 211 Blättern wurde die Frischmasse bestimmt. Einteilung der Klassen: 0–50 mg, 50–100 mg usw. Die Verteilungsfunktion ist extrem asymmetrisch. (Nach Bünning 1953)

Abb. 2.15. Die Normalverteilung als Gauß-Kurve (*oben*) und als Summenprozentkurve (*unten*). Die Normalverteilung ist eine kontinuierliche Verteilung. Sie heißt Gauß-Verteilung, weil sie in der für die Naturwissenschaften grundlegenden Fehlertheorie des berühmten Mathematikers C. F. Gauß (1777–1855) eine entscheidende Rolle spielt. Die Normalverteilung wird durch zwei Parameter, den Mittelwert $M = \frac{\Sigma\, x_i}{n}$ (das arithmetische Mittel) und die Standardabweichung $s = \pm\sqrt{\dfrac{\Sigma\,(M - x_i)^2}{n - 1}}$ charakterisiert. Im allgemeinen werden für die Parameter der theoretischen Verteilungsfunktion griechische Symbole (μ, σ), für ihre Schätzwerte lateinische (M, s) verwendet. Anstelle von M wird auch das Symbol $\bar{x}$ verwendet. Die Normalkurve hat ihre Wendepunkte bei $\pm$ s. Etwa zwei Drittel (68%) der Meßwerte liegen innerhalb dieser Grenzen

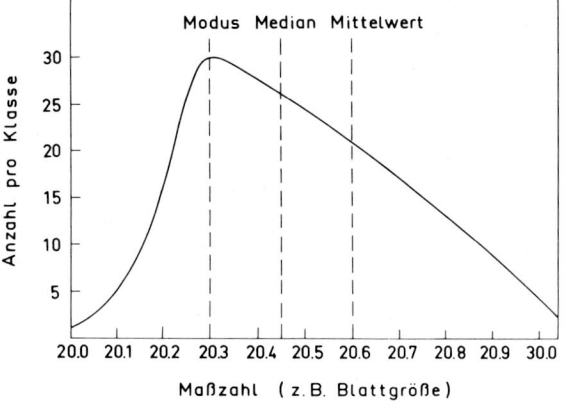

Abb. 2.17. Eine asymmetrische Verteilungsfunktion mit Modus, Median und Mittelwert (arithmetisches Mittel), die jeweils einen verschiedenen Wert haben. Der Modus (= Dichtemittel) ist jener Wert (der Merkmalsgröße), bei dem die größte Klassenhäufigkeit vorliegt. Der Median (= Zentralwert) ist jener Wert, der eine gleiche Zahl von Meßwerten auf beiden Seiten hat. Der Mittelwert M, das arithmetische Mittel, ist jedem geläufig: $M = \dfrac{\Sigma\, x_i}{n}$. Im Fall einer symmetrischen Verteilung fallen Modus, Median und Mittelwert zusammen ($\rightarrow$ Abb. 2.15)

metrisch (Abb. 2.16). Bei asymmetrischer Verteilung wird die Charakterisierung der Population schwierig, z. B. kommen *Modus, Median* und *Mittelwert* als repräsentative Maßzahlen in Frage (Abb. 2.17). Der Mittelwert ist nur dann als charakteristische Maßzahl für die Basisdaten gerechtfertigt, wenn eine symmetrische Verteilung vorliegt. Die Kenntnis der Verteilungsfunktion ist deshalb eine unabdingbare Voraussetzung für die sachgerechte Verarbeitung der Basisdaten.

Darstellung von Daten

Welche Darstellung erfahren repräsentative Maßzahlen (z. B. M $\pm$ s) in der Physiologie? Wir wählen als Beispiel eine Serie von Maßzahlen, die Körper-

Tabelle 2.1. Körpermasse und Atmungsintensität verschiedener Säugetiere. (Nach Baker und Allen 1968)

Tierart	Körpermasse [g]	Atmungsintensität $[\mu l\, O_2 \cdot g^{-1} \cdot h^{-1}]$
Maus	25	1 580
Ratte	225	872
Kaninchen	2 200	466
Hund	11 700	318
Mensch	70 000	202
Pferd	700 000	106
Elefant	3 800 000	67

gewicht und Atmungsintensität bei verschiedenen Säugetieren betreffen. Darstellung in Tabellenform (Tabelle 2.1): Man sieht, daß die (Durchschnitts-) Maus eine viel höhere Atmungsintensität besitzt als der (Durchschnitts-)Elefant und daß die übrigen Säugetiere dazwischen liegen. Die Darstellung als Kurvenzug mit linearen Koordinaten (Abb. 2.18) ist vielleicht anschaulicher, bringt aber keine weitere Erkenntnis. Erst die Darstellung im doppellogarithmischen Koordinatensystem läßt erkennen, daß ein gesetzhafter Zusammenhang besteht und daß sich auch der Mensch in diesen Zusammenhang einfügt (Abb. 2.19). Man sieht an diesem Beispiel, daß die Darstellung der Maßzahlen in der Physiologie häufig darüber entscheidet, ob aus Primärdaten und Maßzahlen eine Erkenntnis entsteht.

Das Problem der Extrapolation

Als Extrapolation bezeichnet man in der Physiologie Aussagen über den Verlauf einer Funktion au-

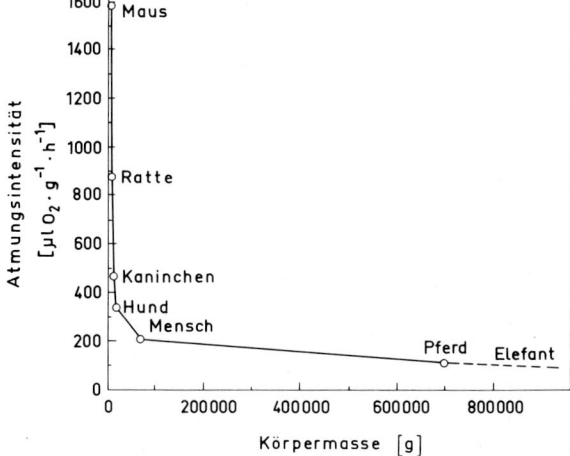

Abb. 2.18. Atmungsintensität verschiedener Säugetiere als Funktion ihrer Körpermasse (Daten aus Tabelle 2.1). Beide Koordinaten sind linear geteilt. (Nach Baker und Allen 1968)

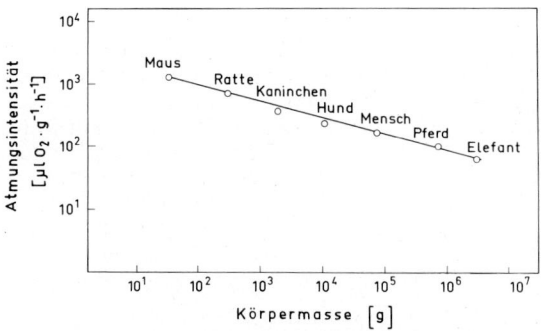

Abb. 2.19. Atmungsintensität verschiedener Säugetiere als Funktion ihrer Körpermasse (Daten aus Tabelle 2.1). Beide Korrdinaten sind logarithmisch gestaucht. Diese Darstellung hat den Vorteil, daß auch ein extremer Bereich von Maßzahlen in einer Graphik vereinigt werden kann. Außerdem treten dabei manchmal Zusammenhäng in Erscheinung, die bei linear geteilten Koordinaten nicht auffallen. (Nach Baker und Allen 1968)

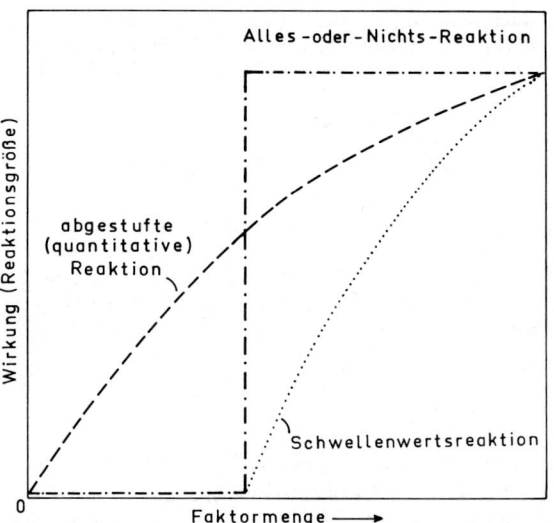

Abb. 2.20. Der prinzipielle Gegensatz zwischen einer abgestuften Reaktion, bei der der funktionelle Zusammenhang zwischen Faktormenge und Merkmalsgröße durch den Nullpunkt extrapoliert (→ Abb. 21.18) und einer Schwellenwertsreaktion, bei der eine Wirkung erst ab einer bestimmten Faktormenge eintritt. Die Schwellenwertsreaktion kann darüber hinaus den Charakter einer Alles-oder-Nichts-Reaktion haben (→ Abb. 21.24)

ßerhalb eines Gebiets, in dem der Kurvenverlauf durch Maßzahlen eindeutig gerechtfertigt ist. Die Extrapolation ist zuerst stets mit Unsicherheiten behaftet; sie kann aber in der Regel nicht umgangen werden, wenn es sich um die Abschätzung der Wirkung sehr kleiner oder sehr großer Faktormengen (→ Abb. 5.19) handelt. Man darf aber keinesfalls davon ausgehen, daß der funktionale Zusammenhang zwischen Faktormenge und Wirkung notwendigerweise durch den Nullpunkt des Koordinatensystems extrapoliert. Vielmehr muß man im Auge behalten, daß bei biologischen Systemen auch Schwellenwertsreaktionen auftreten (Abb. 2.20).

Weiterführende Literatur

Bünning E (1949) Theoretische Grundfragen der Physiologie. Piscator, Stuttgart

Halbach U, Katzl F (1974) Die Ursachen der Variabilität. Biologie in unserer Zeit 4:58–63

Kleinig H, Sitte P (1992) Zellbiologie, Ein Lehrbuch. 3. Aufl. Fischer, Stuttgart New York

Mohr H (1981) Biologische Erkenntnis. Teubner, Stuttgart

Nachtigall W (1972) Biologische Forschung. Quelle und Meyer, Heidelberg

Precht M (1987) Bio-Statistik. 4. Aufl. Oldenbourg, München Wien

Weber E (1972) Grundriß der Biologischen Statistik. 7. Aufl. Fischer, Stuttgart

3 Die Zelle als morphologisches System

Die Biochemie und Struktur der Eucyte ist im Gesamtbereich der Eukaryoten einheitlicher als man nach drei Milliarden Jahren Evolution annehmen möchte. Diese auffällige Einheitlichkeit der Zellstruktur im Tier- und Pflanzenreich erlaubt den Schluß, daß schon bei den präkambrischen Flagellaten, von denen wahrscheinlich die genetische Evolution des Tier- und Pflanzenreichs ihren Ausgang nahm, die Grundstruktur der Zelle in so großer Vollkommenheit ausgebildet war, daß sie im Verlauf der Evolution nur noch wenig verbessert werden konnte. Die Evolution ist deshalb nicht in erster Linie eine Angelegenheit der Zelle; vielmehr kamen die Fortschritte der Evolution dadurch zustande, daß vielzellige Systeme mit Differenzierung und Arbeitsteilung entstanden.

Die relative Einheitlichkeit der *Zellstruktur* repräsentiert eine relative Einheitlichkeit der *Zellfunktion*: Viele Vorgänge des Grundstoffwechsels, der Energieverarbeitung und der Informationsübertragung laufen in allen Eukaryotenzellen recht ähnlich ab. Immerhin bestehen hinsichtlich der Zellstruktur zwischen höheren Tieren und Pflanzen einige Unterschiede, die auch in unserem Zusammenhang von Bedeutung sind. Beispielsweise ist der Wachstumsmodus bei der typischen Pflanzenzelle völlig verschieden von dem typischer tierischer Zellen (→ S. 103). Die Durchschnittsgröße ausgewachsener Pflanzenzellen liegt weit über jener von tierischen Zellen. Wegen der großen Unterschiede im osmotischen Potential zwischen Zellinhalt und extrazellulärem Raum benötigt die pflanzliche Zelle eine reißfeste Zellwand um nicht zu platzen. Die tierische Zelle ist hingegen weitgehend iso-osmotisch mit ihrer Umgebung und bedarf daher keiner mechanischen Stabilisierung. Bei ihr ist auch ein Zellsaftraum als Abladeplatz für lokale Exkrete nicht erforderlich. Der Abfall des Zellstoffwechsels wird beim Tier über die Blutbahn und zentrale Exkretionsorgane (Nieren) beseitigt. Der pflanzliche Organismus verfügt über keine zentralen Exkretionsorgane. Hier muß jede Zelle ihre Stoffwechselschlacken selbst unterbringen, entweder in der Wand oder in der Vacuole. Nur in Ausnahmefällen treten exkretorische Drüsen auf (→ S. 276). Im ganzen gesehen sind jedoch die Unterschiede zwischen Tier- und Pflanzenzellen gering, zumal im Vergleich zu den oft sehr ins Auge fallenden Unterschieden zwischen Zellen ein und desselben Organismus, die im Zuge der Differenzierung und Spezialisierung auftreten.

Die meristematische Pflanzenzelle

Strukturelle Gliederung

Wir wählen als repräsentative Pflanzenzelle zunächst eine embryonale, d. h. noch teilungsfähige Zelle, wie sie in den Sproß- oder Wurzelvegetationspunkten einer Blütenpflanze vorkommt (Abb. 3.1). Wir können das Zellmodell zunächst gliedern in *Zellwand* und *Protoplast*. Der Protoplast umfaßt das Protoplasma und die davon eingeschlossenen Vacuolen. Nach dem klassischen, in erster Linie von der Cytogenetik geprägten Sprachgebrauch wird das Protoplasma gegliedert in *Zellkern (Nucleus)* und *Cytoplasma*. Heutzutage neigt man dazu, die semi-autonomen Organellen *Plastide* und *Mitochondrion* aus dem Cytoplasma auszugliedern. Wir verwenden den Begriff Cytoplasma stets in diesem eingeengten Sinn. Das Cytoplasma kann man demnach aufteilen in *Partikel* (z. B. Ribosomen) und *Membransysteme* (z. B. das endoplasmatische Reticulum) einerseits und das *Grundplasma* andererseits. Als Grundplasma gilt heute jener Teil des Cytoplasmas, der auch im Elektronenmikroskop unstrukturiert erscheint. In der Biochemie verwendet man für die „Lösungsphase" des Cytoplasmas häufig den Begriff *Cytosol*. Darunter versteht man denjenigen Anteil der Zelle, der

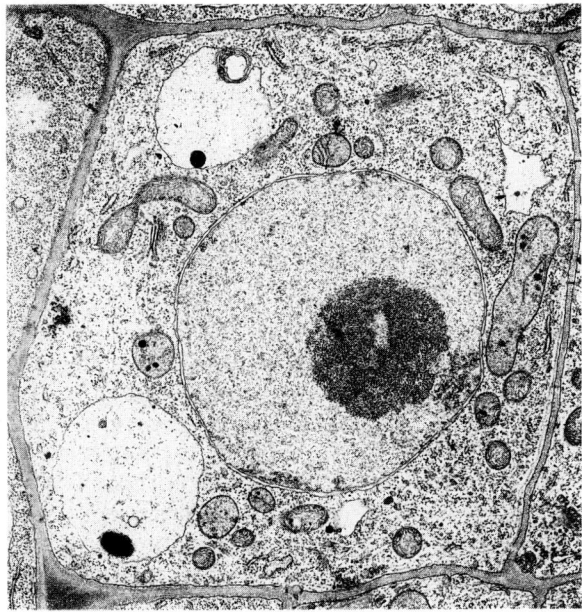 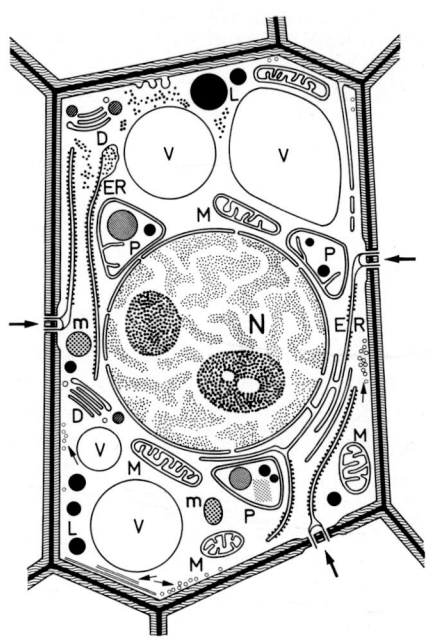

Abb. 3.1. Feinbau einer typischen meristematischen Pflanzenzelle. *Links*: elektronenmikroskopische Aufnahme (Wurzelspitze von *Arabidopsis thaliana;* nach Ledbetter); *rechts*: Feinbau-Schema (nach Sitte 1965; verändert). N, Nucleus mit Chromatin und zwei Nucleolen, Kernhülle mit Kernporen; ER, endoplasmatisches Reticulum, stellenweise mit Ribosomenbesatz; D, Dictyosomen (Elemente des Golgi-Apparates); V, Vacuolen; M, Mitochondrien; P, Plastiden (hier als Proplastiden); m, Microbodies (Peroxisomen); L, Lipidkörper (Oleosomen). Die Zelle ist von der Plasmamembran (Plasmalemma) begrenzt und von der primären Zellwand (schraffiert) umgeben. Die kräftigen Pfeile deuten auf primäre Tüpfelfelder mit Plasmodesmen. Die dünneren Pfeile innerhalb der Zelle weisen auf Quer- und Längsschnitte von Mikrotubuli

nach Homogenisation und Abzentrifugation aller Membranen und Partikel als Überstand erhalten wird. *Grundplasma* und *Cytosol* sind also auf verschiedene Weise *operational* definiert und daher grundsätzlich nicht bedeutungsgleich. Weder der eine noch der andere Begriff ist ideal, um die „Lösungsphase" der lebenden Zelle zu beschreiben. Obwohl dies nicht unproblematisch ist, wird der Begriff Cytosol häufig auch auf die lebende Zelle angewendet.

Der Protoplast ist nach außen, zur Zellwand hin, von der *Plasmamembran* (Plasmalemma) umschlossen. Die *Tonoplastenmembran* bildet die Grenze zwischen Protoplasma und Vacuole. Das Cytoplasma wird von weiteren Membranen durchzogen, welche alle den grundsätzlichen Aufbau einer Biomembran (Elementarmembran, 4–10 nm Querschnitt) besitzen. Im Elektronenmikroskop erscheint eine quer geschnittene Elementarmembran nach der üblichen Kontrastierung mit Osmium als dunkle Linie, bei guter Auflösung als

Doppellinie (Abb. 3.2). Diese Struktur wird als Lipiddoppelschicht interpretiert, in der polare Lipide (Phospholipide) mit ihren hydrophoben Acylketten zueinander orientiert vorliegen, während die hydrophilen Phosphoglycerolreste zur wäßrigen Phase des Grundplasmas hingewandt sind (Abb. 3.3). In diese Lipidmatrix sind globuläre Proteine als integrale Bestandteile eingefügt. Manche Proteine (z. B. „Tunnelproteine") können die ganze Matrix durchdringen und somit einen „Proteinkontakt" zwischen dem Innenraum und der Außenwelt des von der Membran umschlossenen Kompartiments herstellen.

Kompartimente sind membranumschlossene Reaktionsräume. Es ist ein Charakteristikum der Eucyte, daß sie in Kompartimente gegliedert ist. Dieser Gliederung, die in ihrem vollen Umfang erst durch die Elektronenmikroskopie aufgedeckt wurde, liegt eine entsprechende Vielfalt von Elementarmembranen zugrunde. In die verwirrende Fülle der Kompartimente läßt sich eine gewisse

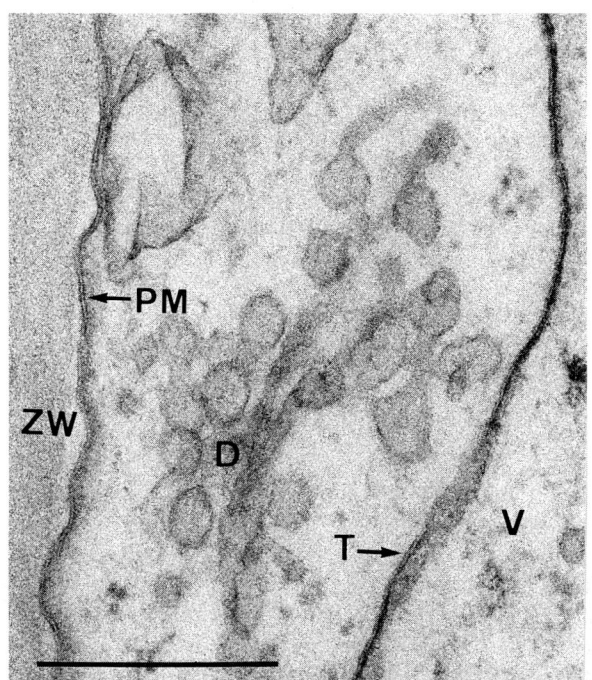

Abb. 3.2. Elektronenmikroskopische Aufnahme eines Querschnitts durch den Protoplasten einer ausgewachsenen Epidermiszelle aus der Koleoptile von Mais (*Zea mays*). Das Bild zeigt einen Ausschnitt aus dem dünnen „Plasmaschlauch" zwischen Zellwand (ZW) und Vacuole (V). Man sieht deutlich die als Doppellinie erkennbaren Plasmagrenzmembranen *Plasmamembran* (PM) und *Tonoplast* (T). Im Cytoplasma ist die periphere Zone eines Dictyosoms (D) angeschnitten (→ Abb. 3.5). Strich: 0,5 μm. (Nach Bergfeld)

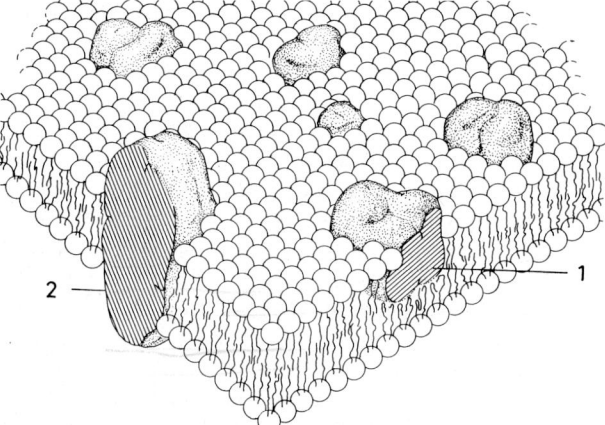

Abb. 3.3. Ein dreidimensionales Modell einer Biomembran, die aus einer Phospholipid-Doppelschicht und globulären Proteinen besteht. Die Proteine treten in zwei Typen auf: Einige liegen an oder nahe einer Membranoberfläche (1), andere durchdringen die Membran völlig (2). Die Lipid-Doppelschicht muß als der strukturelle Rahmen der Membran angesehen werden. Die Proteine (Glycoproteine) der Membran sind in der Doppelschicht verankert. Funktionell können die Proteinmoleküle Strukturkomponenten, Enzyme, Receptoren oder Transportkatalysatoren sein. Die Verschiedenheit der Membranen beruht in erster Linie auf der Verschiedenheit der Membranproteine. (Nach Singer und Nicolson 1972.) Dieses Modell wurde als *fluid-mosaic-Modell* bekannt. Das durch die Proteine bestimmte Mosaik wird weder als statisch noch als zufallsmäßig angesehen. Vielmehr wird die Membran mit einer zweidimensionalen, viskosen „Lösung" verglichen, in der sowohl die Lipide als auch die Proteine eine erhebliche Bewegungsfreiheit besitzen. Andererseits besteht eine enge Beziehung zwischen der Anordnung der Proteine und der Membranfunktion. Es ist die nicht-zufallsmäßige Anordnung spezifischer Proteine, welche der Membran ihre Spezifität verleiht. Der vielfach erhobene Befund, daß sich die Elementarmembranen nach biochemischer Zusammensetzung und Funktion wesentlich unterscheiden können, wird also durch die spezifische Anordnung spezifischer Proteine in der Lipidmatrix erklärt. Das fluid-mosaic-Modell ist nicht universell anwendbar. Es muß Zellmembranen geben, die viel starrer sind („kristalline" oder gelartige Lipidmatrix). Beispielsweise sind die Phänomene des Polarotropismus (→ S. 527) mit dem Konzept einer fluid membrane nicht zu vereinbaren

Ordnung bringen, wenn man ihren Inhalt vergleicht. Es gibt *plasmatische* Kompartimente mit einem hohen Gehalt an Proteinen (Enzymen) und proteinarme, *nicht-plasmatische* Kompartimente. Beispiele für nicht-plasmatische Kompartimente liefern die Vacuolen, die Binnenräume von ER und Golgi-Cisternen sowie die Räume zwischen Außen- und Innenmembranen der Mitochondrien und Plastiden. Dagegen ist das innere Kompartiment der Mitochondrien und Plastiden (die Matrix) plasmatisch, ebenso natürlich das Grundplasma und das Karyoplasma.

Manche Kompartimente können nur aus ihresgleichen hervorgehen und bei Verlust nicht de novo aus anderen Kompartimenten regeneriert werden. Daher verfügen alle Eucyten in wenigstens qualita-

tiv gleichartiger Weise über diese Kompartimente. Dennoch ist Zelldifferenzierung und -spezialisierung vielfach mit einer drastischen Verschiebung des Anteiles einzelner Kompartimente am Kompartiment Zelle verbunden. Insofern liegen hier wichtige Probleme für eine Beschreibung und Erforschung der Zelldifferenzierung.

Die Kompartimentierung der Eucyte ist ein sichtbarer Ausdruck dafür, daß die Zelle kein homogenes System ist. In der Tat sind die einzelnen Molekültypen in der Zelle nicht gleichmäßig verteilt, obgleich die Dimension der Zelle (etwa 100 µm) eine Gleichverteilung durch Diffusion innerhalb weniger Sekunden ermöglichen würde. Einige Beispiele: Manche Moleküle kommen nur in den Plastiden vor, etwa das Chlorophyll, die Carotinoide oder die Enzyme des Calvin-Cyclus. Andere Molekültypen findet man nur in den Mitochondrien, z. B. die Cytochromoxidase. Anthocyanmoleküle werden zwar im Cytoplasma gebildet, akkumuliert werden sie jedoch ausschließlich in der Zentralvacuole. Die meiste DNA der Zelle befindet sich im Kern. Kleine Fraktionen hat man in den Plastiden und in den Mitochondrien lokalisieren können.

Viele Moleküle sind und bleiben also auf bestimmte Kompartimente beschränkt. Dies wird auf zwei Wegen erreicht: 1. Die Elementarmembranen, von denen die Kompartimente umschlossen sind, erweisen sich für diese Moleküle als impermeabel. Beispielsweise kann Nicotinadenindinucleotid (NAD$^+$/NADH) die Innenmembran der Chloroplasten nicht durchdringen. 2. Die Moleküle sind innerhalb der Kompartimente an Strukturen gebunden. Die freie Diffusion wird dadurch unterbunden. Zum Beispiel sind die Chlorophyllmoleküle in vivo an Membranproteine der Thylakoide gebunden (Chlorophyll-Protein-Komplexe). Die Kompartimentierung der Moleküle macht die Anwendung des Begriffs *Konzentration* häufig unmöglich. Dieser Begriff ist lediglich für die Beschreibung homogener Systeme geeignet. Man sagt besser *Gehalt = Menge pro Zelle* (z. B. nmol · Zelle^{-1}) und macht zusätzlich Angaben über die Kompartimentierung.

Endoplasmatisches Reticulum

Das Cytoplasma meristematischer Zellen ist von einem dreidimensionalen System flächiger oder tubulärer Membranen durchzogen, das in seiner Gesamtheit als *endoplasmatisches Reticulum (ER)* bezeichnet wird. Die ER-Membranen umschließen einen gemeinsamen Hohlraum, der sich in viele unregelmäßig geformte, flächig ausgebreitete Cisternen gliedert. Dieses Membransystem bildet auch die von Poren durchbrochene *Kernhülle* (→

Abb. 3.1). Röhrenförmige Fortsätze des ER ziehen durch die Plasmodesmen von Zelle zu Zelle (→ Abb. 3.1). Die Annahme liegt nahe, daß der Innenraum der Röhren und Cisternen, ein nicht-plasmatisches Kompartiment, im Dienst der schnellen, gerichteten Stoffleitung steht. Das ER ist darüber hinaus der Bildungsort einiger anderer Zellmembranen, z. B. leiten sich von ihm die Membranen des Golgi-Apparats, die Plasmamembran und die Tonoplastenmembran ab. (Diese werden mit dem ER häufig zum *Endomembransystem* zusammengefaßt.)

Die äußere (plasmaseitige) Oberfläche des ER ist häufig mit kugeligen Partikeln von etwa 30 nm Durchmesser besetzt, die sich als *Ribosomen* identifizieren lassen (→ Abb. 10.7). Im Flachschnitt erkennt man, daß die Ribosomen in spiralförmigen, 8- bis 12gliedrigen Ketten an der Membranoberfläche fixiert sind (Abb. 3.4). Diese Strukturen bezeichnet man als *Polysomen*; sie stellen mRNA-Ribosomenkomplexe bei der Proteinsynthese (Translation) dar. Die an ihnen gebildeten Polypeptide werden unmittelbar nach Knüpfung der Peptidbindung (*cotranslational*) durch die Membran in das ER-Lumen transportiert (→ Abb. 11.2). Die Funktion der membrangebundenen Proteinsynthese ist auf bestimmte Bereiche des ER beschränkt (*rauhes ER*, im Gegensatz zum *glatten ER*, das nicht mit Polysomen besetzt ist). Daneben findet im Cytoplasma die Synthese von Proteinen an „freien" Polysomen statt (Abb. 3.1, *links oben*).

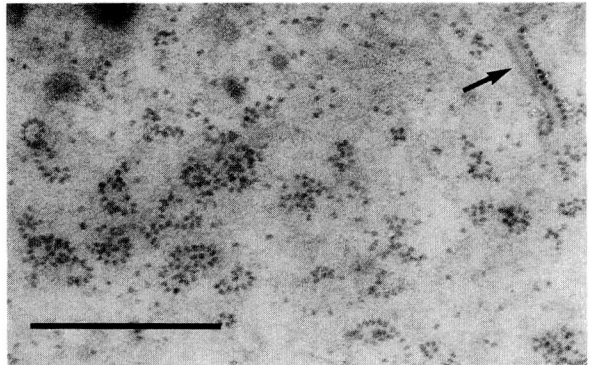

Abb. 3.4. Polysomenfeld auf der Oberfläche einer Cisterne des rauhen endoplasmatischen Reticulums (rER) in der Epidermiszelle einer Maiskoleoptile (*Zea mays*). Da die Schnittebene parallel zur Ebene der Membran verläuft, ist diese nicht deutlich zu erkennen. *Rechts oben* (Pfeil) ist ein rER-Abschnitt senkrecht zur Membranebene getroffen. Strich: 0,5 µm. (Nach Bergfeld)

Zellkern (Nucleus)

Der von der Kernhülle umgebene Teil des Protoplasmas wird als *Nucleoplasma* bezeichnet; dieses steht über die Kernporen mit dem Cytoplasma in Verbindung (→ Abb. 3.1). Genauere elektronenmikroskopische Untersuchungen ergaben, daß die Kernporen (Durchmesser 60–100 nm) eine komplizierte Superstruktur aufweisen. Es handelt sich also nicht einfach um freie Öffnungen, sondern um Pforten in der Kernhülle, durch die ein kontrollierter Transport von Makromolekülen (RNA, Protein) stattfindet. Das Nucleoplasma des Interphasekerns besteht vor allem aus *Chromatin.* Darunter versteht man die DNA-Protein-Komplexe der aufgelockerten („entspiralisierten") Chromosomen, die als solche in diesem Zustand nicht erkennbar sind. Lediglich diejenigen Bereiche, in denen die Synthese der ribosomalen RNA und die Biogenese der Ribosomen stattfindet, sind als Nucleoli strukturell hervorgehoben (→ Abb. 3.1).

Golgi-Apparat

Unter dem Golgi-Apparat versteht man die Gesamtheit der *Dictyosomen* einer Zelle. Ein einzelnes Dictyosom besteht aus einem Stapel von 5 bis 10 flachen, meist napfförmig eingewölbten Membransäckchen (Golgi-Cisternen) mit einem Durchmesser von etwa 1 µm (Abb. 3.5). Diese komplizierten Membrankomplexe sind polar aufgebaut: Sie nehmen auf der Regenerationsseite von benachbarten ER-Cisternen produzierte Membranvesikel auf und geben auf der Sekretionsseite Vesikel ab, welche mit Sekreten gefüllt sind und die Fähigkeit besitzen, mit der Plasmamembran oder dem Tonoplast zu fusionieren und dabei ihren Inhalt in die von diesen Membranen abgegrenzten, nichtplasmatischen Kompartimente zu ergießen. Im Fall der Plasmamembran wird dieser Prozeß als *Exocytose* bezeichnet. In der Pflanzenzelle steht der Golgi-Apparat im Dienst der Synthese und des Transports von Zellwandpolysacchariden (Pektine, Hemicellulosen). Diese Polymere werden innerhalb der Golgi-Cisternen synthetisiert und, in Golgi-Vesikel verpackt, zur Plasmamembran verfrachtet. Daneben übernehmen die Dictyosomen die von den ER-gebundenen Ribosomen produzierten sekretorischen Proteine. Es handelt sich dabei wahr-

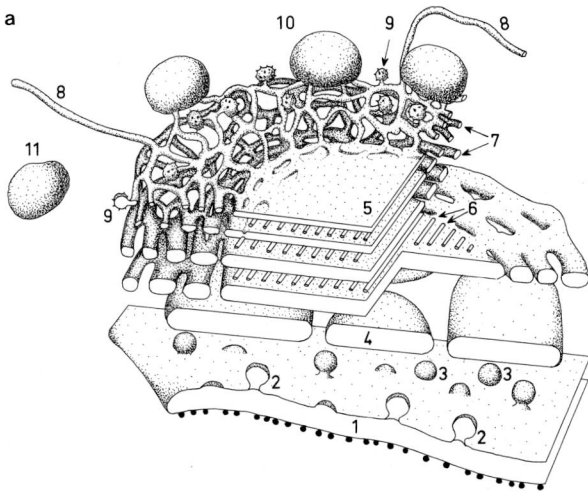

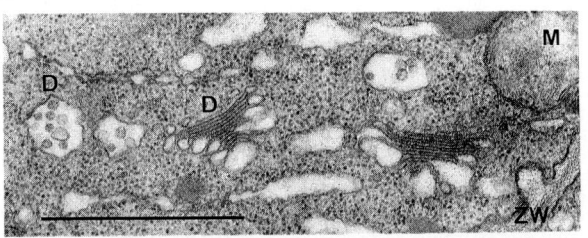

Abb. 3.5a und b. (a) Räumliches Modell eines aktiven Dictyosoms mit 5 Golgi-Cisternen und einer Cisterne des endoplasmatischen Reticulums (ER, unten). 1, ER-Cisterne mit Ribosomen an der vom Dictyosom abgewandten Membran; 2, Bildung von ER-Vesikeln; 3, freie ER-Vesikel; 4, Kompartiment einer entstehenden Golgi-Cisterne an der Regenerationsseite des Dictyosoms; 5, Golgi-Cisterne an der Sekretionsseite mit tubulär-netzförmiger Randpartie; 6, intercisternale Fibrillen; 7, anastomosierende Tubuli; 8, weitreichende Tubuli; 9, Bildung von kleinen Golgi-Vesikeln; 10, Bildung von größeren Golgi-Vesikeln; 11, reife Golgi-Vesikel. Die Cisternenhöhe nimmt in Richtung zur Sekretionsseite ab. (Nach Sievers 1973.) (b) Elektronenmikroskopische Aufnahme eines Schnittes durch eine meristematische Zelle aus der Wurzelspitze von *Sinapis alba*, in dem mehrere Dictyosomen parallel und quer zur Membranebene angeschnitten sind (D, Dictyosom; M, Mitochondrion; ZW, Zellwand; Strich: 1 µm). (Nach Bergfeld)

scheinlich stets um glycosylierte Proteine (*Glycoproteine*), deren Kohlenhydrat-Seitenketten im Golgi-Apparat noch einmal modifiziert werden, bevor sie in die sekretorische Transportbahn eintreten. Der Materialtransport durch die Dictyosomen ist mit einem *Membranfluß* vom ER zur Plasmamembran bzw. zum Tonoplasten verbunden; diese Organellen sind also hochgradig dynamische, in

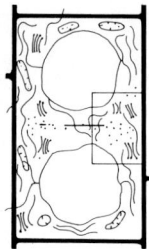

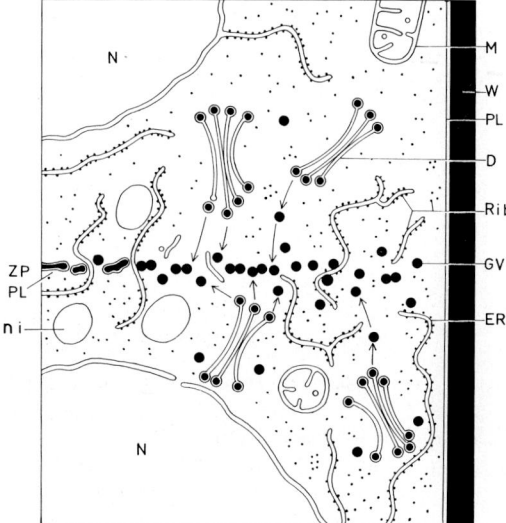

Abb. 3.6. Modell der Zellplattenbildung aus Golgi-Vesikeln. Die untere Teilabbildung gibt den markierten Ausschnitt aus der oberen Abbildung bei stärkerer Vergrößerung wieder. Die Membran der freien Golgi-Vesikel wurde nicht eingezeichnet, da sie sich bei kontrastiertem Vesikelinhalt nicht deutlich abhebt. Sie ist jedoch stets vorhanden, wie Bilder mit nicht kontrastiertem Vesikelinhalt zeigen. N, Tochterkerne; ZP, Zellplatte; M, Mitochondrien; W, Zellwand; PL, Plasmamembran; D, Dictyosomen; Rib, Ribosomen; GV, Golgi-Vesikel; ER, endoplasmatisches Reticulum; ni, nicht identifiziert. (Nach Sievers 1965)

beständigem Umbau befindliche Strukturen. In meristematischen Zellen tritt die Funktion des Golgi-Apparats vor allem bei der Bildung neuer Zellwände bei der Zellteilung hervor. Die an der Trennungslinie zwischen den zukünftigen Tochterzellen als erstes erkennbare Zellplatte entsteht durch Verschmelzung von Golgi-Vesikeln, welche mit Zellwandmaterial gefüllt sind (Abb. 3.6). Gleichzeitig liefern diese Vesikel die neuen Plasmamembranabschnitte der Tochterzellen.

Microbodies (Peroxisomen)

Als *Microbodies* bezeichnet man Organellen, welche auf elektronenmikroskopischen Aufnahmen als rundliche, von einer einfachen Membran umgebene Membranvesikel mit einem Durchmesser von etwa 1 μm erscheinen. Sie sind mit einer dichten, feingranulär erscheinenden Matrix gefüllt, welche im histochemischen Test eine positive Reaktion für Katalaseaktivität zeigt. Bei der biochemischen Analyse ergab sich, daß in diesen Vesikeln die Enzyme für bestimmte Abschnitte des Grundstoffwechsels kompartimentiert sind, welche die Bildung von H_2O_2 einschließen. Daher rührt der funktionell definierte Begriff *Peroxisom* für diese Organellen. Peroxisomen liegen in Pflanzen in verschiedenen funktionellen Formen vor, welche mit der spezifischen Stoffwechselfunktion der jeweiligen Zellen in Zusammenhang stehen (→ S. 152). Sie können allgemein als Entgiftungskompartimente für das toxische H_2O_2 angesehen werden. Ihre Vermehrung in der Zelle erfolgt durch Knospung und Abschnürung von Tochtervesikeln. Man nimmt heute an, daß die Peroxisomenmembran nicht dem Endomembransystem der Zelle angehört, sondern eine Membran sui generis ist.

Mitochondrien und Plastiden

Im Gegensatz zu den Microbodies besitzen die *Mitochondrien* und *Plastiden* eine doppelte Membranhülle, welche einen Intermembranraum als zusätzliches Kompartiment umschließt. Die äußere, an das Grundplasma grenzende Membran ist relativ einfach aufgebaut und durch den Besitz von *Porin*, einem porenbildenden Proteinkomplex, leicht permeabel für Moleküle bis zu einer Partikelmasse von 6–10 kDa. Die selbst für kleine Ionen (z.B. H^+) weitgehend impermeable innere Mitochondrienmembran ist durch Einfaltung in ihrer Oberfläche stark vergrößert (Abb. 3.7). Sie umschließt den Matrixraum, das plasmatische Kompartiment des Mitochondrions. Die *Plastiden* der meristematischen Zellen sind kleine, einfach aufgebaute Organellen ohne photosynthetische Aktivität. Die Matrix dieser *Proplastiden* wird nur von wenigen, unregelmäßig gefalteten Membranen durchzogen, welche als Einfaltungen der inneren Hüllmembran aufgefaßt werden können (→ Abb. 11.10a). Diese Organellen sind die Vorläufer der vielfältigen Pla-

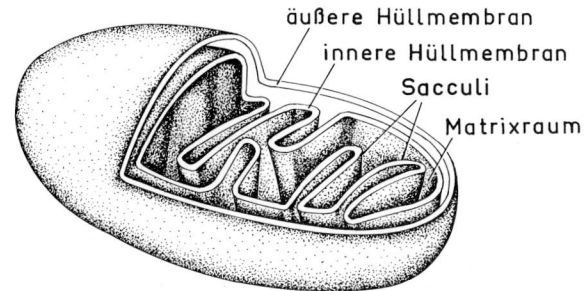

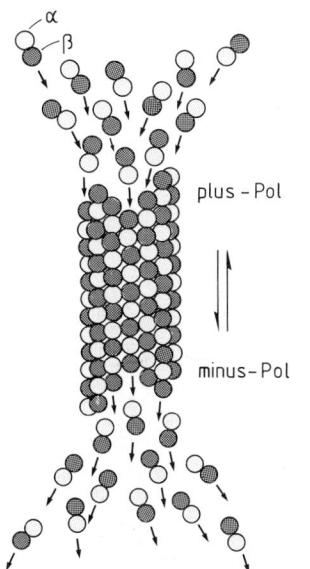

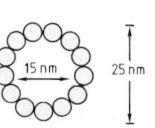

Abb. 3.7. Dreidimensionales Strukturmodell eines pflanzlichen Mitochondrions. Die Einstülpungen der inneren Membran, an der die respiratorische Energietransformation (Elektronentransport der Atmungskette, Phosphorylierung von ADP) stattfindet, haben die Gestalt von Sacculi. Man kennt auch Mitochondrien mit septumartigen, parallel angeordneten Falten (Cristae) oder röhrenförmigen Oberflächenvergrößerungen (Tubuli)

stidentypen ausdifferenzierter Zellen (z. B. Chloroplasten, Leucoplasten, Chromoplasten; → S. 145).

Mitochondrien und Plastiden können nur durch Teilung bereits vorhandener Mitochondrien bzw. Plastiden vermehrt werden. Sie sind, neben dem Zellkern, die einzigen DNA-haltigen Organellen der Zelle. Sie verfügen darüber hinaus in ihrer Matrix über Ribosomen und alle anderen Komponenten der Genexpressionsmaschinerie und können einen beschränkten Anteil ihrer Proteine selbst synthetisieren (→ S. 142, 145). Die Genese und die metabolische Funktion dieser genetisch semi-autonomen Organellen wird in späteren Kapiteln ausführlich behandelt.

Abb. 3.8. Strukturmodell eines Mikrotubulus. Der Hohlzylinder besteht aus 13 Längsreihen (Protofilamenten) von Tubulin-Untereinheiten. Da die Protofilamente leicht gegeneinander versetzt sind, ergibt sich eine helicale Superstruktur. Ein Heterodimer aus α- und β-Tubulin (jeweils 50 kDa) bildet den Grundbaustein der Protofilamente. Der Mikrotubulus kann am plus-Pol durch Aggregation von Tubulindimeren verlängert, und am minus-Pol durch Disaggregation verkürzt werden; er ist also eine dynamische, polare Struktur. Die Aggregation kann in vitro spontan ablaufen; in vivo erfolgt sie wahrscheinlich unter Hydrolyse von Guanidintriphosphat. Das „Wachstum" der Mikrotubuli wird durch das Verhältnis zwischen Aggregation (am plus-Pol) und Disaggregation (am minus-Pol) bestimmt. Die Oberfläche ist mit verschiedenen Proteinen besetzt (nicht eingezeichnet), welche vermutlich für den Kontakt mit anderen Cytoplasmabestandteilen wichtig sind. (Nach Sloboda 1980; verändert)

Cytoskelett

Ähnlich wie die Zellen von Einzellern und Tieren enthalten auch Pflanzenzellen in ihrem äußeren Cytoplasmabereich (Ectoplasma) ein Geflecht von *corticalen Mikrotubuli.* Darunter versteht man starre, hohle Stäbchen mit 25 nm Außendurchmesser, welche durch eine geordnete Aggregation (self assembly) des Proteins *Tubulin* im Cytoplasma entstehen (Abb. 3.8). Mikrotubuli werden beständig auf- und abgebaut, wobei der Aufbau am einen Ende, der Abbau am anderen Ende stattfindet. In der Zelle liegt ein dynamisches Gleichgewicht zwischen freiem und aggregiertem Tubulin vor. Die corticalen Mikrotubuli können eng mit der Plasmamembran verbunden sein (→ Abb. 8.6). Sie le-

gen in vielen wachsenden Zellen die Orientierung der neu gebildeten Cellulosefibrillen in der Zellwand fest (→ S. 108).

Generell dürfte das Mikrotubuli-Skelett bei Pflanzenzellen (deren äußere Form ja durch die Zellwand festgelegt wird) der mechanischen Stabilisierung des Ectoplasmas dienen und darüber hinaus Orientierungs- und Gleitschienen für den Transport von Organellen liefern. Hierbei sind außerdem kontraktile Zugfasern (*Actinfilamente*) beteiligt, welche ganz ähnlich wie das Actomyosin-System der Muskelzellen funktionieren. Auch bei der Kernteilung spielen Mikrotubuli eine zentrale Rolle; sie bilden die „Fasern" des Spindelapparats

(→ Abb. 6.4). Die bekannte antimitotische Wirkung von *Colchicin* beruht darauf, daß dieses Alkaloid spezifisch an das freie Tubulin bindet und dadurch das Wachstum der Mikrotubuli verhindert. In ähnlicher Weise lassen sich alle anderen Mikrotubuli-Funktionen durch dieses Gift blockieren.

Zellwand

Die Zellwand ist ein Sekretionsprodukt des Protoplasten und gehört somit zum nicht-lebendigen Bereich der Zelle. Sie legt Größe, Form und Stabilität der Pflanzenzelle fest. Wenn man in einem Gewebe die Zellwände durch Enzyme auflöst, erhält man nackte, kugelige Protoplasten, welche in einem isoosmotischen Medium überleben können und in der Regel sehr schnell eine neue Zellwand regenerieren. Die Wand der jungen Pflanzenzelle stellt ein äußerst reißfestes, dabei jedoch plastisch dehnbares Verbundmaterial aus amorphen, gelbildenden Matrixpolymeren und darin eingebetteten Gerüstelementen (*Cellulosefibrillen*) dar. Die Wand muß einerseits Turgordrücken von 5–15 bar standhalten und andererseits zu einem raschen, metabolisch kontrollierten Flächenwachstum befähigt sein. Dieser Aspekt wird in Kapitel 8 weiter verfolgt.

Die chemische Analyse pflanzlicher Zellwände ergibt eine verwirrende Fülle komplizierter Polysaccharide, die im wesentlichen durch glycosidische Verknüpfung von nur 7 Hexose- und Pentose-Bausteinen zustandekommen (*D-Glucose, D-Galactose, D-Galacturonsäure, L-Rhamnose, L-Fucose, D-Xylose, L-Arabinose*). Außerdem treten in geringem Umfang (5–10%) *Polypeptide* auf. Tabelle 3.1 zeigt eine Bestandsaufnahme der wichtigsten Zellwandpolymere. Aus der Aufstellung wird deutlich, daß die chemische Zusammensetzung der Zellwände im Pflanzenreich nicht einheitlich ist. So gibt es z. B. bei den Gräsern (Poaceen) massive Abweichungen von der typischen Dikotylen-Zellwand.

Bei der Zellteilung im Meristem bildet sich zwischen den zukünftigen Tochterzellen zunächst durch Verschmelzung des Inhalts von Golgi-Vesikeln im Bereich des Phragmoplasten eine *Zellplatte*, die in die *Mittellamelle* der neuen Zellwand übergeht (→ Abb. 3.6). Die Mittellamelle besteht im wesentlichen aus Pektin, das als Kittsubstanz die anschließend von den beiden Tochterzellen aufgelagerten Wandschichten verbindet. Unter *Pektin* versteht man operational alle diejenigen Polymere,

die sich mit relativ milden Extraktionsmedien (z. B. heißes Wasser mit Komplexbildnern für divalente Kationen) oder nach Einwirkung bestimmter Enzyme (Pektinasen) aus der Zellwand herauslösen lassen. Chemisch handelt es sich um eine heterogene Gruppe saurer Polysaccharide, die aufgrund ihrer freien Carboxylgruppen durch divalente Kationen (vor allem Ca^{2+}) zu einem Netzwerk verknüpft werden können (Abb. 3.9). Nach der Extraktion kann man folgende Pektinfraktionen unterscheiden: *Homogalacturonane* (1,4-α-D-Galacturonane, Polygalacturonsäure), *Rhamnogalacturonane* (verzweigte Mischpolymere aus Galacturonsäure und Rhamnose mit verschiedenen zusätzlichen Zuckerresten), *Arabinane* (1,5-α-L-Arabinosylketten) und *Galactane* (1,4-β-D-Galactosylketten (→ Tabelle 3.1). Da diese Komponen-

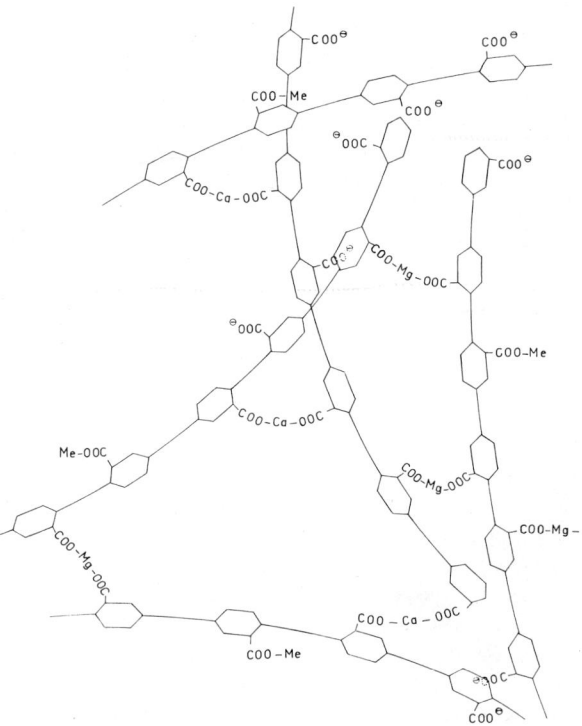

Abb. 3.9. Ein Modell für die Vernetzung von Polygalacturonsäuremolekülen. Ca^{2+} und Mg^{2+} halten die linearen Makromoleküle über Doppelsalzbindungen zusammen. Ein variabler Anteil der Carboxylgruppen liegt methylverestert (Me) vor. Dies verhindert die Doppelsalzbildung und erhöht daher die Löslichkeit der Polymere. Im nativen Pektin liegen die Polygalacturonsäureketten nicht frei, sondern in covalenter Verknüpfung mit Rhamnogalacturonanketten vor

Tabelle 3.1. Zusammensetzung der primären Zellwand bei dikotylen Pflanzen und Gräsern (Poaceen). In der stark vereinfachten Aufstellung sind kleinere Bestandteile (z.B. Enzymproteine) nicht berücksichtigt. Glc = D-Glucose, Gal = D-Galactose, $GlcA$ = D-Glucuronsäure, $GalA$ = D-Galacturonsäure, Rha = L-Rhamnose, Fuc = L-Fucose, Api = D-Apiose, Man = D-Mannose, Xyl = D-Xylose, Ara = L-Arabinose, $AceA$ = L-Acerinsäure, KDO = Ketodesoxyoctulosonsäure, Hyp = L-Hydroxyprolin, Ser = L-Serin, Ala = L-Alanin, Lys = L-Lysin, Tyr = L-Tyrosin, Val = L-Valin. p und f bezeichnen die Pyranose- bzw. Furanose-Form der Zucker; α und β beziehen sich auf die sterische Orientierung der glycosidischen Bindung. (Nach Fry 1989; verändert)

Polymer	hauptsächliche Bausteine	ungefährer Anteil an der Trockenmasse der Zellwand	
		Dikotylen	Gräser
Cellulose	β-Glc$p$	20–30	20–30
Hemicellulosen			
Xyloglucan	β-Glc$p$, α-Xyl$p$, α-Ara$f$, β-Gal$p$, α-Fuc$p$	25	2–5
Heteroxylan	β-Xyl$p$, α-Ara$f$, α-Glc$p$A, (β-Gal$p$)	2–5	20–30
1,3, 1,4-verknüpftes β-Glucan	β-Glc$p$	0	15–30
Pektine			
Homogalacturonan	α-Gal$p$A	15	
Rhamnogalacturonan I	α-Gal$p$A, α-Rha$p$, β-Gal$p$, α-Ara$f$, (Fuc$p$, Xyl$p$)	15	
Rhamnogalacturonan II	α-Gal$p$A, β-Rha$p$, α-Gal$p$, α-Fuc$p$, α-Ara$p$, Ara$f$, β-Gal$p$A, α-Rha$p$, Api$f$, β-Glc$p$A, KDO, Ace$f$A, Xyl$p$, Glc	5	5
Arabinane	α-Ara$f$	wenig	?
Galactane	β-Gal$p$	wenig	?
Glycoproteine			
Arabinogalactanprotein (AGP)	β-Gal$p$, α-Ara$f$, α-Ara$p$, Glc$p$A, Gal$p$A, (Rha, Man, Fuc); Hyp, Ser, Ala u.a.	variabel	variabel
Hyp-reiches Glycoprotein (HRGP)	β-Ara$f$, α-Ara$f$, α-Gal$p$; Lys, Ser, Tyr, Val u.a.	5	0,5

ten oft erst nach Pektinasebehandlung aus der Zellwand freigesetzt werden, nimmt man an, daß sie dort zumindest teilweise covalent miteinander (oder mit anderen Polymeren) verknüpft sind und auf diese Weise ein umfangreiches, komplexes Netzwerk bilden. Pektine erzeugen in Gegenwart von Ca^{2+} durch ionische Quervernetzung der Carboxylgruppen unlösliche Gele ($\rightarrow$ Abb. 3.9) und dürften normalerweise in dieser Form in der Mittellamelle vorliegen.

Der Mittellamelle wird von den angrenzenden Protoplasten beiderseits eine *Primärwand* von 0,1–1 μm Dicke aufgelagert. Dies ist das eigentliche, für die mechanischen Eigenschaften verantwortliche *Saccoderm* der Zelle. Die amorphe, stark hydratisierbare Grundsubstanz (Matrix) der Primärwand (etwa 70% der Zellwandtrockenmasse)

besteht aus Hemicellulosen, Pektinen und Glycoproteinen ($\rightarrow$ Tabelle 3.1). Als *Hemicellulose* bezeichnet man operational diejenige Polymerfraktion, die sich mit Alkali aus der Zellwand herauslösen läßt. Es handelt sich wie beim Pektin um ein heterogenes Gemisch von Polysacchariden, dessen Zusammensetzung bei verschiedenen Pflanzen stark variieren kann. Bei der typischen Dikotylenwand besteht die Hemicellulosefraktion hauptsächlich aus *Xyloglucan* (1,4-β-verknüpfte Glucosylketten mit seitlichen 1,6-β-verknüpften Xylosylresten, welche weitere Substituenten tragen können). In den Zellwänden der Gräser kommen Xyloglucane nur in Spuren vor; sie sind dort durch *Heteroxylane* (1,4-β-verknüpfte Xylosylketten mit verschiedenen Seitenketten) und verzweigte *β-Glucane* (1,3- und 1,4-β-verknüpfte Glucosylketten) er-

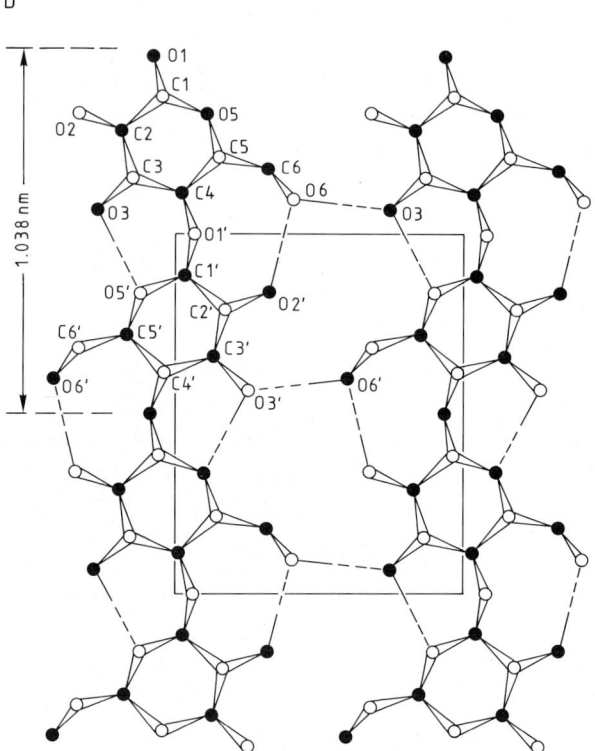

a

b

Abb. 3.10 a und b. Modelle zur Molekülstruktur der Cellulose und ihrer Verbindung durch Wasserstoffbrücken in den Mikrofibrillen der Zellwand. (a) Räumliche Darstellung der 1,4-β-D-Glucankette; die Glucosemoleküle sind in der energetisch begünstigten „Sesselform" gezeichnet. Da die Glucosereste jeweils um 180° gegeneinander gedreht sind, ist die Grundeinheit der Kette nicht die Glucose, sondern das Dimer, die *Cellobiose*. Die polar aufgebaute Kette besitzt ein nicht-reduzierendes Ende (*links*) und ein reduzierendes Ende (*rechts*). (b) Verbindung von zwei Cellulosemolekülen durch Wasserstoffbrücken. Außerdem sind die möglichen intramolekularen Wasserstoffbrücken eingezeichnet. Der Rahmen umfaßt die Einheitszelle des Kristallits. Die Glucanketten sind parallel angeordnet (reduzierendes Ende nach oben). Dies ist die native Celluloseform in den Mikrofibrillen der Zellwand (Cellulose I). Wenn man (z. B. bei der Herstellung von Kunstseide) Cellulosefasern durch spontane Zusammenlagerung zuvor gelöster Moleküle erzeugt, entsteht die noch stabilere Cellulose II mit antiparalleler Ausrichtung der Ketten. (Nach Zugenmeyer 1981; verändert)

setzt (→ Tabelle 3.1). Die *Glycoproteine* der Primärwand bestehen aus dem sauren *Arabino-Galactan-Protein* (*AGP*) und dem basischen *Hydroxyprolin-reichen Glyco-Protein* (HRGP). AGPs bestehen aus kurzen Polypeptidketten mit umfangreichen, büschelig verzweigten Polysaccharidseitenketten in O-glycosidischer Bindung an verschiedene Aminosäurereste. Der Kohlenhydratanteil dieser *Proteoglycane* liegt bei 90–98% (Galactose und Arabinose als Hauptkomponenten, außerdem Uronsäuren und einige andere Zucker). AGPs sind leicht wasserlösliche, stark quellbare Substanzen, die z. B. auch in pflanzlichen Schleimen enthalten sind. Das HRGP (gelegentlich auch als „Extensin" bezeichnet) besteht aus einem helicalen, stabförmigen Polypeptid von 80 nm Länge mit einer häufig repetierten Pentapeptidsequenz (Ser-Hyp-Hyp-Hyp-Hyp). Ein Teil der Hydroxyprolin(Hyp)-Reste trägt O-glycosidisch gebundene Seitenketten aus 1 bis 4 Arabinosylresten. Außerdem enthält das Molekül einzelne, an Serin (Ser) gebundene Galactosylreste. Insgesamt macht der Kohlenhydratanteil etwa 50% aus. Diese Moleküle sind zumindest teilweise in der Zellwand durch Isodityrosin-Brücken covalent zu einem Netzwerk verknüpft.

Der nach vollständiger Extraktion des Wandmaterials mit Alkali übrigbleibende Anteil besteht hauptsächlich aus *Cellulose* (1,4-β-D-Glucan). Die Cellulosemoleküle liegen gebündelt als kompakte Mikrofibrillen vor, welche durch viele inter- und intramolekulare Wasserstoffbrückenbindungen fest zusammengehalten werden und einen hohen Gehalt an kristallinen Regionen besitzen (Abb. 3.10). Diese *Parakristallinität* bedingt eine extrem hohe Reißfestigkeit, die derjenigen von Stahl nicht nachsteht. Die bandförmigen Primärwand-Mikrofibrillen (Breite 3–20 nm, → Abb. 3.11) bestehen aus 30–100 Einzelmolekülen mit einer Kettenlänge von 2000–6000 Glucosylresten (1–3 μm). Sie füllen etwa 15% des Volumens der Primärwand aus. Im Gegensatz zum umgebenden Matrixmaterial sind sie aufgrund ihrer parakristallinen Struktur kaum hydratisiert.

Der molekulare Aufbau der Primärwand und ihre Biogenese während des Zellwachstums ist trotz vieler Bemühungen bis heute nur sehr unvollkommen bekannt. Die Synthese der Cellulose aus Uridindiphosphat-Glucose findet an einem Enzymkomplex (*Cellulosesynthase*) in der Plasmamembran statt. Dieser Komplex produziert gleichzeitig viele Glucanketten, die direkt in den Zellwandraum abgegeben werden und dort spontan zu Mikrofibrillen zusammentreten. Alle anderen Wandpolymere werden im endoplasmatischen Reticulum (Polypeptidanteile der Glycoproteine) oder im Golgi-Apparat (Polysaccharidketten) synthetisiert und mit Hilfe sekretorischer Vesikel in die Zellwand exportiert (→ Abb. 11.1). Die Xyloglucane können über Wasserstoff-Brücken fest an Cellulose binden. Man nimmt an, daß diese Moleküle einen geschlossenen Mantel um die Mikrofibrillen bilden und daher auch den Kontakt zwischen den Mikrofibrillen und den anderen Matrixbestandteilen herstellen. Da die einzelnen Matrixfraktionen nur unter destruktiven Bedingungen aus der Zellwand isolierbar sind, kann man über den Grad der covalenten Quervernetzung zwischen verschiedenen Polymeren noch keine definitiven Aussagen machen. Lediglich beim HRGP ist klar, daß es nach Ausschleusung der Monomeren (etwa 80 kDa) durch die Plasmamembran in muro enzymatisch zu einem umfassenden covalent verknüpften Netzwerk zusammengefügt wird, das neben dem Cellulosegerüst zur mechanischen Stabilität der Wand beitragen dürfte.

Die Anordnung der Cellulosefibrillen in der Primärwand unterliegt starken Veränderungen während der Entwicklung der Zelle. In der noch weitgehend isodiametrischen, meristematischen Zelle sind die Fibrillen meist zufallsmäßig in der Ebene der Wand orientiert (*Streutextur*, Abb. 3.11 a). Beim Übergang zum Streckungswachstum beobachtet man eine zunehmend parallele Ausrichtung der neu aufgelagerten Fibrillen (*Paralleltextur*, Abb. 3.11 b). Zellen, die bevorzugt in einer Richtung wachsen, besitzen in aller Regel parallele Fibrillen mit einer Orientierung senkrecht zur Wachstumsrichtung (→ S. 107). Spezielle Zellen mit dicken Primärwänden (z. B. Epidermis-, Xylem- oder Collenchymzellen) haben oft einen vielschichtigen Aufbau, der demjenigen von Sperrholz nicht unähnlich ist. Diese Wände bestehen aus dünnen Lagen paralleler Fibrillen, deren Richtung sich von Lage zu Lage um einen konstanten Winkel ändert (*polylamellate* Wand mit *helicoidaler* Fibrillenanordnung; Abb. 3.12). Dieses Muster kommt offensichtlich dadurch zustande, daß sich die Ablagerungsrichtung der neu gebildeten Fibrillen mit hoher Präzision kontinuierlich ändert. Die Periodenlänge dieses rhythmischen Prozesses (für eine Änderung des Winkels um 360°) beträgt nur wenige Stunden.

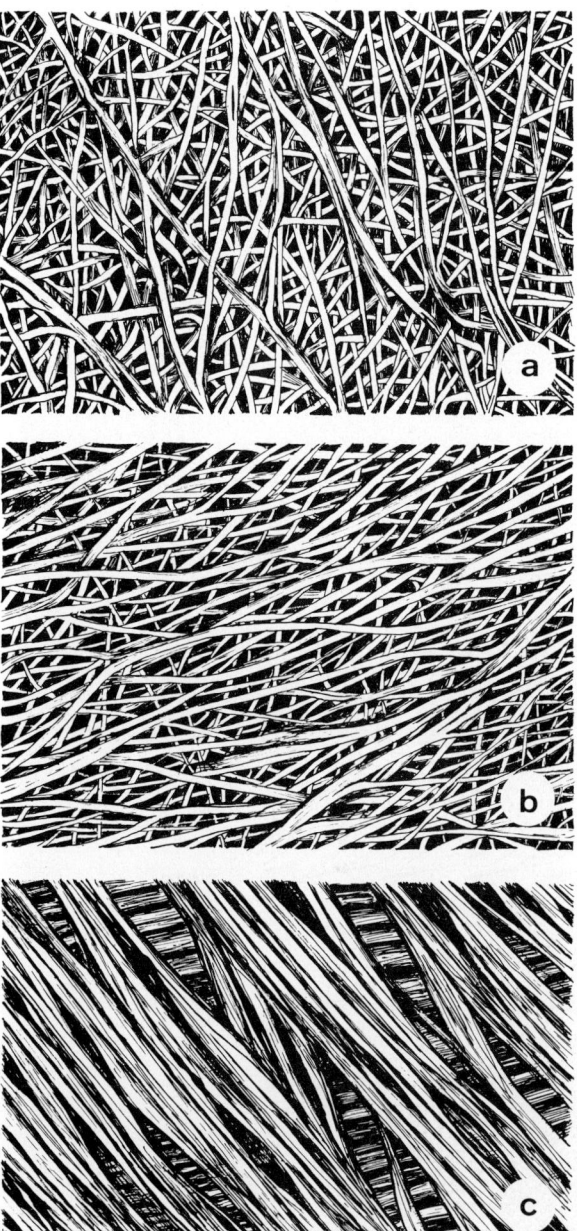

Abb. 3.11 a–c. Anordnung der Cellulose-Mikrofibrillen in der Wand wachsender Zellen der Grünalge *Valonia ocellata*. Aufsicht auf die innere Oberfläche der Wand. (a) Junges Stadium mit zufallsmäßiger Anordnung der Fibrillen (Streutextur). (b) Älteres Stadium mit Tendenz zur Paralleltextur. (c) Ausgewachsene Wand mit Lamellen paralleler Fibrillen, deren Vorzugsrichtung sich von Lamelle zu Lamelle um einen bestimmten Winkel ändert (polylamellate Wandstruktur). (Nach Steward und Mühlethaler 1953)

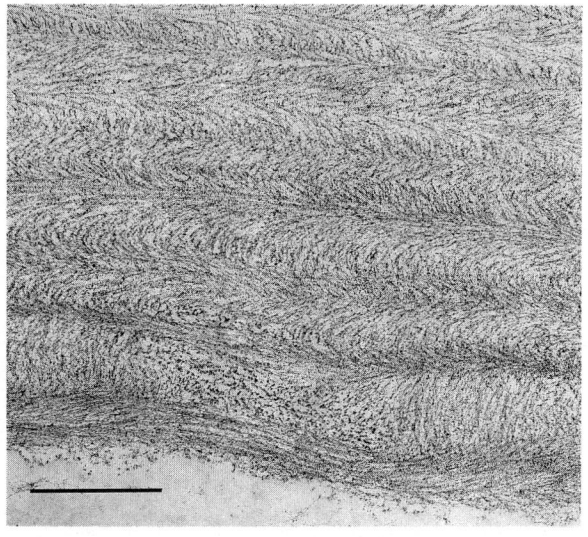

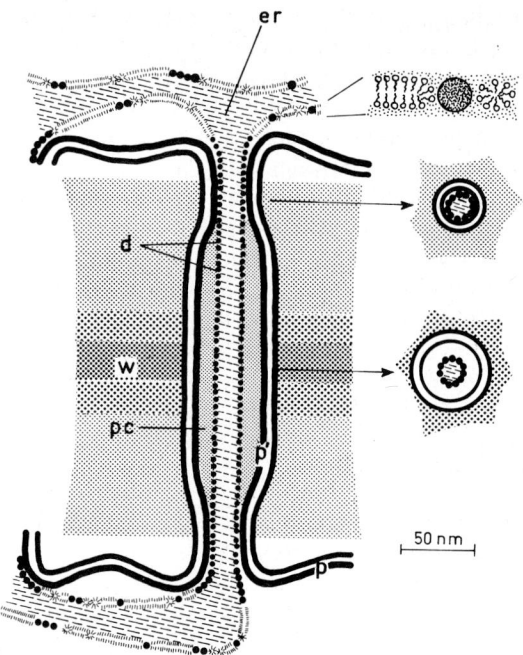

Abb. 3.13. Eine Interpretation der Ultrastruktur eines Plasmodesmos. Das Modell impliziert eine Kontinuität zwischen dem beiderseitigen endoplasmatischen Reticulum (ER) und dem Desmotubulus (zentraler Strang). Während das normale ER dem normalen Doppelschicht-Modell einer Biomembran entspricht (→ Abb. 3.3), soll die Membran des Desmotubulus ausschließlich aus sphärischen Proteineinheiten bestehen. d, Desmotubulus; er, endoplasmatisches Reticulum; p, Plasmamembran; p′, Plasmamembran im Plasmodesmos; pc, Plasmodesmoshöhle; w, Zellwand. (Nach Robards 1971)

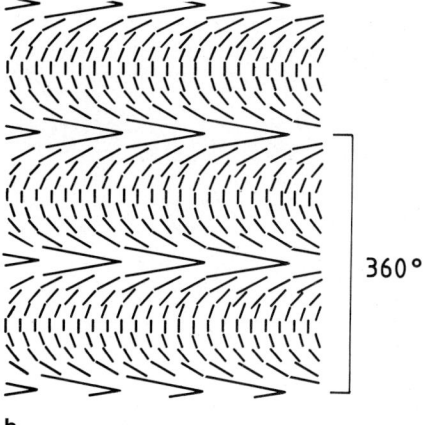

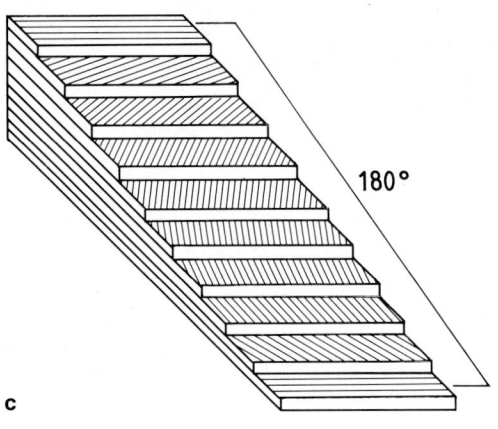

Abb. 3.12a–c. Struktur einer polylamellaten Primärwand mit helicoidaler Änderung der Mikrofibrillenrichtung. Objekt: Epidermale Zellwand aus der Wachstumszone eines Hypokotyls der Mungbohne (*Phaseolus radiatus*). (a) Elektronenmikroskopisches Bild eines Schrägschnittes durch die Wand, in dem die Mikrofibrillen durch spezielle Anfärbung hervorgehoben wurden. Strich: 0,5 *µ*m. (Nach Reis et al. 1985) (b) Modell, in dem das rhythmische Bogenmuster der Fibrillenanordnung schematisch dargestellt ist. (c) Blockmodell der Zellwand, aus dem ersichtlich wird, wie das in (a) und (b) dargestellte Bogenmuster in einem Schrägschnitt durch eine polylamellate Zellwand zustande kommt, in der sich die Richtung der Mikrofibrillen von Lamelle zu Lamelle schrittweise um einen konstanten Winkel von 20° schraubenförmig ändert (Nach Neville und Levy 1985; verändert)

Mittellamelle und Primärwand sind von *Plasmodesmen* durchzogen, die häufig in Gruppen vorkommen (primäre Tüpfelfelder). Ein Plasmodesmos ist eine röhrenförmige Aussparung in der Zellwand von etwa 50 nm Durchmesser, die von Plasmamembran ausgekleidet ist (Abb. 3.13). Beiderseits der Wand setzt sich diese Auskleidung in den Plasmamembranen der aneinander grenzenden Zellen fort. Entlang des Plasmodesmenkanals ist in die Zellwand *Callose* (1,3-β-D-Glucan) eingelagert, ein Polymer, das z. B. auch bei Verwundung oder Infektion von der Zelle gebildet wird (→ S. 587). Plasmodesmen sind häufig von einem strangartigen Gebilde längs durchzogen. Nach der vorherrschenden Auffassung steht der zentrale Plasmastrang (Desmotubulus), der einen Plasmodesmos durchquert, in offener Verbindung mit dem endoplasmatischen Reticulum der angrenzenden Zellen. Plasmodesmenmodelle sind für die Theorie des symplastischen Stoff- und Signaltransports zwischen Pflanzenzellen wichtig (→ S. 488).

Die ausgewachsene Pflanzenzelle

Aus den meristematischen, embryonalen Zellen der Vegetationspunkte entstehen während der Ontogenie einer Pflanze eine Vielzahl spezialisierter Zelltypen. Wir fassen lediglich einen Zelltyp ins Auge, nämlich die photosynthetisch aktive Zelle aus dem Assimilationsparenchym eines Blattes (→ Abb. 2.10). Die Umbildung der embryonalen Zelle zur Assimilationszelle ist mit einer starken Volumenzunahme durch Zellwachstum verbunden (→ Abb. 8.1). Während des Zellwachstums dehnen sich die kleinen Vacuolen, die auch in der embryonalen Zelle bereits vorliegen, aus und verschmelzen schließlich zu einer großen *Zentralvacuole*, welche den *Zellsaft* enthält. Das Protoplasma bildet in diesem Stadium nur noch einen dünnen, geschlossenen Wandbelag, der gegen Vacuole und Zellwandraum von zwei Membranen abgegrenzt ist (Tonoplast bzw. Plasmamembran; → Abb. 3.2). Im Protoplasma der ausgewachsenen Zelle findet man im Prinzip alle jene Organellen und Partikel, die wir bereits bei der meristematischen Zelle kennengelernt haben. Im Zuge der Zelldifferenzierung finden jedoch erhebliche strukturelle und funktionelle Veränderungen statt. Die *Morphogenese der Zellor-*

ganellen wird daher in einem eigenen Kapitel behandelt (→ S. 139). An dieser Stelle sollen lediglich einige weitere, wesentliche Unterschiede zwischen der embryonalen und der ausgewachsenen Zelle kurz zusammengefaßt werden.

Im Cytoplasma der ausgewachsenen Zelle ist die Ribosomendichte, und damit auch die Proteinsynthese, deutlich verringert. Der nun nicht mehr kugelige, sondern linsenförmige Zellkern ist kleiner und weniger aktiv. Auch die Nucleolen, die Orte der Ribosomenbildung, sind entsprechend geschrumpft. Die auffälligsten Veränderungen zeigen die Plastiden. Aus den kleinen *Proplastiden* (< 1 μm) sind große *Chloroplasten* (etwa 5 μm) entstanden, welche den Photosyntheseapparat der Zelle beherbergen (Abb. 3.14). Zusammen mit den Chloroplasten tritt in der Assimilationsparenchymzelle eine spezielle Modifikation der Microbodies auf, das *Blatt-Peroxisom* (→ S. 153). Demgegenüber zeigen die Mitochondrien beim Übergang zur ausdifferenzierten Zelle meist keine massiven Veränderungen. Dies ist verständlich, da der in ihnen kompartimentierte Atmungsstoffwechsel ein essentielles Element aller Zellen darstellt und daher

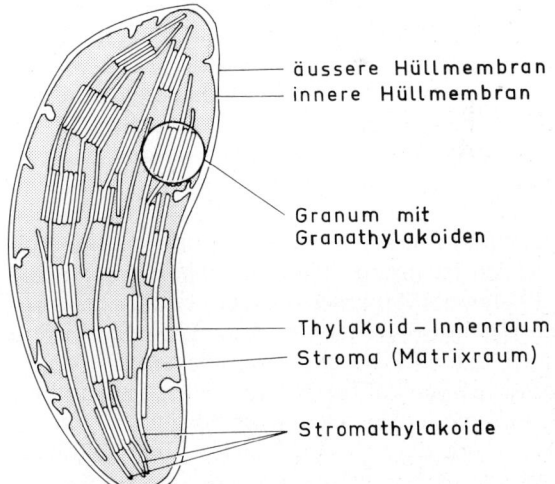

äussere Hüllmembran
innere Hüllmembran

Granum mit Granathylakoiden

Thylakoid−Innenraum
Stroma (Matrixraum)

Stromathylakoide

Abb. 3.14. Strukturmodell eines Chloroplasten aus dem Assimilationsgewebe einer höheren Pflanze. Das Modell beruht auf elektronenmikroskopischen Studien (→ Abb. 12.6) an Längsschnitten durch Chloroplasten, die in Abb. 2.10 mit lichtmikroskopischer Auflösung dargestellt sind. Das Modell betont den Gesichtspunkt, daß der Innenraum der Thylakoide vom Matrixraum völlig getrennt ist. (Nach Trebst und Hauska 1974)

keine tiefgreifenden Umgestaltungen im Zusammenhang mit der Zelldifferenzierung erfährt. Die Vacuole übernimmt in der ausgewachsenen Zelle die Aufgabe eines *lytischen Kompartiments*, d. h. diejenigen Funktionen, die in der tierischen Zelle von den Lysosomen wahrgenommen werden. Der saure Zellsaft (pH 4–5) enthält lytische Enzyme (z. B. Proteinasen, Glycosidasen, Phosphatasen, Nucleasen), deren pH-Optima in der Regel im sauren Bereich liegen. Mit Hilfe dieser Enzyme können alle gängigen Makromoleküle nach ihrer Einschleusung in die Vacuole abgebaut werden. Darüber hinaus dient dieses Kompartiment zur Ablagerung von löslichen Speicherstoffen (z. B. Saccharose und Aminosäuren), Farbstoffen (z. B. Anthocyan) und von toxischen Stoffwechselprodukten, welche die Pflanze wegen des Fehlens einer aktiven Exkretion durch „Inkretion" unschädlich machen muß. Die Konzentration des Zellsafts an gelösten Teilchen liegt bei $0{,}2–0{,}6 \ \text{mol} \cdot \text{l}^{-1}$. Dies entspricht einem osmotischen Potential von 5–15 bar.

Die Entstehung einer großen, mit einer konzentrierten Lösung gefüllten Vacuole und die Ausbildung einer reißfesten, nun nicht mehr plastisch, sondern nur noch elastisch dehnbaren Zellwand sind wesentliche Voraussetzungen für die *osmotischen* Eigenschaften der ausgewachsenen Zelle (→ S. 47). Für die irreversible Beendigung der Wachstumsfähigkeit wird vor allem die Einlagerung und Quervernetzung von HRGP in die Wand verantwortlich gemacht, dessen Gehalt in diesem Stadium stark zunimmt. Bei manchen Zelltypen, z. B. bei Sklerenchym- oder Xylemzellen, werden der Primärwand weitere cellulosereiche Wandschichten aufgelagert, welche eine erhebliche Dicke erreichen können und eine erhöhte Zug- und Druckfestigkeit der Zellen bewirken. Diese *Sekundärwand* wächst auf Kosten des Zellumens und engt daher den Protoplasten immer weiter ein (Abb. 3.15). Sie wird in drei Schichten (S_1, S_2, S_3) untergliedert. Die dominierende S_2-Schicht besteht aus vielen dünnen Einzellamellen mit parallelen Mikrofibrillen in helicoidaler Anordnung (→ Abb. 3.12). Ihr Cellulosegehalt kann über 90% der Trockenmasse ausmachen (z. B. bei den epidermalen Haarzellen der Baumwollsamenschalen). In Speichergeweben von Samen, z. B. im Endosperm oder in Speicherkotyledonen, treten oft sekundär verdickte Zellwände auf, welche hauptsächlich aus *Galactomannanen* (1,4-β-verknüpfte Mannosylketten mit 1,6-α-gebundenen Galactosylresten) oder *Glucomannanen*

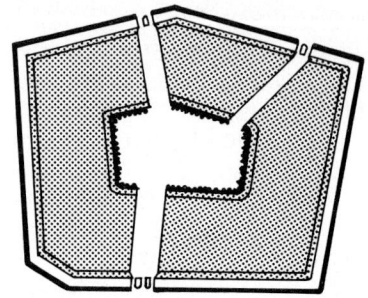

Abb. 3.15. Querschnitt durch die Wand einer Holzfaserzelle. Die Schichtenfolge in der Zellwand von außen nach innen: Mittellamelle (*schwarz*), Primärwand (*weiß*), Sekundärwand (*Punktraster*). In der Sekundärwand lassen sich folgende Schichten unterscheiden: Außen eine dünne Übergangsschicht (S_1), meist mit flacher Schraubentextur; die massive Hauptschicht mit mehr oder weniger steiler Schraubentextur (S_2); innen die dünne, aber besonders resistente Tertiärlamelle (S_3) mit wieder flacher Schraubentextur. Der S_3-Lamelle ist innen eine Warzenschicht aufgelagert. In der Wand sind drei Tüpfelkanäle zu erkennen. Die gesamte Wand ist bei diesem Zelltyp mit Lignin inkrustiert. (Nach Kleinig und Sitte 1992)

bestehen. Diese Hemicellulose-Polymere werden während der Samenreife abgelagert und nach der Keimung durch extrazelluläre Enzyme wieder abgebaut; sie sind also als Kohlenhydratspeichermoleküle anzusprechen (→ S. 216).

Die aus Cellulose und Matrixpolymeren aufgebaute Zellwand muß trotz ihrer hohen mechanischen Belastbarkeit als relativ lockeres Maschenwerk aufgefaßt werden, das große Mengen von teils gebundenem, teils frei beweglichem Wasser enthält. Der für Wasser zugängliche Anteil des Zellwandvolumens liegt bei etwa 35%. Permeabilitätsmessungen an Primärwänden haben ergeben, daß globuläre Partikel bis zu 7 nm Durchmesser in den Hohlräumen dieses Maschenwerkes frei beweglich sind; dies entspricht bei Proteinen einer Teilchenmasse von etwa 60 kDa. Die Poren der Zellwand sind also sehr viel größer als der Durchmesser von Teilchen wie z. B. H_2O (0,2 nm), hydratisiertem K^+ (0,35 nm) oder Saccharose (1,5 nm). Der Protoplast ist somit von einer geschlossenen Wassermasse umgeben, mit der sich an der Plasmamembran ein Diffusionsgleichgewicht bezüglich Wasser ausbildet. Aufgrund ihres hohen Gehalts an beweglichem Wasser ist die Zellwand ein Transportraum für niedermolekulare wasserlösliche Substanzen. Man spricht in diesem Zusammenhang vom *freien*

Diffusionsraum der Zellwand und meint damit denjenigen Volumenanteil, der von Wasser und kleinen ungeladenen Molekülen (z.B. Zuckermolekülen) frei erreichbar ist. Für geladene Moleküle und anorganische Ionen gilt dies nicht, da die Zellwandmatrix selbst geladene Gruppen („Ankerionen") an Proteinen und Glucuronsäure-haltigen Polymeren trägt, welche mit gelösten Ionen in Wechselwirkung treten. Insgesamt besitzt die Zellwand aufgrund ihres Gehalts an polyanionischen Pektinen eine negative Nettoladung und kann daher erhebliche Mengen an Kationen unter Ausbildung eines Donnan-Potentials (→ S. 54) reversibel binden („Austauschadsorption"). Dies ist die Ursache dafür, daß die Konzentration an Kationen in der Zellwand scheinbar höher sein kann, als die Konzentration an elektrisch neutralen Molekülen. Man spricht daher auch von einem *apparent freien Diffusionsraum* für Ionen und schließt darin die Wechselwirkungen mit Ankerionen der Zellwand mit ein (Abb. 3.16). In der englischsprachigen Literatur werden oft folgende Begriffe verwendet: *water free space* (*WFS*) + *Donnan free space* (*DFS*) = *apparent free space* (*AFS*).

In der Physiologie werden pflanzliche Gewebe oft in zwei räumlich streng getrennte (aber funktionell kommunizierende) Räume eingeteilt: die Gesamtheit aller durch Plasmodesmen miteinander verbundener Protoplasten (*Symplast*) und die Gesamtheit aller extraprotoplastischen Räume (*Apoplast*), welche den Symplast als „Außenwelt" umgibt. In diesem Zusammenhang sollte man sich klar machen, daß Schnittbilder häufig keine richtige Vorstellung von der räumlichen Erscheinung einer Pflanzenzelle geben. Die Abb. 3.17 zeigt, daß die Zelle mit vielen Flächen an andere Zellen grenzt und über Plasmodesmen in Verbindung stehen kann. Damit ist die Voraussetzung für eine enge Kommunikation innerhalb des Symplasten gegeben.

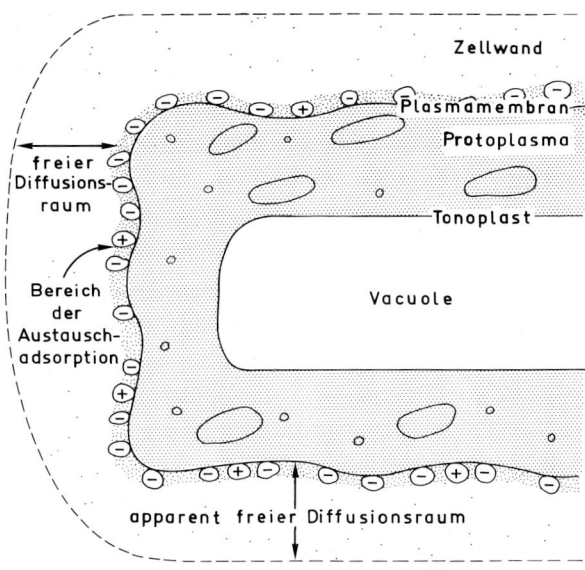

Abb. 3.16. Freier und apparent (scheinbar) freier Diffusionsraum der Zellwand. Wasser und gelöste Stoffe können sich im dreidimensionalen Netzwerk der Zellwand durch Diffusion frei bewegen. Der *freie Diffusionsraum* ist operational definiert als derjenige extrazelluläre Raum, der von einer Lösung (z.B. radioaktiv) markierter Teilchen besetzt wird, wenn man ein Gewebe in einer Lösung dieser Teilchen bis zur Einstellung des Konzentrationsgleichgewichts inkubiert. Aufgrund von Wechselwirkungen mit strukturgebundenen negativen Ladungen („Ankerionen") der Zellwandmatrix ergibt sich für *Kationen* im Vergleich zu Anelektrolyten ein *scheinbar größerer* Diffusionsraum, der sich aus dem freien Diffusionsraum und dem Bereich der Austauschadsorption zusammensetzt und als *apparent freier Diffusionsraum* bezeichnet wird. Für *Anionen* ist der apparent freie Diffusionsraum wegen der Abstoßungskräfte zwischen negativen Ladungen *kleiner* als für Anelektrolyte. Der freie und der apparent freie Diffusionsraum dürfen nicht mit einer bestimmten räumlichen Zone der Zellwand identifiziert werden. (In Anlehnung an Price 1970)

Die verholzte Pflanzenzelle

Die entscheidenden Voraussetzungen für die Evolution der Landpflanzen waren zwei physiologische Erfindungen. Die *Synthese des Lignins* und die *Inkrustation von Zellwänden mit Lignin*, die sogenannte *Verholzung*. Die dem Wasserferntransport und der Festigung des Vegetationskörpers dienen-

den Zellen (Tracheenelemente, Tracheiden, Holzfasern) bilden nach Abschluß des Zellwachstums eine Sekundärwand aus (Abb. 3.15), die neben Cellulose, Pektinen und Hemicellulosen einen erheblichen Ligninanteil enthält (20 bis 35%). Auch Mittellamelle und Primärwand lagern Lignin ein. Bei krautigen Pflanzen beschränkt sich die Lignifizierung meist auf den Xylemanteil der Leitbündel. Die auf diese Weise „verholzten" Wände statten die Zellen mit einer extrem hohen Zug- und Bruchfestigkeit aus, wobei die Elastizität zum Teil erhalten bleibt. Die hohe Stabilität der lignifizierten Zell-

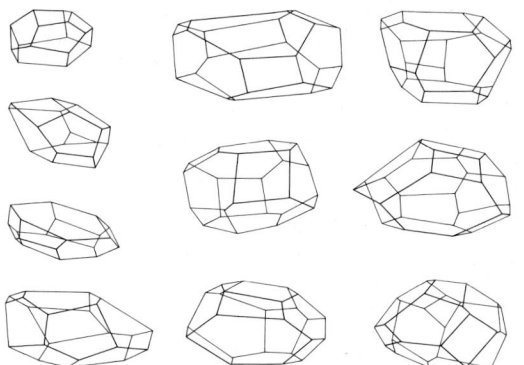

Abb. 3.17. Eine dreidimensionale Darstellung der Oberfläche typischer Pflanzenzellen (Parenchymzellen aus dem kompakten Markgewebe von *Ailanthus altissima*). Im Durchschnitt grenzen die Zellen an jeweils 14 Nachbarn. (Nach Hulbary 1944)

wand macht den Turgordruck als stabilisierendes Element der Zelle entbehrlich. Die Unbenetzbarkeit durch Wasser ist ein weiteres Charakteristikum ligninhaltiger Wände. Derartige Zellen eignen sich besonders gut als Festigungselemente und als Leitelemente für den Wasserferntransport der Landpflanzen.

Lignin ist ein amorphes, isotropes Mischpolymerisat, das im wesentlichen aus drei monomeren Bausteinen, den sekundären Phenylpropanen *Cumaryl-*, *Coniferyl-* und *Sinapylalkohol* aufgebaut ist (Abb. 3.18). In geringen Mengen kommen aber auch die entsprechenden Zimtsäuren und Zimtaldehyde vor. Die bekannte Rotfärbung des Holzes mit Phloroglucin/HCl geht beispielsweise auf Zimtaldehyde zurück. Die Zusammensetzung des Lignins variiert bei den verschiedenen Pflanzengruppen erheblich. Zwar findet man stets alle drei Bausteintypen, aber in unterschiedlicher Relation: Laubholzlignin weist einen hohen Sinapylanteil auf, während das Lignin der Nadelhölzer überwiegend aus Coniferylbausteinen besteht. Das Lignin der Poaceen (z. B. das Strohlignin) ist durch einen hohen Cumarylanteil charakterisiert. Die im Cytoplasma erfolgende Synthese der monomeren Ligninbausteine nimmt ihren Ausgang von primären Phenylpropanen, den beiden aromatischen Aminosäuren *Phenylalanin* und *Tyrosin* (→ Abb. 3.18). Die gebildeten Hydroxyzimtsäurealkohole (Cumaryl-, Coniferyl- und Sinapylalkohol) werden in Form von Glucosiden in die Zellwand exkretiert und dort

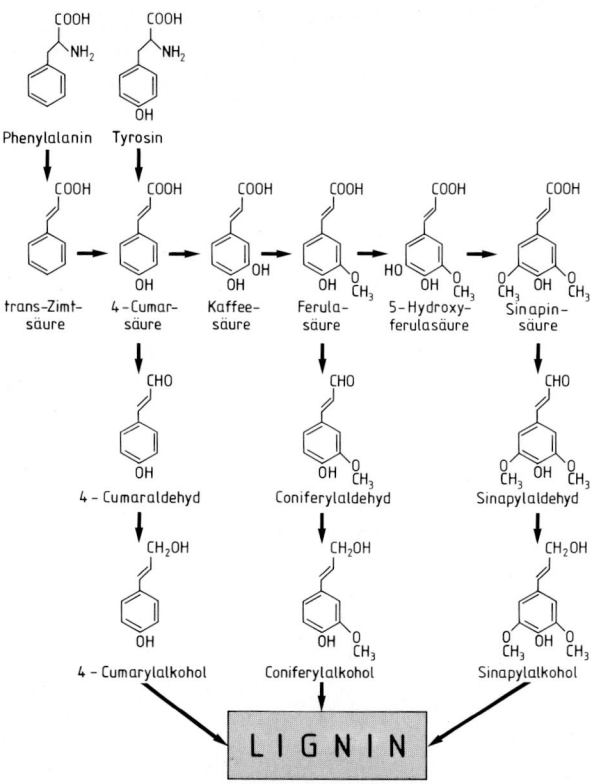

Abb. 3.18. Biosynthese der Ligninbausteine Cumarylalkohol, Coniferylalkohol und Sinapylalkohol. Der Syntheseweg beginnt bei den aromatischen Aminosäuren L-Phenylalanin und L-Tyrosin, welche durch Ammoniumlyasen zu *trans*-Zimtsäue bzw. *trans*-4-Cumarsäure desaminiert werden. (In der Regel entsteht die Cumarsäure durch Hydroxylierung der Zimtsäure; → Abb. 18.2.) Durch weitere Hydroxylierung und Methylierung entstehen Ferulasäure und Sinapinsäure. Cumar-, Ferula- und Sinapinsäure werden, nach Aktivierung mit Coenzym A, zu den entsprechenden Aldehyden reduziert und anschließend in einem zweiten, NADPH-abhängigen Reduktionsschritt in die entsprechenden Alkohole umgewandelt

Abb. 3.19. Beispiele für mesomere Phenoxyradikale, die nach Angriff der Peroxidase auf das 4-Hydroxyl des Coniferylalkohols gebildet werden. Die Polymerisation zum Lignin erfolgt durch spontane, zufallsmäßige Verknüpfung an den Atomen mit ungepaarten Elektronen. (Nach Brett und Waldron 1990)

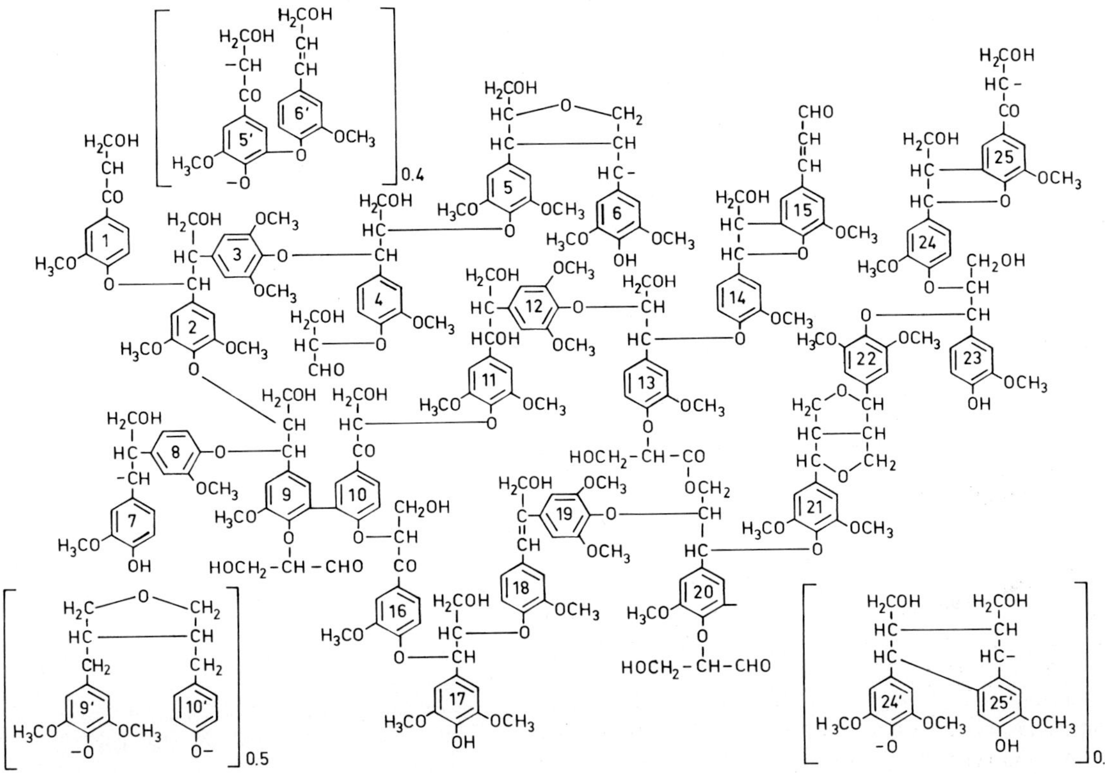

Abb. 3.20. Ein Konstitutionsschema für Buchenholzlignin. Das Schema enthält 25 C_9-Einheiten, von denen 6 teilweise durch die eingeklammerten Dilignoleinheiten zu ersetzen sind. Das Schema zeigt einen repräsentativen Ausschnitt aus einem etwa 10- bis 20mal größeren „Molekül", in dem die 10 Verknüpfungsarten der Monomeren zufallsmäßig verteilt sind. Die Konstitution läßt sich durch die oxidative Kupplung eines Gemisches aus 14 Molekülen Coniferylalkohol, 10 Molekülen Sinapylalkohol und 1 Molekül 4-Cumarylalkohol erklären, wobei 59 Wasserstoffatome entfernt und 11 Moleküle Wasser addiert werden. Eine Etherbindung mit Zellwandpolysacchariden wäre z. B. in der C_9-Einheit Nr. 6 oder 7 möglich. Die dargestellte Struktur dürfte sowohl für das Angiospermen- als auch für das Coniferenlignin einigermaßen repräsentativ sein. (Nach Weissenböck 1976)

– nach Freisetzung durch β-Glucosidasen – durch wandgebundene Peroxidasen unter Verbrauch von H_2O_2 zu einem dreidimensionalen Makromolekül polymerisiert. Als Zwischenstufen treten verschiedene radikalische Formen der Hydroxyzimtsäurealkohole auf, welche durch Dehydrogenierung am 4-Hydroxyl entstehen können (Abb. 3.19) und mindestens 10 verschiedene Verknüpfungsmöglichkeiten zwischen den Monomeren ergeben, die zufallsmäßig realisiert werden (Abb. 3.20). Man kann daher dem Lignin keine definierte chemische Struktur und kein bestimmtes Molekulargewicht zuordnen. Die Polymerisation wird offenbar durch die Verfügbarkeit von Monomeren in der Zellwand begrenzt. Trockenes Holz enthält etwa 30% Lignin (neben 40% Cellulose und 30% Hemicellulose). Lignin ist damit nach der Cellulose der zweithäufigste Naturstoff (geschätzte Jahresproduktion weltweit etwa $2 \cdot 10^7$ t).

Neben der Einlagerung von Lignin besitzt die höhere Pflanze weitere Möglichkeiten zur Herabsetzung der Permeabilität der Zellwand für Wasser und andere Moleküle (z. B. CO_2). Die *Cuticula*, welche die Epidermis aller Sproßorgane überzieht, kommt durch Imprägnierung der äußeren Wandschichten mit *Cutin* zustande, einem hydrophoben, makromolekularen Material, das aus einer Mischung von Hydroxyfettsäuren, Fettsäureestern und Phenolen besteht. Diese Moleküle bilden durch esterartige Verknüpfung eine hydrophobe

Matrix, die zudem noch außen mit einer wasserabweisenden Wachsschicht bedeckt ist. Im Caspary-Streifen der Wurzelendodermis (→ Abb. 2.12) und in verkorkten Zellen wird ein ähnlicher Isolationseffekt durch die Einlagerung von *Suberin* in die Zellwand erzielt. Suberin unterscheidet sich vom Cutin vor allem durch einen höheren Gehalt an langkettigen Dicarboxylsäuren und ligninähnlich verknüpften Phenolen. In verkorkten Zellwänden treten dicke Schichten alternierender Suberin- und Wachslamellen auf. In diesem Zusammenhang muß schließlich auch noch das *Sporopollenin* erwähnt werden, ein strukturell noch nicht genau aufgeklärtes, phenolhaltiges Polymer, das der Exine der Pollenkornwand (Sporoderm) ihre außergewöhnlich hohe chemische Widerstandsfähigkeit verleiht.

Weiterführende Literatur

Alberts B, Bray D, Lewis J, Raff M, Roberts K, Watson JD (1986) Molekularbiologie der Zelle. Verlag Chemie, Weinheim New York

Bacic A, Harris PJ, Stone BA (1988) Structure and function of plant cell walls. In: Stumpf PK, Conn EE (eds) The biochemistry of plants, Vol 14. Academic Press, San Diego New York, pp 297–371

Brett C, Waldron K (1990) Physiology and biochemistry of plant cell walls. Unwin Hyman, London

Delmer DP, Stone BA (1988) Biosynthesis of plant cell walls. In: Stumpf PK, Conn EE (eds) The biochemistry of plants, Vol 14. Academic Press, San Diego, pp 373–420.

Douce R (1985) Mitochondria in higher plants. Structure, function and biogenesis. Academic Press, Orlando San Diego New York

Gennis RB (1989) Biomembranes. Molecular structure and function. Springer, New York Berlin Heidelberg

Gunning BES, Steer MW (1975) Ultrastructure and the biology of plant cells. Arnold, London

Harris N (1986) Organization of the endomembrane system. Annu Rev Plant Physiol 37:73–92

Huang AHC, Trelease RN, Moore TS (1983) Plant peroxisomes. Academic Press, New York London

Kirk JTO, Tilney-Bassett RAE (1978) The plastids. Their chemistry, growth and inheritance. Elsevier/North-Holland, Amsterdam New York Oxford

Kleinig H, Sitte P (1992) Zellbiologie. Ein Lehrbuch. 3. Aufl. Fischer, Stuttgart New York

Larsson C, Møller IM (eds) (1990) The plant plasma membrane. Structure, function and molecular biology. Springer, Berlin Heidelberg New York

Ledbetter MC, Porter KR (1970) Introduction to the fine structure of plant cells. Springer, Berlin Heidelberg New York

Lewis NG, Yamamoto E (1990) Lignin: Occurrence, biogenesis and biodegradation. Annu Rev Plant Physiol Plant Mol Biol 41:455–496

Lloyd CW (ed) (1982) The cytoskeleton in plant growth and development. Academic Press, London New York

Lloyd CW (1984) Toward a dynamic helical model for the influence of microtubules on wall patterns in plants. Int Rev Cytol 86:1–51

Robards AW, Lucas WJ (1990) Plasmodesmata. Annu Rev Plant Physiol Plant Mol Biol 41:369–419

Tolbert NE (ed) (1980) The plant cell. In: Stumpf PK, Conn EE (eds) The biochemistry of plants, Vol 1. Academic Press, New York London Toronto

Varner JE, Lin LS (1989) Plant cell wall architecture. Cell 56:231–239

4 Die Zelle als energetisches System

Alle Lebensprozesse sind mit energetischen Zustandsänderungen verknüpft. Daher spielen energetische Betrachtungen auf fast allen Ebenen der Physiologie eine entscheidende Rolle. *Energie* (d. h. die Fähigkeit *Arbeit* zu leisten) tritt in der anorganischen Natur in verschiedenen Erscheinungsformen auf (z. B. als mechanische Energie, Lichtenergie, elektrische Energie oder Wärmeenergie). Im Rahmen der Physik beschreibt die *Thermodynamik* die Gesetzmäßigkeiten, nach denen die verschiedenen Energieformen ineinander umgewandelt werden können. Diese Gesetze und die dafür geprägten Begriffe wie *Enthalpie, freie Enthalpie, Entropie, chemisches Potential* usw. können im Prinzip auch auf die lebendigen Systeme angewandt werden. Die Auffassung erscheint berechtigt, daß sich lebendige und nicht-lebendige Systeme lediglich im Grad ihrer Komplexität unterscheiden und daß demgemäß alle Gesetze der Physik wenigstens potentiell auch Gesetze der Biologie sind. Dies bedeutet allerdings nicht, daß die physikalischen Gesetze ausreichen, um die biologischen Systeme *erschöpfend* zu beschreiben. Gerade bei der Anwendung der Thermodynamik auf die Energetik lebendiger Systeme zeigen sich die enormen Schwierigkeiten, welche stets dann auftreten, wenn komplexe Systeme radikal vereinfacht werden müssen, um für eine gesetzhafte Beschreibung überhaupt zugänglich zu werden. Dieses Vorgehen hat zur Folge, daß die formalistische, energetische Betrachtung biologischer Prozesse meist fiktive Resultate liefert, die häufig nur qualitative Aussagen über reale Prozesse zulassen. Trotz dieser gravierenden Einschränkungen ist die *Bioenergetik* – die Thermodynamik lebendiger Systeme – ein sehr leistungsfähiges Instrument, um die Richtung und die energetische Ausbeute biologischer Reaktionen im Prinzip verständlich zu machen. Für diesen Zweck wird die Bioenergetik in den folgenden Kapiteln häufig herangezogen. Wir müssen uns daher in den folgenden Abschnitten kurz mit den Grundlagen dieser biophysikalischen Wissenschaft vertraut machen, wobei wir uns weitgehend auf den Bereich der *reversiblen* Thermodynamik beschränken. Wir verzichten also auf den Begriff der *Zeit* und betrachten lediglich *Gleichgewichtszustände*, genauer gesagt: *Unterschiede zwischen Gleichgewichtszuständen*. (Diese Einengung behindert naturgemäß die exakte Anwendung dieser Thermodynamik auf alle Prozesse, die nicht mit unendlich langsamer Intensität ablaufen.) Einige Aspekte der *Kinetik*, der Wissenschaft von den *Prozessen*, werden im Kapitel 5 (→ S. 65) behandelt.

Der 1. Hauptsatz der Thermodynamik

Nach dem, was wir uns über das Verhältnis von Physik und Biologie klargemacht haben, ist es selbstverständlich, daß dieser Hauptsatz, der Satz von der Erhaltung der Energie, ohne jede Einschränkung auch für lebendige Systeme gilt. Man kann ihn z. B. so formulieren:

$$\Delta U = \Delta A + \Delta Q, \qquad (4.1)$$

d. h. die Änderung der *inneren Energie* U (genauer: die Energiedifferenz zwischen zwei Zuständen U_1, U_2) eines *geschlossenen Systems* (zeigt Austausch von Energie, aber nicht von Materie mit der Umgebung) läßt sich quantitativ wiederfinden in der Arbeitsleistung ΔA und/oder im Wärmeaustausch ΔQ. ΔA und ΔQ können positiv oder negativ sein. Die Zustandsgröße ΔU beschreibt die Änderung des Energieinhalts des Systems, völlig unabhängig davon, auf welche Weise und wie schnell diese Änderung zustande kommt. Verglichen werden lediglich Ausgangs- und Endzustand; über den Weg und den Mechanismus der Änderung wird nichts ausgesagt. Für ein *abgeschlossenes System* (*isoliertes System*, kein Austausch von Energie und Materie mit der Umgebung) ist $\Delta U = 0$, d. h. $U =$ konst. Daher läßt sich der 1. Hauptsatz auch folgendermaßen formulieren: *Die Energie des Universums bleibt konstant.*

Der 2. Hauptsatz der Thermodynamik

Die Notwendigkeit dieses Satzes resultiert aus der Ungleichwertigkeit verschiedener Energieformen bezüglich der Fähigkeit, Arbeit zu leisten, oder genauer gesagt, aus der Tatsache, daß Energie, die sich gleichmäßig in einem abgeschlossenen System verteilt hat, keine Arbeit mehr leisten kann und daher „entwertete" Energie darstellt. Dies läßt sich anhand eines einfachen Gedankenexperiments veranschaulichen (Abb. 4.1). An diesem Experiment können wir uns auch klar machen, daß jedes energetische Ungleichgewicht (Gefälle) *mit Notwendigkeit* einem Gleichgewichtszustand zustrebt, was einer „Entwertung" der Energie gleichkommt. Die Thermodynamik beschreibt diese „Entwertung" mit dem Begriff der *Entropie*-Zunahme (Zunahme der „ungeordneten" Energie). Die Wärmeenergie hat in diesem Zusammenhang eine große Bedeutung, weil bei allen realen Energieumwandlungen Reibungswärme und damit automatisch Entropie entsteht. Daher kann man z. B. elektrische oder chemische Energie mit einem Wirkungsgrad von

100% in Wärmeenergie umwandeln; für den umgekehrten Vorgang ist ein 100%iger Wirkungsgrad dagegen ausgeschlossen. Der 2. Hauptsatz (der Satz von der beschränkten Umwandelbarkeit von Wärme in Arbeit) kann daher folgendermaßen formuliert werden: Bei einem spontan ablaufenden Vorgang erhöht sich in einem abgeschlossenen System stets die Zustandsgröße Entropie und strebt einem Höchstwert zu (*thermodynamisches Gleichgewicht*), oder: „*Die Entropie des Universums nimmt zu.*" Dieser Vorgang ist nicht umkehrbar. Daher laufen alle Prozesse, bei denen Energieumwandlungen beteiligt sind, freiwillig nur in einer (exakt vorhersagbaren) Richtung ab. Der Ablauf in der Gegenrichtung läßt sich nur erzwingen, indem (in einem nicht abgeschlossenen System) eine ausreichende Menge an arbeitsfähiger Energie von außen zugeführt wird.

Eine häufig gebrauchte Formulierung für den 2. Hauptsatz ist:

$$\Delta U = \Delta F + T \, \Delta S \,. \tag{4.2}$$

In Worten: Jede Änderung der *inneren Energie* U besteht im Prinzip aus zwei Komponenten, einem arbeitsfähigen Teil ΔF (Änderung der *freien Energie*) und einem nicht zur Arbeit fähigen Teil $T \, \Delta S$ (Änderung der *Entropie* S, multipliziert mit der absoluten Temperatur T).

Gleichung (4.2) wird verwendet für ein isothermes System konstanten Volumens V, d. h. Volumenarbeit $P \, \Delta V$ findet nicht statt, und der Druck P stellt daher eine variable Größe dar. In der Biologie interessieren jedoch fast ausschließlich *isobare* Vorgänge. Daher ist es in diesem Fall sinnvoll, U durch eine andere Zustandsgröße, definiert für P = konst., zu ersetzen, in die man die für die Volumenarbeit aufgewendete Wärmemenge $q = P \, \Delta V$ einbezieht:

$$\Delta H = \Delta U + P \, \Delta V \,. \tag{4.3}$$

H nennt man *Enthalpie*. Die Reaktionsenthalpie ΔH beschreibt den Energieumsatz einer Reaktion (z. B. einer Verbrennungsreaktion) einschließlich der zur Volumenarbeit unter isobaren und isothermen Bedingungen eingesetzten Wärmeenergie und ist daher synonym mit dem Begriff der „Wärmetönung" der Chemiker. Der arbeitsfähige Anteil der Enthalpie heißt *freie Enthalpie** und wird mit dem

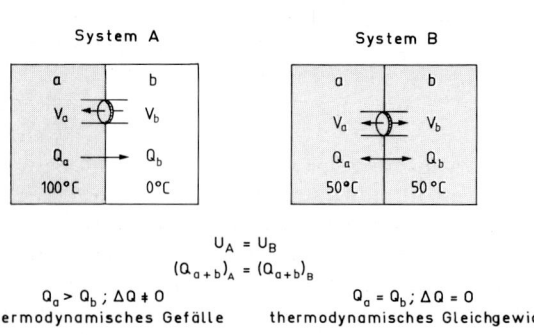

$U_A = U_B$
$(Q_{a+b})_A = (Q_{a+b})_B$

$Q_a > Q_b$; $\Delta Q \neq 0$ $Q_a = Q_b$; $\Delta Q = 0$
thermodynamisches Gefälle   thermodynamisches Gleichgewicht

kann Arbeit leisten   kann keine Arbeit leisten

Abb. 4.1. Gedankenexperiment zur Veranschaulichung des 2. Hauptsatzes der Thermodynamik. Wir betrachten zwei abgeschlossene Systeme A und B mit gleichem Energieinhalt U. Beide Systeme bestehen aus zwei gleichartigen, geschlossenen Teilsystemen (a, b) welche bei A einen unterschiedlichen, bei B einen identischen Wärmeinhalt Q haben. Bei *gleichem* U kann in System A beim Temperaturausgleich ein Teil der Wärmeenergie als arbeitsfähige Energie (z. B. als Volumenarbeit, P ΔV) erhalten werden, während dies in System B nicht möglich ist. System B befindet sich im thermodynamischen Gleichgewicht

---

* In der älteren Literatur wird G häufig irrtümlich als „freie Energie" bezeichnet. Die *freie Enthalpie* ist identisch mit der *Gibbs free energy* des angelsächsischen Schrifttums.

Symbol G abgekürzt. Es gilt:

$$\Delta G = \Delta H - T \, \Delta S . \qquad (4.4)$$

In Worten: Die Differenz an freier Enthalpie ist derjenige Teil der Reaktionsenthalpie, der bei einem freiwillig ablaufenden Prozeß maximal in Arbeit umgesetzt werden kann.

Der Begriff der freien Enthalpie ist für die Bioenergetik von entscheidender Bedeutung. Im Gegensatz zu ΔH, welches lediglich angibt, ob eine Reaktion *exotherm* oder *endotherm* abläuft, liefert ΔG das Kriterium für die Fähigkeit zur Leistung von Arbeit (*exergonischer* oder *endergonischer* Ablauf) und damit das Kriterium für die Spontaneität einer Reaktion. Obwohl ΔG und ΔH häufig gleiches Vorzeichen haben (und im Betrag ähnlich sind), gibt es auch viele endotherme Prozesse, die spontan, d. h. exergonisch, ablaufen (etwa das Lösen von Kochsalz in Wasser).

Merke:
- Reaktionen laufen prinzipiell nur dann spontan (deswegen aber nicht unbedingt schnell!) ab, wenn die freie Enthalpie im System *veringert* (d. h. die Entropie gesteigert) wird ($\Delta G < 0$, *exergonische* Reaktion, ΔG erhält ein *negatives* Vorzeichen). $-\Delta G$ gibt den Energiebetrag an, der *maximal* für eine Arbeitsleistung zur Verfügung steht.
- Reaktionen, bei denen die freie Enthalpie im System *zunimmt*, bedürfen der Zufuhr an freier Enthalpie ($\Delta G > 0$, *endergonische* Reaktion, ΔG erhält ein *positives* Vorzeichen). $+\Delta G$ gibt den Energiebetrag an, der *mindestens* zur Durchführung der Reaktion zugeführt werden muß.
- Der Zustand $\Delta G = 0$ charakterisiert den Zustand maximaler Entropie ($\Delta H = T \, \Delta S$), d. h. das thermodynamische Gleichgewicht.

Die Zelle als offenes System, Fließgleichgewicht

Die Hauptsätze der reversiblen Thermodynamik beschreiben zunächst definitionsgemäß den energetischen Zustand *geschlossener* Systeme. Demgegenüber sind lebendige Systeme jedoch thermodynamisch *offene* Systeme, d. h. sie stehen in einem beständigen Austausch von Energie *und* Materie mit ihrer Umgebung. Jede Zelle nimmt ununterbro-

chen Energie und Materie (z. B. in Form energiereicher organischer Moleküle) auf und gibt wieder Energie und Materie an die Umgebung ab. Im stationären Zustand (steady state) sind Zustrom und Abfluß von Energie und Materie gleich groß, d. h. der Zustand des Systems Zelle bleibt bezüglich dieser beiden Parameter konstant. Diesen stationären Zustand nennt man *Fließgleichgewicht*. Obwohl sich eine solche Zelle nicht merkbar verändert, hat dieser *Stoff-Wechsel* irreversible Konsequenzen: Freie Enthalpie wird in „entwertete" Energie ($T \, \Delta S$) umgewandelt und aus „Nährstoffen" werden „Abfallprodukte". Auch wenn die Zelle nicht im stationären Zustand lebt (indem sie z. B. bestimmte biochemische oder morphogenetische Leistungen vollbringt), produziert sie als exergonisches System beständig Entropie, d. h. sie nimmt in der Bilanz stets mehr freie Enthalpie auf, als sie speichern kann. Im Fließgleichgewicht kann ein System beständig auf das thermodynamische Gleichgewicht ($\Delta G = 0$) hinstreben – und daher Arbeit leisten – ohne diesen Zustand je zu erreichen. Bei Unterbrechung der Energiezufuhr bricht das Fließgleichgewicht zusammen, das System erreicht nach einiger Zeit unabwendbar das thermodynamische Gleichgewicht. Für lebendige Systeme bedeutet dies den Tod.

Wodurch werden Umsatz und stationäre Konzentrationen eines im Fließgleichgewicht befindlichen Systems bestimmt? Es ist offensichtlich, daß die klassische Gleichgewichtsthermodynamik für die energetische Beschreibung offener Systeme, bei der nicht Zustände, sondern Kräfte, Flüsse, Intensitäten („Geschwindigkeiten") und Widerstände eine entscheidende Rolle spielen, prinzipiell versagt. Ihre praktische Anwendung ist nur dann sinnvoll, wenn sich ein biologischer Prozeß wenigstens näherungsweise als ein reversibler Vorgang betrachten läßt. Die Einbeziehung der *Zeit* als Parameter macht die Theorie der Energetik offener Systeme mathematisch schwierig und unanschaulich. Eine bedeutsame Konsequenz dieser *Thermodynamik irreversibler Prozesse*, in welcher als wichtigste neue Größe die zeitliche Zunahme der Entropie (dS/dt) auftritt, ist z. B., daß der Zustand des Fließgleichgewichts durch ein Minimum an Entropieproduktion ausgezeichnet ist (Prigogine). Aber auch diese Theorie ist nur auf kleine Abweichungen vom Gleichgewichtszustand anwendbar, wie sie bei lebendigen Systemen nur selten realisiert sein dürften. Bis jetzt ist es jedenfalls nur in einfachen Fällen gelungen, die irreversible Thermodynamik auf biologische Prozesse anzuwenden.

Da die stationären Konzentrationen eines Fließgleichgewichts von der Umsatzrate (d. h. von den Reaktionskonstanten) abhängen, können sie durch Katalysatoren beeinflußt werden.

Bei einem im Fließgleichgewicht befindlichen Transportsystem interessieren nicht nur die stationären Konzentrationen, sondern auch andere Größen, z. B. der stationäre *Strom* I (Gesamtdurchsatz durch das System, mol · s^{-1}) und der *Fluß* J (der auf den durchströmten Querschnitt bezogene Durchsatz, mol · m^{-2} · s^{-1}). Im Gegensatz zum querschnittsabhängigen Fluß ist der Strom an jeder Stelle entlang der Stoffbewegung derselbe. Der stationäre Strom ist eine typische *Systemeigenschaft*, die nicht einfach aus der *Summation* der Eigenschaften von Einzelelementen des Systems resultiert (→ S. 4). Wenn man also ein Fließgleichgewicht beschreiben will, genügt es nicht, die stationären Konzentrationen (pool-Größen) der Reaktanten zu bestimmen; man muß vielmehr auch wissen, wie schnell die Reaktanten umgesetzt werden. Erst wenn stationäre Konzentration und Umsatzintensität (turnover) bekannt sind, kann man sich eine Vorstellung davon machen, welche Rolle ein bestimmter Reaktant bzw. eine bestimmte Teilreaktion im Stoffwechsel spielt.

Die Anwendung der Theorie der Fließgleichgewichte auf lebendige Systeme ist schwierig. Man befindet sich deshalb erst in den Anfängen. Zwar kann man heute bereits Teilsysteme der Zelle, z. B. die im Grundplasma lokalisierte Glycolyse oder die in den Mitochondrien lokalisierte Atmungskette, mit der Begrifflichkeit des Fließgleichgewichts beschreiben; es besteht aber noch keine Möglichkeit, eine ganze Zelle als Fließgleichgewicht darzustellen.

Man muß sich weiterhin klar machen, daß zumindest vielzellige lebendige Systeme im allgemeinen nicht in einem idealen Fließgleichgewicht oder als quasi-stationäre Systeme vorliegen. Sie müssen vielmehr als „in beständiger Entwicklung befindliche Systeme" aufgefaßt werden. Materie und Energie strömen beständig durch sie hindurch; Einstrom und Ausstrom sind aber nicht gleich.

Chemisches Potential

Für die Beschreibung des energetischen Zustandes offener chemischer Systeme ist der Begriff des *chemischen Potentials* μ_j eine fundamentale Größe. Darunter versteht man die *freie Enthalpie pro mol* einer bestimmten chemischen Komponente j in einem Gemisch mehrerer solcher Komponenten, also z. B. diejenige von Na-Ionen in einer wäßrigen Lösung von NaCl. Wir können μ_j gedanklich zerlegen in eine Reihe von Einzelpotentiale, welche in ihrer Summe die freie Enthalpie dieser speziellen Teilchensorte ausmachen. Es gilt daher:

$$\mu_j = \underset{\substack{\text{konstanter} \\ \text{Bezugsterm}}}{\mu_j^0} + \underset{\substack{\text{Konzentra-} \\ \text{tionsterm}}}{\mathbf{R} \, T \ln a_j}$$

$$+ \underset{\substack{\text{Druckterm} \\ (= n_j \mathbf{R} \, T)}}{P \, \bar{V}_j} + \underset{\substack{\text{elektrischer} \\ \text{Term}}}{\mathbf{F} \, E \, z_j} + \underset{\substack{\text{Gravita-} \\ \text{tionsterm}}}{\mathbf{g} \, h \, m_j}. \quad (4.5)$$

Es bedeuten: $\mathbf{R}$, Gaskonstante $(=8{,}314 \, \text{J} \cdot \text{mol}^{-1} \cdot \text{K}^{-1})$; T, absolute Temperatur; a_j, relative Aktivität von j (unter idealen Bedingungen numerisch gleich der Konzentration c_j); P, Druck; $\bar{V}_j$, partielles Molalvolumen* von j; $\mathbf{F}$, FARADAY-Konstante $(=96{,}49 \, \text{kJ} \cdot \text{V}^{-1} \cdot \text{mol}^{-1})$; E, elektrische Spannung; z_j, Ladungszahl von j; $\mathbf{g}$, Gravitationskonstante $(=9{,}806 \, \text{m} \cdot \text{s}^{-2})$; h, Höhe; m_j, Molmasse von j; n_j, Molzahl von j. Durch die Wahl der Konstanten erhält jeder Einzelterm die Dimension einer Energie pro mol. Da μ_j eine relative Größe ist, wird außerdem ein konstanter Referenzwert μ_j^0 erforderlich, der jedoch bei einer Differenzbildung herausfällt. Für die Zustandsänderung (-differenz) A → B gilt:

$$(\mu_j)_A \rightarrow (\mu_j)_B,$$

und daher auch:

$$\Delta\mu_j = (\mu_j)_B - (\mu_j)_A = \Delta(\mathbf{R} \, T \ln a_j) \quad (4.6)$$
$$+ \Delta(P \, \bar{V}_j) + \Delta(\mathbf{F} \, E \, z_j) + \Delta(\mathbf{g} \, h \, m_j).$$

In Worten: Die Änderung des chemischen Potentials von j ist bestimmt durch die Summe der Differenzen im *Konzentrationspotential, Druckpotential, Ladungspotential* und *Gravitationspotential*.

---

* $\bar{V}_j$ ist definiert als diejenige Volumenzunahme eines Systems, welche durch Zugabe eines mol j erzeugt wird. Wegen der bei der Mischung von Stoffen auftretenden nichtadditiven Volumenänderungen ist $\bar{V}_j$ nur näherungsweise gleich dem in der Praxis meist verwendeten Molvolumen von j.

Damit haben wir einen einfachen Ausdruck für die vielseitige Arbeitsfähigkeit des Partialsystems j gewonnen, den wir nun auf verschiedene energetische Prozesse anwenden können. Um verschiedene Partialsysteme quantitativ vergleichen zu können, ist es erforderlich, einheitliche *Standardbedingungen* zu definieren. Ein Partialsystem j befindet sich dann im *Standardzustand*, wenn $\mu_j = \mu_j^0$ ist, d.h. alle weiteren Summanden in Gl. (4.5) gleich Null sind. Daraus folgt für den Standardzustand von j: $T \ln a_j = 0$, d.h. $a_j = 1$; $P \bar{V}_j = 0$, d.h. $P = 0$; $E z_j = 0$, d.h. $E = 0$; $h m_j = 0$, d.h. $h = 0$. Für die Praxis sind folgende allgemeine Konventionen festgelegt: $a_j = 1$ *, $P = 0 = $ Normaldruck (1 bar), $E = 0$ Volt. Als Bezugsniveau für h kann z.B. der Meeresspiegel oder die Erdoberfläche dienen. Als Standardtemperatur ist 298 K (25 °C) festgelegt. Allerdings hat man in speziellen Fällen (z.B. beim Wasserpotential, s.u.) auf eine Standardtemperatur, und damit auf eine allgemeine Vergleichbarkeit der μ-Werte, verzichtet.

Mit Hilfe dieser Konventionen läßt sich μ_j im Prinzip für jeden beliebigen Zustand relativ zu einem eindeutig definierten Standardzustand ausdrücken. μ_j hat die Dimension einer *Energie pro mol*. Die allgemeine Einheit für Energie ist 1 Joule (J) $= 1$ kg $\cdot$ m$^2 \cdot$ s$^{-2} = 1$ W $\cdot$ s. für die Umrechnung der früher üblichen Energieeinheit cal in J gilt: 1 cal $= 1/0{,}23885$ J $= 4{,}1868$ J.

Chemisches Potential von Wasser

Wir betrachten Gl. (4.5) für den Spezialfall $j = H_2O$. Da es sich um ein elektrisch neutrales Molekül handelt ($z_{H_2O} = 0$), fällt der elektrische Term heraus. Außerdem wird a_{H_2O} durch die Molfraktion von Wasser ersetzt.** Es gilt:

$$\mu_{H_2O} = \mu_{H_2O}^0 + R\, T \ln N_{H_2O} + P\, \bar{V}_{H_2O} + g\, h\, m_{H_2O}. \quad (4.7)$$

Diese Formel beschreibt den energetischen Zustand des Wassers als Summe seines Konzentrations-, Druck- und Gravitationspotentials (bezogen auf den Standardzustand $\mu_{H_2O}^0$) in einem Gemisch von H_2O und beliebig vielen anderen Teilchen. R, $\bar{V}_{H_2O}$ ***, g, m_{H_2O} sind Konstanten; man erkennt also, daß der Energieinhalt des Partialsystems H_2O von seiner Aktivität, von der Temperatur, vom Druck und von der Höhe abhängt. Für Wasser unter Standardbedingungen ($N_{H_2O} = 1$, $P = 0$, $h = 0$) ist $\mu_{H_2O} = \mu_{H_2O}^0$. Ein Anstieg von P über den normalen Luftdruck oder eine Erhöhung der Lage lassen μ_{H_2O} gegenüber dem Standardzustand ansteigen. Wird jedoch reines Wasser durch Zugabe anderer Teilchen verdünnt, so sinkt seine Molfraktion und damit auch sein relativer Energieinhalt ab. Der Übergang von reinem Wasser zu einer Lösung bedeutet also eine Verminderung von μ_{H_2O} gegenüber $\mu_{H_2O}^0$. Umgekehrt bedeutet die Verdünnung einer Lösung mit Wasser eine Verminderung des Konzentrationspotentials der gelösten Teilchen und eine Erhöhung des Konzentrationspotentials von H_2O.

Für die folgende Ableitung des Wasserpotentials geht man von einer verdünnten, idealen Lösung der Teilchen i in H_2O aus. Der energetische Zustand einer solchen Lösung kann sowohl durch das Konzentrationspotential des Lösungsmittels als auch durch das Konzentrationspotential der gelösten Teilchen beschrieben werden. Da $N_{H_2O} + \sum_i N_i = 1$, gilt:

$$R\, T \ln N_{H_2O} = R\, T \ln\left(1 - \sum_i N_i\right). \quad (4.8)$$

Unter Verwendung der Näherung $\ln(1 - x) \approx -x$ für kleine Werte von x kann man schreiben:

$$R\, T \ln N_{H_2O} \approx -R\, T \sum_i N_i. \quad (4.9)$$

---

* Die relative *Aktivität* a_j ist gleich dem Produkt der *Konzentration* c_j [mol $\cdot$ kg^{-1}] und dem *Aktivitätskoeffizienten* γ_j [kg $\cdot$ mol^{-1}] und daher dimensionslos. Das thermodynamisch korrekte Konzentrationsmaß für eine Lösung ist *molal* (d.h. mol j pro kg *Lösungsmittel*). Nur bei sehr verdünnten Lösungen ist molal $\approx$ molar (mol j pro l *Lösung*). Bei biochemischen Reaktionen in Lösung ist diese Näherung in der Regel mit vernachlässigbaren Fehlern verbunden.

** Die thermodynamisch wirksame Konzentration des Lösungsmittels H_2O wird hier, im Gegensatz zu der des Lösungsgutes i, nicht auf der Basis der molaren Konzentration ($a_{H_2O} = \gamma_{H_2O}\, c_{H_2O}$), sondern als *Molfraktion* [$N_{H_2O} = n_{H_2O}/(n_{H_2O} + \sum_i n_i)$] eingesetzt. Damit wird *reines Wasser* ($N_{H_2O} = 1$, aber $c_{H_2O} = 1/\bar{V}_{H_2O} = 55{,}5$ mol $\cdot$ l^{-1}) als Standardbedingung definiert. Auch für verdünnte Lösungen ($n_{H_2O} \gg \sum_i n_i$) gilt $N_{H_2O} \approx 1$ mit hinreichend guter Näherung.

*** Das *Molalvolumen* $\bar{V}_{H_2O}$ ist nur bei verdünnten Lösungen praktisch konstant ($= 0{,}018$ l $\cdot$ mol^{-1}). Diese Komplikation kann in den meisten Fällen unberücksichtigt bleiben.

Da $\dfrac{\sum\limits_i N_i}{\overline{V}_{H_2O}} \approx \sum\limits_i c_i$, läßt sich dies vereinfachen:

$$\mathbf{R}\,T \ln N_{H_2O} \approx -\mathbf{R}\,T \sum_i c_i \overline{V}_{H_2O}. \qquad (4.10)$$

Nach Van't Hoff ist der *osmotische Druck* (= osmotisches Potential) einer Lösung:

$$\pi \approx \mathbf{R}\,T \sum_i c_i. \qquad (4.11)$$

Damit läßt sich Gl. (4.10) umformen:

$$\mathbf{R}\,T \ln N_{H_2O} \approx -\pi\,\overline{V}_{H_2O}. \qquad (4.12)$$

Mit Hilfe dieser Beziehung und der Umformung $m = \varrho\,V$ (ϱ = Dichte), läßt sich Gl. (4.7) vereinfachen:

$$\mu_{H_2O} = \mu^0_{H_2O} - \pi\,\overline{V}_{H_2O} + P\,\overline{V}_{H_2O} + \mathbf{g}\,h\,\varrho_{H_2O}\,\overline{V}_{H_2O},$$

oder:

$$\psi = \frac{\mu_{H_2O} - \mu^0_{H_2O}}{\overline{V}_{H_2O}} = P - \pi + \mathbf{g}\,h\,\varrho_{H_2O}. \qquad (4.13)$$

ψ wird definiert als das *Wasserpotential* einer Lösung. Diese Größe ist in der Pflanzenphysiologie von entscheidender Bedeutung: ψ beschreibt die *freie Enthalpie pro Einheitsvolumen Wasser* in einer Lösung, bezogen auf den Standardzustand von H_2O, als Summe von drei Teilpotentialen: *Druck* (P), *osmotisches Potential* (= osmotischer Druck, π) und *Gravitationspotential* ($\mathbf{g}\,h\,\varrho_{H_2O}$). Die Kenntnis von $\Delta\psi$, der Wasserpotentialdifferenz zwischen zwei Orten, erlaubt Aussagen über die Richtung der Wasserbewegung, welche durch Unterschiede in der Summe dieser Teilpotentiale getrieben werden kann.

Merke:
- Wasser strömt spontan (deswegen aber nicht unbedingt schnell!) nur von Orten mit *höherem* (positiverem) zu Orten mit *niedrigerem* (negativerem) ψ, d. h. entlang eines abfallenden ψ-Gradienten. Hierbei wird die freie Enthalpie des Wassers verringert (exergonischer Prozeß).
- Demgemäß kann Wasser nur unter Energieaufwand von einem Ort mit *niedrigerem* ψ zu einem Ort mit *höherem* ψ transportiert werden (endergonischer Prozeß).
- Zwischen Orten gleichen ψ-Werts findet kein Netto-Strom von Wasser statt, d. h. es herrscht

thermodynamisches Gleichgewicht (Wasserpotentialgleichgewicht, $\Delta\psi = 0$).
- Als Nullpunkt der ψ-Skala („Normalwasserpotential", $\psi = 0$) dient per Definition der Standardzustand des Wassers (reines H_2O bei Normaldruck und -niveau).
- ψ wird durch eine Zunahme von P und h erhöht und durch eine Zunahme von π erniedrigt.

P und π sind temperaturabhängig [$\rightarrow$ Gl. (4.5, 4.11)]. Beide Größen steigen bei Temperaturerhöhung an. Dies bleibt jedoch hier unberücksichtigt, da ψ stets in bezug auf einen Standardzustand gleicher Temperatur betrachtet wird. Bei Normaldruck und -niveau wird ψ alleine von π bestimmt und ist daher ≤ 0. Zur Veranschaulichung der Zusammenhänge zwischen ψ, P, π und h dient Abb. 4.2.

ψ und alle Summanden in Gl. (4.13) haben die Dimension einer *Energie · Volumen^{-1} = Kraft · Fläche^{-1} = Druck*; sie werden daher in bar ($= 10^5$ Newton · m^{-2} $= 10^5$ Pascal) gemessen. Für die Umrechnung der früher üblichen Einheit at (Atmosphäre) gilt: $1\ \text{at} = 1/0{,}987\ \text{bar} = 1{,}01\ \text{bar}$.

Auch der Energieinhalt des Wasseranteils der Luft kann durch das Wasserpotential energetisch beschrieben werden. Wenn Luft mit reinem Wasser im thermodynamischen Gleichgewicht (100% relative Luftfeuchte) ist, ist ihr Wasserpotential per Definition gleich Null. Allgemein gilt:

$$\psi_{\text{Luft}} = \frac{\mathbf{R}\,T}{\overline{V}_{H_2O}} \ln N_{H_2O} = \frac{\mathbf{R}\,T}{\overline{V}_{H_2O}} \ln \frac{p_{H_2O}}{p^0_{H_2O}}$$

$$= \frac{\mathbf{R}\,T}{\overline{V}_{H_2O}} \ln \frac{\text{rel. Luftfeuchte [\%]}}{100}. \qquad (4.14)$$

Diese Funktion ist in Abb. 4.3 für 25 °C dargestellt. Man erkennt, daß bereits sehr geringe Abweichungen von 100% relativer Luftfeuchte zu einem starken Absinken von ψ_{Luft} führt. 50% relative Luftfeuchte entspricht $\psi^{25\,°C}_{\text{Luft}} = -950$ bar.

Anwendung des Wasserpotential-Konzepts auf den Wasserzustand der Zelle

Da Pflanzen über keine aktiven Mechanismen zur Erhöhung des Wasserpotentials („Wasserpumpen") verfügen, wird Wasser in ihnen ausschließ-

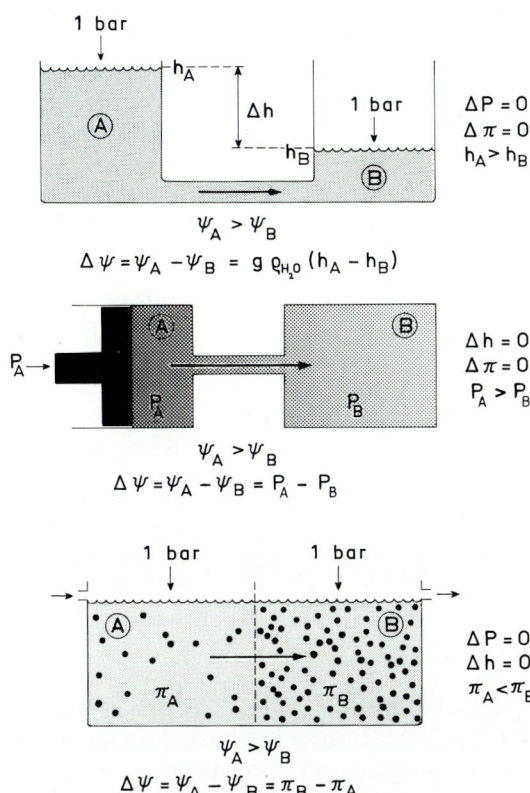

Abb. 4.2. Drei einfache Gedankenexperimente zur Veranschaulichung der Bedeutung des Wasserpotentials für die spontane (exergonische) Strömung von Wasser [→ Gl. (4.13)]. *Oben*: Wasser strömt von höherem auf niedrigeres Niveau. $\Delta\psi$ beruht auf einem Unterschied im Gravitationspotential von ψ_A und ψ_B. *Mitte*: Wasser strömt von einem Ort hohen Drucks zu einem Ort niederen Drucks. $\Delta\psi$ beruht auf einem Druckgefälle zwischen A und B. *Unten*: Wasser strömt (z.B. durch eine selektiv permeable Membran) von einer verdünnten zu einer konzentrierten Lösung. Diesen Vorgang nennt man *Osmose*. $\Delta\psi$ beruht auf einem Unterschied im osmotischen Potential (π) der Lösungen A und B. Allen drei Beispielen ist gemeinsam, daß der Wasserstrom dem Gefälle von ψ (in Richtung zu negativeren Werten) folgt, und daß ein Zustand angestrebt wird, in dem $\Delta\psi = 0$ ist (Gleichgewicht zwischen A und B) und daher kein Nettowasserstrom mehr erfolgt. Außerdem wird deutlich, daß es für den Wasserstrom nicht auf den Absolutwert von ψ, sondern auf $\Delta\psi$-Werte ankommt

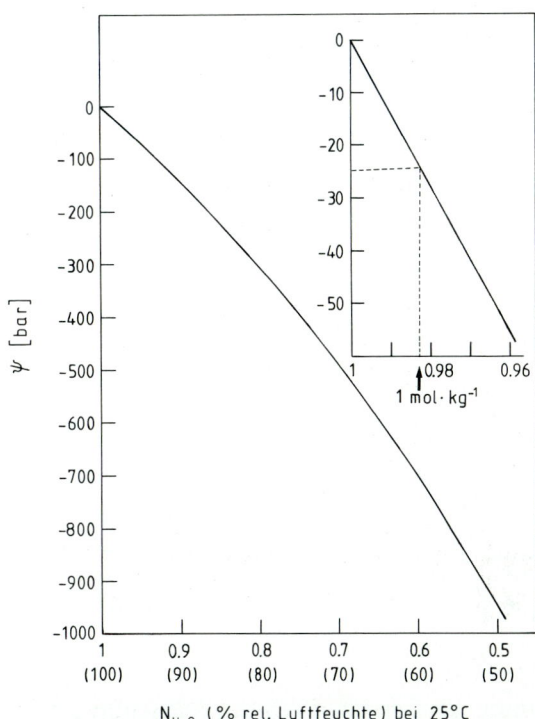

Abb. 4.3. Abhängigkeit des Wasserpotentials der Luft von der Molfraktion des Wassers (N_{H_2O}) bzw. vom relativen Wasserdampfpartialdruck ($p_{H_2O}/p_{H_2O}^0$) und der relativen Luftfeuchte (Werte in Klammern) bei 25 °C (→ Gl. 4.14). Zum Vergleich ist in dem vergrößerten Ausschnitt (*rechts oben*) das Wasserpotential einer 1-osmolalen wäßrigen Lösung eingetragen (24,8 bar)

lich passiv bewegt, d.h. es folgt einem abfallenden ψ-Gradienten. Wassertransport ist in der Pflanze also stets exergonisch, d.h. $\Delta\psi$ ist negativ ($-\Delta\psi$ in Analogie zu $-\Delta G$).

Wir betrachten eine ausgewachsene Zelle, deren Wände elastisch, aber nicht plastisch verformbar

sind. Ein einfaches Modell dieses Systems (in dem lediglich solche Eigenschaften berücksichtigt sind, welche wir für ein Verständnis der *osmotischen* Eigenschaften dieser Zelle brauchen) besteht aus drei wesentlichen Elementen: *Zellwand, wandständiger Protoplasmabelag* und *Vacuole* (Abb. 4.4). Die Wand einer solchen Zelle ist praktisch *omnipermeabel* (→ Abb. 3.16). Sie gestattet ohne wesentlichen Diffusionswiderstand eine Umspülung des Protoplasten mit einer wäßrigen Lösung. Die Wand hat die Eigenschaften eines reißfesten, elastisch dehnbaren Korsetts. Wie kommt die Stabilität einer solchen Zelle zustande? Antwort: Durch das Zusammenwirken von Zellwand und Vacuole. Dieses Zusammenwirken wird durch bestimmte Eigenschaften des Protoplasten ermöglicht, der als mehr oder minder dünner, geschlossener Belag der Wand anliegt. Dieser Plasmasack kann nämlich in erster

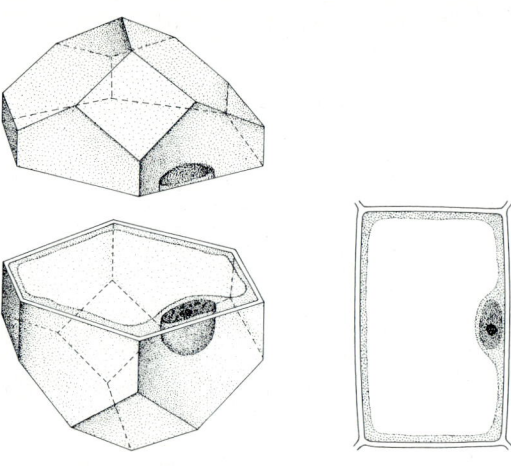

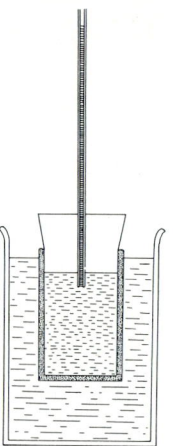

Abb. 4.4. Die Zelle als osmotisches System. *Links*: Räumliches Modell einer parenchymatischen Zelle (Zellhälften getrennt). Eingetragen sind lediglich Zellwand, wandständiger Plasmasack mit Zellkern, Vacuole (Zellsaftraum). *Mitte*: Modell einer turgeszenten Zelle im optischen Längsschnitt. Die Wände sind elastisch nach außen gewölbt. *Rechts*: Os-mometer („Pfeffersche Zelle") im Längsschnitt bestehend aus Innenmedium (Lösung), porösem Gefäß mit selektiv permeablen Eigenschaften, Außenmedium (Wasser) und Steigrohr. Dieses physikalische Analogie-Modell repräsentiert das System Zelle (*Mitte*) hinsichtlich seiner osmotischen Eigenschaften erstaunlich gut

Näherung als *selektiv permeabel* („semipermeabel") angesehen werden, d. h. er stellt in beiden Richtungen eine unbedeutende Diffusionsbarriere für Wasser, hingegen eine sehr hohe Diffusionsbarriere für gelöste Moleküle und Ionen dar. Diese Eigenschaft ist eine Funktion der Plasmagrenzmembranen, vor allem der Plasmamembran. Der Zellsaftraum (Vacuole) enthält eine wäßrige Lösung mit einer Vielzahl anorganischer und organischer Ionen und Moleküle. Die osmotisch wirksame Konzentration des Zellsafts kann entweder durch die *Osmolalität* (mol osmotisch aktive Teilchen pro kg Wasser) oder durch das *osmotische Potential* angegeben werden [→ Gl. (4.11); die Konzentration 1 osmol · kg^{-1} entspricht $\pi \approx 25$ bar]. Das osmotische Potential der Vacuolenflüssigkeit liegt meist im Bereich von 5–15 bar. Da die Zellwand im allgemeinen eine sehr wenig konzentrierte Lösung (also praktisch reines Wasser) enthält, besteht in diesem System ein π-Gradient (→ Abb. 4.2, *unten*), der die potentielle Energie zum Transport von Wasser darstellt.

Das Osmometer-Modell

Ein physikalisches System, welches nach diesem Prinzip funktioniert, ist das Osmometer, das in seiner einfachsten Form (*Pfeffersche Zelle*), in Abb. 4.4 modellhaft dargestellt ist. Dieses Gerät dient zur Bestimmung des osmotischen Potentials einer Lösung mittels Messung des hydrostatischen Drucks, den diese Lösung im Gleichgewicht mit reinem Wasser entwickeln kann. Dazu folgende Überlegung: Das äußere Gefäß (Außenraum) des Osmometers enthalte reines Wasser unter Standardbedingungen, das innere Gefäß (Innenraum) die zu messende Lösung. Das innere Gefäß ist ein Tonzylinder, der eine selektiv permeable (praktisch nur für Wassermoleküle durchlässige) anorganische Membran trägt. Verschlossen ist der Tonzylinder mit einem Stopfen, der von einem Steigrohr durchbohrt wird. Da die Wasserkonzentration (mol H_2O pro Volumeneinheit) außen größer ist als innen, besteht ein „Diffusionsdruck", der Wasser vom Außenraum in den Innenraum treibt. Präziser: Wasser diffundiert in Richtung des ψ-Gefälles. Der Nettostrom von Wasser kommt erst dann zum Erliegen, wenn der hydrostatische Druck im Steigrohr die weitere Akkumulation von Wasser im Innenraum verhindert. Dann ist $\Delta\psi = 0$ bzw. $\pi = P$. Derjenige hydrostatische Druck (P), der das weitere Einströmen von Wasser in den Innenraum verhindert, repräsentiert also den *osmotischen Druck* (= osmotisches Potential) der Innenlösung. (Für genaue Messungen hält man das Volumen, und damit die Konzentration der Innenlösung, durch Anlegen eines Gegendrucks konstant. Der im Gleichgewicht notwendige Gegendruck ergibt dann genau π).

Das Gesetz, nach dem das ideale Osmometer arbeitet, ist einfach. Es wird beschrieben durch Gl. (4.13) unter Weglassung des hier bedeutungslosen Gravitationsterms (h = 0):

$$\psi = P - \pi. \tag{4.15}$$

In Worten: Das Wasserportential einer Lösung wird bestimmt durch den hydrostatischen Druck, unter dem die Lösung steht, und durch ihr osmotisches Potential. ψ wird durch P erhöht und durch π erniedrigt (verschiedene Vorzeichen!). Für $\psi = 0$ ist $\pi = P$.

Die Gl. (4.15) gilt nur für ideal selektiv permeable Membranen. Im realen Fall muß berücksichtigt werden, daß viele gelöste Teilchen Biomembranen in einem gewissen Umfang passieren können. Dies wird durch den Reflexionskoeffizienten σ korrigiert:

$$\psi = P - \sigma\pi. \tag{4.16}$$

Dieser Koeffizient liegt normalerweise zwischen 0 (Lösungsgut permeiert gleich gut wie H_2O) und 1 (keine Permeation des Lösungsgutes). Für Substanzen, die besser als H_2O permeieren, nimmt σ negative Werte an.

Die Zelle als Osmometer-Analogon

Die sich entsprechenden Systemelemente der Zelle und des Osmometers ($\rightarrow$ Abb. 4.4) sind in Tabelle 4.1 gegenübergestellt. Man erkennt, daß zwischen den beiden Systemen eine verblüffende funktionelle Analogie besteht. Man darf aber nicht übersehen, daß alle Eigenschaften der Zelle außer den osmotischen von diesem Analogie-Modell völlig vernachlässigt werden. Frage: Wie lange kann die Vacuole aus der Umgebung Wasser aufnehmen? Antwort: Bis ψ_V ($\psi_{Vacuole}$) genauso groß geworden ist, wie ψ_W ($\psi_{Wandlösung}$). Wenn $\psi_W = 0$ gesetzt wird, ist auch $\psi_V = 0$ und daher $\pi_V = P_V$ [$\rightarrow$ Gl. (4.15)]. Der in der Vacuole herrschende hydrostatische Druck P_V wird als *Turgor* bezeichnet. Er ist stets gleich dem Druck, den die elastisch gespannte Zellwand auf Protoplasma und Vacuole ausübt und wird daher gelegentlich auch als „Wanddruck" bezeichnet. Der Turgor ist numerisch gleich groß wie die mecha-

Tabelle 4.1. Die Anwendung des Osmometer-Modells auf die parenchymatische Pflanzenzelle ($\rightarrow$ Abb. 4.4)

Es entsprechen sich: Osmometer-Modell	Pflanzenzelle
Außenraum mit Wasser	Der praktisch mit Wasser gesättigte, freie Diffusionsraum der Zellwand
Innenraum mit Lösung	Vacuole mit Zellsaft
Anorganische, selektiv permeable Haut im Tonzylinder	Selektiv permeabler Protoplasmabelag
Wassersäule im Steigrohr (Manometer)	Reißfeste, aber elastisch dehnbare Zellwand

nische Spannung der Zellwand. In der Zellwandflüssigkeit herrscht dagegen der gleiche Druck wie in der Umgebung der Zelle ($P_{außen}$), welcher definitionsgemäß gleich Null gesetzt ist (Normaldruck = 1 bar Absolutdruck; $\rightarrow$ S. 43). Zwischen Protoplasma und Vacuole besteht praktisch kein Druckunterschied. Für die elastische Verformung der Zelle durch den Turgordruck gilt im Prinzip das Hookesche Gesetz, d. h. die relative Volumenänderung ($\Delta V/V$) ist proportional zur verformenden Druckänderung:

$$\frac{\Delta V}{V} = \frac{1}{\varepsilon}\Delta P. \tag{4.17}$$

Der volumetrische Elastizitätsmodul (ε) ist eine Materialeigenschaft, welche die Steifigkeit der Zellwand charakterisiert. Der Wert von ε hängt vom Zellvolumen und vom Druck ab und ist daher eine experimentell schwierig zu handhabende Größe, die in turgeszenten Zellen krautiger Pflanzen meist im Bereich von 10–200 bar liegt (Abb. 4.5). Für die Änderung des Zellvolumens durch elastisches Schrumpfen bzw. Schwellen bei einer bestimmten Änderung des Wasserpotentials gilt näherungsweise:

$$\frac{\Delta V}{V} \approx \frac{1}{\varepsilon + \pi}\Delta\psi. \tag{4.18}$$

Man kann dieser Gleichung entnehmen, daß kleine Werte von ε und/oder π notwendig sind, um für ein gegebenes $\Delta\psi$ eine große elastische Dehnung der Zelle zu ermöglichen. Für typische Werte von ε und π (z. B. 50 bar bzw. 10 bar) ist $\Delta V/V = 1/60$ (2%), wenn sich das Wasserpotential um 1 bar ändert.

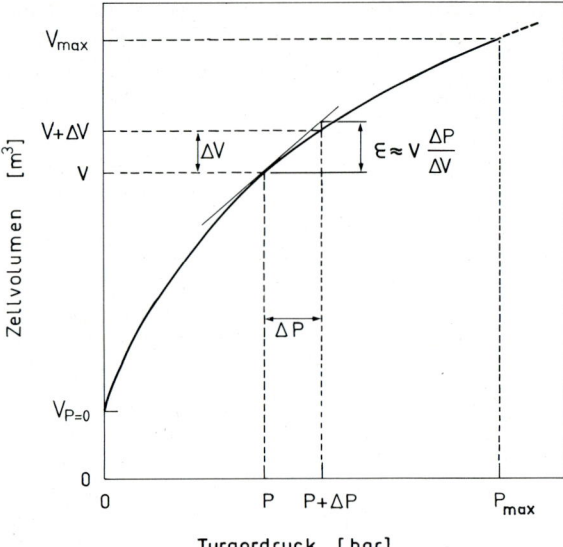

Abb. 4.5. Volumen/Druck-Kurve einer Pflanzenzelle zur Veranschaulichung des volumetrischen Elastizitätsmoduls (ε) (schematisch). $V_{P=0}$, Zellvolumen bei Grenzplasmolyse; V, Volumen der teilweise turgeszenten Zelle vor dem Druckanstieg ΔP; V_{max}, Volumen der vollturgeszenten Zelle (P_{max}). Aus der Steigung der Kurve läßt sich ε berechnen. Man erkennt, daß ε für die erschlaffte Zellwand (P = 0) den kleinsten Wert annimmt und mit steigendem Turgordruck zunimmt (d. h. die elastische Dehnbarkeit wird mit steigendem Turgor immer geringer). Messungen dieser Art können mit einer Miniaturdrucksonde an Einzelzellen durchgeführt werden. (Nach Steudle et al. 1977)

Die in Gl. (4.15) gegebene Formulierung des Wasserpotentials entspricht formal der klassischen, auf Pfeffer zurückgehenden Gleichung für die *osmotischen Zustandsgrößen* der Zelle:

S = O − W

(S = Saugspannung = „Saugkraft", O = osmotischer Druck, W = Wanddruck). Saugspannung und Wasserpotential unterscheiden sich im Prinzip nur im Vorzeichen: Eine *positive* Saugspannung entspricht einem *negativen* Wasserpotential. Außerdem muß man stets beachten, daß ψ auf den Standardzustand von Wasser ($\psi = 0$) bezogen ist. Darüber hinaus herrscht Saugspannung zwischen zwei Orten immer dann, wenn eine *Differenz* im ψ-Wert vorliegt. Sie ist daher mit $-\Delta\psi$ homolog. Wir werden uns im folgenden strikt an das thermodynamisch begründete Wasserpotentialkonzept halten.

Das Matrixpotential

Wendet man Gl. (4.15) auf die Zelle an, so ignoriert man die Komplikation, daß in diesem osmotischen System nicht nur gelöste Teilchen, sondern auch kolloidal gelöste Makromoleküle, Membranflächen und hydratisierte Strukturelemente das Wasserpotential beeinflussen können. So ist z. B. ψ_W keineswegs gleich Null, selbst dann nicht, wenn die Wandflüssigkeit aus reinem H_2O besteht. Der Beitrag der Wandstrukturen zum Wasserpotential besteht aus einer (negativen) Druckkomponente (Unterdruck im kapillar gebundenen Wasser) und in einer osmotischen Komponente (Wechselwirkungen zwischen H_2O und der Oberfläche hydrophiler Makromoleküle), die sich theoretisch in P bzw. π einbeziehen lassen. Aus praktischen Gründen faßt man diese Potentiale häufig auch zu einer eigenen Größe, dem *Matrixpotential* τ, zusammen, welches separat neben P und π aufgeführt wird:

$$\psi = P - \pi - \tau .\qquad(4.19\,a)$$

Das Matrixpotential, das sich eindrucksvoll an einem Stück Filterpapier demonstrieren läßt, das mit seiner Unterkante im Wasser hängt, spielt z. B. eine große Rolle für das Wasserpotential im Boden (Bodenkolloide als Matrix) und im Protoplasma (Makromoleküle, Membranen, Ribosomen u.a. als Matrix). In der ausgewachsenen, vacuolisierten Zelle spielt das Matrixpotential von Protoplasma und Zellwand neben π_v eine untergeordnete Rolle und wird daher häufig vernachlässigt ($\rightarrow$ Abb. 4.7).

Nomenklatorische Schwierigkeiten

In der pflanzenphysiologischen Literatur hat es sich seit einigen Jahren eingebürgert, die Gl. (4.19a) wie folgt zu formulieren:

$$\psi_{gesamt} = \psi_P + \psi_\pi + \psi_\tau .\qquad(4.19\,b)$$

Nach dieser Formulierung setzt sich das Wasserpotential eines wäßrigen Mischsystems additiv aus drei Komponenten zusammen, welche den Einfluß von P, π und τ auf den energetischen Zustand von Wasser beschreiben. Hierbei ist $\psi_P = P$, $\psi_\pi = -\pi$ und $\psi_\tau = -\tau$. In diesem Zusammenhang wird ψ_π auch als „osmotisches Potential" bezeichnet. Diese Formulierung ist insofern verwirrend, als es sich bei ψ_π nicht um das Konzentrationspotential des Osmoticums [= π; $\rightarrow$ Gl. (4.11)], sondern um die durch das Osmoticum bewirkte Komponente des Wasserpotentials handelt. Entsprechend wird ψ_τ auch als „Matrixpotential" bezeichnet. Korrekt wäre, ψ_π und ψ_τ als *osmotisches* bzw. *matrikales Wasserpotential* zu bezeichnen. Wir bleiben hier bei den von der Physikalischen Chemie her vertrauten, *positiven* Potentialen π und τ, welche als positive Drücke gemessen werden können und (im Gegensatz zu P) einen negativen Beitrag zum Wasserpotential leisten (d. h. ψ erniedrigen).

Das osmotische Zustandsdiagramm der Zelle (Höfler-Diagramm)

Wir betrachten das Volumen des Protoplasten in Abhängigkeit vom Wasserpotential außerhalb des Protoplasten, welches sich durch Zugabe eines Osmoticums erniedrigen läßt. Die Volumenänderung kann z.B. mikroskopisch verfolgt werden ($\rightarrow$ Abb. 4.6). Eine Zelle wird als *vollturgeszent* bezeichnet, wenn $\psi_V = -\tau_W$, d.h. P_V maximal groß ($= \pi_V$) ist. Die vollturgeszente Zelle ist, ähnlich wie ein aufgepumpter Gummireifen, strukturell enorm stabil. Für die meisten Pflanzenzellen liegt π_V im Bereich von 5–15 bar; es sind jedoch auch schon über 100 bar gemessen worden (z. B. bei bestimmten Halophyten). Turgorverlust führt zum Welken und damit zum Stabilitätsverlust der Pflanze. Auf der Ebene der Zelle kann starkes Schrumpfen des Protoplasten zur *Plasmolyse* führen (Abb. 4.6). Dieses Phänomen kann in geeigneten Zellen dadurch erzeugt werden, daß man sie in der Lösung

eines niedermolekularen Osmoticums (z. B. Mannit) badet, deren osmotisches Potential wesentlich höher als π_V ist. Ist der Plasmasack für das Osmoticum undurchlässig, so strömt solange Wasser aus der Vacuole in den mit der umgebenden Lösung im Gleichgewicht stehenden freien Diffusionsraum der Zellwand, bis sich die Wasserpotentiale im Außenraum ($+$ Zellwandraum) und in der Vacuole angeglichen haben. Die Vacuole verkleinert sich; der Plasmasack löst sich von der Zellwand ab. Die gerade beginnende Ablösung ($\rightarrow$ Abb. 4.6 b) bezeichnet man als *Grenzplasmolyse*. Ersetzt man die Außenlösung anschließend durch Wasser, so tritt *Deplasmolyse* ein ($\rightarrow$ Abb. 4.6 d), weil nunmehr solange Wasser von außen in die Vacuole einströmt, bis wieder die volle Turgeszenz erreicht ist. Starke Plasmolyse übersteht die Zelle jedoch nicht ohne irreversible Schädigung; z. B. reißen dabei häufig die Plasmodesmen.

Die Plasmolyse ($\rightarrow$ Abb. 4.6) tritt ein, wenn $\pi_{\text{Wandlösung}} > \pi_V$ wird. Dies setzt voraus, daß das Osmoticum in den Zellwandraum eindringen kann, und daher die Grenzlinie zwischen $\psi_{\text{außen}}$ und ψ_{innen} an der Plasmamembran verläuft. Unter natürlichen Bedingungen dürfte diese Situation jedoch kaum vorkommen. Wenn eine Zelle an der Luft (oder in der Lösung eines Osmoticums, das nicht in die Zellwand eindringen kann, z. B. hochmolekulares Polyethylenglycol) unter Wasserabgabe schrumpft, verläuft die Grenzlinie zwischen $\psi_{\text{außen}}$ und ψ_{innen} an der Außenseite der Zellwand, d. h. Protoplast und Wand kollabieren ohne sich voneinander zu trennen. Diesen Prozeß, der z. B. beim Welken von

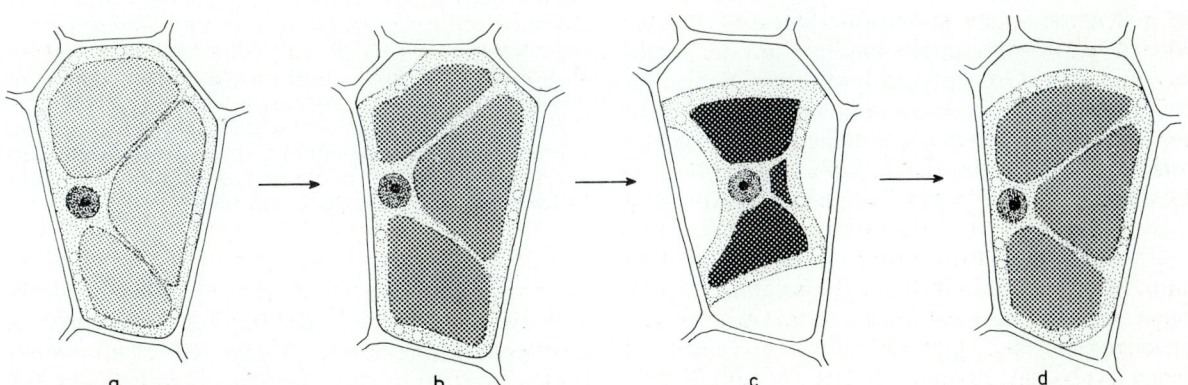

Abb. 4.6a–d. Zellen aus der unteren Epidermis eines Blattes von *Rhoeo discolor*. Im Zellsaft sind Anthocyane gelöst. (a) Vollturgeszenz in Wasser; (b, c) Plasmolyse in $0,5 \text{ mol} \cdot \text{l}^{-1}$ KNO_3 (frühes und spätes Stadium); (d) Deplasmolyse nach Übertragung in Wasser. (In Anlehnung an Schumacher 1962)

Pflanzen regelmäßig auftritt, nennt man *Cytorrhyse*. Bei starker Cytorrhyse wölbt (oder faltet) sich die Zellwand nach innen ein. Hierbei können Wandspannungen und ein entsprechender *negativer Turgordruck* auftreten, der jedoch in der Regel nur Bruchteile eines bar ausmacht.

Mit Hilfe von Gl. (4.19) läßt sich das reversible osmotische System Zelle hinsichtlich der Parameter ψ, P, π und τ quantitativ beschreiben und in Form eines Zustandsdiagramms darstellen (Abb. 4.7).

Man muß sich stets vor Augen halten, daß in den verschiedenen Kompartimenten unterschiedliche Komponenten das Wasserpotential hauptsächlich bestimmen:

Vacuole: $\psi_V \approx P_V - \pi_V \, (\tau_V \approx 0)$,

Plasma: $\psi_{Plasma} = P_V - \pi_{Plasma} - \tau_{Plasma}$

$$(P_{Plasma} = P_V),$$

Wand: $\psi_W = -\pi_{Wandlösung} - \tau_W \, (P_{außen} = 0)$.

Im Gleichgewicht gilt stets:

$$\psi_V = \psi_{Plasma} = \psi_W = \psi_{Außenlösung} \, (= \psi_{Zelle}).$$

Die experimentelle Messung von π und ψ

Für eine hinreichend verdünnte Lösung kann π nach Gl. (4.11) berechnet werden, indem man molale Konzentrationen einsetzt. Bei höheren Konzentrationen ist wegen der zunehmenden Differenz zwischen Konzentration und Aktivität eine empirische, indirekte Messung erforderlich (über den osmotischen Druck im Osmometer, oder die Gefrierpunkt- bzw. Dampfdruckerniedrigung gegenüber reinem Wasser). Diese Methoden werden auch für π-Bestimmungen in extrahiertem Zellsaft verwendet. In-situ-Messungen basieren auf der Beobachtung von Grenzplasmolyse oder Schrumpfungsmessungen mit einem definierten Osmoticum (Abb. 4.8). Die hierbei erhaltenen Werte gelten exakt nur für die turgorfreie Zelle. In der vollturgeszenten Zelle (größeres Volumen; → Abb. 4.7) liegen meist etwa 10–15% niedrigere Werte vor.

Gl. (4.15) gibt an, wie man $\psi_V = \psi_{Zelle}$ messen kann: Man bestimmt diejenige Osmolalität, welche eine Testlösung besitzen muß, um im osmotischen Gleichgewicht ($\psi_{Testlösung} = \psi_V$) mit dem Zellsaft zu stehen (Abb. 4.8). Bei einer anderen Methode, welche z. B. zur Messung von ψ an intakten Blättern verwendet wird, setzt man das Objekt in einer Kammer, aus der nur der Blattstiel herausragt,

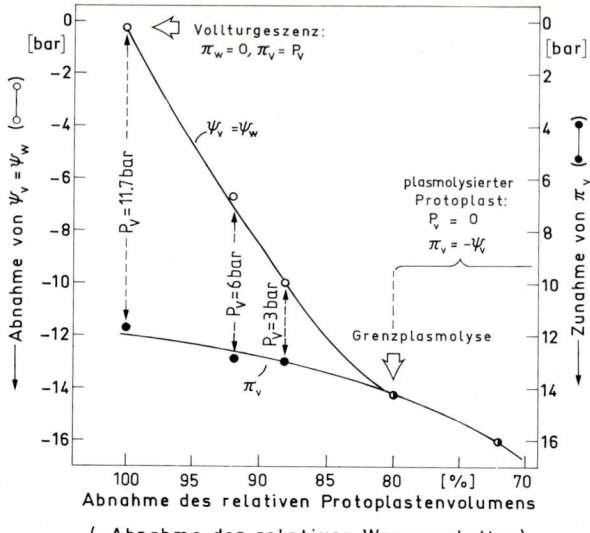

Abb. 4.7. Das osmotische Zustandsdiagramm der Zelle (Höfler-Diagramm). Objekt: Zellen aus dem Blattstiel von *Helianthus annuus*. Wir betrachten die zwei osmotischen Kompartimente *Zellwand* und *Vacuole*, welche durch den Protoplasmasack („selektiv permeable Membran") gegeneinander abgegrenzt sind. Das Wasserpotential der Wand kann durch die Zugabe eines Osmoticums zur Außenlösung experimentell variiert werden (ψ, Wasserpotential; π, osmotisches Potential; P, Turgordruck. Subskripte: V, Vacuole; W, Wand). Wir betrachten auf der Abszisse von links nach rechts die Abnahme des Protoplastenvolumens, welche durch eine experimentelle Verminderung von ψ_W ($= \psi_{Außenlösung}$) bewirkt wird. Alle Meßwerte beziehen sich auf *Gleichgewichtszustände*, d.h. es ist stets $\psi_W = \psi_V$ (d.h. $\Delta\psi = 0$) eingestellt. Ausgehend vom Zustand der *Vollturgeszenz* (P_V maximal groß) nimmt ψ_V gemäß ψ_W ab. Dies erfolgt hauptsächlich auf Kosten von P_V. π_V nimmt leicht zu, da sich bei abnehmendem Volumen die Osmolalität in der Vacuole erhöht. Beim relativen Protoplastenvolumen 100% ist die Zellwand voll entspannt ($P_V = 0$); es tritt *Grenzplasmolyse* (oder *Grenzcytorrhyse*) ein. Jede weitere Verminderung von $\psi_W = \psi_V$ führt zu einem entsprechenden Anstieg von π_V, da von nun an $\pi_V = -\psi_V$. Wenn sich bei der Cytorrhyse die Zellwand zusammen mit dem schrumpfenden Protoplasten einwölbt und dabei nach innen gespannt wird, treten negative Turgordrücke auf. In diesem Fall ist $\pi_V < -\psi_V$. (Nach Daten von Clark 1956; aus Lewitt 1969)

langsam unter Druck (Schonlander-Bombe, Abb. 4.9). Derjenige Druck, der für das Herauspressen einer gerade erkennbaren Menge Xylemsaft aus der (unter Normaldruck stehenden) Schnittfläche benötigt wird, gibt direkt ψ an. Wenn man anschließend durch stufenweise Druckerhöhung kleine Mengen Saft herauspreßt und die Abnahme des

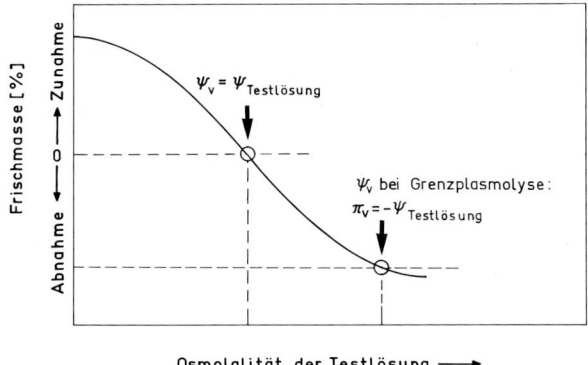

Abb. 4.8. Schematische Kurve für die Bestimmung des Wasserpotentials und des osmotischen Potentials eines Gewebes. Im Prinzip geht man folgendermaßen vor: Man bringt die zu prüfenden Zellen (oder das Gewebestück) in Testlösungen verschiedener Osmolalität. Diejenige Testlösung, in der sich die Masse (oder das Volumen) der Zellen nicht ändert, besitzt das *gleiche Wasserpotential* wie die Zellen. Diejenige Testlösung, in der sich Grenzplasmolyse einstellt, besitzt das *gleiche osmotische Potential* wie die Zellen ($P_V = 0$, $\pi_V = -\psi_V = -\psi_{Testlösung}$). (Nach Steward 1964)

Wassergehalts im Blatt mißt, kann man eine *Druck/Volumen-Kurve* aufnehmen und daraus auch das osmotische Potential der Blattzellen entnehmen (Abb. 4.9).

Der Turgor wird in der Regel nicht experimentell gemessen, sondern aus π_V und ψ_V rechnerisch ermittelt [Gl. (4.15)]. In geeigneten Objekten ist es neuerdings auch gelungen, den Turgordruck durch Anstechen mit einer Mikrodrucksonde direkt zu messen.

Ähnlich wie beim Wasserzustand der Zelle ist die Wasserpotentialdifferenz ($-\Delta\psi$) die treibende Kraft für alle anderen Wasserbewegungen in der Pflanze. Diese grundlegende Größe bestimmt die energetisch begünstigte Richtung der Wasserströmung zwischen Zellkompartimenten (z. B. zwischen Chloroplast und Cytoplasma) genauso, wie zwischen Wurzel und Krone eines Baumes. Man darf allerdings nie vergessen, daß ψ (bzw. $\Delta\psi$) per Definition nur für den *Gleichgewichtszustand* gilt, d. h. dieser Begriff ist ungeeignet für eine adäquate energetische Beschreibung *strömenden* Wassers.

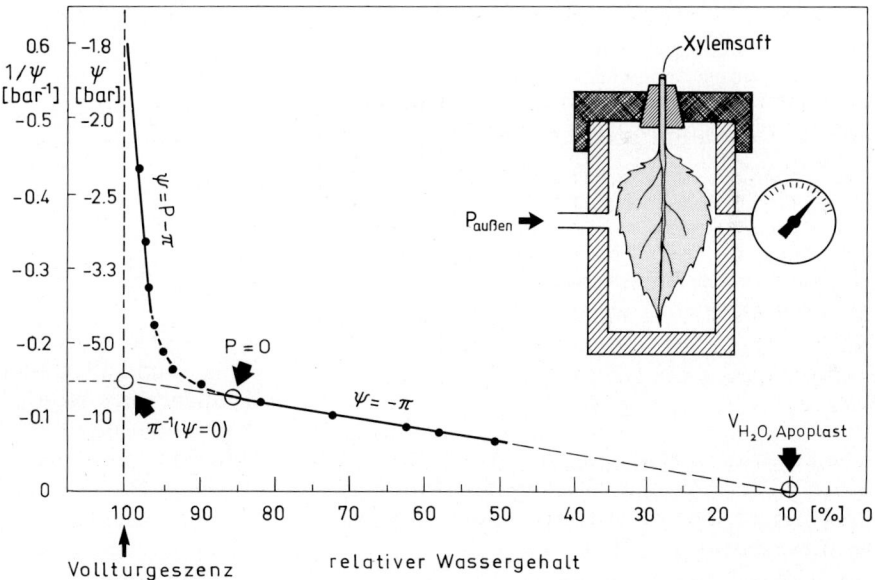

Abb. 4.9. Druck/Volumen-Kurve, wie sie in abgeschnittenen Pflanzenteilen mit der Scholander-Bombe (*rechts oben*) gemessen werden kann. Objekt: ausgewachsenes Blatt von *Helianthus annuus*. Durch Erhöhung des Umgebungsdrucks ($P_{außen}$) in definierten Schritten wird Xylemsaft an der Schnittfläche ausgepreßt und damit der Wassergehalt des Blattes stufenweise vermindert (Abszisse). Die zugehörige Reduktion des Wasserpotentials im Blatt kann an den $P_{außen}$-

Werten abgelesen werden ($\psi_{Blatt} = -P_{außen}$). Wenn man $1/\psi_{Blatt}$ gegen den relativen Wassergehalt aufträgt, erhält man eine Kurve mit zwei linearen Ästen. Durch Extrapolation läßt sich aus dem flachen Ast das π der vollturgeszenten Zellen (als Mittelwert der Blattzellen) ermittelt. Außerdem erhält man das Wasservolumen des Apoplasten. (Nach Jachetta et al. 1986)

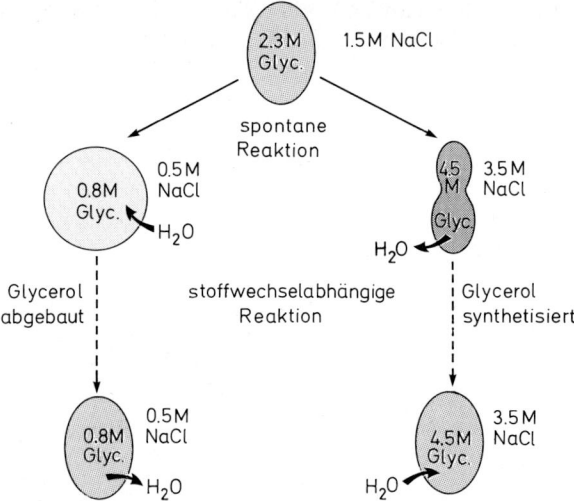

Abb. 4.10. Osmotische Adaptation bei der halotoleranten Grünalge *Dunaliella spec.* zur Aufrechterhaltung eines konstanten Zellvolumens bei wechselndem Wasserpotential im Medium. Die einzellige Alge kann in Salzlösungen von 0,5 bis 6 mol·l⁻¹ gedeihen. Änderungen der Salzkonzentration im Medium werden durch Änderungen im Glycerolgehalt regulatorisch ausgeglichen. Beim Umsetzen in hypotonisches Medium (*links*) verhalten sich die (wandlosen) Zellen zunächst wie ideale Osmometer und schwellen durch spontane Wasseraufnahme an (osmotischer Schock). Anschließend setzt ein metabolischer Abbau von Glycerol ein, das osmotische Potential vermindert sich und Wasser strömt aus, bis (nach einigen Stunden) das ursprüngliche Volumen wieder hergestellt ist. Hierbei wird die intrazelluläre Glycerolkonzentration konstant gehalten (0,8 mol·l⁻¹). Beim Umsetzen in hypertonisches Medium (*rechts*) schrumpfen die Zellen zunächst und regulieren anschließend ihr ursprüngliches Volumen durch Glycerolsynthese wieder ein. Das Glycerol wird photosynthetisch produziert; es kann bis zu 80% der Zelltrockenmasse ausmachen. (Nach Ben-Amotz et al. 1982)

Die kinetische Behandlung der Wasserströmung in einer Pflanze, die sich meist als *Fließgleichgewicht* beschreiben läßt, erfolgt im Kapitel über Wasserferntransport (→ S. 503).

Regulation des Wasserzustandes

Der Transport von Wasser in die und aus der Zelle ist ein rein passiver Prozeß, der ausschließlich vom Wasserpotentialgradienten und der hydraulischen Leitfähigkeit der Transportstrecke abhängt. Da auch der Turgordruck keine direkt beeinflußbare Größe ist, kann die Zelle nur über eine Veränderung des osmotischen Potentials ihren Wasserzustand aktiv steuern [→ Gl. (4.15)]. In diesem Zusammenhang muß man zwei verschiedene Phänomene unterscheiden:

- Unter *Osmoregulation* versteht man die Nachregulation von π_{Zelle} mit dem Ziel, diese Größe bei einer Änderung von $\psi_{außen}$ trotz Wasseraufnahme oder -abgabe konstant zu halten. Dies geschieht entweder durch Aufnahme/Abgabe oder Produktion/Abbau osmotisch wirksamer Substanzen. Osmoregulation kommt z.B. bei einigen Frischwasseralgen vor, aber auch beim hydraulischen Zellwachstum (→ S. 103).
- Von *osmotischer Adaptation* (osmotic adjustment) spricht man immer dann, wenn π_{Zelle} durch Erhöhung oder Verminderung der Menge osmotisch wirksamer Substanzen regulatorisch verändert wird. Viele Zellen reagieren z.B. auf Wasserstreß (Abfall von $\psi_{außen}$) mit einem Anstieg von π_{Zelle}; hierdurch kann ein Abfall des Turgors verhindert oder gemildert werden (*Turgorregulation*; → S. 569). Bei manchen zellwandlosen Algen wird die osmotische Adaptation zur Konstanthaltung des Zellvolumens bei wechselnden $\psi_{außen}$ ausgenützt (*Volumenregulation*, Abb. 4.10).

Chemisches Potential von Ionen

Gl. (4.7) beschreibt das chemische Potential von Wasser und allen anderen elektrisch neutralen Molekülen eines stofflich heterogenen Systems. Wir betrachten nun das chemische Potential *geladener* Teilchen, also z.B. von Ionen in einer wäßrigen Lösung. Da der energetische Zustand einer Ionenmenge wesentlich von ihrer elektrischen Ladung abhängt, müssen wir aus Gl. (4.5) folgende Glieder berücksichtigen:

$$\mu_i = \mu_i^0 + R\,T \ln a_i + F\,E\,z_i. \qquad (4.20)$$

Wir betrachten also das chemische Potential einer Ionensorte i unter den vereinfachenden Bedingungen P = 0 und h = 0. Die Variablen dieser Gleichung sind die Aktivität a_i, die elektrische Spannung E und die Ladungszahl z_i, welche positiv oder negativ sein kann. Die Faradaysche Konstante F gibt die elektrische Ladung für ein mol Elektronen an ($= 96490$ Coulomb; 1 Coulomb·mol$^{-1} =$ 1 J·V^{-1}·mol^{-1}). Der Ausdruck auf der rechten Seite von Gl. (4.20) wird auch als *elektrochemisches Potential* bezeichnet. Es besitzt im Unterschied zum Wasserpotential (J·m^{-3}) die Dimension J·mol^{-1} (Standardbedingungen; → S. 43).

Das elektrochemische Potential bestimmt die Richtung der Ionenbewegung zwischen zwei Orten, z. B. zwischen zwei durch eine Membran getrennten Lösungen.

Merke:
- Ionen wandern spontan stets in Richtung des abfallenden elektrochemischen Potentialgradienten (exergonischer Prozeß).
- Der umgekehrte Vorgang, das Pumpen von Ionen gegen das elektrochemische Potentialgefälle, kann nur unter Zufuhr von freier Enthalpie vonstatten gehen (endergonischer Prozeß).
- Ist die Differenz des elektrochemischen Potentials einer Ionensorte zwischen zwei Orten gleich Null, so herrscht thermodynamisches Gleichgewicht ($\Delta G = 0$), *auch wenn die Konzentrationen verschieden sind.*

Sind zwei Lösungen des Ions i durch eine elektrisch isolierende Membran voneinander getrennt, so gilt:

Man sieht, daß zwischen den beiden Lösungen eine elektrische Potentialdifferenz ΔE ($=$elektrische Spannung) auftritt, falls $a_i^I \neq a_i^{II}$. Durch Zusammenfassung der Konstanten und Einführung des dekadischen Logarithmus erhält man aus Gl. (4.22 b) die einfache Beziehung (25 °C):

$$\Delta E_N = \frac{0,059}{z_i} \lg \frac{a_i^I}{a_i^{II}} \, [V]. \qquad (4.22\,c)$$

Anhand dieser Beziehung kann man sich leicht klarmachen, daß bei einem effektiven Konzentrationsunterschied zwischen den beiden Lösungen von 1:10 ($z_i = 1$) eine Spannungsdifferenz von 59 mV ($=$ Nernst-Faktor) auftritt, d. h. es müßte eine Spannung dieses Wertes von außen (mit der richtigen Polung) angelegt werden, um das energetische Gleichgewicht einzustellen. Für zweiwertige Ionen beträgt der Nernst-Faktor $\pm 29,6$ mV.

Membranpotential

Innerhalb der Zelle bzw. innerhalb eines Gewebes treten membranbegrenzte Lösungsräume unterschiedlicher ionischer Zusammensetzung auf. Da die Biomembranen in der Regel eine extrem niedrige elektrische Leitfähigkeit (ihre elektrische Durchschlagfestigkeit reicht bis ca. 300 kV·cm^{-1}) und eine begrenzte Permeabilität für Ionen aufweisen, können elektrische Potentialunterschiede zwi-

Membran

Lösung I: $\mu_i^I = \mu_i^0 + R\,T \ln a_i^I + F\,E^I z_i$	Lösung II: $\mu_i^{II} = \mu_i^0 + R\,T \ln a_i^{II} + F\,E^{II} z_i$

$$\Delta\mu_i = \mu_i^{II} - \mu_i^I = R\,T \ln \frac{a_i^{II}}{a_i^I} + F\,z_i(E^{II} - E^I). \qquad (4.21)$$

Für das thermodynamische Gleichgewicht gilt $\mu_i^I = \mu_i^{II}$ und daher auch:

$$R\,T \ln a_i^I + F\,E^I z_i = R\,T \ln a_i^{II} + F\,E^{II} z_i. \qquad (4.22\,a)$$

Durch Umformung erhält man hieraus die *Nernstsche Gleichung:*

$$\Delta E_N = E^{II} - E^I = \frac{R\,T}{z_i\,F} \cdot \ln \frac{a_i^I}{a_i^{II}}. \qquad (4.22\,b)$$

schen diesen Lösungsräumen auftreten, die man allgemein als *Membranpotentiale* (eigentlich „Transmembranpotentiale") bezeichnet. Während das nach Gl. (4.22b) berechenbare Nernst-Potential (ΔE_N) per Definition einen Gleichgewichtszustand für ein bestimmtes Ion i beschreibt, ist das Membranpotential (ΔE_M) eine experimentelle Größe, welche sich aus der Summe der Potentiale vieler verschiedener Ladungsträger als aktuelles Mischpotential ergibt. Das Auftreten eines vom Nernst-Potential abweichenden Membranpotentials bedeutet stets, daß für ein bestimmtes Ion *kein* elektrochemisches Gleichgewicht zwischen zwei durch eine Biomembran getrennten Lösungsräumen besteht. Ein Membranpotential von Null bedeutet meist, daß sich die positiven und negativen Einzelpotentiale gegenseitig kompensieren.

Membranpotentiale können drei Ursachen haben:

1. Wenn Anion und Kation eines Elektrolyten unterschiedlich schnell durch eine Membran diffundieren (ungleiche Permeabilitätskoeffizienten), ergibt sich eine elektrische Ladungsdifferenz, die man als *Diffusionspotential* bezeichnet. Für den – vor allem bei tierischen Zellen – häufigen Fall, daß hierbei hauptsächlich die Ionen K^+, Na^+ und Cl^- beteiligt sind, läßt sich das Diffusionspotential nach der *Goldman-Gleichung* berechnen:

$$\Delta E_D = \frac{R\,T}{F} \ln \frac{P_{K^+} c_{K^+}^a + P_{Na^+} c_{Na^+}^a + P_{Cl^-} c_{Cl^-}^i}{P_{K^+} c_{K^+}^i + P_{Na^+} c_{Na^+}^i + P_{Cl^-} c_{Cl^-}^a} . \quad (4.23)$$

(P, Permeationskoeffizienten; c^a, c^i, Außen- und Innen-Konzentrationen der Ionen).

2. Strukturgebundene Ionen (Ankerionen) binden entgegengesetzt geladene Ionen und führen daher zu Ladungsungleichgewichten (*Donnan-Potential*).

3. Aktiver Transport von Ionen durch carrier (→ S. 75) führt zu Ladungsunterschieden, wenn kein Gegenion mittransportiert wird (*elektrogene Ionenpumpen*). Wenn das Donnan-Potential vernachlässigbar ist, gilt daher für das Membranpotential:

$$\Delta E_M = \Delta E_D + I_e R_M \quad (4.24)$$

(ΔE_D, Diffusionspotential: I_e, elektrischer Strom, den die elektrogene Pumpe erzeugt; R_M, Ohmscher Widerstand der Membran bei blockierter Pumpe).

Die Messung von Membranpotentialen an pflanzlichen Zellen erfolgt mit Mikroeinstichelek-troden, welche vorsichtig in das Cytoplasma oder die Vacuole eingeführt werden. Als Referenzsystem dient in der Regel der Lösungsraum außerhalb der Zelle, der mit einer Bezugselektrode in Kontakt steht (Abb. 4.11). Naturgemäß sind die coenoblastischen Riesenzellen mancher Algen, z.B. von *Nitella* (→ Abb. 8.8) oder *Acetabularia* (→ Abb. 19.66) besonders günstige Objekte elektrophysiologischer Forschung (→ Tabelle 4.2). Messungen an derartigen Zellen haben regelmäßig ergeben, daß sowohl das Cytoplasma als auch der Vacuoleninhalt normalerweise ein gegenüber dem Außenmedium negatives Potential (meist im Bereich von -100 bis -200 mV) besitzen. Da die pflanzliche Zellwand die Eigenschaften eines Kationenaustauschers besitzt, bildet sie gegen verdünnte Salzlösungen ebenfalls ein negatives Potential aus (Donnan-Potential). Das an vacuolisierten Pflanzenzellen gemessene „Membranpotential" (Vacuolenpotential; → Abb. 4.11) stellt also die Summe mehrerer Einzelpotentiale dar, die nur bei günstigen Objekten separat gemessen werden können (Tabelle 4.2).

ΔE_M gibt den aktuellen Spannungsabfall dE/dx zwischen zwei durch eine Membran getrennten Lösungen an und ist daher maßgebend für die treibende Kraft des spontanen Ladungsausgleichs.

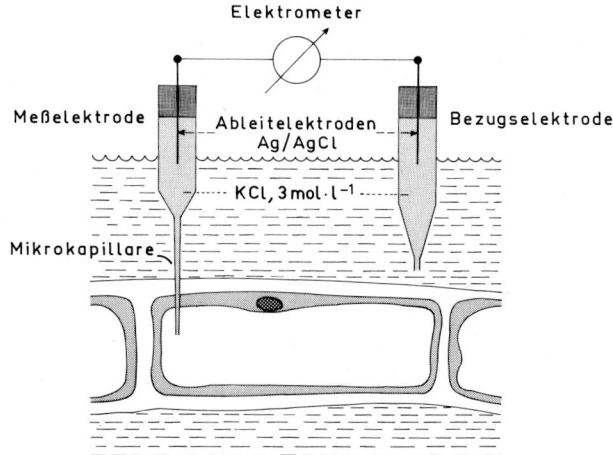

Abb. 4.11. Meßanordnung zur Ableitung des Vacuolenpotentials. Die Zelle wird mit der Spitze einer Mikroglaskapillare angestochen, wobei der Turgorverlust minimal gehalten werden muß. Über die konzentrierte KCl-Lösung (Salzbrücke) und die Ag/AgCl-Ableitelektrode besteht eine leitende Verbindung zwischen Vacuolensaft und Elektrometer. Über eine ähnlich aufgebaute Bezugselektrode wird der Kontakt zur extrazellulären Lösung hergestellt

Tabelle 4.2. Membranpotentialmessungen an einigen coenoblastischen Algenzellen. Man erkennt, daß das Vacuolpotential E_V (zwischen Vacuole und Außenmedium) weitgehend auf die negative Spannung zwischen Cytoplasma und Außenmedium (E_C) zurückgeht, während zwischen Cytoplasma und Vacuole ($E_{V/C}$) in der Regel keine erhebliche Potentialdifferenz auftritt. Es gilt: $E_V = E_C + E_{V/C}$. (Nach Macrobbie 1970; aus Lüttge 1973)

	E_V	E_C	$E_{V/C}$
	[mV]		
Süß- und Brackwasseralgen:			
Nitella flexilis	−155	−170	+15
Nitella translucens	−122	−140	+18
Chara corallina	−152	−170	+18
Hydrodictyon africanum	− 90	−116	+26
Meeresalgen:			
Halicystis ovalis	− 80	− 80	0
Valonia ventricosa	+ 17	− 71	+88
Acetabularia mediterranea	−174	−174	± 0

Dieser kann in der Regel nur durch Austausch von Ionen zwischen beiden Lösungen erfolgen. Jede beteiligte Ionensorte hat das Bestreben, sich derart auf die beiden Lösungsräume zu verteilen, daß Gl. (4.22) erfüllt ist. Man kann sich anhand dieser Beziehung leicht klar machen, daß Gleichgewicht für ein bestimmtes Ion i bei gegebenen ΔE_M nicht etwa beim Ausgleich der effektiven Konzentrationen ($a_i^I = a_i^{II}$), sondern beim Ausgleich der *Summen von elektrischem und Konzentrations-Potential* gegeben ist. Dies ist bei derjenigen Verteilung a_i^I/a_i^{II} der Fall, welche $\Delta E_N = \Delta E_M$ einstellt. Man kann also durch Berechnung von ΔE_N aus den experimentell gemessenen Konzentrationswerten [Gl. (4.22c)] und Vergleich mit ΔE_M herausfinden, ob sich eine Ionensorte im elektrochemischen Gleichgewicht befindet. Dies ist immer dann zu erwarten, wenn das Ion, ähnlich wie H_2O, *passiv* (d. h. ausschließlich dem Potentialgefälle folgend) durch die Membran permeieren kann (→ Tabelle 5.4). Ist $\Delta E_N \neq \Delta E_M$, so folgt daraus entweder, daß die Membran impermeabel für dieses Ion ist, oder daß ein Mechanismus existiert, welcher das Ion beständig unter Energieaufwand von der einen nach der anderen Seite der Membran transportiert. $\Delta E_N - \Delta E_M$ ist dann ein Maß für den Energiebedarf dieser Ionenpumpe. Der elektrogene Ionentransport durch

Pumpen (→ S. 74) ist der wichtigste Faktor für die Aufrechterhaltung elektrischer Potentialdifferenzen an Biomembranen (→ Tabelle 4.2).

Energetik biochemischer Reaktionen

Wir haben Gl. (4.5) bisher dazu benützt, die Energetik der räumlichen Verteilung verschiedener Komponenten in einem System zu verstehen. Der gleiche Formalismus läßt sich auch auf die Energetik chemischer Stoffumsetzungen bei homogener Verteilung der Komponenten (Reaktanten) anwenden. Eine chemische Reaktion, z. B. die Reaktion $A + B \rightleftharpoons C + D$, läuft solange spontan ab, bis sich ein Gleichgewicht zwischen den Aktivitäten der Reaktionspartner eingestellt hat (Massenwirkungsgesetz):

$$K = \frac{a_C \, a_D}{a_A \, a_B}. \tag{4.25}$$

Die Gleichgewichtskonstante K gibt also an, bei welcher Konzentrationsverteilung eine Mischung von Reaktionspartnern im thermodynamischen Gleichgewicht ($\Delta G = 0$) vorliegt. Jede Abweichung von K durch eine Konzentrationsänderung einer oder mehrerer Reaktionspartner bedeutet $\Delta G \neq 0$, d. h. die Reaktion wird solange spontan in die eine oder andere Richtung laufen, bis K wieder erreicht ist. Es wird damit deutlich, daß in diesem Fall der Konzentrationsterm in Gl. (4.5) (das Konzentrationspotential) jedes einzelnen Reaktanten für die Energetik der Reaktion maßgeblich ist, d. h. es gilt ($P = 0$, $E = 0$, $h = 0$)*:

$$\Delta G = -\mu_A - \mu_B + \mu_C + \mu_D,$$

oder ausführlicher:

$$\Delta G = -\mu_A^0 - \mu_B^0 + \mu_C^0 + \mu_D^0 \\ + RT(-\ln a_A - \ln a_B + \ln a_C + \ln a_D).$$

---

* 1. Die Vorzeichen sind hier (willkürlich) dadurch festgelegt, daß man die Reaktionsgleichung von links nach rechts liest: $A + B \rightarrow C + D$. Für diesen Fall wird ΔG durch *Erhöhung* von a_A oder a_B *negativer*, d. h. die Reaktion ist in Richtung des Pfeils exergonisch. 2. Die freie Enthalpie G wird hier, genauso wie μ_j, als *intensive* Größe verwendet und hat daher die Dimension einer *Energie pro mol* ($J \cdot mol^{-1}$). In der klassischen Thermodynamik, z. B. im 2. Hauptsatz (→ S. 40), wird G häufig als *extensive* Größe aufgefaßt und hat dann die Dimension einer *Energiemenge* (J).

Nach Umformung ergibt sich:

$$\Delta G = \Delta G^0 + \mathbf{R} \, T \ln \frac{a_C \, a_D}{a_A \, a_B}. \qquad (4.26)$$

In dieser Formel ist ΔG^0 die Summe der einzelnen chemischen Potentiale unter Standardbedingungen (μ^0), d.h. die freie Reaktionsenthalpie der Gesamtreaktion unter Standardbedingungen. ΔG^0 ist hier definiert als die Menge an freier Enthalpie, die umgesetzt wird, wenn 1 mol eines bestimmten Reaktanten gemäß der Summenformel bei 25 °C, 1 bar Druck (Normaldruck) und unter Aufrechterhaltung der Standardaktivitäten aller Reaktanten in das entsprechende Produkt umgewandelt wird.

In der Biochemie ist es üblich, aus praktischen Gründen folgende Modifikationen an den Standardbedingungen anzubringen: 1. Es werden *molare* Konzentrationen (mol·l^{-1}) verwendet. 2. Die Standardkonzentration für Wasser ist 55,5 mol·l^{-1} (nicht 1 mol·l^{-1}). 3. Die Standardkonzentration für Protonen ist 10^{-7} mol·l^{-1}, d.h. pH = 7 (nicht 0). Die bei pH 7 gemessenen Werte der freien Reaktionsenthalpie werden meist durch das Symbol $'$ kenntlich gemacht: $\Delta G'$, $\Delta G^{0'}$. Diese von den *physikalischen* Standardbedingungen (pH = 0) abweichenden *physiologischen* Standardbedingungen (pH = 7) sind erforderlich, da biochemische (enzymatische) Reaktionen meist in der Nähe des Neutralpunktes vonstatten gehen.

Gl. (4.26) gibt die freie Enthalpie einer Reaktion in Abhängigkeit vom Verhältnis der effektiven Reaktantenkonzentrationen an. Setzt man in Gl. (4.26) Standardaktivitäten (1 mol·l^{-1}) ein, so wird $\Delta G = \Delta G^0$, d.h. das Reaktionsgemisch befindet sich im Standardzustand. Setzt man dagegen die Gleichgewichtsaktivitäten aus Gl. (4.25) ein, so erhält man ($\Delta G = 0$):

$$\Delta G^0 = -\mathbf{R} \, T \ln K = -2.3 \, \mathbf{R} \, T \log K. \qquad (4.27)$$

Diese wichtige Beziehung zeigt, daß die freie Standard-Enthalpie einer Reaktion in einer einfachen Beziehung zur Gleichgewichtskonstanten steht. Gl. (4.27) liefert eine einfache Methode zur experimentellen Bestimmung von ΔG^0-Werten.

Merke:
- ΔG gibt nicht den Energieinhalt einer Substanz wider, sondern beschreibt den Energieumsatz einer chemischen *Reaktion* in einer *definierten Richtung*.
- ΔG gibt den Betrag an Arbeit an, den ein chemisches Reaktionssystem unter definierten Bedingungen (isotherm, isobar) maximal leisten kann bzw. mindestens zugeführt bekommen muß.
- Eine Reaktion läuft in derjenigen Richtung spontan ab, für die ΔG negativ ist (exergonische Reaktion).
- Der Verlauf in der Gegenrichtung (ΔG positiv) ist nur unter Zufuhr von freier Enthalpie möglich (endergonische Reaktion).
- Bei Reaktionsgleichgewicht (K eingestellt) ist $\Delta G = 0$.
- Der Betrag der freien Standard-Enthalpie ($\pm \Delta G^0$) ist um so größer, je mehr das K des Reaktionssystems von 1 abweicht.

Tabelle 4.3. Gleichgewichtskonstanten und freie Standard-Enthalpiewerte (pH 7) für einige wichtige Stoffwechselreaktionen. Die $\Delta G^{0'}$-Werte beziehen sich auf einen Molumsatz des erstgenannten Reaktanten. Bei Umkehrung der Reaktionsrichtung muß das Vorzeichen entsprechend verändert werden (ⓅP = Phosphat). (Nach Holldorf 1964)

Reaktion	K'	$\Delta G^{0'}$ [kJ·mol^{-1}]
$ATP + H_2O \rightarrow ADP + Ⓟ + H^+$	$3,5 \cdot 10^5$	$-\ 32$
$Glycerol + Ⓟ \rightarrow Glycerol\text{-}1\text{-}Ⓟ + H_2O$	$2,9 \cdot 10^{-2}$	$+\ \ 8,8$
$Glucose\text{-}6\text{-}Ⓟ + H_2O \rightarrow Glucose + Ⓟ$	$2,6 \cdot 10^2$	$-\ 14$
$Glucose\text{-}6\text{-}Ⓟ \rightarrow Glucose\text{-}1\text{-}Ⓟ$	$5,7 \cdot 10^{-2}$	$+\ \ 7,1$
$Glucose\text{-}6\text{-}Ⓟ \rightarrow Fructose\text{-}6\text{-}Ⓟ$	$4,3 \cdot 10^{-1}$	$+\ \ 2$
$Phosphoenolpyruvat + H_2O \rightarrow Pyruvat + Ⓟ$	$6\ \cdot 10^9$	$-\ 56$
$Glucose \rightarrow 2\,Ethanol + 2\,CO_2$	$5\ \cdot 10^{45}$	-260
$Glucose + 6\,O_2 \rightarrow 6\,CO_2 + 6\,H_2O$	10^{506}	-2880
$Glutamat + NH_4^+ \rightarrow Glutamin + H_2O$	$3,1 \cdot 10^{-3}$	$+\ 14$
$Glutamat + NH_4^+ + ATP \rightarrow Glutamin + ADP + Ⓟ + H_2O$	$1,4 \cdot 10^3$	$-\ 18$
$NAD(P)H + H^+ + ½\,O_2 \rightarrow NAD(P)^+ + H_2O$	$1,2 \cdot 10^{38}$	-220

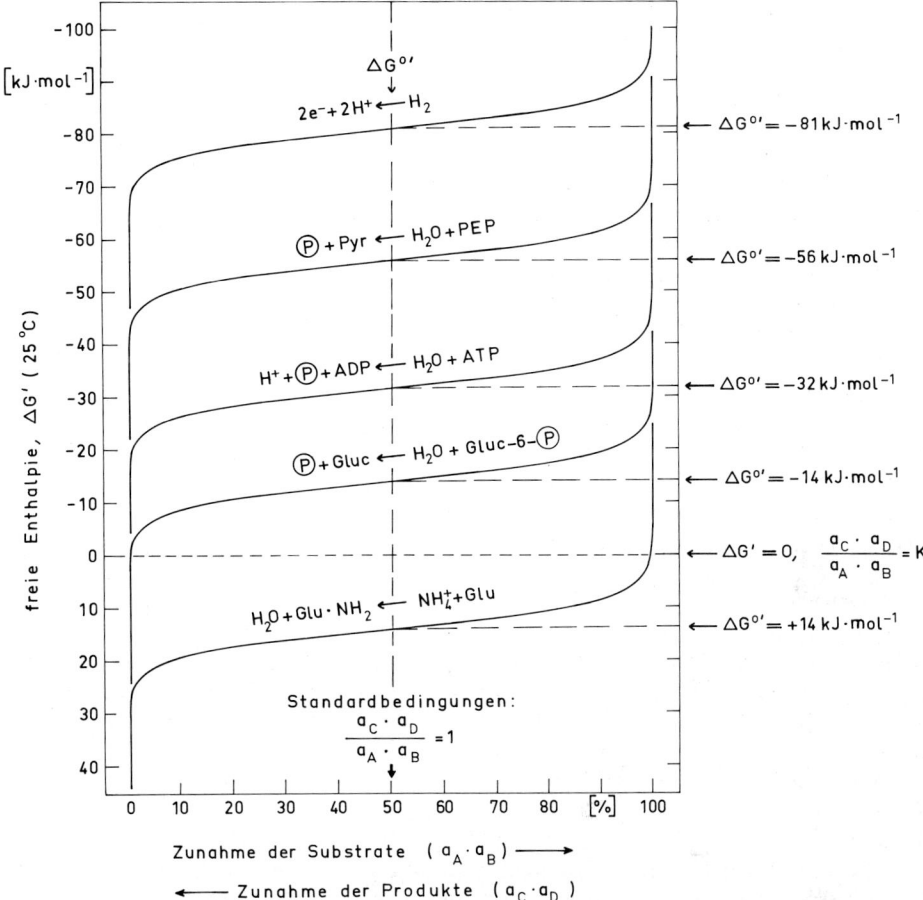

Abb. 4.12. Die Abhängigkeit von $\Delta G'$ (pH 7) von $\Delta G^{0\prime}$ und den relativen Aktivitäten der Reaktanten $(a_C \cdot a_D)/(a_A \cdot a_B)$ bei fünf typischen metabolischen Reaktionen [→ Gl. (4.26), Tabelle 4.3]. Die Kurven kommen von $\Delta G' = +\infty$ und gehen nach $\Delta G' = -\infty$. Im Wendepunkt sind die Standardbedingungen $(\Delta G^{0\prime})$ gegeben. Im Schnittpunkt mit der horizontalen Linie bei $\Delta G' = 0$ ist die Gleichgewichtskonstante K erreicht. Es wird deutlich, daß die Reaktionsgemische im Bereich um den Wendepunkt energetisch gut gepuffert sind. Eine 10fache (100fache) Erhöhung der relativen Produktkonzentrationen verschiebt $\Delta G'$ nur um 5,7 (11,4) $kJ \cdot mol^{-1}$ in positiver Richtung. Eine Erniedrigung führt zu entsprechender Verschiebung in negativer Richtung. In den Bereichen extremer Konzentrationsunterschiede zwischen Substraten und Produkten führen hingegen winzige Konzentrationsänderungen zu starken Änderungen von $\Delta G'$

In Abb. 4.12 werden die geschilderten Zusammenhänge an konkreten Beispielen quantitativ erläutert. Tabelle 4.3 enthält K'- und $\Delta G^{0\prime}$-Werte für einige wichtige Stoffwechselreaktionen. Obwohl diese Werte wiederum keinerlei Aussage darüber zulassen, wie schnell und über welche Zwischenschritte eine Reaktion abläuft, sind sie für die Beurteilung des Stoffwechselgeschehens einer Zelle von großer Bedeutung. Wir erkennen z. B., daß Glucose als Substrat der oxidativen Dissimilation theoretisch etwa 10mal mehr freie Enthalpie liefern kann, als in der alkoholischen Gärung. Weiterhin haben $\Delta G^{0\prime}$-Werte große Bedeutung für die Beurteilung der Richtung *gekoppelter Reaktionen* (Reaktionsketten) wie sie für den Zellstoffwechsel charakteristisch sind. Es gilt grundsätzlich, daß eine Reihe gekoppelter Reaktionen nur dann in einer bestimmten Richtung ablaufen kann, wenn der Gesamtprozeß in der Bilanz exergonisch ist. Dies läßt sich durch Addition der einzelnen ΔG-Werte (unter Beachtung der Vorzeichen) einfach berechnen. In einer derartigen, insgesamt exergonischen Reaktionskette können einzelne Schritte durchaus auch endergonisch sein; die Sprünge dürfen jedoch nicht so groß sein, daß eine unüberwindbare energetische Barriere entsteht. Aus Abb. 4.12 läßt sich z. B. entnehmen, daß die Hydrolyse von Phosphoenolpyruvat energetisch gut ausreicht, um ADP zu phosphorylieren [$\Delta G^{0\prime}$ für den Gesamtprozeß ist $(-56)-(-32) = -24$ kJ · mol^{-1}]. Dies gilt in einem weiten Bereich um den Standardzustand. Die Hydrolyse von Glucose-6-phosphat hingegen würde nur bei unrealistisch niedrigem Produkt/Substrat-Quotienten eine ATP-Bildung unterhalten können. Andererseits kann die ATP-Hydrolyse in einem weiten Konzentrationsspielraum Glucose zu Glucose-6-phosphat phosphorylieren. Bei der Anwendung derartiger energetischer Überlegungen auf die Zelle darf man allerdings nie vergessen, daß dieses komplizierte System kein homogener Reaktionsraum ist und daß die thermodynamischen Standardbedingungen nicht (oder nur näherungsweise) erfüllt sind. Man muß daher im Einzelfall kritisch prüfen, ob ΔG-Werte sinnvoll zu verwenden sind oder nicht.

Phosphatübertragung und Phosphorylierungspotential

Ein Großteil der zellulären Energietransformationen verläuft über den Austausch von Phosphatgruppen; die Umsetzungen der organischen Phosphorsäureverbindungen spielen daher im Stoffwechsel und bei einer Vielzahl von zellulären Arbeitsleistungen eine grundlegende Rolle. Die freie Enthalpie der Hydrolyse der Phosphatester bzw. -anhydride bezeichnet man auch als *Phosphorylierungspotential*; es ist ein Maß für die Bereitschaft der Moleküle, Phosphatreste auf geeignete Acceptormoleküle zu übertragen. Je negativer das Phosphorylierungspotential, desto höher ist diese Bereitschaft. ATP (*Adenosintriphosphat*) liegt im mittleren Bereich der Phosphorylierungspotentialskala (→ Abb. 4.12). Das Adenylatsystem eignet sich daher in besonderem Maße, als energieübertragendes Cosubstrat zwischen exergonischen und endergonischen Bereichen des Stoffwechsels zu vermitteln. ATP ist die wichtigste „Energiewährung" der Zelle. Es wird vor allem im Zuge der oxidativen Dissimilation (Atmungskette; → S. 199) – in autotrophen Zellen auch in der Photosynthese (Photophospho-

rylierung; → S. 183) – gewonnen und bei einer Vielzahl endergonischer Prozesse wieder verbraucht. So müssen viele organische Moleküle (z. B. Aminosäuren) mittels ATP in einen reaktionsbereiten Zustand versetzt werden, bevor sie als Bausteine für eine synthetische Reaktion (z. B. Proteinsynthese) verwendet werden können (Prinzip der *Substrataktivierung*). Die Hydrolyse von ATP liefert die Energie für den aktiven Transport von Ionen und Molekülen durch Biomembranen (→ S. 75) und für die Bewegungsprozesse, welche durch kontraktile Elemente (Muskelfasern, Geißeln) bewirkt werden (→ Abb. 31.3). Die Rolle des ATP bei der energetischen Koppelung von metabolischen Reaktionen ist in Abb. 4.13 veranschaulicht. Wegen seiner Funktion als „Transportmolekül" für Phosphorylierungspotential hat ATP in der Zelle einen enorm hohen Umsatz: Im menschlichen Körper werden täglich etwa 70 kg ATP produziert und wieder verbraucht. Seine stationäre Konzentration im Gewebe liegt jedoch bei nur 0,5–2,5 g · kg^{-1}.

Um den energetischen Zustand des Adenylatsystems in der Zelle integrierend zu erfassen, wurde der Begriff der *Energieladung*, definiert durch

$$EL = \frac{c_{ATP} + 0{,}5\,c_{ADP}}{c_{ATP} + c_{ADP} + c_{AMP}} \qquad (4.28)$$

(Atkinson 1968), geprägt. Dieser Quotient gibt die halbe mittlere Anzahl von anhydridartig gebundenen Phosphatgruppen pro Adeninmolekül in einer

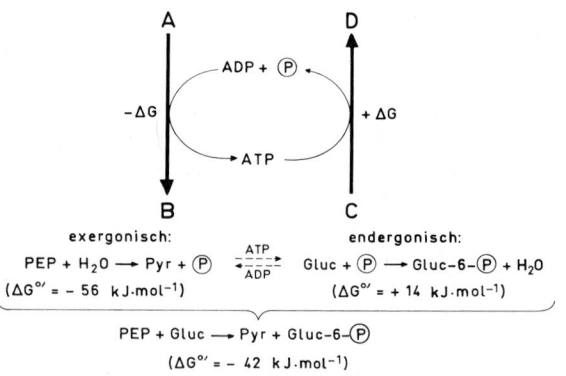

Abb. 4.13. Die Rolle des Adenylatsystems bei der Koppelung exergonischer und endergonischer Reaktionen (*Prinzip des gemeinsamen Zwischenprodukts*). Als quantitatives Beispiel ist die Koppelung der Hydrolyse von Phosphoenolpyruvat (PEP) zu Pyruvat (Pyr) mit der Phosphorylierung von Glucose (Gluc) zu Glucose-6-phosphat dargestellt

Mischung der drei Adeninnucleotide an. Die Energieladung unterscheidet sich vom Phosphorylierungspotential des Adenylatsystems vor allem durch die Ignorierung des anorganischen Phosphats. Sie ist daher eine empirische Größe, die energetisch nicht definierbar ist. In wachsenden Zellen mit aktivem Stoffwechsel liegt die Energieladung meist im Bereich von 0,7–0,9. Während der exponentiellen Wachstumsphase einer *Escherichia coli*-Kultur mißt man z. B. Werte um 0,8. In der stationären Phase, wenn die Kohlenstoffquelle aufgebraucht ist, tritt ein Abfall auf 0,5 ein. Fällt die Energieladung unter den Wert 0,5, so kann die Stoffwechselhomöostasis normalerweise nicht mehr aufrecht erhalten werden. Die Zellen sterben ab, falls die Enzyme nicht z. B. durch Dehydratisierung in ihrer Aktivität gehemmt werden. Ruhende Zellen, z. B. Sporen, sind durch eine sehr niedrige Energieladung ausgezeichnet (um 0,1). In Erbsensamen steigt die Energieladung bei der Keimung von 0,25 (trockener Same) auf 0,6 (Same mit austretender Keimwurzel) an.

Redoxsysteme und Redoxpotential

Chemische Reaktionen, bei denen Elektronen (e^-) von einem Reaktanten auf einen anderen übertragen werden, bezeichnet man als *Redoxreaktionen*. Da die Fähigkeit zur Elektronenübertragung physikalisch einfach gemessen werden kann (Abb. 4.14), werden solche Reaktionen meist nicht durch ΔG, sondern durch das *Redoxpotential* charakterisiert.

Einen Elektronen-abgebenden Reaktanten bezeichnet man als *Reduktant* („Reduktionsmittel"), einen Elektronen-aufnehmenden Reaktanten als *Oxidant* („Oxidationsmittel"). Bei biochemischen Redoxreaktionen werden häufig Elektronen gemeinsam mit Protonen übertragen. Man spricht dann von *aktivem Wasserstoff* ($e^- + H^+ = [H]$) und *Wasserstoffübertragung*. Bei dem Begriff *Reduktionsäquivalent* unterscheidet man nicht zwischen e^- und [H].

Redoxreaktionen können in einer elektrochemischen Zelle elektrische Arbeit leisten (Abb. 4.14). Die Reaktanten in einer Halbzelle bezeichnet man als *Redoxsystem* (z. B. $Fe^{2+} \rightleftharpoons Fe^{3+} + e^-$, allgemein: Reduktant $\rightleftharpoons$ Oxidant $+ z\,e^-$). Die Arbeitsfähigkeit eines Redoxsystems hängt ab vom Kon-

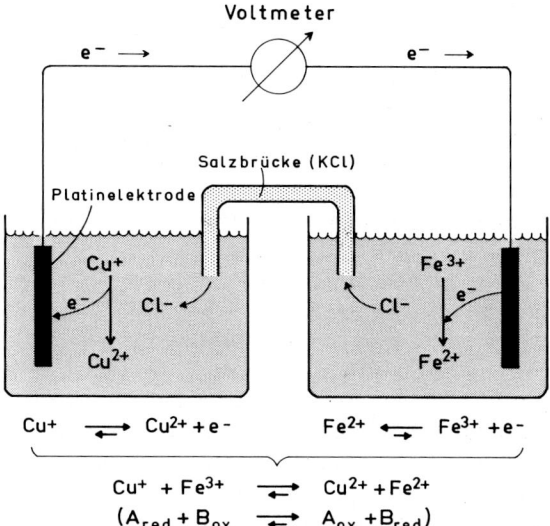

Abb. 4.14. Elektrochemische Zelle. In der linken Halbzelle befinden sich $FeCl_2$ und $FeCl_3$ im Verhältnis 1:1, in der rechten Halbzelle eine entsprechende Lösung von $CuCl_2$ und $CuCl$. In beide Lösungen tauchen chemisch inerte Elektroden (Platin) ein, welche über ein hochohmiges Spannungsmeßgerät miteinander verbunden sind. Der Stromkreis wird durch eine konzentrierte Salzlösung (Salzbrücke) zwischen den Halbzellen geschlossen. Da Cu^+ eine stärkere Tendenz zur Abgabe von Elektronen besitzt als Fe^{2+} ($\rightarrow$ Abb. 4.15), laufen die Reaktionen in der durch die Pfeile angegebenen Richtung spontan ab. Das Voltmeter zeigt (bei stromfreier Messung) die Potentialdifferenz ΔE (Differenz des „Elektronendrucks") an. ΔE ist proportional zur Menge an potentieller elektrischer Arbeit, welche die Zelle maximal leisten kann. In einer homogenen Mischung der beiden Halbzellenlösungen würde die Redoxreaktion in gleicher Weise ablaufen; die dabei frei werdende Energie würde jedoch in Form von Wärme auftreten

zentrationsverhältnis zwischen Reduktant und Oxidant und von der Potentialdifferenz zur zweiten Halbzelle. Der energetische Zustand eines Redoxsystems wird daher durch das *elektrochemische Potential* [$\rightarrow$ Gl. (4.20)] beschrieben. Die Veränderung der Konzentration eines Ladungsträgers bei einer Redoxreaktion ist formal dasselbe, wie die Veränderung der Konzentration eines Ladungsträgers bei der Diffusion durch eine elektrisch isolierende Membran ($\rightarrow$ S. 53). Daher gilt auch für ein Redoxsystem die Nernstsche Gleichung [$\rightarrow$ Gl. (4.22b)] sinngemäß:

$$\Delta E = E_0 + \frac{R\,T}{z\,F} \ln \frac{a_{ox}}{a_{red}}. \tag{4.29}$$

ΔE bezeichnet man als *Redoxpotential*. Die wirksamen Konzentrationen von Oxidant und Reduktant sind a_{ox} und a_{red}; z ist die pro Formelumsatz übertragene Anzahl von Elektronen. E_0 ist eine Stoffkonstante, die auf μ^0 [$\rightarrow$ Gl. (4.5)] zurückgeht. Sie beschreibt das Redoxpotential unter Standardbedingungen (siehe unten). Da in Gl. (4.22 b) die Potentialänderung nur für einen Stoff betrachtet wird, fällt diese Konstante dort heraus.

In der elektrochemischen Zelle ($\rightarrow$ Abb. 4.14) kann die elektrochemische Arbeitsfähigkeit eines Redoxsystems immer nur in bezug auf ein zweites Redoxsystem bestimmt werden. Um nun verschiedene Redoxsysteme auf einer einheitlichen Skala vergleichen zu können, benötigt man ein allgemeines Bezugsredoxsystem, dessen elektrisches Potential willkürlich gleich Null gesetzt wird. Nach einer physikalisch-chemischen Konvention wurde das Potential der „Standard-Wasserstoffelektrode" (Halbzelle mit oberflächenaktiviertem Platindraht, umspült von H_2-Gas bei 1 bar Druck, pH 0, 25 °C) zum Nullpunkt der Redoxskala gewählt; die auf dieser Skala gemessenen Redoxpotentiale werden durch E_h gekennzeichnet[*]. Die elektrische Potentialdifferenz, die sich für ein bestimmtes Redoxsystem unter Standardbedingungen (25 °C, 1 bar Druck, a_{red}, $a_{ox} = 1$ mol $\cdot$ l^{-1}, pH 0) gegen die Standard-Wasserstoffelektrode einstellt, bezeichnet man als das *Standardredoxpotential* E_0. (Obwohl auch E_0 immer eine Potential*differenz* beschreibt, verzichtet man hier [wie beim Wasserpotential; $\rightarrow$ Gl. (4.13)] auf das Symbol Δ, da es sich um eine Differenz gegen den Nullpunkt der Redoxskala handelt.) Setzt man in Gl. (4.29) Standardaktivitäten ein, so wird $\Delta E = E_0$.

Merke:
- Das Redoxpotential E_h ist ein Maß für den „Elektronendruck" eines Redoxsystems (allgemein: $A \rightleftharpoons A^+ + e^-$) gegen die Standard-Wasserstoffelektrode ($\frac{1}{2}H_2 \rightleftharpoons H^+ + e^-$).
- Ein Redoxsystem mit negativem E_h kann Elektronen an die Standard-Wasserstoffelektrode abgeben (es wirkt *reduzierend*).

- Ein Redoxsystem mit positivem E_h kann Elektronen von der Standard-Wasserstoffelektrode aufnehmen (es wirkt *oxidierend*).
- Grundsätzlich kann ein *negativeres* Redoxsystem ein *positiveres* Redoxsystem reduzieren (über die Reaktionsgeschwindigkeit können wiederum keinerlei Aussagen gemacht werden).

In Abb. 4.15 ist die Redoxskala anhand einiger Beispiele veranschaulicht.

Wenn an einem Redoxsystem Protonen beteiligt sind – und das ist bei biochemischen Reaktionen sehr häufig der Fall – so ist das Redoxpotential pH-abhängig. Es ist daher sinnvoll, auch hier wieder auf die physiologische Standardbedingung pH = 7 überzugehen ($\rightarrow$ S. 56). Da $\mathbf{R T F}^{-1} \lg a_{H^+}$ $= -0,059$ pH [$\rightarrow$ Gl. (4.22 c); z = 1; 25 °C], ist die Wasserstoffelektrode bei pH 7 um $7 \cdot 59 = 420$ mV negativer als die Standard-Wasserstoffelektrode (pH 0). Für alle pH-abhängigen Redoxsysteme ($AH \rightleftharpoons A + H^+ + e^-$) gilt daher:

$$E_0'(\text{pH } 7) = E_0 - 420 \text{ mV}. \qquad (4.30)$$

In Tabelle 4.4 sind E_0'-Werte einiger wichtiger biologischer Redoxsysteme zusammengestellt.

Koppelt man zwei Redoxsysteme mit unterschiedlichem Redoxpotential zusammen, so gibt das negativere an das positivere System Elektronen

---

[*] In der Praxis verwendet man heutzutage die experimentell viel leichter zu handhabende *Kalomel*-Elektrode (Hg/Hg$_2$Cl$_2$) oder die *Chlorsilber*-Elektrode (Ag/AgCl), welche gegenüber der Wasserstoffelektrode ein Standardpotential von $+240$ mV bzw. $+210$ mV besitzen (gesättigte KCl-Lösung, 25 °C).

Tabelle 4.4. Standard-Redoxpotentiale (E_0') einiger wichtiger biologischer Redoxsysteme. (Nach Holldorf 1964; Mahler und Cordes 1967)

Redoxsystem	E_0' (pH 7) [mV]
Chlorophyll $a_{I(red)}$/Chlorophyll $a_{I(ox)}$ im lichtangeregten Zustand	≈ -600
Ferredoxin$_{red}$/Ferredoxin$_{ox}$	-430
H_2/2 H^+	-420
2 Cystein/Cystin	-340
NAD(P)H/NAD(P)$^+$	-320
H_2S/S (rhombisch)	-240
Riboflavin$_{red}$/Riboflavin$_{ox}$	-210
Lactat/Pyruvat	-190
Succinat/Fumarat	30
Ascorbat/Dehydroascorbat	80
H_2O_2/O_2 (Oxidation von H_2O_2)	270
Chlorophyll $a_{I(red)}$/Chlorophyll $a_{I(ox)}$ im Grundzustand	450
H_2O/½O_2	815
2 H_2O/H_2O_2 (Oxidation von H_2O)	1350

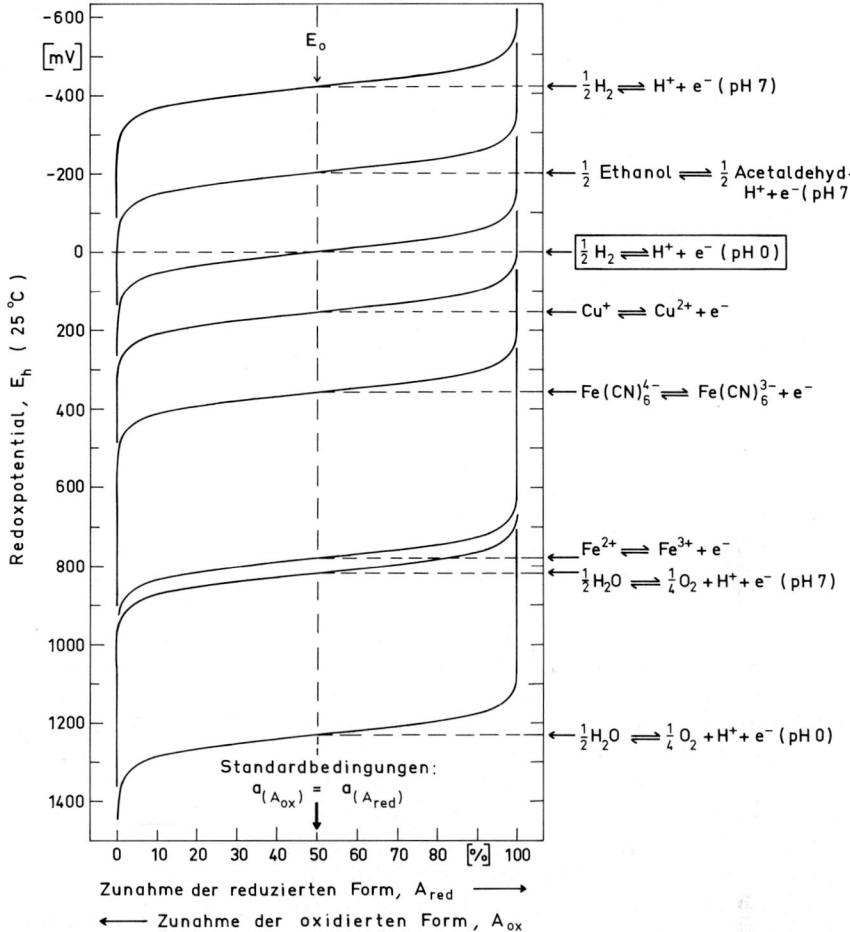

Abb. 4.15. Die Abhängigkeit des Redoxpotentials E_h von E_0 und dem Verhältnis Oxidant/Reduktant nach der Nernstschen Gleichung [$\rightarrow$ Gl. (4.29)]. Im Wendepunkt der Kurven sind Standardbedingungen (E_0) gegeben. Änderung des pH-Wertes führt zu einer Parallelverschiebung der Kurven bei Redoxsystemen, an denen Protonen beteiligt sind. Man erkennt, daß Redoxsysteme um den Wendepunkt eine maximale Pufferkapazität besitzen. Eine 10fache (100fache) Erhöhung der Konzentration eines Partners verschiebt E_h um nur 59 (118) mV. Dies entspricht $\Delta G = 5,7$ (11,4) kJ·mol^{-1}. Alle Redoxsysteme sind als *Ein*elektronenübergänge formuliert (z = 1). Für z = 2 ist die Steilheit im Wendepunkt auf die Hälfte reduziert [$\rightarrow$ Gl. (4.29)]

Abb. 4.16. Ein allgemeines Modell für eine Wasserstofftransportkette (*oben*) und eine Elektronentransportkette (*unten*). Im Fall der Wasserstofftransportkette laufen die Protonen zusammen mit den Elektronen; im Fall der Elektronentransportkette gehen die Protonen als H$^+$ in Lösung, und die Elektronen laufen allein die Kette hinunter bis zum Sauerstoff (Bildung von O^{2-}). Protonen und Sauerstoffionen vereinigen sich dann zu H$_2$O. (In Anlehnung an Ramsay 1965)

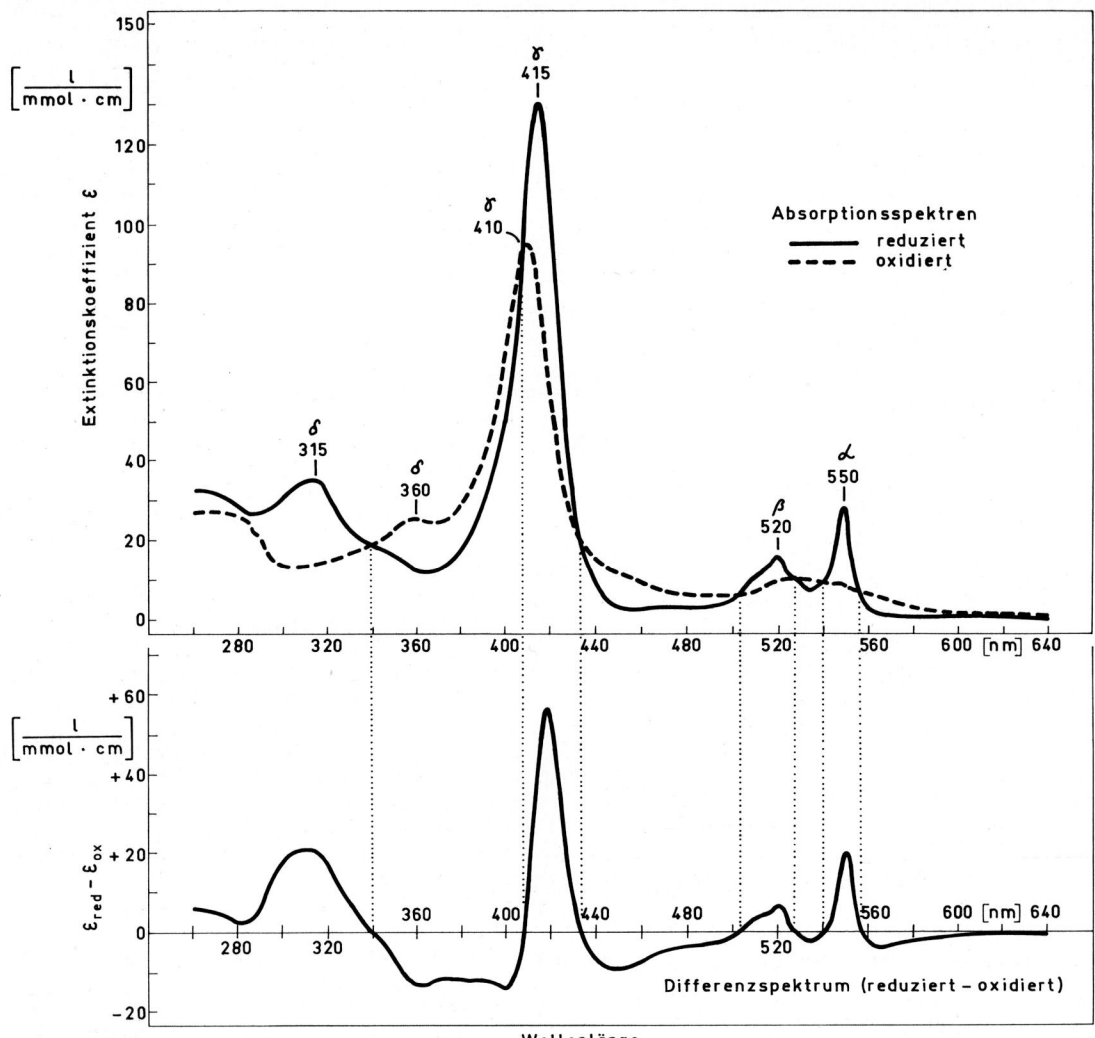

Abb. 4.17. Absorptionsspektren von Cytochrom c im reduzierten und oxidierten Zustand ($\rightarrow$ Abb. 13.8). Reduziertes Cytochrom ist durch 4 Absorptionsbanden (α, β γ, δ) charakterisiert. Bei der Oxidation verschwinden die α- und β-Bande, während die γ- und die δ-Bande verschoben werden. Mißt man die Absorptionsdifferenz zwischen reduziertem und oxidiertem Cytochrom c als Funktion der Wellenlänge, so erhält man ein *Differenzspektrum*, welches durch charakteristische Gipfel und Nullstellen (=Schnittpunkte der Absorptionsspektren, sog. *isosbestische Punkte*) ausgezeichnet ist. Das Differenzspektrum wird, im Gegensatz zum Absorptionsspektrum, durch die Anwesenheit anderer Pigmente in der Meßprobe nicht beeinflußt

ab, bis das thermodynamische Gleichgewicht erreicht ist. Für die Reaktion $A_{red} + B_{ox} \rightleftharpoons A_{ox} + B_{red}$ gilt daher analog zu Gl. (4.26):

$$\Delta E_h = \Delta E_0 + \frac{R\,T}{z\,F} \ln \frac{a_{(A_{ox})}\, a_{(B_{red})}}{a_{(A_{red})}\, a_{(B_{ox})}}, \qquad (4.31)$$

wobei

$$\Delta E_0 = E_0^A - E_0^B \quad \text{ist.}$$

Da das Redoxpotential die elektrochemische Arbeitsfähigkeit pro Elektron bei einer elektronenübertragenden chemischen Reaktion beschreibt, steht es in einem einfachen Zusammenhang mit der freien Reaktionsenthalpie [→ Gl. (4.20)]:

$$\Delta G = z\,\mathbf{F}\,\Delta E_h\,. \tag{4.32}$$

Im Zellstoffwechsel spielt die Übertragung von Elektronen bzw. [H] eine zentrale Rolle. Sowohl im Photosyntheseapparat der Chloroplasten als auch im respiratorischen Apparat der Mitochondrien liegen Ketten gekoppelter Redoxsysteme (Abb. 4.16) vor, welche an spezielle Biomembranen gebunden sind. Daneben arbeitet eine Vielzahl nicht strukturgebundener Redoxenzyme (*Oxidoreduktasen*) in anderen Stoffwechselbereichen. Die zellulären Redoxsysteme überstreichen einen Bereich von ca. 1400 mV auf der Redoxskala (von $E_0' \approx -600$ mV für das durch Lichtquanten angeregte Chlorophyll a_I bis $E_0' = 815$ mV für das System H_2O/O_2; → Tabelle 4.4).

Sowohl die Photosynthese als auch die Dissimilation müssen als komplexe Redoxprozesse aufgefaßt werden: Bei der Photosynthese wird Kohlenstoff von seiner maximal oxidierten Stufe (CO_2) mit Hilfe von Lichtenergie in stark reduzierte Verbindungen (z.B. Kohlenhydrate, $[CH_2O]_n$) überführt, welche im Rahmen der Dissimilation wieder unter Energiefreisetzung zurück zu CO_2 oxidiert werden können. In den beteiligten metabolischen Reaktionsketten sind an mehreren Stellen Elektronentransferreaktionen eingeschaltet (→ S. 176, 199). Als Transportmoleküle für Reduktionsäquivalente, welche zwischen reduzierenden und oxidierenden Reaktionen vermitteln, dienen vor allem Nicotinadenindinucleotide ($NADH/NAD^+$ bzw. $NADPH/NADP^+$), welche hier eine ganz ähnliche Funktion besitzen wie das Adenylatsystem beim Phosphattransfer.

Die meisten chromophoren Redoxsysteme (z.B. Hämoproteine, Flavoproteine, Ferredoxine, NADH u.a.) ändern in charakteristischer Weise ihr Absorptionsspektrum, wenn sich ihr Reduktionszustand ändert (Abb. 4.17). Diese Eigenschaft läßt sich auch in der lebenden Zelle („in vivo") zur spektralphotometrischen Identifizierung eines Redoxsystems ausnützen. Durch Titration mit einer geeigneten Redoxsubstanz bekannten Potentials kann relativ einfach das *Mittelpunktpotential* E_m gemessen werden. (Das Symbol E_m verwendet man immer dann anstelle von E_0', wenn das System zwar

zu 50% reduziert vorliegt, die anderen Standardbedingungen jedoch aus experimentellen Gründen nicht exakt eingehalten werden können.) Kinetische Messungen der Absorptionsänderungen von Redoxsystemen an isolierten Chloroplasten, Mitochondrien, oder an intakten Zellen haben grundlegende Einblicke in die physikalischen Teilprozesse der biologischen Energietransformation geliefert (→ Abb. 12.2, 12.17, 13.8).

Weiterführende Literatur

Bertalanffy L von, Beier W, Laue R (1977) Biophysik des Fließgleichgewichts. 2. Aufl. Vieweg, Braunschweig

Broda E (1975) The evolution of the bioenergetic processes. Pergamon Press, Oxford New York Toronto

Dainty J (1969) The water relations of plants. In: Wilkins MB (ed) The physiology of plant growth and development. McGraw-Hill, London New York Toronto, pp 419–452

Dainty J (1969) The ionic relations of plants. In: Wilkins MB (ed) The physiology of plant growth and development. McGraw-Hill, London New York Toronto, pp 453–485

Dainty J (1976) Water relations of plant cells. In: Lüttge U, Pitman MG (eds) Encycl Plant Physiology NS, Vol 2A. Springer, Berlin Heidelberg New York, pp 12–35

Findlay GP, Hope AB (1976) Electrical properties of plant cells: Methods and findings. In: Lüttge U, Pitman MG (eds) Encycl Plant Physiology NS, Vol 2A. Springer, Berlin Heidelberg New York, pp 52–92

Harold FM (1986) The vital force: A study of bioenergetics. Freeman, New York

Kinzel H (1989) Stoffwechsel der Zelle. 2. Aufl. Ulmer, Stuttgart

Kramer PJ (1983) Walter relations of plants. Academic Press, New York London

Lange OL, Kappen L, Schulze E-D (1976) Water and plant life. Problems and modern approaches. Ecological Studies Vol 19. Springer, Berlin Heidelberg New York

Lehninger AL (1974) Bioenergetik. 2. Aufl. Thieme, Stuttgart

Leyton L (1975) Fluid behaviour in biological systems. Clarendon Press, Oxford

Morris JG (1976) Physikalische Chemie für Biologen. Verlag Chemie, Weinheim New York

Nobel PS (1991) Physicochemical and environmental plant physiology. Academic Press, San Diego New York London

Walz D (1979) Thermodynamics of oxidation-reduction reactions and its application to bioenergetics. Biochim Biophys Acta 505:279–353

Wieser W (1986) Bioenergetik. Energietransformationen bei Organismen. Thieme, Stuttgart New York

5 Die Zelle als metabolisches System

Lebendige Systeme sind in ständiger Umsetzung befindliche Systeme. Die Moleküle und Molekülaggregate (Feinstrukturen), die eine Zelle aufbauen, haben eine Lebensdauer, die meist sehr viel kürzer ist als die der Zelle. Der beständige Aufbau und Abbau (*Umsatz, turnover*), der in einem stationären System durch *Fließgleichgewichte* (→ S. 41) beschrieben werden kann, macht die Zelle zu einem stofflich hochgradig dynamischen Gebilde. Darüber hinaus ist die Zelle durch die zeitabhängigen Eigenschaften *Wachstum, Differenzierung* und *Morphogenese* ausgezeichnet, welche eine kontrollierte Abweichung vom stationären Zustand bedingen und zusätzliche Anforderungen an die metabolische Leistungsfähigkeit und das Regulationsvermögen der Zelle stellen. In den folgenden Abschnitten soll ein kurzer Überblick über die grundlegenden Mechanismen und Gesetzmäßigkeiten des *Stoffwechsels* gegeben werden.

Biologische Katalyse

Aktivierungsenergie

Die klassische Energetik macht, wie wir bereits gesehen haben (→ S. 41), Aussagen über die *Spontaneität* einer chemischen Reaktion, nicht aber über ihre *Intensität* (,,*Geschwindigkeit*''). Tatsächlich laufen die wenigsten spontanen Reaktionen mit meßbarer Intensität ab, wenn man die Reaktanten unter Standardbedingungen zusammenbringt. So ist z. B. die Wasserbildung aus den Elementen (die Knallgasreaktion $2\,H_2 + O_2 \rightleftharpoons 2\,H_2O$; $\Delta G^0 = -240\ kJ/mol\ H_2O$) ein stark exergonischer Prozeß. Ein Gemisch der beiden Gase ist jedoch *metastabil*, d. h. es reagiert erst dann, wenn man z. B. durch Erwärmung einen bestimmten Mindestbetrag an Energie, die freie Enthalpie der Aktivierung (ΔG^*), zuführt, um die Reaktanten in einen reaktionsbe-

reiten (,,aktivierten'') Zustand zu versetzen (Abb. 5.1). Die Intensität chemischer Reaktionen ist daher eine Funktion der Temperatur.

Die Abhängigkeit der Reaktionskonstanten (k) von der Temperatur (T) wird durch die Arrhenius-Gleichung beschrieben:

$$k = k_0 \cdot e^{-A R^{-1} T^{-1}},$$

oder:

$$\ln k = \ln k_0 - \frac{A}{R\,T}. \tag{5.1}$$

k_0 und A sind die empirisch zu ermittelnden Arrhenius-Konstanten, die ihrerseits wieder temperatur-

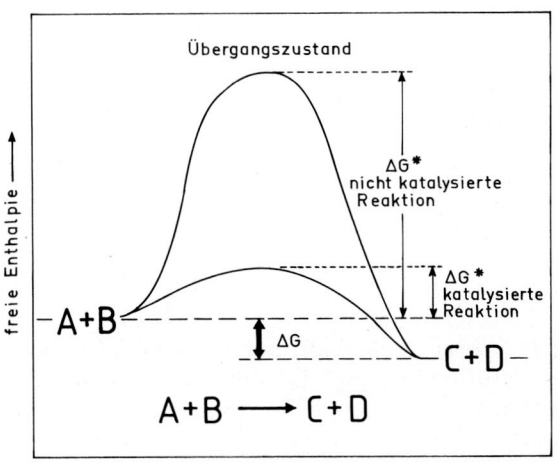

Abb. 5.1. Der Zusammenhang zwischen der freien Aktivierungsenthalpie (ΔG^*) und der freien Reaktionsenthalpie (ΔG) bei einer chemischen Reaktion (schematisch). Die exergonische Reaktion $A + B \rightarrow C + D$ kann nicht direkt unter Freisetzung von ΔG ablaufen (metastabiler Zustand). Erst nach Zufuhr von ΔG^* kann – durch Bildung aktivierter Zwischenstufen – der ,,Energieberg'' überwunden werden. Es wird deutlich, daß ΔG^* beim Reaktionsgeschehen wieder quantitativ freigesetzt wird. Enzyme beschleunigen eine Reaktion durch Erniedrigung von ΔG^* (→ Tabelle 5.1)

abhängig sind. Dies kann jedoch innerhalb kleiner Temperaturintervalle (z. B. $\pm 10\,°C$) in der Regel vernachlässigt werden. Die Konstante k_0 beinhaltet die Aktivierungsentropie ΔS^*. Die *Aktivierungsenergie* A wird vom Enthalpieglied bestimmt ($A = \Delta H^* + \mathbf{R}\,T$, wobei $\mathbf{R}\,T \approx 2,5\;kJ \cdot mol^{-1}$ im physiologischen Temperaturbereich ist). Die nach Gl. (5.1) definierte Aktivierungsenergie A bezieht sich also auf die Menge an *Wärmeenergie*, welche einem Reaktionsgemisch zur „Aktivierung" zugeführt werden muß, und darf nicht mit der *freien Aktivierungsenthalpie* [$\Delta G^* = -\mathbf{R}\,T\,\ln(k\,\mathbf{h}\,\mathbf{k}^{-1}\,T^{-1})$, wobei $\mathbf{h}$, Plancksche Konstante; $\mathbf{k}$, Boltzmannsche Konstante] verwechselt werden. Man kann jedoch bei den meisten biochemischen Reaktionen davon ausgehen, daß sich die Entropie beim Übergang der Reaktanten in den „aktivierten" Zustand nur unwesentlich ändert, so daß $\Delta G^* \approx \Delta H^*$ ist [$\rightarrow$ Gl. (4.4)].

Nach Gl. (5.1) ergibt sich ein linearer Zusammenhang zwischen $\ln k$ und T^{-1}. Eine graphische Darstellung der Funktion $\ln k = -(A\,\mathbf{R}^{-1})\,T^{-1} + \ln k_0$ (entspricht $y = -ax + b$) kann zur Berechnung von k_0 und A verwendet werden (*Arrhenius-Diagramm;* $\rightarrow$ Abb. 14.17). Die Temperaturabhängigkeit einer Reaktion ist um so stärker, je größer A ist.

In der Praxis wird die Temperaturabhängigkeit eines Prozesses häufig durch den *Temperaturquotienten* Q_{10} charakterisiert, der die empirisch gemessene Änderung der Reaktionsintensität (Reaktionskonstante k) bei einer Temperaturänderung um $10\,°C$ angibt:

$$Q_{10} = \frac{k_{T+10}}{k_T}\,. \qquad (5.2)$$

Der Q_{10}-Wert ist ebenfalls nur in erster Näherung temperaturunabhängig. Er steht mit der Arrhenius-Aktivierungsenergie in folgendem Zusammenhang:

$$\ln Q_{10} = \frac{A}{\mathbf{R}}\left(\frac{1}{T} - \frac{1}{T+10}\right)\,. \qquad (5.3)$$

Normalerweise liegt der Q_{10} chemischer Reaktionen im Bereich von 2–4 (physiologischer Temperaturbereich).

Nahezu alle organischen Moleküle sind im physiologischen Temperaturbereich *metastabil*. Ohne die Existenz des „Aktivierungsenergie-Berges" ($\rightarrow$ Abb. 5.1) wäre die Akkumulation organischer Materie und damit die Aufrechterhaltung des lebendigen Zustandes (als ein vom thermodynamischen Gleichgewicht weit entfernter Zustand) unmöglich. Die Schranke der Aktivierungsenergie schützt vor der spontanen Entladung der gespeicherten chemischen Energie. Andererseits muß im Zellstoffwechsel die Möglichkeit bestehen, diese Barriere für bestimmte Umsetzungen gezielt zu überwinden, ohne dabei unphysiologische Methoden (z. B. Erhitzung) zu benützen. Dies ist die Aufgabe der *biologischen Katalyse*.

Enzymatische Katalyse

Durch einen Katalysator kann die Aktivierungsenergie eines chemischen Systems herabgesetzt werden. Fügt man z. B. dem Knallgasgemisch Platin in feinverteilter Form zu, so kann die H_2O-Bildung auch bei Zimmertemperatur ablaufen, weil die Gasmoleküle an der Platinoberfläche in einen so reaktionsfähigen Zustand versetzt werden, daß bereits die Zufuhr eines sehr kleinen Betrages an Aktivierungsenergie ausreicht, um das Reaktionsgeschehen in Gang zu setzen. Ebenso können fast alle biochemischen Reaktionen im physiologischen Temperaturbereich nur unter dem Einfluß von Biokatalysatoren, den *Enzymen*, mit meßbarer Intensität ablaufen. Die Reduktion der Aktivierungsenergie durch Enzyme ist meist beträchtlich. So wird z. B. die Aktivierungsenthalpie (ΔH^*) der hydrolytischen Spaltung von Fett durch Lipase von 55 auf 18 $kJ \cdot mol^{-1}$ vermindert ($\rightarrow$ Tabelle 5.1). Enzyme sind also Katalysatoren, welche die Einstellung des

Tabelle 5.1. Der Zerfall von Wasserstoffperoxid ($2\,H_2O_2 \rightarrow 2\,H_2O + O_2$, $\Delta G^{0\prime} = -100$ kJ/mol H_2O_2) unter dem Einfluß von Katalysatoren (vergleichbare Mengen). Katalase ist ein Hämoprotein (Protohäm als prosthetische Gruppe), welches das in der Zelle entstehende H_2O_2 sehr wirkungsvoll „entgiften" kann. (z. T. nach Gray 1971)

	Aktivierungs-enthalpie (ΔH^*) [kJ/mol H_2O_2]	k [rel. Einheiten]
Kein Katalysator	75	1
Anorganischer Katalysator (*Platin*)	49	10^4
Biologischer Katalysator (*Katalase*)	23	10^7

thermodynamischen Gleichgewichts biochemischer Reaktionen *beschleunigen*, ohne seine Lage (Gleichgewichtskonstante K) zu verändern. ΔG ist daher unabhängig von der Anwesenheit eines Enzyms [→ Gl. (4.27)]. Enzyme können lediglich die Intensität solcher Reaktionen erhöhen, die thermodynamisch möglich (d. h. exergonisch) sind.

Verglichen mit den anorganischen Katalysatoren (z. B. Platin) sind die Enzyme durch besondere Eigenschaften ausgezeichnet:

1. Enzyme sind *außerordentlich effektive* Katalysatoren. Unter optimalen Bedingungen können sie die Reaktionsintensität um den Faktor 10^7 bis 10^{11} erhöhen (Tabelle 5.1). Die Umsatzzahl (Anzahl von umgesetzten Substratmolekülen pro Enzymmolekül pro s) liegt in der Regel im Bereich von 10^2, kann aber auch bis 10^5 betragen.

2. Die enzymatische Katalyse ist meist *hochgradig spezifisch* in bezug auf Substrat und Reaktionstyp. Die meisten Enzyme sind in der Lage, kleine sterische Unterschiede zwischen organischen Molekülen (z. B. zwischen dem L- und D-Isomer eines Substrats) zu erkennen (es gibt allerdings auch Enzyme mit Spezifität für eine Gruppe verwandter Substrate). Ferner katalysiert ein bestimmtes Enzym meist nur *eine* der thermodynamisch möglichen Reaktionen seines Substrats. Die Spezifität des Enzyms ist im Prinzip durch die Aminosäuresequenz seiner Polypeptidketten determiniert und steht damit unter der Kontrolle der genetischen Information der Zelle (→ Abb. 10.7).

Enzymkinetik

Jedes Enzymmolekül besitzt mindestens ein *aktives Zentrum*, an dem das Substrat zunächst gebunden und dann umgesetzt wird. Die enzymatische Katalyse verläuft also im Prinzip über folgende Schritte:

$$E + S \; \underset{k_{-1}}{\overset{k_{+1}}{\rightleftharpoons}} \; ES \; \overset{k_{+2}}{\longrightarrow} \; E + P \qquad (5.4)$$

(E, Enzym; S, Substrat; ES, Enzym-Substrat-Komplex; P, Produkt; k_{+1}, k_{-1}, k_{+2}, Reaktionskonstanten). Man kann meist davon ausgehen, daß die Dissoziation des Enzym-Substrat-Komplexes die langsamste – und daher intensitätsbestimmende – Teilreaktion des Gesamtprozesses ist. Unter dieser Voraussetzung erhält man eine hyperbolische Sättigungskurve, wenn man die Reaktionsintensität (gemessen z. B. als mol umgesetztes Substrat [oder gebildetes Produkt] pro s unter stationären Bedin-

gungen) als Funktion der Substratkonzentration (Enzymkonzentration = konst.) aufträgt (Abb. 5.2a). Nach Michaelis und Menten läßt sich diese Substrat-Sättigungskurve der Reaktionsintensität ($-dc_s/dt$) durch folgende einfache Beziehung beschreiben, welche formal der Langmuirschen Adsorptionsisothermen entspricht:

$$\frac{-dc_s}{dt} = \frac{v_{max} c_s}{c_s + K_m} . \qquad (5.5a)$$

Das Minuszeichen charakterisiert die Reaktion als Substrat*abnahme*. v_{max} ist die Reaktionsintensität bei Substratsättigung des Enzyms, c_s ist die Substratkonzentration. K_m nennt man *Michaelis-Konstante*. Nach Gl. (5.5a) gilt für $-dc_s/dt = \frac{1}{2} v_{max}$:

$$\frac{1}{2} v_{max} (c_s + K_m) = v_{max} c_s ,$$

oder:

$$K_m = c_s . \qquad (5.6)$$

K_m ist also definiert als diejenige Substratkonzentration, welche unter stationären Bedingungen (Fließgleichgewicht) das Enzym mit halbmaximaler Intensität arbeiten läßt. Diese dynamische Größe läßt sich experimentell einfach bestimmen (Abb. 5.2b). Sie ist ein wichtiges Kriterium für die Beurteilung der kinetischen Leistungsfähigkeit eines Enzyms. Darüber hinaus läßt sich der Michaelis-Menten-Formalismus auch auf viele andere physiologische Vorgänge anwenden, die einer hyperbolischen Sättigungskurve folgen (→ Abb. 14.12, 23.10). Für Enzymreaktionen liegt K_m meist im Bereich von 10^{-2} bis 10^{-5} mol·l^{-1}.

Merke:
- Eine *große* Michaelis-Konstante bedeutet, daß das Enzym eine *hohe* Substratkonzentration braucht, um die halbmaximale Reaktionsintensität zu erreichen. Man sagt, das Enzym habe eine geringe „Affinität" zum Substrat. Eine *kleine* Michaelis-Konstante bedeutet demgemäß eine große „Affinität"* zum Substrat.
- K_m ist unabhängig von der Enzymkonzentration, kann jedoch durch Cofaktoren (z. B. durch *kompetitive Inhibitoren*; → Abb. 5.3) beeinflußt werden. Sind an einer Reaktion mehrere Substrate beteiligt, so kann man für jedes Substrat einen eigenen K_m-Wert messen.

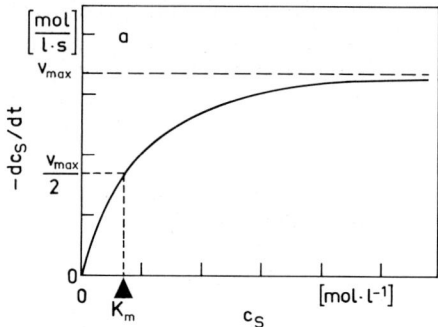

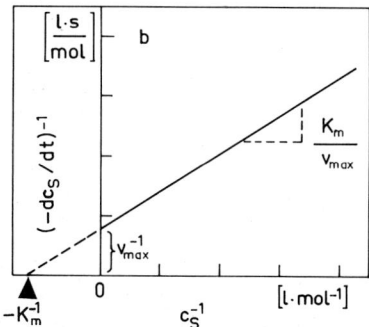

Abb. 5.2a und b. Die Abhängigkeit einer enzymatisch katalysierten Reaktion von der Substratkonzentration bei konstanter Enzymkonzentration. (a) Die hyperbolische Sättigungskurve kommt dadurch zustande, daß mit steigender Substratkonzentration immer mehr Enzymmoleküle in den ES-Komplex überführt werden. Dessen Zerfall ist der „geschwindigkeitsbestimmende" Prozeß für die Gesamtreaktion. Die Reaktionsintensität wird maximal (und damit unabhängig von der Substratkonzentration), wenn das Enzym völlig mit Substrat gesättigt ist (v_{max}). Bei halbmaximaler Intensität ($v_{max}/2$) ist genau die Hälfte des Enzyms mit Substrat beladen, da die Reaktionsintensität stets proportional zur ES-Konzentration ist ($- dc_s/dt = k_{+2} c_{ES}$). Die Michaelis-Konstante K_m ist definiert als die Substratkonzentration bei $-dc_s/dt = \frac{1}{2} v_{max}$. Für $|k_{-1}| \gg |k_{+2}|$ wird $K_m = K_s$, der Dissoziationskonstanten des ES-Komplexes. (b) *Lineweaver-Burk-Diagramm.* Trägt man die hyperbolische Sättigungskurve in doppeltreziproker Darstellung auf, so erhält man eine Gerade, aus deren Schnittpunkten mit den Koordinaten die Größen K_m und v_{max} ermittelt werden können. Umformung von Gl. (5.5a) ergibt:

$$\frac{1}{- dc_s dt} = \frac{K_m}{v_{max}} \frac{1}{c_s} + \frac{1}{v_{max}}. \qquad (5.5\,b)$$

Die Gleichung hat also die allgemeine Form $y = a x + b$

Messung der Enzymaktivität

Dank ihrer spezifischen katalytischen Eigenschaften können Enzyme in vitro sehr präzis gemessen werden, auch wenn sie, wie z.B. in einem Rohextrakt aus Pflanzenmaterial, mit anderen Zellinhaltstoffen stark verunreinigt sind. Man mißt in der Regel die Reaktionsintensität bei sättigender Substratkonzentration (v_{max}). Es ergibt sich eine Kinetik 0. Ordnung ($-dc_s/dt = {}^0k_{+2}$ [mol $\cdot$ l^{-1} $\cdot$ s^{-1}]), deren linearer Anstieg proportional zur Enzymaktivität ist. Die Standardeinheit der Enzymaktivität ist das *katal* (Symbol: *kat*; Umsatz von 1 mol Substrat pro s bei definierter Temperatur, meist 25°C, und optimalen Reaktionsbedingungen, z.B. optimalem pH)**. Bei Enzymmessungen bewegt sich die Aktivität normalerweise im Bereich von nkat bis pkat ($10^{-9} – 10^{-12}$ kat).

Merke:

● Das *katal* beschreibt operational die (maximale) Enzymaktivität unter standardisierten Bedingungen in vitro. Es ist nur dann, wenn keine Komplikationen (z.B. Anwesenheit von Inhibitoren) auftreten, ein relatives Maß für die *Menge* an Enzymmolekülen in einer Extraktprobe. Die in-vivo-Aktivität des Enzyms in der lebenden Zelle liegt fast immer wesentlich niedriger. Sie kann durch verschiedene Faktoren (z.B. Substratkonzentration, pH, modulatorische Steuerfaktoren) modifiziert werden (→ S. 87).

Es gibt Fälle, wo sich die Enzymaktivität nicht in katal ausdrücken läßt, z.B. wenn die Reaktion mit einer Kinetik 1. Ordnung abläuft ($-dc_s/dt = {}^1k_{+2} c_s$ [mol $\cdot$ l^{-1} $\cdot$ s^{-1}]). In diesem Fall ist die Enzymaktivität gegeben durch ${}^1k_{+2}$ [s^{-1}] (→ z.B. Abb. 11.5).

---

* Da K_m eine kinetisch abgeleitete Größe ist, bedeutet eine große „Affinität" hier nicht ohne weiteres eine hohe Festigkeit der Bindung zwischen Enzym und Substrat (→ Lehrbücher der Biochemie). Bei der Anwendung von Gl. (5.5) auf komplexe physiologische Prozesse ergibt sich eine „apparente K_m", welche die kinetischen Eigenschaften des gesamten Reaktionssystems charakterisiert und daher nicht ohne weiteres mit einem bestimmten Reaktionsmechanismus (etwa einer Enzymreaktion) in Zusammenhang gebracht werden darf (→ z.B. Abb. 14.12).

** In der älteren Literatur findet man auch andere Einheiten, z.B. „μmol Substrat (Produkt) pro min".

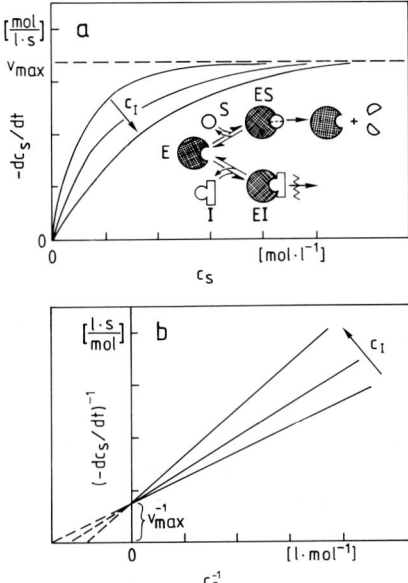

Abb. 5.3a und b. Einfluß eines kompetitiven Inhibitors auf die Michaelis-Menten-Kurve (E, Enzym; S, Substrat; I, Inhibitor; ES, Enzym-Substrat-Komplex; EI, Enzym-Inhibitor-Komplex). S und I konkurrieren um das aktive Zentrum (die Substratbindungsstelle) des Enzyms; daher hängt die Enzymaktivität einer Population von Enzymmolekülen vom Verhältnis S/I ab. (a) Darstellung als hyperbolische Sättigungskurven. (b) Doppeltreziproke Darstellung nach Lineweaver-Burk (→ Abb. 5.2b). Es wird deutlich, daß der Inhibitor K_m erhöht, aber v_{max} nicht beeinflußt

Modulation der Enzymaktivität

Die Aktivität der Enzyme wird durch das Reaktionsmilieu beeinflußt. Neben dem pH-Wert spielen häufig bestimmte Kationen (z. B. Mg^{2+}, Zn^{2+}, Mn^{2+}, Co^{2+}) als essentielle Cofaktoren der katalytischen Aktivität eine Rolle. Auch organische Moleküle können mehr oder minder spezifisch Enzyme in ihrer Aktivität fördern (*Aktivatoren*) oder hemmen (*Inhibitoren*). Von *kompetitiver Inhibition* spricht man, wenn das aktive Zentrum eines Enzyms von einem Molekül reversibel besetzt wird, das nicht umgesetzt werden kann. Bei diesem Typ der Enzymhemmung wird K_m erhöht, während v_{max} unverändert bleibt (Abb. 5.3). Kompetitive Inhibitoren sind den natürlichen Substraten meist sehr ähnlich (Strukturanaloge). Ein bekanntes Beispiel ist die Hemmung der *Succinat* ($HOOC-CH_2-CH_2-COOH$)-Dehydrogenasereaktion durch *Malonat* ($HOOC-CH_2-COOH$).

Eine Anzahl von Enzymen folgt nicht dem klassischen Michaelis-Menten-Formalismus, was man z. B. daran erkennt, daß die Substratabhängigkeit nicht einer hyperbolischen, sondern einer *sigmoiden* Sättigungskurve folgt (Abb. 5.4). Die „Affinität" des Enzyms für das Substrat („K_m") ist in diesem Fall eine Funktion der Substratkonzentration. Der Verlauf der Kurve kann häufig durch niedermolekulare Aktivatoren oder Inhibitoren beeinflußt werden. Eine molekulare Erklärung für diese Phänomene ist die folgende: Die katalytische Aktivität dieser – stets aus mehreren (meist vier) Untereinheiten bestehenden – Enzyme wird durch niedermolekuklare Effektoren beeinflußt, welche nicht am aktiven Zentrum, sondern an einer *anderen* Stelle des Moleküls (*allosterisches Zentrum*) gebunden werden. Eine strukturelle Ähnlichkeit zwischen Substrat und Effektor ist daher nicht erforderlich. Man spricht in diesem Fall von *allosterischer* Aktivierung (oder Hemmung) bzw. von *allosterischen* Enzymen. Der gebundene *allosterische* Effektor bewirkt häufig eine Veränderung in der Protein-Tertiärstruktur nicht nur der betroffenen, sondern auch in den noch Effektor-freien Untereinheiten. Dies geschieht in der Weise, daß die Bindung von weiteren Effektormolekülen an diese Un-

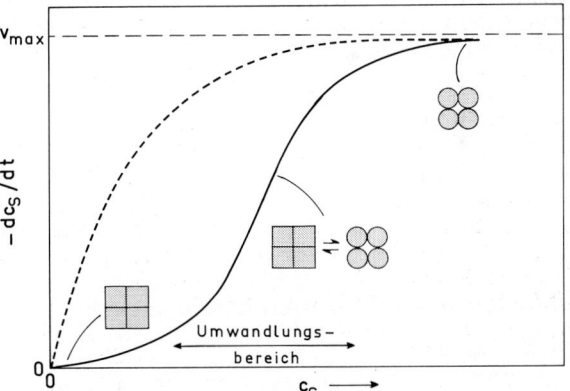

Abb. 5.4. Die Beziehung zwischen Substratkonzentration (c_s) und Reaktionsintensität ($-dc_s/dt$) bei einem allosterischen Enzym, das durch sein Substrat kooperativ aktiviert wird (homotroper Effekt). Zum Vergleich ist die Michaelis-Menten-Hyperbel (-----) eingetragen. Die Untereinheiten des Enzyms können entweder in der enzymatisch inaktiven (Quadrate) oder in der enzymatisch aktiven (Kreise) Konformation vorliegen. Bei niedriger Substratkonzentration liegt nur inaktives Enzym vor. In einem relativ eng begrenzten Bereich von c_s bewirkt das Substrat eine kooperative Konformationsänderung, welche zur aktiven Enzymform führt

tereinheiten erleichtert (oder erschwert) wird. Diese Wechselwirkung zwischen den Untereinheiten bezeichnet man als positive (oder negative) *Kooperativität*. Die Kooperativität ist um so höher, je steiler die sigmoide Sättigungskurve (→ Abb. 5.4) im Wendepunkt verläuft.

In manchen Fällen hat das Substrat selbst die Rolle eines allosterischen Effektors (*homotroper Effekt*); es fördert kooperativ die Umsetzung seinesgleichen. Die Folge ist eine mehr oder minder steile Schwelle in der Substrat-Sättigungskurve des Enzyms (→ Abb. 5.4). Solche Enzyme sind also unterhalb einer bestimmten Substratkonzentration praktisch inaktiv, werden aber durch ein geringfügiges Ansteigen der Substratkonzentration in einem ganz bestimmten Bereich auf volle Aktivität gebracht. Wenn die Kurve um den Wendepunkt sehr steil ist, spricht man von einem *Schwellenwert* der Substratkonzentration, bei dessen Über- bzw. Unterschreiten die Enzymaktivität nach einem *Alles-oder-nichts-Mechanismus* durch das Substrat an- oder ausgeschaltet werden kann. Es ist evident, daß Enzyme mit solchen Eigenschaften eine große regulatorische Bedeutung im Zellstoffwechsel besitzen. Dasselbe gilt auch für Enzyme, die durch andere als Substratmoleküle spezifisch allosterisch in ihrer Aktivität moduliert werden (*heterotroper Effekt*). In diesem Fall erhält man eine sigmoide Abhängigkeit der Enzymaktivität von der Konzentration des *Effektors*, der z. B. ein Endprodukt der Stoffwechselbahn, in die das Enzym eingespannt ist, sein kann (→ Abb. 5.24). Es gibt auch Fälle, in denen das Enzym durch den Einfluß eines allosterischen *Effektors* von der hyperbolischen zur sigmoiden Substratsättigungskurve übergeht.

Metabolische Kompartimentierung der Zelle

Die Zelle ist kein homogenes System. Die einzelnen Molekültypen sind in der Zelle nicht gleichmäßig verteilt, obgleich ihre Dimension (etwa 100 μm) eine Gleichverteilung durch Diffusion innerhalb weniger Sekunden ermöglichen würde (Tabelle 5.2). Die Zelle ist also nicht einfach ein mit Enzymen und Substraten gefüllter Sack, sie ist vielmehr in ein kompliziertes System einzelner Reaktionsräume (Kompartimente; → S. 22) untergliedert, welche jedoch in kontrollierter Wechselwirkung

Tabelle 5.2. Die Diffusionsintensität des Farbstoffs Fluorescein (Molekulargewicht 332 g · mol^{-1}) aus einer Lösung (10 g · l^{-1}) in reines Wasser (20 °C). Man sieht, daß die Diffusion bis zum mm-Bereich sehr schnell verläuft. Ihre Intensität („Geschwindigkeit") nimmt jedoch mit zunehmender Strecke drastisch ab. (Nach Schumacher 1962)

Zeit	1 s	10 s	30 s	1 min	1 h	1 d	1 Monat
Strecke [mm]	0,09	0,28	0,48	0,68	5,2	26	140

miteinander stehen. Unter einem metabolischen Zellkompartiment verstehen wir ganz allgemein einen Zellbereich, in dem für ein bestimmtes Molekül homogene Reaktionsbedingungen herrschen. Die Summe aller Moleküle eines bestimmten Typs in einem Kompartiment stellt also eine homogene Population dar; man bezeichnet sie als *pool*. Ein metabolisches Kompartiment muß nicht unbedingt membranumgrenzt sein; dieser Begriff ist daher nicht notwendigerweise den morphologischen Begriffen wie Organell, Vesikel, Cisterne usw. gleichzusetzen (→ Abb. 3.1). Die meisten Organellen, z. B. die Chloroplasten oder die Mitochondrien, müssen in mehrere Kompartimente aufgegliedert werden. Auch das Innere und die Oberfläche von Membranen oder anderer Zellstrukturen (z. B. von Ribosomen oder Multienzymkomplexen) haben den Charakter von metabolischen Kompartimenten. Daher ist auch das Grundplasma der Zelle kein homogener Reaktionsraum.

Die Kompartimentierung ist ein allgemeines, *funktionelles* Organisationsprinzip der Zelle, welches der Ordnung und Kanalisierung des Stoffwechselgeschehens dient. Durch die *Kompartimentierung der Enzyme* werden Reaktionswege voneinander isoliert und funktionelle Einheiten geschaffen, welche eine spezifische Leistung im Rahmen des Zellstoffwechsels vollbringen können (Beispiele: Die Kompartimentierung der Enzyme des Calvin-Cyclus oder des Citratcyclus in der Matrix der Chloroplasten bzw. Mitochondrien). Im Zellstoffwechsel treten nicht selten gegenläufig gerichtete Reaktionssequenzen auf, welche eine Separierung in getrennte Reaktionsräume unumgänglich machen (z. B. Fettsäuresynthese in den Plastiden, Fettsäureabbau in Peroxisomen). Häufig sind verschiedene Kompartimente durch den Besitz von *Isoenzymen* unterschiedlicher katalytischer Eigenschaften ausgezeichnet. (Unter Isoenzymen versteht man Enzyme eines Organismus, welche die gleiche Reaktion katalysieren, sich aber in anderen Eigenschaften, z. B. in der Michaelis-Konstante, unterscheiden und durch biochemische Methoden, z. B. durch Elektrophorese, getrennt werden können.)

Die *Kompartimentierung metabolischer Substrate und Produkte* erlaubt eine gezielte Speicherung bestimmter Moleküle, abgetrennt von den sie umsetzenden Enzymen. So können z. B. in der Zellvacuole große Mengen an organischen Säuren (z. B. Malat) oder *sekundären Pflanzenstoffen* (z. B. Anthocyan) deponiert werden, deren Konzentration tödlich für das Zellplasma wäre. Auch die Zellwand dient häufig als Deponie für giftige Produkte. Da die Pflanze im Gegensatz zum Tier nicht über ein Exkretionssystem verfügt, muß sie in der Regel durch Kompartimentierung mit ihren nicht gasförmigen Ausscheidungsprodukten fertig werden.

Die Kompartimentierung des Stoffwechsels hat zur Folge, daß ein und dieselbe Substanz in der Zelle in mehreren pools vorkommen kann, die in bezug auf Größe und turnover sehr unterschiedlich sind. So können z. B. Aminosäuren in relativ großen, metabolisch weitgehend inaktiven pools (wahrscheinlich in der Vacuole) gespeichert werden, während im Cytoplasma kleine, aber hochaktive pools für die Proteinsynthese benutzt werden. Die quantitative Bestimmung der Aminosäurekonzentration eines Extraktes, der durch Homogenisierung ganzer Zellen hergestellt wird, liefert unter diesen Bedingungen offensichtlich keine vernünftigen Resultate über die für die Proteinsynthese zur Verfügung stehenden Aminosäuremengen. Dieses Beispiel weist nachdrücklich darauf hin, daß die Zerstörung der Zellkompartimente bei biochemischen Analysen notwendigerweise mit einem beträchtlichen Verlust an Information über das untersuchte System verbunden ist. Aus ähnlichen Gründen sind auch Experimente zur Aufklärung von Stoffwechselwegen, bei denen den Zellen eine radioaktiv markierte Vorstufe von außen appliziert wird, mitunter sehr problematisch, da man nicht sicher ist, ob sie in verschiedenen pools unterschiedlich „verdünnt" wird. Die Kompartimentierung der Moleküle macht die Anwendung des Begriffs „Konzentration" auf die Zelle häufig wenig sinnvoll, da dieser Begriff im Grunde nur für homogene Systeme geeignet ist (→ S. 24).

Kompartimente bzw. die in ihnen lokalisierten pools können in begrenztem Umfang kommunizieren. Biomembranen sind nicht nur isolierende Diffusionsbarrieren, sondern auch Vermittler eines kontrollierten, häufig gerichteten, selektiven Austausches von ungeladenen organischen Molekülen und Ionen.

Transportmechanismen an Biomembranen

Diffusion und Permeation

Den spontanen, lediglich durch das Konzentrationsgefälle (chemisches Potential) getriebenen Transport von Teilchen im Raum nennt man *Diffusion*. Diese gerichtete Bewegung einer Population von Teilchen beruht auf der zufallsmäßigen (ungeordneten) Wärmebewegung (Brownsche Molekularbewegung). Das *1. Ficksche Diffusionsgesetz* (Abb. 5.5a) wird häufig für den Fluß J (die Diffusionsintensität = „Diffusionsgeschwindigkeit" bezogen auf den Querschnitt F [$mol \cdot m^{-2} \cdot s^{-1}$]), formuliert:

$$J = -D \frac{dc}{dl}. \qquad (5.7)$$

Diese Gleichung hat die Struktur der allgemeinen Transportgleichung:

Teilchenfluß
= Leitfähigkeitskoeffizient · Potential,   (5.8)

die im Prinzip für alle Transportprozesse durch Einsetzen der beteiligten Koeffizienten und Potentiale (treibenden Kräften) formuliert werden kann, z. B. als Ohmsches Gesetz für den Fluß von Elektronen in einem elektrischen Leiter oder als Hagen-Poiseuillesches Gesetz für den Volumenfluß durch eine Kapillare [→ Gl. (29.2)].

Man erkennt aus Gl. (5.7), daß die Diffusionsintensität direkt proportional zur Steilheit des Konzentrationsgefälles $-dc/dl$ [$mol \cdot m^{-3} \cdot m^{-1}$] ist. Der Diffusionskoeffizient D [$m^2 \cdot s^{-1}$] ist definiert als diejenige Menge an Substanz, die unter definierten Bedingungen von Druck und Temperatur pro Zeiteinheit durch den Einheitsquerschnitt bei einem Konzentrationsgefälle von 1 $mol \cdot m^{-4}$ diffundiert. Ein Vergleich der Diffusionskoeffizienten (→ Lehrbücher der Physikalischen Chemie) zeigt, daß

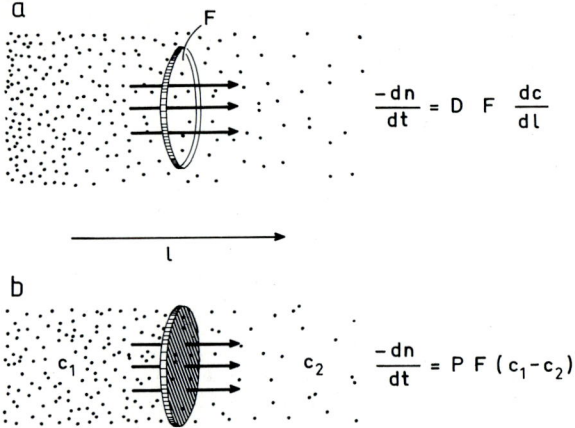

$$\frac{-dn}{dt} = D \ F \ \frac{dc}{dl}$$

$$\frac{-dn}{dt} = P \ F \ (c_1 - c_2)$$

Abb. 5.5a und b. Diese Skizze soll die Gesetze der Diffusion im freien Raum und durch eine Membran veranschaulichen. (a) Für die Diffusionsintensität im freien Raum (z. B. Gasmoleküle in Luft oder Zuckermoleküle in Wasser) gilt das 1. Ficksche Gesetz. Es bedeuten: dn/dt, Anzahl der Teilchen, die während des Zeitabschnittes dt durch die senkrecht zur Diffusionsrichtung gedachte Grenzfläche F diffundieren; −dc/dl, Konzentrationsgradient entlang der Diffusionskoordinate l; D, Diffusionskoeffizient, eine Konstante, die bei isobaren und isothermen Bedingungen nur von der Natur des Teilchens (vor allem von der Größe) und vom Diffusionsmedium abhängt. Das Minuszeichen charakterisiert den exergonischen Charakter der Diffusion. (b) Diffusion durch eine als Diffusionsbarriere wirkende Membran. Ersetzt man die imaginäre Grenzfläche bei (a) durch eine Membran, so tritt an die Stelle des Diffusionskoeffizienten D der Permeabilitätskoeffizient P, der zusätzlich noch von Dicke und Aufbau der Membran abhängt. Für P ≪ D stellen sich in beiden Teilräumen Diffusionsgleichgewichte ein; die treibende Kraft der Membranpermeation ist dann die Konzentrationsdifferenz $c_1 - c_2$. (Bei realen Systemen müssen auch hier die Konzentrationen durch Aktivitäten ersetzt werden.) (In Anlehnung an Lüttge 1973)

die Diffusion in Flüssigkeiten und Festkörpern sehr viel langsamer vonstatten geht als im Gasraum. Die Diffusionskoeffizienten im Gasraum sind bei gleicher Temperatur um den Faktor 10^4 größer als in Flüssigkeiten.

Das *2. Ficksche Diffusionsgesetz,* eine partielle Differentialgleichung 2. Ordnung, macht Aussagen über die Konzentration c als Funktion der Zeit t und des Ortes x (D=konst.):

$$\left(\frac{\partial c}{\partial t}\right)_x = D \left(\frac{\partial^2 c}{\partial x^2}\right)_t . \tag{5.9}$$

Aus Gl. (5.9) folgt z. B.: $x^2 \sim D \, t$ (wobei x = Abstand vom Anfangsort). Man sieht, daß die zurückgelegte Strecke nicht der Zeit, sondern der Wurzel aus der Zeit proportional ist. Aus dem 2. Fickschen Gesetz resultieren zwei wichtige Konsequenzen (→ Tabelle 5.2): 1. In den Dimensionen der Zelle (10 − 100 μm) geht der Molekültransport durch Diffusion sehr schnell. Ein Glucosemolekül z. B. hat die Chance, innerhalb einer Sekunde vermittels der Diffusion von einem Zellende zum anderen zu gelangen. Ohne die Errichtung von Diffusionsbarrieren und ohne den Einbau von Molekülen in Strukturen wären daher in der Zelle stoffliche – und damit auch energetische – Ungleichgewichte nur im Sekundenbereich existent. Dies ist ein weiterer entscheidender Grund für die Notwendigkeit einer rigorosen intrazellulären Kompartimentierung. 2. Es wird deutlich, daß der Stofftransport in der flüssigen Phase über größere Strecken im Kormus keinenfalls durch Diffusion gewährleistet werden kann, sondern leistungsfähigere Transportmechanismen erfordert (→ S. 495).

Die *Permeation* von Teilchen durch eine Membran, welche der Diffusion einen mehr oder minder großen Widerstand entgegensetzt, kann als Sonderfall der freien Diffusion aufgefaßt werden (Abb. 5.5b). Es gilt für den Fluß von Teilchen durch eine Membran vernachlässigbarer Dicke mit einer nicht-begrenzenden Zahl von Durchlaßstellen* in Analogie zum 1. Fickschen Gesetz:

$$J = - P (c_1 - c_2) . \tag{5.10}$$

Im Gegensatz zu D [$m^2 \cdot s^{-1}$] hat der *Permeabilitätskoeffizient* P die Dimension eines Leitfähigkeitskoeffizienten = Widerstandskoeffizient^{-1} [$m \cdot s^{-1}$]. Diese empirisch z. B. nach Gl. (5.10) zu messende Größe hat für den Transport durch Biomembranen eine große Bedeutung: Sie legt bei gegebener Konzentrationsdifferenz die Intensität der Permeation einer Teilchensorte durch eine Membran fest.

---

* Gl. (5.10) gilt nicht mehr für die druckabhängige Massenströmung durch eine Membran. Daher verwendet man für die durch hydrostatischen Druck bewirkte Permeation von H_2O (Volumenfluß) die allgemeinere, thermodynamisch abgeleitete Beziehung $J = -L_P \, \Delta\psi$, wobei L_P=hydraulischer Leitfähigkeitskoeffizient [$m \cdot s^{-1} \cdot bar^{-1}$] (→ S. 104).

Spezifität des Membrantransports, Carrier-Hypothese

Biomembranen sind funktionell vor allem dadurch ausgezeichnet, daß sie in bezug auf die Permeation von Molekülen und Ionen hochgradig selektiv sind. Die für eine Vielzahl von Verbindungen bestimmten Permeabilitätskoeffizienten überstreichen eine Skala von acht Zehnerpotenzen. Außerdem ist die Permeabilität der Biomembranen häufig *vektoriell* ausgerichtet, d. h. in der einen Richtung bevorzugt, und *stereospezifisch*, d. h. auf eines von mehreren Isomeren beschränkt. Diese Spezifität geht weit über diejenige artifizieller selektiv permeabler Membranen hinaus. (Da biologische Membranen, etwa die Plasmamembran, für H_2O sehr viel leichter permeabel als für die allermeisten anderen Teilchen sind, kann man sie im Zusammenhang mit den osmotischen Zelleigenschaften trotzdem in guter Näherung in beiden Richtungen als selektiv permeabel betrachten; → S. 44).

Wie kann man die selektive Permeabilität biologischer Membranen verstehen? Die *Lipid-Filter-Theorie* versucht die Selektivität vor allem unter Berücksichtigung struktureller Parameter zu deuten. Diese Vorstellung geht von dem Aufbau der Membranen aus Lipid und Protein (→ S. 22) aus, welche ein Muster von hydrophilen und lipophilen „Poren" besitzen sollen. Obwohl sich einige Befunde zwanglos durch die Lipid-Filter-Theorie deuten lassen (z. B. können Wasser und relativ apolare Moleküle besonders leicht permeieren, kleine Moleküle werden vor großen häufig bevorzugt), reicht der Siebeffekt nicht aus, um die hohe Selektivität des Membrantransports für viele Moleküle und Ionen verständlich zu machen. Man muß vielmehr annehmen, daß in die Membranen spezifische Transportstellen eingebaut sind, welche den Durchtritt ganz bestimmter Teilchen erleichtern. Man nennt diesen Vorgang, in Analogie zur Enzymkatalyse, *katalysierten Transport*, für den die *Träger-(carrier-)Hypothese* ein mechanistisches Modell liefert (Abb. 5.6). Da die Transportstellen nur in begrenzter Zahl in der Membran vorliegen, erreicht der Transportfluß bei höheren Substratkonzentrationen einen Sättigungswert und folgt daher nicht mehr Gl. (5.10), sondern Gl. (5.5). Operationale Kriterien für den katalysierten Transport sind daher (neben der Spezifität) hyperbolische Sättigungskurven, welche durch eine Michaelis-Konstante charakterisiert werden können [→ Gl.

Enzymkatalyse:

$$S + E \rightleftharpoons ES \rightleftharpoons E + P$$

Transportkatalyse:

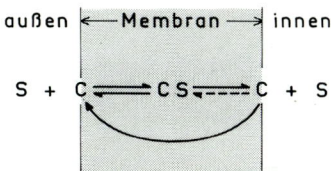

Abb. 5.6. Die Analogie zwischen der enzymatischen Katalyse durch ein Enzym E und der Transportkatalyse durch einen carrier (Träger) C. Der carrier (ein Protein, häufig auch als *Translocator* bezeichnet) bindet das zu transportierende Molekül S auf der Membranaußenseite und verfrachtet es auf die Membraninnenseite, wo sich beide Komponenten wieder voneinander lösen. Der unbeladene carrier geht wieder in die Ausgangsposition zurück. Diese grobe Modellvorstellung beschreibt den Mechanismus der Trägerkatalyse nur in erster Näherung. In Wirklichkeit ist der carrier ein immobiles Transmembranprotein, in dem formal eine Bindungsstelle für S wandern kann. Es ist jedoch evident, daß man auch auf diesen Prozeß, ähnlich wie auf die enzymatische Katalyse, den Michaelis-Menten-Formalismus (→ S. 67) anwenden kann. K_m beschreibt in diesem Fall diejenige Konzentration von S, bei der gerade die Hälfte des carriers beladen ist. In der Tat hat man viele biologische Transportprozesse gefunden, welche die Michaelis-Menten-Gleichung (hyperbolische Sättigungskurve; → Abb. 5.2) erfüllen. Die Existenz von carriern wurde bereits um 1900 von dem Pflanzenphysiologen Pfeffer postuliert

(5.6); → Abb. 5.2], und kompetitive Hemmung durch Strukturanaloge (d. h. der Nachweis von Konkurrenz ähnlicher Moleküle oder Ionen um dieselbe Transportstelle; → Abb. 5.3).

Carrier, Ionenpumpen und Ionenkanäle

In pflanzlichen Biomembranen, z. B. in der Plasmamembran und im Tonoplast, konnten in den letzten Jahren eine große Zahl von Transportsystemen kinetisch charakterisiert werden, welche den Kriterien eines *carriers* (*Translocators*) genügen (Abb. 5.7). Neben der einfachen Transportkatalyse (*katalysierte Permeation, Uniport*) treten gekoppelte Systeme auf, z. B. der Cotransport von Substraten (Zucker, Aminosäuren) mit *Protonen*. Ionen werden häufig zusammen mit einem entgegengesetzt geladenen Ion cotransportiert (*Symport*) oder mit einem gleichsinnig geladenen Ion ausgetauscht

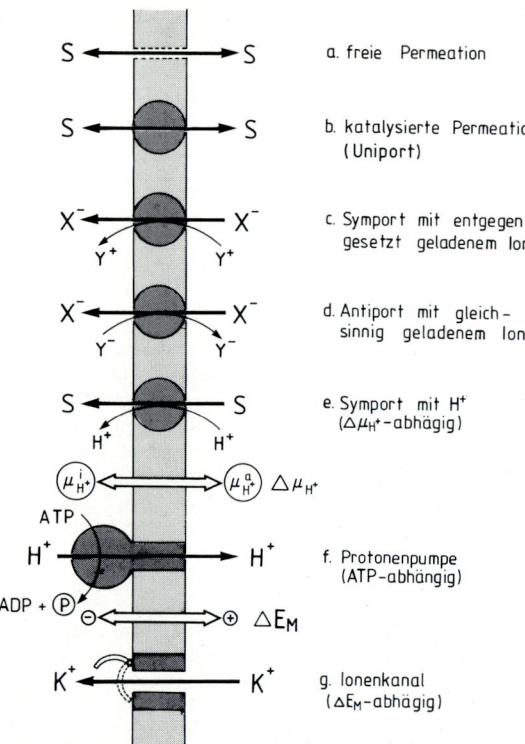

S ←⟶ S   a. freie Permeation

S ←⟶ S   b. katalysierte Permeation (Uniport)

X^- ←⟶ X^- c. Symport mit entgegengesetzt geladenem Ion
Y^+ Y^+

X^- ←⟶ X^- d. Antiport mit gleichsinnig geladenem Ion
Y^- Y^-

S ←⟶ S   e. Symport mit H^+ ($\Delta\mu_{H^+}$-abhägig)
H^+ H^+

$\mu_{H^+}^i$ ⟷ $\mu_{H^+}^a$ $\Delta\mu_{H^+}$

ATP
H^+ ⟶ H^+ f. Protonenpumpe (ATP-abhängig)
ADP + ℗ ⊖ ⟷ ⊕ ΔE_M

K^+ ←⟶ K^+ g. Ionenkanal (ΔE_M-abhängig)

Abb. 5.7 a–g. Schematische Darstellung der wichtigsten Transportprozesse an Biomembranen. Mit Ausnahme der freien Permeation (a) erfordern alle Prozesse einen Transportkatalysator. *Carrier* (b–c) vermitteln einfache (*Uniport*) oder gekoppelte (*Symport, Antiport*) Transportprozesse von Ionen und Anelektrolyten (S). *Protonenpumpen* (f) erzeugen ein elektrochemisches Potential $\Delta\mu_{H^+}$, welches die Energie für H^+-gekoppelte Transportprozesse (e) liefert. Das gleichzeitig erzeugte Membranpotential (ΔE_M) ist die Energiequelle für die Diffusion (*Uniport*) von Ionen durch *Ionenkanäle* (g)

(*Antiport*). In beiden Fällen ist der Gesamtprozeß elektroneutral, d.h. er hat keinen Einfluß auf das Membranpotential. Carrier transportieren stets einzelne Ionen (Moleküle) durch die Membran, deren Permeabilität auf diese Weise auf das 10^6 bis 10^8fache gegenüber der reinen Lipiddoppelschicht erhöht wird.

Neben diesen carriern im engeren Sinn gibt es in der Membran *Ionenpumpen*, d.h. Systeme, welche bestimmte Ionen unter Verbrauch von ATP transportieren können (Abb. 5.7f). Sie gehören zu den ionentransportierenden ATPasen, von denen man drei funktionelle Gruppen kennt:

1. *Plasmamembran-ATPasen* bestehen meist aus einer in die Membran integrierten Polypeptidkette (etwa 100 kDa, wahrscheinlich als Dimer), welche sowohl die ATP-Hydrolyse als auch die H^+-Translocation durchführt. Sie pumpen H^+ aktiv aus der Zelle und sind für die Aufrechterhaltung des (innen negativen) Membranpotentials und des Protonengradienten an der Plasmamembran verantwortlich.

2. *Endomembran-ATPasen* setzen sich aus mehreren Untereinheiten zusammen (insgesamt 400–500 kDa). H^+-Translocation und ATP-Hydrolyse sind getrennt voneinander in einem membranintegralen Teil bzw. in einem zum Cytoplasma gerichteten Kopfteil lokalisiert. Diese ATPasen pumpen H^+ aktiv aus dem Cytosol in die Binnenräume des Endomembransystems (Vacuole, ER- und Golgi-Cisternen).

3. F_0F_1-*ATPasen* (Abb. 5.8) bestehen aus einem hydrophoben, membranintegralen Teil (F_0) und einem hydrophilen, katalytisch aktiven Kopfteil (F_1), welche jeweils aus einer größeren Zahl von Untereinheiten aufgebaut sind (insgesamt etwa 500 kDa). Diese Komplexe sind in der inneren Mitochondrienmembran und in der Thylakoidmem-

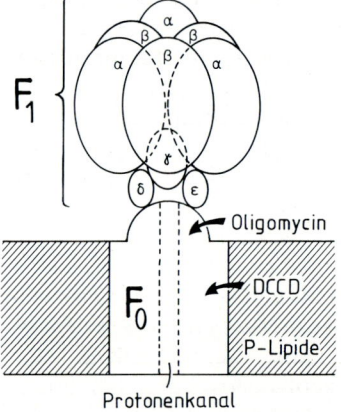

F_1 { α β β α β α δ ε }
F_0 ← Oligomycin
    ← DCCD
    P-Lipide
Protonenkanal

Abb. 5.8. Molekulares Modell einer F_0F_1-ATPase (ATP-Synthase) der inneren Mitochondrienmembran oder Thylakoidmembran. Der Komplex besteht aus einem relativ leicht von der Membran ablösbaren, hydrophilen Kopfteil (F_1), der für die katalytische Aktivität verantwortlich ist (ATP-Bildung). Er besteht aus insgesamt 9 Untereinheiten (3α, 3β, γ, δ, ε). Der „Stiel" (δ, ε) verbindet den Kopfteil mit dem membranintegralen Protonenkanal (F_0, in Phospholipide eingebettet), der ebenfalls aus mehreren Untereinheiten besteht (hier nicht eingetragen). Die ATP-Synthase-Hemmstoffe *Oligomycin* und *DCCD* (*N,N′-Dicyclohexylcarbodiimid*) hemmen an verschiedenen Stellen des Protonenkanals. (Nach Kagawa et al. 1979; verändert)

bran der Chloroplasten lokalisiert und katalysieren die ATP-Synthese in Abhängigkeit vom H$^+$-Gradienten, der dort durch vektoriellen Elektronentransport erzeugt wird, d. h. sie arbeiten als *ATP-Synthasen* (→ S. 77). Allen ATPase-Typen ist gemeinsam, daß sie einen *elektrogenen Protonentransport* katalysieren und daher die Membran polarisieren. Sie sind daher zwangsläufig an andere membran- und protonenpotentialabhängige Reaktionen gekoppelt. Die als Ionenpumpen arbeitenden ATPasen bauen ein Membranpotential und einen Konzentrationsgradienten für H$^+$ auf, welche die Energiequelle für eine Vielzahl anderer (endergonischer) Transportprozesse darstellen.

Für den Transport anorganischer Ionen durch Membranen sind häufig *Ionenkanäle* verantwortlich. Darunter versteht man komplexe Transmembranproteine, welche eine mit Wasser gefüllte Durchlaßstelle (Pore) für die Diffusion bestimmter Ionen, z. B. K$^+$, besitzen. Ionenkanäle können durch Konformationsänderungen des Proteins geöffnet und geschlossen werden (Abb. 5.7 g). Ein einzelner geöffneter Kanal erlaubt den Durchtritt von bis zu 10^8 Ionen pro Sekunde; dies ist etwa 10^3mal mehr, als der durch carrier vermittelte Transport leistet. Aufgrund ihrer großen Kapazität kann die Funktion einzelner Ionenkanäle mit der patch-clamp-Technik an isolierten Membranfragmenten elektrisch gemessen werden (Abb. 5.9). Derartige Messungen haben gezeigt, daß einzelne Ionenkanäle in unregelmäßigen Abständen öffnen und schließen (→ Abb. 5.9c). Die mittlere Öffnungszeit kann von verschiedenen Faktoren beeinflußt werden, insbesondere vom anliegenden Membranpotential. Besonders gut untersucht wurden zwei K$^+$-durchlässige Ionenkanäle in der Plasmamembran von Schließzellen, von denen einer durch Depolarisierung der Membran auf > −40 mV aktiviert (geöffnet) wird und für den Ausstrom von K$^+$ aus der Zelle verantwortlich ist. Der andere K$^+$-Kanal wird durch Hyperpolarisierung der Membran auf < −100 mV aktiviert und bewirkt den Einstrom von K$^+$ in die Zelle. Auch in der Thylakoidmembran wurden neuerdings spannungsabhängige Kanäle für K$^+$ und Cl$^-$ entdeckt.

Passiver und aktiver Transport

Im einfachsten Fall bewirkt die Transportkatalyse eine Erhöhung der passiven Permeabilität für ein

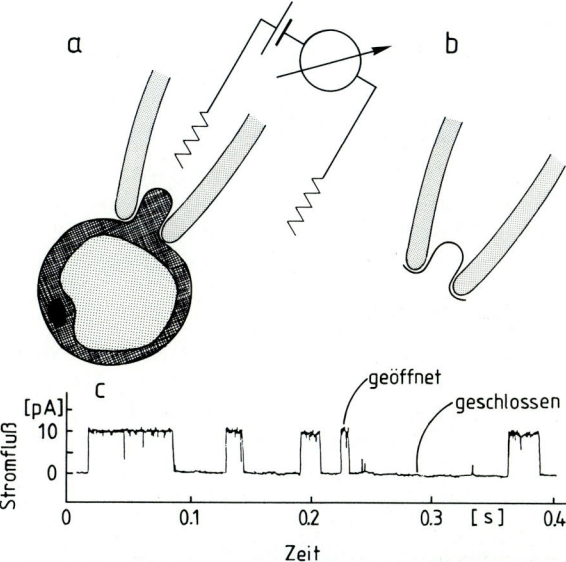

Abb. 5.9a–c. Messung der Durchlässigkeit eines K$^+$-Kanals mit der *patch-clamp-Technik*. (a) Bei dieser Methode wird die feuerpolierte Spitze einer Glas-Mikropipette (Spitzendurchmesser etwa 1 μm) auf die Oberfläche eines Protoplasten (→ Abb. 19.33) aufgesetzt und die Plasmamembran durch Unterdruck angesaugt. Es entsteht eine elektrisch dichte Verbindung zwischen Membran und Glasoberfläche. Bademedium und Pipettenfüllung bestehen aus einer Elektrolytlösung (z. B. KCl). Nach Anlegen einer Spannung (z. B. 100 mV) kann der Ionenstrom (getragen von K$^+$) durch den abgegrenzten Membran-patch als Stromfluß (im Bereich von pA) gemessen werden. (b) Nach Abziehen der Pipettenspitze von der Protoplastenoberfläche bleibt das eingestülpte Membranfragment an der Öffnung zurück und erlaubt die Messung des Membranwiderstandes ohne Komplikation durch die intakte Zelle. (c) Messung des Stromflusses durch einen patch aus der Tonoplastenmembran einer *Chenopodium rubrum*-Zelle. Das wie bei (b) angeordnete Membranfragment enthielt einen einzigen (einwärtsgerichteten) K$^+$-Kanal, dessen statistische Öffnung und Schließung in der Stromkurve deutlich zum Ausdruck kommt. (Nach Hedrich und Schroeder 1989; verändert)

bestimmtes Teilchen; die Einstellung des energetischen Gleichgewichts wird beschleunigt. Dies ist das charakteristische Merkmal des passiven, katalysierten Membrantransports. Konzentrierungsarbeit kann ein solcher carrier naturgemäß nicht leisten. Erst die Koppelung an eine energieliefernde Reaktion ermöglicht *endergonische* Transportprozesse, welche durch den Zellstoffwechsel *gesteuert* werden können. Dies sind die beiden wesentlichen Merkmale, welche den aktiven Membrantransport vom passiven unterscheiden.

Merke:

- Anelektrolyte werden dann *aktiv* transportiert, wenn sie unter direktem Einsatz metabolischer Energie (meist freie Enthalpie der ATP-Hydrolyse) *gegen* einen *Konzentrationsgradienten* (Konzentrationspotential) bewegt werden.
- Entsprechend werden Elektrolyte *aktiv* transportiert, wenn sie *gegen* einen Gradienten des *elektrochemischen Potentials* bewegt werden (→ S. 52).

Diese thermodynamischen Kriterien sind die einzigen, welche den aktiven Transport operational eindeutig charakterisieren. Für die freie Diffusion in einer wäßrigen Lösung mißt man in der Regel Q_{10}-Werte [→ Gl. (5.2)] von 1,2–1,5, während die Diffusion durch Membranen – ähnlich wie die enzymatische Katalyse – durch $Q_{10}=2-4$ ausgezeichnet ist. Ein $Q_{10}>1,5$ ist daher kein hinreichendes Kriterium für *aktiven* Transport. Auch andere Indikationen der Stoffwechselabhängigkeit (z. B. Hemmbarkeit durch metabolische Inhibitoren) sind alleine kein absolut zuverlässiger Nachweis. *Stoffwechselabhängiger Transport* kann im Prinzip auch durch die indirekte Wirkung metabolischer Effektoren (z. B. kompetitiver Inhibitoren) auf eine enzymatisch gekoppelte Reaktion zustande kommen.

Die Koppelung zwischen Transportprozeß und energieliefernder Reaktion kann direkt oder indirekt erfolgen. Ein Beispiel für einen *direkt (primär) aktiven* Transport ist die Sekretion von H^+ an der Plasmamembran vieler Zelltypen durch eine Proto-

nenpumpe. Im Gegensatz hierzu ist z. B. die Aufnahme von Zucker ein *indirekt (sekundär) aktiver* Transportprozeß (→ Abb. 5.20). Das Zuckermolekül wird, zusammen mit einem H^+, dem elektrochemischen Gefälle folgend, durch die Membran transportiert (→ Abb. 5.7e). Dieser passive Prozeß führt dann zu einer Akkumulation von Zucker in der Zelle, wenn gleichzeitig eine räumlich unabhängige Protonenpumpe einen elektrochemischen Gradienten für H^+ aufbaut (→ Abb. 5.7f). Auch Ionenkanäle sind grundsätzlich passiv arbeitende Transportsysteme; sie verbrauchen das Membranpotential, das von den Ionenpumpen erzeugt wird.

Shuttle-Transport

Diese Form des indirekten metabolischen Transports spielt neben dem direkten Transport an den Grenzmembranen von Organellen eine bedeutende Rolle. Zum Beispiel sind intakte Mitochondrien für NAD^+ und NADH praktisch impermeabel. Trotzdem findet in intakten Zellen ein reger Austausch von Pyridinnucleotid-Wasserstoff zwischen Cytoplasma (Glycolyse) und Mitochondrien (Atmungskette) statt (→ Abb. 13.2). Wie Abb. 5.10 zeigt, wird in diesem Fall durch ein System gekoppelter Enzym- und Transportreaktionen ein indirekter Transfer von NADH durch die Membran ermöglicht. Es liegt auf der Hand, daß derartige shuttle (= „Pendelverkehr"-)Mechanismen ebenfalls leicht durch den Stoffwechsel reguliert werden können. Im Gegensatz zu NADH erfolgt der Transport von ATP aus den Mitochondrien direkt durch carrier.

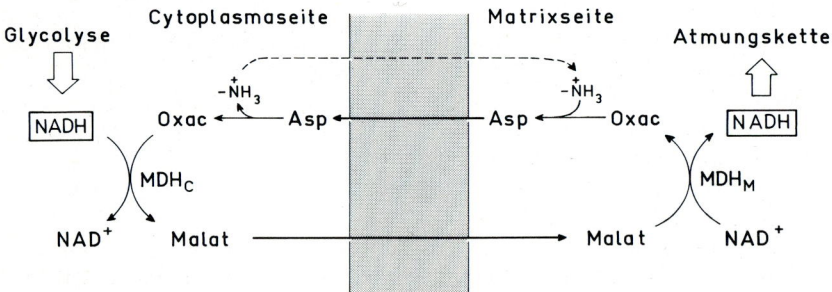

Abb. 5.10. Einer der drei bisher an der inneren Mitochondrienmembran nachgewiesenen shuttle-Transportmechanismen für Pyridinnucleotid-Wasserstoff. Auf der Cytoplasmaseite wird Oxalacetat (Oxac) mit NADH zum Transportmolekül Malat reduziert, welches auf der Matrixseite wieder unter NADH-Bildung reoxidiert wird. Zum Rück-transport muß Oxac zu Aspartat (Asp) aminiert werden. Die Aminogruppe wird durch einen gekoppelten Glutamat-Oxoglutarat-shuttle wieder in das Mitochondrion zurücktransportiert. Alle drei Membrantransporte werden durch carrier vermittelt. MDH_C, MDH_M, cytoplasmatische bzw. mitochondriale Malatdehydrogenase

ATP-Synthese an energietransformierenden Biomembranen

Der aktive Transport von Ionen und Anelektrolyten wird durch die Hydrolyse von ATP mit Energie versorgt, wobei Membran-ATPasen als Protonenpumpen eine zentrale Rolle bei der Transformation von Phosphorylierungspotential in elektrochemisches Potential spielen. Der gleiche Mechanismus kann an bestimmten Membranen, in umgekehrter Richtung ablaufend, zur *Synthese von ATP* dienen. Sowohl die innere Mitochondrienmembran als auch die Thylakoidmembran der Chloroplasten enthalten ATP-Synthase-Komplexe (F_0F_1- bzw. CF_0F_1-ATPasen; → S. 74), welche einen vektoriellen elektrogenen Transport von H^+ durch die Membran katalysieren und die dabei freigesetzte Energie zur Phosphorylierung von ADP ausnützen können. Hierdurch wird das elektrochemische Potential eines Protonengradienten in Phosphorylierungspotential umgewandelt, ganz ähnlich wie in einem Wasserkraftwerk elektrische Energie erzeugt werden kann. ATP-Synthasen und ATP-getriebene Protonenpumpen katalysieren also im Prinzip dieselbe Reaktion, arbeiten jedoch in entgegengesetzter Richtung (mit dem, oder gegen das Potentialgefälle der Protonen).

Der Aufbau des Protonengradienten an den energietransformierenden Membranen der Mitochondrien und Chloroplasten erfolgt durch *vektoriellen Elektronentransport*. In diesen Membranen laufen im Rahmen von Elektronentransportketten strukturgebundene Redoxreaktionen ab, welche mit einer Verlagerung von Elektronen (Ladungstrennung) quer zur Membran einhergehen (*dissimilatorischer* bzw. *photosynthetischer Elektronentransport*; → S. 200, 176). Die Ladungstrennung (elektrisches Potential) liefert die Energie für einen gekoppelten Protonentransport von der Innenseite auf die Außenseite der Membran. Ein gut untersuchtes Beispiel für eine elektronengetriebene Protonenpumpe ist die *Cytochromoxidase* der inneren Mitochondrienmembran. Dieses Enzym katalysiert als letztes Glied der Atmungskette (→ S. 200) auf der Innenseite der Membran die Reduktion von O_2 zu H_2O (Cytochrom *c* als Elektronendonator), wobei gleichzeitig 4 H^+ aus dem Matrixraum nach außen verlagert werden. In ähnlicher Weise arbeiten auch die Photosysteme der photosynthetischen

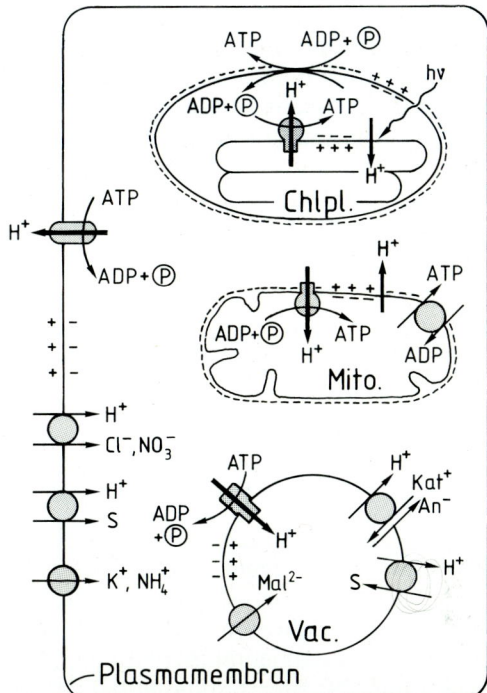

Abb. 5.11. Die Koppelung von ATP-Synthese und ATP-Hydrolyse an Protonentransportprozesse. Die an Elektronentransport gekoppelten *Protonenpumpen* in der Thylakoidmembran der Chloroplasten und in der inneren Mitochondrienmembran erzeugen elektrochemische Gradienten durch H^+-Transport aus dem Matrixraum der Organellen. Dies führt zu einer Ansäuerung des Thylakoidinnenraums bei Chloroplasten und des Außenraums (Grundplasma) bei Mitochondrien. Beim Rückstrom von H^+ durch vektoriell arbeitende *ATP-Synthasen* (F_0F_1-ATPasen) kann ATP im Matrixraum der Organellen gebildet werden. Dies ist der wesentliche Inhalt der Mitchell-Hypothese. ATP gelangt durch *shuttle-Transport* (Chloroplast; → Abb. 12.34) oder über *Antiport* mit ADP (Mitochondrien; → Abb. 13.10) ins Grundplasma. Die *ATPasen in der Plasmamembran und im Tonoplast* (Vacuolenmembran) pumpen H^+ unter ATP-Verbrauch aus dem Grundplasma (primär aktiver Transport). Außerdem sind einige H^+-abhängige (sekundär aktive) und passive Transportprozesse eingetragen (S = Zucker, Mal^{2-} = Malat^{2-}-Anion)

Elektronentransportkette als elektronengetriebene Protonenpumpen (→ Abb. 12.30).

Die Koppelung von Elektronentransport und ATP-Synthese durch Protonengradienten ist in Abb. 5.11 schematisch dargestellt. Dieses Konzept der Energietransformation ist der wesentliche Inhalt der von Mitchell 1961 aufgestellten *chemios-*

motischen Hypothese zum Mechanismus der ATP-Synthese in Mitochondrien und Chloroplasten. Diese Hypothese konnte inzwischen experimentell weitgehend verifiziert werden und ist heute allgemein akzeptiert. Die freie Enthalpie des zwischen Elektronentransport und ATP-Synthese vermittelnden Protonengradienten läßt sich nach Gl. (4.21) einfach als elektrochemisches Potential berechnen:

$$\Delta\mu_{H^+} = \mathbf{R}\,T \ln \frac{a_{H^+}\,(\text{außen})}{a_{H^+}\,(\text{innen})}$$
$$+ \mathbf{F}\,(E_{\text{außen}} - E_{\text{innen}})\,, \qquad (5.11)$$

oder vereinfacht $(2,3\,\mathbf{R}\,T\,\mathbf{F}^{-1} = -0,059\,V$ bei $25\,°C)$:

$$\Delta\mu_{H^+} = -0,059\,\mathbf{F}\,\Delta pH + \mathbf{F}\,\Delta E_M\,. \qquad (5.12)$$

Daneben wird häufig auch das *Protonenpotential* (=*proton motive force, pmf*) $\Delta\mu_{H^+}/F = -0,059$ $\Delta pH + \Delta E_M$ [V] zur energetischen Charakterisierung eines Protonengradienten verwendet. Wenn z. B. an einer Thylakoidmembran pH(innen)=8, pH(außen)=5 und das Membranpotential $\Delta E_M =$ -150 mV beträgt, so ergibt sich nach Gl. (5.12) $\Delta\mu_{H^+} = -32$ kJ/mol H^+. Da die Phosphorylierung von ADP zu ATP unter Standardbedingungen 32 kJ$\cdot$mol^{-1} erfordert ($\rightarrow$ Tabelle 4.3), könnte also theoretisch 1 ATP synthetisiert werden, wenn 1 H^+ durch die ATP-Synthetase fließt. Da jedoch im Chloroplasten keine Standardbedingungen herrschen, dürfte die Ausbeute eher bei 1 ATP/3 H^+ liegen. Auf jeden Fall macht diese Überlegung deutlich, daß die Koppelung zwischen Elektronentransport und ATP-Synthese nicht als starre, stöchiometrische Beziehung aufgefaßt werden darf; die Energieausbeute des Übertragungssystems hängt vielmehr stark von den aktuellen Konzentrationen der beteiligten Komponenten ab.

Stoffaufnahme in die Zelle

Ionenaufnahme

Die Zelle kann die Aufnahme und Abgabe von Ionen mit Hilfe der im letzten Abschnitt geschilderten Mechanismen in einem weiten Umfang aktiv beeinflussen. Damit wird das Stoffwechselgeschehen weitgehend unabhängig vom chemischen Milieu der Umwelt. Für die Ionenaufnahme der typischen Pflanzenzelle müssen drei wesentliche Kompartimente berücksichtigt werden, welche durch geschlossene Membranen (Plasmamembran, Tonoplast) scharf voneinander getrennt sind ($\rightarrow$ Abb. 3.16):

1. *Apparent freier Diffusionsraum der Zellwand*, 2. *Protoplasma*, 3. *Vacuole* (die mehr oder minder vielfältige Untergliederung jedes dieser Großkompartimente kann hier unberücksichtigt bleiben). In bezug auf den Stofftransport sind diese drei Kompartimente in Serie „geschaltet". Die beteiligten Ionenflüsse kann man mit Hilfe der Isotopenaustauschkinetik sehr präzise und spezifisch messen (Abb. 5.12). Aus der – im typischen Fall dreiphasigen – Kurve der Isotopenanreicherung im Medium lassen sich die Zeitkonstanten (bzw. Halbwertszeiten) für drei unterschiedlich schnelle, in Serie arbeitende Transportprozesse bestimmen, welche den drei oben angeführten Kompartimentgrenzen zugeordnet werden können. Die Halbwertszeiten für die Entleerung des apparent freien Diffusionsraumes der Zellwand ($\tau_{1/2}=$Sekunden bis Minuten), des Protoplasmas ($\tau_{1/2}=$Minuten bis Stunden) und der Vacuole ($\tau_{1/2}=$Stunden bis Tage) sind stark verschieden. Ähnliche Resultate erhält man auch bei der Messung der Beladungskinetik, welche in analoger Weise durchgeführt werden kann.

Für die Aufnahme eines Ions scheint es häufig mehrere Mechanismen in der Zelle zu geben, welche sich kinetisch unterscheiden lassen. Mißt man die Ionenaufnahme über einen weiten Konzentrationsbereich, so erhält man manchmal komplexe Sättigungskurven mit mindestens zwei eindeutig verschiedenen Plateaus (Abb. 5.13). Man muß daraus schließen, daß es mindestens zwei Aufnahmemechanismen (*System* 1 und *System* 2) gibt. System 1 (v_{max} und K_m klein) arbeitet bereits bei sehr niedriger Ionenkonzentration (etwa ab 1 μmol$\cdot$l^{-1} in Abb. 5.13), hat also eine hohe Affinität für das betreffende Ion. System 2 (v_{max} und K_m groß) arbeitet nur bei hoher Konzentration (ab 1 mmol$\cdot$l^{-1} in Abb. 5.13), hat also eine geringe Affinität für das Ion. System 1 ist eine Funktion der Plasmamembran. Über die funktionellen Beziehungen zwischen System 1 und System 2 besteht noch keine Einigkeit. Folgende konkurrierende Hypothesen werden zur Zeit diskutiert: 1. System 2 arbeitet neben System 1 in der Plasmamembran derselben Zellen. 2. In der Wurzel liegen zwei verschiedene Zelltypen vor, deren Plasmamembran jeweils eines der beiden Systeme enthält. 3. Es gibt ein einziges Auf-

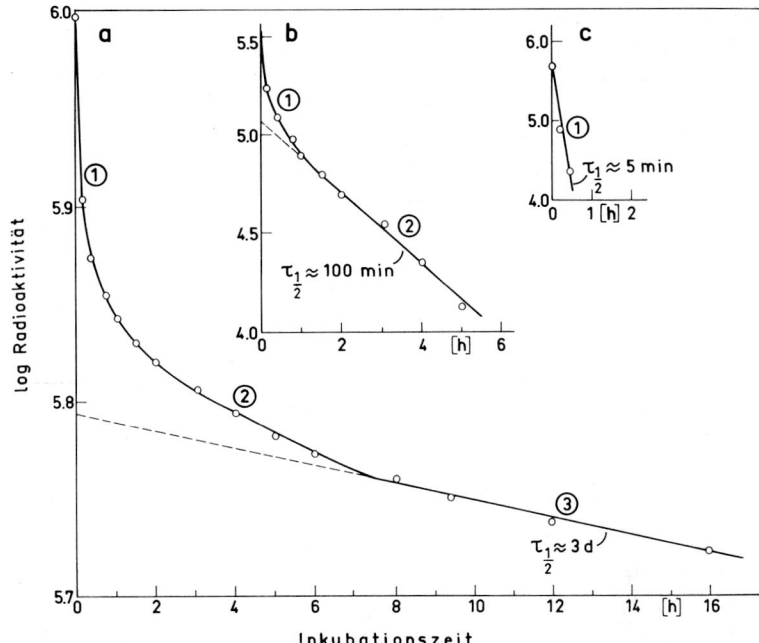

Abb. 5.12 a–c. Die Messung des K^+-Efflux aus dem Gewebe durch Isotopenaustausch („Isotopenauswaschkinetik"). Objekt: Isolierte Wurzeln von Mais (*Zea mays*). Die Wurzeln wurden in KCl-Lösung ($0{,}2$ mmol $\cdot$ l^{-1}) inkubiert, welche $^{86}Rb^+$ als radioaktiven Marker enthielt (K^+ und Rb^+ können sich bezüglich der Aufnahme vollwertig ersetzen). Nach dieser Aufladeperiode (Einstellung eines Fließgleichgewichts: Influx = Efflux) wurden die Wurzeln bei $t = 0$ in nicht-markierte KCl-Lösung ($0{,}2$ mmol $\cdot$ l^{-1}, $3\,°C$) überführt und die Anreicherung von Radioaktivität im Außenmedium verfolgt. Die drei Äste der Gesamtkinetik (a) lassen sich durch Serienschaltung von drei Effluxprozessen inter-

pretieren: Vacuole ③, Protoplasma ②, apparent freier Diffusionsraum der Zellwand ①, Außenmedium. Durch Extrapolation des Astes ③ und Subtraktion von der Gesamtkinetik läßt sich die Kinetik der Äste ① + ② darstellen (b). Entsprechend erhält man die Kinetik des Astes ① (c). Die pool-Größen der drei Kompartimente für K^+ erhält man aus den extrapolierten Schnittpunkten mit der Ordinate. Aus der Größe des Zellwandpools (→ Abb. 3.16) kann man außerdem das Volumen des apparent freien Diffusionsraumes berechnen (gleiche K^+-Konzentration!). Man erhält in der Regel Werte von $10–25\%$ des Gewebevolumens. (Nach Lüttge 1973; verändert)

Abb. 5.13. Intensität der Cl^--Aufnahme als Funktion der KCl-Konzentration. Objekt: Isolierte Wurzeln von Gerste (*Hordeum vulgare*). Chlorid-verarmte Wurzeln wurden für 20 min bei $30\,°C$ in KCl-Lösung inkubiert, welche $^{36}Cl^-$ als radioaktiven Marker enthielt. Aus der aufgenommenen Radioaktivität wurde die absolute Cl^--Aufnahme berechnet. Beachte die unterschiedlichen Maßstab für System 1 und System 2 auf der Abszisse! Der diskontinuierliche Kurvenverlauf im Bereich des Systems 2 deutet darauf hin, daß es sich hierbei um drei verschiedene Aufnahmemechanismen mit abweichenden kinetischen Eigenschaften handelt. (Nach Elzam et al. 1964)

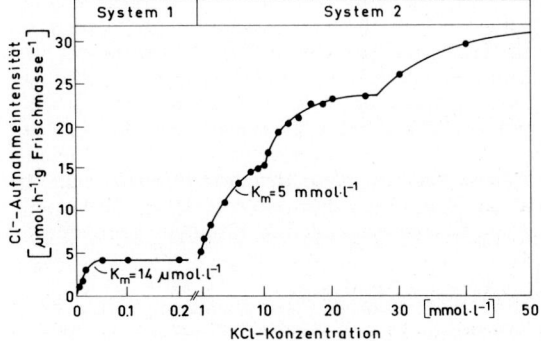

Tabelle 5.3. Die Ionenkonzentrationen im Vacuolensaft von *Nitella clavata* im Vergleich zum Außenmedium (weiches Süßwasser). (Nach Hoagland und Davis 1929)

	K^+	Na^+	Ca^{2+}	Mg^{2+}	Cl^-	SO_4^{2-}	$H_2PO_4^-$	Summe
	$[mmol \cdot l^{-1}]$							
Außenmedium	0,51	1,2	2,6	6,0	1,0	1,34	0,008	12,66
Vacuolensaft	49,3	49,9	26,0	21,6	101,1	26,0	1,7	275,6

nahmesystem mit multiphasischen Eigenschaften, bei dem K_m und v_{max} beim Überschreiten diskreter Schwellenwertskonzentrationen regulatorisch verändert werden. Ein entsprechender Mechanismus konnte kürzlich bei einem Transportsystem für Hexosen experimentell belegt werden ($\rightarrow$ S. 83). Man muß wohl damit rechnen, daß es auch bei der carrier-Funktion allosterische Regulationsmecha-

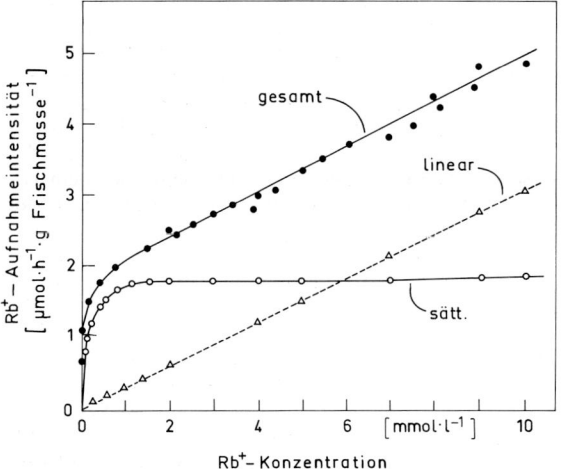

Abb. 5.14. Intensität der Rb$^+$-Aufnahme als Funktion der RbCl-Konzentration. Objekt: Wurzelsegmente von Maiskeimlingen (*Zea mays*), die zuvor unter „Hochsalzbedingungen" (5 mmol $\cdot$ l^{-1} KCl) gewachsen waren. Die Aufnahme wurde mit Hilfe von radioaktivem ^{86}Rb$^+$ gemessen, das hier K$^+$ vollwertig ersetzen kann. Die Daten repräsentieren daher die K$^+$-Aufnahme der Wurzeln. Die gemessene Aufnahmekurve (*gesamt*) läßt sich rechnerisch in zwei Komponenten zerlegen: eine Sättigungskurve (*sätt.*) und eine Gerade (*linear*). Protein-inaktivierende Hemmstoffe hemmen bevorzugt die sättigbare Komponente. Diese Daten lassen sich dahingehend interpretieren, daß die sättigbare Komponente auf einen K$^+$-carrier zurückgeht ($K_m = 90$ μmol$\cdot$l^{-1}), während die lineare Komponente eine nicht-katalysierte Permeation von K$^+$(Rb$^+$) durch die Plasmamembran repräsentiert. (Nach Kochian und Lucas 1982)

nismen ($\rightarrow$ S. 69) gibt. Die Konzentrationsabhängigkeit der Ionenaufnahme scheint allerdings nicht immer so kompliziert zu sein, wie in Abbildung 5.13 dargestellt. Beispielsweise lieferten Messungen der K$^+$(Rb$^+$)-Aufnahme in Maiswurzeln eine einfache Kurve ohne Diskontinuitäten (Abb. 5.14). Aus dieser Abbildung geht auch hervor, daß man bei der Ionenaufnahme eine *sättigbare* (carrier-vermittelte) Komponente von einer *nicht-sättigbaren* Komponente unterscheiden muß. Letztere repräsentiert offenbar eine nicht-katalysierte, linear mit der Konzentration ansteigende Permeation des Ions durch die Plasmamembran.

Die Tabelle 5.3 zeigt, daß die Ionenzusammensetzung der Vacuolenlösung stark von derjenigen des Außenmediums abweichen kann. Für die Entscheidung, ob ein bestimmtes Ion aktiv oder passiv in die Zelle transportiert wird, zieht man in der Regel das *Nernst-Kriterium* heran ($\rightarrow$ Tabelle 5.4)*: Entspricht das aus der gemessenen Konzentrationsverteilung eines Ions berechnete Nernst-Potential dem Membranpotential, so bedeutet dies eine passive Verteilung gemäß dem Gleichgewicht des elektrochemischen Potentials ($\rightarrow$ S. 55). Entsprechend deutet eine Differenz zwischen ΔE_M und ΔE_N auf aktiven Transport hin (wobei allerdings indirekt aktiv wirkende Mechanismen, z.B. Cotransport, nicht ausgeschlossen sind). Bei elektrophysiologischen Messungen an Algenzellen ($\rightarrow$ Abb. 4.11) hat sich gezeigt, daß K$^+$ meist passiv aufgenommen wird (Tabelle 5.4). Trotzdem sind die Zellen in der Lage, K$^+$ *gegen* einen steilen Konzentrationsgradienten aufzunehmen ($\rightarrow$ Tabelle 5.3). Die treibende Kraft dieser K$^+$-Akkumulation ist das negative Membranpotential an der Plasmamembran ($\rightarrow$ Tabelle 4.2). Die Tabelle 5.4 zeigt

---

* Man muß dabei allerdings berücksichtigen, daß diese Beziehung nur für den Gleichgewichtszustand streng gültig ist. Liegt ein ins Gewicht fallender Nettofluß vor, so muß die Ussing-Teorell-Beziehung herangezogen werden.

Tabelle 5.4. Nernst-Potential (ΔE_N, aus gemessenen Konzentrationen berechnet) und Membranpotential (ΔE_M, elektrophysiologisch gemessen) für K^+ an der Plasmamembran (Außenmedium/Protoplasma) und am Tonoplast (Protoplasma/Vacuole) einiger coenoblastischer Algenzellen. Aus einer Übereinstimmung von ΔE_N und ΔE_M kann man schließen, das K^+ passiv durch die beiden Grenzmembranen transportiert wird. (Nach Higinbotham 1973)

	Plasmamembran		Tonoplast	
	ΔE_N	ΔE_M	ΔE_N	ΔE_M
	[mV]			
Nitella flexilis	−179	−170	+11	+15
Nitella translucens	−171	−140	+12	+18
Chara corallina	−178	−173	+22	+18
Valonia ventricosa	− 92	− 71	− 9	+88

ferner, daß auch der K^+-Transport durch den Tonoplast im allgemeinen passiv erfolgt. Im Gegensatz zu K^+ wird Na^+ aus dem Cytoplasma durch beide Grenzmembranen aktiv hinausgepumpt (der Einstrom erfolgt passiv). An der Plasmamembran von *Nitella flexilis* ($\Delta E_M = -170$ mV; → Tabelle 5.4) hat man z. B. für Na^+ ein $\Delta E_N = -40$ mV berechnet. Der passive Transport von Kationen erfolgt meist durch einfache carrier (Uniport; → Abb. 5.11).

Nach dem Nernst-Kriterium werden die Anionen Cl^-, NO_3^-, $H_2PO_4^-$ und SO_4^{2-} aktiv in der Zelle akkumuliert. Ihre Aufnahme ist meist mit einer *Depolarisierung* der Plasmamembran verbunden, eine Indikatorreaktion für einen sekundär aktiven *Cotransport mit H*$^+$ (Abb. 5.15). Wahrscheinlich gibt es für die Mehrzahl der Makronährelemente, die in Form von Anionen aufgenommen werden (→ S. 273), ebenso wie für die Exkretion von Anionen (→ S. 276), spezifische H^+/Anion-Cotransportmechanismen in der Plasmamembran. Dieser sekundär aktive Ionentransport schließt eine gleichzeitige passive Permeation der Ionen nicht aus. Bis zu einem gewissen Grad sind Biomembranen für Ionen auch direkt permeabel (→ Abb. 5.14). Man muß sich vorstellen, daß die Ionenpumpen beständig gegen einen passiven Gegenfluß arbeiten, wodurch die Möglichkeit für rasch regulierbare Fließgleichgewichte gegeben ist.

Die freie Enthalpie für die endergonische Ionenakkumulation wird durch die oxidative Dissimilation der Mitochondrien oder – in autotrophen Zel-

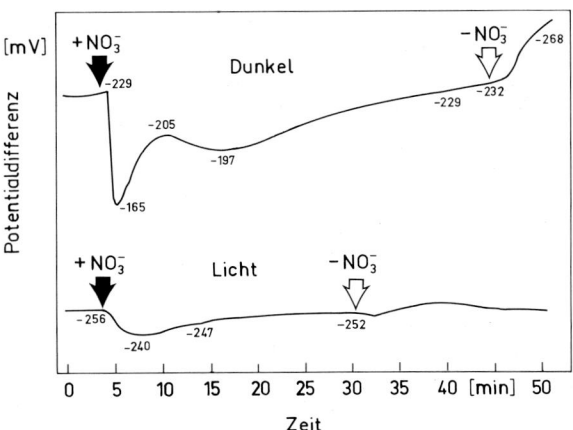

Abb. 5.15. De-/Repolarisierungskinetik des Membranpotentials bei der Aufnahme von NO_3^-. Objekt: Wasserlinse (*Lemna gibba*). Nach Kultur auf einem N-freien Medium wurde die NO_3^--Aufnahme durch Zugabe von 2 mmol·l^{-1} KNO_3 induziert. Nach 30 min Belichtung bzw. 45 min Dunkelheit wurde wieder auf ein NO_3^--freies Medium gewechselt. Die Änderungen des Membranpotentials (Zahlen an den Kurven, mV) subepidermaler Zellen wurden mit einer Mikro-Einstichelektrode gemessen (→ Abb. 4.11). Im Dunkeln führt NO_3^- zunächst zu einer starken Verminderung des (negativen) Membranpotentials (*Depolarisierung*), die nach wenigen Minuten teilweise rückgängig gemacht wird. Die Unterbrechung der NO_3^--Aufnahme löst eine *Hyperpolarisierung* aus. Diese Kinetik läßt sich mit einem NO_3^-/H^+-Cotransport erklären, bei dem NO_3^- mit mehr als einem H^+ durch die Plasmamembran nach innen wandert und daher die negative Nettoladung in der Zelle vermindert. Bereits 1 bis 2 min später führt eine regulatorische Aktivierung der Plasmamembran-Protonenpumpe zu einer verstärkten H^+-Sekretion und damit zu einer teilweisen Repolarisierung. Die starke Dämpfung der NO_3^--abhängigen Potentialausschläge im Licht wird darauf zurückgeführt, daß hier die Protonenpumpe aufgrund des größeren ATP-Angebots von vorne herein mit höherer Aktivität arbeitet. Ähnliche Änderungen des Membranpotentials werden z. B. auch bei der Aufnahme vom $H_2PO_4^-$ oder von Zuckern beobachtet. Sie können bei Anionen und Anelektrolyten als operationales Kriterium für das Vorliegen eines elektrogenen Cotransports mit H^+ dienen. Bei Kationen (z. B. K^+, NH_4^+) ist der einfache Uniport mit einer ähnlichen Depolarisierung der Plasmamembran verbunden (→ Abb. 5.11). (Nach Ullrich und Novacky 1981)

len – durch die Photosynthese bereitgestellt. Als biochemisches Bindeglied dient wahrscheinlich ausschließlich das Adenylatsystem (→ S. 58). Die chemische Energie des ATP wird durch Protonenpumpen in elektrochemische Gradienten umgesetzt und steht in dieser Form als universelle Energiequelle für den Transport von Ionen und Anelektro-

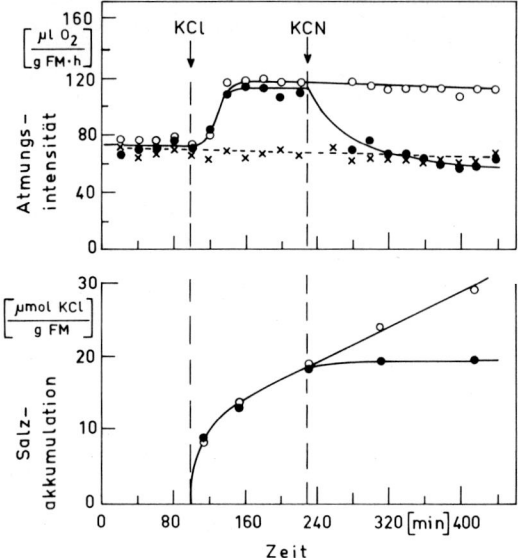

Abb. 5.16. Induktion der Sauerstoffaufnahme durch Ionenaufnahme („Salzatmung"). Objekt: Xylemparenchym-Scheiben von Karottenwurzeln (*Daucus carota*, 25 °C). Das isolierte Gewebe wurde zunächst für 115 h in Wasser inkubiert, um die Wundatmung abklingen zu lassen. × - - - ×, Wasserkontrolle; ○——○, Zugabe von 10 mmol · l⁻¹ KCl nach 100 min; ●——●, Zugabe von 10 mmol · l⁻¹ KCl nach 100 min und von 1 mmol · l⁻¹ KCN nach weiteren 130 min. Man erkennt, daß das Atmungsgift CN⁻ (→ Abb. 13.7) die über die „Grundatmung" hinaus induzierte „Salzatmung" und gleichzeitig die Ionenaufnahme hemmt. Die Meßwerte sind auf g Frischmasse (FM) bezogen. (Nach Robertson und Turner 1945)

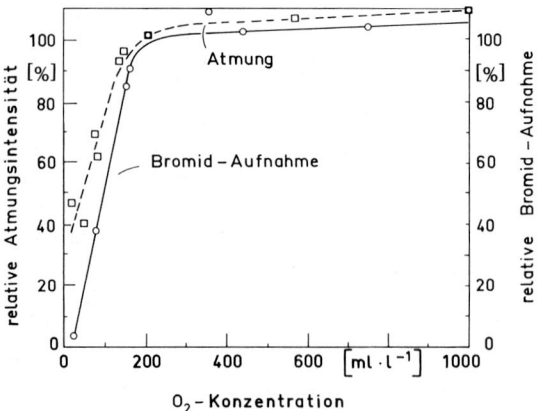

Abb. 5.17. Bromid-Aufnahme und Atmungsintensität dünner Gewebescheiben aus Kartoffelknollen (*Solanum tuberosum*) in Abhängigkeit von der O_2-Konzentration. Beide Phänomene zeigen einen sehr ähnlichen Kurvenverlauf. (Nach Steward 1964)

lyten zur Verfügung. Bei Pflanzen ist der elektrogene H^+-Transport durch ATP-abhängige Protonenpumpen (neben dem elektronentransportabhängigen H^+-Transport) der bei weitem wichtigste primär aktive Transportprozeß; lediglich für Ca^{2+} und Cl^- gibt es bisher bei Pflanzen ebenfalls Hinweise für diese Form des Transports.

Die Koppelung des aktiven Transports an den Energiestoffwechsel läßt sich einfach nachweisen. Bringt man Zellen aus reinem Wasser in eine anorganische Nährlösung, so steigt ihre Atmungsintensität stark an (Abb. 5.16). Diese „Salzatmung" steht häufig in einem stöchiometrischen Zusammenhang mit der Ionenaufnahme. Die Intensität der Ionenaufnahme und die Intensität der Zellatmung verlaufen häufig parallel (Abb. 5.17).

Bei Algen findet man stets eine starke Abhängigkeit der Ionenaufnahme vom Licht. Im Wirkungsspektrum dieses Effekts erweist sich Chlorophyll als das verantwortliche Photoreceptormolekül (→ Abb. 12.13). Für mehrere Pumpen konnte man zeigen, daß sie allein vom Photosystem I der Photosynthese mit ATP versorgt werden können (cyclische Photophosphorylierung; → S. 179). Auch die Zellen grüner Blätter verbrauchen im Licht photosynthetisch gebildetes ATP für die Ionenaufnahme. Die Lichtabhängigkeit von Ionenpumpen läßt sich besonders eindrucksvoll bei der Salzexkretion durch Drüsenzellen demonstrieren. Die „Salzhaare" einiger halophytischer *Atriplex*-Arten besitzen apikale Blasenzellen, in die NaCl gegen einen hohen elektrochemischen Potential-Gradienten transportiert werden kann (→ S. 276). Das gegenüber der Umgebung negative elektrische Potential dieser Zellen erfährt bei Verdunkelung des Blattes eine starke irreversible Depolarisierung (Abb. 5.18). Diese Potentialänderung geht auf eine Verminderung des lichtabhängigen, aktiven Transports von Cl^- in die Blasenzellen zurück, der von dem gleichzeitig stattfindenden Na^+-Transport nicht vollständig neutralisiert wird.

Aufnahme von Anelektrolyten

Im allgemeinen können auch die autotrophen pflanzlichen Zellen organische Moleküle (Zucker, Aminosäuren u. a.) gut aufnehmen und akkumulieren. Die Erfüllung der Kriterien für den aktiven Transport (→ S. 76) und die häufig beobachtbare Stereospezifität der Aufnahme haben auch hier zur Anwendung der carrier-Hypothese geführt. So-

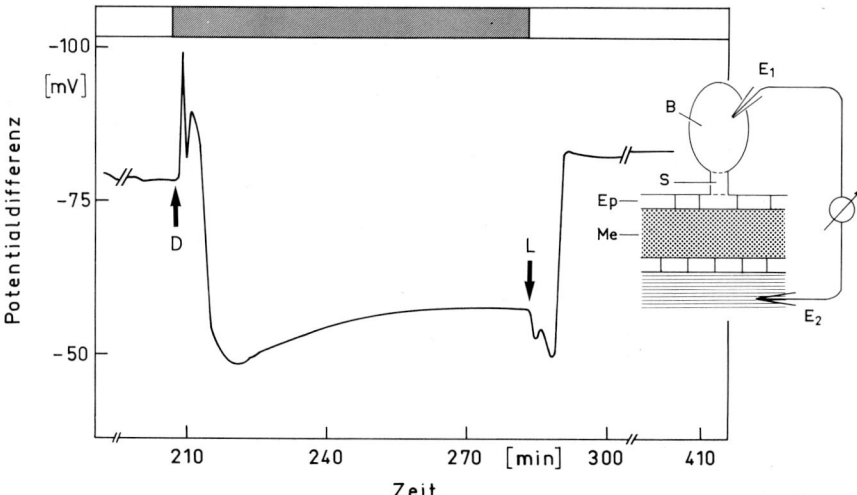

Abb. 5.18. Lichtabhängigkeit des Membranpotentials zwischen Zellvacuole und Umgebung bei der Salzakkumulation. Objekt: Epidermale Blasenzellen am Blatt von *Atriplex spongiosa* (→ Abb. 16.8). D, Verdunklung; L, Belichtung. Die Skizze verdeutlicht die Versuchsanordnung: B, Blasen-zelle; S, Stielzelle; Ep, Epidermis; Me, Mesophyll; E_1, Meßelektrode; E_2, Bezugselektrode im Kontakt mit der Außenlösung, auf der das Blatt schwimmt. (Nach Osmond et al. 1969)

wohl für Zucker als auch für Aminosäuren ist ein indirekt aktiver Transport (Symport mit H^+) durch carrier experimentell gut belegt. Viele lipidlösliche Stoffe können jedoch auch ohne Vermittlung eines speziellen Trägers durch die Plasmamembran permeieren.

Ein sehr interessantes Aufnahmesystem für Hexosen (und Pentosen) ist für *Chlorella vulgaris* beschrieben worden. Diese Zellen bilden bei Überführung in Hexose-haltiges Medium innerhalb von etwa 15 min ein carrier-System für Hexosen in der Plasmamembran aus. Bei Wegnahme der Hexosen verschwindet das System wieder mit einer Halbwertszeit von 4–6 h. Die Induktion wird durch Inhibitoren der Proteinsynthese (→ Abb. 10.9) spezifisch gehemmt. Der Transport verbraucht Energie; er kann zu einer mehr als 1000fachen Anreicherung von Hexosen in der Zelle führen. Die Energieversorgung erfolgt durch die Atmung, und, unter anaeroben Bedingungen, auch durch das Photosystem I der Photosynthese oder die Fermentation. Pro transportiertem Hexosemolekül wird 1 ATP verbraucht. Der Aufnahmemechanismus kann mit Hexose gesättigt werden; v_{max} und K_m hängen jedoch stark vom pH des Außenmediums ab (Abb. 5.19). Bei pH ≤ 6,3 wird für jedes Hexose-molekül 1 Proton cotransportiert. Bei höheren pH-Werten verschwindet der H^+-Cotransport und die aktive Aufnahme geht in eine katalysierte Permeation über. Der intrazelluläre pH-Wert liegt über 7. Diese Befunde können durch ein formales carrier-Modell gedeutet werden, welches einen endergonischen Hexosetransport durch einen carrier vorsieht, der bei niedriger Protonenkonzentration (pH hoch) deprotoniert wird und in dieser Form ein passiv arbeitender Transportkatalysator mit einer verminderten Affinität für Hexosen ist (Abb. 5.20). Der unmittelbare Energielieferant im aktiven System ist die elektrochemische Potentialdifferenz des Protonengradienten [→ Gl. (5.12)] über die Plasmamembran, der durch Aufwand von Stoffwechselenergie (ATP-getriebene Protonenpumpe) aufrechterhalten werden muß. Da das Membranpotential bei −135 mV (innen negativ) liegt, ist die treibende Kraft des Protonengradienten recht hoch. Die Protonenpumpe dient hier dazu, eine intrazelluläre Ansäuerung, welche zur Nivellierung des Gradienten führen würde, zu verhindern. Der Protonentransport aus der Zelle ist demnach der primär aktive Prozeß in diesem System, die Hexoseaufnahme erfolgt passiv durch Cotransport beim exergonischen H^+-Rückstrom.

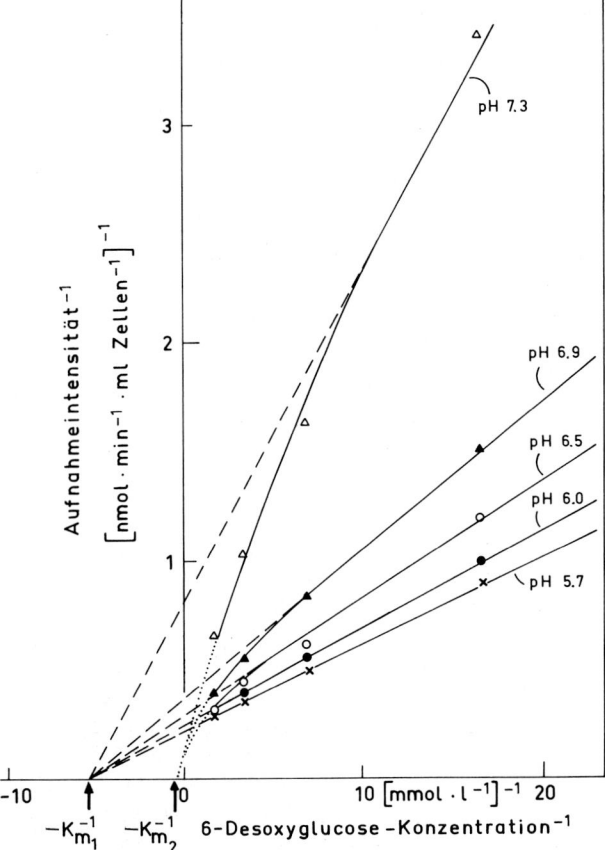

Abb. 5.19. Die Hexose-Aufnahme als Funktion der Hexose-Konzentration und des extrazellulären pH-Wertes (Line-weaver-Burk-Darstelllung; → Abb. 5.2 b). Objekt: *Chlorella vulgaris.* Da biogene Hexosen (z. B. Glucose) in der Zelle rasch abgebaut werden, wurde die nichtmetabolisierbare 6-Desoxyglucose (^{3}H-markiert) verwendet. Die Kurven extrapolieren für *niedrige* Hexosekonzentrationen und *niedrige* pH-Werte auf $K_{m1} \approx 0,2$ mmol $\cdot$ l^{-1}. Für *hohe* Hexosekonzentrationen und *hohe* pH-Werte ergibt sich $K_{m2} \approx 50$ mmol $\cdot$ l^{-1}. Man kann aus diesen Daten schließen, daß bei hoher Protonenkonzentration (pH $\leq 6,3$) ein carrier mit hoher Affinität für Hexosen (K_m klein) arbeitet, während bei niedrigerer Protonenkonzentration ein carrier mit niedriger Affinität (K_m groß) vorliegt. (Nach Komor und Tanner 1974)

Es ist wahrscheinlich, daß auch der endergonische Anelektrolytentransport stets durch Ionenpumpen angetrieben wird. Diese Koppelung ist in hohem Maße sinnvoll, da hierbei nicht nur der Konzentrationsgradient des Ions, sondern auch das Membranpotential zur Arbeitsleistung ausgenützt werden kann [Gl. (4.20)].

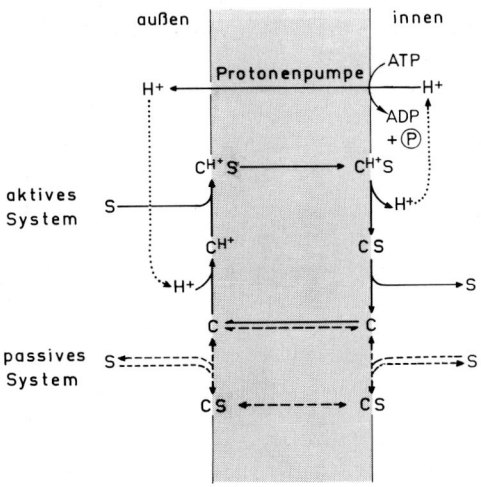

Abb. 5.20. Modell des zweiphasigen Hexoseaufnahmesystems von *Chlorella* (→Abb. 5.19). Der carrier C liegt bei niedrigem pH in der protonierten Form (C^{H^+}) vor, welche für das aktive Aufnahmesystem (*ausgezogene Pfeile*) verantwortlich ist. C^{H^+} wird im Zellinneren (pH > 7) deprotoniert und verliert dabei seine hohe Affinität für Hexose (S). Auf diese Weise wird die Irreversibilität der Aufnahme gewährleistet. Um eine Anreicherung von Protonen in der Zelle zu vermeiden, ist eine auswärts arbeitende Protonenpumpe erforderlich. Wird der pH durch einen Puffer auch im Außenmedium hoch gehalten, arbeitet der carrier in beiden Richtungen in der unprotonierten Form (passives System, geringe Affinität für Hexose; *unterbrochene Pfeile*). Für die Protonierung des carriers ($C + H^+ \rightarrow C^{H^+}$) wurde $K_m = 0,14$ μmol $\cdot$ l^{-1} bestimmt, d. h. der carrier liegt bei pH 6,85 zur Hälfte in der protonierten Form vor. (Nach Komor und Tanner 1974; verändert)

Akkumulation von Metaboliten und anorganischen Ionen in der Vacuole

Der von der Tonoplastenmembran gegen das Cytoplasma abgegrenzte Zellsaft enthält meist hohe Konzentrationen an Zuckern (z. B. Glucose, Saccharose), organischen Anionen (z. B. Malat, Citrat, Oxalat), Aminosäuren (z. B. Arginin, Glutaminsäure, Glutamin, Serin) und anorganischen Ionen (z. B. K^+, NO_3^-, Cl^-). Die Akkumulation dieser Stoffe in der Vacuole dient einerseits zur vorübergehenden Speicherung von Nährstoffen, andererseits zur Erzeugung eines hohen osmotischen Potentials für die Aufrechterhaltung des Turgors (→ S. 49). Studien an intakt isolierten Vacuolen zeigen, daß der Tonoplast über eine einwärts gerichtete Protonenpumpe und mehrere H^+-abhängige Transportkatalysatoren verfügt (→ Abb. 5.11). Für die Akkumulation von *Saccharose* in den Vacuolen der zuckerspeichernden Zellen der Zuckerrübe (*Beta vulgaris* ssp. altissima) wird beispielsweise ein Saccharose/H^+-Antiport-carrier verantwortlich gemacht, der das von der Protonenpumpe aufgebaute Protonenpotential ausnützt, um Saccharose im Austausch mit H^+ in die Vacuole zu transportieren. Daneben gibt es ein Aufnahmesystem für Glucose, aus der anschließend Saccharose synthetisiert wird. Mit diesen Transportsystemen können die Vacuolen dieser Zellen bis zu $0,6 \text{ mol} \cdot l^{-1}$ Saccharose akkumulieren. Succulente Pflanzen speichern in ihren Vacuolen nachts mit Hilfe eines H^+-abhängigen Dicarboxylat-carriers aktiv große Mengen (bis $0,2 \text{ mol} \cdot l^{-1}$) *Malat*, welches bei Tag passiv wieder ins Cytoplasma zurückfließt und dort CO_2 für die Photosynthese liefert (*diurnaler Säurerhythmus;* → S. 264). Die (Zwischen-)Speicherung anorganischer Ionen (z. B. von K^+, NO_3^-, Cl^-) in der Vacuole wird auf ähnliche Weise bewerkstelligt.

Prinzipien der metabolischen Regulation

Der lebende Zustand der Zelle ist durch typische Systemeigenschaften wie *Fließgleichgewicht, Homöostasis** und *Entwicklung* ausgezeichnet, welche eine hochgradige Ordnung des metabolischen Geschehens in Raum und Zeit unabdingbar machen. Diese Ordnung muß durch ein kompliziertes Netzwerk integrierter Kontrollmechanismen beständig überwacht und gesteuert werden. Nur durch eine rigorose Regulation aller metabolischer pools und aller Umsatz- und Transportintensitäten kann die Zelle als quasistabiles System existieren und als solches auf Änderungen der Umwelt angemessen reagieren. Einige essentielle Voraussetzungen für die Regulierbarkeit des Zellmetabolismus, z. B. die dynamische Kompartimentierung und die Existenz von Fließgleichgewichten, haben wir bereits in früheren Abschnitten (→ S. 41, 70) kennengelernt. Es können hier nur die wichtigsten Elemente des metabolischen Kontrollsystems kurz behandelt werden.

---

* Unter *Homöostasis* verstehen wir die Gesamtheit der endogenen Regelvorgänge, die im Organismus (bzw. in der Zelle) ein stabiles inneres Milieu gewährleisten (→ S. 297).

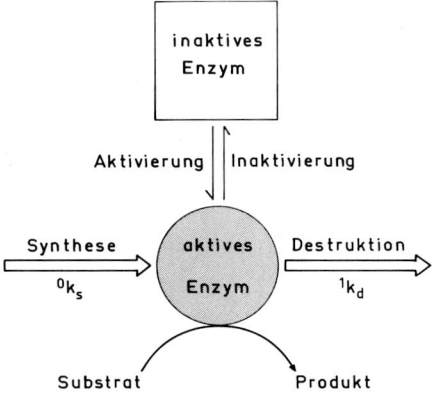

Abb. 5.21. Die prinzipiellen Angriffsstellen für die Regulation des aktiven Enzympools in der Zelle: *Synthese, Destruktion* und *Modulation des Aktivitätszustandes*

Die zentralen Angriffspunkte der metabolischen Regulation sind die Träger katalytischer Aktivität, Enzyme und Transportkatalysatoren (carrier). Da die prinzipiellen Mechanismen bei beiden recht ähnlich sind, können wir uns hier auf die Enzyme beschränken. Die Aktivität eines Enzyms kann in der Zelle auf zweierlei Weise reguliert werden:

1. Durch Veränderung der *Enzymkonzentration* und 2. durch Veränderung des *Aktivitätszustandes* (*Modulation*) der vorhandenen Enzymmoleküle (Abb. 5.21). Die beiden Typen der Regulation werden zu unterschiedlichen Zwecken eingesetzt. Die Erhöhung oder Erniedrigung der Enzymkonzentration ist ein relativ aufwendiger und zeitbedürftiger Prozeß (Stunden); er dient der längerfristigen, „strategischen" Regulation, insbesondere bei der Genexpression im Rahmen der Zellentwicklung (→ S. 134). Der Aktivitätszustand eines Enzyms kann demgegenüber sehr viel schneller (Sekunden) *moduliert* werden. Dieses Prinzip wird daher vor allem für „taktische" Regulationsaufgaben eingesetzt. In der Regel beschränkt sich die Steuerung auf einzelne, an strategisch günstiger Stelle (z. B. nach einer Verzweigungsstelle) eingegliederte *Regulatorenzyme*, welche als Schrittmacher den metabolischen Strom durch einen Stoffwechselabschnitt determinieren.

Regulation des Enzymgehalts

Als Folge der differentiellen Genexpression (→ S. 134) verfügt jede Zelle über ein spezifisches, räumliches und zeitliches Enzymmuster. Die einzelnen Enzyme sind in der Regel nicht stabil, sondern befinden sich in einem beständigen turnover. Im Gegensatz zu den Mikroorganismen, welche Enzyme durch rasches Teilungswachstum innerhalb weniger Generationen stark verdünnen können, mußten die höheren Organismen spezifische Abbaumechanismen für Enzyme entwickeln, um steuerbare Fließgleichgewichte zu ermöglichen. Die Änderung der Konzentration c_E eines Enzympools mit der Zeit als Funktion von Synthese und Destruktion kann folgendermaßen formuliert werden:

$$\frac{dc_E}{dt} = {}^0k_s - {}^1k_d\, c_E\,, \tag{5.13}$$

wobei:

$${}^0k_s = \text{Intensität } (=\text{Reaktionskonstante})$$
der Enzymsynthese
(Reaktion 0. Ordnung)

$${}^1k_d\, c_E = \text{Intensität der Enzymdestruktion}$$
(Reaktion 1. Ordnung)

Im Fließgewicht ist $dc_E/dt = 0$, und daher:

$${}^0k_s = {}^1k_d\, c_E\,. \tag{5.14}$$

Man kann aus dieser Formulierung ablesen, daß – unabhängig davon, welche Zahlenwerte ${}^0k_s$ und ${}^1k_d$ annehmen – stets ein Gleichgewicht zwischen Synthese und Destruktion angestrebt wird (Abb. 5.22). Die Lage dieses Fließgleichgewichts (d. h. die Größe des stationären Enzympools) hängt nicht von den Anfangsbedingungen, sondern nur vom Verhältnis der beiden Konstanten ab. Der Enzympegel ist daher z. B. durch eine Variation der Syntheseintensität leicht regulierbar: Bei einer Erhöhung (Erniedrigung) von ${}^0k_s$ wird c_E auf ein entsprechend höheres (niedrigeres), wiederum *stationäres* Niveau eingestellt. Die Dauer der Umstellung und damit die Trägheit (Hysteresis) des Systems hängt von ${}^1k_d$ ab.

Obwohl nach Gl. (5.14) die stationäre Konzentration eines Enzympools theoretisch auch über eine Änderung von k_d reguliert werden kann, hat man in den meisten Fällen eine Regulation über k_s gefunden. Die Kontrolle (Induktion oder Repression) der Enzymsynthese kann entweder auf der Ebene der Translation von mRNA an den Ribosomen, oder auf der Ebene der DNA-Transkription (Regulation der Genaktivität) stattfinden (→ S. 134). (Die Begriffe Enzyminduktion bzw. Enzym-

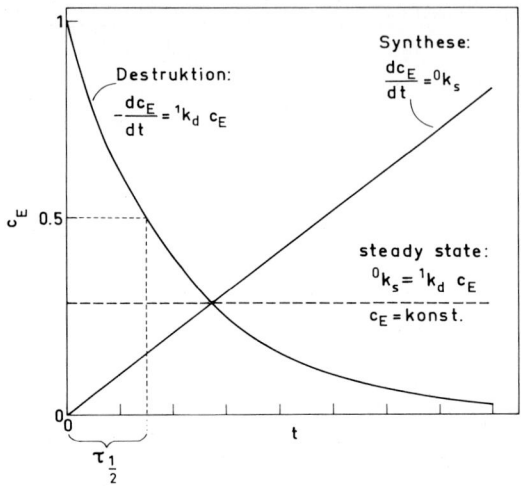

Abb. 5.22. Das Prinzip der Einstellung eines stationären Gleichgewichts (c_E = konst.) zwischen Enzymsynthese (Annahme: Reaktion 0. Ordnung) und Enzymdestruktion (Annahme: Reaktion 1. Ordnung) nach Gl. (5.13). Man erkennt, daß sich bei einem Anstieg von c_E durch Erhöhung der Syntheseintensität (${}^0k_s$) auch die Intensität der Destruktion (${}^1k_d\, c_E$) erhöht, bis die beiden Prozesse wieder – bei einem größeren c_E als vorher – ins Gleichgewicht gekommen sind. Die Lebensdauer eines Enzyms im turnover wird durch die Halbwertszeit ($\tau_{1/2}$) charakterisiert. Zwischen $\tau_{1/2}$ und ${}^1k_d$ besteht ein einfacher Zusammenhang: $\tau_{1/2} = \ln 2/{}^1k_d$

repression werden in der Regel operational, d. h. ohne mechanistische Implikationen, für die Regulation von Enzympools verwendet). Als Auslöser der adaptiven Enzymsynthese tritt eine Vielzahl von Metaboliten und Regulatormolekülen auf. Beispielsweise findet man häufig, daß Substrate die Enzyme für ihre Weiterverarbeitung induzieren. So induziert z. B. NO_3^- die Nitratreductase (→ Abb. 10.10); NH_4^+ reprimiert diese Enzymbildung. Bei fakultativ heterotrophen Algen induziert Glucose die Enzyme des Kohlenhydratkatabolismus und reprimiert die Enzyme des autotrophen Stoffwechsels (Glucose-Effekt). Acetat induziert in diesen Zellen die Glyoxylatcyclus-Enzyme (→ Abb. 13.20). Ein durch Hexosen induzierbares Aufnahmesystem für Hexosen bei *Chlorella* haben wir auf S. 83 kennengelernt. Beispiele für Hormon- und Phytochrominduzierte Enzymsynthesen werden auf S. 416 und S. 367 behandelt. Die hier erwähnten Auslöser der adaptiven Enzymsynthese können nur im operationalen Sinn als „Effektoren" bezeichnet werden, da

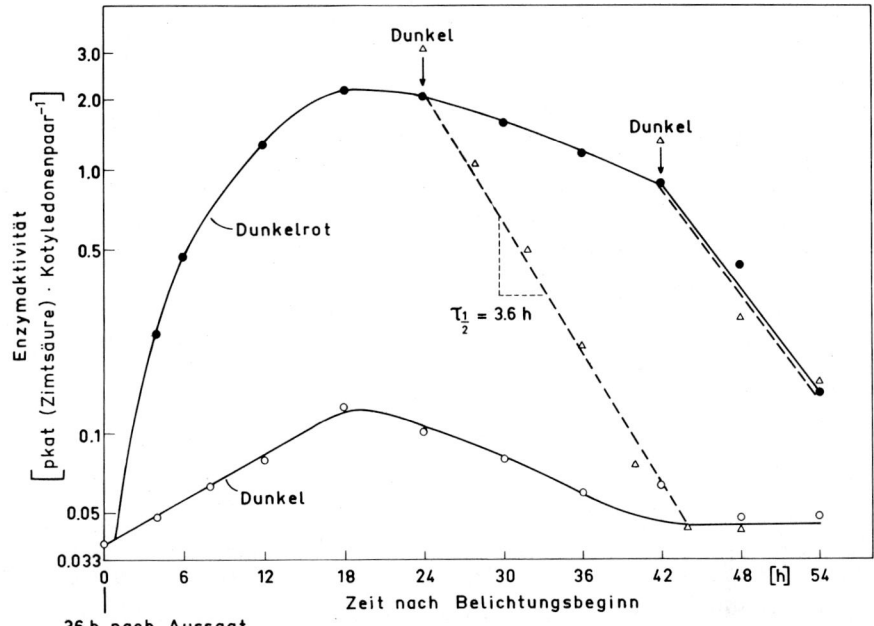

Abb. 5.23. Enzymregulation durch Synthese und Destruktion. Objekt: Phenylalaninammoniumlyase in den Kotyledonen des Senfkeimlings (*Sinapis alba*). Die Synthese dieses Enzyms wird durch Phytochrom kontrolliert und kann daher durch Belichtung mit dunkelrotem Licht induziert werden (→Abb. 21.15). Beim Abschalten des Lichts nach 24 h wird die Synthese unterbrochen; der Abfall der Enzymaktivität erfolgt nach einer Reaktion 1. Ordnung (logarithmisch geteilte Ordinate!) mit einer Halbwertszeit von 3,6 h. Ab 42 h nach Belichtungsbeginn ist auch im Licht die Synthesekapazität erloschen. Die Lichtkinetik kommt also durch eine zeitlich begrenzte Erhöhung von ^0k_s bei konstantem ^1k_d zustande. Im Bereich von etwa 18–24 h nach Belichtungsbeginn ist $^0k_s = {}^1k_d c_E$. (Nach Daten von Tong 1975)

sie, zumindest in vielen Fällen, nur indirekt auf die Enzymsynthese Einfluß nehmen dürften.

Da verschiedene Enzyme in ein und derselben Zelle meist stark abweichende Halbwertszeiten besitzen (meist im Bereich von Stunden bis Tagen), müssen spezifisch arbeitende Destruktionsmechanismen vorhanden sein. Über die molekulare Grundlage dieser Spezifität gibt es bisher nur vage Vorstellungen. Für die „Markierung" abzubauender Proteine dient die ATP-abhängige, covalente Verknüpfung mit dem Polypeptid *Ubiquitin*, das die Proteolyse durch Proteinasen mit einer Spezifität für Ubiquitinkonjugate ermöglicht (→ S. 132). Eine wesentliche Voraussetzung für die Anwendbarkeit von Gl. (5.13) ist ein Reaktionsgeschehen 1. Ordnung für die Destruktion (d. h. Begrenzung der Reaktionsintensität durch das Substrat). Enzymturnovermessungen mit radioaktiv markierten Enzymen oder die Messung der Destruktionskinetik bei gehemmter Synthese ($k_s = 0$; Abb. 5.23) haben in vielen Fällen gezeigt, daß diese Voraussetzung zumindest mittelfristig erfüllt ist.

Regulation des Aktivitätszustandes bei konstantem Enzymgehalt

Wenn eine inaktive, präformierte Enzymform durch einen irreversiblen Prozeß (z. B. durch partielle Proteolyse) in das aktive Enzym überführt wird, spricht man von einer *Proenzym → Enzym*-Konversion. Manche Enzyme werden auch durch covalente Bindung von niedermolekularen Substanzen (z. B. Adenylat oder Phosphat) in ihrer katalytischen Aktivität modifiziert. Wenn diese Modifikation wiederum enzymkatalysiert ist, er gibt sich die Möglichkeit, in einer *Enzymkaskade* mehrerer solcher Elemente eine stufenweise Verstärkung eines Eingangssignals (analog den Vorgängen in einem Photomultiplier) zu erzeugen. Derartige Regelsysteme hat man neuerdings bei einer großen Zahl von Enzymen (und Nicht-Enzymproteinen; → z. B. S. 172) gefunden: Spezifische *Proteinkinasen* übertragen einen Phosphatrest von ATP (oder GTP, ADP) auf das Protein, wodurch dessen Aktivität entweder gesteigert oder vermindert wird. *Proteinphosphatasen* können diese Phosphorylierung wieder rückgängig machen. In vielen Fällen hat sich herausgestellt, daß die Aktivität der Proteinkinasen und -phosphatasen ihrerseits unter der Kontrolle anderer Steuerfaktoren steht (z. B. Licht, Hormone).

Zusätzlich zur covalenten Proteinmodifikation spielt die Modulation der Enzymaktivität durch nicht-covalent gebundene Liganden eine große Rolle. Neben allgemeinen Milieufaktoren, wie pH, Redoxpotential und Ionenstärke treten besonders Kationen als Aktivitätsmodulatoren bei bestimmten Enzymen auf (→ S. 275). Spezifischer können kompetitive (isosterische) Inhibitoren wirken, welche das Substrat vom aktiven Zentrum des Enzyms verdrängen und dadurch zu einer Erhöhung der apparenten Michaelis-Konstanten führen. Nichtkompetitiv wirken die *allosterischen* Modulatoren (→ S. 69), welche entweder v_{max} oder K_m modifizieren. Die sigmoiden Substratsättigungskurven (→ Abb. 5.4) mancher allosterisch regulierter Enzyme erweisen sich in diesem Zusammenhang regeltechnisch als sehr vorteilhaft: Durch eine kleine Konzentrationsänderung des allosterischen Effektors im richtigen Bereich kann eine starke Änderung der Enzymaktivität bewirkt werden. Allosterische Enzyme funktionieren also im Prinzip wie eine Elektronenröhre, wobei die Gitterspannung der Konzentration des allosterischen Effektors analog ist.

Bei einem Enzym mit normaler, hyperbolischer Sättigungskurve muß sich die Effektorkonzentration um einen Faktor von 80 ändern, damit die Reaktionsgeschwindigkeit von 10% auf 90% des maximalen Wertes steigt. Bei Enzymen mit sigmoider Sättigungskurve wird dieser Regelbereich bereits bei 3- bis 6facher Konzentrationsänderung eines Effektors erreicht. Schwellenwertsmechanismen sind extreme Spezialfälle allosterischer Regulation.

Als isosterische bzw. allosterische Modulatoren (Effektoren) kommt eine große Zahl von Metaboli-

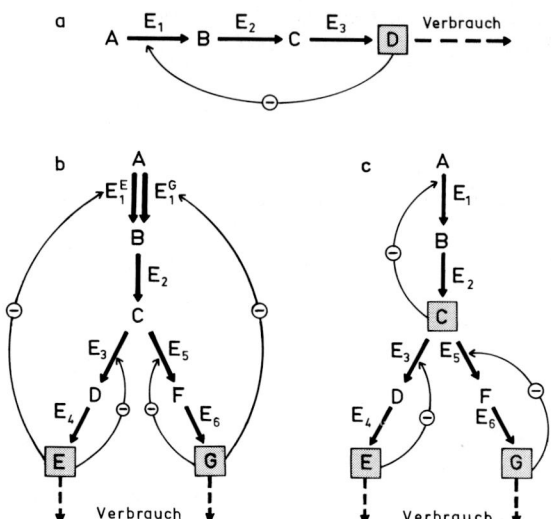

Abb. 5.24 a–c. Regelsysteme mit Endprodukthemmung. (a) Einfache Endprodukthemmung. Das Produkt D hemmt das erste Enzym seiner Synthesebahn. Es ergeben sich die Eigenschaften eines Regelkreises: Steigt D (z. B. durch eine Verminderung des Verbrauchs) über den „Sollwert" an, so reduziert es automatisch die Intensität seiner Bildung an der strategisch günstigsten Stelle. Entsprechend ergibt sich bei einem Abfall von D eine Ankurbelung seiner Bildung. Auf diese Weise kann der pool von D auch bei variablem Verbrauch – innerhalb des Regelbereichs des Systems – konstant gehalten werden. (b) Doppelte Regelung an einer Verzweigungsstelle. Die Endprodukte E und G hemmen sowohl unmittelbar nach der Verzweigung, als auch am Anfang der Synthesebahn, wo zwei Isoenzyme jeweils durch E oder G reguliert werden können. Auf diese Weise können die Teilströme nach E und G trotz gemeinsamer Zwischenschritte individuell geregelt werden. (c) Regelung an einer Verzweigungsstelle. Beim Anstau von E wird der Strom nach G umgeleitet. Erst wenn dort ebenfalls Überfluß herrscht, wird C angehäuft und schaltet damit die ganze Sequenz ab. Sowohl Typ (b) als auch Typ (c) sind z. B. in Teilbereichen des biosynthetischen Aminosäurestoffwechsels als allosterische Mechanismen realisiert

ten in Frage. Eine dominierende Rolle spielen dabei die Glieder des Adenylatsystems (ATP, ADP, AMP, Phosphat) und die wasserstoffübertragenden Cosubstrate [NAD(P)$^+$, NAD(P)H], was mit der Regulation des Energiestoffwechsels (Vermeidung von Konflikten zwischen katabolischen und anabolischen Sequenzen) zusammenhängt.

Die Integration der Regulationsmechanismen zum Kontrollsystem

Die Erforschung der Verschaltung metabolischer Steuermechanismen mit den Methoden der Systemtheorie und der Kybernetik ist bisher nicht über relativ kleine Teilbereiche hinausgekommen. Kybernetische Funktionsmodelle, die sich vorwiegend an der elektronischen Technik orientieren, sind, gemessen an der Realität, noch sehr grob. Ein wichtiges Prinzip bei der Steuerung metabolischer Reaktionsketten bzw. -netze ist die *Rückkoppelung* (feedback). Darunter versteht man die Steuerung eines Enzyms (durch Induktion/Repression der Synthese oder Modulation der Aktivität) durch das Produkt der betreffenden Synthesebahn (Abb. 5.24 a). Ein solches Regulationssystem erfüllt die Kriterien eines *Regelkreises*: Eine „Störung" im Produktpool wird durch verstärkte oder verminderte Synthese wieder ausgeglichen. Es handelt sich also um einen Mechanismus zur Aufrechterhaltung der Homöostasis in einem begrenzten Stoffwechselbereich. Kompliziertere Regelsysteme erhält man z. B. durch hierarchische oder sequentielle Verknüpfung mehrerer Regelkreise (Abb. 5.24 b, c). Diese Systeme ermöglichen Homöostasis in verzweigten und, bei kreuzweiser Verschaltung, zwischen getrennten Stoffwechselbahnen. Sie stehen im Dienste der Koordination parallel ablaufender metabolischer Sequenzen. Beispiele für solche Regelsysteme höherer Ordnung kennt man bisher vor allem aus dem Aminosäure- und Nucleotid-Stoffwechsel. Da die zellulären pools an Aminosäuren und Nucleotiden meist verschwindend klein sind, muß die Produktion dieser Bausteine für die Protein- bzw. Nucleinsäuresynthese sehr präzise ausbalanciert sein.

Weiterführende Literatur

Baker DA, Hall JL (1988) Solute transport in plant cells and tissues. Longman, Harlow

Boyer JS (1985) Water transport. Annu Rev Plant Physiol 36:473–516

Budde RJA, Randall DD (1990) Light as a signal influencing the phosphorylation status of plant proteins. Plant Physiol 94:1501–1504

Ciechanover A, Schwartz AL (1989) How are substrates recognized by the ubiquitin-mediated proteolytic system? Trends Biochem Sci 14:843–848

Dugal BS (1973) Allosterie und Cooperativität bei Enzymen des Zellstoffwechsels. Biologie in unserer Zeit 3:41–49

Harold FM (1986) The vital force: A study of bioenergetics. Freeman, New York

Hedrich R, Schroeder JI (1989) The physiology of ion channels and electrogenic pumps in higher plants. Annu Rev Plant Physiol Plant Mol Biol 40:539–569

Kinzel H (1989) Stoffwechsel der Zelle. 2. Aufl. Ulmer, Stuttgart

Lüttge U, Higinbotham N (1979) Transport in plants. Springer, New York Heidelberg Berlin

Matile P (1987) The sap of plant cells. New Phytol 105:1–26

Morris JG (1976) Physikalische Chemie für Biologen. Verlag Chemie, Weinheim New York

Nicholls DG (1982) Bioenergetics. An introduction to the chemiosmotic theory. Academic Press, London New York

Reinhold L, Kaplan A (1984) Membrane transport of sugars and amino acids. Annu Rev Plant Physiol 35:45–83

Stein WD (1986) Transport and diffusion across cell membranes. Academic Press, Orlando

Tester M (1990) Plant ion channels: whole-cell and single-channel studies. New Phytol 114:305–340

Willenbrink J (1987) Die pflanzliche Vakuole als Speicher. Naturwiss 74:22–29

6 Die Zelle als teilungsfähiges System

Eine Zelle entsteht prinzipiell aus der Teilung einer Mutterzelle. Im Fall einer meristematischen (embryonalen) Pflanzenzelle läßt sich der Sachverhalt der Zellteilung mit der Feststellung beschreiben, daß sich alle wesentlichen Bestandteile einer Zelle zuerst verdoppeln und das ganze System sich alsdann in zwei Hälften teilt (Zellreplication). Die Bildung einer Wand zwischen den Tochterzellen schließt die Zellteilung ab (Abb. 6.1, *unten*). Mit dem Begriff *autosynthetischer Zellcyclus* bezeichnet man die Vorgänge zwischen einer Zellreplication und der nächsten. Bei der Beschreibung des Zellcyclus stehen in der Regel die Replication der DNA, der Chromosomen und des Zellkerns im Vordergrund. Diese Vorgänge bestimmen auch die Einteilung des Zellcyclus in verschiedene Phasen (Abb. 6.2, 6.3). Wegen der großen Bedeutung des Genoms erscheint diese Betonung gerechtfertigt. Man muß sich aber stets darüber im klaren sein, daß der Zellcyclus neben dem besonders auffälligen Chromosomencyclus eine Reihe weiterer Prozesse einschließt (Kernhüllencyclus, Nucleolencyclus, Spindelcyclus, Plastidencyclus, Plasmamembrancyclus). Der Mechanismus der Integration der verschiedenen Cyclen ist nicht klar; die vielen Beispiele für eine Entkoppelung der Teilprozesse (beispielsweise Endopolyploidie bei Hemmung des Spindelcyclus) deuten aber darauf hin, daß die Koppelung elastisch ist und auf verschiedenen Stufen erfolgt.

Mit dem Begriff *Mitose* bezeichnet man den lichtmikroskopisch analysierbaren Vorgang der äqualen Kernteilung: Es werden aus einem Zellkern zwei gleiche, äquivalente Tochterkerne gebildet. Bei diesem Vorgang treten die kompakten Transportformen der Chromosomen in Erscheinung (Abb. 6.4). Die Strukturänderungen („Spiralisierung", „Entspiralisierung"; → Abb. 10.1) und Bewegungen der Chromosomen sowie die Ausbildung der Teilungsspindel bestimmen die bekannte Einteilung des Mitoscablaufs in *Prophase*, *Metaphase*, *Anaphase* und *Telophase*.

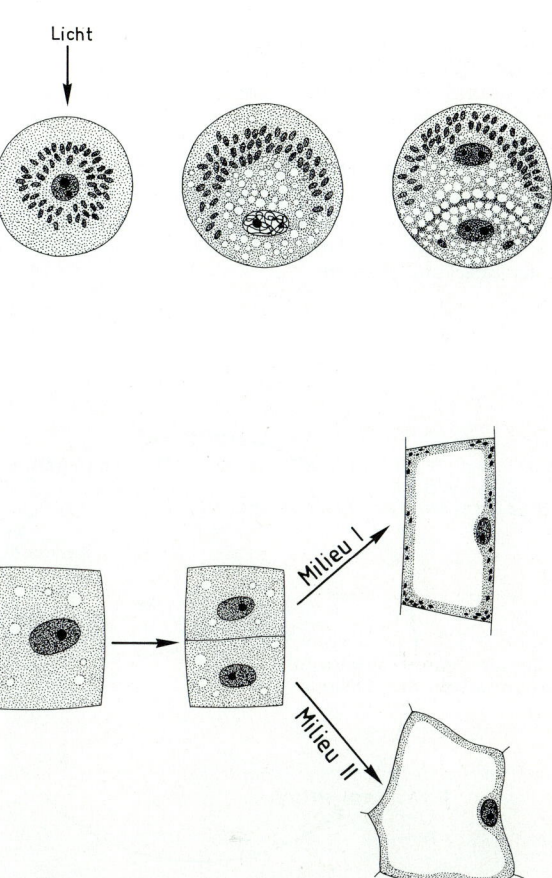

Abb. 6.1. *Oben*: Die Zellpolarität als Grundlage für die inäquale Zellteilung (erste Teilung der Gonospore von *Equisetum spec.*). Die Zellpolarität wird durch einseitige Belichtung festgelegt („induziert"). *Unten*: Morphologisch äquale Teilung einer embryonalen Zelle aus einem Blattprimordium. Die verschiedenartigen Zellphänotypen der Tochterzellen (Epidermiszelle bzw. Assimilationsparenchymzelle) sind darauf zurückzuführen, daß verschiedenartige Faktoren auf die Tochterzellen einwirken (Milieu I bzw. Milieu II). Während die Kernteilung völlig äqual ist, erfolgt die Aufteilung des Cytoplasmas auf die Tochterzellen häufig inäqual (*oben*). Die neue Zellwand wird in der Regel senkrecht zur Längsachse der Mutterzelle eingezogen (*unten*)

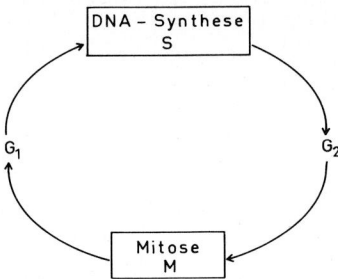

Abb. 6.2. Die konventionelle, einfache Darstellung des autosynthetischen Zellcyclus. Das auffälligste Ereignis im Interphasekern ist die Synthese von DNA (S-Phase). Dieser Vorgang nimmt nur eine relativ kurze Zeit in Anspruch. Mitose und DNA-Synthese sind durch die länger präsynthetische (G₁) und die etwas kürzere postsynthetische (G₂) Phase getrennt. In pflanzlichen Meristemen dauert der autosynthetische Zellcyclus etwa 17–32 h, von denen die Mitose 1,5–4 h benötigt. Innerhalb der Mitose dauert die Telophase in der Regel am längsten

Die Verdoppelung der Chromosomen (identische Chromatidenreplication) erfolgt bezüglich der DNA semi-konservativ während der sogenannten *Interphase* (Abb. 6.5). Die basischen Kernproteine (Histone) werden gleichzeitig mit der DNA synthetisiert, die Nicht-Histon-Proteine (NHP) des Zellkerns werden hingegen bevorzugt in der späten Interphase und in der frühen Prophase vermehrt. Die enge Beziehung zwischen DNA und Histonen führte zu der Frage, wie sich der DNA-Protein-Komplex während der DNA-Replication verhält. Biochemische und elektronenmikroskopische Daten haben zu der Auffassung geführt, daß die Histone mit der DNA auch während der Replication in enger Verbindung bleiben. Die parentale DNA behält ihre alten Histone, während sich die neuen DNA-Stränge mit neu synthetisierten Histonen verbinden. Die Ausbildung der Nucleosomen (→ Abb. 10.4) geschieht so rasch, daß keine Nucleosomen-freie DNA zu beobachten ist.

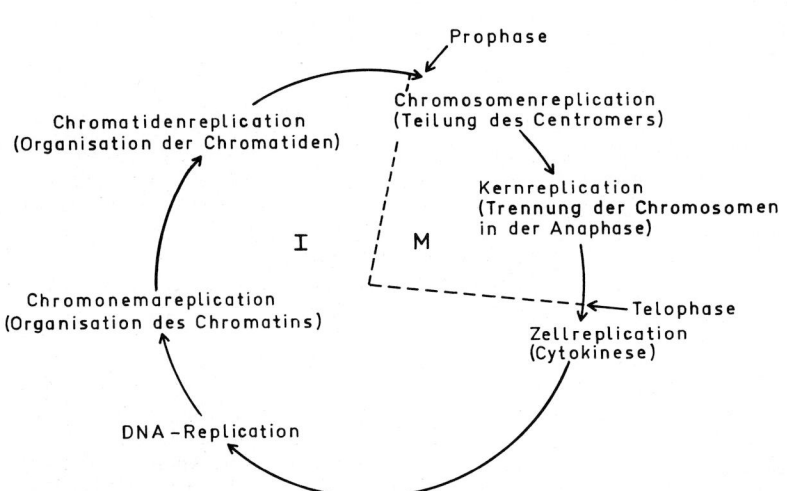

Abb. 6.3. Die wesentlichen Ereignisse beim mitotischen Zellcyclus. (Nach Dyer 1976). Die eigentliche Mitose (M) betrifft Veränderungen von Chromosomen, Nucleolen, Kernhülle und Teilungsspindel. Die Replication der DNA und der Chromosomenproteine und die Vereinigung der Komponenten zum funktionellen Chromatin („Organisation") erfolgen in der Interphase (I, entspricht den Phasen G₁ + S + G₂ in Abb. 6.2). Es ist erwiesen, daß die DNA-Replication in den verschiedenen Regionen des Chromatins zu etwas verschiedenen Zeiten stattfindet. Dies gilt wahrscheinlich auch für andere Prozesse der Interphase. Die basischen Kernproteine (Histone) werden gleichzeitig mit der DNA synthetisiert, die Nicht-Histon-Proteine (NHP) werden hingegen bevorzugt in der späten Interphase und in der frühen Prophase der Mitose

vermehrt. Die RNA-Synthese hört in der Mitte der Prophase auf und wird erst gegen das Ende der Telophase hin wieder aufgenommen. Es scheint, daß an den kondensierten („aufspiralisierten") Chromosomen die Transkription kaum möglich ist. Bei der Chromatidenreplication entstehen zwei diskrete, in jeder Hinsicht gleiche Untereinheiten, die sich dann zu Beginn der Prophase zu den Tochterchromosomen kondensieren. Normalerweise folgt auf die Chromatidenreplication eine Kondensierung („Aufspiralisierung"); die Bildung von Riesenchromosomen zeigt aber, daß die Chromatidenreplication auch dann wiederholt erfolgen kann, wenn die Kondensierung der Chromatiden unterbleibt. Bei den Angiospermen desintegriert die Kernhülle in der späten Prophase; zur gleichen Zeit lösen sich auch die Nucleolen auf

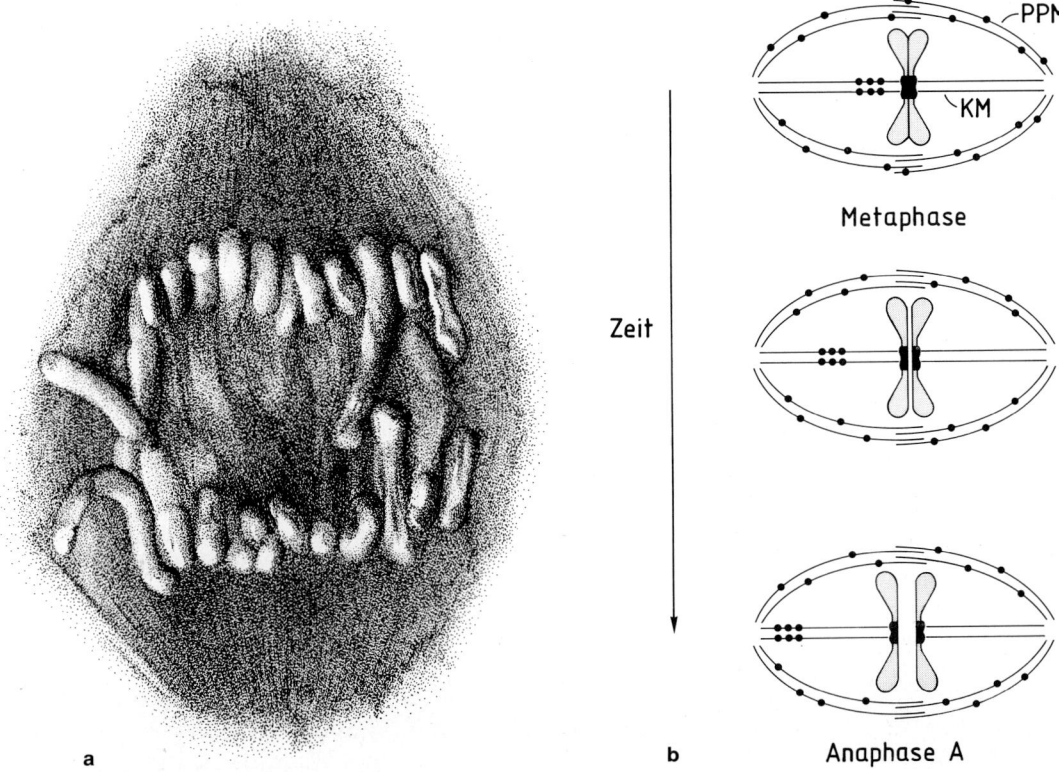

a

b   Anaphase A

Abb. 6.4 a und b. (a) Frühe Anaphase (Anaphase A) der Mitose im Endosperm vom *Haemanthus katharinae*. Der Zeichnung liegt eine Photographie zugrunde, die mit einem Differential-Interferenz-Mikroskop (Zeiss-Nomarski) hergestellt wurde. Bei diesem Verfahren lassen sich nicht nur die Chromosomen, sondern auch Details der Spindel-Organisation in vivo beobachten. Die Spindel ist für die Trennung der Chromosomen notwendig, nicht hingegen für die Chromosomenreplication. (Nach Bajer und Allen 1966.) (b) Der Anaphase, während der die Chromosomen zu den Polen befördert werden, gilt derzeit das besondere Interesse. Man unterscheidet zwei Klassen von Spindel-Mikrotubuli: 1. Die *Pol-Pol-Mikrotubuli* (PPM), die mobile Gleitschienen darstellen, 2. die *Kinetochor-Mikrotubuli* (KM), die die Chromosomen mit den Spindelpolen verbinden. Diese Mikrotubuli verkürzen sich während der Anaphase A. Die Mikrotubuli enthalten nicht nur Tubulin, sondern auch assoziierte Proteine, u.a. ATPase und Proteinkinase. Das vorliegende Schema der Mitosespindel beruht auf Experimenten mit mikroinjizierten, markierten Tubulin-Untereinheiten. Es soll andeuten, daß sich die markierten Tubulin-Untereinheiten (Punkte) schnell und gleichmäßig auf die labilen, d.h. einem raschen turnover unterworfenen Pol-Pol-Mikrotubuli verteilen. Im Gegensatz hierzu bewegen sich die in die stabileren Kinetochor-Mikrotubuli inkorporierten, markierten Tubulin-Untereinheiten mit konstanter Geschwindigkeit zu den Polen. Während der Anaphase kommt es zu einem Nettoverlust an Tubulin-Untereinheiten aus den Kinetochor-Mikrotubuli. Dies soll die Ursache dafür sein, daß sich die Mikrotubuli verkürzen und die Chromosomen zu den Polen bewegen. (Nach Burns 1989)

In der Regel folgt auf die Mitose die *Cytokinese* (mitotische Zellteilung). Die meisten Zellen einer Pflanze sind bekanntlich einkernig. Die *Polytänie*, die Bildung polyploider Kerne und die Entstehung mehrkerniger Zellen (beispielsweise im Tapetum der Antheren, bei der Bildung von Tracheengliedern oder Milchröhren) können als Abweichungen von der Regel angesehen werden, daß eine pflanzliche Zelle üblicherweise *einen* haploiden oder di-

ploiden Zellkern enthält. Diese Abweichungen zeigen jedoch, daß Chromatidenreplication, Mitose und Cytokinese nicht *notwendigerweise* miteinander gekoppelt sind.

Nicht nur Chromosomen und Zellkern, sondern *alle* wichtigen Konstituenten der Zelle müssen sich irgendwann vor Beginn der Cytokinese replizieren, wenn gewährleistet sein soll, daß sie in der Tochterzelle in der ursprünglichen Zahl repräsentiert sind.

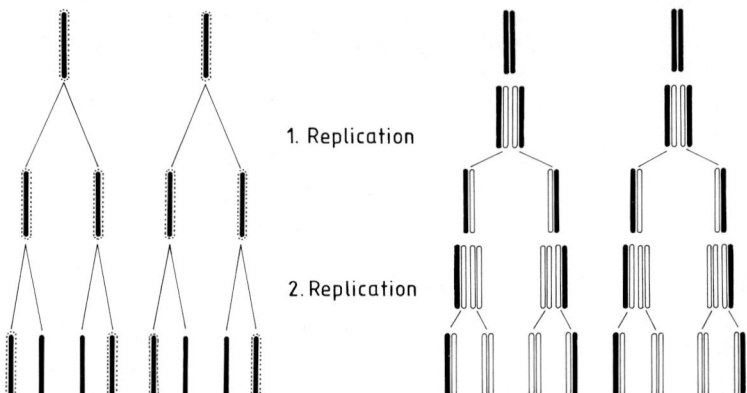

1. Replication

2. Replication

Abb. 6.5. Modellhafte Darstellung der Replication und Segregation der DNA in den Chromosomen höherer Organismen (z. B. in den Wurzelspitzen der Ackerbohne, *Vicia faba*). Die Zellen teilen sich zunächst einige Male in einem Medium, das radioaktiv markiertes Thymidin enthält. Vor Beginn der 1. Replication werden die Zellen in ein „kaltes" Medium, d. h. in ein Medium mit unmarkiertem Thymidin, überführt. *Links*: Cytologisch-autoradiographisch beobachtbare Daten. Die radioaktiv markierten Chromosomen sind durch die punktierte Umrandung angedeutet. *Rechts*: Deutung der Beobachtungsdaten auf dem Niveau der Chromatiden. Radioaktiv markierte Chromatiden sind schwarz, unmarkierte sind weiß gehalten. Resultat: Semikonservative Replication der DNA und der Chromatiden, d. h. der neu hinzukommende Partnerstrang wird als Ganzes neu synthetisiert (*unmarkiert*) und der Matrizenstrang bleibt als Ganzes erhalten (*markiert*). (Nach Hess 1966)

Dies gilt insbesondere für die semi-autonomen Zellorganellen (Plastiden, Mitochondrien).

Im Normalfall erfolgt die Cytokinese, nachdem alle Replicationsvorgänge abgeschlossen sind. Das erste sichtbare Zeichen für eine ablaufende Cytokinese ist eine Ansammlung von Golgi-Vesikeln im Bereich des Spindeläquators. Die Vesikel bilden, unter dem richtenden Einfluß von Mikrotubuli, die Zellplatte. Dieser auffällige Prozeß beginnt im Zentrum der Spindel und breitet sich zentrifugal bis zur Wand hin aus (→ Abb. 3.6).

Regulation der Mitoseaktivität

Man hat in vielen physiologischen Experimenten nach Substanzen gesucht, welche die Mitoseaktivität auslösen bzw. erhöhen. Mit Hilfe bestimmter Testsysteme lassen sich solche Substanzen nachweisen, z. B. mit Hilfe von Gewebekulturen (→ Abb. 27.4). Man entnimmt ein steriles Gewebestück aus dem Mark der Sproßachse einer Pflanze (z. B. Tabak) und bringt es auf Nähragar (Agar mit Nährsalzen, gewissen Vitaminen und geeigneten Zuckern als C-Quelle). Es erfolgt kein Wachstum. Fügt man dann bestimmte Substanzen hinzu, z. B.

Auxin (→ Abb. 23.6) und Kinetin (→ Abb. 23.17), so stellt sich üppiges Wachstum ein. Die Richtung der Teilungsebenen ist aber nicht reguliert; es entsteht somit ein amorphes Gewebe, ein *Kallus*.

Wir wollen uns noch einmal klar machen, welche Einblicke in die Kausalität der Mitose man mit Hilfe dieser *Faktorenanalyse* gewinnen kann (→ S. 9). Die Argumentation lautet: x Faktoren sind notwendig, damit Mitosevorgänge in den Zellen des isolierten Tabakgewebes ablaufen können. Diese x Faktoren sind die *Ursache* für die *Wirkung* Mitose (→ Abb. 2.3). Von den x Faktoren kennen wir zwei: Auxin und Kinetin. Die anderen Faktoren sind in unserem Testsystem in solchen Mengen vorhanden, daß sie nicht begrenzend wirken. Es gilt also:

$$x \text{ Faktoren} \rightarrow \text{Mitosen}$$
$$x - 2 \text{ Faktoren} \rightarrow \text{keine Mitosen}$$
$$(x - 2) \text{ Faktoren} + \text{Auxin} + \text{Kinetin} \rightarrow \text{Mitosen.}$$

Eine besondere Bedeutung gewinnen die mit solchen Testsystemen gewonnenen Resultate dann, wenn es wahrscheinlich ist, daß die im Testsystem erfaßten „teilungsauslösenden Substanzen" auch in situ für die Regulation der Mitoseaktivität verwendet werden. Es ist sehr wahrscheinlich, daß das Auxin, das im Testsystem bereits in sehr geringen

Konzentrationen teilungsauslösend wirkt, auch in der Pflanze als Mitosehormon fungiert (→ S. 136).

Ein weiteres Beispiel: Die Teilung von Zellen des Bergahorns (*Acer pseudoplatanus*) in Zellsuspensionskulturen (→ Abb. 27.4) erfolgt nur in Gegenwart von Auxin, beispielsweise 2,4-D (→ Abb. 23.6). Die Abb. 6.6 zeigt den grundlegenden Befund, daß die in einer Kultur maximal erreichbare Zellzahl von der Konzentration des Auxins im Medium zum Zeitpunkt Null abhängt. Hingegen ist die Steigung der Wachstumsfunktion bis 8 d nach Versuchsbeginn unter den verschiedenen Bedingungen (1, 2, 3) gleich. Die Befunde dieser Studie legen den Schluß

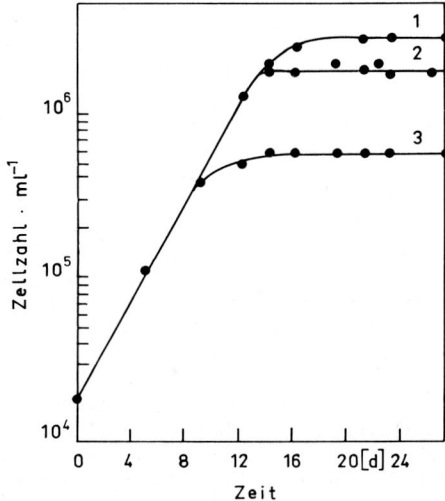

Abb. 6.6. Der Einfluß der initialen Auxin-Konzentration auf die Zellteilungen in einer Zellsuspensionskultur von *Acer pseudoplatanus*. Die für das Inoculum verwendeten Zellen stammen von einer Zellsuspensionskultur im logarithmischen Wachstum. Das Kulturmedium enthielt $2 \cdot 10^{-7}$ mol · l^{-1} 2,4-D. Zum Zeitpunkt Null wurde ein 10-ml-Aliquot der Stammkultur in 250 ml frisches Medium übertragen. Die 2,4-D-Konzentrationen des frischen Mediums betrugen: $4 \cdot 10^{-6}$ mol · l^{-1} (1), $8 \cdot 10^{-7}$ mol · l^{-1} (2) und $2 \cdot 10^{-7}$ mol · l^{-1} (3). (Nach Leguay und Guern 1975.) Die wahrscheinliche Erklärung für die in dieser Abbildung wiedergegebenen Beobachtungen ist, daß 2,4-D über einen Schwellenwertsmechanismus (Alles-oder-Nichts-Reaktion; → Abb. 21.23) seine regulierende Funktion ausübt. Die Erklärung für den Kurvenverlauf geht von der Annahme aus, daß das 2,4-D beim Wachstum der Kultur verbraucht wird. Solange die 2,4-D-Konzentration in den Zellen über einem bestimmten Schwellenwert liegt, ist die Mitoseintensität unabhängig von der 2,4-D-Menge im Medium (linearer Anstieg). Sinkt die 2,4-D-Konzentration unter den Schwellenwert, so wird das Auxin zum absolut limitierenden Faktor der Mitoseintensität

nahe, daß Auxin der begrenzende Faktor für die maximal erreichbare Zellzahl ist, wenn die Ausgangskonzentration unter 10^{-6} mol · l^{-1} liegt. Ist die Auxinkonzentration im Medium höher, dürfte Nitratstickstoff der begrenzende Faktor für die maximal erreichbare Zellzahl sein.

Die molekularen Einzelschritte, die bei der Auslösung der Mitose in der Eukaryotenzelle ablaufen, sind trotz vieler Bemühungen noch nicht aufgeklärt. Kürzlich wurde allerdings ein Protein entdeckt, das mit dem Zellcyclus „kommt und geht" (*Cyclin*). Es wird derzeit als Auslöser des Zellcyclus angesehen. Für den Abschluß der Mitose muß das Cyclin rasch wieder abgebaut werden.

Determination der Teilungsebene

Bei der Morphogenese der Tiere spielen Ortsbewegungen von Zellen („morphogenetische Bewegungen") häufig eine große Rolle. Hingegen sind die Zellen der Pflanzen durch feste Wände in ihrer Lage fixiert. Die Morphogenese der Pflanzen erfolgt deshalb ausschließlich über die Determination der Teilungsebene, über räumliche Unterschiede in der Teilungsrate und über die Regulation des postembryonalen Zellwachstums (→ Abb. 8.1). Die Lage der Teilungsebene ist bestimmt durch die Lage der Spindelpole: Die Zellplatte bildet sich in der Äquatorialebene senkrecht zur Spindelachse (→ Abb. 7.1). In den Fällen, in denen eine Zellpolarität nachweisbar ist (häufig erkennbar an einer sichtbaren Strukturasymmetrie der Mutterzelle; → Abb. 6.1, *oben*), fallen Polaritätsachse und Spindelachse zusammen. Die Lage der Teilungsebene ist also durch die Polarität der Mutterzelle determiniert, und zwar *bevor* sich die Mitosespindel ausbildet. Man hat beobachtet, daß an den Stellen, an denen die zukünftige Zellplatte an die Plasmamembran stoßen wird, schon vor Einsetzen der Mitose eine ringförmige Ansammlung von Mikrotubuli erfolgt (*Präprophaseband*).

In günstigen Fällen (→ Abb. 6.1, *oben*) läßt sich zeigen, daß die Polaritätsachse bei Einzelzellen durch Außenfaktoren (beispielsweise Licht) festgelegt wird. Bei kompakten Meristemen ist die Frage nach den determinierenden Faktoren der Zellpolarität kaum analysiert, zumal die sich teilenden meristematischen Zellen oft keine ausgeprägte Strukturasymmetrie aufweisen (→ Abb. 6.1, *unten*). Manche Forscher sind der Ansicht, daß die Teilungsebene durch mechanische Kräfte festgelegt wird. Ein Dehnungssensor in der Plasmamembran registriert, dieser Vorstellung zufolge, die Richtung der maximalen Streckung und orientiert das Praeprophaseband (und damit die Teilungsebene) entweder senkrecht oder – bei stärkerer Dehnung – parallel zur Richtung maximaler Krafteinwirkung. Auch in den ausgewachsenen Zellen pflanzlicher Organe ist die Polaritätsachse nicht starr fixiert. Dies wird am Beispiel der induzierten Zellteilung bei der Wundheilung deutlich. Nach Verletzung einer Wurzel orientieren sich die ursprünglich einheitlich längs ausgerichteten Polaritätsachsen der Wundrandzellen senkrecht zur Wundoberfläche um, sichtbar an einer parallel zur Wundoberfläche erfolgenden Umorientierung der corticalen Mikrotubuli. Das später gebildete Präprophaseband (und damit die Teilungsebene) liegt dann ebenfalls parallel zur Wundoberfläche, d.h. optimal für den Wundverschluß durch Zellteilungswachstum.

Zellcyclus und Zelldifferenzierung

Gelegentlich wird die Hypothese vertreten, daß Zelldifferenzierung (Umdifferenzierung im Sinn der Abb. 19.30) eine mitotische Zellteilung voraussetzt. Aus den Schwierigkeiten, diese Hypothese mit den Tatsachen in Einklang zu bringen, hat sich der Zirkelschluß entwickelt, in allen jenen Fällen, in denen sich Zellfunktionen unabhängig von einer vorangegangenen Mitose oder DNA-Replication ändern, handle es sich nicht um „wirkliche" Zell-

differenzierung. Auf Pflanzenzellen trifft die genannte Hypothese offensichtlich nicht zu. Es gibt viele Beispiele für grundlegende, bleibende Änderungen der Zellfunktionen ohne vorangegangene Mitose. Beispielsweise erfolgt die dramatische Transformation von Speicherzellen in Assimilationszellen, die durch Phytochrom in den Kotyledonen vieler Keimlinge ausgelöst wird, ohne daß es zu Zellteilungen kommt (→ Abb. 21.12).

Weiterführende Literatur

Baskin TI, Cande WZ (1990) The structure and function of the mitotic spindle in flowering plants. Annu Rev Plant Physiol Plant Mol Biol 41:277–315

Clay WF, Bartels PG, Katterman FRH (1976) Mechanism of nuclear DNA replication in radicles of germinating cotton. Proc Natl Acad Sci USA 73:3220–3223

Hush JM, Hawes CR, Overall RL (1990) Interphase microtubule re-orientation predicts a new cell polarity in wounded pea roots. J Cell Sci 96:47–61

Lintilhac PM (1984) Positional controls in meristem development: a caveat and an alternative. In: Barlow PW, Carr DJ (eds) Positional controls in plant development. Cambridge Univ Press, Cambridge London New York, pp 83–105

Moore DM (1976) Plant cytogenetics. Chapman and Hall, London

Nagl W (1976) Zellkern und Zellzyklen. Ulmer, Stuttgart

Pardee AB et al. (1989) Frontiers in biology: The cell cycle. Science 246:603–640

Paweletz N (1974) Hundert Jahre Mitoseforschung. Naturw Rdsch 27:359–370

Reinert J, Holtzer H (eds) (1975) Cell cycle and cell differentiation. Springer, Berlin Heidelberg New York

7 Die Zelle als polares System

In der Theorie der organismischen Form nehmen die Begriffe *Polarität* und *Polaritätsachse* eine zentrale Stellung ein. Die zentrale Bedeutung der Zellpolaritätsachse für die Festlegung der Teilungsebene wurde bereits im vorigen Kapitel deutlich. Bei der höheren Pflanze wird die grundlegende Wurzel/Sproß-Polarität des Kormus im Regelfall bereits bei der ersten Teilung der Zygote im Embryosack festgelegt (→ Abb. 19.4). Diese Teilung ist inäqual. Bei einer inäqualen Teilung entstehen aus einer Mutterzelle zwei ungleiche Tochterzellen (Abb. 7.1). Diese Art von Zellteilung spielt bei der Entwicklung der höheren Organismen eine entscheidende Rolle. In der Regel ist die erste Teilung einer Keimzelle (Zygote, Spore) eine solche inäquale Zellteilung. Beispielsweise liefert die erste Teilung einer keimenden *Equisetum*-Spore (→ Abb. 6.1) eine kleine Rhizoidzelle und eine größere Prothalliumzelle. Aus dieser gehen durch weitere Teilungen die Zellen des Prothalliums hervor.

Die polaren Eigenschaften von Organen und Organismen sind das Resultat der Polarität von Zellen. Die Organpolarität (und damit auch die Zellpolarität) ist in der Regel sehr stabil. Ein klassisches Beispiel für stabile Organpolarität, das bereits Vöchting beschrieben hat, zeigt die Abb. 7.2. Ein Stück eines entblätterten, diesjährigen Weidenzweigs regeneriert unter günstigen Bedingungen Sprosse am morphologisch apikalen Ende und Wurzeln am morphologisch basalen Ende, unabhängig von der Orientierung zur Schwerkraft. Wird das Stück Weidenzweig in mehrere Teile zerschnitten oder in der Mitte geringelt, so wird jeder der Teile die polaren Regenerationsleistungen zeigen (Sproßregeneration am jeweils apikalen, Wurzelregeneration am jeweils basalen Ende). Vöchting konnte ausschließen, daß irgendwelche „äußeren Kräfte" für die qualitativ unterschiedlichen Regenerationsleistungen der Zweigenden verantwortlich sind. Er mußte eine „innere Ursache" postulie-

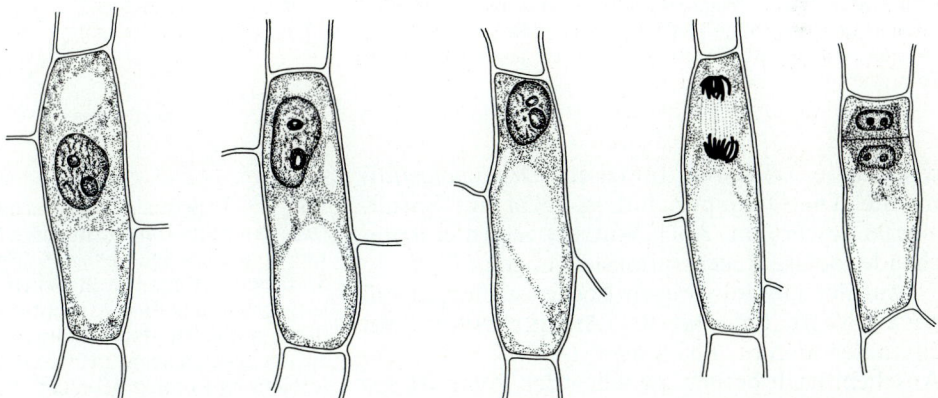

Abb. 7.1. Eine inäquale Zellteilung bei der Bildung einer Spaltöffnungsmutterzelle aus einer Epidermiszelle im jungen Blatt der Küchenzwiebel (*Allium cepa*). Die Polaritätsachse der Epidermiszelle läßt sich vor Beginn der Zellteilung unschwer erkennen (*links*). Die kleinere, aber plasmareiche Tochterzelle (Spaltöffnungsmutterzelle, *rechts*) führt an-schließend noch eine weitere Zellteilung durch, bei der die beiden Schließzellen entstehen. Die Äquatorialebene bei dieser Teilung liegt parallel zur ursprünglichen Polaritätsachse und es entstehen zwei gleiche Tochterzellen (äquale Teilung). (Nach Bünning 1953)

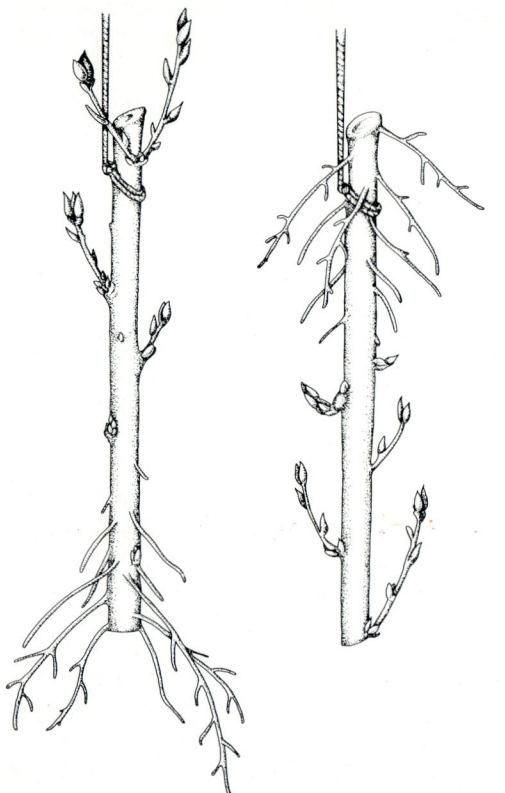

Abb. 7.2. Organpolarität bei den Regenerationsleistungen eines Weidenzweigs (*Salix spec.*) im Dunkeln. *Links*: Ein Stück Weidenzweig bei normaler Orientierung, aufgehängt in feuchter Luft. *Rechts*: Ein entsprechendes Stück in inverser Lage zur Schwerkraft. Das morphologisch basale Ende (Wurzelpol) bildet Wurzelregenerate, das morphologisch apikale Ende (Sproßpol) bildet Sprosse. Die *gravitropische Orientierung* der Regenerate richtet sich jeweils nach der Schwerkraft. (Nach Pfeffer 1904)

ren, die er *Polarität* (präziser: *Organpolarität*) nannte. Die Organpolarität ist nicht auf Sproßachsen beschränkt. Auch Wurzeln zeigen entsprechende, polare Regenerationsleistungen.

Auf der physiologischen Ebene ist die generell nachweisbare Polarität des Auxintransports ein charakteristisches Phänomen (Abb. 7.3). Allem Anschein nach besteht zwischen der Polarität des Gewebes (der Zellen) und dem polaren Auxinfluß durch das Gewebe eine positive Rückkoppelung: Die vorgegebene (schwache) Polarität erlaubt einen polaren Auxinfluß; der Auxinfluß verstärkt die Polarität. Dieser positive feed back-Mechanismus gewährleistet die polaren Leistungen der intakten

Struktur, erlaubt aber gleichzeitig angemessene Regenerationsleistungen für den Fall, daß die Struktur geschädigt wird und der ursprüngliche Auxinfluß nicht mehr funktioniert (→ S. 401).

Eine Voraussetzung für die Erklärung der *Organpolarität* ist das Verständnis der *Zellpolarität*.

Die Bedeutung der Zellpolarität

Wie kann man sich eine inäquale Teilung (→ Abb. 7.1) verständlich machen? Die *Kern*teilung ist äqual, eine typische Mitose. Ebenso können wir damit rechnen, daß jede Tochterzelle genügend Plastom und Chondrom erhält, um omnipotent zu bleiben. Das Cytoplasma mit den Organellen wird aber *verschieden* auf die beiden Tochterzellen verteilt. Dies hat die Konsequenz, daß die Tochterkerne in verschiedenes „Milieu" geraten. Dadurch kommt es offenbar zu einer unterschiedlichen Genexpression. Die Folge ist, daß die beiden Tochterzellen verschiedene Zellphänotypen ausbilden.

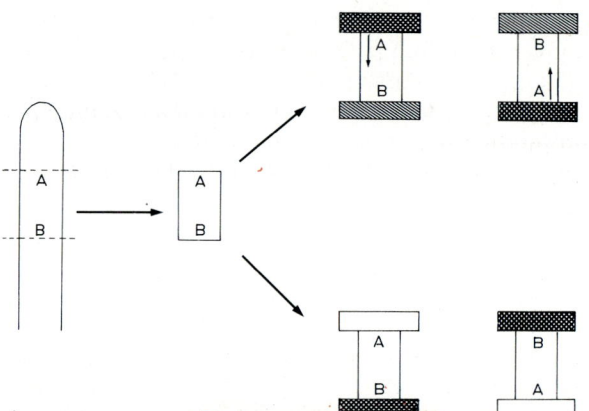

Abb. 7.3. Experiment zum Nachweis des polaren (basipetalen) Transports von Auxin durch die Haferkoleoptile (*Avena sativa*) mit der Agarmethode. (Entsprechende Versuche mit Sproßachsen führen zu ähnlichen Resultaten.) Ein subapikales Segment aus einer Koleoptile wird an der einen Schnittfläche mit einem Auxin-haltigen Donorblock (*dunkel*) und auf der anderen Schnittfläche mit einem Auxin-freien Acceptorblock in Kontakt gebracht. *Rechts oben*: Auxin wandert in den Acceptorblock (*schraffiert*), wenn das Hormon an der apikalen Schnittfläche (A) angeboten wird (unabhängig von der Orientierung des Segments bezüglich der Schwerkraft!). *Rechts unten*: Bietet man Auxin jedoch an der basalen Schnittfläche (B) an, so kann anschließend im Acceptorblock (*hell*) kein Hormon nachgewiesen werden. (Nach Galston 1961)

Abb. 7.4. Diesem Modell liegt folgende Hypothese zugrunde: Die apolare Keimzelle (z. B. die *Equisetum*-Spore) besitzt eine *latente Polarität*. Diese kann durch den Außenfaktor Licht reversibel (labil) orientiert werden. Erfolgt keine Störung dieser Orientierung, geht mit der Zeit die labile Polarität in eine stabile Strukturpolarität über. Diese manifestiert sich dann als morphologische Polarität (→ Abb. 6.1). (In Anlehnung an Haupt 1962)

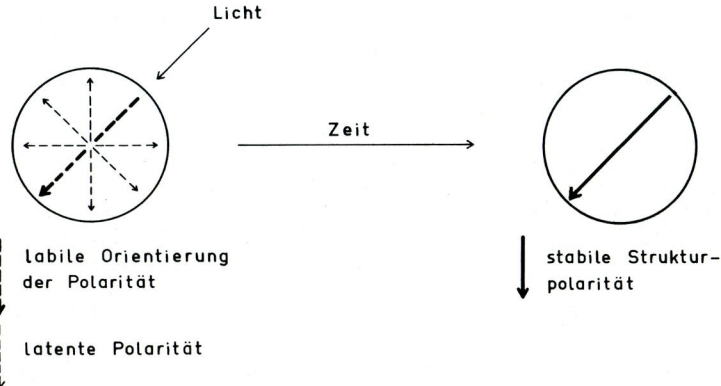

Die Grundlage für jede inäquale Teilung ist somit die Polarität der Mutterzelle (→ Abb. 7.1, *links*). Mit dem Begriff *Zellpolarität* will man zum Ausdruck bringen, daß das Cytoplasma nicht überall in der Zelle dieselben Eigenschaften besitzt. Die Eigenschaften ändern sich vielmehr von Pol zu Pol, also entlang einer *Polaritätsachse*. Ist die Polarität der Zelle fixiert, spricht man von einer *Strukturpolarität*. Diese stabile Polarität hat wahrscheinlich ihren Sitz in den peripheren Bereichen des Cytoplasmas, vermutlich in der Plasmamembran. Bei vielen pflanzlichen Keimzellen kann die Zellpolarität durch Außenfaktoren induziert werden. Dieses Phänomen bietet die Möglichkeit, die Entstehung der Zellpolarität experimentell zu untersuchen.

Polaritätsinduktion durch Licht

Die *Equisetum*-Spore besitzt keineswegs von vornherein eine stabile Polaritätsachse. Vielmehr ist die Spore zunächst kugelsymmetrisch (→ Abb. 6.1, *links*). Erst bei der Keimung beobachtet man eine polare Verschiebung von Kern, Plastiden und Mitochondrien. Diese Vorgänge müssen als Manifestationen einer entstandenen Strukturpolarität aufgefaßt werden. Die Strukturpolarität bestimmt auch die Äquatorialebene und damit die Lage der neuen Zellwand. Die Lage der Polaritätsachse in der keimenden Spore kann durch Licht festgelegt werden. Wirksam ist nur kurzwelliges Licht ($\lambda < 520$ nm). Der Rhizoidpol entsteht an jener Stelle der Zelle, wo am wenigsten Licht absorbiert wird, bei einseitiger Belichtung also auf der lichtabgewandten Seite der Spore. Der übliche Ausdruck „Induktion der Zellpolarität durch Licht" kennzeichnet den Sachverhalt nur oberflächlich. Genauer betrachtet handelt es sich um die Ausrichtung einer latent vorhandenen Polarität durch Licht (Abb. 7.4). Diese Orientierung der Polarität durch Licht kann nur während einer sensiblen Phase geschehen. Wird in diesem Zeitraum die Polaritätsachse nicht durch Licht orientiert, erfolgt eine *autonome Stabilisierung*.

Abb. 7.5. Die Entstehung der Keimlingspolarität beim Sägetang (*Fucus serratus*). Das befruchtete Ei zeigt nach erfolgter Polarisierung zunächst differentielles Zellwachstum (Bildung einer Ausstülpung am Rhizoidpol) und erst dann eine differentielle Zellteilung (=inäquale Zellteilung). (Nach Bentrup 1971)

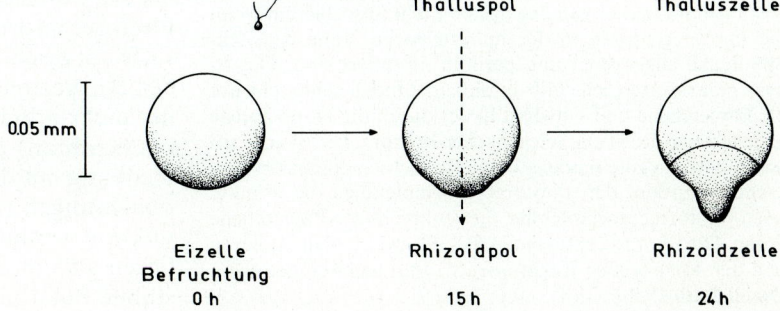

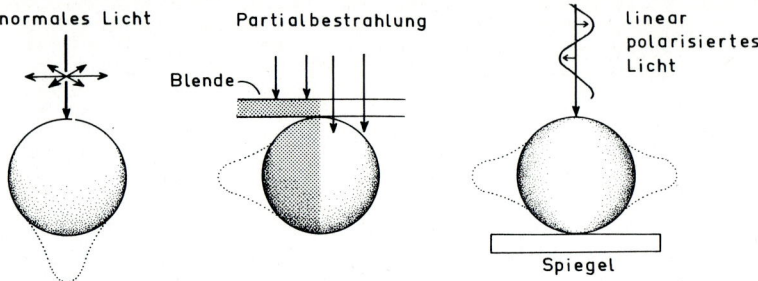

Abb. 7.6. Polaritätsinduktion durch Licht bei der *Fucus*-Zygote. *Links*: Normales, d. h. in allen Richtungen senkrecht zum Pfeil schwingendes Licht fällt von oben (also einseitig) auf die Zelle. Durch die Schattenwirkung des Zellinhalts entsteht ein Gradient des Lichtflusses. Der untere Teil der Zelle liegt im relativen Dunkel. *Mitte*: Eine Blende erzeugt in der Zelle ein Gefälle des Lichtflusses, das unabhängig von der Lichtrichtung ist. Am dunkelsten ist unter diesen Bedingungen die linke Seite der Zelle. *Rechts*: Hier wird von oben linear polarisiertes Licht eingestrahlt, das in der Zeichenebene schwingt (elektrischer Vektor). Das Licht wird von den dichroitisch orientierten Photoreceptormolekülen nur in jenen Teilen der Zelle absorbiert, in denen die Photoreceptoren mehr oder minder parallel zum elektrischen Vektor orientiert sind. Die seitliche Orientierung der Rhizoidanlagen zeigt, daß dies offensichtlich oben und unten der Fall ist. Der Spiegel sorgt dafür, daß ein zusätzliches Gefälle (wie im Fall *links*) nicht ins Spiel kommt. (Nach Bentrup 1971)

Polaritätsinduktion durch polarisiertes Licht

Wir verwenden als Beispiel die Zygoten von *Fucus*-Pflanzen. Die marinen Braunalgen der Gattung *Fucus* entlassen Eizellen und Spermatozoen (→ Abb. 20.7). Die Befruchtung erfolgt im Wasser. Die

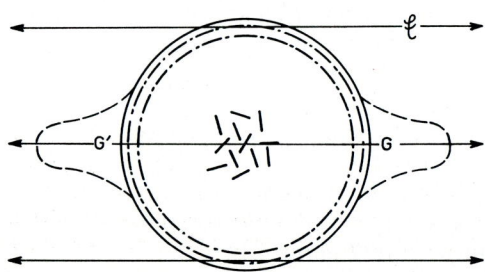

Abb. 7.7. Modell einer *Fucus*-Zygote. Es soll zeigen, daß die Photoreceptormoleküle in den zu Rhizoiden auswachsenden Regionen (G und G') am wenigsten Licht absorbieren, wenn die Photoreceptoren in der unmittelbaren Nähe der Zelloberfläche angeordnet und periklin orientiert sind. Das linear polarisierte Licht fällt in diesem Modell senkrecht auf die Papierebene und schwingt in der durch die Doppelpfeile angegebenen Richtung (elektrischer Vektor). Die Striche innerhalb der Zygote repräsentieren die Achsen der maximalen Lichtabsorption der Photoreceptormoleküle, die Punkte seien Photoreceptormoleküle, die senkrecht zur Papierebene liegen. Die Photoreceptormoleküle, die zwischen der polaren und der äquatorialen Region liegen, sind nicht eingetragen. (Nach Jaffe 1958)

Zygoten und die Keimlinge lassen sich verhältnismäßig leicht experimentell handhaben. Die Zygote ist zunächst sphärisch und kugelsymmetrisch. Die Ausbildung der Zellpolarität kann ähnlich beschrieben werden wie bei der *Equisetum*-Spore (Abb. 7.5). Auch bei der *Fucus*-Zygote entsteht der Rhizoidpol an der dunkelsten Stelle der Zelle (Abb. 7.6). Die Vorwölbung am Rhizoidpol ist das erste sichtbare Zeichen für die Zygotenkeimung. Die erste Zellteilung ist inäqual; es entstehen eine prospektive Rhizoidzelle und eine primäre Thalluszelle (Apikalzelle). Im senkrecht auf die Wachstumsebene auffallenden linear polarisierten Blaulicht ($\lambda < 520$ nm) keimen die Zygoten von *Fucus* mit ihrem Rhizoid (bzw. Rhizoiden bei Zwillingsbildungen) in der Schwingungsebene des 𝕰-Vektors aus (Abb. 7.6, *rechts*). Dieser auch bei anderen Keimzellen (Pilzsporen, Moossporen, Farnsporen) auftretende „polarotropische Effekt" konnte für die Lösung der Frage herangezogen werden, wo in der Zelle die bei der Polaritätsinduktion wirksamen Photoreceptormoleküle lokalisiert sind. Das von Jaffe vorgeschlagene Modell (perikline Anordnung der langgestreckten Photoreceptormoleküle in einer dichroitischen Struktur in der Nähe der Plasmamembran) erklärt überzeugend die im Zusammenhang mit dem Polarotropismus gemachten Beobachtungen (Abb. 7.7). Die für die Polaritätsinduktion verantwortlichen Photoreceptormoleküle liegen also in einer Region, in der später auch die stabile Polarität ihren Sitz hat.

Abb. 7.8. Polaritätsinduktion durch Signalsubstanz. Die Zygote gibt während ihrer Entwicklung beständig Signalsubstanz in das Seewasser ab. Durch eine Strömung (*Mitte*) oder eine Diffusionsbarriere (*rechts*) ergeben sich räumliche Konzentrationsunterschiede, die den Rhizoidpol determinieren. Die Orientierung des künftigen Rhizoids ist gestrichelt angedeutet. (Nach Bentrup 1971)

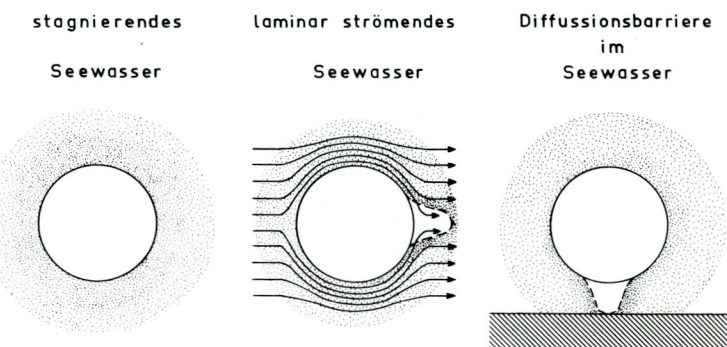

Polarität und bioelektrisches Feld

Die Polarität der *Fucus*-Zygote kann auch durch ein externes elektrisches Feld induziert werden. Dasselbe gilt für die Gonosporen der daraufhin untersuchten *Equisetum*- und *Funaria*-Arten. Bei der *Fucus*-Zygote gelang der Nachweis, daß die keimende Zelle synchron mit der Differenzierung in Thallus- und Rhizoidpol ein elektrisches Feld aufbaut. Das Feld entsteht als Folge eines Ca^{2+}-Einstroms am Rhizoidpol und eines K^+-Ausstroms am Apikalpol. Die Feldrichtung ist demgemäß mit der Zellpolarität korreliert. Das Cytoplasma des apikalen Zellpols ist relativ elektronegativ. Es gibt gute Gründe für die Hypothese, daß das extern angelegte elektrische Feld primär über eine lokale Änderung der elektrischen Potentialdifferenz an der Plasmamembran (Membranpotential) wirkt; es ist aber nicht klar, ob im Fall der Polaritätsinduktion durch Licht der Aufbau eines elektrischen Feldes ein Glied in der Kausalkette zwischen der Lichtabsorption und der Ausbildung der Strukturpolarität darstellt.

Polarität und Signalsubstanz

Im Dunkeln und bei Abwesenheit von künstlichen Signalen, z.B. ohne elektrische Felder oder chemische Gradienten, orientiert die *Fucus*-Zygote ihre Polarität am Substrat, sofern dieses eine Diffusionsbarriere darstellt (Abb. 7.8). Diese Orientierung (Rhizoidpol am Substrat) ist für die Festsetzung der *Fucus*-Keimlinge am natürlichen Standort (Felsen in der Brandung) entscheidend wichtig. In

diesem Fall orientiert sich die Zygote mit Hilfe einer Signalsubstanz, die sie allseitig ins Wasser abscheidet. Im stagnierenden Seewasser (*links*) ist die Signalsubstanz symmetrisch um die Zygote verteilt. Im laminar strömenden Wasser (*Mitte*) ergibt sich ein Konzentrationsgefälle, da sich die Signalsubstanz im Strömungsschatten besser halten kann als an der übrigen Oberfläche. Auch eine Diffusionsbarriere (*rechts*) führt zu einem Konzentrationsgefälle, da die Diffusion der Signalsubstanz in Richtung Barriere aufgehalten wird. Die Zygote legt den Rhizoidpol immer dort an, wo die relativ höchste Konzentration der Signalsubstanz herrscht.

Weiterführende Literatur

Bentrup F-W (1971) Räumliche Zelldifferenzierung. Umschau 71:335–339

Bloch R (1965) Polarity and gradients in plants. A survey. In: Encycl Plant Physiol, Vol 15(1). Springer, Berlin Heidelberg New York, pp 234–274

Bünning E (1958) Polarität und inäquale Teilung des pflanzlichen Protoplasten. In: Handbuch der Protoplasmaforschung, Band 8. Springer, Wien

Haupt W (1962) Die Entstehung der Polarität in pflanzlichen Keimzellen, insbesondere die Induktion durch Licht. Erg Biol 25:1–32

Quatrano RS (1978) Development of cell polarity. Annu Rev Plant Physiol 29:487–510

Sachs T (1984) Axiality and polarity in vascular plants. In: Barlow PW, Carr DJ (eds) Positional controls in plant development. Cambridge Univ Press, Cambridge London New York, pp 193–224

Schnepf E (1986) Cellular polarity. Annu Rev Plant Physiol 37:23–47

Vöchting H (1878) Über Organbildung im Pflanzenreich. Cohen, Bonn

8 Die Zelle als wachstumsfähiges System

Biophysikalische Grundlagen des Zellwachstums

Hydraulisches Zellwachstum

Das Wachstum der Zelle läßt sich physikalisch als *irreversible Volumenzunahme mit der Zeit* beschreiben. Dieser Prozeß verläuft bei Pflanzen grundsätzlich anders als bei Tieren. Die tierische Zelle wächst primär durch eine Vermehrung des Protoplasmas, vor allem durch die Biosynthese von Zellprotein. Dagegen spielt beim Wachstum der pflanzlichen Zelle die Vermehrung des Protoplasmas eine untergeordnete Rolle. Ihre Volumenzunahme erfolgt vielmehr in erster Linie durch die Aufnahme von Wasser in die Vacuolen, die in der meristematischen Zelle aus dem Endomembransystem gebildet werden (→ Abb. 3.1). Die sich vergrößernden Vacuolen vereinigen sich im Verlauf des Zellwachstums zur Zentralvacuole, welche schließlich über 90% des Zellraums ausfüllt (Abb. 8.1). Dieser Typ des Volumenwachstums wird durch den spezifischen Aufbau der Pflanzenzelle ermöglicht: Der Protoplast bildet zusammen mit der dehnbaren Zellwand ein osmo-mechanisches System, welches aufgrund osmotischer Potentialunterschiede zwischen Vacuolenlösung und Zellwandlösung einen hydrostatischen Druck (*Turgor*) entwickelt (→ Abb. 4.7). Der Turgor liefert indirekt die treibende Kraft für eine plastische Dehnung der Zellwand durch Wasseraufnahme. Dieses „hydraulische Wachstum" ermöglicht es, daß sich pflanzliche Zellen um das 10- bis 100fache ihres ursprünglichen Volumens vergrößern können, ohne daß hierzu eine entsprechende Vermehrung des Protoplasmagehalts erforderlich ist.

Abbildung 8.2 zeigt ein einfaches physikalisches Modell einer Zelle, in das alle für das Wachstum wichtigen osmotischen und mechanischen Größen eingetragen sind. Zur Ableitung einer mathematischen Beziehung zwischen diesen Größen kann man folgendermaßen vorgehen:

● Die Intensität („Geschwindigkeit") eines physikalischen Prozesses unter stationären Bedingungen kann im Prinzip durch das Produkt einer

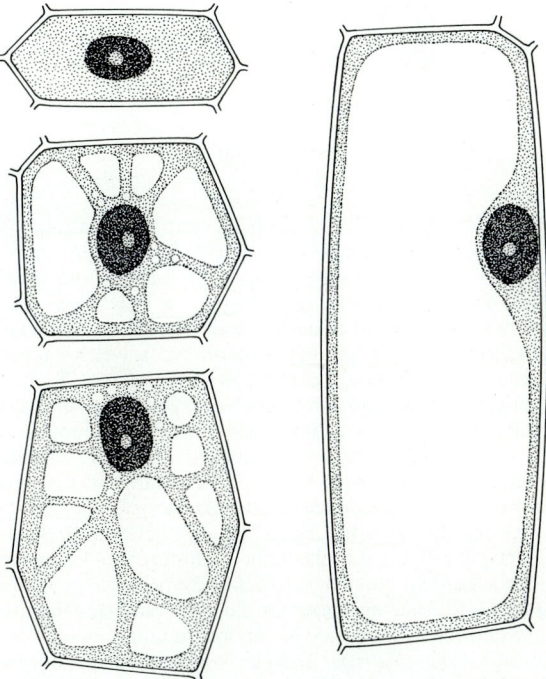

Abb. 8.1. Eine einfache Darstellung des Wachstums einer pflanzlichen Zelle beim Übergang vom meristematischen (*oben links*) zum ausgewachsenen Zustand. Die Zellen sind im optischen Längsschnitt abgebildet („modelliert"). Es sind nur wenige Strukturelemente und Kompartimente eingetragen. Für das Streckungswachstum wichtig sind die mit konzentriertem Zellsaft gefüllte(n) Vacuole(n) ($\pi_i = 5-15$ bar), das Protoplasma (mit selektiv permeablen Grenzmembranen) und die dehnbare Zellwand, welche in ihrem freien Diffusionsraum eine wäßrige Lösung mit einer niedrigen Konzentration an gelösten Teilchen enthält ($\pi_a = \psi_a \approx 0$ bar, vollturgeszenter Zustand)

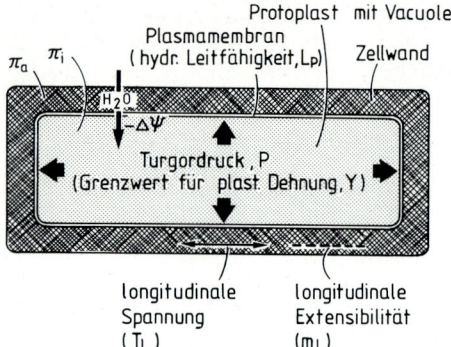

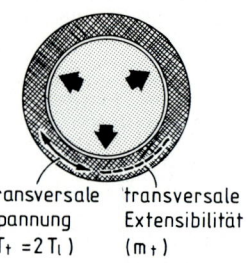

Abb. 8.2. Physikalisches Zellmodell zur Illustration der osmotischen und mechanischen Wachstumsparameter (→ Abb. 4.7). Die zylindrische Zelle ist im Längs- und Querschnitt dargestellt. Der *Turgor* $(P = \pi_i - \pi_a)$ als allseitig gerichtete Größe erzeugt in der elastisch dehnbaren Zellwand eine mechanische *Spannkraft* („Spannung"), welche in eine longitudinale und eine transversale Komponente (T_1 bzw. T_t) zerlegt werden kann. (In einem Hohlzylinder ist die transversale Spannung aus geometrischen Gründen doppelt so groß wie die longitudinale Spannung.) Damit es zu einer irreversiblen (plastischen) Dehnung der Zellwand kommen kann, muß P einen Grenzwert, den *Turgorschwellenwert* Y übersteigen. Der *effektive Turgor* (P – Y) liefert indirekt die treibende Kraft für die plastische Dehnung der Zellwand, welche außerdem von der *plastischen Zellwandextensibilität* (m) abhängt. Auch bei dieser Größe kann man eine longitudinale und eine transversale Komponente unterscheiden (m_1 bzw. m_t). (Die *elastische* Dehnbarkeit, abhängig von den Elastizitätsmodulen E_1, E_t, bleibt bei der biophysikalischen Formulierung des hydraulischen Zellwachstums unberücksichtigt.) Eine Wasserpotentialdifferenz $\Delta\psi$ ($\psi_i < \psi_a$) an der Plasmamembran liefert die treibende Kraft für den Einstrom von Wasser, dessen Intensität von der *hydraulischen Leitfähigkeit* (L_p) der Membran abhängt. In diesem Modell wird der gesamte Zellinhalt als osmotisch einheitliches Kompartiment aufgefaßt. Dies ist gerechtfertigt, da zwischen Protoplasma und Vacuole keine Druckunterschiede (und daher auch keine π-Unterschiede) auftreten (→ S. 47).

treibenden Kraft (eines Potentials) und eines Koeffizienten beschrieben werden, der als Proportionalitätsfaktor die Prozeßintensität mit der treibenden Kraft in einen quantitativen Zusammenhang bringt [z. B. der Diffusionskoeffizient im 1. Fickschen Gesetz; → Gl. (5.7)]. Man kann daher auch für den Wachstumsprozeß allgemein formulieren:

Wachstumsintensität =   (8.1)
Wachstumskoeffizient · Wachstumspotential .

● Da die Zelle durch Wasseraufnahme wächst, kann man Gl. (8.1) als Wassertransportgleichung formulieren:

$$\frac{dV}{dt} = L\,\Delta\psi\,, \quad \text{wobei} \quad \Delta\psi = \psi_a - \psi_i > 0\,. \quad (8.2)$$

Diese Gleichung sagt aus, daß die Zunahme des Wasservolumens im Protoplasten (dV/dt) von der Wasserpermeabilität von Zellwand und Plasmamembran (hydraulischer Leitfähigkeitskoeffizient* L) und, als treibender Kraft, von der Wasserpotentialdifferenz zwischen Zellwandlösung (Außenmedium, ψ_a) und Zellinnenraum (Vacuolenlösung, ψ_i) abhängt.

● In entsprechender Weise läßt sich Gl. (8.1) auch für den mechanischen Prozeß der plastischen Zellwanddehnung formulieren:

$$\frac{dV}{dt} = m\,(P - Y)\,, \quad \text{wobei} \quad P > Y\,. \quad (8.3)$$

Diese Gleichung sagt aus, daß die Zunahme des Protoplastenvolumens (dV/dt) durch die irreversible (plastische) Dehnbarkeit der Wand (Extensibilitätskoeffizient* m) und, als treibender Kraft, vom Turgor (P) oberhalb eines Grenzwertes (Y) abhängt. Der Grenzwert Y ist der Turgorschwellenwert für irreversible Zellwand-

---

* Abweichend vom üblichen Sprachgebrauch bei Transportvorgängen (→ S. 622) ist dieser „Koeffizient" nicht auf die Fläche bezogen und hat daher die Einheit einer Leitfähigkeit ($m^3 \cdot bar^{-1} \cdot s^{-1}$). Es handelt sich um eine empirische Größe, in die z. B. auch die Zellgeometrie eingeht. L wird in der Einzelzelle praktisch nur von der Wasserleitfähigkeit der Plasmamembran (L_p) bestimmt; in vielzelligen Geweben geht jedoch auch die Wasserleitfähigkeit der Zellwände mit ein. Auch m ($m^3 \cdot bar^{-1} \cdot s^{-1}$) ist eine komplexe Größe, mit der sowohl die für die Zellwandlockerung verantwortlichen biochemischen Prozesse als auch die mechanischen Materialeigenschaften der Wand erfaßt werden.

dehnung, d.h. dieser Wert muß von P überschritten werden, um die Wand nicht nur elastisch (reversibel) sondern auch plastisch (irreversibel) zu verformen. Der Ausdruck (P – Y) wird daher häufig als „effektiver Turgor" bezeichnet. Die direkte Triebkraft der Wanddehnung ist die durch den Turgor erzeugte Wandspannung (→ Abb. 8.2), welche jedoch schwierig zu messen ist und daher in Gl. (8.3) durch den hierzu proportionalen Turgor ersetzt ist.

- Die Gl. (8.2) und (8.3) beschreiben beide die Volumenzunahme der wachsenden Zelle und können daher gleich gesetzt werden:

$$L \, \Delta\psi = m \, (P - Y) . \tag{8.4}$$

Unter Verwendung der Beziehung $\Delta\psi = \Delta\pi - P$ (→ Gl. 4.15) und nach Auflösung nach P erhält man:

$$P = \frac{L \, \Delta\pi + m \, Y}{L + m} . \tag{8.5}$$

Durch Einsetzen von (8.5) in (8.3) und Umformung erhält man:

$$\frac{dV}{dt} = \frac{m \, L}{m + L} \, (\Delta\pi - Y) ,$$

oder, da $\Delta\pi = \Delta\psi + P$:

$$\frac{dV}{dt} = \frac{m \, L}{m + L} \, (\Delta\psi + P - Y) . \tag{8.6}$$

Gleichung (8.6) ist die allgemeine, von Lockhart 1965 entwickelte Gleichung des hydraulischen Zellwachstums*. Sie sagt aus, daß die irreversible Volumenzunahme der Zelle unter stationären Bedingungen durch vier (bzw. fünf) physikalische Größen quantitativ beschrieben werden kann. Der *Wachstumskoeffizient* wird durch die Wandextensibilität und die Wasserleitfähigkeit bestimmt, während das *Wachstumspotential* die Summe von Wasserpotentialdifferenz und effektivem Turgor darstellt. Im Prinzip kann man den Wachstumsprozeß durch Zerlegung in seine Einzelschritte folgender-

maßen genauer beschreiben: Die Wand der turgeszenten Zelle ist elastisch gespannt; die wirksame Kraft pro Querschnittsfläche bezeichnet man als *Wandstreß*. Wenn P den Grenzwert Y übertrifft, kann die Wand unter der Belastung nachgeben. Ihre Spannung vermindert sich durch Streßrelaxation, wobei die makromolekulare Struktur gelockert wird und die plastische Dehnbarkeit zunimmt (nach Maßgabe von m). Hierdurch kommt es, bei zunächst unverändertem Volumen, zu einem Abfall von P und gleichzeitig zu einer Verminderung des Wasserpotentials im Protoplasten ($\psi = P - \pi$). Diese Wasserpotentialdifferenz dient als treibende Kraft für einen Einstrom von Wasser aus dem Apoplasten und bewirkt damit eine Volumenvergrößerung der Zelle durch plastische Dehnung der Wand. Gleichzeitig wird P wieder angehoben. Die Intensität des Wassertransports wird von L bestimmt.

Man kann sich die grundlegende Bedeutung der Lockhartschen Wachstumsgleichung an zwei theoretischen Grenzfällen klar machen:

- Wird das Wachstum durch eine relativ geringe Wasserleitfähigkeit limitiert (L ≪ m), so geht P – Y gegen Null und m L/(m + L) gegen L, d.h. Gl. (8.6) vereinfacht sich zu Gl. (8.2).
- Wird hingegen das Wachstum durch eine relativ geringe Wandextensibilität limitiert (m ≪ L), so geht $\Delta\psi$ gegen Null und m L/(m + L) gegen m, d.h. Gl. (8.6) vereinfacht sich zu Gl. (8.3).

Für die von Wasser umgebene Einzelzelle ist der zweite Grenzfall mit guter Näherung gültig. Bei den vielzelligen Geweben der höheren Pflanze ist dies jedoch nicht mehr notwendigerweise gegeben. Je größer die Transportstrecken (und -widerstände) zwischen Zelle und Wasserquelle (in der Regel das Xylem der Leitbündel) sind, desto größer wird der Einfluß von L und $\Delta\psi$ auf das Wachstum. Wenn diese Parameter nicht mehr vernachlässigt werden können, muß Gl. (8.6) anstelle von Gl. (8.3) für eine korrekte Beschreibung des Wachstums herangezogen werden.

Messung der physikalischen Wachstumsparameter

Nach Gleichung (8.6) kann man das Wachstumspotential und den Wachstumskoeffizient im Prinzip experimentell bestimmen, indem man dV/dt unter stationären Bedingungen als Funktion

---

* Die Gleichungen (8.2), (8.3) und (8.6) sind hier der Einfachheit halber als lineare Gleichungen formuliert und gelten in dieser Form nur für kleine Änderungen des Zellvolumens. In allgemeiner Form werden diese Gleichungen für die *relative Wachstumsintensität* $\frac{dV}{dt \, V}$ formuliert, wobei sich die Einheiten von m und L ändern ($s^{-1} \cdot bar^{-1}$).

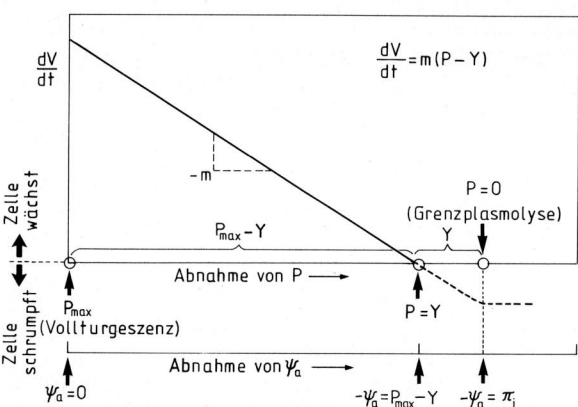

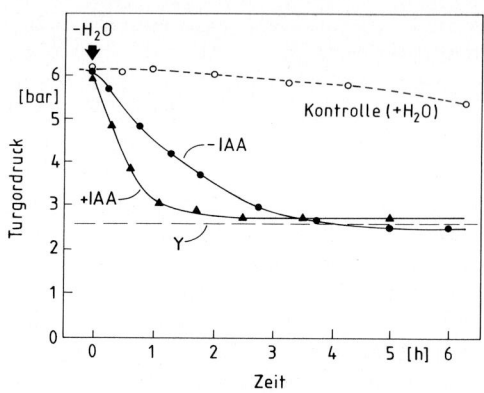

Abb. 8.3. Funktionaler Zusammenhang zwischen Wachstumsintensität (dV/dt) und Wachstumspotential (P−Y) nach der Gleichung für das extensibilitätslimitierte Wachstum [Gl. (8.3)]. Diese vereinfachte Wachstumsgleichung kann in aller Regel für Einzelzellen und dünne Gewebe mit guter Näherung verwendet werden. Zur Aufstellung der Kurve wird dV/dt unter konstanten Wachstumsbedingungen bei verschiedenen Turgordrücken (P) gemessen. Hierzu inkubiert man die Zelle (das Gewebe) in osmotischen Lösungen mit bekanntem Wasserpotential (ψ_a), und geht davon aus, daß hierdurch P um einen entsprechenden Betrag gesenkt wird (Abszisse). Diese Annahme setzt Wasserpotentialgleichgewicht ($\psi_a = \psi_i$) und konstantes π_i voraus. Der *Extensibilitätskoeffizient* (m) kann aus der Steigung der Kurve entnommen werden. Der Abszissenabschnitt zwischen $\psi_a = 0$ und ψ_a für dV/dt = 0 liefert P − Y des vollturgeszenten Materials. Den Turgorschwellenwert für plastische Zellwanddehnung (Y) und P_{max} erhält man, wenn man zusätzlich π_i mißt (z. B. durch Feststellung der Grenzplasmolyse (→ Abb. 4.8))

Abb. 8.4. Messung der Streßrelaxationskinetik von wachsenden Zellen mit oder ohne Auxin-Vorbehandlung. Objekt: Internodiensegmente von etiolierten Erbsenkeimlingen (*Pisum sativum*). In diesem Objekt ist L mehr als 8mal größer als m und daher die Anwendung der Gl. (8.3) gerechtfertigt. Die Segmente wuchsen zunächst unter Wasseraufnahme durch die Schnittstellen. Im einen Fall enthielt das Wasser $10\,\mu m \cdot l^{-1}$ Auxin (IAA), wodurch die Wachstumsintensität auf das Doppelte erhöht war. Der Turgor einzelner Cortexzellen wurde mit einer Mikrodrucksonde direkt manometrisch gemessen. Zur Zeit Null wurde die Wasserzufuhr an den Schnittflächen unterbrochen (nicht bei der Kontrolle). Unter diesen Bedingungen bleibt das Zellvolumen konstant, während sich die Zellwände unter dem Einfluß des Turgors weiter lockern und daher eine *Streßrelaxation* durchmachen, d. h. beständig an Spannung verlieren. Hierdurch fällt der Turgor ab, bis sich (nach etwa 3 h) ein konstanter Druck einstellt, bei dem keine weitere Relaxation der Wandspannung mehr möglich ist. Dieser Druck entspricht dem Turgorschwellenwert für irreversible Zellwanddehnung (Y). Aus der Halbwertszeit ($\tau_{1/2}$) des Turgorabfalls läßt sich der Extensibilitätskoeffizient m berechnen ($m = \ln 2\ \varepsilon^{-1}\ \tau_{1/2}^{-1}$, wobei ε = volumetrischer Elastizitätsmodul = 9,5 bar). Die Daten zeigen, daß eine Wachstumssteigerung durch Auxin mit einer Erhöhung von m einhergeht, während Y (etwa 2,6 bar) nicht beeinflußt wird. (Nach Cosgrove 1985)

von ψ_a (eingestellt z. B. durch osmotische Lösungen) mißt. Diese Methode ist in Abb. 8.3 für den einfacheren Fall des extensibilitätslimitierten Wachstums [→ (Gl. 8.3)] schematisch dargestellt. Eine alternative Methode beruht auf der Messung der *Streßrelaxation*, welche die wachsende Zelle nach Unterbrechung der Wasserversorgung durchläuft (Abb. 8.4). Wenn für das Wachstum Gl. (8.6) herangezogen werden muß, ist zusätzlich die Messung von L und $\Delta\psi$ (oder $\Delta\pi$) erforderlich.

Wachstum und Zellwandaufbau

Die strukturelle Dynamik der Primärwand

Die wachstumsfähige Zellwand wird als *Primärwand* bezeichnet. Sie besteht zu etwa 25% der Trok-

kenmasse (15% des Volumens) aus Cellulose, welche in Form von weitgehend kristallin aufgebauten Mikrofibrillen in eine gelartige Matrix aus Hemicellulose und Pektin eingebettet ist (→ S. 28). Ein Teil der Hemicellulose (Heteroxylane bei Monokotylen, Xyloglucane bei Dikotylen; → Tabelle 3.1) ist einerseits über Wasserstoffbrücken einerseits fest an die Cellulosefibrillen gebunden und andererseits über ihre Seitenketten in der amorphen Zellwandmatrix verankert. Diese enthält neben Polysacchariden einen relativ hohen Anteil an Protein (etwa 10% der Trockenmasse, Strukturproteine und Enzyme). Die Primärwand gleicht in ihren me-

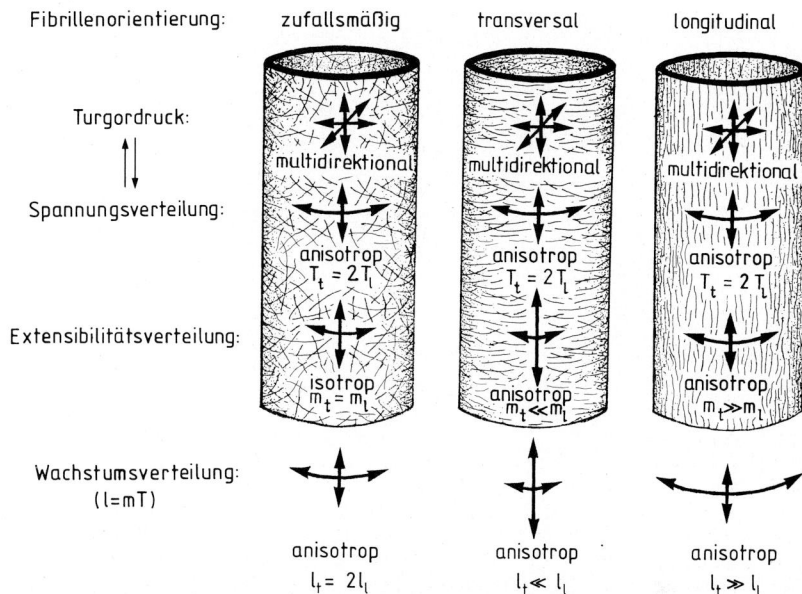

Abb. 8.5. Die Abhängigkeit der Zellwanddehnung von der Orientierung der Cellulosefibrillen am Beispiel einer zylinderförmigen Zelle (schematisch). Der allseitig (multidirektional) gerichtete Turgordruck (effektiver Turgor, P − Y) erzeugt im Zellwandzylinder eine hierzu proportionale mechanische Spannung, deren transversaler Vektor (T_t) aus geometrischen Gründen doppelt so groß wie der longitudinale Vektor (T_l) ist; die *Spannungsverteilung* ist daher anisotrop zugunsten einer Dehnung in transversaler Richtung. Die *Extensibilitätsverteilung* hängt von der Orientierung der Fibrillen in der Ebene der Zellwand ab: Eine zufallsmäßige Verteilung (*links*) führt zu *isotroper* Dehnbarkeit (keine Vorzugsrichtung), während eine transversale (*Mitte*) bzw. longitudi-

nale (*rechts*) Anordnung zu *anisotroper* Dehnbarkeit mit Bevorzugung der Längsrichtung (m_l) bzw. der Querrichtung (m_t) liefert. Die Dehnung der Wand in Längsrichtung (l_l) und Querrichtung (l_t) kann als Produkt der gleichgerichteten Vektoren der Spannung T und der Extensibilität m beschrieben werden. (Der Einfluß des Grenzwertes Y wird hier ignoriert.) Bei longitudinaler Fibrillenorientierung ist demnach das Wachstum in Querrichtung stark bevorzugt; die Zelle strebt die Form einer Kugel an. Dies gilt aufgrund der anisotropen Spannungsverhältnisse auch für die zufallsmäßige Fibrillenverteilung. Lediglich bei transversaler Fibrillenorientierung ist eine Bevorzugung der Längsrichtung beim Wachstum möglich

chanischen Eigenschaften einem Verbundmaterial mit Fiberglasstruktur, ein Konstruktionsprinzip, das sich durch ungewöhnlich hohe Elastizität und Reißfestigkeit, aber auch durch plastische Verformbarkeit auszeichnet. Für die Bruchstärke dünner Primärwände wurden Werte im Bereich von 30 bar (bei einem Turgordruck von 5 bar) gemessen.

Beim perfekt stationären Zellwachstum nimmt die Primärwand an Fläche zu, ohne dabei dünner zu werden, d.h. ihre Dehnung und der Einbau von neuem Wandmaterial stehen in einem dynamischen Gleichgewicht. Die Biogenese der Wand ist ein komplexer Prozeß. Die Cellulosemoleküle werden in Bündeln an Enzymkomplexen in der Plasmamembran synthetisiert (→ S. 30) und lagern sich extrazellulär spontan unter Ausbildung von Wasserstoffbrücken zu partiell kristallin geordneten

Mikrofibrillen zusammen, welche auf die innere Wandoberfläche aufgelagert werden (*Apposition*). Die Matrix-Polysaccharide und -Proteine werden dagegen im ER und Golgi-Apparat synthetisiert und gelangen durch die Exocytose sekretorischer Vesikel (→ Abb. 11.1) in den Zellwandraum. Ihr Einbau erfolgt zumindest teilweise auch in die tiefer liegenden Wandschichten (*Intussuszeption*). In der wachsenden Zellwand findet ein beständiger enzymatischer Abbau von Hemicellulose statt; diese Moleküle unterliegen also – im Gegensatz zur Cellulose – einem turnover.

Die Wände der meisten Zellen sind bezüglich ihrer mechanischen Eigenschaften *anisotrop*, d.h. sie reagieren richtungsabhängig auf Belastung (→ Abb. 8.2). Dies hängt mit der Anordnung der Cellulosefibrillen zusammen, welche meist nicht zu-

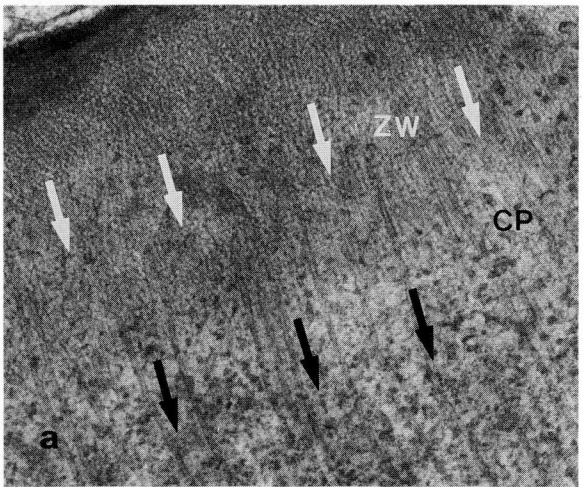

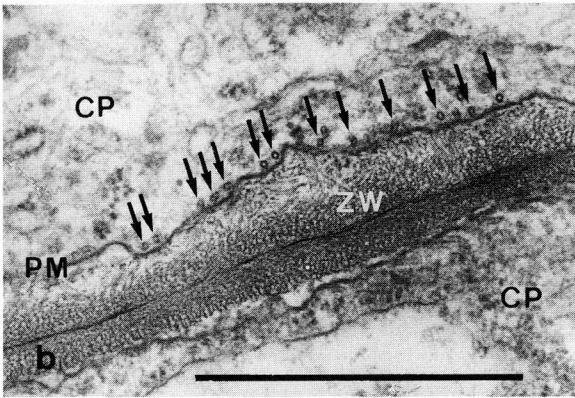

Abb. 8.6a und b. Parallele Orientierung der Cellulosefibrillen (in der Zellwand) und der Mikrotubuli (auf der Innenseite der Plasmamembran). Objekt: junge Siebröhrenzellen in der Sproßspitze der Mangrove *Rhizophora mangle.* (a) Tangentialer Flachschnitt durch die Zellperipherie, in dem die Fibrillen der Zellwand (*helle Pfeile*) und das äußere Cytoplasma mit den corticalen Mikrotubuli (*dunkle Pfeile*) angeschnitten sind. (Die dazwischenliegende Plasmamembran ist wegen der schrägen Schnittführung nicht zu erkennen.) (b) Schnitt senkrecht zur Ebene der Zellwand. Die corticalen Mikrotubuli sind im Querschnitt getroffen (*Pfeile*). Die auf der anderen Seite der Plasmamembran liegenden Cellulosefibrillen verlaufen senkrecht zur Bildebene. ZW, Zellwand; CP, Cytoplasma; PM, Plasmamembran. Strich: 1 μm. (Nach Behnke und Richter 1990)

fallsmäßig, sondern in einer bestimmten Vorzugsrichtung in der Ebene der Wand orientiert sind. Ähnlich wie Fiberglas besitzt die Wand eine maximale Festigkeit in Richtung der fibrillären Elemente und eine minimale Festigkeit senkrecht dazu.

Daher kann sich eine zylindrische Zellwand mit transversaler Fibrillenorientierung unter dem Einfluß des Turgors in Längsrichtung sehr viel leichter als in Querrichtung dehnen. Ein Vergleich mit der longitudinalen oder der ungeordneten Fibrillentextur macht deutlich, daß die transversale Anordnung eine notwendige Voraussetzung für Längenwachstum darstellt (Abb. 8.5). Die durch die Fibrillenorientierung in der Wand bewirkten Dehnbarkeitsunterschiede in den verschiedenen Richtungen des Raums sind dafür verantwortlich, daß die Zelle beim Wachstum in der Regel nicht die einfache Kugelform, sondern eine spezifische dreidimensionale Gestalt annimmt.

Die Frage, wie die Richtung der neugebildeten Cellulosefibrillen bei ihrer Anlagerung an die innere Wandoberfläche festgelegt wird, ist noch nicht vollständig geklärt. In vielen Fällen hat man festgestellt, daß die neugebildeten Fibrillen parallel zu Mikrotubuli verlaufen, welche direkt an der Innenseite der Plasmamembran liegen (*corticale Mikrotubuli;* Abb. 8.6). Änderungen der Fibrillenorientierung, wie sie z. B. bei mehrschichtigen Zellwänden regelmäßig vorkommen (→Abb. 3.11c, 3.12c), sind von einer entsprechenden Umorientierung der Mikrotubuli begleitet. Eine Zerstörung der Mikrotubuli durch Colchicin (oder andere Mikrotubuli-Gifte) hat keinen Einfluß auf die Cellulosesynthese an sich, führt jedoch häufig zu einer ungeordneten Fibrillenablagerung (zufallsmäßige Orientierung; → Abb. 8.5, *links;* Abb. 3.11a). Aus diesen Befunden hat man geschlossen, daß die corticalen Mikrotubuli ein Leitsystem für die in der Plasmamembran beweglichen Cellulosesynthase-Komplexe bilden, deren Bahnen beim „Ausspinnen" der Fibrillen auf diese Weise parallel ausgerichtet werden. Diese Vorstellung ist jedoch noch nicht allgemein akzeptiert, da in manchen Fällen keine Übereinstimmung zwischen Mikrotubuli und Cellulosefibrillen beobachtet werden konnte (z. B. beim Wachstum von Wurzelhaaren).

Diffuses Wachstum der Zellwand

Wenn die plastische Dehnung der Zellwand gleichmäßig über ihre gesamte Oberfläche verteilt ist, spricht man von *diffusem Wachstum.* Die diffus wachsende Wand ist strukturell und funktionell polar aufgebaut, z. B. ändert sich die Richtung der Cellulosefibrillen von innen nach außen, auch wenn sie ursprünglich in nur einer Richtung abge-

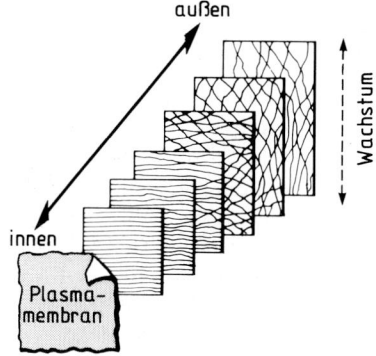

Abb. 8.7. Eine schematische Illustration zur Multinetzhypothese der Primärwandstruktur. Neue, kompakte Wandschichten mit parallelen Fibrillen (senkrecht zur Wachstumsrichtung) werden an der Plasmamembranseite auf die bestehende Wand aufgelagert, so daß deren Dicke gleich bleibt. Im Verlauf des Wachstums wird jede Schicht von einer jüngeren Schicht verdrängt und dabei passiv zur Außenseite der Wand hin verlagert. Sie wird dabei in Wachstumsrichtung kontinuierlich in die Länge gestreckt. Die Fibrillen erfahren eine Umorientierung zur Längsrichtung und verlieren dabei ihren Zusammenhalt. Die wachsende Zellwand ist nach dieser Vorstellung eine hochgradig dynamische Struktur, deren Stabilität vor allem von den inneren (jüngeren) Schichten abhängt. (Nach Roland und Vian 1979)

lagert wurden. Die Ursache hierfür ist leicht einzusehen: In der sich in Längsrichtung streckenden Wand wird jede zunächst transversale Fibrillenschicht im Verlauf des Wachstums in die Länge gezogen und macht dabei – ähnlich wie ein Fischernetz mit anfänglich transvers gestreckten Maschen

– eine kontinuierliche passive Umorientierung durch, bis ein disperser oder gar longitudinaler Fibrillenverlauf erreicht ist (Abb. 8.7). Bei diesem Alterungsprozeß werden die Fibrillenschichten von der Innenseite zur Außenseite der Wand verlagert. Sie werden durch die Streckung erheblich dünner und verlieren hierbei ihre Festigkeit. Dies ist der wesentliche Inhalt der *Multinetzhypothese* von Roelofsen und Houwink (1953), welche zur Beschreibung der mechanischen Dynamik der wachsenden Primärwand häufig zugrundegelegt wird. Eine wichtige Konsequenz dieses Konzepts ist, daß der Wandstreß nicht gleichmäßig über den Querschnitt der Wand verteilt ist, sondern vor allem auf den inneren Schichten lastet und nach außen stark abfällt. Daraus folgt, daß die Zellwandextensibilität von den *inneren* Bereichen der Wand kontrolliert werden muß.

Die großen Internodienzellen der Armleuchteralge *Nitella* (Abb. 8.8) stellen ein nahezu ideales Objekt zum Studium der Wandveränderungen während des Zellwachstums dar. Diese zylindrischen Zellen wachsen im Verlauf von wenigen Tagen von 30 μm auf eine Länge von 50 000 μm heran und vergrößern dabei ihre Wandfläche um den Faktor 10 000. Das Wachstum erfolgt gleichmäßig über die ganze Oberfläche verteilt. Hierbei werden beständig neue Cellulosefibrillen in transversaler Orientierung an der Innenseite der Wand angelagert und in das gleichzeitig produzierte Matrixmaterial eingebettet. Die Mikrotubuli an der Innenseite der Plasmamembran sind ebenfalls transversal angeordnet. Das Wachstum dieser Zellen ist kein

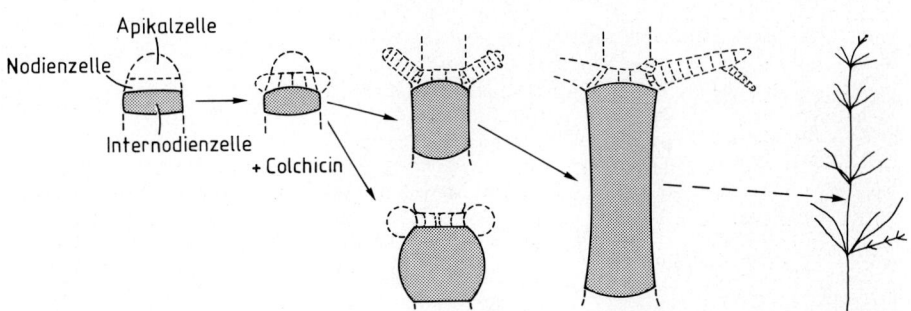

Abb. 8.8. Wachstum der Internodienzellen von *Nitella axillaris* (*Characeae*). Direkt nach der Teilung ist die Zelle etwa 30 μm lang und 100 μm dick (*links*). Im ausgewachsenen Zustand beträgt die Länge etwa 5 cm und die Dicke etwa 500 μm (*rechts*, verkleinert dargestellt). Diese Formveränderung (Morphogenese) wird durch anisotropes Wachstum bewirkt, wobei sich die Intensitäten des Wachstums in die Länge bzw. in die Dicke wie 4,5 : 1 verhalten. Die Wachstumsanisotropie ist eine Folge der anisotropen Anordnung der Cellulosefibrillen in der Zellwand. Zerstörung der corticalen Mikrotubuli durch Colchicin hebt die Wachstumsanisotropie auf, da eine geordnete, anisotrope Fibrillenablagerung nicht mehr möglich ist. (Nach Green und King 1966; verändert)

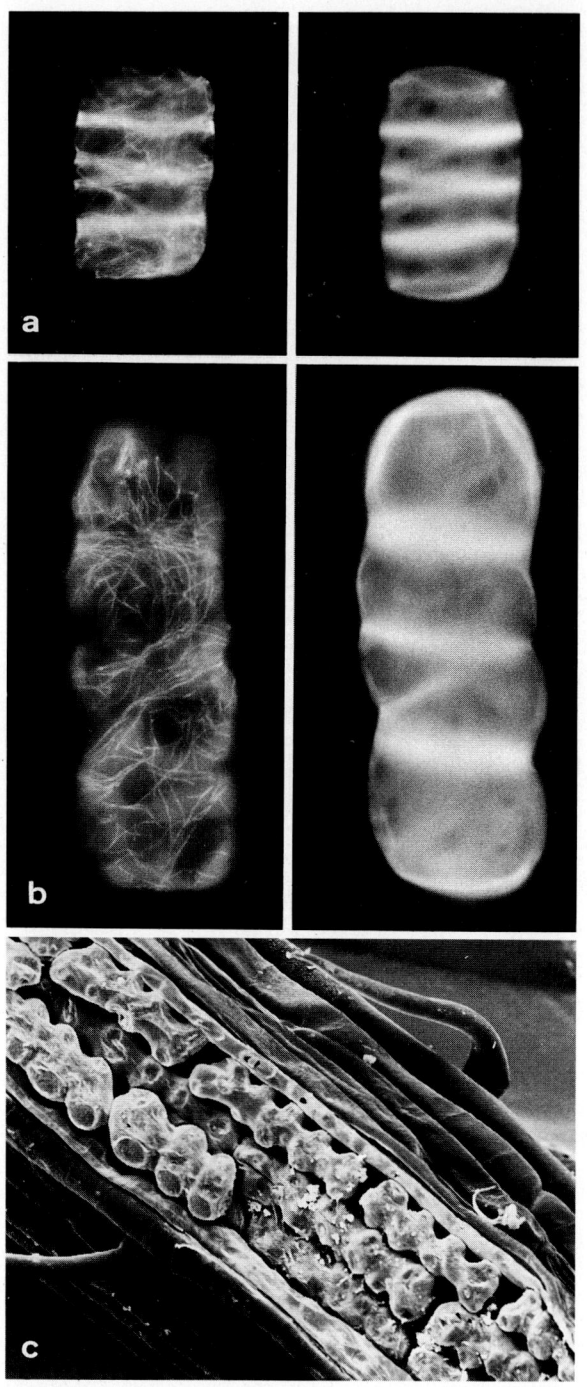

Abb. 8.9 a–c. Zusammenhang zwischen Zellform und Mikrotubulianordnung beim Zellwachstum. Objekt: Mesophyllzellen von Weizenblättern (*Triticum aestivum*). Zellen verschiedener Entwicklungsstadien wurden isoliert und zur Sichtbarmachung der Mikrotubuli mit Fluoreszenz-mar-

eindimensionaler Prozeß, sondern betrifft sowohl die Länge als auch den Durchmesser des Wandzylinders (→ Abb. 8.8). Genaue Messungen haben ergeben, daß das Verhältnis von Längenwachstum zu Dickenwachstum langfristig konstant bleibt [*allometrischer Quotient* = 4,5 : 1; → Gl. (19.6)]. Die Zelle wächst also 4,5mal schneller in der Länge als im Durchmesser und ändert daher ihre Gestalt nach einer sehr einfachen Gesetzmäßigkeit. Die Anisotropie des Wachstums ist offensichtlich durch die anisotrope Zellwandarchitektur bedingt (→ Abb. 8.5, *Mitte*). Wenn man die corticalen Mikrotubuli mit Colchicin oder ähnlich wirkenden Substanzen zerstört, wird die parallele Anordnung der neugebildeten Cellulosefibrillen aufgehoben und die Wachstumsallometrie ändert sich, wie theoretisch zu erwarten (→ Abb. 8.5, *links*): Die Zelle geht langsam vom Längenwachstum zum Dickenwachstum über; der allometrische Quotient fällt von 4,5 auf 0,2 und die Zelle strebt Kugelgestalt an (→ Abb. 8.8). Diese Umorientierung zum isotropen Wachstum ist vollständig, wenn das innerste Viertel der Zellwand aus neuen (ungeordneten) Fibrillen besteht. Daraus kann man schließen, daß nur diese Zone der Zellwand für die Festlegung der Wachstumsrichtung verantwortlich ist. Die entscheidende Rolle der inneren Wandbereiche für die Stabilität der Zelle läßt sich auch an einem anderen Befund ermessen: Wenn man die Cellulosesynthese (nicht aber die Synthese von Matrixpolymeren) mit 2,6-Dichlorobenzonitril hemmt, läuft das Wachstum zunächst unverändert weiter. Wenn die neu gebildete (Cellulose-freie) Wandschicht etwa ein Viertel der Wanddicke erreicht hat, führt der Turgor (6 bar) jedoch zum Platzen der Zelle. Die theoretischen Voraussagen der Multinetzhypothese

kierten Tubulin-Antikörpern und Calcofluor (führt zu einer spezifischen Fluoreszenz von Cellulose) angefärbt. (a) Junge Zellen zu Beginn der Streckungsphase; (b) ältere Zellen (Mikrotubuli-Anfärbung jeweils *links*, Cellulose-Anfärbung *rechts*); (c) ausgewachsene Zellen in einem longitudinalen Blattanschnitt (rasterelektronenmikroskopische Aufnahme). Man erkennt, daß die wachsenden Zellen transversale Mikrofibrillenbänder (Versteifungsleisten der Zellwand) ausbilden, welche räumlich exakt mit dem Muster der Mikrotubuli übereinstimmen. Die Versteifungsleisten führen zu einer lokalen Behinderung des Dickenwachstums und damit zur charakteristischen eingebuchteten Gestalt der ausgewachsenen Zellen (und zur Ausbildung umfangreicher Interzellularräume im Mesophyll). (Nach Jung und Wernicke 1990)

sind also in diesem Objekt überzeugend verifizierbar.

Es gibt gute Gründe für die Annahme, daß die Ausbildung spezifischer *Zellformen* im Rahmen der Zellmorphogenese durch die Anordnung der corticalen Mikrotubuli während der Wandbildung gesteuert wird. Befunde wie z. B. die in Abb. 8.9 dargestellten lassen dies sehr plausibel erscheinen. Auch bei der Morphogenese von Schließzellen und Xylemelementen hat man eine ähnlich enge Korrelation zwischen lokalen Mikrotubulibändern und lokalen Zellwandversteifungen gefunden.

Lokales Wachstum der Zellwand

Viele fädige Zelltypen (z. B. Pollenschläuche, Wurzelhaare, Rhizoide, Moos- und Farnprotonemazellen) wachsen mit einer lokal begrenzten Wachstumszone am Zellapex (*Spitzenwachstum*). Beschränkt auf die meist halbkugelig geformte Zellspitze findet eine intensive Synthese und Ausschleusung von Wandmaterial (einschließlich Cellulosefibrillen) statt. Die Halbkugelform deutet darauf hin, daß die Wand in diesem Bereich isotrop aufgebaut wird (keine Vorzugsrichtung der Fibrillen in der Zellwandebene). Das Wandwachstum läßt sich als ein Fließgleichgewicht zwischen turgorabhängiger Wanddehnung und syntheseabhängiger Wandversteifung beschreiben. Damit Form und Dicke der Zellwand beim Wachstum konstant bleiben, müssen diese Prozesse nach einem streng festgelegten Gradienten (Cosinusfunktion) von der Spitze bis zum unteren Ende der apikalen Zellkalotte abnehmen. Beim Spitzenwachstum von Wurzelhaaren, Pollenschläuchen, Rhizoiden oder Protonemazellen scheinen die corticalen Mikrotubuli keine ordnende Rolle bei der Ablagerung der Cellulosefibrillen zu spielen. Hingegen hat man bei Farnprotonemen Beobachtungen gemacht, die für eine derartige Rolle der Mikrotubuli sprechen. Farngametophyten wachsen im Rotlicht als Zellfäden mit Spitzenwachstum und gehen im Blaulicht zum Flächenwachstum mit einer zweischneidigen Scheitelzelle über (→ Abb. 19.10). Dieser Übergang beginnt, nach etwa 2 h Blaulichtbestrahlung, mit einer kugelförmigen Aufblähung der Protonemaspitze (Abb. 8.10). Bereits vor der morphologischen Veränderung kann man eine Umorientierung der Mikrotubuli, gefolgt von einer entsprechenden Umorientierung der neu gebildeten Cellulosefibril-

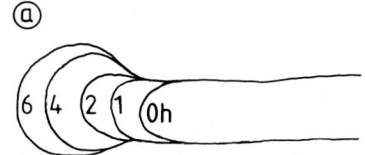

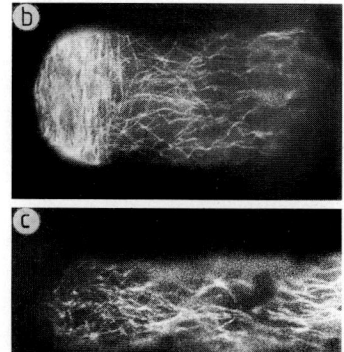

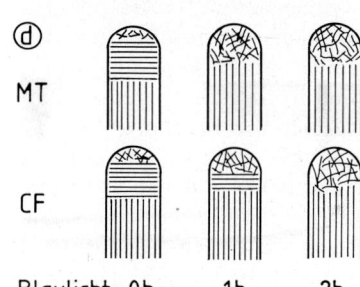

Abb. 8.10. Die Umorientierung von Mikrotubuli in der Spitze von Farnprotonemen beim Übergang vom eindimensionalen zum zweidimensionalen Wachstum. Objekt: apikale Protonemazellen des Gametophyten von *Adiantum capillus-veneris*. Die Protonemen wurden im Rotlicht aus Gonosporen angezogen. Sie wachsen unter diesen Bedingungen mit einer halbkugeligen Wachstumszone an der Spitze der apikalen Zelle. Blaulicht induziert den Übergang zum Flächenwachstum, das mit einer kugeligen Aufblähung des Zellapex beginnt (a, die Zahlen bedeuten Stunden im Blaulicht). Im Rotlicht besitzen die Zellen ein Band transversaler Mikrotubuli an der Basis der apikalen Kalotte (b). Dieses Band geht im Blaulicht in eine ungeordnete Verteilung über (c, nach 30 min Blaulicht). Die Mikrotubuli wurden durch in-situ-Markierung mit Fluoreszenz-markierten Antikörpern gegen Tubulin sichtbar gemacht. Das Muster der neugebildeten Cellulosefibrillen (CF) auf der Innenseite der wachsenden Zellwand folgt der Mikrotubuli (MT)-Umorientierung (d, schematische Darstellung). Die Zellwand unterhalb der apikalen Kalotte (longitudinale Fibrillenorientierung) ist nicht mehr dehnungsfähig. (Nach Murata und Wada 1989)

len, in der kritischen Zone an der Basis der apikalen Zellkalotte feststellen.

Streckungswachstum vielzelliger Organe

Die von Lockhart entwickelte Wachstumsgleichung [Gl. (8.6)] gilt zunächst nur für die isolierte Einzelzelle, sie wird jedoch auch häufig auf vielzellige Gewebe oder ganze Organe (z. B. Blätter oder Stengelabschnitte) angewandt. Man macht dabei die Annahme, daß sich alle Zellen dieser komplexen Objekte beim Wachstum physikalisch und physiologisch gleichartig verhalten. Diese Annahme ist in aller Regel nicht gerechtfertigt. Organe sind aus funktionell verschiedenartigen Geweben aufgebaut, welche häufig die Tendenz besitzen, mit unterschiedlicher Intensität zu wachsen. Da sie jedoch über ihre Zellwände fest miteinander verbunden sind, entwickeln sich hierbei mechanische Spannungen zwischen benachbarten Geweben. Diese *Gewebespannungen*, welche bereits 1859 von Hofmeister und 1865 von Sachs beschrieben wurden, sind in achsenförmigen Organen besonders auffällig. Wenn man eine junge Sproßachse oder Koleoptile der Länge nach halbiert, so krümmen sich die beiden Spalthälften spontan nach außen, ein Zeichen dafür, daß die peripheren Zellschichten eine relativ hohe Wandspannung und daher eine starke Tendenz zur Kontraktion aufweisen (Abb. 8.11 a). Die inneren Gewebe besitzen dagegen eine vergleichsweise niedrige Wandspannung; sie werden im intakten Organ von den äußeren Zellschichten komprimiert und expandieren daher (unter Wasseraufnahme), wenn man sie von dem mechanischen Zwang der äußeren Zellschichten befreit. Das Wachstum des intakten Organs wird von denjenigen Zellwänden mechanisch begrenzt, welche die höchste Spannung in Wachstumsrichtung aufweisen. Daraus folgt, daß in Sproßachsen die peripheren Zellschichten das Wachstum kontrollieren. In Übereinstimmung mit dieser Überlegung findet man, daß Auxin spezifisch das Wachstum der peripheren Zellschichten anregt und daher bei Spalthälften eines Achsenorgans eine Einwärtskrümmung bewirkt (Abb. 8.11 b, c). Entfernt man bei einem Internodiensegment aus dem Sproß von Erbsenpflanzen die äußeren drei Zellschichten, so dehnt sich das innere Gewebe unter Wasseraufnahme spontan aus, reagiert aber kaum mehr auf Auxin.

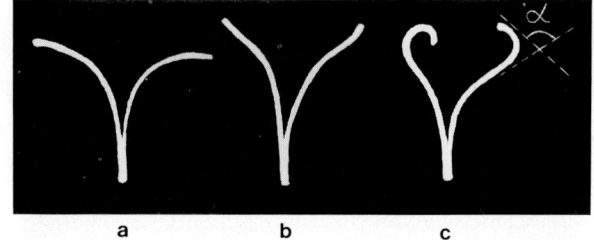

Abb. 8.11 a–c. Demonstration der longitudinalen Gewebespannung in einer Sproßachse sowie der gewebespezifischen Wirkung von Auxin beim Längenwachstum. Objekt: Wachstumsfähige Internodiensegmente junger, etiolierter Erbsenpflanzen (*Pisum sativum*). Die frisch isolierten Internodien wurden der Länge nach 3 cm weit eingeschnitten und in Wasser inkubiert. Die Gewebespannung (Zugspannung in der Peripherie, Kompression im Zentrum) relaxiert hierbei durch Kontraktion der Peripherie und Expansion des zentralen Gewebes, wodurch sich die Spalthälften spontan nach außen spreizen (a). Zugabe von 0,4 (b) oder 13 (c) μmol·l^{-1} Auxin induziert eine Einkrümmung der abgespreizten Enden (Wachstumszone des Internodiums). Die Schattenrisse wurden nach 12 h Inkubation aufgenommen. Diese Wachstumsreaktion kann als quantitativer Biotest für Auxin verwendet werden. (Der Krümmungswinkel α ist proportional zum Logarithmus der Auxinkonzentration.) (Nach Went und Thimann 1937; verändert)

Bei Maiskoleoptilen konnte gezeigt werden, daß die äußere Epidermis das wachstumslimitierende Gewebe des Organs darstellt (Abb. 8.12). Unter der Voraussetzung, daß die hohe Extensibilität der inneren Zellwände beim Wachstum aufrechterhalten bleibt, hängt die Expansion des Organs praktisch ausschließlich von der Dehnbarkeit der dicken Außenwand der Epidermis ab. Daraus ergibt sich eine wichtige Einsicht: Wachstum ist in diesem Fall nicht eine Funktion der einzelnen Zellen, sondern eine integrale Funktion des Organs und wird durch die mechanischen Eigenschaften einer zellübergreifenden peripheren „Organwand" gesteuert. Die Parameter der Wachstumsgleichung [Gl. (8.6)] können daher nicht auf die einzelnen Zellen, sondern müssen auf das Organ als Ganzes angewendet werden.

Das Streckungswachstum eines Organs ist in der Regel nicht gleichmäßig über seine Länge verteilt, sondern auf bestimmte Wachstumszonen beschränkt. Beim Hypokotyl liegt diese Wachstumszone meist im oberen Viertel des Organs (→ Abb. 21.27). Auch die höheren Internodien der Sproßachse und die Wurzeln wachsen mit einer apikalen Wachstumszone, während die Blätter der

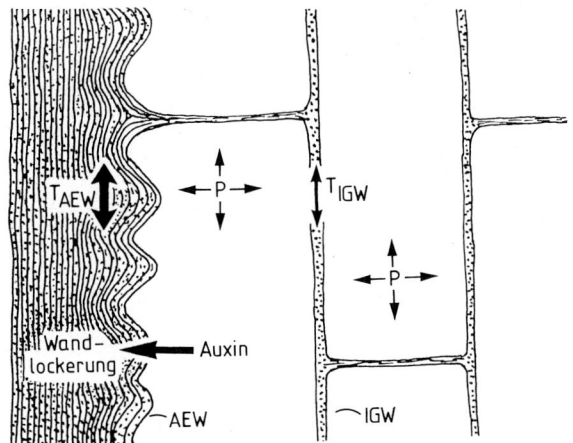

Abb. 8.12. Schematische Illustration der longitudinalen Gewebespannung zwischen der äußeren Epidermiswand (AEW) und den Wänden des inneren Gewebes (IGW) bei der Maiskoleoptile (*Zea mays*). Die (dicke) AEW besitzt eine geringe Dehnbarkeit, die (viel dünnere) IGW dagegen eine relativ große Dehnbarkeit. Der Turgor (P) ist in allen Zellen gleich. Da die Zellen ein festes Verbundsystem darstellen, wird der Turgor vorwiegend in der AEW aufgefangen. Daher besitzt die AEW eine hohe Spannung (T$_{AEW}$), während die IGWs eine viel niedrigere Spannung (T$_{IGW}$) aufweisen. Da die Dehnung des gesamten Organs von der AEW mechanisch begrenzt wird, ist eine Extensibilitätserhöhung nur in dieser Wand notwendig, um Wachstum zu ermöglichen. Es ist angedeutet, daß Auxin eine (metabolisch kontrollierte) Lockerung der AEW bewirkt

Gräser durch eine basale Wachstumszone (direkt auf das interkalare Blattmeristem folgend) ausgezeichnet sind.

Regulation des Streckungswachstums

Das Zellwachstum wird in der Pflanze durch äußere und innere Faktoren sehr präzis gesteuert (z. B. durch *Licht*, → Abb. 19.15; oder durch *Hormone*, → Abb. 23.24). Der Mechanismus dieser Steuerung ist bisher nur unvollkommen bekannt. Die hierbei in Frage kommenden physikalischen Wachstumsparameter sind in Gl. (8.6) zusammengefaßt. Bei einzelligen Objekten (z. B. Algenzellen), aber auch bei einfachen vielzelligen Objekten (z. B. Koleoptilen, Hypokotyle) können die Wassertransportparameter meist vernachlässigt werden (L ≫ m). Das Wachstum hängt dann nach Gl. (8.3)

praktisch allein vom effektiven Turgor (P − Y, Wachstumspotential) und von der Zellwandextensibilität (m) ab. Wenn man die Wachstumsintensität einer turgeszenten Sproßachse durch Hormone steigert, bleibt der Turgor normalerweise unverändert, d. h. P ≈ π wird durch eine Aufnahme osmotischer Substanzen konstant gehalten (*Osmoregulation*; → S. 52) oder fällt aufgrund einer fortlaufenden Verdünnung des Zellsafts durch die Wasseraufnahme sogar ab. Auch Y dürfte in der Regel konstant bleiben (→ Abb. 8.4). Das Wachstum wird also unter diesen Bedingungen nicht über die treibende Kraft (P − Y), sondern über eine Änderung der plastischen Dehnbarkeit der wachstumslimitierenden Zellwände (m) gesteuert. Hierfür gibt es viele überzeugende experimentelle Belege (→ z. B. Abb. 8.4). An günstigen Objekten kann man die durch Wuchshormone induzierten Veränderungen der Wanddehnbarkeit mit rheologischen Methoden direkt messen (→ Abb. 23.25).

Die dominierende Rolle der Zellwandextensibilität für die Steuerung des Wachstums gilt natürlich nur bei optimaler Wasserversorgung. Da der Turgor direkt vom Wasserpotential der Zelle abhängt, führt bereits milder Wasserstreß zu einer Reduktion von (P − Y) und damit zu einer entsprechenden Reduktion der Wachstumsintensität [→ (Gl. 8.3)]. Viele Pflanzen reagieren auf diese Bedingungen mit einer Akkumulation von Osmotica im Zellsaft (*osmotische Adaptation;* → S. 569). In einigen Fällen hat man gefunden, daß das Wachstum gehemmt bleibt, selbst nachdem der Turgor durch osmotische Adaptation wieder auf seinen ursprünglichen Wert angestiegen ist. Man muß daher annehmen, daß Wasserstreß auch eine regulatorische Verminderung der Zellwandextensibilität bewirken kann und auf diese Weise den wasserverbrauchenden Prozeß des Wachstums an die Wasserverfügbarkeit in der Pflanze anpaßt (→ S. 567). Es ist in diesem Zusammenhang bemerkenswert, daß das Streßhormon Abscisinsäure (→ S. 408) wachstumshemmend wirkt, und zwar durch eine Verminderung der Zellwandextensibilität.

Man hat lange Zeit angenommen, das Zellwachstum wäre eine Folge der Bildung neuen Zellwandmaterials (Cellulose, Hemicellulose, Pektin). Diese Vorstellung ließ sich jedoch experimentell nicht bestätigen. Beispielsweise hält das Zellwandwachstum im Hypokotyl von Dikotylenkeimlingen mit dem Längenwachstum nicht Schritt, so daß die Wandstärke beständig abnimmt. Auch läuft die

Anlagerung neuer Wandschichten fast unverändert weiter, wenn das Streckungswachstum durch Licht drastisch gehemmt wird (→ Abb. 19.15). Dies hat zur Folge, daß die Zellwände eines im Dunkeln (rasch) wachsenden Hypokotyls erheblich dünner ausfallen als diejenigen eines im Licht (langsam) wachsenden Hypokotyls. Zellwandbildung und Zellwachstum sind demnach unabhängig regulierte Prozesse.

Weiterführende Literatur

Bergfeld R, Speth V, Schopfer P (1988) Reorientation of microfibrils and microtubules at the outer epidermal wall of maize coleoptiles during auxin-mediated growth. Bot Acta 101:57–67

Cosgrove DJ (1986) Biophysical control of plant cell growth. Annu Rev Plant Physiol 37:377–405

Green PB (1963) On mechanisms of elongation. In: Locke M (ed) Cytodifferentiation and macromolecular synthesis. Academic Press, New York London, pp 203–234

Green PB (1980) Organogenesis – a biophysical view. Annu Rev Plant Physiol 31:51–82

Kutschera U (1989) Tissue stresses in growing plant organs. Physiol Plant 77:157–163

Lloyd CW (ed) (1991) Thy cytoskeletal basis of plant growth and form. Academic Press, London New York

Schnepf E (1986) Cellular polarity. Annu Rev Plant Physiol 37:23–47

Seagull RW (1989) The plant cytoskeleton. CRC Critical Rev Plant Sci 8:131–167

Taiz L (1984) Plant cell expansion: regulation of cell wall mechanical properties. Annu Rev Plant Physiol 35:585–657

9 Die Zelle als schwingungsfähiges System

Als *circadiane Rhythmen* bezeichnet man endogene biologische Schwingungen (Oscillationen) mit einer Periodenlänge von etwa 24 h (*circadian*: von *circa* und *dies* = Tag). Die circadiane Rhythmik ist eine Eigenschaft der Zelle.

Der ursprüngliche Befund:
Tagesperiodische Blattbewegungen bei der Feuerbohne

Tagesperiodische Bewegungen von Laubblättern unter natürlichem Licht/Dunkel-Wechsel sind seit langem bekannt. Bei der Feuerbohne z. B. kann man eine Nachtstellung und eine Tagstellung unterscheiden (Abb. 9.1). Auch die Nachtstellung ist eine Anpassung. Es ist wahrscheinlich die verringerte Abstrahlung, also der Schutz vor Wärmeverlust, der zur Evolution dieser Bewegung geführt hat.

Für den Mechanismus der Bewegung ist ein Gelenk (Pulvinus) verantwortlich, das sich am Übergang von der Blattspreite zum Blattstiel befindet. Die antagonistischen Änderungen der Turgeszenz in der Ober- und Unterseite des Gelenks führen zu den Bewegungen der Lamina (→ S. 551). Wenn man diese Bewegung registriert (indem man etwa die Blattspitze mit einem Schreiber koppelt), erhält man Kurven, welche die Tagesperiodizität der Bewegung deutlich machen (Abb. 9.2). Der Abstand von einem Extrempunkt zum entsprechenden nächsten wird als *Periodenlänge* bezeichnet. Man sieht, daß die Periodenlänge 24 h beträgt. Solche diurnalen („täglichen") Schwingungen physiologischer Leistungen sind für das Leben der Pflanze charakteristisch, von den Blattbewegungen angefangen bis hinunter zu der molekularen Dimension (Abb. 9.3).

Zunächst sieht es so aus, als sei die Bewegung eine direkte Folge des üblichen tagesperiodischen Licht/Dunkel-Wechsels. Bringt man jedoch die

Bohnenpflanze unter konstante Bedingungen, z. B. in eine Klimakammer ins Dauerdunkel oder ins schwache Dauerlicht, so läuft die rhythmische Bewegung ungestört weiter (Abb. 9.4). Die beobachtete Rhythmik der Blattbewegung ist demnach eine *endogene Rhythmik*. Einer der Beweise dafür, daß es sich tatsächlich um eine *endogene* Rhythmik handelt und nicht um Nachschwingungen einer durch die vorangegangenen Umweltschwankungen verursachten Periodizität, ist die Tatsache, daß die

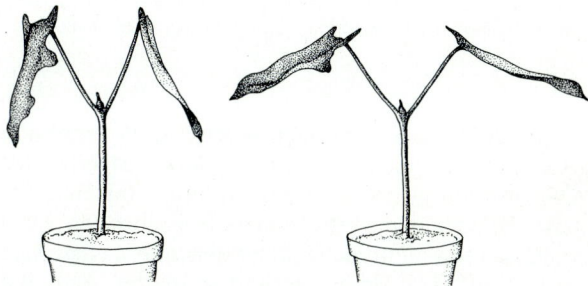

Abb. 9.1. Die Primärblätter der Feuerbohne (*Phaseolus coccineus*) führen tagesperiodische Bewegungen aus. *Links:* Nachtstellung; *rechts:* Tagstellung. Die Nachtstellung ist durch eine Senkung der Blattspreiten und eine Hebung der Blattstiele gekennzeichnet. Der obere Teil des Sprosses wurde entfernt. (Nach Bünning 1953)

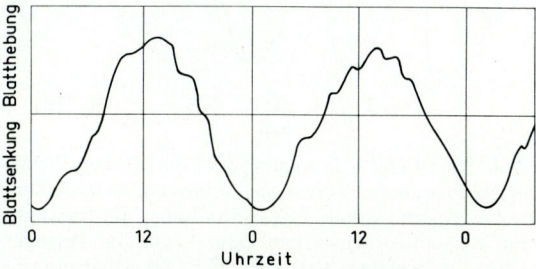

Abb. 9.2. Die tagesperiodische Bewegung der Lamina eines Primärblattes der Feuerbohne (*Phaseolus coccineus*) im natürlichen Licht/Dunkel-Wechsel. (Nach Bünning 1953)

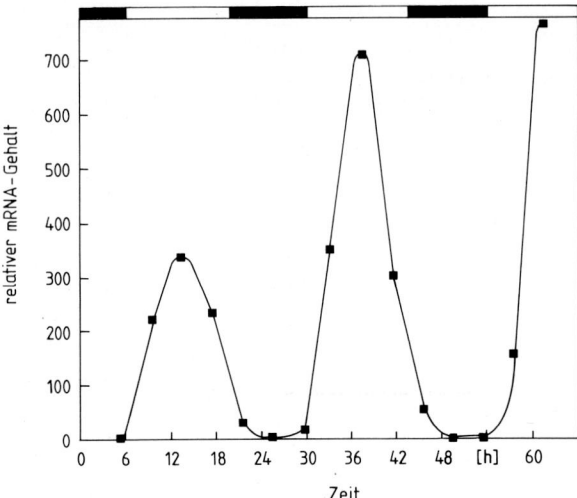

Abb. 9.3. Oscillationen des Gehaltes an mRNA für ein Chlorophyll-bindendes Protein (LHC-Apoprotein; → S. 171) der Thylakoidmembran im Blatt während des täglichen Licht/Dunkel-Wechsels. Objekt: Tomate (*Lycopersicon lycopersicum*). Die Messungen wurden in der logarithmischen Wachstumsphase der Blätter vorgenommen (→ Abb. 19.46). Helle Balken: Lichtperioden. (Nach Meyer et al. 1989)

Tabelle 9.1. Die Unabhängigkeit der Periodenlänge von der Temperatur. Untersucht wurden die tagesperiodischen Blattbewegungen der Feuerbohne (*Phaseolus coccineus*). (Nach Leinweber 1956)

Temperatur [°C]	Periodenlänge [h]
15	$28{,}3 \pm 0{,}4$
20	$28{,}0 \pm 0{,}4$
25	$28{,}0 \pm 0{,}4$

Periodenlänge der endogenen Rhythmik erheblich von 24 h abweichen kann. Anders ausgedrückt: Die physiologische Uhr geht häufig „falsch", sobald sie von den periodisch sich ändernden Umweltfaktoren nicht mehr präzis eingestellt wird. Die Bohnenpflanze, deren Verhalten in der Abb. 9.4 zum Ausdruck kommt, zeigt eine endogene Periodenlänge von etwa 27 h. Diese Größe wird vererbt und während der Ontogenie festgehalten. Die Periodenlänge der Aktivitätsänderung kann jedoch leicht durch tagesperiodische Umweltfaktoren auf genau 24 h einreguliert werden (→ Abb. 9.2). Die *endogene* Periodenlänge kommt aber sofort wieder zum Vorschein, sobald man die Pflanze in eine konstante Umwelt bringt. Man erwartet, daß die Periodenlänge der circadianen Rhythmik weitgehend temperaturunabhängig ist ($Q_{10} \approx 1$), da eine starke Temperaturabhängigkeit der Periodenlänge die Existenz der Pflanze unter natürlichen Bedingungen erschweren würde. In der Tat zeigt die Bohnenpflanze in dem physiologisch besonders interessanten Temperaturbereich für die endogene Periodenlänge $Q_{10} = 1$ (Tabelle 9.1). Die molekulare Deutung der aus Gründen der optimalen Anpassung verständlichen Temperaturkompensation ist schwierig, da praktisch alle biochemischen Reaktionen in dem fraglichen Temperaturintervall $Q_{10} \geq 2$ zeigen (→ S. 66).

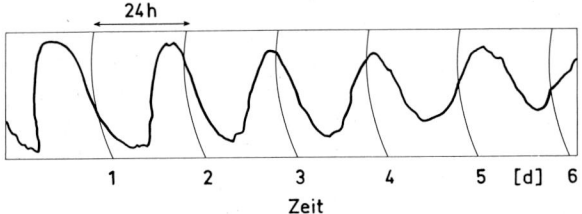

Abb. 9.4. Die endogene Bewegung der Lamina eines Primärblattes der Feuerbohne (*Phaseolus coccineus*). Aufgezeichnet wurde der typische Verlauf tagesperiodischer Blattbewegungen im konstanten schwachen Dauerlicht. Die Periodenlänge beträgt in diesem Fall etwa 27 h. Innerhalb von 6 d erfolgt demgemäß gegenüber dem normalen Tagesablauf eine Phasenverschiebung um etwa 17 h. (Nach Bünning und Tazawa 1957)

Circadiane Rhythmik und Evolution

Die circadiane Rhythmik ist eine genetische Anpassung an die strenge 24-h-Periodizität in der Natur. Warum geht dann die physiologische Uhr unter konstanten Umweltbedingungen in der Regel erheblich falsch? Eine mögliche Antwort: Die genetische Optimierung der Uhr, die Selektion auf Präzision, hörte auf, als die innere Uhr soweit entwickelt war, daß sie sich jederzeit durch eine exogene 24-h-Periodizität präzis einstellen ließ. Da unter natürlichen Bedingungen eine exogene 24-h-Periodizität mit absoluter Zuverlässigkeit gewährleistet ist, bestand kein Selektionsdruck mehr, die physiologische Uhr bezüglich ihrer Präzision zu vervollkommnen. Deshalb ist die Perfektionierung der Uhr in dieser Hinsicht unterblieben.

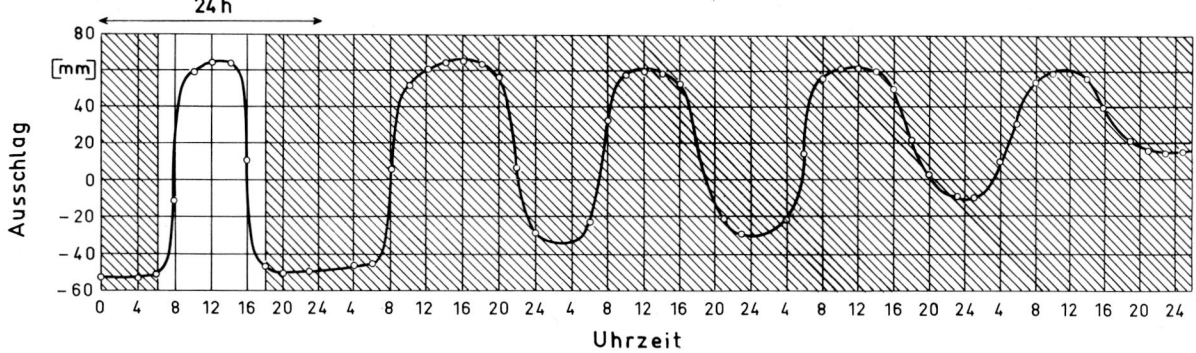

Abb. 9.5. Fortsetzung der rhythmischen Blütenblattbewegungen im Dauerdunkel (Dunkelzeiten schraffiert). Objekt: *Kalanchoe blossfeldiana.* Kurvenhebung bedeutet Blütenöffnung. (Nach Bünsow 1953)

Weitere ausgewählte Phänomene zur circadianen Rhythmik

Tagesperiodische Bewegung von Blütenblättern

Viele Blüten öffnen sich bekanntlich am Morgen und schließen sich gegen Abend. Dieses ökologisch sinnvolle Verhalten beruht auf einem antagonistischen Schwanken der Wachstumsintensität von Ober- und Unterseiten der Blütenblätter. Auch diese circadiane Bewegungen setzen sich unter konstanten Bedingungen (z.B. im Dauerdunkel) fort und gehen daher auf eine endogene Rhythmik zurück (Abb. 9.5).

Tagesperiodischer Sporangienabschuß bei Pilobolus

Auch bei verhältnismäßig einfachen Pilzen, z.B. bei der Phycomycetengattung *Pilobolus* (→ Abb. 31.58) finden sich Manifestationen einer endogenen, circadianen Rhythmik, z.B. beim Abschuß der Sporangien (*Tugor-Schleuderbewegung*; → Abb. 31.59). Wenn man die Pilzkultur im 12:12 h-Licht/Dunkel-Wechsel hält, werden die meisten Sporangien im Zeitraum 18–24 h nach Lichtbeginn abgeschossen, also in der 2. Hälfte der Dunkelphase. Bringt man das Myzel ins Dauerdunkel, bleibt die Abschuß-Rhythmik erhalten, solange überhaupt Sporangien abgeschossen werden (Abb. 9.6). Da die Abschußrhythmik nach einer Vorbehandlung im 12:12 h-Licht/Dunkel-Wechsel ganz ähnlich ist wie nach einer Vorbehandlung im 15:15 h-Licht/Dunkel-Wechsel, kann die Periodizität des Abschusses nicht als Nachschwingung aufgefaßt werden.

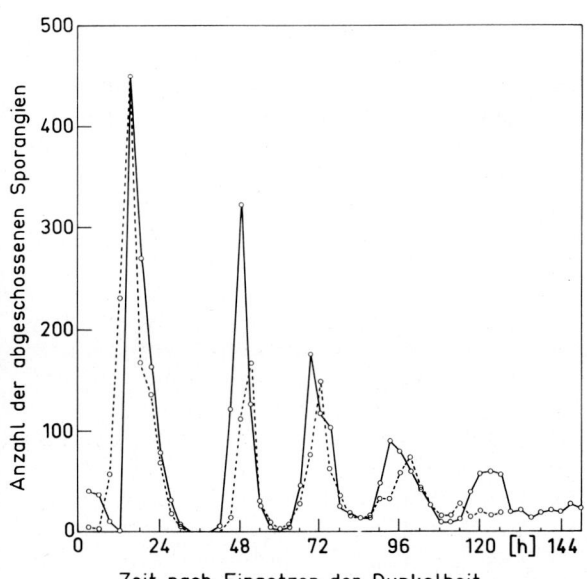

Abb. 9.6. Abschußrhythmik der Sporangien bei *Pilobolus sphaerosporus. Ausgezogene Kurve*: Sporangienabschuß im Dauerdunkel nach einem 12:12 h-Licht/Dunkel-Wechsel; *gestrichelte Kurve*: Sporangienabschuß im Dauerdunkel nach einem 15:15 h-Licht/Dunkel-Wechsel. (Nach Schmidle 1951)

Circadiane Rhythmik in Gewebekulturen

Läßt sich eine endogene, circadiane Rhythmik in amorphen Gewebekulturen nachweisen, so ist der Beweis erbracht, daß die Rhythmik von der Orga-

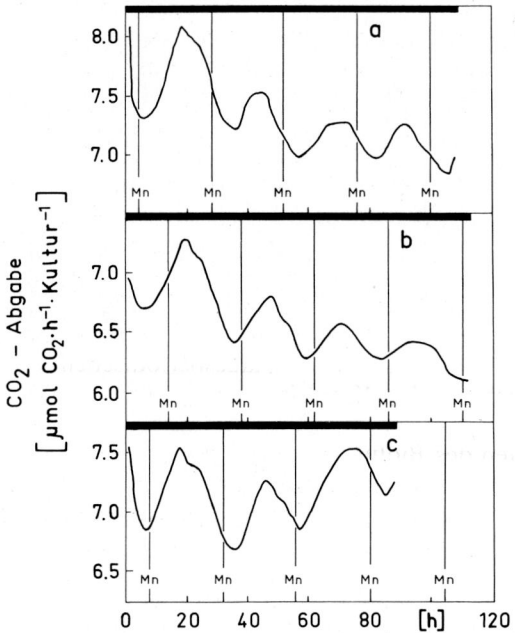

Zeit nach Einsetzen der Dunkelheit

Abb. 9.7. Rhythmik der CO_2-Abgabe bei Blattkallus-Kulturen von *Kalanchoe daigremontiana*. Die Kulturen wurden entweder um 20 Uhr (a) oder um 16 Uhr (c) ins Dauerdunkel gebracht (23 °C). Im Fall (b) wurden zwei inverse Licht/Dunkel-Perioden gegeben, bevor die Pflanzen um 10 Uhr ins Dauerdunkel gelangten. Die Phasenlage wird stets durch den Zeitpunkt der *Verdunkelung* festgelegt. Der erste Gipfel der Rhythmik erscheint etwa 20 h nach Beginn der Dunkelheit. Die mittlere Periodenlänge beträgt $25,5 \pm 0,3$ h. Die breiten, dunklen Striche bedeuten Dauerdunkel. Mn, Mitternacht. (Nach Wilkins und Holowinsky 1965)

nisation der Gewebe und Organe unabhängig ist. An Kallusgewebe konnte gezeigt werden, daß die CO_2-Abgabe nach Anzucht im 12:12 h-Licht/Dunkel-Wechsel im anschließenden Dauerdunkel rhythmisch erfolgt (Abb. 9.7). Die Gewebekultur zeigt somit eine ganz ähnliche endogene Rhythmik der CO_2-Abgabe wie ein intaktes Blatt, das unter konstanten Bedingungen ins Dauerdunkel gebracht wurde (Abb. 9.8).

Endogene Rhythmik und Biolumineszenz

Experimente mit dem marinen Dinoflagellaten *Gonyaulax polyedra* (Abb. 9.9) zeigen, daß die physiologische Uhr auch den einzelligen Eukaryoten zukommt. Die Uhr ist also nicht nur eine Eigenschaft vielzelliger Systeme. Bei den Experimenten mit *Gonyaulax* wurde die Eigenschaft dieses Einzellers, auf eine mechanische Reizung hin mit *Biolumineszenz* zu reagieren, ausgenützt. An diesem Objekt sind eine ganze Reihe weiterer circadianer Rhythmen erforscht worden (z.B. bei der Zellteilung, Chloroplastenverteilung, Photosyntheseintensität, Motilität und Proteinsynthese); die Biolumineszenz erwies sich jedoch für die experimentelle Analyse der physiologischen Uhr als besonders günstig.

Ein Einschub: Biolumineszenz. Diese bei manchen Tieren, Bakterien, Flagellaten und Pilzen vorkommende Lichtemission erfolgt im Zusammenhang mit einer durch das Enzym *Luciferase* katalysierten Oxidation von *Luciferin* durch O_2. Das elektronisch angeregte Reaktionsprodukt führt beim Rückgang in den Grundzustand die Lichtemission

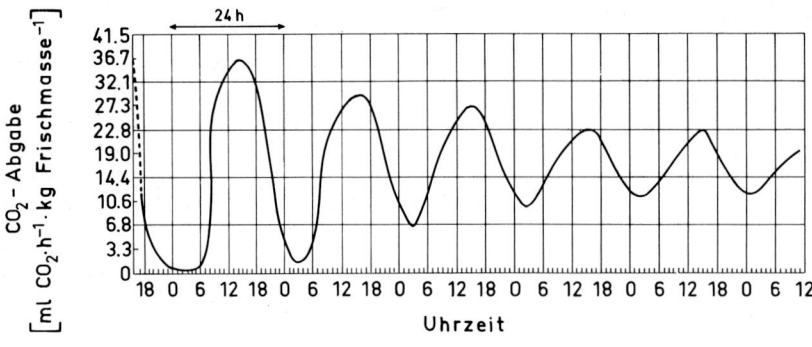

Abb. 9.8. CO_2-Abgabe abgeschnittener Blätter von *Kalanchoe pinnata* im Dauerdunkel. Die Meßwerte wurden in Abständen von 1 h ermittelt. (Nach Bünning 1963)

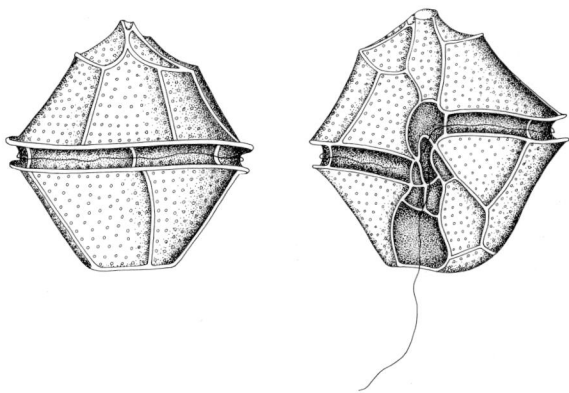

Abb. 9.9. Dorsal- (*links*) und Ventralansicht (*rechts*) des Dinoflagellaten *Gonyaulax polyedra*. (In Anlehnung an Schussnig 1954, und an elektronenmikroskopische Aufnahmen von Hastings)

aus. Die verschiedenen Typen lumineszierender Organismen besitzen *chemisch* ganz verschiedene Lumineszenzsysteme. „Luciferin" und „Luciferase" sind daher Bezeichnungen für ganze Klassen chemischer Substanzen. In der Regel zeigen weder das isolierte Luciferin noch die jeweilige Luciferase „Kreuzreaktionen" zwischen den verschiedenen lumineszierenden Arten.

Man hat eine Reihe von Luciferinen identifiziert. Das erste, dessen chemische Struktur bekannt wurde, war das Luciferin aus dem Glühwürmchen *Photinus pyralis*, ein Benzothiazol-Derivat. Das Luciferin wird in diesem Fall an die Luciferase gebunden, in Anwesenheit von Mg^{2+} durch ATP adenyliert und dann oxidiert. Das Luciferin der Bakterien hingegen ist reduziertes Flavinmononucleotid. Außerdem ist hier ein aliphatischer Aldehyd an dem Geschehen beteiligt. Bei *Gonyaulax* geht die Biolumineszenz von kleinen, nahe der Vacuole lokalisierten Organellen (*Scintillonen*) aus. Das Luciferin ist ein offenkettiges Tetrapyrrol, des-

sen Oxidation durch eine spezifische Luciferase katalysiert wird. Auch bei diesem Organismus wird das Luciferin nicht-covalent an ein „*L*uciferin-*B*inding *P*rotein" (LBP) gebunden.

Gonyaulax kann an der amerikanischen Westküste in riesigen Populationen auftreten und ein phantastisches Meeresleuchten verursachen, da die Flagellaten auf jede starke mechanische Reizung mit einer Lichtemission reagieren. Die Fähigkeit zur Biolumineszenz ist nicht konstant. Sie verändert sich periodisch, und zwar auch dann, wenn man die Kulturen im schwachen Dauerlicht hält (Abb. 9.10). Die endogenen, tagesperiodischen Änderungen in der Kapazität der Biolumineszenz hängen mit Änderungen in der Aktivität der Komponenten des Biolumineszenz-Systems zusammen. Sowohl die Konzentrationen von Luciferin und LBP als auch der Gehalt an Luciferase zeigen entsprechende tagesperiodische Schwankungen (Abb. 9.11).

Die Biolumineszenz-Rhythmik von *Gonyaulax* zeigt allgemein bedeutsame Charakteristika: Man kann z. B. die Periodenlänge auf 14 h herunterdrücken, wenn man die Kulturen einem 7:7 h-Licht/Dunkel-Wechsel aussetzt. Sobald man jedoch die Zellen unter konstante Bedingungen bringt (z. B. schwaches Dauerlicht), tritt die „natürliche" *circadiane* Periodenlänge (etwa 23 h) wieder in Erscheinung, selbst dann, wenn man eine Kultur viele Monate im 7:7 h-Licht/Dunkel-Wechsel gehalten hat. Lernvermögen oder Adaptation gibt es nicht! Auch bei den *Gonyaulax*-Kulturen zeigt der Q_{10} der Periodenlänge nur eine geringe Abweichung von 1 (Tabelle 9.2). Diese bereits bei der Feuerbohne behandelte *Temperaturkompensation der Rhythmik* ist also auch eine Eigenschaft des Einzellers.

Über den Mechanismus der Uhr gibt es auch bei *Gonyaulax* begründete Vorstellungen. Luciferin, Luciferase und LBP werden tagesperiodisch auf-

Abb. 9.10. Rhythmik der Biolumineszenz bei *Gonyaulax polyedra*. Dunkle Querbalken = Dunkelperioden. Wenn man die Kulturen ins schwache Dauerlicht (1 klx) bringt, läuft die Rhythmik weiter. (Nach Hastings und Sweeney 1958)

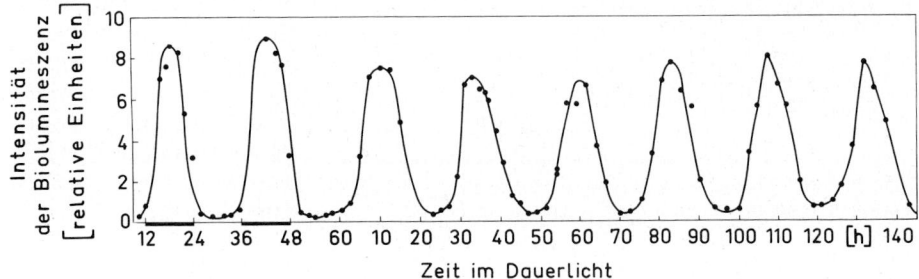

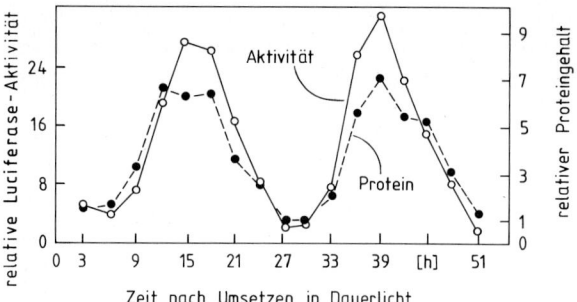

Abb. 9.11. Oscillationen des Luciferasegehaltes in den Zellen von *Gonyaulax polyedra*. Die Kulturen wuchsen zunächst im 12:12 h-Licht/Dunkel-Wechsel und wurden zur Zeit Null in konstantes, schwaches Dauerlicht überführt. Die Enzymaktivität ändert sich parallel zur Menge an Enzymprotein. (Nach Morse et al. 1990)

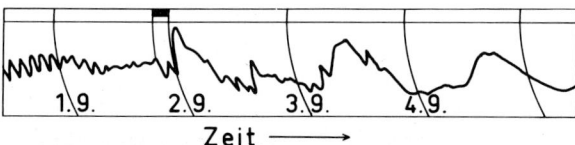

Abb. 9.12. Bewegungskurve eines Primärblattes der Feuerbohne (*Phaseolus coccineus*) im schwachen, konstanten Dauerlicht (20 °C). Durch die schwarze Marke ist ein Zeitraum von 200 min gekennzeichnet, während dessen mit hohem Lichtfluß die Bewegungsrhythmik ausgelöst wurde. Das Datum ist mittags um 12 Uhr eingetragen. Kurvenhebung bedeutet infolge der Hebelübertragung Blattsenkung. (Nach Leinweber 1956)

Tabelle 9.2. Die Periodenlänge der Bioluminineszenz-Rhythmik bei *Gonyaulax polyedra* zeigt lediglich eine geringe Temperaturabhängigkeit[a]. (Nach Hastings und Sweeney 1957)

Temperatur [°C]	Periodenlänge [h]
15,9	22,5
19,0	23,0
22,0	25,3
26,6	26,8
32,0	25,5

[a] Es gibt nur wenige Systeme, bei denen der Q_{10}-Wert der Periodenlänge größer als 1,1 ist.

und abgebaut. Auch die Scintillonen machen dieses Auf und Ab mit. Es gibt in der Nacht, auf dem Gipfel der Biolumineszenz, etwa 400 Scintillonen pro Zelle, während des Tages nur etwa 40. Die Theorie der physiologischen Uhr geht davon aus, daß (hypothetische) „clock proteins", die integrale Bestandteile der Uhr sind, das Auf und Ab derjenigen Proteine regeln, die für die Biolumineszenz zuständig sind. Als Ebene der Regulation wird die *Translation* (an 80S-Ribosomen) angesehen. Im Gegensatz zu einigen Befunden bei höheren Pflanzen (Rhythmik des Pegels an LHC-Apoprotein-mRNA; → Abb. 9.3), konnte bei *Gonyaulax* keine Oscillation von relevanten mRNA-Pegeln (z. B. für LBP) festgestellt werden.

Ausgewählte Experimente zur Analyse der endogenen Rhythmik

Auslösung der Rhythmik

In arhythmischen *Gonyaulax*zellen, die im Dauerlicht über drei Jahre hinweg gehalten wurden, konnte mit einer einzigen Änderung des Lichtflusses die charakteristische endogene Rhythmik der Biolumineszenz ausgelöst werden. Entsprechendes gilt auch für Kormophyten: Eine Bohnenpflanze, die von der Samenkeimung an in einer Klimakammer im schwachen Dauerlicht gezogen wird, zeigt keine periodische Blattbewegung. Bringt man die Pflanze für einige Stunden in einen hohen Lichtfluß, so löst man die endogene Rhythmik aus, die sich in der circadianen Blattbewegung im nachfolgenden schwachen Dauerlicht manifestiert (Abb. 9.12). Die Kapazität des Chlorophyl-*a*-bildenden Systems in den Kotyledonen des Senfkeimlings (*Sinapis alba*) zeigt im Dauerlicht und im Dauerdunkel keine periodischen Schwankungen (Konstanz der übrigen Umweltbedingungen vorausgesetzt!). Bringt man den Keimling jedoch vom Licht ins Dunkle, so kommt eine circadiane Rhythmik ins Spiel (Abb. 9.13). In diesem Fall setzt also der *Licht→Dunkel-Übergang* die physiologische Uhr in Gang. Man kann zwar zeigen, daß das relevante Lichtsignal über Phytochrom (→ S. 359) aufgenommen wird; es ist aber nicht geklärt, *wie* der Übergang von Licht zu Dunkel die Rhythmik auslöst.

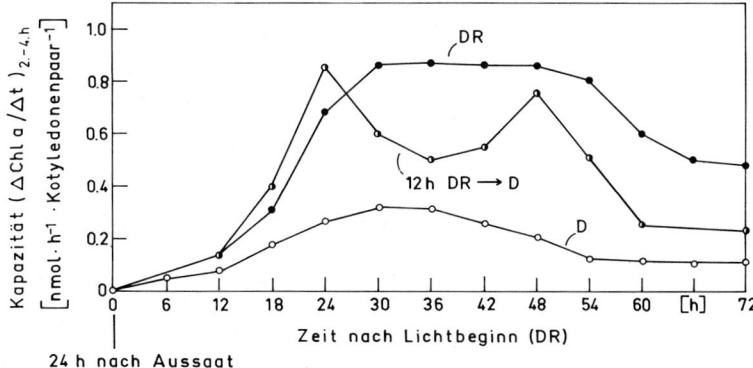

24 h nach Aussaat

Abb. 9.13. Die Änderung der Kapazität des Chlorophyll-*a*-bildenden Systems im Dauer-Dunkelrotlicht (DR; → S. 362), im Dunkeln (D) oder im Dunkeln nach einer Belichtung mit Dunkelrot von 12 h Dauer (12 h DR → D). Objekt: Kotyledonen des Senfkeimlings (*Sinapis alba*). Die endogene Rhythmik äußert sich sowohl im „overshoot" (12 bis 24 h),
als auch in der nachfolgenden circadianen Oszillation der Kapazität. Die „Kapazität" ist operational definiert als die jeweils im *saturierenden* Weißlicht gemessene Zunahme von Chlorophyll a pro Zeiteinheit im linearen Teil der Chlorophyll-*a*-Akkumulationskinetik nach dem Ende der lag-Phase (→ Abb. 18.8). (Nach Gehring et al. 1977)

Anpassungen der Rhythmik an Programmänderungen

Wenn man das Umweltprogramm ändert, paßt sich eine bestehende Rhythmik mehr oder minder schnell dem neuen Programm an. Bei *Chenopodium amaranticolor* z.B. gehen die entsprechenden Umstellungen der tagesperiodischen Blattbewegungen überraschend schnell vonstatten (Abb. 9.14). Die Anpassungsfähigkeit der endogenen Rhythmik an andere als 24 h-Perioden ist hingegen nur begrenzt möglich. Unterwirft man z.B. *Canavalia ensiformis* einem 6:6 h-Licht/Dunkel-Wechsel, so kann die Pflanze diesem raschen Programm nicht folgen. In den Blattbewegungen manifestiert sich vielmehr die endogene *circadiane* Rhythmik (Abb. 9.15).

Die Chloroplasten in den Epidermiszellen von *Selaginella serpens* verändern im natürlichen Licht/Dunkel-Wechsel Form und Lage (Abb. 9.16). In der Lichtphase ist der Chloroplast flächig und liegt dem Grund der Zelle an. Während der Dunkelphase ist der Chloroplast kugelförmig und liegt in der Mitte der Zelle an der Außenwand. Die Änderungen der Chloroplastenform und -lage erfolgen im 12:12 h-Licht/Dunkel-Wechsel perfekt tagesperiodisch (Abb. 9.17). Sowohl im Dauerdunkel als auch im Dauerlicht setzt sich die Formänderung nach diesem Muster für 2–3 d fort. Bei der Anwendung von Kurzcyclen (z.B. 6:6 h-Licht/Dunkel-Wechsel) verkürzt sich die Periodenlänge entsprechend

Zeit ⟶

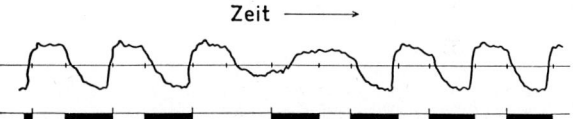

Abb. 9.14. Tagesperiodische Blattbewegungen beim Roten Gänsefuß (*Chenopodium amaranticolor*). Die Rhythmik läßt sich durch eine Inversion des Licht/Dunkel-Wechsels (10:14 h) schnell umkehren. Kurze senkrechte Striche in Abständen von 24 h. Lichtzeiten hell, Dunkelzeiten dunkel. (Nach Bünning 1963)

Uhrzeit

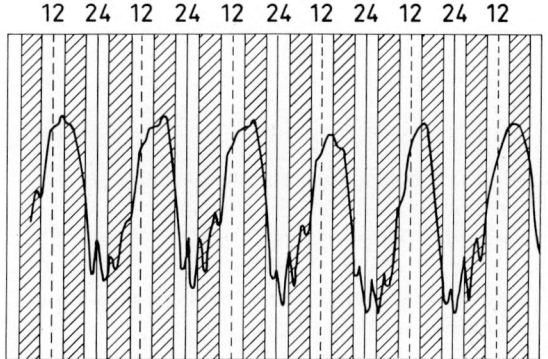

Abb. 9.15. Tagesperiodische Blattbewegungen bei der Schwertbohne (*Canavalia ensiformis*) im 6:6 h-Licht/Dunkel-Wechsel. Die physiologische Rhythmik kann dieser raschen Periodizität nicht folgen, sondern zeigt die „Eigenfrequenz". Gestrichelt: Dunkelperioden. (Nach Bünning 1963)

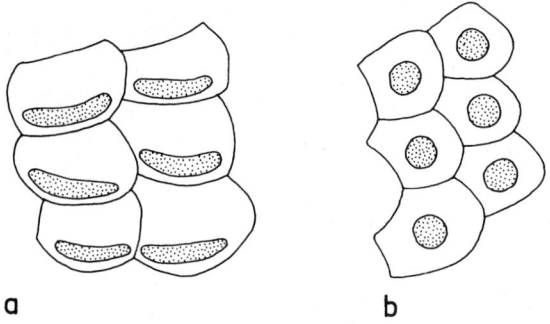

Abb. 9.16a und b. Formänderung der Chloroplasten von *Selaginella serpens.* (a) Tagesform; (b) Nachtform der jugendlichen Chloroplasten. (Nach Busch 1953)

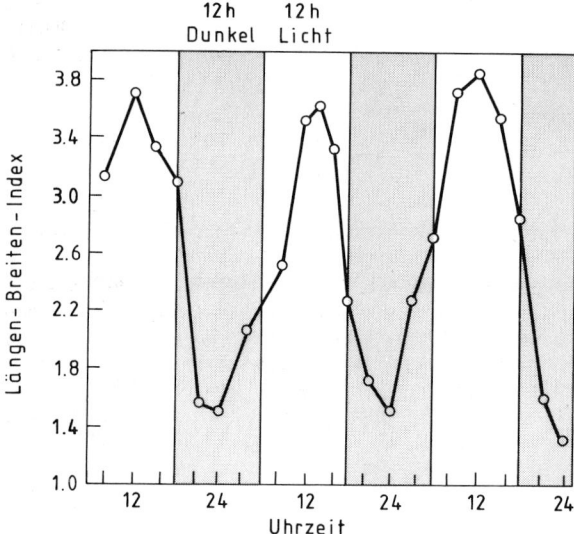

Abb. 9.17. Formänderung der Chloroplasten von *Selaginella serpens* im 12:12 h-Licht/Dunkel-Wechsel. Die Nützlichkeit des Längen-Breiten-Index ist aus Abb. 9.16 ersichtlich. (Nach Busch 1953)

(Abb. 9.18). Im nachfolgenden Dauerdunkel erscheinen Maxima und Minima im Abstand von 6 h in wechselnder Amplitudenhöhe. Gleichzeitig aber tritt eine *circadiane* Rhythmik in Erscheinung. Offensichtlich überlagert sich eine Nachschwingung mit der endogenen Rhythmik.

Endogene Rhythmik und Zellatmung

Die endogene Rhythmik der Zelle läuft auch dann weiter, wenn die Manifestationen der Rhythmik

unterbunden werden. Hierfür ein Beispiel: Die fädigen Grünalgen der Gattung *Oedogonium* zeigen eine endogene Sporulationsrhythmik. Wenn man mit Cyanid die Zellatmung unterbindet (CN⁻ blockiert das Fe-Zentralatom der Cytochromoxidase; → Abb. 13.7), bleiben die Algen zwar am Leben; es findet aber keine Sporulation mehr statt. Sobald man das CN⁻ aus der Kultur entfernt, setzt die Sporulation wieder ein, und zwar mit derselben Phasenlage wie bei den Kontrollen (Abb. 9.19). Die CN⁻-Vergiftung hat sich auf den Gang der physiologischen Uhr also nicht ausgewirkt.

Endogene Rhythmik und Zellkern

Bei Studien zur Analyse der endogenen Rhythmik hat man starke tagesperiodische Schwankungen der Kernvolumina beobachtet. Da sich diese Rhythmen unter konstanten Bedingungen (z. B. im Dauerdunkel) fortsetzen, handelt es sich um endogene Rhythmen. Es lag der Schluß nahe, Aktivitätsänderungen des Kerns seien relativ unmittelbare Manifestationen der physiologischen Uhr. Bei Untersuchungen mit *Acetabularia* (→ Abb. 19.66) hat sich diese Auffassung jedoch nicht bewährt. Zwischen Pflanzen mit und solchen ohne Zellkern zeigt sich z. B. kein Unterschied bezüglich der endogenen Rhythmik der Photosynthese-Intensität. Die rhythmische Änderung der Chloroplastengestalt (am längsten in der Mitte der Lichtperiode, nahezu sphärisch in der Mitte der Nacht) geht ebenfalls nach der Entfernung des Kerns ungestört weiter. Der Zellkern ist also offenbar für den *Gang* der physiologischen Uhr *nicht notwendig.* Man hat festgestellt, daß auch Änderungen der endogenen Rhythmik, z. B. die Wiederherstellung der Rhythmik in arhythmisch gemachten, kernlosen *Acetabularia*-Pflanzen, in Abwesenheit des Kerns möglich sind. Anderseits geht die Rhythmik verloren, wenn man intakte, kernhaltige *Acetabularia*-Pflanzen mit Actinomycin D (einem Inhibitor der Transkription; → Abb. 10.9) behandelt. Bei entkernten Algen hingegen hat der Inhibitor keinen Einfluß auf die Photosynthese- und Chloroplastenrhythmik. Wie ist dieses Paradoxon zu erklären? Eine plausible Erklärung lautet: In entkernten Acetabularien, die über lange Zeit hinweg weiterleben und ihre endogene Rhythmik unverändert beibehalten, ist die mRNA stabilisiert. Dies gilt sowohl für die mRNA, die mit der Rhythmik zu tun hat, als auch

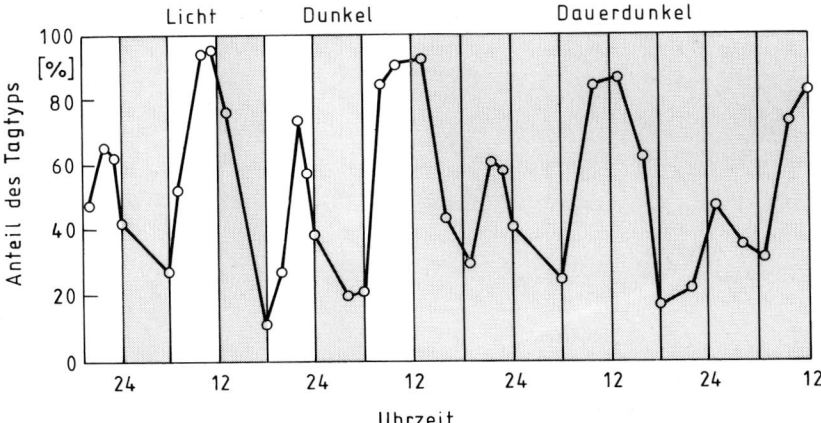

Abb. 9.18. Formänderung der Chloroplasten von *Selaginella serpens* im 6:6 h-Licht/Dunkel-Wechsel und im anschließenden Dauerdunkel. Die hier verwendete Meßgröße ist ebenso nützlich wie der Längen-Breiten-Index. (Nach Busch 1953)

für die mRNA, die an der Morphogenese beteiligt ist (→ S. 341). In Anwesenheit des Kerns ist die für die Rhythmik zuständige mRNA labil. Der Kern kann jeweils innerhalb kurzer Zeit dem Plasma seine eigene Rhythmik aufprägen, jedenfalls dann, wenn die Transkription intakt ist. Dies zeigen Experimente mit Acetabularien, deren Stiel und Rhizoid (mit Primärkern) entgegengesetzten Licht/Dunkel-Programmen ausgesetzt waren. Anschließend wurden die Algen ins Dauerlicht gebracht und die Photosyntheseintensität verfolgt. Wie die Abb. 9.20 zeigt, beobachtet man nach einigen Tagen eine Rhythmik der Photosyntheseintensität, die dem Licht/Dunkel-Programm entspricht, das der Zellkern vor dem Zeitpunkt Null erhalten hatte. RNA, vermutlich solche vom messenger-Typ, dürfte auch im Fall der Rhythmiksteuerung (Bestimmung der Phasenlage) die Vermittlerrolle zwischen Kern und Plasma spielen.

Endogene Rhythmik als Systemeigenschaft

Die endogene Rhythmik ist offensichtlich eine *Systemeigenschaft* der Eukaryotenzelle. Dies bedeutet, daß die endogene Rhythmik nicht auf die Eigenschaften bestimmter Moleküle (Elemente) zurückgeführt werden kann, sondern als ein Ausdruck der spezifischen Organisation der Eukaryo-

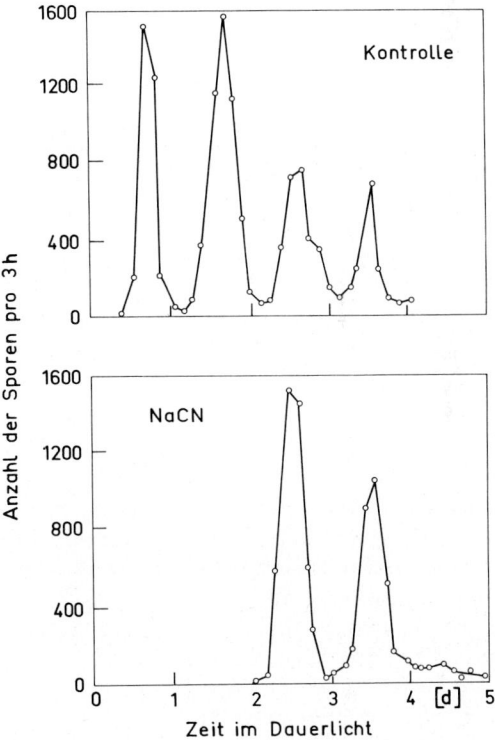

Abb. 9.19. *Oben*: Sporulationsrhythmik von *Oedogonium spec.* im Dauerlicht. Solange die Sporulation erfolgt, geschieht sie rhythmisch. *Unten*: Unter der Einwirkung von NaCN tritt eine völlige Unterdrückung der Sporulation ein. Sobald man die Substanz entfernt, kommt es wieder zur rhythmischen Sporulation, und zwar ohne Phasenverschiebung gegenüber der Kontrolle. (Nach Bühnemann 1955)

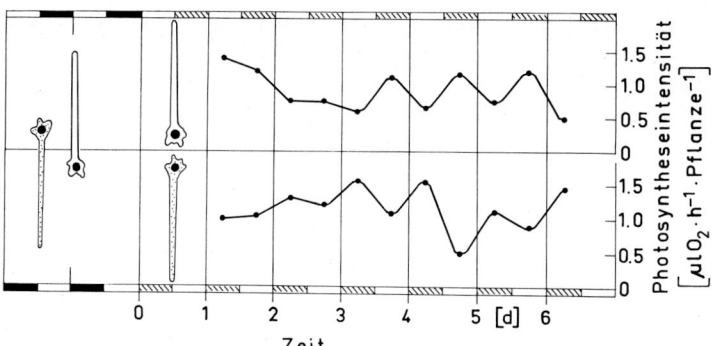

Abb. 9.20. Experimente, die zeigen, daß der Zellkern die Phasenlage der endogenen Rhythmik der Photosyntheseintensität bei *Acetabularia* bestimmt. Rhizoid (mit Primärkern) und Stiel wurden zunächst entgegengesetzten Licht/Dunkel-Wechseln unterworfen (*links*). Zum Zeitpunkt Null wurden die Algen unter konstanten Bedingungen ins Dauerlicht gebracht und die Photosyntheseintensität verfolgt. (Nach Schweiger et al. 1964)

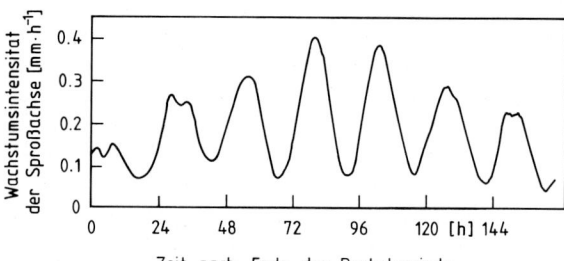

Abb. 9.21. Circadian-rhythmische Änderungen des Längenwachstums einer Sproßachse. Objekt: Roter Gänsefuß (*Chenopodium rubrum*). Die Pflanzen wurden für drei Wochen unter arhythmischen Bedingungen (im konstanten Dauerlicht) angezogen. Anschließend wurde die Rhythmik durch eine 12 h-Dunkelperiode ausgelöst und während der nächsten 7 d im konstanten Dauerlicht gemessen. (Nach Lecharny et al. 1990)

tenzelle angesehen werden muß (→ S. 22). Es ist deshalb wahrscheinlich, daß die Antwort auf die Frage nach der Natur des zellulären Oscillators in der Sprache der biologischen Systemtheorie erfolgen muß. Die Frage nach dem „Wesen" der physiologischen Uhr erschöpft sich jedoch nicht in ihrer elementaren Bedeutung für die einzelne Zelle. Sicher, es gibt keinen Zweifel daran, daß jede Zelle in einem vielzelligen Organismus die physiologische Uhr besitzt. Die zelluläre Uhr kann aber unter die Kontrolle eines „master oscillators" gelangen, der zentral gelegen ist, z. B. im Gehirn der

Vertebraten oder Insekten. Auch bei den Pflanzen muß man mit Mechanismen rechnen, welche die Uhren der einzelnen Zellen und Organe, etwa entlang einer wachsenden Sproßachse, koordinieren (synchronisieren). Ohne diese Annahme kann man sich die Präzision, mit der die physiologische Uhr das Wachstum einer Sproßachse steuert (Abb. 9.21), kaum verständlich machen.

Weiterführende Literatur

Bünning E (1977) Die physiologische Uhr. 3. Aufl. Springer, Berlin Heidelberg New York

Cumming BG, Wagner E (1968) Rhythmic processes in plants. Annu Rev Plant Physiol 19:381–416

Edmunds LN (1988) Cellular and molecular bases of biological clocks. Models and mechanisms for circadian timekeeping. Springer, New York Berlin Heidelberg

Lloyd D, Stupfel M (1991) The occurrence of ultradian rhythms. Biol Reviews 66:275–299

Morse DS, Fritz L, Hastings JW (1990) What is the clock? Translational regulation of circadian bioluminescence. Trends Biochem Sci 15:262–265

Rensing L, Schulz R (1984) Wie funktioniert die innere Uhr? Biologie in unserer Zeit 14:13–19

Sweeney BM (1981) Circadian timing in the unicellular autotrophic dinoflagellate, Gonyaulax polyedra. Ber Deutsch Bot Ges 94:335–345

Sweeney BM (1987) Rhythmic phenomena in plants. 2. Aufl. Academic Press, San Diego

Winfree AT (1975) Unclocklike behaviour of biological clocks. Nature 253:315–319

10 Die Zelle als genphysiologisches System

Die genetische Information der Zelle ist in Form von DNA im *Zellkern* (nucleäre Gene, *Genom*), in den *Plastiden* (plastidäre Gene, *Plastom*) und in den *Mitochondrien* (mitochondriale Gene, *Chondrom*) lokalisiert. Die Endosymbiontenhypothese besagt, daß die Mitochondrien und Plastiden der Eucyten im Laufe der Evolution aus eingewanderten Bakterien bzw. Blaualgen (Cyanobakterien) entstanden sind. Diese haben allmählich den Großteil ihrer genetischen Information an den Zellkern abgegeben und nur einen kleinen Anteil an Genen übrigbehalten. Genom, Plastom und Chondrom müssen aufeinander abgestimmt sein, wenn eine störungsfreie Funktion der Zelle gewährleistet sein soll. Passen das Genom und die genetische Information der Plastiden und Mitochondrien nicht richtig zusammen, vertragen sich aber noch einigermaßen, so treten Entwicklungsstörungen auf, die man bei der Ontogenie gewisser Artbastarde (z. B. in den Gattungen *Epilobium* und *Oenothera*) leicht beobachten kann. Eukaryotische Genome sind so immens, daß sich die DNA in einer hochgradig geordneten Weise kondensieren muß, um in das Kernvolumen zu passen. Die entsprechenden Ordnungszustände fassen wir jetzt ins Auge.

Chromatin und Chromosomen

Im Zellkern befindet sich das *Chromatin,* welches während der Mitose bzw. Meiose in Form kompakter, manövrierfähiger *Chromosomen* in Erscheinung tritt (Transportform). Auch die besten lichtmikroskopischen Bilder „spiralisierter" Metaphasechromosomen (Abb. 10.1) geben nur einen groben Einblick in die Struktur des kondensierten Chromatins. Während der Interphase sind besonders jene Chromatinpartien stark aufgelockert (dispers), die bezüglich der Replikation oder Transkription gerade aktiv sind (*Euchromatin*). Andere,

bezüglich der Transkription nicht aktive Partien liegen auch während der Interphase in kondensierter Form vor (*Heterochromatin*). Das trifft unter Umständen (zumal bei extrem spezialisierten Zellen) für den größten Teil des Chromatins zu. Das Muster der Chromatinauflockerung ist also oft gewebespezifisch und kann als ein (wenn auch stark vergröberter) Ausdruck für unterschiedliche Genaktivität angesehen werden.

Wir wissen heute, daß eine starke Auflockerung des Chromatins Voraussetzung nicht nur für die Bildung von Genprodukten (Transkription) ist, sondern auch für die Replication und Rekombination der DNA. Bezeichnenderweise erfolgt die DNA-Replication im Heterochromatin erst am Ende der S-Phase, d. h. nach Abschluß der DNA-

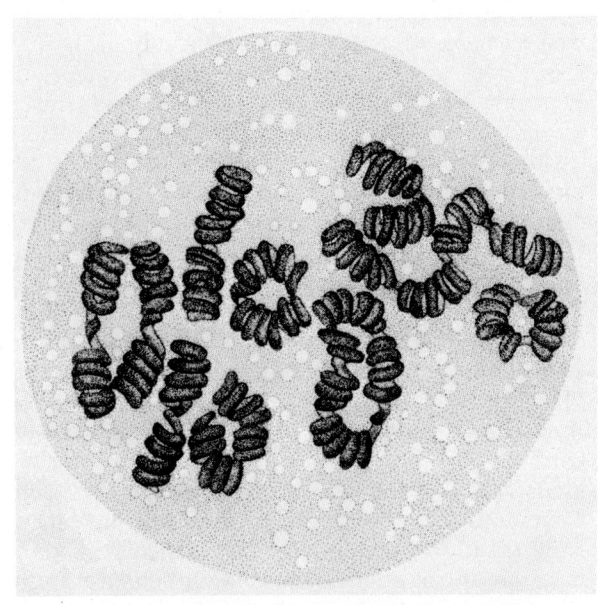

Abb. 10.1. Blick auf die Metaphasenplatte (1. Metaphase) bei der Meiosis der Pollenmutterzellen. Objekt: *Tradescantia virginiana*. (Nach Darlington und La Cour 1942)

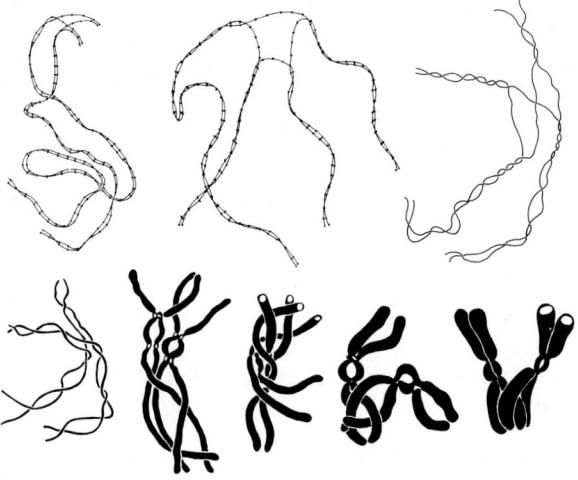

Abb. 10.2. Quadrivalente zwischen Pachytän und Diakinese. Objekt: Meiosechromosomen des Lauchs (*Allium porrum*), einer autotetraploiden Art. (Nach Levan 1940)

Replication in den euchromatischen Chromatinbereichen (→ Abb. 6.2). In den Anfangsstadien der meiotischen Prophase, wo es zu Homologenpaarung und crossing over kommt, liegen die Chromosomen als weitgehend entfaltete Fäden (*Chromonemen*) vor, die nur an gewissen Stellen kleine, kondensierte Bereiche tragen, die *Chromomeren*. Die weitgehend entfalteten und entschraubten, homologen oder identischen Chromonemen neigen zur Paarung bzw. Bündelbildung; dies wird durch die *polytänen Chromosomen* dokumentiert. Diese „Riesenchromosomen" können infolge von Endomitosen bei Tieren und Pflanzen auftreten. Es handelt sich bei jedem polytänen Chromosom um ein Chromosomenbündel. Voraussetzung für die Bildung von Riesenchromosomen ist eine gestrecktfibrilläre Gestalt der durch Endomitose entstandenen „Endochromosomen". Nur in dieser Form können die Endochromosomen in Bündeln vereint bleiben. Diese Voraussetzung ist nur selten erfüllt, so daß *Endopolyploidie* weit häufiger angetroffen wird als das Vorkommen von Riesenchromosomen. Die Bildung von Chromosomen aus dem Chromatin des Interphasekerns beruht auf einem Kondensationsprozeß (Abb. 10.2). Die Chromonemen schrauben oder falten sich in noch kaum verstandener Weise zu kompakten Chromosomen auf. (Lediglich die Nucleolus-Bildungsstellen bleiben von diesem Verdichtungsprozeß ausgenommen; sie erscheinen daher an Metaphasechromosomen als „sekundäre Einschnürung".) Auch die Chromomere der Leptotän- und Pachytän-Chromosomen entsprechen lokalen Aufschraubungen des wahrscheinlich überall gleich dicken Chromonemas. Es ist in einigen Fällen gelungen, Chromomeren durch mechanischen Zug zu „entfalten", ohne die Kontinuität des Chromonemas zu zerstören.

Die Architektur des Zellkerns ist derzeit ein wichtiges Forschungsgebiet. Gibt es eine suprachromosomale Organisation im Zellkern, die sich auch auf die Genexpression auswirkt? Man weiß, daß auch die dekondensierten Chromosomen einen bestimmten Bereich im Zellkern besetzen (ihre „Domäne") und sich nicht etwa im ganzen Kernvolumen ausbreiten. Im Gegensatz zu Insekten (z. B. *Drosophila*), bei denen die homologen Chromosomen eng assoziiert sind, tritt im somatischen Gewebe der Pflanzen die entsprechende Tendenz nicht so klar in Erscheinung. Bei Hybriden (z. B. bei Getreide, Tabak) hat sich allerdings die Beobachtung immer wieder bestätigen lassen, daß die beiden parentalen Chromosomensätze räumlich strikt getrennt bleiben.

Die biochemische Analyse von Chromatin ergab, daß die folgenden Makromoleküle in dieser Struktur vorkommen: DNA, RNA, Protein. Das Protein läßt sich in zwei Fraktionen (Histone und Nicht-Histone) zerlegen (Abb. 10.3). Die Menge an DNA pro Genom ist erwartungsgemäß bei Eukaryoten sehr viel größer als bei Phagen oder Bakterien (Tabelle 10.1). Pflanzen besitzen besonders viel DNA. Schwierigkeiten wirft die Tatsache auf, daß

Tabelle 10.1. Menge an DNA pro Zelle (Prokaryoten) oder pro haploidem Genom (Eukaryoten). (Nach Rees 1976)

Organismus	DNA-Menge [pg]
T4-Phagen	0,00022
Escherichia coli	0,0045
Eukaryoten:	
Saccharomyces cerevisiae	0,026
Drosophila melanogaster	0,10
Maus	2,50
Mensch	3,20
Lathyrus angulatus	4,50
Lathyrus sylvestris	11,6
Salamander salamander [a]	32,0
Picea abies	50,0

[a] Nach Nagl (1976).

auch nahe verwandte Arten derselben Gattung, z. B. bei *Lathyrus* (Tabelle 10.1), sehr unterschiedliche Mengen an DNA pro Zelle aufweisen. Da beide *Lathyrus*-Arten diploid sind (2 n = 14), kann die Variation der DNA-Menge nicht auf Polyploidie zurückzuführen sein. Taxonomisch sind die beiden *Lathyrus*-Arten eng verwandt. Es ist deshalb unwahrscheinlich, daß die eine Art, *L. sylvestris*, dreimal so viele Gene braucht, wie die andere Art, *L. angulatus*. Auf jeden Fall ist die Komplexität der Entwicklung oder der Stoffwechselleistungen eines höheren Organismus mit der Menge an DNA kaum korreliert. Man erklärt sich diese Variation der DNA-Menge hauptsächlich damit, daß erhebliche Teile der DNA vervielfacht (repetitiv) sind, also aus multiplen Kopien gleicher oder doch sehr ähnlicher Nucleotidsequenz (Basensequenz) bestehen.

Tabelle 10.2 zeigt, daß die Menge an nicht-repetitiver DNA innerhalb der Gattung *Lathyrus* recht konstant ist, im Gegensatz zum repetitiven Anteil. Es scheint, daß viele der repetitiven Sequenzen im Eukaryotengenom nicht transkribiert werden (→ Abb. 10.6). Die eigentümliche nucleäre Satelliten-DNA, die man häufig ihrer etwas unterschiedlichen Dichte wegen von der übrigen DNA des Zellkerns abtrennen kann, besteht z. B. aus hochgradig repetitiver DNA, die teilweise nucleoläre DNA (codiert rRNA) darstellt und teilweise im Bereich des lichtmikroskopisch definierten Heterochromatins lokalisiert ist. Bereits die klassische Genetik hat den Beweis geliefert, daß in den Regionen des konstitutiven Heterochromatins keine Gene nachzuweisen sind.

Tabelle 10.2. Menge an repetitiver und nicht-repetitiver DNA [pg] bei *Lathyrus*-Arten mit unterschiedlichen DNA-Mengen pro haploidem Genom. (Nach Narayan und Rees 1976)

Art	Gesamt-DNA	Nicht-repetitive DNA	Repetitive DNA
L. articulatus	12,45	5,48	6,98
L. nissolia	13,20	5,41	7,78
L. clymenum	13,75	5,23	8,52
L. ochrus	13,95	5,58	8,37
L. aphaca	13,97	5,17	8,80
L. cicera	14,18	5,96	8,22
L. sativus	17,15	5,23	11,90
L. tingitanus	17,88	6,93	10,95
L. hirsutus	20,27	6,17	14,10

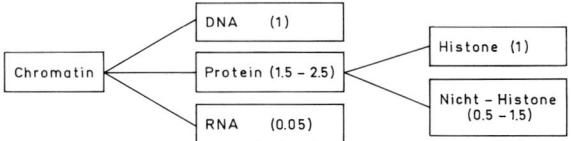

Abb. 10.3. Chromatin, das komplexe Material im Kern der Eukaryotenzelle, besteht aus DNA, Protein und einer kleinen Menge an RNA. Man findet zwei verschiedene Proteinsorten: Die relativ einheitlichen, basischen Histone und die sehr variablen Nicht-Histonproteine (NHP). Die Zahlen deuten die Molrelationen an. (Nach Stein et al. 1975.) Man findet bei allen Eukaryoten etwa ebensoviel Histon wie DNA; der NHP-Anteil hingegen variiert erheblich (bei Pflanzen scheint er gelegentlich weit höher als 1,5 zu sein). Auch die Enzyme des Chromatins rechnet man zum NHP, z. B. die DNA- und RNA-Polymerasen, gewisse Proteasen, Proteinkinasen, usw. Die etwa 20 bekannten Histone lassen sich in fünf Gruppen einteilen (H1, H2A, H2B, H3, H4). Die Histone sind – evolutionistisch gesehen – konservative Proteine. Man geht heute davon aus, daß die relativ kleinen Histone in erster Linie Strukturelemente des Chromatins sind, während die meisten Proteine der NHP-Fraktion an der Regulation der Genaktivität (Transkription) beteiligt sind. H1 ist das Histon mit der größten Mannigfaltigkeit. Es hat eine Doppelfunktion, da es sowohl die Nucleosomenstruktur (→ Abb. 10.4) als auch die höheren Ordnungszustände des Chromatins stabilisiert. Verschiedene Varianten von H1, charakteristisch für bestimmte Zelltypen und Entwicklungsstadien, modulieren die Stabilität des Chromatins und kontrollieren damit die unterschiedliche Zugänglichkeit der Gene für die Transkriptionsfaktoren

Wie sind die verschiedenen Makromoleküle des Chromatins miteinander verknüpft? Die wichtigste Frage zur molekularen Chromosomenstruktur scheint gelöst zu sein: *Die Chromosomen der Eukaryoten sind „uninemisch" gebaut,* d. h. sie bestehen aus einer einzigen DNA-Doppelhelix. Die Vorstellung einer uninemischen Grundstruktur (ein Chromonema in einem normalen, nicht-polytänen Chromosom) wurde bereits von der klassischen Cytogenetik bevorzugt. Viele genetische Befunde, vor allem die normale Rekombination und die Manifestierung somatischer Mutationen noch in derselben Generation, auch das Auftreten von Chromosomenbrüchen nach Röntgenbestrahlung, sind schwer verständlich, wenn von jedem Gen in einer diploiden Zelle nicht nur zwei, sondern mehrere bis viele Kopien in parallelen Strängen vorlägen. Nur eine von ihnen kann ja unmittelbar von einem Mutationsereignis betroffen sein. In mehreren Fällen konnte darüber hinaus der Nachweis erbracht werden, daß sich ein Chromosom bei der Replikation

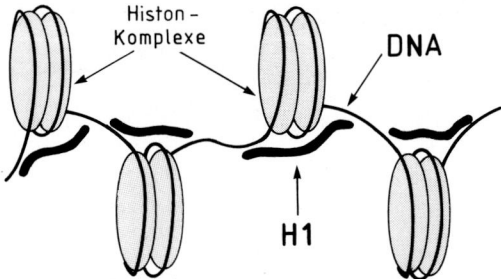

Abb. 10.4. Ein grobes Modell der Nucleosomenstruktur des Chromatins. Der nucleosomale Kern besteht aus Histonen. Er ist von zwei DNA-Schleifen umwunden. Ein Nucleosom enthält etwa 200 Nucleotidpaare der DNA sowie jeweils 8 Histonmoleküle (je zwei H2A-, H2B-, H3- und H4-Histone). Die Lokalisation des H1-Histons, das in den Nucleosomen nicht vorkommt, ist angedeutet. Es spielt seine Rolle bei der Bildung von Superstrukturen bis hin zu den Chromosomen

im Prinzip genauso verhält wie eine DNA-Doppelhelix. Die Vermehrung erfolgt also semi-konservativ (→ Abb. 6.5). Dieser Befund wäre bei Mehrsträngigkeit somatischer Chromosomen schwer verständlich. Die uninemische Grundstruktur findet eine besonders starke Stütze in dem Nachweis, daß sowohl Hefe- als auch *Drosophila*-Zellen DNA-Moleküle mit einem Molekulargewicht enthalten, das genau dem DNA-Gehalt einzelner Chromosomen entspricht.

Eine weitere wichtige Frage betrifft die Längskontinuität von DNA-Strängen in einem Chromonema. Diese Frage ist für Eukaryoten von besonderer Bedeutung. Während die (haploide) DNA-Menge in einer *Escherichia coli*-Zelle einer DNA-Doppelhelix von gut 1 mm Länge entspricht (sie ist durch Autoradiographie lichtmikroskopisch sichtbar zu machen), liegen die entsprechenden Helix-Längen einzelner Chromosomen bei höheren Organismen meist im Meterbereich. Es ist schwer vorstellbar, daß so lange und zusätzlich in sehr komplizierter Weise aufgeschraubte und gefaltete DNA-Doppelstränge überhaupt noch in die Einzelstränge auseinandergedrillt werden können (noch dazu in verhältnismäßig kurzer Zeit), wie es für die Replication notwendig ist. Pulsmarkierungsexperimente mit ³H-Thymidin haben tatsächlich gezeigt, daß während der S-Phase (Replicationsphase zwischen zwei Mitosen; → Abb. 6.2) die DNA eines Chromosoms an mehreren Stellen gleichzeitig repliziert werden kann. Es ist daher unwahrscheinlich, daß

Chromonemen von einem Ende zum anderen kontinuierlich durchrepliziert werden.

Damit erhebt sich die Frage, ob in den Chromosomen von Eukaryoten durchgehende DNA-Doppelhelices vorliegen (wie im Genophor = „Chromosom" von *E. coli*), oder ob kürzere DNA-Abschnitte durch andersartige Verbindungsstücke längs miteinander verbunden sind. Heute geht man davon aus, daß ein Chromosom nur eine einzige, sehr lange DNA-Doppelhelix enthält. Die gedanklichen Schwierigkeiten, die sich daraus im Hinblick auf die DNA-Replication ergeben, sind weitgehend entschärft. Es gibt Enzyme (*Helicasen*), die die Doppelhelix lokal auseinanderwinden, und andere (*Topoisomerasen*), die transiente Ein- oder Doppelstrangbrüche erzeugen, an denen vorübergehend freie Drehbarkeit besteht. Nach dem Ausgleich der Torsionsspannungen schließen die Topoisomerasen die Bruchstellen wieder.

Über die eigentliche Struktur des Chromatins war lange Zeit nur bekannt, daß die Histone hierbei eine wesentliche Rolle spielen. Aufgrund physikalischer und biochemischer Daten wird heute eine perlschnurartige Struktur des Chromatins angenommen. Die „Schnur" zwischen den „Perlen" besteht in erster Linie aus DNA. Die elektronenmikroskopisch sichtbaren „Perlen" repräsentieren gleichartige morphologische Einheiten, die aus DNA und Histonen aufgebaut sind. Sie werden als *Nucleosomen* bezeichnet (Abb. 10.4). Das Chromatin enthält den größten Teil der DNA einer Eukaryotenzelle. Kleine DNA-Fraktionen findet man auch in den Chloroplasten und in den Mitochondrien (Abb. 10.5). Diese Organellen enthalten stets mehrere bis viele identische Kopien ringförmiger DNA-Moleküle (plDNA, mtDNA). Diese DNAs sind „nackt", d.h. nicht mit Proteinen assoziiert und ähneln auch in dieser Hinsicht der DNA von Prokaryoten (→ Abb. 11.7). Die Endosymbiontenhypothese, wonach sich phylogenetisch die Mitochondrien der Eukaryotenzelle von endosymbiontischen Bakterien und die Chloroplasten von Blaualgen (Cyanobakterien) ableiten, hat auch durch diese Befunde eine Unterstützung erfahren.

Die RNA der Zelle

Die RNA-Moleküle werden an der DNA mit Hilfe von RNA-Polymerasen gebildet. Den Vorgang nennt man *Transkription* (= Umschreibung der spezifischen Nucleotidsequenz der DNA in eine komplementäre Nucleotidsequenz von RNA). Man muß mindestens drei Sorten von RNA unterscheiden: Die *messenger RNA* (mRNA) trägt die Information für die Aminosäuresequenz der Proteine; die *transfer RNA* (tRNA) verbindet sich mit den aktivierten Aminosäuren und bringt sie an die Ribosomen heran; die *ribosomale RNA* (rRNA) ist neben verschiedenen Proteinen ein Konstituent der Ribosomen.

Die *Ribosomen,* die wir bereits als die Orte der Proteinsynthese kennengelernt haben (→ S. 24), sind kleine (15–20 nm), globuläre bis elliptische Partikel, die man durch ihr Sedimentationsverhalten in der Ultrazentrifuge charakterisieren kann. Prokaryoten (Bakterien und Cyanobakterien) besitzen 70S-Ribosomen, während im Cytoplasma der Eukaryoten 80S-Ribosomen vorkommen. Die Chloroplasten enthalten hingegen 70S-Ribosomen; die der Mitochondrien sind etwas größer (meist um 78S).

Die Ribosomen lassen sich in Untereinheiten mit Sedimentationskonstanten von 60S und 40S (80S-Ribosomen) bzw. 50S und 30S (70S-Ribosomen) zerlegen. Sie bestehen etwa zur Hälfte aus RNA und zur Hälfte aus Protein. Bei der Deproteinisierung pflanzlicher Ribosomen erhält man als Hauptfraktionen $1,3 \cdot 10^6$ und $0,7 \cdot 10^6$ Da große RNA-Ketten, welche von der 60S- bzw. 40S-Untereinheit cytoplasmatischer Ribosomen stammen. Beim prokaryotischen Ribosomentyp der Plastiden und Bakterien sind die entsprechenden Moleküle etwas kleiner ($1,1 \cdot 10^6$ bzw. $0,56 \cdot 10^6$ Da). Die 60S- bzw. 50S-Untereinheiten enthalten außerdem noch eine $38 \cdot 10^3$ Da-RNA. Für die 78S-Ribosomen der Mitochondrien hat man für die beiden langen Ketten ähnliche Werte wie für 80S-Ribosomen gemessen. Die Gene für die rRNA der cytoplasmatischen Ribosomen liegen im Bereich des Nucleolus (bzw. der Nucleoli). Diese Struktur enthält etwa 80% der RNA des Zellkerns. Das meiste davon wird für die Bildung der Ribosomen verwendet.

Wir werden später im Zusammenhang mit der Bildung von mRNA (→ Abb. 10.6) die Tatsache näher besprechen, daß bei der Biosynthese von RNA primär Polynucleotide entstehen, die wesentlich größer sind als die Endprodukte. Im Fall der rRNA werden die großen rRNA-Ketten der beiden Untereinheiten ($1,3 \cdot 10^6$ bzw. $0,7 \cdot 10^6$ Da) als ein

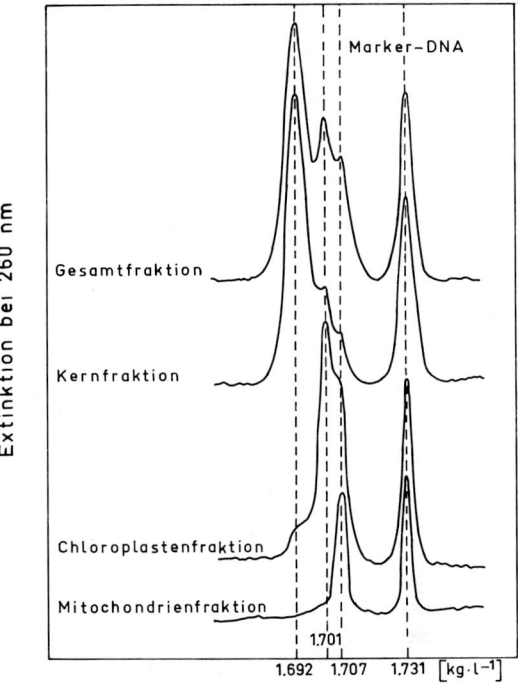

Auftriebsdichte im CsCl–Gradient

Abb. 10.5. Der biochemische Nachweis von nucleärer, plastidärer und mitochondrialer DNA. Objekt: Hypokotyl von Gurkenkeimlingen (*Cucumis sativus*). Die aus dem gesamten Gewebe, bzw. aus der Kern-, Chloroplasten- und Mitochondrienfraktion gewonnene DNA wurde, zusammen mit der aus *Micrococcus lysodeikticus* stammenden Marker-DNA, auf einem isopyknischen CsCl-Dichtegradienten bis zur Gleichgewichtseinstellung zentrifugiert. Anschließend wurde das DNA-Profil optisch ausgemessen. Man erkennt bei der Gesamtfraktion eine Aufspaltung in drei überlappende Banden unterschiedlicher Dichte, welche sich durch spezifische Anreicherung in den verschiedenen Zellfraktionen als Kern-, Plastiden- bzw. Mitochondrien-DNA identifizieren lassen. Der Dichtewert der nucleären DNA variiert bei verschiedenen Arten, so daß sich nicht immer eine so klare Aufspaltung wie in diesem günstigen Fall ergibt. Auch ist bei den meisten anderen Pflanzen der Kern-DNA-Gehalt sehr viel größer als hier (nur ca. 0,7 pg pro haploidem Genom; → Tabelle 10.1), so daß die Banden der Organellen-DNA leicht überdeckt werden können. (Nach Kadouri et al. 1975)

riesiges, zusammenhängendes Polynucleotid von etwa $2,4 \cdot 10^6$ Da gebildet, das außerdem noch Nucleotidsequenzen enthält, die nach der Aufspaltung nicht erhalten bleiben.

Die ribosomalen Proteine, die im Cytoplasma synthetisiert werden, müssen in den Zellkern gelangen, da der Zusammenbau der Ribosomen im Nucleolus erfolgt. Während die Proteine der *Escherichia coli*-Ribosomen bereits weitgehend charakterisiert sind (stark basische Proteine mit einem hohen Gehalt an Arginin und Lysin), ist die Erforschung der etwa 70 verschiedenen Ribosomenproteine und ihrer Anordnung im Ribosom bei den Eukaryoten noch nicht abgeschlossen. Man kann aber heute davon ausgehen, daß die RNA in den Ribosomen nicht völlig von Proteinen eingehüllt ist. Vielmehr dürften größere Teile der rRNA frei zugänglich an der Oberfläche der Ribosomen liegen.

Die *Prä-mRNA* (auch HnRNA genannt) ist die im Zellkern gebildete Vorstufenform der mRNA. Diese Primärtranskripte enthalten gewöhnlich auch *Introns,* die der fertigen mRNA fehlen (Abb. 10.6). Diese RNA-Sequenzen werden post-transkriptionell ausgeschnitten und wieder abgebaut. Die verbleibenden Sequenzen (*Exons*) werden dann miteinander verknüpft („ligiert"). Sie bilden die reife mRNA, die den Kern verläßt und für die Translation verfügbar ist. Das „Spleißen" (Ausschneiden, Ligieren) der Primärtranskripte wird allem Anschein nach von der RNA selbst katalysiert. Im Zusammenhang mit dem Prozessieren der Primärtranskripte wird in der Regel am 3'-Ende durch eine Poly(A)-Synthetase eine Poly(A)-Sequenz

(180–200 AMP-Reste) angefügt. Diese *Polyadenylierung* schützt wahrscheinlich die mRNA vor Abbau. Am 5'-Ende wird ebenfalls eine schützende Terminalstruktur angefügt, nämlich ein Methylguanosyl-5'-Diphosphatrest, der als „Cap-Struktur" das 5'-Ende gegen 5'-Exonucleasen abschirmt. Schon während der Transkription verbindet sich das Primärtranskript mit spezifischen Proteinen; diese Proteinassoziation bleibt bis zum Ende der mRNA-Reifung erhalten. Die Ribonucleoproteinpartikel (RNP) im Kern sind große Aggregate (*nucleärer Informator*); die globulären Partikel dieses Komplexes nennt man *Informofere.* Die RNPs im Cytoplasma sind kleiner; man nennt sie *Informosomen.*

Auch die Biosynthese der tRNA erfolgt primär über die Bildung einer längeren Polynucleotidkette, die anschließend auf die endgültige Länge zurückgestutzt wird. Die tRNA enthält neben den klassischen vier Basen in relativ großer Menge sog. seltene, z. B. methylierte, Basen.

Proteinsynthese

Die Proteinsynthese findet an den Ribosomen statt. Wir gehen davon aus, daß ein Gen (genauer: dessen Exons) die Aminosäuresequenz und damit die Spezifität eines jeden Proteins bestimmt. Außerdem machen wir die Voraussetzung, daß das „zentrale Dogma" der Molekularbiologie, DNA → RNA → Protein, in der Eukaryotenzelle ohne Einschränkung gilt.

Die Abb. 10.7 stellt die Kardinalpunkte der Proteinsynthese an den cytoplasmatischen Ribosomen der Eukaryotenzelle heraus. Einige Details: Die Bildung aktivierter Aminosäuren und die Beladung der tRNA-Moleküle mit ihnen läßt sich mit den beiden folgenden Formeln beschreiben:

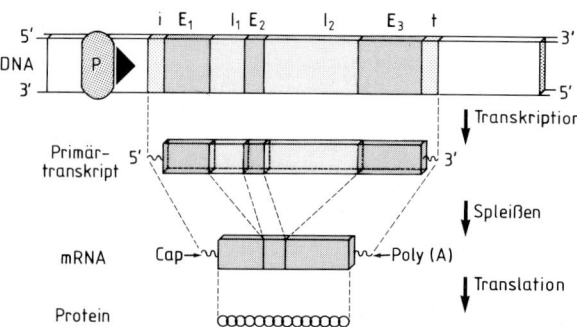

Abb. 10.6. Transkription und posttranskriptionelle Prozessierung der Prä-mRNA (E, Exons; I, Introns; P, Promotor; i, t, Initiations- und Terminationssequenzen). Die Abbildung illustriert auch den Informationsfluß vom Gen zum Protein. Dieser läuft über eine einzelsträngige mRNA, die als Kopie eines der beiden DNA-Stränge gebildet wird und an den Ribosomen als Matrize der Informationsübertragung von der Nucleotid- in eine Aminosäuresequenz dient. Mit „Spleißen" bezeichnet man das posttranskriptionelle Zusammenfügen (Ligieren) codierender Sequenzen (*Exons*) eines Gens nach Herausschneiden der dazwischen liegenden, nicht-codierenden Sequenzen (*Introns*)

1. $RCH(NH_2)COOH + ATP$

$$\downarrow \quad \begin{array}{l} \textit{aktivierendes} \\ \textit{Enzym} \end{array} \qquad (10.1)$$

$$RCH(NH_2)C \sim \circledP\text{-Adenosin} + \circledP \sim \circledP$$
$$\overset{\|}{O}$$

2. $\text{Aminoacyl-AMP} + \text{tRNA} \rightarrow$ $\qquad (10.2)$
$\qquad \text{Aminoacyl-tRNA} + \text{AMP}$

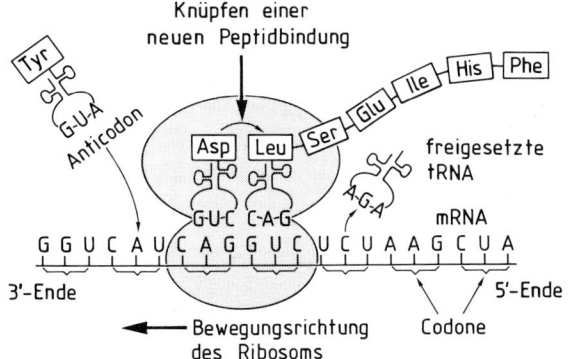

Abb. 10.7. Schema zum Ablauf der Proteinsynthese an einem Ribosom. Erläuterung im Text. (Nach Kollmann 1979)

Für jede Protein-Aminosäure gibt es mindestens ein spezifisches „Aminosäure-aktivierendes Enzym" (Aminoacyl-tRNA-Synthetase) und mindestens eine spezifische tRNA. Ein tRNA-Molekül besitzt jeweils zwei Spezifitäten. *Erstens* übernimmt die tRNA stets die „richtige" Aminosäure, *zweitens* kann die tRNA mit einem Nucleotid-Triplett (*Anticodon*) das entsprechende Nucleotid-Triplett der mRNA (das *Codon*) nach dem Prinzip der Basenpaarung erkennen. Bei der Proteinsynthese bewegen sich der mRNA-Strang und die Ribosomen relativ zueinander. Dabei findet die Translation statt. Bevor ein bestimmtes Ribosom am Ende der mRNA angelangt ist, kann sich bereits ein weiteres Ribosom mit dem Anfang des mRNA-Moleküls in Verbindung setzen und in den Translationsprozeß eintreten. Im steady state vermögen etwa 5 bis 15 (bei sehr langen mRNA-Molekülen bis zu 40) Ribosomen gleichzeitig an ein und derselben mRNA den Translationsprozeß zu vollziehen. Den Komplex von mehreren Ribosomen mit mRNA nennt man ein *Polysom* (→ Abb. 3.4).

Im Gegensatz zur potentiell unbeschränkten Lebensdauer der Gene *muß* die Lebensdauer der meisten Proteinmoleküle (speziell der Enzymmoleküle) begrenzt sein. Ein Proteinumsatz (turnover) ist die Voraussetzung dafür, daß eine Zelle ihre Enzymausstattung ändern und sich somit differenzieren bzw. an die jeweiligen Bedingungen anpassen kann. Eine besonders rasche Regulationsfähigkeit ist dann zu erwarten, wenn nicht nur die Proteinmoleküle, sondern auch die mRNA-Moleküle eine relativ kurze Lebensdauer aufweisen, bevor sie durch Ribonucleasen abgebaut werden. Die beschränkte Lebensdauer von mRNA und Protein ist experi-

mentell erwiesen. Allerdings muß man mit sehr verschieden stabilen mRNA- und Proteinmolekülen rechnen. Bei Bakterien kennt man mRNA mit einer Lebensdauer von wenigen Minuten, bei der siphonalen Grünalge *Acetabularia* hingegen muß man mit mRNA rechnen, die über Wochen stabil ist. Die Enzyme einer wachsenden Bakterienzelle sind in der Regel stabil; viele Enzyme der Eukaryotenzelle haben hingegen eine sehr begrenzte Lebensdauer (→ Abb. 5.23).

Die Intensitäten von Synthese und Abbau eines bestimmten Enzyms bestimmen die jeweilige stationäre Menge des Enzyms in der Zelle (Abb. 10.8; → Abb. 5.22). Bei den üblichen Enzymbestimmungen wird diese stationäre Menge erfaßt. Die Zunahme der Enzymmenge pro Zeiteinheit ist natürlich nur dann ein Maß für Enzymsynthese, wenn der Abbau zu vernachlässigen ist. Die Regulation der Enzymsynthese kann bei der Transkription und/oder bei der Translation erfolgen. Der Abbau von Protein wird von *Proteinasen* katalysiert (→ S. 87). An die-

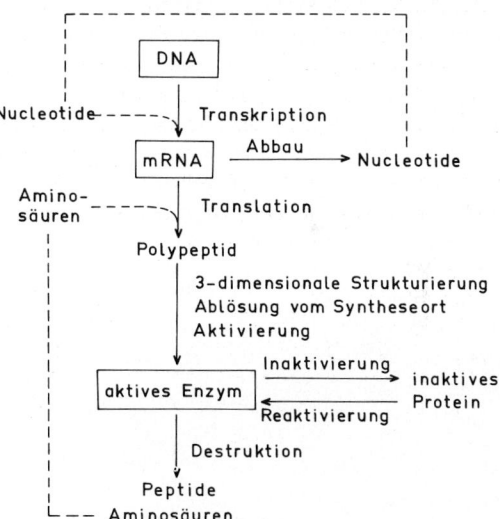

Abb. 10.8. Ein deskriptives (illustrierendes) Modell für die Regulation der Menge eines Enzyms in einer Zelle. In der Eukaryotenzelle ist der jeweilige Gehalt eines Enzyms (z.B. Enzymaktivität in *katal* pro Bezugseinheit) das Resultat der Intensitäten von Synthese und Abbau (→ Abb. 5.22). Dasselbe gilt für die mRNA. Für den Fall eines stationären Enzympegels gilt im Prinzip:

$$c_E = c_{RNA} \, k_s \, k_d^{-1} \qquad (10.3)$$

(c_E, Enzymkonzentration; c_{RNA}, Konzentration der beteiligten mRNA; k_s, k_d, Reaktionskonstanten für die Synthese bzw. Destruktion des Enzyms)

sem Prozeß ist ein in pflanzlichen und tierischen Zellen weit verbreitetes Protein (*Ubiquitin*) wesentlich beteiligt. Dieses kleine Polypeptid (76 Aminosäuren) bindet über Peptidbindungen an denaturierte (oder sonstwie von der Normalität abweichende) Proteine und macht diese für die Proteinasen leichter zugänglich. Das Ubiquitin wird bei der Proteolyse wieder freigesetzt.

Spezifische Inhibitoren

Die Genphysiologie ist bei ihrer experimentellen Arbeit auf die Verwendung spezifischer Inhibitoren der Transkription und Translation angewiesen. Das Adjektiv „spezifisch" muß in jedem Fall gerechtfertigt werden. Unspezifische Inhibitoren, z. B. solche, die primär die Zellatmung oder die ATP-Bildung hemmen, sind in der Regel für die Belange der Genphysiologie ungeeignet. Außerdem muß man mit der Annahme vorsichtig sein, der an Bakterien ausgearbeitete Wirkmechanismus eines Inhibitors sei ohne weiteres auf die Vorgänge in der Eukaryotenzelle zu übertragen. Die Abb. 10.9 zeigt die Formeln häufig benützter Inhibitoren.

Actinomycin D ist ein spezifischer Inhibitor der Transkription. Die Substanz wird an bestimmte Stellen der DNA-Doppelhelix gebunden. Dadurch wird die Funktion der RNA-Polymerase gehemmt.

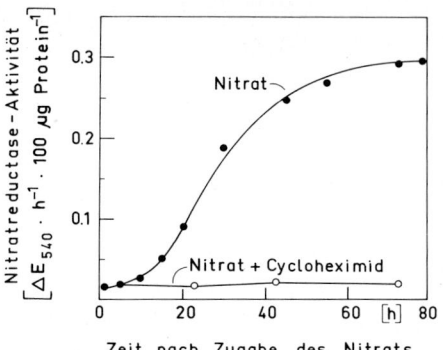

Abb. 10.10. Kinetik der Induktion der Nitratreductase durch Nitrat. Objekt: Wasserlinse (*Lemna minor*). Die Pflanzen wurden in einem Medium mit 5 mmol $\cdot$ l^{-1} KNO$_3$ mit oder ohne Cycloheximid (10 μg $\cdot$ ml^{-1}) inkubiert. Die Anzucht erfolgte auf einem ammoniumhaltigen Medium. Cycloheximid ist ein spezifischer Hemmstoff der Proteinsynthese an den 80 S-Ribosomen des Cytoplasmas der Eukaryoten ($\rightarrow$ Abb. 10.9). (Nach Stewart 1968)

Puromycin hemmt generell die Translation. Seine hemmende Wirkung auf die Proteinsynthese rührt daher, daß diese Substanz als ein Analogon von Aminoacyl-tRNA fungieren kann. Mit der Bildung von Peptidyl-Puromycin wird das Wachstum der Polypeptidketten abgebrochen. Die unfertigen, funktionsunfähigen Polypeptidketten werden von den Polysomen abgelöst.

Chloramphenicol hemmt ebenfalls die Proteinsynthese. Da diese Substanz von den Ribosomen der Bakterien, Chloroplasten und Mitochondrien sehr viel stärker gebunden wird als von den 80S-Ribosomen im Cytoplasma, kann man mit Chloramphenicol die Proteinsynthese der Chloroplasten und Mitochondrien weitgehend hemmen, ohne daß die cytoplasmatische Proteinsynthese signifikant beeinträchtigt wird.

Cycloheximid hemmt die Proteinsynthese bevorzugt an den 80S-Ribosomen. Durch eine geeignete Konzentration dieser Substanz ist es also möglich, die cytoplasmatische Proteinsynthese weitgehend lahmzulegen, ohne die plastidäre und mitochondriale Proteinsynthese erheblich zu beeinflussen (Abb. 10.10).

Neuerdings haben *Cordycepin* und α-*Amanitin* eine erhebliche Verbreitung als Inhibitoren der RNA-Synthese gefunden. Cordycepin (=3′-Desoxyadenosin) wirkt nach Umwandlung in das Triphosphat als Hemmstoff der nucleären Polyadenylierung der mRNA ($\rightarrow$ Abb. 10.6) und der Tran-

```
CO—MEVAL    MEVAL—CO
   |           |
  SAR         SAR
   |           |
 L—PRO       L—PRO
   |           |
 D—VAL       D—VAL
   |           |
 O—L—THR     L—THR—O
   |           |
  CO          CO
```

ACTINOMYCIN D

PUROMYCIN

CYCLOHEXIMID
(ACTIDION)

CHLORAMPHENICOL

Abb. 10.9. Die Formeln für einige häufig benützte spezifische Inhibitoren der Transkription bzw. Translation. SAR, Sarcosin (N-Methylglycin); MEVAL, Mevalonat

skription. α-Amanitin, ein Peptid aus *Amanita phalloides,* hemmt recht spezifisch die RNA-Polymerase II aus dem Nucleoplasma.

Faltung und Zusammenbau der Proteine

Man geht davon aus, daß die richtige posttranslationale Faltung der Proteine ein spontanes Ereignis ist, ausschließlich bestimmt von der Primärstruktur (Aminosäuresequenz). Diese Vorstellung bedarf einer wichtigen Ergänzung. Es hat sich herausgestellt, daß an der Faltung und Oligomerisierung zusätzliche Proteine beteiligt sind – man nennt sie *Chaperone* (Aufpasser, Hüter) –, die mit der frisch synthetisierten Peptidkette in eine spezifische Wechselwirkung treten und die fehlerfreie Reifung der Proteinstruktur gewährleisten. Chaperone bilden eine Proteinfamilie, die bei der Proteinsynthese, beim Zusammenbau der Proteine (Oligomerisierung), beim Proteintransport durch Membranen und für die korrekte Funktion von Proteinkomplexen (z.B. bei der DNA-Replication) gebraucht werden. Alle diese Prozesse bringen Änderungen der Proteinfaltung und/oder Oligomerisierung mit sich und führen deshalb zu einer vorübergehenden Exposition reaktiver Oberflächen gegen-

über dem intrazellulären Milieu. Solche exponierten Proteinoberflächen sind in Gefahr, daß sie mit falschen Partnern interagieren, mit dem Resultat disfunktionaler Strukturen. Chaperone haben die Funktion, die gefährdeten Oberflächen zu erkennen und an sie zu binden. Durch die Bildung stabiler, aber völlig reversibler Komplexe werden falsche Wechselwirkungen verhindert und die Ausbildung der richtigen Struktur begünstigt. Chaperone übertragen keine sterische Information auf ihre Partner, weder für die Proteinfaltung noch für die Oligomerisierung, und sie werden auch nicht zu Komponenten der endgültigen Funktionsstruktur. In dem Begriff Chaperon kommt die „dienende" Bedeutung dieser Proteine treffsicher zum Ausdruck. Vermutlich handelt es sich auch bei den ubiquitären Hitzeschock-Proteinen (→ S. 574) teilweise um Chaperone, denen die Bedeutung zukommt, die bei erhöhter Temperatur vermehrt exponierten „interaktiven Proteinoberflächen" zu erkennen und zu schützen (Abb. 10.11).

Sortieren der Proteine

Die im Cytoplasma der Zelle synthetisierten Proteine müssen ihren Weg zu den für sie vorgesehenen

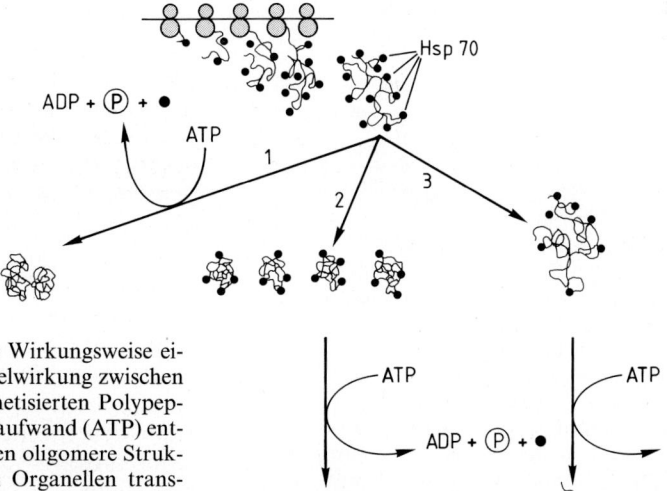

Abb. 10.11. Deskriptives Modell für die Wirkungsweise eines Chaperons. Dargestellt ist die Wechselwirkung zwischen dem Chaperon „Hsp 70" und neu synthetisierten Polypeptidketten. Diese falten sich unter Energieaufwand (ATP) entweder zu monomeren Proteinen (1), bilden oligomere Strukturen (2) oder werden vom Cytosol in Organellen transportiert (3). Hsp 70 wurde ursprünglich als Hitzeschock-Protein (→ S. 574) beschrieben. Heute weiß man, daß es auch ohne Hitzebehandlung in pflanzlichen und tierischen Zellen verbreitet ist. (Nach Beckmann et al. 1990)

Funktionsorten finden. Der Durchtritt durch Membranen spielt hierbei eine wesentliche Rolle (→ S. 139). Beim Proteinimport in Organellen ergeben sich besondere Probleme. Ein kerncodiertes Plastidenprotein, wie z. B. das 33-kDa-Protein des Photosystems II, das seine Funktion auf der Lumenseite der Thylakoidmembran ausübt (→ Abb. 12.10), muß auf seinem Weg vom Cytoplasma zum Funktionsort zielsicher durch verschiedene Membranen geschleust werden (Abb. 10.12). In der Regel werden die importierten Organellenproteine als größere Vorstufen (*Präproteine*) synthetisiert, die am N-Terminus ein *Transitpeptid* tragen. Dieses Transitpeptid vermittelt den Durchtritt durch die Organellenmembran und wird anschließend durch eine Peptidase abgespalten (→ Abb. 11.1, 11.2).

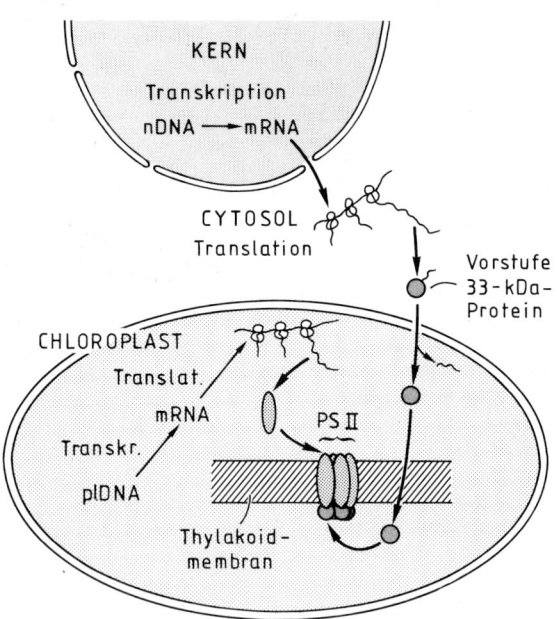

Abb. 10.12. Transportweg und Zusammenbau von Proteinen des Photosystems II, die in verschiedenen Kompartimenten der Zelle (Cytosol, Plastiden-Stroma) synthetisiert werden und erst in der Thylakoidmembran zum funktionsfähigen Komplex zusammentreten. Zwei Proteine sind beispielhaft herausgegriffen: Das 33-kDa-Protein ist im Kern (nDNA) codiert und findet seinen endgültigen Funktionsort auf der Innenseite der Thylakoidmembran. Ein Zentralprotein des Photosystems II ist auf der plastidären DNA (plDNA) codiert und wird ohne weitere Modifikation von der Außenseite der Thylakoidmembran in den Komplex eingebaut. (Nach Yamamoto 1989; verändert)

Regulation der Genexpression

Das genetische Material besteht aus doppelsträngiger DNA (→ Abb. 2.8). Ein *Gen* ist eine DNA-Sequenz, die für ein funktionsfähiges Protein- oder RNA-Molekül codiert. Unter *Genexpression* verstehen wir den Mechanismus, d. h. die Abfolge, der molekularen Einzelschritte zwischen einem Gen und dem entsprechenden, funktionsfähigen Protein an der für das Protein vorbestimmten Stelle in der Zelle. Genexpression ist also nicht auf Transkription und Translation beschränkt, sondern schließt Faltung, Oligomerisierung, Reifung und Sortierung der Proteine ein. Die Regulation der Genexpression kann daher an mehreren Punkten in der Abfolge DNA → funktionsfähiges Protein erfolgen. An dieser Stelle werfen wir einen Blick auf die Regulation der *Transkription nucleärer Gene*, deren Struktur sich in wichtigen Details von der Struktur prokaryotischer Gene unterscheidet (Abb. 10.13). Bei der Transkription entsteht mit Hilfe der RNA-Polymerasen eine einzelsträngige RNA, die komplementär zur DNA-Matrize ist. Die eukaryotische Zelle besitzt drei verschiedene RNA-Polymerasen. Die Polymerasen I und III synthetisieren die Vorstufen für tRNA und rRNA. Für die Transkription von Genen, die für Proteine codieren, ist die Polymerase II zuständig. Als *Promotor* bezeichnet man in der klassischen Molekulargenetik jene DNA-Region vor dem Gen, an die die RNA-Polymerase bindet und – zusammen mit mehreren Transkriptionsfaktoren – den *Initiationskomplex* bildet. Auf diese Weise wird das Enzym korrekt an die Startstelle der Transkription (*Initiationsstelle, Initiationscodon*) positioniert. Der Promotor liegt in der Regel „flußaufwärts" von der codierenden Sequenz (*Transkriptionseinheit*) eines Gens. Der *Terminator* (*Terminationsstelle*) ist ein Stopcodon für die Polymerase, das „flußabwärts" den codierenden Teil eines Gens abschließt. Als *Transkriptionseinheit* bezeichnet man diejenige DNA-Sequenz, die in ein Prä-mRNA-Molekül (Primärtranskript) umgeschrieben wird. Bei Genen, die für Proteine codieren, gehören auch die Initiations- und die Terminationsstelle zur Transkriptionseinheit. Innerhalb des Promotors, meist etwa 25 Basenpaare „flußaufwärts" von der Initiationsstelle, befindet sich die sog. *TATA-Box*. Dieses Element ist für die Bildung des Initiationskomplexes wichtig. Ein Basenaustausch in dieser Sequenz führt zu einer Störung der Genexpression. Ähnliches gilt auch für

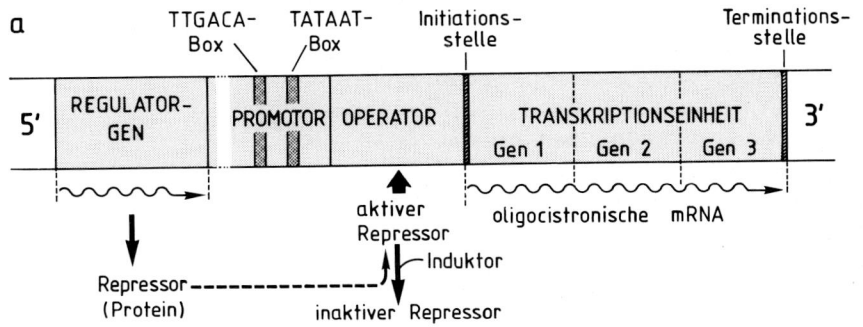

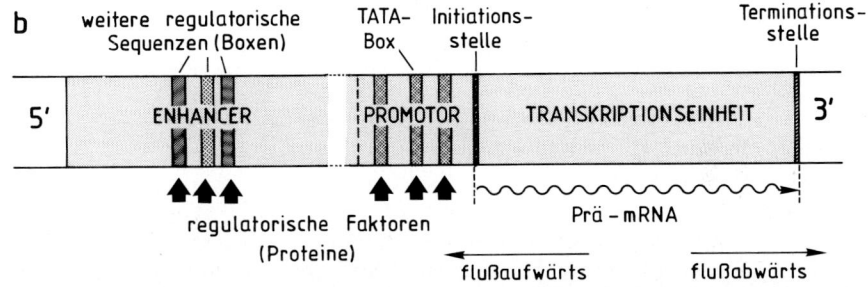

Abb. 10.13a und b. Struktur prokaryotischer und eukaryotischer Gene und ihrer Kontrollelemente (vereinfacht). (a) Operonstruktur eines bakteriellen Gens mit negativer Kontrolle (z. B. *lac*-Operon von *Escherichia coli;* Jacob-Monod-Modell). Die Strukturgene 1–3 bilden eine Transkriptionseinheit, von der eine oligocistronische mRNA abgelesen wird. Die Transkription durch die RNA-Polymerase wird gehemmt, wenn eine vorgeschaltete DNA-Sequenz (*Operator*) durch einen *Repressor* blockiert ist. Der Repressor (ein Protein, das von einem *Regulatorgen* transkribiert wird) kann durch einen *Induktor* (ein Metabolit, z. B. Lactose) inaktiviert werden. Der Anstieg der Induktorkonzentration in der Zelle führt auf diese Weise zur Aktivierung der Gene 1 bis 3. Der *Promotor* ist die Region auf der DNA, an die die RNA-Polymerase zunächst gebunden wird. Sie enthält u. a.

die Konsensussequenz TATAAT, welche für die Bindung des Enzyms an die DNA wichtig ist. (b) Struktur eines typischen eukaryotischen Gens. Das Primärtranskript (*Prä-mRNA*) liefert erst nach umfangreichen Prozessierungsreaktionen die translationsfähige (reife) mRNA (→ Abb. 10.6). Die Transkription des Gens kann durch *regulatorische Faktoren* (Proteine) beeinflußt werden, welche in der Promotorregion für die Bildung des Initiationskomplexes aus DNA und RNA-Polymerase notwendig sind, oder an zusätzliche, „flußaufwärts" (oder „flußabwärts") gelegene regulatorische Sequenzen der DNA (*enhancer*) binden. Promotor und enhancer enthalten mehrere Konsensussequenzen, z. B. die aus 8 A-T-Basenpaaren bestehende TATA-Box, welche für die Bindung bestimmter regulatorischer Proteine wichtig sind

andere regulatorische DNA-Sequenzen („Boxen"), welche innerhalb des Initiationskomplexes oder außerhalb desselben – in der *enhancer*-Region – lokalisiert sind. Enhancer sind nicht notwendigerweise direkt vor dem Promotor angeordnet, sondern können z. B. auch „flußabwärts" vom Gen sitzen. Ähnlich wie die Boxen des Promotors sind die enhancer-Boxen Bindungsstellen für *regulatorische Faktoren* (Proteine), welche eine fördernde Wirkung auf die Transkription ausüben. Entspre-

chende Sequenzen, bei denen die Bindung solcher Faktoren die Transkription hemmt, nennt man *silencer*. Neuerdings wird der Ausdruck „Promotor" auch häufig für den gesamten Bereich der regulatorischen Sequenzen eines Gens verwendet. In diesem weiteren Sinn setzt sich also ein Promotor aus den folgenden Komponenten zusammen: Transkriptionsinitiationsstelle, TATA-Box und weitere regulatorische Sequenzen (Boxen), an die Transkriptionsfaktoren (Proteine) binden (→ Abb. 10.13 b).

Man nennt – in Erinnerung an den klassischen cis/trans-Test – die regulatorischen Sequenzen auf dem DNA-Strang *cis-acting elements* und die DNA-bindenden Proteine *trans-acting factors*. Zusammengefaßt: Die Expression eukaryotischer Gene wird positiv (seltener negativ) reguliert. Die wesentlichen Komponenten der Transkriptionskontrolle sind einerseits regulatorische DNA-Sequenzen vor der codierenden Region eines Gens, die sich innerhalb oder außerhalb der Polymerase-Bindungsstelle befinden, und andererseits regulatorisch wirkende Proteine, die diese Sequenzen erkennen und die Aktivität der RNA-Polymerase beeinflussen. Die Aktion der regulatorischen Proteine kann wiederum durch verschiedene Faktoren beeinflußt werden, z. B. durch Regulatorgene (→ S. 370), Licht (→ S. 367) und Hormone (→ S. 417). Es sei daran erinnert, daß die DNA im Kern der Eukaryotenzelle mit etwa der gleichen Menge an Protein assoziiert ist (Chromatin; → Abb. 10.3). Die wesentlichen Prozesse, die sich an der DNA abspielen – Transkription und Replication – müssen deshalb vonstatten gehen während die DNA mit Proteinen Komplexe bildet. Das Chromatin der meisten inerten Gene (d. h. jener Gene, die in einer bestimmt differenzierten Zelle nicht mehr zur Transkription gebracht werden können) besitzt eine regelmäßige Nucleosomenstruktur (→ Abb. 10.4), während bei aktivierbaren Genen (d. h. bei jenen Genen, die durch Transkriptionsfaktoren induziert werden können) die regelmäßige Anordnung der Nucleosomen im Bereich der regulatorischen Sequenzen und der Promotoren unterbrochen ist. Dies gibt den trans-acting factors die Möglichkeit, an spezifische cis-acting elements zu binden. Wie die Abb. 10.4 andeutet, spielt das Histon H1 eine wesentliche Rolle bei der Bildung der Chromatinstruktur. Darüber hinaus gilt Histon H1 als Teil eines allgemeinen Repressionsmechanismus, der eine starke und stabile Unterdrückung der Genaktivität gewährleistet.

Fallstudie: Identifizierung eines cis-acting elements bei der auxininduzierten Zellteilung

Das Pflanzenhormon Auxin beeinflußt viele Aspekte von Wachstum und Entwicklung (→ S. 398). Trotz der Fülle an Literatur über Auxineffekte gab es bis vor kurzem keine Erkenntnisse auf der molekularen Ebene. Es ist lange bekannt, daß bei

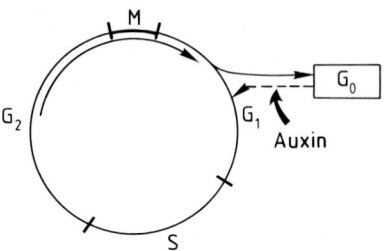

Abb. 10.14. Erweitertes Schema des Zellcyclus mit G_0-Phase (→ Abb. 6.2, 6.3). In der G_0-Phase befinden sich alle terminal differenzierten, nicht mehr proliferierenden Zellen. Viele dieser Zellen können auf ein bestimmtes Signal hin, z. B. Auxin, in die G_1-Phase zurückkehren und in eine neue S-Phase eintreten. Die G_1-Phase erstreckt sich von der Entstehung der Zelle bis zum Einsetzen der DNA-Replication. In der S-Phase erfolgen DNA-Replication und Histonsynthese. Die G_2-Phase ist die Zeitspanne zwischen Beendigung der DNA-Replication und dem Beginn der Zellteilung. Die Mitosephase wird als M-Phase bezeichnet. (Nach Kleinig und Sitte 1992)

pflanzlichen Gewebekulturen Auxin für die Induktion der Zellteilung essentiell ist (→ Abb. 23.27). Auch bei Protoplastenkulturen, die aus Tabak-Mesophyllzellen gewonnen wurden, ist Auxin für die Induktion der Zellteilung unentbehrlich. In diesem Material wurde ein Gen (*par*) identifiziert, das beim Übergang von der G_0- in die S-Phase exprimiert wird (Abb. 10.14) und das auf die Zugabe von Auxin mit starker Expression, gemessen als *par*-mRNA, reagiert. Um die regulatorischen DNA-Sequenzen im Promotorbereich zu identifizieren, die für die Reaktion auf Auxin notwendig sind, wurden verschieden stark deletierte DNA-Sequenzen flußaufwärts des *par*-Gens mit einem „Reportergen" fusioniert (Abb. 10.15a) und die chimären Konstrukte mit der Technik der Elektroporation (→ S. 616) in die Protoplasten eingeschleust. Die Expression des Reporter-Gens wurde durch Auxin drastisch gesteigert, wenn die Protoplasten dieses Gen mit der vollständigen regulatorischen Sequenz aufgenommen hatten. Die Auxinwirkung kam aber zum Erliegen, wenn eine 111 Basenpaare (bp) umfassende „direkte Wiederholung" (direct repeat) im Bereich der regulatorischen Sequenzen unvollständig war oder fehlte (Abb. 10.15b). Von besonderer Bedeutung erwies sich die 5′-Grenzsequenz AGTTTTT des 111 bp-repeats. Wenn diese Sequenz fehlte, nahm die Auxinwirkung drastisch ab (→ Abb. 10.15: Δ 41 im Vergleich zu Mae II). Dies

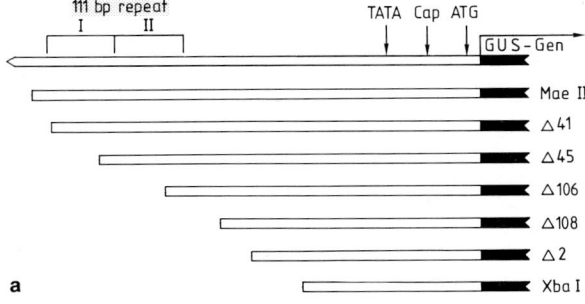

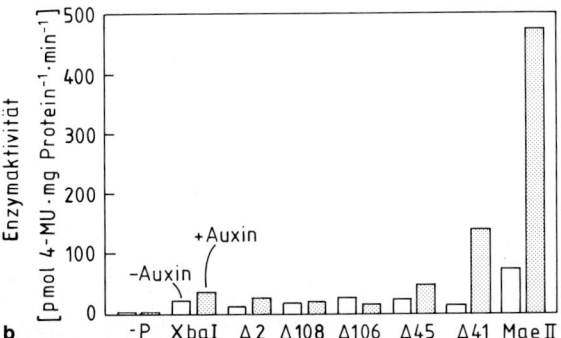

deutet darauf hin, daß es sich bei der Sequenz um ein cis-acting element handelt, das auf Auxin (genauer, auf trans-acting factors am Ende der Signaltransduktionskette des Auxins) reagiert. Die Sequenz AGTTTTT wurde kürzlich auch in den Promotoren anderer „auxinempfindlicher" Gene im Gewebe der Sojabohne (*Glycine max*) und des Acker-Schmalwands (*Arabidopsis thaliana*) gefunden.

Abb. 10.15a und b. Nachweis eines *cis*-acting elements in der regulatorischen Sequenz (Promotorregion) eines auxininduzierbaren Gens (*par*-Gen). (a) Schematische Darstellung von chimären DNA-Konstrukten, die – eingebaut in eine Vektor-DNA – durch Elektroporation in Tabak-Protoplasten eingeschleust wurden. Die Konstrukte bestehen aus der mehr oder minder stark verkürzten (deletierten) Promotorregion des *par*-Gens (helle Balken) und einem damit verknüpften Reportergen (dunkle Balken; GUS-Gen aus *Escherichia coli*, codiert für das Enzym β-Glucuronidase). Das längste Konstrukt (Mae II) besitzt eine Länge von 800 Basenpaaren. (b) Ausmaß der auxinabhängigen Expression des GUS-Gens in Protoplasten, in welche die verschieden stark deletierten Konstrukte eingeschleust wurden. Die enzymatische Aktivität der gebildeten GUS wurde anhand des Umsatzes von 4-Methylumbelliferon (4-MU) gemessen. −P, GUS-Gen ohne Promotorregion. (Nach Takahashi et al. 1990)

Weiterführende Literatur

Ellis RJ (1990) Molecular chaperones: the plant connection. Science 250:954−959

Heslop-Harrison JS, Bennett MD (1990) Nuclear architecture in plants. Trends Genet 6:401−405

Hohmann S (1989) Regulation der Genexpression. Molekulare Mechanismen bei Eukaryoten. Biologie in unserer Zeit 19:149−156

Kahl G (ed) (1988) Architecture of eukaryotic genes. Verlag Chemie, Weinheim

Leaver CJ (ed) (1980) Genome organization and expression in plants. Plenum, New York London

Marcus A (ed) (1989) Molecular Biology. In: Stumpf PK, Conn EE (eds) The biochemistry of plants. A comprehensive treatise. Vol. 15. Academic Press, San Diego New York

Price CA (1989) The structure and function of plant genomes. Plant Mol Biol 2:45−47

Svaren J, Chalkley R (1990) The structure and assembly of active chromatin. Trends Genet 6:52−56

Takahashi Y, Niwa Y, Machida Y, Nagata T (1990) Location of the *cis*-acting auxin-responsive region in the promoter of the *par* gene from tobacco mesophyll protoplasts. Proc Natl Acad Sci USA 87:8013−8016

Verma DPS, Goldberg RB (eds) (1988) Temporal and spatial regulation of plant genes. Springer, Berlin Heidelberg New York

Vierstra RD (1989) Protein degradation. In: Stumpf PK, Conn EE (eds) The biochemistry of plants. A comprehensive treatise. Vol 15, Academic Press, San Diego New York, pp 521−536

11 Intrazelluläre Morphogenese

Unter *Morphogenese* verstehen wir die Entstehung und Veränderung der spezifischen Form (Gestalt, Struktur, Organisation) bei der Entwicklung des Organismus (→ Abb. 19.3). Das Resultat der Morphogenese ist der gegliederte, physiologisch organisierte und integrierte Pflanzenkörper. Morphogenese läßt sich auf verschiedenen Stufen der Integration lebendiger Systeme beobachten. In diesem Kapitel beschäftigen wir uns mit der untersten Stufe, der Morphogenese der *Zelle*.

Intrazelluläre Kommunikation

Die Eucyte ist durch Membranen in zahlreiche Kompartimente unterteilt, welche, ebenso wie die gesamte Zelle, einer beständigen Entwicklung unterliegen. Dies gilt nicht nur für die wachsende, sondern auch für die ausgewachsene Zelle. Die meisten Organellen machen charakteristische Entwicklungsprozesse durch, welche in einem direkten Zusammenhang mit Änderungen der Zellfunktion stehen. Es ist leicht einzusehen, daß die intrazellulären Entwicklungsprozesse einer integrierenden Steuerung bedürfen. Diese Steuerung geht im wesentlichen vom *Zellkern* aus. Die vom Kern in Form von mRNAs produzierten Informationsträger enthalten nicht nur die Information für die Aminosäuresequenz – und damit die Funktion – der zu synthetisierenden Proteine, sondern auch Vorschriften für die Lokalisierung der Proteine in bestimmten Zellräumen. Darüber hinaus besteht ein beständiger, gerichteter Transfer von Membranvesikeln zwischen bestimmten Organellen. Diese Vesikel dienen einerseits als Verpackung und Transportvehikel für bestimmte Makromoleküle, zum anderen kann auf diese Weise Material für das Flächenwachstum von Membranen geliefert werden. Der Transport von Proteinen und der Vesikelverkehr zwischen verschiedenen Zellkompartimenten sind in Abb. 11.1 zusammengefaßt. Man muß weiterhin damit rechnen, daß auch niedermolekulare Substanzen mit Steuerfunktion (Signalsubstanzen) innerhalb der Zelle für die Integration der Entwicklung der einzelnen Organellenfunktionen eingesetzt werden. Die vielfältigen Wechselwirkungen zwischen den einzelnen Zellkompartimenten bei der intrazellulären Morphogenese sind bisher nur bruchstückhaft bekannt. Wir müssen uns daher auf die exemplarische Darstellung einiger relativ gut untersuchter Phänomene beschränken.

Proteintransport in Zellorganellen

Die spezifischen metabolischen Funktionen der einzelnen Kompartimente der Zelle setzen eine spezifische räumliche Verteilung von Enzym- und Strukturproteinen voraus. Wenn man von der begrenzten Proteinsynthesekapazität der genetisch semi-autonomen Organellen (Mitochondrien, Plastiden) absieht, ist die Synthese von Proteinen auf die Ribosomen des Cytoplasmas beschränkt, läuft also in der cytosolischen Phase der Zelle ab. Von dort aus findet ein spezifischer Transport von Proteinen in alle cytoplasmatischen und nichtcytoplasmatischen Kompartimente statt (→ Abb. 11.1). Die korrekte Lenkung dieses Transports durch verschiedene Membranen hindurch ist für die funktionelle Differenzierung der Organellen von entscheidender Bedeutung. Die Frage, wie die im Cytoplasma synthetisierten, organellenspezifischen Proteine sortiert und an ihren Bestimmungsort dirigiert werden, ließ sich in den letzten Jahren im Prinzip aufklären. Die von Blobel und Dobberstein 1975 formulierte *Signalhypothese* wurde zunächst für die Segregation sekretorischer Proteine im Lumen des endoplasmatischen Reticulums (ER) aufgestellt, dürfte aber – mit einigen Modifikationen – auch für den Transport in andere Zellkompartimente im Prinzip zutreffen. Nach dieser Hypothese

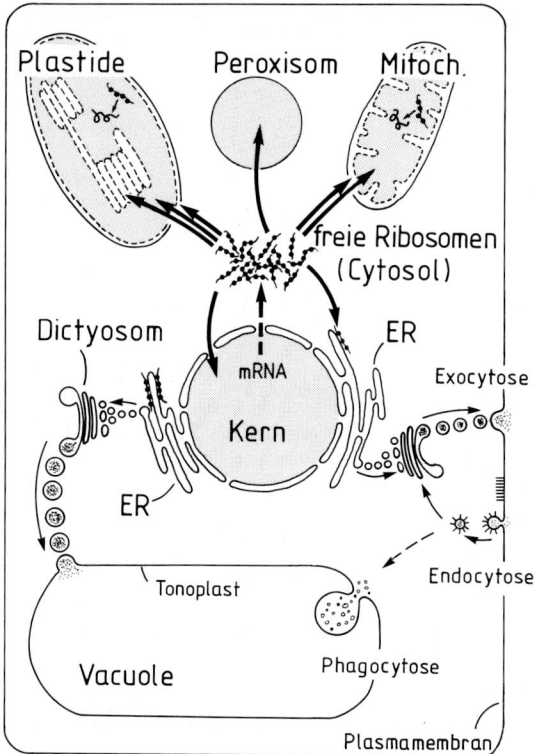

Abb. 11.1. Gerichteter Transport von organellenspezifischen Proteinen und Membranvesikeln zwischen den Kompartimenten der Zelle (schematisch). Die mRNA aus dem Kern wird im Cytosol (Grundplasma) an freien Ribosomen – oder nach Bindung der Translationskomplexe an die Oberfläche des ER – in die Aminosäuresequenz der Proteine umgeschrieben. Der Transport der Proteine (*dicke Pfeile*) durch die verschiedenen Membranen der Zellorganellen hindurch erfolgt mit Hilfe von spezifischen Signal- oder Transitsequenzen (*Signalhypothese;* → Abb. 11.2). Vom ER aus erfolgt ein Transfer von Membranvesikeln (*dünne Pfeile*) zum Golgi-Apparat (Dictyosomen) und von dort zur Plasmamembran (*apoplastische Sekretion, Exocytose*) und zum Tonoplasten (*vacuoläre Sekretion*). Aus der Plasmamembran kann Membranmaterial durch *Endocytose* entnommen werden. Der Abbau von Cytoplasmabestandteilen erfolgt nach *Phagocytose* in die Vacuole

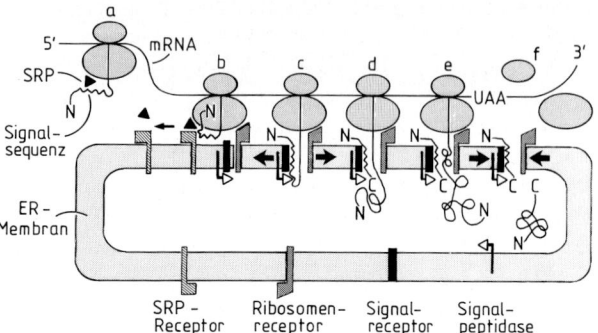

Abb. 11.2. Einzelschritte bei der cotranslationalen Translocation einer Polypeptidkette durch die ER-Membran nach der *Signalhypothese* (schematisch, vereinfacht). (a) Die Translation der mRNA setzt an einem freien cytoplasmatischen Ribosomen ein. Nach Fertigstellung der Signalsequenz am N-Terminus der Polypeptidkette bindet ein *Signalerkennungspartikel* (SRP) an die Signalsequenz und stoppt die weitere Translation. (b) Das Ribosom wird über das SRP am *SRP-Receptor* der Membran verankert. Damit ist der „targeting"-Prozeß abgeschlossen. Das SRP löst sich ab und die Bindung zwischen Ribosom und Membran wird von einem *Ribosomenreceptor* (*Ribophorin*) übernommen. (c) Die Signalsequenz wird an einem *Signalreceptor* gebunden; die Polypeptidkette wird weitersynthetisiert und dringt in eine sich öffnende, hydrophile Membranpore ein. (d) Die Signalsequenz wird auf der Innenseite der Membran von einer *Signalpeptidase* abgespalten. (e) Die wachsende Polypeptidkette wandert in das ER-Lumen ein und faltet sich zur Sekundärstruktur. (An dieser Stelle werden bei Glycoproteinen durch membrangebundene Enzyme Zuckerreste an bestimmte Aminosäurereste gebunden.) (f) Nach Beendigung der Translation (Stoppcodon UAA) dissoziieren die ribosomalen Untereinheiten und die Komponenten der hydrophilen Membranpore verlieren ihren Zusammenhalt, so daß sich der Lipidfilm der Membran wieder schließt. Im Fall von integralen Transmembranproteinen bleibt die Polypeptidkette nach Abspaltung der Signalsequenz in der Membran verankert. (Nach Perara und Lingappa 1988; verändert)

(Abb. 11.2) besitzen die mRNAs der zu transportierenden Proteine einen zusätzlichen Abschnitt, welcher für eine Polypeptidkette aus 15–80 Aminosäuren am N-Terminus des Polypeptids codiert. Diese *Signalsequenz* (= „*Transitsequenz*" bei Mitochondrien- und Plastidenproteinen) enthält in ihrer spezifischen Konformation die Information für die Translocation durch eine bestimmte Membran. Sie

vermittelt die Bindung an Receptoren der Oberfläche der Zielmembran, ermöglicht den Durchtritt durch eine proteinöse (hydrophile) Pore in der Lipidschicht und wird anschließend abgespalten. Dieser Prozeß erfordert die Hydrolyse von ATP, welche jedoch nicht als treibende Kraft des Transports dient, sondern offenbar benötigt wird, um das Polypeptid zu binden und in einer transportierbaren Konformation zu halten. In einigen Fällen ist es über die Konstruktion von Fusionsgenen gelungen, cytosolische Proteine z. B. mit der Transitsequenz mitochondrialer Proteine zu kombinieren und nachzuweisen, daß die „Passagierproteine" in vivo korrekt in die Mitochondrien importiert werden.

Bei Proteinen, die für das Lumen der Thylakoide in den Chloroplasten bestimmt sind (z. B. Plastocyan oder das 33-kDa-Protein des Photosystems II; → Abb. 10.12), treten komplexere Transitsequenzen auf. An ihnen lassen sich zwei Domänen unterscheiden, eine N-terminale Sequenz für den Eintritt in das Chloroplastenstroma und eine benachbarte Sequenz für den Durchtritt durch die Thylakoidmembran. Eine Stroma- und eine Thylakoid-Signalpeptidase sorgen für die Abspaltung der jeweiligen Teilsequenzen des Transitpeptids. Die Zwei-Domänen-Struktur der Transitpeptide, wie sie bei den Thylakoid-Proteinen gefunden wurde, macht Sinn im Licht der Endosymbiontenhypothese der Organellenevolution. Man geht davon aus, daß freilebende Blaualgen (Cyanobakterien) die Vorfahren der Chloroplasten waren. Bei der genphysiologischen Umgestaltung der Blaualgen in Endosymbionten und Chloroplasten mußten nur die Stroma-Importsignalsequenzen – für das eukaryotische Sortiersystem – dem prokaryotischen Sortiersystem hinzugefügt werden, um cytoplasmatische Proteine zielsicher in die Thylakoide zu bringen. Analoge Vorgänge hat man auch bei den Mitochondrien, die vermutlich aus Bakterien entstanden sind, aufgedeckt.

Der Proteintransport durch die ER-Membran erfolgt *cotranslational,* d. h. die Ribosomen sind während der Proteinsynthese an der cytosolischen Membranoberfläche verankert und geben die wachsende Polypeptidkette direkt durch eine Membranpore in das ER-Lumen ab (→ Abb. 11.2). Auch die integralen Transmembranproteine werden nach diesem Prinzip an der ER-Membran gebildet, bleiben jedoch anschließend mit bestimmten Abschnitten in der Lipidschicht eingebettet. Im Fall der Mitochondrien- und Plastidenproteine verläuft der Transport *posttranslational,* d. h. die Polypeptide werden als längerkettige Vorstufen (*Präproteine mit Transitsequenz*) an freien Ribosomen im Cytosol synthetisiert und erst anschließend (posttranslational) mit Hilfe von Receptoren in oder durch die Organellenmembran geschleust. Auch die Kernproteine finden (posttranslational) ihren Bestimmungsort mit Hilfe von Transitsequenzen, welche den Durchtritt durch die Kernporen ermöglichen. Nach dem heutigen Kenntnisstand dürften die meisten der vom Cytosol in das Lumen oder in die Membran anderer Zellkompartimente transportierten Proteine mit einer Transitsequenz synthetisiert werden. Eine Ausnahme von dieser Regel ist z. B. das Apoprotein des Cytochrom *c,* das ohne weitere Hilfe durch die Lipidschicht der äußeren Mitochondrienmembran dringen kann und, nach Anknüpfung des Häm, im Intermembranraum der Organellen akkumuliert wird. Auch bei den integralen Proteinen der äußeren Mitochondrienmembran hat man keine Transitsequenz gefunden; sie werden offenbar direkt durch einen Receptor zu ihrem Bestimmungsort dirigiert. Das Durchdringen der inneren Mitochondrienmembran setzt das Vorhandensein eines Membranpotentials voraus, d. h. die Membran muß durch Elektronentransport „energetisiert" sein.

Membranfluß im Endomembransystem

Die Membranen der Zellorganellen sind keine statischen Gebilde, sondern unterliegen einem beständigen Auf- und Abbau. Die genauere Untersuchung der Membranbiogenese (z. B. mit radioaktiven Phospholipiden) hat gezeigt, daß die meisten Organellengrenzmembranen ihren Ursprung im ER nehmen (→ Abb. 11.1). Das ER, zu dem auch die Kernhülle zählt, liefert durch Knospung Membranvesikel (*Primärvesikel*), welche mit verwandten Membranen fusionieren können, z. B. mit der Plasmamembran und der Vacuolenmembran (Tonoplast). In der Regel erfolgt dieser Vesikeltransport nicht direkt, sondern über eine Passage durch den *Golgi-Apparat* (*Dictyosomen;* → Abb. 11.1; → S. 25). Wegen ihres biogenetischen Zusammenhangs bezeichnet man die Gesamtheit dieser Membranen als *Endomembransystem.*

Der Vesikelstrom vom ER zum Golgi-Apparat und von dort weiter zur Plasmamembran oder zum Tonoplasten dient gleichzeitig dem Transport *sekretorischer Proteine.* Dieser Typ des intrazellulären Transports wird z. B. bei der vacuolären Akkumulation von Speicherprotein in den Speichergeweben reifender Samen besondes deutlich (→ Abb. 13.23). Der Export von apoplastischen Proteinen (z. B. von Zellwandproteinen oder Exoenzymen) verläuft vom ER über den Golgi-Apparat zur Plasmamembran (→ S. 417). Es handelt sich bei diesen sekretorischen Proteinen meist um Glycoproteine, deren komplex verzweigte Kohlenhydratketten bei der Passage durch die Dictyosomen noch einmal modifiziert werden. Auch der Transport der Polysaccharide der Zellwandmatrix (Hemicellulosen, Pektine) vom Syntheseort (Golgi-Apparat) zur Plasmamembran erfolgt über diese Route. Die Frage, wie die unterschiedlich beladenen Golgi-Vesikel zielsicher zur Plasmamembran bzw. zum Tonoplasten gelenkt und dort zur Fusion gebracht werden können, ist noch ungeklärt. Man vermutet, daß die Vesikelmembranen an ihrer Oberfläche mit spezifischen Glycoproteinen ausgestattet sind, welche durch Receptoren in der Zielmembran erkannt werden.

In den meisten Fällen dürfte die Menge an Membranmaterial, die mittels Membranfluß durch Golgi-Vesikel in die Plasmamembran eingeschleust wird, den Bedarf für das Membranwachstum weit übersteigen. Man hat berechnet, daß in sekretorischen Zellen 10 min ausreichen, um die gesamte Plasmamembran aus Golgi-Vesikeln neu zu bilden; in anderen Zellen dürfte diese Zeit bei 1–2 h liegen. Um die Membranfläche konstant zu halten, muß daher beständig eine dem Zufluß entsprechende Menge an Membranmaterial durch *Endocytose* (→ Abb. 11.1) entfernt werden. Die endocytotischen Vesikel sind häufig auf der Plasmaseite von einem hexagonalen Gerüstwerk eingehüllt, das aus dem Protein *Clathrin* besteht; sie werden dann als *coated vesicles* bezeichnet. Endocytotische Vesikel dienen der Rückführung (Recyclierung) von Plasmamembranmaterial in den Golgi-Apparat (oder in die Vacuole, wo sie abgebaut werden). Man muß auf jeden Fall davon ausgehen, daß auch die Plasmamembran einem dynamischen Gleichgewicht zwischen Aufbau und Abbau (*turnover*) unterliegt.

Morphogenese der Mitochondrien

Die Mitochondrien sind die Orte der Energiegewinnung bei der oxidativen Dissimilation (→ S. 199). Daneben besitzen sie eine Reihe weiterer metabolischer Funktionen, z. B. im Zusammenhang mit der Metabolisierung von Fett oder dem photosynthetischen Glycolatstoffwechsel (→ Abb. 13.20, 13.16). Diese wichtigen Zellorganellen werden als genetisch semi-autonome, ihre genetische Information selbst replizierende Systeme bei der Zellteilung an die Tochterzellen weitergegeben. Während der Zellentwicklung vermehren sich die Mitochondrien durch Teilung, welche vermittels einer einfachen Septenbildung und Durchschnürung des Organells

bewerkstelligt wird. Wachstum erfolgt durch Vergrößerung der Membranfläche (interkalarer Einbau neuer Komponenten), Zunahme der Matrixproteine und Replication der in mehreren identischen Kopien vorliegenden mitochondrialen DNA (mtDNA).

Das mitochondriale Genom (*Chondrom*) codiert für etwa 20 mitochondriale Membran- und Matrixproteine. Etwa 95% der im Mitochondrion vorliegenden Proteine werden durch cytoplasmatische Ribosomen an kerncodierten mRNAs synthetisiert und posttranslational in das Organell transportiert (Abb. 11.3). Die Entwicklung des voll funktionstüchtigen Mitochondrienkompartiments setzt also eine enge, präzis regulierte Kooperation zwischen den beiden genetischen Systemen voraus. Der Kern steuert bei dieser Kooperation nicht nur den Hauptteil der genetischen Information bei, sondern übt wahrscheinlich auch weitgehend die Kontrollfunktion aus. Bei *Saccharomyces cerevisiae* hat man Mutanten isoliert, welche die Fähigkeit zur Synthese einer funktionstüchtigen mtDNA eingebüßt haben (extrachromosomale petite-Mutanten). Diese Zellen bilden trotzdem morphologisch nahezu normal erscheinende Mitochondrien aus, welche allerdings Atmungsdefekte aufweisen. Andererseits kennt man verschiedene Kern-Mutanten, welche trotz intakter mitochondrialer Proteinsynthese nicht zu einer normalen Akkumulation deren Produkte fähig sind. Bei höheren Pflanzen sind bisher keine lebensfähigen Mitochondrien-Mutanten bekannt geworden.

Mitochondrien sind morphologisch vielgestaltige Organellen. Hefen und *Euglena* besitzen unter bestimmten Bedingungen ein einziges, irregulär verzweigtes Riesenmitochondrion, welches die ganze Zelle in Form eines Netzwerks durchzieht. Dieses Riesenorganell kann sich in viele kleine Mitochondrien aufspalten. In höheren Pflanzen treten in der Regel kleine, ei- bis zigarrenförmige Formen mit irregulär angeordneten Einstülpungen (*Sacculi*) der inneren Hüllmembran auf (→ Abb. 3.7). Die relative Oberfläche der inneren Membran (Sitz der Atmungskette und der Phosphorylierung; → S. 200) ist mit der Stoffwechselaktivität der Zellen korreliert. Daher treten in verschiedenen Geweben des Organismus auch morphologisch verschieden differenzierte Mitochondrien auf (Mitochondrien-Polymorphismus). Ein ausgedehntes inneres Membransystem (hohe *Sacculi*-Dichte) ist ein charakteristisches Merkmal der Mitochondrien stark at-

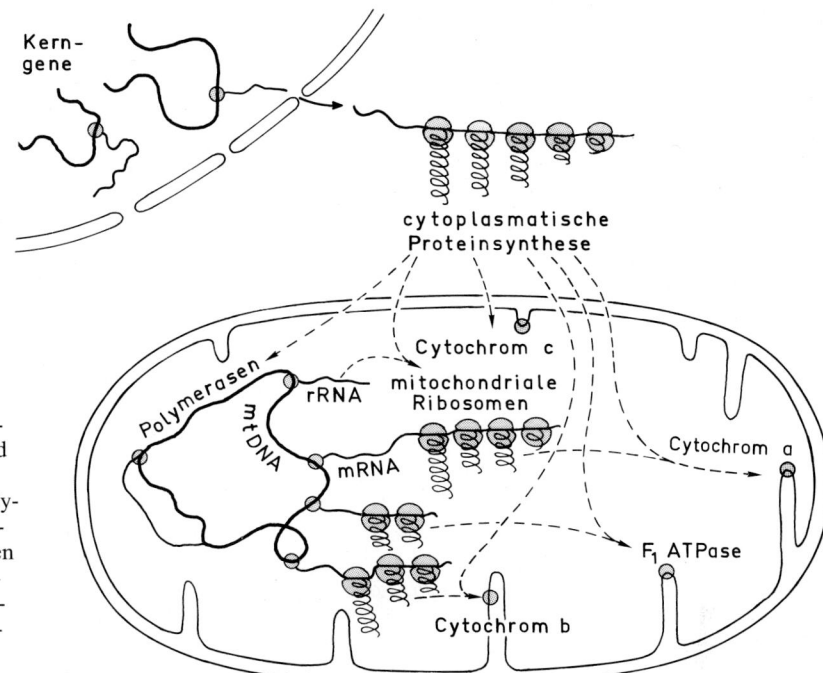

Abb. 11.3. Kooperation von Kern, Cytoplasma (Cytosol) und Mitochondrienmatrix bei der Transkription und Translation mitochondrialer Proteine (schematisch). Das Apoprotein des Cytochrom *c* stammt aus dem Cytoplasma, während die membrangebundenen Enzymkomplexe Cytochrom *a*, Cytochrom *b* und F_1-ATPase Untereinheiten cytoplasmatischen und mitochondrialen Ursprungs enthalten. (Nach Birky 1976; verändert)

mender Zellen, z. B. in jungen Wurzeln oder im reifen Spadix von *Arum maculatum* (→ Tabelle 13.1).

Die phänotypische Plastizität der Mitochondrien-Morphogenese dokumentiert sich besonders eindrucksvoll bei der Anpassung des respiratorischen Apparats an die O_2-Konzentration der Umwelt. Hält man eine Kultur von *Saccharomyces cerevisiae* unter anaeroben Bedingungen auf Glucose (+Hefeextrakt), so kann dieser fakultative Anaerobier seine gesamte Stoffwechselenergie auf fermentativem Wege (alkoholische Gärung) gewinnen (→ S. 198). Unter diesen Bedingungen werden die funktionslos gewordenen Mitochondrien innerhalb weniger Stunden zu kleinen (Durchmesser ca. 0,5 μm), elektronenmikroskopisch nur noch schwer identifizierbaren Strukturen reduziert. Diese *Promitochondrien* besitzen zwar noch mtDNA und einige Enzyme wie z.B. ATP-Synthase, aber fast keine Cytochrome mehr (Abb. 11.4). Auch andere Komponenten des Elektronentransportsystems fehlen, oder sind zumindest stark reduziert. Bei Zufuhr von O_2 entwickeln sich die Promitochondrien, welche offenbar hauptsächlich der Konservierung der mtDNA dienen, wieder innerhalb weniger Stunden zu normalen Mitochondrien. Dieser mo-

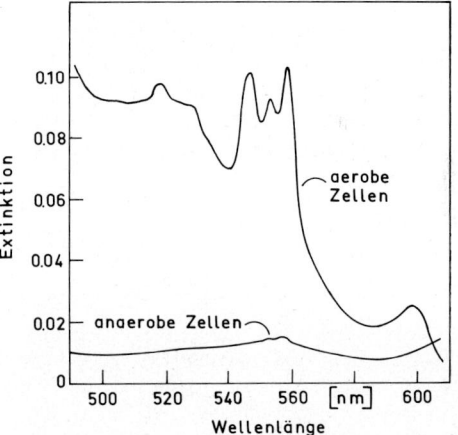

Abb. 11.4. Absorptionsspektren (77 K) intakter Hefezellen, welche unter aeroben bzw. anaeroben Bedingungen angezogen wurden. Objekt: Bäckerhefe (*Saccharomyces cerevisiae*), jeweils 100 mg Zellen · ml^{-1}. Vor dem Einfrieren wurden die Cytochrome mit Dithionit reduziert. Das Spektrum für anaerob gewachsene Zellen ist zweifach überhöht dargestellt. Im Spektrum der aerob gewachsenen Zellen treten die Gipfel von Cyt aa_3 (Abb. 13.9), Cyt *b* (mehrere Komponenten) und Cyt *c* deutlich hervor. Im Spektrum der anaerob gewachsenen Zellen erkennt man nur Spuren von Cyt b_1. (Nach Criddle und Schatz 1969)

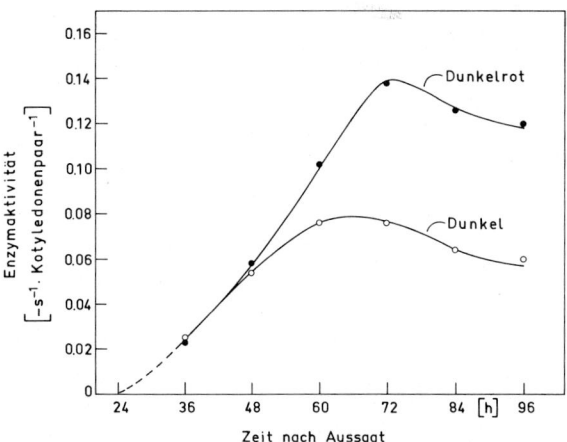

Abb. 11.5. Das Auftreten des Mitochondrienenzyms *Cytochromoxidase* (= Cyt *aa₃*) während der frühen Keimlingsentwicklung. Objekt: Kotyledonen von Senfkeimlingen (*Sinapis alba*). Dunkelrotes Licht, welches über die Hochintensitätsreaktion des Phytochromsystems wirksam wird (→ S. 362), steigert die Bildung dieses Enzyms. Auch Succinatdehydrogenase und Fumarase verhalten sich ähnlich. Im ungekeimten Samen liegt die Enzymaktivität unter der Nachweisgrenze. Die Enzymaktivität wurde hier als Reaktionskonstante 1. Ordnung (^{1}k [–s^{-1}]) gemessen (→ S. 68, → Abb. 13.8). (Nach Bajracharya et al. 1976)

dulatorische Entwicklungsprozeß eignet sich naturgemäß besonders gut zur Erforschung der molekularen Vorgänge bei der Mitochondrienmorphogenese. Bezeichnenderweise beobachtet man die reversible Promitochondrien-Bildung auch bei den extrachromosomalen petite-Mutanten.

Auch bei höheren Pflanzen treten spezialisierte Mitochondrientypen auf. Eine ähnliche Rückentwicklung wie bei anaerob gehaltenen Hefezellen beobachtet man im Embryo zum Abschluß der Samenreifung (Desiccationsphase; → S. 426), wo sich die zuvor respiratorisch aktiven Mitochondrien zu kleineren, wenig strukturierten Promitochondrien rückbilden, wobei wahrscheinlich die meisten respiratorischen Enzyme verloren gehen. Nach der Keimung des Samens entstehen daraus wieder hochorganisierte Organellen, welche den steilen Atmungsanstieg des jungen Keimlings vermitteln (→ Abb. 13.24). Beim Senfkeimling (*Sinapis alba*) kann Licht über die Bildung von photomorphogenetisch aktivem Phytochrom (→ S. 359) eine steuernde Rolle ausüben. Diese Umsteuerung betrifft sowohl die Bildung aktiver Atmungsenzyme (Abb. 11.5), als auch strukturelle Aspekte der Mitochondrien-Morphogenese (Abb. 11.6). Ähnliche

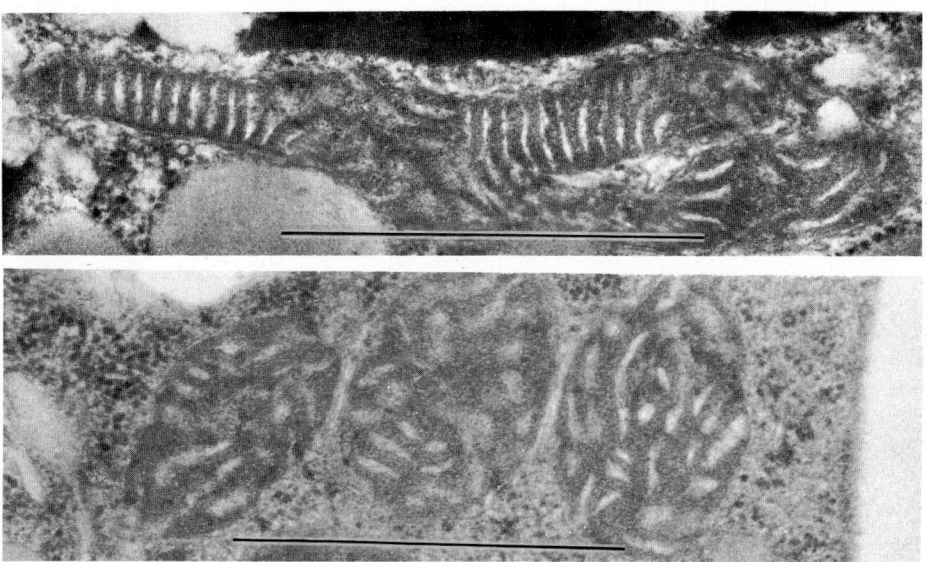

Abb. 11.6. Die strukturelle Entwicklung der Mitochondrien in etiolierenden und im Licht wachsenden Kotyledonen. Objekt: 4–5 d alte Senfkeimlinge. Die Keimlinge wurden entweder bei völliger Dunkelheit angezogen (*oben*) oder nach 36 h Anzucht im Dunkeln für 84 h mit dunkelrotem Licht zur Aktivierung des Phytochromsystems bestrahlt (*unten*).

Unter diesen Bedingungen (wie auch im Weißlicht) entstehen Mitochondrien des sacculären Typs, wie sie auch für andere Pflanzenzellen typisch sind. In den etiolierten Kotyledonen treten dagegen Mitochondrien mit parallel ausgerichteten *Cristae* (→ Abb. 3.7) auf. Strich 1 μm. (Nach Schopfer et al. 1975)

Phänomene konnten auch bei der Adaptation der fakultativ anaerob lebensfähigen Koleoptile von Reis (*Oryza sativa*) an O_2-Mangelbedingungen beobachtet werden. Dieses Organ kann sich bei der normalerweise unter Wasser ablaufenden Keimung der Karyopse auch unter völligem O_2-Abschluß normal entwickeln (→ S. 224). Es entstehen dabei spezifisch differenzierte Mitochondrien mit gestapelten *Crista*-Membranen, welche einen stark verminderten Gehalt an Cytochromen aufweisen. In Gegenwart von O_2 bilden sich dagegen normale, sacculäre Mitochondrien aus. Die funktionelle Bedeutung dieser strukturellen Modifikation des inneren Membransystems durch Dunkelheit bzw. Anaerobiosis ist noch unbekannt.

Morphogenese der Plastiden

Auch die Plastiden sind semi-autonome, ihre DNA (plDNA) selbst replizierende Organellen der Eucyte. Sie enthalten etwa 300 verschiedene Proteine, von denen rund zwei Drittel aus dem Cytosol importiert werden müssen. Die Plastiden kommen wie die Mitochondrien in allen Zellen der autotrophen Pflanze vor und vermehren sich ebenfalls durch Teilung. Die Anzahl der Plastiden pro Zelle liegt meist im Bereich von 20–50 und jede Plastide besitzt 10–200 Kopien der plDNA. Die Zelle ist somit hochgradig polyploid für Plastidengene. Die Replication der plDNA ist nicht an die Organellenteilung gekoppelt. In den Zellen junger Blätter, welche 200–300 Plastomkopien enthalten, vermehrt sich die Anzahl der Chloroplasten während des Wachstums um ein Vielfaches, ohne daß hierbei die Menge an plDNA pro Zelle ansteigt. Die plDNA besteht aus ringförmigen, doppelsträngigen Molekülen aus 120–200 Kilobasenpaaren, welche viele Ähnlichkeiten mit prokaryotischer DNA aufweisen. Die weitgehend aufgeklärte Genkarte eines typischen Plastidengenoms ist in Abb. 11.7 dargestellt. Es enthält ein Paar *inverted repeat*(*IR*)-Sequenzen, die durch die *large single copy*(*LSC*)- und die *small single copy*(*SSC*)-Region voneinander getrennt sind. Da die Plastidengenome von *Marchantia* (Lebermoos) und Tabak (Samenpflanze) sehr ähnlich aufgebaut sind, geht man davon aus, daß das recente Zusammenspiel zwischen Kern- und Plastidengenom sich bereits etabliert hatte, bevor es in der Evolution zur Trennung von Bryophyten

und Tracheophyten gekommen ist. Die Zahl der Strukturgene im Plastidengenom wird auf 136 bei *Marchantia* und 150 beim Tabak geschätzt, mit 9 bzw. 25 duplizierten Genen in der IR-Region. Man fand vier Arten von rRNA-Genen, 31 (*Marchantia*) bzw. 30 (Tabak) distinkte tRNA-Gene und rund 90 Proteingene. Darüber hinaus wurde gezeigt, daß bei der Expression der Proteingene der universelle genetische Code (→ S. 131) verwendet wird.

Die Plastidengene werden innerhalb der Plastide transkribiert und translatiert. Die Proteinsynthese-Maschinerie ist allerdings zum Teil aus importierten Kerngenprodukten zusammengesetzt. Auch insofern ist der Chloroplast also nicht mehr selbständig. Immerhin besteht aber die Hälfte des recenten Plastidengenoms aus Genen, die einen Beitrag zur Maschinerie der Genexpression leisten, z.B. Gene für rRNA, tRNAs, RNA-Polymerase-Untereinheiten, ribosomale Proteine. Zu den in der Plastide codierten (und synthetisierten) Proteinen gehören außerdem einige Komponenten der Photosysteme und bestimmte Untereinheiten von Photosyntheseenzymen (z.B. die große Untereinheit der Ribulosebisphosphatcarboxylase/oxygenase und 6 (von 9) Untereinheiten der ATP-Synthase; → Abb. 5.8). Die fehlenden Untereinheiten dieser Komplexe sind im Kern codiert und müssen aus dem Cytoplasma importiert werden.

Plastidengene und die Art ihrer Expression haben viele Gemeinsamkeiten mit dem prokaryotischen Genexpressionssystem. Andererseits gibt es bei einer ganzen Reihe von Plastidengenen ausgedehnte Introns, die bei den Prokaryoten extrem selten sind. Die Genexpression in der Plastide schließt deshalb, im Gegensatz zu den Prokaryoten, den Prozeß des Spleißens (→ Abb. 10.6) regelmäßig mit ein.

In den verschiedenen Geweben der höheren Pflanzen treten Plastiden sehr unterschiedlicher Struktur und Funktion auf. Diese phänotypischen Modifikationen sind in vielfacher Weise ineinander umwandelbar. Die Plastide der grünen Blätter ist der *Chloroplast* (→ Abb. 3.14). Chloroplasten können durch Teilung aus ihresgleichen entstehen. Im ruhenden Embryo des Samens überdauern die Plastiden in Form strukturell rückgebildeter *Proplastiden*, welche nach der Keimung in den ergrünenden Organen (z.B. in den Kotyledonen) zu Chloroplasten differenziert werden (Abb. 11.8). Die Proplastiden der Embryonalorgane ruhender Samen (→ Abb. 11.10 a) unterscheiden sich von den Proplasti-

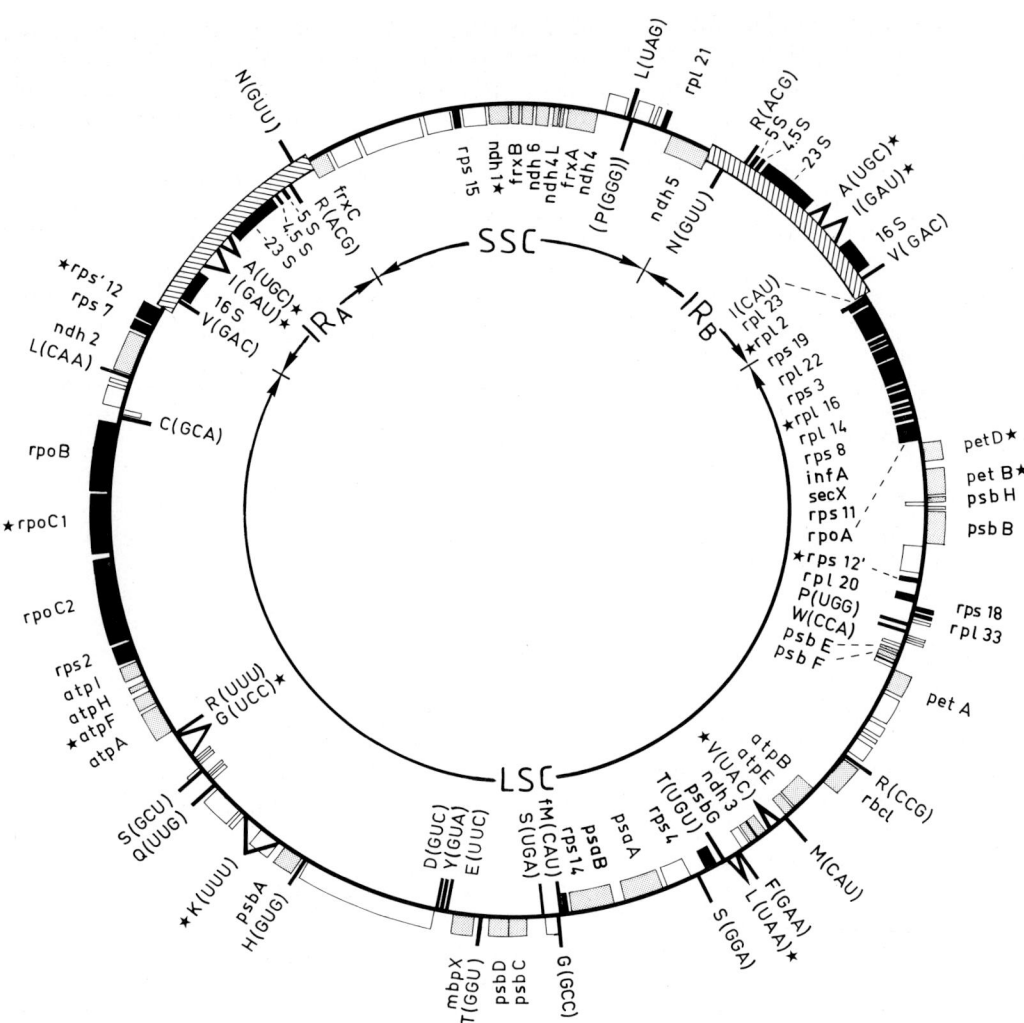

Abb. 11.7. Genkarte des Plastidengenoms (Plastoms) des Lebermooses *Marchantia polymorpha*. Das circuläre DNA-Molekül umfaßt 121 024 Basenpaare. Der innere Kreis gibt die beiden inverted repeats (IR$_A$, IR$_B$) und die large single copy(LSC)- und small single copy(SSC)-Region wieder. Die Gene, die auf der Innenseite der Genkarte eingetragen sind, werden im Uhrzeigersinn, jene auf der Außenseite im Gegenuhrzeigersinn transkribiert. Gene für rRNAs sind durch 4,5S, 5S, 16S, 23S gekennzeichnet. Gene für tRNAs sind durch den jeweiligen Aminosäurecode (nicht-modifiziertes Anticodon, → Abb. 10.7) markiert. Identifizierte Proteingene sind durch Gensymbole gekennzeichnet (punktierte Kästchen: Gene des Photosyntheseapparates, schwarze Kästchen: Gene des Transkriptions- und Translationsapparats). Einige Beispiele: rbc, große Untereinheit der Ribulosebisphosphatcarboxylase/oxygenase; psa, psb, Untereinheiten von Photosystem I bzw. II; atp, Untereinheiten der ATP-Synthase; pet, Untereinheiten des Cytochrom *b/f*-Komplexes; rps, rpl, ribosomale Proteine; rpo, RNA-Polymerase. Die offenen Kästchen bezeichnen die bisher noch nicht aufgeklärten offenen Leseraster. Gene, die Introns enthalten, sind mit Sternchen markiert. (Nach Umesono und Ozeki 1987; verändert)

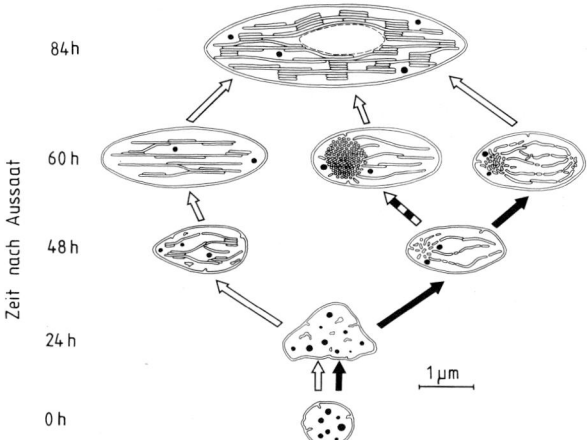

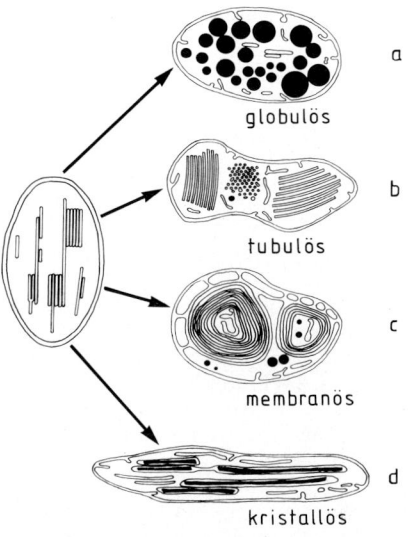

Abb. 11.8. Die Morphogenese der Plastiden in der jungen Keimpflanze (schematisch). Objekt: Kotyledonen von Senfkeimlingen. *Helle Pfeile:* Entwicklung im Weißlicht (7000 lx); *dunkle Pfeile:* Entwicklung im Dunkeln; *unterbrochener Pfeil:* Entwicklung in Dunkelheit nach 4 Lichtpulsen (Hellrot, nach 36, 40, 44, 48 h). Das durch die Hellrotpulse aktivierte Phytochrom bewirkt u. a. eine auffällige Vergrößerung des Prolamellarkörpers. Nach Überführung dieser „Super-Etioplasten" ins Weißlicht (welches den Block bei der Chlorophyllsynthese beseitigt; → Abb. 11.11), beobachtet man eine gegenüber dem Etioplasten stark beschleunigte Granabildung. Dunkelrotes Licht (756 nm), unmittelbar nach dem Hellrot gegeben, revertiert die Hellrotwirkung (→ S. 360). (Nach Mohr 1977 a)

lauf der Seneszenz von Laub- und Blütenblättern oder Früchten werden Chloroplasten häufig in Carotinoid-reiche *Chromoplasten* umgewandelt, welche eine gelbe bis rote Färbung dieser Organe hervorrufen. Hierbei akkumulieren sich Carotinoide (membrangebunden, in Plastoglobuli konzentriert oder als Kristalle), während das Chlorophyll abgebaut wird. Man kennt eine ganze Reihe morphologischer Chromoplastentypen (Abb. 11.9). Auch dieser Weg der Plastidendifferenzierung ist im Prinzip keine Einbahnstraße; zumindest manche Chro-

Abb. 11.9. Die verschiedenen Chromoplastentypen der Spermatophyten. *Chromoplasten von Blüten und Früchten* entstehen in der Regel aus frühen Chloroplasten-Entwicklungsstadien. Ihre Differenzierung geht häufig mit Teilungen, stets aber mit der Neusynthese von Membranelementen, Carotinoiden und anderen Komponenten einher. Als Carotinoid-Trägerstrukturen können dienen: *Plastoglobuli* (Lipidtropfen, a; z. B. *Ranunculus*-Blüte, Herbstlaub), gebündelte *Tubuli* (b; z. B. Blüten von *Tropaeolum* und *Chelidonium*), konzentrische *Membrankonvolute* (c; z. B. Blüte der gelbblütigen Form von *Narcissus*) und membranumschlossene *Carotinoidkristalle* (d; z. B. roter Ring der Nebenkrone der weißblütigen Form von *Narcissus,* Wurzel von *Daucus*). Die Typen sind in der Reihenfolge ihrer Häufigkeit im Pflanzenreich dargestellt; am häufigsten treten globulöse Chromoplasten auf. Lediglich im Falle der *Herbstlaubchromoplasten* ist die Vorstellung berechtigt, Chromoplasten seien Seneszenzprodukte ehemaliger Chloroplasten. In diesem Fall beobachtet man keine erhebliche biogenetische Aktivität, sondern vielmehr einen Abbau von Membranen, Ribosomen, Matrixproteinen, Chlorophyllen usw. Die Carotinoide bleiben jedoch weitgehend erhalten und sammeln sich in den Plastoglobuli an. (Nach einer Vorlage von Sitte)

den meristematischer Zellen dadurch, daß sie direkt durch Rückbildung aus Chloroplasten entstehen können. Die jungen Embryonen vieler Pflanzen entwickeln zunächst Chloroplasten, welche zu einer aktiven Photosynthese befähigt sind. Während der späteren Stadien der Samenreifung findet dann ein Abbau des Chlorophylls und der Thylakoide statt (→ Abb. 13.22, 24.3). Dieser (regressive) Differenzierungsprozeß kann nach der Keimung wieder in umgekehrter Richtung vollzogen werden.

In heterotrophen Geweben (z. B. in der Wurzel) entstehen pigmentlose *Leukoplasten*, welche in der Form von *Amyloplasten* als Depot für die Stärkeablagerung Verwendung finden. Auch Chloroplasten können unter Reduktion der Thylakoide zu Leukoplasten werden. Die Synthese von Stärke ist in der höheren Pflanze stets an das Plastidenkompartiment gebunden. Auch die stärkefreien Leukoplasten dürften in der Zelle wichtige Aufgaben erfüllen, z. B. die Synthese von Fettsäuren. Im Ver-

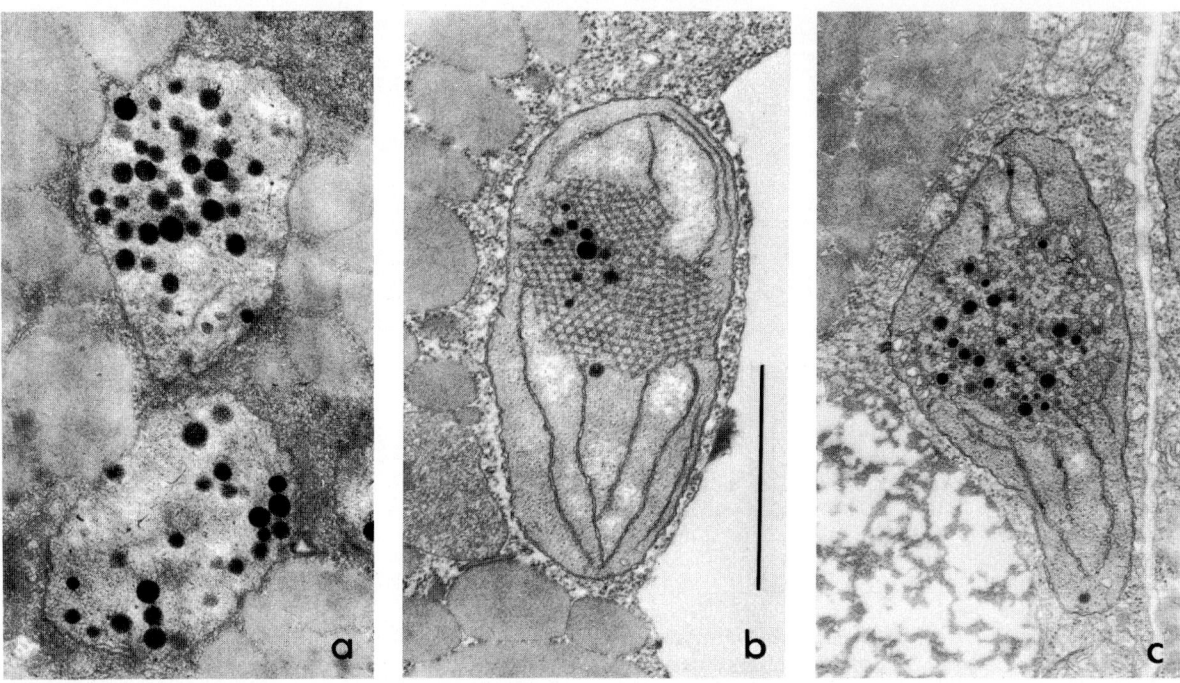

Abb. 11.10a–c. Die Bildung von Etioplasten im Dunkeln und der Zerfall der parakristallinen Struktur des Prolamellarkörpers von Etioplasten nach Belichtung. Objekt: Kotyledonen von Senfkeimlingen. (a) Proplastiden mit vielen Plastoglobuli aus einer gerade gekeimten Pflanze; (b) Etioplast einer für 3 d in völliger Dunkelheit angezogenen Pflanze. Man erkennt den hochgeordneten, aus tubulären Strukturen zusammengesetzten Prolamellarkörper. Ein erheblicher Teil des Materials der Tubuli besteht aus Protochlorophyllid-Holochrom. (c) Nach einer kurzen Belichtung mit intensivem Weißlicht geht die parakristalline Struktur verloren, und die Umorganisation der Tubuli zu Membranen wird eingeleitet. Strich: 1 μm in allen drei Teilabbildungen. (Nach Bergfeld)

moplastenformen können wieder zu Chloroplasten umdifferenziert werden. Über die Steuerung dieser morphogenetischen Vorgänge durch extraplastidäre Faktoren weiß man noch sehr wenig. Es ist jedoch sicher, daß die Plastiden hierbei viele Proteine aus dem cytosolischen Kompartiment der Zelle importieren. Sie verfügen weiterhin über spezifische Proteinasen, welche den Abbau von nicht mehr benötigten Proteinen innerhalb des Organells erlauben. Auf jeden Fall bleibt auch bei funktionell und strukturell tiefgreifenden Veränderungen des Plastidenkompartiments die plDNA erhalten und garantiert damit die Kontinuität des Plastoms während der Zellentwicklung.

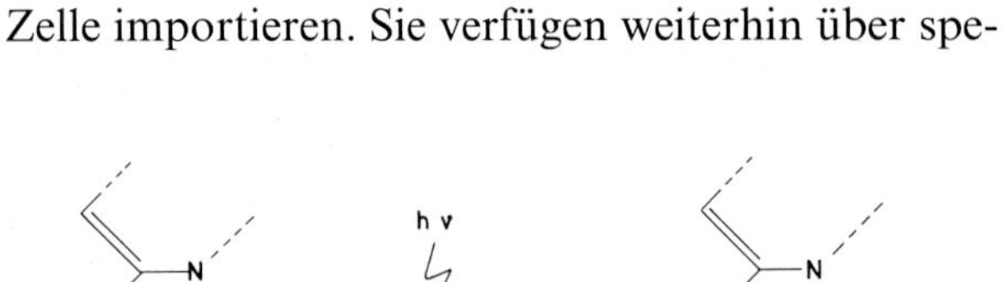

Im Gegensatz zu den allermeisten niederen Pflanzen (bis hin zu den Gymnospermen) ist die Ausbildung funktionstüchtiger Chloroplasten bei den Angiospermen strikt lichtabhängig. Bei diesen Pflanzen treten in etioliertem, ergrünungsfähigem Gewebe *Etioplasten* auf. Die Etioplasten enthalten bereits fast alle molekularen Bestandteile des Chloroplasten (wenn auch meist in nur geringer Menge), außer Chlorophyll. An dessen Stelle findet man relativ kleine Mengen an *Protochlorophyllid* und der veresterten Form des Pigments, *Protochlorophyll*, welche sich vom Chlorophyll(id) *a* nur durch eine Doppelbindung am Ring IV unterscheiden (→

Abb. 11.11. Die Photokonversion von Protochlorophyllid zu Chlorophyllid *a* durch Hydrierung (Reduktion) einer Doppelbindung am Ring IV des Moleküls (→ Abb. 12.8)

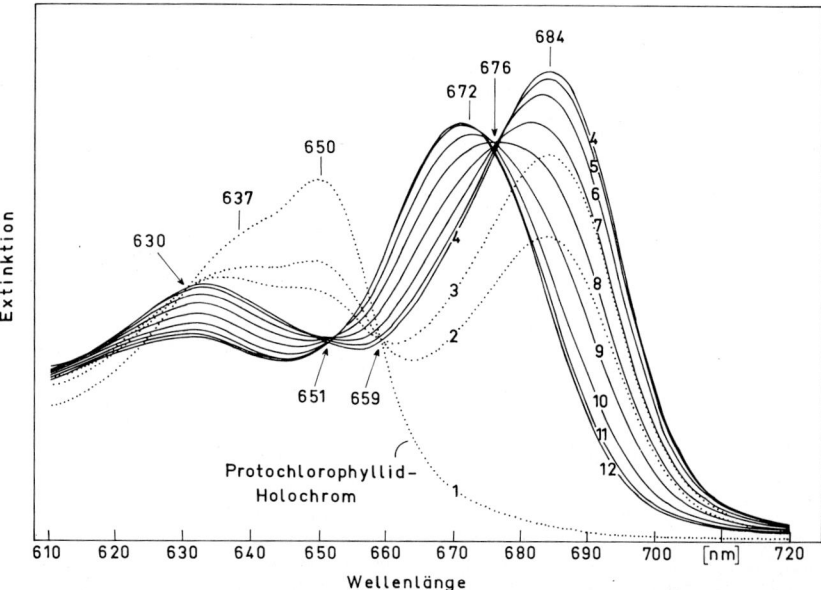

Abb. 11.12. In-vivo-Absorptionsspektren der Photokonversion von Protochlorophyllid zu Chlorophyllid *a*. Objekt: Primärblätter von Bohnenkeimlingen (*Phaseolus vulgaris;* 10 d alt, 25 °C). Die Kurve 1 zeigt die langwellige Absorptionsbande von Protochlorophyllid-Holochrom (Gipfel bei 650 nm; der Nebengipfel bei 637 nm geht ebenfalls auf Protochlorophyllid zurück, das jedoch etwas anders gebunden ist als die Hauptfraktion. Diese Form ist wahrscheinlich eine unmittelbare Vorstufe des photoaktiven Holochroms). Die Kurven 2 bis 4 wurden innerhalb weniger Minuten jeweils sofort nach einem schwachen Lichtblitz gemessen. Man erkennt den stufenweisen Aufbau eines Absorptionsgipfels bei 684 nm (Chlorophyllid *a*) auf Kosten des 637/650 nm-Doppelgipfels. Nach vollständiger Transformation (Kurve 4) beobachtet man, daß der 684-nm-Gipfel im Dunkeln langsam nach 672 nm wandert (Kurve 4 bis 12, Abstand jeweils etwa 5 min). Diese spontane Reaktion wird nach ihrem Ent-

decker als *Shibata-shift* bezeichnet. Sie dauert im vorliegenden Fall bei 25 °C etwa 1 h. Anschließend wandert der Chlorophyll(id)-Gipfel langsam nach 678 nm zurück. Die genaue Ursache dieser Dunkelreaktionen ist unbekannt. Wahrscheinlich hängen sie mit der molekularen Umordnung bei der Bildung der Thylakoidmembran zusammen, bei der das frisch gebildete Chlorophyllid *a* vom Holochrom auf verschiedene andere Proteine umgeladen wird. Während dieser Zeit findet auch die Veresterung des Pigments zum Chlorophyll *a* statt. Die Absorptionseigenschaften des Chlorophyll(id)s hängen von der molekularen Umgebung des Moleküls ab (→ Abb. 12.12). Die Pfeile weisen auf Punkte gleicher Absorption (isosbestische Punkte) hin. Das photochemisch inaktive Protochlorophyll besitzt in vivo einen Absorptionsgipfel bei 628 nm, der hier nicht deutlich hervortritt. (Nach einer Vorlage von Björn)

Abb. 12.8). Dieses grünliche Pigment liegt zum größten Teil Protein-gebunden, als *Protochlorophyllid-Holochrom*, im parakristallinen *Prolamellarkörper* der Etioplasten vor (Abb. 11.10 b).

Die Umwandlung des Etioplasten zum *Chloroplasten* bei der lichtinduzierten Ergrünung von Blättern vollzieht sich in mehreren Schritten. Als Auslöser-Reaktion dient wahrscheinlich die Photokonversion des Protochlorophyllids zum Chlorophyllid *a* am Holochrom. Es handelt sich um eine lichtkatalysierte Hydrierung der Doppelbindung am Ring IV des Moleküls (Abb. 11.11), welche von einer charakteristischen Änderung des Absorptionsspektrums begleitet ist. Anhand dieses Effekts

kann man diese photochemische Reaktion spektralphotometrisch auch an intakten Blättern verfolgen (Abb. 11.12). Das Holochrom kann im Dunkeln aus etiolierten Blättern isoliert werden, ohne die Fähigkeit zur Photokonversion zu verlieren. Es handelt sich um einen Proteinkomplex mit mehreren, nicht covalent gebundenen Protochlorophyllid-Molekülen. Die Photoreduktion (Abb. 11.13) läuft ohne Zusatz eines Reduktanten in weniger als 10^{-5} s ab (selbst unter 0 °C). Der noch unbekannte [H]-Donator muß ein Bestandteil des Komplexes sein, der dem Protochlorophyllid unmittelbar benachbart liegt. Das Wirkungsspektrum dieser Reaktion zeigt, daß das Photoreceptorpigment der

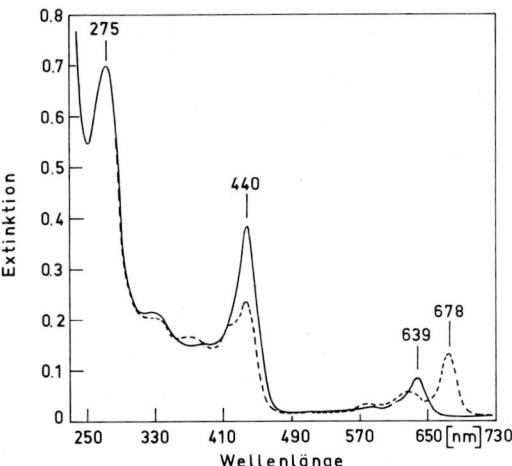

Abb. 11.13. In-vitro-Absorptionsspektrum des gereinigten Protochlorophyllid-Holochroms aus etiolierten Bohnenblättern vor (——) und nach (----) Photokonversion des Chromophors. Die Absorptionsgipfel sind in vitro zu kürzeren Wellenlängen verschoben (→ Abb. 11.12). Die 275-nm-Bande geht auf den Proteinanteil zurück. (Nach Schopfer und Siegelman 1968)

S. 170) muß also außerordentlich rasch erfolgen (Abb. 11.15). Die volle Photosyntheseaktivität erreichen die Chloroplasten jedoch meist erst nach vielen Stunden, wenn die Photosysteme voll mit Antennenpigmenten ausgestattet sind.

Das am Holochrom frisch gebildete Chlorophyllid *a* wird zu Chlorophyll *a* verestert (→ Abb. 18.6) und auf die verschiedenen Pigment-Protein-Komplexe der wachsenden Thylakoidmembran umgeladen. (Die Apoproteine müssen zum größten Teil aus dem Cytoplasma importiert werden.) Diese Reorganisationsprozesse äußern sich in charakteristischen spektralen Veränderungen des Pigments (*Shibata-shift;* → Abb. 11.12). Ein Teil des Chlorophyllids *a* wird in Chlorophyll *b* (→ Abb. 18.6) umgewandelt, welches, ebenfalls an Protein gebunden, in die Membran gelangt.

Wenn die Chloroplastenentwicklung von vornherein im starken Licht abläuft, unterbleibt die Bil-

Photoreduktion das Protochlorophyllid-Holochrom selbst ist (Abb. 11.14). Neuerdings konnte man aus dem Prolamellarkörper ein Enzym isolieren, welches auch nichtgebundenes Protochlorophyllid photoreduziert; es benötigt hierfür allerdings NADPH als [H]-Donator. Es ist noch nicht klar, ob es sich bei dieser Protochlorophyllid-Oxidoreductase um einen Teil des Holochromkomplexes handelt.

Nach erfolgter Photokonversion des Pigments beobachtet man eine Desorganisation des Prolamellarkörpers und eine Reorganisation des Materials zu Membranen (→ Abb. 11.10 c). Es ist noch unklar, ob dieser Prozeß alleine durch die Pigmentumwandlung ausgelöst wird, oder ob eine zusätzliche Lichtreaktion beteiligt ist. Die Tubuli verschmelzen zu anfangs noch perforierten Doppelmembranen, die man *Primärthylakoide* nennt. Aus diesen entstehen durch Einbau weiterer Proteine und Lipide schließlich die Thylakoide, welche sich durch lokales Flächenwachstum und Überschiebung zu Granastapeln aufschichten können (→ Abb. 12.6). Bereits kurze Zeit nach Belichtungsbeginn läßt sich in günstigen Fällen das Einsetzen des photosynthetischen Elektronentransports und der Photophosphorylierung messen; die Organisation der ersten funktionsfähigen Photosysteme (→

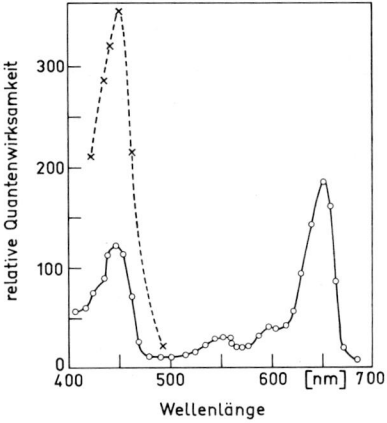

Abb. 11.14. Wirkungsspektrum für die Photokonversion von Protochlorophyllid zu Chlorophyllid *a*. Objekt: Etiolierte Maisblätter (*Zea mays*). Das Wirkungsspektrum gibt unter bestimmten experimentellen Voraussetzungen (→ S. 357) das Absorptionsspektrum des Photoreceptorpigments (hier Protochlorophyllid-Holochrom) der untersuchten physiologischen Reaktion (hier der Bildung von Chlorophyllid *a* aus Protochlorophyllid) wieder. Eine dieser Voraussetzungen ist das Fehlen von lichtschwächenden Schirmpigmenten. Die verwendeten Maisblätter enthielten jedoch große Mengen an Carotinoiden, welche das Licht unterhalb 500 nm selektiv schwächen, bevor es vom Protochlorophyllid absorbiert werden kann. Dies führt zu einer Depression des Blaugipfels im Wirkungsspektrum (*ausgezogene Kurve*). Bei Verwendung carotinoidfreier Maisblätter (Albino-Mutante) tritt dieses experimentelle Artefakt nicht auf (*unterbrochene Kurve*). (Nach Koski et al. 1951)

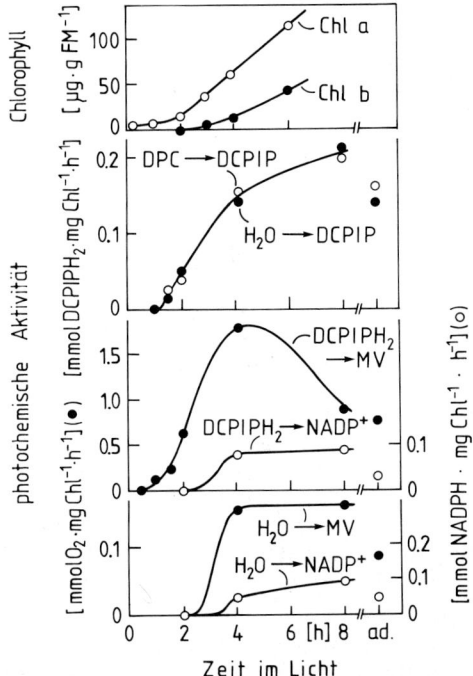

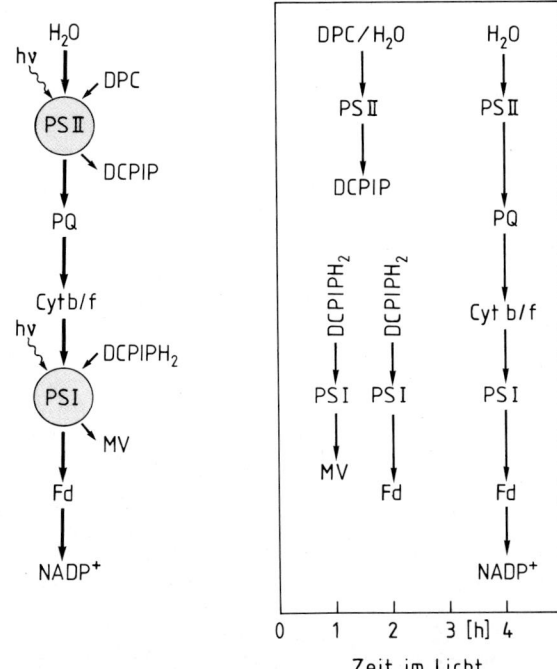

Abb. 11.15. Entwicklung des photosynthetischen Elektronentransports während der Ergrünung. Objekt: Etiolierte Blätter von 5 d alten Gerstenkeimlingen (*Hordeum vulgare*). Nach unterschiedlich langer Bestrahlung mit Weißlicht wurden aus den Blättern Plastiden isoliert und daran die Aktivität verschiedener Teilreaktionen des lichtabhängigen Elektronentransports (*Mitte;* → Abb. 12.25) und die Bildung von Chlorophyll *a* und *b* gemessen (DPC = 1,5-Diphenylcarbazid, ein Elektronendonator für Photosystem II = PSII; DCPIP(H$_2$) = 2,6-Dichlorophenolindophenol, ein Elektronenacceptor für PSII und Elektronendonator für Photosystem I = PSI; MV = Methylviologen, ein Elektronenacceptor für PSI). Von der Redoxkette sind nur Plastochinon (PQ), Cytochrom *b/f* (Cyt *b/f*) und Ferredoxin (Fd) eingetragen.

Man erkennt aus den Kinetiken (*links*) und aus der schematischen Darstellung (*rechts*), daß PSI (Elektronenübertragung von DCPIPH$_2$ auf MV) bereits nach 1 h Belichtung nachzuweisen ist, während PSII (Elektronenübertragung von H$_2$O auf DCPIP) deutlich später einsetzt. Der vollständige Elektronentransport ist nach 4 h meßbar (ad., adulte, voll ergrünte Blätter). Die Kinetiken der Chlorophyllakkumulation (*oben links*; FM, Frischmasse) zeigen eine lag-Phase von 2 h, während der nur die kleine Menge an Chlorophyll *a* vorliegt, welche bei Lichtbeginn aus dem vorhandenen Protochlorophyllid gebildet wurde (→ S. 291). Dieses Chlorophyll *a* reicht aus, um aktive Photosysteme zu bilden. Die Antennenkomplexe werden erst später mit Chlorophyll *a* und *b* aufgefüllt. (Nach Daten von Ohashi et al. 1989)

dung eines Prolamellarkörpers. Dieser bildet sich jedoch stets dann, wenn die Photokonversion des Protochlorophyllids nicht rasch genug ablaufen kann, d. h. wenn sich Protochlorophyllid und andere Membrankomponenten anstauen (z. B. im Dämmerlicht). Der Prolamellarkörper ist also als Zwischenstufe der Thylakoidbildung mit Speicherfunktion für Membranelemente aufzufassen, welche im Licht übersprungen werden kann (→ Abb. 11.8).

Phytochrom greift in vielfältiger Weise regulierend in die Chloroplastenentwicklung ein. Neben der Kapazität der Chlorophyllsynthese (welche erst mit Hilfe von Weißlicht sichtbar gemacht werden muß; → Abb. 18.18) werden Komponenten des photosynthetischen Elektronentransportsystems (z. B. Ferredoxin und Plastocyan), Lipide (Galactosyllipide, Carotinoide) und Enzyme des Calvin-Cyclus unter dem Einfluß von dunkelrotem Licht stark vermehrt. Hellrote Lichtpulse oder Dauerbestrahlung mit dunkelrotem Licht um 720 nm, welches über die Hochintensitätsreaktion des Phytochroms (→ S. 362) wirksam wird, führen zur Entstehung von voluminösen „Super-Etioplasten" mit großen Prolamellarkörpern und einem überhöhten Gehalt an Ribosomen und Enzymprotein, aber

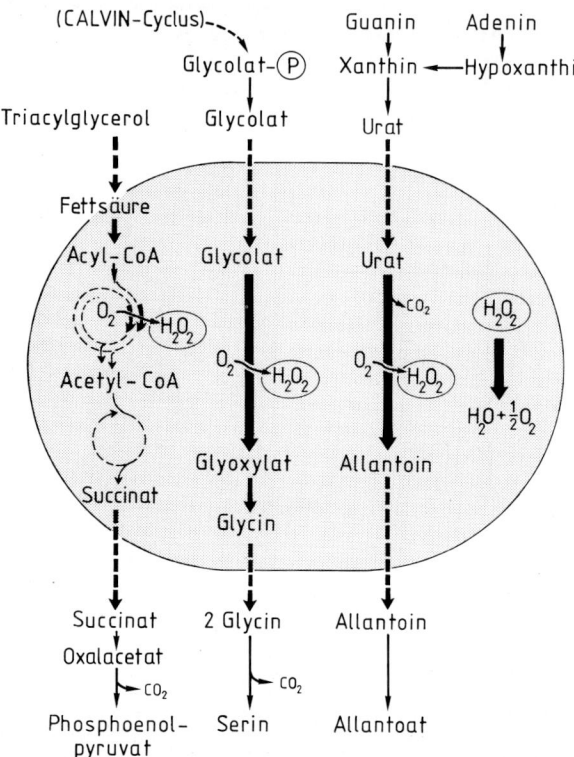

Abb. 11.16. Die wichtigsten peroxisomalen Stoffwechsel-funktionen in höheren Pflanzen: Fettsäureabbau über *β*-Oxidation und Glyoxylatcyclus zu Succinat im Rahmen der Fettmobilisierung (*glyoxysomale Funktion;* → S. 215), Glycolatabbau zu Glycin im Rahmen der Photorespiration (*blattperoxisomale Funktion;* → S. 208), Urat(Harnsäure)-Abbau im Rahmen der Stickstoff-Translocation in Wurzelknöllchen (*uricosomale Funktion;* → S. 492). In den Peroxisomen der Fettspeicherzellen, Blattmesophyllzellen und nichtinfizierten Cortexzellen von Wurzelknöllchen ist jeweils eine dieser Funktionen dominant ausgeprägt. Allen peroxisomalen Abbauwegen ist gemeinsam, daß sie einen oxidativen Schritt enthalten, der als Nebenprodukt Wasserstoffperoxid (H_2O_2) erzeugt. Dieses starke Zellgift wird durch die stets in sehr hoher Konzentration vorliegende *Katalase* vernichtet. Peroxisomen können daher generell als Entgiftungsorganellen für H_2O_2 angesehen werden. (Nach Schopfer und Apel 1983)

ohne ins Gewicht fallende Mengen an Chlorophyll und daher ohne funktionsfähigen Photosyntheseapparat (→ Abb. 11.8). Durch die Verwendung von dunkelrotem Licht (720 nm) können Phytochromwirkung und Chlorophyllbildung (bei 600 bis 700 nm), welche im Weißlicht gleichzeitig auftreten, getrennt werden. Man ist aufgrund derartiger Experimente zu der Vorstellung gekommen,

daß Phytochrom generell zu einer drastischen Steigerung der Kapazität der plastidären Synthesebahnen führt. Auch die Entwicklung des photosynthetischen Elektronentransports während der Ergrünung im Weißlicht (→ Abb. 11.15) wird nicht über (Proto-)Chlorophyll, sondern über Phytochrom gesteuert. Die *Regulation* der lichtabhängigen Chloroplastenentwicklung wird in Kapitel 22 ausführlicher behandelt.

Morphogenese der Peroxisomen (Microbodies)

Peroxisomen sind kleine, meist kugelige Organellen, welche von einer *einfachen* Membran umgeben sind und in ihrer proteinösen Matrix Katalase, eine oder mehrere Oxidasen und eine Reihe anderer Enzyme enthalten. Diese, von den Elektronenmikroskopikern auch als *Microbodies* bezeichneten Organellen stellen mit Enzymen gefüllte Zellkompartimente ohne eigene DNA und ohne eigenen Proteinsyntheseapparat dar. Der gemeinsame Nenner der Peroxisomen ist die Fähigkeit, bestimmte Metabolite oxidativ unter Peroxid-Bildung abzubauen. Dazu dienen stets Flavin- (oder Cu^{2+}-) haltige Oxidasen, welche O_2 nicht zu H_2O, sondern zu H_2O_2 reduzieren. Katalase zersetzt dieses starke Zellgift zu $H_2O + \frac{1}{2}O_2$. Dieser Typ katabolischer Prozesse ist wahrscheinlich stets in Peroxisomen kompartimentiert. Die physiologische Bedeutung der peroxisomalen H_2O_2-Entgiftungsreaktion wird bei Katalase-Mangelmutanten der Gerste deutlich: Diese Pflanzen bilden in den Blättern Peroxisomen mit einem normalen Gehalt an dem H_2O_2-produzierenden Enzym Glycolatoxidase aus, während die Katalaseaktivität um 90% reduziert ist. Die Blätter dieser Mutante werden im Licht nach kurzer Zeit chlorotisch und sterben ab. Eine Hemmung der photorespiratorischen Glycolatbildung durch hohe CO_2-Konzentration (→ S. 208) verhindert diese Schäden vollständig.

Bisher sind eine ganze Reihe funktionell verschiedener Peroxisomenformen bekannt geworden, welche in der Regel nur in bestimmten Phasen der Zellentwicklung auftreten und in direkter Beziehung mit der jeweiligen metabolischen Zellfunktion stehen. Die wichtigsten peroxisomalen Stoffwechselwege sind in Abb. 11.16 zusammengefaßt. Die Enzyme dieser Wege sind wahrscheinlich im

Prinzip in allen Peroxisomentypen vorhanden, allerdings in stark unterschiedlichen Mengenverhältnissen. In Fettspeicherzellen treten während des Fettabbaus Peroxisomen auf, in denen die Enzyme der β-Oxidation und des Glyoxylatcyclus über andere peroxisomale Funktionen dominieren; sie werden daher auch als *Glyoxysomen* bezeichnet (→ S. 215). In photosynthetisch aktiven Zellen findet sich ein Peroxisomentyp, in dem die Enzyme des oxidativen Glycolatabbaus dominieren (*Blatt-Peroxisomen;* → S. 208). Bestimmte Zellen in den Wurzelknöllchen mancher Fabaceen enthalten Peroxisomen mit Enzymen des oxidativen Purinabbaus (*Uricosomen;* → S. 492), welche in dieser Hinsicht große Ähnlichkeit mit den Peroxisomen in der Säugerleber aufweisen. Auch in Pilzen sind Peroxisomen verbreitet. Die Hefe *Candida boidinii* bildet z. B. einen Peroxysomentyp aus, der Alkoholoxidase (→ Tabelle 13.2) und Katalase enthält, wenn man die Zellen auf Methanol wachsen läßt.

Peroxisomen sind cytoplasmatische Organellen, die sich durch Teilung vermehren können und daher wahrscheinlich nicht de novo, sondern nur aus ihresgleichen entstehen. Ihre Ausstattung mit bestimmten Proteinen erfolgt vom Cytosol aus durch posttranslationalen Import (meist ohne Beteiligung einer abspaltbaren Transitsequenz) und wird auf der Ebene der Gentranskription vom Zellkern aus reguliert. Hierdurch ist eine präzise Abstimmung zwischen den peroxisomalen und extraperoxisomalen Stoffwechselwegen während der Entwicklung der Zelle möglich. Die entwicklungsabhängige Integration der Peroxisomenfunktion in den Zellstoffwechsel wird besonders bei der Bildung von Glyoxysomen und Blatt-Peroxisomen deutlich. Glyoxysomen entstehen als typische Peroxisomen fettabbauender Gewebe im Endosperm (oder in fettspeichernden Kotyledonen) nach der Keimung des Samens, ohne daß hierfür Licht erforderlich ist (Abb. 11.17a). Hingegen ist die Ausbildung typischer Blatt-Peroxisomen lichtabhängig. Als Photoreceptorpigment für die Induktion der Blatt-peroxisomalen Enzyme dient wie bei der Chloroplastenentwicklung das Phytochrom (Abb. 11.17b). Dieses zentrale photomorphogenetische Effektormolekül koordiniert also die Plastiden- und Peroxisomendifferenzierung im Blatt.

Eine interessante Situation ergibt sich in solchen Kotyledonen, welche nach der Mobilisierung des Speicherfetts im Licht zu grünen Blättern umdifferenziert werden können (z. B. bei *Helianthus, Cucu-*

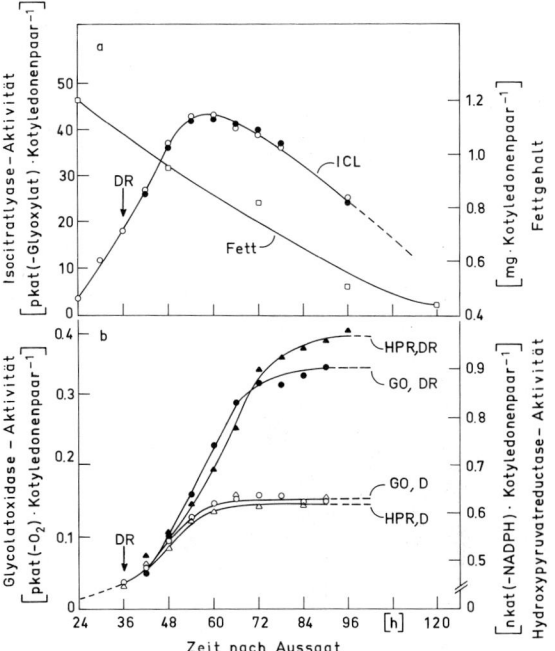

Abb. 11.17a und b. Entwicklung von Peroxisomen-Enzymen während der frühen Keimlingsentwicklung. Objekt: Kotyledonen von Senfkeimlingen. (a) Die Entstehung und das Verschwinden des glyoxysomalen Leitenzyms *Isocitratlyase* (ICL; → Abb. 13.20) erfolgt unabhängig vom Licht. Das gilt auch für den Fettabbau. (b) Die Blatt-peroxisomalen Enzyme *Glycolatoxidase* (GO) und *Hydroxypyruvatreductase* (HPR; → Abb. 13.16) treten erst später auf; ihre Bildung wird durch dunkelrotes Dauerlicht (DR, ab 36 h nach der Aussaat) stark gefördert. D, Dunkelkontrolle (offene Symbole). (Nach Schopfer et al. 1975)

mis, Sinapis und vielen anderen Dikotylen). Diese Kotyledonen bilden zunächst (unabhängig vom Licht) Glyoxysomen und später (durch Phytochrom induziert) Blatt-Peroxisomen aus. In der Übergangsphase treten Peroxisomen auf, welche beide Funktionen in sich vereinen (Abb. 11.18). Offenbar wird in der Zelle von einem bestimmten Zeitpunkt an die Produktion von glyoxysomalen Enzymen langsam auf die Produktion von Blatt-peroxisomalen Enzymen umgestellt, wobei Phytochrom einen stimulierenden Einfluß hat. Der Ersatz der glyoxysomalen Funktion durch die Blatt-peroxisomale Funktion läßt sich durch Messung der jeweiligen Enzymaktivitäten verfolgen (→Abb. 11.17b). Wie es im Verlauf dieser Umstellung zur Inaktivierung der glyoxysomalen Enzyme kommt, ist noch ungeklärt.

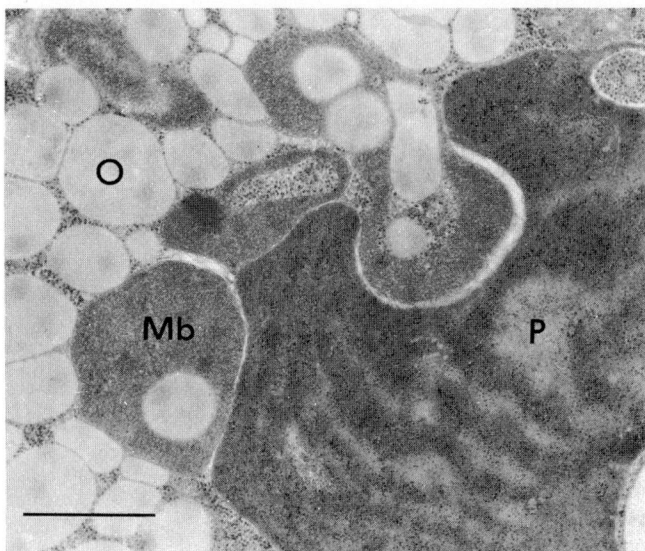

Abb. 11.18. Peroxisomen (Microbodies) aus der Übergangsphase von glyoxysomaler zu Blatt-peroxisomaler Funktion in ergrünungsfähigen Fettspeicherkotyledonen. Objekt: Kotyledonen von Senfkeimlingen. Die Keimlinge wurden nach 36 h Anzucht im Dunkeln für 48 h mit dunkelrotem Licht bestrahlt. Man erkennt, daß individuelle Microbodies (Mb) sowohl mit Oleosomen (O, Lipidkörper) als auch mit der Plastide (P) räumlich eng assoziiert sind. Dies kann als Indiz für ihre gleichzeitige Funktion als Glyoxysomen und Blatt-Peroxisomen angesehen werden ($\rightarrow$ Abb. 13.19, 13.15). Strich: 1 μm. (Nach Schopfer et al. 1976)

Weiterführende Literatur

Baker NR, Barber J (eds) (1984) Chloroplast biogenesis. Elsevier, Amsterdam

Brandt P (1988) Molekulare Aspekte der Organellenontogenese. Springer, Berlin Heidelberg New York

Breiman A, Galun E (1990) Nuclear-mitochondrial interrelation in angiosperms. Plant Sci 71:3–19

Chrispeels MJ (1991) Sorting of proteins in the secretory system. Annu Rev Plant Physiol Plant Mol Biol 42:21–53

Douce R (1985) Mitochondria in higher plants. Structure, function, and biogenesis. Academic Press, Orlando San Diego New York

Huang AHC, Trelease RN, Moore TS (1983) Plant peroxisomes. Academic Press, New York London

Jones RL, Robinson DG (1989) Protein secretion in plants. New Phytol 111:567–597

Lazarow PB, Fujiki Y (1985) Biogenesis of peroxisomes. Annu Rev Cell Biol 1:489–530

Mullet JE (1988) Chloroplast development and gene expression. Annu Rev Plant Physiol Plant Mol Biol 39:475–502

Nicholson DW, Neupert W (1988) Synthesis and assembly of mitochondrial proteins. In: Das RC, Robbins PW (eds) Protein transfer and organelle biogenesis. Academic Press, San Diego New York, pp 677–746

Schopfer P, Apel K (1983) Intracellular photomorphogenesis. In: Shropshire W, Mohr H (eds) Encycl Plant Physiol NS, Vol 16 A. Springer, Berlin Heidelberg New York, pp 258–288

Taylor WC (1989) Regulatory interactions between nuclear and plastid genomes. Annu Rev Plant Physiol Plant Mol Biol 40:211–233

Thomson WW, Whatley JM (1980) Development of nongreen plastids. Annu Rev Plant Physiol 31:375–394

12 Photosynthese als Funktion des Chloroplasten

Photosynthese als Energiewandlung

Die universelle Energiequelle der Biosphäre ist die Sonne. Bei den in der Sonne ablaufenden Kernfusionsprozessen wird Materie in Energie umgewandelt (z. B. 4 Protonen → Heliumkern + 2 Positronen + $4,5 \cdot 10^{-12}$ J), welche in Form von elektromagnetischer Strahlung ($h \nu$) in den Weltraum abgegeben wird. Die Energieverteilung der Sonnenstrahlung entspricht in erster Näherung dem kontinuierlichen Emissionsspektrum eines schwarzen Körpers bei etwa 5800 K. Durch Streuverluste und selektive Absorption von Quanten in der Erdatmosphäre wird das Sonnenspektrum modifiziert (Abb. 12.1), wobei der Energiefluß der Strahlung von $1,4 \, kW \cdot m^{-2}$ (Solarkonstante) auf $\leq 0,9 \, kW \cdot m^{-2}$ (Meeresniveau) reduziert wird. Etwa die Hälfte davon entfällt auf den Spektralbereich von 300–800 nm (das „optische Fenster" der Atmosphäre; → Abb. 12.1), welcher mitten in dem Bereich photochemisch wirksamer Strahlung (ca. 100–1000 nm) liegt.

Die Quantenenergie läßt sich nach der Formel

$$E = h \nu = h c \lambda^{-1} \tag{12.1}$$

leicht berechnen ($h = 6,626 \cdot 10^{-34}$ J $\cdot$ s, Plancksche Konstante; ν, Frequenz; $c = 3 \cdot 10^{8}$ m $\cdot$ s^{-1}, Lichtgeschwindigkeit; λ, Wellenlänge). Danach entspricht der Wellenlängenbereich 300 bis 800 nm einem Quantenenergiebereich von 400 bis 150 kJ $\cdot$ mol^{-1} (→ Abb. 12.11). Aus Gl. (4.32) folgt, daß mit dieser Energie theoretisch 1 mol Elektronen auf der Redoxskala um etwa 4,0–1,5 V in negativer Richtung verschoben werden könnte (1 kJ $\cdot$ mol Quanten^{-1} entspricht $1,036 \cdot 10^{-2}$ eV $\cdot$ Quant^{-1}).

Durch die Photosynthese der autotrophen Pflanzen kann die Energie des auf die Erdoberfläche fallenden Sonnenlichtes (maximal etwa 500 W $\cdot$ m^{-2}, geliefert von einem Photonenfluß von etwa 2 mmol $\cdot$ m$^{-2} \cdot$ s^{-1}) in biologisch nutzbare Energie (chemisches Potential) transformiert werden. Die Pflanzen verbrauchen dafür weit weniger als 1% der auftreffenden Strahlungsenergie. Diese wird mit Hilfe von Pigmenten absorbiert und in elektrochemisches Potential umgewandelt, welches über mehrere Stufen (Elektronentransport, Protonentransport, Redoxreaktionen, Phosphatübertragungen) die Energie für die Synthese ener-

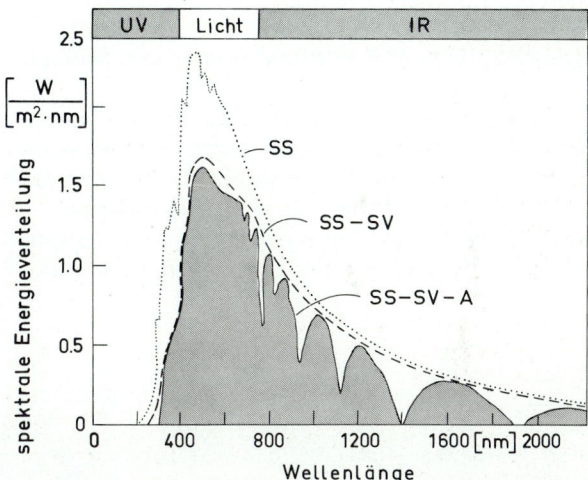

Abb. 12.1. Das Spektrum der Sonnenstrahlung. SS, Solarstrahlung (vor Filterung durch die Erdatmosphäre); SS–SV, Solarstrahlung minus Streuverlust in der Atmosphäre; SS–SV–A, die auf die Erdoberfläche (Meeresniveau) auftreffende Strahlung, welche zusätzlich durch selektive Absorption (A) in der Atmosphäre reduziert ist. Diese Kurve ($\lambda_{max} = 470$ nm) gilt für wolkenlosen Himmel bei senkrechter Einstrahlung (90°). Für flachere Einstrahlwinkel verschiebt sich der Gipfel zu längeren Wellenlängen (für 10° ist $\lambda_{max} \approx 650$ nm). Die Banden bei 900, 1100, 1400 und 1900 nm gehen auf die Absorption durch Wasserdampf und CO_2 zurück. Die Ozonschicht in der Stratosphäre ist für die Eliminierung des kurzwelligen UV-Anteils ($\lambda < 300$ nm) der Solarstrahlung verantwortlich (→ Abb. 32.18). Nur der für den Menschen sichtbare Bereich (etwa 400–760 nm) wird als *Licht* bezeichnet. (Nach Nilsen 1971)

giereicher organischer Moleküle liefert:

anorganische Moleküle (z. B. H_2O, CO_2)

$$\xrightarrow{\text{\textit{Energie des Lichts}}} \qquad (12.2)$$

organische Moleküle (z. B. Zucker).

Man hat geschätzt, daß auf diesem Weg global jährlich etwa $3 \cdot 10^{18}$ kJ an chemischer Energie, gebunden an $2 \cdot 10^{11}$ t fixierten Kohlenstoff, aus Lichtenergie erzeugt werden. Das sind weniger als 0,1% der in einem Jahr auf die Erdoberfläche fallenden Strahlungsenergie. Trotz der geringen Ausbeute ist die photosynthetische Energietransformation der grundlegende energieliefernde Prozeß der Biosphäre. Mit Ausnahme der chemoautotrophen Bakterien ($\rightarrow$ S. 282) hängt alles Leben mittelbar oder unmittelbar von der Photosynthese der Pflanzen ab. Diese Abhängigkeit erstreckt sich bis zur Rohstoff- und Energieversorgung der modernen Technik: Kohle, Erdöl und Erdgas sind Photosyntheseprodukte der Pflanzen früherer Erdepochen. Die Energie, die unsere Autos antreibt, wurde ursprünglich einmal von Pflanzen aus dem Sonnenlicht gewonnen.

Im Gegensatz zu anderen pflanzlichen Photoreceptorsystemen, welche nicht zur Energietransformation, sondern zur Informationsübertragung dienen (*Lichtsensor*-Funktion, z. B. Phytochrom; $\rightarrow$ S. 359) besitzt der Photosyntheseapparat die typischen Eigenschaften eines *Lichtwandlers:* Die Pigmentmoleküle sind in dichter Packung in Membranen angeordnet, wo ihre Anregungsenergie mit hohem Wirkungsgrad in chemisches Potential überführt werden kann. Hierfür ist insbesondere wichtig, daß die Schnelligkeit der energieübertragenden Prozesse von 10^{-15} s (Absorption) schrittweise auf das Niveau biochemischer Reaktionen (10^{-1} s) heruntertransformiert wird.

Das einfachste Photosynthesesystem, das bisher bekannt geworden ist, besitzt das halophile Archaebacterium *Halobacterium halobium.* Dieser zellwandlose Organismus bildet im Licht unter anaeroben Bedingungen in seiner Zellmembran großflächige, violett pigmentierte Zonen (*Purpurmembran*) aus, welche zu 25% aus Lipid und zu 75% aus dem Retinal-Proteinkomplex *Bacteriorhodopsin* bestehen. Das in einer hexagonalen Gitterstruktur angeordnete Chromoprotein unterscheidet sich nur geringfügig vom Rhodopsin, dem Sehpigment der Tiere. Wie dieses kann das Bacteriorhodopsin bei Belichtung reversibel gebleicht werden: Durch eine lichtinduzierte Isomerisierung des Retinals (all-trans $\rightarrow$ 13-cis) verschwindet der Absorptionsgipfel bei 568–570 nm und dafür tritt ein schwächerer Gipfel bei 412 nm auf (Abb. 12.2). Diese Veränderung des Spektrums wird bei Verdunkelung innerhalb weniger Millisekunden spontan wieder rückgängig gemacht. Da die Dunkelreaktion viel schneller abläuft als die Lichtreaktion, liegt das Photogleichgewicht auch bei hohen Licht-

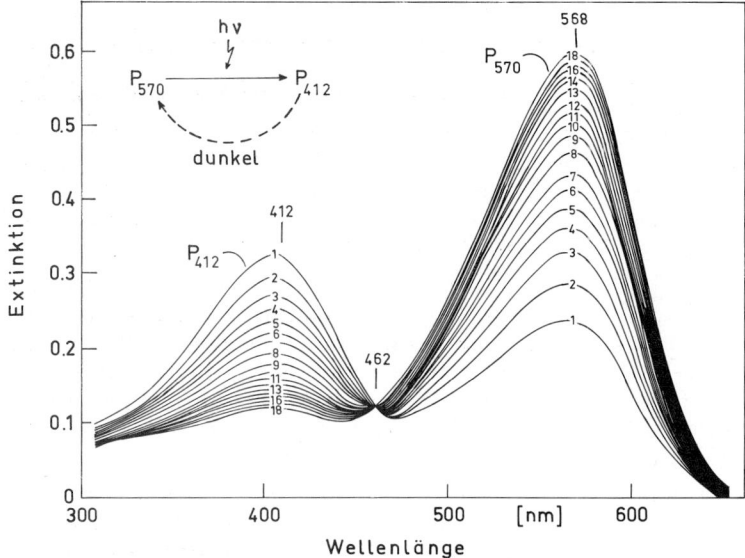

Abb. 12.2. Die photochemische Bleichung des Bacteriorhodopsins in isolierten Purpurmembranen von *Halobacterium halobium.* Zur Anreicherung der gebleichten Form wurde die Dunkelreversion mit Hilfe einer ethergesättigten Salzlösung stark verlangsamt. Unmittelbar nach einer starken Belichtung zeigt das Spektrum eine maximale Absorption bei 412 nm (Kurve 1). Die folgenden Kurven wurden jeweils im Abstand von etwa 3 s im Dunkeln gemessen. Man erkennt, daß P_{570} (mit einer Kinetik 1. Ordnung, $\tau_{1/2} \approx 15$ s) spontan aus P_{412} regeneriert wird (isosbestischer Punkt bei 462 nm). Unter natürlichen Bedingungen beträgt die Cyclusdauer bei Lichtsättigung etwa 10 ms. (Nach Oesterhelt 1974)

intensitäten stark auf der Seite des 570-nm-Komplexes. Bei intakten, anaerob gehaltenen Zellen tritt simultan mit der Lichtbleichung des Pigments ein Transport von Protonen aus der Zelle auf, der als pH-Abfall im Außenmedium gemessen werden kann (Abb. 12.3). Pro absorbiertes Lichtquant wird ein H^+ aus der Zelle transportiert. Das bei Lichtsättigung erzeugte Protonenpotential ($\rightarrow$ S. 78) liegt bei -280 mV. Der Protonengradient bricht bei Verdunkelung, oder bei Zugabe von „Entkoppelern" (Protonophoren, Substanzen, welche die Permeabilität der Membran für H^+ erhöhen; $\rightarrow$ Abb. 13.7), wieder zusammen.

Offensichtlich arbeitet das Bacteriorhodopsin in diesem Organismus als vektorielle (auswärts gerichtete) *Protonenpumpe* ($\rightarrow$ S. 74). Sie setzt die Energie des Lichts unmittelbar in einen Protonengradienten um. Durch eine ATP-Synthase, welche vektoriell in der Zellmembran orientiert ist, kann

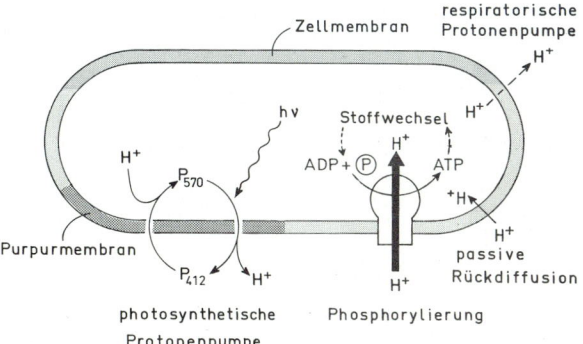

Abb. 12.4. Der Photosyntheseapparat von *Halobacterium halobium*. Das Pigment der Purpurmembran (Bacteriorhodopsin) wird durch Absorption von Lichtquanten reversibel von der P_{570}- in die P_{412}-Form umgewandelt („gebleicht"). Mit dieser Umwandlung ist der auswärtsgerichtete Transport von H^+ (1 H^+ pro absorbiertes Quant) verbunden (Protonenpumpe). Das elektrochemische Potential des damit erzeugten Protonengradienten kann mit Hilfe einer einwärts gerichteten ATP-Synthase zur ATP-Bildung ausgenützt werden (Photophosphorylierung). Die Photosynthese übernimmt die Energieversorgung der Zelle nur unter anaeroben Bedingungen. Bei Anwesenheit von O_2 erzeugt eine durch die Atmung angetriebene Protonenpumpe den H^+-Gradient. Außerdem kann H^+ auch passiv rückdiffundieren. Dieser Prozeß wird durch „Entkoppeler" ($\rightarrow$ Abb. 13.7) stark gefördert. (Nach Oesterhelt 1974; verändert)

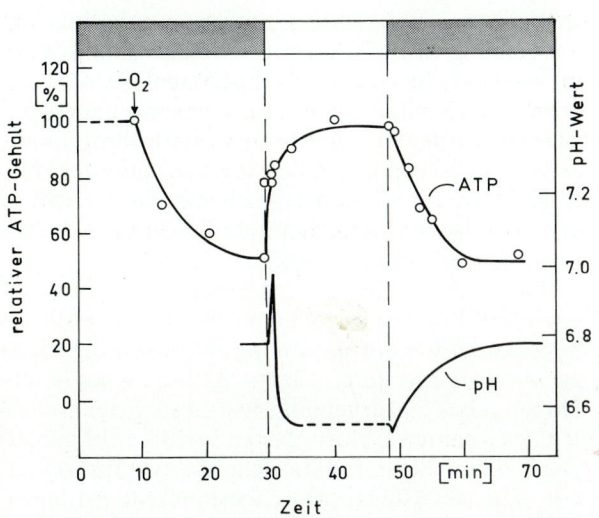

Abb. 12.3. Die Kinetiken der pH-Änderung im Außenmedium und der Photophosphorylierung bei *Halobacterium halobium* im Licht/Dunkel-Wechsel. Die Bakteriensuspension wurde im Dunkeln durch Sauerstoffentzug anaerob gemacht (Hemmung der respiratorischen Protonenpumpe; $-O_2$). Bei Belichtung wird (nach einem kurzen Überschießen) der H^+-Gradient aufgebaut und gleichzeitig setzt eine Intensivierung der ATP-Bildung ein (gemessen als Vergrößerung des stationären ATP-pools). Nach etwa 5 min hat sich ein neues Fließgleichgewicht des H^+-Transports und der Phosphorylierung eingestellt. Bei Verdunkelung gehen die Fließgleichgewichte wieder in ihre ursprüngliche Lage zurück. (Nach Oesterhelt 1974; verändert)

das elektrochemische Potential des Protonengradienten zur Synthese von ATP ausgenützt werden (Abb. 12.4). Bei konstanter Belichtung stellt sich ein Fließgleichgewicht zwischen dem photochemischen Cyclus und der Phosphorylierung ein. Dieser Mechanismus ist einer der überzeugendsten Belege für die chemiosmotische Hypothese der Phosphorylierung ($\rightarrow$ S. 77). Er zeigt in beispielhafter Weise die essentiellen Elemente eines Photosynthesesystems.

Im Vergleich zu *Halobacterium* ist der Photosyntheseapparat der chlorophyllhaltigen Organismen wesentlich komplizierter, aber auch leistungsfähiger. Hier sind z. B. stets mehrere Pigmente als Photoreceptoren wirksam. Außerdem verläuft die Energietransformation über einen membrangebundenen Elektronentransport, wobei Reduktionsäquivalente (neben ATP) für den Stoffwechsel geliefert werden können (Abb. 12.5). Bei den Pflanzen (ausschließlich der photosynthetisierenden Bakterien; $\rightarrow$ S. 193) wird H_2O als universeller Elektronendonator des photosynthetischen Elek-

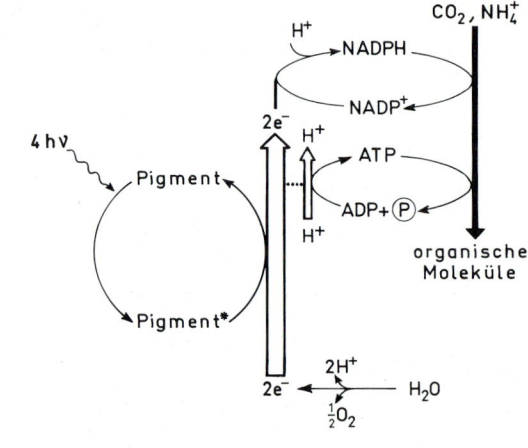

Absorption   Photochemie   Elektronen-   Biochemie
                             transport

$(fs) ---\rightarrow (ps-ns) --- \rightarrow (ms) ----\rightarrow (ms-s)$

Abb. 12.5. Übersichtsschema, welches die vier funktionellen Bereiche der Photosynthese höherer Pflanzen zeigt. Diese Bereiche sind durch eine stufenweise Zunahme der Reaktionszeiten charakterisiert (1 fs $= 10^{-15}$ s, 1 ps $= 10^{-12}$ s, 1 ns $= 10^{-9}$ s, 1 ms $= 10^{-3}$ s)

tronentransports verwendet (*Photolyse des Wassers*):

$$H_2O \xrightarrow{\text{Pigmente}} 2\,e^- + 2\,H^+ + \frac{1}{2}\,\overset{\nearrow}{O_2}\,. \qquad (12.3)$$

Daher ist diese Photosynthese stets mit der Bildung von Sauerstoff verbunden. Die photosynthetische Sauerstoffproduktion der Pflanzen ist die einzige natürliche Quelle für O_2 auf der Erde. Die Photosynthese liefert also nicht nur die energiereichen Substrate für den Stoffwechsel (die organischen „Nährstoffe" der heterotrophen Organismen), sondern auch den Sauerstoff für die oxidativen Prozesse bei der Dissimilation (Atmung).

Wir werden uns, von einigen Exkursen abgesehen, in den folgenden Abschnitten mit der Photosynthese der höheren Pflanzen beschäftigen, welche Chloroplasten als spezielle Photosyntheseorganellen besitzen. Dabei verwenden wir den Begriff „Photosynthese" im Sinne der Gl. (12.2), d.h. wir schließen neben der eigentlichen Energiewandlung auch die biochemischen Folgeprozesse, welche zur Synthese organischer Moleküle führen, mit ein (Abb. 12.5).

Energiewandlung im Chloroplasten

Struktur der Chloroplasten

Mit Ausnahme der photosynthetischen Bakterien und der Blaualgen (Cyanobakterien) besitzen die Pflanzen spezielle Photosynthese-Organellen, die *Chloroplasten*. Dieser Plastidentyp verfügt als energetisch autarkes und genetisch semi-autonomes System ($\rightarrow$ S. 145) über eine Vielzahl biogenetischer Potenzen. Man kann heute die Chloroplasten aus pflanzlichem Gewebe, z. B. aus Blättern, im photosynthetisch voll aktiven Zustand isolieren und die biophysikalischen und biochemischen Teilprozesse der Photosynthese unbeeinflußt vom restlichen Zellstoffwechsel im Reagenzglas untersuchen. Da sich Chloroplasten besonders reichlich und schonend aus den zarten Blättern des Spinats gewinnen lassen, ist diese Pflanze ein bevorzugtes Untersuchungsobjekt der Photosyntheseforschung geworden. Die Zellen bestimmter Grünalgen, z. B. von *Chlorella* ($\rightarrow$ Abb. 19.1), bestehen zum größten Teil aus einem großen Chloroplasten und können daher in erster Näherung für experimentelle Zwecke ebenfalls als Chloroplastenäquivalente angesehen werden. In der Tat wurde in Ermangelung intakt isolierter Chloroplasten der Mechanismus der Photosynthese, vor allem der biochemische Bereich, in den 50er Jahren weitgehend an Algenzellen (*Chlorella*, *Scenedesmus*) aufgeklärt.

Durch die intensive methodische Forschung der letzten 50 Jahre ist es gelungen, den Photosyntheseapparat der Chloroplasten in funktionsfähige Teile zu zerlegen und deren Eigenschaften zu studieren. Dabei gehen naturgemäß viele Systemeigenschaften des intakten Chloroplasten verloren. In günstigen Fällen ist eine funktionelle Rekonstitution zuvor isolierter Chloroplastenbestandteile gelungen. Unsere heutigen Kenntnisse über den Mechanismus der Photosynthese verdanken wir in erster Linie dem kombinierten Einsatz analytischer und physiologischer (bevorzugt systemerhaltender) Untersuchungsmethoden an Chloroplasten.

Im Lichtmikroskop (maximale Auflösung ca. 250 nm) zeigen sich die Chloroplasten als grüngefärbte, meist plankovexe bis linsenförmige Partikel mit einem maximalen Durchmesser von $5-10$ μm. Bei höchster Auflösung erkennt man ein Muster von dunkelgrünen Zonen (*Grana*) auf hellerem Untergrund. Die Feinstruktur der Chloroplasten

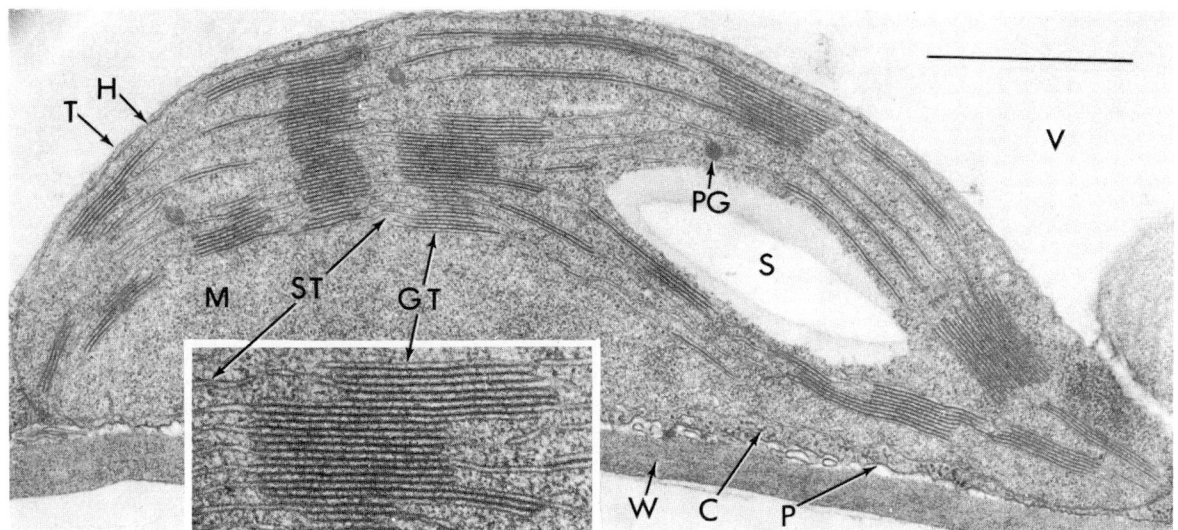

Abb. 12.6. Elektronenmikroskopisches Abbild eines typischen granahaltigen Chloroplasten im Querschnitt. Objekt: Blatt von Spinat (*Spinacia oleracea*). GT, Granathylakoide; ST, Stromathylakoide; C, Cytoplasma mit Cytoribosomen; H, Chloroplasten-Hülle (Doppelmembran); M, Chloroplasten-Matrix (Stroma) mit Plastiden-Ribosomen; P, Plasma-membran; PG, Plastoglobulus; S, Stärkekorn; T, Tonoplast; V, Vacuole; W, Zellwand. Die Aufnahme zeigt einen Ausschnitt aus der Protoplasma-Schicht zwischen Wand und Zentralvacuole einer ausdifferenzierten Palisadenparenchymzelle. Das Cytoplasma ist hier auf eine hauchdünne Schicht um die Organellen reduziert. Strich: 1 µm. (Nach Falk)

kennt man erst seit der Erfindung des Elektronenmikroskops. Bei einer maximalen Auflösung von 0,2 nm liefert das Elektronenmikroskop Abbilder einer komplexen Intimstruktur (Abb. 12.6). Man erkennt die Doppelmembran der *Chloroplastenhülle*, welche das Chloroplastenlumen gegen das Cytoplasma abgrenzt. Der Binnenraum wird von einem komplizierten Membrankörper durchzogen, welcher in eine feingranuläre Matrix (*Stroma*) eingebettet ist. Üblicherweise gliedert man dieses Membransystem in zwei Bereiche: Die als flachgedrückte, gestapelte Blasen (Cisternen) erscheinenden Doppelmembranen nennt man *Granathylakoide* (ein solcher Stapel entspricht einem Granum des lichtmikroskopischen Abbildes). Die großflächigen, nicht gestapelten Doppelmembranen, welche eine vielfache Verbindung zwischen den Grana herstellen, nennt man *Stromathylakoide*. Alle Thylakoidflächen sind parallel zur Ebene des maximalen Chloroplastenquerschnitts ausgerichtet.

Durch sorgfältige Analyse aufeinanderfolgender Ultradünnschnitte eines Chloroplasten kann man sich eine Vorstellung von der dreidimensionalen Struktur des Thylakoidsystems machen (Abb. 12.7). Hierbei wurden in Einzelheiten leicht abweichende Befunde gemacht, was jedoch nicht erstaunlich ist, da das Thylakoidsystem hochgradig dynamisch ist und durch Außenfaktoren, vor allem durch Licht, drastisch modifiziert werden kann (→ S. 244). Übereinstimmend hat sich ergeben, daß die Stromathylakoide keine Röhren, sondern großflächige, parallel angeordnete Doppelmembranen sind, welche die Matrix in lockerem Abstand durchziehen. Senkrecht dazu werden diese Membranflächen von Granathylakoidstapeln durchbrochen, wobei an der Berührungszone Verbindungsgänge zwischen den beiden Thylakoidtypen auftreten. Die Stroma- und Granathylakoidmembranen eines Chloroplasten umschließen daher einen gemeinsamen, vielfach gegliederten, elektronenoptisch leeren Hohlraum. Die Frage nach der funktionellen Bedeutung der komplizierten Gliederung des Thylakoidmembrankörpers ist nicht leicht zu beantworten. Bei den Chloroplasten vieler niederer Pflanzen ist das innere Membransystem wesentlich einfacher organisiert (keine deutliche Trennung in Grana- und Stromathylakoide), ohne daß dies zu

a

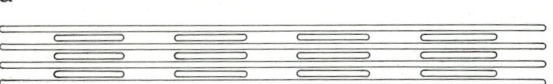

b

c

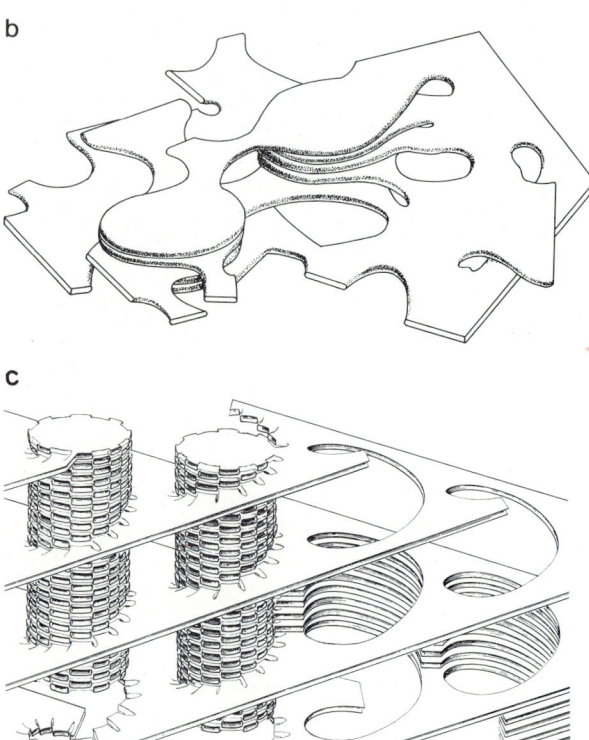

Abb. 12.7 a–c. Strukturmodelle des Thylakoidsystems. Diese Modelle charakterisieren den Erkenntnisprogreß von 10 Jahren. (a) Einfaches zweidimensionales Modell. (Nach Menke 1960). (b) Einfaches dreidimensionales Modell, welches zeigt, wie man sich die Granabildung durch lokales Membranwachstum, Ausstülpung und lokale Überschiebung verständlich machen kann. (Nach Wehrmeyer 1964). (c) Komplizierteres Modell, welches durch Ausmessung von Serienschnitten bei verschiedenen Angiospermen-Chloroplasten gewonnen wurde. Im Gegensatz zu Modell (b) besitzt hier jedes Granathylakoid regelmäßig zu 8 Stromathylakoiden eine offene Verbindung. Da jedes Stromathylakoid schraubig (stets rechtsdrehend) um die Grana angeordnet ist, ergibt sich ein wendeltreppenartiger Verlauf der aufeinanderfolgenden Verbindungsgänge einer Stromathylakoidfläche zu den einzelnen Granathylakoiden. In der linken Hälfte ist nur jeder 8. Stromathylakoidausschnitt (=eine kontinuierliche Fläche) eingezeichnet. Rechts sind alle Stromathylakoide eingezeichnet und die Granathylakoide weggelassen. Das Modell ist, um das architektonische Prinzip zu zeigen, stark idealisiert. Normalerweise zeigt das Thylakoidsystem einen weit geringeren geometrischen Ordnungsgrad (→ Abb. 12.6). (Nach Paolillo 1970)

einem erkennbaren Nachteil führt. Auch bei höheren Pflanzen kommen als Sonderfall granafreie Chloroplasten vor, welche allerdings auch funktionell eine Sonderstellung einnehmen (→ S. 256).

Struktur der Thylakoide

Die Thylakoidmembran ist der Ort der photosynthetischen Lichtreaktionen. Sie beherbergt die Photosynthesepigmente und die Enzyme der Elektronentransportkette und der Photophosphorylierung. Über die genaue Anordnung dieser Funktionselemente in der Membran herrschen heute trotz intensiver Bemühungen noch keine einheitlichen Vorstellungen. Die quantitative Analyse der 7 nm dicken Thylakoidmembran ergibt eine Zusammensetzung aus etwa 50% Protein und 50% Lipid. Die Lipidfraktion besteht zu über 40% aus den für Plastidenmembranen spezifischen *Galactosyllipiden* (→ Abb. 2.7). Etwa 20% der Lipidmasse entfällt auf Chlorophyll (Abb. 12.8). Der Rest verteilt sich auf Phospholipide (9%), Sulfolipide (4%), Carotinoide (Abb. 12.8; 3%), Chinone (3%) und Sterole (2%). Der Proteinanteil besteht vorwiegend aus mehr oder minder fest in die Membran integrierten Enzymproteinen und Pigment-Protein-Komplexen. Ob es daneben noch Proteine mit reiner Strukturfunktion gibt, ist umstritten.

Die genaue Kenntnis der molekularen Architektur der Thylakoidmembran ist für ein Verständnis ihrer Funktion von entscheidender Bedeutung. Man hat heute die Vorstellung, die Membran bestehe im Prinzip aus einheitlichen, deutlich abgegrenzten Protein- bzw. Lipidschichten, zugunsten von weniger starren Modellen aufgegeben. Viele Fachleute neigen zu der Vorstellung einer zumindest partiell flüssigen Lipidphase als Membranmatrix, in welche verschiedene Proteine bzw. Proteinkomplexe nach einem dreidimensionalen, flexiblen Muster eingelagert oder aufgelagert sind (*fluid-mosaic*-Membranmodell; → Abb. 3.3). Es sind im wesentlichen drei moderne strukturanalytische Methoden, auf deren Anwendung die gegenwärtigen Thylakoidmembranmodelle zurückgehen:

1. Röntgenbeugung. Röntgenstrahlen werden an periodischen Strukturen (z. B. Kristallgittern) in charakteristischer Weise abgelenkt. Aus den photographischen Beugungsdiagrammen kann man die relative Elektronendichteverteilung der untersuch-

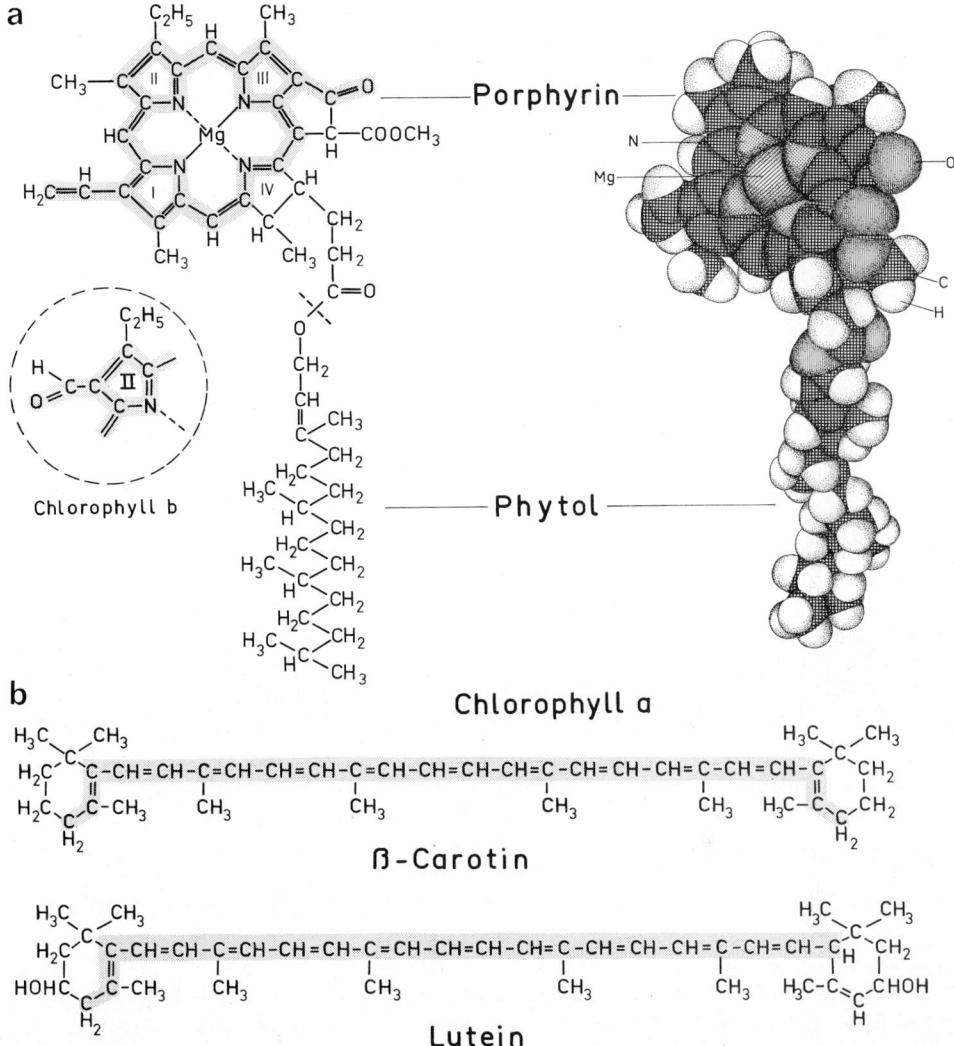

Abb. 12.8 a und b. Pigmente der Thylakoidmembran. (a) Die *Chlorophylle a* und *b* bestehen aus einem hydrophilen Porphyrin-„Kopf" (Mg^{2+} als Zentralatom, charakteristischer Cyclopentanonring am Pyrrolring III) und einem lipophilen Phytol-„Schwanz". (b) Die weitgehend symmetrisch aufgebauten *Carotinoide* sind stark lipophile Moleküle. Sie bestehen aus Isopreneinheiten (C$_5$; → Abb. 18.3) mit einem oder zwei terminalen Ringsystemen (Jononring). Neben den Hauptkomponenten *ß-Carotin* und *Lutein* (ein Vertreter der *Xanthophylle*, mit Hydroxylgruppe am Ringsystem) kommen in der Thylakoidmembran hauptsächlich *α-Carotin*, *Violaxanthin* und *Neoxanthin* vor. Die Bereiche konjugierter Doppelbindungen sind hervorgehoben. (z. T. nach Kreutz 1966)

ten Struktur ermitteln. Entsprechende Messungen an Thylakoiden ergaben eine sehr niedrige Elektronendichte in der mittleren Membranzone, welche von zwei Zonen mit unterschiedlich hoher Elektronendichte zur Stromaseite bzw. zum Thylakoidinnenraum hin abgegrenzt wird (Abb. 12.9 a).

Da die erhaltenen Werte die *mittlere* Elektronendichte der drei Membranzonen wiedergeben, muß man aus diesem Profil nicht notwendigerweise auf eine einfache Dreischichtung der Membran (aliphatische Lipidschicht/Porphyrinschicht/Proteinschicht) schließen.

2. Gefrierätzung. Bei dieser Präparationstechnik werden in Wasser tiefgefrorene Membranpräparate mechanisch aufgebrochen. Nach Absublimieren einer dünnen Eisschicht entsteht ein Relief von Bruchkanten und -flächen, das (als Abdruck) im Elektronenmikroskop analysiert werden kann. Untersucht man die Thylakoidmembran mit dieser Methode, so kann man insgesamt vier verschieden strukturierte Oberflächen unterscheiden (Abb. 12.9 b). Eine Zuordnung dieser vier Flächen wurde möglich, nachdem sich herausstellte, daß die Bruchlinie bevorzugt durch die zentrale, hydrophobe Membranzone verläuft, wobei komplementäre Reliefbilder entstehen, welche ein regelmäßiges Mosaik von Erhebungen und Vertiefungen zeigen. Aus diesen Untersuchungen ergibt sich, daß die Thylakoidmembran von unterschiedlich großen Partikeln mit der Dimension von Proteinmolekülen oder -komplexen durchsetzt ist. Diese Partikel tauchen mehr oder weniger tief in die Membranmatrix ein. Die innere und die äußere Membranhälfte sind deutlich verschieden aufgebaut.

Die Feinstrukturdaten (Abb. 12.9 b) lassen sich ohne Widerspruch mit den Elektronendichte-Daten vereinbaren (Abb. 12.9 c). Das resultierende molekulare Modell erklärt die Resultate beider Methoden, zumindest qualitativ. Es ist jedoch noch ein reines Strukturmodell, welches z. B. keine Hinweise über die funktionelle Bedeutung der beobachteten Partikel oder Anhaltspunkte über die Lokalisierung der Photosynthesepigmente liefert. Neuere Untersuchungen mit der Gefrierätztechnik haben gezeigt, daß die großen Partikel vorwiegend auf diejenigen Membranbereiche beschränkt sind, welche im Granastapel an ein Nachbarthylakoid grenzen (Kontaktzone), während die kleinen Partikel auch in den Stroma-exponierten Thylakoidbereichen vorliegen. In der Kontaktzone liegen große und kleine Partikel in einem regelmäßigen, komplementären Muster vor (Abb. 12.9 d).

3. Immunologische Lokalisierung von Membranbestandteilen. Nachdem es gelungen war, die Proteine aus der Thylakoidmembran herauszulösen, stand der Weg offen für die Herstellung spezifischer, gegen definierte Proteine (und andere Membranbestandteile) gerichteter Antikörper, welche als molekulare „Sonden" zum chemischen Abtasten der Membranoberfläche eingesetzt werden können. Da ein Antikörper wegen seiner Größe nur dann mit seinem membrangebundenen Antigen reagieren kann, wenn dieses von außen zugänglich

ist, kann auf diese Weise zwischen oberflächlichen und tieferliegenden Membrankomponenten unterschieden werden. Eine erfolgreiche Antigen-Antikörper-Reaktion läßt sich entweder durch Agglutination der Membranen oder durch Hemmung der katalytischen Funktion des Antigens zeigen. Mit dieser Methode ließ sich nachweisen, daß von den Enzymen z. B. der Koppelungsfaktor CF_1, Ferredoxin und Ferredoxin-$NADP^+$-Oxidoreductase ($\rightarrow$ S. 176) auf der Stromaseite der Membran liegen. Dasselbe gilt, zumindest zum Teil, auch für die Lipide (Galactosyl- und Sulfolipide, Lutein, Chlorophyll, Plastochinon). Andere Komponenten, z. B. Plastocyan und Cytochrom *f* ($\rightarrow$ S. 176), dürften dagegen tiefer in der Membran verborgen liegen.

Neben Antikörpern haben auch andere molekulare Sonden, welche den photosynthetischen Elektronentransport an bestimmten Stellen hemmen ($\rightarrow$ Abb. 12.26), in ähnlicher Weise zu einem funktionellen Strukturmodell beigetragen (Abb. 12.10). Obwohl diese Methode bisher noch nicht zu einem völlig widerspruchsfreien Bild über die Lagebeziehungen der funktionellen Membrankomponenten geführt hat, sind ihre prinzipiellen Resultate, z. B. die Stromaorientierung der $NADP^+$-Reduktion, für den Mechanismus der Photosynthese von großer Bedeutung ($\rightarrow$ S. 183).

Nach dem heutigen Kenntnisstand darf man sich die Thylakoidmembran auf keinen Fall als starres, unveränderliches Gebilde vorstellen. Sie ist vielmehr ein hochgradig dynamisches System, dessen molekulare Zusammensetzung und Konformation (einschließlich des räumlichen Musters seiner Komponenten) einem raschen Wechsel unterliegen können. Diese Flexibilität geht jedoch einher mit einer ebenso hochgradigen Ordnung beim Ablauf der energietransformierenden Prozesse. Die energietransformierenden Funktionseinheiten müssen daher als hochgeordnete Bereiche innerhalb der dynamischen Membran angesehen werden.

Photosynthesepigmente

In den Thylakoiden kommen die Pigmente Chlorophyll *a*, Chlorophyll *b* und mehrere Carotinoide vor ($\rightarrow$ Abb. 12.8). Extinktionsspektren (Abb. 12.11) geben darüber Auskunft, in welchem Spektralbereich diese Moleküle bevorzugt Quanten absorbieren. Die Pigmente treten in der Thylakoidmembran in gebundener Form auf. Man kann z. B.

Abb. 12.9 a–d. Strukturmodelle der Thylakoidmembran höherer Pflanzen. Diese Beispiele demonstrieren die Abhängigkeit aufgestellter Modelle von der jeweils angewendeten experimentellen Methode. (a) Das mit der *Röntgenbeugung* ermittelte Elektronendichteprofil ($\Delta\varrho$) zeigt deutlich, daß die Thylakoidmembran asymmetrisch aufgebaut ist. Die Elektronendichte im Thylakoidinnenraum entspricht der des H_2O. Die Membran zeigt Zonen mit unterschiedlicher Elektronendichte. Da die gemessenen Elektronendichtewerte in etwa denjenigen von aliphatischen Lipiden, Porphyrinringen (Chlorophyll) bzw. Protein entsprechen, hat man aus diesen Daten zunächst eine distinkte dreischichtige Lamellenstruktur der Thylakoidmembran abgeleitet. (Nach Kreutz 1966). (b) Feinstrukturelles Modell, das die Resultate der *Gefrierätztechnik* zusammenfaßt. Man kann mit dieser Methode zwei Typen unterschiedlich großer Partikel unterscheiden, welche in einem bestimmten Muster in eine homogen erscheinende Matrix eingebettet erscheinen. Bricht man die Membran in der Mitte auf, so bleiben die größeren Partikel an der Bruchfläche EF, die kleineren an der Bruchfläche PF haften. Die großen Partikel ragen aus der inneren Oberfläche des Thylakoids (ES) deutlich heraus und zeigen dort eine Gliederung in vier Untereinheiten. (Nach Park und Pfeifhofer 1969.) (c) Molekulares Strukturmodell, welches die Elektronendichte- und Feinstrukturdaten berücksichtigt. Die Membranmatrix wird als Lipid-Doppelschicht (hydrophober Bereich innen) angenommen. Die großen Partikel (I = eine der vier Untereinheiten) und die kleinen Partikel (II) werden als Proteinkomplexe interpretiert, welche asymmetrisch über den Membranquerschnitt angeordnet sind. Außerdem sind Oberflächenpartikel (III) eingezeichnet. Durch die Anordnung der Proteine in verschiedenen Ebenen ergibt sich eine mittlere Elektronendichteverteilung, welche mit dem gemessenen Profil in Übereinstimmung steht. (Nach Kirk 1971). (d) Weiter verfeinertes molekulares Strukturmodell, welches die periodisch-komplementäre Anordnung der kleinen (I) und großen (II) Partikel in der Kontaktzone der Granathylakoide berücksichtigt. Diese Anordnung führt zu einem optimalen Kontakt zwischen den großen und den kleinen Partikeln benachbarter Thylakoide. Es gibt Hinweise, daß die beiden Partikeltypen das Photosystem I bzw. das Photosystem II beinhalten (→ S. 170), welche, diesem Modell zufolge, in der Kontaktzone der Thylakoide funktionell gekoppelt werden (*schraffiert*: Antennenpigment-Protein-Komplexe). Eine neuere Vorstellung geht allerdings davon aus, daß Photosystem II nur in der Kontaktzone und Photosystem I nur in der Nicht-Kontaktzone der Thylakoidmembran vorliegen, also räumlich getrennt sind. Die an das Stroma grenzenden Membranflächen sind mit leicht ablösbaren Partikeln besetzt, welche sich als Koppelungsfaktor (CF_1) identifizieren lassen. (Nach Staehelin 1976; verändert)

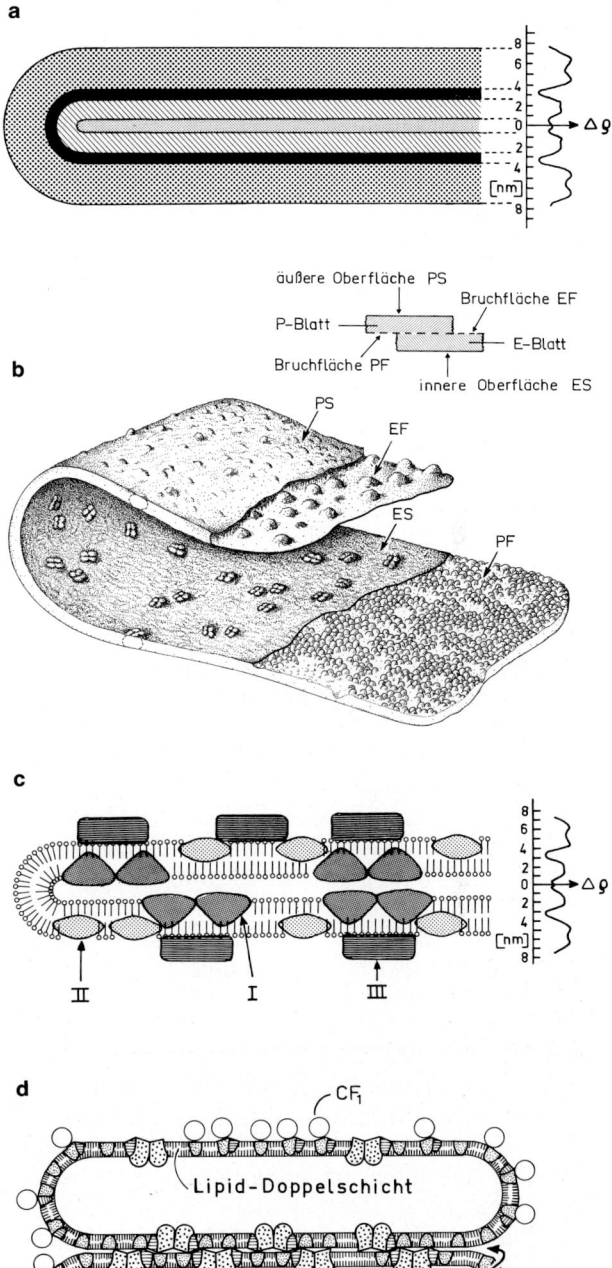

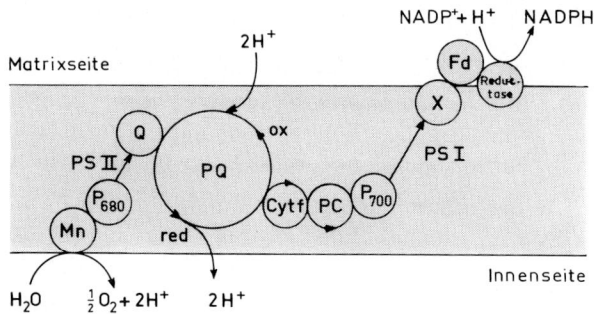

Abb. 12.10. Funktionelles Thylakoid-Membranmodell, wie es sich nach der Analyse isolierter Membranen mit *spezifischen Antikörpern* (und anderen molekularen Sonden) unter Einbezug zusätzlicher biochemischer Information ergibt. Nach diesem Modell erfolgt die Wasserspaltung auf der Innenseite, während die NADP$^+$-Reduktion auf der Außenseite der Membran stattfindet. Die in dem Modell vorkommenden Komponenten werden später näher erläutert (→ S. 176). (Nach Trebst und Hauska 1974)

mit verschiedenen Methoden der Membranfraktionierung (Ultraschall, Auflösen in Detergenzien usw.) pigmenthaltige Membranbruchstücke isolieren, welche noch einzelne Teilreaktionen der Photosynthese in vitro durchführen können. Diese Fragmente enthalten eine Reihe von Chlorophyll-Protein-Komplexen mit unterschiedlichem Chlorophyll-*a*/*b*-Verhältnis und leicht voneinander abweichenden Extinktionsspektren (Abb. 12.12). Letzteres rührt daher, daß die Porphyrinringe der Chlorophylle im Inneren der Proteinmoleküle liegen und dort in Wechselwirkung mit unterschiedlich polaren Gruppen treten (in ähnlicher Weise ändert reines Chlorophyll sein Absorptionsspektrum in Abhängigkeit von der Polarität des Lösungsmittels).

Welchen Beitrag leisten die einzelnen Pigmente zur photosynthetischen Energietransformation? Diese Frage kann anhand von *Wirkungsspektren* (→ S. 357) beantwortet werden. Man mißt bei der Bestimmung von Photosynthesewirkungsspektren die Photosyntheseintensität in Form der O_2-Produktion oder CO_2-Aufnahme bei einem Quantenfluß [mol · cm^{-2} · s^{-1}], welcher für alle verwendeten Wellenlängen im linearen Ast der Lichtfluß/Effektkurve (→ Abb. 14.10) liegt. Dies ist die wichtigste Bedingung dafür, daß die Photosyntheseintensität bei der Wellenlänge λ proportional zur Absorptionswahrscheinlichkeit und damit zum Extinktionskoeffizienten ε_λ des absorbierenden Pigments ist.

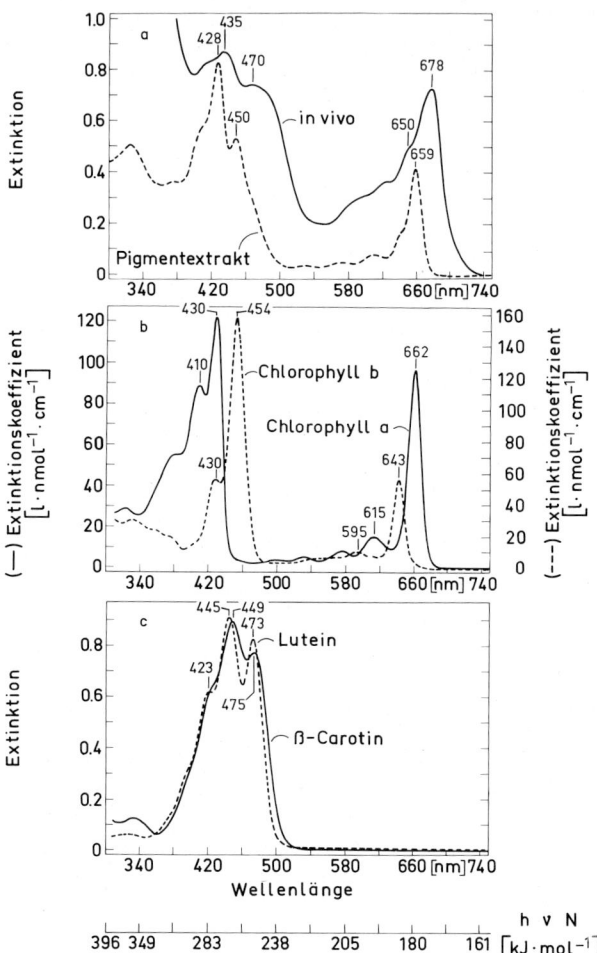

Abb. 12.11 a–c. Spektroskopische Eigenschaften der Photosynthesepigmente. Objekt: Blatt der Zimmerlinde (*Sparmannia africana*). (a) Extinktionsspektren eines intakten Blattes (in vivo) und eines Rohextraktes der Photosynthesepigmente (Pigmentextrakt). (b) Extinktionsspektren von chromatographisch gereinigtem Chlorophyll *a* und Chlorophyll *b*. In den Thylakoiden kommen die beiden Chlorophylle im Verhältnis Chl *a* : Chl *b* = 2,3 : 1 vor. (c) Extinktionsspektren von *β*-Carotin und Lutein, den beiden hauptsächlichen Carotinoiden der Chloroplasten. Als Lösungsmittel diente jeweils Diethylether

Abbildung 12.13 zeigt, daß das Photosynthesewirkungsspektrum im roten Spektralbereich recht gut mit dem in-vivo-Absorptionsspektrum übereinstimmt. Die Auflösung des Wirkungsspektrums reicht allerdings nicht aus, um auch hier zwischen verschiedenen Chlorophyll-Formen unterscheiden zu können. Im dunkelroten (> 690 nm) und blauen

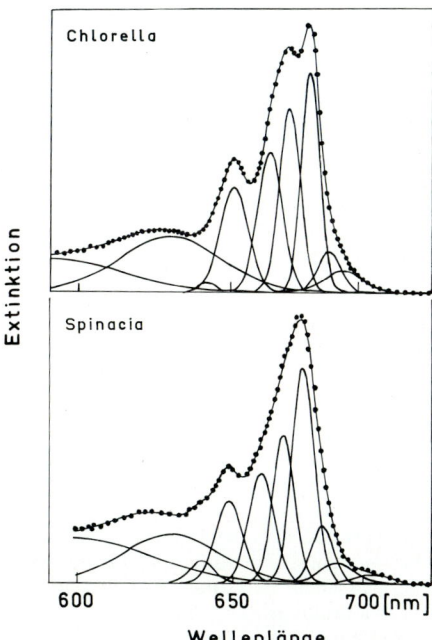

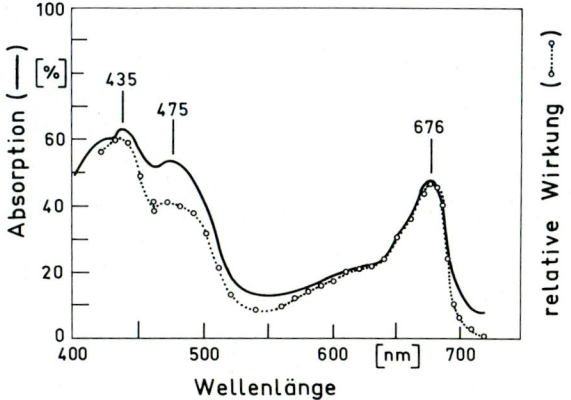

Abb. 12.13. Wirkungsspektrum der photosynthetischen O_2-Produktion. Objekt: *Chlorella pyrenoidosa*. Zum Vergleich ist das in-vivo-Absorptionsspektrum der Algensuspension eingezeichnet, welches durch die Absorption von Chlorophyll *a* und *b* bzw. Carotinoiden geprägt ist (→ Abb. 12.11). Theoretisch müßte das *Extinktionsspektrum* mit dem Wirkungsspektrum verglichen werden (→ S. 358). Bei geringer Zelldichte treten jedoch keine erheblichen Unterschiede zwischen Extinktion und Absorption auf (Extinktion = log [1 − Absorption]$^{-1}$). (Nach Haxo 1960)

Abb. 12.12. Der spektroskopische Nachweis mehrerer Chlorophyll-Protein-Komplexe in den Thylakoiden. Objekte: *Chlorella vulgaris* und *Spinacia oleracea*. Zur besseren Identifizierung wurden die Extinktionsspektren (●●●●●) der Thylakoidpräparationen bei −196 °C gemessen, wobei durch „Einfrieren" molekularer Bewegungen (Rotation, Translation; → Abb. 12.14) eine Schärfung der einzelnen Banden auftritt. Diese Spektren wurden mit Hilfe eines Computers in eine Reihe von Gaußschen Verteilungskurven unterschiedlicher Form und Position zerlegt, welche zusammenaddiert (ausgezogene Linie durch die Punkte) gerade die experimentelle Kurve ergeben. Man kann mit dieser Methode bei höheren Pflanzen und Grünalgen regelmäßig vier Chlorophyll-*a*-Komplexe (Gipfel bei 662, 670, 677, 684 nm) und zwei Chlorophyll-*b*-Komplexe (Gipfel bei 640, 650 nm) identifizieren. Daneben treten meist noch ein bis zwei längerwellige, schwache Banden (ebenfalls Chlorophyll-*a*-Komplexe) auf. (Nach French et al. 1972)

Quantenmechanische Grundlagen der Lichtabsorption

Pigmentmoleküle (Photoreceptormoleküle für den sichtbaren Spektralbereich) sind stets durch ausgedehnte π-Elektronensysteme ausgezeichnet (→ Abb. 12.8). Da nach Gl. (12.1) jeder Wellenlänge eine bestimmte Quantenenergie zugeordnet ist (→ Abb. 12.11), kann man dem Absorptionsspektrum eines Pigments direkt die energetische Lage der möglichen Anregungszustände entnehmen. Wir betrachten hier stellvertretend das Anregungsschema des Chlorophyll *a* (Abb. 12.14). Dieses Pigment wird nur durch Quanten aus dem roten und violetten Spektralbereich elektronisch angeregt, wobei delokalisierte Außenelektronen (π-Elektronen) auf höhere Orbitale (*Singulettzustände*) angehoben werden (π → π*). Das für die violette Absorptionsbande verantwortliche Singulett (S_2) ist so instabil, daß die beim $S_2 \rightarrow S_1$-Übergang frei werdende Energie vollkommen als Wärme verloren geht. Unabhängig von der Wellenlänge der Anregung befinden sich alle angeregten Moleküle, wegen der sehr kurzen Lebensdauer der Vibrations- und Rotationsanregung, nach etwa 1 ps im tiefsten Rotationsterm

(< 500 nm) Spektralbereich ist die Wirkung geringer, als man aufgrund der Absorption erwarten würde. Die Ursache dafür ist im langwelligen Bereich der Emerson-Effekt (→ S. 171), im kurzwelligen Bereich vor allem die schlechte Ausnutzung der von Carotinoiden absorbierten Lichtquanten für die Photosynthese (Ausbeute etwa 30%, → Abb. 12.18).

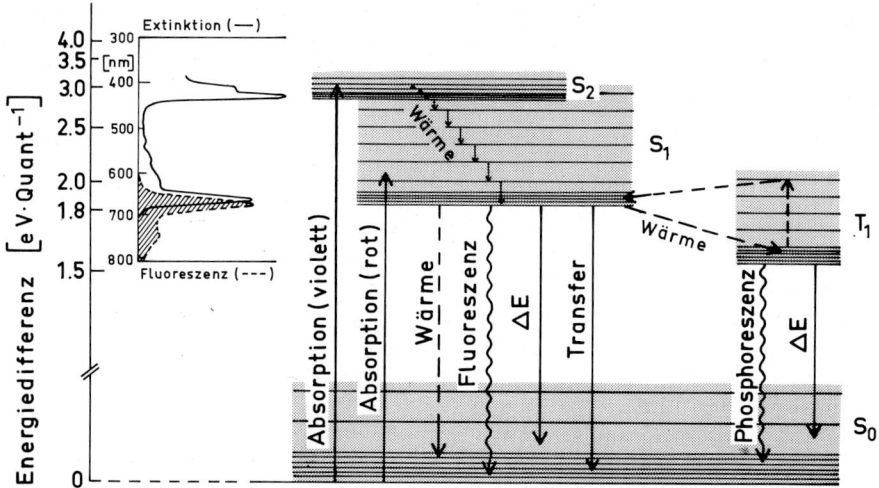

Abb. 12.14. Termschema von Chlorophyll *a* (vereinfacht). Das Pigment kann, entsprechend seinem Extinktionsspektrum, durch Quanten aus dem roten und dem violetten Spektralbereich vom Grundzustand (S_0) in distinkte elektronische Anregungszustände (Abstand ca. 1 eV) überführt werden ($\pi \rightarrow \pi^*$-Übergänge; $\tau_{1/2} \approx 10^{-15}$ s), die man 1. und 2. *Singulett* (S_1 bzw. S_2) nennt. Jeder dieser elektronischen Terme besteht aus mehreren Vibrationstermen (Abstand ca. 0,1 eV), welche ihrerseits wieder aus mehreren Rotationstermen (Abstand ca. 0,01–0,001 eV) zusammengesetzt sind (nur jeweils beim tiefsten Vibrationsterm angedeutet). S_1 und S_2 unterscheiden sich stark in ihrer Lebensdauer. Der Übergang $S_2 \rightarrow S_1$ ist wegen der gegenseitigen Überlappung so schnell ($\tau_{1/2} \approx 10^{-12}$ s), daß die Energiedifferenz ausschließlich in Wärme umgewandelt werden kann. Dasselbe gilt für die Übergänge innerhalb der elektronischen Terme. Der Übergang $S_1 \rightarrow S_0$ ($\tau_{1/2} \approx 10^{-9}$ s) ist ausreichend lang-sam (keine Überlappung), um vor allem andere Energieumwandlungen (Emission eines Lichtquants = *Fluoreszenz*; Emission eines energiereichen Elektrons = *photochemische Redoxreaktion*, ΔE; strahlungsloser *Energietransfer* zu Nachbarmolekül) zu gestatten. Der Übergang zum angeregten *Triplett* ($S_1 \rightarrow T_1$) ist mit einer Umkehrung des Elektronenspins verbunden. Da dies nur langsam rückgängig gemacht werden kann, ist T_1 ein sehr stabiler Term; der Übergang $T_1 \rightarrow S_0$ ($\tau_{1/2} \approx 10^{-2}$ s) liefert daher eine relativ lang anhaltende Lichtemission (*Phosphoreszenz*, $\lambda_{max} \approx 750$ nm). Wegen der starken Überlappung von S_1 und T_1 ist (unter Verbrauch von Vibrationsenergie) auch der Übergang $T_1 \rightarrow S_1$ möglich. Die Folge $S_1 \rightarrow T_1 \rightarrow S_1$ führt zu einer *verzögerten Fluoreszenz*. Neben dem Extinktionsspektrum ist das – etwas zu geringerer Energie verschobene – Fluoreszenzemissionsspektrum eingezeichnet. [1 eV (Energieeinheit der Atomphysik) = $1,60202 \cdot 10^{-19}$ J]

des S_1-Zustandes. Bei dem langsameren $S_1 \rightarrow S_0$-Übergang konkurrieren mehrere energietransformierende Prozesse miteinander, wobei naturgemäß derjenige mit der kürzesten Halbwertszeit dominiert. Für die Photosynthese bedeutsam sind die Erzeugung eines elektrisch polarisierten Zustandes (Abgabe „energiereicher" Elektronen, Initiation einer *Redoxreaktion*) und der *Energietransfer*, welcher eine extrem schnelle Energiewanderung innerhalb einer Gruppe dichtgepackter Pigmentmoleküle ermöglicht. Da der angeregte *Triplett-Zustand* noch wesentlich stabiler als der S_1-Zustand ist, kann er theoretisch mit viel besserem Wirkungsgrad für die relativ langsamen photochemischen Prozesse ausgenützt werden. In der Tat ist bei photochemischen Reaktionen, welche durch Chlorophyll in Lösung ausgelöst werden, stets der Tri-plett-Zustand beteiligt. In der intakten Thylakoidmembran ist jedoch Triplett-Chlorophyll unter normalen physiologischen Bedingungen praktisch nicht nachweisbar, während sich der S_1-Zustand durch die Fluoreszenz deutlich zu erkennen gibt.

Die als Fluoreszenzlicht abgegebene Energie ist für die Photosynthese verloren. Die *Fluoreszenzausbeute* (Φ_F = Anzahl emittierter Quanten/Anzahl absorbierter Quanten) steht daher in direktem Zusammenhang mit dem energetischen Wirkungsgrad der Photosynthese. Es gilt:

$$\Phi_F = \frac{k_F}{k_F + k_W + k_P} \tag{12.4}$$

(k_F, k_W, k_P, Reaktionskonstanten der am 1. Singulett ansetzenden Prozesse: Fluoreszenz, strahlungsloser Übergang unter Wärmebildung, photochemische Reaktion). Bei einer Chlorophyll-Lösung ($k_P = 0$) liegt Φ_F bei etwa 0,3, während im intakten Chloroplasten unter optimalen Photosynthesebedingungen Werte um 0,03 gemessen werden können. Offensichtlich konkurrieren hier photochemische Prozesse sehr erfolgreich um die Anregungsenergie. Man bezeichnet diese Verminderung der Fluoreszenzausbeute als *quenching* (Löschung). Jede Störung der Photosynthese, welche sich auf die photochemischen Primärreaktionen auswirkt, führt zu einem geringeren quenching und damit zu einer höheren Fluoreszenzausbeute. Dies läßt sich z. B. mit Photosynthesehemmstoffen leicht zeigen. Die Tatsache, daß man bei der Messung der optimalen photosynthetischen Quantenausbeute ganz in die Nähe des theoretischen Wertes (1 O_2/8 absorbierte Quanten; → S. 179) kommt, zeigt, daß die Thylakoidmembran unter geeigneten Bedingungen praktisch jedes absorbierte Quant photochemisch nützen kann, d. h. $k_P \gg k_F + k_W \approx 1\,ns^{-1}$. Dies wiederum setzt einen hochgradig geordneten, auf schnellen Energietransfer und Ladungstrennung optimierten photochemischen Apparat voraus, der in dieser Hinsicht Eigenschaften besitzt, wie man sie von kristallinen Festkörpern (Halbleitern) kennt (→ S. 169).

Die experimentell vielfach belegte Konkurrenz zwischen den photochemischen Prozessen und der Fluoreszenzemission spricht eindeutig für das 1. Singulett als den für die photosynthetische Energietransformation relevanten Term. Daraus folgt, daß von jedem absorbierten Quant – auch aus dem Blaubereich – ein konstanter Betrag von 1,8 eV (174 kJ · mol^{-1}, entsprechend einer Wellenlänge von 680 nm) für die Photosynthese zur Verfügung steht.

Funktion der Pigmente

Aus Messungen der Quantenausbeute bei Blitzlichtexperimenten weiß man, daß die Chlorophyllmoleküle der Thylakoidmembran auch funktionell uneinheitlich sind (→ Abb. 12.12). Emerson und Arnold führten bereits 1932 mit *Chlorella*-Zellen ein sehr einfaches, aber ungemein bedeutsames Experiment durch, das zur Annahme von mindestens zwei funktionell verschiedenen Chlorophylltypen zwingt, welche in Pigmentkollektiven kooperieren. In diesen Experimenten wurde die *Quantenausbeute* der Photosynthese [mol O_2/mol *absorbierte*

Quanten] bei einem Lichtblitz gemessen, welcher so kurz war (10 µs), daß das Chlorophyll in dieser Zeit nur einmal durch einen photochemisch wirksamen Anregungscyclus gehen kann. Wenn die Blitzstärke ausreichend groß war, um *alle* Chlorophyllmoleküle praktisch gleichzeitig anzuregen, ergab sich der sehr niedrige Wert von 1/2400 O_2-Molekülen pro absorbierendem Chlorophyllmolekül. Bei Verringerung der Blitzstärke wurde die Quantenausbeute zunehmend besser und strebte schließlich bei sehr schwachen Blitzen den theoretischen Wert 1/8 (→ S. 179) an. Aus diesem Experiment folgt, daß nur bei ausreichend niedrigem Quantenfluß die Energie aller absorbierter Quanten für die photochemische Dunkelreaktion verwendet werden kann. Bei hohem Quantenfluß kann nur noch jedes 300. absorbierte Quant (2400/8) ausgenützt werden, d. h. es gibt unter diesen Bedingungen auf jedes photochemisch aktive Chlorophyllmolekül 300 absorbierende, aber photochemisch inaktive Chlorophyllmoleküle, welche ihre Anregungsenergie auf andere Weise (z. B. als Wärme, durch Fluoreszenz) abgeben. Dieses zunächst widersprüchlich erscheinende Resultat läßt sich folgendermaßen deuten (Abb. 12.15): Es gibt in der Thylakoidmembran funktionelle Kollektive, welche aus photochemisch aktiven Chlorophyllmolekülen (*Reaktionszentren*) und photochemisch inaktiven Chlorophyllmolekülen (*Antennenpigmente*) zusammengesetzt sind, und zwar in einem mittleren Verhältnis von 1 : 300. Bei ausreichend niedrigem Quantenfluß wird die Energie jedes irgendwo im Kollektiv absorbierten Quants zum Reaktionszentrum geleitet, welches dann für eine kurze Zeit besetzt ist, d. h. keine weitere Energie aufnehmen kann. Mit zunehmendem Quantenfluß wird die Wahrscheinlichkeit immer größer, daß das Reaktionszentrum während der rund 1 ns, welche nach der Absorption durch ein Antennenpigment zur Verfügung steht (→ Abb. 12.14), gerade nicht aufnahmebereit ist. Bei sättigendem Quantenfluß ist das Reaktionszentrum dauernd besetzt (saturiert); daher sinkt die Quantenausbeute auf 1/300 des optimalen Wertes ab. Die Folgeprozesse (Dunkelreaktionen) im Reaktionszentrum (einschließlich der zur O_2-Bildung führenden Reaktionen) sind also offenbar sehr viel langsamer als die Photoreaktionen im Kollektiv. Die Dauer des langsamsten Schrittes bei der Regeneration (Totzeit) des Reaktionszentrums kann ebenfalls mit Hilfe von Blitzlichtexperimenten gemessen werden (Abb. 12.16).

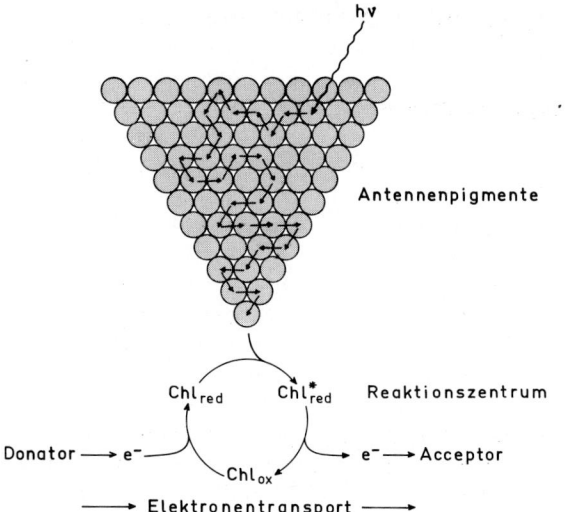

Abb. 12.15. Stark vereinfachtes Modell eines photosynthetischen Pigmentkollektivs. Die Energie der im Bereich der Antennenpigmente absorbierten Quanten wird (nach Verlust eines kleinen Anteils in Form von Wärme; → Abb. 12.14) durch strahlungslose Energiewanderung zu einem photochemisch aktiven Reaktionszentrum geleitet, welches als Elektronenpumpe in einer Elektronentransportkette funktioniert: Es nimmt in einem Kreislauf „energiearme" Elektronen von einem Donator auf und gibt „energiereiche" Elektronen an einen Acceptor ab

In einem normalen grünen Blatt, das dem vollen Sonnenlicht (ca. 10^5 lx bzw. 2 mmol Quanten $\cdot$ m$^{-2} \cdot$ s^{-1}) ausgesetzt ist, absorbiert jedes Chlorophyllmolekül etwa 50 Lichtquanten $\cdot$ s^{-1}. Durch eine einfache Rechnung läßt sich abschätzen, daß die Quantenausbeute der Photosynthese jedoch wegen der begrenzten Kapazität der Dunkelprozesse weit unter dem optimalen Wert bleibt. Obwohl die Photosynthese unter diesen Bedingungen auf Hochtouren läuft, kann nur etwa jedes 25. absorbierte Lichtquant ausgenützt werden. Andererseits wird deutlich, daß der Photosyntheseapparat mit unverminderter Intensität weiterarbeiten kann, wenn die Einstrahlung um den Faktor 25 erniedrigt wird. Bei niedrigen Quantenflüssen, wenn das einzelne Chlorophyllmolekül im Mittel nur alle paar Sekunden von einem Lichtquant getroffen wird, wirkt sich die Lichtsammelfunktion der Antennenpigmente im Kollektiv voll aus.

Energietransfer in den Pigmentkollektiven

Die angeführte Deutung für die Quantenflußabhängigkeit der Quantenausbeute impliziert eine praktisch verlustfreie (d. h. extrem schnelle) Wan-

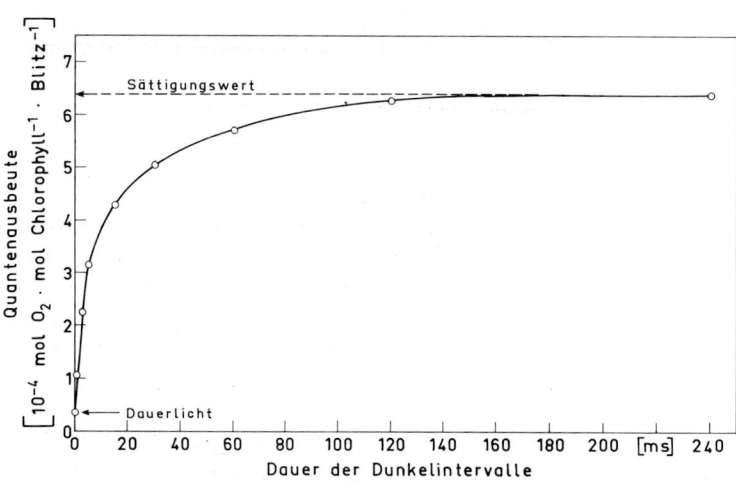

Abb. 12.16. Die Quantenausbeute der Photosynthese im periodischen Blitzlicht als Funktion der Länge der Dunkelpause zwischen den Blitzen. Objekt: *Chlorella*-Zellen (30 °C). Es wurde eine Folge kurzer (0,5 ms), intensiver Blitze (Anregung aller Pigmentmoleküle) verwendet; daher kann die Anzahl der Chlorophyllmoleküle proportional zur Anzahl der absorbierten Quanten gesetzt werden. Die Ausbeute pro Blitz erreicht einen maximalen Wert erst bei Dunkelintervallen > 100 ms. Diese Zeitspanne reicht also gerade aus, um

das Reaktionszentrum voll zu regenerieren. Unterhalb 100 ms fällt die Ausbeute pro Blitz stark ab und erreicht für Dauerlicht ein Minimum. Als Halbwertszeit ergibt sich etwa 5 ms. Die Kurve gibt also die Kinetik für die Verarbeitung der Photoprodukte durch die photosynthetischen Dunkelreaktionen (die „Entladung" = Totzeit des Reaktionszentrums) an. Bei Spinatchloroplasten liefern entsprechende Experimente eine wesentlich geringere Halbwertszeit ($\tau_{1/2} \approx 0,6$ ms). (Nach Kok 1956)

derung der Quantenenergie innerhalb eines Pigmentkollektivs, welche beim Reaktionszentrum endet. Dieser zwischenmolekulare Energietransfer kann in der Tat direkt experimentell gezeigt werden: Bestrahlt man Thylakoide mit Wellenlängen, welche bevorzugt von Chlorophyll *b* (oder Carotin) absorbiert werden, so tritt Fluoreszenz von Chlorophyll *a* auf.

Für die gerichtete, schnelle ($\tau_{1/2} \approx 1$ ps) Energiewanderung kommt vor allem Resonanztransfer auf der Ebene der S_1-Anregung ($\rightarrow$ Abb. 12.14) in Frage. Hierbei wird durch das oszillierende elektrische Feld des angeregten Elektrons ein Elektron des im S_0-Zustand befindlichen Empfängermoleküls in Resonanz versetzt, was eine Anhebung auf S_1 zur Folge hat. Voraussetzung hierfür ist eine präzise Orientierung der elektrischen Dipole und eine Überlappung der Elektronenwolken beider Moleküle, d.h. eine äußerst dichte, hochgeordnete Packung (Abstand wenige nm zwischen den Molekülzentren). Außerdem müssen sich die beteiligten Anregungszustände energetisch stark überlappen (sichtbar an einer Überlappung des Fluoreszenzemissionsspektrums des abgebenden mit dem Absorptionsspektrum des aufnehmenden Pigments). Da bei diesem Transfer stets ein kleiner Energiebetrag als Wärme verloren geht ($\rightarrow$ Differenz zwischen Absorptions- und Fluoreszenzspektrum von Chlorophyll *a* in Abb. 12.14), erfolgt die Energieübertragung bevorzugt auf Pigmente mit etwas geringerer Anregungsenergie (längerwellige Absorptionsbande). Statistisch gesehen erfolgt daher die Energiewanderung zwangsläufig gerichtet, und zwar zu demjenigen Chlorophyll mit dem langwelligsten Absorptionsgipfel im Kollektiv, welches dadurch die Rolle einer *Energiefalle* zugewiesen bekommt.

Man kann aus Thylakoiden einen Chlorophyll-*a*-Protein-Komplex isolieren, dessen S_1-Absorptionsbande bis nach 698–703 nm verschoben ist. Dieses P_{700} hat offensichtlich die Eigenschaften einer Energiefalle im Kollektiv. Darüber hinaus unterscheidet sich dieser Komplex von anderen Chlorophyllformen durch das Fehlen von Fluoreszenz. Dafür zeigt das P_{700} eine lichtinduzierte Änderung des Absorptionsspektrums (Bleichung), wie sie für photochemisch aktive Pigmente ($\rightarrow$ Abb. 12.2) charakteristisch ist.

Bildung von chemischem Potential

Die vom P_{700} bewirkte photochemische Reaktion ist ein Redoxprozeß. Im Grundzustand kann das P_{700} Elektronen von einem geeigneten Donator-Redoxsystem aufnehmen; im angeregten Zustand kann es Elektronen an einen Acceptor mit einem mehr als 1 V negativeren Potential abgeben:

Grundzustand:
$$Chl_{ox} + e^- \rightarrow Chl_{red}, \quad E'_0 = 450 \text{ mV}, \quad (12.5)$$

angeregter Zustand:
$$Chl^*_{red} \rightarrow Chl_{ox} + e^-, \quad E'_0 \leq -550 \text{ mV}. \quad (12.6)$$

Im Dunkeln liegt das P_{700} in der reduzierten Form vor. Im Licht befindet sich stets ein Teil in der oxidierten (gebleichten) Form. Aufgrund dieser spezifischen spektroskopischen Eigenschaft kann P_{700} in Chloroplasten selektiv gemessen werden, obwohl es nur einen winzigen Bruchteil des Gesamtchlorophylls der Thylakoide ausmacht (Abb. 12.17). Geeignete Redoxsubstanzen (z.B. Ferricyanid) oxidieren das P_{700} auch im Dunkeln. Belichtung oder chemische Oxidation erzeugen ein charakteristisches Elektronenspinresonanz (ESR)-Signal, welches mit dem Auftreten ungepaarter Spins bei der Oxidation des P_{700} zum P_{700}^+-Radikal gedeutet werden kann.

P_{700} ist also ein lichtabhängiges Redoxenzym und besitzt damit auch die *chemischen* Eigenschaften eines Reaktionszentrums ($\rightarrow$ Abb. 12.15). Es handelt sich wahrscheinlich um ein covalent verbundenes Chlorophyll-*a*-Dimer mit einem gemeinsamen π-Elektronensystem. Die zugehörigen Antennenpigmente sind verschiedene, proteingebundene Chlorophyll-*a*-Formen, welche möglicherweise kaskadenartig (gemäß der Lage ihrer roten Absorptionsbande; $\rightarrow$ Abb. 12.12) angeordnet sind, um einen gerichteten Energietransfer zu begünstigen.

Das Redoxpotential des angeregten P_{700} reicht bei weitem aus, um das elektronegativste Redoxsystem der Chloroplasten, das *Ferredoxin* ($E'_0 = -430$ mV) zu reduzieren. Andererseits kann P_{700} aufgrund seines relativ niedrigen Redoxpotentials im Grundzustand (450 mV) keine Elektronen von H_2O (815 mV; $\rightarrow$ Tabelle 4.4) übernehmen. Dieser Teilbereich des Elektronentransports wird von einem zweiten Photosystem angetrieben, dessen Reaktionszentrum durch ein proteingebundenes Chlorophyll *a* mit einer Absorptionsbande um

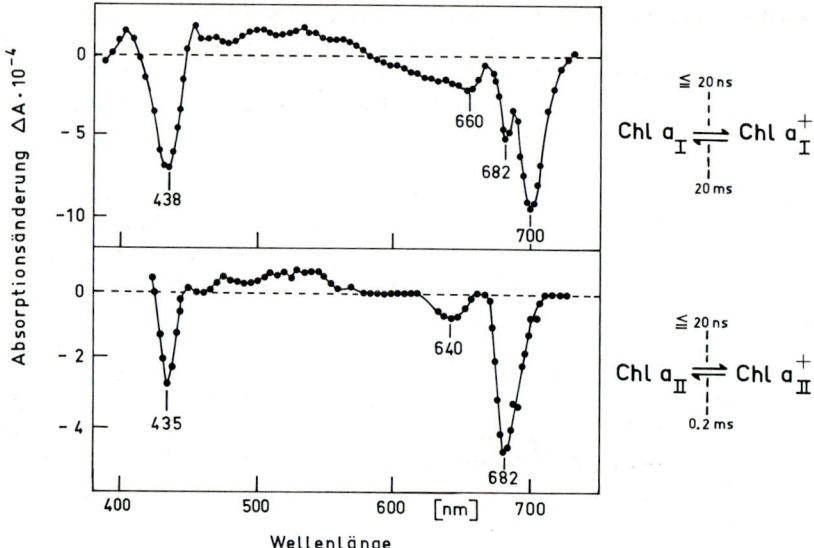

Abb. 12.17. Die Identifizierung der Reaktionszentren von Photosystem I (P_{700}) und Photosystem II (P_{680}) durch repetitive Blitzlichtspektroskopie. Objekt: isolierte Chloroplasten von Spinat (*Spinacia oleracea*). Bei dieser Methode werden durch kurze Lichtblitze (z. B. 10 μs) ausgelöste Absorptionsänderungen (welche häufig erst nach mehrtausendfacher Wiederholung der Messung und Mittelwertsbildung erkennbar werden) gemessen. Dabei findet man ein Gemisch überlagerter Absorptionsänderungen, welche sich jedoch aufgrund unterschiedlicher Schnelligkeit der Anstiegs- und Abfallskinetik voneinander trennen lassen und bestimmten photosynthetischen Teilreaktionen zugeordnet werden können. Die Höhe der Absorptionsänderung ΔA in Abhängigkeit von der Wellenlänge des Meßlichtes ergibt das Differenzabsorptionsspektrum der beteiligten Pigmentmoleküle. Im *Differenzspektrum* (Licht minus Dunkel) bedeuten negative Gipfel eine lichtinduzierte Absorptionsabnahme (Bleichung) gegenüber der Dunkelprobe. *Oben:* Wellenlängenabhängigkeit einer rasch ansteigenden und langsam abfallenden Absorptionsänderung, welche durch das Auftreten von oxidiertem (gebleichtem) P_{700} verursacht wird (unter Bedingungen, wo Plastochinon den Elektronentransport limitiert; → Abb. 12.26). *Unten:* Wellenlängenabhängigkeit einer 100mal schneller abfallenden Absorptionsänderung, welche das Spektrum von P_{680} liefert. Auf ähnliche Weise konnten auch andere spektroskopisch meßbare Redoxsysteme (z. B. Cytochrome, Plastochinon) bezüglich ihrer Reaktionskonstanten gemessen werden. (Nach Witt 1971)

682 nm (P_{680}) gebildet wird (Abb. 12.17). P_{680} ist ein Redoxenzym, das im Grundzustand ausreichend positiv ist ($E'_0 \approx 1200$ mV), um Elektronen von H_2O zu übernehmen. Auf der reduzierenden Seite reicht das P_{680} bis $\leqq -200$ mV. Die im Kollektiv mit dem P_{680} kooperierenden Antennenpigmente bestehen aus Chlorophyll *a*, Chlorophyll *b* und Carotinoiden. Der direkte Elektronenacceptor des P_{680} ist wahrscheinlich ein Phaeophytinmolekül (Chlorophyll *a* ohne Mg^{2+}).

Mit Hilfe von artifiziellen Redoxsubstanzen gelingt es im Experiment, die von P_{700} bzw. P_{680} energetisch gespeisten Teilbereiche des Elektronentransports auch einzeln arbeiten zu lassen. Das P_{700}-System benötigt als Elektronendonator ein Redoxsystem mit einem Redoxpotential von $\leqq 450$ mV (z.†B.Ferricyanid, Dichlorophenolindophenol, Ascorbat) und einen Acceptor bei -400 bis -600 mV (z. B. Methylviologen). Andererseits kann das P_{680}-System unter O_2-Bildung Elektronen von Wasser z. B. auf Ferricyanid oder Dichlorophenolindophenol übertragen (→ S. 178).

Funktionelle Verknüpfung der beiden Photosysteme

Man nennt die beiden Pigmentkollektive *Photosystem* I (PSI; P_{700} = Chl a_I im Reaktionszentrum) und *Photosystem* II (PSII; P_{680} = Chl a_{II} im Reaktionszentrum). Beide Photosysteme sind als lichtgetriebene Elektronenpumpen aufzufassen, welche in zwei verschiedenen, aber partiell überlappenden Bereichen der Redoxskala arbeiten. Wegen ihrer unterschiedlichen Pigmentzusammensetzung zeigen die beiden Systeme eine ungleiche spektrale Abhängigkeit: PSI absorbiert besser im dunkelroten Bereich (um 700 nm), während PSII wegen der relativ starken Beteiligung von Chlorophyll *b* um 650 nm besser absorbiert.

Mit Hilfe membranauflösender Detergenzien (z. B. Dodecylsulfat) kann man drei Pigment-Protein-Komplexe aus den Thylakoiden isolieren:

- *CPI* (PSI-Komplex; enthält P_{700}, Chl-*a*-Antennen, β-Carotin und Xanthophyll; Molmasse 110 kDa; 2 Untereinheiten)
- *CPIV* (=CP_a, PSII-Komplex; enthält P_{680}, Chl-*a*-Antennen und β-Carotin; Molmasse 40–45 kDa; keine Untereinheiten)
- *LHCI* und *LHCII* (light-harvesting-Komplexe der Photosysteme I und II; enthalten Chl-*a*- und Chl-*b*-Antennen, Lutein und Neoxanthin; Oligomere aus bis zu 6 Untereinheiten)

Diese drei Typen von Komplexen enthalten über 90% des Chlorophylls. Die light-harvesting-Komplexe sind überwiegend im Granabereich der Thylakoide lokalisiert; sie enthalten 50% des Chl *a* und das gesamte Chl *b*. LHCs sind für die Photosynthese nicht absolut erforderlich. Es gibt z. B. Mutanten, die diese Komplexe nicht ausbilden und trotzdem photosynthetisch aktiv sind. Die relative Menge an LHCs (bezogen auf die Reaktionszentren) ist variabel; sie hängt z. B. von den Lichtverhältnissen ab, unter denen die Pflanze wächst.

PSII und PSI sind hintereinander in der vom H_2O zum $NADP^+$ führenden Elektronentransportkette angeordnet. Dies folgt z. B. aus dem *Emerson-Effekt*. Bestrahlt man Chloroplasten mit Licht längerer Wellenlängen (> 680 nm), so fällt die sonst recht konstante Quantenausbeute stark ab. Auch um 650 nm zeigt die Quantenausbeute eine Abweichung nach unten (Abb. 12.18). Bestrahlt man jedoch *gleichzeitig* mit 720 und 650 nm, so ist die Quantenausbeute wieder so groß wie im Bereich um 600 nm. Die Fluoreszenzausbeute verhält sich komplementär dazu. Dieser von Emerson 1957 entdeckte Steigerungseffekt beruht darauf, daß absorbiertes dunkelrotes Licht nur dann (über PSI) optimal für die O_2-Entwicklung ausgenützt werden kann, wenn kürzerwelliges Licht, das von PSII absorbiert wird, zugegen ist. Der Steigerungseffekt tritt auch auf, wenn die beiden Wellenlängen nacheinander gegeben werden, vorausgesetzt die Dunkelpause ist ausreichend kurz (*Blinks-Effekt*). Die Hill-Reaktion mit Ferricyanid ($\rightarrow$ S. 178) und die cyclische Photophosphorylierung ($\rightarrow$ S. 179) zeigen keinen Emerson-Effekt. Dieser tritt aber prinzipiell dann auf, wenn die gemessene Reaktion von der Funktion beider Photosysteme abhängt

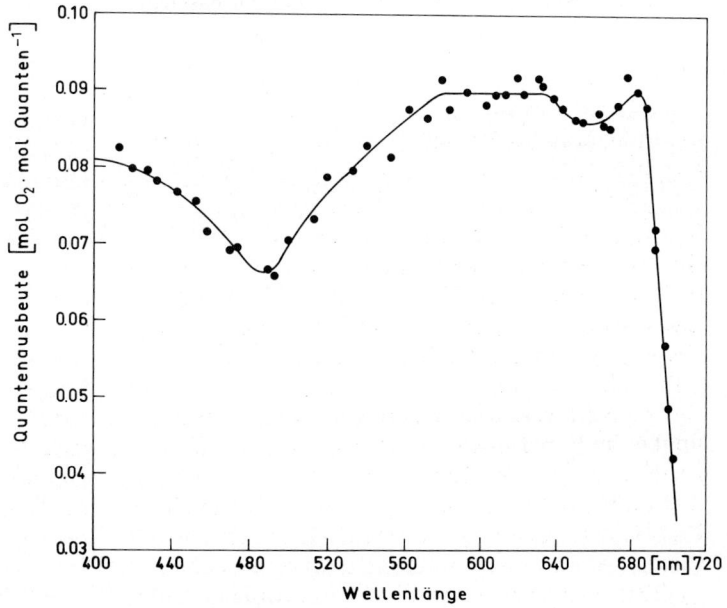

Abb. 12.18. Die Abhängigkeit der maximalen photosynthetischen Quantenausbeute (Φ_{max} = mol O_2/mol absorbierte Quanten unter optimalen Bedingungen) von der Wellenlänge bei monochromatischer Bestrahlung. Objekt: *Chlorella pyrenoidosa*. Es wurde die Abhängigkeit der stationären O_2-Entwicklung von der Wellenlänge gemessen unter Bedingungen, wo alle eingestrahlten Quanten absorbiert und mit maximaler Ausbeute zur O_2-Produktion genutzt werden können (minimaler Quantenfluß!). Der maximal erreichte Wert von 0,09 O_2 pro Quant (=11 Quanten pro O_2) liegt etwas unter dem theoretischen Wert von 0,12 (8 Quanten pro O_2; $\rightarrow$ S. 179), wahrscheinlich weil die Photorespiration ($\rightarrow$ S. 207) unberücksichtigt blieb. (Nach Emerson und Lewis 1943; verändert)

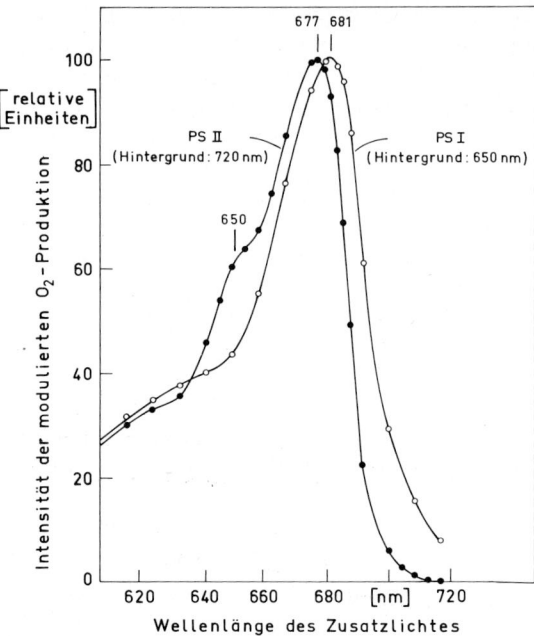

Abb. 12.19. Wirkungsspektren der beiden Photosysteme (PSI, PSII), welche auf der Basis des Emerson-Effekts ausgearbeitet wurden. Objekt: isolierte Chloroplasten von Spinat (*Spinacia oleracea*). Die Kurve mit einem Gipfel bei 677 nm wurde folgendermaßen erhalten: Die Reaktionszentren der beiden Photosysteme wurden durch ein konstantes, starkes Hintergrundlicht von 720 nm in einem bestimmten stationären Zustand gehalten. Man erhält unter diesen Bedingungen eine konstante O_2-Produktionsintensität. Zusätzlich wurde ein mit 90 Hertz moduliertes, schwaches Zusatzlicht von 610–720 nm eingestrahlt. Bei der polarographischen Messung der O_2-Produktionsintensität wurde nur die modulierte O_2-Produktion gemessen, welche direkt die durch das Zusatzlicht bewirkte Steigerung repräsentiert. Das Ausmaß der Steigerung ist abhängig von der Absorption im Photosystem II. Die Beteiligung von Chlorophyll *b* an diesem Photosystem wird durch die Schulter bei 650 nm angezeigt. In entsprechender Weise erhält man bei 650-nm-Hintergrundlicht, welches bevorzugt im Photosystem II absorbiert wird, und variablem, moduliertem Zusatzlicht eine modulierte O_2-Bildung, welche das Wirkungsspektrum von Photosystem I (Gipfel bei 681 nm) ergibt. (Nach Joliot et al. 1968)

(z. B. bei der Hill-Reaktion mit $NADP^+$). Der Emerson-Effekt kann dazu verwendet werden, die Wirkungsspektren von PSI und PSII zu messen (Abb. 12.19).

Mit Hilfe der Blitzlichtspektroskopie (→ Abb. 12.17) konnte gezeigt werden, daß dunkelrotes Licht (720 nm) das P_{700} in die oxidierte Form verschiebt; anschließende Hellrotbestrahlung (638 nm) reduziert das P_{700} wieder zum Teil. Die Chlorophyll-Fluoreszenz in vivo ($\lambda_{max} = 685$ nm), welche fast ausschließlich auf PSII zurückgeht, kann durch selektive Anregung von PSI gelöscht werden. Diese Experimente zeigen direkt die Kooperation (Serienschaltung) der beiden Photosysteme im Elektronentransport. Man muß den Schluß ziehen, daß PSI und PSII zumindest in Teilbereichen der Thylakoidmembran funktionell verknüpft sind. Es gibt gute Anhaltspunkte dafür, daß dies vor allem in denjenigen Membranzonen gegeben ist, wo die Granathylakoide aneinander gelagert sind (Kontaktzonen; → Abb. 12.9 d). In allen an das Stroma grenzenden Membranbezirken ist wahrscheinlich nur PSI-Aktivität vorhanden. Gleichzeitig fehlen hier nach den feinstrukturellen Untersuchungen die „großen" Membranpartikel (→ Abb. 12.9 d) weitgehend.

Der Emerson-Effekt impliziert eine weitgehende Unabhängigkeit der beiden Photosysteme im Bereich der Antennenpigmente. Dies ist, wie man heute weiß, nur mit Einschränkung richtig. Man hat gefunden, daß zumindest ein Teil des LHC mobil ist und daher wahlweise beiden Photosystemen zugeordnet sein kann. Licht, das bevorzugt von PSII absorbiert wird (650 nm), führt zunächst nur zu einer schwachen O_2-Produktion (verbunden mit einer starken Fluoreszenz des PSII-Chlorophylls), da der Elektronentransport im PSI gehemmt ist. Nach einigen Minuten steigt die O_2-Produktion jedoch an und die Fluoreszenz fällt ab, ein Anzeichen dafür, daß nun auch PSI mit Lichtenergie versorgt wird. Dieses Phänomen („spillover") deutet darauf hin, daß die eingestrahlte Lichtenergie durch eine regulatorische Umsteuerung auf die beiden Photosysteme verteilt werden kann. Man führt das spillover von Anregungsenergie darauf zurück, daß ein Teil des LHCII zwischen PSII und PSI wandern kann. Diese Wanderung wird durch eine reversible Phosphorylierung (→ S. 88) des LHC-Apoproteins ausgelöst, die unter der Kontrolle des Redoxzustands der intermediären Redoxkette (→ Abb. 12.25) steht. PSII-Licht führt zu einer Reduktion dieser Redoxsysteme; hierdurch wird eine Proteinkinase aktiviert, welche LHCII unter ATP-Verbrauch phosphoryliert und damit aus seiner funktionellen Verknüpfung mit PSII in eine entsprechende Verknüpfung mit PSI überführt. Dephosphorylierung des LHC-Apoproteins durch eine Phosphatase macht diesen Prozeß reversibel, wenn der Reduktionsdruck in den Redoxsystemen nachläßt. Auf diese Weise kann eine ausgewogene Energieverteilung zwischen beiden Photosystemen unabhängig von der Wellenlängenverteilung des Lichts erzielt werden; lediglich im dunkelroten Spektralbereich ist kein vollständiger Ausgleich möglich und es kommt daher zu einem Emerson-Effekt (→ Abb. 12.18).

Die Pigmentsysteme der Rot- und Blaualgen

Wir wollen an dieser Stelle kurz einen Seitenblick auf zwei Gruppen autotropher Organismen werfen, bei denen der photochemische Teil des Photosyntheseapparates in charakteristischer Weise modifiziert ist. Die Blaualgen (*Cyanobacteria*) sind prokaryotische Organismen, welche keine Chloroplasten, sondern einen „offenen" Photosyntheseapparat besitzen. Die einfachen Thylakoidmembranen sind meist konzentrisch in der Zellperipherie angeordnet. Die Plastiden (Rhodoplasten) der Rotalgen (*Rhodophyta*) sind ebenfalls von einzeln liegenden Thylakoiden durchzogen (Abb. 12.20). Bei beiden Algengruppen tragen die Photosynthesemembranen ein regelmäßiges Muster von Partikeln mit etwa 40 nm Durchmesser. Man nennt diese Strukturen *Phycobilisomen*.

Die Phycobilisomen (Abb. 12.21) können mit geeigneten Detergenzien von den Thylakoiden abgelöst und isoliert werden. Dabei ergibt sich, daß diese Partikel zum größten Teil aus verschiedenen *Biliproteinen* aufgebaut sind. Das Chlorophyll *a* (Chlorophyll *b* kommt bei diesen Algen nicht vor), und die Carotinoide sind dagegen auf die Membran beschränkt. Biliproteine, zu denen auch das Phytochrom gehört (→ S. 363), bestehen aus einem offenkettigen Tetrapyrrol (*Phycobilin;* Abb. 12.22) als Chromophor, welches covalent an Protein gebunden ist. Das Molekulargewicht verschiedener Biliproteine liegt zwischen 50 und 270 kDa. Es treten stets zwei Typen von Untereinheiten (*α, β;* 12–20 kDa) mit je 1 bis 2 Chromophoren auf. Die Phycobiline sind strukturell mit den Gallenfarbstoffen verwandt; ihr Biosyntheseweg zweigt nach dem Protoporphyrin von der Porphyrinbiosynthese ab (→ Abb. 18.6). In den Phycobilisomen kommen, in unterschiedlicher Zusammensetzung, die Biliproteine *Phycoerythrin* (rot), *Phycocyan* (blau) und *Allophycocyan* (blau) vor. Bei einzelnen Arten treten

im Proteinanteil modifizierte Formen dieser drei Pigmentklassen auf. Allophycocyan ist stets nur in relativ kleinen Mengen vorhanden. Die Biliproteine können über 40% des gesamten Zellproteins bzw. 25% der Zelltrockenmasse ausmachen.

Biliproteine besitzen vergleichsweise einfach strukturierte Absorptionsspektren mit Gipfeln im grünen bis hellroten Spektralbereich (Abb. 12.23). Dies ist gerade derjenige Wellenlängenbereich, der von den grünen Pflanzen als „optisches Fenster" ausgespart wird (→ Abb. 12.13). Rot- und Blaualgen besiedeln häufig tiefere Wasserzonen (unterhalb der Zone der Grün- und Braunalgen), in welche bevorzugt grünes Licht vordringt.

Wirkungsspektren zeigen, daß die Biliproteine als periphere Antennenpigmente der Pigmentkollektive von Blau- und Rotalgen aufzufassen sind (Abb. 12.24). Die Chromophore der einzelnen Pigmentmoleküle sind in den Phycobilisomen so dicht zusammengelagert, daß ein effektiver Energietransfer (>80% Ausbeute) in der Richtung Phycoerythrin → Phycocyan → Allophycocyan stattfinden kann (heterogener Resonanztransfer). Sehr wahrscheinlich liegen die drei Pigmente im Phycobilisom in drei aufeinanderfolgenden Schalen vor. Das Zentrum wird durch Allophycocyan gebildet, welches direkt der Thylakoidmembran aufliegt und seine Anregungsenergie an Chlorophyll-*a*-Antennenpigmente abgeben kann (→Abb. 12.21). Dieses Modell wird auch durch spektroskopische Daten gestützt. Isolierte Phycobilisomen von *Porphyridium cruentum* fluoreszieren bei 675 nm (aggregiertes Allophycocyan), wenn sie bei 545 nm (Phycoerythrin) angeregt werden. Bei intakten Blaualgenzellen kann Chlorophyll-*a*-Fluoreszenz durch Anregung von Phycocyan erzeugt werden.

Die durch die Biliproteine aufgefangene Quantenenergie wird zum allergrößten Teil zum Reaktionszentrum des Photosystems II geleitet. Das Photosystem I besteht dagegen überwiegend aus Chlorophyll-*a*-Pigmenten und Carotinoiden. Da sich die beiden Pigmentkollektive in ihrem Absorptionsspektrum viel weniger als bei den grünen Pflanzen überschneiden (→ Abb. 12.19), macht sich der Emerson- bzw. Blinks-Effekt bei den Blau- und Rotalgen besonders drastisch bemerkbar. Diese Pflanzen sind daher günstige Objekte für die Erforschung der Interaktion zwischen den beiden Photosystemen.

Die Pigmentzusammensetzung der Phycobilisomen wird durch Licht gesteuert. Hellrotes Licht

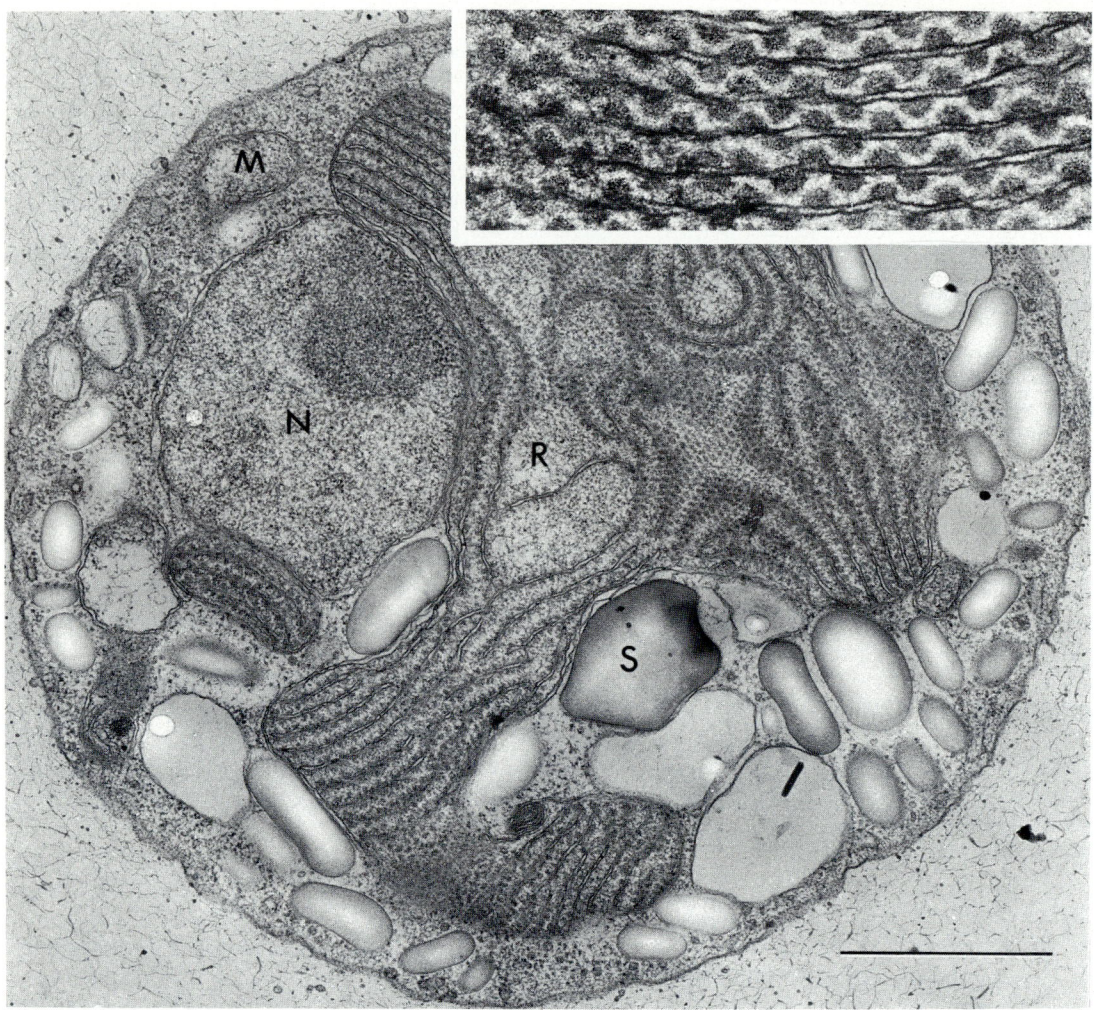

Abb. 12.20. Der Photosyntheseapparat der Rotalgen. Objekt: *Porphyridium cruentum.* Die elektronenmikroskopische Aufnahme zeigt eine Zelle mit Zellkern (N), Rhodoplasten (R) mit Phycobilisomen-tragenden Thylakoiden, Mitochondrien (M). Diese Organismen bilden Assimilationsstärke (Florideenstärke, S) nicht in den Plastiden, wie die meisten anderen Pflanzen, sondern im Cytoplasma. Strich: 1 μm. Der Ausschnitt zeigt Thylakoide mit regulär angeordneten Phycobilisomen. (Nach Gantt und Conti 1966)

fördert die Bildung von Phycocyan, während im grünen Licht die Bildung von Phycoerythrin bevorzugt wird (*chromatische Adaptation*). Chlorophyll *a* und die Carotinoide sind in die Steuerung nicht einbezogen. Bei der Blaualge *Tolypothrix tenuis* wurde gezeigt, daß diese Umorganisation im Bereich der Antennenpigmente durch kurze Lichtpulse induzierbar ist und dann im Dunkeln abläuft. Das Wirkungsspektrum für die Umorganisation zeigt einen Gipfel bei 660 nm (Phycocyan-Induktion) und 550 nm (Phycoerythrin-Induktion). Lichtpulse der beiden Wellenlängen revertieren ihre Wirkung gegenseitig. Dieses wahrscheinlich ebenfalls auf Biliproteine zurückgehende *sensorische Photoreaktionssystem* wird in ähnlicher Weise auch bei der Photomorphogenese von Blaualgen wirksam und stellt offenbar eine Analogie zum Phytochromsystem der höheren Pflanzen dar (→ S. 359).

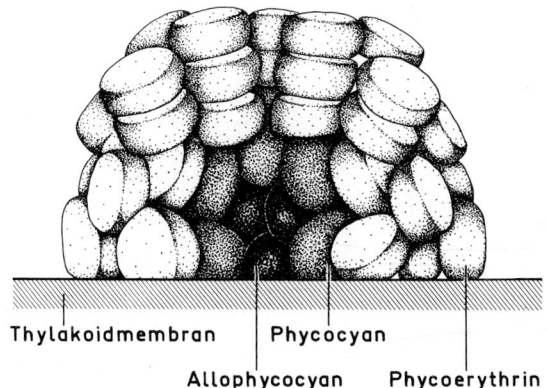

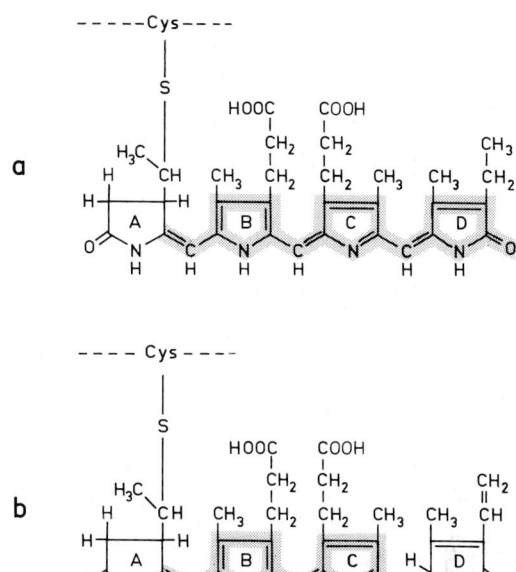

Abb. 12.21. Modell eines angeschnittenen Phycobilisoms der Rotalge *Porphyridium cruentum*. Im Zentrum (*schwarz*) liegt ein Allophycocyan-Kern, welcher direkt mit dem Chlorophyll *a* der Thylakoidmembran in Verbindung steht. Nach außen ist dieser Kern von einer Phycocyanschale (*dunkler punktiert*) und einer Phycoerythrinschale (*heller punktiert*) umgeben. Die Biliproteine sind durch spezielle linker-Proteine miteinander verknüpft. Dieses Modell konnte durch differentielles Ablösen der beiden Schalen und Charakterisierung der exponierten Komponenten mit Hilfe von Antikörpern experimentell verifiziert werden. (Nach Gantt et al. 1976)

Abb. 12.22 a und b. Struktur der Chromophore (Phycobiline) der Biliproteine *Phycocyan (Allophycocyan)* und *Phycoerythrin*. (a) *Phycocyanobilin*, (b) *Phycoerythrobilin*. Die Chromophore sind im Biliprotein über den Ring A an Cysteinreste des Proteins gebunden. Die Thioetherbindung kann durch Hydrolyse in HCl gespalten werden. (Nach Glazer 1982)

Abb. 12.23. Extinktions- und Fluoreszenzemissionsspektren der Biliproteine aus den Phycobilisomen einer Rotalge. Objekt: *Porphyridium cruentum* (Phosphatpuffer, pH 6,8; nicht aggregierte Formen). Zum Vergleich ist das Spektrum eines Gemisches aus Chlorophyll *a* und Carotinoiden eingezeichnet (*schraffiert*). Man erkennt, daß sich Extinktions- und Fluoreszenzspektren benachbarter Pigmente in einem weiten Bereich überschneiden. Die Phycobilisomen der untersuchten Kultur bestanden aus 84% Phycoerythrin, 11% Phycocyan und 5% Allophycocyan. Die Phycobiline der Cyanophyten (C-Phycobiline) zeigen etwas abweichende Absorptionsbanden. Das Phycocyan der Rotalgen (R-Phycocyan) enthält sowohl Phycocyanobilin als auch Phycoerythrobilin. (Nach Gantt und Lipschultz 1974)

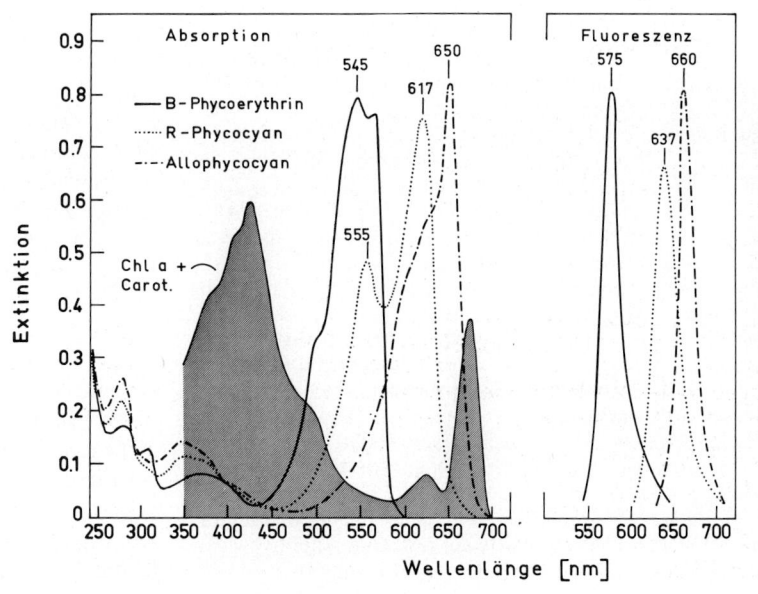

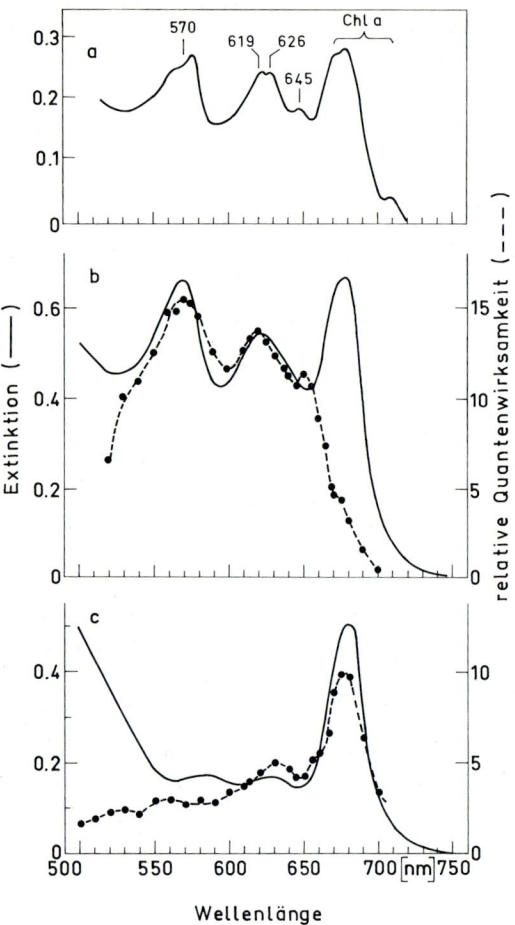

Abb. 12.24a–c. Extinktions- und Wirkungsspektren bei einer Blaualge. Objekt: *Aphanocapsa* 6701 (Anzucht bei 2500 lx). (a) Extinktionsspektrum intakter Zellen bei –196 °C. Die durch tiefe Temperatur „geschärften" Gipfel lassen sich wie folgt zuordnen: 570 nm, C-Phycoerythrin; 619 nm, C-Phycocyan; 626 und 645 nm, Allophycocyan; 670–710 nm, verschiedene Chlorophyll-*a*-Formen (→ Abb. 12.12). Die Pigmentanalyse ergab 49% Phycoerythrin, 41% Phycocyan und 10% Allophycocyan. (b) Wirkungsspektrum (O_2-Produktion) und Extinktionsspektrum (25 °C). Man erkennt, daß hauptsächlich die von den drei Biliproteinen absorbierten Wellenlängen photosynthetisch wirksam sind. Das besonders effektive Allophycocyan wird wegen seiner geringen Konzentration im Extinktionsspektrum nicht aufgelöst. Die Chlorophyll-*a*-Absorption macht sich lediglich in einer schwachen Schulter bei 675 nm bemerkbar. (c) Bei diesem Experiment wurden Zellen verwendet, welche unter Stickstoffmangel ihre Biliproteine abgebaut hatten. Man erkennt, daß unter diesen Bedingungen Chlorophyll *a* die Funktion des maßgeblichen Antennenpigments übernimmt (die Schulter bei 655 nm dürfte auf restliches Allophycocyan zurückgehen). (Nach Lemasson et al. 1973)

Photosynthetischer Elektronentransport

Offenkettiges System

Unter dem *offenkettigen (nichtcyclischen) Elektronentransport* versteht man eine Sequenz von Redoxsystemen, welche, unter Einschluß beider Photosysteme, vom H_2O zum $NADP^+$ führt. Verbunden damit läuft eine ATP-Bildung (*nichtcyclische Photophosphorylierung*) ab. Das ursprünglich 1960 von Hill und Bendall aufgestellte, heute weitgehend akzeptierte „Z-Schema" erhält man, wenn man diese Redoxkette in ein Redoxpotentialdiagramm einträgt (Abb. 12.25). Eine genaue Einordnung aller in den Thylakoiden nachgewiesener Redoxenzyme ist noch nicht möglich. Andererseits muß man einige Komponenten fordern, welche bis heute noch nicht molekular identifiziert sind. Vor allem über den Mangan-katalysierten Elektronentransport vom H_2O zum Chl a_{II} weiß man noch sehr wenig. Das angeregte Reaktionszentrum gibt die Elektronen an den (Fluoreszenz-)*Quencher* Q ($E_m \approx -150$ mV) ab, welcher sie an *Plastochinon* (≈ 0 mV) weiterleitet. Manche Experimente deuten darauf hin, daß mehrere Redoxketten einen gemeinsamen Plastochinon-pool als „Elektronenpuffer" besitzen und an dieser Stelle Elektronen austauschen können. Es folgen ein Eisen-Schwefel-Protein (Rieske-Fe · S-Zentrum; ≈ 200 mV), *Cytochrom f* (370 mV) und das Kupfer-haltige *Plastocyan* (400 mV), welches eng mit dem Chl a_I (450 mV) verbunden ist. Der unmittelbare Elektronenacceptor X des Chl a_I^* konnte noch nicht genau identifiziert werden; er gibt die Elektronen an ein Eisen-Schwefel-Protein mit stark negativem Redoxpotential (um –700 mV) weiter. Gut bekannt ist dagegen das ebenfalls Eisen- und Schwefelhaltige *Ferredoxin* (–430 mV), welches die Elektronen über ein Flavoprotein (*Ferredoxin-NADP+-Oxidoreductase*) auf den Endacceptor $NADP^+$ überträgt. Außerdem sind am Elektronentransport mindestens zwei weitere Cytochrome (Cyt b_6, Cyt b_{559}) beteiligt, welche bisher funktionell noch nicht eindeutig eingeordnet werden können. Außerhalb der Photosysteme folgt der Elektronentransport stets einem mehr oder minder starken Gefälle zu positiveren Potentialwerten hin, und ist daher exergonisch. Man kann anhand der Abb. 12.25 feststellen, daß von der maximal zur Verfügung stehenden freien Enthalpie der Lichtreaktionen (ca. 1,8 eV ·

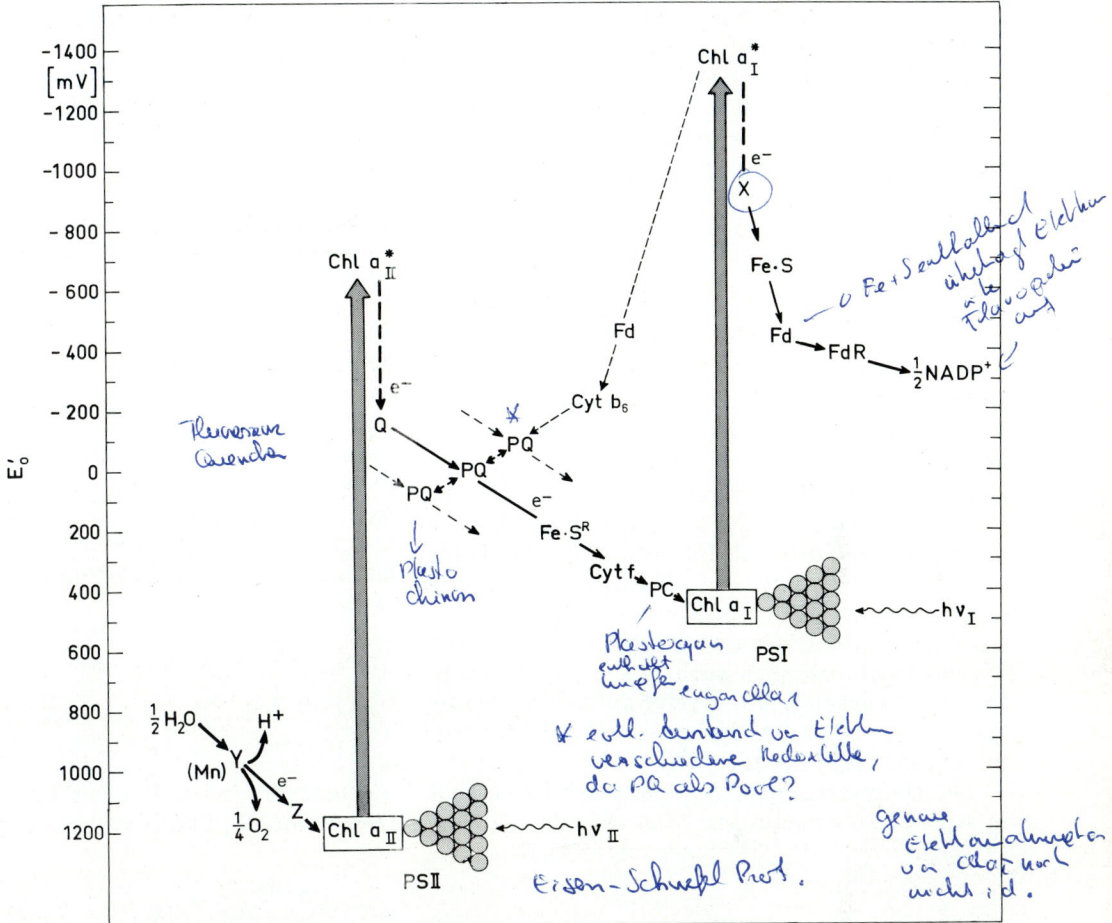

Abb. 12.25. Elektronentransport der Photosynthese („Z-Schema"). Die Länge der dicken Pfeile gibt die Potentialdifferenz pro Elektron an, welche der theoretisch maximal nutzbaren Anregungsenergie eines Lichtquants (1,8 eV) entspricht. Die einzelnen Redoxsysteme sind auf der Höhe ihres Standardpotentials (E_0', E_m; → S. 63) eingetragen. Y, wasserspaltender Komplex (manganhaltig); Z, Elektronendonator von Chl a_{II} (P_{680}); Q, Quencher (spezielle Form von Plastochinon?), Acceptor von Chl a_{II}^*; PQ, Plastochinon (Knotenpunkt mehrerer Elektronentransportketten); Fe · S^R, Rieske-Eisen-Schwefel-Protein; Cyt f, Cytochrom f; PC, Plastocyan, Elektronendonator von Chl a_I (P_{700}); X, Acceptor von Chl a_I^*, wahrscheinlich ein Komplex aus einem Chlorophyll-Monomer und einem Chinon (Vitamin K); Fe · S, Eisen-Schwefel-Protein; Fd, Ferredoxin; FdR, Ferredoxin-NADP$^+$-Oxidoreductase. Außerdem ist der *cyclische Elektronentransport* unter Einschluß von PSI (über Cytochrom b_6) eingetragen. Die Cytochrome f und b_6 sind zu einem Komplex zusammengefaßt (nicht eingezeichnet). Dieses Schema stellt die *funktionellen*, nicht aber die *räumlichen* Zusammenhänge im Elektronentransport dar. Neuere Daten sprechen dafür, daß PSI und PSII räumlich getrennt (im Stroma- bzw. Granabereich der Thylakoide; → Abb. 12.9) vorliegen und durch mobile Elektronenüberträger (z. B. durch das leicht lösliche Plastocyan) miteinander verbunden sind. (In Anlehnung an Witt 1971)

Quant^{-1}) nur jeweils etwa die Hälfte (ca. 1 eV · Elektron^{-1}) in chemischer Form aufgefangen werden kann.

Bei der Aufklärung der photosynthetischen Elektronentransportkette, insbesondere bei der funktionellen Reihung der einzelnen Elemente dieses linearen Systems, wurden verschiedene biophysikalische und biochemische Wege eingeschlagen, welche hier nur im Prinzip angeführt werden können:

1. Wirkungsspektren für die Oxidation bzw. Reduktion von Elektronenüberträgern. Nach dem Z-Schema (→ Abb. 12.25) muß man erwarten, daß die intermediäre Redoxkette zwischen den beiden Photosystemen durch PSI oxidiert und durch PSII reduziert wird. Wirkungsspektren ergaben z. B. für das Cytochrom *f*, dessen Redoxzustand anhand des Differenzspektrums (→ Abb. 4.17) in isolierten Chloroplasten leicht gemessen werden kann, daß eine Anregung von PSI zur Oxidation, eine Anregung von PSII dagegen zur Reduktion dieser Komponente führt. Ein ähnliches Resultat wurde für Plastochinon und P_{700} gefunden.

2. Messung der Kinetiken für Oxidation/Reduktion einzelner Elektronenüberträger mit der repetitiven Blitzlichtspektroskopie (→ Abb. 12.17). Mit dieser Methode läßt sich der Weg der Elektronen direkt kinetisch verfolgen. So wurde z. B. aufgrund einer PSII-induzierten Absorptionsänderung bei 320 nm, welche genauso schnell ($\tau_{1/2} = 0,6$ ms) wie die Löschung der Chlorophyll-Fluoreszenz, und damit schneller als die induzierte Absorptionsänderung des Plastochinons ($\tau_{1/2} = 20$ ms) erfolgt, die Existenz des Redoxsystems Q gefolgert. Obwohl die Blitzlichtspektroskopie auch das Differenzspektrum von Q geliefert hat, ist seine molekulare Natur noch nicht geklärt. Möglicherweise handelt es sich um ein spezielles Plastochinon.

Die Halbwertszeiten einzelner Reaktionen sind in Abb. 12.26 eingetragen. Man erkennt, daß die Oxidation des Plastochinons ($\tau_{1/2} = 20$ ms) der langsamste und daher intensitätsbestimmende Schritt des Gesamtprozesses ist. Ein ähnlicher Wert wurde bereits als Totzeit der photosynthetischen O_2-Entwicklung im periodischen Blitzlicht ermittelt (→ Abb. 12.16).

3. Aufgliederung des Systems in Teilsequenzen mit Hilfe spezifischer Inhibitoren und künstlicher Elektronendonatoren bzw. -acceptoren. Nach jahrelanger, intensiver Suche stehen heute eine beträchtliche Zahl von Substanzen zur Verfügung, welche den Elektronentransport an definierten Stellen unterbrechen. In den Teilsequenzen kann dann der Elektronentransport, u. U. nach Zusatz unphysiologischer Elektronen-abgebender bzw. -aufnehmender Substanzen, weiter ablaufen. Artifizielle Redoxsysteme wurden im Prinzip erstmalig 1937 von Hill für diesen Zweck eingesetzt. Hill zeigte, daß aufgebrochene Chloroplasten im Licht Ferricyanid zu Ferrocyanid reduzieren können, wobei kein CO_2 verbraucht, aber in stöchiometrischen Mengen O_2 entwickelt wird:

$$4\,Fe(CN)_6^{3-} + 2\,H_2O \xrightarrow[\text{Thylakoide}]{h\nu}$$

$$4\,Fe(CN)_6^{4-} + 4\,H^+ + O_2\,. \tag{12.7}$$

Dieses Experiment, das als *Hill-Reaktion* in die Geschichte der Photosyntheseforschung eingegan-

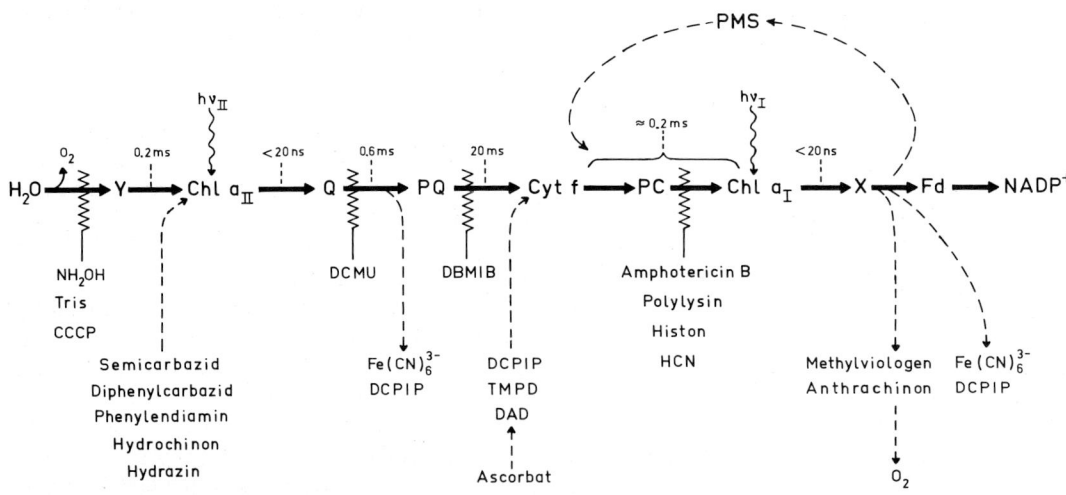

Abb. 12.26. Photosynthetische Elektronentransportkette mit den Wirkstellen einiger *Hemmstoffe* (Tris, Tris(hydroxymethyl)aminomethan; CCCP, Carbonylcyanid-chlorophenylhydrazon; DCMU, 3(3,4-Dichlorophenyl)-1,1-dimethylharnstoff; DBMIB, Dibromothymochinon), *Elektronendonatoren* (DCPIP, 2,6-Dichlorphenolindophenol; TMPD, N,N,N',N'-Tetramethyl-p-phenylendiamin; DAD, Diaminodurol = 2,3,5,6-Tetramethyl-p-phenylendiamin) und *Elektronenacceptoren*. Phenazinmethosulfat (PMS) katalysiert den cyclischen Elektronentransport mit PSI. Außerdem sind die Halbwertszeiten für einige Elektronenübergänge eingetragen. (Kinetische Daten nach Witt 1971)

gen ist, charakterisierte die Photosynthese erstmalig als Elektronentransportprozeß, der seinen Ausgang nicht vom CO_2, sondern vom H_2O nimmt. Heute kennt man eine Vielzahl von ähnlich wirksamen „Hill-Reagenzien", welche an unterschiedlichen Stellen der Kette Elektronen accepieren können. Ebenso ist an verschiedenen Stellen eine Elektroneninjektion durch Redoxsubstanzen möglich. Maßgebend für die experimentelle Einschleusung bzw. Abzweigung von Elektronen durch Redoxsubstanzen ist neben einem passenden Redoxpotential eine ausreichend hohe Reaktionsintensität. Einige gebräuchliche Hemmstoffe bzw. Elektronendonatoren und -acceptoren sind in Abb. 12.26 eingetragen. Man sieht, daß z. B. PSI alleine arbeiten kann, wenn man den Elektronentransport nach dem PSII durch DCMU unterbricht und als Ersatz $DCPIPH_2$ (+ Ascorbat) zusetzt. Als Acceptor kann endogenes Ferredoxin oder Methylviologen dienen. Mit dieser Testreaktion für PSI-Aktivität konnte man in desintegrierten (mit Ultraschall, Detergenzien u. a.) Thylakoidpräparationen Partikel nachweisen und isolieren, welche nur noch PSI und die zugehörigen Redoxenzyme enthielten. Entsprechend gelang die Isolierung von PSII-angereicherten Partikeln. Eine Rekonstitution der Funktion des gekoppelten Systems (Elektronentransport von Diphenylcarbazid zum $NADP^+$) kann erreicht werden, wenn beide Partikelfraktionen unter Zugabe von Plastocyan, Ferredoxin, Ferredoxin-$NADP^+$-Oxidoreductase und Lecithin (als Bindemittel) wieder zusammengefügt werden.

Durch diese und viele andere experimentelle Resultate ist das Z-Schema sehr gut begründet worden. Es steht auch in guter Übereinstimmung mit der experimentell gemessenen Quantenausbeute ($\Phi = 1$ mol O_2 pro $8-10$ mol absorbierter Lichtquanten unter optimalen Bedingungen): Für jedes abgegebene O_2 müssen 4 Elektronen je zweimal die Energie eines Lichtquants zugeführt bekommen.

Cyclisches System

Arnon, auf den die Entdeckung der Photophosphorylierung in isolierten Chloroplasten (1954) zurückgeht, konnte zeigen, daß in den Thylakoiden auch ein cyclischer Elektronentransport stattfindet, der von nur einem Photosystem angetrieben wird. Als Redoxsysteme sind Ferredoxin und wahrscheinlich Cytochrom b_6 beteiligt ($\rightarrow$ Abb.

12.25). Offensichtlich werden in diesem Fall die Elektronen vom Ferredoxin wieder über einige Zwischenstationen zum Chl a_1 zurückgeleitet, wobei natürlich keine Reduktionsäquivalente, sondern nur Phosphorylierungspotential gewonnen werden kann (cyclische Photophosphorylierung). Dieses cyclische System ist spezifisch durch Antimycin A, nicht aber durch DCMU hemmbar, zeigt das Wirkungsspektrum des PSI und eine relativ niedrige Lichtsättigung. In isolierten, aufgebrochenen Chloroplasten geht die Fähigkeit zum cyclischen Elektronentransport (offenbar wegen des Verlustes von leicht auswaschbarem Ferredoxin) verloren, kann aber durch Zusatz von Ferredoxin oder eines geeigneten artifiziellen Redoxkatalysators (z. B. PMS; $\rightarrow$ Abb. 12.26) wiederhergestellt werden.

Die Beziehungen zwischen offenkettigem und cyclischem Elektronentransport sind bis heute noch nicht ganz klar. Der cyclische Weg könnte z. B. durch einen Kurzschluß im Bereich des PSI innerhalb des nichtcyclischen Systems zustandekommen. Dies würde bedeuten, daß die beiden alternativen Wege am Ferredoxin um die Elektronen konkurrierten. Nach einer anderen Hypothese sind die beiden Elektronentransportsysteme räumlich getrennt und arbeiten mit zwei verschiedenen PSI-Pigmentkollektiven. Der Befund, daß das PSII in höheren Pflanzen auf die Kontaktzonen der Grana beschränkt ist, während die Stromathylakoide nur über PSI-Aktivität verfügen ($\rightarrow$ S. 172), ist ein Indiz für die zuletzt genannte Vorstellung. Beim Ergrünen von Blättern im Licht tritt bereits nach kurzer Zeit (Minuten) cyclischer Elektronentransport auf. Das O_2-produzierende, offenkettige System folgt erst einige Zeit später, parallel zur Akkumulation von Chlorophyll b und zur Entstehung der Granastapel ($\rightarrow$ Abb. 11.15).

Die physiologische Bedeutung des cyclischen Elektronentransports liegt offenbar in der zusätzlichen Bereitstellung von ATP, vor allem in Situationen, wo Reduktionsäquivalente (NADPH) im Überschuß vorhanden sind (z. B. wenn unter anaeroben Bedingungen die respiratorische Phosphorylierung gehemmt ist). Eine unmittelbare Abhängigkeit von dieser ATP-Quelle wurde bei vielen endergonischen Transportprozessen, z. B. bei der lichtabhängigen Aufnahme von Ionen ($\rightarrow$ S. 82) und Anelektrolyten ($\rightarrow$ S. 83) nachgewiesen. Außerdem liefert die cyclische Photophosphorylierung, zumindest unter anaeroben Bedingungen, ATP für

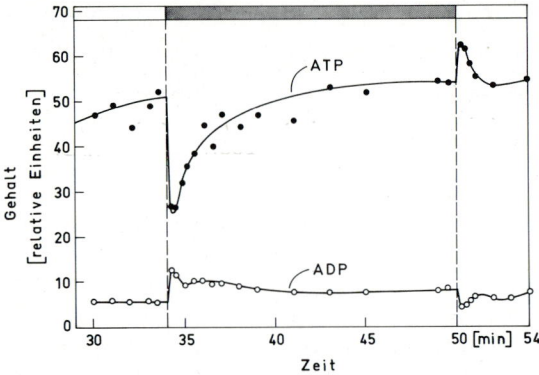

Abb. 12.27. Kinetik des intrazellulären ATP-Gehaltes bei Umstellung von Licht- auf Dunkelstoffwechsel. Objekt: *Chlorella pyrenoidosa.* Man erkennt, daß der ATP-Gehalt nach Blockierung der Photophosphorylierung durch Verdunklung zunächst kurz absinkt, jedoch bereits nach 10 min (durch verstärkte respiratorische Phosphorylierung) wieder auf den ursprünglichen Wert eingestellt wird. Die „Energieladung" der Zelle (→ S. 58) ist also offenbar unabhängig vom Licht-Dunkelwechsel. Bei erneuter Belichtung beobachtet man ein Überschießen in der anderen Richtung. Derartige Übergangsreaktionen sind charakteristisch für Regelvorgänge bei pools mit raschem turnover. Der ADP-Gehalt verhält sich komplementär zum ATP-Gehalt. (Nach Bassham und Kirk 1968)

die Hexose → Stärke-Umwandlung (→Abb. 12.34) und für die N_2-Fixierung (→ S. 192) und die Photokinese (→ S. 522) photosynthetisierender Prokaryoten. Die Kohlenhydratsynthese aus CO_2, welche sowohl NADPH als auch ATP benötigt (→ S. 185), kann dagegen auch mit der nichtcyclischen Photophosphorylierung auskommen; sie wird jedoch durch das cyclische System gefördert.

Ein „pseudocyclischer" Elektronentransport mit Phosphorylierung kommt zustande, wenn das Ferredoxin des offenkettigen Systems Elektronen auf O_2 überträgt ($\frac{1}{2} O_2 + 2 e^- + 2 H^+ \rightarrow H_2O$). Auch durch diese sog. *Mehler-Reaktion,* die zunächst in vitro gefunden wurde, kann die ATP-Bildung von der $NADP^+$-Reduktion entkoppelt werden. In welchem Umfang dieser Weg auch in vivo (als Überlaufreaktion für überschüssige Reduktionsäquivalente?) Bedeutung hat, bedarf noch weiterer Klärung.

Die verschiedenen Mechanismen zur ATP-Bildung im Rahmen der Photosynthese und der Respiration unterliegen einer strikten, übergeordneten Kontrolle. Dies zeigt sich, wenn eine Änderung äußerer Bedingungen (z. B. aerob → anaerob,

Licht → Dunkel) ein Umschalten zwischen verschiedenen Mechanismen erforderlich macht. Bei derartigen Umstellungen wird der zelluläre ATP-pool durch rasch wirksame Regelprozesse weitgehend konstant gehalten (Abb. 12.27). Unterschiedliche Produktionsintensität (bzw. wechselnder Bedarf) von Phosphorylierungspotential in verschiedenen Stoffwechselsituationen wird in der Regel durch Anpassung des ATP-turnovers bei konstant gehaltenem pool bewerkstelligt (Stoffwechselhomöostasis; → S. 85).

Schutzmechanismen gegen photooxidative Zerstörung des Photosyntheseapparats

Bei hohen Lichtflüssen, vor allem im Sättigungsbereich der photosynthetischen Lichtkurve (→ Abb. 14.10), wird mehr Lichtenergie im Photosyntheseapparat absorbiert als für die biochemischen Dunkelreaktionen (z. B. die CO_2-Fixierung) nutzbar gemacht werden kann. Dies führt zur Energieübertragung auf die im Überfluß vorhandenen O_2-Moleküle. Es entstehen kurzlebige, *aktivierte Sauerstoffspecies*, welche unspezifisch mit organischen Molekülen reagieren und diese zerstören können. Dioxygen im energetischen Grundzustand ($^3O_2$) gilt aufgrund seines Triplettzustandes als reaktionsträges Molekül. Trotzdem weiß man schon seit langem, daß O_2 unter bestimmten Bedingungen auf Zellen stark toxische Wirkungen ausübt. Dies rührt daher, daß biologische Elektronentransportprozesse häufig mit der Bildung von *Radikalen* (Molekülen mit einem oder mehreren ungepaarten Elektronen) verbunden sind, insbesondere von *Sauerstoffradikalen*. Die Übertragung von Elektronen auf Sauerstoff kommt daher in vielen Kompartimenten der Zelle vor (z. B. bei allen Flavin-katalysierten Reaktionen in den Mitochondrien und im Cytoplasma); sie ist jedoch im belichteten Chloroplasten wegen der hohen O_2-Konzentration besonders gravierend. Die wichtigste Quelle für Sauerstoffradikale beim photosynthetischen Elektronentransport sind die reduzierten Elektronenacceptoren des Photosystems I (vor allem im Bereich von Ferredoxin), welche einzelne Elektronen auf O_2 übertragen, wenn die zum $NADP^+$ führende Redoxkette durch Rückstau weitgehend reduziert vorliegt (*Photoreduktion* von O_2, Mehler-Reaktion; → S. 180). Es entsteht zunächst das *Superoxidanionradikal* ($O_2 + e^- \rightarrow \dot{O}_2^-$; $E_0' = -330\,mV$), welches durch Aufnahme weiterer Elektronen *Wasserstoffperoxid* (H_2O_2) und das *Hydroxylradikal* liefert:

$$O_2 \xrightarrow{e^-} \boxed{\dot{O}_2^-} \xrightarrow[2H^+]{e^-} H_2O_2$$

$$\xrightarrow[\underset{H_2O}{H^+}]{e^-} \boxed{H\dot{O}} \xrightarrow[H^+]{e^-} H_2O . \qquad (12.8)$$

Die Bildung des besonders toxischen Hydroxylradikals ist vor allem dann begünstigt, wenn $\dot{O}_2^-$ und H_2O_2 gemeinsam vorliegen:

$$H_2O_2 + \dot{O}_2^- \rightarrow \boxed{H\dot{O}} + OH^- + O_2 . \qquad (12.9)$$

Als weitere aktivierte Sauerstoffspecies kann bei der Photosynthese elektronisch angeregter Sauerstoff (*Singulett-Sauerstoff,* $^1O_2^*$) entstehen, wenn Anregungsenergie vom Triplett-Zustand des Chlorophylls direkt auf O_2 übertragen wird (→ Abb. 12.14):

$$^3O_2 \xrightarrow{\overset{^3Chl^* \quad ^1Chl}{\curvearrowright}} \boxed{^1O_2^*} . \qquad (12.10)$$

Die Lebensdauer von $\dot{O}_2^-$, $H\dot{O}$ und $^1O_2^*$ ist ausreichend, um die Anlagerung dieser aktivierten Sauerstoffspecies an andere Moleküle (z. B. durch Addition an Doppelbindungen) zu gestatten, was in aller Regel zu deren oxidativer Zerstörung führt. Man bezeichnet diese photosensibilisierten Prozesse summarisch als *oxidative Photodestruktion* (oder *photodynamischen Effekt*). Besonders bedeutsam ist in diesem Zusammenhang die Peroxidation ungesättigter Fettsäuren, die in einer Kettenreaktion zur Zerstörung von Membranlipiden und anderen Molekülen führen kann. Aber auch Proteine, Nucleinsäuren und Chlorophyll sind empfindliche Angriffspunkte dieser hochtoxischen Substanzen.

Wie kann die Selbstzerstörung des Photosyntheseapparats im Licht verhindert werden? Die Chloroplasten können nur deshalb ohne gravierende photooxidative Schädigung existieren, weil sie durch mehrere sehr wirksame Schutzmechanismen vor dem Angriff der aktivierten Sauerstoffspecies bewahrt werden. $\dot{O}_2^-$ kann durch die in der Chloroplastenmatrix und in der Thylakoidmembran vorhandene *Superoxiddismutase* (*SOD*) zu H_2O_2 und O_2 disproportioniert werden:

$$\dot{O}_2^- + \dot{O}_2^- + 2H^+ \xrightarrow{SOD} H_2O_2 + O_2 . \qquad (12.11)$$

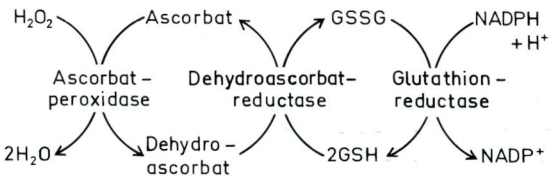

Abb. 12.28. Abbau von Wasserstoffperoxid über die Ascorbat-Glutathion-Redoxkette im Chloroplasten. *Ascorbat, Glutathion* (reduzierte Form: GSH, oxidierte Form: GSSG) und die beteiligten Enzyme liegen im Chloroplasten in hoher Konzentration vor und halten daher die H_2O_2-Konzentration auf einem sehr niedrigen Pegel. (Nach Halliwell und Gutteridge 1985; verändert)

SOD kommt (in verschiedenen Formen) auch in anderen Zellkompartimenten vor, z.B. in Mitochondrien und Peroxisomen. Sie besitzt offenbar eine generelle Entgiftungsfunktion für $\dot{O}_2^-$ in der Zelle. Die Vernichtung des im Chloroplasten anfallenden H_2O_2 kann nicht durch Katalase erfolgen, da dieses Enzym auf das Peroxisomenkompartiment beschränkt ist (→ S. 152). An ihre Stelle tritt eine *Ascorbat-Glutathion-Redoxkette*, in der H_2O_2 unter Verbrauch von NADPH zu H_2O reduziert wird (Abb. 12.28). Durch Eliminierung von $\dot{O}_2^-$ und H_2O_2 wird auch die Bildung des Hydroxylradikals gehemmt, für das kein spezieller Abbaumechanismus bekannt ist. Im Chloroplasten liegen jedoch eine Reihe unspezifischer *Antioxidantien* vor, welche als „Radikalfänger" wirksam sind (z.B. *Ascorbat, Glutathion, α-Tocopherol*).

Carotinoide sind (neben Ascorbat, Glutathion und α-Tocopherol) sehr wirksame Quencher für $^1O_2^*$. Es entsteht angeregtes Triplett-Carotinoid, das seine Energie als Wärme abgibt (Abb. 12.29 a). Eine noch bedeutsamere Funktion der Carotinoide dürfte jedoch in ihrer Fähigkeit zur direkten Übernahme von elektronischer Anregungsenergie von Triplett-Chlorophyll bestehen (Abb. 12.29 b). Insbesondere *β-Carotin* liegt in den Photosystemen in engem Kontakt mit dem Chlorophyll und kann daher auf dem Triplett-Niveau durch strahlungslosen Energietransfer angeregt werden. Die Energie wird wiederum in Form von Wärme abgegeben.

Die Dissipation von Anregungsenergie über Triplett-Carotinoide ist die wichtigste „Überlaufreaktion" für Quanten bei lichtgesättigter Photosynthese. Die Chlorophyllfluoreszenz, welche im Prinzip demselben Zweck dient, kann unter diesen Bedingungen allenfalls 5–10% des Überangebots an

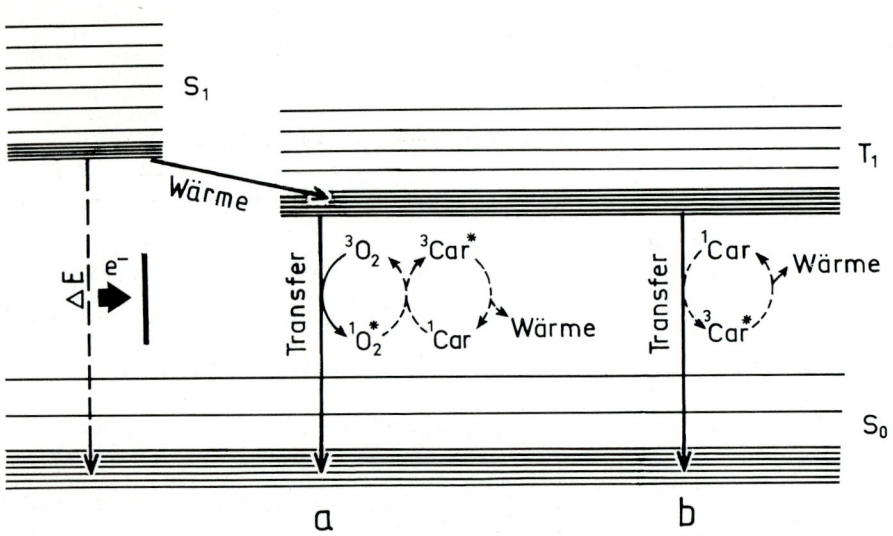

Abb. 12.29. Die Desaktivierung überschüssiger Anregungsenergie im Photosyntheseapparat durch Carotinoide. Bei Übersättigung der photosynthetischen Reaktionszentren mit Lichtenergie treten bei den Antennenchlorophyllen Übergänge vom Singulett- zum Triplettzustand auf ($S_1 \rightarrow T_1$, → Abb. 12.14). (a) Bei der Desaktivierung von Triplett-Chlorophyll kann angeregter Singulett-Sauerstoff ($^1O_2^*$) entstehen, der über die reversible Bildung von angeregtem Triplett-Ca-

rotinoid in den energetischen Grundzustand ($^3O_2$) zurückgeführt wird. (b) Triplett-Chlorophyll kann unter Bildung von angeregtem Triplett-Carotinoid desaktiviert werden (direkter Energietransfer zwischen den eng benachbarten Pigmenten). Diese Reaktion ist hauptsächlich für die Ableitung überschüssiger Lichtenergie in unschädliche Wärmeenergie im Chloroplasten verantwortlich. Daneben wirken die Carotinoide als Schirmpigmente im Blau/UV-Bereich

Energie unschädlich machen. Die strahlungslose Desaktivierung über den Triplett-Zustand der Antennenpigmente ist demgegenüber 3- bis 4mal effektiver. Außerdem wirken die Carotinoide auch direkt als Schirmpigmente im UV/Blau-Bereich. Dies wird durch den hohen Carotinoidgehalt der (chlorophyllfreien) Chloroplastenhülle wahrscheinlich.

Das Xanthophyll *Violaxanthin* (Diepoxid) kann im Licht über das Monoepoxid *Antheraxanthin* in *Zeaxanthin* umgewandelt werden (De-Epoxidation). Die Reaktion wird durch Licht ausgelöst, welches vom Chlorophyll, nicht aber vom Violaxanthin absorbiert wird (z. B. rotes Licht). Im Dunkeln entsteht wieder Violaxanthin (Epoxidation). Man vermutet, daß dieser „Epoxidcyclus" ebenfalls im Zusammenhang mit der Lichtschutzfunktion der Carotinoide steht. Dies wird vor allem durch neuere Befunde nahegelegt, nach denen *Zeaxanthin* an der strahlungslosen Desaktivierung von Antennenchlorophyll bei Energieüberangebot wesentlich beteiligt ist (→ Abb. 12.29 b).

Die zentrale Rolle der Carotinoide beim Schutz der Chloroplasten vor Photodestruktion wird in drastischer Weise deutlich, wenn die Carotinoidsynthese durch Mutationen oder chemische Inhibitoren blockiert ist. In Abwesenheit von Carotinoiden wird nicht nur das Chlorophyll durch Licht zerstört (sichtbar als Ausbleichung), sondern auch alle Strukturen im Chloroplasten. Die Photodestruktion kann durch Entzug von O_2 weitgehend verhindert werden. In normaler Luft sterben die Pflanzen jedoch nach kurzer Zeit den Lichttod. Viele Pigmentmangelmutanten (Albinomutanten) bilden bei normaler Belichtung kein Chlorophyll, können aber in sehr schwachem Licht ergrünen. Dies rührt daher, daß in diesen Pflanzen nicht die Chlorophyllsynthese, sondern die Carotinoidsynthese defekt ist und folglich das Chlorophyll zerstört wird. Eine ganz ähnliche lichtabhängige Wirkung kann man mit Hemmstoffen der Carotinoidbiosynthese erzielen, welche daher als Herbizide eingesetzt werden. Dieser Aspekt wird in Kapitel 33 ausführlicher behandelt.

Mechanismus der Photophosphorylierung

Die Thylakoide werden durch Licht in einen energiereichen Zustand versetzt, der zur Erzeugung von Phosphorylierungspotential ausgenützt werden kann. Wie erfolgt die Koppelung dieser beiden Prozesse? Die Anregung von Elektronen durch die Photosysteme ist mit einem ebenso schnellen (< 20 ns) Aufbau eines elektrischen Feldes (10^5 V · cm^{-1}) quer zur Thylakoidmembran (Matrixseite negativ) verbunden, welches mit Hilfe der repetitiven Blitzlichtspektroskopie von Witt und Mitarbeitern 1967 entdeckt wurde. Dieses Feld, das ein Membranpotential ($\rightarrow$ S. 53) von bis zu -100 mV erzeugen kann, ist ein Ausdruck des energetisierten Zustandes der Membran. Es konnte gezeigt werden, daß PSI und PSII jeweils die Hälfte des Feldes erzeugen. Diese Befunde weisen auf eine funktionelle Ausrichtung der Photosysteme in der Membran hin (Elektronen-abgebende Seite nach außen), wie sie auch aufgrund struktureller Daten postuliert wird ($\rightarrow$ Abb. 12.10).

Während der Zerfallszeit des Feldes nach einem kurzen Blitz (Transport von einem Elektron durch die Redoxkette) baut sich mit einer Halbwertszeit von 20 ms ein *pH-Gradient* quer zur Membran auf, der im Dunkeln wieder mit $\tau_{1/2} \approx 1$ s nivelliert wird. Zwischen Elektronen- und Protonentransport besteht unter diesen Bedingungen ein stöchiometrischer Zusammenhang: Pro Elektron werden zwei Protonen in entgegengesetzter Richtung transportiert ($H^+/e^- = 2$). Die Elektronentransportkette besitzt also offenbar zwei Protonenpumpstellen ($\rightarrow$ Abb. 12.30). Hemmung eines der beiden Photosysteme resultiert in einer Halbierung des Protonentransports. Unter Dauerlichtbedingungen stellt sich an der Thylakoidmembran eine Differenz ΔpH ≈ 3 ein (z. B. innen pH 5, wenn außen pH 8 aufrecht erhalten wird), d. h. ein H^+-Konzentrationsunterschied von 1:1000. Der H^+-Gradient wird durch einen entgegengesetzt gerichteten Gradienten divalenter Kationen (Mg^{2+}) elektrisch partiell kompensiert; das resultierende Membranpotential liegt bei etwa -30 mV. Diese experimentellen Befunde werden von einem Elektronentransportmodell gedeutet, welches in Abb. 12.30 dargestellt ist. Es kommt im wesentlichen dadurch zustande, daß das Z-Schema ($\rightarrow$ Abb. 12.25) so in der Membran angeordnet wird, daß der Elektronen-

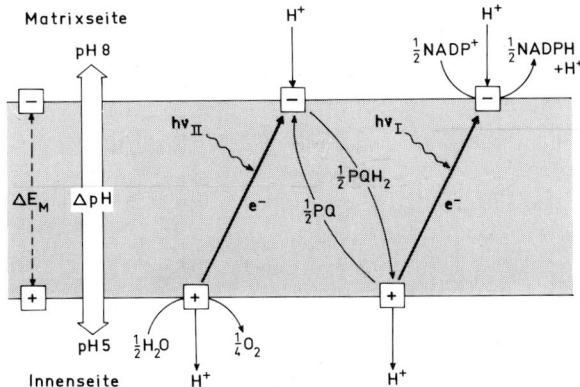

Abb. 12.30. Elektronentransportmodell der Photosynthese, welches den lichtgetriebenen Aufbau eines elektrischen Feldes (Membranpotential ΔE_M) und den Protonentransport (ΔpH) deutet. Eine wichtige Rolle besitzt das Plastochinon (PQ), welches in seiner reduzierten Form (PQH$_2$) Protonen bindet und durch die Membran transportiert. Der Transfer eines zweiten Protons kommt indirekt durch H^+-Bildung bei der Wasserspaltung (innen) und H^+-Verbrauch bei der NADP$^+$-Reduktion (außen) zustande. Dieses Modell wird durch direkte Lokalisierungsexperimente mit Antikörpern gestützt ($\rightarrow$ Abb. 12.10). (In Anlehnung an Witt 1971)

transport obligatorisch mit einem zweifachen, vektoriellen H^+-Transport gekoppelt ist. Das cyclische Elektronentransportsystem arbeitet wahrscheinlich in analoger Weise mit einer Elektronenpumpe.

Wie kann dieser lichtinduzierte, elektrisch energetisierte Zustand der Membran (*Protonenpotential*) in *Phosphorylierungspotential* transformiert werden? Die Koppelung muß offensichtlich delokalisiert erfolgen, d. h. sie ist nicht an eine bestimmte Stelle des Elektronentransports gebunden. Eine Antwort auf diese Frage liefert die Mitchell-Hypothese ($\rightarrow$ S. 77), welche eine durch das elektrochemische Potential eines Protonengradienten angetriebene Phosphorylierung an einer vektoriell in der Membran arbeitenden ATP-Synthase postuliert. Ein solches Enzym liegt in Form eines F_0F_1-ATPase-Komplexes (CF_0F_1) vor, dessen katalytische Untereinheit (CF_1, *Koppelungsfaktor*) zur Matrix orientiert ist ($\rightarrow$ Abb. 5.11). Man konnte zeigen, daß die Anlegung eines künstlichen Protonengradienten (ΔpH = 3,5) an Thylakoide eine ATP-Bildung im Dunkeln hervorruft. Ebenso läßt sich die ATP-Synthese durch ein künstliches, transmembranes elektrisches Feld bewerkstelligen. Die Phosphorylierung funktioniert nur mit geschlossenen Thylakoiden. Eine Erhöhung der Membranpermeabilität für H^+ durch „Entkoppeler" (z. B. Carbonylcyanid-*p*-trifluormethoxyphenylhydrazon = FCCP, Gramicidin oder andere Protonophoren) führt zu einer Blockierung der Photophosphorylierung ohne Beeinträchtigung des Elektronentransports (→ S. 157).

Im sättigenden Dauerlicht, in dem sich ein Fließgleichgewicht zwischen H^+-Influx und H^+-Efflux einstellt, ist für die Phosphorylierung von ADP in den Chloroplasten $\Delta G \approx 60$ kJ · mol^{-1} bestimmt worden. Die freie Enthalpie der energetisierten Thylakoidmembran läßt sich nach Gl. (5.12) berechnen: Für $\Delta E_M = -30$ mV und $\Delta pH = 3$ ergibt sich ein Protonenpotential von -207 mV, d. h. -20 kJ pro mol H^+, welches in den Matrixraum zurückfließt. Neueste Messungen haben in der Tat gezeigt, daß unter diesen Bedingungen etwa $3\,H^+$ durch die ATP-Synthase zurückfließen müssen, um 1 ATP zu synthetisieren. Da für den nichtcyclischen Elektronentransport $H^+/e^- = 2$ ist, ergibt sich theoretisch eine Ausbeute von ⅔ ATP pro transportiertem Elektron. Dieses Verhältnis wird jedoch bei kleineren ΔE_M- und ΔpH-Beträgen ungünstiger, da sich dann die Koppelung zwischen H^+-Transport und Phosphorylierung energetisch verschlechtert. Der Befund, daß bei niederen Quantenflüssen das Verhältnis zwischen ATP-Bildung und NADPH-Bildung absinkt, dürfte damit in Zusammenhang stehen.

Der biochemische Bereich

Die energiereichen Produkte des photosynthetischen Elektronen- und Protonentransports, NADPH und ATP, fallen auf der Matrixseite der Thylakoidmembran an (→ Abb. 12.30) und stehen damit für alle endergonischen Reaktionen zur Verfügung, für welche im Plastidenkompartiment Enzyme und Substrate vorhanden sind. Diese Reaktionen spielen sich im Stroma ab, das zum größten Teil aus Enzymprotein (und Ribosomen) besteht. An isolierten Chloroplasten läßt sich zeigen, daß dieser anabolische Stoffwechsel prinzipiell auch im Dunkeln ablaufen kann, wenn ausreichende Mengen an NADPH und ATP aus anderen Quellen zur Verfügung stehen. Es handelt sich also um biochemische Vorgänge, welche nur mittelbar von der photosynthetischen Energiewandlung abhängen und daher im Prinzip auch in nichtgrünen Pflan-

zenteilen (z. B. in der Wurzel) ablaufen können, dort allerdings unter Aufwendung von dissimilatorisch bereitgestellter freier Enthalpie. Der photosynthetische Stoffwechsel der Chloroplasten ist also weniger durch die Art seiner Produkte charakterisiert, als vielmehr durch den Umstand, daß er nicht auf Kosten zellulärer Energiereserven abläuft und daher zu einer *Nettoproduktion* organischer Moleküle führt.

Der anabolische Stoffwechsel der Chloroplasten ist außerordentlich vielseitig; er umfaßt praktisch alle Stoffgruppen des zellulären Grundstoffwechsels. Dies wird besonders während der Chloroplastenentwicklung deutlich (z. B. in einem jungen, ergrünenden Blatt; → S. 147). In ihrer Wachstums- und Differenzierungsphase synthetisieren die Chloroplasten für ihren eigenen Bedarf große Mengen an Lipiden, Proteinen, RNA, DNA, Chlorophyll und Carotinoiden. Obwohl die meisten Proteine der Chloroplasten im Cytoplasma synthetisiert werden (→ S. 145), ist die Proteinsyntheseleistung wachsender Chloroplasten wegen der Massenproduktion weniger Polypeptid-Species sehr hoch. Das sog. „Fraktion-I-Protein" der Chloroplasten kann bis zu 50% des gesamten löslichen Zellproteins grüner Blätter ausmachen. Dieses in der Natur bei weitem häufigste Protein ist identisch mit dem Enzym Ribulose-1,5-bisphosphatcarboxylase (→ S. 186), welches zum größten Teil (große Untereinheiten; → S. 390) in den Chloroplasten codiert ist und auch dort synthetisiert wird.

Die Vielfalt der von Chloroplasten hergestellten Photosyntheseprodukte hängt von ihrem Entwicklungszustand und den äußeren Lebensbedingungen der Pflanze ab. In den reifen Chloroplasten ausgewachsener Zellen verlagert sich die Syntheseleistung auf wenige Massenprodukte, welche ins Cytoplasma exportiert werden. Es sind dies vor allem Kohlenhydrate (Triosen), Glycolat und Aminosäuren. Da ATP und ADP, im Gegensatz zu NADPH/NADP$^+$, relativ leicht durch shuttle-Mechanismen (→ S. 76) durch die Chloroplastenhülle verfrachtet werden können, kommunizieren die Adenylatpools der Chloroplasten und des Cytoplasmas miteinander, nicht jedoch die der Pyridinnucleotide. Daher kann auch ATP als Exportmolekül photosynthetisch aktiver Chloroplasten angesehen werden. Die Wirksamkeit dieser direkten Energieversorgung des Cytoplasmas zeigt sich z. B. bei der lichtabhängigen, ATP-getriebenen Aufnahme von Ionen und ungeladenen Molekülen in die Zelle (→

S. 82). Außerdem ermöglicht die Adenylat-Kommunikation zwischen den Kompartimenten eine homöostatische Regulation der oxidativen ATP-Produktion in den Mitochondrien (→ Abb. 12.27). Der selektive Transport von Metaboliten spielt sich an der inneren Chloroplastenhüllmembran ab, welche über entsprechende carrier-Systeme verfügt. Die äußere Hüllmembran ist dagegen für kleine Moleküle weitgehend unspezifisch permeabel. Sie enthält ein porenbildendes Protein (*Porin*), welches Moleküle bis zu einer Molmasse von 10 kDa passieren läßt.

Fixierung und Reduktion von CO_2

Die Biosynthese von Kohlenhydraten ist der mengenmäßig bei weitem wichtigste biochemische Prozeß in den Chloroplasten. Die klassische Formulierung der Photosynthese lautet daher:

$$CO_2 + 2H_2O \rightarrow [CH_2O] + H_2O + O_2$$
$$(\Delta G^{0'} \approx 480 \, kJ/mol \, CO_2) \,. \tag{12.12}$$

Hinter dieser summarischen Formel verbirgt sich ein komplizierter biochemischer Mechanismus, mit dessen Hilfe CO_2 unter Verbrauch von ATP und NADPH in Zucker umgewandelt wird:

$$CO_2 + 3 ATP + 2 NADPH + 2H^+ \rightarrow \tag{12.13}$$
$$[CH_2O] + H_2O + 3 ADP + 3 \textcircled{P} + 2 NADP^+ \,.$$

Die Aufklärung dieses Mechanismus gelang zu Beginn der 50er Jahre einem Team um M. Calvin. Calvin und seine Mitarbeiter verwendeten Suspensionen von Grünalgen (z. B. *Chlorella;* → Abb. 19.1) und fütterten diese im Licht mit radioaktiv markiertem CO_2 ($^{14}CO_2$), welches erst wenige Jahre zuvor in die biochemische Forschung eingeführt worden war. (Nachdem es später gelang, voll intakte Chloroplasten aus Spinatblättern zu isolieren, wurden die Experimente mit prinzipiell gleichem Resultat auch an diesem Objekt durchgeführt.) Die Algen wurden nach verschieden langen Zeiten mit kochendem Alkohol extrahiert und das erhaltene Metabolitengemisch mit papierchromatographischen Methoden aufgetrennt. Die Messung der Radioaktivität in den einzelnen Metaboliten als Funktion der Einbauzeit lieferte Kinetiken, welche es erlaubten, das anfängliche Stück des Weges, den der Kohlenstoff des CO_2 nimmt, aus der Reihenfolge abzulesen, mit welcher die verschiedenen Metaboliten-pools markiert wurden. Es zeigte sich, daß das früheste faßbare Produkt der CO_2-Fixierung das *Glyceratphosphat* ist (mit der radioaktiven Markierung in der Carboxylgruppe). Nach 1 s Einbauzeit befindet sich die aufgenommene Radioaktivität noch zu über 70% an dieser Stelle. Anschließend verteilt sie sich immer mehr auf andere Metaboliten (Abb. 12.31). Bereits nach weiteren 30 s findet man mehr als 20 Substanzen markiert, darunter mehrere Zucker (Triosen [C_3], Tetrosen [C_4], Pentosen [C_5], Hexosen [C_6], Heptosen [C_7]),

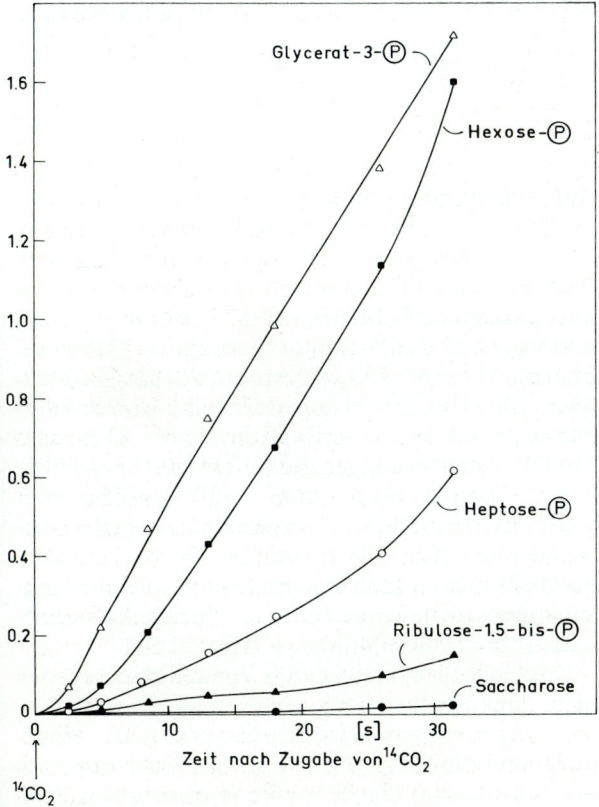

◄──────────────────────

Abb. 12.31. Kurzzeitmarkierung photosynthetischer Intermediärprodukte mit ^{14}C bei stationärer Photosynthese. Objekt: *Chlorella pyrenoidosa* (25°C). Die belichteten Zellen wurden zur Zeit Null mit $^{14}CO_2$ versetzt. In den folgenden 30 s wurde das Auftauchen des radioaktiven Kohlenstoffs in den verschiedenen Verbindungen gemessen. In den Analysen wurde 70–80% des aufgenommenen $^{14}CO_2$ erfaßt. (Nach Daten von Bassham und Kirk 1960)

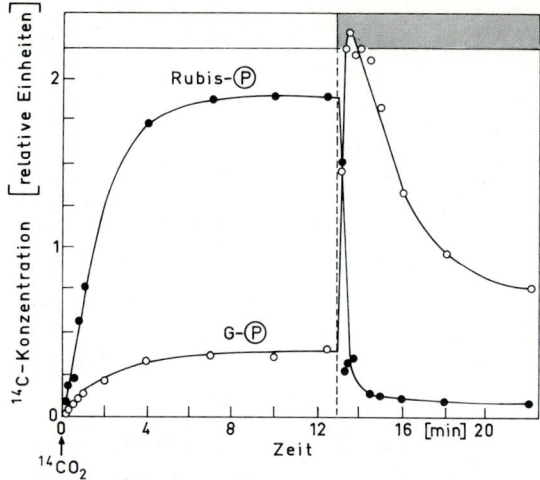

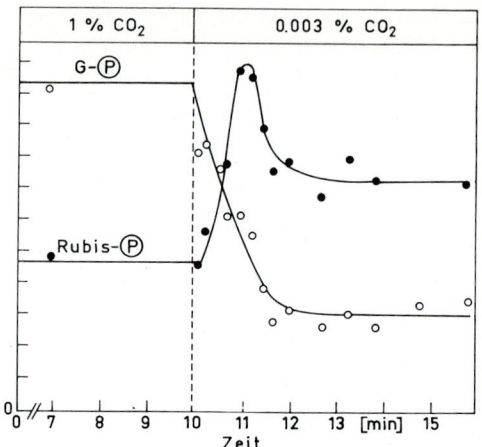

Abb. 12.32. Die Verschiebung der pool-Größen von Glyceratphosphat (G-Ⓟ) und Ribulosebisphosphat (Rubis-Ⓟ), ausgelöst durch Unterbrechung der photosynthetischen Lichtreaktion bzw. der CO_2-Versorgung. Die Resultate dieser Experimente werden durch die Funktion der beiden Verbindungen im Calvin-Cyclus (→ Abb. 12.33) erklärt.
Links: Licht → Dunkel-Übergang. Objekt: *Chlorella pyrenoidosa* (25 °C, Begasung mit 400 $\mu l \cdot l^{-1}$ CO_2). Der Algensuspension wurde zur Zeit Null $^{14}CO_2$ zugesetzt. Beide pools erreichen konstante Radioaktivität nach etwa 4 min. Nach 13 min wurde das Licht abgeschaltet. Rubis-Ⓟ fällt rasch auf einen niedrigen Wert ab, *kann also in einer lichtunabhängigen Reaktion weiterverarbeitet werden.* G-Ⓟ steigt zu-

nächst an und fällt erst später langsam ab. *G-Ⓟ kann also im Dunkeln noch eine Zeitlang gebildet werden, während seine (schnelle) Weiterverarbeitung sofort gehemmt wird* (die langsame Abnahme des G-Ⓟ-pools geht auf oxidativen Abbau und Umwandlung in Alanin zurück). (Nach Pedersen et al. 1966)
Rechts: Übergang von 10 ml $\cdot$ l^{-1} CO_2 auf 30 $\mu l \cdot l^{-1}$ CO_2. Objekt: *Scenedesmus obliquus* (6 °C, Dauerlicht). In diesem Fall verhalten sich die beiden pools umgekehrt. Offensichtlich ist die Bildung von G-Ⓟ eine CO_2-abhängige Reaktion, nicht jedoch seine Weiterverarbeitung. Rubis-Ⓟ wird CO_2-unabhängig gebildet und unter CO_2-Mangel angestaut. (Nach Bassham et al. 1954)

welche stets in Form von Mono- oder Bisphosphaten vorliegen. Die pools dieser „primären" Intermediärprodukte sind im Fließgleichgewicht nach 2–4 min durchmarkiert (→ Abb. 12.32, *links*), erkennbar an der konstanten spezifischen Radioaktivität (Radioaktivität pro Substanzmenge). Deutlich später (>10 min) erreichen die „sekundären" Produkte wie Saccharose und verschiedene Aminosäuren einen Sättigungswert an ^{14}C. Weitere Information lieferten Experimente, bei denen die Änderung der pool-Größen beteiligter Metaboliten nach einer Störung des photosynthetischen Fließgleichgewichts gemessen wurden (Abb. 12.32).

Durch eine systematische kinetische Analyse nach den in Abb. 12.31 und 12.32 dargestellten Prinzipien konnte schließlich der *reduktive Pentosephosphat-Cyclus* (*Calvin-Cyclus*) formuliert werden (Abb. 12.33). Die energetischen Schlüsselreaktionen in diesem Kreislauf sind erstens die Reduktion der Carboxylgruppe zur Aldehydgruppe auf der C_3-Stufe (Synthese einer *Triose* durch die Gly-

cerinaldehydphosphatdehydrogenase) unter Verbrauch von ATP und NADPH ($\Delta G^{0'} = 18$ kJ $\cdot$ mol^{-1}; in vivo stellt sich jedoch wegen des hohen Angebots an ATP und NADPH im Licht ein stationäres Gleichgewicht bei $\Delta G \leqq -7$ kJ $\cdot$ mol^{-1} ein) und zweitens die Phosphorylierung des Ribulosephosphats zum CO_2-Acceptor *Ribulosebisphosphat*. Die CO_2-Fixierung durch die *Ribulosebisphosphatcarboxylase* erfolgt in einer ATP- und NADPH-unabhängigen Reaktion ($\Delta G^{0'} = -35$ kJ $\cdot$ mol^{-1}; in vivo $\Delta G \approx -40$ kJ $\cdot$ mol^{-1}), wobei über eine extrem instabile C_6-Verbindung zwei Glycerat-3-phosphat-Moleküle entstehen. Dieses C_3-Molekül dient nicht nur als Ausgangspunkt für die Kohlenhydratsynthese, sondern auch für die Fettsäure- und Aminosäurebildung (→ Abb. 12.34).

Im Gegensatz zu früheren Vorstellungen dienen nicht Hexosephosphate, sondern *Triosephosphate* (vor allem *Dihydroxyacetonphosphat*) als Transportmetaboliten für den Export des Kohlenhydrats ins Cytoplasma. Die Triose kann dort in den Zuk-

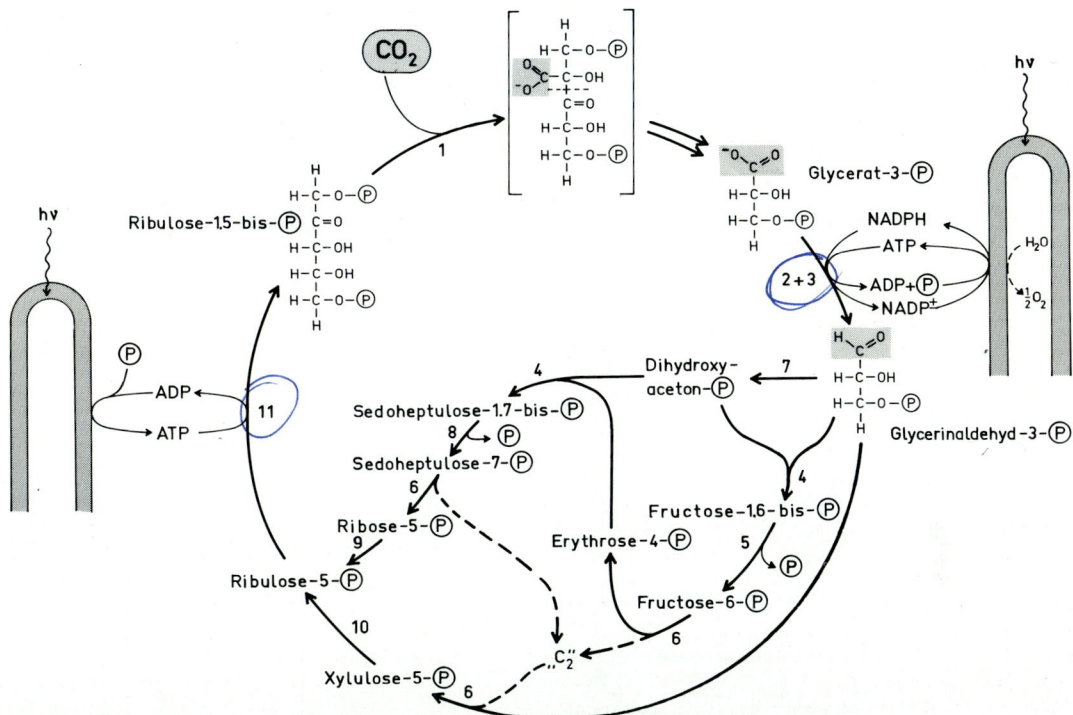

Abb. 12.33. Calvin-Cyclus (reduktiver Pentosephosphatcyclus). Pro Umlauf wird 1 CO₂ fixiert (Ribulosebisphosphatcarboxylase, 1) und 2 NADPH + 3 ATP verbraucht. Drei Umläufe sind für die Nettosynthese einer Triose nötig. Die energieumsetzenden Reaktionen des Kreislaufs sind an die Lichtreaktion in den Thylakoiden gekoppelt (Phosphoglyceratkinase + Glycerinaldehydphosphatdehydrogenase, 2 + 3). In der unteren Hälfte sind die verschiedenen Umbaureaktionen auf der Ebene der Zuckerphosphate dargestellt: Kondensation (Aldolase, 4), Kettenverlängerung (Transketolase, 6), Hydrolyse von Phosphatestern (Phosphatasen, 5, 8), Phosphorylierung (Ribulosephosphatkinase, 11), und intramolekulare Umlagerung (Triosephosphatisomerase, 7; Pentosephosphatisomerase, 9, 10). Die Produktion von Glycolat (→ Abb. 12.34) ist in diesem Schema nicht berücksichtigt. (In Anlehnung an Bassham 1971)

kerstoffwechsel eingeschleust werden. Auch Glyceratphosphat kann leicht zwischen Chloroplast und Cytoplasma verschoben werden. Es gibt also offenbar mehrere metabolische Verbindungswege zwischen Calvin-Cyclus und Glycolyse (Abb. 12.34). Ein Teil des frisch gebildeten Assimilats wird im Chloroplasten gespeichert, vor allem durch die Synthese von Assimilationsstärke (→ Abb. 12.6), wobei für die Aktivierung der Glucosebausteine zusätzlich ATP verbraucht wird.

Die bei Tag akkumulierte Depotstärke kann bei Nacht wieder mobilisiert werden (*transitorische Stärke;* → Abb. 12.34). Es entsteht wieder Glucose-6-phosphat, welches durch Glucose-6-phosphatdehydrogenase zu Gluconat-6-phosphat oxidiert und dann in andere Intermediärprodukte, z.B. Triosen und Glyceratphosphat, umgesetzt werden

kann (Abb. 12.35). Diese dissimilatorischen Reaktionen spielen sich ebenfalls in den Chloroplasten ab, wobei ein Teil der Calvin-Cyclus-Enzyme in „umgekehrter" Richtung benützt werden können (→ Abb. 12.34). Eine störende Kompetition zwischen dem assimilatorischen Weg (Calvin-Cyclus) und dem dissimilatorischen Weg wird dadurch verhindert, daß strategisch günstig plazierte Enzyme des Calvin-Cyclus (z.B. Ribulosebisphosphatcarboxylase, Glycerinaldehydphosphatdehydrogenase, Ribulosephosphatkinase und die beiden Phosphatasen) nur im Licht in aktivem Zustand vorliegen. Verdunklung führt nach wenigen Minuten zur Inaktivierung. Die plastidäre Glucose-6-phosphatdehydrogenase (→ Abb. 12.34) ist dagegen im Dunkeln aktiv und im Licht gehemmt (→ Abb. 12.35 b). Der Mechanismus dieser *Enzymaktivitäts-*

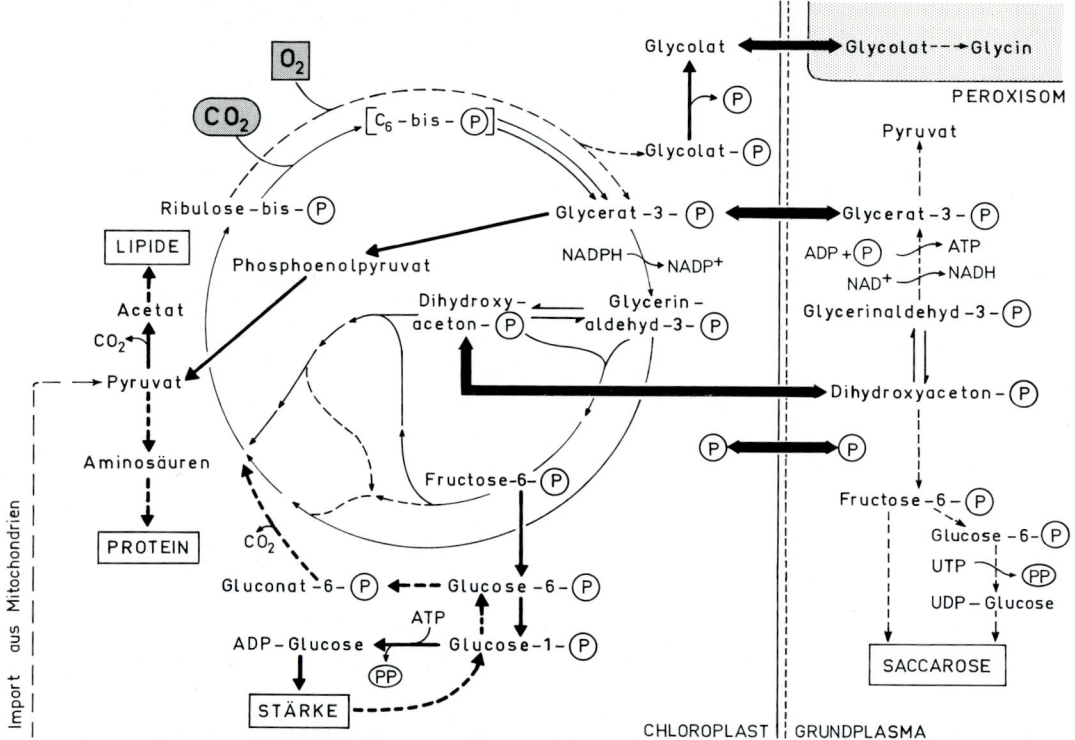

Abb. 12.34. Metabolismus und Translocation der im Calvin-Cyclus gebildeten Photosyntheseprodukte. Aus dem Cyclus können an verschiedenen Stellen Metaboliten abgezogen werden. Der Chloroplast kann u.a. *Polysaccharide, Aminosäuren* und *Fettsäuren* selbständig synthetisieren, wie sich z.B. an isolierten, belichteten Chloroplasten demonstrieren läßt. Der Zuckerexport aus den Chloroplasten ins Cytoplasma erfolgt im wesentlichen über *Triosephosphat* (als Dihydroxyacetonphosphat). Ein *Phosphattranslocator* transportiert Triosephosphat im Austausch mit anorganischem Phosphat durch die innere Hüllmembran nach außen. C_4- bis C_7-Zuckerphosphate (z.B. Glucosephosphat) können dagegen den Chloroplasten nicht verlassen. *ATP* und *NAD(P)H* werden indirekt durch shuttle-Mechanismen transloziert, vor allem durch den Kreislauf von Triosephosphat und Glyceratphosphat zwischen Chloroplast und Cytosol, der ebenfalls durch den Phosphattranslocator katalysiert wird. (Triose-

phosphat kann im Cytosol im Rahmen der Glycolyse unter ATP- und NADH-Bildung in Glyceratphosphat umgesetzt werden; → Abb. 13.4). Außerdem ist die Translocation von *Glycolat*, dem Produkt der Oxygenasereaktion der Ribulosebisphosphatcarboxylase (→ S. 208) in die Peroxisomen eingetragen. Der Glycolatexport der Chloroplasten (an einem Glycolat/Glycerat-Austauschtranslocator) spielt eine große Rolle für die Photorespiration (→ S. 207). Auch ein Dicarboxylattranslocator (für Malat, Oxalacetat, 2-Oxoglutarat, Aspartat, Glutamat) wurde in der inneren Hüllmembran nachgewiesen. Die *Stärke* dient als Speicherform für Kohlenhydrate im Chloroplasten. Als aktivierte Zwischenstufe der Stärkesynthese dient *ADP-Glucose*; bei der Saccharosesynthese im Cytosol wird hingegen *Uridindiphosphat(UDP)-Glucose* verwendet. Die transitorisch deponierte Stärke kann nach phosphorolytischer Spaltung zu Glucose-1-phosphat wieder in den Chloroplasten-Metabolismus eingeführt werden

modulation in den nichtüberlappenden Bereichen beider Cyclen ist noch nicht ganz klar. Wirkungsspektren der Lichtaktivierung und Hemmstoffexperimente deuten auf die Photosynthesepigmente als verantwortliche Photoreceptormoleküle. Da viele dieser Enzyme in vitro eine ausgeprägte Mg^{2+}- und pH-Abhängigkeit zeigen und durch negatives Redoxmilieu (z.B. hohes $NADPH/NADP^+$-Verhältnis) aktiviert werden, könnte sowohl der pho-

tosynthetische Ionentransport (→ S. 183), als auch die $NADP^+$-Reduktion für diese Regulation verantwortlich sein. Im Falle der Ribulosebisphosphatcarboxylase konnte z.B. gezeigt werden, daß die im Licht eintretende Alkalisierung des Stromas (→ S. 183) ausreicht, um das Enzym (inaktiv bei pH < 7,2, maximal aktiv um pH 8,2) vom inaktiven Zustand auf volle Aktivität zu bringen. Außerdem fällt die Michaelis-Konstante für CO_2 von

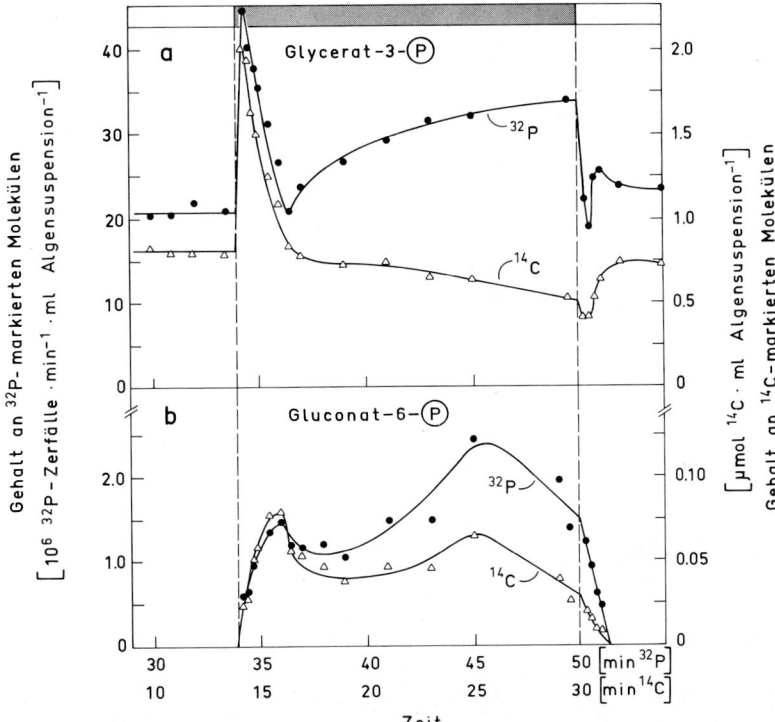

Abb. 12.35a und b. Das Wechselspiel zwischen assimilatorischem und dissimilatorischem Metabolitenfluß beim Übergang Licht → Dunkel → Licht. Objekt: *Chlorella pyrenoidosa* (25 °C). Die Algen wurden im Licht mit $^{14}CO_2$ und $^{32}PO_4^{3-}$ 14 bzw. 34 min vormarkiert, um alle primären Metaboliten des Calvin-Cyclus mit beiden Isotopen durchzumarkieren (nicht jedoch freie Zucker und Stärke). In der Dunkelperiode kann kein weiteres ^{14}C aus $^{14}CO_2$, sondern nur noch ^{32}P eingebaut werden (oxidative Phosphorylierung). Solange die ^{14}C- und ^{32}P-Kinetiken parallel laufen, wird daher frisch synthetisiertes (^{14}C-markiertes) Assimilat umgesetzt. Eine relative Erhöhung der ^{32}P-Kinetik bedeutet eine zusätzliche Bildung nur ^{32}P-markierter Moleküle aus dissimilatorischen Quellen. (a) Der steile Gipfel des doppeltmarkierten Glyceratphosphats unmittelbar nach Verdunklung geht auf den Anstau im blockierten Calvin-Cyclus zurück, welcher von einem Abfließen in andere Produkte (z. B. Alanin) gefolgt wird (→ Abb. 12.32). Nach etwa 2 min setzt die dissimilatorische Bildung (Glycolyse) von einfachmarkiertem (^{32}P) Glyceratphosphat ein. Bei Wiederbelichtung fällt auch glycolytisch gebildetes Glyceratphosphat sofort ab. Daraus folgt, daß der plastidäre und der cytoplasmatische Glyceratphosphat-pool miteinander kommunizieren (→ Abb. 12.34). (b) Das im Licht nicht meßbare Gluconatphosphat steigt im Dunkeln zunächst in doppeltmarkierter Form stark an (dissimilatorischer Pentosephosphatcyclus; → Abb. 13.11). Später kommen einfachmarkierte (^{32}P) Moleküle hinzu. Die durch Verdunklung induzierten Veränderungen sind bei Wiederbelichtung voll reversibel. Bei Hemmung des photosynthetischen Elektronentransports steigt Gluconatphosphat auch im Licht an. (Nach Bassham 1971)

25 $\mu mol \cdot l^{-1}$ (pH 7,2) auf 7 $\mu mol \cdot l^{-1}$ (pH 8,8) ab. Im Gegensatz dazu besitzt die plastidäre Glucose-6-phosphatdehydrogenase ihr pH-Optimum bei 7,3; bei pH 8,2 ist das Enzym inaktiv. In mehreren Fällen wurden sigmoide Substrat-Sättigungskurven (→ S. 69) nachgewiesen. Wir haben hier ein erstes Beispiel für eine allosterische Regulation von Schlüsselenzymen eines metabolischen Flusses im Dienste der zellulären Homöostasis vor uns, welche es der Pflanze im Prinzip erlaubt, auch während der Nacht ihren Stoffwechsel (und damit ihr Wachstum) ohne Unterbrechung weiterzuführen. Im Rahmen der längerfristig wirksamen Entwicklungskontrolle reguliert das Licht auch die *Synthese* der Calvin-Cyclus-Enzyme, wobei Phytochrom als Photoreceptormolekül dient (→ Abb. 22.6).

Die Stärke kann nach Abbau zu Hexosephosphat auch über die Glycolyse zu Triosephosphat umgesetzt werden. Die entsprechenden Enzyme, einschließlich der Phosphofructokinase, konnten in Spinatchloroplasten in ausreichend hoher Aktivität nachgewiesen werden. Dieser Weg vermeidet den beim Abbau über Gluconatphosphat (→ Abb. 12.34) unausweichlichen Kohlenstoff-Verlust durch CO_2-Bildung.

Reduktion und Fixierung von Nitrat und Sulfat

Die Makronährelemente N und S (→ S. 271) werden wie C von der Pflanze normalerweise in maximal oxidierter Form (NO_3^-, SO_4^{2-}) aufgenommen. Da sie in organischen Molekülen nur als $\overset{+}{N}H_3$- bzw. SH-Gruppen Verwendung finden, müssen diese Nährelemente zunächst in ihre maximal reduzierte Form umgewandelt werden. Die Fähigkeit zur biologischen Nitrat- und Sulfatreduktion ist auf das Pflanzenreich (einschließlich vieler Bakterien) beschränkt, welches auch in dieser Hinsicht die Existenzgrundlage aller übrigen Organismen bildet. In heterotrophen Organen, z. B. in der Wurzel, können diese Reduktionen mit Hilfe von dissimilatorisch gewonnenen Reduktionsäquivalenten durchgeführt werden. In grünen Pflanzen wird der überwiegende Anteil an reduziertem N und S in den Blättern unter Verwendung von Lichtenergie gewonnen.

Die Umwandlung des Nitrats in Aminostickstoff erfolgt in drei Stufen (Abb. 12.36):

1. $NO_3^- + NAD(P)H + H^+ \rightarrow$
   $NO_2^- + NAD(P)^+ + H_2O$.   (12.14)

Diese Reaktion wird durch die *Nitratreductase* katalysiert, welche im Cytoplasma lokalisiert ist und einen Enzymkomplex aus 2 oder 4 identischen Untereinheiten darstellt. Jede Untereinheit besteht aus einer Polypeptidkette (100 kDa) mit den redoxaktiven prosthetischen Gruppen Flavin-Adenin-Dinucleotid, *Häm* (Cytochrom-b_{557}-ähnliche Domäne) und *Molybdän* (an Pterin gebunden), welche einen intramolekularen Elektronentransport von NADH (oder NADPH) auf NO_3^- ermöglichen. Die Synthese des Enzyms wird durch NO_3^- induziert (→ Abb. 10.10) und durch NH_4^+ reprimiert.

2. $NO_2^- + 6\,\text{Ferredoxin(red)} + 8\,H^+ \rightarrow$
   $NH_4^+ + 6\,\text{Ferredoxin(ox)} + 2\,H_2O$.   (12.15)

Diese Reaktion wird durch das Hämoprotein *Nitritreductase* (Sirohäm und Eisen-Schwefel-Zentrum

(4 Fe · 4 S) als prosthetische Gruppen) katalysiert, welches spezifisch für den Elektronendonor Ferredoxin ist, und läuft in der Chloroplastenmatrix ab. Auch hier regulieren NO_3^- und NH_4^+ die Enzymsynthese. In intakt isolierten Spinatchloroplasten kann man eine Nitritreduktion mit der im Blatt gemessenen Intensität (etwa 10–20 μmol $NO_2^- \cdot$ mg Chlorophyll$^{-1} \cdot h^{-1}$) durch Belichtung auslösen. DCMU (→ Abb. 12.26) hemmt diese Reaktion. Die Nitritreduktion ist also energetisch direkt an den nichtcyclischen Elektronentransport gekoppelt. Die Summengleichung der assimilatorischen Nitratreduktion lautet:

$$NO_3^- + H_2O + 2\,H^+ \rightarrow NH_4^+ + 2\,O_2 \quad (12.16)$$
$$(\Delta G^{0\prime} = 347\,\text{kJ/mol }NO_3^-).$$

In Wurzeln und anderen heterotrophen Organen ist die Nitratassimilation in *Leucoplasten* lokalisiert. Sie läuft dort ganz ähnlich wie in den Chloroplasten des Blattes ab, wird allerdings über eine *Ferredoxin-NADP$^+$-Oxidoreductase* aus dem oxidativen Pentosephosphatcyclus (→ Abb. 13.11) mit Reduktionsäquivalenten (NADPH) versorgt.

Bei den Blaualgen ist auch die Nitratreductase ein Ferredoxin-abhängiges Enzym, welches an die Thylakoidmembran gebunden ist. Bei diesen Organismen ist also die gesamte Reduktion von NO_3^- zu NH_4^+ direkt an den photosynthetischen Elektronentransport gekoppelt. Man konnte aus *Anacystis nidulans* eine Membranfraktion präparieren, welche ohne weitere Zusätze im Licht NO_3^- zu NH_4^+ unter O_2-Entwicklung reduziert. Diese „Hill-Reaktion" eignet sich also im Prinzip zu einer Biokonversion von Lichtenergie in chemische Energie.

3. $NH_4^+ + 2\text{-Oxoglutarat} + 2\,[H] + ATP \rightarrow$
   $\text{Glutamat} + H_2O + H^+ + ADP + \textcircled{P}$.   (12.17)

Die Überführung des Ammoniumions in organische Bindung erfolgt im Chloroplasten vorwiegend durch eine zweistufige, Ferredoxin- und ATP-abhängige (und damit indirekt lichtabhängige) Reaktion, in welcher Glutamin als Zwischenprodukt auftritt. Das produzierte Glutamat kann als Aminogruppendonor für verschiedene 2-Oxosäuren (z. B. Oxalacetat) im und außerhalb des Chloroplasten dienen (Transaminierung).

Auch in diesem Stoffwechselbereich ist man auf homöostatische Kontrollmechanismen gestoßen. Bei *Chlorella*, welche bis zu 30% des fixierten CO_2 über Glyceratphosphat und Pyruvat für die Syn-

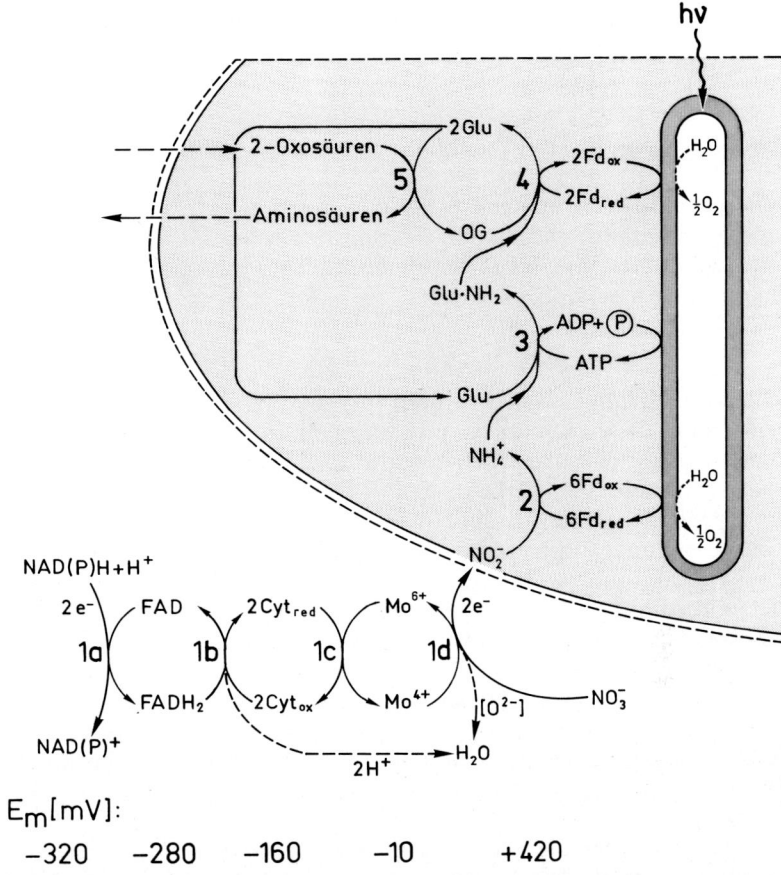

$E_m[mV]$:

$-320 \qquad -280 \qquad -160 \qquad -10 \qquad +420$

Abb. 12.36. Die photosynthetische Reduktion und Fixierung des Stickstoffs. Die Reduktion des Nitrats zum Nitrit durch die intramolekulare Redoxkette der *Nitratreductase* (1 a–d) verläuft im Cytoplasma. [Die Mittelpunktspotentiale der Redoxsysteme (E_m, pH 7) wurden an der Nitratreductase von *Chlorella* ermittelt, FAD = Flavin-Adenin-Dinucleotid.] Nitrit wird im Chloroplasten durch *Nitritreductase* (2) unter Oxidation von Ferredoxin (Fd) zum Ammoniumion reduziert. Dieses wird durch *Glutaminsynthetase* (*GS*, 3) an Glutamat (Glu) gebunden, wobei ATP verbraucht wird. Glut-

amin (Glu · NH_2) wird mit 2-Oxoglutarat (OG) durch *Glutamatsynthase* (*GOGAT*, 4) zu zwei Molekülen Glutamat umgesetzt, wobei wiederum reduziertes Ferredoxin notwendig ist (reduktive Aminierung). In der Bilanz entsteht ein Molekül Glutamat, welches die Aminogruppe durch Transaminierung (5) auf andere 2-Oxosäuren weitergeben kann. In Chloroplasten kommt neben diesem *GS/GOGAT-Cyclus* auch eine *Glutamatdehydrogenase* (*NADP⁺*) vor; ihre Aktivität ist jedoch relativ gering. (In Anlehnung an Lea und Miflin 1974; Solomonson und Barber 1990)

these von Alanin und anderen Aminosäuren verwenden kann, fand man eine starke Förderung der Pyruvatkinase (Phosphoenolpyruvat → Pyruvat; → Abb. 12.34) bei gleichzeitiger Hemmung der Saccharosesynthese durch NH_4^+. Dieses Regulationssystem steuert offenbar die Verteilung des fixierten Kohlenstoffs zwischen Protein- und Kohlenhydratsynthese. Die diffizilen regulatorischen Beziehungen zwischen plastidärem und extraplastidärem N-Stoffwechsel bei der Entwicklung des Chloroplasten werden in Kapitel 22 behandelt.

Isolierte Chloroplasten reduzieren Sulfat im Licht bis zur Stufe des Sulfids:

$$SO_4^{2-} + 8e^- + 9H^+ \xrightarrow{(ATP)} [HS^-] + 4H_2O\,.$$

$$(12.18)$$

Das SO_4^{2-} wird zunächst durch ATP aktiviert (Bildung von Adenosinphosphosulfat = „aktives Sulfat") und – an ein Trägerprotein gebunden – von der *Sulfatreductase* mittels Ferredoxin zur SH-Gruppe reduziert, welche auf das Acceptormolekül

O-Acetylserin übertragen wird. Der Komplex zerfällt unter Bildung von Cystein.

Photosynthetische H₂-Produktion

Viele primitive Grünalgen (z. B. *Chlamydomonas* und *Scenedesmus*) und Blaualgen können (wie auch manche Bakterien) ein Enzym bilden, welches molekularen Wasserstoff aktiviert:

$$H_2 \xrightleftharpoons{\text{Hydrogenase}} 2\,H^+ + 2\,e^- \,. \qquad (12.19)$$

Die *Hydrogenase,* welche durch O_2 inaktiviert wird, ist in diesen Organismen funktionell an Ferredoxin gekoppelt und eröffnet somit zwei interessante metabolische Möglichkeiten:

1. Der Elektronentransport wird unter anaeroben Bedingungen zur Produktion von H_2 benützt. Diese Reaktion, welche bei O_2-Mangel offenbar der Entledigung überschüssiger Reduktionsäquivalente dient, läßt sich in vitro auch mit Spinatchloroplasten plus Bakterienhydrogenase durchführen. Sie ermöglicht theoretisch die biologisch katalysierte Konversion von Sonnenenergie in hochwertigen, „sauberen" Brennstoff ($H_2O \xrightarrow{h\nu} H_2 + \frac{1}{2}O_2$) und wird daher zur Zeit auf ihre technologische Anwendbarkeit hin geprüft.

2. H_2 wird über die Vermittlung von Ferredoxin als Elektronenquelle für die $NADP^+$-Reduktion verwendet und ermöglicht damit in einer H_2-haltigen Atmosphäre eine Kohlenhydratsynthese ohne O_2-Entwicklung. Dieser als „Photoreduktion" bekannte Prozeß setzt nur die Aktivität des Photosystems I voraus. Die Lichtabhängigkeit betrifft daher wahrscheinlich nur die Bereitstellung von ATP durch die cyclische Photophosphorylierung. Die „Photoreduktion" durch Hydrogenase dürfte eine große Rolle gespielt haben, als die Erdatmosphäre noch reich an H_2 und frei von O_2 war, d. h. vor der Evolution des O_2-produzierenden Photosyntheseapparats.

Photosynthetische N₂-Fixierung

Manche Blaualgen besitzen (wie gewisse Bakterien; → S. 605) einen Enzymkomplex, der die Reduktion und damit die Fixierung von molekularem Stickstoff ermöglicht:

$$N_2 + 8\,e^- + 10\,H^+ \xrightarrow[\text{(16\,ATP)}]{\text{Nitrogenase}}$$
$$2\,NH_4^+ + H_2 \; (\varDelta G^{0'} \approx -200\,\text{kJ/mol}\ N_2)\,. \quad (12.20)$$
$$\downarrow$$
Aminosäuren

Die ebenfalls sehr O_2-empfindliche *Nitrogenase,* welche in vitro auch die Reduktion von Acetylen zu Ethylen katalysieren kann, übernimmt Elektronen vom Ferredoxin. Der Bedarf an ATP kann über die Photophosphorylierung gedeckt werden. Bei den nicht photosynthetisierenden N_2-Fixierern (z. B. bei den Knöllchenbakterien; → S. 605) wird die N_2-Fixierung mit Hilfe dissimilatorisch freigesetzter Energie durchgeführt. Da Nitrogenase auch Hydrogenase-Aktivität besitzt, produzieren die N_2-Fixierer auch H_2 [→ Gl. (12.20)].

Die N_2-Fixierung läuft in den *Heterocysten* (besonders differenzierte Zellen vieler fädiger Blaualgen), welche bezeichnenderweise kein aktives Photosystem II besitzen und daher kein O_2 produzieren, mit hoher Intensität ab. Man muß annehmen, daß das an der Nitrogenasereaktion beteiligte Ferredoxin über eine stark exergonische Reaktion reduziert wird, welche ihrerseits von der Photosynthese der Nachbarzellen energetisch gespeist wird. Als Transportmolekül dient wahrscheinlich Maltose, welche in den Heterocysten dissimiliert wird. Generell gilt, daß sowohl die N_2-Fixierung als auch die H_2-Bildung ein streng anaerobes Milieu voraussetzen und daher nicht in Zellen mit photosynthetischer O_2-Produktion ablaufen können. N_2 (als einzige Stickstoffquelle) induziert die Ausbildung von Heterocysten durch Umdifferenzierung normaler Zellen im Algenfaden; hierbei wird der H_2O-spaltende Apparat des Photosystems II inaktiviert.

Die Blaualge *Anabaena azollae,* welche als Symbiont in Blatthöhlen des Wasserfarns *Azolla caroliniana* lebt, fixiert und exportiert Stickstoff, wenn der Farn auf N-armem Substrat wächst. Ihre Nitrogenase kann jedoch zu einer intensiven photosynthetischen H_2-Produktion umfunktioniert werden, indem man den Farn reichlich mit Nitrat versorgt. Die Blatthöhlen sind mit einer membranartigen Hülle ausgekleidet, welche von Haarzellen des Wirts durchbrochen wird. Auch dieses System bietet sich möglicherweise zur biotechnologischen Energiekonservierung an.

Ein kurzer Blick auf die anoxygene Photosynthese der phototrophen Bakterien

Die Purpurbakterien (*Rhodospirillaceae, Chromatiaceae*) und die grünen Schwefelbakterien (*Chlorobiaceae*) zählen zu den photosynthetisierenden (phototrophen) Organismen. Sie bilden unter anaeroben Bedingungen im Licht pigmenthaltige Membransysteme aus, welche die Funktion von Thylakoiden besitzen. Als Antennenpigmente treten Bacteriochlorophylle und Carotinoide auf. Die chemische Struktur der Bacteriochlorophylle weicht nur wenig von der der Chlorophylle ab. Deutlich verschieden sind dagegen die Absorptionsspektren, welche bei den Bacteriochlorophyllen *a* und *b* weit in den infraroten Bereich reichen (langwelliger Gipfel in vivo im Bereich von 800–890 bzw. um 1000 nm). In den grünen Bakterien kommen die Bacteriochlorophylle *c, d, e* mit einem langwelligen Gipfel bei 715–760 nm vor. Als Quantenenergiefalle des aus 50 bis 100 Antennenpigmentmolekülen (*Chlorobiaceae:* 1000 bis 2000) bestehenden Kollektivs dient ein für die photochemische Reaktion (Elektronentransport) spezialisierter Bacteriochlorophyll-Protein-Komplex (P_{870}), dessen Mittelpunktspotential im Grundzustand bei etwa 450 mV liegt.

Die photosynthetisierenden Bakterien sind mehr oder minder obligate Anaerobier. Ihre Photosynthese liefert kein O_2, da ein wasserspaltendes Photosystem fehlt. Diese Organismen können daher H_2O nicht als Elektronendonator für ihren Elektronentransport verwenden. Das bakterielle Photosystem führt jedoch eine effektive cyclische Photophosphorylierung durch. An dem zugrundeliegenden cyclischen Elektronentransport durch das P_{870} sind mindestens ein Cytochrom *c* (Elektronendonator, $E_m \approx 300$ mV) und Ubichinon (Elektronenacceptor, $E_m = -50$ mV) beteiligt. Außerdem kann dieses Photosystem formal auch einen offenkettigen Elektronentransport antreiben, welcher Elektronen von geeigneten Substraten (z. B. H_2S, Thiosulfat, Succinat, Propionat u. a.) auf NAD^+ übertragen kann. Man neigt heute zu der Vorstellung, daß es sich hierbei um die respiratorische Elektronentransportkette (Atmungskette) handelt, welche unter Nutzung des lichtinduzierten Protonenpotentials in umgekehrter Richtung zur Reduktion von NAD^+ eingesetzt werden kann.

Unabhängig davon, wie der Weg der Elektronen durch die Redoxsysteme der Thylakoidmembran verläuft, gilt auch für die photosynthetische Kohlenhydratsynthese der phototrophen Bakterien (welche wie die Chloroplasten über den Calvin-Cyclus verfügen):

$$CO_2 + 2\,H_2A \xrightarrow{\;h\nu\;} [CH_2O] + H_2O + 2\,A. \tag{12.21}$$

Im Falle der Chloroplasten und Blaualgen steht A für Sauerstoff, im Falle der Bakterien für Schwefel oder einen entsprechenden Donatorrest. Diese bereits 1931 von van Niel aufgestellte Beziehung bringt das gemeinsame Grundprinzip der beiden Photosynthesesysteme zum Ausdruck. Die phototrophen Bakterien repräsentieren einen phylogenetisch alten, an eine O_2-arme Umgebung angepaßten, ursprünglichen Photosynthesetyp, der nach der Evolution des wasserspaltenden Photosyntheseapparats als Relikt in bestimmten ökologischen Nischen (z. B. in anaeroben Zonen stehender Gewässer) erhalten blieb.

Weiterführende Literatur

Clayton RK (1980) Photosynthesis: Physical mechanisms and chemical patterns. Cambridge Univ. Press, Cambridge London New York

Elstner E (1990) Der Sauerstoff – Biochemie, Biologie, Medizin. Wissenschaftsverlag, Mannheim Wien

Flügge U-I, Heldt HW (1991) Metabolite translocators of the chloroplast envelope. Annu Rev Plant Physiol Plant Mol Biol 42:129–144

Glazer AN (1982) Phycobilisomes: Structure and dynamics. Annu Rev Microbiol 36:173–198

Glazer AN (1983) Comparative biochemistry of photosynthetic light-harvesting systems. Annu Rev Biochem 52:125–157

Glazer AN, Melis A (1987) Photochemical reaction centers: Structure, organization, and function. Annu Rev Plant Physiol 38:11–45

Govindjee (ed) (1982) Photosynthesis. Vol. I, Energy conversion by plants and bacteria. Vol. II, Development, carbon metabolism, and plant productivity. Academic Press, New York London

Gregory RPF (1989) Biochemistry of photosynthesis. 3. ed. Wiley, Chichester New York

Grossman AR (1990) Chromatic adaptation and the events involved in phycobilisome biosynthesis. Plant Cell Environ 13:651–666

Haehnel W (1984) Photosynthetic electron transport in higher plants. Annu Rev Plant Physiol 35:659–693

Harold F (1986) The vital force: A study of bioenergetics. Freeman, New York

Hatch MD, Boardman NK (eds) (1981 and 1987) Photosynthesis. In: The biochemistry of plants. A comprehensive treatise. Vol. 8 and 10. Academic Press, San Diego New York

Krause GH, Weis E (1991) Chlorophyll fluorescence and photosynthesis: The basics. Annu Rev Plant Physiol Plant Mol Biol 42:313−349

Lawlor DW (1990) Photosynthese. Stoffwechsel − Kontrolle − Physiologie. Thieme, Stuttgart

Oesterhelt D (1985) Light-driven proton pumping in halobacteria. BioScience 35:18−21

Renger G (1982) Photosynthese. In: Hoppe W, Lohmann W, Markl H, Ziegler H (eds) Biophysik. 2. Aufl. Springer, Berlin Heidelberg New York, pp 532−561

Siefermann-Harms D (1987) The light-harvesting and protective functions of carotenoids in photosynthetic membranes. Physiol Plant 69:561−568

Sommerville CR (1986) Analysis of photosynthesis with mutants of higher plants and algae. Annu Rev Plant Physiol 37:467−507

Staehelin LA, Arntzen CJ (eds) (1986) Photosynthesis III. Photosynthetic membranes and light harvesting systems. Encycl Plant Physiol NS, Vol 19. Springer, Berlin Heidelberg New York

Witt HT (1979) Energy conversion in the functional membrane of photosynthesis. Analysis by light pulse and electric pulse methods. The central role of the electric field. Biochim Biophys Acta 505:355−427

Young AJ (1991) The photoprotective role of carotenoids in higher plants. Physiol Plant 83:702−708

13 Dissimilation

Energiegewinnung durch Dissimilation

Die bei der Photosynthese unter Aufwand von Lichtenergie aufgebauten, energiereichen Moleküle dienen nur teilweise als Bausteine für das weitere Wachstum der Pflanze. Ein erheblicher Anteil der Assimilate wird vielmehr in geeigneter Form und an geeignetem Ort gespeichert, um zu gegebener Zeit unter Freisetzung von Energie wieder *dissimiliert* zu werden. Auf diese Weise kann die autotrophe Pflanze für eine begrenzte Zeit unabhängig von der Energiezufuhr durch die Sonne leben. Ihr Stoffwechsel gleicht unter diesen Bedingungen weitgehend dem der heterotrophen Organismen. In der Tat kann man auf der Ebene der Gewebe bzw. Zellen auch bei der – als Ganzes – autotrophen Pflanze von Heterotrophie sprechen. So sind z. B. die meisten Epidermiszellen des Blattes und die Gewebe der Wurzel in der Regel völlig auf die Ernährung durch die photosynthetisch aktiven Zellen angewiesen. Im Gegensatz zur Assimilation ist die Dissimilation nicht auf bestimmte Gewebe beschränkt, sondern eine Eigenschaft aller lebenden Zellen.

Bei der Dissimilation werden grundsätzlich energiereiche Moleküle unter Freisetzung von Energie in mehr oder minder große Bruchstücke zerlegt. Ein großer Teil der freien Enthalpie dieses exergonischen Prozesses kann mit Hilfe von molekularen Energieüberträgern [NAD(P)H oder andere Redoxsysteme, Adenylatsystem] aufgefangen und den endergonischen, *anabolischen* Stoffwechselbereichen zugeführt werden. Dabei wird ein Großteil der organischen Moleküle wieder zu den anorganischen Ausgangsstoffen, CO_2 und H_2O, zerlegt (Abb. 13.1):

$$\text{organische Moleküle (z. B. Zucker)} \xrightarrow{-\Delta G} \text{anorganische Moleküle (z. B. } CO_2, H_2O). \qquad (13.1)$$

Dies ist die Umkehrung der allgemeinen Photosynthesegleichung [→ Gl. (12.2)]. Ähnlich wie die Photosynthese verläuft auch die dissimilatorische Energietransformation über eine Vielzahl enzymkatalysierter Einzelreaktionen, die zu komplizierten Stoffwechselbahnen zusammengefügt sind. Letztere bilden in ihrer Gesamtheit den *katabolischen* Bereich des Zellstoffwechsels. Man kann die Dissimilation formal in zwei Abschnitte gliedern:

1. Die Freisetzung von Reduktionsäquivalenten ($[H] = e^- + H^+$) aus den wasserstoffreichen, organischen Substraten unter CO_2-Bildung:

$$C_xH_yO_z \rightarrow y\,e^- + y\,H^+ + x\,CO_2. \qquad (13.2)$$

2. Die Reduktion von O_2 durch [H] unter Bildung von H_2O:

$$2e^- + 2H^+ + \tfrac{1}{2}O_2 \rightarrow H_2O. \qquad (13.3)$$

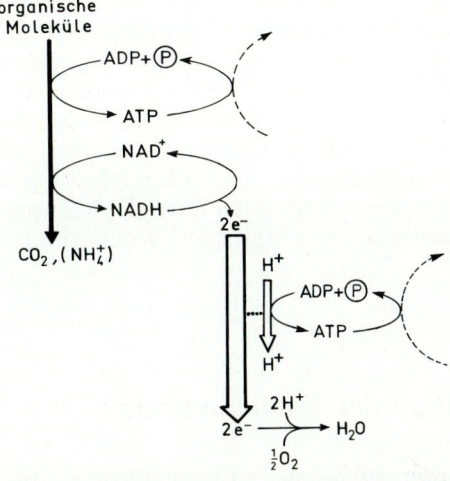

Abb. 13.1. Übersicht über die Energietransformation bei der oxidativen Dissimilation (→ Abb. 12.5). Der dicke Pfeil symbolisiert den Elektronentransport durch die Atmungskette; die unterbrochenen Pfeile symbolisieren den endergonischen Stoffwechsel

Die Reduktionsäquivalente liegen hierbei nicht frei vor, sondern sind stets an Redoxsysteme (z.B. NAD$^+$/NADH) gebunden. Beide Abschnitte sind exergonisch und können daher zur Gewinnung von Phosphorylierungspotential (ATP) ausgenützt werden. Den dissimilatorischen Gaswechsel (CO$_2$-Abgabe bzw. O$_2$-Aufnahme) bezeichnet man als *Atmung (Respiration)*. Gleichung (13.3) liefert eine einfache Formulierung für den dissimilatorischen Elektronentransport, die *Atmungskette*. Dieser quantitativ dominierende energieliefernde Prozeß ist mit einem Verbrauch von O$_2$ aus der Atmosphäre verbunden, das hier die Funktion eines Elektronenacceptors besitzt. Auch aus Gl. (13.2) und (13.3) ist die Beziehung der Dissimilation zur Photosynthese [→ Gl. (12.3)] direkt erkennbar. Außer dieser *aeroben* Dissimilation gibt es in der Zelle auch eine Reihe *anaerober* Dissimilationsbahnen, welche jedoch mit relativ beschränkter Ausbeute an metabolisch nutzbarer Energie arbeiten. Grundsätzlich ist die höhere Pflanze ein obligater Aerobier; sie kann aber mit Hilfe eines O$_2$-unabhängigen Stoffwechsels eine begrenzte Toleranz gegen anaerobe Umweltbedingungen entwickeln.

Neben freier Enthalpie können aus den dissimilatorischen Reaktionsbahnen auch an vielen Stellen Moleküle entnommen werden, welche als Bausteine für die Synthese von Zellmaterial dienen. Katabolischer und anabolischer Metabolismus sind daher eng miteinander verzahnt (→ S. 285).

Die Teilabschnitte der Dissimilation laufen in verschiedenen Kompartimenten der Zelle ab, welche in zweckmäßiger Weise miteinander kooperieren. Zum Verständnis des Gesamtprozesses ist daher nicht nur die Sequenz der einzelnen Reaktionsschritte, sondern auch die *Kompartimentierung* der beteiligten Enzyme (bzw. Enzymkomplexe) und der *Transport* von Metaboliten über die Kompartimentgrenzen von entscheidender Bedeutung (→ S. 70).

Dissimilation der Kohlenhydrate

Bei den meisten Pflanzen sind Kohlenhydrate mit der allgemeinen Zusammensetzung [CH$_2$O]$_n$ die mengenmäßig wichtigsten Substrate der Dissimilation. Der vollständige (aerobe) Abbau der Kohlenhydrate läßt sich formal als Umkehrung der Photo-

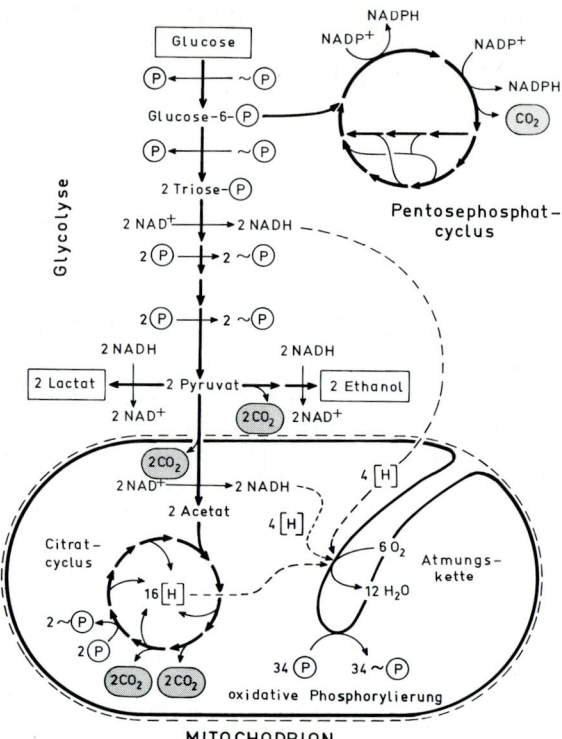

Abb. 13.2. Übersicht über die Dissimilation von Kohlenhydrat (Glucose), unter besonderer Hervorhebung der Reduktions- und Phosphorylierungspotential produzierenden Reaktionen. (Für weitere Details, → Abb. 13.4, 13.5, 13.6, 13.11)

synthese von Glucose formulieren [→ Gl. (12.12)]:

$$[CHO] + H_2O + O_2 \rightarrow CO_2 + 2 H_2O$$
$$(\Delta G^{0\prime} \approx -480 \text{ kJ/mol CO}_2),$$

oder:

$$C_6H_{12}O_6 + 6 O_2 + 6 H_2O \rightarrow 12 H_2O + 6 CO_2$$
$$(\Delta G^{0\prime} = -2880 \text{ kJ/mol Glucose}). \qquad (13.4)$$

Der quantitativ dominierende Abbauweg für *Glucose* (und alle zu Glucose abbaubaren Kohlenhydrate) ist die *Glycolyse*, welche zum *Pyruvat* führt (Abb. 13.2). Daneben kann Glucosephosphat über den *oxidativen Pentosephosphatcyclus* zu Pentosen und CO$_2$ abgebaut werden. In Abwesenheit von O$_2$ tritt *Fermentation* ein, wobei das Pyruvat aus der Glycolyse in die Gärungsprodukte *Ethanol* oder *Lactat* umgewandelt wird. Die bisher erwähnten Prozesse spielen sich im Grundplasma der Zelle

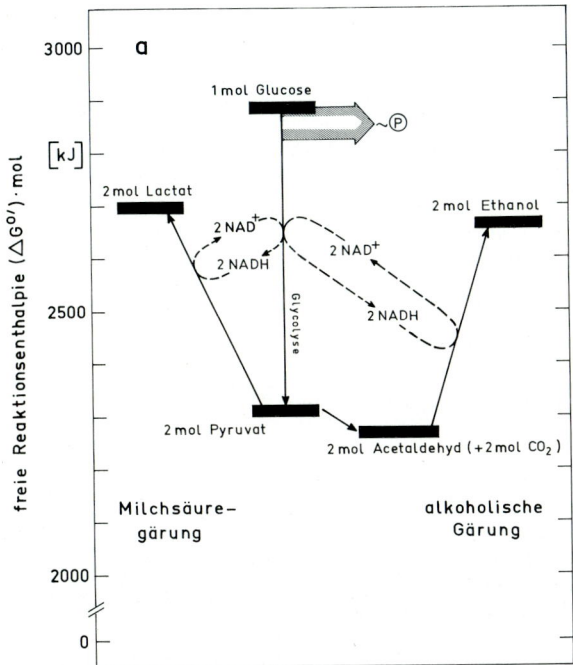

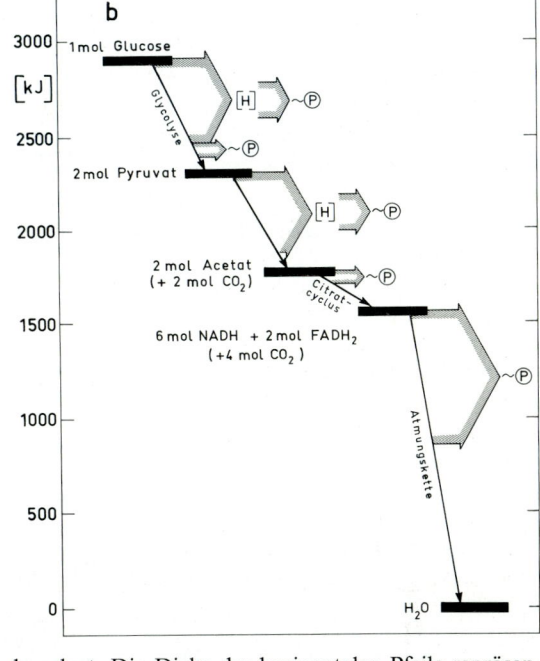

Abb. 13.3a und b. Energieprofil der anaeroben (a) und der aeroben (b) Dissimilation von Kohlenhydrat (Glucose). Die einzelnen Energieniveaus (*schwarze Balken*) repräsentieren die freie Reaktionsenthalpie (unter physiologischen Standardbedingungen, $\Delta G^{0'}$) der Zerlegung der Moleküle in CO_2 und H_2O (Nullniveau). Bei NADH und $FADH_2$ ist die freie Reaktionsenthalpie der Oxidation zu NAD^+ bzw. FAD zu-

grunde gelegt. Die Dicke der horizontalen Pfeile repräsentiert den Anteil von $\Delta G^{0'}$, der unter Standardbedingungen in Form von Reduktionsäquivalenten ([H]) bzw. ATP($\sim \circledP$) aufgefangen werden könnte. Da in vivo keine Standardbedingungen herrschen, können diese Modelle nicht quantitativ auf die Zelle übertragen werden

ab. In Gegenwart von O_2 wird das glycolytische Pyruvat in den Mitochondrien über den *Citratcyclus* mit der angekoppelten *Atmungskette* vollends zu CO_2 und H_2O zerlegt. Die bei diesen insgesamt stark exergonischen Prozessen stufenweise freigesetzte Energie kann zu einem erheblichen Teil als Phosphorylierungspotential (ATP) aufgefangen werden, wobei das NAD^+/NADH-Redoxsystem als Vermittler beteiligt ist (Abb. 13.3).

Glycolyse

Diese im Grundplasma ablaufende Reaktionssequenz zerlegt Glucose (und damit auch alle in Glucose transformierbaren Kohlenhydrate) in zwei Moleküle Pyruvat*:

---

* Wir folgen hier dem neueren Sprachgebrauch. Ursprünglich wurde der Begriff „Glycolyse" für den Abbau von Glucose zu Lactat geprägt.

$$C_6H_{12}O_6 + 2\,ADP + 2\,\circledP + 2\,NAD^+ \rightarrow$$
$$2\,C_3H_4O_3 + 2\,ATP + 2\,NADH + 2\,H^+ \quad (13.5)$$
$$(\Delta G^{0'} = -\,80\;kJ/mol\;Glucose).$$

Bei dem vielstufigen Prozeß werden insgesamt 2 ATP verbraucht und 4 ATP produziert (Abb. 13.4). In der Bilanz werden also 2 ATP pro Glucose gewonnen; man spricht daher von der glycolytischen *Substratkettenphosphorylierung*. Außerdem tritt ein stark exergonischer Oxidationsschritt auf (Glycerinaldehydphosphat → Gly ceratphosphat + 2 [H]), wobei NAD^+ als [H]-Acceptor dient. Auch in anderen Details ist – unter Berücksichtigung der Richtungsumkehr – die Ähnlichkeit mit Reaktionen des Calvin-Cyclus unverkennbar (→ Abb. 12.33). Obwohl die glycolytische Phosphorylierung an Oxidationsreaktionen gekoppelt ist, verläuft sie ohne Beteiligung von O_2. Die freigesetzten Reduktionsäquivalente werden auf NAD^+ über-

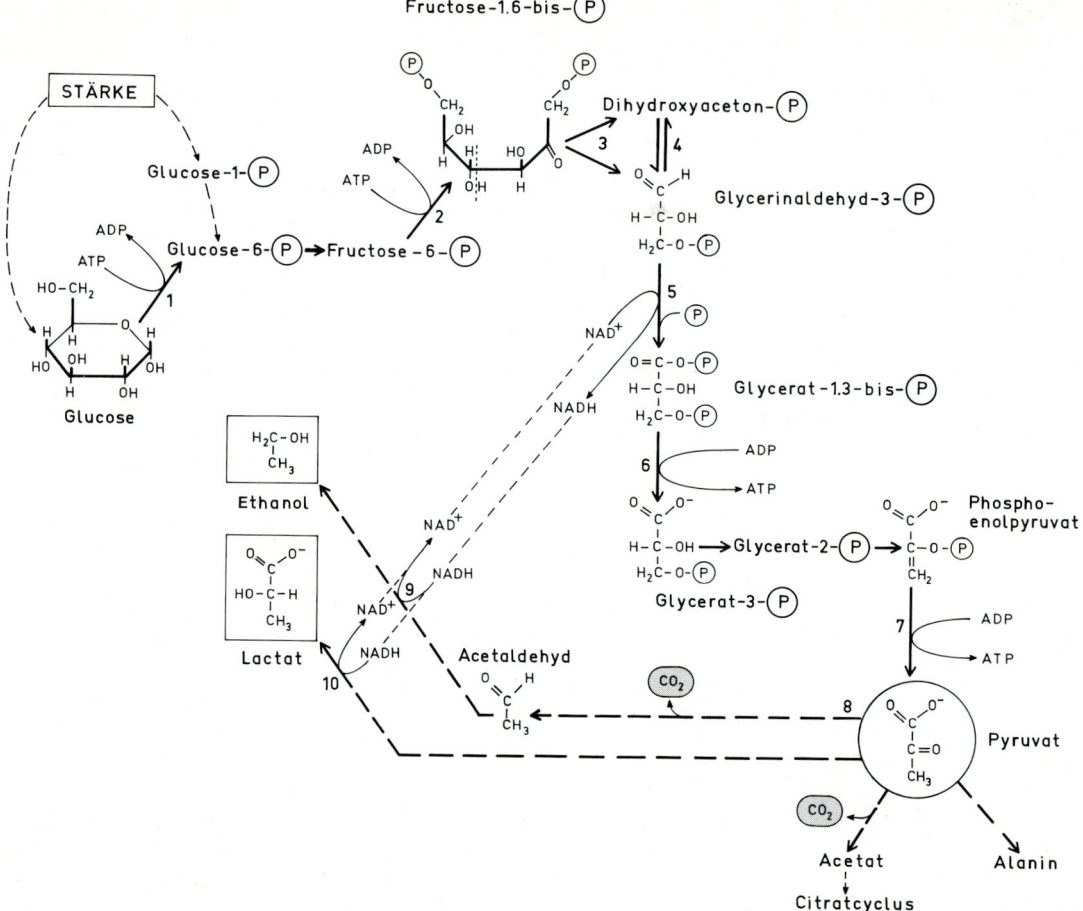

Abb. 13.4. Die Glycolyse (Embden-Meyerhof-Weg) einschließlich alkoholischer Gärung und Milchsäuregärung. Man kann diese Reaktionssequenz in fünf Abschnitte gliedern: 1. Aktivierung der Hexose mit 2 ATP (Hexokinase, 6-Phosphofructokinase, 1, 2; neben der ATP-abhängigen Phosphofructokinase gibt es in Pflanzen eine cytosolische Pyrophosphat-abhängige Form des Enzyms; → Abb. 13.32). 2. Spaltung der Hexose in zwei isomere Triosen (Aldolase, 3), welche leicht ineinander umwandelbar sind (Triosephosphatisomerase, 4). 3. Oxidation eines Aldehyds zur Säure (NAD$^+$-abhängige Glycerinaldehydphosphatdehydrogenase, 5). 4. Stufenweise Hydrolyse energiereicher Phosphatgrup-

pen unter ATP-Bildung (Phosphoglyceratkinase, Pyruvatkinase, 6, 7). 5. Das Produkt Pyruvat kann entweder im Citratcyclus zu CO_2 abgebaut werden (*aerobe* Dissimilation; → Abb. 13.5), oder es wird im Rahmen der Fermentation (*anaerobe* Dissimilation) zu Acetaldehyd decarboxyliert (Pyruvatdecarboxylase, 8), der weiter zu Ethanol reduziert wird (Alkoholdehydrogenase, 9). Als Alternative kann Pyruvat direkt zu Lactat reduziert werden (Lactatdehydrogenase, 10). Beide Gärungsprozesse verbrauchen die zuvor im Schritt 5 freigesetzten Reduktionsäquivalente wieder quantitativ

tragen. Es ist evident, daß die Glycolyse nur dann kontinuierlich ablaufen kann, wenn das gebildete NADH durch Koppelung an eine [H]-verbrauchende Reaktion beständig wieder zu NAD$^+$ regeneriert wird.

Fermentation (alkoholische Gärung und Milchsäuregärung)

Unter O_2-Mangel können die bei der Glycolyse anfallenden Reduktionsäquivalente nicht zur Gewinnung von Phosphorylierungspotential ausgenützt werden. An die Stelle der Wasserbildung treten andere Abfangreaktionen für [H], welche stets eine relativ stark reduzierte organische Verbindung liefern, die unter den gegebenen Bedingungen nicht weiter metabolisiert werden kann und sich daher anhäuft. Dies ist die allgemeine Definition einer *Fermentation* oder *Gärung*. Während Mikroorganismen eine große Zahl verschiedener Gärungsprodukte liefern können, sind es bei den höheren Pflanzen im wesentlichen *Ethanol* und/oder *Lactat*, die sich unter anaeroben Bedingungen in den Zellen akkumulieren. Beide Verbindungen entstehen im Grundplasma aus Pyruvat, dem Endprodukt der Glycolyse (→ Abb. 13.3a, 13.4). Die anaerobe Dissimilation von Glucose zu Ethanol bzw. Lactat läßt sich daher folgendermaßen formulieren:

$$C_6H_{12}O_6 + 2\,ADP + 2\,\text{(P)} \rightarrow$$
$$2\,C_2H_5OH + 2\,ATP + 2\,CO_2 \qquad (13.6)$$
$$(\Delta G^{0'} = -160\ \text{kJ/mol Glucose}),$$

$$C_6H_{12}O_6 + 2\,ADP + 2\,\text{(P)} \rightarrow$$
$$2\,C_3H_6O_3 + 2\,ATP \qquad (13.7)$$
$$(\Delta G^{0'} = -120\ \text{kJ/mol Glucose}).$$

Die in der Glycolyse freigesetzten Reduktionsäquivalente (NADH) werden quantitativ für die Bildung von Ethanol bzw. Lactat verbraucht; sie treten daher in den Bilanzgleichungen nicht auf. Da die ATP-Ausbeute der Glycolyse relativ bescheiden ist, sind beide Prozesse stark exergonisch und laufen unter erheblicher Wärmefreisetzung ab. Das Energieprofil der Fermentation (→ Abb. 13.3a) veranschaulicht diese Zusammenhänge auf der Basis von ΔG-Werten unter Standardbedingungen.

Die mit der Freisetzung von CO_2 verbundene alkoholische Gärung ist besondes von den fakultativen Anaerobiern der Gattung *Saccharomyces* (Hefe) bekannt. Diese Organismen sind seit der bahnbrechenden Entdeckung Buchners (1897), der die alkoholische Gärung in einem zellfreien Hefeextrakt nachwies und das aktive Prinzip „Zymase" nannte, zu einen Standardobjekt der Enzymologie geworden („Enzym" heißt „in Hefe"). Viele Hefezellen können ihren gesamten ATP-Bedarf durch anaeroben Abbau von Zuckern zu Ethanol decken, der als reduziertes Abfallprodukt ausgeschieden wird. Besonders gut adaptierte Hefestämme können bis zu 120 g Ethanol $\cdot$ l^{-1} im Medium ertragen. Auch die Zellen der höheren Pflanzen sind bei O_2-Mangel zur alkoholischen Gärung

befähigt; ihre Toleranzgrenze für Ethanol liegt jedoch meist unter 30 g $\cdot$ l^{-1}.

Die Milchsäuregärung liefert kein CO_2. Dieser Weg (→ Abb. 13.4), der z. B. im Muskel in großem Umfang zur anaeroben ATP-Gewinnung benutzt wird, ist auch bei vielen Pflanzen nachgewiesen worden (z. B. in Kartoffelknollen und Gramineen-Wurzeln; → Abb. 13.31). Er spielt jedoch meist eine quantitativ geringere Rolle als die alkoholische Gärung.

Die Fähigkeit zur Milchsäuregärung ist bei vielen fakultativ oder obligat anaeroben Bakterien verbreitet (z. B. *Lactobacillus*, *Streptococcus*). Darüber hinaus treten bei Bakterien eine Vielzahl weiterer Gärungsprodukte auf (z. B. Propionsäure, Butanol, Ameisensäure, Buttersäure, Aceton, H_2). Die Umsetzung von Ethanol zu Acetat („Essigsäuregärung") durch *Acetobacter* ist eine *aerobe* Fermentation, welche mit einem hohen Energiegewinn verbunden ist ($\Delta G^{0'} = -760$ kJ/mol Ethanol). Viele dieser mikrobiellen Prozesse werden technologisch ausgenützt (z. B. zur Produktion von Ethanol, Milchsäure oder Essigsäure).

Citratcyclus und Atmungskette

Unter aeroben Bedingungen verläuft der Endabbau des Pyruvats in den Mitochondrien, deren innere Hüllmembran (die äußere ist ähnlich wie bei Chloroplasten frei permeabel für alle Metaboliten) über einen Pyruvat-Translocator verfügt (→ Abb. 13.10). Die Mitochondrien enthalten die Enzyme zur vollständigen Zerlegung dieser Carbonsäure in CO_2. Die dabei freigesetzten Reduktionsäquivalente werden in einem membrangebundenen Elektronentransportsystem (Atmungskette) zur ATP-Gewinnung ausgenützt und schließlich mit O_2 zur Reaktion gebracht (*Endoxidation*). Auch das in der Glycolyse entstehende [H] kann mit Hilfe eines shuttle-Transportmechanismus (→ Abb. 5.10) in die Mitochondrien verfrachtet und dort zu H_2O oxidiert werden. Da die Umwandlung der Redoxenergie in Phosphorylierungspotential mit einem außerordentlich hohen Umsatz an freier Enthalpie verbunden ist (→ Abb. 13.3b), hat man die Mitochondrien auch als die „Kraftwerke der Zelle" bezeichnet.

Der *Citratcyclus* (Abb. 13.5) entzieht den eingeschleusten aktivierten Acetateinheiten unter Verbrauch von Wasser alle verfügbaren Reduktions-

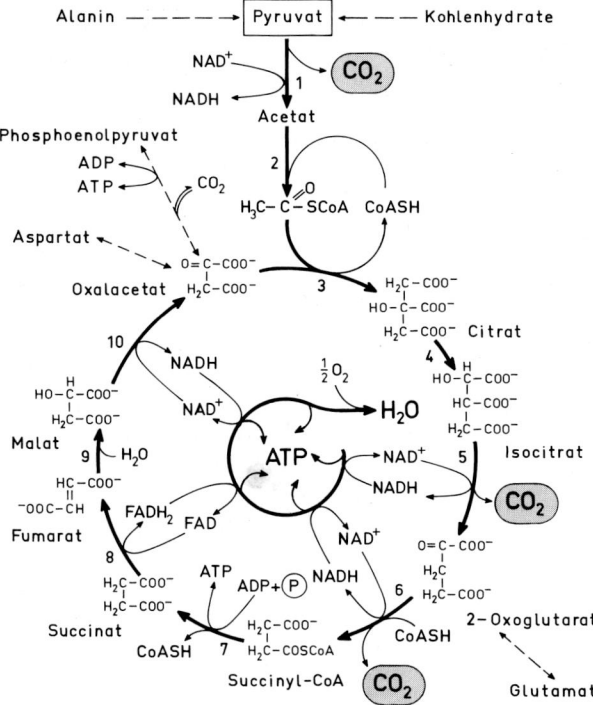

Abb. 13.5. Der Citratcyclus (Krebs-Cyclus, Tricarbonsäurecyclus) einschließlich oxidativer Phosphorylierung. Durch oxidative Decarboxylierung entsteht am Multienzymkomplex der Pyruvatdehydrogenase (1, 2) aus Pyruvat Acetat und, durch Bindung an Coenzym A, dessen aktivierte Form Acetyl-CoA, welches durch Verknüpfung mit Oxalacetat in den Cyclus eingeschleust wird (Citratsynthase, 3). Das entstehende Citrat wird nach Isomerisierung (Aconitase, 4) unter Reduktion von NAD^+ zu 2-Oxoglutarat decarboxyliert (Isocitratdehydrogenase, 5). Nach weiterer Decarboxylierung und NAD^+-Reduktion entsteht in einer komplizierten Reaktionsfolge, in der Succinyl-CoA als Zwischenprodukt auftritt (Multienzymkomplex, 6, 7), Succinat, welches mit Hilfe von FAD zu Fumarat oxidiert wird (Succinatdehydrogenase, 8). Durch Wasseranlagerung an Succinat (Fumarathydratase, 9) entsteht Malat, aus dem unter NAD^+-Reduktion das Acceptormolekül für Acetat, Oxalacetat, regeneriert wird (Malatdehydrogenase, 10). In der Bilanz wird in einem Umlauf Acetat zu 2 CO_2 abgebaut, wobei an vier Stellen Reduktionsäquivalente auf NAD^+ bzw. FAD übertragen werden. Außerdem entsteht 1 ATP (Schritt 7). NADH und $FADH_2$ liefern den Wasserstoff an die Atmungskette ($\rightarrow$ Abb. 13.6), wo die Reduktionsäquivalente zur Gewinnung von ATP ausgenützt und schließlich auf O_2 übertragen werden. 2-Oxoglutarat und Oxalacetat sind die wichtigsten Knotenpunkte für kommunizierende Stoffwechselbahnen

äquivalente; außerdem wird 1 ATP (bei höheren Tieren GTP) gebildet:

$$CH_3CO-SCoA + ADP + \textcircled{P} + 3H_2O \rightarrow$$
$$2CO_2 + 8[H] + ATP + CoASH \qquad (13.8)$$
$$(\Delta G^{0'} \approx -100 \text{ kJ/mol Acetat}).$$

Die Änderung der freien Enthalpie ist bei dieser Bilanzgleichung relativ gering ($\rightarrow$ Abb. 13.3b), d. h. es geht innerhalb des Cyclus nur wenig Energie ungenützt verloren. Außer der Fähigkeit zur Freisetzung von Reduktionsäquivalenten besitzt der Citratcyclus eine wichtige Funktion für die Bereitstellung der C-Gerüste von Stoffwechselbausteinen, vor allem von Aminosäuren. Da diese Metaboliten andererseits auch in den Kreislauf eingeschleust werden können, bezeichnet man den Citratcyclus als „Sammelbecken" für Stoffwechselzwischenprodukte.

Während die meisten Enzyme des Citratcyclus in der Mitochondrienmatrix vorliegen, ist die Atmungskette im inneren Membransystem ($\rightarrow$ Abb. 3.7) dieser Organellen lokalisiert. Die von der Matrixseite her als NADH angelieferten Reduktionsäquivalente werden über eine Kaskade von Redoxenzymen geleitet und schießlich mit O_2 zu H_2O vereinigt. Da Succinatdehydrogenase ($\rightarrow$ Abb. 13.5) selbst fest in die Membran eingebaut ist, kann der im Citratcyclus entstehende, an FAD gebundene Wasserstoff direkt in die Atmungskette eingeschleust werden. Die respiratorische Elektronentransportkette (Abb. 13.6) der inneren Mitochondrienmembran besitzt eine nicht nur äußerliche Ähnlichkeit mit der Redoxkette zwischen den beiden photosynthetischen Reaktionszentren ($\rightarrow$ Abb. 12.25). Auch hier spielen *Cytochrome* eine zentrale Rolle als Elektronenüberträger, wobei das Fe-Zentralatom des Porphyrins zwischen dem zweiwertigen (reduzierte Form) und dem dreiwertigen (oxidierte Form) Zustand pendelt ($\rightarrow$ Abb. 4.17). Man konnte bisher in der Membran 3 bis 4 Flavoproteine (mit FMN als prosthetischer Gruppe), etwa ebenso viele Cytochrome vom *b*-Typ, je 2 Cytochrome vom *a*- und *c*-Typ, Ubichinon und eine Reihe von Eisen-Schwefel-Proteinen nachweisen. Die genaue Reihenfolge dieser Komponenten im Elektronentransport ist im Detail noch unklar. Man weiß jedoch, daß auch bei Pflanzen, ebenso wie in der einfacher aufgebauten (und besser erforschten) Atmungskette tierischer Mitochondrien, Flavoproteine am Anfang stehen. Darauf folgen Cytochrom *b* und Cytochrom *c*. Die Übertragung

Abb. 13.6. Schema der respiratorischen Elektronentransportkette der inneren Mitochondrienmembran. Die im Verlauf des Citratcyclus freigesetzten Reduktionsäquivalente werden in Form von NADH oder $FADH_2$ in die Kette eingespeist. Als Acceptoren für [H] fungieren Flavoproteine (in einem Potentialbereich von -150 bis 175 mV), welche die Elektronen über die Cytochrome b, c und a zum O_2 leiten. Der größte Teil des Ubichinons liegt bei der pflanzlichen Atmungskette wahrscheinlich nicht in der Hauptkette. Weiterhin ist für Pflanzen ein CN^--resistenter Nebenweg, welcher von der Flavoproteinstufe (oder, nach neueren Vorstellungen, vom Ubichinon) ausgeht, charakteristisch. Die mit dem Elektronentransport gekoppelten drei Phosphorylierungsschritte sind rechts oben angedeutet

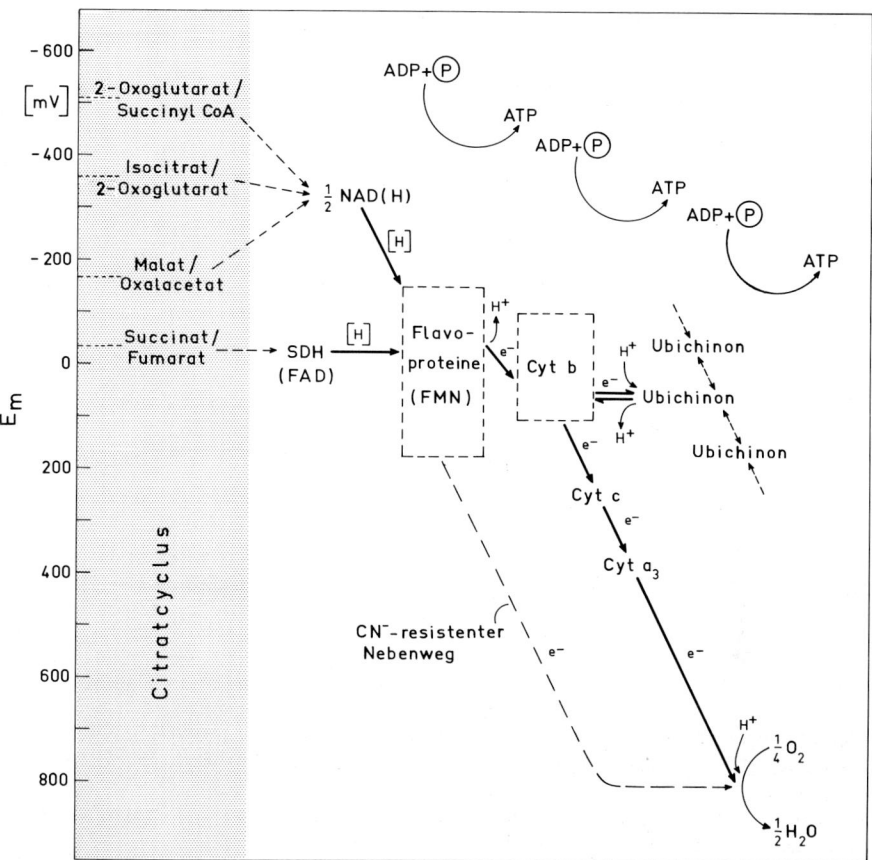

der Elektronen auf O_2 katalysiert der *Cytochromoxidase-Komplex* ($=$ Cytochrom $a+a_3$). Ubichinon scheint bei Pflanzen nicht im Hauptweg, sondern in einem Nebenschluß zu einem Cytochrom b (oder einem Flavoprotein) zu liegen. Es besitzt, ganz ähnlich wie das Plastochinon bei der Photosynthese ($\rightarrow$ Abb. 12.25), die Funktion eines Elektronenspeichers und verbindet damit mehrere Elektronentransportketten miteinander.

Die Identifizierung und quantitative Bestimmung der Komponenten des Elektronentransports erfolgt auch hier meist durch Messung der charakteristischen Absorptionsspektren. Die Cytochrome als intensiv rot-braun gefärbte Substanzen eignen sich hierzu besonders gut ($\rightarrow$ Abb. 4.17). Man hat in den letzten Jahren Methoden entwickelt, um Mitochondrien praktisch unbeschädigt aus Pflanzenmaterial zu isolieren. An solchen Präparationen kann man den Elektronentransport nach Zugabe verschiedener Substrate (z. B. Succinat oder Malat)

anhand der O_2-Aufnahme oder der Absorptionsänderungen der Redoxsysteme in vitro studieren. Ähnlich wie bei Chloroplasten ($\rightarrow$ S. 178) dienen spezifische Hemmstoffe, welche den Elektronentransport an definierten Stellen blockieren (Abb. 13.7), und artifizielle Elektronendonatoren und -acceptoren (soweit sie die Mitochondrienhülle frei permeieren können) als weitere Hilfsmittel für die Aufklärung des Elektronentransportweges. Mit Ausnahme von Cytochrom c lassen sich die Redoxenzyme meist nicht leicht in nativer Form aus der Mitochondrienmembran herauslösen. Ihre funktionellen Eigenschaften sind jedoch auch in gebundener Form gut meßbar (Abb. 13.8). Die Identifizierung der Cytochromoxidase als Endglied der Atmungskette durch Warburg und Negelein (1928) ist ein klassisches Beispiel der quantitativen Wirkungsspektrometrie ($\rightarrow$ S. 357). Bei diesem Experiment wurde die Hemmung der Cytochromoxidase durch hohe Konzentrationen von Kohlenmonoxid

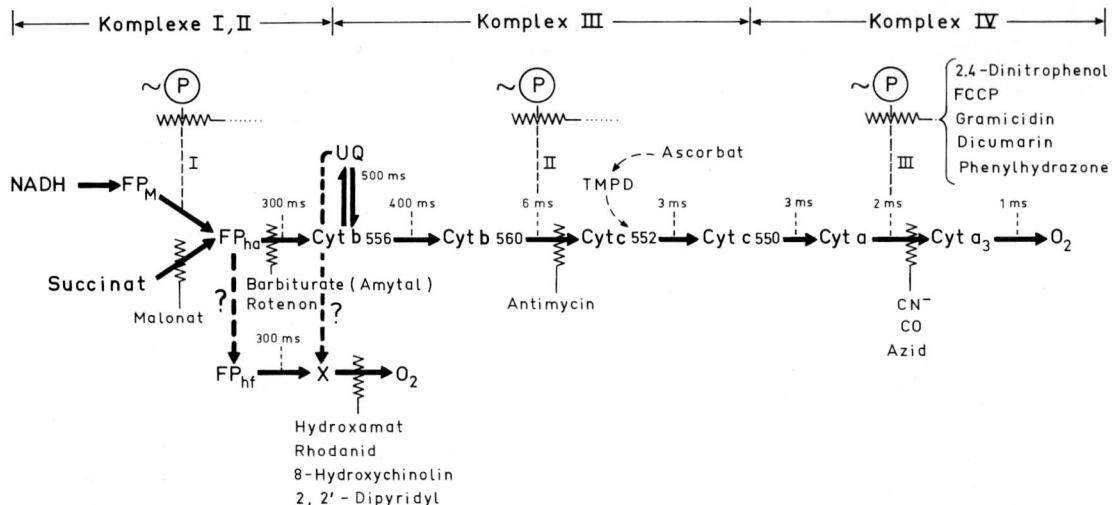

Abb. 13.7. Respiratorische Elektronentransportkette mit den Wirkstellen einiger Hemmstoffe (FP$_M$, FP$_{ha}$, FP$_{hf}$, Flavoproteine; UQ, Ubichinon; X, nicht identifizierte Oxidase; TMPD, N,N,N′,N′-Tetramethyl-p-phenylendiamin). Vergleiche dazu Abb. 12.26. Der CN$^-$-resistente Nebenweg zweigt wahrscheinlich beim FP$_{ha}$ (oder UQ) ab (unterbrochene Linie). Dieser Weg wird durch Cytochromoxidase-Hemmer (HCN, Azid, CO) und Antimycin A nicht beeinträchtigt, wohl aber durch einige andere Schwermetall-Komplexbildner. Die drei Phosphorylierungsstellen I, II, III werden durch „Entkoppeler" (z. B. 2,4-Dinitrophenol = DNP oder Carbonylcyanid-p-trifluormethoxyphenylhydrazon = FCCP) inaktiviert. Aufgrund von Fraktionierungsexperi-

menten gliedert man heute die Elektronentransportkette in vier strukturelle Komplexe, welche in der Reihenfolge NADH → I → III → IV → O$_2$, bzw. Succinat → II → III → IV → O$_2$ in Serie arbeiten. UQ und Cyt c werden als mobile Bindeglieder angesehen. Die Komplexe I, II und III enthalten zusätzlich Eisen-Schwefel-Proteine (nicht eingetragen). Die Halbwertszeiten für die Oxidation der Redoxsysteme liegen im vorderen Bereich der Kette um zwei Größenordnungen höher als im hinteren Bereich (24 °C). Der Grund für diese scharfe Trennung zwischen zwei kinetisch verschiedenen „Domänen" des Elektronentransports ist noch nicht bekannt (Nach Ikuma 1972; verändert)

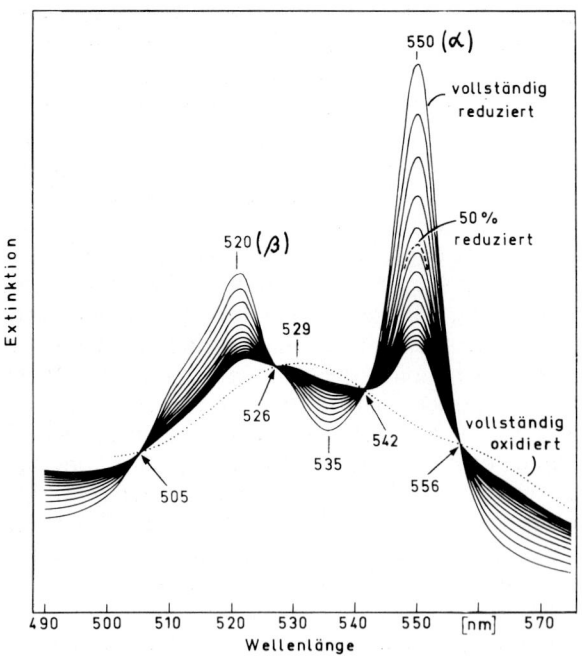

Abb. 13.8. Die Oxidation von exogenem Cytochrom c durch Mitochondrien in vitro. Objekt: Isolierte Mitochondrien aus Wurzeln der Gartenerbse (*Pisum sativum*). In diesem Experiment wurde eine Mitochondriensuspension in Phosphatpuffer mit reduziertem Cytochrom c in Gegenwart von O$_2$ inkubiert. (Reduziertes Cytochrom c allein reagiert nicht mit O$_2$.) Da die Mitochondrien in diesem hypotonischen Medium aufbrechen, wird das gelöste Cytochrom c für die Cytochromoxidase zugänglich. Die Änderung des Absorptionsspektrums von Cytochrom c im Bereich der α- und β-Bande (→ Abb. 4.17) wurde im Abstand von etwa 30 s gemessen. Die Absorptionsverminderung bei 550 bzw. 520 nm erfolgt nach einer Reaktion 1. Ordnung. Die Halbwertszeit $\tau_{1/2}$ = ln 2/k ist ein Maß für die Aktivität der Cytochromoxidase bei O$_2$-Sättigung. Die Pfeile deuten auf einige isosbestische Punkte (Punkte mit gleichem Extinktionskoeffizient) der Spektren von reduziertem und oxidiertem Cytochrom c. (Nach einer Vorlage von Björn)

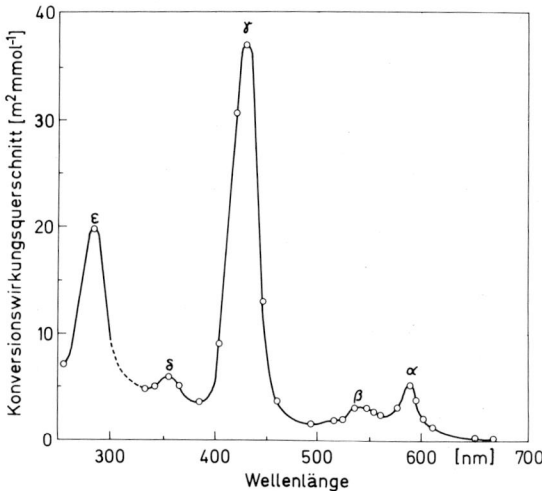

Abb. 13.9. Wirkungsspektrum der Spaltung des Cytochromoxidase-CO-Komplexes durch Licht. Objekt: Suspension der Hefe *Torula utilis*. Auf der Ordinate ist die Quantenwirksamkeit (in Form des Konversionswirkungsquerschnitts) für die Aufhebung der CO-Vergiftung der O_2-Aufnahme durch Licht unter stationären Bedingungen dargestellt ($\rightarrow$ S. 358). CO und O_2 konkurrieren miteinander an den O_2-Bindungsstellen des Cyt a_3. Die Gleichgewichtskonstante für die Bildung des Cyt a_3-CO-Komplexes wird durch elektronische Anregung des Porphyrins erniedrigt. Daher erhöhen die vom Porphyrin absorbierten Lichtquanten die Zugänglichkeit der Bindungsstellen für O_2, was sich in einer Steigerung der O_2-Aufnahmeintensität auswirkt. Unter der (hier gegebenen) Voraussetzung, daß die Quantenausbeute unabhängig von λ ist, besteht ein linearer Zusammenhang zwischen Konversionswirkungsquerschnitt und ε_λ, dem Extinktionskoeffizient des absorbierenden (reduzierten) Cyt a_3-CO-Komplexes ($\rightarrow$ Abb. 4.17). Die Absorptionsspektren von Cyt a_3 und seinem CO-Komplex unterscheiden sich nur geringfügig. Der β-Gipfel tritt nur beim CO-Komplex auf. (Nach Warburg 1932)

ausgenutzt. CO bildet, kompetitiv zu O_2, mit dem Fe^{2+} des Häms einen labilen Komplex, der bei Absorption eines Lichtquants wieder gespalten wird. Das Wirkungsspektrum für die Aufhebung der CO-Hemmung der O_2-Aufnahme gibt daher das Absorptionsspektrum des Cytochromoxidase-CO-Komplexes wieder (Abb. 13.9).

Cyanid-resistente Atmung

Ein außerordentlich wirksamer Inhibitor der Cytochromoxidase ist CN^- ($\rightarrow$ Abb. 13.7), welches einen sehr stabilen Komplex mit dem Häm-Eisen (Fe^{3+}) eingeht, dessen Valenzwechsel verhindert,

und damit den Elektronentransport in der gesamten Atmungskette zum Erliegen bringt. Im Gegensatz zu den meisten Tieren gibt es jedoch bei Pflanzen einen zusätzlichen Nebenweg für Elektronen, der durch HCN nicht gehemmt werden kann. Die Abzweigung des *CN⁻-resistenten Elektronentransportweges* erfolgt vor der Antimycin-Hemmstelle, wahrscheinlich im Bereich der Flavoproteine ($\rightarrow$ Abb. 13.6, 13.7). Aber auch Ubichinon kann über den Nebenweg reduziert werden. Die CN^--unempfindliche Endoxidase dieses Weges ist noch nicht identifiziert; sie ist ebenfalls Teil der inneren Mitochondrienmembran. Die Michaelis-Konstante des Enzyms für O_2 ($K_m \approx 20 \; \mu mol \cdot l^{-1}$) ist sehr viel größer als die der Cytochromoxidase ($K_m \approx 0,1 \; \mu mol \cdot l^{-1}$). Mit Ausnahme des reifen *Spadix* vieler Araceen, wo er zur Wärmeproduktion verwendet wird ($\rightarrow$ Abb. 13.30), ist die metabolische Funktion dieses Nebenweges noch weitgehend unklar. In vielen Geweben wird er offenbar nur dann in erheblichem Umfang benützt, wenn die Atmungskette gesättigt ist. Da im Nebenweg die Energie der angelieferten Redoxäquivalente nur an der ersten Phosphorylierungsstelle (Komplex I; $\rightarrow$ Abb. 13.7) als ATP aufgefangen werden kann, nimmt man an, daß es sich um eine Art „Überlaufventil" zur Eliminierung überschüssiger Reduktionsäquivalente handelt, also um einen Mechanismus zur modulatorischen Regulation der Effektivität der Atmungskettenphosphorylierung (Entkoppelung) unter Vermeidung der aeroben Fermentation ($\rightarrow$ S. 226). Für diese Deutung spricht z. B. der Befund, daß die CN^--resistente Komponente der Atmung ansteigt, wenn man in der Pflanze eine Überproduktion von Kohlenhydraten erzwingt, z. B. durch Photosynthese bei stark erhöhter CO_2-Konzentration.

Die Kapazität des CN^--resistenten Elektronentransports ist bei verschiedenen Pflanzen recht unterschiedlich. Während dieser Seitenweg bei jungen Geweben, z. B. in Keimlingen, meist wenig entwickelt ist, zeigen ruhende Samen und alternde Gewebe häufig eine starke CN^--resistente Komponente der O_2-Aufnahme. Dies kann soweit gehen, daß HCN-Vergiftung in manchen Geweben sogar zu einer Förderung der O_2-Aufnahme führt ($\rightarrow$ Abb. 13.31). Bei Wurzeln ist nur die CN^--sensitive Atmungskomponente mit der Ionenaufnahme korreliert, nicht jedoch die CN^--resistente „Grundatmung" ($\rightarrow$ Abb. 5.16). In frisch isolierten Segmenten aus Kartoffelknollen oder Karottenwurzeln ist die O_2-Aufnahme zunächst CN^--empfindlich; die nach wenigen Stunden einsetzende, starke „Wundatmung" ist dagegen CN^--resistent.

Oxidative Phosphorylierung

In die Atmungskette sind drei Phosphorylierungsstellen eingebaut: Stelle I im Bereich der Flavoproteine, Stelle II zwischen Cytochrom b_{560} und Cytochrom c_{552} und Stelle III zwischen Cytochrom a und Cytochrom a_3 ($\rightarrow$ Abb. 13.7). An allen drei Stellen tritt ein Redoxpotentialsprung auf, der ausreicht, um 1 ATP pro 2 transportierte Elektronen zu bilden [$\Delta G = 32 \, kJ \cdot mol^{-1}$, entspricht $\Delta E = 165 \, mV$ für $z = 2$; $\rightarrow$ Gl. (4.32)]. Die vereinfachte Summengleichung der Atmungskettenphosphorylierung lautet:

$$\left. \begin{cases} 3\,NADH + 3\,H^+ + 9\,ADP + 9\,\textcircled{P} \\ FADH_2 + 2\,ADP + 2\,\textcircled{P} \end{cases} \right\} + 2\,O_2 \rightarrow$$

$$\left. \begin{cases} 9\,ATP + 3\,NAD^+ \\ 2\,ATP + FAD \end{cases} \right\} + 4\,H_2O \tag{13.9}$$

$(\Delta G^{0'} = -230 \, kJ/mol \, O_2)$.

Für die Dissimilation von Pyruvat über Citratcyclus und Atmungskette kann man, unter Voraussetzung von Standardbedingungen, folgende Rechnung aufmachen ($\rightarrow$ Abb. 13.5):

$$C_3H_4O_3 + 2,5\,O_2 + 3\,H_2O \rightarrow 3\,CO_2 + 5\,H_2O$$

$(\Delta G^{0'} = -1150 \, kJ/mol \, Pyruvat)$. \tag{13.10}

$$15\,ADP + 15\,\textcircled{P} \rightarrow 15\,ATP$$

$(\Delta G^{0'} = 440 \, kJ/15 \, mol \, ATP)$, \tag{13.11}

Summe:

$$C_3H_4O_3 + 2,5\,O_2 + 15\,ADP + 15\,\textcircled{P} \rightarrow$$
$$3\,CO_2 + 2\,H_2O + 15\,ATP \tag{13.12}$$

$(\Delta G^{0'} = -710 \, kJ/mol \, Pyruvat)$.

Es können also theoretisch rund 40% der freien Enthalpie dieses komplexen Prozesses in Phosphorylierungspotential überführt werden.

Unter Berücksichtigung der in der Glycolyse und bei der Pyruvatdecarboxylierung freigesetzten Reduktionsäquivalente liefert der oxidative Abbau

von Glucose über Glycolyse, Citratcyclus und Atmungskette theoretisch 38 ATP. Das ist etwa 20mal mehr als die Fermentation [$\rightarrow$ Gl. (13.6), (13.7)]. Es ist daher leicht verständlich, warum Gärungen in der Regel sehr viel intensiver (starke CO_2- und Wärmeproduktion!) als die Atmung ablaufen.

Die ATP-Ausbeute bei der Oxidation verschiedener Substrate wird durch das stöchiometrische Verhältnis zwischen ATP-Bildung und O_2-Verbrauch (*P/O-Quotient*) wiedergegeben. Dieser Quotient gibt an, wieviel ATP pro 2 e^- ($\frac{1}{2}\,O_2$) gebildet wird. Er liegt theoretisch für Succinat bei 2 und für alle durch das $NAD^+/NADH$-System reduzierbaren Substraten bei 3 ($\rightarrow$ Abb. 13.6, 13.7). Bei der CN^--resistenten Atmung ist $P/O = 1$ (Malat als Substrat) oder $= 0$ (Succinat als Substrat), da hier allenfalls die erste Phosphorylierungsstelle benützt wird. Der P/O-Quotient ist also ein Maß für die Koppelung zwischen Elektronenfluß und Phosphorylierung. Mit schonend isolierten Mitochondrien kann man in der Regel 50–75% des theoretischen Wertes erreichen. Das Ausmaß der Koppelung läßt sich auch daran ablesen, inwieweit das Verhältnis ADP/ATP den Elektronenfluß (und damit den O_2-Verbrauch) steuert (*respiratorische Kontrolle*). Bei streng gekoppelter Phosphorylierung läßt sich durch Zusatz von ATP die O_2-Aufnahme isolierter Mitochondrien hemmen oder sogar eine Umkehrung des Elektronentransports erzwingen. Andererseits kann man durch sog. „Entkoppler" (z. B. 2,4-Dinitrophenol; $\rightarrow$ Abb. 13.7, $\rightarrow$ S. 157) die Kontrolle des Elektronenflusses durch das Adenylatsystem der Mitochondrien aufheben. Diese Substanzen bewirken daher eine starke Beschleunigung des Elektronentransportes und der O_2-Aufnahme.

Der Mechanismus der oxidativen Phosphorylierung war lange Zeit strittig, ist aber heute zugunsten der Mitchell-Hypothese ($\rightarrow$ S. 77) entschieden. Viele experimentelle Befunde lassen sich mit dieser Hypothese einfach deuten ($\rightarrow$ Abb. 5.11): 1. Die innere Mitochondrienmembran ist für H^+ und OH^- relativ impermeabel. 2. Der Elektronentransport durch die Atmungskette führt zu einer Anreicherung von H^+ auf der Außenseite der Membran, d. h. zu einem *Protonengradienten*. An jeder Phosphorylierungsstelle werden 3–4 H^+ pro 2 e^- nach außen transloziert. Für Succinat als Substrat der Atmungskette liegt das H^+/O-Verhältnis, wie zu erwarten, um ein Drittel niedriger als für NADH. Messungen des Protonenpotentials an der inneren Mitochondrienmembran ($\rightarrow$ S. 78) haben Werte

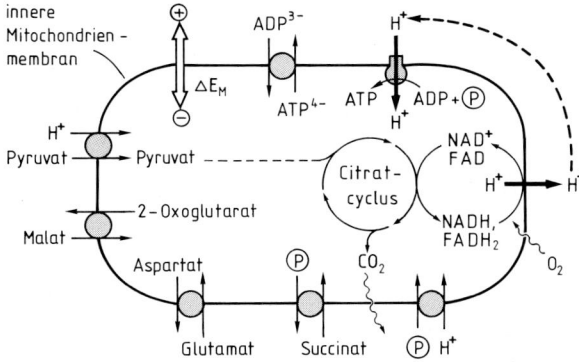

Abb. 13.10. Die wichtigsten Transportkatalysatoren der inneren Mitochondrienmembran. Der an der oxidativen Phosphorylierung beteiligte Protonentransport (H^+-Export durch die Atmungskette, H^+-Import durch die ATP-Synthase) ist durch dicke Pfeile hervorgehoben. Die anderen Transportprozesse werden durch carrier ermöglicht, welche in der Regel einen elektrogenen *Symport* oder *Antiport* mit einem zweiten Substrat katalysieren (Ⓟ = anorganisches Phosphat; → Abb. 5.7). Lediglich der Antiport von ADP mit ATP ist elektrogen (Import einer positiven Ladung) und zehrt daher neben der ATP-Synthase vom Membranpotential (ΔE_M). Nicht eingezeichnet sind der Antiport von Citrat mit Malat (Tricarboxylat-carrier) und der Antiport von K^+ mit H^+. Die äußere Mitochondrienmembran ist für alle Substrate leicht permeabel. (Nach Harold 1986; verändert)

um −250 mV ergeben, wobei etwa 80% auf ΔE_M (Matrixseite negativ) zurückgehen. 3. Substanzen, die als Entkoppeler bekannt sind, erhöhen die Permeabilität der Membran für H^+ und verhindern damit den Aufbau eines H^+-Gradienten. 4. In der Membran liegt eine mit dem Kopfteil zur Matrix orientierte ATP-Synthase (F_0F_1-ATPase, F_1 = mitochondrialer Koppelungsfaktor) vor, die den Einwärtstransport von Protonen zur ATP-Synthese ausnützt. Die Stöchiometrie liegt wahrscheinlich bei 3 H^+/ATP. 5. Durch Anlegen eines künstlichen H^+-Gradienten kann man in isolierten Mitochondrien ATP-Synthese bewirken. Es ist aufgrund dieser Befunde sehr wahrscheinlich, daß auch bei der oxidativen Phosphorylierung, ähnlich wie bei anderen membrangebundenen Phosphorylierungen (→ S. 157, 183), Protonenpumpen (d. h. Transportarbeit) eine vermittelnde Rolle für die Transformation von Reduktionspotential in Phosphorylierungspotential spielen. Man geht heute davon aus, daß den Atmungskettenkomplexen I, III und IV jeweils eine Protonenpumpstelle zugeordnet werden kann (→ Abb. 13.7).

In aktiven Mitochondrien findet ein intensiver Import und Export von Metaboliten statt. Während die äußere Hüllmembran aufgrund ihrer großen Poren ähnlich wie die äußere Chloroplastenmembran für die meisten Moleküle frei permeabel ist, besitzt die innere Membran mehrere carrier-Systeme für Intermediärprodukte des Citratcyclus und für Adenylate (Abb. 13.10). Man kennt z. B. einen spezifischen carrier, der Phosphat durch Cotransport mit H^+ (oder Gegentransport mit OH^-) durch die Membran schleust. Ein Adeninnucleotid-Antiporter tauscht ADP gegen ATP aus. Daneben können Mono-, Di- und Tricarboxylate durch bestimmte carrier-Systeme transportiert werden.

Der Wasserstoff der Pyridinnucleotide kann auf indirektem Weg, über einen shuttle-Mechanismus, in die Mitochondrien transportiert werden (→ Abb. 5.10). Allerdings besitzen pflanzliche Mitochondrien (im Gegensatz zu tierischen) auch an der Außenseite ihrer inneren Membran NAD(P)H-Dehydrogenasen und können mit diesen Enzymen exogenes NAD(P)H auch direkt oxidieren. Der anfallende Wasserstoff wird in diesem Fall direkt auf Ubichinon (Komplex III) übertragen.

Elektronentransport an der Plasmamembran

In der pflanzlichen Plasmamembran liegen Redoxenzyme vor, die einen Elektronentransport von NAD(P)H zu einem extrazellulären Elektronenacceptor (möglicherweise auch zu O_2) ermöglichen. Bisher konnten eine NAD(P)H-Dehydrogenase, eine NADH-Cytochrom-*c*-Reductase, mehrere Flavoproteine und Cytochrome vom *b*-Typ (jedoch keine O_2-verbrauchende Endoxidase) in isolierter Plasmamembran sicher nachgewiesen werden. Zur Messung dieser Elektronentransportkette verwendet man meist Ferricyanid als artifiziellen Elektronenacceptor, der in intakte Zellen nicht eindringen kann, aber auf der Außenseite der Plasmamembran unter NAD(P)H-Verbrauch rasch reduziert wird. Die Reaktion ist nicht mit einer ATP-Synthese verbunden und durch HCN und andere Cytochromoxidase-Inhibitoren nicht hemmbar.

Die physiologische Funktion dieser Elektronentransportkette ist noch nicht bekannt. Man spekuliert, daß es sich möglicherweise um eine elektronengetriebene Protonenpumpe handelt, welche im Dienst der Ionenaufnahme durch die Plasmamembran steht. Nach einer anderen Vorstellung

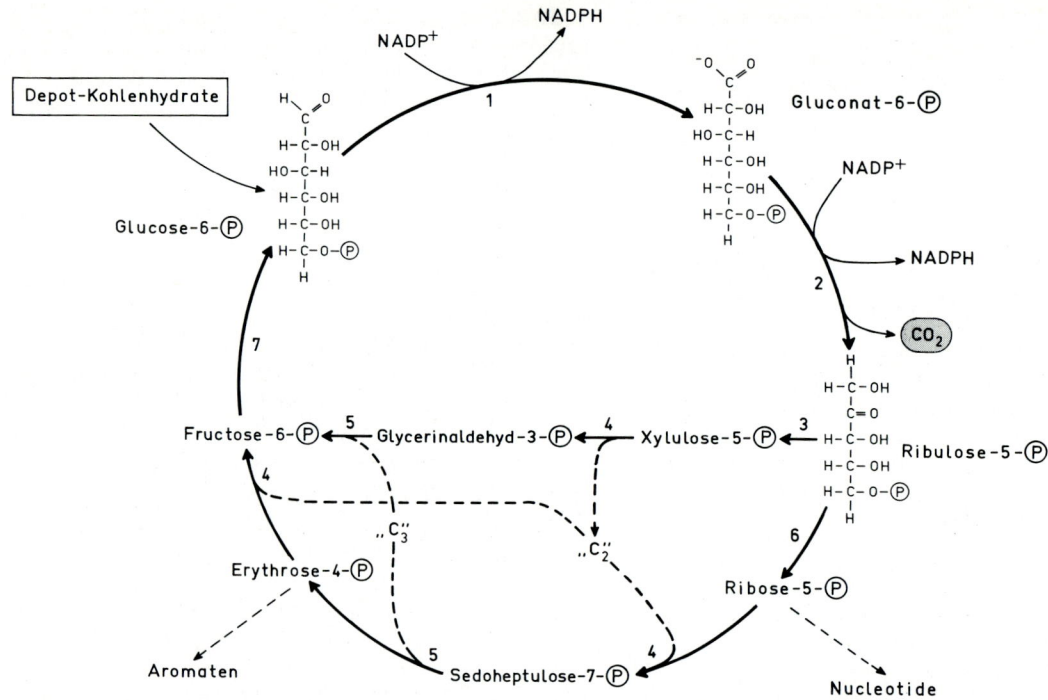

Abb. 13.11. Der oxidative Pentosephosphatcyclus. Pro Umlauf wird ein CO_2 gebildet (Phosphogluconatdehydrogenase, 2). Außerdem werden an zwei Stellen Reduktionsäquivalente in Form von NADPH freigesetzt (Glucose-6-phosphatdehydrogenase, 1, und Reaktion 2). In der unteren Hälfte sind die verschiedenen Umbaureaktionen auf der Ebene der Zuckerphosphate dargestellt: Epimerisierung (Ribulosephosphat-3-epimerase, 3), Kettenverlängerung ($C_5 + C_5 = C_7 + C_3$; Transketolase, 4), Umbau ($C_7 + C_3 = C_6 + C_4$; Transaldolase, 5), Isomerisierung (Ribosephosphatisomerase, 6; Glucosephosphatisomerase, 7). Formal ergeben 6 Umläufe den schrittweisen Abbau von einer Hexose zu 6 CO_2, wobei 12 $NADP^+$ reduziert werden. Der Cyclus hat jedoch keine vorwiegend dissimilatorische Funktion, sondern liefert vor allem Zuckerbausteine (z. B. Pentosen für Nucleinsäuren und Erythrose für Aromaten; → Abb. 18.5) und NADPH für den anabolischen Stoffwechsel

dient dieses System dazu, extrazellulär Fe^{3+} zu Fe^{2+} zu reduzieren und auf diese Weise in eine resorbierbare Form zu bringen. Diese Hypothese stützt sich vor allem auf die Beobachtung, daß die Aktivität der Plasmamembran-Redoxkette in der Wurzel bei Eisenmangel stark ansteigt.

Oxidativer (dissimilatorischer) Pentosephosphatcyclus

Dieser Kreislauf (Abb. 13.11) ist über weite Strecken eine Umkehrung des Calvin-Cyclus (→ Abb. 12.33), der in der Tat durch Stillegung bzw. Aktivierung weniger Enzyme, in oxidativer Richtung, zur Dissimilation der Chloroplastenstärke eingesetzt wird (→ S. 187). Die Enzyme des oxida-

tiven Pentosephosphatcyclus sind außer in den Chloroplasten auch im Grundplasma pflanzlicher Zellen vorhanden. Die Aufgabe dieses Cyclus ist weniger die Freisetzung von Energie, sondern 1. die Produktion verschiedener Zucker, vor allem Pentosen, für synthetische Zwecke und 2. die Bereitstellung von NADPH. Im Gegensatz zum NADH kann NADPH nicht direkt in den Mitochondrien reoxidiert werden, sondern dient als Lieferant von Reduktionsäquivalenten für reduktive Biosynthesen (z. B. von Fettsäuren und Aromaten; → Abb. 18.5). Der oxidative Pentosephosphatcyclus des Cytoplasmas steht also weitgehend im Dienste des anabolischen Stoffwechsels. Das Verhältnis zwischen Glykolyse und oxidativem Pentosephosphatcyclus ist von der Stoffwechsellage der Zelle abhängig. In biosynthetisch aktiven Geweben erreicht die

CO$_2$-Produktion im Pentosephosphatcyclus Werte bis zu einem Drittel der CO$_2$-Produktion im Citratcyclus.

Photorespiration

Der dissimilatorische Stoffwechsel der grünen Pflanzen ist nicht, wie man lange Zeit glaubte, unabhängig vom Licht. Vielmehr ist bei den meisten autotrophen Pflanzen die Atmung (CO$_2$-Abgabe und O$_2$-Aufnahme) im Licht um ein Mehrfaches höher als im Dunkeln. Dies läßt sich z. B. aus dem Befund schließen, daß in zuvor belichteten Blättern sofort nach dem Abstoppen der CO$_2$-Aufnahme durch Verdunklung noch einige Minuten lang ein verstärkter Ausstoß von CO$_2$ gemessen werden kann. Diesen lichtabhängigen Gaswechsel nennt man *Photorespiration* oder *Lichtatmung*. Der auf assimilierende Zellen beschränkte Atmungsprozeß unterscheidet sich grundsätzlich von den bisher besprochenen CO$_2$-bildenden und O$_2$-verbrauchenden Reaktionen der Mitochondrien, z. B. durch eine viel geringere Affinität zu O$_2$. Die mitochondriale O$_2$-Aufnahme der meisten Gewebe ist wegen der niedrigen K$_m$(O$_2$) der Cytochromoxidase (→ Tabelle 13.2) bereits bei 10–20 ml O$_2 \cdot l^{-1}$ in der Atmosphäre gesättigt, die Photorespiration dagegen nicht einmal in reiner O$_2$-Atmosphäre von 1 bar. Außerdem ist die Photorespiration durch DCMU (→ Abb. 12.26) vollständig hemmbar, nicht aber durch HCN. Auch CO$_2$ hemmt diesen Prozeß stark, während O$_2$ ihn fördert. Untersucht man dagegen die Atmung grüner Blätter im Dunkeln, so findet man alle Merkmale der mitochondrialen Atmungsvorgänge, welche auf Citratcyclus und Atmungskette zurückgehen. Es muß sich also bei der Photorespiration um einen grundsätzlich anderen biochemischen Vorgang als bei der Dunkelatmung handeln.

Photosynthese von Glycolat

Die Photorespiration steht, wie die Hemmung durch DCMU andeutet, in engem Zusammenhang mit der Photosynthese. Durch Experimente mit ^{14}CO$_2$ konnte man in der Tat zeigen, daß das Substrat der photorespiratorischen CO$_2$-Bildung unmittelbar aus der Photosynthese stammt. Da die

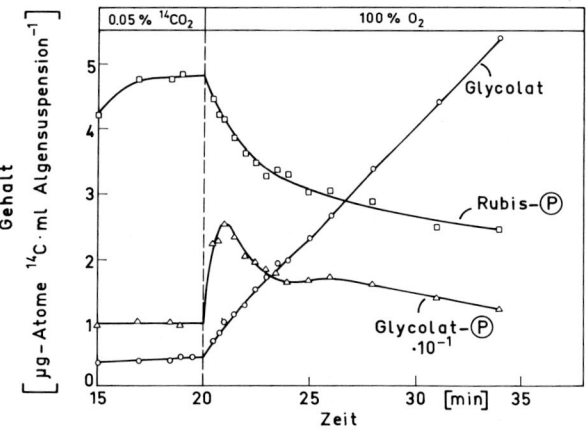

Abb. 13.12. Der Einfluß von O$_2$ auf die Synthese von Glycolat durch den Calvin-Cyclus. Objekt: *Chlorella pyrenoidosa*. Die Algenkultur wurde zunächst bei 20 °C im Licht durch Begasung mit ^{14}CO$_2$ gefüttert, um alle photosynthetischen Intermediärprodukte mit ^{14}C durchzumarkieren. Dann wurde die Begasung schlagartig von Luft auf reines O$_2$ umgestellt. Nach chromatographischer Auftrennung des Algenextraktes wurden die Konzentrationsverschiebungen von Glycolat, Glycolatphosphat und Ribulose-1,5-bisphosphat (Rubis-Ⓟ) anhand der Radioaktivität gemessen (→ Abb. 12.32). Da die CO$_2$-Fixierung unterbrochen wurde, unterbleibt die Nachlieferung von Rubis-Ⓟ. Gleichzeitig mit dessen Abfall steigt das Intermediärprodukt Glycolat-Ⓟ vorübergehend, und das Produkt Glycolat stetig an. Die Kinetiken stehen qualitativ in Übereinstimmung mit der Sequenz Rubis-Ⓟ → Glycolat-Ⓟ → Glycolat. Allerdings ist die Intensität der Glycolatsynthese in O$_2$ etwa doppelt so hoch, als man aufgrund der stationären Glycolat-Ⓟ-Konzentration (bei 30–34 min) erwarten würde. Dies deutet darauf hin, daß – zumindest in 100% O$_2$ – Rubis-Ⓟ nicht die einzige Quelle für Glycolat ist. (Nach Bassham und Kirk 1973)

Dunkelatmungsprozesse wegen der Konkurrenz um ADP im Licht mehr oder minder gehemmt sein dürften (→ Abb. 14.7, 14.18), geht der Atmungsgaswechsel im belichteten Blatt weitgehend auf die Photorespiration zurück. Der größte Teil des gebildeten CO$_2$ stammt aus der Carboxylgruppe von *Glycolat*, welches ein schnell markierbares Produkt des Calvin-Cyclus ist (Abb. 13.12). Die Biochemie der Glycolatbildung ist noch nicht völlig geklärt. Es ist jedoch ziemlich sicher, daß ein erheblicher Teil aus dem Ribulosebisphosphat stammt. Das CO$_2$-fixierende Enzym des Calvin-Cyclus, die Ribulosebisphosphatcarboxylase, besitzt nämlich eine Doppelfunktion; sie katalysiert neben der CO$_2$-Fixierung auch die Spaltung von Ribulosebis-

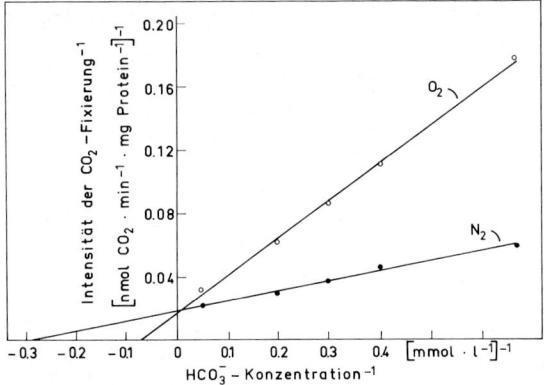

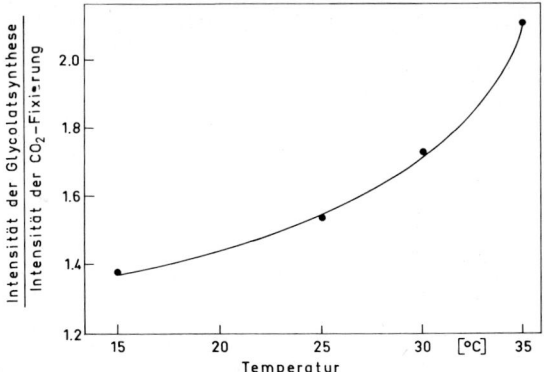

Abb. 13.13. Der Einfluß von O_2 auf die CO_2-fixierende Aktivität der RUBISCO in vitro (gereinigtes Enzym aus Blättern der Sojabohne, *Glycine max*, 25 °C). Die Substrat-Sättigungskurven sind in der Lineweaver-Burk-Darstellung ($\rightarrow$ Abb. 5.2) gezeichnet. Man erkennt, daß v_{max} unter N_2 und O_2 identisch ist (gleicher Ordinatenabschnitt!), während $K_m(HCO_3^-)$ durch O_2 stark erhöht wird. Dies sind die Kriterien für eine kompetitive Hemmung des Enzyms durch O_2 ($\rightarrow$ Abb. 5.3). Die hemmende Wirkung von O_2 geht darauf zurück, daß es als Substrat für die Oxygenase-Reaktion dieses Enzyms dient ($\rightarrow$ Abb. 13.12), welche ihrerseits kompetitiv durch CO_2 gehemmt wird. CO_2 und O_2 konkurrieren also als Substrate um dasselbe Enzym, welches jedoch eine etwa 10mal geringere Affinität (10mal größere K_m) für O_2 als für CO_2 besitzt. Für das unmittelbare Substrat des Enzyms, CO_2, ergibt sich eine etwa 100mal kleinere K_m als für HCO_3^-. (Nach Laing et al. 1974)

phosphat unter O_2-Verbrauch zu Glycolatphosphat plus Glyceratphosphat und ist daher vollständig als *Ribulosebisphosphatcarboxylase/oxygenase* (*RUBISCO*) zu bezeichnen:

$$\text{Rubis-}\textcircled{P} \xrightarrow[\text{Carboxylase}]{+CO_2} [C_6] \rightarrow 2\,\text{Glycerat-}\textcircled{P} \qquad (13.13)$$

$$\text{Rubis-}\textcircled{P} \xrightarrow[+O_2]{\text{Oxygenase}} \text{Glycolat-}\textcircled{P} + \text{Glycerat-}\textcircled{P}\,. \qquad (13.14)$$

Die beiden Reaktionen sind nicht unabhängig: CO_2 ist ein kompetitiver Inhibitor ($\rightarrow$ Abb. 5.3) der Oxygenasereaktion bezüglich O_2, während O_2 die Carboxylasereaktion entsprechend hemmt (Abb. 13.13). Niedrige O_2- und hohe CO_2-Konzentrationen fördern daher die Carboxylierung und hemmen die Oxygenierung von Ribulosebisphosphat. Bei den O_2- und CO_2-Konzentrationen normaler Luft liegt das Verhältnis der Intensitäten von

Abb. 13.14. Der Einfluß der Temperatur auf das Verhältnis Oxygenaseaktivität/Carboxylaseaktivität der RUBISCO in vitro (gereinigtes Enzym aus Blättern der Sojabohne, *Glycine max*, O_2-gesättigte Lösung mit 2,5 mmol $\cdot$ l^{-1} HCO_3^-, pH 8,5). Der Anstieg der Oxygenaseaktivität gegenüber der Carboxyloseaktivität bei höheren Temperaturen geht vor allem auf einen relativ starken Anstieg von $K_m(HCO_3^-)$ mit der Temperatur zurück. (Nach Laing et al. 1974)

Oxygenase- und Carboxylasereaktion bei etwa 0,4:1 (25 °C). Eine weitere regulatorisch wichtige Eigenschaft der RUBISCO ist die unterschiedliche Temperaturabhängigkeit der beiden Reaktionen, welche dazu führt, daß die Oxygenasereaktion bei höheren Temperaturen überproportional gefördert wird (Abb. 13.14). Dies steht in Übereinstimmung mit der Beobachtung, daß die Intensität der Photorespiration bei Temperaturerhöhung stärker zunimmt, als die Intensität der lichtgesättigten Photosynthese ($\rightarrow$ S. 247).

Es muß jedoch betont werden, daß die Oxygenase-Reaktion der RUBISCO möglicherweise nicht die einzige Quelle für photosynthetisches Glycolat ist. Man kann z. B. auch unter O_2-Abschluß eine lichtabhängige Glycolatproduktion beobachten.

Metabolisierung des photosynthetischen Glycolats im C_2-Cyclus

Das im Licht in großen Mengen synthetisierte Glycolat kann in den Chloroplasten nicht weiterverarbeitet werden. Seine Metabolisierung erfolgt bei den höheren Pflanzen in einem speziellen Peroxisomentyp, welcher für assimilierende Blattzellen typisch ist und daher als *Blatt-Peroxisom* bezeichnet wird ($\rightarrow$ S. 152). Diese Microbodies sind von den

Abb. 13.15. Blatt-Peroxisomen. Objekt: Mesophyllzellen eines Tabak-Blattes (*Nicotiana
tabacum*). Die Microbodies sind eng an die
äußere Hüllmembran von Chloroplasten angelagert. Die Kontaktstellen dienen wahrscheinlich dem Import von Glycolat aus dem Chloroplastenstroma. Man erkennt deutlich die
einfache Hüllmembran und die homogene,
feingranuliert erscheinende Matrix der Peroxisomen. Außerdem wird die enge räumliche
Beziehung zwischen Peroxisomen und Mitochondrien sichtbar. Die Größenunterschiede
zwischen den (als schwarze Punkte hervor-
tretenden) cytoplasmatischen und plastidären
Ribosomen treten deutlich hervor (→ S. 129).
N, Nucleus; C, Chloroplast; P, Peroxisom; M,
Mitochondrion. Strich: 1 μm. (Nach Frederick
und Newcomb 1969)

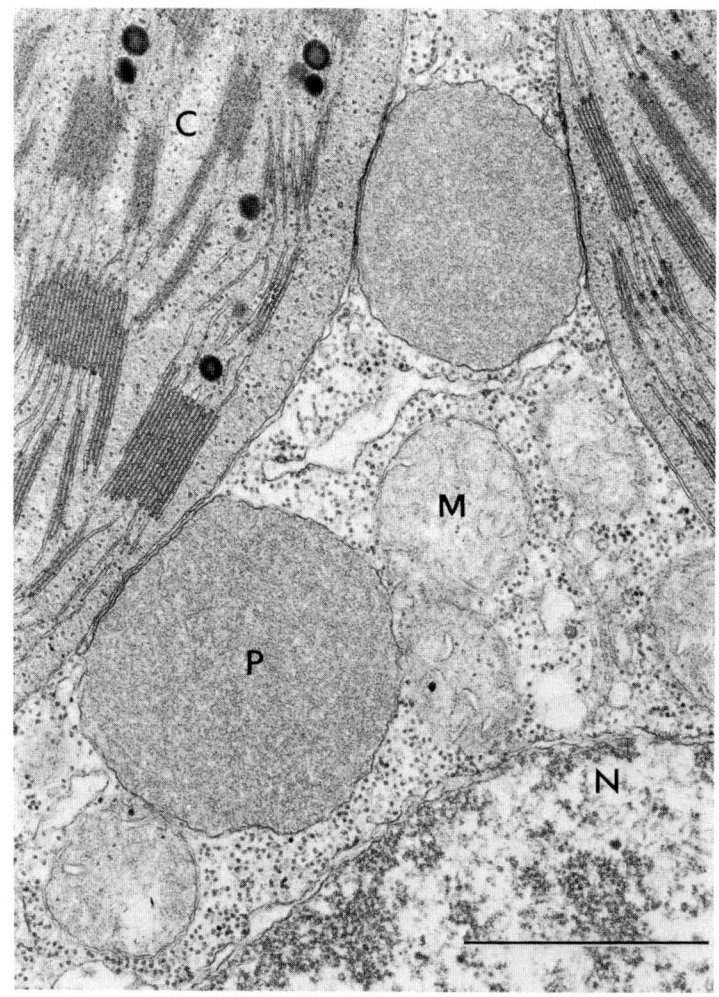

Glyoxysomen der Fettspeicherzellen (→ Abb. 13.19)
strukturell nicht unterscheidbar, besitzen aber eine
abweichende Enzymzusammensetzung und sind in
auffälliger Weise eng an Chloroplasten angelagert
(Abb. 13.15). Die wesentlichsten enzymatischen
Funktionen der Blatt-Peroxisomen sind 1. die Oxidation von Glycolat zu Glyoxylat mit O_2 durch die
Glycolatoxidase (wobei H_2O_2 entsteht, das durch
Katalase unschädlich gemacht wird), und 2. die anschließende Aminierung des Glyoxylats zu Glycin
(Abb. 13.16). Das Glycin wird nun in die Mitochondrien weiterverfrachtet, wo es unter Desaminierung und Decarboxylierung zu Serin verarbeitet
werden kann. Diese Reaktion liefert das bei der
Photorespiration freigesetzte CO_2. Das Serin kann
zur Proteinsynthese verwendet oder, wie man wiederum von Markierungsexperimenten mit ^{14}C
weiß, über Glycerat in Zucker umgewandelt werden. Diese *Gluconeogenese* verläuft wahrscheinlich
ebenfalls in den Peroxisomen und Chloroplasten.

Die Photorespiration beruht also vorwiegend
auf einem lichtgetriebenen metabolischen Kreislauf
von organischer Substanz, wobei an mindestens
zwei Stellen O_2 verbraucht und an einer Stelle CO_2
gebildet wird. Jedes vierte C-Atom, das in den
Kreislauf eintritt, wird als CO_2 abgegeben. Die
physiologische Bedeutung dieses *oxidativen photorespiratorischen C_2-Cyclus* ist bis heute noch nicht
befriedigend geklärt. Auf jeden Fall bringt die Photorespiration eine erhebliche Einbuße in der Energieausbeute der Photosynthese mit sich; sie wird
daher auch treffend als das „Leck" des Calvin-Cy-

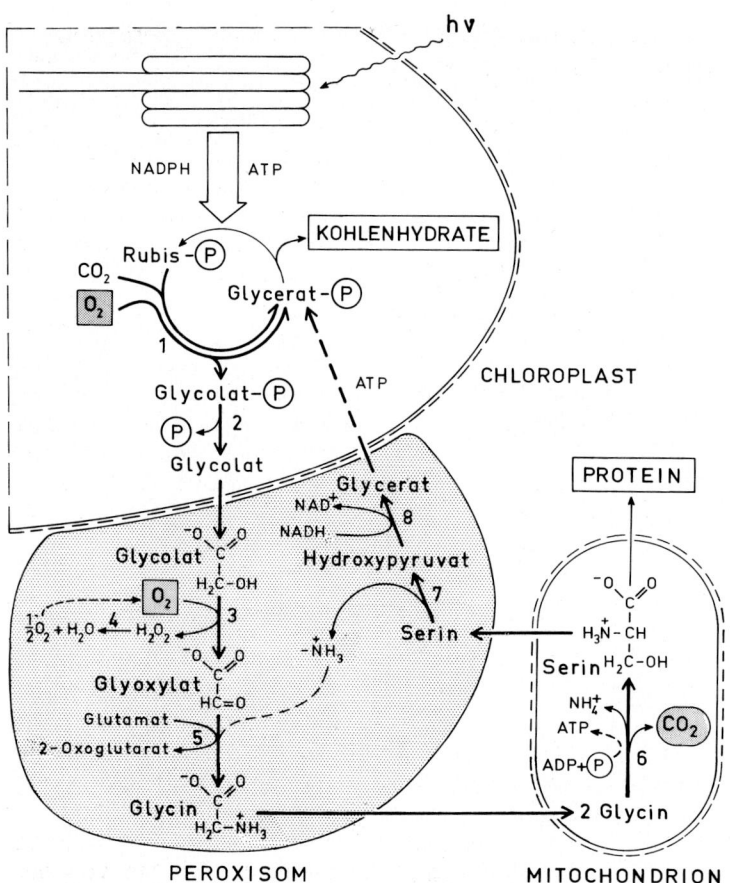

Abb. 13.16. Der photorespiratorische C_2-Cyclus. Der Calvin-Cyclus produziert im Licht über die Oxygenase-Reaktion der RUBISCO (1) Glycolatphosphat, welches durch eine Phosphoglycolatphosphatase (2) dephosphoryliert wird. Glycolat wird von den Chloroplasten in die Peroxisomen exportiert und dort durch Glycolatoxidase (FMN als prosthetische Gruppe, 3) mit O_2 zu Glyoxylat oxidiert, wobei H_2O_2 entsteht, das durch Katalase (4) gespalten wird. Glyoxylat wird durch Transaminierung (Glutamat-Glyoxylat-Aminotransferase, 5) zu Glycin umgesetzt, welches in die Mitochondrien exportiert wird. Dort entsteht aus 2 Glycin unter Desaminierung und Decarboxylierung Serin (6). Diese Aminosäure kann für die Proteinsynthese dienen oder wird (zum größten Teil) in den Peroxisomen über Hydroxypyru-vat (Serin-Glyoxylat-Aminotransferase, 7) und Glycerat (Hydroxypyruvatreductase, 8) wieder in den Kohlenhydratstoffwechsel der Chloroplasten eingeschleust. Gleichzeitig wird die Aminogruppe des Serins in den Cyclus zurückgeführt. An der inneren Chloroplasten-Hüllmembran konnte ein carrier identifiziert werden, der Glycolat im Austausch mit Glycerat transportiert. Die Anwesenheit von Malatdehydrogenase und Glutamat-Oxalacetat-Aminotransferase in Peroxisomen spricht für die Möglichkeit eines NAD^+/NADH-shuttles zwischen Peroxisomenmatrix und Cytoplasma ($\rightarrow$ Abb. 5.10). In ausgewachsenen Blättern kann über 30% des photosynthetisch fixierten Kohlenstoffs durch diese Nebenschleife des Calvin-Cyclus wieder abfließen. (In Anlehnung an Tolbert 1971)

clus bezeichnet. In vielen Pflanzen kann nämlich die Nettofixierung von CO_2 durch O_2-Entzug um 30–60% gesteigert werden ($\rightarrow$ S. 259). Dieser Effekt geht sicher zum größten Teil auf die Hemmung der beiden O_2-verbrauchenden Reaktionen bei der Photorespiration zurück. Zwar weiß man, daß die Glycinoxidation in den Mitochondrien grüner Blätter mit einer O_2-Aufnahme verbunden ist und zur ATP-Synthese führt (P/O-Quotient=3; $\rightarrow$ S. 204) und daher offenbar über NAD^+/NADH an die Atmungskette gekoppelt ist; dies kann jedoch schwerlich als alleinige Rechtfertigung für den enormen Durchsatz von Kohlenstoff durch den Glycolatweg herangezogen werden. Manche Forscher sehen in den Peroxisomen Überbleibsel urtümlicher Atmungsorganellen aus vergangenen Epochen der Evolution und in der Photorespiration einen nicht überwundenen evolutionistischen Defekt des autotrophen Stoffwechsels. Wahrscheinlicher erscheint die Annahme, daß die Oxygenaseaktivität eine unvermeidbare Eigenschaft der Ribulosebisphosphatcarboxylase ist. In der Tat hat man die beiden Aktivitäten bisher bei allen Pflanzen einschließlich der phototrophen Bakterien gekoppelt gefunden. Die Photorespiration wäre dann vor allem als Entgiftungsmechanismus für Glycolat anzusehen. Diese Deutung wird durch Untersuchungen mit Mutanten untermauert, denen einzelne Enzyme des C_2-Cyclus fehlen. Solche Mutanten gedeihen normal, wenn die Oxygenase-Reaktion der RUBISCO unterdrückt wird (z.B. bei hoher CO_2- oder niedriger O_2-Konzentration). Ohne derartige Vorkehrungen (z.B. an normaler Luft) sterben die Pflanzen wegen der Akkumulation toxischer Mengen an Glycolat.

Mit der Photorespiration ist ein massiver Kreislauf von NH_4^+ verbunden: Das bei der Decarboxylierung von Glycin ($\rightarrow$ Abb. 13.16) freigesetzte NH_4^+ wird in den Chloroplasten durch Glutaminsynthetase reassimiliert und zur Synthese von Glutaminsäure aus Oxoglutarat verwendet ($\rightarrow$ Abb. 12.36). Der Kreis schließt sich, da im Peroxisom Glutaminsäure wieder desaminiert und die Aminogruppe in den photorespiratorischen Cyclus eingeschleust wird ($\rightarrow$ Abb. 13.16). Auch die bei der Desaminierung von Serin frei werdende Aminogruppe wird durch eine peroxisomale Serin-Glyoxylat-Aminotransferase wieder in den Kreislauf zurückgeleitet. Man hat berechnet, daß der Fluß von N durch diesen Kreislauf, der durch Ferredoxin und ATP aus der Photosynthese angetrieben wird, ein Vielfaches der assimilatorischen Nitratreduktion ausmacht.

Anhang: Glycolatstoffwechsel bei Grün- und Blaualgen

Grün- und Blaualgen produzieren im Licht große Mengen an Glycolat, welches, besonders bei guter Versorgung mit CO_2, ins Medium ausgeschieden wird (photosynthetische Glycolatexkretion). Bei geringem CO_2-Angebot bilden diese Organismen adaptiv eine *Glycolatdehydrogenase* (ebenfalls mit Flavin als prosthetischer Gruppe), welche die Metabolisierung des Glycolats erlaubt. Dieses Enzym kann nicht O_2, sondern einen anderen, noch nicht genau identifizierten Elektronenacceptor reduzieren. Im in-vitro-Test können dafür artifizielle Acceptoren, z.B. Dichlorophenolindophenol, verwendet werden. Das Enzym ist bei *Euglena* zumindest teilweise in den Mitochondrien lokalisiert und dort in die Atmungskette eingegliedert (ähnlich wie Succinatdehydrogenase; $\rightarrow$ Abb. 13.6). Der P/O-Quotient für Glycolat beträgt 1,7. Der Elektronentransport vom Glycolat zu O_2 wird durch Antimycin und HCN gehemmt ($\rightarrow$ Abb. 13.7). Bei Blaualgen ist das Enzym an die Thylakoidmembran gebunden, in welcher, ähnlich wie bei den phototrophen Bakterien, Funktionen des photosynthetischen und dissimilatorischen Elektronentransports vereinigt sind.

Mobilisierung von Speicherstoffen in Speichergeweben

In bestimmten Stadien ihrer Ontogenie (z.B. bei der Entwicklung von Knospen, Samen, Knollen und anderen Überdauerungsorganen) bildet die Pflanze Vorräte an bestimmten Speichermolekülen. Diese dienen dazu, bei ihrem Abbau in späteren Entwicklungsphasen für einige Zeit ein von der Photosynthese unabhängiges Wachstum zu ermöglichen. Die wichtigsten Speicherstoffe sind *Triacylglycerole (Fette)*, *α-Glucane (Stärke)* und *Speicherproteine*. Diese Stoffe werden in speziellen *Speichergeweben* (*Speicherorganen*) als indirekte Assimilationsprodukte gebildet und dort in speziellen *Speicherorganellen* in großen Mengen akkumuliert. Während der Füllungsperiode sind diese Gewebe bzw. Organe starke Attraktionszentren (*sinks*) für den Stofftransport innerhalb der Pflanze ($\rightarrow$ S. 509). Die Ausdifferenzierung von Speichergeweben ist in der Regel die Vorstufe zu einem physiologischen Ruhezustand ($\rightarrow$ S. 425). Die in Samen und Knollen deponierten Speicherstoffe liefern die Grundlage für die menschliche und tierische Ernährung; sie sind daher für die Ertragsphysiologie von zentraler Bedeutung ($\rightarrow$ Kapitel 33).

Besonders auffällig ist die Akkumulation von Speicherstoffen im reifenden Samen. Nach der Lokalisierung des Speichermaterials kann man im Prinzip zwei Typen von Samen unterscheiden (Abb. 13.17): 1. Samen mit *Endospermspeicherung*

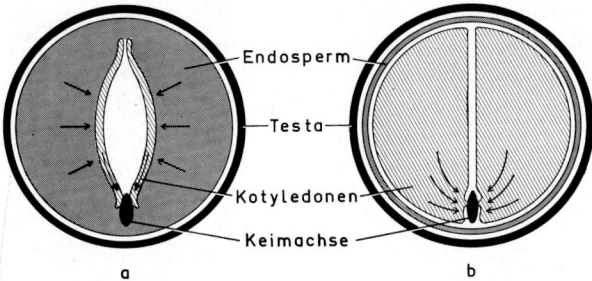

Abb. 13.17a und b. Die beiden Typen der Stoffspeicherung bei Samen (Dikotylen). (a) *Endospermspeicherung* (z. B. bei *Ricinus*); (B) *Kotyledonenspeicherung* (z. B. bei der Walnuß). Bei (a) besitzen die Kotyledonen während der Speicherstoffmobilisierung im Endosperm die Funktion von *Saugorganen*, welche Saccharose und Aminosäuren aus dem Endosperm aktiv resorbieren und in die Keimlingsachse transportieren. Die Endospermspeicherung ist wahrscheinlich der evolutionistisch ältere Typ. Dieses Stadium wird bei (b) während der Samenreifung auf der Mutterpflanze durchgemacht. Bei beiden Samentypen tritt das Problem der Tanslocation des Speichermaterials von den Speichergeweben in die wachsenden Achsenorgane Hypokotyl und Radicula auf (*Pfeile*)

(z. B. bei Gymnospermen, Cocospalme, Tomate und den Caryopsen der Gräser; in Sonderfällen tritt auch ein *Perisperm* auf). 2. Samen mit *Kotyledonenspeicherung* (z. B. bei vielen Fabaceen, Brassicaceen und Asteraceen). Es gibt auch Arten, bei denen beide Möglichkeiten realisiert sind. Im Prinzip kommen bei allen Samen nebeneinander Fett, Polysaccharide und Speicherproteine vor, allerdings in sehr unterschiedlichen Proportionen. So speichern z. B. die Gräser im Endosperm ihrer Karyopsen vorwiegend Stärke. In den Kotyledonen vieler Fabaceen überwiegt Speicherprotein, während die Brassicaceen typische Vertreter der Arten mit vorwiegend fetthaltigen Kotyledonen sind.

Die Samenspeicherstoffe werden nach der Keimung mobilisiert, die Bruchstücke in die wachsenden Organe des jungen Keimlings transportiert und dort verbraucht. Die Pflanze muß von diesen Vorräten solange leben, bis sie ihren Photosyntheseapparat aufgebaut hat und dadurch zur Autotrophie befähigt wird. Es ist leicht einzusehen, daß die ökonomische Herstellung und Verwertung der Speicherstoffe eine entscheidende Voraussetzung für das Überleben des Keimlings im Dunkeln darstellt und daher während der Evolution einem starken Selektionsdruck ausgesetzt war.

Umwandlung von Fett in Kohlenhydrat

Fette (in Form von Ölen, Triacylglycerole mit verschiedenen, meist ungesättigten Fettsäuren) bilden bei den Samen vieler höherer Pflanzen den weitaus überwiegenden Teil des Speichermaterials (bis zu 50% der Trockenmasse). Dies hängt wahrscheinlich damit zusammen, daß Fett wegen seiner hydrophoben Eigenschaften und seinem extrem niedrigen Sauerstoffgehalt [→ Gl. (13.15)] ein idealer Speicherstoff ist, der dem Samen ein Maximum an Energiereserven bei minimalem Gewicht ermöglicht. Die Energiedichte, d. h. die freisetzbare Energiemenge pro Masseneinheit, ist bei Fett mehr als doppelt so groß wie bei Kohlenhydraten. Im Endosperm (bzw. in den Kotyledonen) liegt das Speicherfett in kugeligen, von einer einfachen (nicht membranösen) Hülle umschlossenen Fetttröpfchen vor, die man als *Oleosomen* bezeichnet (→ Abb. 13.19). Diese spezifischen Fettspeicherorga-

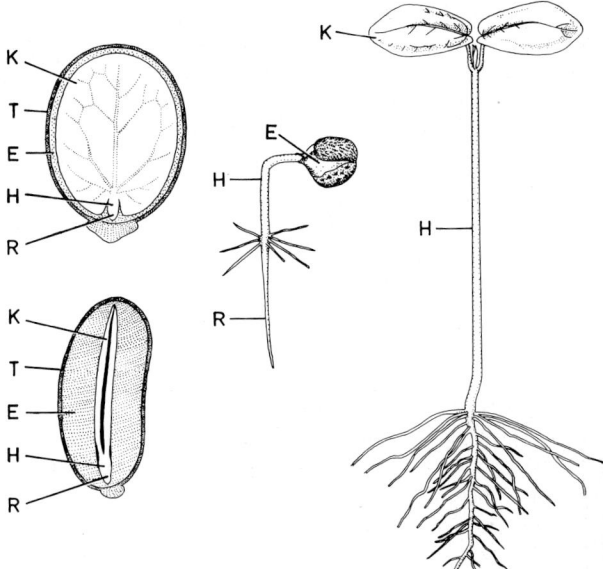

Abb. 13.18. Die Keimung von *Ricinus communis* (Wunderbaum, *Euphorbiaceae*). *Links:* Mediane Schnitte durch den ungekeimten Samen. Die häutigen, großflächigen Kotyledonen stehen in direktem Kontakt zum Endosperm. *Mitte:* Stadium maximaler Fettmobilisierung im Endosperm (ca. 6 d nach der Quellung des Samens, 25 °C). *Rechts:* Nach Übergang zum autotrophen Wachstum (ca. 10 d nach der Samenquellung). Die Samen sind gegenüber den Keimlingen 5fach vergrößert dargestellt. E, Endosperm; H, Hypokotyl; K, Kotyledonen; R, Racicula; T, Testa. (Nach Troll 1954; verändert)

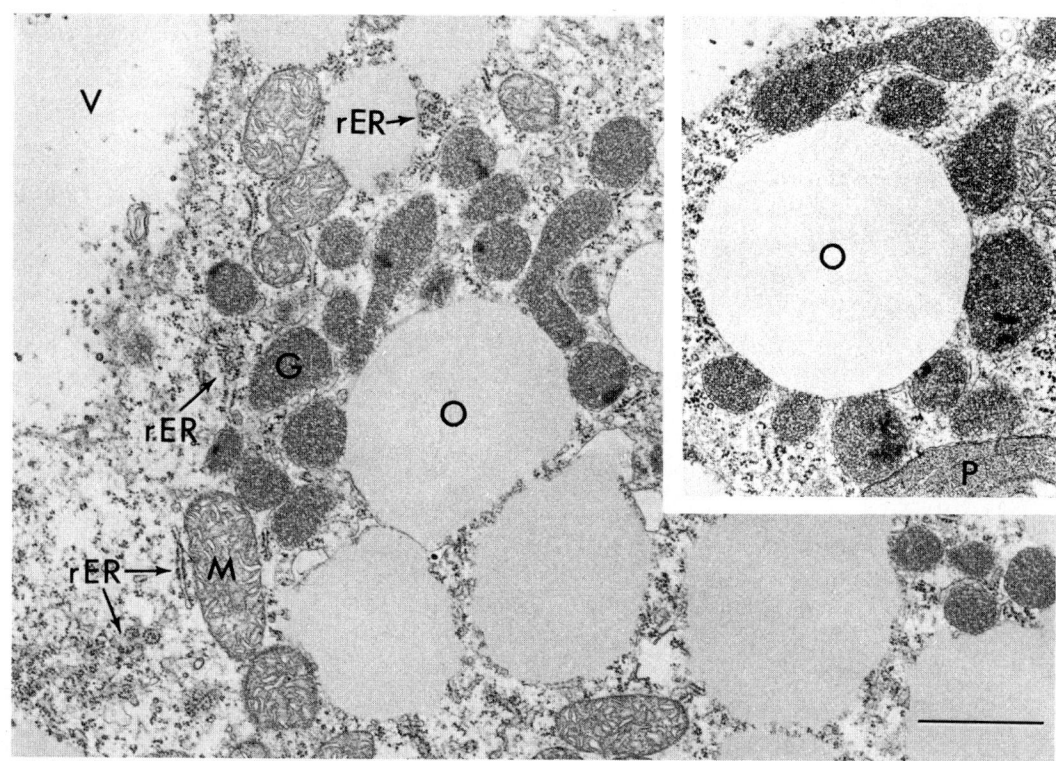

Abb. 13.19. Feinstruktur der Endospermzellen keimender Samen von *Ricinus communis*. In ungekeimten Samen wird das Zellumen zum größten Teil von dicht gepackten Lipidkörpern (Oleosomen, O) ausgefüllt. Während der Keimung entstehen Glyoxysomen (G), welche sich an die Oleosomen anlagern (*Ausschnitt oben rechts*) und die „Verdauung" der freigesetzten Fettsäuren durchführen (→ Abb. 13.20). Die elektronenmikroskopische Aufnahme stammt von 6 d alten Keimpflanzen (25 °C), in deren Endosperm der Fettabbau in vollem Gang ist. Neben Glyoxysomen und Oleosomen findet man im Endosperm Mitochondrien (M), Proplastiden (P), Vacuolen (V) und Cisternen des endoplasmatischen Reticulums mit Ribosomenbesatz (rauhes ER, rER), welches in Aufsicht spiralige Polysomen erkennen läßt (z. B. *links unten*). Strich: 1 µm. (Nach Vigil 1970)

nellen entstehen im Cytoplasma de novo, indem sich ein spezielles Strukturprotein (*Oleosin*) an der Oberfläche von Fetttröpfchen zu einer Grenzschicht verbindet.

Wegen der Notwendigkeit eines Langstreckentransports über die Leitbündel des jungen Embryos muß auch das Speicherfett zunächst in den Transportmetaboliten Saccharose umgewandelt werden. Diese *Fett → Kohlenhydrat-Transformation* spielt sich in allen fettspeichernden Zellen in prinzipiell gleicher Weise ab. Ein beliebtes Objekt für die Untersuchung der komplexen biochemischen Vorgänge ist das Endosperm des keimenden Samens von *Ricinus communis* (Abb. 13.18, 13.19). Ein reifer *Ricinus*-Same enthält etwa 260 mg Fett und 15 mg Kohlenhydrate. Zwei Tage nach der Quel-

lung setzt eine intensive Fettverdauung im Endosperm ein, welche nach etwa 5 d ihr Optimum erreicht (25 °C). Zu diesem Zeitpunkt werden etwa 2 mg Saccharose · h⁻¹ von den Kotyledonen des Embryos resorbiert. Bereits nach weiteren 4 d ist der Fettvorrat weitgehend erschöpft (50 mg); dafür enthält der Keimling nun 230 mg Kohlenhydrate. In diesen wenigen Tagen macht das Endosperm eine dramatische Entwicklung durch. Es werden zunächst große Mengen an Ribosomen neu gebildet und daran neu synthetisierte mRNAs für die dissimilatorischen Enzyme translatiert. Parallel dazu entstehen metabolisch aktive Zellorganellen (→ Abb. 13.19). Bereits 4 d nach der Aussaat wird dieser Apparat wieder abgebaut. Proteine, Nucleinsäuren u. a. werden gespalten und die Bau-

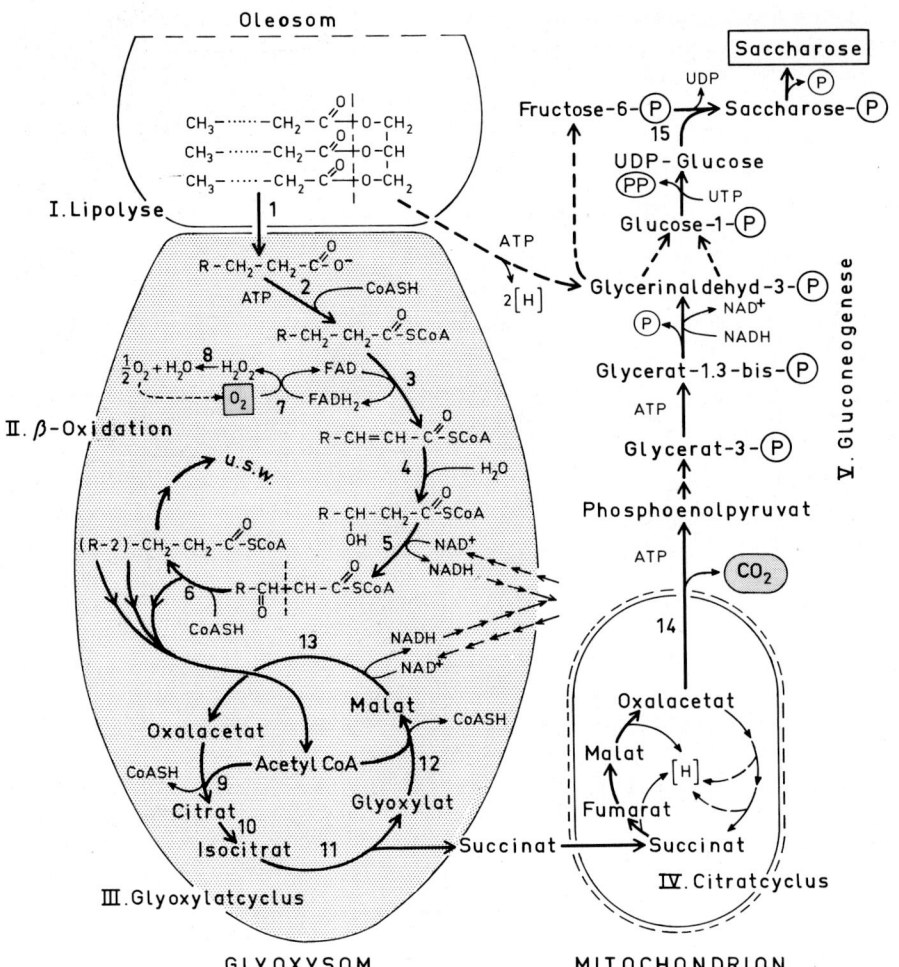

Abb. 13.20. Die Transformation von Fett in Kohlenhydrat (Saccharose) im Fettspeichergewebe von Samen. Dieser Weg läßt sich in 5 Teilbereiche gliedern:

I. Lipolyse: Spaltung von Fett in Fettsäuren und Glycerin durch Lipase (1) an der Oleosomenhülle.

II. β-Oxidation der Fettsäuren (an der Innenseite der Glyoxysomenmembran): Der Acylrest wird mit CoA aktiviert (Acetyl-CoA-Synthetase, 2). Nach Wasserstoffentzug durch FAD (Acyl-CoA-Oxidase, 3 + 7) wird H_2O an die Doppelbindung angelagert (Enoylhydratase, 4), nochmals Wasserstoff entzogen (Hydroxyacyldehydrogenase, 5) und schließlich zwischen dem 2. und 3. C-Atom gespalten (Ketoacyl-Thiolase, 6). Der um ein C_2-Stück verkürzte Fettsäurerest kann erneut in den Cyclus eintreten. Das im Schritt 3 gebildete $FADH_2$ wird durch O_2 reoxidiert (7). Das hierbei entstehende H_2O_2 wird durch Katalase (8) gespalten.

III. Glyoxylatcyclus (in der Glyoxysomenmatrix): Zwei Acetatreste aus der β-Oxidation werden in diesem Cyclus zu Succinat umgewandelt. Die Schritte 9 und 10 verlaufen wie im Citratcyclus (→ Abb. 13.5). Schlüsselenzyme sind Isocitratlyase (11), welche Isocitrat in Glyoxylat und Succinat

spaltet und Malatsynthase (12), welche Glyoxylat mit einem weiteren Acetyl-CoA zu Malat vereinigt. Durch Reduktion (Malatdehydrogenase, 13) entsteht daraus wieder der Acetatacceptor Oxalacetat. Die Reoxidation des in der β-Oxidation und im Glyoxylatcyclus gebildeten NADH erfolgt außerhalb der Glyoxysomen (shuttle-Transport über eine glyoxysomale Glutamat-Oxalacetat-Transaminase), entweder im Cytoplasma (Bildung von Glycerinaldehydphosphat) oder in den Mitochondrien.

IV. Über Teilreaktionen des *Citratcyclus* in den Mitochondrien (→ Abb. 13.5) wird Succinat zu Oxalacetat oxidiert.

V. Gluconeogenese (im Grundplasma): Oxalacetat wird durch Phosphoenolpyruvatcarboxykinase (14) zu Phosphoenolpyruvat decarboxyliert, welches über die glycolytische Reaktionskette zu Hexosephosphaten führt (→ Abb. 13.4). Die Verknüpfung von Fructose und Glucose führt zur Saccharose über Uridindiphosphat-Glucose (Saccharosephosphatsynthase, 15). In Fett-speichernden Kotyledonen beobachtet man häufig auch eine transitorische Stärkebildung (→ Abb. 13.22)

steine (z. B. Aminosäuren) von den Kotyledonen resorbiert. Nach 4 bis 5 d streifen die Kotyledonen die absterbenden Endospermreste ab, ergrünen und entwickeln sich zu normalen Laubblättern.

Der biochemische Weg des Umbaus der Fette in Saccharose ist in Abb. 13.20 dargestellt. Während der ersten Tage nach der Quellung des *Ricinus*-Samens spielt sich im Endosperm ein außerordentlich aktiver Stoffwechsel ab. Das Fett der Oleosomen wird zunächst durch eine fest an die Proteinhülle dieser Organellen gebundene Lipase in die wasserlöslichen Komponenten Glycerin und Fettsäuren gespalten. Das freigesetzte Glycerin kann über Glycerinphosphat leicht zum Aldehyd oxidiert werden und bekommt damit unmittelbaren Anschluß an die Glycolyse. Die mengenmäßig viel gewichtigeren Fettsäuren werden durch *β-Oxidation* schrittweise in C_2-Einheiten (Acetat) zerlegt, welche dann im *Glyoxylatcyclus* zur C_4-Säure Succinat zusammengefügt werden. Die Enzyme der β-Oxidation und des Glyoxylatcyclus sind in speziellen Organellen, den *Glyoxysomen*, lokalisiert. Dieser für Fettverdauende Gewebe charakteristische Peroxisomen-Typ (→ S. 152) wurde 1967 im *Ricinus*-Endosperm entdeckt. Wegen der allgemein für Peroxisomen charakteristischen hohen Schwebedichte ($\varrho \approx 1,25$ kg · l^{-1}) im Saccharose-Dichtegradienten konnte man Glyoxysomen von den anderen Zellorganellen (Mitochondrien, Plastiden) trennen und ihre Enzymausstattung ermitteln (Abb. 13.21). Die Glyoxysomen treten während des Fettabbaus in engen Membrankontakt mit den Oleosomen (→ Abb. 13.19). Das bei der β-Oxidation anfallende

H_2O_2 wird durch die stets in Microbodies reichlich vorhandene Katalase beseitigt. Im keimenden *Ricinus*-Endosperm ist die β-Oxidation ausschließlich in den Glyoxysomen lokalisiert. Dies gilt wahrscheinlich generell für pflanzliche Zellen. Tierische Zellen (z. B. Leberzellen) bauen Fettsäuren daneben auch über ein β-Oxidationssystem in den Mito-

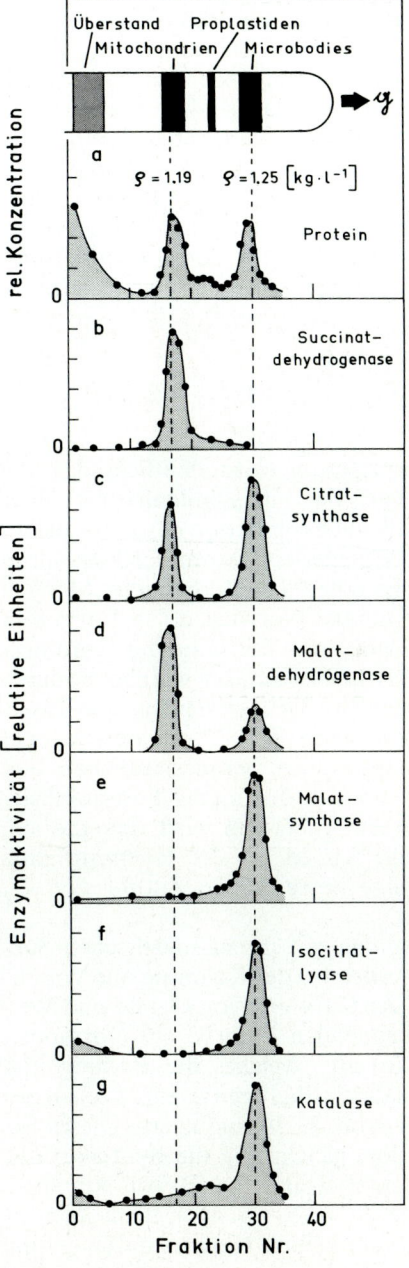

Abb. 13.21 a–g. Die Lokalisierung von Schlüsselenzymen der Fett → Kohlenhydrat-Transformation in Fettspeicherzellen. Objekt: Endosperm keimender Samen von *Ricinus communis*. In diesem Experiment wurde nach 5 d Ankeimung bei 30 °C das Endospermgewebe in einem isotonischen Medium (0,4 mol · l^{-1} Saccharose) schonend homogenisiert. Die hierbei erhaltene Organellensuspension wurde auf einen Dichtegradienten (300–600 g · l^{-1} Saccharose) geschichtet und für 4 h bei 100 000 × g zentrifugiert. Hierbei wandern die Organellen in den Gradient ein, bis sie die Position ihrer eigenen Schwebedichte (ϱ) erreicht haben (Gleichgewichtszentrifugation), und werden dadurch als Banden getrennt. Nach Fraktionierung des Gradienten wurde die Verteilung des Proteins (a) und einiger Glyoxysomen- und Mitochondrienenzyme (b–g) gemessen (→ Abb. 13.20). Durch ähnliche Experimente konnte gezeigt werden, daß die Enzyme der β-Oxidation ausschließlich in den Glyoxysomen vorkommen. (Nach Daten von Breidenbach et al. 1968)

chondrien ab, wo der anfallende [H] direkt in die Atmungskette eingeschleust werden kann. Die weitere Verarbeitung des aus den Glyoxysomen ausgeschiedenen Succinats erfolgt in den Mitochondrien, wo aus Succinat Oxalacetat und in einem zweiten Schritt Phosphoenolpyruvat gebildet wird. Nachdem auf diese Weise mit Hilfe von ATP und einem Decarboxylierungsschritt die Einschleusungsreaktion von Pyruvat in den Citratcyclus (→ Abb. 13.5) umgangen wurde, kann die Reaktionsfolge der Glycolyse – in umgekehrter Richtung – bis zur Hexosephosphat-Stufe durchlaufen werden (*Gluconeogenese*). Durch regulatorische Maßnahmen wird hierbei der Rückfluß von Phosphoenolpyruvat zum Citratcyclus verhindert (→ Abb. 13.32). Unter weiterem Verbrauch von Phosphorylierungspotential entsteht schließlich das Disaccharid *Saccharose.* Als Bilanz ergibt sich folgende Summengleichung (berechnet für das Fett Triolein):

$$C_{57}H_{104}O_6 + 36,5 O_2 \rightarrow \qquad (13.15)$$
$$3,625 C_{12}H_{22}O_{11} + 13,5 CO_2 + 12,125 H_2O .$$

Aus dieser Formulierung wird deutlich, daß die Umwandlung von Fett in Kohlenhydrat einer partiellen oxidativen Dissimilation des Fetts gleichkommt, wobei jedes vierte C-Atom der Fettsäuren veratmet wird. Es fallen dabei erhebliche Mengen an Reduktonspotential (vorwiegend in Form von NADH) an, welche zum Teil über die Atmungskette zur ATP-Synthese genutzt werden können. Außerdem werden für die Aktivierung von Intermediärprodukten knapp 60 ATP pro Fettmolekül verbraucht. Diese Zahlen veranschaulichen den enormen Energieumsatz, der mit der Fettmobilisierung verbunden ist. Außerdem wird verständlich, warum fetthaltige Samen bei der Keimung ganz besonders auf eine ausreichende Zufuhr von O_2 angewiesen sind.

Die Glyoxysomen mit ihrem spezifischen Satz von Enzymen werden bei der Keimung aus Vorstufen gebildet. In der Karyopse von Gerste und Weizen geht vom keimenden Embryo ein Hormonsignal (Gibberellin) aus, welches die Bildung von Glyoxysomen in den fetthaltigen Aleuronzellen des Endosperms (→ Abb. 23.28) induziert. Dieses Signal veranlaßt dort gleichzeitig die Synthese und Ausschüttung von Hydrolasen, z. B. von Amylase, zur Verdauung der Stärke (→ S. 415). Beim *Ricinus*-Endosperm hat man keinen Hinweis dafür gefunden, daß ein Hormonsignal des Embryos zur Einleitung der Glyoxysomengenese notwendig wäre.

Abschließend sei erwähnt, daß viele Grünalgen in der Lage sind, mit Hilfe des Glyoxylatcyclus Acetat als Kohlenstoffquelle auszunützen. Da meist außerdem noch Licht benötigt wird, spricht man hier von *photoheterotrophem* Wachstum, im Gegensatz zum *photoautotrophen* Wachstum auf CO_2. Setzt man diese Zellen von CO_2-Medium auf ein Acetat-Medium um, so steigen innerhalb weniger Stunden die Enzyme des Glyoxylatcyclus auf einen hohen Pegel an. Man hat heute gute Anhaltspunkte dafür, daß diese substratinduzierte Enzymsynthese auf einer koordinierten Derepression derjenigen Gene beruht, welche für diese Enzyme codieren. Die Synthese der RUBISCO (→ S. 208) wird in diesen Organismen durch Acetat reprimiert, steigt jedoch beim Umsetzen auf CO_2-Medium im Licht drastisch an. Es handelt sich hier um einen typischen Fall metabolischer Anpassung an die Umwelt durch differentielle Enzymsynthese, gesteuert auf der Ebene der Transkription.

Metabolismus von Speicherpolysacchariden

Kohlenhydrate werden von Pflanzen in der Regel in Form hochmolekularer α-*Glucane* gespeichert. Nur in Sonderfällen können andere Polysaccharide (z. B. *Fructane*) diese Aufgabe übernehmen. In Samen dienen manchmal auch Zellwand-Hemicellulosen (z. B. *Galactomannane* im Endosperm einiger Fabaceen oder β(1,3)-β(1,4)-*Glucane* im Aleurongewebe der Poaceen) als Kohlenhydratspeicher, die nach der Keimung enzymatisch abgebaut werden. Die wichtigste Speichersubstanz für Kohlenhydrate bei höheren Pflanzen ist die *Stärke*, ein unlösliches, heterogenes Gemisch aus etwa 25% unverzweigter *Amylose* [α(1,4)-Glucan] und etwa 75% *Amylopektin*, das durch zusätzliche α(1,6)-glycosidische Bindungen einen verzweigten Aufbau besitzt. Die Biosynthese der Stärke erfolgt ausschließlich im Plastidenkompartiment, wo sie in Form kompakter, semikristalliner Partikel (Stärkekörner) abgelagert wird (Abb. 13.22). Als Ausgangssubstanz der Stärkesynthese dient Hexosephosphat, das z. B. aus dem Calvin-Cyclus entnommen und durch eine Pyrophosphorylase mit ATP zur ADP-Glucose umgesetzt wird (→ Abb. 12.34). Die auf diese Weise energetisch aktivierte Glucose kann durch die *Stärkesynthase* an die Glucankette durch Transgly-

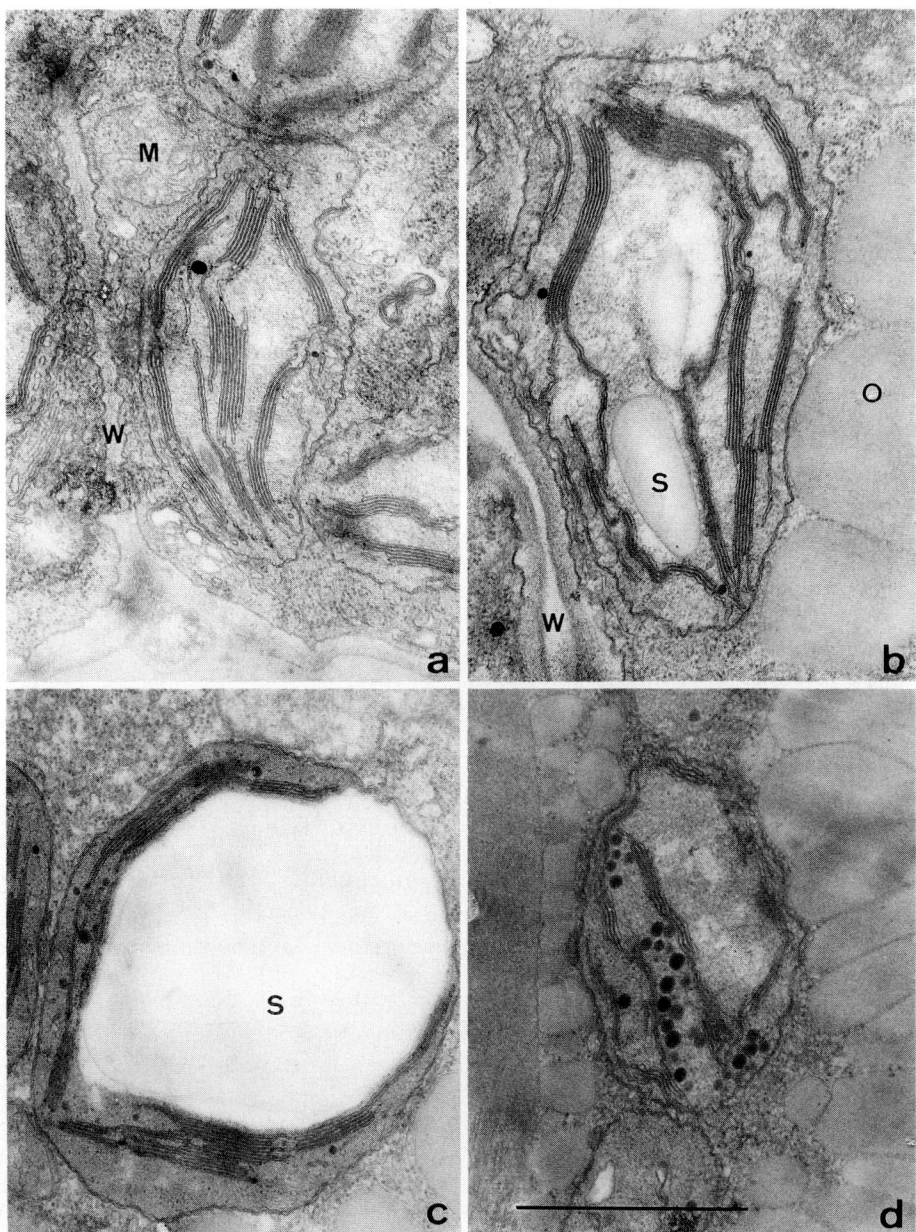

Abb. 13.22 a–d. Akkumulation und Abbau von Stärke im Embryo des reifenden Samens von Brassicaceen (→ Abb. 24.3). Objekt: Weißer Senf (*Sinapis alba*). In den Speicherkotyledonen des Embryos liegen zu Beginn der Reifungsperiode Chloroplasten vor (a, 16 d nach der Bestäubung), welche zunächst kleine Stärkekörner ablagern (b, 16 d n. d. B.). In der Mitte der Reifungsperiode enthalten die Plastiden (Chloramyloplasten) sehr große Stärkekörner (c, 24 d n. d. B.), die gegen Ende der Reifungsperiode wieder voll- ständig abgebaut werden (d, 36 d n. d. B.). Die Plastiden nehmen anschließend den Charakter von Proplastiden an, aus denen nach der Keimung wieder Chloroplasten entstehen können (→ Abb. 11.18). Die beim Stärkeabbau freigesetzten Zucker werden zur Synthese von Fett verwandt, das (neben Speicherprotein) die wesentliche Speichersubstanz dieser Samen darstellt. M, Mitochondrien; O, Oleosom; S, Stärke; W, Zellwand. Strich: 1 μm. (Nach Bergfeld; → Fischer et al. 1988)

cosylierung angefügt werden:

$$(\text{Glucosyl})_n + \text{ADP-Glucose} \rightarrow$$
$$(\text{Glucosyl})_{n+1} + \text{ADP}. \qquad (13.16)$$

In Speichergeweben erfolgt die Stärkesynthese in der Regel in chlorophyllfreien *Amyloplasten* unter Verwendung von Glucose, welche unzerlegt (d. h. nicht über die Triosephosphatstufe) aus dem Cytosol übernommen wird. In der Hüllmembran dieser Organellen findet sich ein *Adenylattranslocator*, welcher ADP-Glucose im Austausch mit ATP aus dem Grundplasma importiert. (Diese Alternative zu dem in Abb. 12.34 dargestellten Weg der Stärkebildung ist nach neueren Befunden auch bei Chloroplasten möglich.)

Für den Abbau der Stärke stehen im Prinzip mehrere Enzyme zur Verfügung: *α-Amylase* hydrolysiert als Endoamylase α(1,4)-glycosidische Bindungen innerhalb der Glucankette. *β-Amylase* ist eine Exoglucanase, die vom nicht-reduzierenden Ende der Glucankette einzelne Disacchärid-Einheiten (Maltose) abspaltet. Daneben gibt es spezifische *α(1,6)-Glucanasen* für die Elimination der Verzweigungsstellen im Amylopektin. Stärkekörner müssen zunächst durch α-Amylase angegriffen werden, bevor die beiden anderen Enzyme die weitere Zerlegung der Oligosaccharidketten übernehmen. Im Endosperm der gekeimten Getreide-Karyopse wird die α-Amylase durch ein hormonelles Signal aus dem Embryo im Scutellum und in den (lebendigen) Aleuronzellen induziert und in die (toten) Zellen des inneren Endosperms sezerniert (→ S. 415). Parallel dazu sezernieren die Aleuronzellen eine Proteinase, welche eine teilweise als inaktives Proenzym im inneren Endosperm vorliegende β-Amylase durch partielle Proteolyse in die aktive Form verwandelt. Die α(1,6)-Glucanase entsteht ähnlich wie die α-Amylase durch Neusynthese im Aleurongewebe. Durch die konzertierte Aktion der drei Enzyme können die Stärkekörner in den inneren Endospermzellen vollständig aufgelöst werden. Diese „Stärkeverzuckerung" wird beim Mälzen angekeimter Getreidekaryopsen technisch ausgenützt.

Während man über den Stärkeabbau durch Glucanasen im Getreideendosperm gut Bescheid weiß, sind die entsprechenden Vorgänge in den Chloroplasten bzw. Amyloplasten lebender Speichergewebe weit weniger gut bekannt. Ähnlich wie grüne Blätter enthalten stärkehaltige Kotyledonen

dikotyler Pflanzen (z. B. der Erbse) ebenfalls α- und β-Amylasen, deren Pegel nach der Keimung durch Neusynthese stark ansteigt. In den Kotyledonen des Senfkeimlings wird die β-Amylase durch Licht induziert, wobei Phytochrom als Auslöser der Enzymsynthese dient (→ S. 366). Die intrazelluläre Lokalisierung der Amylasen gibt noch einige Rätsel auf. α-Amylase ist neben α(1,6)-Glucanase in den Chloroplasten lokalisiert und dort für die Degradation der Stärkekörner verantwortlich. Paradoxerweise ist jedoch die meist ebenfalls in hoher Aktivität vorliegende β-Amylase in den Vacuolen oder im Cytosol zu finden und hat daher offenbar keinen Zugang zu ihrem Substrat. Die Funktion der extraplastidären β-Amylase ist daher noch ungeklärt. Beim Stärkeabbau im Chloroplasten entstehen unverzweigte, kürzerkettige Oligosaccharide, welche durch eine plastidäre *Stärkephosphorylase* unter Verbrauch von anorganischem Phosphat phosphorolytisch gespalten werden:

$$(\text{Glycosyl})_n + \textcircled{P} \rightarrow$$
$$(\text{Glycosyl})_{n-1} + \text{Glucose-1-phosphat}. \quad (13.17)$$

Das entstehende Hexosephosphat kann im Chloroplasten zu Triosephosphat umgebaut und über den Phosphattranslocator ins Cytosol exportiert werden (→ Abb. 12.34). Bei Amyloplasten scheint jedoch der Zuckerexport – ebenso wie der -import – vorwiegend auf der Hexoseebene zu verlaufen.

Metabolismus von Speicherproteinen

Als *Speicher-* oder *Reserveproteine* bezeichnet man eine Gruppe spezieller Proteine, welche keine enzymatische Aktivität oder strukturelle Funktion besitzen, sondern ausschließlich zur Speicherung von Aminosäure-Bausteinen im Endosperm oder funktionell verwandten Geweben dienen. Ihre Synthese wird in bestimmten Stadien der Ontogenie, insbesondere bei der Samenreifung, durch eine massive Synthese der zugehörigen mRNAs ausgelöst (→ S. 425). Die Speicherproteine der höheren Pflanzen bestehen aus einem Gemisch verschiedener Polypeptide, welche häufig zu hochmolekularen Komplexen zusammengefügt sind. Die typischen Speicherproteine der Getreidekaryopsen (*Prolamine*, *Gluteline*) sind in Wasser unlöslich; sie benötigen z. B. 70% Ethanol oder stark alkalische Medien zur Extraktion. Die *Globuline* in den Samen dikotyler Pflanzen lösen sich hingegen bereits in wäßrigen

Salzlösungen. Man unterscheidet bei den Globulinen nach der Sedimentationsgeschwindigkeit in der Ultrazentrifuge zwei Komplexe, einen größeren *11–12S-Komplex* und einen kleineren *7–8S-Komplex,* welche häufig mit pflanzenspezifischen Namen belegt werden (z. B. *Legumin* und *Vicilin* bei Fabaceen). Speicherproteine sind im Zellkern codiert, werden an ER-gebundenen Polysomen synthetisiert, unter Abspaltung einer Signalsequenz in das ER-Lumen sezerniert und dort häufig mit Kohlenhydratketten verknüpft (→ S. 141). Über den Golgi-Apparat erfolgt der Transport in clathrinbeschichteten Vesikeln (coates vesicles) zur Vacuole (→ Abb. 11.2). Die Füllung der Vacuole(n) mit diesen Proteinen läßt sich z. B. an reifenden Embryonen mit dem Elektronenmikroskop verfolgen (Abb. 13.23). Die Proteinkomplexe (z. B. das Legumin) werden erst in der Vacuole aus kleineren Vorstufen zusammengefügt und aggregieren dort zu dichten Klumpen. Nach vollständiger Füllung bestehen die Proteinspeichervacuolen aus einer kompakten Masse aggregierten Proteins, das von einer Membran (Tonoplast) gegen das Grundplasma abgegrenzt ist. Diese Partikel werden als *Aleuronkörper* (*protein bodies*) bezeichnet. Sie können in den Speichergeweben reifer Samen bis zu 30% der Trockenmasse ausmachen. Man findet diese auch lichtmikroskopisch leicht identifizierbaren Speicherorganellen auch in Knospen und in den Markstrahlen von Bäumen während der winterlichen Ruheperiode.

Der Abbau des Speicherproteins nach der Keimung des Samens erfolgt innerhalb der Aleuronkörper durch ein Gemisch von Endo- und Exopeptidasen, welche ein charakteristisches Wirkoptimum bei pH 4–5 besitzen („saure" Proteinasen). Unter den *Exopeptidasen* (spalten terminale Aminosäuren des Proteins ab) treten sowohl *Aminopeptidasen* (spalten am Aminoterminus), als auch *Carboxypeptidasen* (spalten am Carboxyterminus) auf. Der Proteinabbau wird wahrscheinlich durch *Endopeptidasen* (spalten innerhalb der Polypeptidkette) eingeleitet. Es entstehen kleinere Polypeptide, welche dann von den Exopeptidasen vollends in Aminosäuren oder kleinere Oligopeptide zerlegt werden. Die Endprodukte der Proteolyse können durch die Grenzmembran der Aleuronkörper ins Cytosol transportiert und dort in den Aminosäurestoffwechsel eingeschleust bzw. (in Form von Glutamin und Asparagin) aus dem Speichergewebe in die wachsenden Teile des jungen Keimlings exportiert werden.

Ein Teil der am Speicherproteinabbau beteiligten Proteinasen wird bereits während der Samenreifung gebildet und zusammen mit ihrem Substrat in den Aleuronkörpern deponiert. Nach der Keimung kommt der Abbau des Speicherproteins jedoch erst dann in Gang, wenn zusätzlich weitere Proteinasen neu synthetisiert und in die Aleuronkörper transportiert werden. Hierbei handelt es sich wahrscheinlich um Endopeptidasen, welche zur Initiation der Proteolyse benötigt werden.

Eine weitergehende Dissimilation der Aminosäuren findet normalerweise nicht statt. Lediglich bei extremem Mangel an Kohlenhydraten (Hungerstoffwechsel) kann man in pflanzlichen Zellen eine Desaminierung von Aminosäuren zu Oxosäuren und deren Veratmung zu CO_2 im Citratcyclus beobachten. Mit Ausnahme dieser speziellen Situation liefern also Aminosäuren keinen direkten Beitrag zum Energiestoffwechsel, sondern werden als Bausteine für Biosynthesen, vor allem für die Synthese neuer Proteine eingesetzt.

In den längerlebigen Speichergeweben (z. B. in Kotyledonen) fusionieren die Aleuronkörper nach dem Abbau der Speicherproteine und bilden auf diese Weise die *Zentralvacuole,* welche auch in späteren Entwicklungsstadien der Zelle als „lytisches Kompartiment" für den Abbau von Protein und anderen Makromolekülen dient (→ S. 458).

Regulation des dissimilatorischen Gaswechsels

Atmung: CO_2-Abgabe und O_2-Aufnahme

Wie beim Tier bezeichnet man auch bei der Pflanze den dissimilatorischen Gasaustausch (CO_2-Abgabe und O_2-Aufnahme) mit der Umgebung als *Atmung.* Die vorigen Abschnitte haben gezeigt, daß es sich hierbei keineswegs um einen einheitlichen biochemischen Prozeß handelt. Es gibt vielmehr eine ganze Reihe unabhängiger Stoffwechselreaktionen, bei denen O_2 als Substrat benötigt wird. Ebenso treten mehrere unabhängige Decarboxylierungsschritte auf (→ Abb. 13.2, 13.16, 13.20). Da man nicht erwarten kann, daß grundsätzlich konstante, stöchiometrische Beziehungen zwischen O_2-Aufnahme und CO_2-Abgabe herrschen, ist es nicht gleichgültig, ob man die Atmung anhand der CO_2-Abgabe oder der O_2-Aufnahme bestimmt. Die

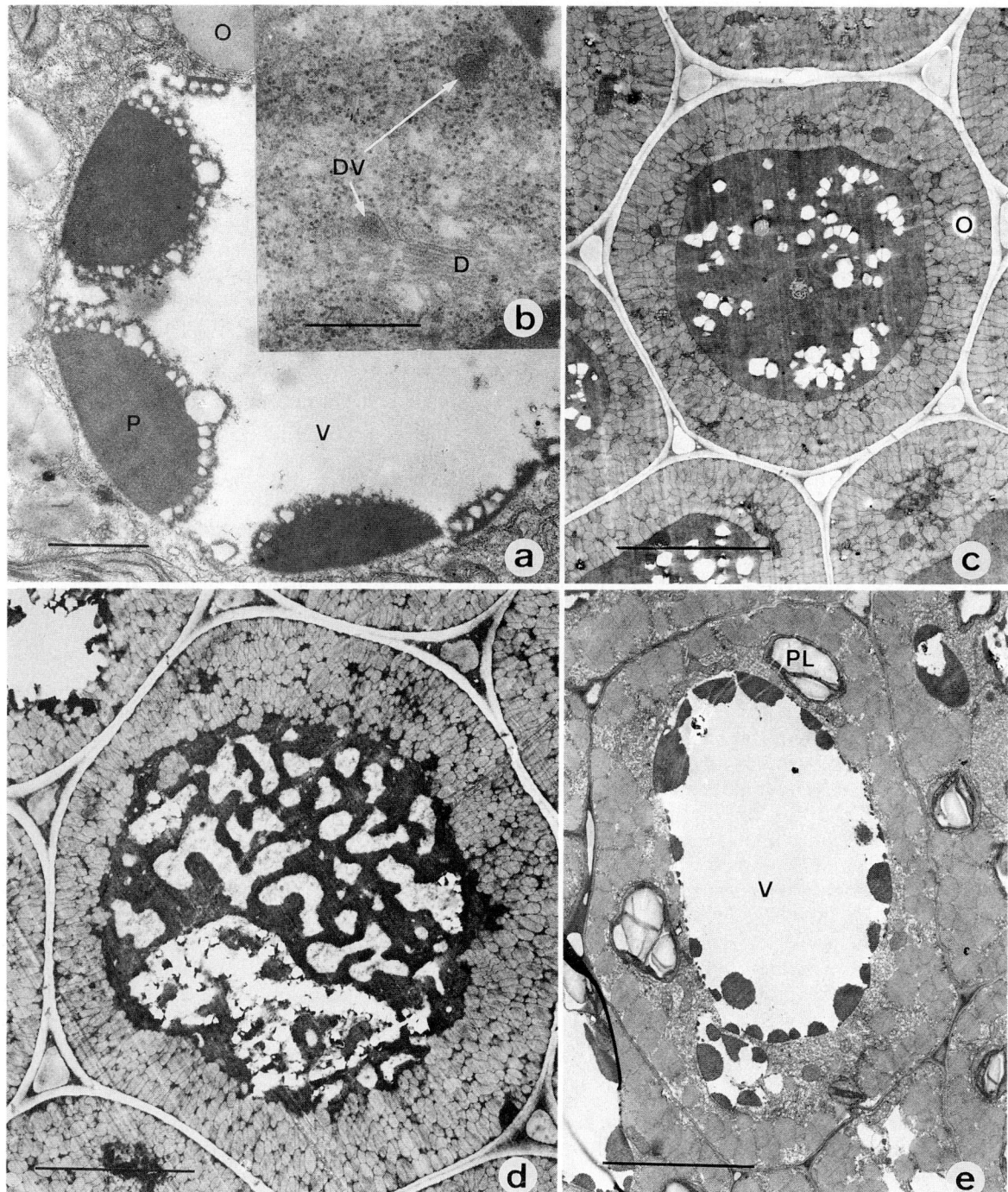

Abb. 13.23 a–e

„Atmung" ist daher ein physiologisch zweideutiger Begriff, den man nie ohne Klarstellung, welcher der beiden Gasaustauschvorgänge gemeint ist, benützen sollte. Auch die Ausbeute an konservierter freier Enthalpie ist bei den verschiedenen Dissimilationswegen recht unterschiedlich, so daß es nicht statthaft ist, von der Intensität der Atmung unmittelbar auf die Ausbeute an Nutzenergie zu schließen. Das Beispiel der Milchsäuregärung [→ Gl. (13.7)] zeigt, daß Dissimilation keineswegs notwendigerweise mit Atmung verbunden sein muß.

Man bestimmt die Atmung entweder als Intensität der CO_2-Abgabe [$-$mol $CO_2 \cdot s^{-1}$] oder der O_2-Aufnahme [mol $O_2 \cdot s^{-1}$]. Zum Vergleich verschiedener Gewebe (→ Tabelle 13.1) benutzt man in der Regel die Trockenmasse als Bezugssystem. Beide Atmungsparameter, welche heute sowohl in geschlossenen Systemen als auch im Durchfluß an intakten Pflanzen kontinuierlich gemessen werden können, sind komplexe physiologische Größen. Sie sind nicht nur von der Aktivität verschiedener Stoffwechselwege, sondern auch von den Transportverhältnissen zwischen Pflanze und Umwelt bezüglich CO_2 und O_2 abhängig. Trotzdem liefert die Analyse der Atmungsprozesse intakter Pflanzen bzw. ihrer Organe oder Gewebe wichtige Informationen über das quantitative Ausmaß verschiedener Dissimilationsbahnen in vivo und die hierbei wirksamen Regulationsmechanismen.

Die Atmung der Pflanze hängt naturgemäß von einer Vielzahl äußerer und innerer Faktoren ab und ist daher quantitativ sehr variabel (Tabelle 13.1).

◄─────────────────────

Abb. 13.23a–e. Akkumulation und Abbau von Speicherprotein im reifenden bzw. keimenden Embryo von Brassicaceen (→ Abb. 24.3). Objekt: Weißer Senf (*Sinapis alba*). In den Speicherkotyledonen des reifenden Embryos werden Vesikel mit Speicherprotein-Aggregaten von Dictyosomen produziert und in die Vacuole entleert (a, b, 18 d nach der Bestäubung; → Abb. 11.1). Am Ende der Reifungsperiode sind die Vacuolen vollständig mit Speicherprotein angefüllt (c, reifer Same; die weißen Flächen sind durch das Herausbrechen von Proteinkristallen während der Präparation bedingt). Nach der Keimung setzt der proteolytische Abbau des Speicherproteins ein (d, 2 d nach der Aussaat des reifen Samens). Kurze Zeit später enthält die Vacuole nur noch Reste an Protein; sie wird zur Zentralvacuole der ausgewachsenen Zellen (e, 3 d n.d.A.). D, Dictyosom; DV, von Dictyosom abknospendes Vesikel mit Speicherproteinfüllung; P, Speicherprotein; PL, Plastide mit Stärkekörnern; O, Oleosom; V, Vacuole. Strich: 0,5 µm (a, b) bzw. 5,0 µm (c–e). (Nach Bergfeld et al. 1980)

Tabelle 13.1. Atmungsintensitäten verschiedener Pflanzen, bezogen auf die Trockenmasse. Temperatur: um 25 °C. Zum Vergleich sind zwei tierische Gewebe angeführt. Bei manometrischen Messungen wird die CO_2-Abgabe meist in µl (bei 1 bar) statt in mol angegeben (→ Fußnote S. 237). (Nach verschiedenen Autoren)

Objekt	Intensität der CO_2-Abgabe [$-\mu l\ CO_2 \cdot h^{-1} \cdot mg$ Trockenmasse^{-1}]
Pisum sativum (trockener Same)	$1,2 \cdot 10^{-4}$
Cladonia rangiferina (Thallus)	$8 \cdot 10^{-2}$
Solanum tuberosum (Knolle)	1
Chlorella pyrenoidosa (Zellsuspension)	1
Spinacia oleracea (Blatt)	5
Sinapis alba (3 d alte Keimlinge ohne Wurzel)	5
Zea mays (Wurzelspitze)	9
Lilium spec. (Pollen)	25
Saccharomyces cerevisiae (aerobe Zellsuspension)	60–100
Arum maculatum (Appendix des Spadix, aufblühende Infloreszenz)	200–400
Ratte, Leber	7
Ratte, Gehirn	11

Hohe Atmungsintensitäten treten nicht nur bei rasch wachsenden Geweben auf, sondern auch als Folge von Umweltstreß (z.B. bei Frost, Verwundung, Infektion) oder als Seneszenzphänomen (→ S. 454). Verschiedene Gewebe einer Pflanze atmen meist sehr verschieden intensiv, abhängig von der speziellen Arbeitsleistung der Zellen. So ist z.B. die O_2-Aufnahme der Wurzel mit der aktiven Aufnahme von Nährsalzen korreliert („Salzatmung"; → Abb. 5.16). Dieses Beispiel zeigt außerdem, daß die Atmung ein außerordentlich dynamischer Prozeß ist, der sehr rasch reguliert werden kann. Auch der Entwicklungszustand der Pflanze beeinflußt die Atmung. Ruhende Samen führen im getrockneten Zustand einen sehr geringen, aber meßbaren Gaswechsel durch. Bei der Keimung steigt die Intensität der Atmungsvorgänge kurzfristig steil an. Sie erreicht nach wenigen Tagen ein Optimum und fällt dann wieder auf einen niedrigeren Wert ab. Dieser für junge Keimlinge typische Atmungsverlauf, der auf die vorübergehende Mobilisierung und Metabolisierung der Speicherstoffe zurückgeht, wird als „Große Periode der Atmung" bezeichnet. Ihr Verlauf kann durch Licht beeinflußt werden, wobei

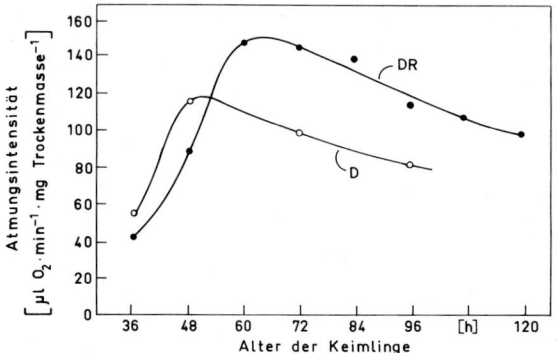

Abb. 13.24. Der Einfluß von Phytochrom auf die „Große Periode der Atmung" (O_2-Aufnahme) bei der Keimlingsentwicklung. Objekt: Kotyledonen von *Sinapis alba*. Die Anzucht der Keimlinge (25 °C) erfolgte entweder im Dunkeln (D) oder unter kontinuierlicher Bestrahlung mit dunkelrotem Licht (DR). Man erkennt, daß die O_2-Aufnahme durch Phytochrom (→ S. 359) etwas verzögert wird, jedoch ein höheres Maximum erreicht. (Nach Hock und Mohr 1964)

Phytochrom als Photoreceptormolekül dient (Abb. 13.24). Hierbei wird jedoch sowohl der ATP-pool als auch die „Energieladung" (→ S. 58) im Rahmen der Stoffwechselhomöostasis konstant gehalten. Die apparente Michaelis-Konstante für die O_2-Aufnahme durch Hefezellen liegt bei $6 \cdot 10^{-7}$ mol $\cdot$ l^{-1} (20 °C). Sie ist somit 400mal kleiner als die O_2-Konzentration von luftgesättigtem Wasser (→ Tabelle 13.2). Die Cytochromoxidase der At-

mungskette besitzt also eine ungewöhnlich hohe Affinität für ihr Substrat O_2 und arbeitet daher selbst bei sehr niedriger O_2-Konzentration noch unter Substratsättigung. Aus diesem Grund werden auch relativ kompakte Organe von Landpflanzen ohne ausgeprägte Interzellularen (z. B. Rüben oder Früchte) durch einfache Diffusion normalerweise ausreichend mit O_2 versorgt. Ein spezielles Transportsystem für O_2, wie z. B. der Blutkreislauf der Tiere, ist nicht erforderlich. Da der Diffusionskoeffizient für O_2 im Wasser etwa 10^4mal kleiner ist als in Luft, trifft dies jedoch für partiell submers wachsende Wasserpflanzen (z. B. Seerosen) nicht zu. Diese Formen bilden daher in den Sprossen oder Blattstielen ein Leitgewebe für Gase (Aerenchym, Abb. 13.25) aus, welches die untergetaucht lebenden Organe nach dem Schnorchelprinzip mit Luftsauerstoff versorgt.

Damit die Diffusion von O_2 in das Innere eines Organs nicht zu einem begrenzenden Faktor (→ S. 241) wird, darf eine bestimmte Intensität des O_2-Verbrauchs nicht überschritten werden. Da der Q_{10} (→ S. 66) für die Diffusion nahe bei 1, für die respiratorische O_2-Aufnahme dagegen im Bereich von 2 bis 3 liegt, kann es in intensiv atmenden Organen bei höheren Temperaturen auch in Luft zu einem O_2-Defizit und den damit verbundenen Stoffwechselumsteuerungen kommen (Abb. 13.26). Eine ähnliche Situation tritt bei der Keimung vieler Samen auf, wenn die geringe Permeabilität der Samenschale eine volle O_2-Sättigung des aktiv atmenden Gewebes nicht zuläßt.

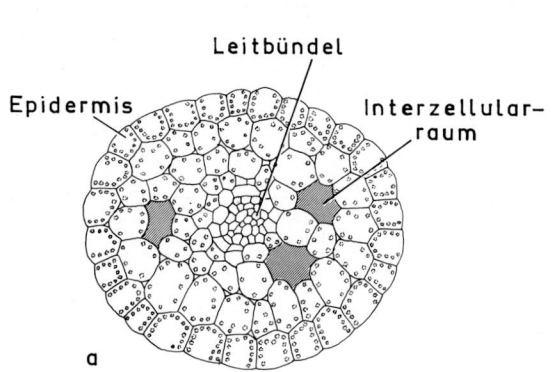

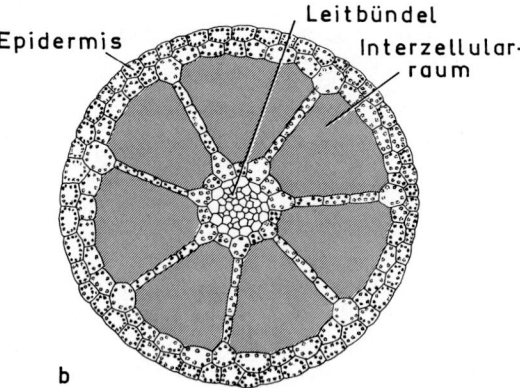

Abb. 13.25a und b. Querschnitte durch Aerenchym (Durchlüftungsgewebe) von Wasserpflanzen. Objekte: (a) *Ranunculus aquatilis* (Stiel des submersen Wasserblatts); (b) *Elatine alsinastrum* (Stengel). Die Epidermis besitzt Chloroplasten, aber keine Stomata und keine Cuticula. (Nach Schoenichen und Reinke; aus Stocker 1952)

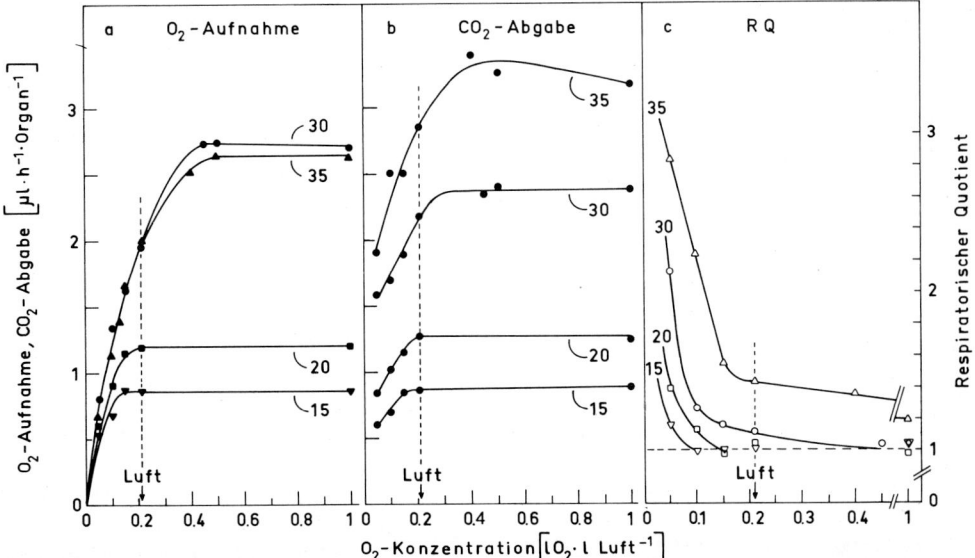

Abb. 13.26 a–c. Intensität der O_2-Aufnahme und der CO_2-Abgabe als Funktion der O_2-Konzentration (bei ≈ 1 bar) der Luft und der Temperatur. Objekt: aerob gewachsene (20–25 °C) Wurzelspitzen (5 mm) der Küchenzwiebel (*Allium cepa*). Die Messungen erfolgten bei 15, 20, 30 und 35 °C. (a) *O_2-Sättigungskurven der O_2-Aufnahme.* Man erkennt, daß die Diffusionsintensität des O_2 durch das Gewebe bei > 20 °C nicht mehr ausreicht, um die Cytochromoxidase in Luft zu sättigen. Die O_2-Aufnahme erreicht bei etwa 30 °C ein Optimum und fällt bei höheren Temperaturen (wahrscheinlich wegen destruktiver Effekte) wieder ab. (b) *O_2-Sättigungskurven der CO_2-Abgabe.* Dieser Prozeß fällt bei niedrigen O_2-Konzentrationen viel weniger stark ab, als die O_2-

Aufnahme. Die optimale Intensität wird erst bei $\geqq 35$ °C erreicht. (c) *Respiratorischer Quotient* (RQ). Bei niederer O_2-Konzentration ist der RQ > 1; das Überwiegen der CO_2-Abgabe über die O_2-Aufnahme geht auf die Beteiligung der alkoholischen Gärung zurück. Mit steigender O_2-Konzentration nähert sich der RQ dem Wert 1 (reine oxidative Dissimilation). Der *Extinktionspunkt* der Gärung gibt diejenige O_2-Konzentration an, bei der der RQ gerade 1 wird. Unterhalb des Extinktionspunktes nimmt die Intensität der Fermentation zu und die der oxidativen Dissimilation ab. Man erkennt, daß diese regulatorisch wichtige Größe stark von der Temperatur abhängt. (Nach Daten von Berry und Norris 1949)

Der Respiratorische Quotient

Das Verhältnis zwischen CO_2-Abgabe und gleichzeitig gemessener O_2-Aufnahme bezeichnet man als *Respiratorischen Quotienten*. Er ist folgendermaßen definiert:

$$RQ = \frac{\text{mol } CO_2 \cdot \Delta t^{-1}}{\text{mol } O_2 \cdot \Delta t^{-1}} . \qquad (13.18)$$

Der RQ kann indirekte Anhaltspunkte über die Natur des veratmeten Substrats und die relative Intensität konkurrierender Dissimilationsprozesse liefern. Dies läßt sich einfach anhand der Summenformeln verschiedener CO_2-produzierender und O_2-verbrauchender Stoffwechselwege demonstrieren:

1. Vollständige Dissimilation von Kohlenhydrat:

$$C_6H_{12}O_6 + 6\,O_2 \rightarrow 6\,CO_2 + 6\,H_2O ; \qquad (13.19)$$

$$RQ = \frac{6}{6} = 1{,}00 .$$

2. Vollständige Dissimilation von organischen Säuren (z. B. Citrat):

$$C_6H_8O_7 + 4{,}5\,O_2 \rightarrow 6\,CO_2 + 4\,H_2O ; \qquad (13.20)$$

$$RQ = \frac{6}{4{,}5} = 1{,}33 .$$

3. Vollständige Dissimilation von Fett (z. B. Triolein):

$$C_{57}H_{104}O_6 + 80\,O_2 \rightarrow 57\,CO_2 + 52\,H_2O ;$$

$$RQ = \frac{57}{80} = 0{,}71 . \qquad (13.21)$$

4. Partielle Dissimilation von Kohlenhydrat (alkoholische Gärung):

$$C_6H_{12}O_6 \rightarrow 2\,CO_2 + 2\,C_2H_5OH\,;$$
$$RQ = \infty\,. \tag{13.22}$$

5. Umbau von Fett in Kohlenhydrat [→ Gl. (13.15)]:

$$RQ = \frac{13,5}{36,5} = 0,37\,. \tag{13.23}$$

Bei den meisten Geweben mißt man unter Normalbedingungen einen RQ im Bereich von 0,97–1,17, was auf eine oxidative Dissimilation von Kohlenhydrat [Gl. (13.19)] als dominierenden Prozeß schließen läßt. Abweichungen von dieser Situation treten z. B. bei reifen Früchten auf, welche O-reiche (= H-arme) organische Säuren dissimilieren [Gl. (13.20)]. Keimende Samen machen meist während der „Großen Periode der Atmung" ein vorübergehendes Stadium mit RQ < 1 durch. Die RQ-Erniedrigung ist besonders drastisch bei Samen mit hohem Fettgehalt. Im *Ricinus*-Endosperm beobachtet man einen RQ um 0,4, in Übereinstimmung mit Gl. (13.23). Bei einem 60 h alten Senfkeimling (→ Abb. 13.24) mißt man Werte um 0.6, welche sich durch Überlagerung von Gl. (13.23) (Kotyledonen) mit Gl. (13.19) (Restkeimling) ergeben [Gl. (13.21)]. Andere Samen durchlaufen in der frühen Phase der Keimung wegen der ungenügenden Permeation von O_2 durch die Testa eine partiell anaerobe Phase mit Gärungsstoffwechsel. Dies führt vorübergehend zu RQ-Werten von 1,3–1,5 [Gl. (13.19) und (13.22)]. In ähnlicher Weise können hohe Temperaturen bei aktiv atmenden Geweben zu einem hohen RQ führen (→ Abb. 13.26c).

Auch der anabolische Stoffwechsel beeinflußt den RQ, insbesondere, wenn dabei Reduktionsäquivalente aus der Dissimilation abgezweigt werden und sich damit die O_2-Aufnahme verringert. So zeigen z. B. Wurzeln mit aktiver NO_3^--Reduktion RQ-Werte bis 1,7. Auch Fett-synthetisierende Gewebe (z. B. in Samenanlagen) zeigen ähnlich hohe Werte.

Regulation des Kohlenhydratabbaus durch Sauerstoff

Aus den in Abb. 13.26 dargestellten Gaswechseldaten geht hervor, daß die O_2-Konzentration im Gewebe eine Schlüsselrolle für die Entscheidung zwischen der oxidativen und der fermentativen Dissimilation von Kohlenhydraten spielt.

Der fermentative Abbau von Zuckern ist als eine Anpassung an O_2-Mangelbedingungen aufzufassen, welche es der Zelle erlaubt, ihre ATP-Produktion zumindest einige Zeit lang aufrechtzuerhalten, wenn die Atmungskette nicht – oder nur unzureichend – arbeiten kann. Allerdings ist diese anaerobe Dissimilation nicht nur energetisch ineffektiv, sondern auch mit der Hypothek einer Anhäufung reduzierter Abfallprodukte (Ethanol, Lactat) belastet (→ S. 199). Wenn diese Stoffe nicht abgeführt werden können, führt die Fermentation nach einiger Zeit unweigerlich zur Selbstvergiftung der Zellen. Obwohl aus diesen Gründen der Ausnützung der Fermentation zur Energiegewinnung bei den Landpflanzen enge Grenzen gesetzt sind, können spezialisierte Arten immerhin tagelang in O_2-freier Atmosphäre mit Hilfe der Fermentation überleben.

Im Wasser lebende, heterotrophe Pflanzen sind meist sehr gut an anaerobe oder semiaerobe Bedingungen angepaßt und können notfalls ihre gesamte Entwicklung durch Fermentation bestreiten (z. B. manche Hefen). Auch Sumpfpflanzen, deren Samen in anaeroben Wasserzonen zur Keimung kommen, können in diesem Lebensabschnitt ausschließlich von der fermentativen Energieversorgung existieren. Ein gut untersuchtes Beispiel hierfür ist der Reis, dessen Karyopsen auch unter völligem Ausschluß von O_2 normal keimen (Abb. 13.27). Der Embryo bildet (auch im Licht) eine lange, dünne Koleoptile aus, welche nach Erreichen der Wasseroberfläche als Schnorchel dient. Erst dann werden in der Koleoptile funktionstüchtige Mitochondrien ausgebildet (→ S. 143). Wenn der Embryo ausreichend mit O_2 versorgt werden kann, beginnt die auf aeroben Stoffwechsel eingestellte Keimwurzel zu wachsen. Das Längenwachstum der Koleoptile wird zu diesem Zeitpunkt abrupt eingestellt, und der Keimling bildet ergrünende Blätter aus, welche sich durch die Koleoptile nach oben schieben. Läßt man Reiskaryopsen in Luft keimen, bleibt der Stoffwechsel aerob, und auch die Entwicklung gleicht der des Weizens oder anderer Gräser. Neuerdings wird das Längenwachstum submerser Reiskoleoptilen auch mit dem Hormon Ethylen in Zusammenhang gebracht (→ S. 411). Die O_2-abhängigen morphogenetischen Umsteuerungen beim Reis haben große Ähnlichkeit mit

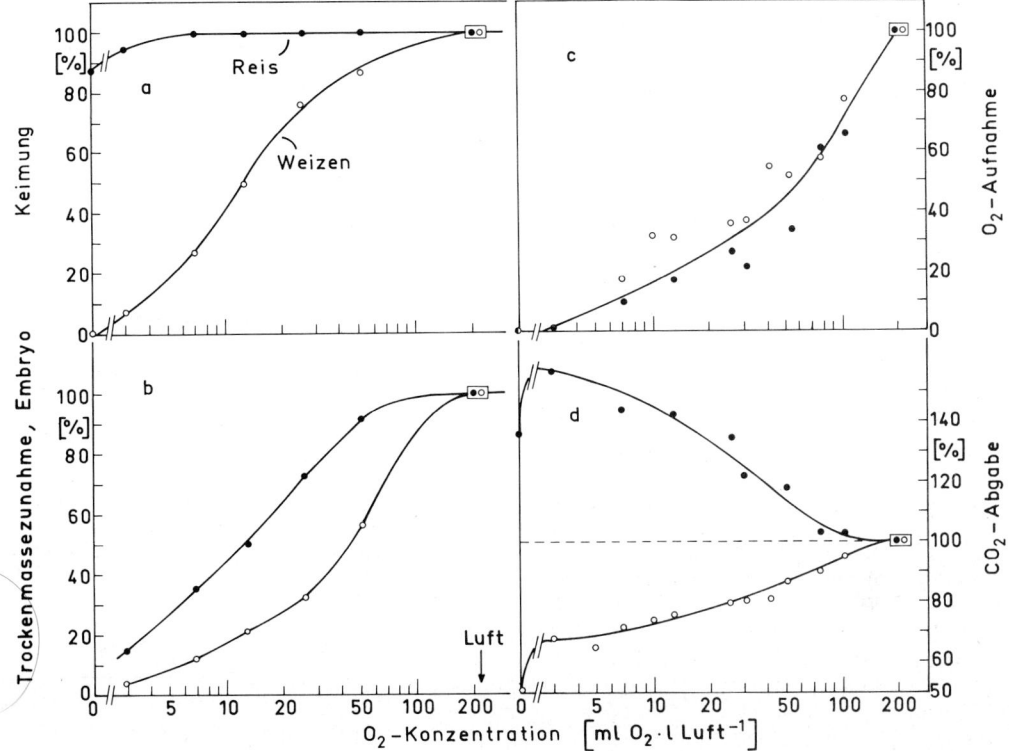

Abb. 13.27 a–d. Keimung, Wachstum und Gaswechsel als Funktion des O_2-Partialdrucks der Atmosphäre bei zwei an unterschiedliche Standorte angepaßten Gräsern. Objekte: Reis (*Oryza sativa,* ●) und Weizen (*Triticum vulgare,* ○) (30 °C). Die Ordinatenwerte sind stets auf die Werte für Luft (= 100 %) bezogen. (a) Keimung; (b) Wachstum des Embryos zwischen 12. und 108. h nach der Keimung; (c, d) O_2-Aufnahme bzw. CO_2-Abgabe ca. 30 h nach der Keimung. Man erkennt, daß Reis bezüglich Keimung und Embryowachstum sehr viel besser an anaerobe Bedingungen angepaßt ist als Weizen. Die höhere Kapazität zur Fermentation (alkoholische Gärung) zeigt sich beim Reis an der bis zu 150 % betragenden CO_2-Abgabe (RQ ≫ 1!). Der Pasteur-Effekt ist evident (→ S. 226). Im Gegensatz dazu hemmen niedrige O_2-Konzentrationen die CO_2-Abgabe beim Weizen. Trotzdem treten auch hier RQ-Werte > 1 auf. Bezüglich der relativen O_2-Aufnahme unterscheiden sich die beiden Gräser jedoch nicht signifikant. In Luft liegt der RQ für Reis bei 0,96 und für Weizen bei 0,92. (Nach Daten von Taylor 1942)

dem Etiolement verdunkelter Keimpflanzen (→ S. 357; das Phytochromsystem wird in Reiskeimlingen nur unter aeroben Bedingungen aktiv).

Induktion der Fermentation durch Enzymsynthese und Modulation der Enzymaktivität

Als fakultativer Anaerobier bildet die Bäckerhefe in Abwesenheit von O_2 Gärungsenzyme, in Anwesenheit von O_2 hingegen die Enzyme der Atmungskette (→ S. 143). Auch die höheren Pflanzen sind im Prinzip befähigt, durch selektive Induktion der Synthese der jeweils benötigten Enzymausstattung ihre Dissimilation an die Verfügbarkeit von Sauerstoff anzupassen. Als Beispiel zeigt Abb. 13.28 die reversible Induktion der Lactatdehydrogenase durch O_2-Mangel in der Wurzel. Die Synthese des Enzyms geht auf eine Induktion der mRNA-Synthese, d.h. auf eine Genaktivierung zurück.

Neben dieser längerfristigen Regulation der Synthese spezieller Enzyme kann die Umschaltung zwischen oxidativer und fermentativer Energiegewinnung auch kurzfristig im Rahmen der metabolischen Homöostasis bewerkstelligt werden.

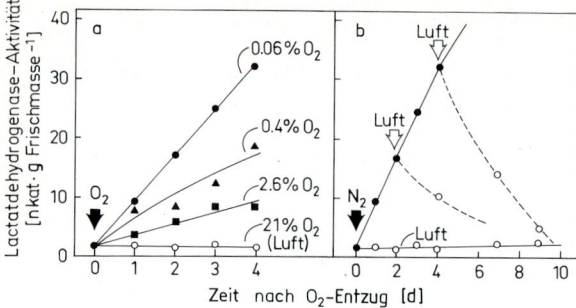

Abb. 13.28 a und b. Reversible Induktion der Lactatdehydrogenase-Synthese durch Anaerobiose. Objekt: Wurzel von Gerstenpflanzen (*Hordeum vulgare*). Zur Erzeugung unterschiedlich starken O_2-Mangels wurde das Wurzelmedium (Nährlösung) der im Tageslicht wachsenden Pflanzen mit verschiedenen N_2/O_2-Mischungen begast. (a) Abhängigkeit der Enzymsynthese von der O_2-Konzentration. (b) Revertierung des Aktivitätsanstiegs (Stopp der Enzymsynthese) durch Umsetzen von N_2 in Luft. Das Enzym wird mit einer Halbwertszeit von etwa 3 d abgebaut (→ S. 86). Neben der Lactatdehydrogenase wird auch die Alkoholdehydrogenase durch O_2-Mangel induziert. Die anaerob gehaltenen Wurzeln produzieren als Gärungsprodukte Lactat und Ethanol, die zum größten Teil ins Medium ausgeschieden werden. Die adaptive Bildung von Gärungsenzymen ist die Hauptursache für die relativ große Toleranz vieler Wurzeln gegenüber Anaerobiose, wie sie z. B. bei Bodenüberflutung auftritt. (Nach Hoffman et al. 1986)

Führt man z. B. einer gärenden Hefesuspension O_2 zu, so wird die Fermentation innerhalb von wenigen Sekunden gehemmt, und der Verbrauch von Glucose vermindert sich. Dieses ebenso rasch reversible Phänomen, das sich drastisch auf den RQ auswirkt [→ Gl. (13.22)], bezeichnet man nach seinem Entdecker als *Pasteur-Effekt*. Die Abhängigkeit der RQ-Erniedrigung von der O_2-Konzentration (→ Abb. 13.26) charakterisiert die Fähigkeit einer fakultativ anaeroben Pflanze, unter den gegebenen Umweltbedingungen die Fermentation zugunsten der oxidativen Dissimilation zu unterdrücken. Bei 25 °C und 1 bar liegt der *Extinktionspunkt* der Fermentation (→ Abb. 13.26 c) für die meisten pflanzlichen Gewebe im Bereich von $10-50$ ml $O_2 \cdot l^{-1}$. Bei der stark gärenden Bierhefe hingegen wird der Extinktionspunkt selbst bei Begasung mit reinem O_2 nicht erreicht. Die Induktion der Fermentation durch hohe Zuckerkonzentrationen wird als *inverser Pasteur-Effekt* bezeichnet. Auch in Tumorgewebe und aktiv wachsenden Meriste-

men reicht die O_2-Konzentration der Luft nicht aus, um die Gärung völlig zu unterdrücken (*aerobe Fermentation*).

In keimenden Samen tritt häufig ein Pasteur-Effekt auf, besonders bei kohlenhydratspeichernden Arten. Fetthaltige Samen (z. B. von *Sinapis alba*) zeigen keinen ausgeprägten Pasteur-Effekt. Bei diesem Samentyp bleibt die CO_2-Produktion in Abwesenheit von O_2 aus verständlichen Gründen (→ Abb. 13.20) stark gehemmt.

Der Pasteur-Effekt beruht nicht auf einer direkten Hemmwirkung von O_2 auf die Fermentation, sondern auf einer multiplen metabolischen Rückkoppelung zwischen Atmungskette und Glycolyse durch das Adenylat- und das $NADH/NAD^+$-System. Dies folgt z. B. aus dem Befund, daß eine Entkoppelung von Elektronentransport und Phosphorylierung durch Dinitrophenol ebenso wie eine Vergiftung der Cytochromoxidase mit CN^- (→ Abb. 13.7) auch in Gegenwart von O_2 eine Fermentation induzieren kann. Ein wesentliches Stellglied in diesem Regelkreis ist die Aktivität der ATP-abhängigen *Phosphofructokinase* (→ Abb. 13.4), welche multivalente regulatorische Eigenschaften (→ S. 87) besitzt. Das Enzym wird unter anderem durch ATP kooperativ allosterisch gehemmt und durch anorganisches Phosphat aktiviert. Daher fällt der Umsatz dieses Schrittmacherenzyms der Glycolyse ab, sobald die cytoplasmatische Konzentration von ATP über einen kritischen Wert („Schwellenwert") steigt bzw. die Konzentration von Phosphat unter einen kritischen Wert fällt (→ S. 88). In ähnlicher Weise drosselt in einer zweiten Stufe das sich anstauende Glucose-6-phosphat die *Hexokinase* und damit den Glucoseverbrauch. Auch die *Pyruvatkinase* (→ Abb. 13.4) wird durch ATP gehemmt, allerdings nicht kooperativ. Da Phosphoenolpyruvat ein allosterischer Inhibitor der Phosphofructokinase ist, besteht die Möglichkeit zur sequentiellen Regulation beider glycolytischer Schlüsselreaktionen.

Die Glycolyse ist also ein Beispiel für ein integriertes modulatorisches System von metabolischen Regelkreisen, welches offensichtlich die Aufgabe besitzt, die Konzentrationen des Adenylatsystems – und damit das Phosphorylierungspotential – in der Zelle konstant zu halten (oder zumindest größere Ausschläge zu dämpfen), wenn sich Bedarf oder Produktion kurzfristig ändern. Tatsächlich beobachtet man bei der Umstellung aerob atmender Zellen auf anaerobe Bedingungen meist keine

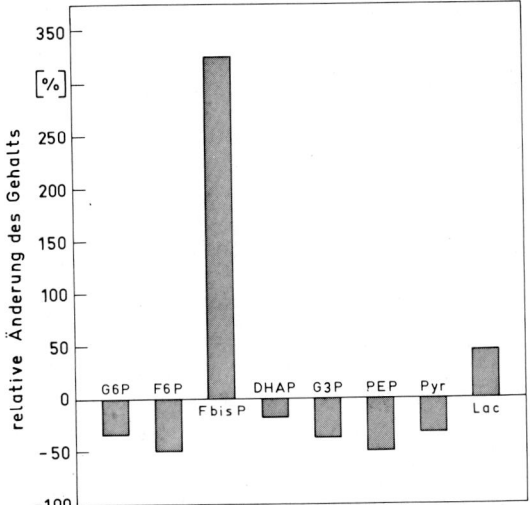

Abb. 13.29. Verschiebungen in den Metaboliten-pools der Glycolyse beim Übergang von aeroben (Luft) zu anaeroben (N_2) Bedingungen. Objekt: gealterte, sterile Wurzelscheiben der Karotte (*Daucus carota;* 30 °C). (Frisch geschnittene Gewebescheiben zeigen keinen Pasteur-Effekt.) Die nach 20 min N_2-Begasung gemessenen Metaboliten-Konzentrationen sind als prozentuale Änderung des Ausgangswertes (Luft) eingetragen. Die Anordnung von links nach rechts entspricht der Reihenfolge in der Glycolyse (Glucose-6-℗ → Fructose-6-℗ → Fructose-1,6-bis-℗ → Dihydroxyaceton-℗ → Glycerat-3-℗ → Phosphoenolpyruvat → Pyruvat → Lactat; → Abb. 13.4). Bei dieser Art der Auftragung geben sich Regulationsstellen (Schrittmacherenzyme) durch starke, entgegengesetzt gerichtete Konzentrationssprünge zu erkennen (Cross-over-Theorem). (Nach Daten von Faiz-Ur-Rahman et al. 1974)

drastischen Änderungen des ATP-Spiegels, obwohl der glycolytische Strom um ein Mehrfaches ansteigt. Wie zu erwarten, fällt der stationäre Spiegel von Fructose-6-phosphat ab, während derjenige von Fructosebisphosphat steil ansteigt (Abb. 13.29).

Eine weitere Regulationsstelle liegt bei der Verteilung des Pyruvats zwischen oxidativem und fermentativem Kanal. Hier ist es die Konkurrenz um das gemeinsame Cosubstrat NADH (→ Abb. 13.2), welche bei aktiver Atmungskette den fermentativen Weg zugunsten des oxidativen Weges blockiert. Außerdem ist NADH ein kompetitiver Inhibitor (bezüglich NAD^+) der Pyruvatdehydrogenase (→ Abb. 13.5).

Wärmeerzeugung durch Atmung (Thermogenese)

Unter thermodynamischen Standardbedingungen wäre die Ausbeute an chemisch konservierter Energie bei der oxidativen Dissimilation von Hexosen ca. 40% (→ S. 204). In der lebenden Zelle dürfte dieser Wert in der Regel eher unter- als überschritten werden. Dies bedeutet, daß bei der Dissimilation als Nebenprodukt stets erhebliche Wärmemengen entstehen (unter Standardbedingungen wären es 1660 kJ/mol Glucose). Wegen der umweltoffenen Konstruktion der poikilothermen höheren Pflanze wird diese Wärme normalerweise rasch abgeleitet und führt daher nicht zu einer wesentlichen Erwärmung der atmenden Organe über die Umgebungstemperatur hinaus. In einigen Fällen jedoch wird die Dissimilation geradezu zur Aufheizung von Organen eingesetzt. Ein solcher Fall ist der keulenförmige Fortsatz (*Appendix*) des Spadix vieler Araceen-Infloreszenzen, z. B. bei der Kesselfallenblume von *Arum maculatum* (Abb. 13.30). Vor der Öffnung der Spatha werden in diesem Organ große Mengen an Stärke deponiert. Auf ein photoperiodisch gesteuertes, hormonelles Signal („Calorigen") der noch unreifen staminaten Blüten hin setzt im Appendix ein dramatischer Anstieg der Atmung ein, während sich gleichzeitig die Spatha öffnet. Bei der Araceen-Art *Sauromatum guttatum* (voodoo lily) konnte das Calorigen als *Salicylsäure* identifiziert werden. Der Spiegel dieser Substanz steigt im Spadix kurz vor dem Atmungsanstieg um das 100fache an. Innerhalb eines halben Tages werden bei *Arum* 75% der Trockensubstanz des Organs „verheizt", wobei Spitzenwerte der CO_2-Abgabe von $100 \text{ ml} \cdot h^{-1} \cdot \text{Organ}^{-1}$ auftreten (25 °C). Der RQ liegt nahe bei 1; es ist also keine Fermentation beteiligt. Die freie Enthalpie dieses Dissimilationsprozesses wird vollständig in Wärmeenergie umgesetzt. Die Temperatur im Appendix liegt etwa 20 °C über der Umgebungstemperatur. (Unterbindet man die Luftkonvektion, so treten Übertemperaturen von 50 °C auf.) Bei Abwesenheit von O_2 unterbleibt der Atmungsanstieg und die Wärmeproduktion.

Die metabolische Aufheizung des Appendix, welche am späten Nachmittag sonniger Tage einsetzt, erreicht in den Abendstunden ihr Maximum. Sie dient dazu, gleichzeitig produzierte Duftstoffe (NH_3 und Aasgeruch verbreitende Amine oder Indol) zu verdampfen. Diese locken bestimmte Insekten an, welche in den Blütenkessel gleiten und dort

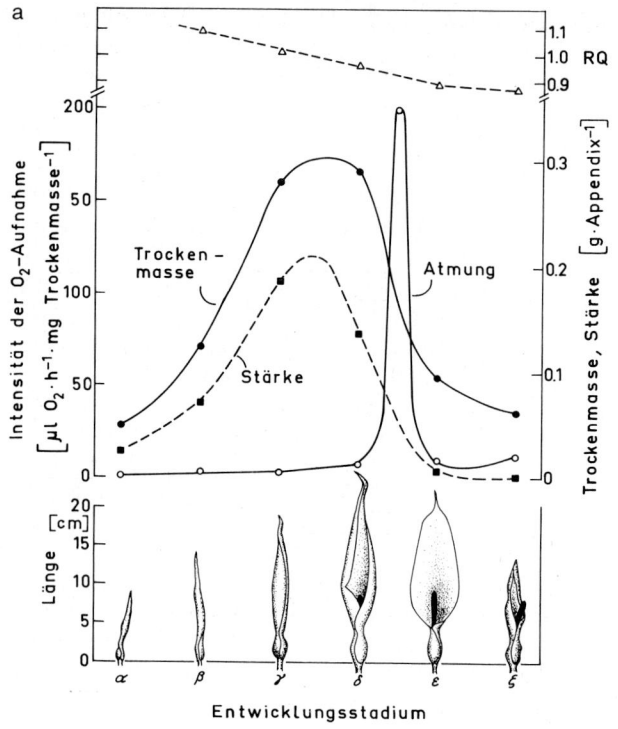

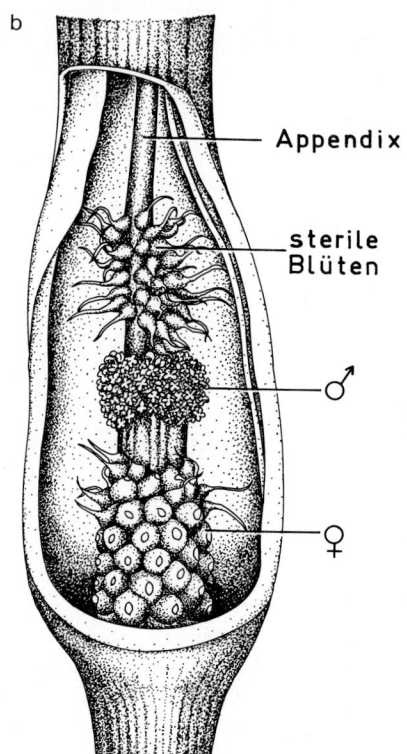

Abb. 13.30a und b. Atmung des Spadix der Araceen-Infloreszenz während der Thermogenese. Objekt: Gefleckter Aronstab (*Arum maculatum*). (a) Auf der Abszisse sind verschiedene Entwicklungsstadien der Inflorescenz aufgetragen. Atmung und Trockensubstanzgehalt wurden am isolierten Appendix von im Freiland gesammelten Exemplaren gemessen (20°C). Bis zum Stadium γ dauert die Entwicklung etwa 2 Wochen. Der Anstieg der Trockenmasse vor diesem Zeitpunkt geht vor allem auf eine starke Synthese von Stärke zurück. Die Stadien δ und ε dauern nur 1 d bzw. 2 bis 3 d. Die Periode starker Wärmeentwicklung (≦0,5 d) liegt zwischen den Stadien δ und ε. Der Respiratorische Quotient (RQ) bleibt stets in der Nähe von 1. (Nach Daten von James und Beevers 1950; Lance 1972). (b) Anordnung der Blüten an der Basis des Spadix

die zu diesem Zeitpunkt empfänglichen Narben bestäuben. (Die staminaten Blüten werden erst später reif, kurz bevor die von sterilen Blüten gebildeten Reusenhaare abtrocknen und den Weg nach außen freigeben. Der Appendix stirbt anschließend ab.) Die Thermogenese beruht also auf einem exakt im Entwicklungsablauf der Inflorescenz einprogrammierten, regulierten Seneszenzvorgang, der im Dienst der geschlechtlichen Fortpflanzung steht.

Während der Entwicklung des Appendix tritt eine starke Erhöhung der Mitochondrienzahl pro Zelle ein. Außerdem nehmen die Mitochondrien an Volumen zu, und ihr Lumen wird dichter von *Cristae* durchzogen (→ S. 142). Die Enzyme des Citratcyclus und der Atmungskette steigen ebenfalls steil an. Obwohl im Appendix auch während der Thermogenese Cytochromoxidase nachweisbar ist, kann die O_2-Aufnahme des Gewebes durch Antimycin, CO oder HCN nicht gehemmt werden. Auch in den isolierten Mitochondrien ist die O_2-Aufnahme resistent gegen diese Inhibitoren der Atmungskette. Hemmstoffe der CN^--resistenten Atmung (→ Abb. 13.7) sind dagegen sehr wirksam. Offenbar wird in diesen Mitochondrien ausschließlich der CN^--unempfindliche Nebenweg des Elektronentransports zum O_2 (→ Abb. 13.6) benützt, welcher die frei werdende Redoxenergie, wegen der Umgehung der 2. und 3. Phosphorylierungsstelle, unmittelbar in Wärmeenergie verwandelt.

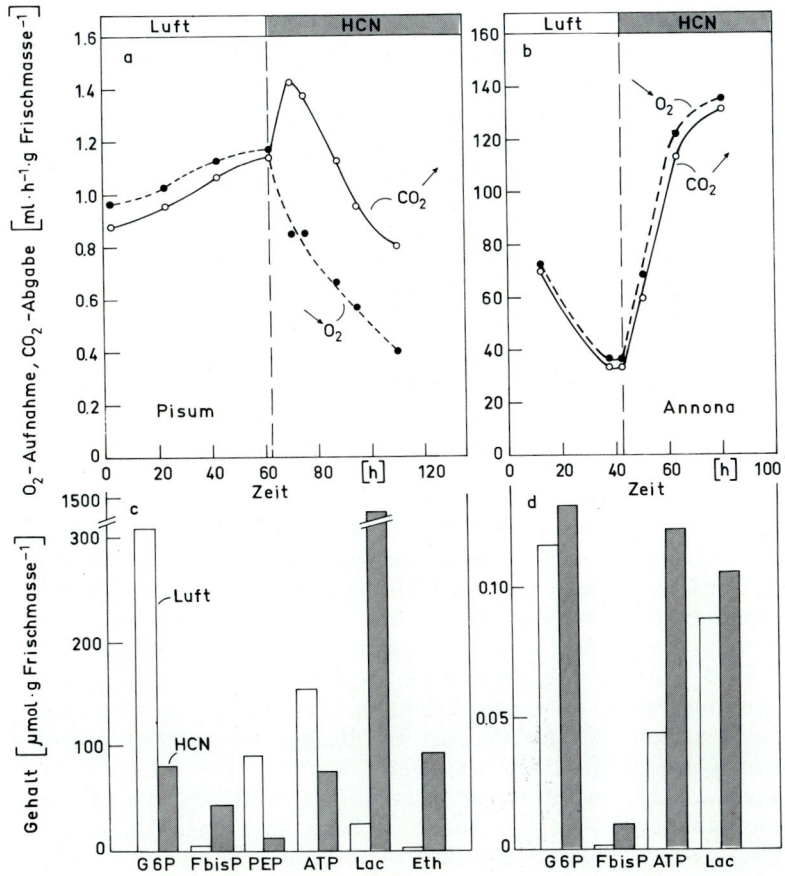

Abb. 13.31 a–d. Die unterschiedliche Empfindlichkeit verschiedener Gewebe für HCN. Objekte: Gartenerbse (*Pisum sativum*, 5 d alte Keimlinge; a, c), *Annona cherimola* (Cherimoya-Frucht, b, d). Die Keimlinge (Früchte) wurden mit 180 μl HCN $\cdot$ l Luft^{-1} begast (20 °C, 1 bar). *Unten* sind die stationären Konzentrationen einiger glycolytischer pools dargestellt. Man erkennt, daß HCN in Erbsenkeimlingen (O_2-Aufnahme vollständig CN$^-$-sensitiv) eine aerobe Fermentation (RQ = 1,5–2) induziert, wobei der ATP-Gehalt absinkt. Bei der klimakterischen Cherimoya-Frucht dagegen führt HCN zu einer parallelen Steigerung von O_2-Aufnahme und CO_2-Abgabe (RQ = 1) bei erhöhtem ATP-Gehalt. In beiden Geweben tritt in Gegenwart von HCN eine erhebliche Steigerung der Glycolyseintensität ein; die regulatorischen Zusammenhänge sind jedoch völlig verschieden (Pasteur-Effekt bzw. Induktion einer CN$^-$-resistenten Atmung). (Nach Solomos und Laties 1976)

Klimakterische Atmung

Viele Früchte, z. B. Äpfel, Bananen und Tomaten, zeigen einige Zeit nach der Ernte ein Klimakterium, das sich durch einen 2- bis 3fachen Anstieg der Atmung (CO_2-Abgabe und O_2-Aufnahme) ankündigt. Dieses zeitlich ebenfalls genau programmierte Seneszenzphänomen (der „Anfang vom Ende"; → S. 454) ist mit einer Reihe biochemischer Veränderungen im Fruchtfleisch verbunden, z. B. mit einer Auflösung der Pektine in der Zellwand („Mehlig-werden" von Äpfeln) und einer Hydrolyse von Stärke in Zucker. Durch Ethylen kann der Eintritt des Klimakteriums (in dessen Verlauf die Frucht selbst Ethylen ausscheidet; → S. 458) beschleunigt werden, während CO_2 diesen regressiven Entwicklungsschritt hemmt.

Auch in diesem Fall beobachtet man bei O_2-Entzug meist keine Fermentation, sondern lediglich eine Unterdrückung des Klimakteriums. HCN hemmt die klimakterische Atmung nicht, sondern führt sogar in vielen Früchten zu einer drastischen Steigerung von O_2-Aufnahme und CO_2-Abgabe, einschließlich einer Intensivierung des glycolytischen Abbaus von Kohlenhydraten (Abb. 13.31). Dies wird verständlich, wenn man daran denkt, daß bei der Benützung des CN$^-$-resistenten Elektronentransportweges allenfalls die erste Phosphorylierungsstelle der Atmungskette benützt wird, und daher theoretisch dreimal mehr Substrat durch die Glycolyse geschleust werden muß, um die gleiche ATP-Menge zu erzeugen. Die physiologische Bedeutung der CN$^-$-resistenten Atmung bei Früchten ist noch weitgehend unklar. Das Seneszenz-beschleunigende Hormon Ethylen wirkt in verblüffend ähnlicher Weise wie HCN steigernd auf die klimakterische Atmung. Man vermutet daher, daß der CN$^-$-resistente Elektronentransportweg ein Angriffspunkt dieses gasförmigen Hormons bei Früchten ist.

Anhang: Weitere Oxidasen pflanzlicher Zellen

Neben der Cytochromoxidase und der noch nicht identifizierten Endoxidase des CN^--resistenten Atmungsweges treten bei Pflanzen eine ganze Reihe weiterer Oxidasen auf, deren physiologische Funktion meist nur unzureichend geklärt ist. Sie stehen jedoch alle nicht in Verbindung zur oxidativen Phosphorylierung. Obwohl häufig, in-vitro-Messungen zufolge, jedes einzelne dieser Enzyme in ausreichender Aktivität vorliegt, um theoretisch den gesamten O_2-Verbrauch der Zelle zu katalysieren, dürfte ihr tatsächlicher Beitrag zur Atmung in den meisten Geweben nicht sehr hoch sein. Es handelt sich um Kupfer- oder Flavoproteine, deren Affinität zu O_2 deutlich geringer ist als die der Cytochromoxidase (Tabelle 13.2). Mit Ausnahme von Ascorbatoxidase und Phenoloxidase reduzieren alle aufgeführten Enzyme das O_2 zu H_2O_2 und nicht zu H_2O; bei vielen ist die Lokalisierung (zusammen mit Katalase) in Microbodies nachgewiesen. Einige dieser Oxidasen stehen im Dienste des Katabolismus spezieller Substrate, welche nicht über die üblichen Wege abgebaut werden können (z. B. Uratoxidase, D-Aminosäureoxidase). Glyco-latoxidase ist ein Schlüsselenzym der photorespiratorischen Glycolatdissimilation in den Blattperoxisomen (→ Abb. 13.16).

Die Gruppe der Phenoloxidasen setzt eine Vielzahl von Monophenolen und/oder Diphenolen zu den entsprechenden Chinonen um, welche dann in einer nicht enzymatisch katalysierten Reaktion zu hochmolekularen, meist braun bis schwarz gefärbten *Melaninen* kondensieren können. Diese Reaktion spielt sich beim Absterben von Zellen ab, wenn die bevorzugt in der Zellwand lokalisierten Enzyme mit dem Zellsaft in Kontakt kommen. Darauf beruhen die lokalen Verfärbungen bei beschädigten Äpfeln, Kartoffeln, Bananen oder manchen Pilzen. Diese Reaktion ist wahrscheinlich primär als Infektionsabwehrmechanismus aufzufassen, der z. B. in Blättern eine rasche Isolation von Krankheitsherden erlaubt (→ S. 587). Die Verfärbung von Tee- oder Tabakblättern bei der sog. „Fermentation" geht nicht auf Mikroorganismen zurück, sondern auf eine Umsetzung von Tanninen (komplexe Phenole) durch die pflanzlichen Phenoloxidasen.

Außerdem gibt es auch in Pflanzen eine Reihe von *Oxygenasen* (Enzyme, welche O_2 in ein Substrat einbauen). Ein Beispiel ist die pflanzenspezifische *Lipoxygenase*, welche in fetthaltigen Samen während der Keimung auftritt und eine Hydroperoxid-Gruppe in bestimmte ungesättigte Fettsäuren einführt (→ S. 371).

Tabelle 13.2. Einige Oxidasen pflanzlicher Zellen, welche extramitochondriale O_2-verbrauchende Reaktionen katalysieren. Ihre Affinität zu O_2 ist sehr viel niedriger (größere Michaelis-Konstante) als die der Cytochromoxidase. EC = *Enzym Code.* (Nach verschiedenen Autoren)

Enzym	EC	$K_m (O_2)$ [$mol \cdot l^{-1}$], 25 °C	Prosthetische Gruppe
Ascorbatoxidase	1.10.3.3	$3 \cdot 10^{-4}$	Cu
Phenoloxidasen	1.10.3.1/2	ca. 10^{-5}	Cu
Uratoxidase	1.7.3.3	ca. $2 \cdot 10^{-4}$	Cu
Glycolatoxidase	1.1.3.1	ca. 10^{-4}	FMN[a]
D-Aminosäureoxidase	1.4.3.3	$2 \cdot 10^{-4}$	FAD[b]
Glucoseoxidase (in Pilzen)	1.1.3.4	$2 \cdot 10^{-4}$	FAD
Alkoholoxidase (in Pilzen)	1.1.3.13	?	FAD
Oxalatoxidase (in Moosen)	–	?	Flavin
Cytochromoxidase	1.9.3.1	ca. 10^{-7}	Hämin mit Fe, Cu

Die O_2-Konzentration einer mit Luft (209 ml $\cdot$ l^{-1} O_2) gesättigten, wäßrigen Lösung beträgt 6,5 ml $\cdot$ l^{-1} = 262 μmol $\cdot$ l^{-1} (25 °C, 1 bar).

[a] *F*lavin-*M*ono-*N*ucleotid, [b] *F*lavin-*A*denin-*D*inucleotid

Regulatorische Wechselbeziehungen zwischen Aufbau und Abbau von Kohlenhydraten

Aufgrund ihrer Enzymausstattung sind pflanzliche Zellen grundsätzlich dazu befähigt, einfache und längerkettige Kohlenhydrate aufzubauen (*Gluconeogenese*) und abzubauen (*Glycolyse*). Da beide Prozesse unter teilweiser Benützung derselben Reaktionsbahnen ablaufen, ist hierbei eine präzise, bedarfsabhängige Kontrolle des Substratflusses durch metabolische Regelkreise erforderlich. Die wesentlichen Zusammenhänge sind in Abb. 13.32 zusammengefaßt. Im *Licht* wird Triosephosphat, das Nettoprodukt des Calvin-Cyclus, vom Chloroplastenstroma ins Grundplasma abgegeben und dort in das Transportmolekül *Saccharose* umgewandelt (→ Abb. 12.34). Die Saccharose wird exportiert und – in beschränktem Umfang – in der Vacuole gespeichert. Bei Übersättigung dieses Weges mit Triosephosphat erfolgt eine Umlenkung des Assimilationsstroms zur Synthese von *Stärke* im Chloroplasten. Es ist offensichtlich, daß unter diesen Bedingungen der Abbau von Triosephosphat in der Glycolyse gehemmt sein muß, um eine Dissimilation von frischem Assimilat und damit eine unnütze Zirkulation von Kohlenstoff zwischen Photosynthese und Dissimilation zu vermeiden. Im *Dunkeln* ändert sich die Situation grundlegend: Saccharose (importiert oder aus dem vacuolären Speicher entnommen) wird über die Glycolyse zu Pyruvat abgebaut. (Falls ein Überangebot an Zukker auftritt, muß dieses durch Stärkesynthese aufgefangen werden.) Beim Versiegen der Saccharosezufuhr ist ein Umschalten auf den Abbau von Stärke zu Triosephosphat in den Chloroplasten erforderlich, um die Glycolyse weiterhin mit Substrat zu versorgen. Das Stärkedepot der Chloroplasten dient also offensichtlich zur Zwischenlagerung von Assimilat in Zeiten aktiver Photosynthese. Der Abbau dieser *transitorischen Stärke* erlaubt die Aufrechterhaltung des Energiestoffwechsels während der täglichen Dunkelperiode. Auf- und Abbau von Saccharose und Stärke führen zu charakteristischen tagesperiodischen Oscillationen dieser Kohlenhydrate im Blatt (Abb. 13.33).

Auch in Geweben mit aktivem Fettabbau treten im Prinzip die oben geschilderten Verteilungsprobleme auf (→ Abb. 13.32): Aus Phosphoenolpyruvat muß – bei gehemmter Glycolyse – durch Gluco-

neogenese Saccharose für den Export gebildet werden. Falls hierbei ein Überangebot an Zucker auftritt, steht wiederum das Stärkedepot zur Zwischenspeicherung zur Verfügung.

Man weiß heute, daß im Überschneidungsbereich von anabolischem und katabolischem Kohlenhydratstoffwechsel ein kompliziertes System von metabolischen Regelkreisen für eine Anpassung (Modulation) der Enzymaktivitäten an die verschiedenen physiologischen Erfordernisse sorgt (→ S. 87). Der zentrale Angriffspunkt der Regulation ist die Umsetzung von Fructose-6-phosphat zu Fructose-1,6-bisphosphat durch die cytoplasmatische (pyrophosphatabhängige) *Phosphofructokinase* und die Umkehrung dieser Reaktion durch die *Fructose-1,6-bisphosphatase*. Beide Enzyme werden durch den Effektor *Fructose-2,6-bisphosphat* (*F2,6P₂*) allosterisch reguliert (→ S. 69). Dieses Molekül ist kein Stoffwechselintermediärprodukt, sondern besitzt ausschließlich regulatorische Funktion in einem komplizierten Regelsystem, dessen wesentliche Eigenschaften sich wie folgt zusammenfassen lassen (→ Abb. 13.32):

- $F2,6P_2$ aktiviert die cytosolische Phosphofructokinase und inaktiviert die Fructose-1,6-bisphosphatase. Hohe $F2,6P_2$-Konzentration fördert daher die Glycolyse; niedrige $F2,6P_2$-Konzentration fördert die Gluconeogenese und die Bildung von Saccharose.
- Der Pegel an $F2,6P_2$ im Cytosol hängt von seiner Synthese durch eine Fructose-6-phosphat-2-kinase und seinem Abbau durch eine Phosphatase ab. Die beiden Enzyme werden ihrerseits durch bestimmte Metaboliten reguliert. Durch diese Zweistufigkeit ergibt sich eine Kaskade von Reaktionen, über die ein kleines Eingangssignal hoch verstärkt werden kann.
- Die Fructose-6-phosphat-2-kinase wird (unter anderem) durch Fructose-6-phosphat aktiviert und durch Triosephosphat inaktiviert.

Dieses Regelsystem koordiniert die Synthese von Saccharose und Stärke mit der Bildung von photosynthetischem Triosephosphat: Ein Anstieg von Triosephosphat im Grundplasma erniedrigt $F2,6P_2$ und schaltet vom glycolytischen Abbau auf die Synthese von Saccharose um. Steigt die Saccharose-Konzentration im Grundplasma über einen kritischen Wert, so steigt auch $F2,6P_2$; Triosephos-

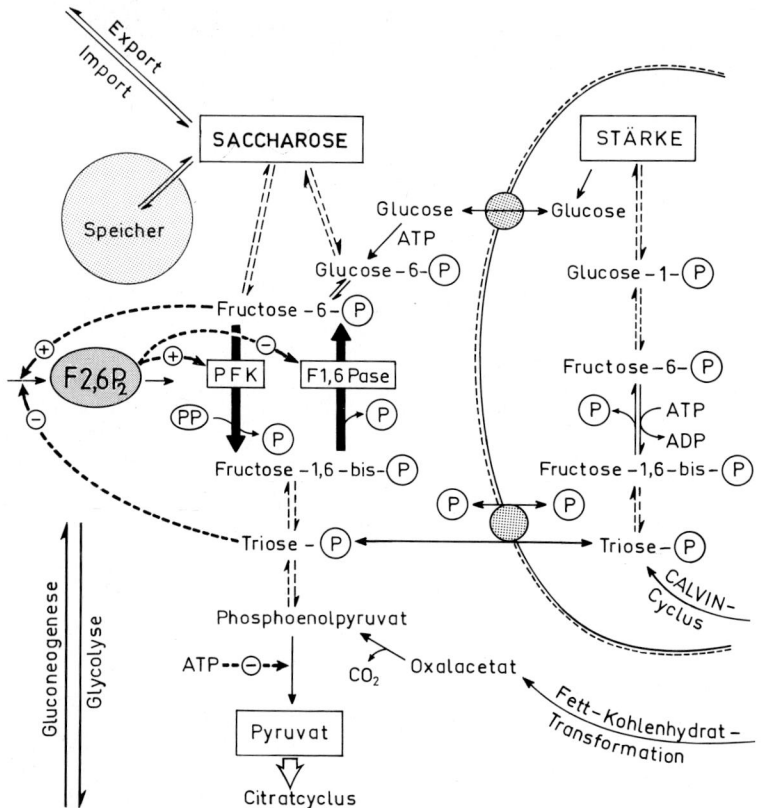

Abb. 13.32. Kanalisierung des aufbauenden und abbauenden Kohlenhydratstoffwechsels durch *Fructose-2,6-bisphosphat* (*F2,6P₂*) im Cytosol (vereinfachtes Schema). In der autotrophen Pflanzenzelle ist der Kohlenhydratmetabolismus im Cytosol und in den Chloroplasten kompartimentiert, welche beide über die Enzyme der Glycolyse verfügen. Der Transfer von Zucker zwischen Chloroplast und Cytosol erfolgt durch den *Phosphattranslocator* (Antiport von Triosephosphat mit anorganischem Phosphat). Daneben wurde ein Hexosetranslocator geringerer Aktivität nachgewiesen, der zusätzlich für den Export von Glucose aus dem Stärkeabbau verwendet wird. Die Umwandlung von Fructose-6-phosphat in Fructose-1,6-bisphosphat durch die cytosolische (pyrophosphatabhängige) *Phosphofructokinase* (*PFK*) und die Umkehrung dieses Schrittes durch die *Fructose-1,6-bisphosphatphosphatase* (*F1,6Pase*) sind die zentralen Ansatzpunkte der Regulation durch den Effektor Fructose-2,6-bisphosphat (F2,6P₂), dessen Synthese seinerseits durch Triosephosphat und Fructose-6-phosphat reguliert wird. (Förderung: ---⊕--→, Hemmung: ---⊖--→). Es wird deutlich, daß ein hoher F2,6P₂-Pegel die Glycolyse, ein niedriger F2,6P₂-Pegel hingegen die Gluconeogenese begünstigt. Niedrige Triosephosphatkonzentration und hohe Fructose-6-phosphatkonzentration lenken den metabolischen Fluß in Richtung *Pyruvat*; bei der umgekehrten Situation erfolgt eine Umlenkung in Richtung *Saccharose*. Hohe Triosephosphatkonzentration bei gesättigter Saccharosesynthese und gehemmter Pyruvatbildung führt zum Anstau von Zuckern im Chloroplasten und damit zur Synthese von *Stärke*. Es gibt in diesem Stoffwechselbereich mehrere zusätzliche Regulationsschritte, die in dem Schema nicht berücksichtigt sind, z. B. die allosterische Regulation der *Saccharosephosphatsynthase* (UDP-Glucose + Fructose-6-phosphat → UDP + Saccharose-6-phosphat, nicht eingezeichnet; → Abb. 13.20) durch Glucose-6-phosphat (Aktivierung) und anorganisches Phosphat (Inaktivierung)

phat staut sich an und wird im Chloroplasten zu Stärke verarbeitet. Unter diesen Bedingungen ist der Abfluß von Triosephosphat zum Pyruvat gehemmt (vermutlich über die Hemmung der Pyruvatkinase durch den hohen ATP-Pegel). Die Einschleusung von Phosphoenolpyruvat aus dem Fett-

abbau führt zu einer ähnlichen Situation. Der genaue Weg der aus dem Stärkeabbau stammenden Zucker ins Grundplasma ist noch nicht genau bekannt. Er erfolgt entweder über einen Hexosetranslocator auf der Hexoseebene, oder über den Phosphattranslocator auf der Trioseebene.

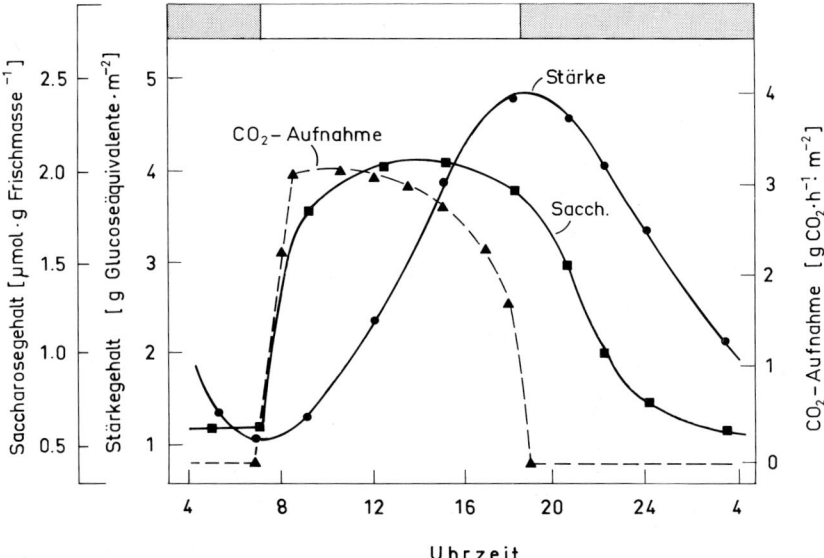

Abb. 13.33. Oscillationen des Saccharose- und Stärkege-halts im Blatt während des täglichen Tag/Nacht-Wechsels. Objekt: Ausgewachsene Blätter intakter Soja-Pflanzen (*Glycine max*). Die Akkumulation von Saccharose (Speicherung in der Vacuole) setzt gleichzeitig mit der CO_2-Fixierung bei Tagesbeginn ein. Die Akkumulation von Stärke (im Chloro-plasten) beginnt erst, wenn der (etwa 30mal kleinere) Saccha-rose-Speicher gefüllt ist. Nachdem die CO_2-Fixierung am Abend aufhört, wird zunächst der Saccharose-Speicher ent-leert; der Stärkeabbau setzt erst ein, wenn die Saccharose deutlich abgesunken ist. Beide Kohlenhydrat-pools werden bis zum Morgen vollständig abgebaut und (als Saccharose) aus dem Blatt abtransportiert. (Nach Rufty et al. 1983)

Weiterführende Literatur

Beck E, Ziegler P (1989) Biosynthesis and degradation of starch in higher plants. Annu Rev Plant Physiol Plant Mol Biol 40:95–117

Dahse I, Bernstein M, Müller E, Petzold U (1989) On possi-ble functions of electron transport in the plasmalemma of plant cells. Biochem Physiol Pflanzen 185:145–180

Davies DD (ed) (1980) Metabolism and respiration. In: Stumpf PK, Conn EE (eds) The biochemistry of plants. A comprehensive treatise. Vol 2. Academic Press, New York London

Davies DD (1987) Biochemistry of metabolism. In: Stumpf PK, Conn EE (eds) The biochemistry of plants. A com-prehensive treatise. Vol 11. Academic Press, New York London

Douce R, Day DA (eds) (1985) Higher plant cell respiration. Encycl Plant Physiol NS, Vol 18. Springer, Berlin Heidel-berg New York

Douce R, Neuburger M (1989) The uniqueness of plant mitochondria. Annu Rev Plant Physiol Plant Mol Biol 40:371–414

Elthon TE, Steward CR (1983) A chemiosmotic model for plant mitochondria. BioScience 33:687–692

Givan CV, Joy KW, Kleczkowski LA (1988) A decade of photorespiratory nitrogen cycling. Trends Bioch Sci 13:433–437

Huang AHC, Trelease RN, Moore TS (1983) Plant peroxi-somes. Academic Press, New York London

Laties GG (1982) The cyanide-resistant, alternative path in higher plant respiration. Annu Rev Plant Physiol 33:519–555

Lorimer GH (1981) The carboxylation and oxygenation of ribulose-1,5-bisphosphate: The primary events in photo-synthesis and photorespiration. Annu Rev Plant Physiol 32:349–383

Meeuse BJD (1975) Thermogenic respiration in aroids. Annu Rev Plant Physiol 26:117–126

Murray DR (ed) (1984) Seed physiology. Vol 2. Germination and reserve mobilization. Academic Press, Sydney Or-lando London

Ogren WL (1984) Photorespiration: Pathways, regulation, and modification. Annu Rev Plant Physiol 35:415–442

Palmer JM (ed) (1984) The physiology and biochemistry of plant respiration. Cambridge Univ Press, Cambridge London New York

Richter G (1988) Stoffwechselphysiologie der Pflanzen. Phy-siologie und Biochemie des Primär- und Sekundärstoff-wechsels. 5. Aufl. Thieme, Stuttgart New York

Singh P, Kumar PA, Abrol YP, Naik MS (1985) Photorespi-ratory nitrogen cycle – A critical evaluation. Physiol Plant 66:169–176

Sommerville CR, Ogren WL (1982) Genetic modification of photorespiration. Trends Bioch Sci 7:171–174

Stitt M (1990) Fructose-2,6-bisphosphate as a regulatory molecule in plants. Annu Rev Plant Physiol Plant Mol Biol 41:153–185

14 Das Blatt als photosynthetisches System

Im Kapitel 12 wurde die Photosynthese als eine Funktion des Systems „Chloroplast" betrachtet, wobei naturgemäß die vielfachen Wechselbeziehungen zwischen dem Photosynthesegeschehen und den anderen Bereichen des Stoffwechsels der Zelle (z. B. der Dissimilation) ausgeklammert blieben. Ebensowenig fanden die im einzelnen recht komplizierten Zusammenhänge zwischen der Photosynthese und der strukturellen Organisation der höheren Pflanze Berücksichtigung. Diese *physiologischen* Aspekte der Photosynthese sollen nun nachgeholt werden. Das Photosyntheseorgan der Kormophyten ist das Blatt (→ Abb. 29.16). Abbildung 14.1 zeigt das typische Photosynthesewirkungsspektrum eines Blattes, wobei deutliche

quantitative Unterschiede gegenüber dem *Chlorella*-Wirkungsspektrum (→ Abb. 12.13) sichtbar werden. Der wichtigste Unterschied ist die vor allem bei dickeren Blättern stark ins Gewicht fallende Lichtstreuung im Gewebe, welche zu einer gesteigerten optischen Weglänge und damit zu einer erhöhten Absorptionswahrscheinlichkeit für die eingestrahlten Quanten führt. Da sich dieser Effekt naturgemäß besonders stark im Bereich geringer Pigmentabsorption auswirkt, beobachtet man eine mehr oder minder starke Nivellierung von Absorptions- und Wirkungsspektrum. Das Blatt ist also ein sehr viel effektiverer Lichtabsorber als eine Chlorophyll-Lösung vergleichbarer Konzentration. Auch die photosynthetische Quanten-

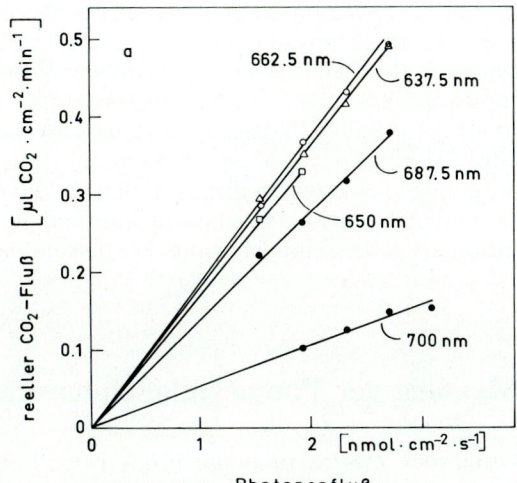

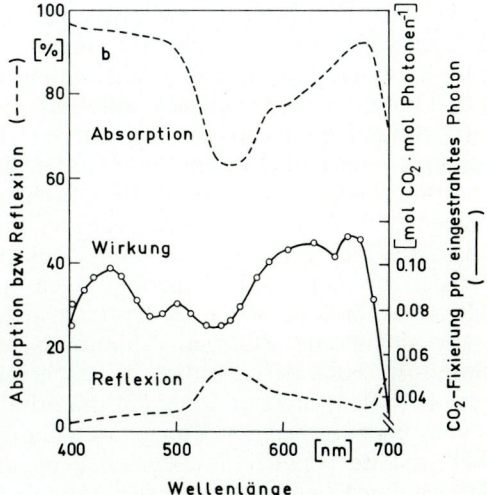

Abb. 14.1a und b. Typisches Photosynthese-Wirkungsspektrum eines Blattes (reelle Photosynthese; → Abb. 14.4). Objekt: Gartenbohne (*Phaseolus vulgaris*). (a) Einige typische Photonenfluß/Effekt-Kurven (linearer Bereich der Lichtkurve; → Abb. 14.10). (b) Aus der Steigung derartiger Kurven berechnetes Wirkungsspektrum im Vergleich mit dem Absorptions- und dem Reflexionsspektrum des Blattes. Da die Absorption der Photonen im Blau- und Rotbereich na-

hezu vollständig ist, kann man an diesen Punkten die Quantenausbeute abschätzen (ca. $^1/_9$ $CO_2 \cdot$ Photon^{-1}). Absorptions- und Wirkungsspektrum des Blattes einer Landpflanze weisen wegen der multiplen Lichtstreuung keine so markante Depression zwischen dem Blau- und dem Rotgipfel auf, wie dies bei *Chlorella* (und anderen Wasserpflanzen) gefunden wurde (→ Abb. 12.13). (Nach Balegh und Biddulph 1970)

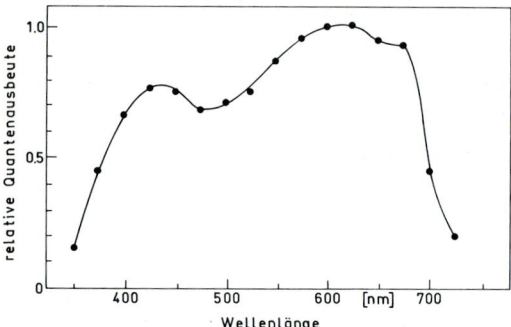

Abb. 14.2. Die photosynthetische Quantenausbeute Φ_{max} (CO_2-Aufnahme) von Blättern als Funktion der Wellenlänge. Die Kurve stellt Mittelwerte von 22 Arten höherer Pflanzen dar. Der Wert 1 entspricht der Quantenausbeute $\Phi_{max} = 0{,}07-0{,}08$ mol $CO_2 \cdot$ mol absorbierte Photonen^{-1}. (Nach Daten von McCree; aus Björkman 1973)

ausbeute des Blattes zeigt eine gegenüber *Chlorella* quantitativ abweichende Wellenlängenabhängigkeit (vgl. Abb. 14.2 und 12.18).

Der Übergang vom System „Chloroplast" zum System „Blatt" bringt eine erhebliche Zunahme des Komplexitätsgrades mit sich, was sich in einer charakteristischen physiologischen Methodik und Begrifflichkeit niederschlägt. Außerdem treten z. T. drastische Unterschiede zwischen verschiedenen Pflanzen auf, welche auch hier eine *vergleichend* physiologische Betrachtung notwendig machen. Die Landpflanzen haben sich während der Evolution physiologisch an eine Vielzahl verschiedener Biotope angepaßt, welche sehr unterschiedliche Anforderungen in bezug auf die Überlebenstüchtigkeit stellen. Hierbei wurde auch der Photosyntheseapparat rigoros auf eine hohe Effektivität unter den jeweiligen Umweltbedingungen optimiert. Die verschiedenen Wege der Optimierung, welche naturgemäß an Pflanzen klimatisch extremer Standorte besonders deutlich in Erscheinung treten, betreffen in erster Linie die quantitative Abstimmung zwischen den Kapazitäten der einzelnen Bereiche des Photosynthesegeschehens im Blatt. Die heutigen Landpflanzen existieren mit Hilfe ihres Photosyntheseapparats in Regionen der Erdoberfläche, welche Photonenflüsse zwischen 20 und 7000 μmol $\cdot$ cm$^{-2} \cdot$ d^{-1}, Temperaturen zwischen -5 und $+50\,°C$ und Wasserpotentialwerte zwischen 0 und -100 bar (ψ_{Boden}) bzw. weniger als -1000 bar (ψ_{Luft} bei 50% relativer Luftfeuchtigkeit) aufweisen. Die enorme Spannweite dieser zentralen

Umweltfaktoren, die zudem weitgehend unabhängig voneinander variieren, bedingt eine Vielzahl von ökologischen Abwandlungen des Photosynthesesystems „Blatt". Diese Abwandlungen betreffen praktisch nie den *photochemischen* Bereich der Photosynthese. So ist z. B. die Zusammensetzung und Größe der Pigmentkollektive bei den meisten Pflanzen sehr ähnlich. Die Modifikationen liegen vielmehr vor allem im Bereich des Elektronentransports, der CO_2-Fixierung und der strukturellen Organisation des Photosyntheseapparats im Blatt. Dazu gehört z. B. neben der Anordnung der assimilierenden Zellen und ihrer Verbindung zu den Leitungsbahnen des Stofftransports auch die Steuerung der CO_2-Zufuhr durch die Epidermis, welche zwangsläufig mit der Abgabe von Wasserdampf an die Atmosphäre verbunden ist. Eine ausreichende Versorgung des Photosyntheseapparats mit Substrat ist nicht zuletzt deshalb ein erhebliches physiologisches Problem, weil das Verhältnis von CO_2 zu O_2 in der Atmosphäre hierfür sehr ungünstig ist ($0{,}35$ ml $\cdot$ l^{-1} zu 209 ml $\cdot$ l$^{-1} = 0{,}0015$).

Die ökologischen Anpassungen des Photosyntheseapparats können in zwei Kategorien eingeteilt werden: 1. Genetisch fixierte Merkmale, welche im Laufe der Evolution erworben wurden. 2. Phänotypische Modifikationen, welche – innerhalb der genetisch festgelegten Reaktionsbreite – als direkte, adaptive Reaktion auf Umweltfaktoren aufzufassen sind. Bei vielen Pflanzen besitzt der Photosyntheseapparat in der Tat eine außerordentlich große modifikatorische Plastizität, welche eine kurzfristige Akklimatisation an wechselnde Umweltbedingungen gestattet. In diesem Fall ist es die *Fähigkeit* zur Adaptation, welche sich während der Evolution als genetisches Merkmal herausgebildet hat.

Messung der Photosyntheseintensität

Unter der *Photosyntheseintensität* (=„Photosyntheserate" oder „-geschwindigkeit") versteht man den photosynthetischen Stoffumsatz pro Zeiteinheit. Die Grundgleichung [→ Gl. (14.1)] gibt an, welche Meßgrößen für den Stoffumsatz in Frage kommen. Es sind dies praktisch die *O_2-Abgabe*, die *CO_2-Aufnahme* und die *Produktion an organischem Material* („Trockenmasse"). Die O_2-Abgabe charakterisiert im wesentlichen die Intensität des offenkettigen Elektronentransports, während die CO_2-Aufnahme die Intensität des Calvin-Cyclus widerspiegelt. Die photosynthetische NO_2^--Reduktion schlägt sich z. B. hier nicht nieder. Die Trockenmassezunahme ist ein integrierendes Maß für die Nettoproduktion des Photosyntheseapparats an organischen Molekülen. Da die Ausbeute und die chemische Natur des Assimilats variieren kann, liefern die drei Meßgrößen nicht notwendigerweise identische Resultate. Nur wenn die Photosynthese praktisch der klassischen Summenformel

$$CO_2^\nearrow + H_2O \rightarrow [CH_2O] + O_2^\nearrow \qquad (14.1)$$

folgt, besteht ein einfacher Zusammenhang zwischen O_2-Abgabe, CO_2-Aufnahme und Trockensubstanzzunahme. Unter diesen Bedingungen ist der *Assimilatorische Quotient*

$$AQ = \frac{\text{mol } O_2^\nearrow \cdot \Delta t^{-1}}{\text{mol } CO_2^\nearrow \cdot \Delta t^{-1}} = 1,0 , \qquad (14.2)$$

d. h. O_2-Abgabe und CO_2-Aufnahme kompensieren sich mengenmäßig. Neuere Messungen haben ergeben, daß der AQ von Blättern häufig über 1,0 (etwa bei 1,3) liegt. Aus methodischen Gründen (Möglichkeit zur kontinuierlichen Analyse am intakten System) wird meist die Messung von O_2 und CO_2 der Trockenmassebestimmung vorgezogen. Bei vergleichenden Untersuchungen an verschiedenen Blättern bestimmt man in der Regel die Gas*flüsse* J_{O_2} oder J_{CO_2}, d. h. die Photosyntheseintensität (= Gas*strom*) bezogen auf die Blattfläche (z. B. mol $CO_2 \cdot m^{-2} \cdot h^{-1}$)*.

Brutto- und Nettophotosynthese

Der CO_2-Kompensationspunkt Γ

Auch die photoautotrophen Mesophyllzellen des Blattes verfügen über die Enzyme für die oxidative Dissimilation organischer Moleküle. Der hierdurch bedingte respiratorische Gaswechsel (O_2-Aufnahme und CO_2-Abgabe; → S. 219) läßt sich an verdunkelten Blättern ohne Schwierigkeit mes-

---

* Die häufig noch verwendeten Mengenangaben in Volumeneinheiten sind druckabhängig (schwanken mit dem Luftdruck!) und daher nicht immer eindeutig.

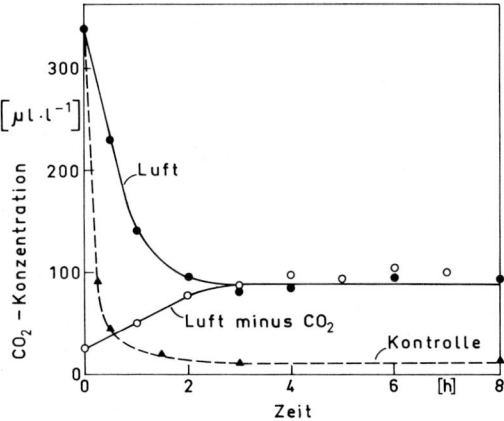

Abb. 14.3. Die Einstellung des CO_2-Kompensationspunktes Γ in einem abgeschlossenen Gasraum. Objekt: Blätter des Schwarzen Holunders (*Sambucus nigra*) (10 000 lx Weißlicht, 24–28 °C). Die Blätter (30 cm²) wurden zur Zeit Null in einem Glasgefäß (6 l) mit Luft oder CO_2-verarmter Luft eingeschlossen. In einem Kontrollexperiment wurde die CO_2-Absorption durch ein KOH-getränktes Filtrierpapierstück in Luft verfolgt. (Nach Gabrielsen 1948)

sen. Auch im Licht findet im Blatt beständig Dissimilation statt, welche sich dem photosynthetischen Stoffwechsel überlagert. Hält man ein Blatt in einem abgeschlossenen Luftvolumen bei sättigendem Lichtfluß (= Beleuchtungsstärke), so wird zunächst die CO_2-Konzentration des Gasraumes durch die Photosynthese vermindert. Dieser Prozeß kommt jedoch lange vor Erschöpfung des CO_2-Gehaltes im Gefäß zum Erliegen. Es stellt sich eine bestimmte CO_2-Konzentration ein, welche sich auch langfristig nicht mehr ändert, obwohl das Blatt weiterhin beständig CO_2 fixiert (Abb. 14.3). Der gleiche Wert pendelt sich in Luft ein, welche man durch das Interzellularensystem eines belichteten Blattes leitet. Es muß also unter diesen Bedingungen ein Gleichgewichtszustand zwischen Photosynthese (CO_2-Aufnahme) und Atmung (CO_2-Abgabe) herrschen, d. h. beide Prozesse laufen mit gleicher Intensität ab. Die sich einstellende Gleichgewichtskonzentration an CO_2 bezeichnet man als *CO_2-Kompensationspunkt Γ* (Gamma). Diese stark temperaturabhängige Größe (→ Abb. 14.18) ist von entscheidender Bedeutung für die Beurteilung der photosynthetischen Leistungsfähigkeit eines Blattes hinsichtlich der Ausnützung des CO_2-Reservoirs der Atmosphäre. Ein niedriges Γ bedeutet eine hohe Intensität der CO_2-Fixierung gegenüber

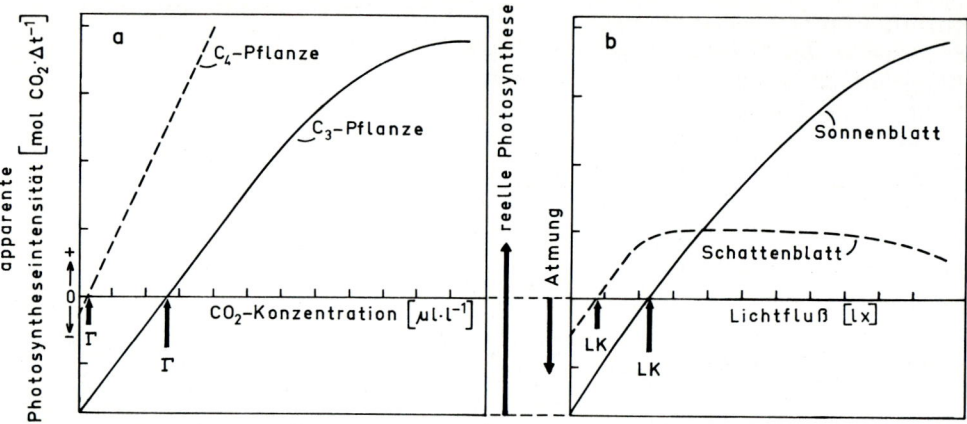

Abb. 14.4a und b. Zur Definition der *reellen* bzw. *apparenten* Photosynthese und der beiden Kompensationspunkte (schematisch). (a) Der *CO_2-Kompensationspunkt* (Γ) gibt an, bei welcher CO_2-Konzentration die reelle Photosynthese gleich der Atmung, d. h. die apparente Photosynthese gleich Null ist. Dieser Wert stellt sich in der Atmosphäre eines abgeschlossenen Gasraumes bei lichtgesättigter Photosynthese ein, wenn ein Fließgleichgewicht des Gaswechsels herrscht. Im Gegensatz zu den meisten Arten („C_3-Pflanzen"), welche einen gut meßbaren Γ-Wert zeigen, sind die „C_4-Pflanzen" durch $\Gamma \approx 0$ ausgezeichnet ($\rightarrow$ S. 256). (b) Der *Lichtkompensationspunkt* (LK) gibt an, bei welchem Lichtfluß die reelle Photosynthese gleich der Atmung, d. h. die apparente Photosynthese gleich Null ist. Dieser Lichtfluß stellt in Luft (ca. 350 $\mu l\, CO_2 \cdot l^{-1}$) ein Fließgleichgewicht der beiden gegenläufigen Prozesse ein. Schattenblätter (-pflanzen) unterscheiden sich von Sonnenblättern (-pflanzen) durch einen niedrigeren LK-Wert, eine niedrigere Atmungsintensität im Dunkeln (Ausgangspunkt der Kurven auf der Ordinate) und eine höhere apparente Photosyntheseintensität bei niedrigen Lichtflüssen. Außerdem liegt das Maximum der apparenten Photosynthese wesentlich niedriger. Bei starker Bestrahlung ist häufig eine Lichthemmung zu beobachten (Photoinhibition; $\rightarrow$ S. 579)

der CO_2-Ausscheidung (d. h. eine relativ hohe „Affinität" des Blattes für CO_2). Ein hohes Γ läßt dagegen auf eine niedrige Intensität des CO_2-fixierenden Systems – im Verhältnis zur Atmungsintensität – schließen (Abb. 14.4a). Die maximale CO_2-Konzentrationsdifferenz zwischen dem Blattinnern und der Außenluft ist 350 minus Γ ($\mu l \cdot l^{-1}$). Bei den meisten höheren Pflanzen liegt Γ bei 25 °C im Bereich von $30 - 60\ \mu l \cdot l^{-1}$, d. h. bei 10–20% der natürlichen CO_2-Konzentration der Luft und steigt mit der Temperatur exponentiell an. In speziellen Fällen hat man jedoch auch viel niedrigere, temperaturunabhängige Γ-Werte ($< 10\ \mu l \cdot l^{-1}$) gemessen ($\rightarrow$ S. 256, Abb. 15.6).

Der Lichtkompensationspunkt

Ein Gleichgewicht zwischen photosynthetischem und dissimilatorischem CO_2-Gaswechsel läßt sich auch durch Variation des Lichtfaktors erzielen. Man hält ein Blatt bei konstanter CO_2-Konzentration (Luft) und bestimmt denjenigen Lichtfluß, bei dem die CO_2-Aufnahme gerade gleich der CO_2-Abgabe (oder die O_2-Abgabe gerade gleich der O_2-Aufnahme) ist. Dieser Lichtfluß wird als *Lichtkompensationspunkt* der Photosynthese definiert. Besitzt ein Blatt (oder eine Pflanze) einen hohen Lichtkompensationspunkt, so benötigt sie relativ viel Licht, um ihre Atmung durch Photosynthese auszugleichen. Umgekehrt kann ein Blatt (oder eine Pflanze) mit niedrigem Lichtkompensationspunkt noch bei relativ geringem Lichtfluß eine ausgeglichene photosynthetisch kompensierte Kohlenstoffbilanz aufrechterhalten. Diese Größe charakterisiert also die Leistungsfähigkeit des Blattes hinsichtlich der Ausnützung des Lichts. Sie gibt den minimalen Lichtfluß für das langfristige Überleben einer photoautotrophen Pflanze an.

Der Lichtkompensationspunkt variiert innerhalb weiter Grenzen. In der Regel mißt man bei Pflanzen lichtarmer Standorte („Schattenpflanzen") niedrige Werte (um 100 lx), während lichtexponierte Pflanzen („Sonnenpflanzen") hohe Werte (500–800 lx) zeigen (Abb. 14.4b, 14.5). Häufig unterscheiden sich auch Schatten- und Sonnenblätter einer Pflanze (z. B. eines Baumes) um mehrere hundert lux. Bei dichter Belaubung kann der Lichtfluß im Inneren einer Baumkrone selbst bei intensivem Sonnenschein unter dem Kompensationspunkt liegen, was meist zur frühzeitigen Seneszenz (→ S. 453) der dort lokalisierten Blätter führt.

Reelle und apparente Photosynthese

Nach dem oben Gesagten ist klar, daß die Netto-Photosyntheseleistung des Blattes nicht mit der tatsächlichen Produktionsintensität des Photosyntheseapparats in den Chloroplasten identisch ist. Es kommt vielmehr darauf an, welcher Anteil des Brutto-Photosyntheseprodukts nach Abzug der Atmungsverluste übrig bleibt. Man bezeichnet die Brutto- und Netto-Photosynthese auch als *reelle* (wahre) bzw. *apparente* (in Erscheinung tretende) Photosynthese. Es gilt:

$$\left(\frac{\text{mol } CO_2\nearrow}{\Delta t}\right)_{\text{apparent}} =$$

$$\left(\frac{\text{mol } CO_2\nearrow}{\Delta t}\right)_{\text{reell}} - \left(\frac{\text{mol } CO_2\nearrow}{\Delta t}\right)_{\text{reell}}. \quad (14.3)$$

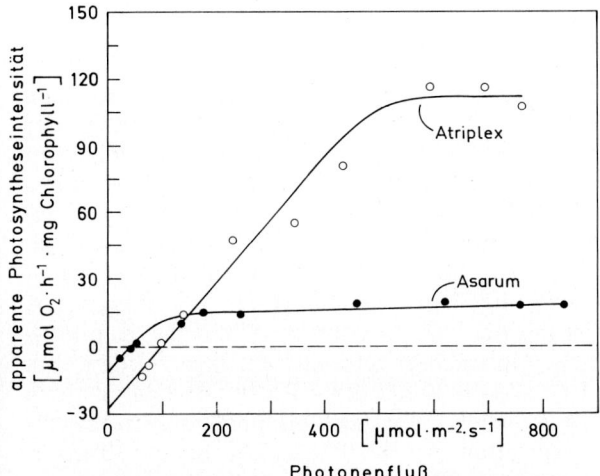

Abb. 14.5. Lichtfluß/Effekt-Kurven der apparenten Photosynthese einer Sonnenpflanze (*Atriplex patula*) und einer Schattenpflanze (*Asarum caudatum*). Die Messung der photosynthetischen O_2-Produktion wurde an isolierten Blattzellen der beiden Arten durchgeführt (25 °C). Die Differenzen im Lichtkompensationspunkt und im Sättigungsniveau der Photosynthese zwischen beiden Arten sind daher nicht auf anatomische Unterschiede (z. B. Blattdicke, Stomatadichte) zurückzuführen, sondern liegen im Photosyntheseapparat selbst begründet. (Nach Harvey 1980)

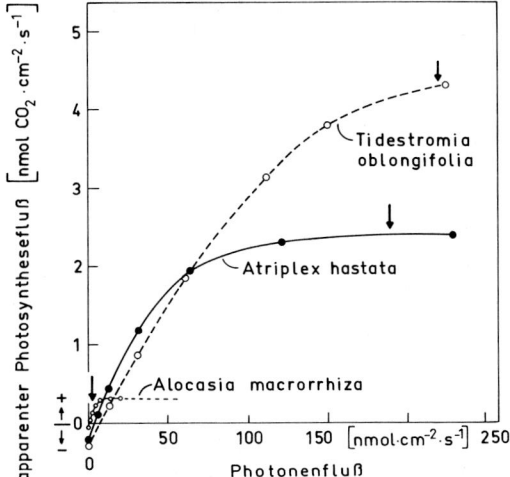

Abb. 14.6. Die Lichtabhängigkeit des apparenten Photosyntheseflusses bei drei an verschiedene Standorte angepaßten Arten. Objekte: *Tidestromia oblongifolia* (besiedelt extrem heiße und trockene Geröllhalden, z. B. im Death Valley, USA; gehört zu den „C_4-Pflanzen"; → S. 255; → Abb. 15.2), *Atriplex hastata* (besiedelt helle Standorte der gemäßigten Zone), *Alocasia macrorrhiza* (besiedelt den extrem lichtarmen Boden des tropischen Regenwaldes). Die Pfeile geben den durchschnittlichen Photonenfluß während der Lichtperiode am Wuchsort an. Man erkennt, daß hohe Lichtsättigung mit einem höheren Lichtkompensationspunkt gekoppelt ist. Daher hätten die beiden lichtliebenden Arten am Standort der extremen Schattenpflanze *Alocasia* trotz ihrer potentiell hohen photosynthetischen Leistungsfähigkeit eine negative apparente Photosynthese und wären daher dort längerfristig nicht lebensfähig. *Tidestromia* ist die photosynthetisch (potentiell) leistungsfähigste, *Alocasia* die photosynthetisch (potentiell) effektivste der drei Arten. (Nach Björkman; aus Berry 1975)

An den Kompensationspunkten der Photosynthese für CO_2 bzw. Licht ist die apparente Photosynthese gleich Null, unabhängig davon, wie groß die reelle Photosynthese und die Atmung sind. Die Zusammenhänge sind in Abb. 14.4 schematisch erläutert. Abbildung 14.6 zeigt quantitative „Lichtkurven" (→ Abb. 14.10) der Blätter von drei Arten, welche an verschiedene Umweltbedingungen angepaßt sind.

Licht- und Dunkelatmung

Das Verhältnis zwischen reeller und apparenter Photosynthese hängt von einer großen Zahl von Faktoren ab und ist daher sehr variabel. Eine wich-

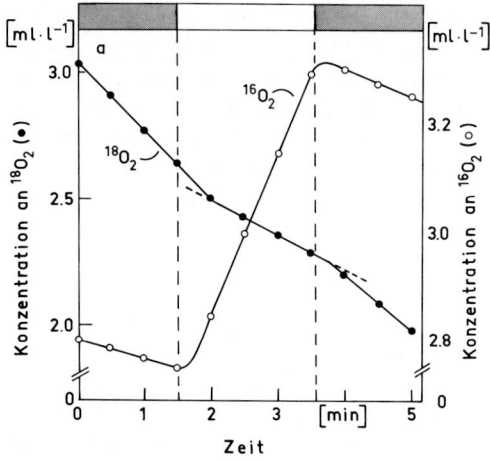

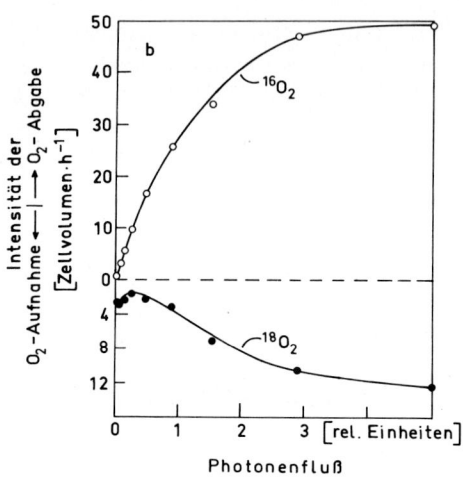

Abb. 14.7 a und b. Getrennte Bestimmung der respiratorischen O_2-Aufnahme und der photosynthetischen O_2-Abgabe. Objekt: Zellsuspension der Blaualge *Anacystis nidulans* (bei ungefähr der O_2-Konzentration luftgesättigten Wassers, 30 °C). Die Zellen wurden vor der Messung in natürlichem $H_2{}^{16}O$ mit O_2 begast, welches mit dem schweren Isotop ^{18}O markiert war. Die Konzentrationen von $^{16}O_2$ und $^{18}O_2$ im Medium wurden mit Hilfe eines Massenspektrometers gemessen, das über eine O_2-durchlässige Membran direkt an das Reaktionsgefäß angeschlossen war. (a) Kinetik der beiden Prozesse beim Übergang Dunkel → Schwachlicht → Dunkel. Man erkennt, daß die O_2-Aufnahme unter diesen Bedingungen im Licht gehemmt wird (*KOK-Effekt*). (b) Photonenfluß/Effekt-Kurve der beiden Prozesse. Man erkennt, daß die Intensität der O_2-Aufnahme nur bei niedrigen Photonenflüssen gehemmt wird. Bei höheren Photonenflüssen tritt dagegen eine starke Förderung auf, welche eine ähnliche Lichtabhängigkeit wie die O_2-Abgabe zeigt. DCMU (→ Abb. 12.26) hemmt nur die fördernde Wirkung hoher Photonenflüsse. Daraus kann man schließen, daß Lichthemmung und Lichtförderung der O_2-Aufnahme auf zwei verschiedene Reaktionen zurückgehen (Atmungskette bzw. Photorespiration). (Nach Hoch et al. 1963)

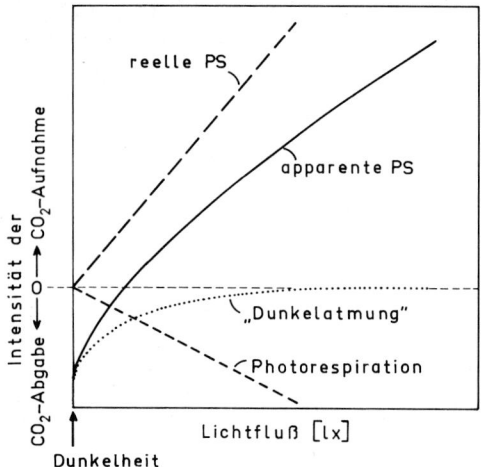

Abb. 14.8. Der prinzipielle Verlauf der Lichtfluß/Effekt-Kurve der apparenten Photosynthese in Nullpunktnähe (schematisch). Reelle Photosynthese und Photorespiration steigen von Null proportional mit dem Lichtfluß an. Die mitochondriale Atmung („Dunkelatmung") ist im Dunkeln maximal und wird mit zunehmendem Lichtfluß gehemmt. Durch Addition der drei Kurven erhält man die Lichtfluß/

tige Frage in diesem Zusammenhang ist, welchen Umfang die respiratorische CO_2-Bildung der Pflanze im Licht annimmt. Man kann wohl bei den meisten Pflanzen davon ausgehen, daß die mitochondriale Atmung (Citratcyclus, Atmungskette) im belichteten Blatt mehr oder minder stark gehemmt ist (*Kok-Effekt*). Dafür sprechen z. B. Untersuchungen, in denen mit Hilfe von Isotopenmarkierung der photosynthetische und der respiratorische Gaswechsel getrennt gemessen wurde (Abb. 14.7). An die Stelle der mitochondrialen Atmung tritt im hellen Licht die 2- bis 5mal intensivere Photorespiration (→ S. 207), welche bis zu 30% des frisch gebildeten Photosyntheseprodukts wieder in die anorganischen Komponenten zerlegen kann. In Abb. 14.8 ist die Überlagerung der beteiligten Gaswechselprozesse schematisch dargestellt.

Effekt-Kurve der apparenten Photosyntheseintensität. Der relative Beitrag der einzelnen Gaswechselprozesse zur apparenten Photosyntheseintensität dürfte bei verschiedenen Pflanzen stark variieren

Begrenzende Faktoren
der apparenten Photosynthese

Die Intensität der apparenten Photosynthese des Blattes unter natürlichen Bedingungen wird durch eine Vielzahl äußerer und innerer (organismuseigener) Faktoren beeinflußt: *Licht, CO₂-Konzentration, O₂-Konzentration, Temperatur, Luftzirkulation, Wasserzustand, Ionenversorgung, Entwicklungszustand, Blattmorphologie, Chlorophyllgehalt, Aktivität der photosynthetischen und respiratorischen Enzyme, Diffusionswiderstand für Gase an der Epidermis* usw. Diese Faktoren zeigen nicht nur eine unterschiedlich ausgeprägte zeitliche Stabilität, sondern häufig auch eine komplexe gegenseitige Wechselwirkung. Es ist daher praktisch unmöglich, dieses Multifaktorensystem, welches treffend als ein „*circulus vitiosus* voneinander abhängiger Engpässe" bezeichnet wurde, als Ganzes quantitativ zu erfassen. Realisierbar ist dagegen der folgende prinzipielle Ansatz: 1. Man hält alle (bekannten und unbekannten) Faktoren konstant, mit Ausnahme eines einzigen, welcher als experimentelle Variable dient. 2. Man bestimmt unter *steady-state-Bedingungen* den quantitativen Zusammenhang zwischen der Dosis des variierten Faktors und der erzielten physiologischen Wirkung (*Dosis/Effekt-Kurve*) auf dem Hintergrund der Wirkung der anderen (konstanten) Faktoren. 3. Man versucht, anhand dieser Kurve zu einer möglichst einfachen mathematischen Gleichung für die Dosis/Effekt-Beziehung zu kommen, in welcher nur solche Größen vorkommen, die physiologisch relevant und operational definierbar sind. Diese Beziehung, welche das Verhalten des Systems bei beliebiger Dosis quantitativ beschreibt, gilt natürlich zunächst nur unter den Bedingungen, welche durch die konstant gehaltenen Faktoren festgelegt sind. Eine weitergehende Gültigkeit der aufgestellten Beziehung – und damit ein zunehmender Gesetzescharakter – kann erreicht werden, wenn es gelingt, weitere Faktoren als Variable in die Gleichung einzubeziehen. Das Ziel dieses systemanalytischen Ansatzes (→ S. 5) ist es, eine quantitative Beschreibung (meist in Form einer mathematischen Formel) zu finden, welche es erlaubt, das Verhalten des Systems unter einem veränderten Satz von Faktoren zu berechnen. Außerdem gibt diese Beschreibung wertvolle Hinweise über die möglichen Wechselwirkungen zwischen verschiedenen Faktoren.

Die Aufstellung einer allgemeinen Gleichung für das System Blatt, welche die Photosyntheseintensität als Funktion auch nur der wichtigsten äußeren und inneren Faktoren beschreibt, erscheint – zumindest heute noch – als praktisch unlösbares Problem. Wir müssen uns hier darauf beschränken, das Prinzip der Faktorenanalyse (→ S. 9) auf zwei einfache Beispiele anzuwenden.

Die Verrechnung der Faktoren Lichtfluß und CO₂-Konzentration

Die Dosis/Effekt-Kurven für diese beiden Faktoren sind in Abb. 14.9 und 14.10 in prinzipieller Form dargestellt. In beiden Fällen ergeben sich typische Sättigungskurven, die hier nur qualitativ anaylsiert werden sollen. Anhand von Abb. 14.9 kann man sich klarmachen, daß die Photosyntheseintensität bei hohem Lichtfluß (Starklicht) in einem weiten Bereich praktisch proportional mit der CO_2-Konzentration ansteigt, dann zunehmend von der Geraden abbiegt und schließlich in den horizontalen Sättigungsbereich übergeht. Die normale CO_2-Konzentration der Luft (350 $\mu l \cdot l^{-1}$ bei 1 bar) ist bei den meisten Pflanzen nicht ausreichend, um die apparente Photosynthese zu sättigen (→ Abb. 14.9). (Man kann deshalb in solchen Fällen erfolgreich mit CO_2 „düngen".) Mißt man die *CO₂-Konzentrations-/Effekt-Kurve* bei niedrigem Lichtfluß

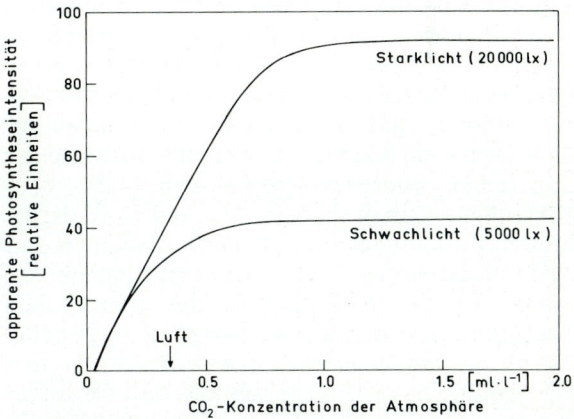

Abb. 14.9. CO_2-Konzentrations-/Effekt-Kurven der apparenten Photosynthese. Diese Kurven zeigen in prinzipieller Form die Begrenzung der Photosyntheseintensität durch die CO_2-Konzentration bei hohem und niedrigem Lichtfluß. (Nach French 1962; verändert)

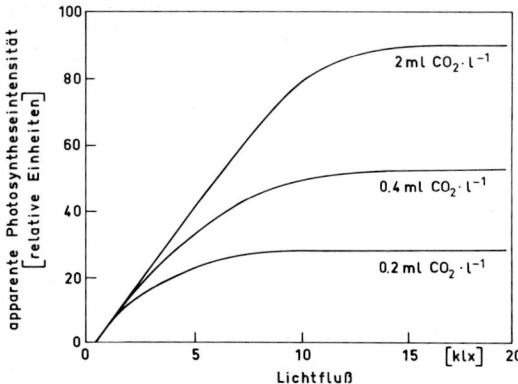

Abb. 14.10. Lichtfluß/Effekt-Kurven der apparenten Photosynthese. Diese Kurven zeigen in prinzipieller Form die Begrenzung der Photosyntheseintensität durch den Lichtfluß bei drei verschiedenen CO_2-Konzentrationen. (Nach French 1962; verändert)

(Schwachlicht), so zeigt sich bei sehr geringer CO_2-Konzentration keine Abweichung von der Starklichtkurve; der lineare Ast der Schwachlichtkurve ist jedoch wesentlich kürzer. Demgemäß wird auch die CO_2-Sättigung bei niedrigerer CO_2-Konzentration erreicht. In Abb. 14.10 ist der Lichtfluß als Variable auf der Abszisse aufgetragen (*Lichtfluß/Effekt-Kurve*; → Abb. 14.6); die CO_2-Konzentration wird konstant gehalten. Für verschiedene CO_2-Konzentrationen erhält man eine ähnliche Kurvenschar wie in Abb. 14.9. Es ergibt sich aus Abb. 14.10, daß die apparente Photosyntheseintensität nur bei hoher CO_2-Konzentration über einen weiten Bereich proportional mit dem Lichtfluß ansteigt. Die Steigung im linearen Ast der Kurven hängt vom Verhältnis reelle Photosynthese/Photorespiration ab und ist – unter sonst optimalen Bedingungen – ein Maß für die Quantenausbeute der (apparenten) Photosynthese (→ Abb. 14.2).

Wie kann man die in Abb. 14.9 und 14.10 dargestellten Zusammenhänge deuten? Blackman hat 1905 auf diesen Sachverhalt das ursprünglich von Liebig für die Abhängigkeit des pflanzlichen Wachstums von der Ionenversorgung aufgestellte *Prinzip des limitierenden* (= *begrenzenden*) *Faktors* angewandt. Dieses Prinzip sagt aus, daß die Intensität eines physiologischen Prozesses, auf den mehrere Faktoren einwirken, stets von demjenigen Faktor bestimmt (limitiert) wird, der sich gerade im relativen Minimum befindet. Vergrößert man diesen Faktor, so steigt die Intensität des Prozesses

unter seinem Einfluß an, bis plötzlich ein anderer Faktor ins relative Minimum gerät und damit *abrupt* das weitere Ansteigen der Dosis/Effekt-Kurve unterbricht. Danach müßten die Lichtfluß/Effekt-Kurven der Photosynthese also den in Abb. 14.11 dargestellten, prinzipiellen Verlauf haben.

Bereits Harder hat 1921 gezeigt, daß die Dosis/Effekt-Kurven der Photosynthese im mittleren Bereich stets eine *allmähliche* Krümmung aufweisen und das Prinzip vom limitierenden Faktor daher nur für Grenzsituationen gilt. Abbildung 14.10 zeigt dies deutlich: Nur in der Nähe des Nullpunktes ist Licht der einzige limitierende Faktor. Sobald sich die Kurven aufspalten, hängt die Photosyntheseintensität *auch* von der CO_2-Konzentration ab, welche zunehmend an Einfluß gewinnt und schließlich nach Erreichen der Lichtsättigung zum einzigen limitierenden Faktor werden kann. Fazit: Die Photosyntheseintensität hängt in einem weiten Bereich von *beiden* Faktoren ab, welche *gemeinsam* begrenzend wirken, wobei sich die absolute Wirkung eines Faktors nach der jeweiligen Konzentration (Intensität) des anderen Faktors richtet. Daraus folgt allgemein, daß ein physiologischer Prozeß, auf den n Faktoren einwirken, theoretisch

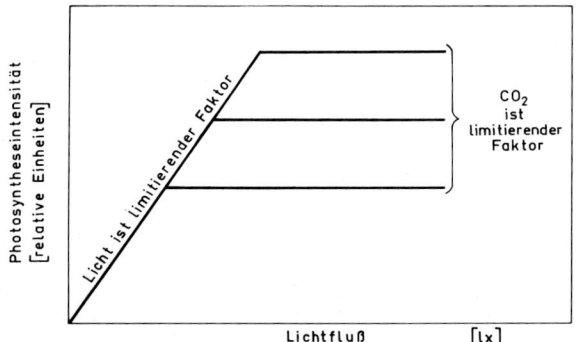

Abb. 14.11. Theoretischer Verlauf der Lichtfluß/Effekt-Kurven bei Zugrundelegung des Blackman-Liebigschen Prinzips vom limitierenden Faktor. Im proportional ansteigenden Ast ist der Lichtfluß der limitierende und damit intensitätsbestimmende Faktor. Die Kurven brechen abrupt ab, wenn der Lichtfluß die durch die jeweilige CO_2-Konzentration gesetzte Schwelle übersteigt; d.h. der Lichtfluß wird als limitierender Faktor von der CO_2-Konzentration *ohne Übergang* abgelöst. Im Gegensatz zu diesen theoretischen Kurven ergibt sich jedoch in der Realität ein breiter Übergangsbereich, in dem beide Faktoren die Photosynthese limitieren (→ Abb. 14.10)

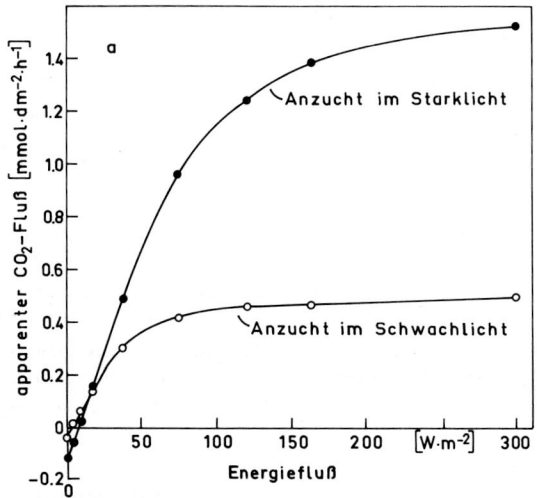

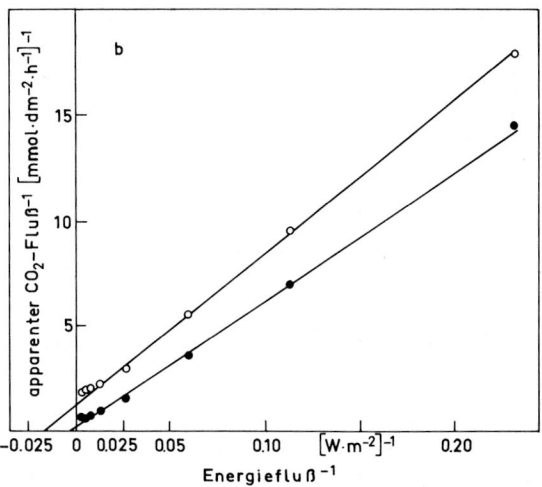

Abb. 14.12a und b. Die funktionelle Adaptation des Photosyntheseapparats an die Lichtbedingungen während der Anzucht. Objekt: Blätter von Weißem Senf (*Sinapis alba*) (16 h Licht/8 h Dunkel, 23/18 °C). Genetisch gleiche Pflanzen wurden bei 90 W · m⁻² (Starklicht) bzw. 5 W · m⁻²

(Schwachlicht) angezogen. (a) Energiefluß/Effekt-Kurven der apparenten Photosynthese. (b) Doppelt-reziproke Auftragung der beiden Sättigungskurven nach Lineweaver-Burk, nach Korrektur bezüglich der Dunkelatmung. (Nach Daten von Grahl und Wild 1972)

auch durch n Faktoren gleichzeitig limitiert, d. h. in seinem Ausmaß kontrolliert, werden kann. Die einzelnen Wirkungen der n Faktoren werden nach einem zunächst unbekannten Modus im reagierenden System miteinander verrechnet (→ S. 10). Nur in extremen Grenzfällen dominiert ein einzelner Faktor so stark, daß er als *der* limitierende Faktor angesehen werden kann.

Quantitative Analyse von Lichtfluß/Effekt-Kurven

Dosis/Effekt-Kurven der Photosynthese lassen sich häufig mit guter Näherung als Hyperbeln beschreiben, auf welche formal die Michaelis-Menten-Formel [→ Gl. (5.5)] anwendbar ist. Für die Abhängigkeit der Photosyntheseintensität v von der Lichtintensität I gilt dann:

$$v = \frac{v_{max} \cdot I}{I + K_I},\qquad (14.4)$$

wobei v_{max} hier die Photosyntheseintensität bei Lichtsättigung repräsentiert. Die Lichtintensität (= Lichtstrom) wird hier analog zur Substratkonzentration eingesetzt. K_I ist eine Systemkonstante, welche, analog zur Michaelis-Konstante, diejenige

Lichtintensität charakterisiert, für welche $c = v_{max}/2$ ist [→ Gl. (5.6)]. In Abb. 14.12 wird diese Beziehung auf Dosis/Effekt-Kurven angewendet, welche sich ausschließlich bezüglich der Anzuchtbedingungen (Starklicht oder Schwachlicht) des Pflanzenmaterials unterscheiden. Abbildung 14.12a zeigt ein für viele lichtliebende Arten charakteristisches Phänomen: Individuen, die im Starklicht herangewachsen sind, zeigen eine wesentlich höhere Photosynthesekapazität als solche aus einer lichtarmen Umgebung. Die doppelt-reziproke Darstellung nach Lineweaver-Burk (Abb. 14.12b) ergibt Geraden, welche sich hinsichtlich der Schnittpunkte mit der Ordinate (v_{max}^{-1}) und der Abszisse ($-K_I^{-1}$) unterscheiden (→ Abb. 5.2b). Man kann also dieser Darstellung unmittelbar entnehmen, daß die Starklichtpflanzen nicht nur eine höhere Lichtsättigung (v_{max}) erreichen, sondern auch einen höheren K_I-Wert, d. h. sie besitzen eine geringere „Affinität" für Licht. Die beiden Kurven verrechnen daher nicht einfach multiplikativ. Dieser Verrechnungstyp (→ S. 10) wäre dann gegeben, wenn lediglich v_{max} unterschiedlich wäre. Unter Berücksichtigung der Tatsache, daß die CO_2-Konzentration der Luft normalerweise der gewichtigste limitierende Faktor der Photosynthese ist (→ Abb. 14.9), kann man die Daten der Abb. 14.12 wie folgt interpretieren:

Bei der Starklichtmodifikation ist die Kapazität für die Aufnahme und Bindung von CO_2 wesentlich erhöht. Daher wirkt sich der CO_2-Faktor hier weniger stark limitierend aus als in der Schwachlichtmodifikation. Andererseits wird offenbar der Photosyntheseapparat im Schwachlicht stärker in Hinsicht auf die Ausnützung der auffallenden Lichtquanten optimiert und erreicht daher eine halbmaximale Lichtsättigung bereits bei relativ niedrigem Lichtfluß (zu ganz ähnlichen Schlüssen hat bereits die Besprechung der Kompensationspunkte geführt; → S. 237).

Photosynthetische Adaptationsfähigkeit des Blattes

Abbildung 14.12 liefert den Beleg für eine umweltabhängige Modifikation des Photosyntheseapparats. Es handelt sich bei dieser Adaptation um einen komplexen morphogenetischen Prozeß, der eine Vielzahl funktioneller und struktureller Merkmale des Blattes umfaßt (Abb. 14.13). Die für morphogenetische Prozesse charakteristische wechsel-

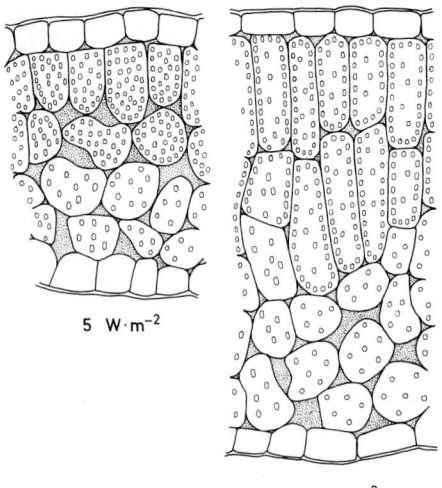

Abb. 14.13. Die morphogenetische Adaptation des Blattes an die Lichtbedingungen während der Anzucht. Objekt: Weißer Senf (*Sinapis alba*). Die Schwachlichtmodifikation (5 W · m^{-2}) zeigt ein einschichtiges Palisadenparenchym, dessen Zellen sich nur wenig vom Schwammparenchym unterscheiden. Im Starklicht (90 W · m^{-2}) sind die beiden Gewebe wesentlich stärker differenziert. Die Umstellung vom Schwach- auf den Starklichtphänotyp erfolgt innerhalb von 5 d. (Nach Grahl und Wild 1973)

seitige Abstimmung bei der Umsteuerung einzelner Parameter des Systems (z. B. die funktionell gegenläufige Veränderung von v_{max} und K_I im obigen Beispiel) tritt auch hier deutlich hervor. Dazu einige weitere experimentelle Fakten: Starklicht verschiebt den Lichtkompensationspunkt zu höheren Werten (→ Abb. 14.12a) und steigert den Gehalt an Photosyntheseenzymen (z. B. den der Ribulosebisphosphatcarboxylase/oxygenase = RUBISCO) um ein Mehrfaches. Die Chlorophyllmenge pro Blattfläche ändert sich nicht wesentlich. Schattenpflanzen weisen meist eine stärkere Stapelung der Thylakoide auf. Die photochemische Aktivität des Reaktionszentrums von Photosystem II und die Menge an Cytochrom f sind reduziert, während die Menge an *light-harvesting*-Komplexen (LHC; → S. 171) erhöht ist; es liegen also weniger, aber stärker mit Antennenpigmenten bestückte Photosystem-II-Einheiten vor. Im Photosystem I sind keine entsprechenden Modifikationen zu beobachten. Bei vielen Pflanzen ist die Stomatadichte der Blattepidermis, und damit der Diffusionswiderstand für CO_2, eine Funktion der Lichtbedingungen. Tomatenblätter besitzen im Schwachlicht (20 W · m^{-2}) hypostomatische Blätter (ca. 100 Stomata · mm^{-2} in der unteren Epidermis). Im Starklicht (100 W · m^{-2}) werden zusätzlich auch in der oberen Epidermis Stomata entwickelt (ca. 30 Stomata · mm^{-2}). Die Umstellung kann in einem jungen, wachsenden Blatt bereits 3 d nach dem Wechsel der Lichtbedingungen beobachtet werden. Die anatomischen Unterschiede zwischen Stark- und Schwachlichtphänotyp sind in Abb. 14.13 am Beispiel von *Sinapis alba* dargestellt. Bei dieser Pflanze hat man auf der biochemischen Ebene folgende typische Befunde gemacht: Bei Starklichtpflanzen liegt, bezogen auf die Blattfläche, die Photosyntheseintensität bei Lichtsättigung dreimal höher als bei Schwachlichtpflanzen, obwohl der Gehalt an Chlorophyll und Carotinoiden etwa gleich groß ist. Das Chlorophyll/P$_{700}$-Verhältnis ist ebenfalls sehr ähnlich. Jedoch kommt in der Starklichtpflanze rechnerisch eine nichtcyclische Elektronentransportkette auf ein P$_{700}$-Molekül (d. h. auf ein Reaktionszentrum), gegenüber 0,3 Ketten in der Schwachlichtpflanze. Offenbar ist die cyclische Photophosphorylierung in der Schwachlichtpflanze besonders ausgeprägt. Es ist evident, daß die Akklimatisierung der Pflanze an den Lichtfaktor auch im molekularen Bereich tiefgreifende Veränderungen nach sich zieht.

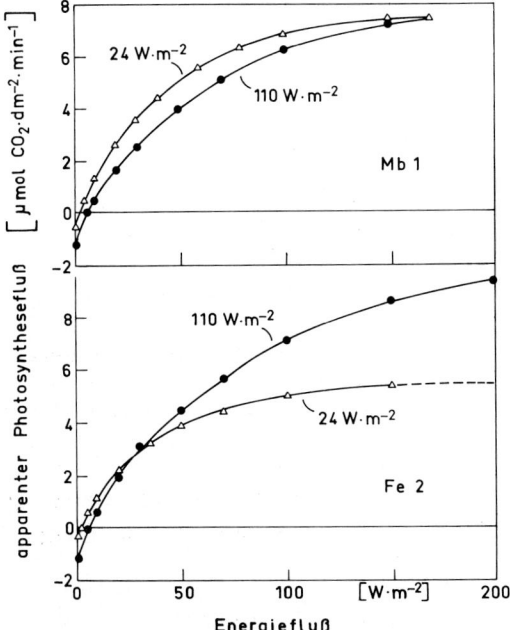

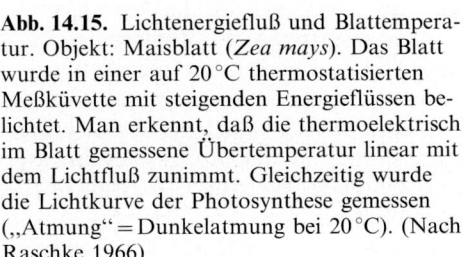

Abb. 14.14. Die Adaptationsfähigkeit an Stark- und Schwachlichtbedingungen bei zwei Ökotypen (Klone) des Bittersüßen Nachtschattens (*Solanum dulcamara*). Der Ökotyp Mb 1 stammt aus einem schattigen Schilfbestand aus der Nähe von Frankfurt, Fe 2 von einer offenen Sanddüne der Insel Fehmarn. Beide Typen wurden im Starklicht (110 W · m^{-2}) bzw. Schwachlicht (24 W · m^{-2}) bei sonst gleichen Bedingungen angezogen. Die Lichtkurven lassen erkennen, daß Fe 2 ein hohes Maß an Anpassungsfähigkeit zeigt, nicht aber Mb 1. Die Aktivität der RUBISCO zeigte eine entsprechende Anpassung. (Nach Gauhl 1969)

Die adaptiven Fähigkeiten einer Pflanze, d. h. ihre Reaktionsbreite gegenüber Umwelteinflüssen, ist in der Regel genetisch streng festgelegt (→ S. 298). Dies trifft nicht nur auf der Ebene der Arten zu, sondern auch auf Ökotypen ein und derselben Art, welche sich im Verlauf der Evolution an bestimmte Umweltbedingungen genetisch angepaßt haben. Als Beispiel hierfür ist in Abb. 14.14 die Modifikabilität von *Solanum dulcamara* durch den Lichtfluß angeführt. Genetische Schwachlichtpflanzen haben meist eine geringere Adaptationsfähigkeit.

Temperaturabhängigkeit der apparenten Photosynthese

Die Temperatur des Blattes ist ein wesentlicher Faktor der Photosyntheseintensität. Sie hängt ihrerseits in komplizierter Weise von äußeren und inneren Faktoren ab (z. B. von der Lufttemperatur, dem Lichtfluß, der Luftturbulenz und der Transpirationsintensität). Abweichungen von ± 10 °C zwischen Blatt- und Umgebungstemperatur sind daher nicht ungewöhnlich. Eine Belichtung bringt stets auch eine thermische Belastung der Pflanze mit sich, die sich, insbesondere bei schwacher Konvektion, als Übertemperatur äußert (Abb. 14.15).

Für photochemische Reaktionen und Diffusionsprozesse liegt der Q_{10}-Wert in der Regel nahe bei 1. Biochemische Reaktionen sind dagegen stark temperaturabhängige Vorgänge ($Q_{10} \geqq 2$; → S. 66). Daraus folgt, daß die Temperaturabhängigkeit der reellen Photosynthese mit zunehmender Lichtsättigung zunimmt. Dies führt zwischen 0 und etwa

Abb. 14.15. Lichtenergiefluß und Blattemperatur. Objekt: Maisblatt (*Zea mays*). Das Blatt wurde in einer auf 20 °C thermostatisierten Meßküvette mit steigenden Energieflüssen belichtet. Man erkennt, daß die thermoelektrisch im Blatt gemessene Übertemperatur linear mit dem Lichtfluß zunimmt. Gleichzeitig wurde die Lichtkurve der Photosynthese gemessen (,,Atmung" = Dunkelatmung bei 20 °C). (Nach Raschke 1966)

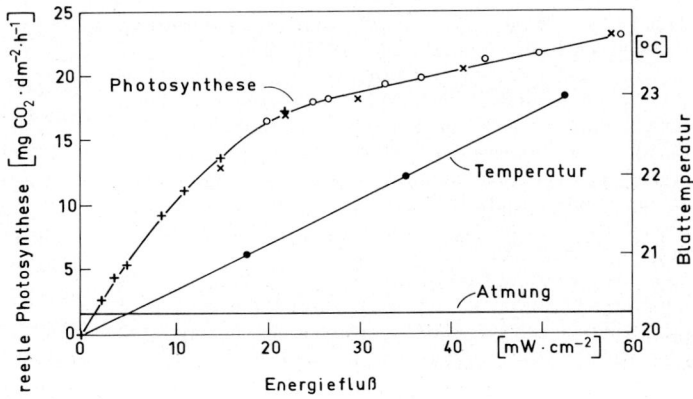

30 °C zu einer Steigerung der apparenten Photosyntheseintensität im Starklicht, nicht jedoch im Schwachlicht (Abb. 14.16). Versorgt man ein Blatt saturierend mit Licht und CO_2, so begrenzt die Aktivität der Enzyme des Photosyntheseapparats (vor allem der RUBISCO) die Intensität der CO_2-Fixierung. Temperaturkurven der Photosynthese zeigen unter diesen Bedingungen ein ausgeprägtes *Optimum* (Abb. 14.16). Die Lage dieses Optimums und des *Temperatur-Kompensationspunktes* unterliegt einer ganz ähnlichen (modifikatorischen und genetischen) Anpassung an die Umwelt wie wir sie beim Lichtfluß kennengelernt haben (→ Abb. 32.11). Bei (höheren) Pflanzen arktischer Regionen liegt das Photosyntheseoptimum um 15 °C. Wüstenpflanzen erreichen dagegen Werte bis 47 °C (→ S. 572).

Die Temperaturabhängigkeit eines physiologischen Prozesses läßt sich durch die *Aktivierungsenergie* A charakterisieren, welche in einem einfachen Zusammenhang mit dem Q_{10}-Wert steht [→ Gl. (5.3)]. Man erhält A, indem man die Tempera-

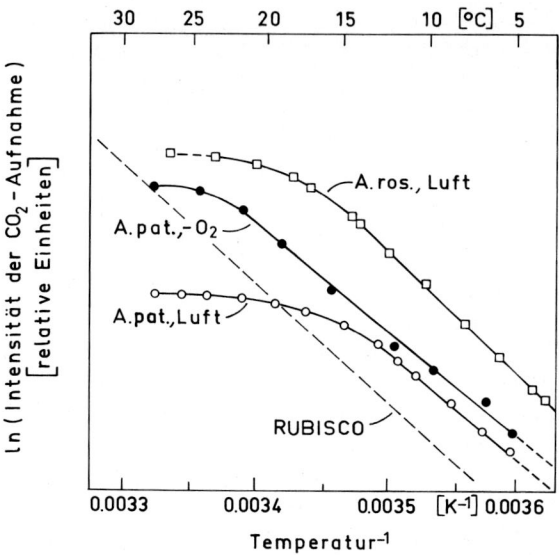

Abb. 14.17. Temperaturabhängigkeit (Blattemperatur) des apparenten Photosyntheseflusses bei zwei *Atriplex*-Arten (sättigender Lichtfluß, 320 μl · l^{-1} CO_2, Anzucht bei 20–25 °C). *A. pat.*: *Atriplex patula* ssp. *spicata*; *A. ros.*: *Atriplex rosea*. Zum Vergleich ist die Temperaturkurve der Ribulosebisphosphatcarboxylase-Reaktion bei optimaler CO_2-Konzentration eingezeichnet (RUBISCO). Die Kurven sind als Arrhenius-Diagramm gezeichnet (ln Reaktionsintensität pro Blattfläche gegen T). Nach der Arrhenius-Gleichung [→ Gl. (5.1)] ergibt sich bei dieser Auftragung theoretisch eine Gerade, deren Steigung proportional zur Aktivierungsenergie A ist. Man erkennt, daß die experimentellen Kurven bei niederen Temperaturen der Arrhenius-Gleichung perfekt folgen. Hieraus kann man einen einheitlichen Wert für A (ca. 70 kJ · mol CO_2 $^{-1}$; entspricht $Q_{10} \approx 3$) berechnen. Die Kurven biegen bei unterschiedlichen Temperaturen von der Geraden ab. *A. rosea* erreicht also ein höheres Temperaturoptimum als *A. patula*. Bei reduzierter O_2-Konzentration (15 ml · l^{-1}; –O_2) wird das Optimum bei *A. patula* zu höheren Temperaturen verschoben. *A. patula* ist eine C_3-Pflanze, während *A. rosea* eine C_4-Pflanze ist (→ S. 255). (Nach Björkman und Pearcy 1971)

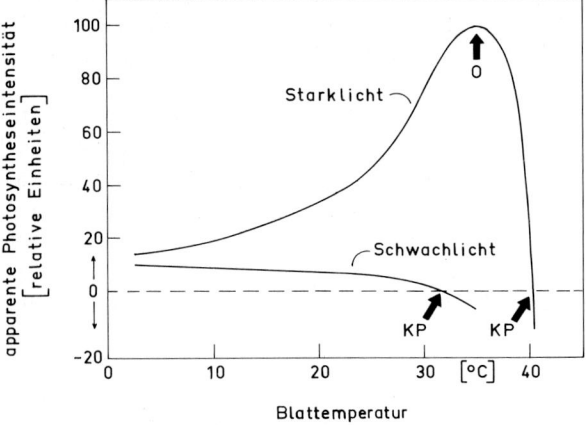

Abb. 14.16. Temperaturkurven der apparenten Photosynthese im Stark- und Schwachlicht bei sättigender CO_2-Konzentration (schematisch). Im Bereich von 0–30 °C steigt die Photosyntheseintensität im Starklicht an (bei einer Temperaturerhöhung von 10 °C um mehr als das Doppelte, $Q_{10} > 2$). Oberhalb des *Temperaturoptimums* (O; 35 °C) fällt die apparente Photosyntheseintensität steil ab, da die Atmung (vor allem die Photorespiration) hier stark erhöht ist. Der (obere) *Temperatur-Kompensationspunkt* (KP) wird bei etwa 40 °C überschritten. Im Schwachlicht ist die *reelle* Photosynthese kaum temperaturabhängig. Die *apparente* Photosynthese nimmt jedoch wegen der Steigerung der Atmung bei Temperaturerhöhung ab. Irreversible Schäden durch Denaturierung von Enzymen spielen meist erst über 40 °C eine Rolle (→ S. 573)

turkurve der Photosynthese als Arrhenius-Diagramm darstellt (Abb. 14.17). Vergleichende Untersuchungen haben gezeigt, daß die Aktivierungsenergie der lichtgesättigten Photosynthese stets um 70 kJ · mol CO_2 $^{-1}$ beträgt, was ziemlich genau dem Wert für die Carboxylierungsreaktion der RUBISCO entspricht. Starke artspezifische Unterschiede treten jedoch in der *Länge* des linearen Astes der Arrhenius-Kurve auf (→ Abb. 14.17). Pflanzen warmer Standorte sind dadurch ausgezeichnet, daß die Kurve erst bei höheren Temperaturen von der Geraden abweicht, d.h. das Optimum (→ Abb. 14.16) wird bei höherer Temperatur erreicht.

Wie kann man diese Zusammenhänge molekular deuten? Zunächst muß man aus der einheitlichen Aktivierungsenergie der photosynthetischen CO_2-Fixierung den Schluß ziehen, daß die RUBISCO (und wahrscheinlich auch die anderen Photosyntheseenzyme) in allen Pflanzen die gleiche Temperaturabhängigkeit besitzt, d.h. die Enzyme selbst sind nicht an unterschiedliche Temperaturbedingungen adaptierbar. Die spezifischen Unterschiede in der Lage des Temperaturoptimums könnten theoretisch auf spezifische Unterschiede in der Wärmestabilität der Enzyme zurückzuführen sein. In der Regel ist jedoch die Inaktivierung von Enzymen erst bei wesentlich höheren Temperaturen ein ins Gewicht fallender Faktor. Ein entscheidender Grund für das Abbiegen der Arrhenius-Kurven ist vielmehr in der Tatsache zu suchen, daß bei höheren Temperaturen die Intensität der Photorespiration wesentlich stärker zunimmt als die der reellen Photosynthese (→ Abb. 13.14). (Aus diesem Grund ist auch der CO_2-Kompensationspunkt Γ stark temperaturabhängig; → Abb. 14.18.) Eine Hemmung der Photorespiration durch Entzug von O_2 führt daher zu einer Erhöhung des Temperaturoptimums der apparenten Photosynthese (→ Abb. 14.17). Wärmeliebende Pflanzen zeichnen sich offenbar durch eine besonders geringe relative Photorespiration aus. Auch hier stoßen wir wieder auf das Verhältnis zwischen Photosynthese und Atmung als einen zentralen Parameter bei der Anpassung des Photosyntheseapparats an die Umwelt. Bei hohen Temperaturen können auch der durch Stomataverschluß (Wasserstreß!) bedingte, hohe Diffusionswiderstand und die erniedrigte Wasserlöslichkeit für CO_2 als limitierende Faktoren der Photosynthese in Erscheinung treten.

Der Einfluß von Sauerstoff auf die apparente Photosynthese

In einer O_2-freien Atmosphäre läuft die apparente Photosynthese der meisten Pflanzen („C_3-Pflanzen"; → Tabelle 15.1) 1,5- bis 2mal intensiver ab als in normaler Luft (209 ml · l^{-1} O_2), und zwar sowohl bei hohem als auch bei niedrigem Lichtfluß. O_2 *hemmt* also die apparente Photosyntheseintensi-

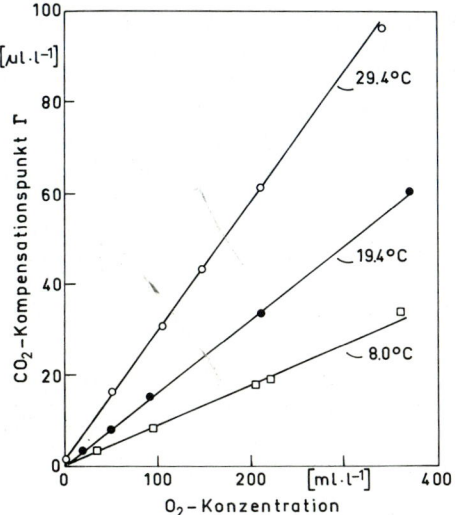

Abb. 14.18. Der Zusammenhang zwischen O_2-Konzentration und CO_2-Kompensationspunkt Γ der Photosynthese bei drei verschiedenen Blattemperaturen. Objekt: Blätter von *Atriplex patula* (100 W · m^{-2} bei 400–700 nm). Die Geraden extrapolieren gegen den Nullpunkt. Dies ist ein weiterer experimenteller Beleg für die Lichthemmung der mitochondrialen CO_2-Produktion („Dunkelatmung"), welche normalerweise bereits bei < 50 ml · l^{-1} mit O_2 gesättigt ist (→ S. 222). (Nach Björkman et al. 1970)

tät. Dieses Phänomen, das man nach seinem Entdecker Warburg-Effekt nennt, hat wahrscheinlich mehrere molekulare Ursachen. Einmal ist es möglich, daß O_2 als Elektronenacceptor am Ferredoxin auftritt, was zu einem Kurzschluß des nichtcyclischen Elektronentransports führt (pseudocyclischer Elektronentransport; → S. 180). Wichtiger sind in normaler Luft wohl zwei Wirkstellen im Bereich des Kohlenhydratstoffwechsels: 1. O_2 ist ein Substrat der Glycolatphosphat-Synthese und ein kompetitiver Inhibitor der CO_2-Fixierung durch die RUBISCO (→ Abb. 13.13). 2. O_2 ist ein Substrat der Glycolatoxidase, welche die partielle Dissimilation photosynthetisch gebildeten Glycolats einleitet. Diese beiden Reaktionen sind die O_2-verbrauchenden Schritte im Rahmen der Photorespiration (→ Abb. 13.16). Man kann daher den Warburg-Effekt im Bereich der CO_2-Assimilation als eine O_2-bedingte *Förderung* der Photorespiration auf Kosten der Photosynthese beschreiben.

Bei den meisten Pflanzen führt der Warburg-Effekt unter natürlichen Bedingungen zu einer deutlichen (bis zu 60%) Verminderung der photosynthetischen Effektivität (ausgedrückt z. B. als Quantenausbeute der CO_2-Nettofixierung). Dies läßt sich auch an der Beziehung zwischen O_2-Konzentration und CO_2-Kompensationspunkt ablesen, der ja ein Maß für die „Affinität" des Blattes für CO_2 darstellt ($\rightarrow$ S. 237). Abbildung 14.18 zeigt, daß diese Beziehung durch eine Gerade dargestellt werden kann, deren Steigung von der Temperatur abhängt. Pflanzen, die von Natur aus ein sehr geringes Γ zeigen, sind vom Warburg-Effekt praktisch nicht betroffen ($\rightarrow$ S. 256). Weiterhin wird in Abb. 14.18 deutlich, daß die Effektivität der photosynthetischen CO_2-Fixierung durch niedrige Temperaturen wesentlich gesteigert wird. Ebenso wirkt eine Erhöhung der CO_2-Konzentration, da hierdurch die hemmende Wirkung des O_2 sehr wirksam zurückgedrängt werden kann.

Die Regulation des CO_2-Austausches durch die Stomata

Die Diffusion des photosynthetischen Substrats CO_2, das in relativ geringer Konzentration (derzeit etwa $350 \, \mu l \cdot l^{-1}$) in der Atmosphäre vorkommt, zum Ort seines Verbrauchs in den Chloroplasten ist ein entscheidend wichtiger Teilprozeß des Photosynthesegeschehens. Bei stationärer Photosynthese entwickelt sich auf dieser Strecke ein CO_2-Konzentrationsgradient, dessen Steilheit von der Photosyntheseintensität abhängt. Entlang dieses Gradienten erfolgt im Licht ein Nettofluß von CO_2. Anders als bei der Cytochromoxidase der Mitochondrien ($\rightarrow$ Tabelle 13.2), ist die Affinität der RUBISCO für ihr Substrat CO_2 im Verhältnis zum CO_2-Angebot in der Atmosphäre sehr gering ($K_m = 10-20 \, \mu mol \cdot l^{-1}$ bei pH 7,9 und 25 °C. In Wasser, welches mit Luft im Gleichgewicht steht, lösen sich bei 25 °C und 1 bar nur $10,6 \, \mu mol = 262 \, \mu l \, CO_2 \cdot l^{-1}$). Da die der Blattepidermis aufgelagerte Cuticula weitgehend undurchlässig für CO_2 ist, erfolgt der CO_2-Einstrom praktisch ausschließlich durch die Stomata, welche in einem spezifischen Muster entweder nur auf der Blattunterseite (*hypostomatische* Blätter) oder auf beiden Blattflächen (*amphistomatische* Blätter) angeordnet sind.

Dem Nettostrom von CO_2 (I_{CO_2}) in ein Blatt mit der Fläche F stehen mehrere Diffusionsbarrieren im Wege. Nach dem 1. Fickschen Gesetz [$\rightarrow$ Gl.

(5.7); Abb. 5.5 a] erhält man:

$$I_{CO_2} = -DF\frac{\Delta c_{CO_2}}{\Delta l} \quad \text{bzw.} \qquad (14.5\,a)$$

$$I_{CO_2} = -\frac{(c_{CO_2})_{\text{Atmosphäre}} - (c_{CO_2})_{\text{Chloroplast}}}{r}, \quad (14.5\,b)$$

wobei $r = \Delta l \, D^{-1} \, F^{-1}$ als *Diffusionswiderstand* (Dimension: $s \cdot m^{-3}$) definiert ist [r^{-1}, die *Leitfähigkeit*, entspricht dem Produkt aus Blattfläche mal Permeabilitätskoeffizient P; $\rightarrow$ Gl. (5.10)]. Diese Formulierung des 1. Fickschen Gesetzes ist direkt analog zum Ohmschen Gesetz. In Anbetracht der komplexen Situation im Blatt ist es sinnvoll, den Gesamt-Diffusionswiderstand (r_{total}) in eine Summe von Einzelwiderständen aufzulösen. Dies kann z. B. folgendermaßen geschehen:

$$r_{total} = r_a + r_l + r_w + r_k. \qquad (14.6)$$

Abbildung 14.19 veranschaulicht den Diffusionsweg des CO_2 unter Einbeziehung der Atmungsprozesse. Der *äußere Widerstand* r_a ist durch die Gestalt des Blattes und die Dicke der CO_2-Grenzschicht ($\rightarrow$ S. 501) an seiner Außenseite bedingt. Der *Stomatawiderstand* r_l ist eine Funktion der Anzahl und Öffnungsweite der Stomata. r_w ist der Widerstand, den das CO_2 beim Übergang von der Gasphase der Interzellularen (ca. 50% des Blattvolumens) in die wäßrige Phase (10^4mal kleineres D!) der Zellwände zu überwinden hat. Die Diffusionswiderstände der Zellmembranen und des Cytoplasmas sind meist vernachlässigbar klein. Obwohl nicht direkt am Diffusionsprozeß beteiligt (und daher nicht dem 1. Fickschen Gesetz, sondern der Michaelis-Menten-Kinetik unterworfen), pflegt man auch den durch die Aktivität der enzymatischen CO_2-Fixierung bedingten „chemischen Widerstand" r_k einzubeziehen. Die Summe $r_w + r_k$ wird auch als *Mesophyllwiderstand* r_m bezeichnet. Während r_w und r_k für ein bestimmtes Blatt bei sättigenden Lichtbedingungen als konstant angesehen werden können, sind r_a und r_l hochgradig variabel. Der maßgebende Teilwiderstand bei ruhiger Luft ist r_a. Andererseits kann r_l den Gesamtwiderstand bei bewegter Luft maßgeblich bestimmen. Bei Stomataverschluß ist $r_l \approx r_{total} \approx \infty$. Damit werden die Stomata zu den entscheidenden Pforten, an denen unter natürlichen Bedingungen der Nettofluß von CO_2, J_{CO_2}, in das Blatt (und zwangsläufig damit gekoppelt, der Nettofluß von H_2O, J_{H_2O}, aus dem Blatt) reguliert werden kann.

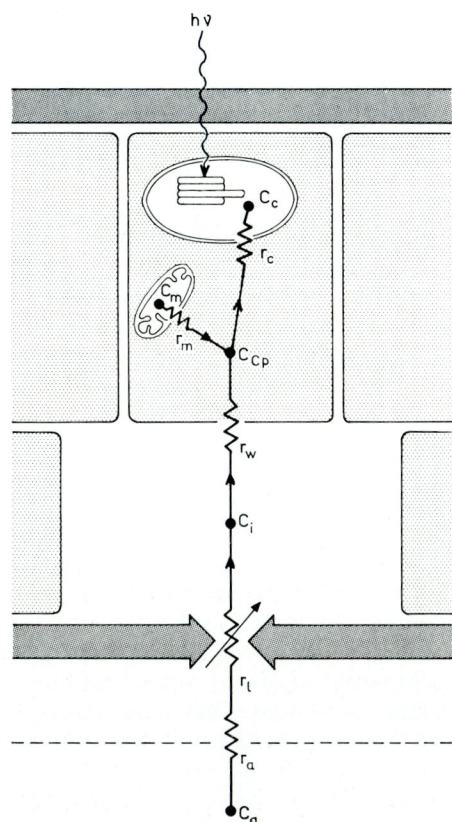

Abb. 14.19. Einfaches Modell des photosynthetischen CO_2-Transportes von der Außenluft in die Chloroplasten des Blattes unter Berücksichtigung der Atmungsvorgänge. Der CO_2-Strom ist in Analogie zum Strom von Elektrizität in einem System von Widerständen dargestellt. r_a, r_l, r_w, r_c, r_m, Diffusionswiderstände an Grenzfläche, Epidermis, Zellwand, Chloroplastenhülle, Mitochondrienhülle; c_a, c_i, c_{Cp}, c_c, c_m, CO_2-Konzentrationen von Außenluft, Atemhöhle, Cytoplasma, Chloroplast, Mitochondrion. Die chemischen „Widerstände" an den Membranen sind verhältnismäßig klein und werden daher häufig vernachlässigt. (In Anlehnung an Larcher 1974)

gung, mittlere Lichtflüsse) die CO_2-Konzentration der Interzellularen nur wenig von der Außenluft abweicht und daß nicht r_l, sondern die Kapazität der enzymatischen Reaktionen in den Chloroplasten (d.h. r_k) den Flaschenhals der Photosynthese darstellen. Bei Pflanzen mit niedrigem Γ („C_4-Pflanzen"; → S. 255) beobachtet man allerdings eine deutliche Begrenzung des CO_2-Einstromes durch die Stomata.

Die Regulation der stomatären Öffnungsweite dient offenbar bei einer turgeszenten Pflanze vor allem dazu, r_l der jeweiligen Photosyntheseintensität anzupasen, d.h. nicht unnötig groß werden zu

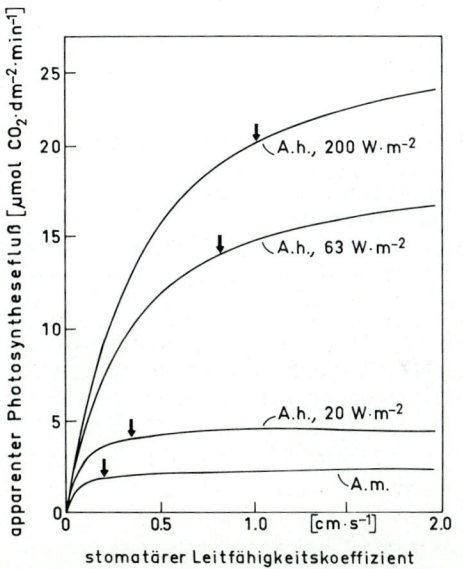

Abb. 14.20. Der apparente Photosynthesefluß von Blättern in normaler Luft bei Lichtsättigung als Funktion des stomatären Leitfähigkeitskoeffizienten für CO_2. Objekte: *Alocasia macrorrhiza* (A.m.), eine extreme Schattenpflanze des tropischen Regenwaldes, die dort unter stark lichtlimitierten Bedingungen wächst; *Atriplex patula* ssp. *hastata* (A.h.), eine Sonnenpflanze, welche bei drei verschiedenen Lichtenergieflüssen angezogen wurde. Die Kurven wurden durch indirekte Messungen ermittelt. Die Pfeile bezeichnen die Leitfähigkeitskoeffizienten, die sich in vollturgeszenten Blättern bei sättigendem Lichtfluß in Luft tatsächlich einstellen. Die maximalen Photosyntheseflüsse variieren in Abhängigkeit von genetischen bzw. umweltbedingten Faktoren (→ Abb. 14.12). Man erkennt, daß der Diffusionswiderstand der Epidermis unter den gegebenen Bedingungen in keinem Fall ein ins Gewicht fallender limitierender Faktor ist (d.h. eine weitere Erhöhung der Leitfähigkeit würde keine wesentliche Verbesserung mehr bringen). (Nach Björkman 1973)

Der stomatäre Diffusionswiderstand ist nicht grundsätzlich der begrenzende Faktor für die Intensität der CO_2-Fixierung. Abbildung 14.20 zeigt, daß der Leitfähigkeitskoeffizient der Epidermis bei turgeszenten Blättern sehr gut an die maximal mögliche Photosyntheseintensität angepaßt sein kann. Man kann daher in der Regel davon ausgehen, daß bei angepaßten Pflanzen unter normalen Bedingungen (bewegte Luft, gute Wasserversor-

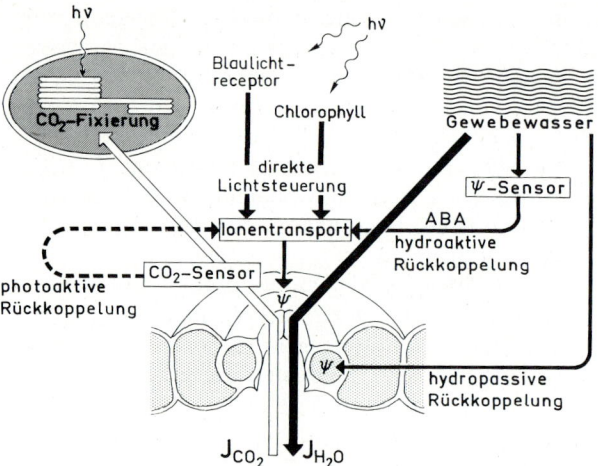

Abb. 14.21. Modell der Regelung bzw. Steuerung des stomatären Gastransports (Flüsse J_{CO_2}, J_{H_2O}) durch Licht, CO_2 und Wasserpotential im Blatt. Der „CO_2-Sensor" der Schließzellen („Stellglieder") mißt die CO_2-Konzentration („Regelgröße") in der Atemhöhle, welche durch eine variable „Störgröße" (z. B. Licht) beeinflußt wird, und regelt durch Ionenimport oder -export das Wasserpotential (ψ) des Stomas (und damit Stomaweite und CO_2-Fluß) auf einen vorgegebenen konstanten „Sollwert" der CO_2-Konzentration ein (*photoaktive* Rückkoppelung). Wichtiger bei normalem Tageslicht ist die Steuerung durch Lichtsignale, die in den Schließzellen durch Chlorophyll und einen Blaulichtphotoreceptor aufgenommen werden (direkte Lichtsteuerung). Das *hydroaktive* Rückkoppelungssystem regelt die Stomaweite nach Maßgabe des Wasserpotentials im Mesophyll, wobei das Hormon Abscisinsäure (ABA; → S. 408) als Signalüberträger beteiligt ist. Eine *hydropassive* Rückkoppelung besteht zwischen dem Wasserzustand der Schließzellen und dem des gesamten Blattes. (In Anlehnung an Raschke 1975)

lassen. Eine wichtige Rolle spielt hierbei die Tatsache, daß die Wasserdampfdiffusion in einer linearen Beziehung zur stomatären Leitfähigkeit (r_l^{-1}) steht [→ Gl. (14.5 b)], während die Photosynthese eine Sättigungskurve für CO_2 zeigt. Daher wird, zumindest bei höheren CO_2-Konzentrationen im Blatt, die Transpiration durch ein hohes r_l viel stärker eingeschränkt als die Photosynthese. Auf diese Weise kann ein optimaler Kompromiß zwischen CO_2-Assimilation und transpiratorischem Wasserverlust erzielt werden (der *Wasserökonomiequotient* $J_{CO_2} \cdot J_{H_2O}^{-1}$ ist maximal). Bei Blättern, welche unter Wasserstreß stehen, gilt dies nicht mehr. In diesem Fall wird r_l u. U. weit über den Wert angehoben, der einen noch sättigenden CO_2-Einstrom erlaubt (→ Abb. 14.20), d. h. r_l wird dann zum limitieren-

den Faktor der Photosynthese. Es ist daher verständlich, daß die Photosyntheseintensität und der Wasserzustand des Blattes die Öffnungsweite der Stomata vermittels getrennter Kontrollsysteme beeinflussen (Abb. 14.21).

Lichtabhängige Steuerung der Stomaweite

Im turgeszenten Blatt besteht eine enge Korrelation zwischen stomatärer Öffnungsweite und Photosyntheseintensität. Abbildung 14.22 zeigt, daß die Halbwertszeit für die Öffnungs- und Schließbewegung nur wenige Minuten beträgt. Das Wirkungsspektrum für die photonastische Stomaöffnung spiegelt im Prinzip das Absorptionsspektrum der Photosynthesepigmente wider. Auch im Dunkeln kann man die Stomata zur Öffnung veranlassen, indem man die Interzellularen des Blattes mit CO_2-freier Luft spült. Ein ähnliches Resultat erhält man mit isolierten Epidermisstreifen, welche bei manchen Pflanzen ohne Beschädigung des Stomaapparats gewonnen werden können und daher günstige Untersuchungsobjekte für manche Fragestellungen sind. Der entscheidende Faktor für die Regulation der Stomaweite ist bei diesen Experimenten nicht das Licht direkt, sondern die CO_2-

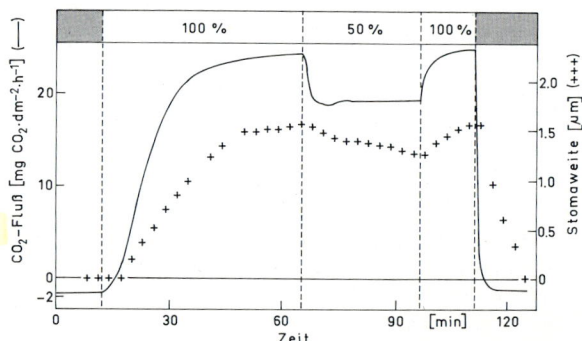

Abb. 14.22. Die Kinetik der mittleren Stomaweite und der CO_2-Aufnahme eines Blattes im Licht/Dunkel-Wechsel. Objekt: Mais (*Zea mays*). Die Stomaweite wurde rechnerisch aus Leitfähigkeitsmessungen ermittelt (linearer Zusammenhang), welche mit Hilfe eines Porometers durchgeführt wurden. Dieses Gerät mißt den Gasfluß, den man durch Anlegen einer bestimmten Druckdifferenz (hier 10 cm Wassersäule) durch das Blatt drücken kann. Die amphistomatischen Blätter vom Mais sind naturgemäß für solche Messungen besonders geeignet. Man erkennt, daß die Stomaweite mit einer leichten Verzögerung auf die Änderung des Lichtflusses reagiert. (Nach Raschke 1966)

Konzentration im Gasraum des Blattes, welche durch einen Regelkreis an die wechselnde Intensität der photosynthetischen CO_2-Fixierung angepaßt werden kann (Abb. 14.21). Von daher ist auch die bezüglich des Lichtfaktors inverse Stomaregulation bei den CAM-Pflanzen (→ S. 264) verständlich.

Neuerdings hat sich gezeigt, daß der in Abb. 14.21 dargestellte CO_2-Regelkreis wahrscheinlich nur bei sehr niedrigen und sehr hohen Lichtflüssen von Bedeutung ist. Bei normalem Tageslicht ist der Einfluß der CO_2-Konzentration auf die Stomaweite relativ gering. Unter diesen Bedingungen übernehmen Lichtsteuerungssysteme in den Schließzellen selbst die Kontrolle über die Stomaweite. Die genaue Analyse hat ergeben, daß hierbei zwei Photoreaktionssysteme zusammenwirken. Ein System wird durch Lichtabsorption im Chlorophyll aktiviert (z.B. durch rotes Licht) und schließt daher offenbar photosynthetische Reaktionen in den Schließzellchloroplasten ein. Ein zweites, wesentlich empfindlicheres System arbeitet mit einem Blaulicht-Photoreceptor, wahrscheinlich einem Flavoprotein. Die Art und Weise, wie diese beiden Steuerungssysteme gemeinsam eine Anpassung der CO_2-Aufnahme an den lichtabhängig variierenden Bedarf des Photosyntheseapparats gewährleisten, ist noch nicht geklärt.

Der H_2O-abhängige Regelkreis

Im allgemeinen sind Stomata unempfindlich für Änderungen des Wasserpotentials im Blatt, solange ein bestimmter Schwellenwert von ψ (meist zwischen -5 und -18 bar) nicht unterschritten wird (→ Abb. 32.5). Sinkt ψ auf negative Werte ab, so schließen sich die Stomata schnell und meist vollständig, weitgehend unabhängig von der Intensität der Photosynthese. Unter diesen Bedingungen übernimmt der *hydroaktive* Regelkreis (→ Abb. 14.21) die Kontrolle über die Stomaweite. Dieses System hat offenbar die Funktion eines Sicherheitsventils für die Transpiration. Auch hier ist der Sensormechanismus noch unbekannt. Für die Signalübertragung spielt das Hormon *Abscisinsäure* (*ABA;* → S. 408) eine entscheidende Rolle. Im Experiment läßt sich durch ABA-Zufuhr ein rascher und vollständiger Spaltenverschluß erzielen, der bei Entfernung von ABA wieder voll reversibel ist. Beim Unterschreiten des ψ-Schwellenwerts geben die Mesophyllzellen bereits wenige Minuten später wirk-

same Mengen von ABA in den Apoplasten ab. Die ABA-Receptoren der Schließzellen sind sehr wahrscheinlich an der Außenseite der Plasmamembran lokalisiert und daher vom apoplastischen Raum aus direkt zugänglich.

Bei einigen Pflanzen hat man Anhaltspunkte dafür gefunden, daß der CO_2-Regelkreis und der H_2O-Regelkreis über ABA funktionell verknüpft sind. Der CO_2-Regelkreis schließt die Stomata bei Erhöhung der CO_2-Konzentration nur dann, wenn eine geringe (im hydroaktiven System unterschwellige) ABA-Konzentration im Transpirationsstrom vorliegt, d.h. ABA macht die Stomata für CO_2 empfindlich. Umgekehrt sensibilisiert CO_2 die ABA-abhängige Schließbewegung. Es ist offensichtlich, daß dadurch die Flexibilität des gesamten Regelsystems wesentlich erweitert wird. ABA hat hier nicht nur die Rolle eines Botenstoffes beim Transpirationsschutz, sondern auch eine übergeordnete endokrine Funktion bei der gegenseitigen Abstimmung von Photosynthese und Wasserhaushalt. In der Tat ließ sich experimentell zeigen, daß ein Zusatz von ABA zum Transpirationsstrom die „Wasserausbeute" der Photosynthese, die man in diesem Zusammenhang durch den *Wasserökonomiequotienten* ($J_{CO_2} \cdot J_{H_2O}^{-1}$) definiert, wesentlich steigern kann.

Der Wasserzustand der Epidermis (bzw. des ganzen Blattes) hat bei ins Gewicht fallender cuticulärer Transpiration auch einen direkten Einfluß auf die Stellung der Schließzellen. Eine *hydropassive Öffnung* (→ Abb. 14.21) tritt z.B. dann auf, wenn der Druck der Nachbarzellen nachläßt. Diese passiven Effekte sind jedoch häufig von kurzer Dauer, da sie durch die aktiven Regelsysteme wieder ausgeglichen werden.

Hydraulik der Stomabewegung

Stomata müssen funktionell als hydraulische Ventile aufgefaßt werden. Ihre Bewegungsmechanik erfüllt die Kriterien einer Nastie (→ S. 551). Ein selektiver Anstieg des Turgordrucks in den Schließzellen führt zur Öffnung. Die Schließung erfolgt, wenn der Turgorunterschied zu den Nachbarzellen wieder ausgeglichen wird. Häufig sind die Schließzellen von zwei relativ großen Nebenzellen begleitet, welche mit ihnen zusammen den Stomaapparat bilden. Die Nebenzellen haben meist Speicherfunktion für Ionen bzw. H_2O und bilden ein nachgiebiges Widerlager für die Schließzellen. Im Laufe der Evolution haben sich verschiedene Typen von Stomaapparaten herausgebildet, welche sich in anatomischen und mechanischen Eigenschaften unterscheiden. Bei den Gräsern z. B. haben die Schließzellen hantelförmige Gestalt; die mittleren, englumigen Zellbereiche, die den Spalt bilden, werden durch eine starke Volumenzunahme der blasbalgartig erweiterungsfähigen Zellenden auseinandergerückt. Ein bei Dikotylen häufiger Typ ist in Abb. 14.23 dargestellt.

Bei allen Stomaapparaten wird die Öffnungsbewegung durch ein Absenken des Wasserpotentials in den Schließzellen relativ zur Umgebung ausgelöst, was einen passiven Einstrom von Wasser, und damit einen Turgoranstieg, zur Folge hat. Der ψ-Abfall geht auf eine entsprechende Zunahme des osmotischen Potentials (π; → S. 44) unter dem Einfluß der Öffnungssignale (Licht, niedrige CO_2-Konzentration) zurück. Plasmolytische Messungen

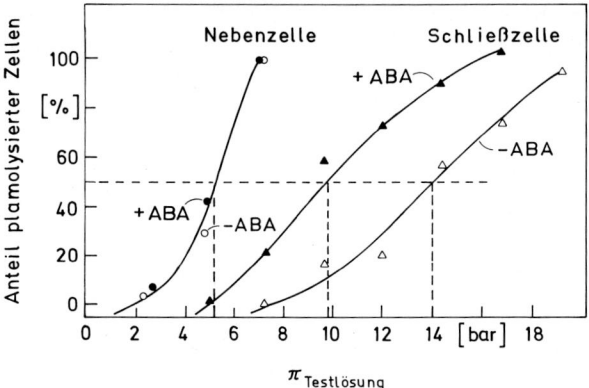

Abb. 14.24. Die Wirkung von Abscisinsäure (ABA) auf das osmotische Potential von Schließzellen und Nebenzellen. Objekt: isolierte Blattepidermis von *Commelina communis*. Die Stomata öffnen sich maximal, wenn man die Epidermisstreifen z. B. auf einer $NaNO_3$-Lösung im Licht schwimmen läßt. Zusatz von 100 μmol · l^{-1} ABA führt zum Verschluß der Spalte. Das osmotische Potential der geöffneten bzw. geschlossenen Stomata wurde durch mikroskopische Feststellung der Grenzplasmolyse (50% plasmolysierte Zellen) in einer Reihe osmotischer Testlösungen (Mannit als Osmoticum) bestimmt (→ Abb. 4.8). Es wird deutlich, daß die ABA-abhängige Stomataschließung mit einer π-Reduktion von 14 auf 10 bar einhergeht. (In den isolierten Epidermisstreifen ist $\pi_{Schließzelle}$ etwa dreimal niedriger als im intakten Blatt.) In den parallel gemessenen Nebenzellen ($\pi = 5$ bar) besitzt ABA keine Wirkung. (Nach Mansfield und Jones 1971)

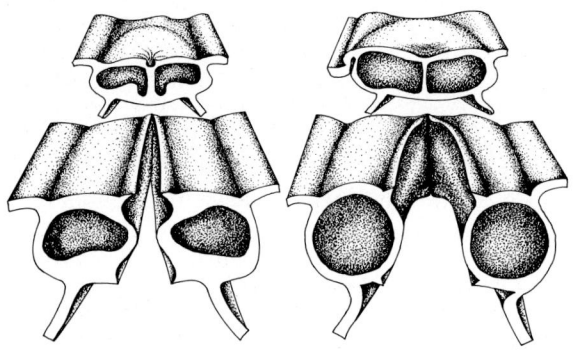

Abb. 14.23. Die Formveränderung der Schließzellen bei der Öffnungsbewegung. Objekt: Blatt der Ackerbohne (*Vicia faba*). Die in der Aufsicht bohnenförmigen Zellen öffnen zwischen sich einen Spalt, wenn die Zellwand durch den Druckanstieg *in Längsrichtung* des Stomas gedehnt wird. Die Struktur der Zellwand läßt eine Ausdehnung nur in Richtung der gekrümmten Längsachsen der Schließzellen zu. Die Krümmung nimmt bei Druckanstieg zu; die Schließzellen stoßen sich voneinander ab; der Spalt weitet sich. Es wird deutlich, daß die (sehr pektinreiche) Zellwand, die im geschlossenen Zustand etwa 50% des Zellvolumens einnimmt, an Dicke stark abnimmt, wobei jedoch der *äußere* Zellumfang nicht wesentlich verändert wird. Zwischen Änderung der Spaltweite und Änderung des Schließzellenlumens besteht ein linearer Zusammenhang: Öffnung des Spalts von 2 auf 12 μm Weite entspricht ungefähr einer Verdoppelung des Zellumens (von 2,6, auf 4,8 pl). Außerdem besteht eine lineare Beziehung zwischen Spaltweite und -fläche und daher auch zwischen Spaltweite und Stomatawiderstand^{-1}. (Nach einer Vorlage von Raschke und Dickerson)

(→ Abb. 4.8) haben ergeben, daß π in den geöffneten Schließzellen auf 40–60 bar ansteigen kann. Umgekehrt führen Schließungssignale (z. B. ABA) zu einem π-Abfall (ψ-Anstieg) und folglich zu einem Wasserausstrom aus den Schließzellen (Abb. 14.24).

Wie erfolgt die π-Regulation in den Schließzellen? Bereits 1856 hat von Mohl die Hypothese begründet, daß bei der photoaktiven Öffnung osmotisch aktive Moleküle (Zucker) in den Schließzellen synthetisiert und in ihrer Vacuole akkumuliert würden. Später wurde die Hydrolyse von Stärke in Zucker als der wesentliche Prozeß angesehen (Lloyd 1908). Als wichtiges Indiz diente dabei die auffällige Ausbildung aktiver, Stärke-akkumulierender Chloroplasten in den Schließzellen (normale Blatt-Epidermiszellen besitzen in der Regel sehr kleine, rudimentäre Chloroplasten). Tatsächlich hat man häufig im Zusammenhang mit der Öffnung einen Abbau der Stärkekörner in den Schließzellenchloroplasten beobachten können. Die Frei-

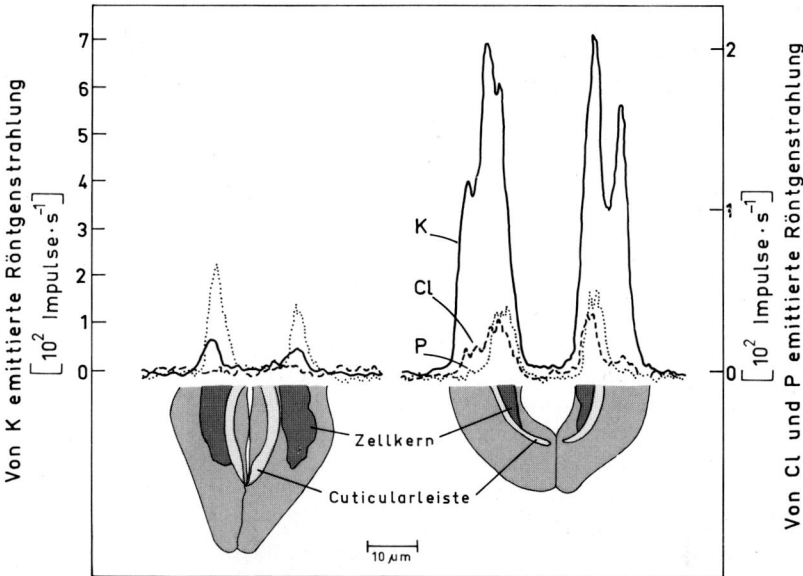

Abb. 14.25. Die spezifische Akkumulation von K$^+$ in den Schließzellen bei der Öffnungsbewegung. Objekt: Isolierte, untere Epidermis von Blättern der Ackerbohne (*Vicia faba*). Die relativen Konzentrationen an K, Cl und P wurden nach Gefriertrocknung der Zellen mit Hilfe einer Elektronenstrahl-Mikrosonde (Strahl von 0,5 μm Durchmesser) gemessen. Bei dieser Methode werden die einzelnen Elemente durch energiereiche Elektronenstrahlung zur Emission einer charakteristischen Röntgenstrahlung angeregt, deren Intensität in erster Näherung proportional zur Konzentration der Elemente ist. Die Kurven zeigen Konzentrationsprofile quer zur langen Achse des geschlossenen (*links*) und geöffneten (*rechts*) Stomas. Während sich die Konzentrationen an P (dessen Profil vor allem durch die Zellkerne bestimmt wird) und Cl nur wenig verändern, steigt K bei der Öffnungsbewegung drastisch an (die Relativwerte der drei Elemente sind untereinander nicht direkt vergleichbar; die Kurven sind jedoch ungefähr im richtigen Verhältnis gezeichnet). In absoluten Einheiten: K steigt im Stoma von 0,2 auf 4,2 pmol (0,9 mol · l^{-1}) an, Cl von 0 auf 0,2 pmol. (Nach Humble und Raschke 1971)

setzung von Zuckern ist jedoch völlig unzureichend, um den π-Anstieg quantitativ zu erklären. Heute weiß man, daß hier nicht Zucker, sondern *Ionen* eine entscheidende Rolle bei der π-Erhöhung spielen. In mehr als 50 Arten konnte man einen schnellen Transport von K$^+$ zwischen Schließzellen und Nachbarzellen nachweisen (Abb. 14.25), ähnlich wie er auch bei der nastischen Blattbewegung (→ S. 552) gefunden wurde. Die Elektroneutralität kann beim Maisstoma etwa zur Hälfte durch eine gleichzeitige Aufnahme von Cl$^-$ gewährleistet werden (die Nebenzellen dienen hierbei als Speicher für K$^+$ und Cl$^-$). Bei *Vicia faba* hat man keine derartige Verschiebung von Cl$^-$ gefunden. Hier übernehmen vorwiegend organische Säuren (vor allem Malat), welche die Schließzellen selbst produzieren, die elektrische Neutralisation des einströmenden K$^+$. Es ist also die Akkumulation von *KCl* oder *K$_2$-Malat,* die für die zur Öffnung führende π-Erhöhung in den Schließzellen verantwortlich ist.

Zumindest im adulten Zustand gibt es keine funktionsfähigen Plasmodesmen zwischen Schließ-, Neben- und regulären Epidermiszellen; der K$^+$-Transport muß daher durch den Apoplasten (Zellwandraum) erfolgen. Die Steuerung des Ionentransports in den Schließzellen ist bisher nur bruchstückhaft bekannt. Der schnelle Import bzw. Export von K$^+$ wird durch K$^+$-selektive, spannungsabhängige *Ionenkanäle* ermöglicht, die an Schließzellprotoplasten mit der patch-clamp-Methode (→ Abb. 5.9) direkt nachgewiesen werden konnten. Aus Messungen des K$^+$-Stromes hat man berechnet, daß die Anzahl der K$^+$-Kanäle in der Plasmamembran von *Vicia-faba*-Schließzellen bei etwa 300 liegt. Auch spannungsabhängige Anionenkanäle mit einer Spezifität für Cl$^-$ und Malat wurden bei diesem Objekt kürzlich gefunden. Öffnungssignale induzieren eine Hyperpolarisierung, Schließsignale eine Depolarisierung der Plasmamembran. Die der Öffnungsbewegung vorangehende Hyperpolarisierung geht mit einer gleichzeitigen Ausscheidung von H^+ in das Außenmedium einher. Dies hat zu der Vorstellung geführt, daß am Anfang der Wirkkette für die Öffnungsbewegung die Aktivierung einer Protonenpumpe steht, welche ein elektrochemisches Potential für den passiven Einstrom von K^+ durch die gleichzeitig geöffneten Kanäle der Plasmamembran aufbaut. Dafür gibt es heute in der Tat gute experimentelle Belege. Besonders überzeugend ist der Befund, daß das Phytotoxin *Fusicoccin*, ein pathologischer Aktivator pflanzlicher Plasmamembran-H^+-ATPasen ($\rightarrow$ S. 588), bei isolierten Schließzellen H^+-Sekretion, Hyperpolarisierung und K^+-Influx verursacht. Im intakten Blatt ist dieser Wirkstoff ein sehr effektiver Induktor der Stomataöffnung. ABA hemmt die Sekretion von H^+ und induziert einen Efflux von K^+ und Anionen aus den Schließzellen; gleichzeitig wird wieder Stärke in den Chloroplasten gebildet. Die ABA-Wirkung wird wahrscheinlich über ABA-aktivierbare Ca^{2+}-Kanäle in der Plasmamembran vermittelt, welche einen Anstieg der Ca^{2+}-Konzentration im Cytoploasma ermöglichen, der wiederum den K^+-Efflux auslöst.

Die für die Turgorregulation verantwortlichen Ionentransportprozesse stehen in einem engen Zusammenhang mit dem besonderen Kohlenhydratstoffwechsel der Schließzellen. In den Chloroplasten dieser Zellen fehlen die Enzyme des Calvin-Cyclus oder sind zumindest teilweise inaktiv. Der Import von Zucker aus dem Mesophyll erlaubt jedoch die Synthese von Stärke. Anstelle der nur in Spuren vorhandenen RUBISCO kommt in den Schließzellen eine cytosolische *Phosphoenolpyruvatcarboxylase* vor, welche eine lichtunabhängige Fixierung von CO_2 an Phosphoenolpyruvat ermöglicht. Das Reaktionsprodukt Oxalacetat wird anschließend zu Malat reduziert. (Diese Form der CO_2-Fixierung spielt auch im Rahmen des C_4-Cyclus der C_4- und CAM-Pflanzen eine zentrale Rolle; $\rightarrow$ Abb.

15.7, 15.10.) Bei der stomatären Öffnungsbewegung wird Stärke in den Schließzellen über die Glycolyse zu Phosphoenolpyruvat abgebaut ($\rightarrow$ Abb. 13.4) und daraus unter CO_2-Aufnahme Malat synthetisiert, dessen Pegel um ein Vielfaches ansteigt. Die Bildung von H_2-Malat (Äpfelsäure) über diesen Weg hat zwei wichtige Aufgaben: 1. die Bereitstellung von $Malat^{2-}$ als Gegenion für das aufgenommene K^+ und 2. die Nachlieferung von H^+ für die Protonenpumpe (intrazelluläre pH-Regulation).

Weiterführende Literatur

Berry J, Björkman O (1980) Photosynthetic response and adaptation to temperature in higher plants. Annu Rev Plant Physiol 31:491–543

Björkman O (1981) Responses to different quantum flux densities. In: Lange OL, Nobel PS, Osmond CB, Ziegler H (eds) Encycl Plant Physiol NS, Vol 12 A. Springer, Berlin Heidelberg New York, pp 57–107

Boardman NK (1977) Comparative photosynthesis of sun and shade plants. Annu Rev Plant Physiol 28:355–377

Farquhar GD, Sharkey TD (1982) Stomatal conductance and photosynthesis. Annu Rev Plant Physiol 33:317–345

Rühle W, Wild A (1985) Die Anpassung des Photosyntheseapparats höherer Pflanzen an die Lichtbedingungen. Naturwiss 72:10–16

Serrano EE, Zeiger E (1989) Sensory transduction and electrical signaling in guard cells. Plant Physiol 91:795–799

Sharkey TD (1985) Photosynthesis in intact leaves of C_3 plants: Physics, physiology and rate limitations. Bot Reviews 51:53–105

Willmer CM (1983) Stomata. Longman, London New York

Woodrow IE, Berry JA (1988) Enzymatic regulation of photosynthetic CO_2 fixation in C_3 plants. Annu Rev Plant Physiol Plant Mol Biol 39:533–594

Zeiger E (1983) The biology of stomatal guard cells. Annu Rev Plant Physiol 34:441–475

Zeiger E, Farquhar GD, Cowan IR (eds) (1987) Stomatal function. Stanford Univ Press, Stanford

Zelitch I (ed) (1990) Perspectives in biochemical and genetic regulation of photosynthesis. Wiley-Liss, New York

15 C$_4$-Pflanzen und CAM-Pflanzen

Die photosynthetische Leistungsfähigkeit einer Pflanze kann man z.B. durch die Menge an organischer Substanz definieren, welche unter optimalen Umweltbedingungen pro Flächen- und Zeiteinheit akkumuliert wird. Hierbei spielen die ökologischen Bedingungen des Standorts, an den die Pflanze angepaßt ist, eine entscheidende Rolle. Dies gilt insbesondere für den Faktor Licht ($\rightarrow$ Abb. 14.6). Sonnenpflanzen, welche noch die höchsten natürlichen Lichtflüsse ausnützen können, besitzen theoretisch eine besonders hohe photosynthetische Leistungsfähigkeit. Nun sind allerdings Standorte mit hohen Lichtflüssen häufig auch durch hohe Wärmebelastung (fördert die Photorespiration; $\rightarrow$ S. 247) und gravierenden Wassermangel (erfordert einen hohen Diffusionswiderstand für Gase an den Stomata; $\rightarrow$ S. 248) ausgezeichnet. Letzteres gilt auch für salzreiche Standorte, wo das hohe osmotische Potential (niedriges Wasserpotential) der Bodenlösung einen Wasserstreß begünstigt. Beide Bedingungen behindern also im Prinzip eine optimale Ausnutzung des Lichts durch die Photosynthese.

Unter den xerophytischen Bewohnern (semi)arider oder salzreicher Biotope gibt es zwei Gruppen von Pflanzen, welche durch bemerkenswerte strukturelle und funktionelle Anpassungen des Photosyntheseapparats an die speziellen Anforderungen ihrer Umwelt hervortreten. Die *C$_4$-Pflanzen* besitzen die Fähigkeit, die Photorespiration durch einen zusätzlichen, äußerst effektiven Fixierungsmechanismus für CO$_2$ unwirksam zu machen. Die *CAM-Pflanzen* sind in der Lage, CO$_2$-Fixierung und Synthese von organischer Substanz zeitlich getrennt durchzuführen. Beide Gruppen sind taxonomisch heterogen; die oft verblüffenden Gemeinsamkeiten innerhalb dieser Gruppen müssen als konvergente Entwicklungen angesehen werden. Die C$_4$-Pflanzen umfassen z.B. fast alle panicoiden und chloridoid-eragrostoiden Gräser (u.a. die Kulturpflanzen Mais, Zuckerrohr, *Sorghum*), die gesamten Amaranthaceen, manche Chenopo-diaceen, Euphorbiaceen und Portulacaceen. In der Gattung *Atriplex* kommen nebeneinander C$_4$-Arten und Arten mit konventioneller Photosynthese (C$_3$-Arten) vor, welche sogar miteinander kreuzbar sind. Insgesamt konnten inzwischen mehrere tausend Arten aus 17 Angiospermenfamilien als C$_4$-Pflanzen identifiziert werden. Die Evolution dieser Arten spielte sich meist im tropischen Klimabereich ab. Die CAM-Pflanzen umfassen in der Regel die sukkulenten Formen der Crassulaceen, Cactaceen, Asteraceen, Euphorbiaceen und Liliaceen; aber auch z.B. die Bromeliaceen *Tillandsia usneoides* und *Ananas comosus* oder die Gymnosperme *Welwitschia mirabilis*. In der Gattung *Euphorbia* sind neben C$_3$-Pflanzen sowohl C$_4$-Pflanzen als auch CAM-Pflanzen vertreten.

Das C$_4$-Syndrom

Die C$_4$-Pflanzen zeichnen sich durch eine Reihe anatomischer, physiologischer und biochemischer Unterschiede gegenüber ihren „normalen" Verwandten aus. Diese Besonderheiten werden im *C$_4$-Syndrom* (Tabelle 15.1) zusammengefaßt. Sie sind teilweise schon lange bekannt; ihre biologische Deutung gelang jedoch erst vor etwa 40 Jahren, als der photosynthetische CO$_2$-Stoffwechsel dieser Pflanzen näher erforscht wurde. Anlaß dazu war der zunächst verwirrende Befund, daß in den Blättern einiger Gräser mit außergewöhnlich hoher Stoffproduktion (z.B. Mais, Zuckerrohr) nicht wie sonst die *C$_3$-Verbindung* Glyceratphosphat ($\rightarrow$ Abb. 12.31), sondern die *C$_4$-Verbindung* Malat (plus Aspartat und Oxalacetat) als erstes Fixierungsprodukt des CO$_2$ auftritt (Abb. 15.1). Dieses Resultat begründete die Unterscheidung von „C$_3$-Pflanzen" und „C$_4$-Pflanzen".

Neben der meist ungewöhnlich hohen apparenten Photosyntheseintensität, verbunden mit hoher Lichtsättigung ($\rightarrow$ Abb. 14.6), besitzen die C$_4$-

Tabelle 15.1. Die wichtigsten physiologischen und strukturellen Unterschiede zwischen C$_4$-Pflanzen und C$_3$-Pflanzen. (Die Zahlen geben Durchschnittswerte an, welche in Sonderfällen auch unter- oder überschritten werden können.)

	C$_4$-Pflanzen	C$_3$-Pflanzen
1. Erstes faßbares CO$_2$-Fixierungsprodukt	C$_4$-Verbindungen (Malat, Aspartat, Oxalacetat)	C$_3$-Verbindungen (Glyceratphosphat)
2. Apparenter Photosyntheseßuß	hoch (60–100 mg CO$_2 \cdot$ dm$^{-2} \cdot$ h^{-1})	niedrig (≤ 30 mg CO$_2 \cdot$ dm$^{-2} \cdot$ h^{-1})
3. Lichtsättigung des apparenten Photosyntheseflusses	hoch (400–600 W $\cdot$ m^{-2})	niedrig (≤ 200 W $\cdot$ m^{-2})
4. CO$_2$-Kompensationspunkt Γ	niedrig, temperaturunabhängig ($< 10\ \mu$l CO$_2 \cdot$ l^{-1})	hoch, temperaturabhängig (30–60 μl CO$_2 \cdot$ l^{-1})[a]
5. Photorespiration (Blatt)	nicht nachweisbar	vorhanden (bis 30% der reellen Photosynthese
6. Warburg-Effekt (Blatt)	nicht nachweisbar	vorhanden
7. Temperaturoptimum (apparente Photosynthese)	30–45 °C	10–25 °C
8. Blattanatomie	Kranztyp	Schichtentyp
9. Chloroplastendimorphismus	vorhanden	fehlt
10. ^{13}C/^{12}C-Verhältnis des Assimilats	relativ hoch ($\delta ^{13}$C ≈ -14‰[b])	relativ niedrig ($\delta ^{13}$C ≈ -28‰[b])

[a] Bei den meisten einheimischen C$_3$-Pflanzen liegt Γ bei etwa 40 μl CO$_2 \cdot$ l^{-1} (25 °C).

[b] $\delta ^{13}$C $= \left(\dfrac{(^{13}\text{C}/^{12}\text{C})_{\text{Probe}}}{(^{13}\text{C}/^{12}\text{C})_{\text{Standard}}} - 1 \right) \cdot 10^3$ [‰] ($\rightarrow$ S. 267).

Pflanzen eine außerordentlich hohe Affinität (niedrige „Michaelis-Konstante") für CO$_2$ (Abb. 15.2) und einen niedrigen, weitgehend temperaturunabhängigen CO$_2$-Kompensationspunkt (Abb. 15.3), der häufig unter der Nachweisgrenze liegt. Dies hängt damit zusammen, daß ihre Blätter nach außen keine meßbare Photorespiration zeigen. Daher ist hier die apparente gleich der reellen Photosynthese und eine Hemmung durch O$_2$ (Warburg-Effekt) entfällt ($\rightarrow$ S. 247). Es ist auch verständlich, daß das Temperaturoptimum der apparenten Photosynthese unter diesen Bedingungen höhere Werte annehmen kann, als in Gegenwart der Photorespiration ($\rightarrow$ Abb. 14.17).

Die C$_4$-Pflanzen sind auch anatomisch leicht zu erkennen. Der Blattquerschnitt zeigt hier einen grundsätzlich andersartigen Aufbau des Assimilationsgewebes als bei den C$_3$-Pflanzen: Anstelle der zwei horizontalen Schichten Palisadenparenchym und Schwammparenchym findet man bei den C$_4$-Pflanzen um die Leitbündel eine konzentrische Anordnung von zwei Zellagen, einer inneren *Leitbündelscheide* mit großen, stärkereichen Chloroplasten und einem äußeren „Kranz" kleinerer, locker stehender *Mesophyllzellen* (Abb. 15.4). Diesen röhrenartigen Aufbau des Assimilationsparenchyms bezeichnet man als *Kranztyp*. Bei manchen Gräsern unter den C$_4$-Pflanzen tritt außerdem ein auffälliger *Chloroplastendimorphismus* auf. Die Chloroplasten der Scheidenzellen sind durch das weitgehende Fehlen von Granastapeln und durch einen mehr oder minder reduzierten nichtcyclischen Elektronentransport vom H$_2$O zum NADP$^+$ ausgezeichnet. Auch die Hill-Reaktion ($\rightarrow$ S. 178) verläuft viel schwächer als in den Mesophyllzellen, was darauf hindeutet, daß die Aktivität des Photosystems II spezifisch vermindert ist. Im belichteten Blatt findet man jedoch in den Scheidenchloroplasten große Mengen an Stärke, im Gegensatz zu den normal mit Grana ausgestatteten Mesophyllchloroplasten (Abb. 15.5). Beide Chloroplastentypen besitzen ein aktives Photosystem I.

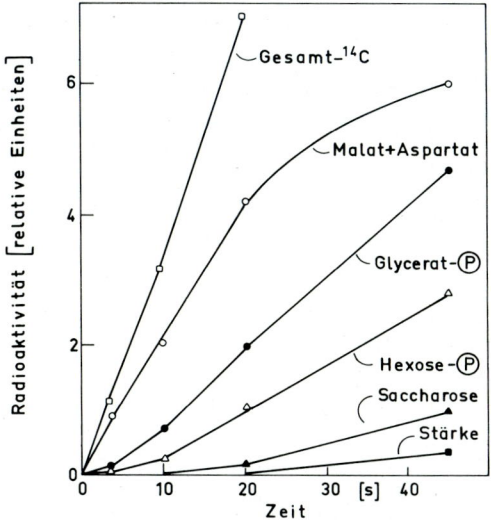

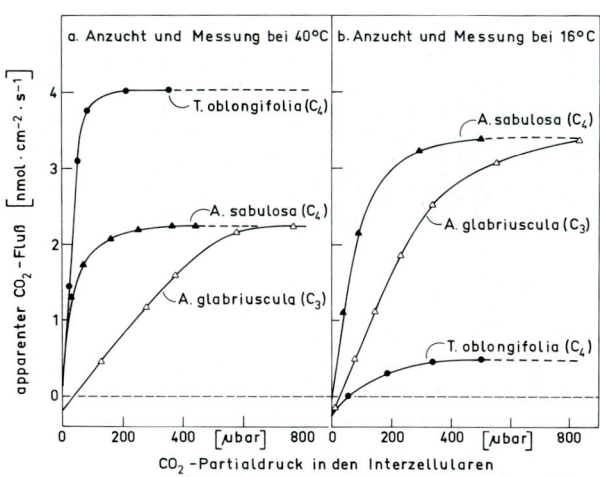

Abb. 15.1. Kurzzeitmarkierung photosynthetischer Intermediärprodukte mit ^{14}C bei stationärer Photosyntheseintensität im Blatt einer C$_4$-Pflanze. Objekt: Zuckerrohr (*Saccharum officinale*). Es wird deutlich, daß das fixierte ^{14}C in den
ersten 5 s nach Beginn der ^{14}CO$_2$-Begasung praktisch ausschließlich in den C$_4$-Verbindungen Malat und Aspartat
auftaucht (Oxalacetat konnte wegen seines kleinen pools
und seiner Instabilität hier nicht erfaßt werden). Glyceratphosphat und die daraus über den Calvin-Cyclus gebildeten
Folgeprodukte Hexosephosphat, Saccharose und Stärke
werden anschließend mit zunehmender Verzögerung markiert (→ Abb. 12.31). (Nach Hatch 1971)

Abb. 15.2a und b. CO$_2$-Konzentrations-/Effekt-Kurven der
apparenten Photosynthese bei C$_3$- und C$_4$-Pflanzen. Objekte: *Tidestromia oblongifolia* (besiedelt extrem heiße Geröllhalden, z.B. im Death Valley, USA; → Abb. 14.6, →
S. 261), *Atriplex sabulosa*, *Atriplex glabriuscula* (besiedeln
humide, kühlere Küstenregionen um den Nordatlantik). (a)
Die Pflanzen wurden bei einer Blattemperatur von 30–40 °C
(entspricht dem Wüstenstandort) angezogen. Die Messung
der CO$_2$-Aufnahme erfolgte bei 40 °C und 1,6 mmol Photonen · m^{-2} · s^{-1} in Luft mit experimentell variierter CO$_2$-
Konzentration in den Interzellularen des Blattes (d.h. der
Stomatawiderstand ist als limitierender Faktor des CO$_2$-
Flusses ausgeschaltet). (b) Anzucht und Messung bei einer
Blattemperatur von 16 °C, sonst identische Bedingungen wie
bei (a). Die extrem hohe Affinität der beiden C$_4$-Arten für
CO$_2$ (Steilheit des Kurvenanstiegs) tritt unter beiden Bedingungen klar hervor. Die Wüstenpflanze entwickelt jedoch
nur bei ihrer ursprünglichen Standortstemperatur das
charakteristische, extrem hohe Sättigungsniveau der Photosynthese für CO$_2$. Bei niedrigeren Temperaturen verküm-
mert diese Art. (Nach Björkman et al. 1975)

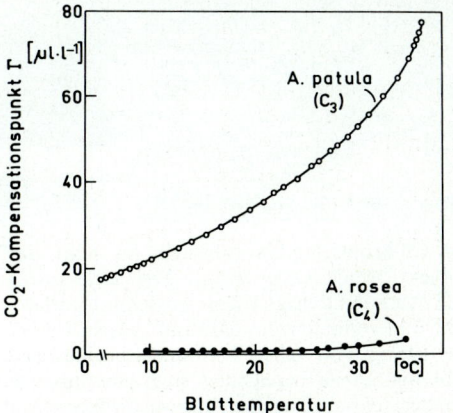

Abb. 15.3. Die Temperaturabhängigkeit des CO$_2$-Kompen-
sationspunktes bei C$_3$- und C$_4$-Pflanzen. Objekte: *Atriplex
patula* (C$_3$; → Abb. 14.18) und *Atriplex rosea* (C$_4$; →
Abb. 14.17). Beide Arten wurden unter identischen Bedingungen angezogen und gemessen (Energiefluß: 100 W · m^{-2}
bei 400–700 nm, Atmosphäre: Luft). (Nach Björkman et al.
1970)

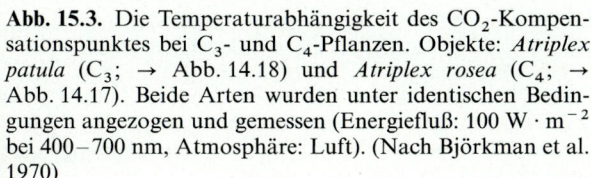

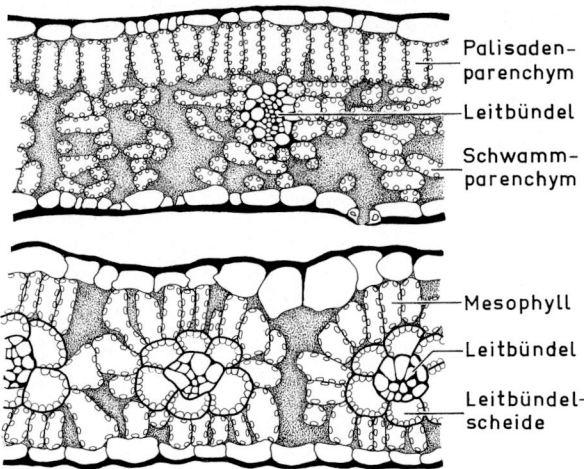

Palisaden-
parenchym

Leitbündel

Schwamm-
parenchym

Mesophyll

Leitbündel

Leitbündel-
scheide

Abb. 15.4. Blattaufbau (Querschnitt) bei typischen C₃- und C₄-Pflanzen. Objekte: Nieswurz (*Helleborus purpurescens*; C₃, *oben*), Mais (*Zea mays*; C₄, *unten*). C₃-Pflanzen besitzen eine zweischichtige, tafelförmige Anordnung des Assimilationsparenchyms und kleine, meist chlorophyllfreie Scheidenzellen um die Leitbündel. Bei den C₄-Pflanzen ist das ebenfalls zweischichtige Assimilationsparenchym konzentrisch um die Leitbündel angeordnet: Die Leitbündelscheide besteht aus großen Zellen mit auffällig voluminösen Chloroplasten. Dieses röhrenförmige Gewebe ist außen mit locker stehenden, schraubig angeordneten Mesophyllzellen besetzt. Haberlandt hat bereits 1896 den Begriff „Kranztyp" für diese Anordnung geprägt. (Nach Falk)

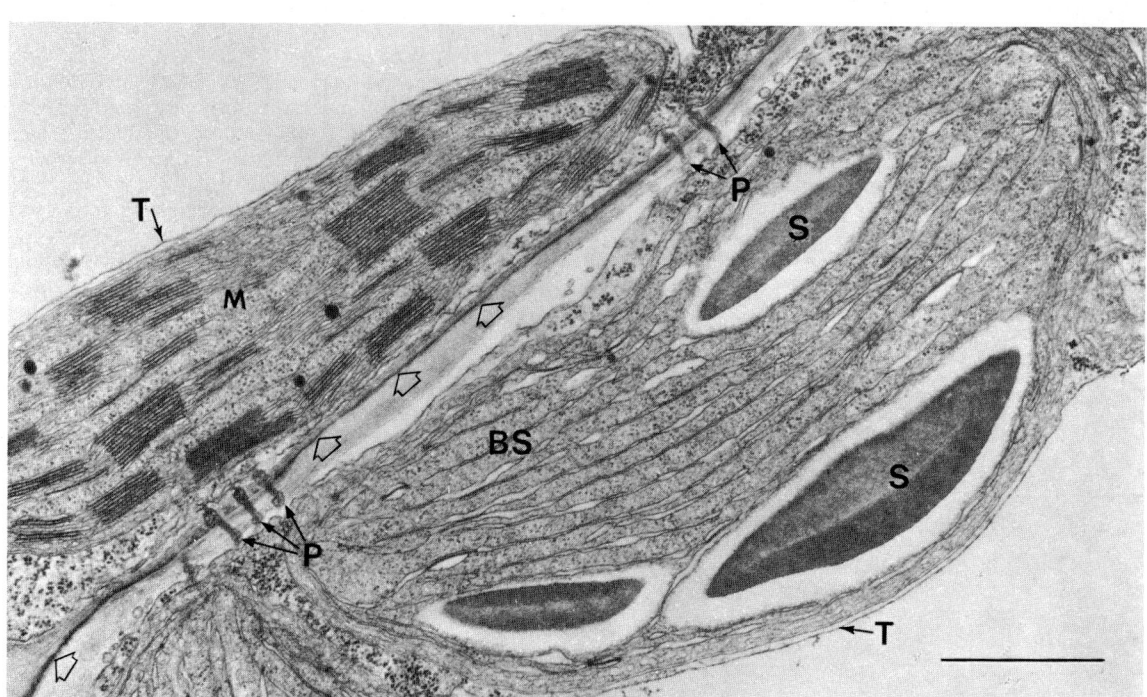

Abb. 15.5. Der Chloroplastendimorphismus im Blatt der C₄-Gräser. Objekt: Mais (*Zea mays*). Die elektronenmikroskopische Aufnahme zeigt einen Ausschnitt entlang der diagonal im Bild verlaufenden Zellwand zwischen einer Mesophyllzelle (*links*) und einer Leitbündelscheidenzelle (*rechts*). Die breiten Pfeile bezeichnen eine suberinisierte Grenzschicht in der Zellwand, welche von zwei Gruppen von Plasmodesmen (P) durchbrochen wird. *Links* ein granahaltiger, stärkefreier Mesophyllchloroplast (M); *rechts* ein granafreier, stärkehaltiger (S) Bündelscheidenchloroplast (BS). Beide Chloroplasten sind nur durch eine sehr dünne Cytoplasmaschicht gegen den die Vacuole begrenzenden Tonoplasten (T) abgesetzt. Strich: 1 μm. (Nach Gunning und Steer 1975)

Die hohe photosynthetische Leistungsfähigkeit der C$_4$-Pflanzen läßt sich durch folgendes Experiment drastisch demonstrieren: Man hält eine C$_4$- und eine C$_3$-Pflanze zusammen in einem abgeschlossenen Gasvolumen unter sättigenden Lichtbedingungen. Nach kurzer Zeit hat die C$_4$-Pflanze die CO$_2$-Konzentration der Atmosphäre unter den Kompensationspunkt der C$_3$-Pflanze gedrückt. Dies führt zu einer *negativen* apparenten Photosynthese und bald darauf zum Tod der C$_3$-Pflanze (Abb. 15.6). Anderseits kann man die Photosynthese der C$_3$-Pflanzen wesentlich steigern (bis in den Bereich der C$_4$-Pflanzen), indem man diese bei verminderter O$_2$-Konzentration (Tabelle 15.2) oder erhöhter CO$_2$-Konzentration hält. Durch beide ex-

Tabelle 15.2. Die Wirkung geringer O$_2$-Konzentrationen auf das Wachstum von C$_3$- und C$_4$-Pflanzen (24–29 °C, 320 μl $\cdot$ l^{-1} CO$_2$, Lichtfluß 50–70 W $\cdot$ m^{-2}). (Nach Daten von Björkman et al. 1968, 1969)

	Zunahme der Trockenmasse [mg $\cdot$ d^{-1} $\cdot$ Pflanze^{-1}]	
	210 ml O$_2 \cdot$ l^{-1}	25–40 ml O$_2 \cdot$ l^{-1}
Zea mays (C$_4$)	127	147
Phaseolus vulgaris (C$_3$)	56	118

perimentellen Kunstgriffe werden die spezifischen Nachteile der C$_3$-Pflanzen gegenüber den C$_4$-Pflanzen eliminiert.

Der C$_4$-Dicarboxylatcyclus

Die verschiedenen, scheinbar unzusammenhängenden Besonderheiten der C$_4$-Pflanzen werden funktionell verständlich, wenn man den metabolischen Weg des photosynthetisch fixierten CO$_2$ verfolgt. Dabei ist es von entscheidender Bedeutung, Mesophyllzellen und Scheidenzellen (bzw. ihre Chloroplasten) gesondert zu betrachten. Mit Hilfe schonender Aufschlußmethoden gelingt es, beide Zelltypen intakt zu isolieren und daraus die jeweiligen Chloroplasten zu gewinnen. Bei enzymatischen Untersuchungen an Mais und ähnlichen C$_4$-Pflanzen zeigte sich, daß die *Ribulosebisphosphatcarboxylase/oxygenase (RUBISCO)* und die anderen Enzyme des Calvin-Cyclus ausschließlich in den Scheidenchloroplasten lokalisiert sind. Die Mesophyllzellen enthalten dafür eine im Grundplasma lokalisierte, hochaktive *Phosphoenolpyruvatcarboxylase (PEP-Carboxylase)*, welche HCO$_3^-$ plus Phosphoenolpyruvat unter Phosphatabspaltung zu Oxalacetat umsetzt ($\Delta G^{0'} = -30$ kJ/mol CO$_2$). Dieses wird unter Verbrauch von photosynthetisch produziertem NADPH im Chloroplastenkompartiment zu Malat reduziert, wo auch der HCO$_3^-$-Acceptor Phosphenolpyruvat unter Verbrauch von photosynthetisch produziertem ATP aus Pyruvat regeneriert werden kann (Abb. 15.7).

Die photosynthetische CO$_2$-Fixierung der Mesophyllzellen führt also *nicht* zur Synthese von

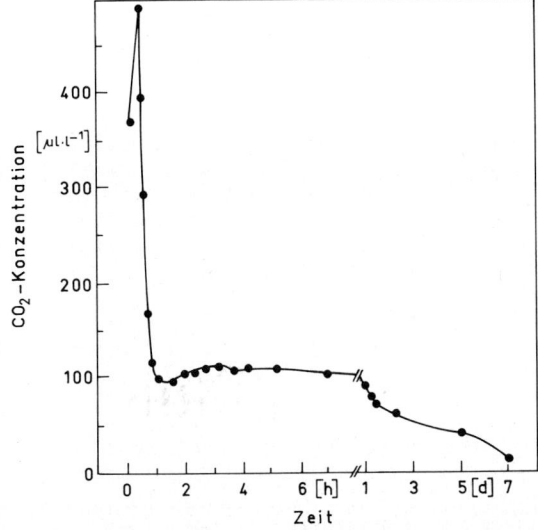

Abb. 15.6. Konkurrenz um CO$_2$ zwischen einer C$_3$-Pflanze und einer C$_4$-Pflanze. Objekte: Soja (*Glycine max*, C$_3$) und Mais (*Zea mays*, C$_4$). Die beiden Pflanzen wurden zusammen in ein Plexiglasgefäß (7 l Luft) bei 33 °C und einem Lichtfluß von 20 klx gasdicht eingeschlossen. Anschließend wurde die CO$_2$-Konzentration im Gasraum zu verschiedenen Zeiten gemessen. Man erkennt, daß die CO$_2$-Konzentration nach 1 h zunächst auf ca. 100 μl $\cdot$ l^{-1} (Γ von *Glycine max*) abfällt. Nach 1 d setzt ein weiterer Abfall ein, der schließlich bis in die Nähe des Nullpunkts (Γ von *Zea mays*) führt. In dieser zweiten Phase macht die C$_4$-Pflanze noch eine positive Nettophotosynthese, während die C$_3$-Pflanze eine positive Nettoatmung macht und daher ständig Kohlenstoff an die C$_4$-Pflanze verliert. Während die C$_4$-Pflanze weiter wächst, treten bei der C$_3$-Pflanze vom 3. d an Anzeichen von Seneszenz (Vergilbung, Proteinabbau, Blattabwurf) auf. Entzieht man der Atmosphäre das O$_2$, so tritt keine Seneszenz ein. (Nach Widholm und Ogren 1969)

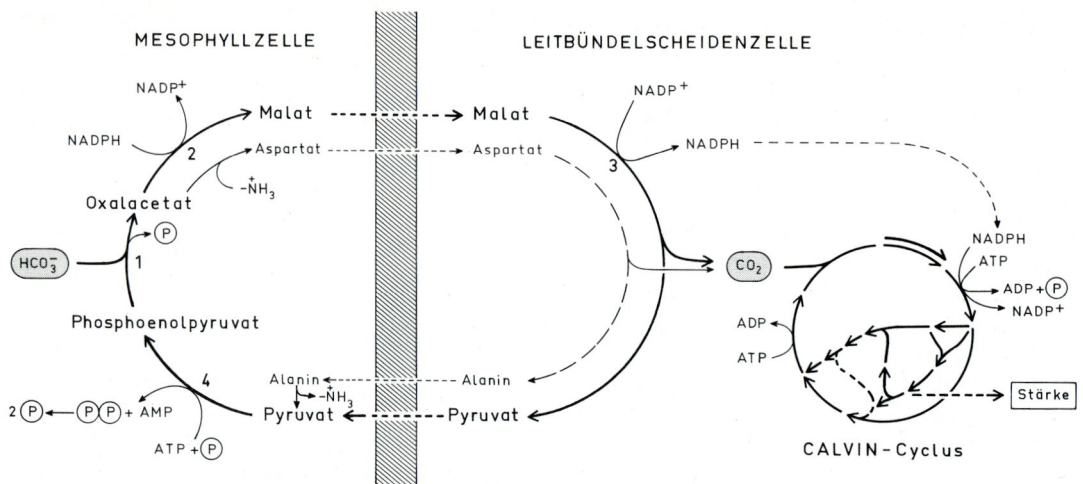

Abb. 15.7. Der C$_4$-Dicarboxylatcyclus (*Hatch-Slack-Cyclus*). Die Reaktionen des Cyclus erstrecken sich über zwei benachbarte, miteinander kooperierende Zelltypen. In den Mesophyllzellen wird HCO$_3^-$ (welches aus dem CO$_2$-pool der Interzellularen nachgeliefert wird) im Grundplasma durch die Phosphoenolpyruvatcarboxylase (1) an Phosphoenolpyruvat gebunden. Das entstehende Oxalacetat wird durch Malatdehydrogenase (2) unter Verbrauch von NADPH zu Malat reduziert, welches als Transportmolekül in die Scheidenzellen gelangt, in deren Chloroplasten durch eine decarboxylierende Malatdehydrogenase („Malatenzym", 3) wieder CO$_2$ freigesetzt wird. Auf diese Weise kann der Calvin-Cyclus verstärkt mit Substrat versorgt werden; außerdem werden zwei Reduktionsäquivalente aus der Photosynthese der

Mesophyllzellen beigesteuert. Das verbleibende Pyruvat gelangt zurück in die Mesophyllzellen, wo es unter ATP-Verbrauch (Pyruvat, Phosphat-Dikinase, 4) das HCO$_3^-$-Acceptormolekül Phosphoenolpyruvat regeneriert. Dies ist die energieverbrauchende Reaktion des Cyclus, welche von der Photophosphorylierung der Mesophyllchloroplasten unterhalten wird. Neben Malat kann auch Aspartat als Transportmolekül für CO$_2$ (nicht für [H]!) dienen; dieser Weg dominiert bei den „Aspartatbildnern" unter den C$_4$-Pflanzen. Aus Aspartat entsteht in den Chloroplasten Oxalacetat, welches ebenfalls in Pyruvat und CO$_2$ gespalten werden kann. Pyruvat liefert nach Aminierung das Transportmolekül Alanin

Kohlenhydraten. Das fixierte CO$_2$ bleibt vielmehr als terminale Carboxylgruppe (C$_4$) des Malat erhalten. Das so gebildete Malat wird durch die Kanäle der Plasmodesmen in die Scheidenzellen transportiert. Deren Chloroplasten besitzen eine sehr aktive, decarboxylierende Malatdehydrogenase („Malatenzym"), welche das importierte Malat wieder in CO$_2$ plus Pyruvat spaltet. Letzteres gelangt zurück in die Mesophyllzellen und schließt damit den Kreislauf.

Der C$_4$-Cyclus zeigt bei verschiedenen Gruppen Modifikationen, welche wahrscheinlich mit dem polyphyletischen Ursprung der C$_4$-Pflanzen zusammenhängen. So dient z.B. bei den meisten panicoiden Gräsern *Malat*, bei den eragrostoiden Gräsern dagegen *Aspartat* als hauptsächliches Transportvehikel für CO$_2$ (Abb. 15.7). Man unterscheidet daher „Malatbildner" und „Aspartatbildner". Auch bei den Dikotylen treten diese beiden Typen

von C$_4$-Pflanzen auf. Die Malatbildner transportieren pro CO$_2$ auch 2 [H] zum Calvin-Cyclus. Damit dürfte die nur bei diesen Arten beobachtete Reduktion des nichtcyclischen Elektronentransports der Scheidenchloroplasten in Zusammenhang stehen. Der CO$_2$-freisetzende Schritt in den Scheidenzellchloroplasten wird bei den Malatbildnern von einer *NADP$^+$-Malatdehydrogenase* („Malatenzym") katalysiert. Bei vielen Aspartatbildenden Arten tritt eine *Phosphoenolpyruvatcarboxykinase* an diese Stelle, welche das nach Transaminierung gebildete Oxalacetat unter ATP-Verbrauch zu Phosphoenolpyruvat decarboxyliert. Letzteres wird über Pyruvat zum Transportmolekül Alanin umgesetzt. Andere Aspartatbildner benützen die in den Mitochondrien lokalisierte Sequenz *Aspartat → Oxalacetat → Malat → Pyruvat + CO$_2$*, wobei der letzte Schritt von einer *NAD$^+$-abhängigen Malatdehydrogenase* katalysiert wird.

Im Prinzip dient also der C$_4$-Dicarboxylatcyclus nicht zur Nettofixierung von Kohlenstoff, sondern zum Sammeln von CO$_2$ im Bereich der Mesophyllzellen („CO$_2$-Antenne"). Das CO$_2$ wird, gebunden in einer C$_4$-Säure, in den Einzugsbereich der RUBISCO transportiert und dort konzentriert. Mit Hilfe von ^{14}CO$_2$ konnte man in der Tat zeigen, daß diese lichtgetriebene „CO$_2$-Pumpe" eine bis zu 10fache Steigerung (auf $20-60\ \mu$mol · l^{-1}) der CO$_2$-Konzentration, bezogen auf den Dunkelwert, liefern kann. Da die RUBISCO bei der CO$_2$-Konzentration luftgesättigten Wassers ($10,6\ \mu$mol · l^{-1} bei 25 °C) nicht annähernd mit CO$_2$ gesättigt ist [K$_m$(CO$_2$) = $10-20\ \mu$mol · l^{-1}; → S. 248], hat dieser Konzentrierungseffekt einen drastischen Einfluß auf die Intensität des Calvin-Cyclus [nicht zuletzt deswegen, weil eine hohe CO$_2$-Konzentration die K$_m$(CO$_2$) des Enzyms erniedrigt; → Abb. 13.13]. Andererseits wird die CO$_2$-Konzentration im gaserfüllten Interzellularraum des Blattes durch den C$_4$-Dicarboxylatcyclus auf einem sehr niedrigen Wert gehalten. Im Extremfall ist es möglich, $\Gamma > 10\ \mu$l CO$_2$ · l^{-1} aufrechtzuerhalten, was einer Gleichgewichtskonzentration von 6,7 μl CO$_2$ · l^{-1} (bei 30 °C und 1 bar Druck) in Wasser entspricht. Für die nicht CO$_2$, sondern HCO$_3^-$ umsetzende PEP-Carboxylase hat man in vitro K$_m$(HCO$_3^-$) = 7 μmol · l^{-1} gemessen. Dieser Wert ist in Wasser (bei 30 °C und pH 7,9) eingestellt, welches mit einer Atmosphäre von 3,8 μl CO$_2$ · l^{-1} im Gleichgewicht steht. Die Rechnung zeigt, daß die Affinität der (O$_2$-unempfindlichen) PEP-Carboxylase für ihr Substrat CO$_2$ ausreicht, um den niedrigen Γ-Wert der C$_4$-Pflanzen zu erklären.

Bei biochemischen Untersuchungen hat sich herausgestellt, daß auch in den Blättern der C$_4$-Pflanzen eine an den Calvin-Cyclus gekoppelte Photorespiration abläuft (allerdings meist in geringerem Ausmaß als bei den C$_3$-Pflanzen). Die peroxisomalen Enzyme sind weitgehend auf die Scheidenzellen beschränkt. Es ist evident, daß das photorespiratorische CO$_2$ im Bereich der Mesophyllzellen praktisch vollständig abgefangen und wieder in die Scheidenzellen zurückgepumpt werden kann. Dies erklärt das Fehlen einer außerhalb des Blattes meßbaren Photorespiration und das Fehlen des Warburg-Effekts bei den C$_4$-Pflanzen.

Der C$_4$-Dicarboxylatcyclus erfordert zusätzliche Energie von der „Lichtreaktion" der Photosynthese, wie folgende Bilanz zeigt (Abb. 15.7):

Mesophyllzellen:

$$CO_2^{\swarrow} + \text{Pyruvat} + \text{NADPH} + \text{H}^+ + 2\,\text{ATP} \rightarrow$$
$$\text{Malat} + \text{NADP}^+ + 2\,\text{ADP} + 2\,\textcircled{P} \qquad (15.1)$$

Scheidenzellen:

$$\text{Malat} + \text{NADP}^+ \rightarrow$$
$$\text{Pyruvat} + \text{NADPH} + \text{H}^+ + CO_2^{\nearrow} \qquad (15.2)$$

Summe:

$$CO_2^{\swarrow} + 2\,\text{ATP} \rightarrow 2\,\text{ADP} + 2\,\textcircled{P} + CO_2^{\nearrow}. \qquad (15.3)$$

Die Transport- und Konzentrierungsarbeit des C$_4$-Dicarboxylatcyclus erfordert also zusätzlich zu den 3 mol ATP im Calvin-Cyclus weitere 2 mol ATP pro mol fixiertes CO$_2$. Diese Verminderung des energetischen Wirkungsgrades (d.h. der Quantenausbeute für die CO$_2$-Assimilation) wird sicher zu einem großen Teil durch das Fehlen einer Photorespiration des Blattes wieder wett gemacht. Es ist jedoch unverkennbar, daß C$_3$-Pflanzen lichtarmer Standorte eine höhere Quantenausbeute der apparenten Photosynthese erreichen können, als die Starklicht-adaptierten C$_4$-Pflanzen (→ Abb. 14.6).

Bei den Malatbildnern unter den C$_4$-Pflanzen ist auch die Photosynthese von Stickstoffverbindungen (→ Abb. 12.36) einseitig in die Mesophyllchloroplasten verlagert. Nitratreductase und Nitritreductase sind hier ausschließlich in den Mesophyllzellen lokalisiert. Dieser Befund steht in Übereinstimmung mit der verminderten Photosystem-II-Kapazität der granalosen Scheidenchloroplasten und dokumentiert die weitgehende funktionelle Arbeitsteilung der beiden Chloroplastentypen.

Ökologische Aspekte des C$_4$-Syndroms

Die Photosynthese der C$_3$-Pflanzen ist normalerweise durch die Kapazität der CO$_2$-Fixierung durch RUBISCO limitiert. Bei den C$_4$-Pflanzen wird hingegen die Diffusion von CO$_2$ in das Blatt zum limitierenden Schritt der Photosynthese gemacht. Aus dem vorigen Abschnitt geht klar hervor, daß die C$_4$-Pflanzen im Prinzip besonders gut geeignet sind, bei hohen Lichtflüssen und hohen Temperaturen (→ Abb. 14.17) die von Natur aus niedrige CO$_2$-Konzentration der Luft zu einer hohen photosynthetischen Stoffproduktion zu nutzen. Dies läßt sich in der Tat an C$_4$-Pflanzen wie Mais oder Zuckerrohr beispielhaft beobachten. Vor allem bei den Bewohnern arider Biotope findet der C$_4$-Dicarboxylatcyclus darüber hinaus Verwendung als Mechanismus zur Verminderung des Wasserverlusts durch die stomatäre Transpiration, welche ja zwangsläufig an die CO$_2$-Aufnahme ins Blatt gekoppelt ist (→ S. 250).

Der Angelpunkt dieses Teilaspekts des C$_4$-Syndroms ist wiederum der niedrige Γ-Wert im Gasraum des Blattes. Wegen der erhöhten Affinität des Photosyntheseapparats für CO$_2$ kann der Diffusionswiderstand für CO$_2$ – und damit auch für H$_2$O – an den Stomata entsprechend erhöht werden, ohne die Intensität der CO$_2$-Fixierung gegenüber einer C$_3$-Pflanze wesentlich zu beeinträchtigen. In der Tat ist auch der Regelbereich der CO$_2$-Konzentration für die Einstellung der Stomaweite bei den C$_4$-Pflanzen verändert. Die zuvor mit CO$_2$-freier Luft geöffneten Stomata des belichteten Maisblattes schließen sich bereits, wenn die Außenluft 100 μl CO$_2 \cdot$ l^{-1} erreicht. Dagegen bleiben die Stomata der C$_3$-Pflanze Weizen unter den gleichen Bedingungen selbst bei der natürlichen CO$_2$-Konzentration der Luft noch voll geöffnet (Abb. 15.8). Während durchschnittliche C$_3$-Pflanzen etwa 600 g Wasser transpirieren müssen, um 1 g Trockenmasse zu bilden, benötigen C$_4$-Pflanzen dafür meist weniger als die Hälfte. Im Extremfall kann der C$_4$-Dicarboxylatcyclus sogar ausschließlich der Konservierung von Wasser dienen (Tabelle 15.3). Er trägt dann nicht zur Steigerung der Wachstumsintensität bei, sondern zur Erhöhung der Überlebensfähigkeit bei Dürrebelastung.

Es ist sicher kein Zufall, daß die Geröllhalden im Death Valley (Kalifornien), dem heißesten Platz der westlichen Hemisphäre (tägliche Durchschnittstemperatur im Juli 39°C), praktisch ausschließlich von C$_4$-Pflanzen besiedelt sind. Für die dort vorkommende Amaranthacee *Tidestromia oblongifolia* hat man ein Temperaturoptimum der apparenten Photosynthese von 47°C gemessen (was nur noch von den Blaualgen heißer Quellen übertroffen wird). Selbst bei dieser hohen Temperatur ist die CO$_2$-Aufnahme am natürlichen Standort (Energiefluß ca. 900 W $\cdot$ m^2) noch nicht mit Licht gesättigt (→ Abb. 14.6). Da die tiefgründigen Wurzeln die Pflanze einigermaßen mit Wasser versorgen können, dürfte in diesem Fall nicht die Dürrebelastung, sondern vor allem die Optimierung des Kohlenstoffhaushalts im Vordergrund stehen (→ Abb.

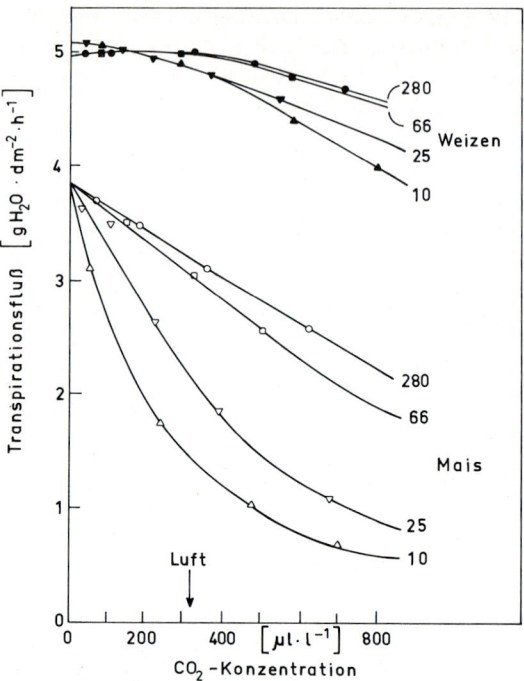

Abb. 15.8. Der Einfluß der CO$_2$-Konzentration der Außenluft auf die stomatäre Transpiration bei einer C$_3$- und einer C$_4$-Pflanze im Licht. Objekte: Isolierte Blätter von Weizen (*Triticum aestivum*, C$_3$) und Mais (*Zea mays*, C$_4$); 30,5°C. Zunächst wurden die Stomata durch Begasung mit CO$_2$-freier Luft im Licht maximal geöffnet. Gemessen wurde der stationäre Transpirationsfluß, der sich anschließend bei Bestrahlung mit Weißlicht (10, 25, 66, 280 W $\cdot$ m^{-2} im Bereich 400–700 nm) und Begasung mit Luft verschiedener CO$_2$-Konzentrationen einstellt. Man erkennt, daß die Stomata der C$_4$-Pflanze viel empfindlicher auf eine Erhöhung der CO$_2$-Konzentration und des Energieflusses reagieren als die der C$_3$-Pflanze. (Nach Akita und Moss 1972)

15.2). Die im Winter im Ruhezustand verharrende Pflanze kann im Sommer ihre Trockenmasse durch Photosynthese alle 3 d verdoppeln.

Der spezifische ökologische Vorteil der C$_4$-Photosynthese ist offensichtlich auf warme bis heiße Klimabedingungen beschränkt. In den kühleren, humiden Vegetationszonen stellt der C$_3$-Weg die ökonomisch günstigere Alternative dar.

Genphysiologische Aspekte des C$_4$-Syndroms

Die Fähigkeit zur Ausbildung des C$_4$-Syndroms ist genetisch programmiert, wie sich z.B. durch Kreu-

Tabelle 15.3. Das Verhältnis von Photosynthese und Transpiration bei zwei *Atriplex*-Arten, welche zur Gruppe der C_4-Pflanzen bzw. C_3-Pflanzen gehören. Die Pflanzen wurden für 6 Wochen unter gleichen Bedingungen bei 20–32 °C im Gewächshaus angezogen. (Nach Daten von Slatyer 1970)

	Atriplex spongiosa (C_4)	*Atriplex hastata* (C_3)
	Natürlicher Wuchsort:	
	Semiaride Wüstenzonen Australiens (endemisch)	Humide Küstenregionen Australiens (aus Europa eingeschleppt)
Apparente Photosynthese [mg $CO_2 \cdot dm^{-2} \cdot h^{-1}$]	44	45
Photorespiration des Blattes [mg $CO_2 \cdot dm^{-2} \cdot h^{-1}$]	0	15
Nächtliche Dunkelatmung [mg $CO_2 \cdot dm^{-2} \cdot h^{-1}$]	7	6
Γ [$\mu l\ CO_2 \cdot l^{-1}$]	0	86
Transpiration [g $H_2O \cdot dm^{-2} \cdot h^{-1}$]	2,5	6,6
Stomatärer Diffusionswiderstandskoeffizient für CO_2, r_1 [$s \cdot cm^{-1}$]	2,0 ⎫ 3,2	0,6 ⎫ 3,2
Mesophyllwiderstandskoeffizient für CO_2, r_m [$s \cdot cm^{-1}$]	1,2 ⎭	2,6 ⎭
Photosynthetischer Wasserökonomiequotient $J_{CO_2} \cdot J_{H_2O}^{-1}$ [mg $CO_2 \cdot g\ H_2O^{-1}$]	18	6,8

zungsexperimente zwischen C_3- und C_4-Arten innerhalb der Gattung *Atriplex* zeigen läßt (intermediäre F_1- und aufspaltende F_2-Generation; die einzelnen Merkmale des C_4-Syndroms werden unabhängig vererbt). Dies bedeutet jedoch nicht, daß sich C_3- und C_4-Pflanzen in ihrem Bestand an Strukturgenen wesentlich unterscheiden. Die meisten der Enzyme des C_4-Weges kommen in anderem funktionellem Zusammenhang auch bei C_3-Pflanzen vor (z.B. PEP-Carboxylase anstelle von RUBISCO in den Stomata; → S. 254). Die Ausprägung des C_4-Syndroms wird vielmehr durch übergeordnete *Regulatorgene* (→ S. 136) kontrolliert, welche darüber bestimmen, ob die für das C_4-Syndrom verantwortlichen Strukturgene exprimiert werden oder inaktiv bleiben. Dies wird am Beispiel der Cyperacee *Eleocharis vivipara* deutlich: Diese amphibische Art entwickelt an Land einen terrestrischen Phänotyp mit allen Merkmalen des C_4-Syndroms, während im Wasser ein submerser Phänotyp mit klassischer C_3-Photosynthese ausgebildet wird.

Auch die unterschiedliche Entwicklung von Mesophyllzellen und Scheidenzellen mit ihren funktionell differenzierten Chloroplasten erfolgt vor dem Hintergrund identischer Genbestände im Kern- und Plastidengenom (Omnipotenz der Zelle; → S. 464). Bei Mais bildet sich z.B. der Chloroplastendimorphismus erst einige Zeit nach dem Ergrünen der Keimpflanze aus. Junge Blätter besitzen gleich gestaltete (granahaltige) Chloroplasten in beiden Zelltypen. Auch die mRNAs für die (kerncodierte) kleine Untereinheit und die (plastidencodierte) große Untereinheit der RUBISCO werden zunächst in beiden Zelltypen transcribiert und führen zur Bildung des Enzyms in beiden Chloroplastentypen. Die spezifische Ausprägung der C_4-Merkmale erfolgt erst im Zuge der *Photomorphogenese* des Blattes (→ S. 365). Das bei Belichtung gebildete aktive Phytochrom (P_{fr}) reprimiert spezifisch in den Scheidenzellen die Expression der RUBISCO-Gene und induziert die Expression der C_4-Cyclus-Gene. Gleichzeitig erfolgt ein Umbau des Thylakoidsystems, bei dem die Granastapel verschwinden.

Anhang: CO₂-Konzentrierungsmechanismus bei Wasserpflanzen

Höhere Süßwasserpflanzen führen normalerweise ebenso wie Grün- und Blaualgen ihre Photosynthese nach dem C_3-Prinzip durch. Trotzdem besitzen sie in der Regel einen sehr niedrigen CO_2-Kompensationspunkt, verbunden mit fehlender Photorespiration. Als Anpassung an die geringe Verfügbarkeit von CO_2 im Wasser (langsame Diffusion durch ungerührte Schichten an der Blattoberfläche!) haben Wasserpflanzen ebenso wie die Algen chemiosmotische Aufnahmemechanismen für HCO_3^- entwickelt, die eine starke Anreicherung von CO_2 ermöglichen. Die Blätter sezernieren mittels einer von photosynthetischem ATP getriebenen Protonenpumpe H^+ ins Medium. Der so aufgebaute *Protonengradient* wird für die Aufnahme von HCO_3^- durch die Plasmamembran ausgenützt. In den Zellen kann durch *Carboanhydrase* wieder CO_2 freigesetzt werden ($HCO_3^- + H^+ \rightleftharpoons CO_2 + H_2O$). Dieses Enzym liegt in Wasserpflanzen in hoher Aktivität vor und scheint ein essentieller Bestandteil der CO_2-Pumpe dieser Pflanzen zu sein.

CAM, eine Alternative zur C₄-Photosynthese

CAM ist eine Abkürzung für *C*rassulacean *A*cid *M*etabolism. Diese Bezeichnung geht auf den schon seit langem bekannten Befund zurück, daß viele Sukkulenten in ihren fleischigen Blättern oder Sprossen große Mengen an Säuren, vor allem *Malat*, speichern können. Da der leicht am pH-Wert des Preßsaftes meßbare Säuregehalt bei Nacht stark ansteigt und bei Tag wieder abfällt, spricht man auch vom *diurnalen Säurerhythmus* der Sukkulenten. Der Stärkegehalt der Blätter verändert sich genau gegenläufig zum Säuregehalt. Erst in jüngerer Zeit konnte eine befriedigende Erklärung für dieses lange als Kuriosum betrachtete Phänomen gefunden werden. Die CAM-Pflanzen können nämlich den carboxylierenden Abschnitt des C_4-Dicarboxylatcyclus während der Nacht dazu benützen, CO_2 im Dunkeln zu fixieren (Abb. 15.9). Die dazu benötigten großen Mengen an Phosphoenolpyruvat werden durch Dissimilation von Stärke bereitgestellt. Das gebildete Malat wird in den stets großen Zellvacuolen deponiert, wobei

Konzentrationen von etwa 0,1 $mol \cdot l^{-1}$ (pH 3,5) erreicht werden. Für den aktiven Transport von H^+ durch die Tonoplastenmembran ist eine einwärts gerichtete Protonenpumpe verantwortlich; das $Malat^{2-}$-Anion folgt passiv dem hierdurch aufgebauten elektrochemischen Gradienten ($\rightarrow$ Abb. 5.11). Der „fleischige" Charakter der meisten CAM-Pflanzen hängt wahrscheinlich vor allem mit der Notwendigkeit einer hohen Speicherkapazität für Malat im Zellsaft zusammen. Bei Tag wird der Malatspeicher wieder durch den decarboxylierenden Abschnitt des C_4-Dicarboxylatcyclus geleert und das dabei freigesetzte CO_2 dem Calvin-Cyclus zugeführt (Abb. 15.10). Wegen der hohen CO_2-Konzentration im Chloroplasten bleibt die Photorespiration unter diesen Bedingungen gehemmt ($\rightarrow$ S. 261).

Parallel zu diesen metabolischen Prozessen verläuft konsequenterweise eine *inverse* Rhythmik der Stomaregulation. Die Stomata sind während der kühleren Nacht (geringere Wasserpotentialdifferenz zur Atmosphäre, daher geringe Transpiration) geöffnet, aber während der photosynthetisch aktiven Tagesperiode geschlossen. Die Regelung erfolgt über die CO_2-Konzentration in den Atemhöhlen des Blattes (nachts niedrig, tags hoch; $\rightarrow$ S. 250). Auf diese Weise kann eine erhebliche Drosselung des Wasserverlusts erzielt werden, ohne daß dadurch eine entsprechend große Einbuße bei der CO_2-Fixierung hingenommen werden muß. Die CAM-Pflanzen haben also auf einem anderen Weg als die C_4-Pflanzen die zwangsläufig erscheinende Koppelung von CO_2-Aufnahme und Transpiration durchbrochen. Während die C_4-Pflanzen die beiden Abschnitte des C_4-Dicarboxylatcyclus *gleichzeitig*, aber *räumlich* getrennt in zwei verschiedenen Zelltypen ablaufen lassen können (und damit eine Verbesserung des Verhältnisses zwischen CO_2-Fixierung und Transpiration erreichen), sind bei den CAM-Pflanzen CO_2-Fixierung und Photosynthese *zeitlich* getrennt. Hierdurch wird eine noch wesentlich effektivere Konservierung von Wasser erreicht. Im Tagesmittel transpiriert eine durchschnittliche, an Trockenheit angepaßte CAM-Pflanze pro g erzeugte Trockenmasse etwa $50-100$ g H_2O, d.h. rund 10mal weniger als eine vergleichbare C_3-Pflanze.

Die Mechanismen für die regulatorische Abstimmung zwischen der Dunkelfixierung von CO_2 und der Malatdecarboxylierung bzw. der photosynthetischen CO_2-Fixierung im Licht sind noch

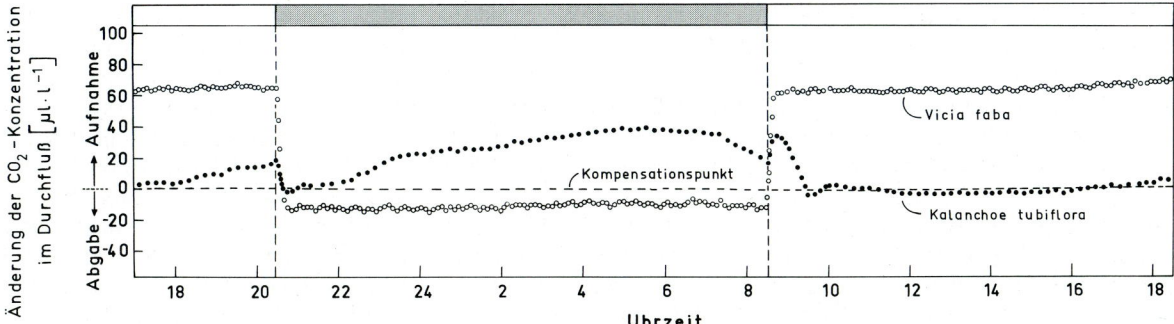

Abb. 15.9. Der tagesperiodische Verlauf des apparenten CO_2-Gaswechsels bei einer CAM-Pflanze und einer normalen C_3-Pflanze. Objekte: *Kalanchoe tubiflora (Crassulaceae, CAM)* und *Vicia faba* (C_3). Auf der Ordinate ist die Abnahme ($+$) bzw. Zunahme ($-$) der CO_2-Konzentration der Luft nach Passieren einer Assimilationsküvette mit dem entsprechenden Pflanzenmaterial aufgetragen. Die CO_2-Konzentration im Gasstrom wurde kontinuierlich mit einem Ultrarot-Absorptionsschreiber (URAS) über 24 h hinweg gemessen. Man erkennt, daß sich die beiden Pflanzen invers verhalten: Die C_3-Pflanze gibt nachts CO_2 ab und nimmt tagsüber CO_2 auf. Die CAM-Pflanze macht nachts (ab 22 Uhr) eine Netto-Aufnahme von CO_2 und bleibt die meiste Zeit des Tages auf dem Kompensationspunkt stehen. Ab 18 Uhr setzt jedoch auch im Licht wieder eine CO_2-Aufnahme ein. Auch das Nachlaufen der CO_2-Aufnahme am Ende der Dunkelperiode zeigt, daß der CAM-Gaswechsel nicht einfach durch das Ein- und Ausschalten des Lichts, sondern auch endogen gesteuert wird. Zu Beginn und am Ende der Lichtperiode sind wahrscheinlich einige Stunden lang beide Carboxylierungssysteme bei geöffneten Stomata aktiv. (Nach Daten von Kluge)

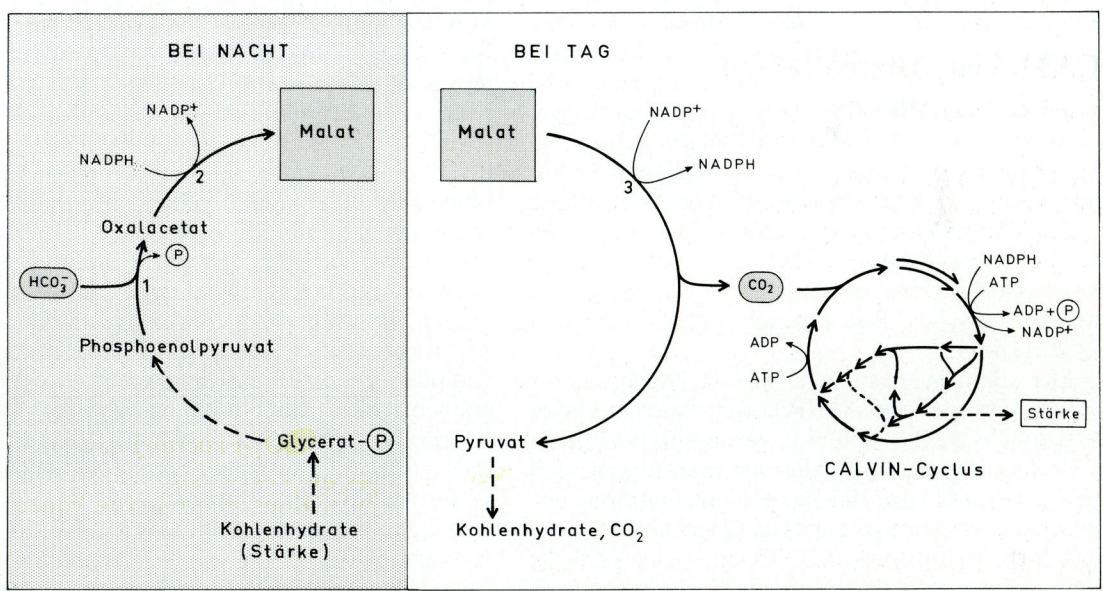

Abb. 15.10. Der Mechanismus der CO_2-Fixierung bei den CAM-Pflanzen ($\rightarrow$ Abb. 15.7). *Bei Nacht* (Calvin-Cyclus inaktiv) wird HCO_3^- durch Phosphoenolpyruvatcarboxylase (1) an Phosphoenolpyruvat gebunden, welches durch den Abbau von Stärke zur Verfügung gestellt wird. Das entstehende Oxalacetat wird durch Malatdehydrogenase (2) zu Malat reduziert und in der Zellvacuole akkumuliert. *Bei Tag* erfolgt eine Entleerung des Malatspeichers in das Cytoplasma, wo durch eine decarboxylierende Malatdehydrogenase („Malatenzym", 3) CO_2 freigesetzt wird, welches den Calvin-Cyclus mit Substrat versorgt. Die Phosphoenolpyruvatcarboxylase ist bei Tag, wahrscheinlich wegen der hohen Malatkonzentration im Cytoplasma, inaktiv

weitgehend unerforscht. Malat und Oxalacetat sind in vitro effektive Inhibitoren der PEP-Carboxylase (Endprodukthemmung; → Abb. 5.24). Daher nimmt man an, daß während der Lichtperiode die Konkurrenz zwischen den beiden Carboxylasen, welche ja bei den CAM-Pflanzen im Gegensatz zu den C₄-Pflanzen in denselben Zellen lokalisiert sind, auch in vivo durch einen Anstieg der Malatkonzentration im Cytoplasma zugunsten der RUBISCO entschieden wird. Dieses Enzym ist seinerseits im Dunkeln inaktiv (→ S. 187). Die Steuerung des Malattransports in die und aus der Vacuole (aktiver Import bei Nacht, passiver Export bei Tag) dürfte auf spezielle, durch Effektoren modulierbare carrier-Mechanismen im Tonoplast zurückgehen. Möglicherweise ist das Umschalten von Import auf Export nach Erreichen der Malat-Speicherkapazität der Vacuole der Grund für die Reduktion der CO_2-Fixierung vor Beendigung der Dunkelperiode (→ Abb. 15.9). Das Einsetzen einer Netto-CO_2-Aufnahme einige Stunden vor dem Ende der Lichtperiode dürfte mit der Erschöpfung des Malatspeichers zusammenhängen (→ Abb. 15.9).

Überführt man eine zuvor im natürlichen Licht/Dunkel-Wechsel periodisch nachts CO_2 fixierende Pflanze von *Kalanchoe blossfeldiana* (→ Abb. 15.11) in konstantes Dauerlicht, so wird die Rhythmik der CO_2-Fixierung, Gewebeansäuerung und Stomabewegung für eine Reihe von Tagen fortgesetzt. Auch die Aktivität der PEP-Carboxylase und des Malatenzyms oszillieren unter diesen Bedingungen mit 12 h gegeneinander versetzter Phase weiter. Diese Daten zeigen, daß bei der Steuerung des CAM-Stoffwechsels auch eine „innere Uhr" beteiligt ist, welche in ähnlicher Weise bei vielen tagesperiodischen Phänomenen eine Rolle spielt (→ S. 115).

Der Beitrag des C₄-Dicarboxylatcyclus zur CO_2-Fixierung der CAM-Pflanzen kann in einem erstaunlich weiten Umfang variieren. Bei vielen Vertretern dieser Gruppe konnte man zeigen, daß die Ausbildung eines diurnalen Säurerhythmus unmittelbar von den ökologischen Gegebenheiten des Standorts bestimmt wird. Trockenheit, kurze Tage, kühle Nächte und Salzbelastung fördern das Auftreten einer nächtlichen CO_2-Fixierung. Häufig führen dieselben Pflanzen unter gemäßigteren Bedingungen eine normale CO_2-Fixierung bei geöffneten Stomata auch während des Tages durch. CAM ist also, zumindest bei vielen Arten dieser Gruppe, eine *fakultative* Eigenschaft, deren quan-

titative Ausprägung von der Umwelt gesteuert wird. Man kann daher nicht ohne weiteres von Sukkulenz auf das Auftreten des CAM schließen.

Bei dem Halophyten *Mesembryanthemum crystallinum* lassen sich die CAM-Symptome durch Gießen mit einer NaCl-Lösung (0,4 mol · l⁻¹) innerhalb von wenigen Tagen induzieren. Hierbei steigt der Wasserökonomiequotient (→ Tabelle 15.3) von 7 auf 16 mg CO_2 · g H_2O^{-1} an. Die Wüstenpflanzen *Opuntia basilaris* und *Agave deserti* halten unter extrem trockenen Bedingungen ($\psi_{Boden} \ll \psi_{Pflanze}$) ihre Stomata ständig geschlossen, was zu einem inneren Zirkulieren des CO_2 zwischen Atmung und Photosynthese ohne Nettogewinn an Kohlenstoff führt. Dieser in bezug auf das Wachstum stationäre Zustand („Nullwachstum") wird nur nach einem Regen für wenige Tage unterbrochen, während deren die Pflanzen CAM und damit kurzfristig eine Nettophotosynthese durchführen können. Dies ist wohl das extremste Beispiel für die Ausnützung des CAM hinsichtlich der Überlebensfähigkeit einer Pflanze unter Bedingungen, wo Wasser der dominierende begrenzende Faktor für die Existenz von Leben ist. Andererseits konnte kürzlich gezeigt werden, daß längerdauernde Bewässerung (12 Wochen lang $\psi_{Boden} \approx 0$ bar) *Agave deserti* in eine normale C₃-Pflanze umfunktioniert, welche ihre Stomata bei Tag öffnet und bei Nacht schließt. Das Wasserpotential im Boden hat hier offensichtlich einen entscheidenden regulatorischen Einfluß auf den Mechanismus der photosynthetischen CO_2-Fixierung.

Bei einer Varietät der von der Blühinduktion her als Kurztagpflanze bekannten Crassulacee *Kalanchoe blossfeldiana* (→ Abb. 25.15) steht auch die Ausprägung des CAM unter der Kontrolle der Tageslänge. Diese Pflanze lebt unter Langtagbedingungen als normale C₃-Pflanze und geht beim Unterschreiten einer kritischen Tageslänge zum CAM über (Abb. 15.11). Dabei verringert sich ihr Wasserverbrauch auf ein Drittel.

Eine interessante Variante bei der ökologischen Ausnützung des CAM wurde kürzlich bei submers lebenden Arten der zu den Farnpflanzen gehörenden Gattung *Isoetes* aufgeklärt. Diese Pflanzen leben am Grund von Gewässern, in denen die CO_2-Konzentration aufgrund der Photosynthese (*tags*) und der Atmung (*nachts*) anderer Pflanzen starken Schwankungen unterliegt. Die Verlegung der CO_2-Fixierung in die nächtliche Dunkelperiode ermög-

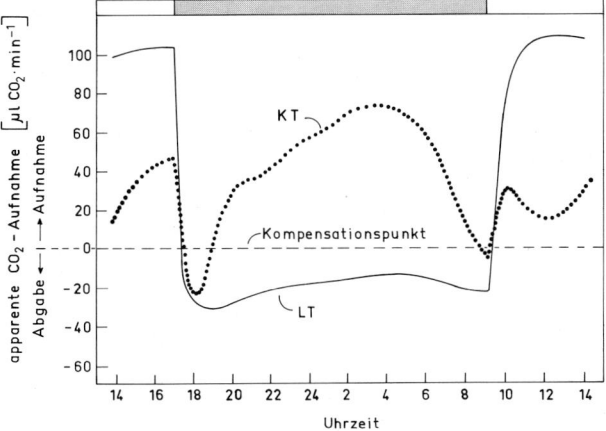

Abb. 15.11. Die Umsteuerung zwischen normaler C$_3$-Photosynthese und CAM-Photosynthese durch Veränderung der täglichen Photoperiode. Objekt: *Kalanchoe blossfeldiana* 'Tom Thumb' (Kurztagpflanze). Die Pflanzen wurden unter konstanten Bedingungen als Klonkultur angezogen und dann für 6 Wochen entweder im Kurztag (KT, 8 h Licht/16 h Dunkel) oder im Langtag (LT, 8 h Licht/16 h Dunkel, nach 8 h unterbrochen von 15 min Störlicht) bei 12 klx unter sonst identischen Bedingungen gehalten. Die Photosyntheseperiode ist also in beiden Fällen praktisch gleich lang. Während im KT CAM-Photosynthese abläuft (mit einem für fakultative CAM-Pflanzen charakteristischen Maximum um 4 Uhr), registriert das photoperiodische Steuersystem das Programm KT plus Störlicht als LT (→ S. 445), in dem eine normale C$_3$-Photosynthese abläuft. Die Messung des CO$_2$-Gaswechsels erfolgte kontinuierlich mit einem URAS (→ Abb. 15.9). (Andere Varietäten dieser Art führen auch unter Langtagbedingungen CAM durch.) (Nach Zabka und Chaturvedi 1975)

licht es den *Isoetes*-Arten, diesen vergleichsweise CO$_2$-armen Standort zu besiedeln.

Isotopendiskriminierung bei der CO$_2$-Fixierung

Das CO$_2$ der Atmosphäre enthält zu 1,1% das stabile Kohlenstoffisotop ^{13}C. Bei der photosynthetischen CO$_2$-Fixierung werden ^{13}CO$_2$ und ^{12}CO$_2$ mit verschiedener Intensität verwendet, offenbar weil sie wegen der Massendifferenz bei der Carboxylierungsreaktion nicht in gleicher Weise als Substrat akzeptierbar sind. Wegen dieses *Isotopeneffekts* besitzen alle organischen Substanzen, welche auf die Photosynthese zurückgehen, einen gegenüber dem CO$_2$ der Luft verminderten ^{13}C-Ge-

halt (dies gilt in noch stärkerem Maße für das noch schwerere Isotop ^{14}C). Die Diskriminierung zwischen ^{13}C und ^{12}C kann sehr empfindlich in einem Massenspektrometer gemessen werden. Sie wird in Form des δ^{13}C-Wertes (→Tabelle 15.1) ausgedrückt. Das CO$_2$ der Luft besitzt einen δ^{13}C-Wert von $-8‰$. Bei der Diffusion von CO$_2$ durch die Stomata wird dieser Wert auf etwa $-12‰$ reduziert.

Das organische Material verschiedener Pflanzen ist bezüglich seines Gehaltes an schweren Kohlenstoffisotopen nicht identisch. Auf diese Tatsache stieß man zunächst bei archäologischen Studien, als die Radiocarbon-Datierungsmethode bei fossilen Resten von Maispflanzen ein scheinbar geringeres Alter als bei Holzproben der gleichen Fundstelle lieferte. Systematische Untersuchungen zeigten daraufhin, daß in der Tat charakteristische Unterschiede im δ^{13}C-Wert bei verschiedenen Photosynthesetypen auftreten (Abb. 15.12). C$_4$-Pflanzen sind stets durch einen relativ hohen δ^{13}C-Wert (ca.

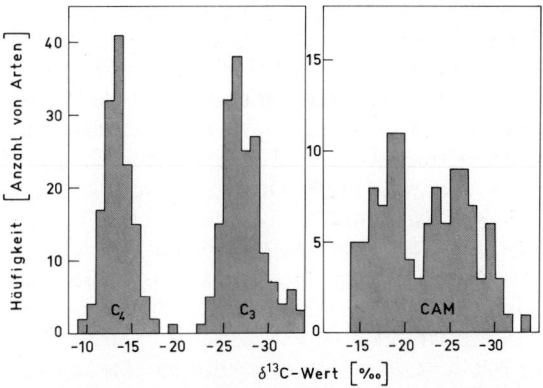

Abb. 15.12. δ^{13}C-Werte bei C$_4$-Pflanzen, C$_3$-Pflanzen und CAM-Pflanzen. Die massenspektroskopische Bestimmung des relativen ^{13}C-Gehaltes erfolgte an veraschtem Material ganzer Pflanzen von Arten, welche sich aufgrund anderer Merkmale (→ Tabelle 15.1) eindeutig einem der drei Photosynthesetypen zuordnen ließen. Die Häufigkeitsdiagramme (Verteilungsfunktionen) zeigen, daß sich, trotz einiger Schwankungen um die Mittelwerte, C$_4$-Pflanzen und C$_3$-Pflanzen getrennten Populationen bezüglich des δ^{13}C-Wertes zuordnen lassen. Im Gegensatz dazu ergeben sich bei den sehr viel heterogener erscheinenden CAM-Pflanzen Andeutungen für eine Aufspaltung in zwei Teilpopulationen. Da die analysierten CAM-Pflanzen unter sehr verschiedenen Standortbedingungen aufgewachsen waren, steht dieses Resultat in Übereinstimmung mit der fakultativen Verwendung des C$_4$-Fixierungsweges für CO$_2$ bei dieser Gruppe von Pflanzen. (Nach Osmond und Ziegler 1975)

−10 bis −18‰) ausgezeichnet. Dies beruht auf dem geringen Diskriminierungsvermögen der PEP-Carboxylase zwischen $^{13}CO_2$ und $^{12}CO_2$. Normale C$_3$-Pflanzen liefern dagegen wesentlich niedrigere $\delta^{13}C$-Werte (ca. −23 bis −34‰), welche auf die hohe Diskriminierung der beiden Isotope durch die RUBISCO zurückgehen. (Das Enzym erniedrigt $\delta^{13}C$ um 20–30‰). Ein relativ hoher $\delta^{13}C$-Wert des Photosyntheseprodukts kann daher als sehr zuverlässiges diagnostisches Kriterium dafür verwendet werden, daß dem Calvin-Cyclus ein akzessorisches CO_2-Fixierungssystem durch die Phosphoenolpyruvatcarboxylase vorgeschaltet ist.

Die Bestimmung des $\delta^{13}C$-Wertes hat vielfältige Anwendung im Bereich der Systematik, Ökologie und Nahrungsmittelanalytik gefunden. So kann man z.B. ohne Schwierigkeit feststellen, ob eine Probe chemisch reiner Saccharose aus Zuckerrüben oder aus Zuckerrohr gewonnen wurde (oder ob Honig, der auf Nektar von C$_3$-Pflanzen zurückgeht, mit Rohrzucker „gestreckt" wurde). Wenn Tiere sich vorwiegend von C$_4$-Pflanzen ernähren, nimmt ihre Körpersubstanz ebenfalls einen relativ hohen $\delta^{13}C$-Wert an, der sich u.U. auch weiter in der Nahrungskette fortpflanzt.

Bei CAM-Pflanzen verschiedener Standorte hat man eine große Variationsbreite des $\delta^{13}C$-Wertes gefunden (−14 bis −33‰; →Abb. 15.12), wie man es aufgrund der physiologischen Flexibilität dieser Pflanzen erwarten muß. Der $\delta^{13}C$-Wert kann in diesem Fall Information über den Umfang der nächtlichen CO_2-Vorfixierung durch den C$_4$-Dicarboxylatweg liefern. Die Kurztagpflanze *Kalanchoe blossfeldiana* produziert im Langtag organisches Material mit $\delta^{13}C = −23‰$, im Kurztag dagegen mit $\delta^{13}C = −13‰$ (→Abb. 15.11). In ähnlichem Ausmaß kann sich ein niedriger Wert des Wasserpotentials im Boden (z.B. durch Trocken-

heit oder Salzbelastung) unter sonst konstanten Umweltbedingungen auf den $\delta^{13}C$-Wert auswirken.

Weiterführende Literatur

Bishop DG, Reed ML (1976) The C$_4$ pathway of photosynthesis: Ein Kranz-Typ Wirtschaftswunder? In: Smith KC (ed) Photochemical and photobiological reviews, Vol 1. Plenum Press, New York London, pp 1–69

Edwards G, Walker D (1983) C$_3$, C$_4$: Mechanisms, and cellular and environmental regulation of photosynthesis. Blackwell, Oxford London

Farquhar GD, Ehleringer JR, Hubick KT (1989) Carbon isotope discrimination and photosynthesis. Annu Rev Plant Physiol Plant Mol Biol 40:503–537

Furbank RT, Foyer CH (1988) C$_4$ plants as valuable model experimental systems for the study of photosynthesis. New Phytol 109:265–277

Hatch MD, Boardman NK (eds) (1981 and 1987) Photosynthesis. In: Stumpf PK, Conn EE (eds) The biochemistry of plants. A comprehensive treatise, Vol 8 and 10. Academic Press, New York London Toronto

Hatch MD, Osmond CB (1976) Compartmentation and transport in C$_4$ photosynthesis. In: Stocking CR, Heber U (eds) Encycl Plant Physiol NS, Vol 3. Springer, Berlin Heidelberg New York, pp 144–184

Kluge M, Ting IP (1978) Crassulacean Acid Metabolism. Analysis of an ecological adaptation. In: Ecological Studies, Vol 30. Springer, Berlin Heidelberg New York

Lüttge U, Smith JAC (1988) CAM plants. In: Baker DA, Hall JL (eds) Solute transport in plant cells and tissues. Longman, Harlow, pp 417–452

Nobel PS (1991) Achievable productivities of certain CAM plants: Basis for high values compared with C$_3$ and C$_4$ plants. New Phytol 119:183–205

O'Leary MH (1988) Carbon isotopes in photosynthesis. BioScience 38:328–336

Osmond CB (1978) Crassulacean acid metabolism: A curiosity in context. Annu Rev Plant Physiol 29:379–414

Pearcy RW, Ehleringer J (1984) Comparative ecophysiology of C$_3$ and C$_4$ plants. Plant Cell Environ 7:1–13

16 Stoffwechsel von Wasser und anorganischen Ionen

Wasser

Metabolisch aktive Gewebe bestehen zu 85–95% aus Wasser. Diese Substanz besitzt einzigartige physikalisch-chemische Eigenschaften, welche durch die lebendigen Systeme in vielfältiger Weise ausgenützt werden. Wasser ist im physiologischen Temperaturbereich eine Flüssigkeit mit relativ geringer Viskosität, hoher Dielektrizitätskonstanten (Dissoziationskonstante = 10^{-14}) und minimaler Quantenabsorption unterhalb 850 nm. Wegen seiner geringen Größe und seiner Dipolnatur ist H_2O ein hervorragendes Lösungsmittel für ein ungewöhnlich breites Spektrum stark polarer bis mäßig apolarer Teilchen, besonders für *Ionen*. Der polare Aufbau des H_2O-Moleküls (Abb. 16.1, *oben*) ermöglicht die *Hydratisierung* von Kationen und Anionen, einschließlich der Makromoleküle wie Proteine, Nucleinsäuren, usw. Das Lösungsmittel Wasser ist chemisch relativ inert und auch von daher ein ideales Medium für die Diffusion und die chemischen Wechselwirkungen anderer Teilchen. Seine extrem hohe Verdampfungswärme (44 kJ · mol^{-1} bei 25 °C), seine hohe Wärmekapazität und seine hohe Leitfähigkeit für Wärme machen Wasser darüber hinaus zu einem idealen Medium für die Thermoregulation. Schließlich wird die geringe Kompressibilität des Wassers bei der osmotischen Erzeugung von Druck ausgenützt (die Pflanze als „hydraulisches" System; → S. 47). Viele der besonderen Eigenschaften des Wassers hängen mit seiner Fähigkeit zur Ausbildung von *Wasserstoffbrückenbindungen* zusammen (Abb. 16.1, *unten*). Beim Schmelzen von kristallinem Wasser (Eis) bei 0 °C werden unter Aufnahme von 6 kJ · mol^{-1} etwa 15% der Wasserstoffbrücken gespalten. Bei 25 °C sind noch etwa 80% der Wasserstoffbrücken intakt (semi-kristalline Struktur). Es sind 32 kJ · mol^{-1} (=73% der Verdampfungswärme) erforderlich, um diese Bindungen bei der Verdampfung zu lösen. Eine weitere Konsequenz der Wasserstoffbrücken ist die hohe *Kohäsion* (Zerreißfestigkeit), welche zusammen mit der *Adhäsion* an geladene Oberflächen (Benetzungsfähigkeit) große Bedeutung für den Massentransport des Wassers in den kapillaren Gefäßen des Xylems besitzen (→ S. 497).

Neben seinen verschiedenen Funktionen im physikalisch-chemischen Bereich des Stoffwechsels ist Wasser auch direkt als Reaktionspartner an vielen biochemischen Umsetzungen beteiligt. Das

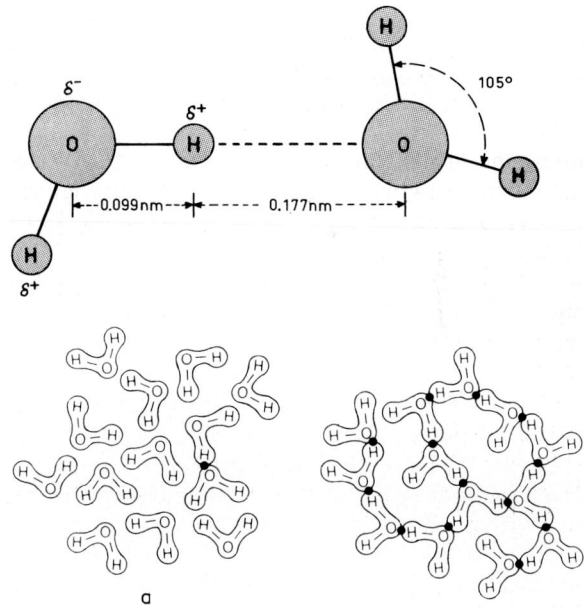

Abb. 16.1. *Oben:* Schematische Darstellung zweier Wassermoleküle, welche durch eine Wasserstoffbrückenbindung verknüpft sind. Diese elektrostatische Bindung beruht auf dem Dipolcharakter des Moleküls (positive Überschußladung am H, negative Überschußladung am O). Sie besitzt eine wesentlich geringere Bindungsenergie (ca. 20 kJ · mol^{-1}) als die covalente Bindung (ca. 400 kJ · mol^{-1}). *Unten:* Struktur des Wassers nahe bei 100 °C (a) bzw. nahe bei 0 °C (b). Die H-Brücken sind als schwarze Punkte hervorgehoben. (Nach Nobel 1974; Meidner und Sheriff 1976; verändert).

H_2O/O_2-Redoxsystem markiert das positive Ende der biologischen Redoxskala (→ Abb. 4.15) und dient in dieser Eigenschaft bei der Photosynthese und bei der Atmungskette als energetischer Antipode zu den stark negativen Redoxsystemen der Zelle wie Ferredoxin, NAD(H) usw. Die Trennung von Protonen und Hydroxylionen an Biomembranen durch Protonenpumpen führt zum Aufbau von Protonengradienten, welche als Zwischenspeicher für chemische Energie bei der photosynthetischen und bei der respiratorischen Energietransformation dienen (→ Abb. 5.11). Die Phosphorylierung von ADP (z. B. $[ADP]^{3-} + HPO_4^{2-} + H^+ \rightarrow [ATP]^{4-} + H_2O$) ist im Grunde eine *Dehydratisierung* des ADP-Moleküls. Bei der Rückreaktion, der *Hydrolyse* des ATP, wird wieder H_2O verbraucht. Auch in vielen anderen Stoffwechselbereichen spielen Hydrolysen eine wichtige Rolle, z.B. bei der Zerlegung von Makromolekülen wie Stärke, Protein oder Nucleinsäuren in ihre niedermolekularen Bausteine. Diese durch die Gruppe der *Hydrolasen* katalysierten, katabolischen Reaktionen spielen sich außerhalb des eigentlichen Energiestoffwechsels ab; die freigesetzte Energie kann nicht gespeichert werden. Diese wenigen Beispiele zeigen, daß H_2O auch als Metabolit eine nahezu universelle Bedeutung in der Zelle besitzt. Schließlich sei noch an die Rolle der Protonenkonzentration als Milieufaktor für die Stoffumsetzungen des Protoplasmas erinnert. Der jeweils „richtige" pH ist bei den allermeisten Enzymen die wichtigste Voraussetzung für katalytische Aktivität.

Die höheren Landpflanzen nehmen das Wasser in der Regel über die Wurzel aus dem Boden (in seltenen Fällen bei hoher Luftfeuchtigkeit auch durch Sproßteile oder Luftwurzeln aus der Atmosphäre) auf. Es besteht eine ununterbrochene Verbindung vom Bodenwasser im Bereich der Wurzel über den Sproß bis hin zu den Orten der Transpiration an den Blättern. Die Energie für den gerichteten Strom von Wasser durch die Pflanze entstammt der Wasserpotentialdifferenz zwischen Boden und Atmosphäre (→ S. 499). Auch die Aufnahme von Wasser in den Protoplasten, der im freien Diffusionsraum der Zellwand allseitig von einem wäßrigen Milieu umgeben ist, erfolgt ausschließlich durch *Osmose*, energetisch angetrieben durch $-\Delta\psi$ (→ S. 44). Man hat bisher keinerlei Anhaltspunkte dafür gefunden, daß H_2O-Moleküle auf direkte Weise aktiv über Membranbarrieren hinweg gepumpt werden. Der stoffwechselabhängige Kurz-

streckentransport von Wasser erfolgt vielmehr stets indirekt durch aktiven Transport eines Osmoticums (z. B. eines Kations), welches durch die lokale Erniedrigung von ψ das Wasser passiv nachzieht.

Die Regulation der Wasserversorgung der Kormophyten erfolgt normalerweise durch eine ψ-abhängige Einstellung des Diffusionswiderstandes für Wasserdampf an den Stomata der Blätter, in Abstimmung mit dem photosynthetischen CO_2-Transport (→ S. 251). Außerdem werden viele physiologische Prozesse vom Wasserstatus der Pflanze direkt oder indirekt beeinflußt (Abb. 16.2). Ein besonders eindrückliches Beispiel für eine regulatorische Umsteuerung des Stoffwechsels als Anpassung an die Verfügbarkeit von Wasser ist die Induktion des CAM bei Sukkulenten (→ S. 266).

Aufgrund der vielfältigen physikalischen und chemischen Funktionen von H_2O ist ein hoher Wassergehalt eine essentielle Eigenschaft aller stoffwechselaktiver Zellen. Bereits eine Reduktion des relativen Wassergehalts auf 70–80% führt bei den meisten Pflanzenzellen zur Hemmung zentraler Stoffwechselfunktionen (z. B. der Atmung und der Photosynthese; → Abb. 32.3). Austrocknung auf weniger als 50–60% relativen Wassergehalt führt

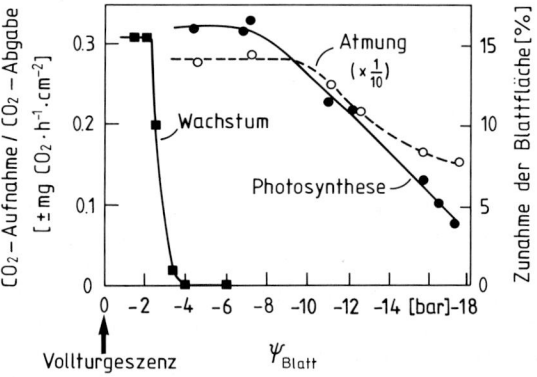

Abb. 16.2. Der Einfluß des Wasserpotentials (ψ) auf Wachstum, Atmung und Photosynthese des Blattes. Objekt: Junge Blätter der Sonnenblume (*Helianthus annuus*). Wasserpotential, Flächenwachstum, apparente Photosynthese (CO_2-Aufnahme im Licht) und Atmung (CO_2-Abgabe im Dunkeln) wurden an Blättern intakter Pflanzen gemessen, deren Wasserpotential nach Unterbrechung der Wasserzufuhr unterschiedlich stark abgesunken war. Diese Experimente zeigen, daß das Wachstum sehr viel empfindlicher als der Gaswechsel auf ein Wasserdefizit im Blatt reagiert. Die Atmungswerte sind 10mal überhöht dargestellt. (Nach Boyer 1970)

in der Regel zum Zelltod. In speziellen Fällen besitzen pflanzliche Zellen jedoch eine extreme Austrocknungstoleranz, welche vorübergehend ein Überleben im lufttrockenen Zustand (2–5% relativer Wassergehalt) ohne wesentliche Schäden gestattet. Die Zellen dieser *poikilohydren* Pflanzen (z. B. viele Flechten und Moose) und der Samen der höheren Pflanzen besitzen die Fähigkeit, ihr Protoplasma im weitgehend dehydratisierten Zustand intakt zu konservieren, wobei der Stoffwechsel praktisch einge-stellt wird (*metabolischer Ruhezustand, Kryptobiose*; → S. 426). Bei ausreichender Wasserzufuhr können diese Zellen innerhalb weniger Minuten vom Zustand des „latenten Lebens" wieder zum metabolisch aktiven Zustand zurückkehren.

Mineralernährung der Pflanze

Bei der Behandlung der Photosynthese und der Dissimilation organischer Moleküle (→ S. 155, 195) hatten wir es im wesentlichen mit dem Stoffwechsel von Kohlenstoff, Wasserstoff und Sauerstoff zu tun. Neben diesen mengenmäßig dominierenden Elementen (90–95% der Trockenmasse) spielen in der Pflanze eine große Zahl weiterer Elemente eine Rolle, welche ebenfalls in anorganischer Form aufgenommen und verwertet werden können. Diese mineralischen *Nährelemente* stehen der Pflanze als Ionen, gelöst in einem wäßrigen Medium (z.B. im Meerwasser) zur Verfügung. Die Landpflanzen nehmen anorganische Ionen normalerweise über die Wurzel aus der Bodenlösung auf. Die unlöslichen Bestandteile des Bodens (Quarz, Tonmineralien, Humus) haben häufig Speicherfunktion für Ionen, sind jedoch selbst keine essentiellen Voraussetzungen für das Pflanzenwachstum. Diese Erkenntnis verdanken wir Sachs, der um 1860 die *hydroponische Kultur* von Pflanzen in Lösungen anorganischer Salze einführte (Abb. 16.3).

Knop entwickelte kurz darauf die erste, empirisch vielfach getestete und bewährte Rezeptur einer Nährlösung (Tabelle 16.1a). Die klassische „Knopsche Nährlösung" enthielt alle Komponenten, welche die Pflanze normalerweise für ihr Wachstum benötigt. Die in Tabelle 16.1a aufgeführten Kationen und Anionen repräsentieren die mineralischen *Makroelemente* der Pflanzenernährung, d.h. sie gehören neben C, H und O zu denjenigen Elementen, welche in erheblichen, leicht meß-

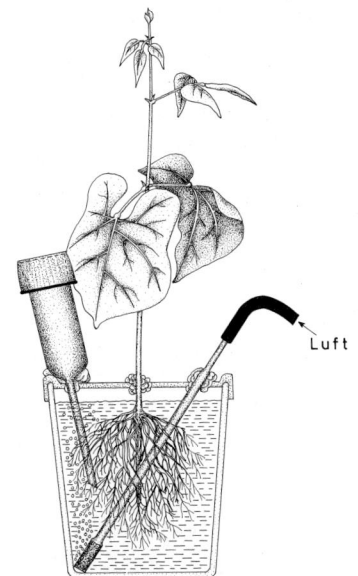

Abb. 16.3. Hydroponische Kultur einer Landpflanze. Eine wäßrige Lösung, welche alle essentiellen anorganischen Ionen in geringer Konzentration enthält und ausreichend belüftet wird, kann das natürliche Substrat „Boden" vollwertig ersetzen. Da die Zusammensetzung der Nährlösung im Experiment einfach verändert und kontrolliert werden kann, eignet sich diese Anzuchtmethode besonders für das Studium der Ionenaufnahme und -verwertung. Der Trichter *links* dient zum Nachfüllen von H_2O bzw. Nährlösung. (Nach Epstein 1972; verändert)

baren Mengen benötigt werden. Darüber hinaus sind für eine vollständige Entwicklung der Pflanze eine Anzahl weiterer Elemente unentbehrlich, die nur in relativ geringen Quantitäten angeboten werden müssen und die daher in den zu Knops Zeiten zur Verfügung stehenden Chemikalien alle in ausreichender Menge als Verunreinigungen enthalten waren. Erst die Herstellung hochgereinigter Chemikalien ermöglichte eine genaue Festlegung der Liste von *Mikroelementen* (Spurenelementen) der Pflanzenernährung, welche heutzutage den modernen Nährlösungen gesondert beigegeben werden (Tabelle 16.1b).

Die Liste der allgemeinen, essentiellen Nährelemente umfaßt insgesamt 9 Makro- und 8 Mikroelemente (Tabelle 16.1), welche in sehr unterschiedlichen Mengen von der Pflanze benötigt werden (Tabelle 16.2). Darüber hinaus treten bei manchen Pflanzen zusätzliche Bedürfnisse auf, z.B. für SiO_2 als Gerüstsubstanz bei Diatomeen, Gräsern und Schachtelhalmen oder für Co bei allen Pflanzen,

Tabelle 16.1. Die Nährelemente der Pflanze und ihre Verwendung in künstlichen Nährlösungen. Die Grenze zwischen Makro- und Mikroelementen ist weitgehend willkürlich. (a) Knopsche Nährlösung. Dieses Rezept wurde um 1860 unter Verwendung unvollständig gereinigter Chemikalien in Unkenntnis der Mikroelemente entwickelt. (b) Hoaglandsche Nährlösung Nr. 2. (Nach Hoagland und Arnon 1950.) Hier wurden die Mikroelemente berücksichtigt. Außerdem wird Fe als Chelat angeboten, um seine Aufnahme zu erleichtern. Als Lösungsmittel dient destilliertes Wasser

Makroelemente: C, H, O, N, S, P, K, Ca, Mg

Mikroelemente: Fe, Cl, B, Mn, Zn, Cu, Mo, Ni

(a) Nährlösung nach Knop [g·l^{-1}]	(b) Nährlösung nach Hoagland	[g·l^{-1} (mmol·l^{-1})]
$Ca(NO_3)_2$	1,00	KNO_3	0,606	(6)
$MgSO_4 \cdot 7 H_2O$	0,25	$Ca(NO_3)_2$	0,657	(4)
KH_2PO_4	0,25	$NH_4H_2PO_4$	0,115	(1)
KNO_3	0,25	$MgSO_4 \cdot 7 H_2O$	0,241	(2)
KCl	0,12	H_3BO_3	0,00286	(0,0463)
$FeSO_4$	Spur	$MnCl_2 \cdot 4 H_2O$	0,00181	(0,00915)
(pH 5,7)		$CuSO_4 \cdot 5 H_2O$	0,00008	(0,00032)
		$ZnSO_4 \cdot 7 H_2O$	0,00022	(0,00077)
		(pH 5,8)		
		MoO_3	0,000016	(0,00011)
		komplexgebundenes F^{3+}		
		(z. B. 5 mg·l^{-1} Fe-Tartrat)		

Tabelle 16.2. Der Gehalt an Nährelementen in Material von normal entwickelten Kulturpflanzen (Durchschnittswerte). (Nach Epstein 1965)

Element	Gehalt		Relative Anzahl an Atomen (bezogen auf Mo)
	[mmol · kg Trockenmasse^{-1}]	[g · kg Trockenmasse^{-1}]	
Makroelemente:			
H	60 000	60	$60 \cdot 10^6$
C	35 000	450	$35 \cdot 10^6$
O	30 000	450	$30 \cdot 10^6$
N	1 000	15	$1 \cdot 10^6$
K	250	10	$0,25 \cdot 10^6$
Ca	125	5	$0,13 \cdot 10^6$
Mg	80	2	$0,08 \cdot 10^6$
P	60	2	$0,06 \cdot 10^6$
S	30	1	$0,03 \cdot 10^6$
Mikroelemente:			
Cl	3	0,1	3000
B	2	0,02	2000
Fe	2	0,1	2000
Mn	1	0,05	1000
Zn	0,3	0,02	300
Cu	0,1	0,006	100
Mo	0,001	0,0001	1

welche auf eine Symbiose mit N_2-fixierenden Bakterien (→ S. 605) angewiesen sind. Co ist ein Bestandteil des hierbei essentiellen *Cobalamins* (beim Menschen: Vitamin B_{12}). Auch Na und Se müssen in speziellen Fällen als Mikroelemente angesehen werden. Bei einer künstlichen Nährlösung kommt es nicht nur auf die Vollständigkeit bezüglich aller benötigter Ionen, sondern auch auf die Gesamtionenstärke, den pH, die Pufferkapazität und das Verhältnis zwischen den einzelnen Ionen, die *Ionenbalance,* an. Die Pflanze kann zwar im Prinzip in der Wurzelrinde selektiv und aktiv Ionen auch aus einer sehr verdünnten Lösung akkumulieren (→ S. 488); ein ungünstiges Verhältnis zwischen den angebotenen Ionen schränkt jedoch diese Fähigkeit mehr oder minder ein, z.B. dadurch, daß eine Ionenart durch eine antagonistische (um dieselbe Transportstelle konkurrierende) Ionenart verdrängt wird. In der Regel ergibt sich für die Abhängigkeit des pflanzlichen Wachstums von der Konzentration eines Nährelements eine hyperbolische Sättigungskurve, wobei das Erreichen der Sättigung von der relativen Konzentration der anderen Nährelemente abhängt. Die Verrechnung unabhängiger limitierender Faktoren, welche gemeinsam auf einen physiologischen Prozeß einwirken, haben wir bereits bei der Besprechung der Photosynthesefaktoren Licht und CO_2 kennengelernt (→ S. 241). Auch bei der Ionenaufnahme treten nicht selten Interaktionen zwischen verschiedenen Faktoren auf, wodurch der Verrechnungsmodus sehr kompliziert werden kann.

Essentielle Mikroelemente

Ein Element wird als *essentiell* für die pflanzliche Ernährung bezeichnet, wenn 1. die Pflanze ohne dieses Element ihren Lebenscyclus nicht vollständig durchführen kann, oder 2. das Element als unersetzbarer Bestandteil von Molekülen bekannt ist, welche im Stoffwechsel der sich normal entwikkelnden Pflanze unbedingt benötigt werden. Die Erfüllung eines der beiden Kriterien reicht aus, um ein chemisches Element als essentielles Nährelement zu klassifizieren. Die Entdeckung der Mikroelemente gelang meist mit Hilfe des 1. Kriteriums, welches besonders einfach operationalisierbar ist: Man hält eine Pflanze auf einer Nährlösung, welche alle Elemente mit Ausnahme des zu testenden Ions enthält. Ist das ausgelassene Element essentiell, so macht sich dies an einer oder mehreren Stellen der Ontogenie in charakteristischen, durch ähnliche Elemente nicht behebbaren, *Mangelsymptomen* gegenüber der auf Vollmedium wachsenden Kontrollpflanze bemerkbar. Man muß dabei neben einer ausreichenden Reinheit der verwendeten Chemikalien berücksichtigen, daß viele Pflanzen auch Mikroelemente in ihren Samen speichern können. Daher treten gelegentlich Mangelsymptome erst klar hervor, nachdem die endogenen Vorräte im Verlauf mehrerer auf dem Mangelmedium angezogener Generationen stark verdünnt wurden. Auf der anderen Seite treten z.B. bei landwirtschaftlich intensiv genutzten Böden gelegentlich Mangelsituationen durch das unterkritische Angebot eines Mikroelements auf, welche sich unmittelbar in drastischen Krankheitsbildern ausdrücken. Mangel an Mikroelementen führt also meist nicht nur zu einer Verminderung des Wachstums bzw. des Ertrags, sondern darüber hinaus zu spezifischen Stoffwechsel- und Entwicklungsdefekten, welche häufig als Indikatoren für das Fehlen bestimmter Mikroelemente im Boden herangezogen werden können. So erzeugt z.B. Zn-Mangel bei Obstbäumen Zwergwuchs der Blätter und Internodien, was zu einer sehr charakteristischen Rosettenbildung an den Zweigenden führt. Fe-, Mn- und Mo-Mangel führt bei vielen Pflanzen zu *Blattchlorosen*, d.h. zum Verschwinden des Chlorophylls. Da dieser Defekt bevorzugt die Intercostalbereiche der Blätter betrifft, treten die Blattadern als grünes Netzwerk auffällig hervor. B-Mangel führt zum Absterben der Sproßspitzen und verleiht dem Gewebe einen ungewöhnlich harten, brüchigen Charakter. Diese Mangelkrankheiten können durch geeignete Mineraldüngung verhindert werden, wobei es natürlich auf die richtige Zusammenstellung und Dosierung der „Nährsalze" entscheidend ankommt. Ein guter Dünger soll die limitierenden Faktoren bei der mineralischen Ernährung der Pflanzen beseitigen, ohne zu einer unerwünschten Anreicherung anderer Bodenkomponenten zu füh-

ren und ohne das mikrobielle Leben im Boden nachteilig zu verändern. Dies gilt für Makro- und Mikroelemente gleichermaßen. Die Mineraldüngung ist ein außerordentlich wichtiger Aspekt der *Ertragsphysiologie*, welche sich mit der Optimierung der Ertragsleistung von Nutzpflanzen beschäftigt (→ S. 602).

Funktion der Nährelemente im Stoffwechsel

Makroelemente

Neben C, H, O besitzen auch die anderen Makroelemente eine zentrale Bedeutung als Bestandteile biologischer Moleküle oder Molekülkomplexe. N, S und P sind z.B. in Aminosäuren bzw. Nucleotiden und den daraus zusammengesetzten Makromolekülen (Proteine, DNA, RNA) enthalten. Fe ist Bestandteil der Hämoproteine, des Ferredoxins (neben S) und anderer Enzyme, Mg ist Bestandteil des Chlorophylls. K liegt wahrscheinlich immer als freies Kation vor. Es ist das mengenmäßig dominierende anorganische Ion in der Pflanzenzelle ($0,1-0,2$ mol $\cdot$ l^{-1} im Cytoplasma, bis 6% der pflanzlichen Trockenmasse). K$^+$ ist als „Milieufaktor" des Protoplasmas aufzufassen, der, zusammen mit dem antagonistisch wirkenden Ca^{2+} (≤ 1 μmol $\cdot$ l^{-1} im Cytoplasma), den kolloidalen Quellungszustand des Plasmas beeinflußt. Außerdem besitzt K$^+$ Bedeutung als mobiler Träger positiver Ladungen, als Cofaktor von Enzymen (z.B. bei der Proteinsynthese und der Glycolyse) und als Osmoticum für Turgorbewegungen (→ S. 253). Ca^{2+} ist, zusammen mit Mg^{2+}, ein Bestandteil der Pektine in der Zellwand (→ Abb. 3.9) und ein wichtiger Faktor für die funktionelle und strukturelle Integrität von Biomembranen. Dies ist z.B. auch der Grund dafür, daß Wurzeln in Ca^{2+}-freier Nährlösung keine normale Ionenaufnahme durchführen können, sondern mehr oder minder toxische Effekte davontragen.

Die Makroelemente stehen der Pflanze unter natürlichen Bedingungen meist in ihrer maximal oxidierten Form (CO$_2$, H$_2$O, NO$_3^-$, SO$_4^{2-}$, H$_2$PO$_4^-$, K$^+$, Ca^{2+}, Mg^{2+}, Fe^{3+}) zur Verfügung. Wenn man vom Valenzwechsel des Fe in den Cytochromen (→ S. 200) absieht, behalten alle angeführten Kationen diesen Redoxzustand auch nach Aufnahme in die Zelle bei. Dasselbe gilt auch für Phosphat. Hingegen müssen Nitrat und Sulfat, ähnlich wie das CO_2, zunächst reduziert werden, bevor diese Elemente in organische Moleküle eingebaut werden können. Die Reduktion von NO_2^- zu NH_4^+ und von SO_4^{2-} zur SH-Gruppe kann im Blatt im Rahmen der Photosynthese erfolgen ($\rightarrow$ S. 190). Daneben können diese Reaktionen aber auch mit Hilfe von Reduktionsäquivalenten aus dem dissimilatorischen Stoffwechsel bewerkstelligt werden (z.B. in der Wurzel). Das Produkt der Sulfatreduktion ist die Aminosäure *Cystein*, welche als Ausgangssubstanz für die meisten anderen S-haltigen organischen Moleküle dient. Das Produkt der Nitratreduktion ist das *Ammoniumion*, das erst noch durch Verknüpfung mit einem Acceptormolekül fixiert werden muß. Dazu dient im Chloroplasten der photosynthetische GS/GOGAT-Cyclus ($\rightarrow$ Abb. 12.36). Auch in heterotrophen Zellen wird NH_4^+ vorwiegend über ein GS/GOGAT-Enzymsystem assimiliert, das jedoch aus der Dissimilation mit Reduktionsäquivalenten und ATP versorgt wird. Die daneben vorkommende *Glutamatdehydrogenase* ist im Prinzip ebenfalls in der Lage, 2-Oxoglutarat reduktiv zu aminieren:

$$2\text{-Oxoglutarat} + NH_4^+ + NADH \rightleftharpoons \qquad (16.1)$$
$$\text{Glutamat} + NAD^+ + H_2O \, .$$

Dieses Enzym wird jedoch in der Zelle normalerweise für die gegenläufige Reaktion eingesetzt, also zur *oxidativen Desaminierung* von Glutamat zu 2-Oxoglutarat, welches unter Kohlenhydrat-Mangelbedingungen zur Auffüllung des Citratcyclus mit C-Skeletten dient ($\rightarrow$ Abb. 13.5).

Vom Glutamat kann die Aminogruppe durch eine Vielzahl spezifischer *Aminotransferasen* durch *Transaminierung* auf andere 2-Oxosäuren (z.B. Pyruvat, Succinat, Oxalacetat) übertragen und daraus die meisten anderen Aminosäuren gebildet werden.

Die Semiamide der Dicarbonsäuren *Glutamat* und *Aspartat* dienen in der Pflanze häufig als Speicher- und Transportmoleküle für N. Ihre Synthese erfolgt durch Addition einer weiteren Aminogruppe am terminalen C-Atom der Aminosäuren unter Verbrauch von ATP ($\rightarrow$ Abb. 12.36):

$$\text{Glutamat} + NH_4^+ + ATP \xrightleftharpoons{\text{Glutaminsynthetase, } Mg^{2+}}$$
$$\text{Glutamin} + ADP + \textcircled{P} + H_2O \, . \qquad (16.2)$$

Die Stickstoffversorgung der Pflanze kann im Prinzip auch durch NH_4^+-Aufnahme gedeckt werden, wobei eine erhebliche Einsparung an metabolischer Energie möglich ist [$\rightarrow$ Gl. (12.16)]. Da NH_4^+ an der Wurzel mit H^+ ausgetauscht wird, ist die Ammoniumaufnahme mit einer Ansäuerung der Rhizosphäre verbunden. Das aufgenommene NH_4^+ muß unmittelbar in der Wurzel in Form von Glutamin fixiert werden. Kommt es – bei Überangebot im Boden – zu einer Akkumulation von freiem NH_4^+ in der Pflanze, treten starke Vergiftungserscheinungen auf (*Ammoniumtoxizität*). NH_4^+ ist ein starkes Zellgift, es wirkt z.B. als Entkoppeler der Photophosphoylierung im Chloroplasten ($\rightarrow$ S. 184).

Neben anderen Ionen kann vor allem Phosphat, das als Ester- bzw. Anhydridbildner eine wichtige Rolle im Energiestoffwechsel der Zell spielt, im Samen gespeichert werden. Dies geschieht in Form von *Phytin*, dem CaMg-Salz der *Phytinsäure* (Abb. 16.4).

Die im Samen deponierten Nährelemente werden nach der Keimung remobilisiert und in die wachsenden Organe des jungen Keimlings, vor allem in die Blätter, transportiert. Später, nach der Blütenbildung, findet eine weitere Umverteilung von den Blättern in die Früchte und Samen statt. Nährelemente sind also in der Pflanze *mobil*; sie können nach dem source/sink-Prinzip zwischen den Organen verschoben werden ($\rightarrow$ S. 509). Dies ist ein Ausdruck der ökonomischen Ausnutzung dieser Elemente, deren Aufnahme und biochemische Aufbereitung für die Pflanze mit einem hohen Energieeinsatz verbunden ist. Man muß davon ausgehen, daß die wachsende Pflanze in der Regel über keine erheblichen Speicherkapazitäten für

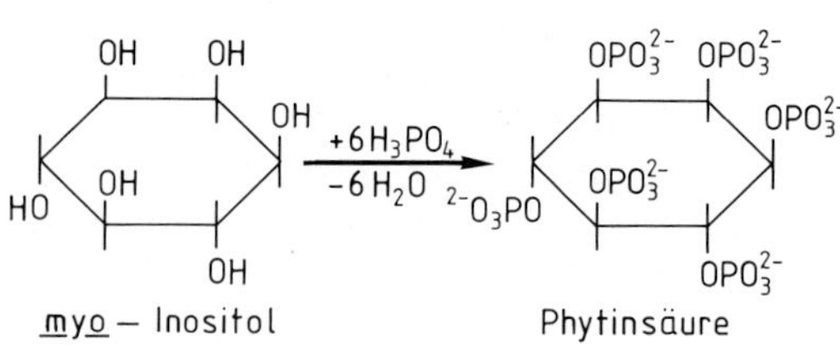

Abb. 16.4. Bildung von *Phytinsäure*, einem Speichermolekül für Phosphor, aus dem cyclischen Alkohol *myo-Inositol*. Die Phytinsäure liegt in Speichergeweben meist in Form kleiner Kristalle aus schwerlöslichem Ca- oder Mg-Phytat (*Phytin*) vor, welche in das Speicherprotein der Proteinkörper eingebettet sind ($\rightarrow$ S. 219). Daneben können auch K^+, Zn^{2+} und Fe^{2+} an Phytinsäure gebunden werden. (Aufgrund dieser Eigenschaft kann ein hoher Phytinsäuregehalt in der Nahrung beim Menschen zu Zn-Mangelsymptomen führen)

Nährelemente verfügt und daher auf eine beständige Aufnahme von außen angewiesen ist. Dies gilt insbesondere für Makroelemente wie N und P. Das Fehlen dieser Elemente im Wurzelmedium führt bereits nach kurzer Zeit zu morphologischen und physiologischen Mangelsymptomen (Abb. 16.5, 16.6). Hingegen können nitrophile Pflanzen (z. B. Spinat) große Mengen NO_3^- (bis 100 mmol $\cdot$ l^{-1}) in den Vacuolen speichern und sind denn relativ unabhängig von einer kontinuierlichen N-Zufuhr.

Mikroelemente

Diese stets nur in Spuren notwendigen Elemente haben in der Regel katalytische Funktionen als essentielle Cofaktoren von Enzymen. Viele Enzyme enthalten ein oder mehrere Metallionen als fest eingebaute Komponenten des aktiven Zentrums, z. B. Zn^{2+} in Lactat- und Alkoholdehydrogenase, Cu^{2+} in verschiedenen Oxidasen ($\rightarrow$ Tabelle 13.2), Mo (zusammen mit Fe) in Nitratreduktase ($\rightarrow$ Abb. 12.36). Mo-Mangelpflanzen können keine aktive Nitratreductase bilden und entwickeln daher N-Mangelsymptome, die durch NH_4^+-Gaben größtenteils ausgeglichen werden können. Mn^{2+} ist wie auch das Makroelement Mg^{2+} als dissoziabler Cofaktor für die Aktivität vieler Enzyme unentbehrlich (z. B. bei Kinasen). Auch Phosphat und Sulfat sind als Enzymaktivatoren bekannt. Mn^{2+} und Cl^- besitzen eine noch nicht näher aufgeklärte katalytische Funktion beim Photosystem II der Photosynthese. Die metabolische Funktion von BO_3^{3-} war lange Zeit völlig unbekannt. Neuerdings glaubt man, daß dieses Anion eine wichtige Rolle bei der Regulation des Kohlenhydratstoffwechsels spielt. Borat hemmt den oxidativen Pentosephosphatcyclus ($\rightarrow$ Abb. 13.11), indem es einen Komplex mit Gluconat-6-phosphat eingeht. Dieser Cyclus läuft in B-Mangelpflanzen mit anomal hoher Intensität ab. Bor besitzt andererseits bereits bei relativ geringem Überangebot toxische Wirkungen.

Salzexkretion bei Halophyten

Pflanzen salzreicher Standorte (Salzsümpfe, Salzwüsten) zeichnen sich durch eine Reihe spezieller Eigenschaften aus, welche in direktem Zusammen-

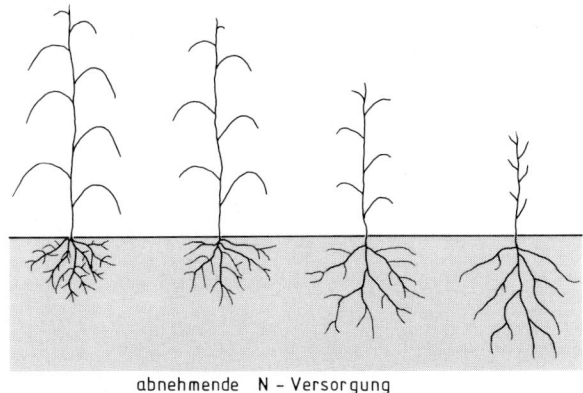

abnehmende   N – Versorgung

Abb. 16.5. Die Verschiebung des Sproß/Wurzel-Verhältnisses von Getreidepflanzen bei reduzierter Versorgung mit Stickstoff, ein typisches N-Mangelsymptom. Dieses Phänomen läßt sich als Anpassung an den suboptimalen N-Gehalt im Boden auffassen, durch welche die Aufnahmekapazität der Wurzel für NO_3^- erhöht wird. (Nach Marschner 1986; verändert)

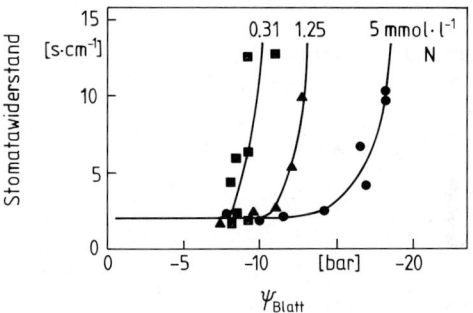

Abb. 16.6. Die Wirkung von Stickstoffmangel auf die Stomatareaktion bei Wasserstreß. Objekt: Baumwolle (*Gossypium hirsutum*). Die Pflanzen wurden mit Nährlösungen nach Hoagland ($\rightarrow$ Tabelle 16.1, ohne NH_4^+) versorgt, in denen ein NO_3^--Gehalt zwischen 0,31 und 5 mmol $\cdot$ l^{-1} eingestellt war. Die Messung des Wasserpotentials (ψ) und des Stomatawiderstandes für Wasserdampf (Maß für Stomataverschluß) wurde am fünften Blatt von Pflanzen durchgeführt, welche nach Unterbrechung der Wasserzufuhr langsam austrockneten. Es wird deutlich, daß der ψ-Schwellenwert für den Stomataverschluß durch N-Mangel zu weniger negativen ψ-Werten verschoben wird; d.h. die Pflanzen reagieren empfindlicher auf Wasserstreß ($\rightarrow$ Abb. 32.8). Diese Reaktion wird auf einen erhöhten Pegel des Phytohormons *Abscisinsäure* zurückgeführt, der gleichzeitig in den N-Mangelpflanzen festgestellt werden konnte ($\rightarrow$ S. 408). Ähnliche Effekte können auch durch Phosphormangel ausgelöst werden. (Nach Radin und Ackerson 1981; verändert)

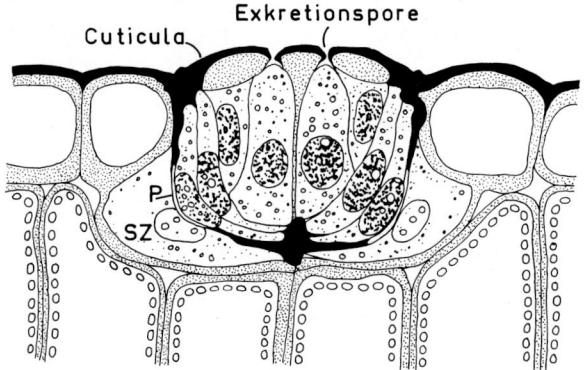

Abb. 16.7. Salzdrüse im Querschnitt. Objekt: Blatt von *Limonium gmelini* (Plumbaginaceae). Die relativ komplexen Drüsen bestehen aus 16 *Drüsenzellen*, welche über 4 *Sammelzellen* (SZ) mit den chloroplastenhaltigen Mesophyllzellen in symplasmatischem Kontakt stehen. Die Drüsenzellen sind sowohl an der Blattoberfläche, als auch gegen die Nachbarzellen von einer für Ionen impermeablen Cutinschicht (schwarz gezeichnet) abgedichtet, welche nur an bestimmten Stellen durch Poren (P) unterbrochen ist. Die Analogie zum Casparyschen Streifen der Wurzelendodermis (→ Abb. 2.12) ist offensichtlich. Bei höherer Auflösung (Elektronenmikroskop) erkennt man, daß die Drüsenzellen ein dichtes, organellenreiches Plasma ohne Zentralvacuole und ohne Chloroplasten enthalten. Auffällig sind die großen Zellkerne, die große Zahl von Mitochondrien und die zahlreichen Invaginationen der Plasmamembran, welche offenbar zur Vergrößerung der sekretorisch aktiven Oberfläche dienen. (Nach Ruhland 1915; verändert)

hang mit der physiologischen Anpassung an die Salzbelastung stehen. Landbewohnende Halophyten nehmen in der Regel erhebliche Mengen an NaCl aus der Bodenlösung in den Transpirationsstrom auf, offenbar vor allem deswegen, weil sonst der Wasserpotentialgradient zu ungünstig für die Aufnahme von H_2O wäre. Insoweit kann die Salzakkumulation als adaptive Reaktion auf Salzstreß angesehen werden. Viele dieser Salzpflanzen besitzen darüber hinaus Mechanismen zur Eliminierung von überschüssigem NaCl aus den Geweben des Sprosses, insbesondere des Blattes. Bei halophytischen Plumbaginaceen, Tamarisken und bei verschiedenen Mangrovepflanzen (z.B. *Rhizophora*, *Avicennia*) treten meist mehrzellige *Salzdrüsen* auf (Abb. 16.7). Diese epidermalen Zellkomplexe entziehen den darunterliegenden Mesophyllzellen, mit denen sie durch zahlreiche Plasmodesmen verbunden sind, NaCl, um es in konzentrierter Form an der Blattoberfläche zu sezernieren, wo sich ein Be-

lag von Salzkristallen bildet. Die Sekretion erfolgt aktiv, d. h. gegen den Gradienten des elektrochemischen Potentials, wie sich durch elektrophysiologische Messungen zeigen läßt. Bei der Plumbaginacee *Limonium* fand man, daß die Drüsenzellen Cl^- nach außen pumpen; der Na^+-Transport erfolgt als passiver Uniport (→ S. 73). Die Energie (ATP) für diese Ionenpumpe, welche wahrscheinlich in der Plasmamembran lokalisiert ist, wird durch die besonders aktive Atmung der Drüsenzellen bereitgestellt. *Limonium* ist ein fakultativer Halophyt. Bringt man eine auf salzfreiem Medium angezogene Pflanze auf Salzmedium, so bildet sie innerhalb von etwa 3 h die Fähigkeit zur aktiven Cl^--Exkretion aus.

Manche halophytischen Chenopodiaceen besitzen auf ihrer Blattepidermis *Salzhaare* mit einer endständigen Blasenzelle, deren große Vacuole als Depot für NaCl dient. Bei mehrjährigen Arten sterben die Haare nach ihrer „Beladung" ab und werden durch neue ersetzt. Bei der einjährigen Art *Atriplex spongiosa* bleiben diese keulenförmigen Protuberanzen (Abb. 16.8) während der nur wenige Wochen während Lebensspanne eines Blattes erhalten. Bei dieser Art kann der Cl^--Gehalt der Blasenzellen bis 2 mol · l^{-1} ansteigen (Anzucht auf 250 mmol · l^{-1} NaCl). Der Transport von Cl^- in die Vacuole der Blasenzelle erfolgt aktiv, wobei die Stielzelle, welche große feinstrukturelle Ähnlichkeit mit einer Drüsenzelle aufweist, eine wichtige Rolle spielen dürfte. Die Salzakkumulation wird durch Licht stark stimuliert (Abb. 16.8). Dieser Effekt ist durch DCMU (→ Abb. 12.26) hemmbar, also von einem aktiven photosynthetischen Elektronentransport abhängig. Da die Chloroplasten der Haarzellen wenig leistungsfähig sind, muß man annehmen, daß der photosynthetische Elektronentransport der Mesophyllzellen die Energie für den aktiven Ionentransport liefert. Dieses Objekt eignet sich naturgemäß besonders gut für die elektrophysiologische Untersuchung der Ionenakkumulation (→ S. 80).

Sequestrierung von Schwermetallen durch Phytochelatine

Die Pflanzen nehmen über ihre Wurzeln zwangsläufig auch toxische Schwermetallionen (vor allem

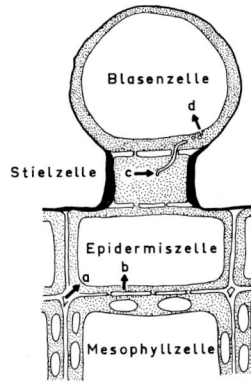

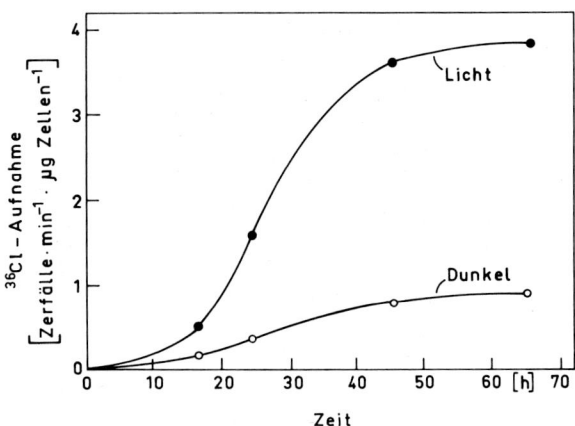

Abb. 16.8. Sekretion von NaCl in epidermale Salzhaare. Objekt: Blatt von *Atriplex spongiosa*. *Links:* Salzhaar mit apikaler Blasenzelle und Stielzelle im Querschnitt (schematisiert). Es sind vier Stellen (Membranen) aus dem Transportweg von NaCl eingetragen: Übergang vom Apoplast in den Symplast (a), Überführung in die Vacuole der Epidermiszelle, welche ebenfalls NaCl speichert (b), Überführung von der Stielzelle in die Blasenzelle durch zellverbindende Stränge des endoplasmatischen Reticulums, welches dort Vesikel abschnürt (c), Vereinigung der Vesikel mit dem Tonoplast der Blasenzelle (d). Es ist noch unklar, in welcher Membran die für den aktiven Salztransport verantwortliche Ionenpumpe lokalisiert ist. Der dünne Plasmabelag der Blasenzelle enthält Chloroplasten (die jedoch photosynthetisch wenig aktiv sind) und, ebenso wie die Stielzelle, auffällig viele cytoplasmatische Vesikel. *Rechts:* Lichtabhängigkeit des Salztransports in die Blasenzelle. Blattstreifen wurden im Licht bzw. Dunkeln in KCl-Lösung (5 mmol $\cdot$ l^{-1}, mit ^{36}Cl^{-} markiert) inkubiert und die Akkumulation von Radioaktivität in den Salzhaaren gemessen. Man erkennt, daß der Cl^{-}-Transport im Dunkeln gering ist, jedoch durch die Photosynthese drastisch gesteigert werden kann. (Nach Osmond et al. 1969; verändert)

Cd, Pb, Cu, Hg, Zn, Ni) auf, welche sich im Laufe der Zeit in relativ hohen Mengen in den Zellen anreichern können. Die Giftigkeit dieser Elemente im Cytoplasma beruht auf ihrer hohen Affinität für reduzierte Schwefelgruppen und der daraus resultierenden Inaktivierung von Enzymen mit freien SH-Gruppen. Bei Tier und Mensch dienen *Metallothioneine*, spezielle niedermolekulare Proteine mit hohem Cysteingehalt, zur Bindung dieser Ionen. Hierdurch kann der Pegel an freien Metallionen im Cytoplasma drastisch erniedrigt werden (Detoxifikation durch *Sequestrierung*). Auch bei Pflanzen hat man ein entsprechendes Entgiftungssystem für Schwermetalle gefunden, insbesondere bei schwermetalltoleranten Arten, welche z.B. auf Erzabraumhalden gedeihen und dort hohe Konzentrationen an Zn, Pb, Cu oder anderen toxischen Metallen akkumulieren können (bis 1% der Trockenmasse). Diese hohe Toleranz geht auf die Bildung einer Familie von Peptiden mit 1 bis 10 repetitiven γ-Glutamylcysteinyl-Einheiten zurück, welche als *Phyto-*

chelatine bezeichnet werden:

$$(\gamma\text{-Glu-Cys})_n\text{-Glycin} \quad (n = 2-11)\,.$$
$$|$$
$$\text{SH}$$

An die SH-Gruppen der Cysteinreste werden Schwermetallionen als stabile Thiolate komplexiert, wobei eine besonders hohe Affinität für Cd, Cu und Pb besteht. Zn wird relativ schwach gebunden. Durch Aggregation entstehen höhermolekulare Komplexe von 3–10 kDa. Die Entgiftungsfunktion der Phytochelatine für toxische Metallionen wird durch Experimente mit Zellkulturen untermauert. Auf Cd-Resistenz selektierte Zellkulturen von Tomate und Stechapfel bilden unter Schwermetallbelastung bis zu 10mal mehr Phytochelatine als die Cd-sensitiven Ausgangskulturen. Die Synthese dieser speziellen Peptide erfolgt nicht durch Translation einer mRNA, sondern durch Übertragung von γ-Glu-Cys-Resten auf das Tripeptid *Glutathion* (γ-Glutamylcysteinylglycin)

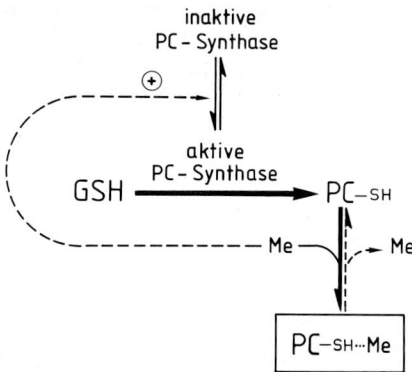

Abb. 16.9. Metabolischer Regelkreis zur Sequestrierung (Ablagerung) von toxischen Schwermetallen durch Komplexierung mit *Phytochelatinen* (PC). Diese cysteinreichen Peptide werden durch Übertragung eines oder mehrerer γ-Glutamylcysteinylreste auf Glutathion (GSH) durch eine Transpeptidase (*Phytochelatinsynthase*) gebildet. In Abwesenheit von Schwermetallionen (Me) ist das Enzym inaktiv, wird jedoch durch Cd, Pb, Hg, Cu, Ni, Zn und einige andere Metallionen in einen aktiven Zustand versetzt. Beim Abfall des Pegels an freien Schwermetallionen sinkt die Aktivität des Enzyms wieder ab. Diese Reaktionen spielen sich im Cytoplasma ab. (Nach Grill und Zenk 1989)

durch eine Transpeptidase (Phytochelatinsynthase). Die katalytische Aktivität dieses Enzyms steht unter der Kontrolle des cytosolischen Schwermetallspiegels. Eine Erhöhung der Schwermetallkonzentration im Cytoplasma führt zu einer Aktivierung der Phytochelatinsynthase und damit zu einer gesteigerten Sequestrierung der Metallionen (Abb. 16.9). Das System arbeitet also als metabolischer Regelkreis zur Vermeidung überkritischer (toxischer) Metallionenkonzentrationen in der Zelle. Bei Verarmung des Cytoplasmas an wichtigen Schwermetallen (z.B. Cu, Zn) können diese Ionen auch wieder aus dem Phytochelatin-Speicher freigesetzt werden. Dieses adaptive Abfangsystem

hat also neben der Entgiftung auch eine homöostatische Funktion für die bedarfsabhängige Versorgung des Stoffwechsels mit Spurenelementen. Es dürfte bei höheren Pflanzen und Algen universell verbreitet sein.

Weiterführende Literatur

Amberger A (1983) Pflanzenernährung. Ökologische und physiologische Grundlagen. Dynamik und Stoffwechsel der Nährelemente. 2. Aufl. Ulmer, Stuttgart

Baker DA, Hall JL (eds) (1988) Solute transport in plant cells and tissues. Longman, Harlow

Clarkson DT, Hanson JB (1980) The mineral nutrition of higher plants. Annu Rev Plant Physiol 31:239–298

Kramer PJ (1983) Water relations of plants. Academic Press, New York London

Lange OL, Kappen L, Schulze ED (eds) (1976) Water and plant life. Problems and modern approaches. Ecological studies Vol 19. Springer, Berlin Heidelberg New York

Läuchli A, Bieleski RL (eds) (1983) Inorganic plant nutrition. Encycl Plant Physiol NS, Vol 15 A und B. Springer, Berlin Heidelberg New York

Leopold AC (ed) (1986) Membranes, metabolism, and dry organisms. Comstock, Ithaca London

Marschner H (1986) Mineral nutrition of higher plants. Academic Press, London Orlando San Diego

Meidner H, Sheriff DW (1976) Water and plants. Blackie, Glasgow London

Miflin BJ, Lea PJ (eds) (1990) Intermediary nitrogen metabolism. The biochemistry of plants. A comprehensive treatise, Vol. 16. Academic Press, San Diego New York

Müntz K (1984) Stickstoffmetabolismus der Pflanzen. Fischer, Stuttgart

Nobel PS (1991) Physicochemical and environmental plant physiology. Academic Press, San Diego New York

Steffens JC (1990) The heavy metal-binding peptides of plants. Annu Rev Plant Physiol Plant Mol Biol 41:553–575

Sutcliffe JF (1979) Plants and water. 2. ed, Arnold, London

Thomson WW, Faraday CD, Oross JW (1988) Salt glands. In: Baker DA, Hall JL (eds) Solute transport in plant cells and tissues. Longman, Harlow, pp 498–537

17 Ökologischer Kreislauf der Stoffe und der Strom der Energie

Wie die *Zelle* oder der *Organismus* sind auch die höheren Kategorien der belebten Natur, die *Ökosysteme*, durch beständigen Aufbau und Abbau gekennzeichnet. Die treibende Kraft des Stoffumsatzes ist hier wie dort die irreversible Umwandlung von freier Enthalpie (Sonnenenergie) in Entropie (Wärmebewegung der Materie). Der Ort der ökologischen Stoffumwälzung ist die *Biosphäre*, eine im Vergleich zu den Abmessungen der Erdkugel hauchdünne Schicht von allenfalls 20 km Mächtigkeit an den Kontaktzonen von Litho-, Hydro- und Atmosphäre. Für das Ökosystem Erde läßt sich dieser Stoffwechsel in Form von Kreisläufen der Elemente beschreiben, welche die lebendigen und die nicht-lebendigen Bereiche der Natur zu quasistationären Systemen zusammenfassen. „Quasistationär" bedeutet in diesem Zusammenhang, daß diese Kreisläufe innerhalb geologisch kurzer Zeiträume mit guter Näherung als Fließgleichgewichte mit stationären pool-Größen betrachtet werden können. Längerfristig ergeben sich jedoch nicht zu übersehende Abweichungen vom Zustand des Fließgleichgewichts (z.B. die langfristige Akkumulation organischer Moleküle), d.h. auch das Ökosystem Erde zeigt das Phänomen der *Entwicklung*. Diese war in den vergangenen Erdepochen eng mit der biologischen Evolution verknüpft. In Zukunft wird außerdem in steigendem Umfang die menschliche Technik diese Entwicklung beeinflussen.

Die Kreisläufe von Kohlenstoff und Sauerstoff

Die einfachsten Summenformeln von Photosynthese und Dissimilation [→ Gl. (12.2), (13.1)] bringen bereits zum Ausdruck, wie sich in der Natur Auf- und Abbau organischer Moleküle bzw. Bildung und Verbrauch von O_2 und CO_2 zu einem stationären System zusammenfügen (Abb. 17.1).

Tatsächlich sind die pool-Größen an CO_2 und O_2 in der Atmosphäre weitgehend konstant, obwohl der Umsatz hoch ist. Etwa 10 Prozent (rund 10^{12} t) des CO_2-Vorrats der Atmosphäre werden jährlich in den Photosyntheseprozeß einbezogen. Ohne die beständige Dissimilation organischer Moleküle durch die heterotrophen Organismen wäre der CO_2-Vorrat der Atmosphäre theoretisch in etwa 20 Jahren durch die Pflanzen aufgebraucht. Für die vollständige Erneuerung des Luftsauerstoffs durch die Photosynthese werden 13 000 Jahre veranschlagt. Bei einem vollständigen Verbrauch des biosphärischen CO_2-pools durch Photosynthese würde der O_2-Gehalt der Atmosphäre um weniger als 1% absinken. Der Photosyntheseprozeß verbraucht jährlich mindestens $2,3 \cdot 10^{11}$ t H_2O. Da der gesamte Wasservorrat der Erde etwa $1,5 \cdot 10^{18}$ t beträgt, kann man abschätzen, daß der H_2O-pool in den vergangenen 400 Millionen Jahren, seit der Massenentwicklung der Landpflanzen, bereits etwa 60mal zersetzt und wieder regeneriert worden ist. Die photosynthetische Primärproduktion von organischem Material liegt global bei etwa $2 \cdot 10^{11}$ t pro Jahr. Für die Gesamtmenge an organischem Material wird ein Wert von 10^{12} bis 10^{13} t geschätzt (Tabelle 17.1).

Durch die moderne Technik kehrt auch der in früheren Erdepochen deponierte, fossile Kohlenstoff (Kohle, Erdöl, Erdgas) in verstärktem Maß in den CO_2-pool der Atmosphäre zurück. Diese CO_2-Bildung erreicht bereits etwa ein Siebtel des Wertes, den man für die CO_2-Assimilation durch die Landpflanzen annimmt. Da die CO_2-Konzentration ein wichtiger limitierender Faktor der Photosynthese ist (→ S. 241), könnte die CO_2-Produktion durch die Technik theoretisch zu einer durchaus ins Gewicht fallenden Steigerung der Assimilation führen. Allerdings besitzen die Weltmeere mit ihrem riesigen Vorrat an $CaCO_3$ und $Ca(HCO_3)_2$ eine hohe Pufferkapazität für CO_2, die sich stabilisierend auf den CO_2-Partialdruck in der Atmosphäre

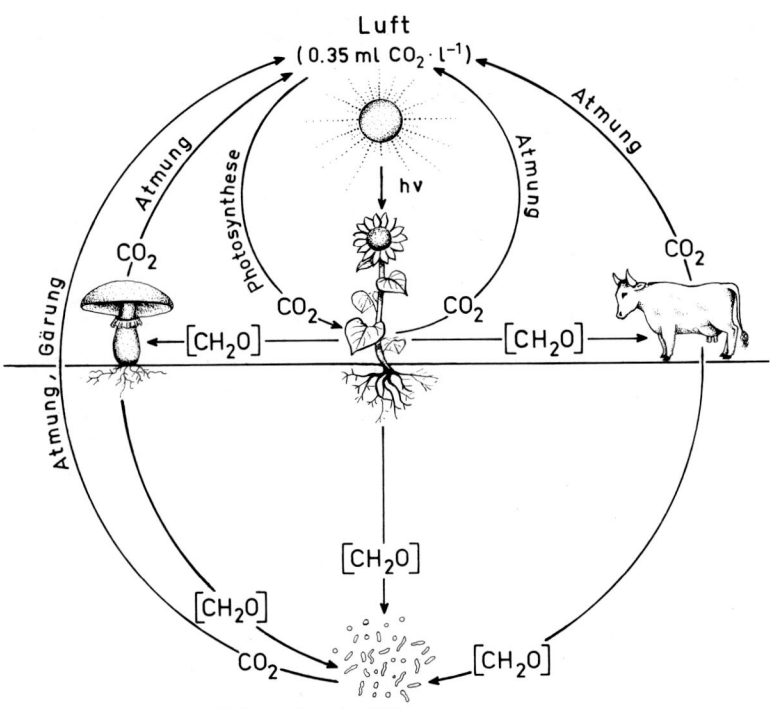

Luft
(0.35 ml $CO_2 \cdot l^{-1}$)

Abbau durch Mikroorganismen

Abb. 17.1. Der Kreislauf des Kohlenstoffs im Fließgleichgewicht zwischen der photoautotrophen Pflanzenwelt und der heterotrophen Welt der Tiere und Mikroorganismen. Der endgültige Abbau (Mineralisation) der in den lebendigen Systemen festgelegten organischen Materie erfolgt in erster Linie durch Bakterien und Pilze, wobei neben der aeroben Dissimilation häufig fermentative Abbauwege (Gärungen) eingeschaltet sind. Neben CO_2, das in die Atmosphäre zurückkehrt, wird Kohlenstoff in Form von Carbonaten im Meerwasser deponiert. Messungen des $^{13}C/^{12}C$-Verhältnisses (→ S. 267) haben ergeben, daß mindestens 20% des Kohlenstoffs der Sedimentgesteine biogenen Ursprungs sind

auswirkt. Aufgrund der langsamen Durchmischung des Meerwassers kann jedoch nur ein Teil des anthropogenen CO_2 auf diese Weise gebunden werden und die CO_2-Konzentration der Atmo-

Tabelle 17.1. Die jährliche Nettoprimärproduktion der Landflächen der Erde (Assimilationsgewinn minus Atmungsverlust) und ihre Nutzung durch den Menschen. Biomasse = organische Trockenmasse. Der Unterschied zwischen potentieller und aktueller Nettoprimärproduktion ist darauf zurückzuführen, daß infolge der Eingriffe des Menschen in die Vegetation die von Natur aus möglichen Werte nicht mehr erreicht werden. (Nach Vitousek et al. 1986)

	Biomasse (Schätzwerte) [t]
Globale Biomasse	$1250 \cdot 10^9$
Aktuelle terrestrische Nettoprimärproduktion	$132 \cdot 10^9$
Potentielle (berechnete) terrestrische Nettoprimärproduktion	$150 \cdot 10^9$
Inanspruchnahme der aktuellen terrestrischen Nettoprimärproduktion durch den Menschen	$58 \cdot 10^9$ (44%)

sphäre (im Jahr 1992: 354 $\mu l \cdot l^{-1}$) steigt daher derzeit jährlich um etwa 1,5 $\mu l \cdot l^{-1}$ an.

Der Kreislauf des Sauerstoffs in der Natur ist komplementär zum Kreislauf des Kohlenstoffs aufgebaut (Abb. 17.2). Im Gegensatz zum CO_2 bei der Photosynthese ist O_2 wegen seiner relativ hohen Konzentration in der Atmosphäre für Land-besiedelnde Ökosysteme heutzutage kein global ins Gewicht fallender limitierender Faktor der Dissimilation. Im Wasser kann dagegen der O_2-Bedarf für die vollständige Mineralisierung abgestorbener Lebewesen häufig nicht mehr gedeckt werden, was zur Ablagerung von organischem Material führt. Der heutige O_2-pool der Atmosphäre und die von ihm herrührenden anorganischen Oxidationsprodukte (z. B. Eisenoxide, Sulfate) sind zum allergrößten Teil biogenen Ursprungs. Erst das Auftreten von Pflanzen mit oxigener Photosynthese auf der Organisationsstufe der Blaualgen (Cyanobakterien) vor mehr als 3 Milliarden Jahren ermöglichte eine Umwandlung der ursprünglich *reduktiven* (mit einem auf Gärungen und anaerober Photosynthese basierenden Stoffwechsel), später *neutralen* Biosphäre in eine *oxidative* Biosphäre, in der sich die lebendigen Systeme als örtliche Ansammlungen reduzierter

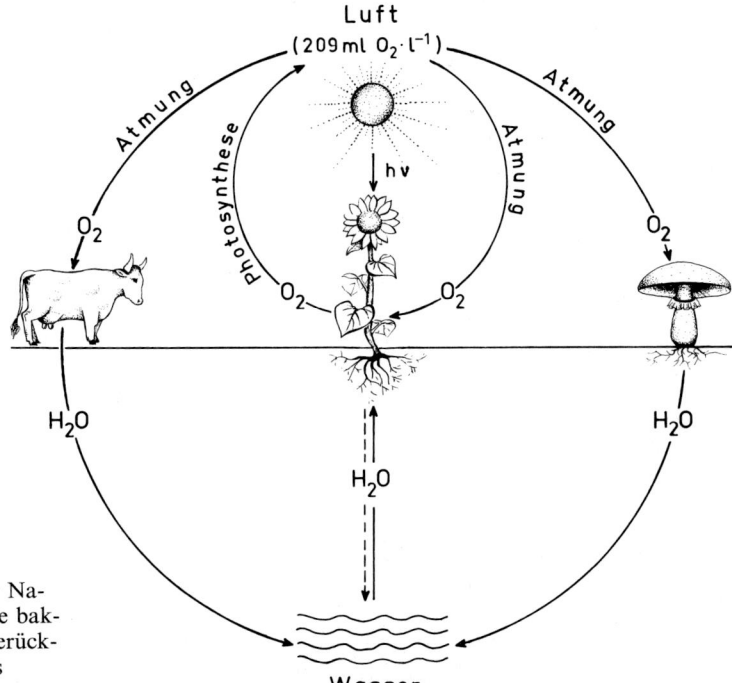

Luft
(209 ml $O_2 \cdot l^{-1}$)

Abb. 17.2. Der Kreislauf des Sauerstoffs in der Natur (→ Abb. 17.1). Der O_2-Verbrauch durch die bakterielle Nitrifikation (→ S. 282) ist hier nicht berücksichtigt; er dürfte etwa 20% des O_2-Verbrauchs durch die Atmungsprozesse ausmachen

Kohlenstoffmoleküle beständig gegen die Energienivellierung durch Oxidation behaupten müssen. Außerdem ermöglichte die Anreicherung der Atmosphäre mit O_2 die Evolution der oxidativen Dissimilation („Atmung") als Mechanismus zur kontrollierten Oxidation der durch die Photosynthese erzeugten reduzierten Verbindungen zum Zweck der erneuten Energiefreisetzung. Auch der Ozongürtel der oberen Atmosphäre, der durch Absorption der harten UV-Strahlung (→ Abb. 32.18) die Ausbreitung des Lebens auf dem Land zunächst möglich machte, ist indirekt das Produkt der Photosynthese grüner Pflanzen (→ S. 158). Inzwischen haben sich nahezu quasi-stationäre Konzentrationen von O_2 und CO_2 in der Atmosphäre eingestellt, welche erheblich von den Werten abweichen, welche eine optimale photosynthetische Substanzproduktion erlauben würden (→ S. 241, 247).

Der Kreislauf des Stickstoffs

Auch der ökologische Umsatz anderer biologisch relevanter Elemente läßt sich in Form von Kreis-

läufen beschreiben. Hier soll lediglich der Kreislauf des wichtigen Makroelements *Stickstoff* kurz skizziert werden (Abb. 17.3). Dieses Element liegt in der Zelle in seiner maximal reduzierten Form vor (Ammonium-Verbindungen). Es wird von der Pflanze normalerweise als NO_3^- aufgenommen und zum Ammoniumion reduziert. Der riesige Vorrat an N_2 in der Atmosphäre kann von den Pflanzen nicht unmittelbar ausgenützt werden. Die *assimilatorische Nitratreduktion* ist eine spezifische Leistung der N-autotrophen Pflanzen und Mikroorganismen (Bakterien, Pilze; → S. 190):

$$NO_3^- + 8\,e^- + 10\,H^+ \rightarrow NH_4^+ + 3\,H_2O. \quad (17.1)$$

$$\downarrow \longleftarrow \text{2-Oxosäure}$$
$$\downarrow$$
$$\text{Aminosäure}$$

Alle anderen Organismen sind N-heterotroph, d.h. auf die Zulieferung organischer N-Verbindungen (vor allem Protein) durch die N-Autotrophen unabdingbar angewiesen.

Die Mineralisierung des organischen Stickstoffs im Boden erfolgt durch den Prozeß der *Nitrifikation*,

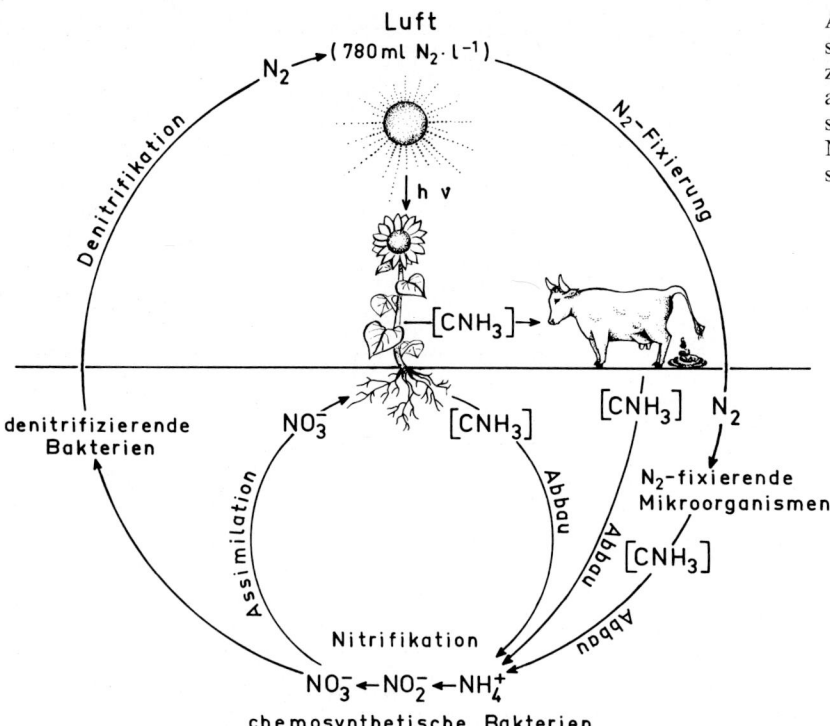

welcher sich an die Freisetzung des Ammonium-ions aus Aminosäuren, Harnstoff usw. beim mikrobiellen Abbau organischer Substanz anschließt:

Aminosäure

$$NH_4^+ + 1\tfrac{1}{2}O_2 \rightarrow NO_2^- + 2H^+ + H_2O \quad (17.2)$$
$$(\Delta G^{0\prime} = -272 \text{ kJ/mol } NH_4^+)$$

$$NO_2^- + \tfrac{1}{2}O_2 \rightarrow NO_3^- \quad (17.3)$$
$$(\Delta G^{0\prime} = -76 \text{ kJ/mol } NO_2^-)$$

insgesamt:
$$NH_4^+ + 2O_2 \rightarrow NO_3^- + 2H^+ + H_2O. \quad (17.4)$$

Diese stark exergonischen Reaktionen werden von den chemoautotrophen (=chemolithotrophen) Bakteriengattungen *Nitrosomonas* [Gl. 17.2] und *Nitrobacter* [Gl. 17.3] zur aeroben Energiegewinnung ausgenützt. Beide Gattungen kommen in gut durchlüfteten Böden regelmäßig vor und arbeiten dort „Hand in Hand", so daß sich kein NO_2^- anhäuft.

Die chemoautotrophen Organismen, zu denen z.B. auch die Knallgasbakterien und eine Reihe Schwefel- und Eisen-oxidierender Bakterien gehören, erzeugen ihre Stoffwechselenergie nicht durch Photosynthese, sondern durch *Chemosynthese*, d.h. durch Oxidation anorganischer Moleküle mit Luft-O_2. Sie sind in der Lage, mit der gewonnenen Redoxenergie CO_2 über den Calvin-Cyclus zu fixieren. Heutzutage hängt dieser primitive autotrophe Stoffwechseltyp in der Regel indirekt von der photosynthetischen Produktion reduzierter anorganischer Moleküle (H_2S, H_2, NH_4^+) ab. Wegen der Abhängigkeit von O_2 kann diese Art der Chemoautotrophie erst nach dem Auftreten photoautotropher Organismen entstanden sein. Wahrscheinlich gehen die großen fossilen Salpeterlager an der chilenischen Küste auf die Tätigkeit nitrifizierender Bakterien zurück.

Die photoautotrophen Pflanzen, die heterotrophen Organismen und die nitrifizierenden Bakterien bilden einen Kreislauf für Stickstoff. Dieser Kreislauf ist jedoch nicht geschlossen; er steht vielmehr über die *Denitrifikation* und die N_2-*Fixierung* mit dem N_2-pool der Atmosphäre in Verbindung

(→ Abb. 17.3). Als Denitrifikation oder *dissimilatorische Nitratreduktion* bezeichnet man einen mikrobiellen Prozeß, bei dem NO_3^- anstelle von O_2 als terminaler Elektronenacceptor der Atmungskette dient, wobei der Stickstoff entweder zu NH_4^+ reduziert, oder als N_2 (bzw. N_2O) freigesetzt wird:

$$NO_3^- + 8\,e^- + 10\,H^+ \rightarrow NH_4^+ + 3\,H_2O, \quad (17.5)$$

oder:

$$2\,NO_3^- + 10\,e^- + 12\,H^+ \rightarrow N_2^\nearrow + 6\,H_2O. \quad (17.6)$$

Bei Koppelung an die Kohlenhydratdissimilation ergeben sich stark exergonische Reaktionen, z.B. (in nicht-stöchiometrischer Schreibweise):

$$NO_3^- + [CH_2O] \rightarrow N_2^\nearrow + CO_2^\nearrow + H_2O. \quad (17.7)$$

Eine ähnliche Reaktion (Oxidation von Kohlenstoff und Schwefel durch Nitrat) spielt sich bekanntlich bei der Explosion von Schwarzpulver ab.

Im Gegensatz zur assimilatorischen Nitratreduktion kommt es den betreffenden, stets heterotrophen, Organismen (z.B. *Micrococcus*, *Aerobacter*, manche *Bacilli*) nicht auf die Gewinnung von reduziertem Stickstoff, sondern auf die Eliminierung von Reduktionsäquivalenten nach ihrer Ausnutzung für die oxidative Phosphorylierung an. Diese „Nitratatmung" ist also ein der aeroben Dissimilation homologer Vorgang, der sich während der Evolution aus der „Sauerstoffatmung" entwickelt haben dürfte. Alle Denitrifikanten können alternativ NO_3^- oder O_2 als terminalen Elektronenacceptor verwenden. Die Denitrifikation führt, besonders leicht bei O_2-Mangel (z.B. Staunässe, Bodenverdichtung) und hohem Nitratgehalt, zu einer Verarmung des Bodens an Stickstoff und besitzt daher u.U. erhebliche wirtschaftliche Bedeutung.

Unter den weißen Schwefelbakterien (*Thiobacilli*) findet man Nitratatmer, welche Energie aus folgender (nicht stöchiometrisch geschriebenen) Reaktion freisetzen:

$$H_2S + NO_3^- \rightarrow SO_4^{2-} + N_2^\nearrow + H_2O. \quad (17.8)$$

In diesem Fall sind Oxidant und Reduktant anorganische Moleküle.

Dem Entzug von Stickstoff aus dem Boden wird durch die Assimilation von Luft-N_2 (*N_2-Fixierung*) durch bestimmte prokaryotische Organismen entgegengewirkt. Im Vergleich zur biologischen N_2-Fixierung besitzt die durch elektrische Entladungen in der Atmosphäre bewirkte NO_3^--Bildung keine wesentliche Bedeutung. Die Umwandlung von N_2 in Ammoniumionen ist häufig, aber nicht prinzipiell, an die Photosynthese gekoppelt (→ S. 192). Außer vielen Blaualgen (Cyanobakterien) (z.B. *Nostoc*, *Anabaena*) sind eine Reihe von Bakterien zur N_2-Fixierung befähigt (z.B. *Azotobacter*, *Clostridium* [heterotroph] und *Chromatium*, *Chlorobium*, *Rhodospirillum* [photoautotroph]). Neben diesen freilebenden N_2-Fixierern spielen die symbiontischen Bakterien, z.B. die Gattung *Rhizobium* (Knöllchenbakterien) eine wichtige Rolle (→ S. 605). Die als Bacterioide in den Wurzelknöllchen vieler Leguminosen in einem anaeroben Milieu lebenden Bakterien können (in Abwesenheit von NO_3^-) den N-Bedarf der Wirtspflanze vollständig decken. Bei der Verwesung der Pflanze gelangt dieser Stickstoff als NH_4^+ in den allgemeinen Kreislauf.

Im Rahmen der Agrikultur werden dem Stickstoffkreislauf heutzutage relativ große Mengen an NO_3^- zugeführt. Auch dieser Stickstoff stammt größtenteils aus dem N_2 der Atmosphäre (NH_3-Synthese nach dem Haber-Bosch-Verfahren). Die Ausnützung des fossilen Nitrats (Salpeter-Lagerstätten) für die Mineraldüngung spielt heute praktisch keine Rolle mehr. Trotz des Aufschwungs der industriellen N_2-Bindung dürften auch heute noch schätzungsweise zwei Drittel oder mehr der gesamten N_2-Assimilation (jährlich $175 \cdot 10^6$ t) auf Bakterien und Blaualgen zurückgehen. Da die Atmosphäre etwa $3,8 \cdot 10^{15}$ t N_2 enthält, ist das turnover des N_2 sehr viel langsamer als das des O_2. Es ergibt sich jedoch aus diesen Zahlen, daß während der Evolution auch der N_2-pool der Atmosphäre oftmals in der Biosphäre assimiliert und wieder freigesetzt wurde.

Der Strom der Energie

Die lebendigen Systeme sind aktiv an der beständig auf der Erde ablaufenden Entwertung von Energie beteiligt. Die irreversible Umwandlung von negativer Entropie (freier Enthalpie) in positive Entropie im Sinne des 2. Hauptsatzes der Thermodynamik ist der Motor des Lebens schlechthin. Wegen des gerichteten Ablaufs dieses fundamentalen Prozesses können die energetischen Umsetzungen in der Biosphäre nicht wie die stofflichen Umsetzungen als *Kreislauf*, sondern müssen als Strom beschrieben werden, in welchen Gefällestrecken und Staubecken eingefügt sind. Dieser Strom beginnt bei der photoautotrophen Pflanze, welche die einzigartige Fähigkeit besitzt, Lichtenergie in chemische Energie umzuwandeln (Abb. 17.4). Die freie Enthalpie der beim Photosyntheseprozeß aufgebauten organischen Moleküle ist die energetische Grundlage für die Existenz auch aller anderen lebendigen Systeme, einschließlich des Menschen. Die stufenweise Freisetzung der chemischen Energie zur Leistung von biologischer Arbeit in vielfältiger Form geht mit einer Zerlegung der or-ganischen Moleküle in ihre anorganischen Komponenten einher. Die Arbeitsfähigkeit, der thermodynamische Wert, einer einmal als Lichtquant vom Chlorophyll absorbierten Energiemenge nimmt beim Durchgang durch die lebendigen Systeme beständig ab. Letztlich wird alle Energie, die auf diese Weise Eingang in die lebendigen Systeme gefunden hat, als Wärme bei niedriger Temperatur, d.h. als nicht mehr arbeitsfähige, entwertete Energie in die anorganische Umwelt abgegeben und letztlich an das Weltall abgestrahlt. Dies geschieht u.U. erst nach längerer Speicherung, z.B. beim Abbau der Makromoleküle im Laufe der Verwesung oder beim Betrieb einer mit fossilen Brennstoffen beheizten Wärmekraftmaschine.

Die lebendigen Systeme können als energetisch und stofflich offene Systeme der natürlichen Tendenz zur Nivellierung aller energetischer Unterschiede – d.h. zur Einstellung des thermodynamischen Gleichgewichts ($\Delta G = 0$) – nur durch beständige Vernichtung negativer Entropie entgehen. Die einzige natürliche Quelle für negative Entropie, welche hierfür zur Verfügung steht, sind die Lichtquanten, welche von der Sonne in die Biosphäre einfallen.

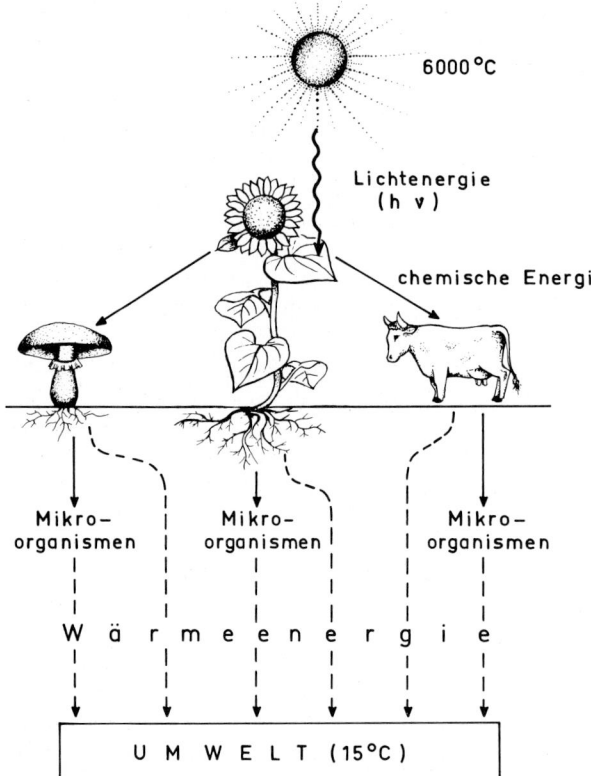

Abb. 17.4. Der Strom der Energie durch die Biosphäre. Die Energie der Lichtquanten, welche von der Sonne (einem schwarzen Strahler bei etwa 6000 °C) abgegeben werden, wird durch die Photosynthese der grünen Pflanzen in den Bereich der lebendigen Systeme eingeführt. Pro Jahr gelangen etwa $5 \cdot 10^{21}$ kJ Lichtenergie auf die Erdoberfläche; 50% davon fallen in den photosynthetisch nutzbaren Bereich. Hiervon werden etwa 0,1% durch die Photosynthese in organischen Molekülen fixiert. Die Energie verläßt, z.T. nach vielfachen Umwandlungen, die Biosphäre wieder als Wärmeenergie im physiologischen Temperaturbereich, letztlich als Wärmestrahlung eines schwarzen Strahlers bei etwa 15 °C (mittlere Temperatur der Erdoberfläche)

Weiterführende Literatur

Beevers L, Hageman RH (1983) Uptake and reduction of nitrate: Bacteria and higher plants. In: Läuchli A, Bieleski RL (eds) Encycl Plant Physiol NS, Vol 15 A. Springer, Berlin Heidelberg New York, pp 351–375

Böger P (1975) Photosynthese in globaler Sicht. Naturwiss Rdsch 28:429–435

Broda E (1977) Entwicklungsgeschichte des atmosphärischen Stickstoffs. Naturwiss Rdsch 30:250–255

Delwiche CC (1983) Cycling of elements in the biosphere. In: Läuchli A, Bieleski RL (eds) Inorganic plant nutrition. Encycl Plant Physiol NS, Vol 15 A. Springer, Berlin Heidelberg New York, pp 212–238

Frank HG, Stadelhofer JW (1988) Sauerstoff und Kohlendioxid – Schlüsselverbindungen des Lebens. Naturwiss 75:585–590

Hutzinger O (ed) (1980) The natural environment and the biogeochemical cycles. The handbook of environmental chemistry, Vol 1A. Springer, Berlin Heidelberg New York

Lewis OAM (1986) Plants and nitrogen. Arnold, London

Post WM, Peng TH, Emanuel WR, King AW, Dale VH, DeAngelis DL (1990) The global carbon cycle. Amer Sci 78:310–326

Sprent JI (1987) The ecology of the nitrogen cycle. Cambridge Univ. Press, Cambridge New York

18 Biogenetischer Stoffwechsel

In den vorigen Kapiteln zur Stoffwechselphysiologie standen die assimilatorischen und die dissimilatorischen Reaktionsbahnen des Stoffwechsels im Vordergrund. Dieser Bereich wird auch mit dem Begriff *Energiestoffwechsel* gekennzeichnet. Daneben umfaßt das Stoffwechselgeschehen eine Fülle synthetischer Prozesse, welche hier nur kurz gestreift werden können. Nicht nur die wachsende Pflanze muß beständig eine Vielzahl organischer Verbindungen neu aufbauen. Da viel Moleküle, z.B. die RNA und die Enzymproteine, einem mehr oder minder raschen turnover unterworfen sind (→ S. 86), muß die Pflanze auch dann einen aktiven, synthetischen Stoffwechsel durchführen, wenn keine Netto-Zunahme der Körpersubstanz erfolgt. Die *anabolischen* (aufbauenden) Stoffwechselprozesse sind im Gegensatz zu den *katabolischen* (abbauenden) Reaktionsbahnen stets endergonisch, d.h. sie verlaufen unter Verbrauch meist großer Mengen an photosynthetisch oder dissimilatorisch bereitgestellter freier Enthalpie. Als Energieüberträger dienen vorwiegend Phosphatanhydride (meist ATP) und Reduktionsäquivalente (meist als NADPH). Die Bausteine für die biogenetischen Stoffwechselprozesse sind in der Regel einfache Metaboliten aus der Glycolyse, dem Citrat- oder dem Pentosephosphatcyclus. Es handelt sich vor allem um Carbonsäuren (z.B. Acetat, Pyruvat, 2-Oxoglutarat und die daraus abgeleiteten Aminosäuren) und verschiedene Zucker (Triosen, Pentosen, Hexosen). Man pflegt diesen Bereich, in dem katabolische und anabolische Reaktionsbahnen zusammenlaufen, auch als *Intermediärstoffwechsel* zu bezeichnen.

Im grünen Blatt sind die Chloroplasten in erheblichem Umfang am anabolischen Stoffwechsel beteiligt. Diese Organellen verfügen über eine hohe Kapazität zur Synthese von Aminosäuren, Proteinen, Fettsäuren und Lipiden. Die Synthesen werden direkt von der Photosynthese mit freier Enthalpie (über NADPH und ATP) versorgt (→ Abb. 12.34).

Primärer und sekundärer Stoffwechsel

Die Biogenese der essentiellen Zellbestandteile läuft in allen Organismen in sehr ähnlicher Weise ab. Im Gegensatz zum Tier ist jedoch die Pflanze zur Synthese einer riesigen Zahl weiterer Verbindungen befähigt. Die Naturstoffchemie, welche sich mit der Isolierung biologischer Substanzen und der Aufklärung ihrer Biogenese beschäftigt, ist daher weitgehend Pflanzenbiochemie. Die allermeisten dieser Produkte gehören nicht zur molekularen Grundausstattung (*Primär-* oder *Grundstoffwechsel*) der Pflanzenzelle, sondern werden nur in ganz bestimmten Geweben (oder Organen) und in ganz bestimmten Entwicklungsstadien gebildet. Diese Verbindungen werden als *sekundäre Pflanzenstoffe* bezeichnet. Demnach ist beispielsweise Chlorophyll ein sekundärer Pflanzenstoff, da es nur in den photosynthetisch aktiven Zellen der Pflanze vorkommt. Dagegen ist etwa das Häm im Cytochrom *c* ein unentbehrlicher Bestandteil jeder Zelle und muß daher dem Primärstoffwechsel zugerechnet werden. In manchen Fällen ist die Grenze zwischen Primär- und Sekundärstoffwechsel nicht eindeutig zu ziehen. Obwohl für sie in der Zelle kein unmittelbarer Bedarf besteht, wäre es falsch, die sekundären Pflanzenstoffe als im Prinzip entbehrliche „Luxusmoleküle" aufzufassen. Die physiologische Bedeutung dieser Substanzen tritt vielmehr in aller Regel auf der Ebene des Organismus klar hervor. Dieser wichtige Gesichtspunkt ist beim Chlorophyll unmittelbar deutlich, gilt aber z.B. auch für die Blütenfarbstoffe, den Holzstoff Lignin (→ S. 36) oder die Phytoalexine (→ S. 589). Die Bildung sekundärer Pflanzenstoffe ist also eine integrale Leistung der differenzierten Pflanze. Von daher ist auch verständlich, daß bei den höheren Pflanzen praktisch jede Art ein spezifisches Muster an sekundären Inhaltsstoffen besitzt, während der Grundstoffwechsel kaum verschieden ist. Die Fähigkeit zur Bildung bestimmter sekundärer Pflanzenstoffe kann aus diesem Grund häufig als taxonomisches Merkmal verwendet werden (*Chemotaxonomie*). Beispielsweise sind die *Betalaine* (z.B. *Betacyan*, der Farbstoff der Roten Rübe, *Beta vulgaris*) charakteristisch für die *Centrospermae* (außer Caryophyllaceae und Molluginaceae), während die roten und blauen Farben anderer höherer Pflanzen auf *Anthocyane* (Flavonoide) zurückgehen. Auch unter den Pigmenten des Fliegenpilzes (*Amanita muscaria*) treten Betalaine auf. Betalaine und Flavonoide sind chemisch völlig verschiedene Verbindungsklassen (Abb. 18.1). Beide Pigmente können (in der Regel als Glycoside) z.B. in den Vacuolen von Blütenblattzellen in hoher Konzentration akkumuliert werden und dienen dort als Signalfarbstoffe (→ S. 359). Der biosynthetische „Stammbaum" der Flavonoide ist in Abb. 18.2 dargestellt.

Im Gegensatz zur Bildung der Komponenten des Primärstoffwechsels ist die Synthese und Akkumulation sekundärer Pflanzenstoffe ein Aspekt der im Zuge der Differenzierung eintretenden Zellspezialisierung. Die Kapazität einer Pflanze zur Bildung dieser Substanzen folgt daher einem distinkten räumlichen und zeitlichen Muster (→ S. 321) und unterliegt häufig der Kontrolle durch Umweltfaktoren (z.B. Licht). Beispielsweise ist die Fähigkeit eines Senfkeimlings zur Synthese von Jugend-Anthocyan unter allen Bedingungen auf die Epidermiszellen der Kotyledonen und die Subepidermiszellen des Hypokotyls beschränkt (→ Abb. 19.41). Licht kann (über Phytochrom) die Anthocyansynthese spezifisch in diesen beiden Geweben auslösen, allerdings nur in einem zeitlich eng begrenzten Abschnitt der Ontogenie (27–72 h nach der Aussaat, bei 25 °C; → Abb. 21.14). Diese spezifische Stoffwechselleistung läßt sich auf eine differentielle Induktion der Synthese bestimmter Enzyme zurückführen (→ S. 370). Das Beispiel illu-

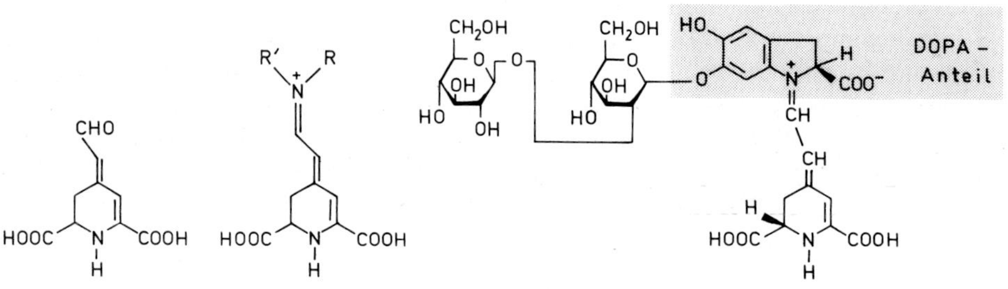

Betalaminsäure   Betalain-Grundstruktur   Bougainvillein-V (Grundgerüst)

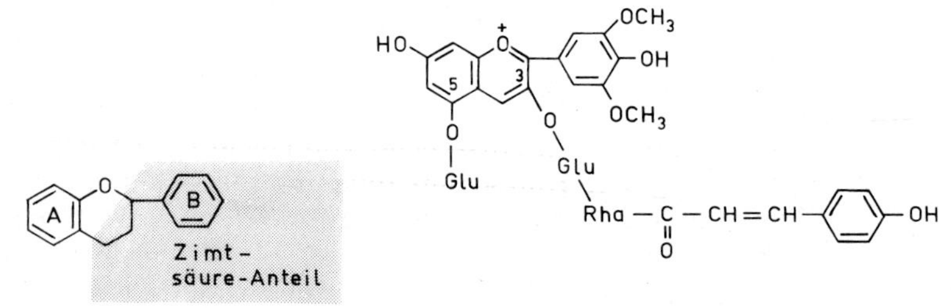

Flavan-Grundgerüst   Malvidin-3-(p-cumaroyl)-rhamnosido-glucosido-5-glucosid

Abb. 18.1. Struktur der Betalaine und Flavonoide. *Oben:* Die *Betalaine* (rot bis violett gefärbte *Betacyane* und gelb gefärbte *Betaxanthine*) sind Immonium-Derivate der Betalaminsäure. Bei den Betacyanen ist das konjugierte π-Elektronen-System durch Cyclo-3,4-dihydroxyphenylalanin (DOPA) erweitert, wodurch der Absorptionsgipfel von gelb nach rot verschoben wird. Als Beispiel für ein Betacyan dient das Bougainvillein-V (ein Betanidin-6-O-Glycosid mit Sophorose als Zuckerkomponente). (Nach Reznik 1975.) *Unten:* Das Flavan-Grundgerüst der *Flavonoide* entsteht aus der vom Phenylalanin abgeleiteten Zimtsäure (Ring B). Der Ring A wird durch Ankondensation von drei Acetateinheiten aufgebaut (→ Abb. 18.2). Die meisten Flavonoide treten als Glycoside auf. Als Beispiel für ein acyliertes Anthocyan dient ein Malvidinglycosid aus den Petalen der Petunie (Glu, Glucose; Rha, Rhamnose). In vielen Arten treten auch nichtacylierte Anthocyane auf. (Nach Hess 1964)

Tabelle 18.1. Übersicht über die Terpenoid-Familie (=Prenyllipide), die durch stufenweise Verknüpfung von C_5-Einheiten („aktives Isopren") zustande kommt.

Klasse	Summenformel (Grundgerüst)	Beispiele (einschließlich abgeleiteter Produkte)
Isopren	C_5H_8	Isopentenylpyrophosphat, „aktives Isopren"
Monoterpene	$C_{10}H_{16}$	Geraniol (Menthol, Kampfer, Pinen, Citronellal)
Sesquiterpene	$C_{15}H_{24}$	Farnesol (Zingiberen, Ubichinon, Plastochinon, Abscisinsäure, Rishitin)
Diterpene	$C_{20}H_{32}$	Geranylgeraniol (Phytol, Kauren, Gibberellinsäure, Fusicoccin)
Triterpene	$C_{30}H_{48}$	Squalen (Steroide, Saponine)
Tetraterpene	$C_{40}H_{64}$	Phytoen, Carotine
Polyterpene	$(C_5H_8)_n$	Kautschuk, Guttapercha

striert die allgemeine Erfahrung, daß die Bildung sekundärer Pflanzenstoffe hervorragende Modellsysteme für die Erforschung der molekularen Vorgänge bei der Zelldifferenzierung abgeben.

Viele sekundäre Pflanzenstoffe haben große praktische Bedeutung für den Menschen. Zu den pharmakologisch bedeutsamen Verbindungen gehören, neben den von Bakterien und Pilzen gebildeten Antibiotica, vor allem die *Alkaloide:* N-haltige, meist basische Heterocyclen, welche auf den tierischen Organismus starke, bei höherer Dosis toxische Wirkungen ausüben (z.B. *Nicotin, Cocain, Morphin, Strychnin*). Die Fähigkeit zur Biosynthese dieser sehr heterogenen Gruppe von Verbindungen (bisher sind über 5000 bekannt) tritt besonders in einigen Pflanzenfamilien gehäuft auf (etwa bei den *Solanaceae, Papaveraceae, Apiaceae*; aber auch bei vielen Pilzen, z.B. bei *Claviceps purpurea*, dem Mutterkornpilz).

Eine weitere wichtige Gruppe sekundärer Pflanzenstoffe sind die *Terpenoide* (*Prenyllipide*). Diese Verbindungsklasse entsteht durch Verknüpfung von Isopreneinheiten (C_5H_8), welche ihrerseits aus Acetat entstehen (Tabelle 18.1, Abb. 18.3). Durch mehrfache Verknüpfung von Isopentenylpyrophosphat-Bausteinen, dem „aktiven Isopren", kann eine riesige Zahl verschiedener Produkte synthetisiert werden, deren Fülle bisher noch nicht annähernd bekannt ist. Das Spektrum der isoprenoiden Verbindungen umfaßt neben den *Steroiden* und den Pflanzenhormonen *Gibberellinsäure* und *Abscisinsäure* auch makromolekulare Produkte wie *Kautschuk* und *Guttapercha*. Die „etherischen Öle" und Harze, welche von vielen höheren Pflanzen in besonderen Drüsenzellen gebildet (und häufig nach außen abgegeben) werden, bestehen in der Regel aus über 500 meist terpenoiden Komponenten (vor allem Mono-, Di-, Sesquiterpene), welche z.T. flüchtig und daher als Duftstoffe wirksam sind.

Die sekundären Pflanzenstoffe zweigen an ganz verschiedenen Stellen vom Grundstoffwechsel ab (Abb. 18.4). Für eine detaillierte Darstellung der Zusammenhänge zwischen Primär- und Sekundärstoffwechsel muß auf die am Ende des Kapitels angeführte Literatur verwiesen werden. Aus der Fülle der in Pflanzen vorkommenden Biosynthesewege ist im folgenden die Bildung von aromatischen Aminosäuren (Biogenese des Benzolrings) und von Chlorophyll (Biogenese des Prophyrinrings) herausgegriffen.

Der Shikimatweg

Die Biosynthesekette, welche vom Erythrosephosphat und Phosphoenolpyruvat zu den Aromaten führt, wurde an Bakterien aufgeklärt; sie ist jedoch auch in Pflanzen in ähnlicher Weise realisiert (Abb. 18.5). Ausgehend von einem C_7-Zucker erfolgt der Ringschluß zum Hexanon (Dehydrochinat) unter [H]-Entzug und Phosphat-Abspaltung. Anschließend werden schrittweise unter Verbrauch von freier Enthalpie Doppelbindungen in den Ring eingeführt. Die C-Gerüste werden schließlich durch Transaminierung in die Aminosäuren *Tyrosin*, *Phenylalanin* und *Tryptophan* umgewandelt. Diese „essentiellen Aminosäuren" sind die Hauptquelle für aromatische Moleküle im tierischen Organismus. Der Shikimatweg läuft sowohl in den Plastiden als auch im Cytoplasma pflanzlicher Zellen ab.

Der metabolische Durchfluß im Shikimatweg wird durch Modulation der Aktivität von Schlüs-

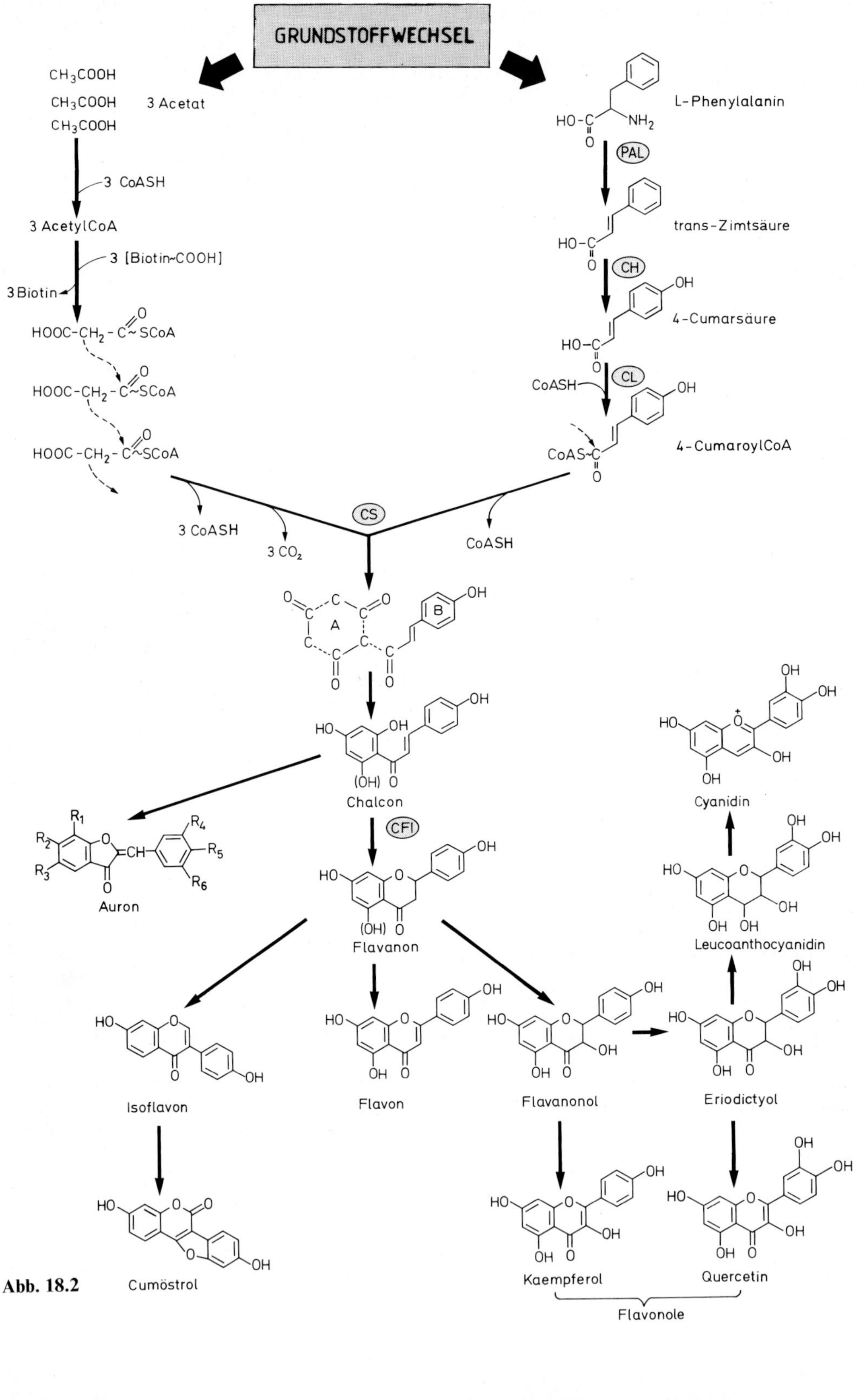

Abb. 18.2

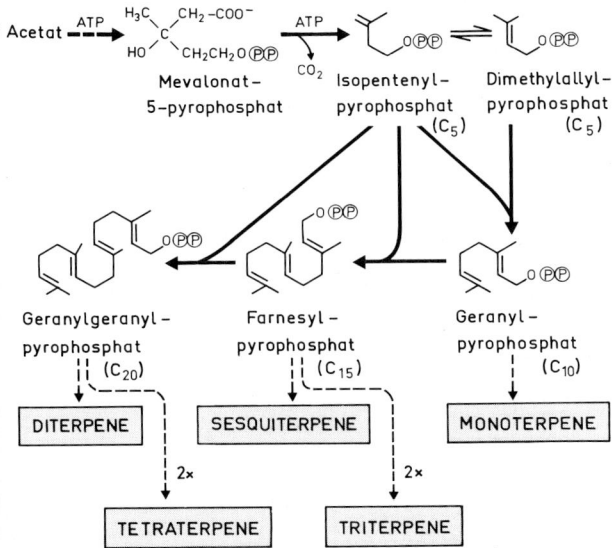

Abb. 18.3. Biosyntheseweg der Isoprenverbindungen (Prenyllipide). Das Isopren-Grundgerüst (C_5) entsteht durch Decarboxylierung von Mevalonat-5-pyrophosphat. Aus dem Isopentenylpyrophosphat („aktives Isopren") und dem isomeren Dimethylallylpyrophosphat kann durch „Kopf-Schwanz"-Kondensation das Geranylpyrophosphat (C_{10}) gebildet werden. Durch Anknüpfung einer weiteren C_5-Einheit entsteht hieraus das Farnesylpyrophosphat (C_{15}). Weitere Verlängerung durch „Kopf-Schwanz"- oder „Schwanz-Schwanz"-Kondensation führt zu C_{20}-, C_{30}-, C_{40}- und höhermolekularen Terpenoiden ($\rightarrow$ Tab. 18.1). Der erste Teil des Biosynthesewegs kann sowohl im Cytoplasma als auch in den Plastiden ablaufen. Di- und Tetraterpene werden jedoch nur in den Plastiden gebildet

Abb. 18.2. Biosyntheseweg der Flavonoide (vereinfacht). Als Ausgangsstoffe dienen die Bausteine *Acetat* und L-*Phenylalanin* aus dem Grundstoffwechsel. Die *Phenylalaninammoniumlyase* (*PAL*) desaminiert das Phenylalanin zur trans-Zimtsäure, welche durch zwei weitere Enzyme (*Zimtsäure-4-Hydroxylase*, *CH*, und *4-Cumaroyl-CoA-Ligase*, *CL*) in Cumaroyl-Coenzym A umgewandelt wird. Diesen Abschnitt bezeichnet man als „allgemeinen Phenylpropanstoffwechselweg", der neben dem *Ring B* der Flavonoide auch viele andere aromatische Verbindungen liefern kann (z.B. Ferula-, Sinapin- und Kaffeesäure; $\rightarrow$ Abb. 3.18). Im eigentlichen Flavonoidbiosyntheseweg wird zunächst durch die *Chalconsynthase* (*CS*) ein Molekül Cumaroyl-CoA nacheinander mit drei aus Acetat gebildeten Molekülen Malonyl-CoA unter CO_2-Abspaltung zum *Tetrahydrochalcon* zusammenkondensiert. Auf diese Weise entsteht der *Ring A* des Flavangrundgerüsts. Die *Chalconflavanonisomerase* (*CFI*) isomerisiert das Chalcon zum *Flavanon*, der Ausgangssubstanz für eine große Zahl verschiedener *Flavone, Isoflavone, Anthocyane* (z.B. *Cyanidin*) und *Flavonole* (z.B. *Kaempferol* und *Quercetin*), von denen nur eine kleine Auswahl eingezeichnet ist. Diese meist gelb, rot oder blau gefärbten Pigmente liegen fast immer in Form von Glycosiden (verestert mit Glucose oder anderen Zuckern) in der Zellvacuole gelöst vor ($\rightarrow$ Abb. 18.1). In der Abbildung sind nur Aglyca dargestellt

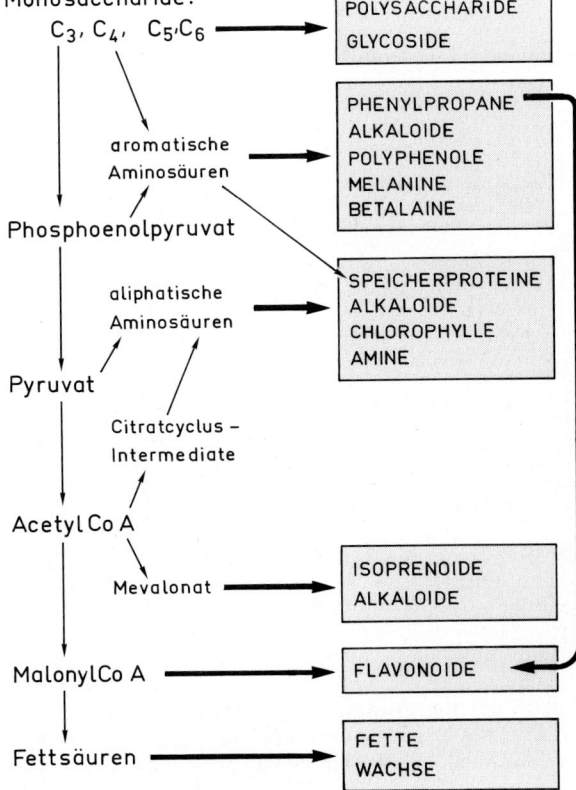

Abb. 18.4. Die wichtigsten Gruppen sekundärer Pflanzenstoffe und ihre Ableitung aus dem Primärstoffwechsel

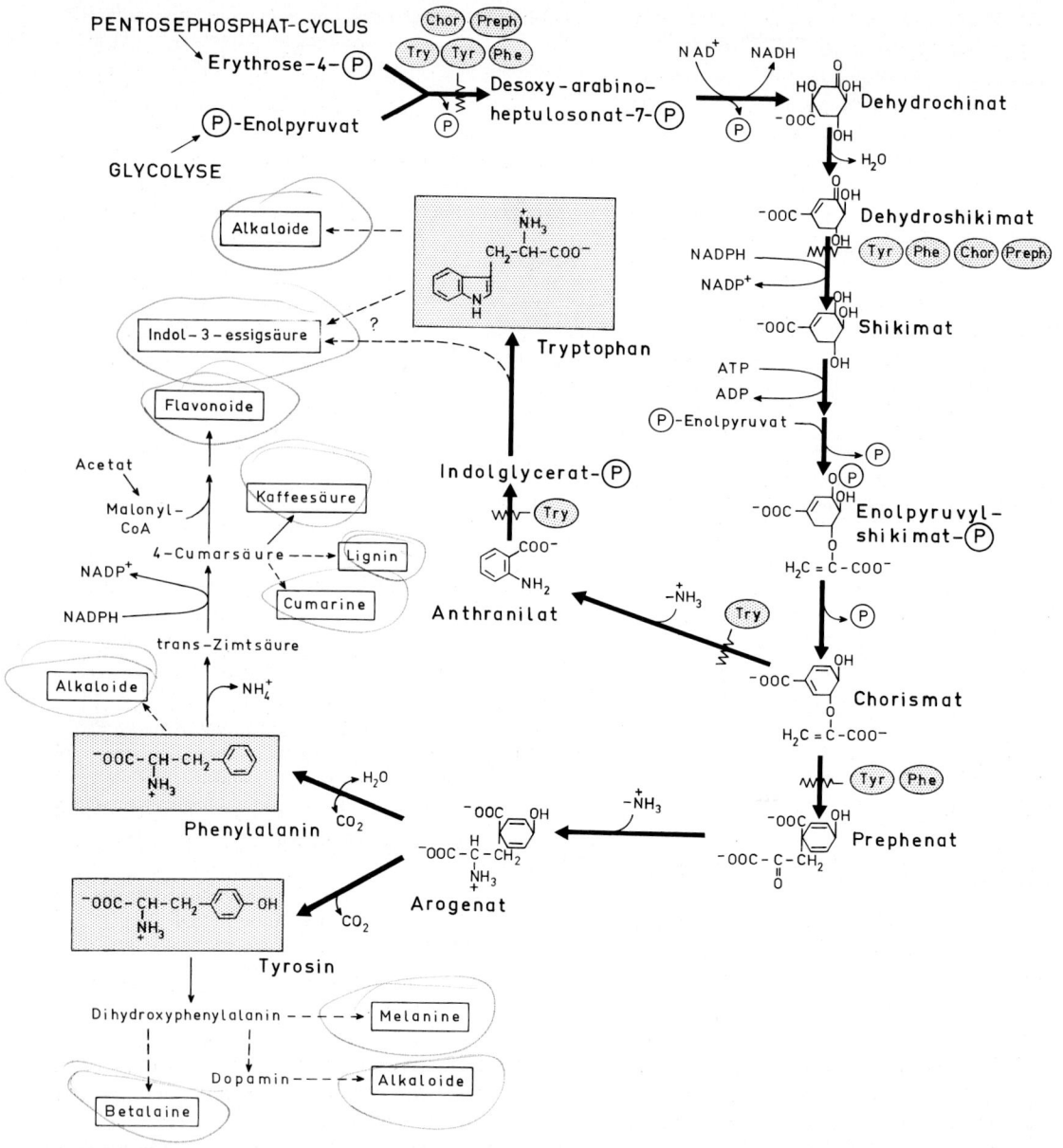

Abb. 18.5. Die Biosynthese der aromatischen Aminosäuren (Tyrosin, Phenylalanin, Tryptophan) und einige davon abzweigende sekundäre Stoffwechselwege (vereinfachte Übersicht). Die Synthese des Benzolringsystems aus Erythrosephosphat und Phosphoenolpyruvat durch den Shikimatweg (*dicke Pfeile*) ist eine spezifische Stoffwechselleistung der Pflanzen und Bakterien. Diese dem Primärstoffwechsel zuzurechnende Biosynthesekette zeigt in typischer Weise, wie unter Aufwand von freier Enthalpie durch spezifische En-

zyme komplexe Moleküle aufgebaut werden können. Die drei Aminosäuren dienen als Ausgangsstoffe für eine Reihe sekundärer Pflanzeninhaltsstoffe wie Lignin (→ Abb. 3.18), Flavonoide (→ Abb. 18.2) oder Alkaloide (*dünne Pfeile*). Phenylalanin (Phe), Tyrosin (Tyr), Tryptophan (Try), Chorismat (Chor) und Prephenat (Preph) greifen an verschiedenen Enzymen als regulatorische Inhibitoren modulierend in den Syntheseweg ein

selenzymen an den wechselnden Bedarf angepaßt (→ S. 87). Beispielsweise wirken die Endprodukte Tyrosin, Phenylalanin und Tryptophan als Inhibitoren der Aldolase-Reaktion, welche zum Heptulosonatphosphat führt (erste Reaktion der Sequenz). Die Bildung von Anthranilat aus Chorismat wird spezifisch durch Tryptophan gehemmt, während die zum Prephenat führende Reaktion durch Tyrosin und Phenylalanin spezifisch gehemmt wird.

Vor allem Phenylalanin und Tyrosin bilden Ausgangspunkte für eine große Zahl sekundärer Pflanzenstoffe. Aus Phenylalanin (manchmal in geringem Umfang auch aus Tyrosin) entstehen nach Eliminierung der Aminogruppe durch *Phenylalaninammoniumlyase* (→ S. 366) bzw. *Tyrosinammoniumlyase* die Zimtsäuren und ihre Derivate, zu denen z.B. auch die phenolischen Alkohole des *Lignins* (→ Abb. 3.18) und die *Flavonoide* (→ Abb. 18.2) gehören. Die dunklen *Melaninpigmente*, manche *Alkaloide* und die *Betalaine* gehen auf Tyrosin zurück. Die Aminosäuren Phenylalanin, Tryptophan, Lysin und Ornithin dienen als Ausgangspunkte für die Alkaloidsynthese.

Die Biogenese des Chlorophylls

Die Biogenese der cyclischen Tetrapyrrole erfolgt in allen Organismen in prinzipiell gleicher Weise aus der Aminosäure *5-Aminolävulinat* (*ALA*), welche in Tieren, Pilzen und einigen Purpurbakterien aus Succinyl-CoA und Glycin gebildet werden kann. In den meisten Bakterien, in Blaualgen (Cyanobakterien) und in den eukaryotischen Pflanzen hat man jedoch das hierfür verantwortliche Enzym, die *5-Aminolävulinatsynthase*, nicht nachweisen können. In diesen Organismen entsteht die ALA in drei Schritten aus dem Kohlenstoffgerüst des *Glutamats*, wobei – ähnlich wie bei der Proteinsynthese – *Glutamyl-tRNA* als Zwischenstufe eingeschaltet ist (Abb. 18.6). Die einzellige Alge *Euglena* verfügt über beide Synthesewege, wobei für die Bildung der Cytochrome in den Mitochondrien der Weg über Succinyl-CoA und Glycin, für die Bildung des Chlorophylls in den Plastiden der Weg über Glutamat eingeschlagen wird. Die wichtigsten Schritte des weiteren Weges vom 5-Aminolävulinat zu den Chlorophyllen sind in Abb. 18.6 dargestellt.

Die Synthese der Chlorophylle wird in der Pflanze präzis reguliert. Bei den Angiospermen (vereinzelt auch bei niederen Pflanzen, z.B. bei *Euglena*) ist die Umwandlung von Protochlorophyllid zu Chlorophyllid *a* ein lichtabhängiger Schritt. In den Etioplasten eines im Dunkeln herangewachsenen Blattes häuft sich nur ein relativ kleiner pool von Protochlorophyllid an, welcher durch Belichtung in Sekundenbruchteilen in Chlorophyllid *a* umgewandelt werden kann (→ S. 149). Wird dieser pool durch einen Lichtblitz entleert, so setzt eine Nachsynthese von Protochlorophyllid ein. Diese Wiederauffüllungsreaktion kommt nach Erreichen der ursprünglichen pool-Größe (nach ca. 30 min bei 25 °C) wieder zum Stillstand. Der pool kann nun durch einen weiteren Lichtblitz erneut geleert werden. (Auf diese Weise können Blätter auch durch periodische Lichtblitze zum Ergrünen gebracht werden.) Da im Dunkeln keine der Protochlorophyllid-Vorstufen in nachweisbaren Mengen vorliegt, muß man annehmen, daß die Biosynthesekette als Ganzes an- und abgeschaltet wird, wenn der Protochlorophyllid-pool entleert bzw. maximal gefüllt ist. Vermutlich hemmt das Protochlorophyllid durch Rückkoppelung die Bildung der ALA. Dieses Regelsystem kann durch künstliche Zufuhr von ALA außer Kraft gesetzt werden. Inkubiert man etiolierte Blätter (oder isolierte Etioplasten) mit dieser Substanz im Dunkeln, so tritt eine starke Akkumulation von Protochlorophyllid ein, welches jedoch in einer nicht durch Licht konvertierbaren Form vorliegt. Dieser experimentelle Befund zeigt, daß die Enzyme der Biosynthesekette zwischen ALA und Protochlorophyllid auch im Dunkeln in aktiver Form vorliegen; der limitierende Schritt – und damit die Steuerstelle – der ganzen Kette ist also die Bildung von ALA.

Ergrünt ein Blatt in kontinuierlichem Licht, so stellt sich nach einiger Zeit ein Fließgleichgewicht in der Chlorophyll-Biosynthesekette ein, erkenntlich an einer linearen Akkumulationskinetik des Pigments. Dies bedeutet, daß die Anhäufung des Pigments im Licht keinerlei Rückkoppelung bezüglich seiner Bildungsintensität zeigt. Oder anders ausgedrückt: Die Lichtabsorption durch Chlorophyll ist für seine Bildung unwesentlich. Bei niedrigen Photonenflüssen wird die Intensität der Chlorophyll-Akkumulation durch die Protochlorophyllid-Photokonversion begrenzt. Bei saturierenden Photonenflüssen bildet dagegen die Kapazität zur Nachlieferung von ALA den Flaschenhals der

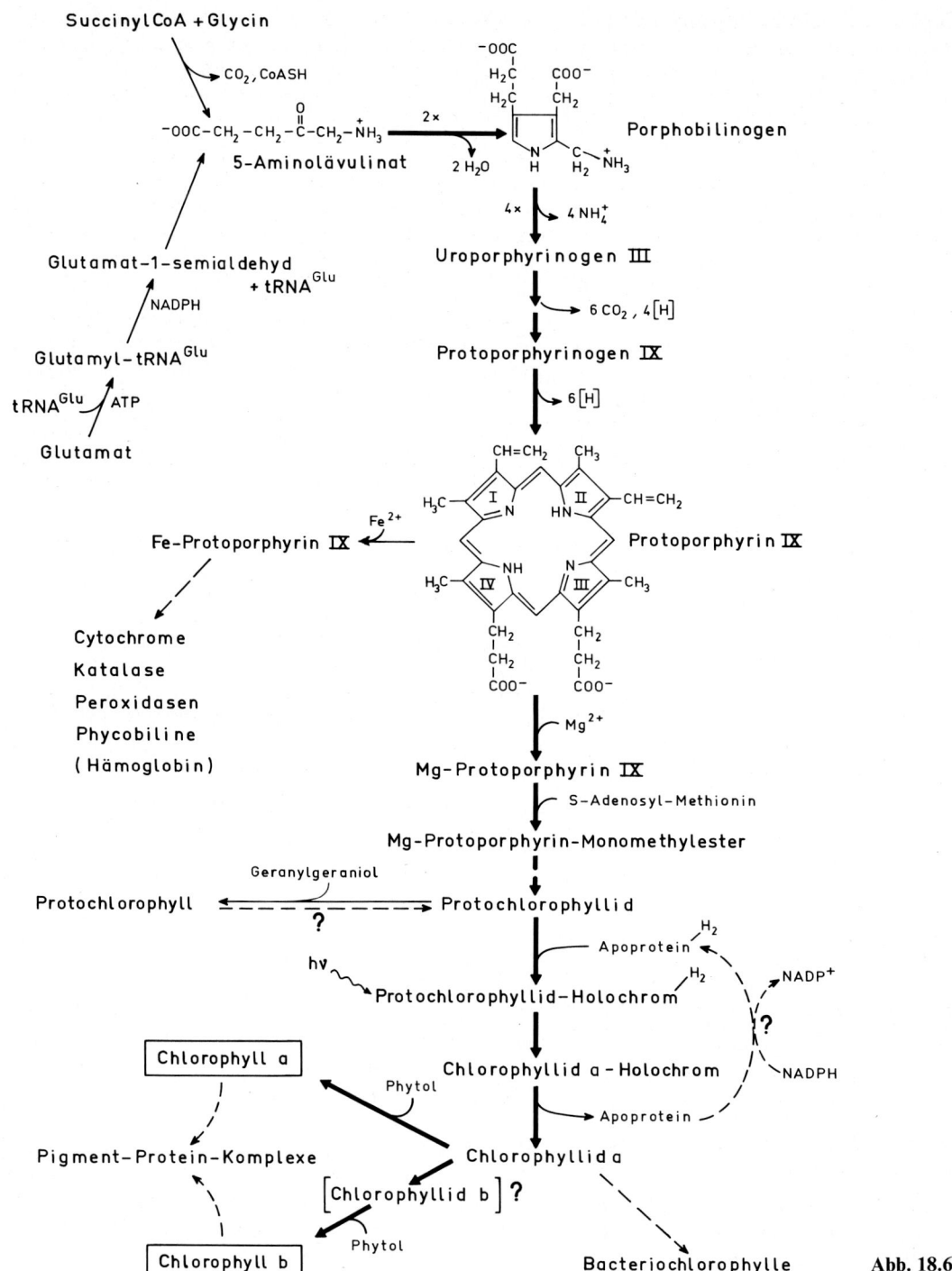

Abb. 18.6

Abb. 18.6. Die Biogenese von Chlorophyll *a*, Chlorophyll *b* und einiger anderer cyclischer Tetrapyrrole (vereinfachtes Schema). Die Sequenz beginnt mit der Verknüpfung von zwei Molekülen 5-Aminolävulinat zum Pyrrolringsystem (Porphobilinogen). Anschließend werden vier Pyrrolringe zum Tetrapyrrol (Uroporphyrinogen III) zusammengefügt. Durch Decarboxylierung von zwei Propionat- und vier Acetatseitenketten und [H]-Entzug entsteht das Protoporphyrin-Grundgerüst, welches die gemeinsame Vorstufe aller Tetrapyrrole, einschließlich der offenkettigen Phycobiline (→ Abb. 12.22, 21.10), ist. Nach Einbau von Mg^{2+} als Zentralatom und Esterbildung an der Propionatseitenkette des Rings III entsteht dort der für Chlorophylle charakteristische *Cyclopentanonring* (→ Abb. 12.8). Das so gebildete Protochlorophyllid wird entweder mit dem Diterpen Geranylgeraniol zum Protochlorophyll verestert oder dient als unmittelbare Vorstufe für die Synthese der Chlorophylle *a* und *b*. Die Reduktion zum Chlorophyllid *a* an dem als *Protochlorophyllid-Holochrom* bezeichneten Proteinkomplex ist bei den Angiospermen eine photochemische Reaktion, wobei 2 [H] von der Proteinkomponente auf den Ring IV des Chromophors übertragen werden (→ Abb. 11.11). Die wirksame Strahlung wird vom Protochlorophyllid selbst absorbiert (→ Abb. 11.14). Die Regeneration des reduzierten Apoproteins erfolgt durch NADPH. Nach der Photoreduktion löst sich das Chlorophyllid *a* zusammen mit einem Polypeptid vom Holochrom. Ein Teil wird auf noch unbekannte Weise in Chlorophyll *b* (→ Abb. 12.8) umgewandelt. Die Pigmente sind mit dem Diterpen Phytol zu Chlorophyll *a* und Chlorophyll *b* verestert und werden in dieser Form in die Pigment-Protein-Komplexe der Thylakoidmembran eingebaut. Einige der Zwischenschritte vom Protochlorophyllid zu den Chlorophyllen *a* und *b* sind von charakteristischen Änderungen im *in-vivo*-Absorptionsspektrum begleitet (→ Abb. 11.12). Die Bedeutung des Protochlorophylls beim Ergrünungsprozeß ist noch unklar; wahrscheinlich dient es als Speicher für Protochlorophyllid. In einigen Pflanzen konnte man zu Beginn der Ergrünung auch eine direkte Umwandlung von Protochlorophyll in Chlorophyll *a* nachweisen. Nach neueren Befunden läuft die Chlorophyllbildung aus Chlorophyllid in mehreren Schritten ab: Chlorophyllid wird zunächst mit Geranylgeraniol verestert, welches anschließend in drei Hydrierungsschritten zum Phytolrest reduziert wird

Abb. 18.7. Die Wirkung von Phytochrom auf die Syntheseintensität von 5-Aminolävulinat (ALA). Objekt: Kotyledonen des Senfkeimlings (*Sinapis alba*). Die Keimlinge wurden entweder ganz im Dunkeln angezogen oder von 24–60 h nach der Aussaat mit dunkelrotem Licht bestrahlt. Nach einer 10minütigen Inkubation mit Lävulinat (85 mmol · l⁻¹) erfolgte von der 60. h an in beiden Fällen eine kontinuierliche Belichtung mit Weißlicht (7000 lx). Lävulinat, ein Strukturanalogon der ALA, ist ein kompetitiver Hemmstoff der Porphobilinogensynthase und führt daher zu einem Anstau der ALA (→ Abb. 18.6), deren Akkumulationsintensität unter diesen Bedingungen als Maß für ihre Syntheseintensität dienen kann. Man erkennt, daß die Vorbestrahlung der Keimlinge mit dunkelrotem Licht (Hochintensitätsreaktion des Phytochromsystems; → S. 362) zu einer drastischen Erhöhung der Syntheseintensität führt. Im Dunkeln unterbleibt die Akkumulation von ALA. Dies wird auf die Hemmung der ALA-Bildung durch das photokonvertierbare Protochlorophyllid zurückgeführt. (Nach Masoner und Kasemir 1975)

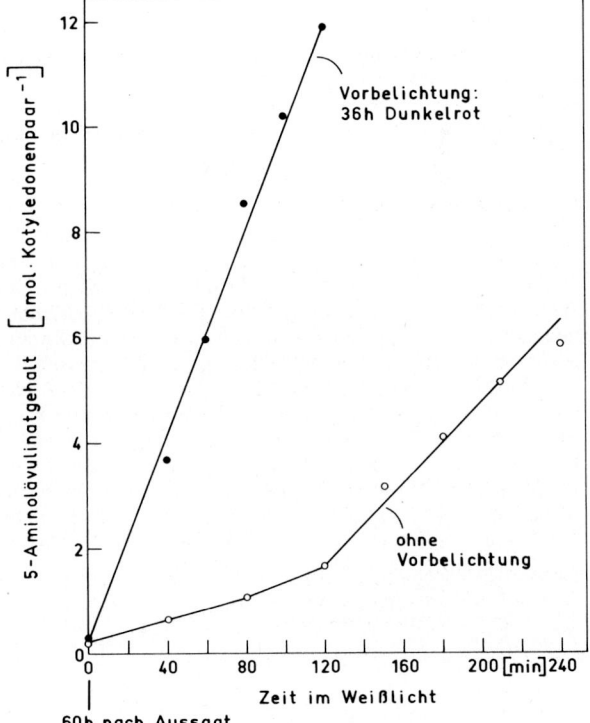

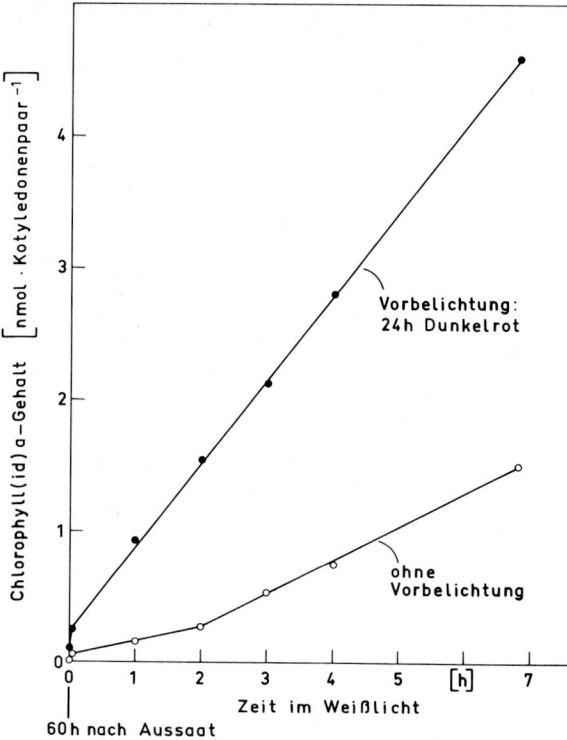

Kette. Diese Kapazität wird durch Phytochrom stark gesteigert (Abb. 18.7). Der Effekt des Phytochroms (→ S. 359) auf die Kapazität der Chlorophyll-Biosynthesebahn kann sich naturgemäß nur dann sichtbar auswirken, wenn die Schranke der Protochlorophyllid-Photokonversion durch Photonen, welche vom Protochlorophyllid-Holochrom absorbiert werden können, beseitigt wird. Daher bleibt der Phytochromeffekt z.B. im dunkelroten Licht latent, kann jedoch durch Weißlicht „entwikkelt" werden (Abb. 18.8).

Weiterführende Literatur

Beale SI (1990) Biosynthesis of the tetrapyrrole pigment precursor, δ-aminolevulinic acid, from glutamate. Plant Physiol 93:1273–1279

Bell EA, Charlwood BV (eds) (1980) Secondary plant products. In: Encycl Plant Physiol NS, Vol 8. Springer, Berlin Heidelberg New York

Conn EE (ed) (1981) Secondary plant products. In: Stumpf PK, Conn EE (eds) The biochemistry of plants. A comprehensive treatise, Vol 7. Academic Press, New York London Toronto

Goodwin TW (ed) (1988) Plant pigments. Academic Press, London San Diego New York

Jensen RA (1985) The shikimate/arogenate pathway: link between carbohydrate metabolism and secondary metabolism. Physiol Plant 66:164–168

Kleinig H (1989) The role of plastids in isoprenoid biosynthesis. Annu Rev Plant Physiol Plant Mol Biol 40:39–59

Luckner M (1990) Secondary metabolism in microorganisms, plants, and animals. 3. ed. Springer, Berlin Heidelberg New York

Mann J (1987) Secondary metabolism. 2. ed. Clarendon Press, Oxford

Matile P (1984) Das toxische Kompartiment der Pflanzenzelle. Naturwiss 71:18–24

Mothes K, Schütte HR, Luckner M (eds) (1985) Biochemistry of alkaloids. Verlag Chemie, Weinheim

Porter JW, Spurgeon SL (1981) Biosynthesis of isoprenoid compounds, Vol 1. Wiley, New York

Richter G (1988) Stoffwechselphysiologie der Pflanzen. Physiologie und Biochemie des Primär- und Sekundärstoffwechsels. 5. Aufl. Thieme, Stuttgart

Abb. 18.8. Die Wirkung von Phytochrom auf die Akkumulation von Chlorophyll(id) *a*. Objekt: Kotyledonen des Senfkeimlings (*Sinapis alba*). Die Keimlinge wurden entweder ganz im Dunkeln angezogen oder von 36–60 h nach der Aussaat mit dunkelrotem Licht bestrahlt. Von der 60. h an erfolgte in beiden Fällen eine kontinuierliche Belichtung mit Weißlicht. Der Lichtfluß (7000 lx) war ausreichend, um die Photokonversion des Protochlorophyllids zu saturieren, so daß die Kapazität der zum Protochlorophyllid führenden Synthesebahn die Intensität der Pigment-Akkumulation bestimmte. Wie bei vielen anderen etiolierten Pflanzen beobachtet man im Weißlicht nach der schnellen ($\tau_{1/2} < 10^{-5}$ s) Umwandlung des vorhandenen Protochlorophyllid-pools zunächst eine Phase langsamer Chlorophyll(id)-*a*-Zunahme („lag-Phase"). Erst nach 2 h stellt sich eine lineare Akkumulationskinetik ein, welche dann über viele Stunden anhält. Eine Vorbestrahlung der Keimlinge mit dunkelrotem Licht vor der Weißlichtperiode eliminiert die lag-Phase und baut einen erhöhten Protochlorophyllid-pool und eine erhöhte Kapazität zur Protochlorophyllid-Nachlieferung auf. Dunkelrotes Licht aktiviert das Phytochromsystem über die „Hochintensitätsreaktion" (→ S. 362), führt jedoch nicht zur Photokonversion von Protochlorophyllid (→ Abb. 11.14). (Nach Kasemir et al. 1973)

19 Physiologie der Entwicklung

Grundlegende Gesichtspunkte

Angemessene Begriffe

Lebendige Systeme müssen als in beständiger Entwicklung befindliche Systeme aufgefaßt werden. Diese Feststellung gilt für die Einzelzelle ebenso wie für das vielzellige System. Wenn man einen Organismus kennzeichnen will, muß man deshalb seine gesamte Ontogenie (Individualentwicklung) ins Auge fassen, nicht nur bestimmte Ausschnitte aus dieser Ontogenie.

Eine Ontogenie kann einfach sein, wie z.B. die mit vegetativer Fortpflanzung verbundene Ontogenie der einzelligen Grünalge *Chlorella vulgaris* (Abb. 19.1) oder kompliziert, wie z.B. die durch einen Generationswechsel (Sporophyt-Gametophyt) ausgezeichnete Ontogenie einer bedecktsamigen Blütenpflanze (Abb. 19.2). Die Ontogenie einer solchen Pflanze nimmt von der Zygote im Embryosack ihren Ausgang. In der Zygote ist die gesamte genetische Information, die sich während der Individualentwicklung manifestiert, enthalten. Der tatsächliche Ablauf der Ontogenie wird durch das Erbgut und durch modifizierende Umweltfaktoren festgelegt.

Betrachten wir nunmehr das Entwicklungsgeschehen auf der Ebene der Zellen. Lediglich im Zustand der Zygote ist der Sporophyt einer Blütenpflanze einzellig. Mitotische Zellteilungen führen bereits im Embryosack zur Vielzelligkeit. Man kann damit rechnen, daß die Zellen des vielzelligen Systems, die letztlich alle über Mitosen aus der Zygote entstanden sind, die gesamte genetische Information der Zygote besitzen. Somatische Mutationen schränken diese „Bewahrung der genetischen Omnipotenz" freilich ein. Da die Pflanzen, im Gegensatz zu den höheren Tieren, keine distinkte Keimbahn besitzen, können sich bei ihnen somatische Mutationen akkumulieren und auch auf die nächste Generation übergehen. In den Meristemen der Pflanzen (→ Abb. 19.27) werden sich mit zunehmendem Alter immer mehr Mutationen anhäufen. Die Pflanzen haben Strategien entwickelt, um der drohenden Akkumulation somatischer Mutationen entgegenzuwirken. Sie reservieren häufig bestimmte Meristeme (Kurztriebe) oder Teile von Meristemen (méristème attente; → Abb. 31.46) mit reduzierter mitotischer Aktivität für die Reproduktion, eine Analogie zur Keimbahn der höheren Tiere. Trotzdem muß man damit rechnen, daß langlebige Pflanzen mehr Mutationen in ihren re-

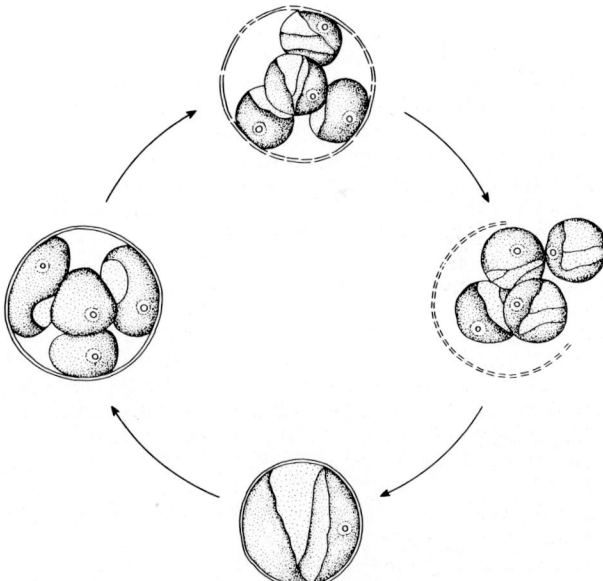

Abb. 19.1. Die Ontogenie der einzelligen Grünalge *Chlorella vulgaris*. Bei der vegetativen Fortpflanzung werden innerhalb der Zellwand der Mutterzelle Autosporen gebildet. Diese sind von vornherein der Mutterzelle isomorph und wachsen nach der Freisetzung zur Größe der Mutterzelle heran. Im Verlauf dieser Ontogenie kommen nur mitotische Zellteilungen vor. Sexualität, d.h. Meiosis und Befruchtung, hat man bei *Chlorella* nie beobachtet. (In Anlehnung an Oltmanns 1922)

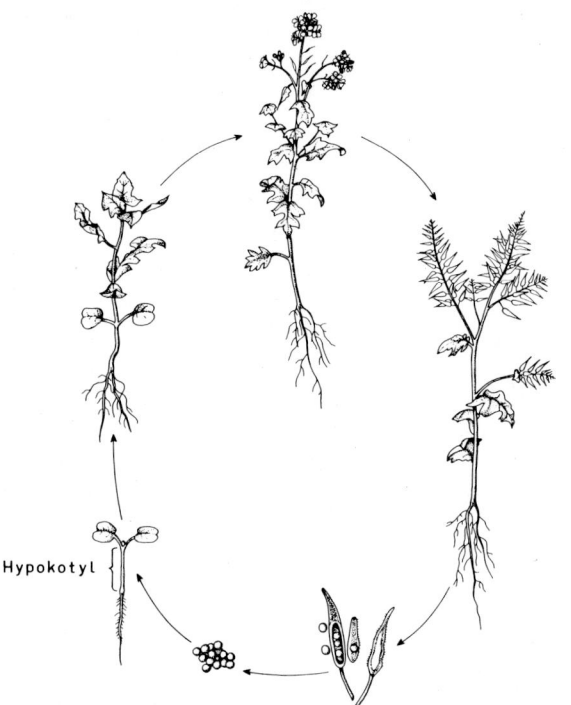

Hypokotyl

Abb. 19.2. Stadien aus der Ontogenie einer dikotylen Samenpflanze. Objekt: Weißer Senf (*Sinapis alba*). Eingetragen sind lediglich Stadien der Sporophytenentwicklung. Die Gametophyten (der Inhalt des reifen Embryosacks und die Pollenschläuche) spielen in der Entwicklungsphysiologie eine geringe Rolle. (Im Gegensatz dazu werden bei den Pteridophyten und Bryophyten in erster Linie die Gametophyten für entwicklungsphysiologische Experimente verwendet.) Die Samenkeimung (*links unten*) und die Blütenbildung (*oben*) sind die Kardinalpunkte der Sporophytenentwicklung

produktiven Meristemen anhäufen als kurzlebige. Beim Mangrovebaum *Rhizophora mangle* wurde z.B. eine 25fach höhere Mutationsrate je Generation beobachtet als bei den annuellen Arten Gerste und Buchweizen. Die Lebensdauer der Pflanze ist somit für Ontogenie und Evolution eine wichtige Größe.

Die Ontogenie eines vielzelligen Systems ist ein in Raum und Zeit geordnet ablaufender Prozeß. Die Zellen werden also nicht zufallsmäßig, sondern in einer bestimmten Ordnung zusammengefügt. Das Ziel der Entwicklungsphysiologie ist die *kausale* Erklärung der Entwicklung. Das Geschehen, das mit dem phänomenologischen Begriff *Entwicklung* bezeichnet wird, ist derart komplex, daß es einem unmittelbaren Zugriff nicht zugänglich erscheint. Vielmehr muß man das Entwicklungsgeschehen in passende Teilaspekte aufgliedern. Dafür braucht man analytische Begriffe. Die wichtigsten analytischen Begriffe, die sich in der Entwicklungsbiologie bewährt haben, sind *Wachstum, Differenzierung, Musterbildung* und *Morphogenese* (Abb. 19.3).

Entwicklungshomöostasis

Die Ontogenese einer Samenpflanze (→ Abb. 19.2) erfolgt in distinkten Phasen: *Embryogenese, Samenbildung, Samenkeimung, vegetative Entwicklung, reproduktive Entwicklung, Seneszenz, Tod der Mutterpflanze.* Innerhalb der Ontogenese gibt es umweltoffene Phasen und solche, die durch eine

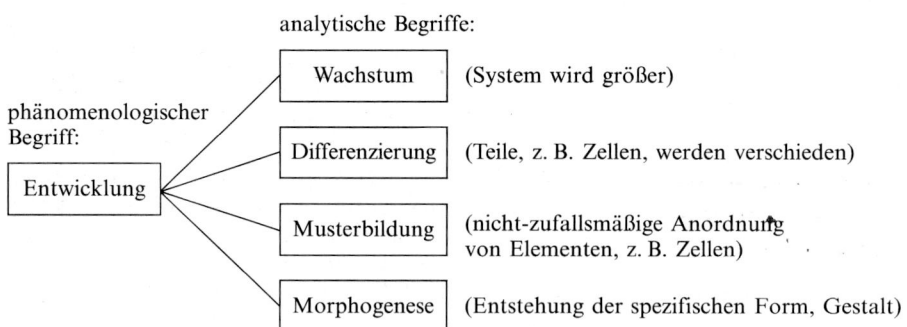

Abb. 19.3. Die wichtigsten analytischen Begriffe, die sich bei der wissenschaftlichen Behandlung des Entwicklungsgeschehens bewährt haben

strenge *Entwicklungshomöostasis* gekennzeichnet sind, z.B. die Entwicklung im Embryosack, die zur Herstellung der Körpergrundgestalt führt (→ Abb. 24.2). Der Begriff Entwicklungshomöostasis leitet sich von *Homöostasis* (*Homöostasie*) ab. Mit diesem Begriff, der von dem amerikanischen Physiologen Cannon (1871–1945) geprägt wurde, kennzeichnet man das Phänomen, daß wichtige Körperfunktionen eine weitgehende Konstanz zeigen. Wir wissen heute, daß es endogene Regelvorgänge sind, die es dem Körper ermöglichen, auch bei wechselnden Umweltbedingungen ein stabiles, inneres Milieu aufrechtzuerhalten, z.B. einen konstanten Blutdruck oder eine konstante Körpertemperatur. Mit dem Begriff *Entwicklungshomöostasis* kennzeichnen wir das Phänomen, daß ein Organismus aufgrund endogener Steuervorgänge eine präzis in Raum und Zeit geordnete Entwicklung durchführt, die von der Umwelt nicht *spezifisch* beeinflußt werden kann. Der Begriff Entwicklungshomöostasis besagt nicht, daß die Entwicklung *starr* vonstatten geht. Der Entwicklungsprozeß kann vielmehr in vielen Fällen sehr elastisch auf äußere Störungen reagieren. Entwicklungshomöostasis bedeutet aber, daß die Umwelt auch in solchen Fällen keinen *spezifischen* Einfluß auf den Entwicklungsablauf ausübt, beispielsweise die morphogenetischen Muster nicht verändert. Natürlich reagiert die Entwicklungshomöostasis sehr empfindlich auf Änderungen der genetischen Information. Die genaue Untersuchung zeigt z.B., daß sich die einzelnen Pflanzensippen unter den Dikotylen bei der Entwicklung, die zur Körpergrundgestalt führt, charakteristisch unterscheiden (Abb. 19.4).

Entwicklung und Chromosomensatz

Karyologische Untersuchungen an Gewebekulturen haben gezeigt, daß die Grundfunktionen der Zelle mit einer weiten Variation der Chromosomenzahl verträglich sind. Die in Raum und Zeit geordnete Entwicklung eines vielzelligen Organismus stellt hingegen viel höhere Anforderungen an die Konstanz des Chromosomensatzes. Zwar ist auch bei den höheren, normalerweise diploiden Pflanzen eine weitgehend normale Entwicklung sowohl mit einem haploiden als auch mit einem polyploiden Chromosomensatz möglich (→ S. 467); ein Verlust der *Balance* im Chromosomenbestand, z.B.

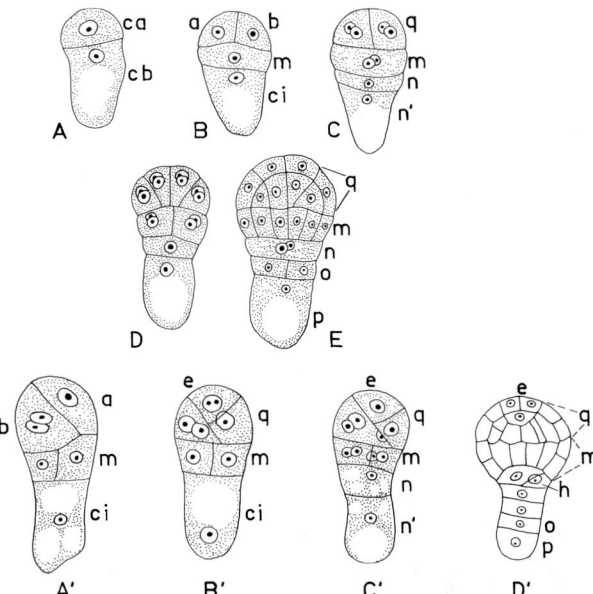

Abb. 19.4. Embryonalentwicklung bei Angiospermen. A–E, Astereen-Typ (*Senecio*-Variation, *Lactuca sativa*); A′–D′, Astereen-Typ (*Geum*-Variation, *Geum urbanum*). Die Entwicklung von ca (cellule apicale) ist bei den beiden Variationen charakteristisch verschieden. Hingegen ist die Entwicklung von cb (cellule basale) bei beiden Variationen gleich. (Nach Rutishauser 1969)

Aneuploidien, führt jedoch in der Regel zu mehr oder minder ausgeprägten Entwicklungsstörungen. Der *monosomische Zustand* (ein Chromosom fehlt in einem Exemplar) ist oft letal, auch wenn bei diploiden Organismen das homologe Chromosom noch vorhanden ist.

Auch bei überzähligen Chromosomen, beispielsweise *Trisomien* $(2n+1)$, findet man Störungen oder zumindest Abweichungen der Entwicklung. Beim Stechapfel (*Datura*) mit seinen 2×12 Chromosomen wurden alle 12 möglichen Trisomien cytologisch gefunden und ihr Einfluß auf die Entwicklung, also letztlich auf den Phänotyp, festgestellt. Auch beim Mais (*Zea mays*) mit 2×10 Chromosomen wurden entsprechende Beobachtungen gemacht. Die verhängnisvollen Auswirkungen von Trisomien auf die Entwicklung des Menschen, z.B. die zum Down-Syndrom (Mongolismus) führende Trisomie 21, sind allgemein bekannt.

Die *Endopolyploidie* (eine durch Endomitosen verursachte Vervielfachung des normalen Chromosomensatzes in bestimmten Geweben, z.T. verbunden mit starken Vergrößerungen des Zellkerns) kommt bei Pflanzen häufig vor. Es handelt sich um einen normalen Prozeß, der mit der funktionellen Spezialisierung der Zellen während der Entwicklung des Organismus zusammenhängt (→ S. 312).

Erbgut und Umwelt

Man geht in der Entwicklungsbiologie mit Recht davon aus, daß der *Genotyp* (Summe der Gene) den *Phänotyp* (Summe der Merkmale) determiniert. Entwicklung, so heißt es, sei das Ergebnis einer in Raum und Zeit genau regulierten *Genexpression*. Wir stellen jetzt die Frage, wie *streng* die Gene die Merkmalsausprägung determinieren. Viele Beobachtungen zeigen, daß bereits eine leicht geänderte Genbalance (z.B. Trisomien) oder minimale Änderungen der genetischen Information (z.B. Punktmutationen; → Abb. 19.54) auch bei Pflanzen zu massiven Änderungen im Phänotyp führen können. Es kann kein Zweifel bestehen, daß in der Tat die Gene die Merkmalsausprägung (weitgehend) determinieren. Auf der anderen Seite gibt es viele Hinweise darauf, daß Umweltfaktoren, bei den Pflanzen besonders das Licht, dirigierend in die Entwicklung eingreifen können. Organismen sind Umweltfaktoren ausgesetzt, die entweder verläßlich (z.B. 24 h-Periodizität; → S. 115) oder mehr oder minder chaotisch, d.h. nicht *genau* antizipierbar, auf den Organismus treffen. Die Organismen reagieren darauf verschiedenartig:

● Sie folgen der Entwicklungshomöostasis, d.h. das Entwicklungsgeschehen ist endogen reguliert, abgeschirmt gegen *spezifische* Einflüsse der Umwelt. Die Entwicklung im Embryosack (→ Abb. 24.2) und die Musterbildung bei der Phyllotaxis (→ S. 323) sind Beispiele hierfür.

● Sie reagieren mit alternativen Entwicklungsstrategien, d.h. im Genotyp sind verschiedene Strategien vorprogrammiert, die von Umweltfaktoren abgerufen werden können. Diese „opportunistische" Entwicklung erlaubt eine Anpassung an die Bedingungen des Standorts (z.B. bei der Photomorphogenese; → S. 326).

● Die Pflanzen vermögen auch mit schnellen, reversiblen Anpassungen, die denen der Tiere im Prinzip entsprechen, zu reagieren, z.B. paßt sich eine Pflanze durch phototropische Krümmung an die vorherrschende Lichtrichtung genau an (→ S. 527).

Die strenge Koppelung zwischen Genotyp und Phänotyp wird nicht nur durch die Umwelt, sondern auch durch eine endogene Komponente, das sog. „ontogenetische Restrauschen" aufgelockert. Genetisch identische Lebewesen, z.B. *klonierte* Pflanzen, entwickeln sich auch unter identischen Umweltbedingungen nicht völlig gleich. Dies gilt für Pflanzen, Tiere und Menschen. Die beobachtete Variation in der quantitativen Merkmalsausprägung läßt sich weder auf genetische Unterschiede noch auf Schwankungen der Umwelt zurückführen. Beispielsweise vermindert oft eine perfekte Standardisierung der Versuchspflanzenhaltung die Schwankungen der Merkmalsausprägung auch bei reinen Linien oder Klonen nicht weiter; es bleibt eine erhebliche Restvarianz. In ihr manifestiert sich ein „ontogenetisches Restrauschen", das auf Zufallsereignissen im mikroskopischen Bereich beruht, mit denen sich die Synergetik befaßt („deterministisches Chaos"; → S. 8). Die Organismen sind so konstruiert, daß sie durch eine entsprechende Regulation das Restrauschen dämpfen können, wenn es ihnen darauf ankommt (z.B. bei der Ausprägung lebensentscheidender Muster).

Der Generationswechsel

Die Ontogenie der höheren Pflanzen (Pteridophyten und Spermatophyten) ist generell durch einen *heterophasischen Generationswechsel* (Sporophyt/Gametophyt) charakterisiert. Wenn man diesen Generationswechsel entwicklungsphysiologisch studieren will, muß man solche Systeme wählen, bei denen beide Generationen exerimentell leicht zugänglich sind, etwa Farne. Die Spermatophyten sind nicht günstig, weil sich bei ihnen die extrem reduzierten Gametophyten experimentell kaum bearbeiten lassen (→ Abb. 19.4). Die Abb. 19.5 zeigt Stadien aus der Ontogenie von *Dryopteris filixmas*, einem charakteristischen Vertreter der leptosporangiaten Farne. Bei diesen Organismen sind sowohl der *Gametophyt* als auch der *Sporophyt* selbständige, autotrophe Generationen, die sich wesentlich unterscheiden: Der Gametophyt ist ein *Thallus* (4), der Sporophyt ein *Kormus* (6). Die Organisation (der „Bauplan") der beiden Generationen ist also fundamental verschieden. Wir fragen, ob der prinzipielle Unterschied in der Organisation von Gametophyt und Sporophyt etwas zu tun hat mit einem Unterschied in der *Kernphase* (haploid – diploid). Eine solche Annahme liegt nahe, weil üblicherweise Gametophyt (n) und Sporophyt (2 n) sich in der Kernphase unterscheiden. Daß eine solche Annahme nicht berechtigt ist, beweisen indessen bereits vergleichend-entwicklungsgeschichtliche Daten.

Die Abb. 19.6 (*oben*) zeigt diagrammatisch den normalen, mit Befruchtung und Meiosis verbunde-

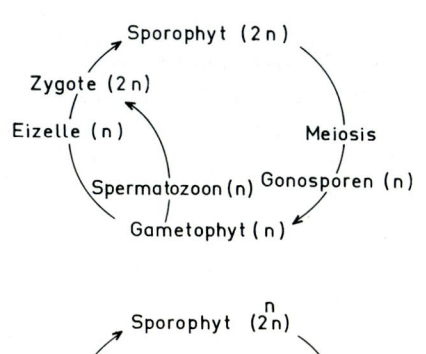

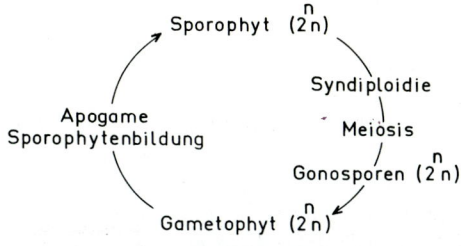

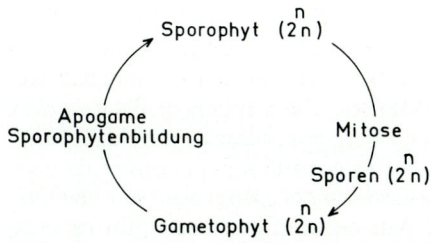

Abb. 19.6. Drei Typen des Farn-Generationswechsels. Die Beschreibung erfolgt im Text. (Nach Evans 1964)

nen Generationswechsel der Farne. Im allgemeinen gehen 16 Sporenmutterzellen (2 n) aus einer Archesporzelle (2 n) mitotisch hervor. Jede Sporenmutterzelle bildet meiotisch 4 Gonosporen (Meiosporen, 1 n). Die Abb. 19.6 (*Mitte*) zeigt den nicht seltenen Generationswechsel mit *obligatorischer Apogamie*. Hierbei entstehen die Sporophyten aus vegetativen Zellen des Prothalliums ohne Geschlechtszellen und Befruchtung. Die Meiosis tritt aber ein. Die Chromosomenzahl wird dadurch in Ordnung gehalten, daß bei der Bildung der Sporenmutterzellen eine Verdoppelung der Chromosomen auftritt. Es entstehen aus einer Archesporzelle (2 n) acht Sporenmutterzellen (4 n). Die Meiosis liefert 32 Gonosporen (2 n). Bei diesem Typ von Generationswechsel sind also alle Zellen, die während der Ontogenie auftreten, diploid, abgesehen von den Sporenmutterzellen. Die Abb. 19.6 (*unten*) ist ein Extremfall, bei dem die Meiosis entfällt. Es gibt

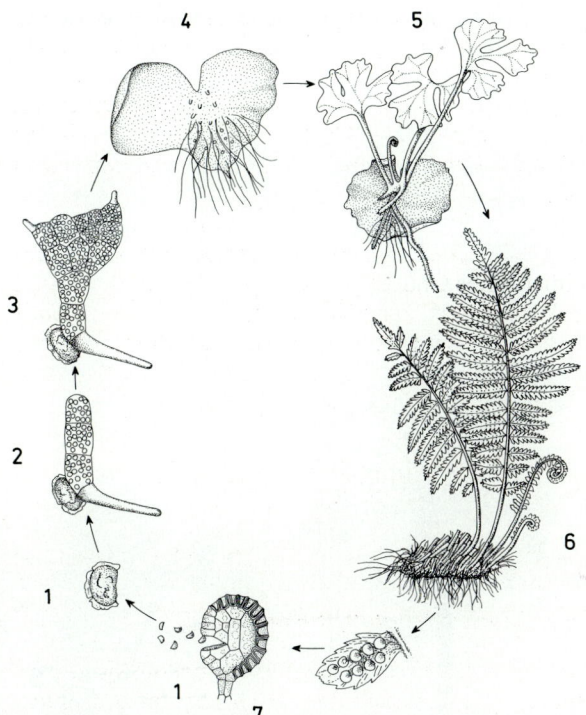

Abb. 19.5. Repräsentative Stadien aus der Ontogenie des leptosporangiaten Wurmfarns (*Dryopteris filix-mas*). Aus der haploiden *Gonospore* (1) entsteht das *Protonema* (2). Die Sporenkeimung erfolgt nur in Gegenwart von aktivem Phytochrom (P_{fr}; → S. 359). Unter normalen Lichtbedingungen (d.h. Weißlicht mit erheblichem Lichtfluß) wird das fädige Protonemastadium (2) rasch von einem flächigen *Prothallium* (3, 4) abgelöst. Der Übergang von 2 nach 3 geht nur vonstatten, wenn das eingestrahlte Licht genügend *Blaulicht* enthält. Der Übergang 2→3 ist reversibel und somit der Prototyp einer *Modulation* (→ Abb. 19.36)

in der ganzen Ontogenie nur noch Mitosen. Die Teilungen der Sporenmutterzellen sind mitotisch. Die entstehenden Sporen sind keine Gonosporen. Die Sexualität ist völlig aufgehoben; eine Umkombination des Erbguts findet nicht mehr statt. Bezüglich des Ploidiegrads (n oder 2 n) bestehen verschiedene Auffassungen. Dies ist für den Schluß, den wir aus der Abb. 19.6 ziehen wollen, irrelevant, da auf jeden Fall die *apogame Sporophytenbildung* den *gleichen* Ploidiegrad von Sporophyt und „Gametophyt" zur Folge hat. Die für uns wichtige Beobachtung ist, daß selbst in diesem Fall der morphologische Unterschied zwischen Sporophyt und Gametophyt genauso ausgeprägt ist, wie bei der normalen, mit Befruchtung und Meiosis verknüpften Ontogenie. Ohne Experimente haben wir somit gelernt, daß der *Generationswechsel nicht* ursächlich mit dem *Kernphasenwechsel* zusammenhängt.

Wenn die Gametophyten aus vegetativen Zellen des Sporophyten entstehen, spricht man von *Aposporie*. Apospore Gametophyten gehen in der Regel aus lokalen Zellproliferationen an den Blatträndern hervor. Manche Farnsippen, z.B. *Athyrium filix-femina* var. *clarissima*, bilden zumindest unter Kulturbedingungen regelmäßig apospore Gametophyten. Da die Bildung der „Sporophyten" bei diesen Sippen apogam erfolgt, läuft der Generationswechsel ohne Sporenbildung und Gametenbildung ab. Ob dieser Typ von Generationswechsel auch unter natürlichen Bedingungen vorkommt, ist nicht bekannt.

Es gelingt, Farne (z.B. *Todea barbara* und *Osmunda cinnamomea*) aseptisch auf Agarmedien zu züchten, und zwar haploide, diploide und tetraploide Gametophyten und Sporophyten. Man kann folgendermaßen vorgehen: Normale Gonosporen liefern haploide Prothallien (→ Abb. 19.5). Diese ergeben durch Befruchtung diploide Sporophyten und selten durch Apogamie haploide Sporophyten. Wenn man aus den Jugendblättern der diploiden Sporophyten Teile entnimmt und auf ein passendes Medium bringt, kommt es leicht zu einer aposporen Regeneration von diploiden Prothallien. Die auf diesen Prothallien durch Befruchtung entstehenden Sporophyten sind dann tetraploid. Deren Jugendblätter regenerieren experimentell tetraploide Prothallien.

Auch diese experimentellen Daten zeigen, daß der Generationswechsel nicht auf einen Kernphasenwechsel zurückgeführt werden darf. Wie kommt es dann, daß ein und dieselbe genetische Information einmal einen Gametophyten hervorbringt und einmal einen Sporophyten? Dies hängt offensichtlich damit zusammen, daß in den verschiedenen Phasen der Ontogenie verschiedene Anteile der genetischen Information verwendet werden. Die Frage ist, welche Faktoren jeweils darüber bestimmen, welcher Anteil der genetischen Information aktiv zu sein hat und welcher nicht. Eine „molekulare" Antwort auf diese Frage ist noch nicht möglich. Einige Hinweise seien kurz behandelt.

Der Baumfarn *Alsophila australis* und der Rhizomfarn *Dryopteris filix-mas* unterscheiden sich in der Sporophytengeneration grundlegend (Abb. 19.7). Die Gametophyten der beiden Arten hingegen lassen sich nur mit Mühe unterscheiden. Sie reagieren auch im physiologischen Experiment (z.B. bei photomorphogenetischen Beeinflussungen) sehr ähnlich. Wie soll man dies interpretieren? Wir wollen hier zwei Antworten einander gegen-

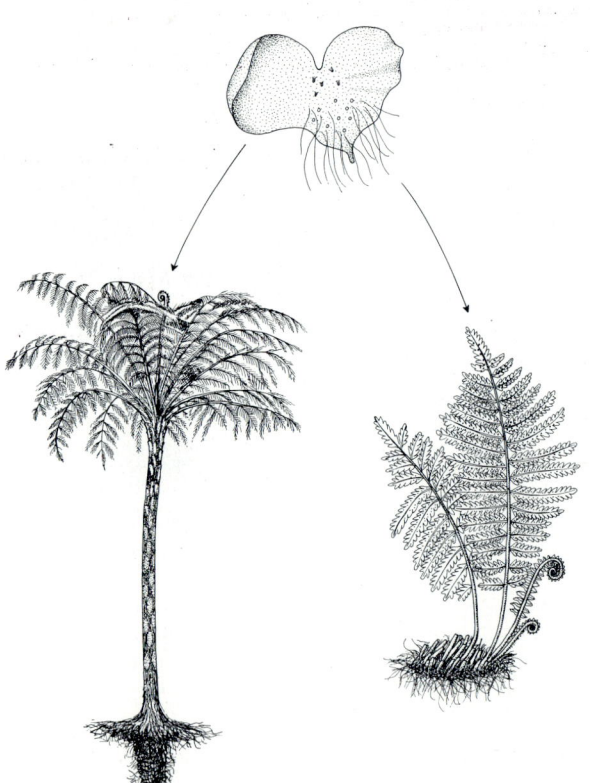

Abb. 19.7. Die Sporophyten von *Alsophila australis* (*links*) und *Dryopteris filix-mas* (*rechts*) sind sehr verschieden. Die Gametophyten hingegen unterscheiden sich praktisch nicht. (In Anlehnung an Mohr und Barth 1962)

überstellen, die den Wandel in der Betrachtungsweise entwicklungsphysiologischer Probleme zum Ausdruck bringen, der sich in den letzten Jahrzehnten vollzogen hat. Goebel schrieb 1930: „Es ist zunächst klar, daß, selbst wenn alle Farnprothallien äußerlich einander gleich erscheinen würden, dies nur auf der Unvollkommenheit unserer Untersuchungsmethoden beruhen kann. Denn das Prothallium einer *Gleichenia* muß innerlich eine ganz andere Beschaffenheit haben als das eines *Aspidium*, sonst könnte nicht aus der befruchteten Eizelle des ersteren eine so ganz andere Pflanze hervorgehen als aus der des letzteren. Die Eizelle aber ist nur eine besonders ausgebildete Prothalliumzelle, nicht etwas von den anderen Zellen fundamental Verschiedenes." Unsere Antwort hingegen lautet: Die große Ähnlichkeit der Prothallien bei den leptosporangiaten Farnen bleibt auch bei noch so verfeinerten analytischen Methoden erhalten. Dies hängt damit zusammen, daß während der Gametophytenentwicklung der Farne in erster Linie solche Gene in Funktion treten, die zum phylogenetisch alten Bestand gehören, die also sehr vielen Farnarten, z.B. *Alsophila australis*, *Gleichenia pectinata* und *Dryopteris filix-mas* gemeinsam sind. Erst bei der Sporophytenentwicklung werden dann auch jene Gene in Funktion gesetzt, welche die Verschiedenheit der Sporophyten bedingen. Nach dieser Ansicht haben alle leptosporangiaten Farne einen Grundstock gemeinsamer Gene, die in erster Linie die Prothallienentwicklung bestreiten.

Die Frage, an welcher Stelle der Ontogenie die jeweilige Umsteuerung der Genaktivität (Gametophytenentwicklung *oder* Sporophytenentwicklung) stattfindet, beantwortet die Abb. 19.8. Die Auffassung, daß bei der *Oogenese* und bei der *Sporogenese* (und nicht bei der Zygotenkeimung und bei der Sporenkeimung) die genphysiologische Umstellung erfolgt, gründet sich in erster Linie auf die elektronenmikroskopische Analyse der Oogenese. Bell, der diese Hypothese vorgeschlagen und begründet hat, geht davon aus, daß die subzellulären Entwicklungsvorgänge bei Oogenese und Apogamie einerseits und Sporogenese und Aposporie andererseits sehr ähnlich verlaufen, so daß jeweils Zellen entstehen, die auf Sporophyten- bzw. Gametophytenentwicklung hin determiniert („programmiert") sind. Der Anpassungswert der unterschiedlichen Baupläne (Thallus – Kormus) ist leicht erkennbar: Der dem Substrat aufliegende Gametophyt (Prothallium) kann freies Wasser für die Befruchtung verwenden; der in den Luftraum hineinwachsende Sporophyt hingegen kann die Luftströmungen für die Propagation der Gonosporen ausnützen.

In Abb. 19.9 sind eine *Samenpflanze* und eine *homospore Farnpflanze* mit zwittrigem Prothallium einander gegenübergestellt. Man sieht, daß bei der Farnpflanze bereits innerhalb einer Generation mit Selbstbefruchtung komplette Homozygotie auftritt. Nach einer wohlbegründeten Hypothese von Klekowski haben die homosporen Farne im Lauf der Evolution auf diese Schwierigkeit mit einer Modifikation der Meiosis reagiert, die es der homozygoten Sporenmutterzelle erlaubt, genetisch *ungleiche* Meiosporen hervorzubringen. Im Prinzip ist die Modifikation derart, daß die Paarung der homologen Chromosomen ersetzt ist durch eine *Paarung innerhalb homöologer Chromosomensätze*, die durch Polyploidisierung entstanden sind.

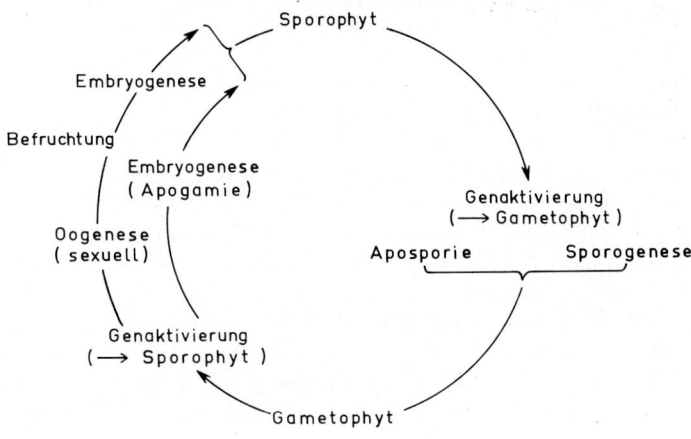

Abb. 19.8. Der ontogenetische Cyclus (Lebenscyclus) einer Farnpflanze, interpretiert als eine Folge alternierender, *differentieller* Genexpression. Das Schema kann sowohl auf den sexuellen als auch auf den apogamen bzw. aposporen Lebenscyclus angewendet werden. (Nach Bell 1970)

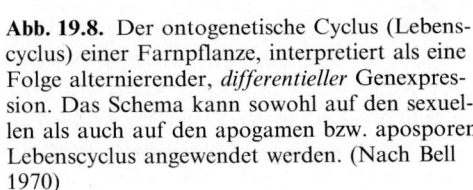

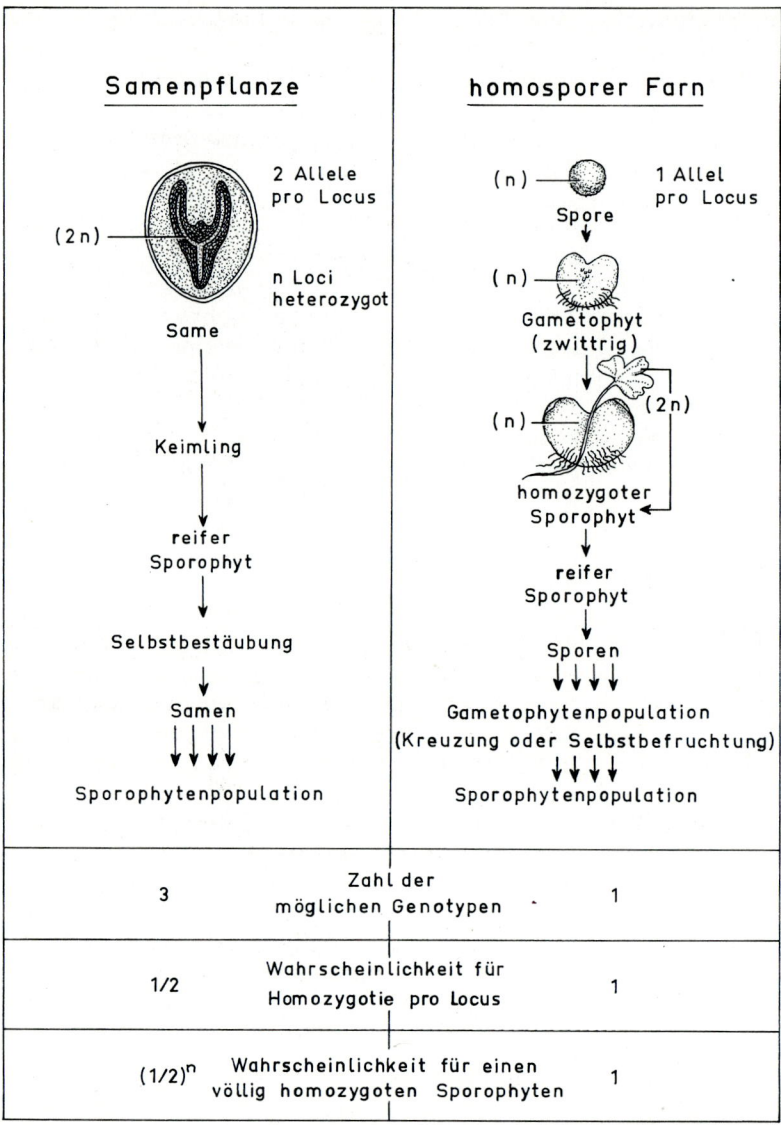

Abb. 19.9. Genetischer Vergleich von Sporophytenpopulationen, die aus einem einzelnen *Samen* oder einer einzelnen *Meiospore* im Fall von Selbstbestäubung bzw. Selbstbefruchtung hervorgehen. Während die Samenpflanze ihre Heterozygotie aufrecht erhalten kann, wird die homospore Farnpflanze bereits innerhalb einer Generation völlig homozygot. (Nach Klekowski 1972)

Alternative Entwicklungsstrategien

Als Beispiel wählen wir wieder den leptosporangiaten Wurmfarn (*Dryopteris filix-mas;* → Abb. 19.5). Wir richten unser Augenmerk auf die Entwicklung des jungen Gametophyten, die unter natürlichen Lichtverhältnissen durch den raschen Übergang vom fädigen Protonema zum flächigen Prothallium charakterisiert ist. Diese normale Entwicklung kann nur vonstatten gehen, wenn der Keimling (=junger Gametophyt) genügend kurzwelliges Licht (Blaulicht) erhält. Es handelt sich also um eine *obligatorische Photomorphogenese* (Abb. 19.10). Man sieht, daß die Entwicklung im Dunkeln und die Entwicklung im Hellrot recht ähnlich abläuft: Es entsteht ein Zellfaden. Im Blaulicht hingegen bildet sich – wie im Weißlicht – das normale Prothallium. Diese Unterschiede in der Morphogenese bleiben in der Regel auch erhalten, wenn man die Kultur über längere Zeit fortsetzt (Abb. 19.11 und Abb. 19.12). Diese beiden Abbildungen demonstrieren besonders gut, was mit dem Ausdruck *obli-*

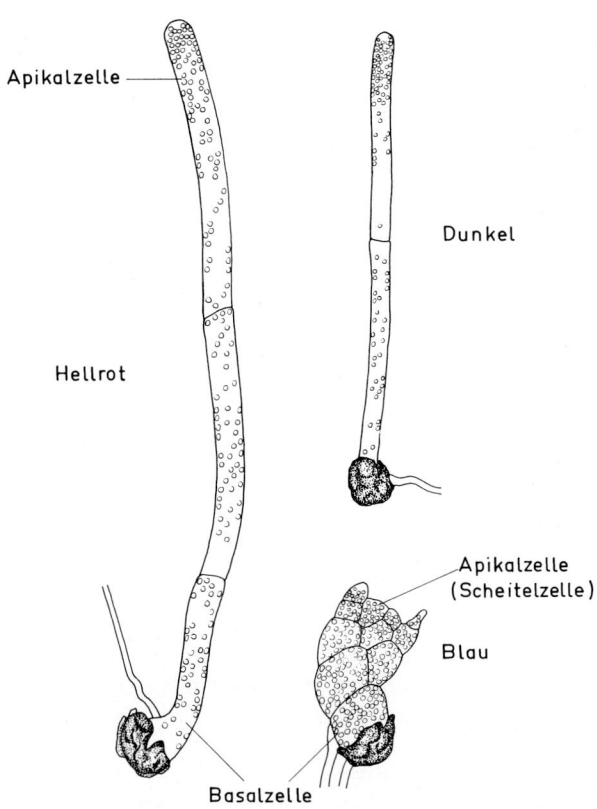

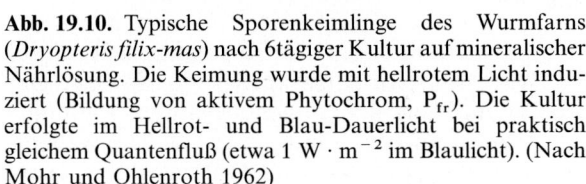

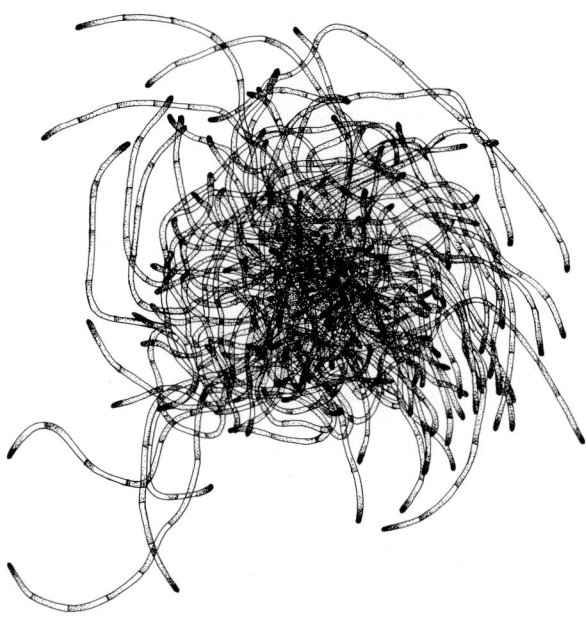

Abb. 19.11. Ein vielfach verzweigtes Protonema des Wurmfarns, etwa 2 ½ Monate nach der Sporenkeimung. Das Protonema geht auf *eine* Spore zurück. Es ist im Hellrot-Dauerlicht herangewachsen. (Nach einer Aufnahme von May)

Abb. 19.10. Typische Sporenkeimlinge des Wurmfarns (*Dryopteris filix-mas*) nach 6tägiger Kultur auf mineralischer Nährlösung. Die Keimung wurde mit hellrotem Licht induziert (Bildung von aktivem Phytochrom, P_{fr}). Die Kultur erfolgte im Hellrot- und Blau-Dauerlicht bei praktisch gleichem Quantenfluß (etwa 1 W $\cdot$ m^{-2} im Blaulicht). (Nach Mohr und Ohlenroth 1962)

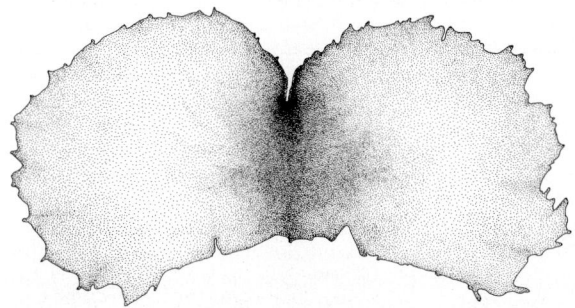

Abb. 19.12. Ein typisches Blaulicht-Prothallium des Wurmfarns, etwa 2 Monate nach der Sporenkeimung. Die Anzucht erfolgte im Blau-Dauerlicht. (Nach einer Aufnahme von May)

gatorische Photomorphogenese gemeint ist. Dem *Genbestand* nach sind das fädige System der Abb. 19.11 und das Prothallium der Abb. 19.12 identisch.

Die Photosynthese spielt, wie man experimentell zeigen kann, bei der Photomorphogenese der Farnvorkeime keine *spezifische* Rolle. (Sie ist natürlich, wie bei allen photoautotrophen Pflanzen, eine *Voraussetzung* für das Wachstum.) Es stellt sich deshalb die Frage, welcher Photoreceptor das *morphogenetisch* wirksame Licht absorbiert.

Das Wirkungsspektrum der Abb. 19.13 dokumentiert die starke morphogenetische Wirkung des Blaulichts. Die leichte Vertiefung im Hellrot und der Gipfel im Dunkelrot sind auf das Phytochrom

($\rightarrow$ S. 359) zurückzuführen, die morphogenetische Wirkung des Blaulichts hingegen auf das Cryptochrom (Blau/UV-A-Photoreceptor). Mit Hilfe von Cryptochrom kann der Sporenkeimling den Lichtfluß messen und oberhalb eines Schwellenwerts auf flächiges Wachstum umschalten ($\rightarrow$ S. 320). Die Frage, *wie* das Blaulicht die Umsteuerung der

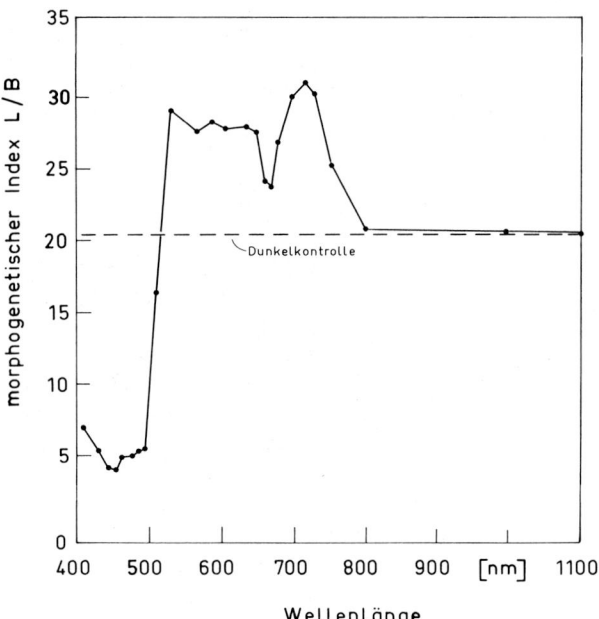

Abb. 19.13. Der morphogenetische Index L/B (Länge des Protonemas geteilt durch maximale Breite) in Abhängigkeit von der Wellenlänge. Objekte: Protonemen des Wurmfarns. Die Auswertung erfolgte nach 6tägiger Kultur im monochromatischen Dauerlicht bei niedrigem Energiefluß $(0,2 \text{ W} \cdot \text{m}^{-2})$. Mit dem Index L/B läßt sich an den Protonemen die *morphogenetische Wirkung des Lichts* quantitativ gut erfassen, weil sich die morphogenetische Wirkung an den Manifestationen „Hemmung des Längenwachstums" und „Förderung des Breitenwachstums" besonders leicht messen läßt. Ein *niedriger* morphogenetischer Index bedeutet eine *starke* morphogenetische Wirkung der betreffenden Strahlung. (Nach Mohr, 1956). Durch Simultanbestrahlung mit zwei Wellenlängen (→ S. 379) konnte später gezeigt werden, daß die (leichte) morphogenetische Wirkung *im Hellrot* auf Phytochrom zurückzuführen ist (Depression bei 650–670 nm). Die starke Wirkung des *Blaulichts* ist völlig unabhängig von Phytochrom. Die *generelle* Steigerung des Längenwachstums zwischen 520 und 730 nm beruht auf Photosynthese

Keimlinge vom fädigen zum flächigen Wachstum bewirkt, kann dahingehend beantwortet werden, daß das Blaulicht über eine Signalkette eine Änderung der Genexpression herbeiführt. Es werden bestimmte Gene aktiv, deren Produkte für die flächige Morphogenese gebraucht werden. Außerdem wird die Proteinsynthese generell stimuliert. Der Anpassungswert (der „biologische Sinn") der photomorphogenetischen Umsteuerung ist offensichtlich: In der Fadenform kann der Organismus mit dem geringsten Aufwand an Material und Energie einem ansteigenden Lichtgradienten nachwachsen. Auf diese Weise ist die Chance am größten, daß die Spitze des Fadens eine für eine positive Photosynthesebilanz ausreichende Lichtintensität erreicht, bevor der knappe Vorrat an Speicherstoffen erschöpft ist. Eine Voraussetzung für den Erfolg ist allerdings eine entsprechend sensitive *phototropische* Reaktion. In der Tat zeigen die Farnprotonemen einen extrem empfindlichen und präzisen Phototropismus mit Phytochrom als Sensorpigment (→ S. 527).

Wachstum

Bei den höheren Tieren und beim Menschen bedeutet Wachstum ein streng begrenztes Systemwachstum auf der Basis einer vorgegebenen Körpergrundgestalt. Die Sporophyten der höheren Pflanzen hingegen wachsen nach dem Prinzip der Metamerie oder modularen Konstruktion. Als Grundeinheit, die immer wiederholt wird („Modul"), kann man den Knoten mit seinen Anhangsgebilden und das zugehörige Internodium auffassen (Abb. 19.14). Der Abschluß des Systemwachstums ist bei den perennierenden Holzpflanzen nur locker endogen determiniert. Die Forschung zielt darauf ab, Wachstumsvorgänge kausal zu erklären. Der Weg dahin führt über folgende Stufen: *Definition von Wachstum* (Zunahme eines Wachstumsmerkmals, Tabelle 19.1), *Messung* des Wachstums, *quantitative Beschreibung* von Wachstum. Die angestrebte *Erklärung* wird im günstigsten Fall so aussehen, daß man angeben kann, welche Faktoren

Tabelle 19.1. Einige häufig benützte Möglichkeiten, wie man das Wachstum eines vielzelligen lebendigen Systems messend verfolgen kann. Es ist oft von Vorteil, für ein und dasselbe System mehrere Merkmale heranzuziehen.

Man registriert Wachstum als:

Zunahme der Länge
Zunahme des Durchmessers
Zunahme des Volumens
Zunahme der Zellzahl
Zunahme der Frischmasse
Zunahme der Trockenmasse (= Trockensubstanz)
Zunahme der Gesamtprotein-Menge
Zunahme der DNA-Menge

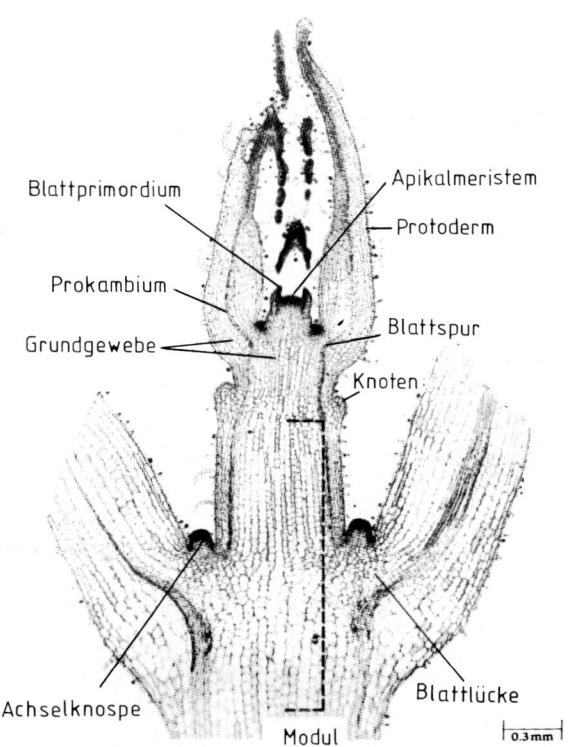

Blattprimordium

Apikalmeristem

Protoderm

Prokambium

Grundgewebe

Blattspur

Knoten

Achselknospe

Blattlücke

Modul |0.3mm|

Abb. 19.14. Längsschnitt durch eine Sproßspitze mit dekussierter Blattstellung (*Coleus spec.*). Die Anlage der modularen Konstruktion der Pflanze (→ Abb. 19.53) tritt bereits am apikalen Vegetationspunkt deutlich in Erscheinung

den ins Auge gefaßten Wachstumsvorgang regulieren (→ S. 10). Dabei muß man essentielle Faktoren (Voraussetzungen für Wachstum) und tatsächlich regulierende Faktoren (Wachstumsregulatoren) strikt unterscheiden. Im Fall des auf Zellwachstum beruhenden Organwachstums eines Hypokotyls (→ Abb. 19.18) oder einer Koleoptile (→ Abb. 23.26) ist z.B. das ATP ein essentieller Faktor des Wachstums, aber kein regulierender Faktor. Natürlich benötigt das Wachstum große Mengen an ATP, und das Wachstum bleibt stehen, sobald man die ATP-Bildung hemmt. Aber die Pflanze reguliert die Intensität des Wachstums nicht über ATP. Als regulierende Faktoren gelten vielmehr Hormone und Licht.

Messung des Wachstums

Wachstum geht einher mit der irreversiblen Zunahme von Merkmalgrößen. Die Frage, wie Wachs-

tum zu messen sei, läßt sich nicht allgemein beantworten. Die riesige Mannigfaltigkeit der lebendigen Systeme erlaubt auch in diesem Fall keine einfachen Regeln. Die Wahl des geeigneten Merkmals für Wachstum hängt vielmehr von den spezifischen Eigenschaften des lebendigen Systems und von dem Interesse des Beobachters ab. In Tabelle 19.1 sind einige Möglichkeiten angegeben, wie man das Wachstum eines lebendigen Systems messend verfolgen kann. Welche Möglichkeiten man benützt, hängt von der Art der Fragestellung und von den Eigenschaften des lebendigen Systems ab. In jedem Fall muß die Wahl des Merkmals kritisch begründet werden. Einige Beispiele: Bedeutet die Zunahme der DNA eines Organs auch dann Wachstum, wenn Endopolyploidisierung vorliegt? Ist die Konstanz oder gar Abnahme der Trockensubstanz ein Zeichen dafür, daß kein Wachstum erfolgt? Offensichtlich nicht, denn ein Dunkelkeimling (→ Abb. 21.28), der ohne Frage Wachstum ausführt, verliert beständig Trockensubstanz. Vor derselben Schwierigkeit steht natürlich auch der Human- und der Tierphysiologe. Ein Beispiel: Welche Möglichkeiten für Wachstumsmessung stehen zur Verfügung, wenn man etwa bei menschlichen Populationen, z.B. über eine Schulzeit hinweg, das Wachstum verfolgen will? In diesem Fall darf der Organismus nicht geschädigt werden, ferner sollen die Messungen genau sein und rasch erfolgen. Man mißt deshalb meist die Zunahme der (Frisch-) Masse mit der Zeit und die Zunahme der Körperlänge mit der Zeit. Dabei kann man oft in Schwierigkeiten kommen, z.B. nehmen Kinder in einem bestimmten Zeitraum an Körperlänge zu und an Gewicht ab. Sind sie nun gewachsen? Auch bei Pflanzen ist die Zunahme der Frischmasse häufig kein geeignetes Maß für Wachstum.

Die Beschreibung des Wachstums

1. Beispiel: Das Hypokotylwachstum des Senfkeimlings (→ Abb. 19.2). Unter Hypokotyl verstehen wir den Achsenabschnitt vom Wurzelansatz bis zum Kotyledonarknoten eines Keimlings. Im Samen ist diese Struktur etwa 2 mm lang. Während und nach der Keimung wächst dieser Achsenabschnitt gewaltig in die Länge. Das Ausmaß des Längenwachstums wird durch Licht reguliert. Die Wachstumskurven der Abb. 19.15 gelten für Keimlinge, die unter genau kontrollierten Bedingungen

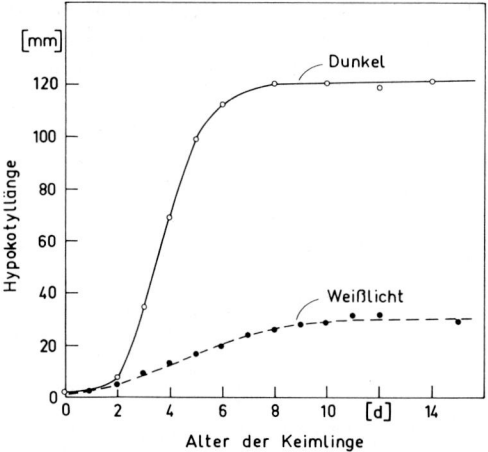

Abb. 19.15. Wachstumskurven für das Hypokotyl bei Senfkeimlingspopulationen (*Sinapis alba*). Die Keimlinge wuchsen auf Nähragar unter genau definierten Bedingungen. Die einzige Umweltvariable war das Licht (Dauer-Weißlicht bzw. Dunkel). Abszisse: Tage nach Aussaat der Samen. (Nach Daten von Feger)

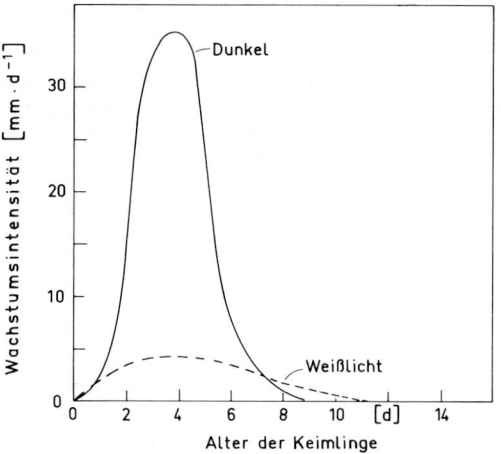

Abb. 19.16. Die Wachstumsintensität des Hypokotyls bei Senfkeimlingspopulationen. Bedingungen: → Legende zu Abb. 19.15. (Nach Daten von Feger)

im Dunkeln oder im Dauerlicht heranwachsen. Alle Bedingungen sind gleich, abgesehen vom Lichtfaktor. Sowohl im Dunkeln als auch im Licht zeigen die Wachstumskurven (Zunahme der Hypokotyllänge mit der Zeit) einen sigmoiden Verlauf (geringes Wachstum → starkes Wachstum → Abnahme des Wachstums → Endwert). Das Licht beeinflußt den Endwert und die Wachstumsintensität

(= „-geschwindigkeit" = Zunahme der Hypokotyllänge pro Zeiteinheit). Die Abb. 19.16 zeigt die Wachstumsintensität in Abhängigkeit von der Zeit. Formal sind die Kurvenzüge der Abb. 19.16 die 1. Ableitung der Wachstumskurven. Man sieht deutlich, daß das Steigen und Fallen der Wachstumsintensität des Hypokotyls im Licht stets geringer ist als im Dunkeln. Die Endlänge erreicht das Hypokotyl im Licht hingegen später als im Dunkeln.

Den sigmoiden Verlauf der Wachstumskurve beobachtet man ganz allgemein beim Wachstum von Organen, z.B. bei Primärwurzeln, Internodien, Blättern oder Früchten (→ Abb. 19.22) und beim Wachstum von Organismen (Abb. 19.17). Diese Zusammenhänge hat schon Julius Sachs in der zweiten Hälfte des 19. Jahrhunderts richtig erkannt. Auf seinen Vorschlag hin nennt man die maximale Intensität des Wachstums die „Große Periode des Wachstums".

Wir versuchen jetzt, eine Wachstums*funktion* für das Hypokotylwachstum des Senfkeimlings im Licht und im Dunkeln zu finden. Dies setzt (abgesehen von streng standardisierten Umweltbedingungen) voraus, daß das Licht nur über *ein* Reaktionsgeschehen wirksam wird. Wir arbeiten deshalb mit dunkelrotem Licht (Standard-Dunkelrot; ein Wellenband, das bezüglich der photomorphogenetischen Wirkung Licht der Wellenlänge 718 nm entspricht). Dieses Licht wirkt ausschließlich über das Phytochromsystem; eine Bildung von Chlorophyll findet unter diesen Lichtbedingungen kaum statt (→ S. 363).

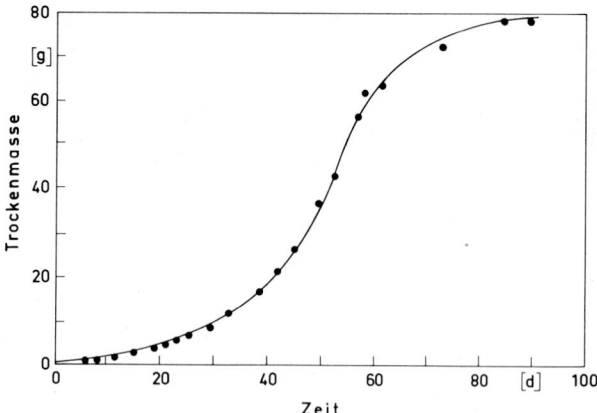

Abb. 19.17. Die Wachstumskurve einer Maispflanze (*Zea mays*). (Nach Kimball 1965)

Die Abb. 19.18 zeigt die im Dunkeln und im Dauer-Dunkelrot gewonnenen, offensichtlich asymmetrischen sigmoiden Wachstumskurven des Hypokotyls von Senfkeimlingen. Ein quantitativer Vergleich der beiden Kurvenzüge ist bei dieser Art der Darstellung nicht möglich. Man versucht deshalb, durch eine Änderung der Koordinatenteilung Kurvenzüge zu erhalten, die einen Vergleich zulassen. Um dieses Ziel zu erreichen, führt man eine neue Zeitfunktion – die „biologische Zeit" s – ein, wodurch der asymmetrische Verlauf der Wachstumskurven in einen symmetrischen Verlauf überführt wird:

$$s = \log (t + z), \qquad (19.1)$$

wobei t = physikalische Zeit; z = konst. Die als Folge der Abszissentransformation nunmehr symmetrischen Wachstumskurven lassen sich in Geraden verwandeln, indem man die Ordinate nach dem Gaußschen Integral teilt (Abb. 19.19). Ein Vergleich der Geraden ergibt u.a.: Das Hypokotylwachstum im Dunkeln und im Dunkelrot folgt derselben Gleichung (wir brauchen sie hier nicht zu behandeln); lediglich einige Konstanten sind im Dunkeln und im Licht verschieden. Der Querstrich in der Abb. 19.19 soll anzeigen, daß der Dunkelkeimling seine halbe Endlänge einige Stunden früher erreicht als der Lichtkeimling. Das Hypokotyl des Lichtkeimlings „lebt" also offensichtlich etwas

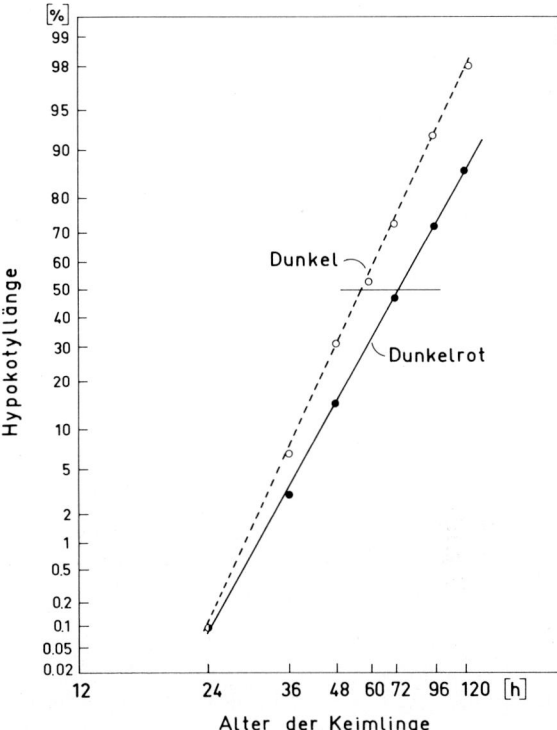

Abb. 19.19. Die sigmoiden Wachstumskurven der Abb. 19.18 werden durch eine geeignete Koordinatentransformation (logarithmische Stauchung der Abszisse; Ordinatenteilung nach dem Gaußschen Integral) in Geraden verwandelt. Mit Hypokotyllänge ist hier „Gesamtlänge minus Ausgangslänge" gemeint. Die Ausgangslänge ist nur wenig kleiner als die Länge 24 h nach Aussaat (→ Abb. 19.18). (Nach Daten von Hock)

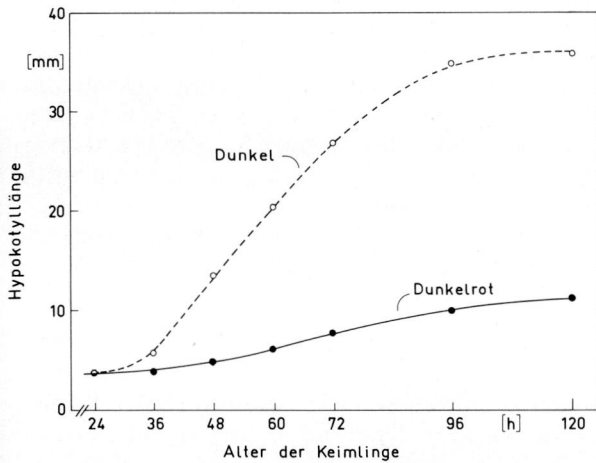

Abb. 19.18. Empirische Wachstumskurven für das Längenwachstum des Hypokotyls bei Senfkeimlingspopulationen, die im Dunkeln bzw. im Licht (Dauer-Dunkelrot) auf Keimpapier (getränkt mit aqua dest.) bei 25 °C wuchsen. (Nach Daten von Hock)

langsamer als das Hypokotyl des Dunkelkeimlings. Damit stoßen wir auf ein allgemeines Problem: Wenn man genetisch gleiche, aber verschieden behandelte Systeme hinsichtlich ihres Wachstums vergleichen will, genügt es nicht, sie zu irgendeinem Zeitpunkt zu vergleichen. Man muß vielmehr die *Wachstumsfunktionen* vergleichen. Wachstumsfunktionen sind jedoch nur geeignete *Beschreibungen* von Wachstumsvorgängen. Die Interpretation („Erklärung") des Wachstums wird durch Wachstumsfunktionen vorbereitet, aber nicht ersetzt.

Das Längenwachstum des Hypokotyls beruht fast ausschließlich auf Zell-Längenwachstum. Man möchte deshalb annehmen, die Zunahme der Hypokotyllänge repräsentiere die Zunahme an Zellwandsubstanz. Dies ist aber nur im Dunkel-

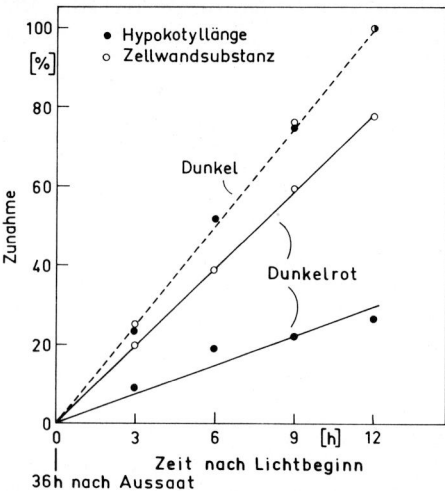

Abb. 19.20. Die Zunahme der Hypokotyllänge und der Zellwandsubstanz (gemessen als Trockenmasse) pro Hypokotyl im Dunkeln und im Licht (Dauer-Dunkelrot). Objekt: Senfkeimlinge (*Sinapis alba*). (Nach Daten von Steiner)

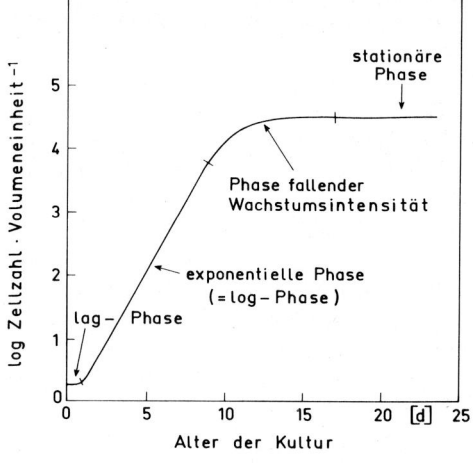

Abb. 19.21. Das Wachstum einer Population einzelliger Algen. Objekt: *Chlorella vulgaris* (→Abb. 19.1)

keimling der Fall (Abb. 19.20). Im Licht hingegen wird das Hypokotyllängenwachstum (und damit das Zell-Längenwachstum) weit stärker reduziert als die Zunahme der Zellwandsubstanz. Man sieht, daß die Zunahme der Zellwandsubstanz mit dem Zell-Längenwachstum nicht korreliert ist.

2. Beispiel: Das Wachstum einer Zellsuspension. Wie läßt sich das Wachstum einer Zellsuspension, z.B. einzelliger Algen, Hefen oder Bakterien quantitativ erfassen? Im Fall einer Zellsuspension ist es vernünftig, eine Zunahme der Zellzahl pro Volumeneinheit als „Wachstum" zu bezeichnen. Diese Größe läßt sich meist leicht und schnell bestimmen. Wenn man den Logarithmus der Zellzahl pro Volumeneinheit in Abhängigkeit vom Alter der Kultur aufträgt, erhält man im allgemeinen den Kurvenverlauf der Abb. 19.21. Man erkennt, daß nach einer Anlauf-Phase (=lag-Phase) der Zuwachs pro Zeiteinheit eine Zeitlang proportional zu der bereits vorhandenen Zellzahl ist (exponentielle=logarithmische Phase=log-Phase). Dann sinkt die relative Wachstumsintensität und geht schließlich gegen Null. Damit ist die stationäre Phase erreicht. Die Erschöpfung des Mediums, die starke Schwächung des Lichts in dichten Suspensionen, die steigende Konzentration hemmender Ausscheidungsprodukte sind dafür verantwortlich, daß die relative Wachstumsintensität sinkt. Die folgende Beobachtung zeigt, daß in der Tat die Anreicherung hemmender Ausscheidungsprodukte eine wesentliche Rolle spielt: Entnimmt man eine Probe Algen aus einer Suspension in der stationären Phase und bringt sie in ein neues Medium, so beginnen die Algen nicht sofort mit dem logarithmischen Wachstum; sie brauchen vielmehr eine gewisse Zeit der Anpassung (lag-Phase).

Die Phase des logarithmischen Wachstums läßt sich formal stets in gleicher Weise beschreiben, unabhängig vom System (→ Abb. 2.13): Der Zuwachs dN/dt sei proportional der bereits vorhandenen Menge N, die relative Wachstumsintensität $(dN/\Delta t)\,(1/N)$ sei also konstant.

Dann wird der Sachverhalt durch die folgende Differentialgleichung 1. Ordnung beschrieben:

$$\frac{dN}{dt} = k\,N, \tag{19.2 a}$$

wobei: k = Wachstumskonstante (relative Wachstumsintensität). Diese Gleichung ist durch Trennung der Variablen leicht zu lösen:

$$N = N_0\,e^{kt}. \tag{19.2 b}$$

N_0 ist die Zellzahl pro Volumeneinheit zu Beginn des logarithmischen Wachstums. Die Gl. (19.2 b) ist ein *partikulärer Allsatz*, da logarithmisches (exponentielles) Wachstum häufig und bei ganz verschiedenen Systemen vorkommt (→ S. 16).

Man hat immer wieder versucht, auch das Wachstum komplexerer Systeme mit einfachen Formeln näherungsweise zu beschreiben. Ein Beispiel ist die exponentielle Wachstumsgleichung für junge Bäume:

$$N = c\, a^n, \qquad (19.3)$$

wobei: N = Gesamtzahl der Zweige pro Baum, c = Konstante (für den betreffenden Baum bzw. für die klonierte Population), a = Alter des Baums (in Jahren), n = exponentieller Wachstumsfaktor (bezüglich der Zweige pro Jahr).

Diese einfache Gleichung funktioniert nur, solange der Verlust an Zweigen keine Rolle spielt. Die Gleichung ignoriert auch den oft auffälligen und wichtigen Unterschied zwischen Lang- und Kurztrieben.

3. Beispiel: Das Wachstum einer Kürbisfrucht. Das Wachstum einer Kürbisfrucht (Beere, häufig parthenokarp) läßt sich am einfachsten dadurch verfolgen, daß man die Zunahme des Durchmessers mit der Zeit mißt. Da die Früchte allometrisch wachsen (→ S. 310), gewinnt man aus der Messung einer Dimension bereits einen guten Anhaltspunkt für das Wachstum der ganzen Frucht. Wie die Abb. 19.22 zeigt, findet man eine sigmoide Wachstumskurve. Durch eine logarithmische Teilung der Ordinate transformiert man den vorderen Teil dieser Kurve (bis zum 10. d) in eine Gerade (Abb. 19.23). Die Gerade hat die Form:

$$\ln D = k\,t + \ln D_0, \qquad (19.4)$$

wobei: D_0 = Durchmesser zum Zeitpunkt des Beginns der Messungen, k = Steigung. Man kann die Gl. (19.4) auch schreiben:

$$D = D_0\, e^{kt}$$

und erhält damit Gl. (19.2 b) für das logarithmische Wachstum. Im Bereich des logarithmischen Wachstums ist der Zuwachs der Kürbisfurcht also proportional dem bereits vorhandenen Durchmesser. Damit hat man sicherlich ein Charakteristikum des Wachstumsvorgangs erfaßt, obgleich man keine Ahnung davon hat, wie das logarithmische Wachstum der Kürbisfrucht auf der Ebene der Zellen und Moleküle zustande kommt.

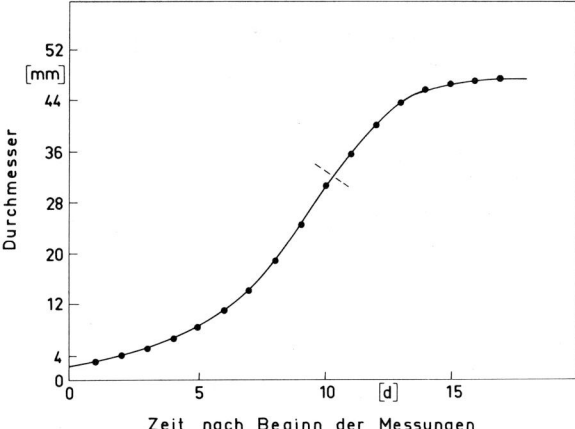

Abb. 19.22. Eine empirische Wachstumskurve, welche die Zunahme des Durchmessers beim Wachstum einer Kürbisfrucht (*Cucurbita pepo*) vom Fruchtknoten bis zur reifen Frucht zeigt. Beide Koordinaten sind linear geteilt. Diese Funktion ist ein Beispiel für das gesetzhaft begrenzte Wachstum von Organen. (Nach Sinnot 1960)

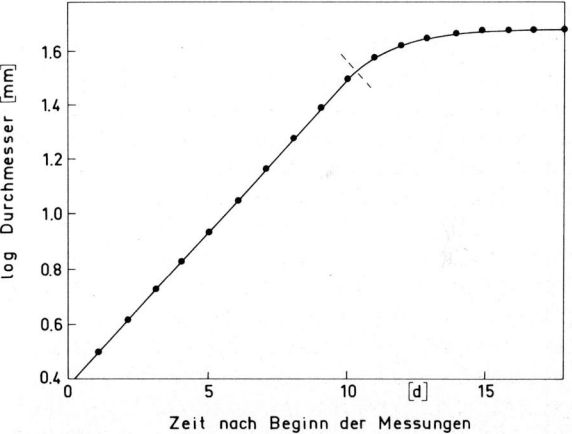

Abb. 19.23. Die Wachstumskurve der Abb. 19.22 ergibt bei logarithmischer Teilung der Ordinate in ihrem vorderen Teil eine Gerade. Bis zum Zeitpunkt 10 d läßt sich also das Wachstum der Kürbisfrucht als logarithmisches (=exponentielles) Wachstum auffassen. Das Fallen der Wachstumsintensität und die asymptotische Annäherung an einen Grenzwert lassen sich mit der logistischen Wachstumsfunktion näherungsweise beschreiben (→ Text)

Die weitere Frage ist, welche Funktionen geeignet sind, eine sigmoide Wachstumsfunktion von dem Typ der Abb. 19.17, 19.22 *über den ganzen Verlauf hinweg* wenigstens näherungsweise zu beschreiben. Die sogenannte „logistische Wachstumsfunktion" hat sich hier besonders bewährt. Sie beschreibt das Abflachen der Wachstumskurve und die asymptotische Annäherung an einen oberen Grenzwert.

Die *logistische Wachstumsfunktion*

$$N_t = \frac{K}{1 + \left(\dfrac{K}{N_0} - 1\right) e^{-rt}} \qquad (19.5)$$

geht auf die Differentialgleichung

$$\frac{dN}{dt} = r\,N\,\frac{K-N}{K} \text{ zurück,}$$

wobei: N = bereits vorhandene Menge, r = Wachstumskonstante, K = Grenzwert. Während man empirisch bestimmte, sigmoide Wachstumskurven (beispielsweise jene der Abb. 19.17, 19.22) mit der logistischen Wachstumsfunktion im nachhinein recht gut approximieren kann, ist die Verwendung dieser Funktion für *Prognosen* stets riskant. Beispielsweise hat sich die 1936 auf der Basis des logistischen Wachstumsmodells von Demographen gestellte Prognose, die Weltbevölkerung werde sich bis zum Jahr 2100 n. Chr. auf eine stationäre Zahl von 2,64 Milliarden Menschen einpendeln, als völlig falsch erwiesen. Im Jahr 1990 war die 5,5-Milliarden-Grenze bereits überschritten. Die Zunahme der Weltbevölkerung zeigt immer noch die Merkmale eines logarithmischen Wachstums. In manchen Regionen der Erde ist das Wachstum sogar „hyperexponentiell". Damit meint man, daß die relative Wachstumsintensität k mit der Zeit zunimmt.

Allometrisches Wachstum

Wenn man bei zwei- oder dreidimensionalen Systemen das Wachstum quantitativ beschreiben will, kommt es häufig darauf an, die Intensität des Wachstums in den verschiedenen Dimensionen zu erfassen. Die Entstehung der spezifischen Form des Organismus kann nur auf diese Weise quantitativ beschrieben werden. Es ist deshalb von großem Interesse, das relative Wachstum eines lebendigen Systems in den verschiedenen Dimensionen zu messen. Diese Untersuchungen gehören in den Bereich der *Allometrie*.

1. Beispiel: Das allometrische Wachstum von Flaschenkürbissen (Lagenaria spec.). Bei den Flaschenkürbissen findet man verschiedene Rassen, die sich durch Form und Endgröße der Früchte unterscheiden. Wir betrachten zwei Rassen, die eine mit großen, die andere mit kleinen Beeren und stellen die Frage, inwiefern sich die beiden Rassen genetisch unterscheiden (Abb. 19.24). Man geht folgendermaßen vor: Man verfolgt das Längen- und Breitenwachstum der Früchte bei beiden Rassen und trägt die Meßwerte in ein doppeltlogarithmisches Koordinatensystem ein. In beiden Fällen erhält man dieselbe Regressionsgerade. Das *relative* Wachstum ist also bei beiden Rassen dasselbe. Die Gerade ist gegen die Abszisse hin geneigt (Steigung = 0,78), da das Wachstum in die Länge relativ geringer ist als das Wachstum in die Breite. Das Beispiel zeigt: 1. Die Intensitäten von Längen- und Breitenwachstum sind über eine einfache Funktion miteinander verknüpft: Aus der Steigung der Geraden läßt sich entnehmen, daß die Frucht konstant

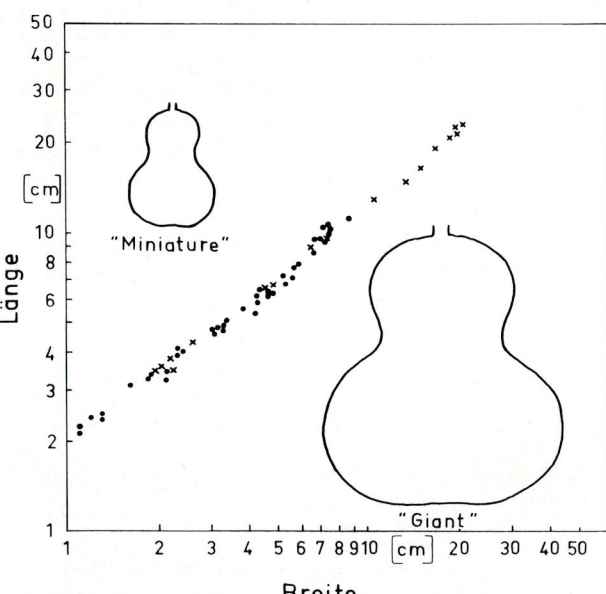

Abb. 19.24. Das relative Wachstum (Länge zu Breite) bei zwei Rassen von Flaschenkürbissen. Die Breite nimmt schneller zu als die Länge; das relative Wachstum ist jedoch bei der Rasse mit kleinen Früchten („Miniature", *Punkte*) dasselbe wie bei der Rasse mit großen Früchten („Giant", *Kreuze*). Obgleich also die Gestalt der reifen Früchte bei den beiden Rassen verschieden ist, dürfte die genetische Information für die Gestaltbildung der Früchte gleich sein. Der genetische Unterschied betrifft lediglich jene Gene, welche das Ende des Fruchtwachstums festlegen. (Nach Sinnott 1960)

0,78mal langsamer in die Länge als in die Breite wächst. Diese Funktion ist in beiden Rassen dieselbe. 2. Der genetische Unterschied zwischen den beiden Rassen – hinsichtlich der Früchte – betrifft lediglich die *Endgröße* der Kürbisse; die Gene für die „Gestaltbildung" der Frucht sind in beiden Rassen identisch.

2. Beispiel: Das allometrische Wachstum von Farngametophyten. Die jungen Keimlinge des Wurmfarns (*Dryopteris filix-mas*) führen im Blaulicht die für Weißlicht charakteristische „normale" Entwicklung durch, im Rotlicht hingegen wachsen sie als Zellfäden (→ Abb. 19.10). Die „normale" Entwicklung der zweidimensionalen Prothallien ist durch einen Gestaltwandel gekennzeichnet: Die Prothallien werden mit der Zeit relativ breiter (Abb. 19.25). Man fragt sich, ob auch in diesem Fall das Längenwachstum und das Breitenwachstum über eine einfache Funktion miteinander verknüpft sind. Dies ist in der Tat der Fall. Wenn man die maximale Länge und die maximale Breite der Prothallien über eine längere Zeit hinweg verfolgt und die Meßwerte in ein doppeltlogarithmisches Koordinatensystem einträgt, kann man die Meßpunkte einer Regressionsgeraden zuordnen (Abb. 19.26). Dieses allometrische Wachstum tritt im Rotlicht nicht auf; offenbar können sich die betreffenden Gene unter diesen Bedingungen nicht manifestieren.

Für die beiden in Abb. 19.24 und 19.26 dargestellten Beispiele gilt, daß die Systeme durch proportionales Wachstum ihre Form ändern. Die Formänderung geschieht gesetzhaft. Die zugrunde liegende, allgemeine Beziehung läßt sich folgender-

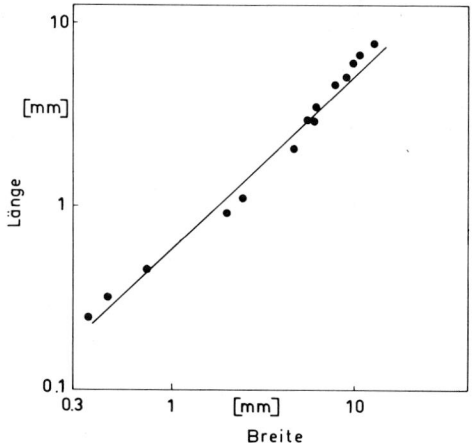

Abb. 19.26. Allometrisches Wachstum der Prothallien des Wurmfarns im Blaulicht. (Nach May 1964)

maßen beschreiben:

$$\log y = a \log x + \log b \,, \qquad (19.6\,a)$$

wobei: y = Maßzahl auf der Ordinate, x = Maßzahl auf der Abszisse, a = Steigung der Geraden, b = eine Integrationskonstante. Diese Gleichung läßt sich auch auf folgende Weise ableiten: Die relative Wachstumsintensität in der einen Dimension stehe zu der relativen Wachstumsintensität in der anderen Dimension in einem konstanten Verhältnis a. Dann gilt:

$$\frac{dy}{dt\,y} \bigg/ \frac{dx}{dt\,x} = a \,, \quad \text{oder:} \quad \frac{dy}{y} = a\,\frac{dx}{x} \,.$$

Die Integration liefert

$$\log y = a \log x + \log b \,,$$
$$\text{oder:} \quad y = b\,x^a \,. \qquad (19.6\,b)$$

Diese Formel für das allometrische Wachstum bedeutet also folgendes: Fall das Verhältnis a der relativen Wachstumsintensitäten in den beiden Dimensionen konstant ist, erhält man eine Gerade, wenn man die jeweiligen Maßzahlen logarithmisch gegeneinander aufträgt. Ist a = 1, so ist das Wachstum des Systems *isometrisch*; bei a < 1 oder a > 1 spricht man von *anisometrischem* Wachstum. Natürlich ist die Feststellung einer allometrischen Beziehung nicht ein Endziel der Entwicklungsphysiologie; solche Formulierungen sind vielmehr als eine Voraus-

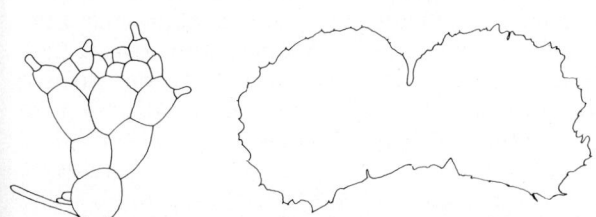

Abb. 19.25. Beim „normalen" Wachstum der Farnprothallien im Weiß- oder Blaulicht nimmt die Breite relativ stärker zu als die Länge. *Links:* Prothallium des Wurmfarns (*Dryopteris filix-mas*) im Blaulicht, 12 d nach der Sporenkeimung; *rechts:* 58 d nach der Sporenkeimung, Vergrößerung rechts ≪ Vergrößerung links. (Nach May 1964)

setzung für die molekulare Analyse jener Faktoren aufzufassen, welche die Koordination des Wachstums in einem mehrdimensionalen lebendigen System bewirken. Eine solche Analyse ist indessen bisher nicht möglich gewesen. Die auf eine kausale Erklärung des pflanzlichen Wachstums zielende Physiologie beschränkt sich bislang weitgehend auf die Regulation des postembryonalen Zellängenwachstums (→ S. 398).

Wachstum der Meristeme

Die Vermehrung der Zellen erfolgt hauptsächlich in den Meristemen der Pflanze. Unter dem Mikroskop erscheinen die Apikalmeristeme (Vegetationspunkte) des Sproß- und Wurzelsystems als flache Kegel (Abb. 19.27, 19.28). Diese Urmeristeme leiten sich entwicklungsgeschichtlich unmittelbar von den Geweben des Embryos her (→ Abb. 24.2). Man unterscheidet nicht-stratifizierte Meristeme und solche, die eine distinkte Tunica-Corpus-Gliederung aufweisen (Abb. 19.29). Die Apikalmeristeme bleiben mitotisch aktiv, solange die Pflanze lebt. Die Teilungsaktivität innerhalb des Meristems ist sehr unterschiedlich und offenbar präzis reguliert.

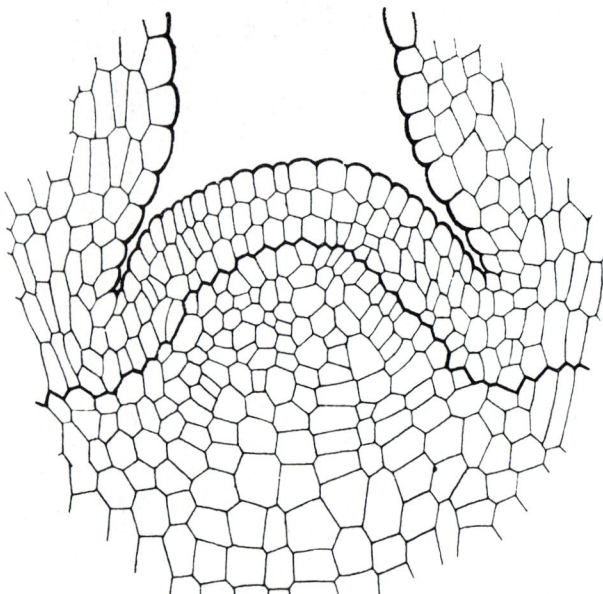

Abb. 19.27. Längsschnitt durch den apikalen Vegetationspunkt des Immergrüns (*Vinca minor*). Man erkennt am apikalen Dom die dreischichtige Tunica und darunter das Corpus. (Nach Sinnot 1960)

Physiologische Fragestellungen zielen darauf ab, wie die Regulation der Intensität und der räumlichen Verteilung mitotischer Aktivität zustande kommt, und wie trotz des Eintretens somatischer Mutationen die genetische Integrität (genetische Omnipotenz) auch in langlebigen Meristemen gewährleistet ist. Mit der letzteren Frage haben wir uns bereits befaßt (→ S. 295); die Frage nach der räumlichen Verteilung der Zellteilung werden wir im Zusammenhang mit der Bildung der Blattprimordien besprechen (→ S. 324). An dieser Stelle behandeln wir die Bedeutung genetischer Mosaike und Zellabstammungsreihen. Bei Pflanzen gibt es, im Gegensatz zu Tieren, keine morphogenetischen Bewegungen von Zellen. Pflanzenzellen werden durch Zellteilung und -wachstum an ihren endgültigen Ort im Organismus gebracht. Eine zentrale Frage lautet: Inwieweit sind die Zellen bereits im Meristem unterschiedlich? Einen Anhaltspunkt hierzu bieten die Abstammungsreihen einzelner Zellen, welche durch spontane (oder experimentell erzeugte) Mutationen markiert sind, und daher von ihren Nachbarn unterschieden werden können (z.B. durch das Fehlen von Chlorophyll). Die Nachkommen dieser Zellen bilden, vor dem Hintergrund des normalen Gewebes, ein genetisches Mosaik. Bei der Analyse derartiger Zellabstammungsreihen hat sich ergeben, daß die Vorgänge in den Meristemen unerwartet dynamisch sind: Zellen in sehr ähnlicher Position innerhalb desselben Meristems bilden sehr verschiedene Mengen an Gewebe, die ein recht unterschiedliches Schicksal haben können. Obgleich das künftige Schicksal der Zellschichten im Vegetationspunkt in der Regel vorausgesagt werden kann (→ Chimären; S. 475), weisen alle untersuchten Abstammungsreihen darauf hin, daß die Zellen auch andere Strukturen hervorbringen können als jene, die sie normalerweise bilden. Diese Beobachtungen bestätigen das Diktum von Vöchting (1898), daß das Schicksal einer Pflanzenzelle durch die *Position* bestimmt wird, in die sie innerhalb der Pflanze gelangt, und nicht durch ihre *Herkunft*.

Differenzierung

In einem adulten Säugetier oder im adulten Sporophyten einer Samenpflanze lassen sich mehrere hundert verschiedenartige Zelltypen unterscheiden.

Abb. 19.28. Morphologie und Anatomie des apikalen Vegetationspunktes. Objekt: Weißer Senf (*Sinapis alba*). *Oben:* Blick mit dem Rasterelektronenmikroskop auf das Meristem. Der apikale Dom (*Pfeil*) ist umgeben von Blattprimordien. (Die beiden ältesten Blattprimordien sind am unteren Rand etwas beschädigt. Nach einer Aufnahme von Barsch.) *Unten:* Längsschnitt; die Schnittebene ist in der oberen Abb. mit einem Strich angedeutet. (Nach Bernier)

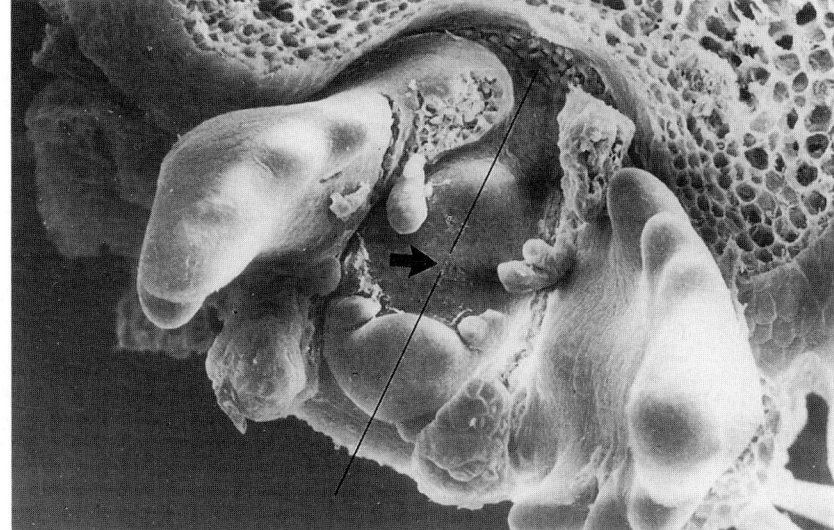

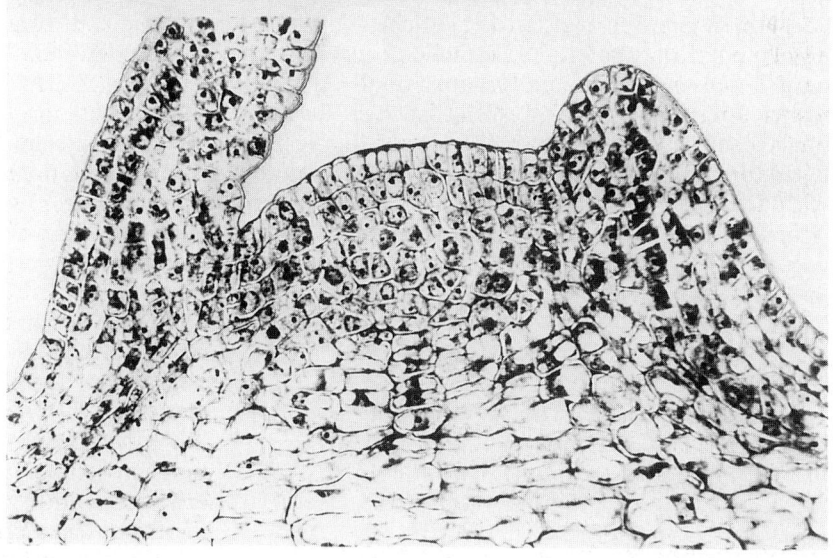

Dieses Phänomen fordert die Frage heraus, wie aus einer Keimzelle (Zygote, Spore) diese Mannigfaltigkeit der Zelltypen entstehen kann. Bei der Antwort auf diese Frage müssen wir davon ausgehen, daß die Vermehrung der Zellen im vielzelligen System über mitotische Zellteilungen erfolgt. Dies bedeutet, daß in aller Regel zumindest die im Zellkern deponierte genetische Information der Mutterzelle äqual auf die Tochterzellen verteilt wird (→ S. 91). Der Tradition folgend, bezeichnet man den Vorgang des funktionellen und strukturellen Verschie-

denwerdens der Zellen, Gewebe und Organe in der Ontogenie eines vielzelligen Systems mit dem Begriff *Differenzierung*, und man pflegt zu betonen, der „Mechanismus" der Differenzierung sei eines der großen Probleme der Biologie. Dies ist in der Tat der Fall.

Der Begriff Differenzierung wird auch innerhalb der Biologie in verschiedener Bedeutung benutzt. Das Problem der Differenzierung ist deshalb auch ein *begriffslogisches* Problem. Der beschreibende Embryologe versteht unter Differenzierung

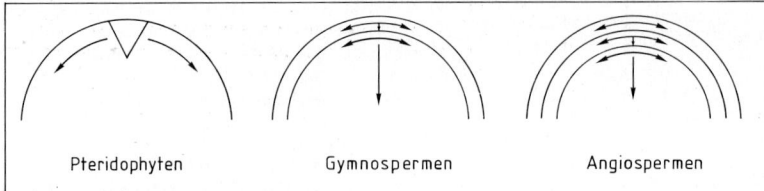

Pteridophyten   Gymnospermen   Angiospermen

Abb. 19.29. Eine schematische Darstellung der drei Typen von Zellteilungsmustern im Sproßmeristem der Pteridophyten, Gymnospermen und Angiospermen. Die meisten Pteridophyten besitzen eine große Scheitelzelle, auf deren Teilungsaktivität die Sproßgewebe zurückzuführen sind. Bei den meisten Gymnospermen findet sich keine Scheitelzelle mehr. Sie haben vielmehr zwei ziemlich distinkte Zellschichten an der Oberfläche des Vegetationskegels. Die Zellen an der Peripherie teilen sich vor allem antiklin und bilden somit eine einzige diskrete Zellschicht (Dermatogen). Perikline Teilungen sind seltener, kommen aber noch vor. In der subepidermalen Zellschicht teilen sich die Zellen nicht regelmäßig. Bei den Angiospermen hingegen formen sich zwei oder drei diskrete Zellschichten (Tunica) um einen Corpus von unregelmäßig arrangierten Zellen (→ Abb. 19.27). Die Tunica/Corpus-Organisation kommt also dadurch zustande, daß sich nahe der Oberfläche des Meristems (fast) ausschließlich antikline Zellteilungen abspielen, während im Zentrum des Meristems die Teilungsebene nicht vorgegeben ist. (Nach Poethig 1989)

die von einem cytologisch einheitlichen, omnipotenten Ausgangsmaterial ausgehende Entwicklung von Zellen, Geweben und Organen nach verschiedenen Richtungen. Das Resultat ist, daß aus ehemals gleichartigen Zellen solche entstehen, die sich strukturell und funktionell sowohl untereinander als auch gegenüber den embryonalen Zellen unterscheiden (Abb. 19.30). Die Betonung der *Zell*differenzierung erscheint gerechtfertigt, da man heute allgemein davon ausgeht, daß Unterschiede zwischen Geweben und Organen auf Unterschiede zwischen Zellen zurückzuführen sind. Allerdings zeigt bereits die Beobachtung von Tüpfelkanälen, daß die Zellen im Gewebeverband bei der Differenzierung mit höchster Präzision kooperieren. Die Entwicklungsphysiologie kennt darüber hinaus viele Beispiele für die *Wechselwirkung* von Zellen beim Prozeß der Differenzierung. Zellen differenzieren sich in der Regel nicht autonom, sondern aufgrund und nach Maßgabe von Signalen aus ihrer Umwelt (→ S. 312). Das begriffliche Gegensatzpaar in der deskriptiven Embryologie lautet: embryonal – differenziert.

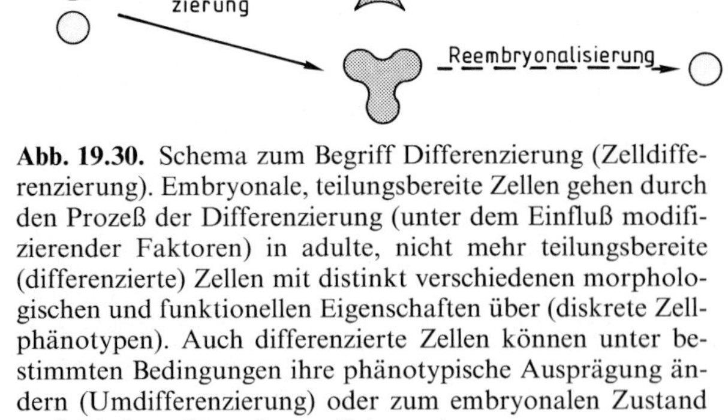

In der genphysiologisch orientierten Entwicklungsphysiologie wird der Begriff Differenzierung erweitert und präzisiert. In Abb. 19.31 sind zur Illustration der Zelldifferenzierung drei distinkt verschiedene Zellphänotypen eines Blattes dargestellt, die *Epidermiszellen*, die als *Sklereide* ausgebildeten Idioblasten und die *Assimilationsparenchymzellen*. Wir gehen von dem Paradigma aus, daß sich zumindest in den meisten Fällen bei der Herausbildung verschiedener Zellphänotypen die genetische Information der Zellen nicht verändert und daß nichts davon verloren geht (→ S. 316). Mit anderen Worten: Die Reaktionsnorm (→ S. 329) der Zellen wird im Vollzug der Differenzierung nicht verändert. Außerdem gehen wir davon aus, daß Zelldifferenzierung mit *differentieller Genaktivität* zusammenhängt. Mit diesem Begriff will man zum Ausdruck bringen, daß in verschiedenartig differenzier-

embryonale Zellen
teilungsbereit

adulte Zellen
nicht mehr teilungsbereit,
funktionell spezialisiert

modifizierende
Faktoren

Umdifferenzierung

Differen-

zierung

Reembryonalisierung

Abb. 19.30. Schema zum Begriff Differenzierung (Zelldifferenzierung). Embryonale, teilungsbereite Zellen gehen durch den Prozeß der Differenzierung (unter dem Einfluß modifizierender Faktoren) in adulte, nicht mehr teilungsbereite (differenzierte) Zellen mit distinkt verschiedenen morphologischen und funktionellen Eigenschaften über (diskrete Zellphänotypen). Auch differenzierte Zellen können unter bestimmten Bedingungen ihre phänotypische Ausprägung ändern (Umdifferenzierung) oder zum embryonalen Zustand zurückkehren (Reembryonalisierung)

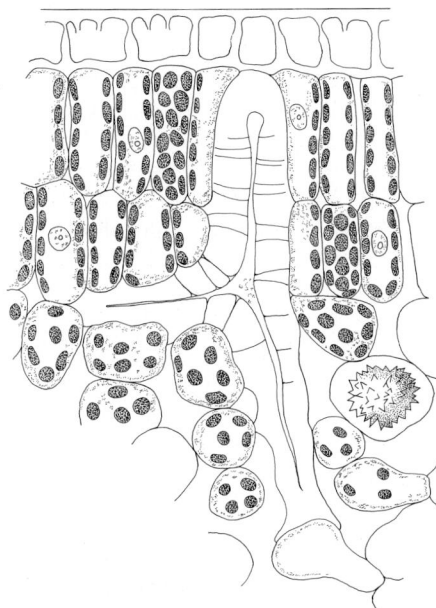

Abb. 19.31. Teil eines Querschnitts durch das Laubblatt von *Camellia japonica* mit Epidermiszellen, Mesophyllzellen und einer Sklerenchymzelle (Sklereid). (Nach Haberlandt 1924)

ten Zellen unterschiedliche Anteile der genetischen Information aktiv sind, oder aktiv gewesen sind. Die qualitativ unterschiedliche Transkription in verschieden differenzierten Zellen desselben Organismus läßt sich mit den heute zur Verfügung stehenden molekularbiologischen Methoden direkt demonstrieren. Auch qualitative und quantitative Unterschiede der Enzymausstattung sind vielfach nachgewiesen worden. Beispielsweise wird das phytochrominduzierte, cytosolische Enzym Chalconsynthase (→ Abb. 21.21) in den Kotyledonen des Senfkeimlings nur in den Epidermiszellen gebildet. Im Mesophyll findet man weder das Enzym noch seine mRNA.

Was bedeutet *Differenzierung* im Zusammenhang mit der Abb. 19.30? Der Begriff bedeutet hier die Überführung eines bestimmten Zellphänotyps in einen anderen. Auch die embryonale Zelle ist unter dem genphysiologischen Gesichtspunkt als differenziert aufzufassen; auch sie ist funktionell spezialisiert, nämlich auf die Funktion der Zellteilung hin. Auch die embryonale Zelle exprimiert nur einen Teil – und zwar nur einen sehr kleinen Teil – der gesamten in ihr vorhandenen genetischen Information. Der logische Gegensatz zur *embryona-*

len Zelle ist die *nicht mehr teilungsbereite, funktionell spezialisierte* Zelle (kurz, die *adulte* Zelle). Demnach ist der Übergang einer embryonalen Zelle in eine adulte Zelle eigentlich ebenfalls als *Umdifferenzierung* zu bezeichnen.

Tatsächlich verwenden wir heute den Begriff Differenzierung meist im Sinn einer Umdifferenzierung, ob wir uns dessen bewußt sind oder nicht. Wir wissen, daß in der Regel auch die funktionell spezialisierte, adulte Pflanzenzelle einer weiteren Umdifferenzierung innerhalb der Reaktionsnorm zugänglich ist. Dabei ist der Umweg über eine Reembryonalisierung keineswegs obligatorisch. Man konnte beispielsweise zeigen, daß in Zellsuspensionskulturen von *Centaurea cyanus* einzelne isolierte Parenchymzellen in einzelne isolierte Xylemelemente (Tracheiden) übergehen. Mechanisch isolierte Mesophyllzellen von *Zinnia elegans* strekken sich in submerser Kultur zuerst und werden dann ohne vorhergehende Zellteilung direkt zu Tracheiden (Abb. 19.32). Wir können also davon ausgehen, daß DNA-Synthese, Kern- oder Zellteilung dem Differenzierungsvorgang nicht notwendigerweise voranzugehen brauchen.

Adulte Pflanzenzellen können experimentell relativ leicht auf den Stand embryonaler Zellen zurückgeführt werden, z.B. über die Herstellung von zellwandlosen *Protoplasten* (Abb. 19.33). In einem

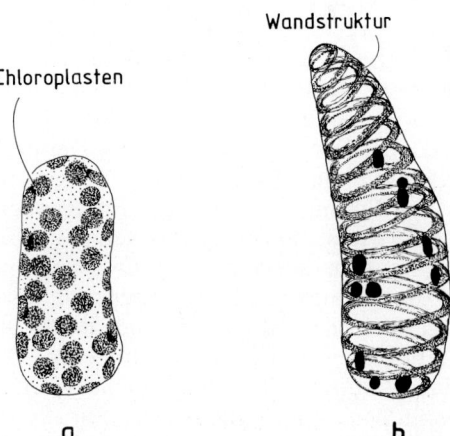

Abb. 19.32 a und b. Frisch isolierte Mesophyllzelle aus dem Blatt von *Zinnia elegans* (a) und ein aus dieser Zelle innerhalb von 2,5 d gebildetes tracheidales Element (b). Die Entstehung der tracheidalen Wandstruktur (schraubige Verdikkungsleisten) ist verbunden mit einer Rückbildung der Chloroplasten. (Schematisiert nach Kohlenbach und Schmidt 1975; Fukuda 1989)

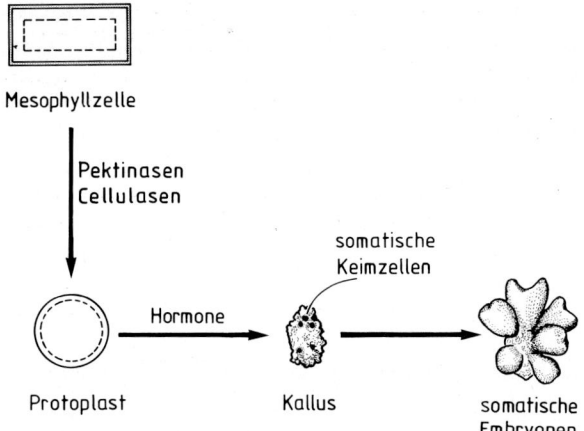

Abb. 19.33. Schema zur Herstellung somatischer Embryonen. Aus Blattgewebe gewinnt man durch enzymatisches Auflösen der Zellwände mit Pektinasen und Cellulasen nackte Pflanzenzellen, die kugelförmigen Protoplasten. (Damit diese nicht platzen, muß dem Medium ein Osmoticum, z.B. Mannit, zugesetzt werden.) Durch die Wahl eines geeigneten Mediums (Hormone!) kann man die Protoplasten zur Teilung anregen. Es entsteht ein unorganisiertes Gewebe (*Kallus*). Man hat empirisch gelernt, durch Veränderung des Nährmediums (Auxinpegel, Zugabe von Ammoniumnitrat) aus Kalli somatische Embryonen zu erzeugen. Diese wachsen ohne Ruhephase zu normalen Keimpflanzen heran

geeigneten Medium verhalten sich die Protoplasten wie embryonale Zellen: Sie regenerieren ihre Zellwand (eine Voraussetzung für die Zellteilung), strecken sich, treten in mitotische Teilungen ein und bilden einen Zellhaufen (Kallus). Im Kallus gibt es einzelne Zellen, die genphysiologisch auf den Zustand einer Keimzelle (somatische Keimzellen) revertieren. Von diesen Zellen ausgehend kommt es zur Bildung somatischer Embryonen. Diese besitzen, wie normale Embryonen (→ Abb. 24.2), von Anfang an die Meristeme für Sproß und Wurzel. Da die somatischen Embryonen zum übrigen Kallusgewebe hin abgegrenzt sind, lassen sie sich leicht abtrennen und isoliert kultivieren. Die entstehenden Pflanzen sind nach Genotyp und Phänotyp mit der ursprünglichen Mutterpflanze (Lieferant der Protoplasten) weitgehend identisch. Die praktische Bedeutung der Erzeugung somatischer Embryonen liegt auf der Hand. *Genphysiologisch* bedeutet die somatische Embryogenese nicht nur den Beleg für die Omnipotenz der Ausgangszellen, sondern vor allem auch den Nachweis dafür, daß adulte Zellen auf den genphysiologischen

Stand einer embryonalen Zelle und schließlich einer Keimzelle (Zygote) zurückgedreht werden können (Reembryonalisierung, → Abb. 19.30).

Es ist auffällig, daß unter normalen (d.h. nichtpathologischen) Umständen bei Differenzierungen innerhalb der Reaktionsnorm nur bestimmte, klar unterschiedene Zellphänotypen entstehen, bei einem Blatt z.B. Epidermiszellen, Palisadenparenchymzellen, Schwammparenchymzellen, Schließzellen, Idioblasten. Daraus folgt, daß nur bestimmte Zellphänotypen möglich sind; vermutlich sind nur sie genphysiologisch ausbalanciert. Andererseits haben alle Zellphänotypen einer Pflanze eine Vielzahl gemeinsamer Eigenschaften: Sie bilden alle die gleichen Ribosomen, dieselbe Cellulose, das gleiche Phytochrom, die gleichen Cytochrome, die gleichen Dehydrogenasen, das gleiche ATP usw. Die Zellphänotypen überlappen sich also und sind doch klar unterschieden. Vermutlich ist, genphysiologisch gesehen, die Überlappung weit größer als der Unterschied.

Determination und Differenzierung

Die Erkennung von Unterschieden zwischen Zellen hängt von der Leistungsfähigkeit der verwendeten Methoden ab. Oft kann das Verschiedensein von Zellen nur rückblickend aus dem Entwicklungsablauf erschlossen werden. Man pflegt für solche prospektiven Unterschiede den Begriff *Determination* zu verwenden. Determinierte Zellen sind also solche, deren künftiger Differenzierungszustand (funktioneller Zellphänotyp) bereits festgelegt ist, obgleich dies morphologisch, biochemisch oder biophysikalisch noch nicht feststellbar ist. Der englische Begriff „cell commitment", für den es keine adäquate Übersetzung gibt, bringt den gemeinten Sachverhalt prägnant zum Ausdruck („relatively stable dedication to a particular specialized fate"). Am Beginn des Prozesses des cell commitment steht die Frage, wie eine Zelle „entscheidet", welchen Weg der Differenzierung sie einschlägt. Anders gewendet (→ Abb. 19.30): Welche Faktoren – innere, äußere – dirigieren die Zelle in eine bestimmte Richtung?

1. Beispiel: Die Zoneneinteilung der Wurzel. Bei der begrifflichen Gliederung einer Wurzel pflegt man Meristem, Determinationszone und Differenzierungszone zu unterscheiden (Abb. 19.34). Wächst

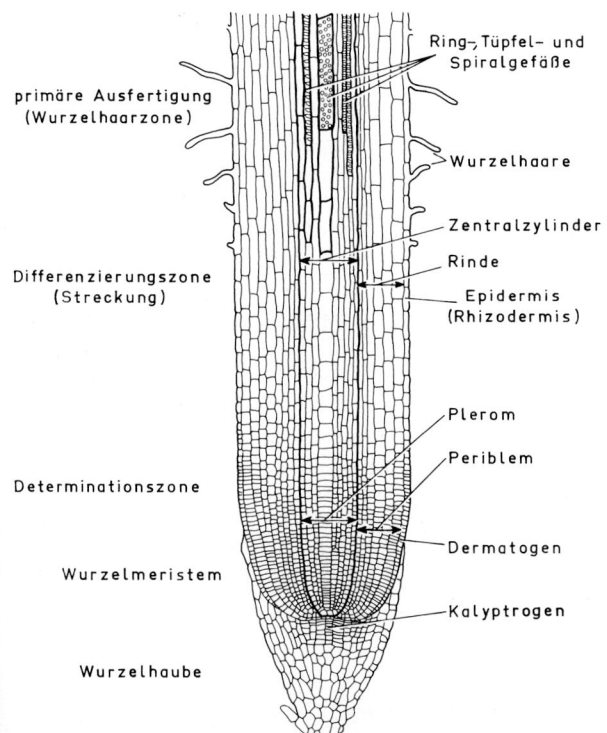

Abb. 19.34. Die Zoneneinteilung einer Wurzel. Neben dem *Meristem* lassen sich die Zonen der *Determination*, der *Differenzierung*, der *primären Ausfertigung* und der *sekundären Ausfertigung* unterscheiden. Die letztere Zone, die sekundäres Dickenwachstum einschließt, ist in dem vorliegenden Schema nicht erfaßt. (Nach Oehlkers 1956)

Labels in figure:
primäre Ausfertigung (Wurzelhaarzone)
Differenzierungszone (Streckung)
Determinationszone
Wurzelmeristem
Wurzelhaube
Ring-, Tüpfel- und Spiralgefäße
Wurzelhaare
Zentralzylinder
Rinde
Epidermis (Rhizodermis)
Plerom
Periblem
Dermatogen
Kalyptrogen

2. Beispiel: Determination und Differenzierung bei der Bildung von Idioblasten. Auch im Fall von Idioblasten nennt man die determinierten Zellen *Initialen.* Hier gilt die Vergrößerung des Zellkerns, einschließlich der Nucleolen, als erstes sichtbares Zeichen der stattgehabten Determination. Die Abb. 19.35 faßt die von Foard erhobenen experimentellen Befunde zusammen: Die unreifen Paren-

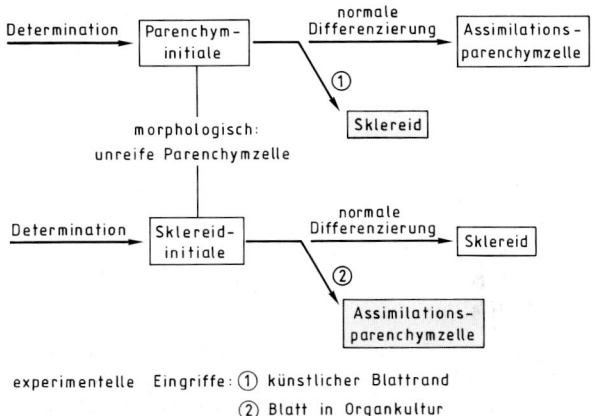

experimentelle Eingriffe: ① künstlicher Blattrand
② Blatt in Organkultur

Abb. 19.35. Experimentelle Umsteuerung während des Differenzierungsvorgangs. Objekt: Junge Blätter von *Camellia japonica.* Die Blattsklereide dieser Pflanze sind ein Beispiel für den sklerenchymatischen Typ von Idioblasten. Die großen, reich verzweigten, mit einer dicken, verholzten Wand ausgestatteten *Sklereide* unterscheiden sich in jeder Hinsicht von den *Assimilationsparenchymzellen*, in die sie eingebettet sind (→ Abb. 19.31). Die Sklereide entstehen aus Parenchymzellen. Die *Sklereidinitialen*, d.h. die Zellen, die sich zu den reifen Sklereiden entwickeln werden, lassen sich während der ersten Phasen der Blattentwicklung von den *Parenchyminitialen* nicht unterscheiden. Erst wenn das Blatt 3 bis 5 cm lang ist, vergrößert sich der Zellkern der Sklereidinitiale in auffälliger Weise. Die Sklereide entwickeln sich normalerweise fast nur am Blattrand. Schafft man künstliche Blattränder (z.B. durch Entnahme von Blattstücken aus dem Zentralteil der Lamina), so entwickeln sich normale Sklereide an den künstlichen Blatträndern (1). Zellteilungen spielen hierbei keine Rolle. Isoliert man ein junges Blatt und läßt es auf einem flüssigen Nährmedium heranwachsen, so bilden sich keine Sklereide am Blattrand (2). Da sich Sklereid- und Parenchyminitialen im jungen Blatt (< 3 cm) morphologisch nicht unterscheiden lassen, kann man den Zeitpunkt nicht angeben, an dem die Determination in Richtung Sklereid oder Parenchymzelle erfolgt. Die Alternative ist deshalb nicht ausgeschlossen, daß sich Sklereide und Parenchymzellen aus ein und denselben, *bipotenten* Initialen differenzieren. Die ausdifferenzierten Assimilationsparenchymzellen ausgewachsener Blätter sind nicht mehr in der Lage, sich in Sklereide umzudifferenzieren. (Nach Daten von Foard 1960)

die Wurzel im Fließgleichgewicht (steady state), so behalten die Zonen sowohl ihre Größe als auch ihre relative Lage bei. Oehlkers hat treffend die Determination als „eine bestimmte Etappe auf dem Weg zur endgültigen Differenzierung" bezeichnet, „in der sich zwar noch nicht die besonderen Eigentümlichkeiten endgültig ausdifferenzierter Zellen abzeichnen, wohl aber Entscheidungen fallen und Vorbereitungen getroffen werden". Die Abb. 19.34 zeigt anschaulich, daß Determination und Differenzierung im vielzelligen Organismus stets mit subtiler, nicht-zufallsmäßiger *Musterbildung* verbunden sind. Es ist deshalb unwahrscheinlich, daß zufallsmäßige Vorgänge bei Determination und Differenzierung eine Rolle spielen. Die Determination äußert sich auf dem Niveau der Gewebe und Organe als *Anlage eines Musters*, Differenzierung als *Ausbildung eines Musters* (→ S. 321).

chymzellen im jungen Blatt von *Camellia japonica* differenzieren sich nicht autonom, sondern reagieren auf bestimmte experimentelle Eingriffe mit Änderungen der Differenzierungsrichtung. Allerdings entstehen dabei entweder Assimilationsparenchymzellen oder Sklereide, nichts anderes. Das Beispiel zeigt außerdem, daß Zellteilungen keine notwendige Voraussetzung für Umsteuerungen der Differenzierungsrichtung darstellen.

Differenzierung und Modulation

Die Bestimmung des jeweiligen Zellphänotyps, des jeweiligen Differenzierungszustandes, erfolgt durch *modifizierende Faktoren* (→ Abb. 19.30). Sie stammen offensichtlich entweder aus der Umwelt der Zelle oder resultieren aus der Polarität der Mutterzelle (→ Abb. 6.1). Die aus der Umwelt der Zelle stammenden Faktoren sind entweder *organismuseigene Faktoren* oder *Außenfaktoren*, z.B. Licht. Den Außenfaktoren kommt beim Differenzierungsgeschehen der Pflanzen eine viel größere Bedeutung zu, als bei der Entwicklung der Tiere. Dies eröffnet die Möglichkeit für eine verhältnismäßig übersichtliche Faktorenanalyse der Differenzierung im Sinn der Abb. 2.3. Dieser Aspekt wird in dem Kapitel über Photomorphogenese dargestellt (→ S. 365).

Man stellt sich die Frage, ob die modifizierenden Faktoren beständig wirken müssen, um eine bestimmte Zelle in einem bestimmten Determinations- oder Differenzierungszustand zu halten, oder ob diese Faktoren lediglich die Einstellung eines stabilen Zustandes bewirken und dieser dann erhalten bleibt, solange keine weitere Umsteuerung durch andere modifizierende Faktoren erfolgt. Manche Phänomene (→ Abb. 19.35) sprechen für die zuletzt genannte Möglichkeit. Man muß die Funktion der modifizierenden Faktoren in diesen Fällen so auffassen, daß sie die Zelle aktiv von einem stabilen Zustand in einen anderen überführen (Abb. 19.36, *unten*). Nicht alle Differenzierungszustände einer Zelle sind indessen stabil. Um solche Fälle zu kennzeichnen, in denen ein labiler Differenzierungszustand nur vorübergehend besteht und sich der ursprüngliche, stabilere Zustand mit der Zeit wieder einstellt, hat man den Begriff *Modulation* geprägt (Abb. 19.36, *oben*). Modulationen spielen im Leben der Organismen eine große Rolle.

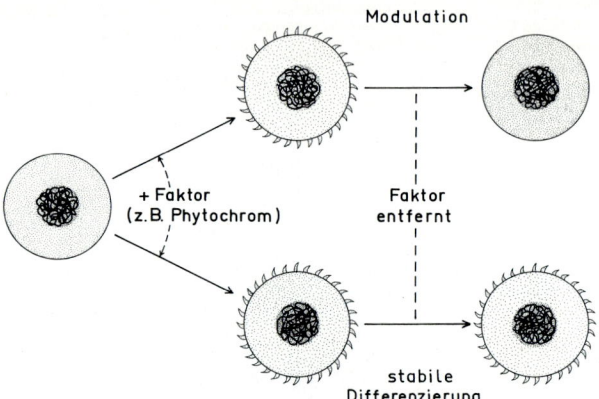

Abb. 19.36. Bei der Differenzierung muß man zwei Fallgruppen unterscheiden: 1. Der erreichte Differenzierungszustand bleibt auch nach Entfernung des modifizierenden Faktors bestehen (*stabile Differenzierung*, Differenzierung im engeren Sinn). 2. Der ursprüngliche Differenzierungszustand stellt sich nach Entfernung des modifizierenden Faktors wieder ein (*Modulation*). Modulationen sind also instabile, leicht reversible Differenzierungen. (Nach Weiss 1967)

1. Beispiel: Modulation des Wachstums. Das Längenwachstum eines Senfkeimlings (→ Abb. 21.12) beruht auf dem Längenwachstum der Hypokotylzellen. Die Wachstumsintensität der Zellen kann durch Licht moduliert werden (Abb. 19.37). Der durch Licht in den Zellen erzeugte modulierende Faktor ist P_{fr}, das physiologisch aktive Phytochrom (→ S. 359). Das P_{fr} ist instabil. Es wird mit einer bestimmten Halbwertszeit abgebaut. Solange die Menge an P_{fr} in den Zellen des Hypokotyls über einem definierten Schwellenwert liegt, wird von den Zellen eine reduzierte Wachstumsintensität eingehalten. Unterschreitet der P_{fr}-Gehalt den Schwellenwert, stellen sich die Hypokotylzellen wieder auf die ursprüngliche Wachstumsintensität, also auf das Dunkelwachstum ein.

2. Beispiel: Modulation einer Stoffwechselbahn. Wir benützen den von Bertalanffy eingeführten Begriff Fließgleichgewicht (steady state), um ein System zu kennzeichnen, dessen Strom a′ konstant ist (→ S. 41). Das Fließgleichgewicht, gekennzeichnet durch a′, läßt sich durch Hinzufügen eines Faktors F in einem bestimmten Ausmaß (Δa′) und mit einer bestimmten zeitlichen Verzögerung (Δt) ändern. Die uns momentan interessierende Frage ist, ob die Änderung Δa′ auch nach Entfernung des Faktors F

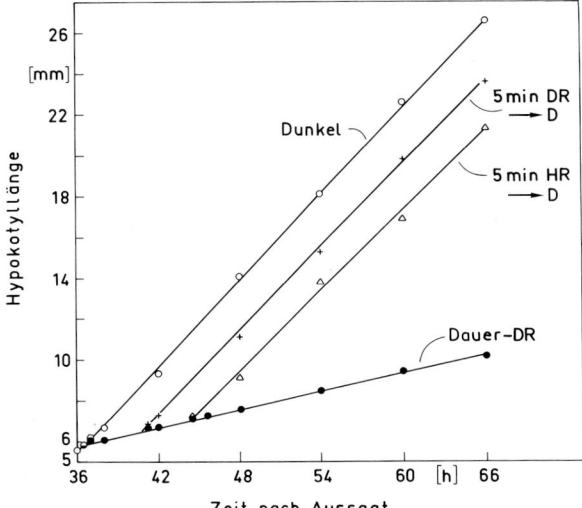

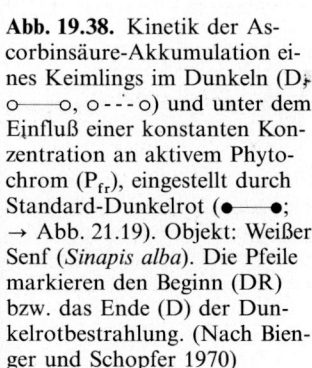

Abb. 19.37. Modulation des Hypokotylwachstums eines Keimlings durch Licht. Objekt: Weißer Senf (*Sinapis alba*). Der wirksame, durch Licht erzeugte Faktor ist P_{fr} (aktives Phytochrom; → S. 359). Da 5 min Hellrot (HR) mehr P_{fr} erzeugen als 5 min Dunkelrot (DR) (beide verabreicht zum Zeitpunkt 36 h), bleibt nach dem Hellrotpuls die reduzierte Wachstumsgeschwindigkeit länger eingestellt als nach dem Dunkelrotpuls. (Nach Schopfer und Oelze-Karow 1971)

Abb. 19.38. Kinetik der Ascorbinsäure-Akkumulation eines Keimlings im Dunkeln (D; o——o, o---o) und unter dem Einfluß einer konstanten Konzentration an aktivem Phytochrom (P_{fr}), eingestellt durch Standard-Dunkelrot (●——●; → Abb. 21.19). Objekt: Weißer Senf (*Sinapis alba*). Die Pfeile markieren den Beginn (DR) bzw. das Ende (D) der Dunkelrotbestrahlung. (Nach Bienger und Schopfer 1970)

erhalten bleibt, oder ob der Strom auf den ursprünglichen a′-Wert zurückgeht. Als experimentelles System verwenden wir wiederum den Senfkeimling, als Stoffwechselbahn mit stationärem Ausstrom die Ascorbinsäure produzierende Stoffwechselbahn. Man weiß, daß der Senfkeimling unter dem Einfluß von aktivem Phytochrom (P_{fr}) die Intensität der Ascorbinsäure-Produktion steigert. Die genaue Untersuchung ergibt folgendes Bild (Abb. 19.38):

Erzeugt man mit Hilfe von Dunkelrot P_{fr} im Keimling, so steigt die Produktionsintensität an Ascorbinsäure, nimmt man P_{fr} weg (indem man das Dunkelrot abschaltet), fällt die Produktionsintensität rasch auf die Dunkelintensität. Erzeugt man wieder P_{fr} (Zweitbelichtung), so steigt die Produktionsintensität wieder an. Die Kriterien einer *Modulation* sind offensichtlich erfüllt. *Allerdings gilt dies nur für die Produktionsintensität.* Faßt man die Änderungen der Ascorbinsäure-*Menge pro Keimling* (den Ascorbinsäure-pool) ins Auge, so verursacht das Dunkelrot eine stabile *Differenzierung*, da der Ascorbinsäure-pool auch nach Abschalten des Lichts nicht mehr auf den Dunkelwert zurückgeht. Die

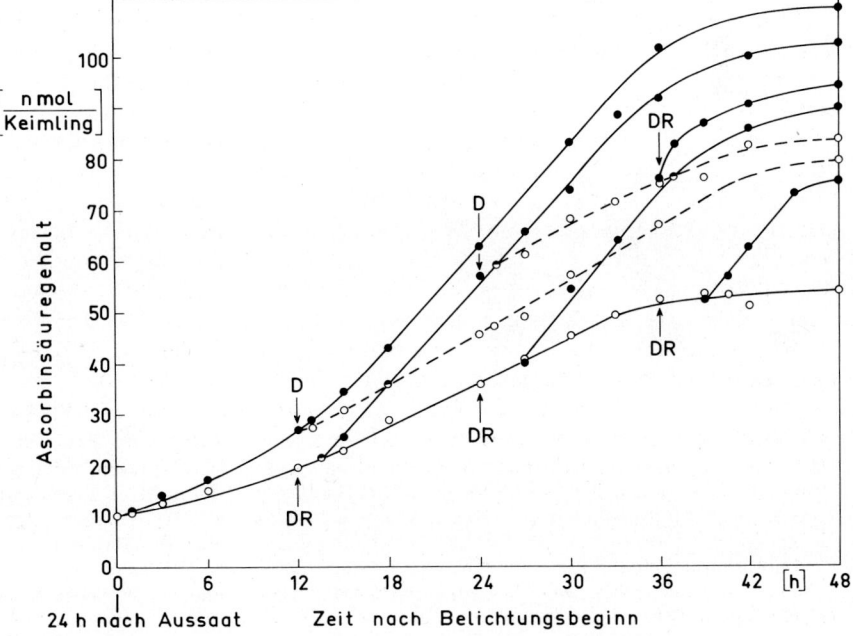

Entscheidung, ob ein Vorgang als stabile Differenzierung oder als Modulation anzusehen ist, hängt auch in anderen Fällen von der Betrachtungsweise ab. Die Modulation einer biogenetischen Bahn wird immer dann zu einer stabilen Differenzierung führen, wenn das Endprodukt stabil ist und wenn man massive Unterschiede zwischen den Zellen bezüglich des Endprodukts als Ausdruck von Differenziertsein betrachtet. Von Jacob und Monod stammt folgende Definition: „We shall consider that two cells are differentiated with respect to each other if, while they harbor the same genome, the pattern of proteins which they synthesize is different." Wir gehen noch einen Schritt weiter. Wir betrachten auch solche Zellen als relativ zueinander differenziert, die sich in ihrem Gehalt an bestimmten Molekülen (Endprodukten) stark voneinander unterscheiden, selbst wenn ihre Proteinmuster nicht (mehr) *qualitativ* verschieden sein sollten.

3. Beispiel: Photomorphogenese bei Farngametophyten (→ Abb. 19.5). Unter natürlichen Lichtver-

hältnissen ist die frühe Ontogenie des Farngametophyten durch den raschen Übergang vom fädigen Protonema zum flächigen Prothallium charakterisiert. Experimentell kann man zeigen, daß dieser Übergang nur erfolgen kann, wenn der Keimling genügend kurzwelliges Licht (Blaulicht) erhält. Kultiviert man den Keimling ausschließlich im Rotlicht, so entsteht (ebenso wie im Dunkeln) ein Zellfaden. Im Blaulicht hingegen bildet sich (ebenso wie im Weißlicht) das „normale" zweidimensionale Prothallium (Abb. 19.39). Man fragt sich, ob die durch Blaulicht bewirkte Umsteuerung der Morphogenese im Sinn einer Modulation voll reversibel ist. Dies ist in der Tat der Fall. Wie die Abb. 19.39 zeigt, verhält sich die im Blaulicht zweischneidige Scheitelzelle des Prothalliums wie eine keimende Spore, sobald man anstelle von Blaulicht nur morphogenetisch unwirksames, längerwelliges Licht (Rotlicht) einstrahlt. Das aus der Scheitelzelle auswachsende *Sekundärchloronema* unterscheidet sich nicht von dem aus einer keimenden Spore entstehenden *Primärchloronema*. Der durch das Blaulicht in der Scheitelzelle eingestellte Differenzierungszustand (*Zwei*schneidige Scheitelzelle) ist also im Sinn einer Modulation voll reversibel (Abb. 19.40).

Das Problem der Differenzierung aus heutiger Sicht

Wenn wir davon ausgehen, daß bei der Differenzierung (= Ausbildung verschiedener Zellphänotypen auf der Basis des gleichen Genotyps) die Reaktionsnorm (→ S. 329) erhalten bleibt (Erhaltung der Omnipotenz), bleiben als Mechanismen der

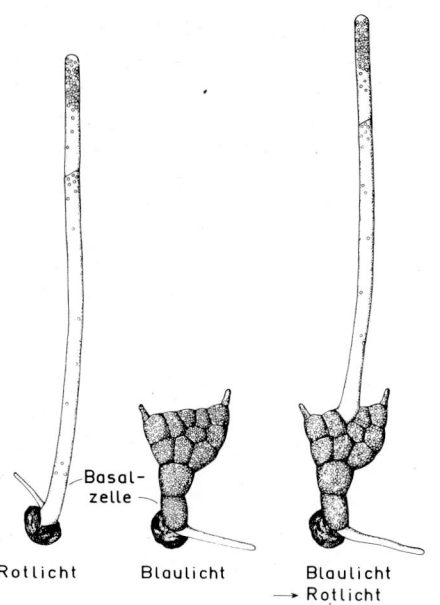

Abb. 19.39. Aus der keimenden Gonospore des Wurmfarns (*Dryopteris filix-mas*) entwickelt sich nur dann das normale Prothallium, wenn genügend kurzwelliges Licht (Blaulicht) vorhanden ist. Im Rotlicht entsteht (ebenso wie im Dunkeln) ein Zellfaden (Chloronema). Der Effekt ist unabhängig von der Photosynthese. In der Regel entstehen die Sekundärchloronemen aus der Scheitelzelle des jungen Prothalliums. (Nach Bünning 1958; Mohr 1956)

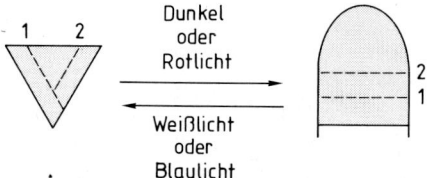

Abb. 19.40. Reversible Festlegung der Einschneidigkeit (*rechts*) oder Zweischneidigkeit (*links*) der Scheitelzelle durch Blaulicht im Gonosporenkeimling des Wurmfarns (→ Abb. 19.39). Es handelt sich um ein besonders klares Beispiel für eine Modulation auf der Ebene ein und desselben Zellphänotyps (Scheitelzelle). Gegenüber den anderen Zellen des Keimlings ist die Scheitelzelle natürlich eindeutig differenziert

Differenzierung im wesentlichen die folgenden Möglichkeiten offen:

- Differentielle DNA-Replication
  (= differentielle Genamplifikation),
- differentielle RNA-Synthese
  (= differentielle Transkription),
- differentielle Protein-Synthese
  (= differentielle Translation).

Das Problem ist, die für die Differenzierung maßgebenden Faktoren zu identifizieren und die an der Differenzierung beteiligten Mechanismen (d.h. die Abfolge der molekularen Einzelschritte) aufzuklären. Hiebei hat sich der folgende Ansatzpunkt bewährt: Man kann die *Funktion einer somatischen Zelle* (d.h. einer Körperzelle in einem vielzelligen Organismus) in zwei Kategorien einteilen. Einerseits gibt es *essentielle Funktionen*, die für die Erhaltung und das Wachstum einer jeden Zelle unbedingt notwendig sind, z.B. die Glycolyse oder die Bildung von ATP. Andererseits gibt es *„Luxus"-Funktionen*, die zwar für die Existenz des vielzelligen Organismus oder für die Erhaltung der Art unentbehrlich sind, nicht aber für die Erhaltung und für das Wachstum der Einzelzelle, z.B. die Bildung von Muskelfasern, die Sekretion eines Hormons oder die Synthese eines Farbstoffs. Da sich die essentiellen Funktionen bei der Differenzierung meist nicht wesentlich ändern, kann man sie in der Regel bei einer Faktorenanalyse der Differenzierung nicht verwenden. Die Faktorenanalyse benützt deshalb in erster Linie solche Merkmale, die auf „Luxus"-Funktionen der Zelle zurückzuführen sind. Die Bildung von Farbstoffen (z.B. Melanin, Anthocyan; → S. 368) oder Alkaloiden ist hierfür ein gutes Beispiel. Bei der Beschreibung der Differenzierung benützte man in der Vergangenheit bevorzugt morphologische Merkmale. Durch die Einführung des Elektronenmikroskops wurden die Möglichkeiten, spezifische Formmerkmale der Zellen zu identifizieren, gewaltig gesteigert. Andererseits jedoch ist das Problem, *wie* differentielle Genexpression zur Bildung räumlicher, morphologischer Muster führt, noch weitgehend ungeklärt. Dies gilt generell für den Zusammenhang von spezifischer Enzymsynthese und spezifischen Formmerkmalen. Hier liegt eines der ungelösten Probleme der Biologie. Die Chance für die Faktorenanalyse der Differenzierung liegt also vorläufig darin, verhältnismäßig einfache *biochemische Modellsysteme* zu finden, die es erlauben, den Vorgang

der Zelldifferenzierung und seine Regulation durch definierte Faktoren Schritt für Schritt zu erforschen und mit einer molekularen Terminologie zu beschreiben. Besonders geeignet erscheinen solche biochemischen Differenzierungsvorgänge, die auf „Luxus"-Funktionen der Zellen zurückzuführen sind und die durch den leicht zu handhabenden Umweltfaktor Licht ausgelöst werden (biochemische Modellsysteme der Photomorphogenese; → S. 368). Auch die Identifizierung homöotischer Gene bietet einen neuen Ansatz für die molekulare Analyse der Differenzierungsvorgänge (→ S. 329). Vermutlich werden in Zukunft auch die Untersuchung der differentiellen Genexpression innerhalb von Genfamilien (→ S. 371) und Studien mit transgenen Pflanzen (→ S. 616) zu einem besseren Verständnis der Kausalität der Differenzierung beitragen.

Gelegentlich werden *Transposonen* („springende Gene") mit dem Differenzierungsgeschehen in Zusammenhang gebracht. Transposonen haben keinen festen Platz innerhalb der Chromosomen; sie können vielmehr ihre Position im Genom verändern (Transposition). Die Transposonen sind relativ große Elemente (2500–40000 Basenpaare), die eine Reihe von Strukturgenen enthalten, u.a. für das Enzym Transposase, das die Transposition katalysiert. Bei Insertion in eine codierende Sequenz können die Transposonen das betroffene Gen stillegen; bei Einbau in eine regulatorische Sequenz können die nachgeschalteten Genexpressionen beeinflußt werden. Die resultierenden Effekte – z.B. irreguläre Anthocyanflecken im Aleuron von Maiskaryopsen – haben seinerzeit zur Entdeckung der „springenden Gene" geführt (McClintock 1951). Die inzwischen gewonnenen Einblicke in den Mechanismus der Transposition, auch die Erfahrung, daß Streßfaktoren die Transposonen aktivieren, machen es unwahrscheinlich, daß den Transposonen eine Bedeutung beim normalen Differenzierungsgeschehen zukommt; vielmehr wird das Überleben von Transposonen in der Evolution darauf zurückgeführt, daß sie unter Streßbedingungen über eine gesteigerte Mutationsrate die genetische Varianz einer Population erhöhen.

Musterbildung und Morphogenese

Während der Entwicklung eines vielzelligen Organismus werden die Zellen in regelmäßigen, nichtzufallsmäßigen *Mustern* angeordnet. Darauf beruht die Organisation des vielzelligen Systems, die Bildung und Anordnung spezifischer Gewebe und Organe. Wie diese räumlichen Muster entstehen, ist ein zentrales Thema der Entwicklungsphysiologie. Wichtige Gesichtspunkte, die sich aus dem Studium von Pflanzen ergeben haben, sind die folgenden:

● Der Prozeß der Musterbildung vollzieht sich stufenweise; man muß die *Anlage* von Mustern (*Spezifikation*) und die *Ausprägung* der Muster (*Realisation*) unterscheiden (Abb. 19.41).
● Man muß nicht nur räumliche, sondern auch *zeitliche Muster* in Betracht ziehen (Abb. 19.42).
● Auf die *Anlage* von Mustern (pattern specification) haben Umweltfaktoren keinen spezifischen Einfluß. Sie entstehen unter Bedingungen strenger Entwicklungshomöostasis. Die *Ausprägung* der Muster (pattern realization) ist hingegen häufig umweltabhängig (Abb. 19.41, 19.42). Durch das Studium der Photomorphogenese (→ S. 357) wurde die Einsicht in das Wesen der Musterbildung besonders gefördert.

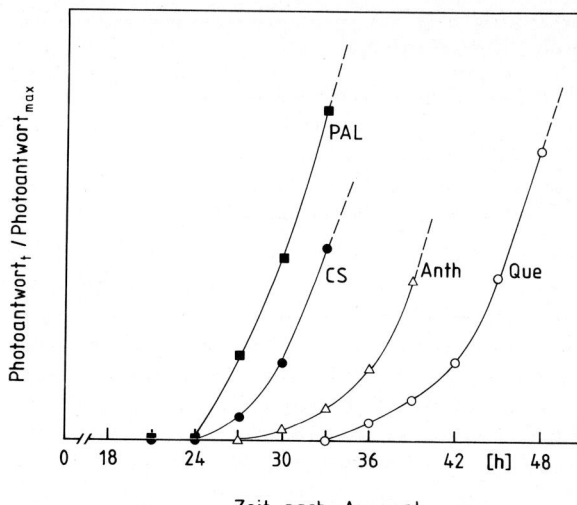

Abb. 19.42. Das zeitliche Muster der Synthese (Akkumulation) von Enzymen (Phenylalaninammoniumlyase = *PAL*; Chalconsynthase = *CS*; → Abb. 18.2) und Endprodukten des Flavonoidstoffwechsels (Anthocyan, *Anth*; Quercetin, *Que*) in den Kotyledonen des Senfkeimlings (*Sinapis alba*; → Abb. 21.12). Die Keimlinge wurden von der Aussaat an im Dauerlicht gehalten. Die Zellzahl in den Kotyledonen nimmt während des Versuchszeitraums nicht zu. Im Dunkeln kommt es zu keiner erheblichen Bildung der genannten Enzyme und Endprodukte. Das Ausmaß der Reaktion zum Zeitpunkt t (Photoantwort$_t$) ist auf die maximale Reaktionsgröße im Dauerlicht (Photoantwort$_{max}$) bezogen. (Nach Brödenfeldt und Mohr 1988)

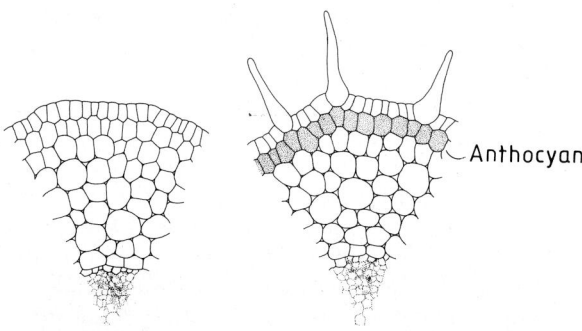

Abb. 19.41. Segmente aus Querschnitten durch das Hypokotyl des Senfkeimlings (*Sinapis alba*; → Abb. 19.2). *Links,* von einem Dunkelkeimling; *rechts,* von einem Keimling, der im Licht gehalten wurde. (Nach Wagner und Mohr 1966.) Man sieht, daß unter dem Einfluß von Licht gewisse Zellen der Epidermis (in einem Muster angeordnete Trichoblasten) zu langen Haaren ausgewachsen sind, und daß alle Zellen der subepidermalen Schicht – aber keine anderen Zellen – Anthocyan gebildet haben. Diese einfachen Muster zeigen das Prinzip: Licht wirkt nur als *Auslöser* (*Realisator*) der Differenzierung. Die *Anlage* und *Spezifität* der Muster (Trichoblasten, Anthocyanoblasten) ist lichtunabhängig

Auch die *Morphogenese*, d.h. die Entstehung und Veränderung der spezifischen Form (Gestalt, Struktur, Organisation) mit der Zeit, ist ein Charakteristikum vielzelliger Organismen. Die Grundzüge der Organisation des Kormus (die Körpergrundgestalt) werden bereits bei der Embryonalentwicklung (Embryogenese) im Embryosack festgelegt (→ Abb. 24.2). Dies ist eine Phase intensiver Morphogenese. Die beiden anderen Phasen in der Ontogenie einer Samenpflanze, die sich ebenfalls durch auffällige Morphogenese auszeichnen, sind die Keimlingsentwicklung (Photomorphogenese) und die Blütenbildung (→ Abb. 19.2). Die Embryogenese der Spermatophyten ist in situ experimentell nur schwer zugänglich. Außerdem ist diese Phase durch eine strenge *Entwicklungshomöostasis* gekennzeichnet (→ S. 296). Außenfaktoren vermögen das Entwicklungsgeschehen nicht *spezifisch* zu beeinflussen. Man kann die Entwicklung natürlich durch unphysiologische Eingriffe hemmen oder stören, aber man kann die Entwicklung im Embryosack nicht *spezifisch regulieren*. Dies gilt für die inäquale Teilung der Zygote (und damit für die Entstehung der Wurzel-Sproß-Polarität) ebenso, wie für die Ausbildung der bei den Dikotylen stets gegenständig angelegten Kotyledonen sowie der Primär- und Folgeblattprimordien. In der Regel sind bei den Dikotylen auch die beiden ersten Laubblätter (Primärblatt und erstes Folgeblatt) noch gegenständig angelegt. Sie stehen, bezogen auf die Kotyledonen, noch weitgehend dekussiert. Der Übergang zur spiraligen (schraubigen) Blattstellung erfolgt allmählich. Diese gleitende Veränderung in der Blattstellung hängt mit der Größenzunahme des Vegetationspunktes zusammen.

Phyllotaxis

Mit diesem Begriff bezeichnet man das artspezifische Muster der Blätter an einer Sproßachse. Die Phyllotaxis wird bei der Anlage der Blattprimordien am Vegetationspunkt festgelegt. Auch dieser Vorgang ist durch eine weitgehende Entwicklungshomöostase gekennzeichnet. Die Unempfindlichkeit gegen Außenfaktoren hat dazu beigetragen, daß bei der Phyllotaxis schon früh eine mathematische Behandlung der Phänomene versucht wurde. Ein Beispiel: Die auf der Abb. 19.43 wiedergegebene Rosette von *Plantago major* zeigt eine ⅜-Phyllotaxis. Um vom Blatt 1 zu dem nächsten, genau darüberstehenden Blatt (Nummer 9) zu gelangen, muß man die Sproßachse dreimal umfahren und berührt dabei 8 Blätter. Bei einer ⅜-Phyllotaxis beobachtet man demgemäß 8 *Orthostichen* (Längszeilen) und einen *Divergenzwinkel* zwischen zwei aufeinanderfolgenden Blättern von 135°. Das Verhältnis ⅜ nennt man den *Divergenzbruch*. Schimper und Braun haben die empirisch gefundenen Divergenzbrüche in einer Hauptreihe geordnet: ½, ⅓, ⅖, ⅜, ⁵⁄₁₃, ⁸⁄₂₁, ¹³⁄₃₄, usw. Das Prinzip dieser Reihe ist, daß sich Zähler und Nenner der aufeinanderfolgenden Divergenzbrüche jeweils aus der Summe der Zähler bzw. Nenner der beiden vorangegangenen Divergenzbrüche ergeben. Sowohl Zähler als auch Nenner bilden somit einen Teil der *Fibonacci-Reihe*: 0, 1, 1, 2, 3, 5, 8, 13, 21, 34 . . . In dieser Reihe ist jedes Glied die Summe der beiden vorangehenden. Die Hauptreihe führt schließlich zu einem Grenzwert, den man als *Limitdivergenz-*

winkel (137° 30′) bezeichnet. Dieser Grenzwinkel teilt den Kreisbogen nach dem Goldenen Schnitt. Die Bedeutung der Hauptreihe wurde früher vermutlich überschätzt. Genaue Analysen von Vegetationspunkten ergaben nämlich, daß die höheren Divergenzen der Hauptreihe wahrscheinlich gar nicht vorkommen. Jedenfalls konnte man die entsprechende Zahl von Orthostichen am Vegetationspunkt nicht eindeutig identifizieren. Es scheint vielmehr, daß sich alle höheren Divergenzen auf die Limitdivergenz zurückführen lassen. Bei spiraliger (schraubiger) Blattstellung bilden die Blattprimordien am Vegetationspunkt offenbar stets eine *Grundspirale* (*genetische Spirale*), bei der die aufeinanderfolgenden Blätter jeweils durch den Limitdivergenzwinkel (137,5°) voneinander getrennt sind. Man kann die Grundspirale leicht dadurch sichtbar machen, daß man durch die jeweilige Mitte der aufeinanderfolgenden Blattanlagen eine Spirallinie zieht (Abb. 19.44).

Jede Blattanlage ist in der Knospe an zwei ältere Blattanlagen – ihre „*Kontakte*" – angelehnt. Beispielsweise sind in Abb. 19.44 die Blattanlagen 4 und 6 die Kontakte der Blattanlage 1. Folgt man mit dem Auge der Abfolge der Kontakte von Blatt zu Blatt, so sieht man ebenfalls Spiralen (Schrägzeilen, *Parastichen*). Da jedes Blatt zwei Kontakte hat, ergeben sich zwei Sätze von Parastichen. Die oft

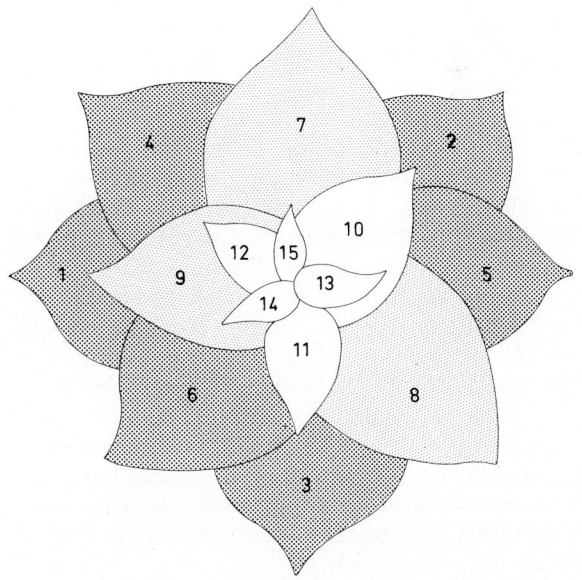

Abb. 19.43. Die Rosette des Breitwegerichs (*Plantago major*) als Modellfall für eine ⅜-Phyllotaxis. (Nach Sinnot 1963)

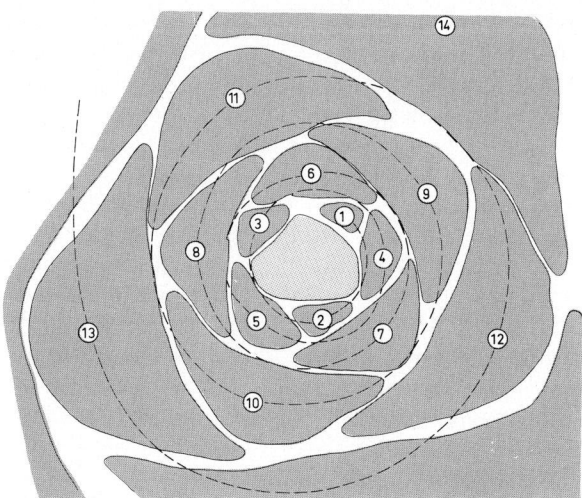

Abb. 19.44. Querschnitt durch den Sproßvegetationspunkt von *Saxifraga spec*. Die jungen Blattanlagen liegen innen, die älteren außen. Der hellgrau gehaltene Bereich ist das apikale Meristem. Die genetische Spirale ist gestrichelt eingetragen. (Nach Clowes 1961)

weils Hemmbezirke aus, in denen keine neuen Primordien entstehen können. Die Hemmbereiche sind relativ klein. Rücken durch die Expansion des Vegetationskegels die Hemmbereiche auseinander, so können neue Blattanlagen entstehen. Im Fall der Abb. 19.45 determinieren die beiden künftigen Kontakte (P_3 und P_5) der neuen Blattprimordie I_1 auf diese Weise – zusammen mit dem apikalen Meristemoid – die Position von I_1.

Mikrochirurgische Experimente an geeigneten Vegetationspunkten (z.B. von *Dryopteris*-Arten) stehen im Einklang mit dieser Auffassung. Die Entfernung einer Blattanlage beeinflußt lediglich die Position der beiden folgenden Primordien, für die die herausoperierte Blattanlage ein Kontakt gewesen wäre. Im Fall der Abb. 19.44 hätte also die Entfernung der Blattanlage 6 die Lage der Primordien 3 und 1 beeinflußt. Die stoffliche Grundlage

auffälligen Parastichen, z.B. in den Infloreszenzen der Compositen oder an den Zapfen der Coniferen, lassen sich ebenfalls mit Hilfe der Fibonacci-Reihe mathematisch beschreiben. Das für den Physiologen wichtige Resultat dieser Studien besagt, daß die spiralige Blattstellung am einfachsten mit der Annahme erklärt werden kann, daß jeweils zwei bereits etablierte Blattanlagen (die künftigen Kontakte) die Position eines neuen Blattprimordiums am expandierenden Vegetationskegel festlegen. Die definitive Blattstellung, die sich in der jeweiligen Phyllotaxis der ausgewachsenen Blätter äußert (→ Abb. 19.43), entsteht auf der Basis der Grundspirale mit einem Divergenzwinkel von 137,5° durch (geringfügige) Bewegungen der jungen Primordien. Die Grundlage für diese Relativbewegung ist vermutlich differentielles Zellwachstum unter einem chemischen „Kontaktdruck", der von den älteren Primordien ausgeht, die in ihrer endgültigen Position bereits fixiert sind (Roberts 1984).

Die Kardinalfrage, welche Faktoren es bewirken, daß beim Vorliegen einer genetischen Spirale das nächste Blattprimordium jeweils im Winkelabstand von 137,5° angelegt wird, läßt sich derzeit mit der Hypothese von *Hemmbezirken* am besten erklären (Abb. 19.45). Die bereits vorhandenen Blattanlagen und das apikale Meristem bilden je-

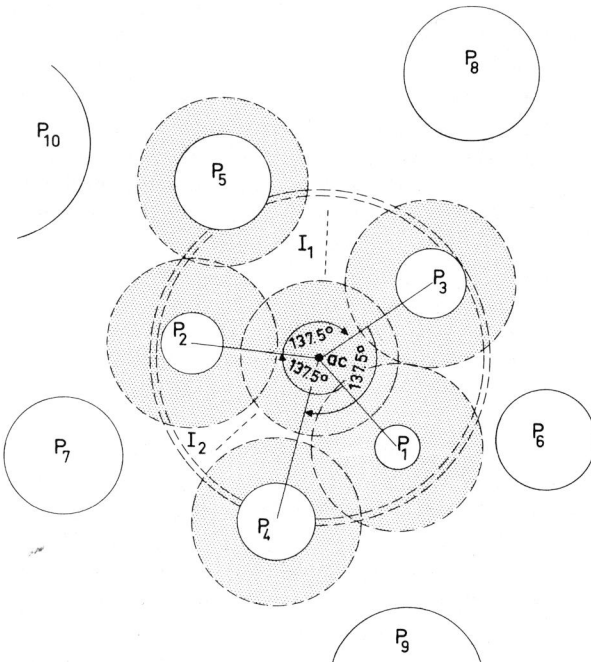

Abb. 19.45. Eine Anwendung des Konzepts der Hemmbezirke auf den Vegetationspunkt von *Dryopteris spec*. Wir blicken von oben auf den Vegetationspunkt. ac, Apikalzelle; P_1, P_2 usw., Blattprimordien zunehmenden Alters; I_1, I_2, die Orte, an denen die nächsten Primordien entstehen werden (I_1 zuerst). Der große Doppelkreis kennzeichnet die Grenze des eigentlichen Vegetationskegels (Apex). Die hypothetischen Hemmbezirke um die Meristemoide sind grau eingetragen. (In Anlehnung an Wareing und Phillips 1970)

für die Ausbildung der Hemmbezirke ist unbekannt. Dies gilt allgemein für die Musterbildung bei der Morphogenese der Pflanzen.

Blattentwicklung

Wir wählen als Beispiel die Blattentwicklung bei *Xanthium strumarium*. Die Blattprimordien entstehen am Vegetationspunkt in einer in Raum und Zeit geregelten Abfolge (Muster; → Abb. 19.28). Mit dem Begriff *Plastochron* bezeichnet man den Zeitabstand zwischen der Anlage zweier aufeinanderfolgender Blätter. Der *Plastochron-Index* (PI) gibt das Alter einer Pflanze in Plastochroneinheiten an. Die Benützung einer biologischen Zeitskala hat viele Vorteile gegenüber der Altersangabe in physikalischen Zeiteinheiten (→ S. 307). Beispielsweise kann man Pflanzen, die bei verschiedenen Temperaturen heranwachsen, nur auf einer PI-Basis sinnvoll vergleichen. Auch in der Züchtungsforschung (Wuchsleistung!) ist der Plastochron-Index unentbehrlich.

Am Beispiel von *Xanthium* machen wir uns klar, daß das Blattlängenwachstum zunächst einer exponentiellen Funktion folgt, an die sich eine Phase abnehmender Wachstumsintensität anschließt (Abb. 19.46). Der Kurvenzug repräsentiert generell das Wachstum von Organen, die begrenztes Wachstum zeigen (→ Abb. 19.23).

Auch das Flächenwachstum der *Xanthium*-Blätter folgt in den frühen Stadien einer einfachen, exponentiellen Funktion (Abb. 19.47). Trotzdem ist das Blattwachstum ein komplizierter und physiologisch unverstandener Vorgang. Die genaue Analyse zeigt nämlich, daß die verschiedenen Teile der Lamina verschiedenes Wachstum aufweisen, in Abhängigkeit vom Abstand zur Blattspitze und vom Alter des Blattes. Offensichtlich ist die Wachstumsintensität an der Blattspitze am geringsten und an der Blattbasis am größten (Abb. 19.48). Dadurch ändert sich die Blatt*gestalt* im Laufe der Entwicklung. Diese Änderungen sind im wesentlichen auf differentielles Wachstum der Blattzellen zurückzuführen. Die Zunahme der Zellzahl pro Blatt geht bereits früh (bei PI = 3) gegen Null (Abb. 19.49). Die *Entwicklung der Chloroplasten* ist mit der Blattentwicklung korreliert. Mit dem Fluoreszenzmikroskop kann man bereits in den jüngsten Blattprimordien (PI = −6) die Proplastiden identifizieren (Durchmesser 1,5 μm). Die Plastiden

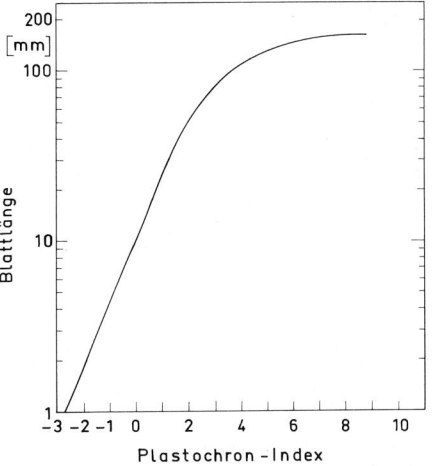

Abb. 19.46. Die Blattlänge der Spitzklette (*Xanthium strumarium*) als Funktion des Plastochron-Index. Das frühe Wachstum ist exponentiell. Per definitionem hat ein Blatt von 10 mm Länge den PI = 0. Das *Xanthium*-Blatt ist bei etwa PI = 6 praktisch ausgewachsen. (Nach Maksymowych 1973)

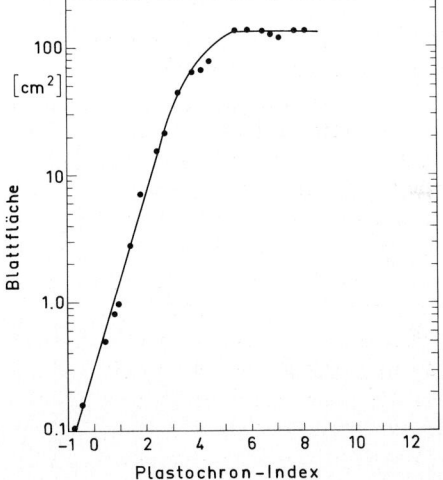

Abb. 19.47. Die Blattfläche der Spitzklette als Funktion des Plastochron-Index. Das Blattwachstum hört bei PI = 6 auf. Das frühe Wachstum ist offensichtlich exponentiell. (Nach Maksymowych 1973)

wachsen mit dem Blatt heran und erreichen eine Endgröße von etwa 6 μm. Hierbei kommt es zu einem Gestaltwechsel der Plastiden von sphärisch zu ellipsoid. Das Chloroplastenwachstum findet hauptsächlich in den späteren Phasen der Blattentwicklung statt, nachdem die Zellteilungen in der

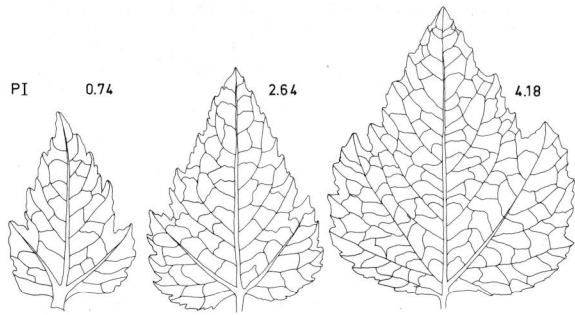

Abb. 19.48. Die Veränderung der Blattgestalt bei der Spitz-klette im Laufe der Entwicklung. Die verschiedenen Teile der Lamina wachsen mit verschiedener Intensität, in Abhängig-keit vom Abstand von der Spitze und vom Alter des Blattes (Plastochron-Index = PI). Ein basipetales Wachstumsmuster ist offensichtlich. (Nach Maksymowych 1973)

Lamina abgeschlossen sind. Es besteht eine enge Korrelation zwischen Chloroplasten- und Zell-wachstum. Dies ist, wie wir später (→ S. 387) sehen werden, verständlich: Beide Vorgänge werden über das Phytochromsystem reguliert. Der Photosyn-theseapparat im *Xanthium*-Blatt hat zum Zeitpunkt PI = 6 seine volle Leistungsfähigkeit erreicht.

Anlage und Ausprägung von Mustern bei der Blattentwicklung

Die Entwicklung der Blätter ist umweltabhängig. Der maßgebende Umweltfaktor ist das Licht. Die beiden Kartoffelpflanzen der Abb. 19.50 sind gene-tisch identisch. Sie sind insofern in einem verschie-denen Milieu herangewachsen, als die eine Pflanze von der „Augenkeimung" an im Dunkeln, die an-dere hingegen im Licht gehalten wurde; alle übri-gen Milieufaktoren, insbesondere auch die Ernäh-rungsfaktoren, waren gleich. Die *Photomorphoge-nese*, die Beeinflussung der Merkmalsausprägung durch Licht, ist der wohl eindrucksvollste Milieu-effekt, den man kennt. Der Effekt betrifft, wie wir uns im nächsten Abschnitt noch weiter veranschau-lichen werden, die Ausprägung von Mustern, deren Anlage lichtunabhängig ist. Das Muster der Blatt-anlagen ist bei der etiolierten Kartoffelpflanze das-selbe wie bei der normalen Pflanze (→ Zahlen in Abb. 19.50); die Entwicklung der Blattanlagen zu Blättern erfolgt hingegen nur im Licht. Die Abb. 19.50 zeigt außerdem, daß die Lichtwirkung, wel-che das Etiolement verhindert, mit der Photosyn-these offenbar nichts zu tun hat. Die Kartoffel-knolle bietet einen Überfluß an organischen Mole-külen. Das Etiolement ist eine „sinnvolle" Reak-tion der Pflanze. Solange sie im Dunkeln wächst, investiert eine Pflanze ihren begrenzten Vorrat an Speicherstoffen in erster Linie im Sproßachsen-wachstum. Auf diese Weise ist die Wahrscheinlich-keit am größten, daß die Plumula ins Licht gelangt, bevor die Reserven erschöpft sind. *Skotomorpho-genese* ist somit als eine Überlebensstrategie aufzu-fassen; Photomorphogenese hingegen ist die ange-messene Entwicklungsstrategie im Licht (Affluenz-strategie).

Ein quantitatives Beispiel, die Bildung von Blattprimordien bei der Gartenerbse, dokumen-tiert die Konstanz des Plastochrons und die Bedeu-tung des Lichts. Die Bildung von Blattprimordien erfolgt im Licht und im Dunkeln mit derselben In-

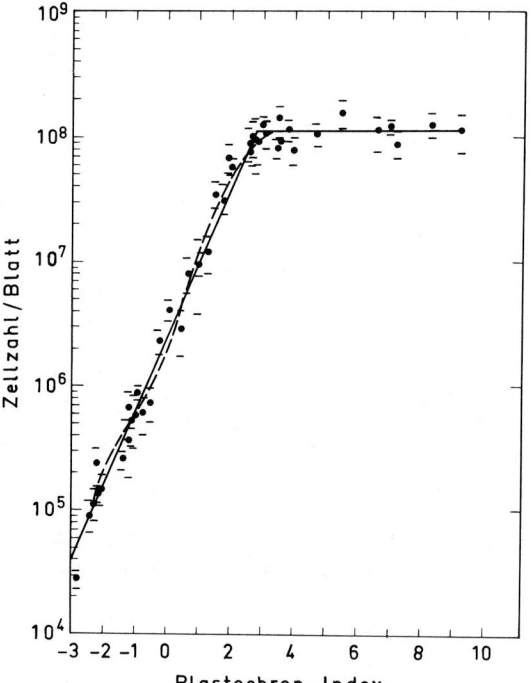

Abb. 19.49. Die Zunahme der Zellzahl mit dem Plastochron-Index (PI) in den Blättern der Spitzklette. Die Zunahme der Zellzahl erfolgt zunächst exponentiell. Beim PI = 3 hören die Zellteilungen auf. Das ausgewachsene Blatt besitzt etwa $116 \cdot 10^6$ Zellen. (Nach Maksymowych 1973)

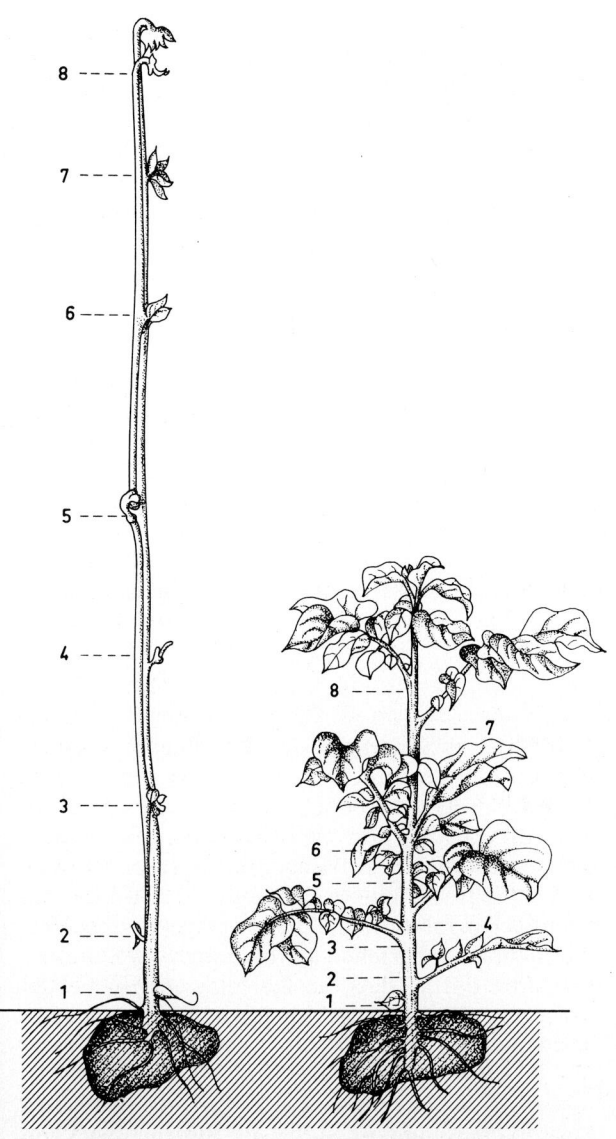

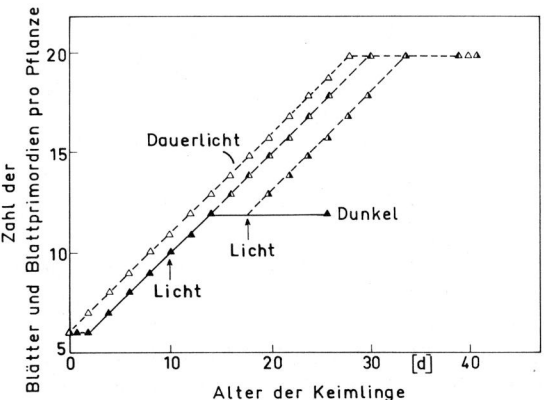

Abb. 19.51. Die Bildung von Blattprimordien bei der Gartenerbse (*Pisum sativum*, cv. Telephone) im Dunkeln, im Dauerlicht und bei Dunkel → Licht-Transfer nach 10 und 17 d. Die Erbsen enthalten 6 Blattprimordien im Samenzustand. (Nach Low 1971)

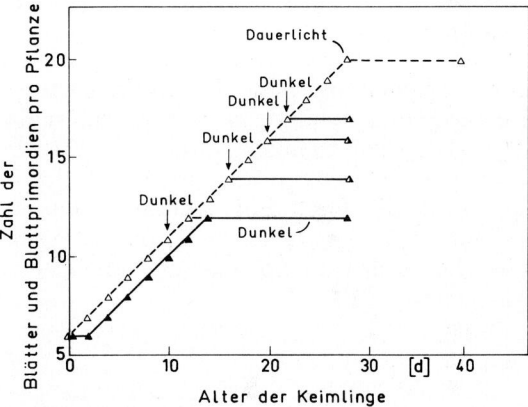

Abb. 19.52. Die Bildung von Blattprimordien bei der Gartenerbse (*Pisum sativum*, cv. Telephone) im Dunkeln, im Dauerlicht und bei Licht → Dunkel-Transfer nach 10, 16, 20 und 22 d. Die Erbsen enthalten 6 Blattprimordien im Samenzustand. (Nach Low 1971)

Abb. 19.50. Die beiden Kartoffelpflanzen (*Solanum tuberosum*) sind genetisch identisch. *Links:* Eine etiolierte Dunkelpflanze; *rechts:* die normale Lichtpflanze. (Nach Pfeffer 1904.) Als *Skotomorphogenese = Etiolement* bezeichnet man die charakteristische Entwicklung einer Pflanze unter Lichtabschluß; *Photomorphogenese* nennt man die alternative Entwicklung im Licht

tensität („Geschwindigkeit"); ohne Licht hört die Bildung von Blattanlagen jedoch mit Blatt 12 auf (Abb. 19.51), obgleich zu diesem Zeitpunkt die Kohlenhydratreserven in den Speicherkotyledonen noch keineswegs erschöpft sind. Bringt man Dun-

kelpflanzen ins Licht, so setzen die apikalen Vegetationspunkte die Bildung von Blattprimordien fort. Bringt man Lichtpflanzen ins Dunkle, so stellen sie die Bildung von Blattprimordien sofort ein, falls Blatt 12 bereits angelegt ist (Abb. 19.52). Es ist offensichtlich, daß der Lichtfaktor zwar das Plastochron nicht beeinflußt, wohl aber ab einem bestimmten Zeitpunkt darüber entscheidet, ob überhaupt noch Blattprimordien angelegt werden. Mit anderen Worten: Das Entwicklungsgeschehen ist zwar durch strenge Entwicklungshomöostasis charakterisiert; ob aber Entwicklung stattfindet oder nicht, bestimmt der Lichtfaktor.

Konstruktion der Sproßachse

Die Sproßachse besitzt eine modulare Konstruktion, die am apikalen Vegetationspunkt angelegt wird (→ S. 304). Das einzelne Modul, die repetitive Einheit, besteht aus Knoten, Internodium, Blattanlagen, Achselknospen. Es ist nicht nur die in der Phyllotaxis erfaßte Musterbildung, die dem Sproß seine Gestalt gibt; auch beim interkalaren (d.h. auf bestimmte Zonen beschränkten) Wachstum der Internodien sind klare Muster erkennbar. Ein Beispiel ist die Verteilungsfunktion der Internodienlänge entlang der Sproßachse, die einer Gaußschen Verteilung ähnelt (Abb. 19.53). Hinsichtlich des interkalaren Wachstums sind die einzelnen Internodien offenbar streng aufeinander abgestimmt. Dies zeigt, daß die aufeinanderfolgenden Module in ein Entwicklungsprogramm des Sprosses eingebunden sind, was sich nicht nur in der Variation der Internodienlänge, sondern häufig auch in der sich verändernden Blattgestalt manifestiert (→ Abb. 21.29).

Das Muster der Leitbündel in der Sproßachse ist erwartungsgemäß durch Entwicklungshomöostasis bestimmt, obgleich die Größe der Bündel (Querschnitt) durch den Lichtfaktor in erheblichem Maße reguliert wird.

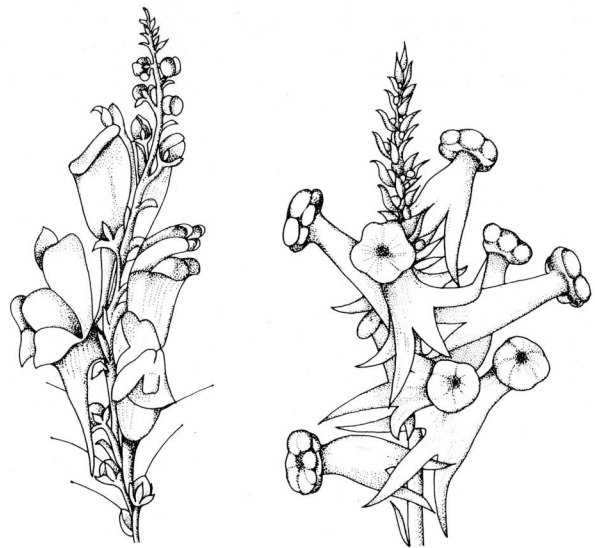

Abb. 19.54. Blütenstände des Leinkrauts (*Linaria vulgaris*) *Links:* Die Normalform mit zygomorphen Blüten; *rechts:* eine Mutante mit radiärsymmetrischen Blüten

Nicht nur innerhalb der Sproßachse sind die Entwicklungsleistungen der einzelnen Module miteinander korreliert, auch zwischen den Parametern, die Sproß- und Wurzelentwicklung charakterisieren (z.B. Sproßlänge, Sproßtrockenmasse, Wurzellänge, Wurzeltrockenmasse), ergeben sich strenge Korrelationen. Diese artspezifischen Zusammenhänge bestehen unabhängig vom Standort, ein Indiz dafür, daß die Korrelationen genetisch vorgegeben und entwicklungshomöostatisch reguliert sind.

Entwicklungshomöostasis bei der Blütenentwicklung

Die im letzten Abschnitt bei der Entwicklung vegetativer Blätter abgeleiteten Gesetzmäßigkeiten (*Anlage* von Mustern auf der Basis von Entwicklungshomöostasis; *Ausprägung* von Mustern umweltabhängig) gelten auch für die Blütenbildung (Abb. 19.54). *Links* sieht man den Blütenstand einer normalen Leinkrautpflanze mit den für diese Art charakteristischen zygomorphen Blüten. *Rechts* ist der Blütenstand einer mutierten Leinkrautpflanze abgebildet, die radiärsymmetrische Blüten besitzt. Hier ist also durch eine minimale genetische Veränderung der Bauplan der Blüte

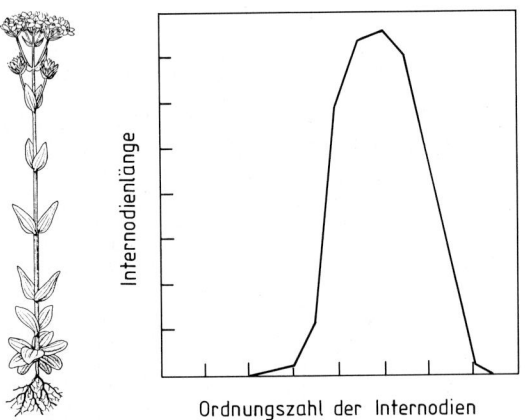

Abb. 19.53. *Rechts:* Verteilungsfunktion für die Internodienlänge entlang der Sproßachse des Tausendgüldenkrauts (*Centaurium erythraea*). *Links:* blühende Pflanze mit basaler Blattrosette. (Nach Troll 1959)

massiv verändert. Es ist andererseits unmöglich, durch eine Änderung des Milieus die Blütenmerkmale wesentlich zu beeinflussen. Die linke Pflanze macht unter allen Umständen zygomorphe Blüten; die rechte Pflanze macht unter allen Umweltbedingungen, die Blütenbildung zulassen, radiärsymmetrische Blüten.

Wir können davon ausgehen, daß die Merkmale einer Blüte bis in die feinsten Details hinein durch die genetische Information des Organismus bestimmt werden und daß die Merkmale der Blütenregion eine sehr geringe Umweltvariabilität aufweisen. Trotzdem kann auch im Fall der Blütenbildung der Umweltfaktor Licht eine entscheidende Wirkung ausüben: Bei vielen Pflanzen bestimmt das Licht darüber, ob es überhaupt zur Blütenbildung kommt oder nicht (→ S. 441).

Morphogenetische Mutanten

Die Abb. 19.54 zeigt das Prinzip einer morphogenetischen Mutation: Die Änderung eines einzigen Gens führt zu einer massiven Änderung der Morphogenese im Bereich der Blüte. Die Mutation hat keinen erkennbaren pleiotropen Effekt auf die vegetative Entwicklung. Das fragliche Gen tritt allem Anschein nach nur im Zusammenhang mit der Blütenbildung in Aktion. Neuerdings haben solche Mutationen, die zu Defekten bei der Blütenbildung

führen, besonderes Interesse gefunden (Abb. 19.55). Man möchte Blühgene identifizieren, die für die Determination der in der Blüte zum Vorschein kommenden Muster maßgebend sind. Diese regulatorischen Gene gehören in die Klasse der *homöotischen Gene*. Eine Veränderung im zeitlichen Ablauf eines Entwicklungsprozesses nennt man Heterochronie; eine Veränderung des Orts, an dem sich der Prozeß manifestiert, nennt man Homöosis (oder Heterotopie). Homöotische Gene sind solche, die mit einem homöotischen Effekt in Zusammenhang zu bringen sind. Wenn ein homöotisches Blühgen mutiert, ändert sich das regulatorische System, das die „Natur" der Primordien innerhalb der Blüte determiniert. Homöotische Konversionen nennt man die resultierenden Änderungen dann, wenn eine andere als die normale Struktur aus den Primordien entsteht, z.B. ein Fruchtblatt anstelle eines Kelchblattes (Abb. 19.55 b) oder ein rudimentäres Staubblatt anstelle eines Kronblattes (Abb. 19.55 c).

Die Bedeutung der Reaktionsnorm

Die genetische Information (der Genotyp) bestimmt die *Reaktionsnorm (Reaktionsbreite)* der Merkmale. Innerhalb der Reaktionsnorm bestimmen Umweltfaktoren (Außenfaktoren) die tatsächliche Ausprägung der Merkmale. Die Breite der

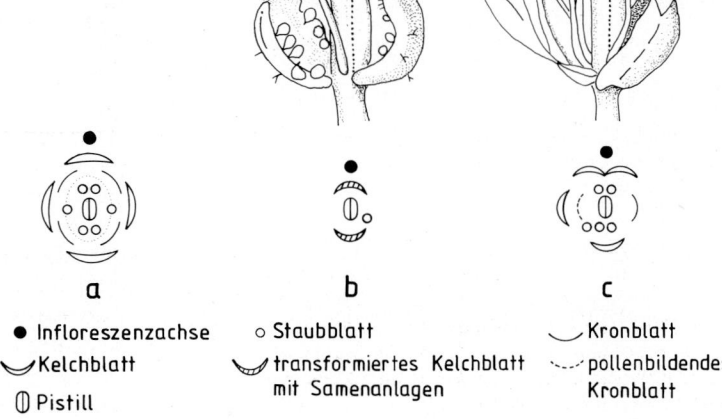

Abb. 19.55 a–c. Blütenmutanten des Schmalwands (*Arabidopsis thaliana*, Brassicaceae). (a) Diagramm der Wildtypblüte. (b) Reduzierte Blüte einer mutierten Form (monogen, rezessiv) mit transformierten Kelchblättern. (c) Reduzierte und desorganisierte Blüte einer mutierten Form (monogen, rezessiv), bei der ein Kronblatt zum Teil in ein Staubblatt transformiert wurde. (Nach Komaki et al. 1988)

● Infloreszenzachse
◡Kelchblatt
◖❙◗ Pistill

○ Staubblatt
◡ transformiertes Kelchblatt mit Samenanlagen

◡Kronblatt
pollenbildendes Kronblatt

Reaktionsnorm ist ein Ausdruck für die potentielle Umweltvariabilität eines Merkmals. Von allgemeiner Bedeutung ist die Erkenntnis, daß die Umweltfaktoren nur innerhalb der genetisch vorgegebenen Reaktionsnorm die Ausprägung der Merkmale determinieren können. Kein Lebewesen kann über seinen „genetischen Schatten" springen. Die Möglichkeiten eines jeden Lebewesens werden durch seinen Genotyp definitiv begrenzt. Die Sporophyten der höheren Pflanzen (→ Abb. 19.2) gelten als besonders „offene", durch die Umwelt stark beeinflußbare Systeme. In der Tat ist die Reaktionsnorm vieler Merkmale bei Pflanzen wesentlich breiter als bei höheren Tieren oder beim Menschen. Pflanzen eignen sich deshalb besonders gut für das Studium der relativen Bedeutung von Umwelt und Erbgut für die Merkmalsausprägung. Hierzu ein weiteres Beispiel (Abb. 19.56): Die drei recht verschieden aussehenden Enzianpflanzen sind genetisch weitgehend identisch. Die Variation der Pflanzen beruht also auf Umwelteinflüssen. Die Pflanzen wuchsen von der Samenkeimung an unter extrem verschiedenen Umweltbedingungen heran. Man sieht, daß manche Merkmale, z.B. die Blattgröße oder die Internodienlänge, sehr unterschiedlich ausgeprägt sind. Andere Merkmale, z.B. die Phyllotaxis und die Relationen innerhalb der Blüte, unterliegen keinen Veränderungen. Anhand der Blütenmerkmale kann man unter allen Umweltbedingungen einen Feldenzian von jeder anderen Enzianart eindeutig unterscheiden.

Aus diesem einfachen Experiment folgt, daß eine weite Reaktionsnorm (hohe Umweltvariabilität) bei einem Merkmal (z.B. Blattgröße) keinen Rückschluß auf die Breite der Reaktionsnorm (Ausmaß der Umweltvariabilität) bei einem anderen Merkmal oder bei einer anderen Merkmalsgruppe (z.B. Blütengestalt) erlaubt.

Korrelationen

Die pflanzlichen Organe besitzen eine weitgehende morphogenetische Autonomie, die sich im Regenerationsexperiment offenbart (→ Abb. 27.1). Andererseits muß man damit rechnen, daß im intakten System die Entwicklungs- und Funktionsleistungen eines Organs durch die beständige Wechselwirkung mit den übrigen Teilen der Pflanze gezügelt werden. Die Wechselwirkungen innerhalb einer Pflanze nennt man *Korrelationen*.

1. Beispiel: Apikale Dominanz. Mit diesem Ausdruck bezeichnen wir die Tatsache, daß eine intakte Endknospe den Wachstumsmodus des Sprosses reguliert. Das übliche Beispiel für apikale Dominanz ist die Hemmwirkung, die von der Endknospe auf die Achselknospen ausgeübt wird (→ Abb. 23.11). Bei Verlust der apikalen Dominanz (Entfernung der Endknospe, Dekapitation genannt) kommt es zu einem Auswachsen von bislang ruhenden Seitenknospen. Dieser Proze ist mit einer massiven Änderung der Genexpression verbunden. Die auswachsende Seitenknospe gleicht ihr Proteinmuster rasch dem einer Endknospe an. In Abb. 19.57 ist der kompliziertere Fall dargestellt, daß bei *Solanum andigenum* die Endknospe und die Achselknospen an den oberirdischen Sproßteilen die Entwicklung der Stolone maßgebend beeinflussen. Horizontal wachsende Stolone, die lediglich Schuppenblätter tragen, entwickeln sich dann, wenn die

Abb. 19.56. Die Unterschiede zwischen diesen drei Exemplaren des Feldenzians (*Gentiana campestris*) sind allein durch die unterschiedliche Meereshöhe des Standorts bedingt. (Nach Kühn 1961)

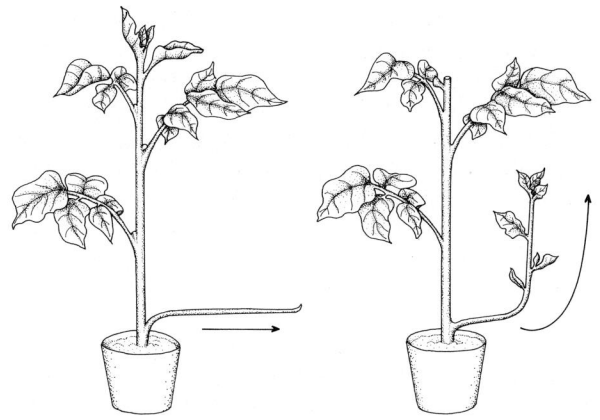

Abb. 19.57. Darstellung eines Experiments, das zeigt, daß bei *Solanum andigenum* die Sproßknospen das Verhalten der Stolone maßgebend beeinflussen. Ist die Pflanze intakt, so wachsen die Stolone horizontal und bilden nur Schuppenblätter (*links*). Wenn man die Endknospe und die Achselknospen entfernt (*rechts*), wachsen die Stolone aufwärts und bilden Laubblätter. (Nach Booth 1959)

oberirdischen Sproßteile intakt sind. Entfernt man alle oberirdischen Knospen, so richten sich die Spitzen der Stolone auf (negativ gravitropische Reaktion) und fangen an, normale Blätter zu bilden. Die apikale Dominanz wird mit Hilfe von Hormonen (vor allem Auxin; → S. 401) ausgeübt.

2. Beispiel: Korrelative Hemmung. Dekapitiert man einen Flachskeimling (*Linum usitatissimum*), so bilden sich am Hypokotyl Adventivknospen, deren Entstehung man jeweils auf eine einzige Epidermiszelle zurückführen kann (Abb. 19.58). Meist entstehen mehrere Knospen, aber nur eine von ihnen bildet einen Sproß. Die anderen stellen ihr Wachstum nach und nach ein. Dieses einfache Experiment zeigt zum einen die Omnipotenz von Epidermiszellen des Hypokotyls (→ S. 464), zum anderen, daß die Epidermiszellen im intakten Keimling durch determinierende Faktoren, die offenbar primär aus der apikalen Endknospe stammen, in einem ganz bestimmten Differenzierungszustand (Epidermiszelle) gehalten werden. Durch die Dekapitierung fallen diese Faktoren weg. Manche Epidermiszellen reembryonalisieren und verhalten sich wie die Zellen eines apikalen Vegetationspunktes. Sie gehen also in einen anderen Differenzierungszustand über. Die am meisten fortgeschrittene Adventivknospe hemmt das Wachstum der übrigen

wahrscheinlich in derselben Weise, in der die ursprüngliche Endknospe die Entstehung von Adventivknospen blockierte. Formal können wir uns die Phänomene der korrelativen Hemmung mit der Annahme verständlich machen, daß die beteiligten organismuseigenen determinierenden Faktoren (Hormone?) diskrete Differenzierungszustände der omnipotenten Zellen einstellen und die Zellen darin festhalten (→ Abb. 19.30).

Umdifferenzierungen

Mit diesem Begriff bezeichnen wir Übergänge von Zellen von einem Zellphänotyp in einen anderen (→ Abb. 19.30). Multiple Umdifferenzierungen kommen in der normalen Entwicklung bei Pflanzen häufig vor; sie können auch durch experimentelle Eingriffe hervorgebracht werden.

1. Beispiel: Die Bildung des interfasciculären Kambiums (Abb. 19.59). Parenchymatische Markstrahlzellen verlassen ihren bisherigen Differenzierungszustand (*Parenchymzelle*) und gehen in den Differenzierungszustand *Kambiumzelle* über. Dies schließt die Herstellung einer radiären Polarität

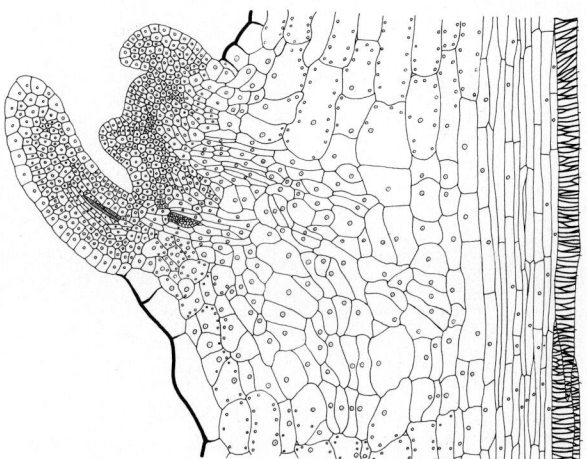

Abb. 19.58. Eine junge Adventivknospe an einem dekapitierten Hypokotyl von Flachs (*Linum usitatissimum*) im Längsschnitt. Die Adventivknospe ist aus einer einzigen reembryonalisierten Epidermiszelle hervorgegangen. Man erkennt auf dem Schnitt bereits Zellteilungen im Hypokotyl-Cortex, welche die Grundlage für das Leitgewebe abgeben, das die Knospe mit dem Leitbündel des Hypokotyls verbinden wird. (Nach Sinnot 1960)

ein. Die bipolare Aktivität ist ein Charakteristikum des Kambiums beim sekundären Dickenwachstum. Die Beobachtung der Bildung des interfasciculären Kambiums bei *Aristolochia* führte zu dem Konzept einer „homöogenetischen Induktion"

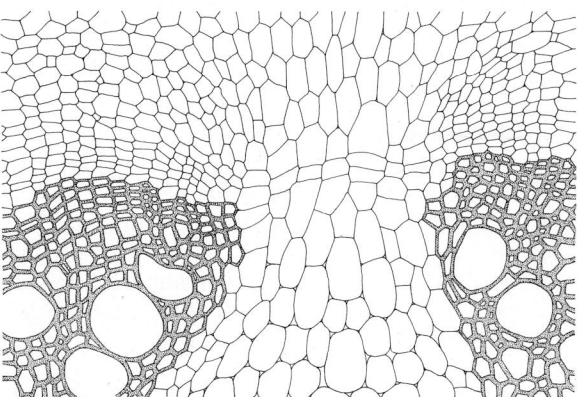

Abb. 19.59. Ausschnitt aus einem Sproßachsenquerschnitt von *Aristolochia spec.* Man erkennt, daß im Markstrahlbereich (große Zellen in der Mitte) die Bildung eines interfasciculären Kambiums einsetzt, welches die fasciculären Kambien der beiden teilweise gezeichneten Leitbündel verbindet

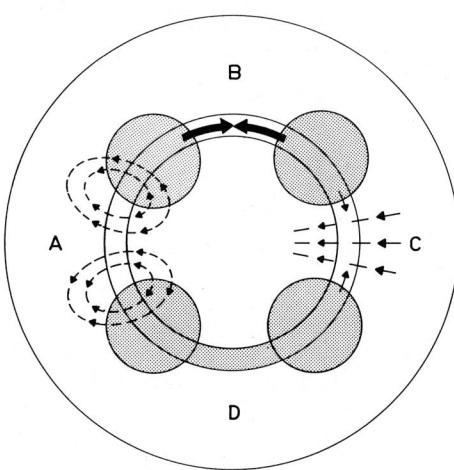

Abb. 19.60. Eine schematische Illustration von Hypothesen, die entwickelt wurden, um die Bildung des *interfasciculären Kambiums* zu erklären. A, induktiver Einfluß der Leitbündel über einen Protonengradienten; B, induktiver Effekt des fasciculären Kambiums (*homöogenetische Induktion*); C, induktiver Effekt eines von der Sproßachsenoberfläche abhängigen Gradienten; D, Lage und Polarität der interfasciculären Kambiumschicht bereits auf der Stufe des Prokambiums determiniert. Es ist sehr wahrscheinlich, daß nur die *Hypothese D* den Sachverhalt richtig erklärt. (Nach Siebers 1971)

(Abb. 19.60 B). Damit bezeichnet man die Umdifferenzierung eines Gewebes unter dem induzierenden Einfluß eines benachbarten Gewebes, wobei der neue Differenzierungszustand dem des induzierenden Gewebes entspricht. Eine andere Erklärung des Phänomens geht davon aus, daß in den frühen Entwicklungsstadien eines Sprosses, also nahe beim Vegetationspunkt, ein geschlossener primärer Meristemring vorliegt. Dieser steht (nach der alternativen Erklärung) ontogenetisch nicht nur in Beziehung zu den sich entwickelnden Leitbündeln, sondern auch zu den Zellagen, aus denen sich das interfasciculäre Kambium bildet (Abb. 19.60 D). Untersuchungen von Siebers machen es in der Tat sehr wahrscheinlich, daß die künftigen interfasciculären Kambiumzellen, einschließlich der für sie charakteristischen radiären Polarität, bereits bei der Ausbildung des primären Meristemrings determiniert werden, und daß sie diesen Determinationszustand nicht mehr verlieren, obgleich sie vorübergehend das Aussehen von (relativ kleinen) Parenchymzellen annehmen, die sich histochemisch nicht vom übrigen Markstrahlparenchym unterscheiden lassen. Siebers hat für die in Richtung Kambiumzellen determinierte Zellpopulation den Begriff *präkambiale Schicht* vorgeschlagen. Der Zeitpunkt, zu dem die präkambiale Schicht tatsächlich Kambiumeigenschaften entfaltet, hängt in der intakten Keimpflanze von einem „Kambiumstimulus" ab, der aus den Kotyledonen stammt. Bei einem isolierten Hypokotyl von *Ricinus communis* kann der Effekt der Kotyledonen durch die kombinierte Applikation von Rohrzucker und Gibberellin (GA_3; → S. 402) weitgehend ersetzt werden.

2. Beispiel: Regeneration von Xylemsträngen in Sproßachsen von Coleus-Pflanzen (Abb. 19.61). Große vacuolisierte Parenchymzellen (Zellphänotyp Parenchymzelle) werden zu retikulaten Xylem-Elementen (Tracheiden) umdifferenziert. Man kann den Vorgang der Umdifferenzierung an der Ausbildung des cytoplasmatischen Netzwerks, das die tracheidalen Wandverdickungen vorzeichnet, besonders gut verfolgen.

Umdifferenzierungen der eben geschilderten Art gehören bei der Pflanze zum „normalen" Entwicklungsablauf. Man kann aus diesen einfachen Beispielen bereits den Schluß ziehen, daß Zelldifferenzierungen reversibel sein können. Die jeweils wirkenden determinierenden Faktoren bestimmen den jeweiligen Differenzierungszustand einer Zelle oder eines Gewebes innerhalb der genetisch vorgegebenen Reaktionsnorm.

Pathologische Morphogenese

Es gibt morphogenetische Prozesse, die zwar durch hohe Spezifität und Präzision ausgezeichnet sind, vom Standpunkt der Pflanze aus aber pathologische Prozesse darstellen. Sie gehen auf Faktoren zurück, die in der normalen Entwicklung nicht vorkommen. Die Bildung von *Gallen* ist hierfür ein gutes Beispiel.

Die Abb. 19.62 zeigt einige Typen histoider Gallen auf einem Buchenblatt. Diese Gallen entstehen unter dem Einfluß von Insekten; in erster Linie sind Gallwespen und Gallmücken beteiligt. Das Insekt legt ein Ei in das Blattgewebe. Die Galle entsteht als Reaktion des pflanzlichen Gewebes auf jene Einflüsse (determinierende Faktoren) hin, die vom stechenden Insekt, vom Ei und von der Larve ausgehen. Auffällig ist die *Spezifität der Gallen*; je nach Insekt entsteht eine spezifische, detailliert organisierte Galle, die der Kenner leicht von anderen unterscheiden kann. Die Gallenbildung ist ein großartiges Naturexperiment. Wir können daraus zum Beispiel folgendes lernen: 1. Die Pflanzenzelle ist zu mehr Differenzierungszuständen (= Zellphänotypen) fähig, als die normale Entwicklung hervorbringt. Die determinierenden Faktoren, die von den Insekten ausgehen, können anstelle normaler Epidermis- oder Mesophyllzellen ganz *bestimmte*, andersartige Differenzierungszustände einstellen. 2. Unter dem Einfluß der vom Insekt stammenden morphogenetischen Faktoren kommt es zu einer völlig anderen Morphogenese, als sie im normalen „Entwicklungsplan" der Pflanze vorgesehen ist. Das Resultat ist ein harmonisches, funktionell optimiertes Gebilde mit spezifischer Organisation, nicht etwa ein Torso oder ein Teratom. 3. Die Auslösung einer Gallenbildung hat *nicht* den Charakter einer Induktion. Es wird vielmehr die vom Parasit ausgehende morphogenetische Wirkung *beständig* gebraucht. Nimmt man im Experiment den Parasiten ab, so dominiert wieder die normale Morphogenese.

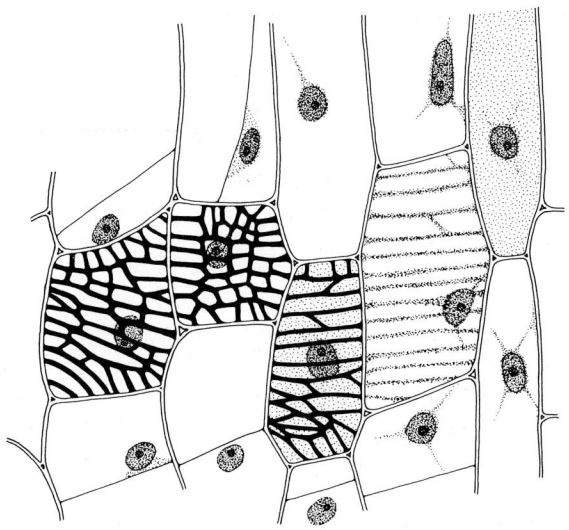

Abb. 19.61. Teil eines Regenerations-Xylemstrangs in der Sproßachse von *Coleus spec.* Das Muster der Wandverdikkungen wird von Bändern granulären Plasmas vorgezeichnet. Die jüngsten Stadien der Umdifferenzierung sind im Bild rechts sichtbar. (Nach Sinnot 1960)

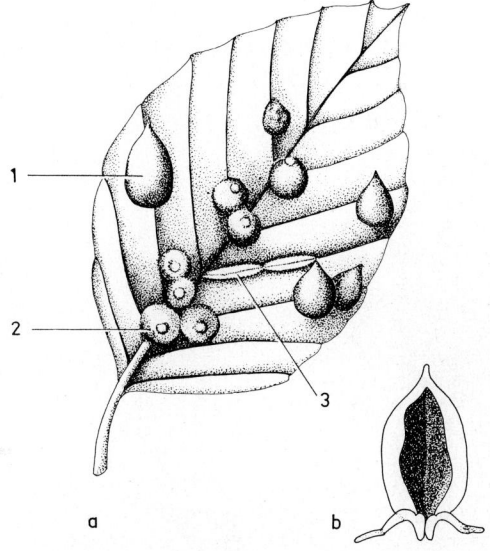

Abb. 19.62 a und b. Morphogenese von Gallen. (a) Drei verschiedene Beutelgallen auf einem Buchenblatt. Die unterschiedlichen Gebilde werden von verschiedenen Insekten verursacht (1, von der Buchengallmücke *Mikiola fagi*; 2, von der Gallmücke *Hartigiola annulipes*; 3, von der Milbe *Eriophyes nervisequens*). (b) Längsschnitt durch eine Beutelgalle (Nach Schumacher 1962)

Tumorbildung bei Pflanzen

Als maligne Tumoren oder „Krebs" bezeichnet man in der Biologie (Medizin) neoplastisches Gewebe, das durch ungeordnetes und ungehemmtes Wachstum gekennzeichnet ist. Die Fähigkeit zur geordneten Differenzierung und zur Morphogenese ist diesen Geweben verloren gegangen. Auch bei Pflanzen gibt es verschiedene Typen maligner Tumoren. Wir behandeln hier lediglich die durch virulente Bakterienstämme von *Agrobacterium tumefaciens* an höheren Pflanzen verursachten *Wurzelhals-„Gallen"* (crown „galls") und die *genetischen Tumoren*, die nicht auf Infektionen zurückgeführt werden können.

Wurzelhalsgallen

Der Begriff ist irreführend. Es handelt sich bei den Wurzelhals-„Gallen" nicht um wohlorganisierte Gallen (→ S. 333), sondern um amorphe Wucherungen, die bei vielen Dikotylen im Freiland besonders im Übergangsbereich Sproßachse–Wurzel auftreten. Experimentell lassen sich die Auswüchse aber an praktisch allen Organen der „empfindlichen" (besser wohl: *kompetenten*) Pflanzen hervorrufen, wenn man sie nach einer Verwundung mit

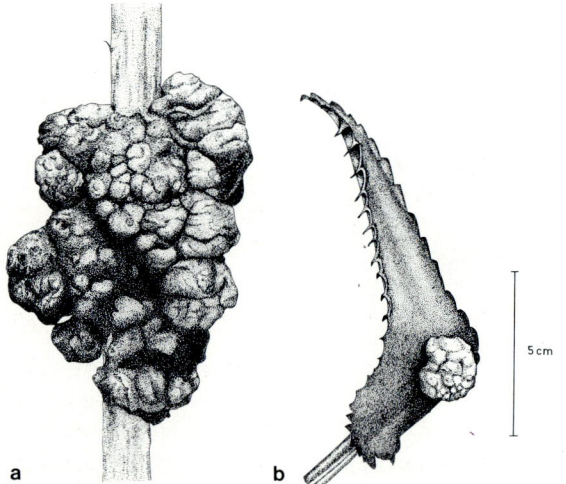

Abb. 19.63 a und b. (a) Eine Wurzelhalsgalle an der Sproßachse einer Sonnenblume (*Helianthus annuus*). (Nach Sinnott 1960.) (b) Ein durch *Agrobacterium tumefaciens* an einem Blatt von *Kalanchoe daigremontiana* bewirkter Tumor. (Nach Bergmann 1964)

einem virulenten Stamm von *Agrobacterium tumefaciens* infiziert (Abb. 19.63). Die in die Wunde eingebrachten Bakterien dringen nicht in die Zellen ein. Sie geben vielmehr von den Interzellularen aus ein „tumorinduzierendes Prinzip" an die Zellen ab. Da nur solche Stämme von *Agrobacterium tumefaciens,* die ein oder mehrere große Plasmide ($90 \cdot 10^3 - 160 \cdot 10^3$ kDa) enthalten, infektiös sind, vermutete man schon früh, daß ein Plasmid die genetische Information für das „tumorinduzierende Prinzip" trägt. Heute wissen wir, daß virulente Stämme von *Agrobacterium tumefaciens* große tumorinduzierende Ti-Plasmide enthalten, die für den infektiösen DNA-Transfer und für die resultierenden Krankheitssymptome verantwortlich sind (Abb. 19.64). Genetische und molekulare Analysen zeigten, daß infektöse Ti-Plasmide zwei Sätze von DNA-Sequenzen besitzen: eine *T-DNA* (für transferred DNA), die in das Pflanzengenom übertragen wird und das eigentliche Oncogen darstellt, und eine *vir-Region* (für Virulenz), die zwar für die Infektion notwendig ist, aber selbst nicht übertragen wird. Die T-DNA wird von border-Sequenzen flankiert, durch die der T-DNA-Bereich definiert ist. Die T-DNA enthält 8 bis 13 Gene, unter ihnen Gene für die Produktion von *Phytohormonen* (Auxin, Cytokinin) und *Opinen.* Die Expression der Hormongene in der Pflanzenzelle ist wesentlich an deren Umstimmung zur Tumorzelle beteiligt. Als *Opine* bezeichnet man einige ungewöhnliche Aminosäure- und Zucker-Derivate (Octopin, Nopalin), die unter dem Einfluß der T-DNA in den Wurzelhalsgallen gebildet werden. Sie dienen den Agrobakterien als Nahrung. Die überragende spezifische Bedeutung der T-DNA für die Gentechnik bei Pflanzen ergab sich aus dem Befund, daß heterologe DNA, die in die T-DNA eingefügt wurde, genauso gut in Pflanzenzellen übertragen wird wie die eigentlichen T-DNA-Gene. Die T-DNA gilt heute als die wichtigste Genfähre (Vektor; → S. 617). Noch wichtiger erscheint der mit Agrobakterien erstmals erbrachte Beweis, daß die DNA aus einem Bakterium in einer Eukaryotenzelle nicht nur repliziert, sondern auch in RNA umgeschrieben und in Protein übersetzt werden kann.

Die *histologischen Vorgänge* im Bereich der mit Agrobakterien infizierten Wunde entsprechen zunächst völlig den üblichen Wundreaktionen: Die Zellen an den Wundflächen werden größer, reembryonalisieren und machen Mitosen durch. Die neuen Zellwände werden etwa parallel zur Wund-

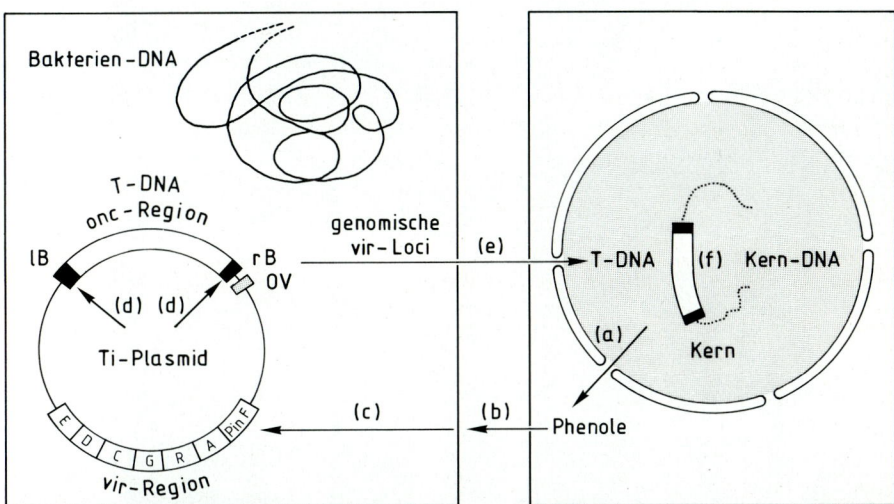

Abb. 19.64. Schematische Darstellung des natürlichen Gentransfers von *Agrobacterium tumefaciens* in verwundete Pflanzenzellen. (Die Bakterienzelle ist relativ viel zu groß dargestellt.) Nach einer Verwundung kommt es in den angrenzenden Zellen zu einer vermehrten Bildung von Phenolen (a), die von Agrobakterien „erkannt" werden (b). Dadurch werden die sog. *vir*-Gene des Ti-Plasmids aktiviert (c). An der Signalerkennung und Signalweiterleitung sind Proteine beteiligt, die von den konstitutiv abgelesenen *vir*-Genen A und G codiert werden. Die Aktivierung des D-Locus führt zur Bildung einer Endonuclease, die spezifisch an der linken border-Sequenz (start-border, lB) und an der rechten border-Sequenz (end-border, rB) schneidet (d). Die *T*-Region ist somit durch die border-Sequenzen definiert. Durch die Schnitte entsteht ein DNA-Strang (*T*-DNA, Oncogenitätsregion, *onc*-Region), der unter Mitwirkung des *vir-E*-Produktes in das Kerngenom der Pflanzenzelle transferiert (e) und stabil integriert wird (f). Eine außerhalb der *T*-Region lokalisierte Sequenz (overdrive, *OV*) beschleunigt diesen Vorgang. Die Anheftung einer Bakterienzelle an die wundexponierte Pflanzenzellwand (attachment) setzt Wechselwirkungen zwischen Komponenten des Bakteriensacculus und Zellwandbestandteilen voraus. Die Aktivität mehrerer Loci auf der Bakterien-DNA („genomische *vir*-Loci") ist dafür notwendig. (Nach Kahl und Weising 1988)

fläche eingezogen. Bald aber geht diese Ordnung verloren, und gleichzeitig steigert sich die Teilungsaktivität. Die Folge ist ein amorpher Gewebekomplex, der aus dem Muttergewebe hervorbricht (→ Abb. 19.63). Die beständige Anwesenheit der Bakterien ist für die Tumorbildung nicht erforderlich. Auch das Wachstum bakterienfreier Tumoren ist potentiell unbegrenzt. Man kann Tumoren auf andere Pflanzen transplantieren, und man kann isolierte Tumoren in vitro auf geeigneten Medien als Gewebekulturen beliebig lange züchten. Cytologisch zeigen die Tumorzellen keine wesentliche Abweichung von den parenchymatischen Zellen der Wirtspflanze, physiologisch jedoch unterscheidet sich der Zellphänotyp *Tumorzelle* grundsätzlich von dem Zellphänotyp *Parenchymzelle*. Die Tumorzelle ist nicht nur durch die hohe Mitoseaktivität charakterisiert; auch ihre sonstigen synthetischen Leistungen sind größer als die Leistungen der Parenchymzellen, von denen sie abstammt. Die crown-gall-Tumoren gehören zu der Klasse der *autonomen* Tumoren, da sie, wenn man sie als Gewebekulturen in Abwesenheit des Pathogens wachsen läßt, weder Auxin noch Cytokinine im Medium für ihr Wachstum brauchen. Normale Pflanzenzellen wachsen auf diesem Minimalmedium nicht (→ Abb. 23.27).

Gewöhnlich bleiben die Wurzelhalsgallen (oder aus ihnen gewonnene Gewebekulturen) amorph. In seltenen Fällen aber bilden sich an ihnen *Teratome*, d.h. mißgestaltete Organanlagen. In Regenerationsexperimenten mit solchen Teratomen hat man zeigen können, daß zumindest einige der Tumorzellen noch die ganze genetische Information der Zellen besitzen, aus denen sie ursprünglich entstanden sind.

Abb. 19.65. Genetische Tumoren an amphidiploiden Tabakbastarden, welche durch kleine Verwundungen am Sproß (*links*, *Nicotiana suaveolens × langsdorffii*) oder an der Wurzel (*rechts*, *N. glauca × langsdorffii*) erzeugt wurden

Genetische Tumoren

Genetische Tumoren hat man bei gewissen interspezifischen Bastarden beobachtet, z.B. in den Gattungen *Brassica* (an Wurzeln), *Datura* (an Samenanlagen), *Lilium* (an Keimlingen), *Nicotiana* (an allen Pflanzenteilen). Stets ist die Tumorbildung auf die interspezifischen Hybriden beschränkt; die Ausgangsarten sind frei von Tumoren. Am intensivsten hat man die genetischen Tumoren der F1 innerhalb der Gattung *Nicotiana* studiert, auf die wir uns deshalb beschränken. Die Tumoren erscheinen morphologisch zuerst als kleine Papillen, die schließlich verschiedene Form und Größe annehmen (Abb. 19.65). An den Sproßachsen ähneln die genetischen Tumoren bei *Nicotiana*-Hybriden sowohl äußerlich als auch im histologischen Bild den Wurzelhalsgallen (→ Abb. 19.63). Auch die genetischen Tumoren sind auxinautotroph (*autonom*). Die Tumorbildung geht stets von parenchymatischen Zellen aus, z.B. von Phloemparenchymzellen, nicht etwa vom Meristem. Die Tendenz zur Organisation ist bei den genetischen Tumoren stärker als bei den meist völlig amorphen Wurzelhalsgallen.

Die Tumoren der *Nicotiana*-Hybriden sind meist durch Anthocyan tiefrot gefärbt, während die Individuen der Ausgangsarten im Sproßbereich kein Anthocyan bilden. Aus den amorphen Tumoren regenerieren häufig einigermaßen normale Sproßachsen (Teratome). An ihnen bleibt die Anthocyanbildung aus. Offenbar wird beim normalen Wachstum die Anthocyansynthese unterdrückt; bei der Tumorbildung hingegen, die mit einem Zusammenbruch der normalen korrelativen Hemmung einhergeht, wird die Anthocyansynthese dereprimiert.

Cytogenetische Untersuchungen deuten darauf hin, daß die Unverträglichkeit der Genome, die zur Tumorbildung führt, an einzelne Chromosomen gebunden ist; z.B. ergab die interspezifische Kreuzung der amphidiploiden *Nicotiana debneyi-tabacum* (4 n = 96) mit *N. longiflora* (n = 10) ausnahmslos tumoröse F1-Nachkommen. Bei wiederholten Rückkreuzungen der Hybriden mit *N. debneyi-tabacum* stellte sich heraus, daß die Tumorbildung auf ein einziges *longiflora*-Chromosom (auf dem Hintergrund *debneyi-tabacum*) zurückzuführen war. Die Tumorbildung an genetisch instabilen Hybriden wird sowohl durch exogene Streßbedingungen (z.B. Verwundung, Röntgenbestrahlung, mechanische Behandlung, chemische Beeinflussung) als auch durch endogene Belastungen (z.B. bei der Bildung von Seitenwurzeln, bei verringerter apikaler Dominanz, beim Blattfall, aber auch bei zu dichter Aussaat) gefördert. Man kann sich vorstellen, daß gewisse Zellphänotypen an den Hybriden eine be-

sonders hohe Instabilität zeigen und unter Streßbedingungen auf Tumorwachstum umschalten. Ein
physiologisch besonders interessanter Streßfaktor ist offenbar die Erniedrigung des Auxinpegels.
Ein Befund: Die Substanz 2,3,5-Trijodbenzoesäure
(TIBA) hemmt spezifisch den polaren Transport
von Auxin (→ S. 401). Die Applikation von TIBA
steigert bei *Nicotiana*-Hybriden die Tumorbildung.
Diese Beobachtung und weitere Indizien lassen den
Schluß zu, daß die Auslösung der Tumorbildung
mit einer Abnahme des endogenen Auxinpegels in
einem kausalen Zusammenhang steht. Dies gilt indessen nur für die Hybriden. Die gesunden Aus-
gangssippen, die spontan niemals Tumoren bilden,
reagieren auf TIBA-Applikation *nicht* mit Tumorbildung.

Auch im Fall der genetischen Tumoren hat man
in Regenerationsexperimenten Hinweise gefunden,
daß die genetische Information der Tumorzellen
nicht verändert ist gegenüber den Ausgangszellen
(d.h. gegenüber den „normalen" Zellen, von denen
sie abstammen).

Tumorbildungen, die unmittelbar mit der genetischen Konstitution des Organismus zusammenhängen, sind auch bei Tieren beschrieben worden
(*Drosophila melanogaster*; *Poeciliidae*). Bei den
letztgenannten Zahnkarpfen, speziell bei *Platypoe-
cilus-Xiphophorus*-Bastarden, treten Tumoren regelmäßig in Form von *Melanomen* auf. Die genetische Analyse der tumorbildenden Zahnkarpfen-
bastarde hat das Verständnis des genetischen
Krebses entscheidend vorangebracht.

Im Fall der Wurzelhalsgallen ist die Krebs-
entstehung darauf zurückzuführen, daß Oncogene,
d.h. geschwulstbildende Gene, von außen in die
Zellen eingeführt und in das Genom integriert werden. Dadurch werden aus normalen Zellen Krebs-
zellen. Beim genetischen Krebs hingegen entstehen
als Folge der partiellen Inkompatibilität der beiden
Genome aus bereits vorhandenen Genen (Proto-
Oncogene) die Oncogene. Diese Transformation
wird durch Streßfaktoren begünstigt, beim Tabak
ebenso wie bei den Zahnkarpfenbastarden, die z.B.
gegenüber Röntgenstrahlen besonders empfindlich
sind.

Morphogenese bei *Acetabularia*

Die im Mittelmeer und anderen südlichen Meeren
vorkommenden siphonalen Grünalgen der sessilen

Gattung *Acetabularia* (Dasycladales) sind geradezu ideale Objekte für das Studium der Beziehungen
zwischen Kern und Plasma, z.B. im Hinblick auf
die Frage, wie genetische Information der Chromosomen bei Eukaryoten in *spezifische* Morphogenese umgesetzt werden kann. Die andere Frage, wie
das Verhalten des Kerns vom Plasma her reguliert
werden kann, läßt sich an diesem Objekt ebenfalls
untersuchen. Die neuerdings im Vordergrund stehende Frage nach der zeitlichen Organisation und
Regulation der Genexpression vereinigt diese Aspekte.

Der Organismus

Die Ontogenie der repräsentativen Art *Acetabularia mediterranea*, die von Hämmerling 1931 in die
physiologische Forschung eingeführt wurde, ist in
groben Zügen in der Abb. 19.66 dargestellt. Die
Zygote entsteht durch die Fusion von zwei Isoga-
meten. Sie keimt zu einem ungegliederten, zylindrischen Stiel aus. Dieser besitzt an seinem unteren
Ende ein gelapptes Rhizoid, das den einzigen Kern
der siphonalen Pflanze enthält. Der größte Teil des
Stielvolumens wird von einer Vacuole eingenommen. Der periphere Plasmaschlauch enthält viele
Chloroplasten. Am apikalen Pol bildet der Stiel ver-
gängliche Haarwirtel und schließlich einen „Hut".
Dieser Hut (= Schirm) ist im ausgewachsenen Zustand in etwa 75 Strahlen („Kammern") gegliedert,
die Cystenbehälter darstellen. Die Cysten sind Gametangien homolog. Der Stiel wächst zunächst sowohl in die Länge als auch in die Breite, beides
exponentiell. Der maximale Durchmesser – unter
bestimmten Standardbedingungen im Laborato-
rium – beträgt 0,3–0,4 mm. Er ist einige Zeit vor
der Hutbildung erreicht. Danach wächst der Stiel
bis zur Hutbildung nur noch in die Länge. Die Endlänge des Stiels beträgt 30–60 mm. Sie wird unter
günstigen experimentellen Bedingungen in etwa
drei Monaten erreicht. Für die Hutbildung ist ein
weiterer Monat notwendig. Der Hut erreicht etwa
10 mm Durchmesser. Der Kern der Zygote besitzt
ein Volumen von etwa $4 \cdot 10^{-9}$ mm^3. Das Volumen
des üblicherweise im Rhizoid liegenden *Primärkerns* beträgt unmittelbar vor der Hutbildung etwa
10^{-3} mm^3. Das Kernvolumen hat also während
des Wachstums um den Faktor 10^6 zugenommen.
Um den Riesenkern läßt sich unter dem Elektronenmikroskop eine 0,3–1 μm dicke, cytoplas-

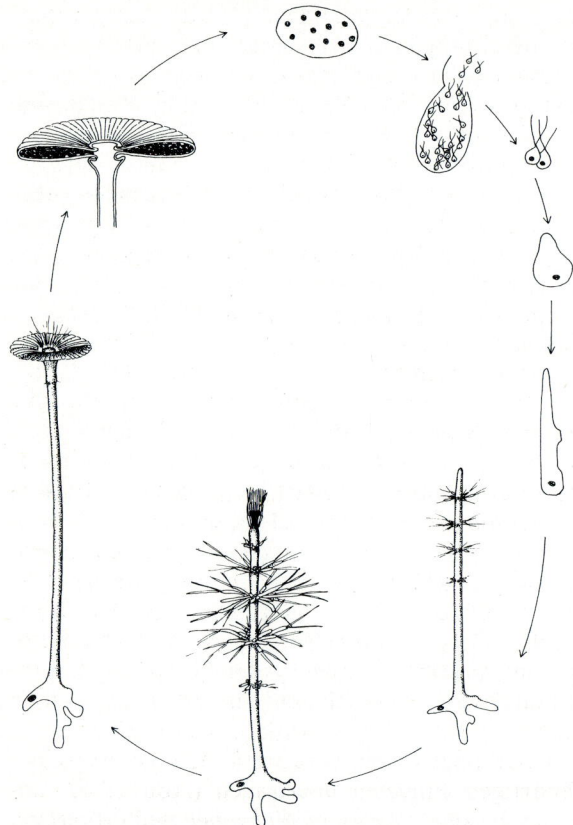

Abb. 19.66. Einige Stadien aus der Ontogenie von *Acetabularia mediterranea*. Zur Größenordnung: Länge des ausgewachsenen Stiels, 30–60 mm; Durchmesser des Hutes, bis 10 mm. Die Länge des Stiels und die Größe des Huts (=Schirm) hängen von den Lichtbedingungen ab. Starkes Licht fördert die Entwicklung des Huts und drosselt das Stielwachstum. Die neuerdings in die Forschung eingeführte *A. major* ist noch größer: Länge bis 20 cm. Durchmesser des Huts bis 25 mm

Die Hüte zerfallen; die Cysten sinken zum Grund. Nach einer Ruheperiode öffnen sich die Cysten; die Gameten werden frei. Sie können paarweise kopulieren. Die Zygote wächst unmittelbar zum Keimschlauch aus, während sich substratwärts das Rhizoid bildet.

Vorzüge von *Acetabularia* als experimentelles System

Teile des siphonalen Systems (auch kernlose Teile) zeigen eine ungewöhnliche *Regenerationsfähigkeit*. Man kann verhältnismäßig leicht Pfropfungen durchführen, d.h. Teile einer Pflanze auf eine andere transplantieren. Die Teile wachsen zusammen. Erfolgreiche *Transplantationen* sind auch zwischen Individuen verschiedener Arten möglich. Man kann leicht kernlose Systeme herstellen, z.B. durch Abschneiden des Rhizoids oder durch Entnahme des Primärkerns. Diese kernlosen Teile können erstaunlich lange überleben. (Auf die Dauer ist natürlich auch bei *Acetabularia* der Zellkern nicht zu entbehren.) Der Primärkern kann einer Pflanze entnommen und einer anderen implantiert werden (*Kerntransplantation*). In geeigneten Medien können die Kerne extrazellulär für einige Zeit überleben und dabei „gewaschen", d.h. von anhaftendem Plasma befreit werden. Die Ontogenie des siphonalen Systems ist mit einer sehr charakteristischen Morphogenese verbunden. Die Hüte der einzelnen Arten sind auffällig verschieden. Die Aufeinanderfolge von *Stiel-*, *Wirtel-* und *Hutbildung* illustriert besonders anschaulich das Phänomen der mehrmaligen Umdifferenzierung bei der Entwicklung einer Zelle.

Einflüsse des Plasmas auf den Primärkern

Der Primärkern kann verfrüht zur Desintegration gebracht werden, wenn man Stiele mit reifen Hüten auf Rhizoide mit einem jungen Primärkern pfropft (Abb. 19.67, *unten*). Die Desintegration des Primärkerns kann verhindert werden, wenn man den zuerst gebildeten Hut und die in der Folge gebildeten „Regenerationshüte" beständig entfernt (Abb. 19.67, *oben*). Solche Systeme lassen sich jahrelang züchten, ohne daß sich der Primärkern in der „normalen" Weise (→ Ontogenie) verändert. Die übliche Desintegration des Primärkerns, die

matische Schicht beobachten. Ist der Hut „reif", so beginnt der Riesenkern zu desintegrieren. (Die Meiose findet entweder vor, während oder unmittelbar nach dem Zerfall des Primärkerns statt.) Aus dem Zerfallsprozeß soll *ein* „Sekundärkern" hervorgehen, der sich noch im Rhizoid mitotisch in viele (etwa 7000–15000) *Sekundärkerne* teilt. Diese werden durch eine gerichtete Plasmaströmung in die Hutstrahlen transportiert, wo einkernige Cysten (= Ruhestadien) gebildet werden. In der geschlossenen Cyste finden erneut viele Mitosen statt. Schließlich kommt es zur Bildung von *Gameten*.

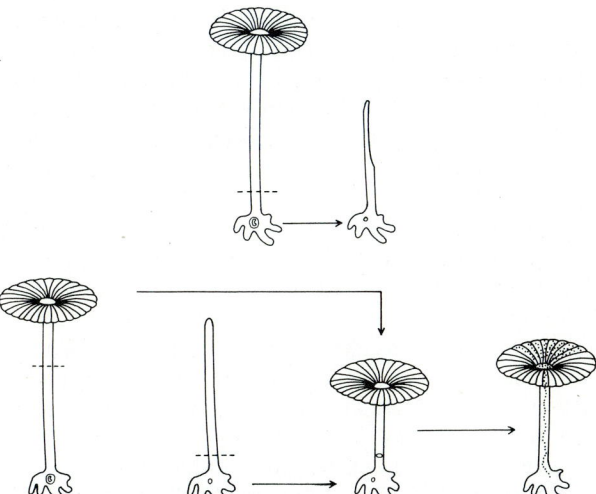

Abb. 19.67. Einige Experimente mit *Acetabularia mediterra-nea*, welche die Wirkung des Plasmas auf den Primärkern demonstrieren. *Oben:* Wenn man den reifen Hut entfernt, schrumpft der Primärkern und seine Desintegration unterbleibt. *Unten:* Wenn man einen reifen Hut auf ein junges Rhizoid pfropft, löst man die Desintegration des Primärkerns verfrüht aus. (Nach Gibor 1966)

Bildung der Sekundärkerne, die Cystenbildung usw. kommen aber ganz „normal" zustande, sobald man den zuletzt gebildeten Hut am System beläßt. Man kann aus diesen Befunden den Schluß ziehen, daß bei der normalen Entwicklung das Verhalten des Primärkerns vom reifen Hut her reguliert wird. Der Primärkern paßt sich auch hinsichtlich seiner Größe dem Zustand des Plasmas an. Wenn man z. B. einen Rhizoidlappen, der einen Primärkern maximaler Größe enthält, isoliert, beobachtet man eine schnelle und drastische Reduktion des Kern- und des Nucleolarvolumens (Abb. 19.67, *oben*). Mit fortschreitender Regeneration des Stiels wächst auch der Kern wiederheran.

Bedeutung des Kerns für die spezifische Morphogenese. Die Spezifität der Morphogenese äußert sich bei den verschiedenen Arten von *Acetabularia* in erster Linie bei der *Hutbildung.* Wir fragen: Welche Faktoren bestimmen die Spezifität der Morphogenese im Zusammenhang mit der Hutbildung? Ist es der Kern oder sind es Faktoren des Plasmas? (Mit dem Ausdruck „Plasma" bezeichnet man hier die jeweilige Zelle minus Kern.)

Ein grundlegendes Experiment. Man transplantiert Stielabschnitte von *A. mediterranea* auf ein kernhaltiges Hinterstück von *A. wettsteinii* und beobachtet die Morphogenese des zusammengesetzten Systems (Abb. 19.68). Resultat: Die Morphogenese des Hutes richtet sich zunächst etwas nach der Herkunft des Vorderstücks, bald aber definitiv nach der Herkunft des Kerns.

Man kann folgende Hypothese aufstellen: Vom Kern werden „*morphogenetische Substanzen*" abgegeben, welche die Information, wie der Hut aussehen soll, vom Kern ins Plasma tragen. Diese morphogenetischen Substanzen sind im Stiel nicht homogen verteilt; sie werden vielmehr apikal angereichert. Man kann die experimentell gewonnene Information folgendermaßen zusammenfassen (Abb. 19.69, *oben* und *Mitte*): Die spezifische Morphogenese (im Hinblick auf die Hutbildung) kann auch in Abwesenheit des Kerns vonstatten gehen. Sie wird aber begrenzt durch die Menge an morphogenetischen Substanzen, die vom Kern ins Plasma abgegeben wurde, bevor die Kernentnahme erfolgte. Diese Substanzen sind besonders im Apikalteil des Stiels akkumuliert und offenbar ziemlich langlebig.

Primärkerne lassen sich auch zwischen verschiedenartigen Pflanzen übertragen (Abb. 19.69, *unten*), z.B. auch von *A. mediterranea* nach *A. crenulata* und umgekehrt. Die übertragenen Kerne sind

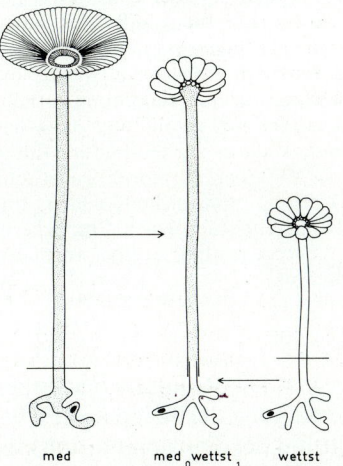

med   med₀wettst₁   wettst

Abb. 19.68. Ein kernloses Stielstück von *Acetabularia mediterranea* (med) wird auf ein kernhaltiges Rhizoid von *Acetabularia wettsteinii* (wettst) transplantiert. Die zusammengesetzte Pflanze (med₀wettst₁) bildet einen *wettsteinii*-Hut. (Nach Hämmerling 1934; Bünning 1953)

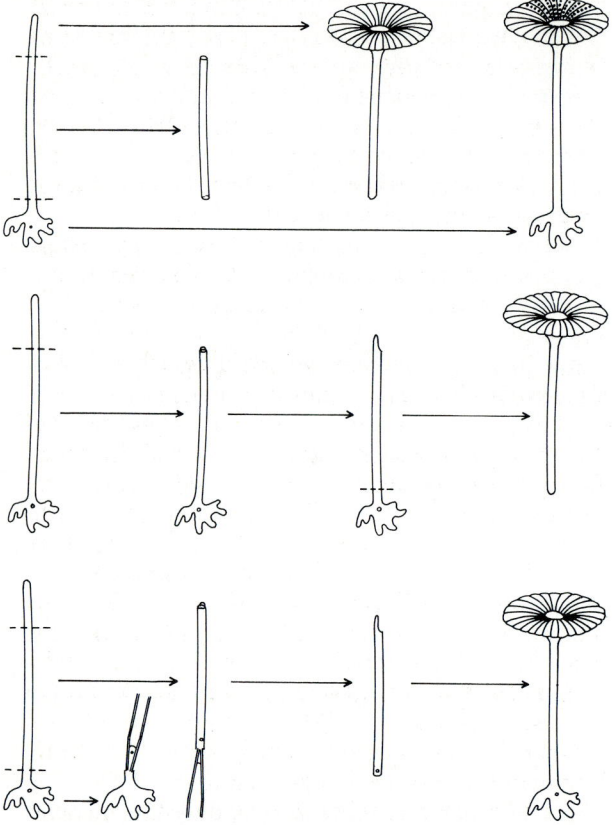

Abb. 19.69. Einige Experimente mit *Acetabularia mediterranea*, welche die Wirkung des Primärkerns auf das Plasma demonstrieren. *Oben:* Das mittlere Stielstück bleibt am Leben, wächst aber nicht. Das apikale Stück entwickelt einen Hut. Das kernhaltige Rhizoid regeneriert eine normale Pflanze. *Mitte:* Man schneidet die Stielspitze, welche die morphogenetischen Substanzen für die Hutbildung enthält, ab. Wenn man nun einige Tage wartet und erst dann das mittlere Stielstück abtrennt, ist dieses zur Hutbildung fähig. Offenbar haben sich in der Zwischenzeit morphogenetische Substanzen in diesem Stielstück angereichert. *Unten:* Implantiert man dem mittleren Stielstück einen Primärkern, setzt nach einigen Tagen die Regeneration zu einer normalen Pflanze ein. (Nach Gibor 1966)

praktisch frei von Plasma. Die Resultate der Experimente mit Kernübertragung verifizieren die Hypothese, die sich aufgrund der Transplantationsexperimente ergeben hat. Die Kerne geben morphogenetische Substanzen an das Plasma ab, welche die Information für die Spezifität der Morphogenese tragen. Wir erwähnen nur einige Befunde: Implantiert man einen Primärkern von *A. mediterra-*

nea (med$_1$) in kernfreies Plasma von *A. crenulata* (cren$_0$), erhält man zunächst einen intermediären Hut mit Tendenz nach med. Schneidet man den jungen Hut ab und verfolgt die Bildung des 2. oder 3. Regenerationshutes, so findet man reine med-Hüte. Die reziproke Übertragung (cren$_1$ in med$_0$) liefert entsprechende Resultate. Offenbar werden die morphogenetischen Substanzen, die sich in dem entkernten System zum Zeitpunkt der Implantation befinden, allmählich durch die von dem implantierten Kern abgegebenen morphogenetischen Substanzen ersetzt. Stellt man durch Transplantation mehrkernige Systeme her, so erhält man einen jeweils konstanten Typ intermediärer Hüte, z. B.:

cren$_3$med$_1$	beinahe reiner cren-Hut
cren$_2$med$_1$	Hut mit starker cren-Tendenz
cren$_1$med$_1$ ⎱	genau gleich aussehende
cren$_2$med$_2$ ⎰	intermediäre Hüte
cren$_1$med$_2$	Hut mit starker med-Tendenz
cren$_1$med$_3$	beinahe reiner med-Hut

Kontrollen:

cren$_{2-4}$	reine cren-Hüte
med$_{2-4}$	reine med-Hüte

Man muß aus diesen Befunden den Schluß ziehen, daß die Morphogenese von den beiden Kernen *gleichzeitig* gesteuert werden kann.

Biochemische Natur der „morphogenetischen Substanzen"

Es gibt viele Hinweise, daß die morphogenetischen Substanzen identisch mit RNA sind. Neben biochemischen Daten (Bestimmung der RNA-Synthese mit und ohne Kern) und cytochemischen Daten (Beobachtungen der Abgabe von RNA aus dem Kern an das Plasma) sind es vor allem die Effekte spezifischer Inhibitoren (→ Abb. 10.9), welche diese Auffassung stützen.

Actinomycin D blockiert, in niedrigen Konzentrationen appliziert, relativ spezifisch die Bildung morphogenetischer Substanzen im Zellkern von *A. mediterranea.* Die Funktion der bereits im Plasma befindlichen morphogenetischen Substanzen wird nicht wesentlich beeinflußt. Puromycin hingegen blockiert die Morphogenese völlig, gestattet aber die kontinuierliche Abgabe morphogenetischer

Substanzen an das Plasma. Da in Anwesenheit von Puromycin die morphogenetischen Substanzen offenbar nicht oder nur wenig verbraucht werden, kommt es zu einer Akkumulation.

Alle Daten sprechen dafür, daß die artspezifischen morphogenetischen Substanzen, die der Primärkern von *Acetabularia* abgibt, den Charakter relativ langlebiger mRNA haben. Die artspezifische Morphogenese bei *Acetabularia* beruht auf einer artspezifischen Gestaltung der Zellwand. Dafür werden artspezifische Enzymsysteme gebraucht. Da die artspezifische Hutbildung ein komplizierter Morphogeneseschritt ist, dürften eine Vielzahl von mRNA-Sorten als artspezifische morphogenetische Substanzen beteiligt sein.

Die besonders wichtige Frage, an welcher Stelle der Sequenz

$$DNA \xrightarrow{\text{Transkription}} mRNA \xrightarrow{\text{Translation}} Protein$$

reguliert wird, läßt sich bei *Acetabularia* im Hinblick auf Stiel-, Wirtel- und Hutbildung eindeutig beantworten. *Die Regulation erfolgt auf der Ebene der Translation.* Dies folgt allein schon aus der Tatsache, daß die *Acetabularia*-Pflanze nach der Entfernung des Kerns zunächst fortfährt, Stiel und Wirtel zu bilden, bevor die Hutbildung einsetzt. Detaillierte Experimente mit Hilfe der genannten Inhibitoren zeigen, daß die für die Spezifität der Hutbildung verantwortlichen Gene lange vor Beginn der Hutbildung aktiv sind, und zwar gleichzeitig mit den für die Stiel- und Wirtelbildung verantwortlichen Genen. Im Cytoplasma liegen also in Form von mRNA alle Informationen (Stiel-, Wirtel-, Hutbildung) gleichzeitig vor. Sofort realisiert wird aber nur die Information für Stiel- und Wirtelbildung, die Information für Hutbildung wird zunächst in inaktiver Form gespeichert. Die Realisierung dieser Information beginnt erst einige Wochen später. Die zeitliche Aufeinanderfolge von Stiel-, Wirtel- und Hutbildung beruht also nicht darauf, daß die für diese Prozesse verantwortlichen Gene nacheinander aktiv werden, sondern darauf, daß die in Form von mRNA im Plasma gleichzeitig vorhandenen Informationen nacheinander abgerufen werden. Wann Hutbildung stattfindet, wird also auf der Ebene der Translation entschieden. Der Mechanismus dieser Regulation (d.h. die zeitliche Abfolge der Elementarschritte) ist zur Zeit noch unbekannt. Man nimmt an, daß der stabile messenger jeweils in Form von RNP-Partikeln (mRNA,

gebunden an Protein; → S. 130) vorliegt. Die auf Vorrat gemachte mRNA wird durch die Proteinbindung vorübergehend stabilisiert (z.B. gegen die Wirkung von Nucleasen abgeschirmt) und zeitlich geordnet in die Translation eingebracht (→ Abb. 19.66). In einem kernlos gemachten Stück *Acetabularia* (→ Abb. 19.69) ist die Lebensdauer des messenger-Systems unnatürlich lang. Ist ein Kern vorhanden, also unter natürlichen Bedingungen, so ist die Lebensdauer viel geringer. Dies zeigen Kerntransplantationsexperimente besonders deutlich.

Kernabhängige, spezifische Enzymsynthese. Wie sind unter Zugrundelegung des Dogmas DNA→mRNA→spezifisches Protein die Transplantations- und Implantationsexperimente zu deuten? Im Prinzip folgendermaßen: Ein A-Kern, in B-Plasma verbracht, veranlaßt die Bildung von A-Enzymen, welche allmählich die B-Enzyme ersetzen. Dies ist deshalb möglich, weil auch die Enzymmoleküle, ebenso wie die mRNAs, nur eine begrenzte Lebensdauer besitzen (→ Abb. 5.21). Es kommt also zu einer A-spezifischen Morphogenese. Da A- und B-Plasma nicht verschieden sind – soweit die Funktion des Primärkerns in Frage steht –, ist es auch verständlich, daß das B-Plasma die vom A-Kern kommende mRNA benützen kann.

Es läßt sich tatsächlich zeigen, daß verschiedene Primärkerne, die sich im gleichen Plasma befinden, die Bildung verschiedener Enzyme veranlassen. Man hat z.B. eine saure Phosphatase daraufhin untersucht. Dieses Enzym ist in den nahe verwandten Arten *Acetabularia calyculus* (cal) und *Acicularia schenckii* (acic) etwas verschieden. Kerntransplantationen liefern folgende Resultate:

$cal_1 acic_1$	beide Enzymtypen (Kontrollexperiment),
$cal_0 acic_1$	Enzymtyp acic (jedenfalls nach einiger Zeit),
$cal_1 acic_0$	Enzymtyp cal (jedenfalls nach einiger Zeit).

Experimente bezüglich der Bildung von Isoenzymen (→ S. 70) der Malat-Dehydrogenase (MDH) ergaben ähnliche Resultate. Im Fall der $cren_1 med_0$-Kombination (d.h. ein Kern von *A. crenulata* im Plasma von *A. mediterranea*) wird das Isoenzym-Muster innerhalb von 4 Wochen auf den cren-Typ umgesteuert (Abb. 19.70). Auch bei der Kombination $med_1 acic_0$ (d.h. ein Kern von *A. mediterranea*

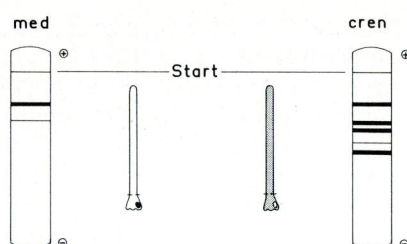

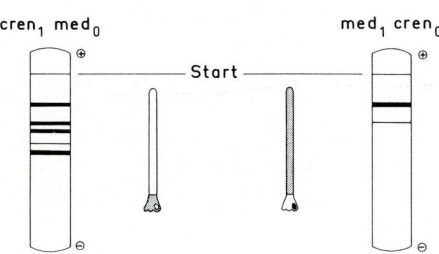

Abb. 19.70. Heterologe Transplantationsexperimente zwischen *Acetabularia mediterranea* (med) und *A. crenulata* (cren). *Oben*: Das gelelektrophoretisch aufgetrennte Isoenzymmuster (Malatdehydrogenase aus dem Plasma) der Ausgangsarten ist charakteristisch verschieden. *Unten*: Innerhalb von 4 Wochen nach der Transplantation hat sich das Isoenzymmuster kernspezifisch umgestellt. $cren_1 med_0$, Kern von cren, Plasma von med; $med_1 cren_0$, Kern von med, Plasma von cren. (Nach Schweiger et al. 1967)

im Plasma von *Acicularia schenckii*) erfolgt regelmäßig eine Umstellung auf das für *A. mediterranea* typische Isoenzymmuster.

Wie schon erwähnt, geht in einem kernlos gemachten Plasma (z.B. med_0) die Enzymsynthese langfristig weiter und zwar gemäß dem früher vorhanden gewesenen Kern. Wir haben diese Tatsache mit der Existenz langlebiger mRNA gedeutet. Unter dem Einfluß eines heterolog implantierten Kerns (z.B. $cren_1$) werden die ursprünglichen (z.B. med) Isoenzyme eliminiert und durch cren-Isoenzyme ersetzt. Der neue Kern bewirkt also nicht nur die Synthese der ihm gemäßen Isoenzyme; er verursacht auch die Eliminierung der bereits vorhandenen Isoenzyme. Der Mechanismus dieser Regulation ist noch ungeklärt. Man geht davon aus, daß mRNA in Abwesenheit des Zellkerns stabiler ist. Anders ausgedrückt: In Anwesenheit des Kerns ist das turnover der mRNA hoch.

Weiterhin ist es gelungen, von heterologen Transplantaten die F1-Generation aufzuziehen

und die MDH dieser Pflanzen zu untersuchen. Primärkerne wurden in der üblichen Weise aus *A. mediterranea* und *A. crenulata* isoliert und in kernlose Vorderstücke von *A. cliftonii* transplantiert. Die so gewonnenen Kombinationen wurden bis zur Hut- und Cystenbildung gebracht. Die Morphogenese der Pflanzen, die nach Freisetzen der Gameten und nach Kopulation entstanden, entsprach völlig der Art, von der die Kerne der Elterngeneration stammten. Auch das Isoenzymmuster der MDH der F1-Generation wird von den heterologen Kernen der Elterngeneration determiniert.

Die intrazelluläre Bildung eines räumlichen Musters ist bei der Morphogenese der *Acetabularia*-Zelle besonders offensichtlich. Sie findet z.B. in der Artspezifität der Hüte ihren Ausdruck. Das Problem, wie auf der Ebene der Moleküle die artspezifische Enzymsynthese zur artspezifischen intrazellulären Morphogenese führt, ist völlig ungeklärt. Dies gilt, wie wir noch sehen werden, generell für den Zusammenhang von spezifischer Enzymsynthese und spezifischen Formmerkmalen. Hier liegt eines der schwierigsten Probleme der Entwicklungsphysiologie.

Photomorphogenese bei *Acetabularia*

Die Bildung der Wirtel und des Hutes erfolgt nur dann, wenn die Alge genügend Blaulicht (B) erhält. Es handelt sich um eine spezifische Lichtwirkung, die nicht über die Photosynthese zu erklären ist. Wird der Alge nur Rotlicht verabreicht, bleibt die Stielentwicklung bei *A. mediterranea* bald stecken; Wirtel und Hut werden nicht gebildet. Sobald B dem Rotlicht beigemischt wird, läuft die normale Entwicklung ab. Blaulicht übt somit einen spezifischen Effekt auf die Morphogenese (und damit auf die Genexpression) aus. Das Wirkungsspektrum (→ Abb. 21.1) des Blaulichteffektes zeigt drei Gipfel im Blaubereich und eine niedrige, aber breite Wirkungsbande im UV-A (Abb. 19.71). Es hat große Ähnlichkeit mit dem Wirkungsspektrum von Cryptochrom (B/UV-A Photorezeptor bei höheren Pflanzen; → S. 377).

Die Wirkung von B auf die Morphogenese von *Acetabularia* wird *nicht* verhindert, wenn man den Primärkern vor der B-Belichtung entfernt. Es ist in diesem Fall klar, daß die regulierende Wirkung von B auf die Morphogenese (und damit auf die Genexpression) nicht auf der Ebene der Transkription

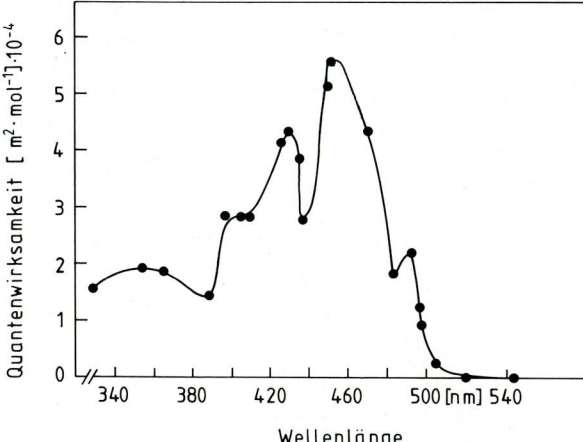

Abb. 19.71. Wirkungsspektrum für die Auslösung der Haarwirtelbildung bei *Acetabularia mediterranea* durch Licht. Die Quantenwirksamkeit ist angegeben als der Kehrwert der Quantenfluenz (mol Quanten pro m^2), die benötigt wird, um bei 50% der Algenpopulation die Wirtelbildung auszulösen. (Nach Schmid 1984)

erfolgt. Inhibitoren der Chloroplasten-Proteinsynthese (Chloramphenicol) und der Transkription (Actinomycin D) haben keinen Einfluß auf die B-Wirkung, während eine Hemmung der cytoplasmatischen Proteinsynthese durch Puromycin oder Cycloheximid (→ Abb. 10.9) die Morphogenese verhindert. Ergebnisse auf dem Enzymniveau (UDPG-Pyrophosphorylase) machen es wahrscheinlich, daß die B-Wirkung tatsächlich im Zusammenhang mit der Translation erfolgt. Dieser Befund fügt sich in das Bild, daß die *Regulation* der für die Morphogenese relevanten Genexpression auf dem Niveau der Translation stattfindet.

Weiterführende Literatur

a. Grundlegende Gesichtspunkte

Bell PR (1970) The archeogoniate revolution. Sci Progr Oxf 58:27–435
Furuya M (1978) Photocontrol of developmental processes in fern gametophytes. Bot Mag Tokyo *Special Issue* 1:219–242
Girnish TJ (ed) (1986) On the economy of plant form and function. Cambridge University Press, Cambridge
Klekowski EJ (1988) Mutation, developmental selection, and plant evolution. Columbia University Press, New York

Miller JH (1968) Fern gametophytes as experimental material. Bot Reviews 34:361–440
Mohr H (1972) Lectures on photomorphogenesis (chapter 21: Examples of blue-light-mediated photomorphogenesis). Springer, Berlin Heidelberg New York

b. Wachstum

Bertalanffy LV (1942) Theoretische Biologie, Bd. II. Bornträger, Berlin
Erickson RO, Silk WK (1980) The kinematics of plant growth. Sci Amer 242(may issue):102–113
Poethig S (1989) Genetic mosaics and cell lineage analysis in plants. Trends Genet 5:273–277
Sinnot EW (1960) Plant Morphogenesis. McGraw Hill, New York Toronto London
Thompson DW (1942) On growth and form, 2d ed. Cambridge University Press, Cambridge
Vöchting H (1878) Über Organbildung im Pflanzenreich. Cohen, Bonn

c. Differenzierung

Fukuda H (1989) Cytodifferentiation in isolated single cells. Bot Mag Tokyo 102:491–501
Green PB, Poethig RS (1982) Biophysics of the extension and initiation of plant organs. In: Subtelny S, Green PB (eds) Developmental order: its origin and regulation. Liss, New York, pp 485–509
Heslop-Harrison J (1967) Differentiation. Annu Rev Plant Physiol 18:325–348
Maclean N, Hall BK (1987) Cell commitment and differentiation. Cambridge University Press, Cambridge New York
Okamuro JK, Goldberg RB (1989) Regulation of plant gene expression: General principles. In: Marcus A (ed) The biochemistry of plants. A comprehensive treatise, Vol 15. Academic Press, San Diego New York, pp 1–82
Phillips R (1980) Cytodifferentiation. Int Rev Cytol Suppl 11 A:55–70
Stange L (1965) Plant cell differentiation. Annu Rev Plant Physiol 16:119–140
Vodkin LO (1989) Transposable element influence on plant gene expression and variation. In: Marcus A (ed) The biochemistry of plants. A comprehensive treatise, Vol 15. Academic Press, San Diego New York, pp 83–112

d. Musterbildung und Morphogenese

Barlow PW, Carr DJ (1984) Positional controls in plant development. Cambridge University Press, Cambridge
Cline MG (1991) Apical dominance. Bot Reviews 57:318–358
Coen ES (1991) The role of homeotic genes in flower development and evolution. Annu Rev Plant Physiol Plant Mol Biol 42:241–279
Green PB (1985) Surface of the shoot apex: A reinforcement-field theory for phyllotaxis. J Cell Sci Suppl 2:181–201

Lamoreaux RJ, Chaney WR, Brown KM (1978) The plasto-chron index: A review after two decades of use. Amer J Bot 65:586–593

Maksymowych R (1973) Analysis of leaf development. Cambridge University Press, London

Meyerowitz EM (1987) *Arabidopsis thaliana*. Annu Rev Genet 21:93–111

Mitchison GJ (1977) Phyllotaxis and the Fibonacci series. Science 196:270–275

Poethig, RS (1990) Phase change and the regulation of shoot morphogenesis in plants. Science 250:923–930

Roberts DW (1984) A chemical contact pressure model for phyllotaxis. J theoret Biol 108:481–490

Rutishauser R (1982) Der Plastochronquotient als Teil einer quantitativen Blattstellungsanalyse bei Samenpflanzen. Beitr Biol Pflanzen 57:323–357

Sachs T (1991) Pattern formation in plant tissues. Cambridge University Press, Cambridge

Sattler R (ed) (1982) Axioms and principles of plant construction. Martinus Nijhoff – Dr W Junk Publ, The Hague Boston New York

Sinnot EW (1960) Plant morphogenesis. McGraw Hill, New York Toronto London

Sinnot EW (1963) The problem of organic form. Yale University Press, New Haven

Steeves TA, Sussex IM (1989) Patterns in plant development. 2. ed. Cambridge University Press, Cambridge New York

Sussex IM (1989) Developmental programming of the shoot meristem. Cell 56:225–229

Williams RF (1975) The shoot apex and leaf growth. Cambridge University Press, London

e. Tumorbildung bei Pflanzen

Ahuja MR (1965) Genetic control of tumor formation in higher plants. Quart Rev Biol 40:329–340

Anders F (1981) Erb- und Umweltfaktoren im Ursachengefüge des neoplastischen Wachstums nach Studien an *Xi-phophorus*. In: Verhandlungen der Gesellschaft Deutscher Naturforscher und Ärzte 1980, pp 106–119. Springer, Berlin Heidelberg New York

Bishop JM (1982) Oncogenes. Scientific American 246 (march issue), pp 69–78

Chilton MD et al. (1977) Stable incorporation of plasmid DNA into higher plant cells: The molecular basis of crown gall tumorigenesis. Cell 11:263–271

Ichikawa T, Syono K (1991) Tobacco genetic tumors. Plant Cell Physiol 32:1123–1128

Kado CI (1991) Molecular mechanisms of crown gall tumorigenesis. Crit Rev Plant Sci 10:1–32

Kahl G, Schell JS (1982) Molecular biology of plant tumors. Academic Press, New York

Powell A, Gordon MP (1989) Tumor formation in plants. In: Marcus A (ed) The biochemistry of plants. A comprehensive treatise, Vol 15. Academic Press, San Diego New York, pp 617–651

Schell J (1982) The Ti-plasmids of *Agrobacterium tumefaciens*. In: Encycl Plant Physiol NS, Vol 14B. Springer, Berlin Heidelberg New York, pp 455–474

f. Morphogenese bei Acetabularia

Hämmerling J (1963) Nucleo-cytoplasmic interactions in *Acetabularia* and other cells. Annu Rev Plant Physiol 14:65–92

Schmid R (1984) Blue light effects on morphogenesis and metabolism in *Acetabularia*. In: Senger H (ed) Blue light effects in biological systems. Springer, Berlin Heidelberg New York, pp 419–432

Schweiger HG (1976) Nucleocytoplasmic interaction in *Acetabularia*. In: King RC (ed) Handbook of genetics, Vol 5. Plenum, New York London, pp 451–475

Zeitsche K (1968) Steuerung der Zelldifferenzierung bei der Grünalge *Acetabularia*. Biol Rdsch 6:97–112

20 Physiologie der Sexualität

Sexualvorgänge sind Meiosis und Befruchtung. Wir beschränken uns in diesem Kapitel auf die *Physiologie der Befruchtung*. Dies schließt die *Bildung der Geschlechtsorgane*, die *Bildung der Gameten* und die *Verschmelzung von Gameten* (Zygotenbildung) ein. Bei vielen niederen Pflanzen spielt in diesem Zusammenhang die Induktion der Gametenbildung und deren Zusammenführung im wäßrigen Milieu durch Lockstoffe (Pheromone) eine entscheidende Rolle. Die Vielfalt der hierbei auftretenden Phänome erfordert eine exemplarische Darstellung anhand von Fallstudien.

Fünf Fallstudien zur Gametogenese und Pheromonwirkung bei niederen Pflanzen

Fallstudie 1: Gametogenese bei *Chlamydomonas*

Die grünen Flagellaten der Gattung *Chlamydomonas* (*Volvocales*) sind oft benützt worden, um die Grundvorgänge der Gametenbildung und -verschmelzung zu studieren. Unter experimentellen Bedingungen ist eine Verarmung des Mediums an Stickstoff ein geeignetes Verfahren, die Gametenbildung einzuleiten. Seit den klassischen Untersuchungen von Klebs (1896) ist aber auch bekannt, daß dem *Lichtfaktor* eine wichtige Funktion bei der Gametogenese von *Chlamydomonas* zukommt. Der zur Zygotenbildung führende Prozeß läßt sich bei *Chlamydomonas* in die folgenden Teilprozesse aufgliedern: Induktion der Gametogenese (für die Einzelzelle offenbar eine Alles-oder-Nichts-Reaktion), Entwicklung der Gameteneigenschaften, Agglutination geschlechtlich verschiedener Gameten mit Hilfe von Glycoproteinen auf der Geißeloberfläche, Paarbildung, Zellfusion und Zygotenreifung. Der Lichtfaktor wirkt auf die Induktion der Gametogenese. Bei 20 °C z. B. ist das Licht unentbehrlich für die Induktion der Gametogenese, auch nach-

dem die Zellen in ein Stickstoff-freies Medium übertragen sind.

Bei der Art *Chlamydomonas eugametos* braucht nur *ein* Geschlecht Licht für die Induktion der Gametogenese. Förster hat hier das Wirkungsspektrum für die Induktion der Gametogenese bestimmt (Abb. 20.1). Spätere Untersuchungen mit *Chlamydomonas moevusii*, wo beide Geschlechter Licht für die Gametogenese brauchen, ergaben dasselbe Wirkungsspektrum. Die Abb. 20.1 wird dahingehend interpretiert, daß die wirksame Strahlung von einem Retinalprotein (Rhodopsin) absorbiert wird. Die Photosynthese spielt keine Rolle. Der Mechanismus der Lichtwirkung, d. h. die Abfolge der molekularen Einzelschritte bis zur Entwicklung der Gameteneigenschaften, ist trotz eingehender Studien noch nicht aufgeklärt.

Überraschenderweise zeigt ein entsprechendes Wirkungsspektrum für *Chlamydomonas reinhardii* Wirkungsgipfel bei 370 und 450 nm, also die Struktur eines typischen Cytochromspektrums ($\rightarrow$ S.

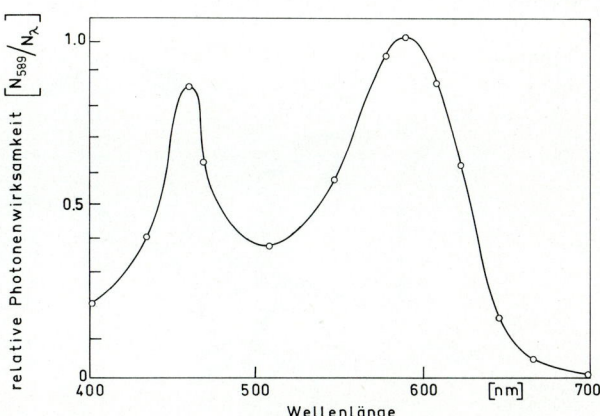

Abb. 20.1. Das Wirkungsspektrum des Lichteinflusses auf die Gametogenese beim *Chlamydomonas eugametos*. [N_{589}/N_λ] ist die relative Quantenwirksamkeit bei der Wellenlänge λ, bezogen auf die Quantenwirksamkeit bei $\lambda = 589$ nm, die gleich 1 gesetzt ist. (Nach Förster 1957)

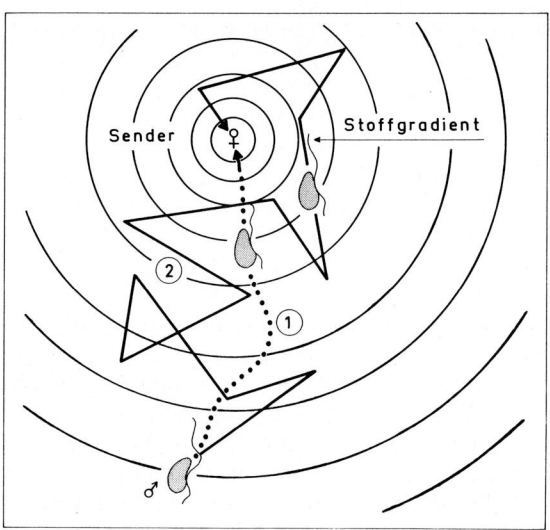

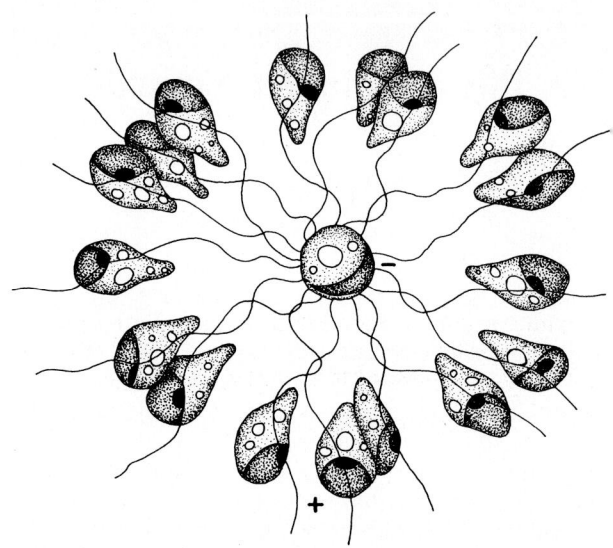

Abb. 20.2. Beantwortung eines chemotaktischen Signals. Der männliche Gamet erkennt einen zeitlichen oder räumlichen Unterschied der Lockstoffkonzentration durch spezifische Empfängerstellen. Er kann entweder (1) direkt dem Konzentrationsgradienten zum Ziel [weiblicher (♀) Gamet, Sender] folgen (*Chemotopotaxis*) oder mit einer *Schreckreaktion* auf eine Verminderung der Lockstoffkonzentration reagieren (*chemophobotaktische* Reaktionsweise). Die Schreckreaktion äußert sich in einer Änderung der Bewegungsrichtung. Auf diese Weise nähert sich der ♂ Gamet allmählich dem Sender (♀ Gamet). Die Bahn des ♂ Gameten wird dadurch kompliziert, daß auch in der Vorwärtsrichtung, d.h. in Richtung des Gradienten, sprunghafte Änderungen der Bewegungsrichtung möglich sind. (Nach Jaenicke 1975)

Abb. 20.4. Ausschnitt aus dem isogamen Befruchtungsprozeß bei *Ectocarpus siliculosus*. Männliche (+)Gameten haben Kontakt mit einem festgesetzten weiblichen (−)Gameten aufgenommen. Mit der langen Geißel verankern sich die (+)Gameten an dem (−)Gameten. Die erfolglosen (+)Gameten lösen sich nach einigen Minuten wieder. Nach Beginn der Verschmelzung des (−)Gameten mit dem erfolgreichen (+)Gameten hört die Pheromonbildung auf. Das vorher freigesetzte Pheromon wird von den (+)Gameten völlig abgebaut (→Abb. 20.6). (Nach Oltmanns 1899; Jaenicke 1975)

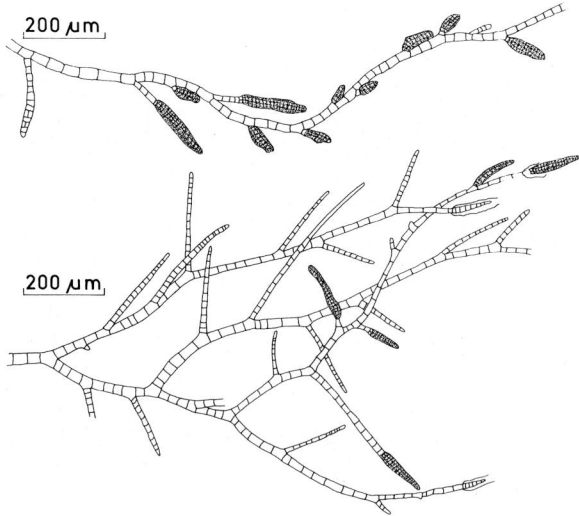

Abb. 20.3. *Ectocarpus siliculosus* (Herkunft Neapel). *Oben*: Teil des diploiden *Sporophyten* mit plurilokulären Sporangien. *Unten*: Teil des haploiden *Gametophyten* mit plurilokulären Gametangien. Da sich Sporophyten und Gametophyten im Verzweigungsmodus unterscheiden, liegt ein *heterothallischer Generationswechsel* vor. Es gibt männliche und weibliche Gametophyten, die sich aber dem Aussehen nach nicht unterscheiden. Auch ihre Gameten sehen völlig gleich aus (*Isogamie*). Der Geschlechtsunterschied ist nur am Verhalten der Gameten festzustellen. Die weiblichen Gameten verlieren rasch ihre Beweglichkeit und setzen sich am Substrat fest, die männlichen Gameten schwimmen längere Zeit mit Hilfe ihrer Geißeln umher und sammeln sich in großer Zahl um einen festgehefteten weiblichen Gameten (→Abb. 20.4). (Nach Müller 1972)

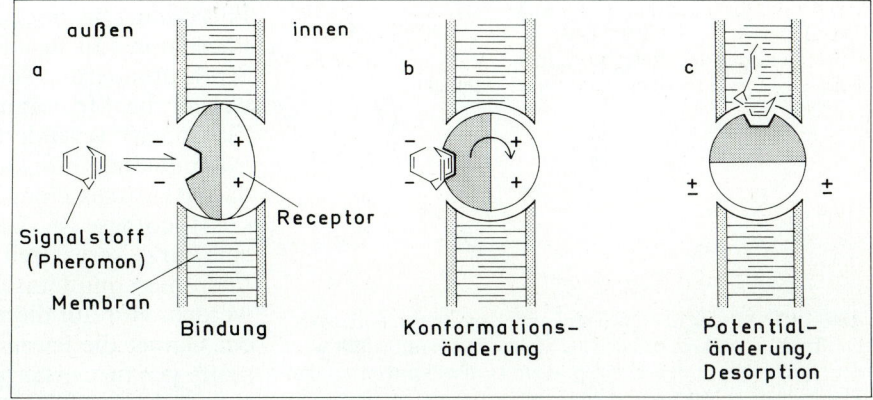

Abb. 20.5. Die Struktur von Ectocarpen in planarer und räumlicher Darstellung. Es handelt sich um All-cis-1-(cyclo-heptadien-2′,5′-yl)-buten-1. Ectocarpen ist optisch aktiv, da sich an der Ansatzstelle der Seitenkette (1′) ein asymmetrisches C-Atom befindet. Die natürlich gebildete Substanz ist rechtsdrehend. (Nach Müller 1972)

377). Das Wirkungsspektrum für die phototaktische Reaktion (→ S. 526) deutet aber auch bei dieser Art auf einen Retinalphotoreceptor hin.

Fallstudie 2: Gametenlockstoffe bei Braunalgen

Die Lockstoffe (*Sirenine*) werden von weiblichen (−)Gameten abgegeben und locken die männli-

chen (+)Gameten an. Es sind im Wasser schwer lösliche, leicht flüchtige Substanzen. Die Lockstoffe sind ihrer Funktion nach *Pheromone*. Darunter versteht man Substanzen, die chemischen Wechselwirkungen zwischen Sexualpartnern dienen. Die Reaktion der (+)Gameten ist eine chemotaktische Reaktion. Es lassen sich zwei Reaktionstypen unterscheiden (Abb. 20.2): Bei der eigentlichen *Chemotopotaxis* schwimmt der (+)Gamet mehr oder minder direkt auf den Lockstoff produzierenden (−)Gameten zu; bei der *chemophobotaktischen Reaktionsweise* reagiert der (+)Gamet mit einer *Schreckreaktion* (Änderung der Bewegungsrichtung) auf eine *Abnahme* der Konzentration des Lockstoffs. Diese Art von Reaktion führt ebenfalls zu einer Annäherung an den (−)Gameten. Die Abb. 20.3 zeigt Ausschnitte aus Gametophyten und Sporophyten der marinen Braunalge *Ectocarpus siliculosus* (Ectocarpales); die Abb. 20.4 zeigt den Kontakt zwischen männlichen (+)Gameten und dem festgesetzten weiblichen (−)Gameten. Die Frage ist, wie die weiblichen und die männlichen Gameten zusammengeführt werden. Bei Arten, die männliche und weibliche Gametophyten ausbilden („diözisch"), muß gewährleistet sein,

Abb. 20.6a−c. Hypothetisches Modell zur Wirkungsweise eines Pheromons, dargestellt am Beispiel des *Ectocarpens*. (a) Der Signalstoff bindet spezifisch an die Bindungsstelle eines Receptorproteins, das in die Plasmamembran des (+)Gameten eingebaut ist und eine Pore verschließt, die den Ausgleich des elektrochemischen Potentials zwischen innen und außen verhindert. Die Bindungsstelle des Receptors ist wie eine räumliche Matrize des Pheromons gebaut, in die sich das Signalmolekül einpassen kann. Analog zu den Insekten gibt es auch bei den Braunalgen hochspezifische Receptionssysteme (z. B. bei *Cutleria multifida*), die nur auf das arteigene Signal reagieren, während andere, z. B. bei *Ecto-*

carpus siliculosus, eine gewisse Bandbreite an Strukturvariationen des Pheromons zulassen. (b) Der *Ligand/Protein-Komplex* ändert seine Konformation und öffnet dadurch die Pore. (c) Die Ionenkonzentrationen gleichen sich aus. Es kommt zu einem elektrochemischen Membraneffekt, den die Zelle registriert (Messung der Pheromon-Konzentration im Außenraum). Das Pheromon wird rasch abgebaut. Daraufhin kehrt der Receptor in seine Ausgangslage zurück; das elektrochemische Potential baut sich wieder auf. Das Modell ist zwar weitgehend spekulativ, hat aber einen hohen *heuristischen* Wert. (Nach Jaenicke 1975)

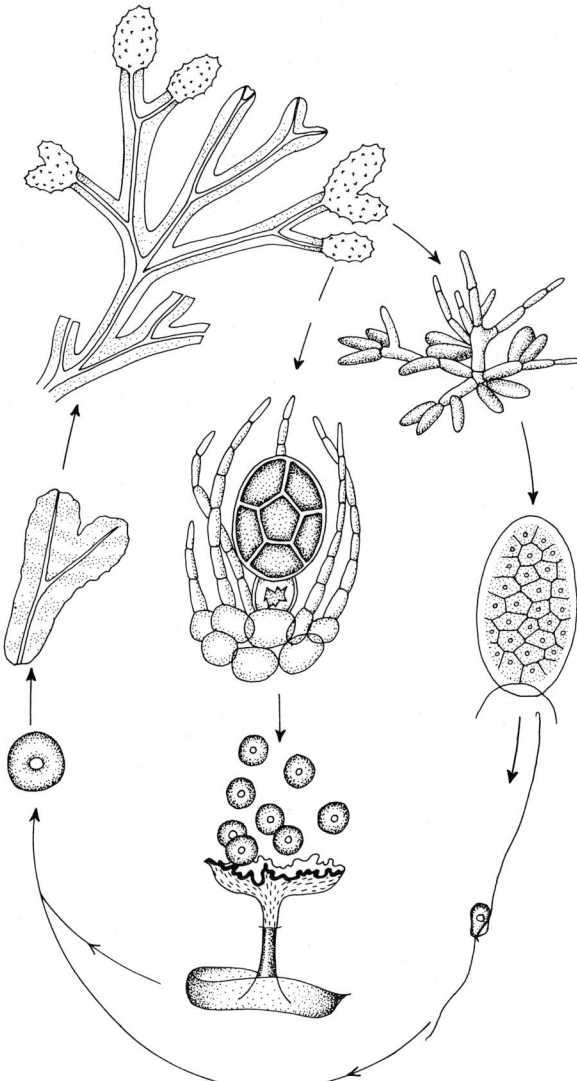

Abb. 20.7. Modell der Ontogenie einer zwittrigen *Fucus*-Art. Die Thalli von *Fucus* müssen als Sporophyten aufgefaßt werden. Sie bilden in den Konzeptakeln (Einsenkungen an den Thallusenden) Mikro- und Makrosporangien. In diesen bilden sich unter Meiosis Tetraden von Mikro- und Makrosporen. Jede Spore führt dann Mitosen durch. Dadurch entsteht jeweils ein Gametophyt. Jede *Mikrospore* bildet einen 16zelligen Mikrogametophyten; jede *Makrospore* einen 2zelligen Makrogametophyten. Jede Zelle der Gametophyten fungiert als Gamet (64 Spermatozoen pro Mikrosporangium; 8 Eizellen pro Makrosporangium). (Nach Caplin 1968)

daß die auf verschiedenen Pflanzen entstehenden (+)- und (−)Gameten in genügend großer Zahl zueinanderfinden. Auch *Ectocarpus siliculosus* ist auf diesen Gesichtspunkt hin optimiert, z. B. wird die Freisetzung der Gameten tagesperiodisch gesteuert und erfolgt in der Regel kurz nach Lichtbeginn. Durch diese Synchronisation wird die Wahrscheinlichkeit, daß die beiden Gametentypen aufeinandertreffen, wesentlich erhöht. Der entscheidende Punkt ist aber, daß die (+)Gameten auf die (−)Gameten zuschwimmen, und zwar in einer immer enger werdenden Kreisbahn.

Männliche und weibliche Gametophyten sind morphologisch nicht zu unterscheiden. Sie lassen sich aber am Geruch erkennen: Von den fertilen weiblichen Pflanzen sowie von den (−)Gameten geht ein charakteristischer, fruchtartiger Duft aus. Die (−)Gameten produzieren eine leicht flüchtige Substanz, auf die (+)Gameten in der bereits geschilderten Weise chemophobotaktisch reagieren. Der Lockstoff wurde in seiner Konstitution aufgeklärt. Er erhielt den Namen *Ectocarpen* (Abb. 20.5).

Wie wirkt das Pheromon? Im Prinzip hat man zur Zeit folgende Vorstellung (Abb. 20.6): In der Plasmamembran des (+)Gameten gibt es in begrenzter Zahl Proteine mit hoher Affinität für das Pheromon (*Receptorstellen*). Nach der Bindung des Pheromons an den Receptor kommt es zu einer Strukturänderung des Receptorproteins, durch welche die Membraneigenschaften (Permeabilität für Ionen) verändert werden. Die resultierende Potentialänderung kann die Zelle registrieren und daraufhin reagieren. Ein wichtiger Punkt bei dieser Hypothese ist, daß die Pheromonmoleküle nur eine kurze Verweilzeit an der Membran haben. Das Pheromon muß rasch abgebaut oder desorbiert werden. Nur auf diese Weise ist gewährleistet, daß ein Gamet die jeweilige Konzentration des Lockstoffs genau messen und chemotopotaktisch oder chemophobotaktisch reagieren kann (→ Abb. 20.2).

Die als Tang an der Atlantikküste weit verbreitete Braunalge *Fucus serratus* (*Fucales*) ist (deskriptiv gesehen) ein zwittriger Diplont (Abb. 20.7). Sie bildet auf dem Thallus Eier und Spermatozoen, die im Wasser kopulieren (*Oogamie*). Auch bei *Fucus* werden die ♂ Gameten (Spermatozoen) von den ♀ Gameten (große unbewegliche Eizellen) durch ein Pheromon chemotopotaktisch angelockt (Abb. 20.8). Auch der *Fucus*-Lockstoff wurde in seiner

Konstitution aufgeklärt. Es handelt sich um ein Octatrien mit drei konjugierten Doppelbindungen. Es erhielt den Namen *Fucoserraten* (Abb. 20.9).

Fallstudie 3: Pheromonale Integration bei der geschlechtlichen Fortpflanzung von *Oedogonium*

Bei den Zwergmännchen-bildenden Grünalgen der Gattung *Oedogonium* hat man im physiologischen Experiment mindestens vier verschiedene Pheromone fassen können, die eine Rolle bei der geschlechtlichen Fortpflanzung dieser Algen spielen.

Das Objekt (Abb. 20.10). Die Algen der Gattung *Oedogonium* bilden unverzweigte, geschlechtlich differenzierte Zellfäden (♀ und ♂). Unter günstigen Bedingungen werden gewisse Zellen der ♀ Fäden zu großen Oogonienmutterzellen; auf den ♂ Fäden hingegen bilden sich Reihen aus kurzen Zellen aus, die man *Androsporangien* nennt. Sie bilden jeweils eine grüne, begeißelte *Androspore* aus. Sind ♀ Fäden erreichbar, so heften sich die Androsporen an die Oogonienmutterzellen und entwickeln sich dort zu einzelligen *Zwergmännchen*, die apikal ein oder mehrere *monogone Spermangien* ausbilden. Inzwi-

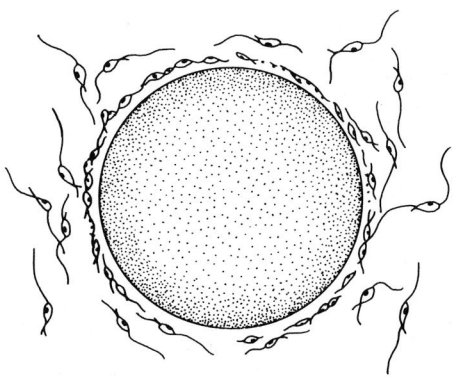

Abb. 20.8. *Fucus*-Spermatozoen umschwärmen ein *Fucus*-Ei. Die *positive Chemotopotaxis* führt zu einer Anhäufung von ♂ Gameten um die Eizelle. Die großen Eizellen bilden offenbar große Mengen an Pheromon. Dies ist funktional verständlich: Werden nur relativ wenige Eizellen gebildet, so müssen diese einen starken Anlockungseffekt ausüben. (Nach Thuret 1854)

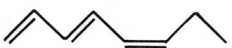

Abb. 20.9. Die Struktur von *Fucoserraten*. Es handelt sich um ein konjugiertes C_8-Alken. (Nach Müller und Gassmann 1978)

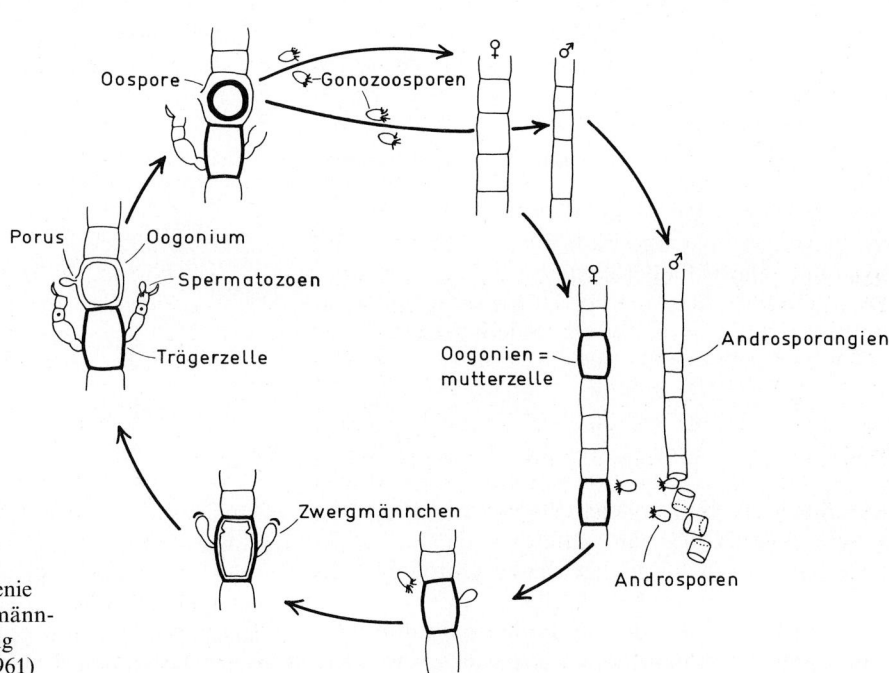

Abb. 20.10. Modell der Ontogenie einer heterothallischen, Zwergmännchen-bildenden Art der Gattung *Oedogonium*. (Nach Machlis 1961)

schen hat sich die Oogonienmutterzelle geteilt, in ein fast rundes Oogonium mit einer Eizelle und in eine Trägerzelle, auf der die Zwergmännchen sitzen. Nach der Befruchtung bildet die Zygote eine dicke Wand und färbt sich rötlich (*Oospore*). Bei der Keimung der Oospore erfolgt die Meiosis mit haplogenotypischer Geschlechtsbestimmung: 2 von 4 Gonen bilden ♀, 2 bilden ♂ Fäden. Die *Oedogonium*-Arten lassen sich trotz der Komplikation durch die Androsporenbildung unter die vielzelligen Haplonten einreihen.

Pheromonwirkungen. Die Oogonienmutterzellen sezernieren eine Substanz (ein *Sirenin*), die bewirkt, daß Androsporen sich an diesen Zellen ansammeln und festheften. Wenn man das wäßrige Medium, in dem sich Fäden mit Oogonienmutterzellen eine Zeitlang befunden haben, in eine Kapillare füllt und diese in ein Medium hält, in dem Androsporen schwimmen, so sammeln sich die Androsporen an der Spitze an und dringen in die Kapillare ein. Dieser Effekt ist offensichtlich auf das *Androsporen-Sirenin*, das die Oogonienmutterzellen abgegeben haben, zurückzuführen. Die komplexen Vorgänge bei der Teilung der Oogonienmutterzellen können nur ablaufen, wenn sich Androsporen an der Oogonienmutterzelle festgesetzt haben. Experimentelle Resultate sprechen dafür, daß die Zwergmännchen ihrerseits durch ein Pheromon die inäquale Zellteilung der Oogonienmutterzelle auslösen.

Die Entwicklung der Androsporen zu reifen Zwergmännchen ist unabhängig von den weiblichen Fäden. Wenn sich die Zwergmännchen aber an den Oogonienmutterzellen entwickeln, dann wird ihre Wachstumsrichtung von der weiblichen Pflanze so reguliert, daß die Spitze des Zwergmännchens zum Oogonium hin gerichtet ist und schließlich in die Gallerte eintaucht, die das Oogonium umgibt. Das hierbei wirksame Pheromon stammt offenbar von der Oogonienmutterzelle.

Die Spermatozoen, die aus den Spermangien austreten, werden von der Gallerte, welche die Oogonien umgibt, festgehalten, Sie bewegen sich langsam, aber gerichtet, auf den Porus zu, der in das Oogonium führt. Ein Spermatozoon dringt schließlich ein und vollzieht die Befruchtung. An dieser Stelle ist also ein weiterer Lockstoff wirksam, das zweite *Sirenin* in dieser Ontogenie. Es stammt offenbar aus der Eizelle.

Mit physiologischen Methoden konnten also mindestens vier Pheromone nachgewiesen werden, die bei der geschlechtlichen Fortpflanzung von *Oedogonium*-Arten eine Rolle spielen. Am weitesten fortgeschritten ist die biochemische Bearbeitung des Sirenins, welches die Androsporen an die Oogonienmutterzellen lockt.

Es ist offensichtlich, daß es im Pflanzenreich eine große Zahl von Vorgängen gibt, die in ähnlicher Weise pheromonal integriert werden wie die Ontogenie von *Oedogonium*-Arten, z.B. spielt die Anlockung beweglicher Zellen bei allen Befruchtungsvorgängen eine entscheidende Rolle.

**Fallstudie 4: Pheromone („Sexualhormone")
bei der Bäckerhefe**

Die Ontogenie eines heterothallischen Stamms der Bäckerhefe (*Saccharomyces cerevisiae*) (Abb. 20.11) ist durch einen einfachen Sexualmechanismus charakterisiert, der unter der Kontrolle des Paarungstypen-Locus steht. Die beiden alternativen Allele bezeichnet man mit den Symbolen *a* und *α*. Haploide Zellen, die verschiedenen Paarungstypen angehören, können konjugieren und eine diploide Zygote bilden, aus der über mitotische Kernteilungen ein Klon diploider Zellen hervor-

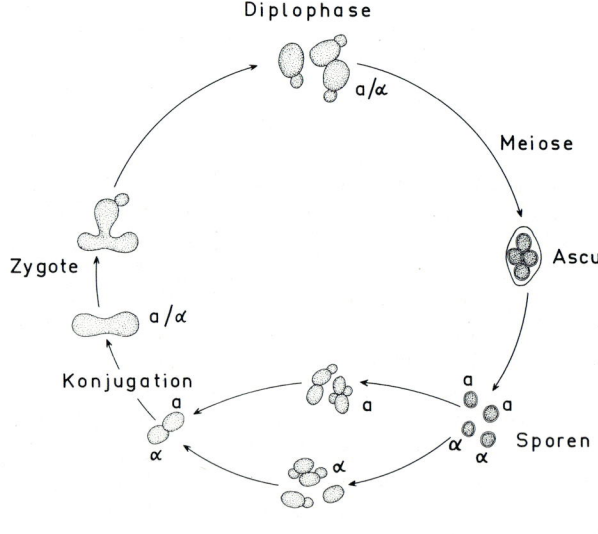

Abb. 20.11. Modell der Ontogenie eines heterothallischen Stammes der Bäckerhefe (*Saccharomyces cerevisiae*). Erklärung im Text. (Nach einer Vorlage von Duntze)

geht, die bezüglich des Paarungstypen-Locus hete-
rozygot sind (a/α). Unter gewissen Bedingungen
führen die diploiden Zellen eine Meiose durch, bei
der 4 haploide Gonen (Ascosporen) entstehen, zwei
mit dem a-Gen, zwei mit dem α-Gen.

Wir richten unser Augenmerk auf den Vorgang
der *Konjugation*. Wenn a- und α-Zellen in engeren
Kontakt kommen, bilden sie jeweils ein Oligopep-
tid-Pheromon, das von dem entgegengesetzten
Paarungstyp erkannt wird (Abb. 20.12). Die Bindung des Pheromons setzt eine Kaskade von Si-
gnal-Reaktionsprozessen in Bewegung, die schließlich den beiden Hefezellen die Verschmelzung erlauben. Die Analyse der Prozesse hat ergeben, daß
die Signaltransduktion bis zum Genom ähnlich
verläuft wie bei Vertebratenzellen, einschließlich
Transmembran-Rezeptoren, G-Protein, DNA-bindende Proteine, Änderung der Genexpression
(Abb. 20.13). Die genauere Untersuchung ergab
folgende Befunde:

- Die a-Zellen sind befähigt, a-Pheromon zu pro-
  duzieren und auf α-Pheromon mit einer ver-
  stärkten Bildung von a-Pheromon zu reagieren.
  Entsprechendes gilt für die α-Zellen. Auf diese
  Weise schaukelt sich die Kopulationsbereit-
  schaft auf (courtship).
- Beide Pheromone sind Oligopeptide. Das a-Pheromon besteht aus 12, das α-Pheromon aus 13
  Aminosäuren.
- Mindestens eine der beiden paarungsbereiten
  Zellen bildet einen Kopulationsfortsatz aus
  (→Abb. 20.12). Es kommt also eine morphogenetische Reaktion der Zelle ins Spiel. Die Ausbildung der Fortsätze geht einher mit einer
  Hemmung des Zellcyclus (Arretierung in G1).
- Die Pheromone binden an Transmembran-Re-
  ceptorproteine, die auf ein G-Protein wirken,
  das aus α-, β- und γ-Untereinheiten besteht, die
  strukturell den entsprechenden Polypeptiden
  der Vertebraten sehr ähnlich sind. Auch im Fall
  der Hefe stimuliert der Liganden-aktivierte Phe-
  romonreceptor die Bindung von GTP an die α-
  Kette des G-Proteins. Dies führt zu einer Dissoziation der α-Ketten von den β- und γ-Ketten.
- Genetische Evidenz deutet darauf hin, daß bei
  der Hefe der β,γ-Komplex als Signalgeber für
  das weitere Differenzierungsprogramm fungiert. In die Signaltransduktion bis hin zu den
  kompetenten Promotoren sind Proteinkinasen
  und DNA-bindende Proteine eingeschaltet.

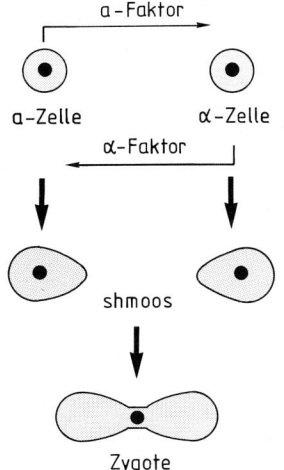

Abb. 20.12. Schema zur Konjugation der Bäckerhefe (*Sac-charomyces cerevisiae*). Die Perzeption des jeweiligen Phero-
mons (a-Faktor, α-Faktor) führt zu einer Arretierung des
Zellcyclus und zu morphologischen Änderungen der Zellen.
Die resultierenden Zellen werden „shmoos" genannt. Die
Fusion der Cytoplasmen und Zellkerne führt zur Zygote.
(Nach Fields 1990)

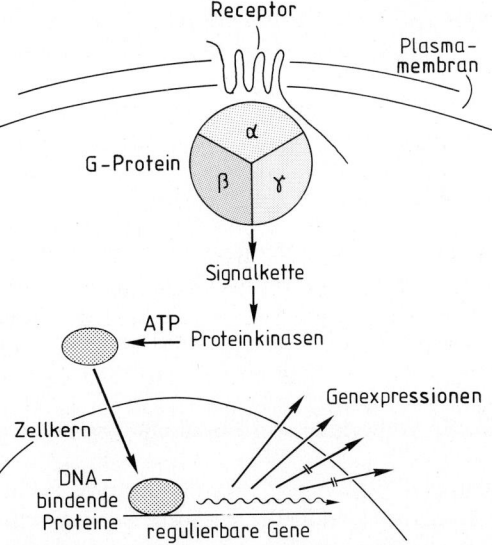

Abb. 20.13. Schema zur Signal-Reaktionskette der Phero-
monwirkung bei Hefen (→Abb. 20.12). Dargestellt sind die
Vorgänge in einer a-Zelle, die auf das α-Pheromon mit einer
Änderung der Genexpression reagiert. Abgesehen vom Pheromon und dem Receptor scheint die Signal-Reaktionskette
in einer α-Zelle dieselbe zu sein wie in der a-Zelle. Die einzelnen Stationen der Signal-Reaktionskette sind im Text erläutert. Eine besondere Rolle kommt dabei Proteinkinasen zu,
welche den Phosphorylierungsgrad der in den Zellkern eintretenden DNA-bindenden Proteine festlegen. (Nach Fields
1990)

Abb. 20.14. Ein Modell für die pheromonale Steuerung der sexuellen Fortpflanzung bei einer heterothallischen *Achlya*-Art. Die ♂ und ♀ Thalli sezernieren in einem Wechselspiel mindestens vier Pheromone. Die Sekretion von Pheromon A durch die vegetativen Hyphen des ♀ startet die Sexualreaktion, indem dieses die Bildung der Antheridienhyphen „induziert“. Das hiermit sexuell aktivierte ♂ sezerniert ein Pheromon B, welches beim ♀ die Bildung von Oogonieninitialen auslöst. Diese Gebilde produzieren ihrerseits ein Pheromon C, welches eine doppelte Funktion ausübt: Es löst die chemotropische Reaktionsfähigkeit der Antheridienhyphen aus und bewirkt die Bildung der Trennwand, welche das endständige Antheridium gegen die Hyphe abgrenzt. Die Trennwandbildung erfolgt allerdings erst bei der Berührung der Oogonien in Gegenwart der Pheromone A und C. Die Abgrenzung der Oogonien durch eine Querwand und die Differenzierung der Oosphären beruht auf der Sekretion einer vierten Substanz (Pheromon D), die von den Antheridien abgegeben wird. (Nach Raper 1955; Hawker et al. 1962)

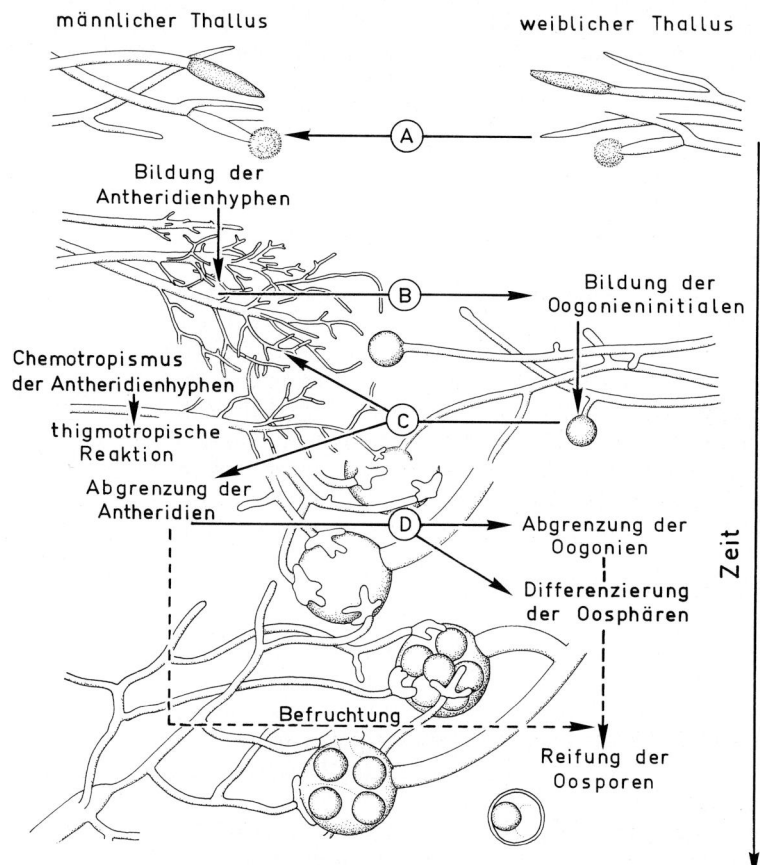

Diese Hinweise mögen genügen, um zu belegen, daß die Analyse der Pheromon-Signaltransduktion bei der Hefe mit Recht als vorbildlich für die Analyse von Hormonwirkungen schlechthin gilt.

Fallstudie 5: Antheridiol, ein Pheromon von Achlya

Die Gattung *Achlya* gehört zu einer Gruppe aquatischer Pilze, die man in der Familie *Saprolegniaceae* („Wasserschimmel“) zusammenfaßt. Ein Großteil der *Saprolegniaceae* ist zwittrig und homothallisch, d. h. es werden miteinander reagierende Geschlechtsorgane („Antheridien“ und Oogonien) am selben Myzel (Thallus) gebildet. Es gibt aber auch zwei diözische Arten, die zwei Individuen, ein männliches und ein weibliches, für die sexuelle Fortpflanzung brauchen (*Achlya bisexualis* und *A. ambisexualis*). Mit diesen Arten hat Raper in klassischen Experimenten gezeigt, daß die

sexuelle Reproduktion bei *Achlya* von diffusionsfähigen Substanzen, die von den Sexualpartnern in das Medium (z. B. Agar) sezerniert werden, eingeleitet und gesteuert wird (Abb. 20.14). Die männlichen und die weiblichen Pflanzen sezernieren in einem Wechselspiel mindestens vier Pheromone, von denen das vom Weibchen stammende Pheromon A isoliert und identifiziert wurde. *Antheridiol*, wie die Substanz genannt wird, ist ein Sterin, welches dasselbe Kohlenstoffskelett wie das altbekannte Stigmasterin aufweist (Abb. 20.15). Die Wirkungen, welche diese Substanz am männlichen Myzel hervorrufen kann, seien nochmals zusammengefaßt: Das Antheridiol löst die Bildung der Antheridienhyphen aus und macht (zusammen mit dem Pheromon C) diese chemotropisch reaktionsfähig. Darüber hinaus fungiert es als essentieller Faktor bei der Bildung der Antheridien (Ausbildung der Trennwand; zusammen mit dem Pheromon C) und stimuliert das männliche Myzel zur Sekretion des

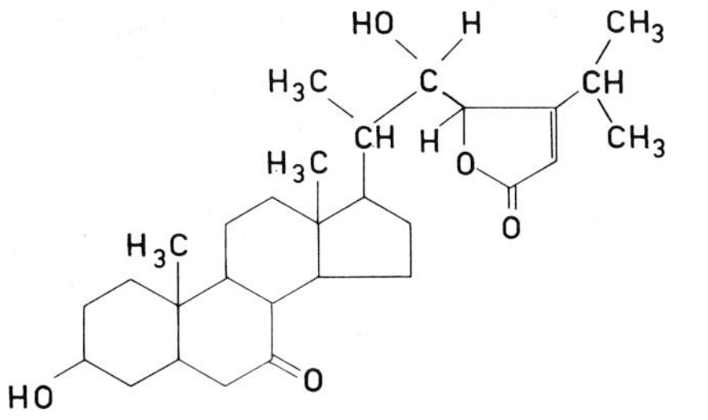

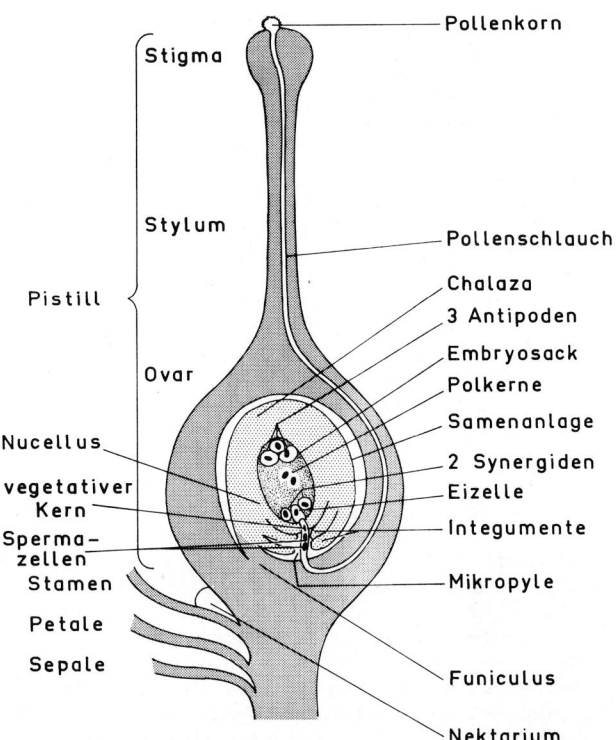

Abb. 20.15. Die Struktur von Antheridiol. (Nach Barksdale 1969)

Pheromon B, welches die Bildung von Oogenieninitialien veranlaßt. Das wachsende weibliche Myzel sezerniert beständig Antheridiol. Die Empfindlichkeit des männlichen Myzels ist enorm hoch: Die Wirkung einer Konzentration von 10^{-10} mol $\cdot$ l^{-1} (24 pg $\cdot$ ml^{-1}) ist noch gut nachweisbar.

Befruchtung bei den Blütenpflanzen

Der weibliche Gametophyt (Inhalt des Embryosacks) und der männliche Gametophyt (Pollenschlauch) entwickeln sich bei den höheren Pflanzen innerhalb des Sporophyten. Der männliche Gametophyt erscheint morphologisch von einfacher Gestalt. Biochemisch-molekulare Studien zeigen aber, daß eine relativ große Zahl von Genen (20–40 000) benötigt wird, damit die Entwicklung des männlichen Gametophyten normal ablaufen kann. Allerdings erweist sich nur ein kleiner Bruchteil dieser Gene (vielleicht 5%) als pollenspezifisch; die meisten der aufgrund ihrer Genprodukte (mRNAs, Isoenzyme) postulierten Gene werden sowohl im männlichen Gametophyten als auch im Sporophyten exprimiert. Obgleich einige der pollenspezifischen Gene bereits isoliert wurden, ist ihre Funktion beim Pollenschlauchwachstum noch offen.

Die physiologische Erforschung der Befruchtung hat sich bisher auf die Fragen konzentriert, wie eine falsche Befruchtung verhindert wird und wie bei der *Siphonogamie* der Pollenschlauch mit den Spermazellen seinen Weg zum Eiapparat findet. Die folgenden Fragen stehen derzeit im Vordergrund des Interesses:

Abb. 20.16. Schematischer Längsschnitt durch den pistillaten Teil einer zwittrigen Blüte. Unser Augenmerk gilt dem Weg des Pollenschlauchs von der Oberfläche des Stigmas bis hin zur Eizelle. Das *Stigma* ist die expandierte Spitze des Stylums, an dem die Pollenkörner haften bleiben. In der Regel ist die Oberfläche des Stigmas mit Papillen besetzt und mit einer Cuticula überzogen. Meist liegt über der Cuticula noch ein dünner Proteinfilm. In vielen Fällen sezerniert die Stigmaoberfläche eine Flüssigkeit, welche die rasche Hydratisierung der Pollenkörner ermöglicht und die Pollenkeimung auch enzymatisch fördert. Nach der Befruchtung hört die Sekretion dieser Flüssigkeit auf. Im *Stylum* findet man oft eine Zone drüsenähnlichen Gewebes, die das Stigma mit dem Ovar verbindet: das *stigmatoide Gewebe*. Wenn das Stylum hohl ist, z. B. bei der viel untersuchten Lilie, kleidet das stigmatoide Gewebe den *Stylarkanal* aus. Bei kompakten Styla wachsen die Pollenschläuche durch die Interzellularen, ebenfalls in Kontakt mit dem sekretorisch aktiven stigmatoiden Gewebe. Einige Forscher vertreten die These, daß das stigmatoide Gewebe auch für die *Orientierung* des Pollenschlauchwachstums maßgebend ist (→ S. 548). (Nach Linskens 1969)

- Wie kann Selbstbefruchtung auch bei solchen zwittrigen Blüten verhindert werden, in denen Pistille und Stamina gleichzeitig reifen?
- Welche Faktoren lenken den Pollenschlauch auf seinem Weg zur Eizelle?

a. Sporophytische Selbst-Inkompatibilität

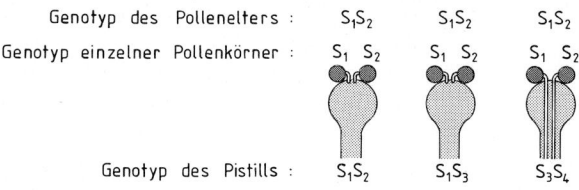

Genotyp des Pollenelters : S_1S_2 S_1S_2 S_1S_2

Genotyp einzelner Pollenkörner : S_1 S_2 S_1 S_2 S_1 S_2

Genotyp des Pistills : S_1S_2 S_1S_3 S_3S_4

b. Gametophytische Selbst-Inkompatibilität

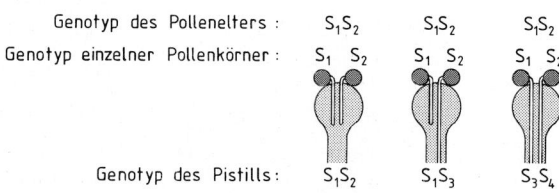

Genotyp des Pollenelters : S_1S_2 S_1S_2 S_1S_2

Genotyp einzelner Pollenkörner : S_1 S_2 S_1 S_2 S_1 S_2

Genotyp des Pistills: S_1S_2 S_1S_3 S_3S_4

Abb. 20.17 a und b. Sporophytische und gametophytische Selbst-Inkompatibilität bei Angiospermen. (a) Bei der sporophytischen Selbst-Inkompatibilität wird das Wachstum des Pollenschlauchs auf der Narbe kurz nach der Keimung blockiert, wenn ein Allel (z. B. das Allel S_1) des S-Gens sowohl im *Pollenelter* (*Sporophyt*) als auch im Pistill vorkommt. (Im mittleren Fall wird Dominanz oder Codominanz von S_1 über S_2 und S_3 angenommen). Pollenkörner mit dem Genotyp S_2 (aber phänotypisch geprägt vom Genotyp S_1) keimen daher auf dem Pistill S_1S_3 nicht. Bei der gametophytischen Selbst-Inkompatibilität wird das Wachstum des Pollenschlauchs im Stylargewebe blockiert, wenn ein bestimmtes S-Allel sowohl im haploiden *Pollenkorn* (*Gametophyt*) als auch im Pistill vorkommt. (Nach McClure et al. 1990; verändert)

Die erste Frage betrifft den Mechanismus der *Selbst-Inkompatibilität* (SI): Wie kann gewährleistet werden, daß eine Pflanze von einem *genetisch unterschiedlichen* Individuum derselben Art befruchtet wird? Mehr als die Hälfte der Angiospermen besitzen genetische Mechanismen, um die unerwünschte, weil zur Inzuchtdepression führende, Selbstbefruchtung wirkungsvoll zu verhindern. Die Selbst-Inkompatibilität wird durch ein einziges Gen (genauer: einen Genlocus) mit multiplen (bis zu 40) Allelen bewirkt. Das Prinzip ist einfach: Im Pollenschlauch bzw. im Narben- oder Griffelgewebe werden Genprodukte (Inkompatibilitätsfaktoren) gebildet, welche das Wachstum des Pollenschlauches hemmen, wenn sie beiderseits vom gleichen Allel des S-Gens herstammen. Homozygotie für ein S-Allel ist bei Selbstbestäubung stets, bei Fremdbestäubung jedoch wegen der Vielzahl der

S-Allele nur sehr selten gegeben. Man hat zwei Reaktionstypen unterschieden: Beim ersten Typ kommt es zur Hemmung der Pollenkeimung oder des Pollenschlauchwachstums auf oder in der Narbe (Stigma; Abb. 20.16). Diesen Typ, der besonders bei Brassicales und Asterales vorkommt, nennt man *sporophytische Selbst-Inkompatibilität*, da die Reaktion durch den Genotyp des Pollenspenders, also des diploiden Sporophyten, bestimmt wird. Im einfachsten Fall wird das Auswachsen des Pollenschlauchs dann verhindert, wenn eines der beiden Allele des Pollenelter auch im Pistill vorhanden ist. Die Unverträglichkeitsreaktion spielt sich also zwischen Genprodukten ab, welche einerseits im Pistill und andererseits in den Pollenzellen *vor der Meiose* gebildet werden (Abb. 20.17a).

Bei den meisten anderen Pflanzen kommt ein zweiter Typ von Inkompatibilität vor: Eine inhibitorische Wechselwirkung zwischen dem Griffelgewebe (Stylargewebe) und dem Pollenschlauch. Dieser Typ wird *gametophytische Selbst-Inkompatibilität* genannt, da er vom Genotyp des Pollenkorns bzw. des männlichen Gametophyten abhängt (Abb. 20.17b). Das S-Gen wird in den Pollenzellen also erst nach der Meiose exprimiert. In diesem Fall kommt es zu keiner Hemmung der Pollenkeimung, und der Pollenschlauch durchdringt die Narbe ungestört. Erst wenn der Pollenschlauch das Stylargewebe erreicht, manifestiert sich die Inkompatibilität: Das Wachstum des Pollenschlauchs vermindert sich und hört schließlich auf. Dabei kommt es zu Stoffwechselstörungen und zu Mißbildungen des Pollenschlauchs. An diesem System konnte der biochemische Mechanismus der Inkompatibilitätsreaktion auf der Seite des Stylargewebes weitgehend aufgeklärt werden. Das Stylum von *Nicotiana alata* besitzt ein zentrales „Leitgewebe" mit großen schleimerfüllten Interzellularen, durch welche die Pollenschläuche in Richtung zur Samenanlage wachsen. Der extrazelluläre Schleim besteht aus Arabinogalactanprotein ($\rightarrow$ S. 30). Im mittleren Bereich des reifen Stylums enthält dieser Schleim sezernierte Glycoproteine mit einer Molmasse von etwa 30 kDa, welche in Kreuzungsexperimenten jeweils mit einem bestimmten S-Allel cosegregieren und daher als die dazugehörigen Genprodukte (*S-Proteine*) aufzufassen sind. Im unreifen Stylum liegen noch keine S-Proteine vor. (Dies stimmt mit der Beobachtung überein, daß man die Selbst-Inkompatibilität in vielen Fällen durch Handbestäubung unreifer Pistille umgehen kann.) Mit der Methode der Genklonierung und -sequenzierung konnte die Aminosäuresequenz von einigen dieser Proteine aufgeklärt werden. Es zeigte sich, daß die S-Proteine in etwa 70 % der Aminosäurepositionen übereinstimmen, jedoch allelspezifische Unterschiede in einigen „hypervariablen" Bereichen aufweisen. Durch Sequenzvergleiche fand man weiterhin eine gute Übereinstimmung zwischen einem Abschnitt im homologen Bereich der S-Proteine und einer bereits bekannten, von Pilzen sezernierten RNase. Die weitere Untersuchung ergab, daß die S-Proteine in der Tat RNase-Aktivität besitzen. Diese Moleküle können in die wachsende Pollenschlauchspitze eindringen und dort die RNA der Ribosomen zerstören. Auf diese Weise ist der cytotoxische Effekt der *vom Pistill* gebildeten Produkte des S-Gens zu erklären.

Die für die Interaktion zwischen Stylarschleim und Pollenschlauch ebenso wichtigen Produkte des S-Gens *in Pollen* konnten bis heute biochemisch noch nicht identifiziert werden. Man muß jedoch annehmen, daß das S-Gen dort für die spezifische Aufnahme des homologen S-Proteins aus dem Stylarschleim in den Pollenschlauch verantwortlich ist. Möglicherweise spielt sich die Erkennungsreaktion an einem allelspezifischen Receptor an der Plasmamembran der Pollenschläuche ab. Der entscheidende Punkt ist, daß dasselbe S-Allel im Pollenschlauch etwas anderes bewirkt als im Stylargewebe. Möglicherweise besteht das sich genetisch einheitlich verhaltende S-Gen (der S-Locus) aus zwei Teilen, die für die unterschiedlichen Funktionen zuständig sind.

Es kann kein Zweifel bestehen, daß der Pollenschlauch, dessen Wachstumszone auf die vorderen 5–10 μm der Spitze beschränkt ist, auf seinem Weg zum Embryosack gesteuert wird ($\rightarrow$ Abb. 20.16). In der Regel geht man davon aus, daß die Spitze des Pollenschlauchs chemotropisch auf Konzentrationsgradienten von Pistillsubstanzen reagiert ($\rightarrow$ S. 548). Es sei aber betont, daß von Mascarenhas ein Alternativkonzept entwickelt wurde, das auf die Annahme eines Chemotropismus der Pollenschläuche verzichtet. Er geht vielmehr davon aus, daß die drüsenartigen, stigmatoiden Zellen im Pistillgewebe stoffliche Faktoren sezernieren, die für das Längenwachstum der Pollenschläuche notwendig sind, und auf diese Weise die Wachstumsrichtung bestimmen. Die Annahme eines spezifisch chemotropischen Steuermechanismus wird damit

entbehrlich, abgesehen vielleicht vom Eintritt des Pollenschlauchs in Mikropyle und Embryosack. Vermutlich beruht die präzise Anlockung der Spitze des Pollenschlauchs durch den Eiapparat (Eizelle plus Synergiden) tatsächlich auf einer chemotropischen Reaktion des Pollenschlauchs auf ein vom Eiapparat oder von der Eizelle ausgesandtes Pheromon.

Maternale und paternale Vererbung

Von reziproken Kreuzungen spricht man, wenn Pflanze A durch Pollen der Pflanze B und Pflanze B durch Pollen der Pflanze A befruchtet werden. Dadurch entstehen Nachkommen, die bei gleichem genetischen Ausgangsmaterial die jeweils andere Pflanze als „Vater" (Pollenspender) und „Mutter" (Spender der Eizelle) haben. Die Gültigkeit der Mendelgesetze hat zur Voraussetzung, daß reziproke Kreuzungen dasselbe Ergebnis liefern. Fast gleichzeitig mit der Wiederentdeckung der Mendelschen Gesetze wurde von Correns und Baur (1909) gefunden, daß gewisse Mutationen, die die Blattergrünung betreffen, nicht nach Mendel vererbt werden, sondern nur mütterlicherseits, das heißt *maternal*.

Die maternale Vererbung von Chloroplasten- (und Mitochondrien-) Merkmalen ließ sich einfach damit erklären, daß das extranucleäre Plasma der Eizelle sehr viel mehr Proplastiden (und Mitochondrien) enthält als die männlichen Geschlechtszellen. Die männlichen Organellen würden, so glaubte man, einfach von der Zahl her untergehen. Die neuerdings beschriebenen Beispiele für *paternale* Vererbung sind damit allerdings nicht zu erklären. Reziproke Kreuzungen bei Nadelbäumen (Sequoien, Zedern) ergaben z. B. eine weite Verbreitung paternaler Vererbung von Chloroplasten und Mitochondrien. Bei Kiefern scheinen die Chloroplasten paternal, die Mitochondrien aber maternal vererbt zu werden. Die Frage, wie in der befruchteten Eizelle darüber entschieden wird, welches Erbgut bewahrt und welches ausgeschaltet wird, läßt sich derzeit nicht beantworten.

Männliche Sterilität

Bei der Herstellung von Hybridsaatgut, z. B. beim Mais, ist man daran interessiert, zwei reine Linien zu kreuzen, ohne daß es dabei zur Bestäubung innerhalb der Linien kommt. Dies läßt sich am besten durch männliche Sterilität erreichen (→ S. 616). Beim Mais hat man schon vor Jahrzehnten eine maternal vererbte männliche Sterilität etabliert, die auf einem ungewöhnlichen mitochondrialen Gen beruht (T-urf 13), das für ein 13-kDa-Polypeptid (UR F13) codiert. Aber leider ist diese erwünschte Eigenschaft untrennbar mit einer hohen Empfindlichkeit gegenüber einer gefürchteten Pilzkrankheit (southern corn blight) verknüpft. Es kommt zu einer Interaktion zwischen Pilztoxinen und UR F13, wodurch die innere Mitochondrienmembran durchlässig wird. Deshalb mußte man bei der Erzeugung von Hybridsaatgut zu der alten, enorm aufwendigen Technik der mechanischen Entfernung der Antheren (Kastration) zurückkehren. Neuerdings ist es gelungen, transgene Tabakpflanzen zu erzeugen, bei denen die Pollenbildung unterbleibt, während die Ausbildung der weiblichen Gametophyten normal verläuft (→ S. 618). Ein Promotor, der nur im Tapetum aktiv ist, wurde mit einem synthetischen RNAse-Gen fusioniert und in die Tabakpflanzen eingebracht – mit dem Resultat, daß die Antheren der transgenen Pflanzen keinen funktionsfähigen Pollen mehr bildeten. Da sich wichtige Kulturpflanzen wie Raps (*Brassica napus*) mit entsprechendem Resultat transformieren ließen, deutet sich die praktische Nutzung dieser Technik an.

Weiterführende Literatur

Barksdale AW (1969) Sexual hormones of *Achlya* and other fungi. Science 166:831–837

Boland W (1987) Chemische Kommunikation bei der sexuellen Fortpflanzung mariner Braunalgen. Biologie in unserer Zeit 17:176–185

Cornish EC, Anderson MA, Clarke AE (1988) Molecular aspects of fertilization in flowering plants. Annu Rev Cell Biol 4:209–228

Fields S (1990) Pheromone response in yeast. Trends Bioch Sci 15:270–273

Haring V, Gray JE, McClure BA, Anderson MA, Clarke AE (1990) Self-incompatibility: A self-recognition system in plants. Science 250:937–941

Ishiura M, Iwasa K (1973) Gametogenesis in *Chlamydomonas*. Plant Cell Physiol 14:911–939

Kochert G (1978) Sexual pheromones in algae and fungi. Annu Rev Plant Physiol 29:461–486

Levings CS (1990) The Texas cytoplasm of maize: Cytoplasmic male sterility and disease susceptibility. Science 150:942–947

Mascarenhas JP (1990) Gene activity during pollen development. Annu Rev Plant Physiol Plant Mol Biol 41:317–338

McClure BA, Haring V, Ebert PR, Anderson MA, Bacic A, Clarke AE (1990) Molecular genetics and biology of self-incompatibility in *Nicotiana alata*, an ornamental tabacco. Aust J Plant Physiol 17:345–353

Waffenschmidt S, Jaenicke L (1991) Glykoproteine und Pflanzen-Zellkommunikation. Chemie in unserer Zeit 25:29–43

21 Photomorphogenese

Die Embryonalentwicklung der höheren Pflanzen ist durch *Entwicklungshomöostasis* gekennzeichnet. Mit diesem Begriff bezeichnet man den Sachverhalt, daß der Entwicklungsablauf durch ein endogenes Steuersystem streng determiniert ist und durch Umweltfaktoren nicht spezifisch beeinflußt werden kann (→ S. 296). Die Situation ändert sich grundlegend bei der Samenkeimung und der postembryonalen Entwicklung. In dieser Phase der Ontogenie übt der Umweltfaktor Licht einen wesentlichen, unentbehrlichen und spezifischen Einfluß auf das Entwicklungsgeschehen aus: *Skotomorphogenese/Photomorphogenese* (→ Abb. 19.50). Die Skotomorphogenese (Etiolement), die Überlebensstrategie im Dunkeln, zielt darauf ab, durch ein schnelles Längenwachstum die Spitze der Pflanze (die Plumula) ans Licht zu bringen, bevor die begrenzten Vorräte an Speicherstoffen erschöpft sind. Die Affluenzstrategie Photomorphogenese hingegen, die im Licht befolgt wird, ist darauf gerichtet, die Vorräte der Pflanze möglichst rasch in der Ausbildung jener Strukturen zu investieren, die der Photosynthese und dem Stofftransport dienen. Die genetische Basis für Skotomorphogenese dürfte erst mit den Samenpflanzen entstanden sein, im Zuge einer genetischen Optimierung der postembryonalen Entwicklung des Sporophyten. Dafür sprechen u.a. die neuerdings entdeckten „de-etiolierenden" Mutanten von *Arabidopsis thaliana*: Gewisse Mutationen veranlassen Dunkelpflanzen zu einer Entwicklung, als wären sie im Licht.

Wirkungsspektren

Mit dem Ausdruck *Licht* bezeichnet man normalerweise jenen Bereich des elektromagnetischen Spektrums, der beim Menschen die Lichtempfindung verursacht (etwa 400 bis 760 nm). In der Pflanzenphysiologie dehnt man den Bereich des „Lichts" meist auf den Bereich von 320 nm (UV-A) bis 760 nm aus. Quanten (Photonen) aus diesem Spektralbereich [380 bis 150 kJ · mol Photonen^{-1} bzw. 3,8 bis 1,5 eV · Photon^{-1}] können in der Pflanze nur von einigen wenigen Molekültypen absorbiert werden, die durch ausgedehnte π-Elektronensysteme (konjugierte Doppelbindungen) ausgezeichnet sind, z. B. Chlorophylle oder Carotinoide (→ Abb. 12.8). Die meisten anderen Moleküle, die in der Zelle vorkommen – Wasser, Proteine, Nucleinsäuren, Lipide, Kohlenhydrate – können in dem Spektralbereich zwischen 320 und 760 nm keine Absorption durchführen, die zu einer elektronischen Anregung führt. Die Frage, welche Moleküle das bei einem photobiologischen Prozeß wirksame Licht absorbieren, kann nur mit Hilfe von *Wirkungsspektren* („Aktionsspektren") beantwortet werden.

Ausarbeitung von Wirkungsspektren unter Induktionsbedingungen

Diese Randbedingung bedeutet, daß das *Reciprocitätsgesetz* (= Reizmengengesetz) gültig ist. Dieses Gesetz besagt, daß eine durch Licht verursachte Reaktionsgröße (= Ausmaß einer durch Licht bewirkten Reaktion, photoresponse, Photoantwort) nur von der eingestrahlten *Photonenfluenz* [mol Photonen · m^{-2}] abhängt, nicht aber von dem *Photonenfluß* [mol Photonen · m^{-2} · s^{-1}], mit dem das Licht appliziert wurde. Der Ausdruck *Reciprocitätsgesetz* rührt daher, daß die für die Erzielung einer bestimmten Reaktionsgröße a notwendige Photonenfluenz (F_a) entweder mit hohem Photonenfluß (J) und kurzer Bestrahlungszeit (t) oder mit langer Bestrahlungszeit und niedrigem Photonenfluß appliziert werden kann:

$$F_a = J\,t$$

Ist Reciprocität gewährleistet, so bestimmt man bei möglichst vielen Wellenlängen die Abhängigkeit

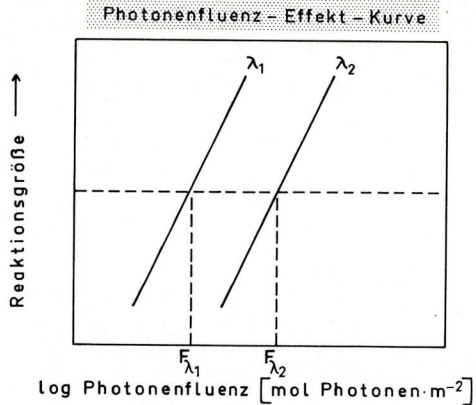

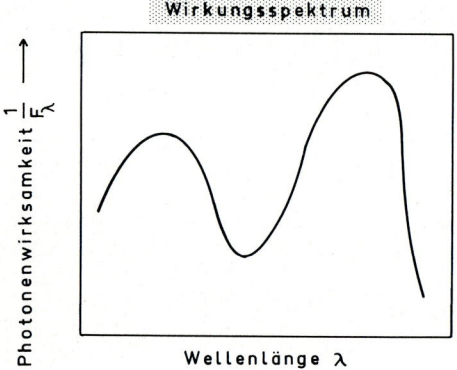

Es gilt: $\dfrac{1}{F_\lambda} \sim \varepsilon_\lambda$

Abb. 21.1. Die Ausarbeitung eines Wirkungsspektrums vollzieht sich in zwei Stufen. Man bestimmt zunächst experimentell Photonenfluenz/Effekt-Kurven (*oben*), dann berechnet man die Photonenwirksamkeit als Funktion der Wellenlänge (*unten*). Die Photonenfluenz/Effekt-Kurven sind häufig näherungsweise linear, wenn man die Reaktionsgröße gegen log Photonenfluenz aufträgt. Dies besagt indessen noch nichts über den Mechanismus der Lichtwirkung. Auch hyperbolische Funktionen liefern bei logarithmischer Auftragung in erster Näherung Geraden

der ins Auge gefaßten Reaktionsgröße von der eingestrahlten Photonenfluenz (Photonenfluenz/Effekt-Kurven; Abb. 21.1). Dann berechnet man, welche Photonenfluenzen bei den verschiedenen Wellenlängen gebraucht werden, um ein und dieselbe Reaktionsgröße, z.B. dieselbe Anthocyanmenge oder denselben Prozentsatz an Keimung, zu erzielen. Wir nennen diese Größe F_λ. Ihr Kehrwert, F_λ^{-1}, die *Photonenwirksamkeit* als Funktion der

Wellenlänge, nennt man das *Wirkungsspektrum* (→ Abb. 21.1). Es repräsentiert, falls gewisse Annahmen gemacht werden dürfen, das Extinktionsspektrum der wirksam absorbierenden Substanz (Photoreceptorpigment). Außer der Gültigkeit der Reciprocität müssen bei (einfachen) Modellbetrachtungen zur Wirkungsspektrometrie einschränkende Annahmen gemacht werden, z.B. kleine Konzentration der funktionellen Pigmente (d.h. *Selbst*beschattung ist zu vernachlässigen), Beschattung durch Fremdpigmente vernachlässigbar, photochemische Wirksamkeit absorbierter Photonen (Quantenausbeute) *nicht* wellenlängenabhängig, homogene Verteilung des Pigments, kein Dichroismus (→ S. 528). Will man sich bei den Modellbetrachtungen keine Einschränkungen bezüglich der Pigmentkonzentration und der Beschattungssituation auferlegen, so gestaltet sich die Theorie der Wirkungsspektrometrie kompliziert. Obwohl in praxi die einschränkenden Bedingungen meist nicht befriedigend erfüllt sind, geben die Wirkungsspektren häufig zumindest die Lage der Absorptionsgipfel der jeweils wirksamen Pigmente richtig wieder.

Ausarbeitung von Wirkungsspektren unter steady-state-Bedingungen

In diesem Fall liefert ein bestimmter Photonenfluß während der Bestrahlung eine bestimmte Intensität eines biologischen Prozesses, z.B. Photosyntheseintensität. Man bestimmt die Intensität des Prozesses bei möglichst vielen Wellenlängen als Funktion des stationären Photonenflusses (Photonenfluß/Effekt-Kurven). Liegt diese Information vor, so berechnet man das Wirkungsspektrum, indem man die Steigung dieser Kurven als Funktion der Wellenlänge aufträgt (→ Abb. 21.1). Zum selben Resultat gelangt man, wenn man berechnet, welcher Photonenfluß bei den verschiedenen Wellenlängen notwendig ist, um eine bestimmte Intensität des biologischen Prozesses zu erreichen. Wir nennen diese Größe N_λ. Ihr Kehrwert, N_λ^{-1}, als Funktion der Wellenlänge, liefert das Wirkungsspektrum (→ Abb. 13.9, 14.1). Auch in diesem Fall geht man aufgrund der oben angedeuteten Modellbetrachtungen davon aus, daß das Wirkungsspektrum das Extinktionsspektrum der wirksam absorbierenden Substanzen repräsentiert.

Einschränkung. Häufig werden „Wirkungsspektren" nur näherungsweise bestimmt, beispielsweise stellt man die Reaktionsgröße fest, wenn bei den verschiedenen Wellenlängen gleiche Photonenmengen bzw. gleiche Photonenflüsse verabreicht werden. Diese Wirkungsspektren geben in der Regel die *Lage* der Wirkungsgipfel richtig wieder (→ Abb. 21.30); für eine weitergehende Analyse bieten sie aber meist keine Basis.

Farbstoffe

Als *Farbstoffe* (*Pigmente*) bezeichnen wir solche Moleküle, die im Bereich zwischen 320 und 760 nm selektiv Photonen absorbieren und dabei eine elektronische Anregung erfahren. Die Farbstoffe der höheren Pflanzen haben verschiedene Funktionen: 1. Absorption und Übertragung von Energie für den Betrieb des Photosyntheseapparates (Lichtsammelfunktion; → S. 155); 2. Herstellung der optischen Kommunikation zwischen Pflanze und Tier (Signalfunktion; Blütenfarbstoffe, Farbstoffe in Samen und Früchten); 3. Absorption unerwünschter Strahlung (Lichtfilterfunktion). Die Bedeutung der Jugendanthocyane dürfte z. B. darin bestehen, die Flavine und Porphyrine des Keimlings gegen die photooxidative Wirkung hoher Lichtflüsse zu schützen. Für die genannten drei Funktionen ist eine relativ hohe Konzentration der Pigmente erforderlich. Wir bezeichnen diese Farbstoffe deshalb als *Massenpigmente* (z. B. die grünen Chlorophylle, die roten Anthocyane und die gelben Carotinoide)

Neben den Massenpigmenten bilden die höheren Pflanzen auch *Sensorpigmente* in geringen Konzentrationen. Ihre Funktionen können folgendermaßen charakterisiert werden: 1. Optimierung der pflanzlichen Entwicklung und Reproduktion in dem durch die Entwicklungshomöostasis vorgegebenen Rahmen; 2. optimale Modulation des pflanzlichen Verhaltens (Photonastien, Phototropismen, intrazelluläre Bewegungen). Zu den Sensorpigmenten rechnen wir *Phytochrom*, *Cryptochrom* und den *UV-B-Photosensor*.

Phytochrom

Photobiologische Eigenschaften des Phytochroms

Das für die höheren Pflanzen charakteristische Sensorpigment Phytochrom ist ein blaugrünes Chromoprotein mit photochromen Eigenschaften, d. h. das Pigment ändert unter dem Einfluß von Licht seine Farbe. Phytochrom wurde ursprünglich im Zusammenhang mit der lichtinduzierten Samenkeimung entdeckt (→ S. 429). Die ubiquitäre Verbreitung des Sensorpigments bei allen jenen Pflanzen, die sich im Lauf der Evolution aus Grünalgen entwickelt haben (Moose, Farne, Gymnospermen, Angiospermen) kann heute als gesichert angesehen werden. Im Leben der höheren Pflanzen fällt dem Phytochrom eine ähnlich fundamentale Rolle zu wie dem Rhodopsin im Leben der Tiere und des Menschen.

Phytochrom kommt in zwei Formen vor, P_r und P_{fr} (Abb. 21.2). Ohne Licht wird nur P_r, die physiologisch inaktive Form, gebildet, Unter dem Einfluß von Licht wandelt sich P_r in P_{fr}, die physiologisch aktive Form, um. Die Photokonversion $P_r \rightleftarrows P_{fr}$ ist photoreversibel; sie folgt in beiden Richtungen einer Kinetik 1. Ordnung ($^1k_1$, $^1k_2$). Das durch Licht induzierte Signal wird von P_{fr} aus weitergegeben (*Signaltransduktion*) und von den für dieses Signal *kompetenten* Zellfunktionen empfangen, z. B. von den Promotorregionen kompetenter Gene (→ Abb. 10.13). Die *Spezifität* der Photoantworten ist durch das räumliche und zeitliche Kompetenzmuster für P_{fr} vorbestimmt. Auf die Entstehung der Kompetenz hat das Licht (P_{fr}) keinen Einfluß.

Phytochrom ist ein überwiegend hydrophiles Chromoprotein, das sich leicht aus der Zelle isolieren läßt. Das Absorptionsmaximum von P_r liegt

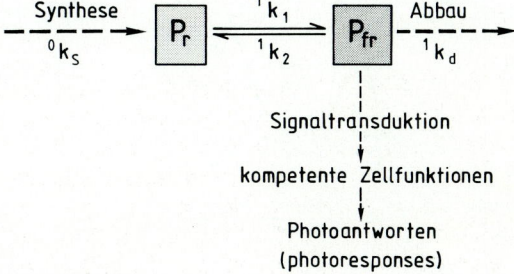

Abb. 21.2. Schema zum Phytochromsystem. Die Erläuterung erfolgt im Text

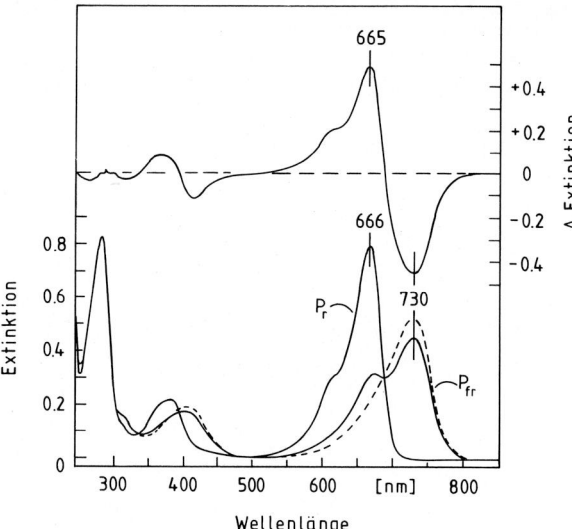

Abb. 21.3. Absorptions- (= Extinktions-) und Differenz-spektren (*oben*) von gereinigtem Phytochrom (124 kDa) aus Haferkeimlingen (*Avena sativa*). Das Differenzspektrum entsteht dadurch, daß man das nach einer saturierenden Bestrahlung mit Hellrot gemessene Spektrum von dem nach einer saturierenden Bestrahlung mit DR gemessenen Spektrum abzieht. Differenzspektren zeigen die Absorptionsgipfel der photochromen Pigmentformen besonders genau an. Die gestrichelte Linie gibt das Spektrum von P_{fr} wieder, wenn man für den Beitrag von P_r im Photogleichgewicht ($\varphi = 0,8$) korrigiert. Das Spektrum von P_r ist kaum durch P_{fr} überlagert ($\varphi < 0,01$). (Nach Rüdiger 1986)

in vitro bei 665 nm, also im Hellrot (HR), das von P_{fr} bei 730 nm, also im Dunkelrot (DR). Da sich die Absorptionsspektren im ganzen Spektralbereich, der physiologisch interessant ist, überlappen (Abb. 21.3), stellt sich bei saturierender Bestrahlung ein wellenlängenabhängiges Photogleichgewicht zwischen den beiden Formen des Phytochromsystems ein. Man kann es durch den Quotienten

$$\varphi_\lambda = [P_{fr}]_\lambda/[P_{tot}]$$

charakterisieren, wobei $[P_{tot}] = [P_r] + [P_{fr}]$ ist.

Die Abb. 21.4 zeigt das Photogleichgewicht des Phytochromsystems in vivo als Funktion der Wellenlänge. Man sieht, daß z. B. bei 660 nm (HR) etwa 80% des Gesamtphytochroms (P_{tot}) als P_{fr} vorliegen, bei 720 nm (DR) hingegen lediglich 2–3%. In Kurzform: $\varphi_{HR} \approx 0,8$; $\varphi_{DR} \approx 0,023$.

Das Photogleichgewicht des Phytochromsystems stellt sich bei den üblicherweise verwendeten Photonenflüssen im HR und DR auch in situ innerhalb von 5 min ein (Lichtpulse). Damit läßt sich das *operationale Kriterium* für die Beteiligung des Phytochroms an einer durch Licht ausgelösten Reaktion (Photoantwort) der Pflanze wie folgt definieren: Wenn die durch einen HR-Puls bewirkte Induktion einer Merkmalsänderung durch einen unmittelbar nachfolgenden DR-Puls auf das Niveau der DR-Wirkung reduziert werden kann,

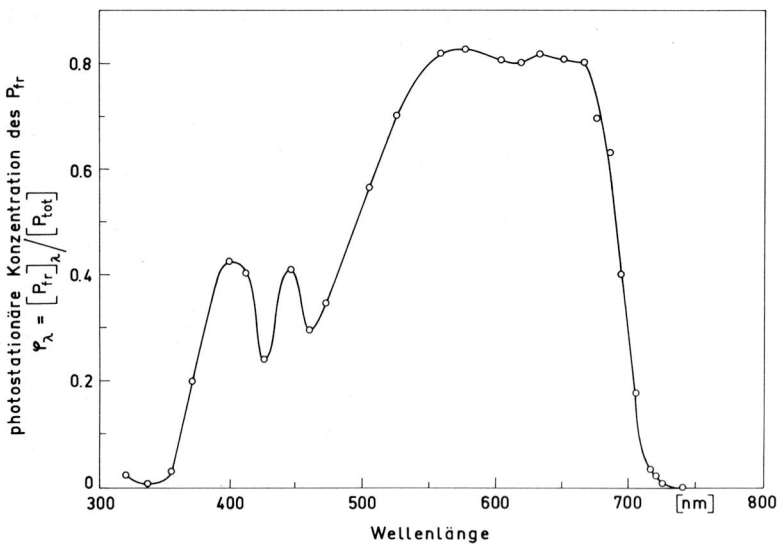

Abb. 21.4. Der im Photogleichgewicht vorhandene Bruchteil an P_{fr} als Funktion der Wellenlänge. Das Bezugssystem ist Gesamtphytochrom, $[P_{tot}]$. Es handelt sich um in-vivo-Messungen, durchgeführt mit dem Hypokotylhaken des Senfkeimlings (*Sinapis alba*; → Abb. 21.12) bei 25 °C. Als Randbedingung wird davon ausgegangen, daß im HR (660 nm) ein Photogleichgewicht mit 80% P_{fr} vorliegt. (Nach Daten von Hartmann und Spruit; aus Hanke et al. 1969)

Abb. 21.5. Kinetik der Anthocyanakkumulation im Senfkeimling nach ein oder zwei kurzen Belichtungen (jeweils 5 min) mit HR, DR oder HR unmittelbar gefolgt von DR. Die Belichtungen wurden zum Zeitpunkt 0 (d. h. 36 h nach Aussaat) durchgeführt. Man erkennt, daß die Anthocyanbildung sehr empfindlich auf kleine P_{fr}-Gehalte reagiert: DR wirkt selbst bereits halb so stark wie HR. (Nach Lange et al. 1971)

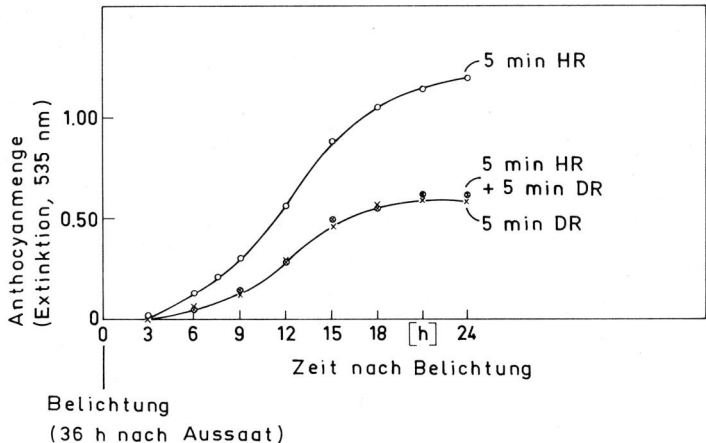

dann ist die Lichtwirkung auf Phytochrom zurückzuführen. Ein klassisches Beispiel ist die Induktion der Anthocyansynthese durch Lichtpulse (Abb. 21.5). Im Dunkeln bildet sich kein P_{fr}, also erfolgt keine Anthocyansynthese. Die Einstellung des Photogleichgewichts durch einen HR-Puls führt zu einem relativ hohen Gehalt an P_{fr}. Bestrahlt man jedoch nach dem HR mit einem DR-Puls, so senkt man den P_{fr}-Gehalt auf den relativ niedrigen Wert ab, der für das Photogleichgewicht des Phytochromsystems im DR charakteristisch ist.

Die Wirkungsspektren für die Induktion einer Photoantwort und für die Reversion der Induktion zeigen erwartungsgemäß eine große Ähnlichkeit mit den Absorptionsspektren von P_r und P_{fr} (Abb. 21.6). Die relativ sehr geringe Quantenwirk-

samkeit im kurzwelligen Spektralbereich ist auf die starke Absorption der Strahlung < 520 nm durch Carotinoide und Flavine zurückzuführen. Die Wirkungsspektren für die $P_r \rightleftharpoons P_{fr}$-Photokonversionen in vitro stimmen mit den in-vivo-Wirkungsspektren im Bereich > 520 nm überein (Abb. 21.7). Dies ist ein überzeugender Beleg dafür, daß sich die Lichtpulse ausschließlich auf die Photokonversion des Phytochroms ($^1k_1$, $^1k_2$ in Abb. 21.2) auswirken.

Bei länger andauernder Belichtung (etwa unter naturnahen Bedingungen) genügt es nicht, nur das Photogleichgewicht des Phytochromsystems in Betracht zu ziehen. Vielmehr kommt hier eine andere Systemeigenschaft des Phytochroms, sein *Fließgleichgewicht*, zusätzlich ins Spiel. Ein Fließgleichgewicht liegt dann vor, wenn die Syntheseintensität

Abb. 21.6. Wirkungsspektren für die Induktion einer Photoantwort durch HR und für die Reversion dieser Induktion durch unmittelbar nachfolgendes DR. Diese besonders genauen Spektren wurden für die lichtabhängige Öffnungsbewegung des Hypokotylhakens bei Bohnenkeimlingen (*Phaseolus vulgaris*; → Abb. 21.28) bestimmt (Withrow et al. 1957). Sie repräsentieren allgemein die Wirkungsspektren von Photoantworten, die vom *Phytochromsystem* unter Induktionsbedingungen bewirkt werden, z. B. das der Keimung von *Lactuca*-Achänen (→ Abb. 24.9)

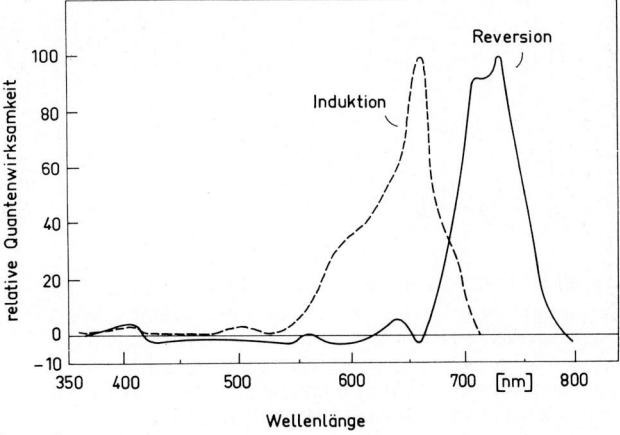

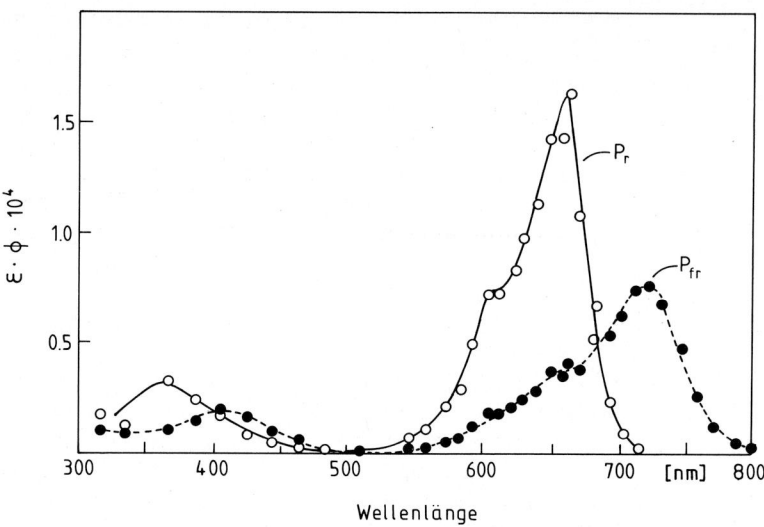

Abb. 21.7. Wirkungsspektren für die photochemischen Transformationen von P_r und P_{fr} in vitro. Der molare Extinktionskoeffizient (ε) ist in $l \cdot mol^{-1} \cdot cm^{-1}$ angegeben und die Quantenausbeute (ϕ) in mol transformierte Pigmentmoleküle $\cdot$ mol absorbierte Photonen^{-1} (Nach Butler et al. 1964)

von P_r (^0k_s) gleich der Abbauintensität von P_{fr} ist ($\rightarrow$ Abb. 21.2):

$$^0k_s = [P_{fr}] \; ^1k_d \; .$$

Die Menge an P_{fr}, die im Fließgleichgewicht (photosteady state) vorhanden ist, $[P_{fr}] = {^0k_s}/{^1k_d}$, hängt also vom Verhältnis zweier Reaktionskonstanten ab, die nicht unmittelbar mit den Lichtreaktionen ($P_r \rightleftharpoons P_{fr}$) zu tun haben. In der Tat ließ sich mit Senfkeimlingen zeigen, daß sich sowohl im HR als auch im DR der gleiche P_{fr}-Pegel einstellt, wenn

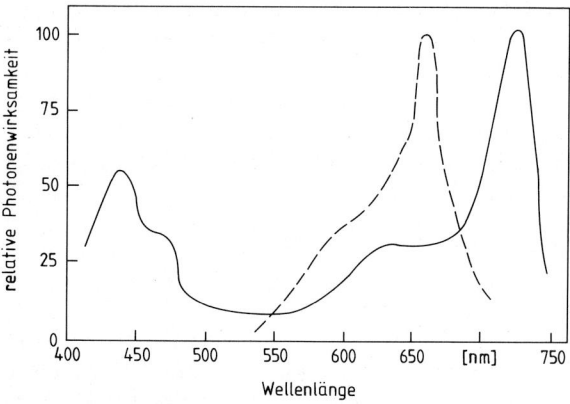

Abb. 21.8. Typisches steady state-Wirkungsspektrum der Photomorphogenese im Dauerlicht. Als Photoantwort diente das Flächenwachstum der Kotyledonen des Senfkeimlings ($\rightarrow$ Abb. 21.12). Die gestrichelte Kurve gibt das Wirkungsspektrum für dieselbe Photoantwort unter Induktionsbedingungen wieder. (Nach Mohr 1964)

man die Keimpflanzen im Dauerlicht hält. Der P_{tot}-Gehalt ist natürlich im DR sehr viel höher als im HR ($\varphi_{HR} = 0{,}8$; $\varphi_{DR} = 0{,}023$; $[P_{fr}] = \varphi_\lambda [P_{tot}]$).

Entgegen den Erwartungen ergaben die Wirkungsspektren im Dauerlicht keineswegs, daß HR und DR gleich wirksam sind (Abb. 21.8). Vielmehr zeigte sich, daß bei etiolierten Keimpflanzen, die man erstmals ins Dauerlicht bringt, das dunkelrote Licht besonders wirksam ist. Hellrotes Licht hat unter diesen Bedingungen eine weit geringere Wirksamkeit. Das Ausmaß der photomorphogenetischen Reaktion erweist sich auch nach der Einstellung des Fließgleichgewichts als wellenlängen- und energieflußabhängig (Abb. 21.9). Dieser Effekt, genannt *Hochintensitätsreaktion (HIR)*, wird durch das Phytochrommodell der Abb. 21.2 nicht erklärt. Obwohl K. M. Hartmann bereits 1966 mit Dichromatbestrahlung ($\rightarrow$ Abb. 21.36) gezeigt hat, daß die dunkelrote Wirkungsbande der HIR auf Phytochrom zurückzuführen ist, kann die HIR bis heute noch nicht befriedigend aus den bekannten Eigenschaften des Phytochromsystems abgeleitet werden. Die klassische HIR (ausgeprägter Wirkungsgipfel im dunkelroten Spektralbereich) tritt nur dann in Erscheinung, wenn sich im Keimling ein relativ hoher Pegel an P_{tot} akkumuliert hat. Senkt man den P_{tot}-Pegel ab, indem man den Keimling im Weißlicht ($\varphi_{WL} = 0{,}5$) oder im HR ($\varphi_{HR} = 0{,}8$) einem starken P_{fr}-Abbau aussetzt, so verschwindet die HIR allmählich.

Für die Erforschung der Photomorphogenese ist die HIR sehr nützlich gewesen. Diese Systemeigen-

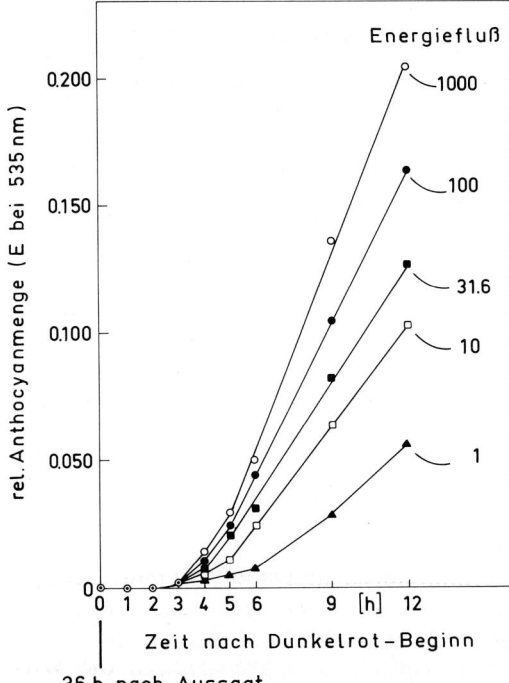

Abb. 21.9. Kinetik der Anthocyanakkumulation im Senfkeimling im Dauerlicht verschiedenen Energieflusses. Verwendet wurde Standard-DR. Der Energiefluß 1000 bedeutet den Standard-Energiefluß von 3,5 W · m^{-2}. Beginn der Belichtung 36 h nach Aussaat. Bemerkenswert ist, daß die Dauer der initialen lag-Phase (3 h) unabhängig vom Energiefluß ist. (Nach Lange et al. 1971)

schaft des Phytochroms machte es möglich, die Photomorphogenese etiolierter Keimpflanzen im Dauer-Dunkelrot zu studieren, das im Rahmen der HIR sehr stark photomorphogenetisch wirkt, ohne daß sich erhebliche Mengen an Chlorophyll bilden. Auf diese Weise konnte man auch im Langzeitexperiment Photomorphogenese und Photosynthese elegant trennen und gleichzeitig die Phytochromwirkung unter steady-state-Bedingungen ([P$_{fr}$] = ^{0}k$_s$/^{1}k$_d$) quantitativ studieren.

Molekulare Eigenschaften des Phytochroms

Phytochrom ist ein (hauptsächlich) cytosolisches Chromoprotein. Monomeres Phytochrom (von Hafer, *Avena sativa*) hat ein Molekulargewicht von 124 kDa. Artspezifisch treten geringe Abweichun

gen auf. Phytochrom wird als P$_r$ synthetisiert, das in vivo eine Halbwertszeit von >100 h hat, also praktisch stabil ist. Durch die Photokonversion zu P$_{fr}$ steigt die Abbaurate um das 100fache. Die Degradation von P$_{fr}$ geht einher mit dem Auftreten von Ubiquitin/Phytochrom-Konjugaten ($\rightarrow$ S. 132). Dies deutet darauf hin, daß P$_{fr}$ über einen Ubiquitin-abhängigen proteolytischen Prozeß selektiv abgebaut wird. In der Tat konnte aus etiolierenden Bohnenpflanzen eine ATP-abhängige Proteinase isoliert werden, die auf P$_{fr}$ als Substrat eingestellt ist.

Die chromophore Gruppe von Phytochrom, ein lineares Tetrapyrrol (Phytochromobilin) ist covalent über eine Schwefelbrücke ($-$S$-$) an ein Cystein des 124-kDa-Apoproteins gebunden (Abb. 21.10). Das im Kerngenom codierte Apoprotein wird an den 80S-Ribosomen im Cytoplasma synthetisiert. Der Syntheseort des Phytochromobilins steht noch nicht fest. Es spricht vieles dafür, daß Phytochrom in vitro und in vivo als ein Homodimer-Komplex vorliegt. Ein gut begründetes Modell (Abb. 21.11) geht davon aus, daß die Polypeptidkette des 124-kDa-Apoproteins, deren Aminosäuresequenz bekannt ist, in 2 grundlegende Domänen und 11 strukturelle Untereinheiten zerlegt werden kann. Die chromophorische Domäne (A bis E) und die nicht-chromophorische Domäne (G bis K) bilden, zusammen mit der linker-Region F, die Grundstruktur.

Die photochemische Umwandlung des Chromophors ($\rightarrow$ Abb. 21.2) zieht (geringe) Konformationsänderungen im Bereich der Chromophoren-Domäne nach sich, die für die physiologische Wirksamkeit entscheidend sind. Bei der Umwandlung P$_r \rightarrow$ P$_{fr}$ lassen sich spektroskopisch mehrere Intermediate (I) unterscheiden. Auf den ersten photochemischen Schritt folgen mindestens zwei Dunkelreaktionen:

$$P_r \xrightarrow{h\nu} I_{700} \xrightarrow{D} I_{bl} \xrightarrow{D} P_{fr}.$$

Es kann als bewiesen gelten, daß auch heterodimeres Phytochrom (P$_{fr}$P$_r$) physiologisch wirksam ist. Die Frage jedoch, ob homodimeres Phytochrom (P$_{fr}$P$_{fr}$) doppelt so stark wirkt wie das heterodimere P$_{fr}$P$_r$, läßt sich noch nicht abschließend beantworten.

In den höheren Pflanzen (Gymnospermen, Angiospermen) findet man zwei verschiedene Phytochrome. Das eine Phytochrom (PII) dominiert in der länger belichteten, de-etiolierten Pflanze, wäh

H_2N ········ Leu – Arg – Ala – Pro – His – Ser – $\overset{321}{Cys}$ – His – Leu – Gln – Tyr ····

Abb. 21.10. Struktur von Phytochromobilin (Phytochrom-Chromophor) in der P_r-Form (*links*) und in der P_{fr}-Form (*rechts*). Die Photokonversion des Phytochroms beinhaltet die *cis/trans*-Isomerisierung des Chromophors an der Doppelbindung zwischen den Pyrrolringen C und D. Dadurch klappt die Methinbrücke zwischen Ring C und D um. Die *Pfeile* bezeichnen die (vermutete) Bewegung von Ring D bei der Photoumwandlung. Die Konformationsänderungen des Apoproteins sind eine Folge der Photoumwandlung des Chromophors. *Oben*: Ausschnitt aus der Polypeptidkette im Bereich der chromophoren Domäne (→ Abb. 21.11). (Nach einer Vorlage von Rüdiger)

rend das andere Phytochrom (PI) in der etiolierenden Pflanze vorherrscht und dort, in Form von P_r, einen relativ hohen Pegel erreichen kann. Während beide Phytochrome dasselbe Phytochromobilin enthalten (→ Abb. 21.10), und demgemäß sehr ähnliche spektroskopische Eigenschaften aufweisen, unterscheiden sich die Aminosäuresequenzen der Apoproteine. Damit in Einklang steht die Beobachtung, daß die Apoproteine von verschiedenen Genen des Kerngenoms codiert werden. PI ist dadurch charakterisiert, daß sein P_{fr} in dem oben dargestellten Sinn instabil ist, während das P_{fr} von PII gegen Proteolyse ähnlich resistent ist wie das P_r. Die klassische HIR (Wirkungsgipfel im dunkelro-

ten Spektralbereich, → Abb. 21.8) wird ausschließlich durch PI bewirkt. Es gibt Hinweise darauf, daß bei PII (im Gegensatz zu PI) eine Dunkelreversion von $P_{fr} \rightarrow P_r$ ins Spiel kommt. PII ist allem Anschein nach das Phytochrom, das bereits bei Grünalgen, Moosen und Farnen vorkommt. Das PI hingegen tritt nur bei den Samenpflanzen in Erscheinung, und zwar bei den Angiospermen stärker als bei den Gymnospermen. Teleonomisch ist das Auftreten von PI leicht verständlich: Die Akkumulation relativ großer Phytochrommengen während des Etiolements, kombiniert mit der (transienten) Ausbildung einer HIR nach dem Transfer ins Licht, gewährleisten eine intensive Photomorphogenese und

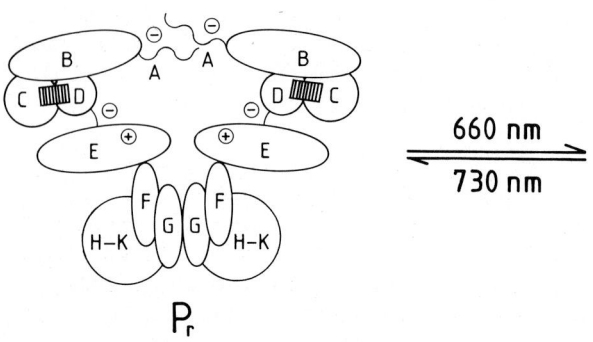
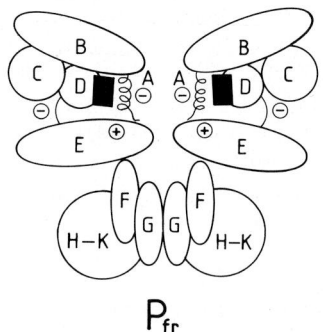

Abb. 21.11. Strukturmodell des Phytochroms. Die chromophore Domäne enthält die Regionen A bis E, die nicht-chromophore Domäne die Regionen G bis K. F ist die linker-Region. Das Rechteck soll den Chromophor symbolisieren. Der Chromophor ändert seine Lage innerhalb der Domäne

wesentlich. Die bei der Photokonversion resultierenden Änderungen in der Polypeptidkette sind für die physiologische Wirkung entscheidend. Die ⊕ und ⊖ deuten auf Regionen hin, in denen sich positive und negative Ladungen in der Polypeptidkette konzentrieren. (Nach Parker et al. 1991)

damit einen *raschen* und effektiven Übergang von der Skotomorphogenese zu der dem Licht angemessenen Entwicklungsstrategie.

Ein weiteres Detail mag die subtile Regulation des Phytochroms illustrieren: Das P_{fr}(II) hemmt die Synthese von P_r(I). Sobald also die Pflanze in die Umsteuerung von der Skoto- zur Photomorphogenese eingetreten ist, wird die Synthese von PI herunterreguliert. Die völlig de-etiolierte Lichtpflanze kommt im wesentlichen mit dem stabilen PII aus. Der Photoperiodismus z. B. ist eine Sache von PII.

Wirkungsweise von Phytochrom bei der Photomorphogenese

Im folgenden sind einige wichtige Befunde thesenartig zusammengestellt:

1. *P_{fr} besitzt auf dem Niveau der Organe eine multiple Wirkung.* Wir können davon ausgehen, daß Phytochrom (PI ebenso wie PII) in allen Zellen, in denen es wirkt, dasselbe ist. Wie die Abb. 21.12 anschaulich zeigt, reagieren die verschiedenen Organe einer Keimpflanze aber ganz verschiedenartig auf die Bildung von P_{fr}. Es ist klar, daß die *Spezifität* der Photoantwort nicht auf das Phytochrom zurückzuführen ist, sondern auf die Kompetenz der Organe, letztlich der Zellen, in dem Moment, wenn P_{fr} in ihnen durch Licht gebildet wird. Dies gilt für alle Phytochromwirkungen (→ Abb. 19.50). Im vorliegenden Fall (Abb. 21.12) beobachten wir z. B., daß die Kotyledonen, Primär- und Folgeblätter durch P_{fr} in ihrem Wachstum stimuliert werden, während das Hypokotylwachstum gehemmt wird.

2. *Die multiple Wirkung von P_{fr} läßt sich auch auf dem Niveau der Gewebe und der Zelle demonstrieren.* Die subepidermalen Zellen des Senfhypokotyls synthetisieren unter dem Einfluß von P_{fr} große Mengen an Anthocyan (Abb. 21.13; → Abb. 19.41). Die anderen Zellschichten der Achse bilden kein Anthocyan, obgleich sie alle bezüglich ihres Längenwachstums auf P_{fr} reagieren. Manche Zellen der Epidermis (Trichoblasten) wachsen unter dem Einfluß von P_{fr} zu langen Haaren aus, bilden aber kein Anthocyan, usw. Die offensichtlich multiple Wirkung des P_{fr} auf dem Niveau der Gewebe und Zellen läßt sich nur mit der Annahme verstehen, daß

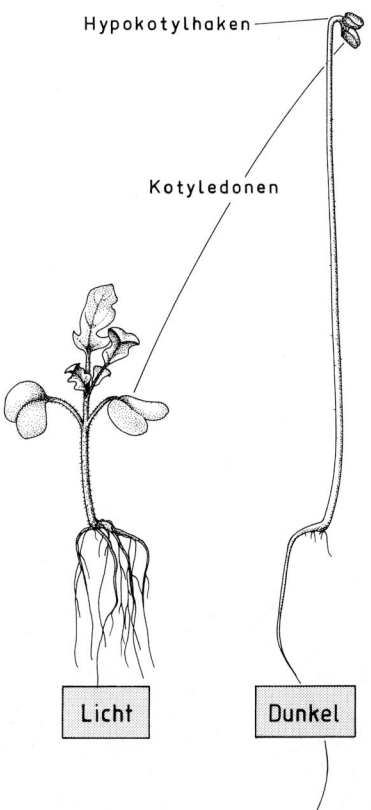

Abb. 21.12. Photomorphogenese (*links*) und Skotomorphogenese (*rechts*) beim Senfkeimling. Die beiden Keimlinge sind genetisch praktisch identisch. Die Unterschiede in der Entwicklung sind ausschließlich auf das Licht (2 Wochen Weißlicht) zurückzuführen. Die Abbildung betont den wichtigen Punkt, daß das Licht die Kotyledonen dazu veranlaßt, sich aus kompakten Speicherorganen (*rechts*) in photosynthetisch aktive Blätter umzuwandeln (*links*). Die Phototransformation der Kotyledonen erfolgt ohne weitere Zellteilungen. Auch die Menge an DNA pro Organ nimmt nicht signifikant zu. (Nach Mohr 1972)

die Zellen unterschiedlich kompetent für P_{fr} sind und dieses Kompetenzmuster bereits existiert, bevor erstmals aktives P_{fr} gebildet wird. Die Trichoblasten der Epidermis eines Senfhypokotyls (→ Abb. 21.13) reagieren auf P_{fr} unterschiedlich: Einerseits wachsen sie zu langen Haaren aus; andererseits wird ihr Längenwachstum gehemmt. Entsprechendes gilt für die subepidermalen Zellen: Einerseits reagieren sie mit Anthocyansynthese, sozusagen positiv, auf P_{fr}; andererseits reagieren sie bezüglich ihres Wachstums negativ auf P_{fr}. Die An-

Labels in figure: Hypokotylhaken, Kotyledonen, Licht, Dunkel

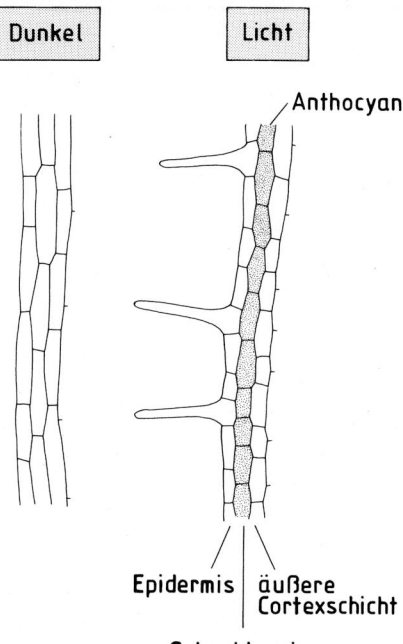

Abb. 21.13. Die Zeichnungen repräsentieren die drei äußeren Zellschichten des Hypokotyls eines Senfkeimlings (→ Abb. 21.12) im Längsschnitt. *Links*: Dunkelkeimling; *rechts*: Keimling, der 24 h im dunkelroten Licht (Gipfel des Wirkungsspektrums unter HIR-Bedingungen; → Abb. 21.8) gehalten wurde. (Nach Mohr 1972)

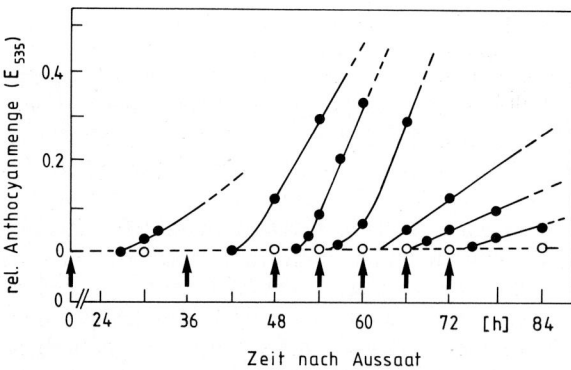

Abb. 21.14. Die zeitliche Änderung der Empfindlichkeit (responsiveness) der Anthocyansynthese des Senfkeimlings gegenüber Phytochrom (HIR). Die Keimlinge wurden zu verschiedenen Zeitpunkten nach der Aussaat (*Pfeile*) ins Dauer-DR verbracht und die einsetzende Anthocyansynthese gemessen. o, Dunkelkontrolle; ●, DR. (Nach Schopfer 1984)

nahme *spezifisch kompetenter Zellfunktionen* erscheint unabweisbar.

3. *Das räumliche Kompetenzmuster wird von einem zeitlichen Kompetenzmuster überlagert.* In den Zellen des Senfkeimlings setzt die Kompetenz für P_{fr}-induzierte Anthocyansynthese etwa 27 h nach der Aussaat der Samen (25 °C) ein (→ Abb. 19.42). Etwa 80 h nach Aussaat verschwindet die Kompetenz wieder (Abb. 21.14).

4. *Die multiple Wirkung von P_{fr} läßt sich auf dem Niveau der Genexpression demonstrieren.* Wir verfolgen die Enzymsynthese in den epigäischen Kotyledonen des Senfkeimlings (→ Abb. 21.12). Es handelt sich um entwicklungsphysiologisch bemerkenswerte Organe. Solange sich der Keimling ausschließlich im Dunkeln entwickelt, fungieren die Kotyledonen als kompakte Speicherorgane. Gefüllt mit Fett und Speicherprotein dienen sie den Bedürfnissen des rasch wachsenden Achsensystems, wachsen und entwickeln sich jedoch nicht erheblich, solange der Keimling in völliger Dunkelheit bleibt. Wenn man den Keimling ins Licht bringt, beobachtet man eine starke Expansion der Kotyledonen und eine rasche Umwandlung in Photosyntheseorgane, die in jeder Hinsicht normalen photosynthetisch aktiven Blättern entsprechen. Da die Kotyledonen für mehrere Tage über einen nicht-limitierenden Vorrat an Speichermolekülen verfügen, kann die durch Phytochrom (P_{fr}) bewirkte Umsteuerung der Entwicklung der Kotyledonen auch unter Bedingungen studiert werden, die keine signifikante Photosynthese zulassen, z. B. im Dauer-DR (→ S. 362). Für *molekulare* Studien bietet die biologische Einheit „Kotyledone" besondere Vorteile. Zwar nimmt die Frischmasse des Organs unter dem Einfluß von Licht stark zu, die Zellzahl und der DNA-Gehalt bleiben aber weitgehend konstant. Die Umwandlung der Senfkotyledonen von einem Speicherorgan in ein photosynthetisch aktives Blatt vollzieht sich somit auf der Basis einer Zellpopulation (etwa $5,6 \cdot 10^5$ Zellen pro Kotyledone), die bereits im reifen Samen vorliegt.

Wir betrachten die Wirkung von Phytochrom auf die Genexpression in den Senfkotyledonen anhand dreier Enzyme: *Phenylalaninammoniumlyase* (PAL), *Lipoxygenase* (LOG) und *Isocitratlyase* (ICL). Die PAL, ein Schlüsselenzym der Flavonoid-Biosynthese (→ Abb. 18.2) wird durch P_{fr} induziert (Abb. 21.15), die Synthese der LOG wird durch P_{fr} arretiert (Abb. 21.16), andere Enzyme, z.B. ICL, werden von P_{fr} nicht tangiert (Abb. 21.17). Die Schlußfolgerung liegt nahe, daß die multiple Wirkung des P_{fr} auf dem Niveau von Organen, Geweben und Zellen auf eine entsprechend multiple Wirkung des P_{fr} auf die nukleäre Genexpression zurückgeführt werden kann. Die Natur der Signaltransduktion vom Cytosol bis hin zu den

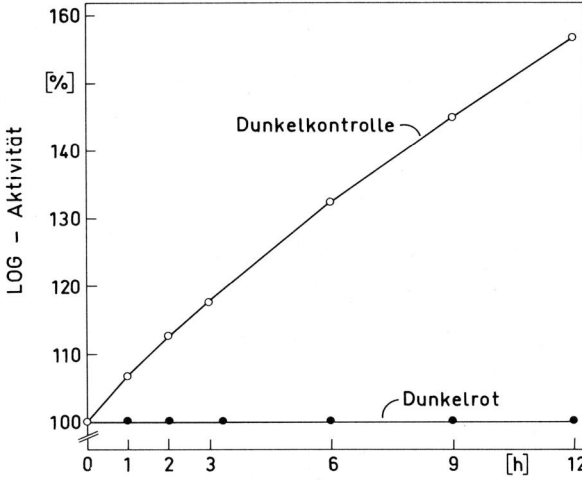

Abb. 21.16. Der Anstieg des Enzyms Lipoxygenase (LOG) in den Kotyledonen des Senfkeimlings wird durch Dauer-DR (Lichtbeginn 36 h nach Aussaat der Samen) sofort und total gestoppt. Das detaillierte Studium der Repression des LOG-Anstiegs durch P_{fr} hat auf einen Schwellenwertsmechanismus geführt (→ S. 371). Nach Mohr und Oelze-Karow 1976)

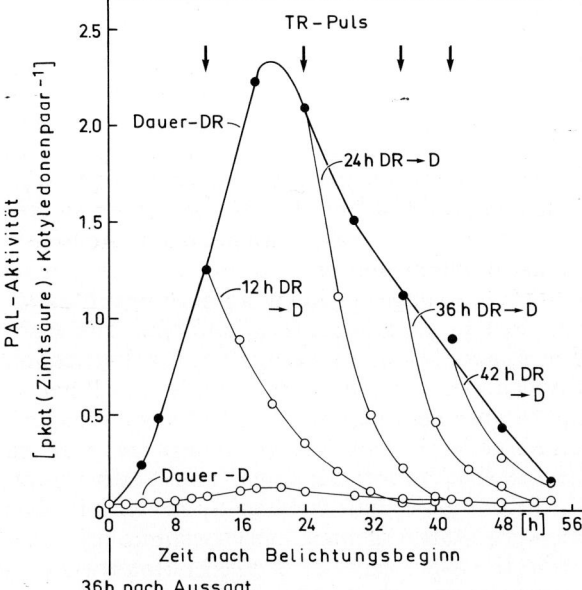

Abb. 21.15. Die Entwicklung des Enzyms Phenylalaninammoniumlyase (PAL) in den Kotyledonen des Senfkeimlings im Dunkeln (o) und unter dem Einfluß von P_{fr} (operational, Dauer-DR; ●). Zusätzlich sind einige Abschaltkinetiken (Licht→Dunkel-Kinetiken) eingetragen (DR→D). Damit meint man solche Kinetiken des Enzympegels, die man beobachtet, wenn man das DR abschaltet und mit einem nachfolgenden 5-min-Puls von 756 nm Licht (Tiefrot = TR) das P_{fr} weitgehend aus dem System eliminiert. ($\varphi_{756} < 0.01$). Die Abschaltkinetik nach 12 h DR zeigt unmittelbar, daß das Effektormolekül P_{fr} beständig gebraucht wird, um einen Anstieg des PAL-Pegels zu gewährleisten. Die Abschaltkinetik nach 24 h DR zeigt außerdem, daß der PAL-Pegel nach einer Reaktion 1. Ordnung mit einer Halbwertszeit von 3,6 h absinkt (→ Abb. 21.21). Die scheinbar längere Halbwertszeit nach 12 h DR ist darauf zurückzuführen, daß eine erhebliche PAL-Synthese auch nach der Entfernung von P_{fr} erhalten bleibt. Die Abnahme des PAL-Pegels im Dauer-DR nach 20 h ist darauf zurückzuführen, daß die Syntheseintensität selbst in Gegenwart des Effektormoleküls allmählich nachläßt. (Nach Tong 1975)

kompetenten Promotoren (→ Abb. 21.20) ist allerdings noch weitgehend offen. Zwar wurde mit transgenem Pflanzenmaterial vielfach gezeigt, daß bestimmte regulatorische DNA-Sequenzen (cis-acting elements) notwendig sind, damit eine Lichtwirkung meßbar ist; eine lichtabhängige spezifische Wechselwirkung von DNA-bindenden Proteinen (trans-acting factors) mit bestimmten Boxen ist aber bislang nur in wenigen Fällen nachgewiesen (→ S. 135). Als positives Beispiel gilt ein P_{fr}-abhängiger trans-acting factor im Zellkernextrakt aus *Lemna*-Pflanzen, der an eine „GATAG-Box" aus der Promotorregion der kleinen Untereinheit der Ribulosebisphosphatcarboxylase/oxygenase spezifisch bindet. In der Regel wurde gefunden, daß die identifizierten DNA-bindenden Proteine aus Kernextrakten (z.B. GT1-factor, GBF-factor) in belichtetem und unbelichtetem Gewebe gleichermaßen vorkommen. Dies deutet darauf hin, daß diese Faktoren zwar notwendige Voraussetzungen für die Lichtwirkung sind, aber kein Glied in der Signaltransduktion darstellen (→ S. 370). Der größere Teil der Signaltransduktionskette, vor allem der Anfang, ist noch unbekannt. Für die Funktion „sekundärer Messenger" – analog zu tierischen

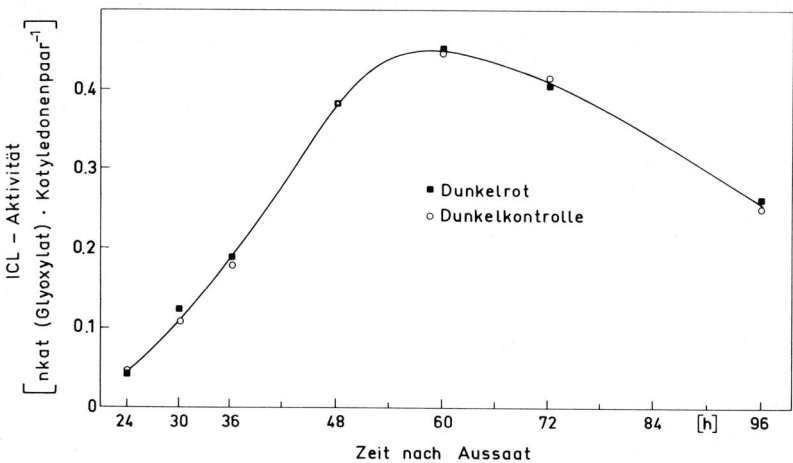

Abb. 21.17. Die Entwicklung des Enzyms Isocitratlyase (ICL) in den Kotyledonen des Senfkeimlings im Dunkeln und unter dem Einfluß von Dauer-DR (Lichtbeginn zum Zeitpunkt der Aussaat). Lichtbeginn 24 oder 36 h nach Aussaat führt zum gleichen Resultat. (Nach Karow und Mohr 1967)

Systemen – gibt es in höheren Pflanzen keine gesicherten Anhaltspunkte. Auch die vermutete Beteiligung von G-Proteinen (→ Abb. 20.13) an der Signaltransduktion hat sich bisher nicht bestätigt. Andererseits gibt es Hinweise darauf, daß der Phosphorylierungsgrad der trans-acting factors für ihre Bindung an die DNA auch im Zusammenhang mit der Phytochromwirkung eine Rolle spielt (→ Abb. 10.13).

Transgene Pflanzen. Der Einsatz transgener Pflanzen (→ S. 616) hat auch in der Phytochromforschung zu bemerkenswerten Ergebnissen geführt, wie die beiden folgenden Beispiele zeigen:

1. Man konnte die Protein-codierende Sequenz eines Phytochrom-I-Gens mit der 35S-Promotorregion des Blumenkohlmosaikvirus in vitro verknüpfen (ligieren) und das Konstrukt mit Hilfe von *Agrobacterium* (→ S. 334) in Wirtszellen einschleusen und zur Expression bringen. Der sehr aktive 35S-Promotor gewährleistet eine konstitutive Expression des PI-Gens in der transgenen Pflanze. Die Folge ist eine Überexpression an PI und ein entsprechend hoher PI-Gehalt auch im lichtgewachsenen Gewebe. Dies führt phänotypisch zu einer pathologischen Photomorphogenese: Extrem kurze Achsen, tiefgrünes Blattwerk, dickliche Blätter, reduzierte apikale Dominanz. Phänotypen des anderen Extrems (reduzierter Chlorophyllgehalt, verlängerte Achsen) findet man bei phytochromdefizienten Mutanten.

2. Man hat gelernt, definierte regulatorische Sequenzen („Boxen"; → Abb. 10.13) mit *Reportergenen* in vitro zu ligieren, deren Genprodukte man leicht messen kann, z. B. das bakterielle β-Glucuronidase-Gen (GUS-Gen) aus *E. coli* oder das Gen für eine bakterielle Chloramphenicol-Acetyltransferase (CAT-Gen). Die Konstrukte (Chimärengene) lassen sich mit Hilfe von *Agrobacterium* relativ leicht in viele dikotyle Pflanzen (z. B. Tabak) einbringen. Die Photoregulation der Expression der Reportergene wird dann in dem transformierten Pflanzenmaterial gemessen. Es wurden verschiedene Typen von Konstrukten hergestellt, um die Auswirkung von Deletionen und Umstellungen im Promotor/Enhancer-Bereich zu testen. Das oben erwähnte Ergebnis, daß bestimmte regulatorische DNA-Sequenzen für eine Photoantwort essentiell sind, wurde auf diese Weise erzielt.

Vier Fallstudien zur Phytochromwirkung

Fallstudie 1: Die P_{fr}-induzierte Anthocyansynthese des Senfkeimlings als molekulares Modell der Photomorphogenese

Die lichtinduzierte Anthocyansynthese (→ Abb. 18.2) ist eine charakteristische Photoantwort vieler Keimpflanzen. Anthocyan, in der Epidermis (Kotyledonen) oder Subepidermis (Hypokotyl) gebildet (→ Abb. 21.13), gilt als Schutzpigment, das in den ersten Phasen der Keimlingsentwicklung, also vor der Ergrünung, die lichtempfindlichen Porphyrine (Photochlorophyll, Cytochrome usw.) gegen zu hohe Lichtflüsse abschirmt. Auch isolierte Koty-

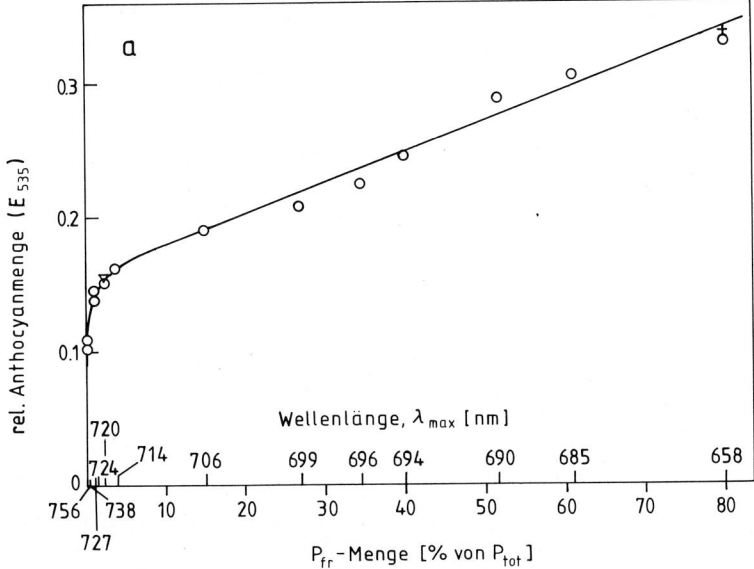

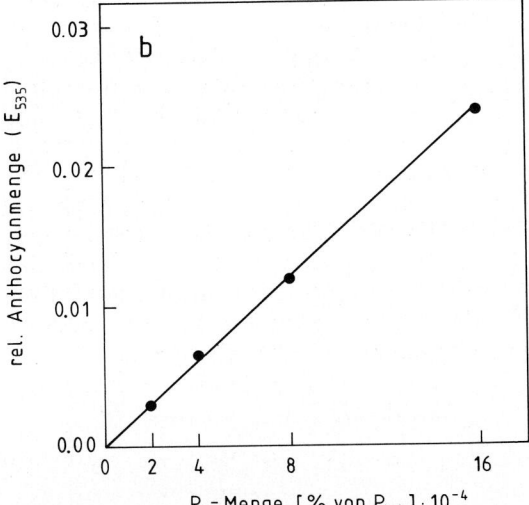

Abb. 21.18a und b. Die [P$_{fr}$]/Effekt-Kurve der Anthocyansynthese des Senfkeimlings unter Induktionsbedingungen (Gültigkeit des Reciprocitätsgesetzes; → S. 357). (a) Mit Lichtpulsen verschiedener Wellenlängen wurden die auf der Abszisse angegebenen P$_{fr}$-Pegel zwischen 0 und 80% (bezogen auf [P$_{tot}$]) eingestellt. Die Belichtung erfolgte 36 h nach Aussaat, die Extraktion des Anthocyans 24 h später. (b) Ausschnitt aus der Kurve im Bereich von 0 bis 16 · 10^{-4}% P$_{fr}$, eingestellt mit Lichtblitzen bei sehr geringem Photonenfluß. (Nach Drumm und Mohr 1974)

ledonen und Hypokotyle bilden bei Belichtung Anthocyan. Die einzelnen Organe sind also bezüglich dieser Photoantwort autonom. Der Senfkeimling bildet fünf Anthocyane, die, wie bei Keimpflanzen üblich, *Cyanidin* als Aglycon enthalten. Die induktive Lichtwirkung, die zur Anthocyansynthese führt, erfolgt beim Senfkeimling ausschließlich über Phytochrom. Bei Lichtpuls-Programmen sind die operationalen Kriterien erfüllt (→ Abb. 21.5). Der zeitliche Verlauf der Anthocyansynthese nach einem Lichtpuls folgt einer einfachen Funktion: Wenn man die Ordinate in Abb. 21.5 nach dem Gaußschen Integral teilt, erhält man stets Geraden mit (fast) gleicher Steigung. Dies bedeutet, daß der zeitliche Verlauf der Anthocyansynthese von einem mehr oder weniger an Licht unabhängig ist. Die Menge an P$_{fr}$, die ein Lichtpuls einstellt, bestimmt lediglich die *Intensität* der Synthese.

Die [P$_{fr}$]/Effekt-Kurve besteht aus zwei linearen Ästen, die sich in der Steigung stark unterscheiden (Abb. 21.18a). Eine detaillierte Ausarbeitung des unteren Astes führte zu dem Resultat (Abb. 21.18b), daß die [P$_{fr}$]/Effekt-Kurve mit großer Genauigkeit einer Geraden folgt, die durch den Nullpunkt extrapoliert. Die Umsetzung des P$_{fr}$-Signals in Anthocyansynthese ist also nicht nur sehr präzis, sondern folgt darüber hinaus einer einfachen Funktion.

Im Dauerlicht, wo die Anthocyansynthese über die HIR im Fließgleichgewicht ausgelöst wird (→ Abb. 21.8), beobachtet man über viele Stunden

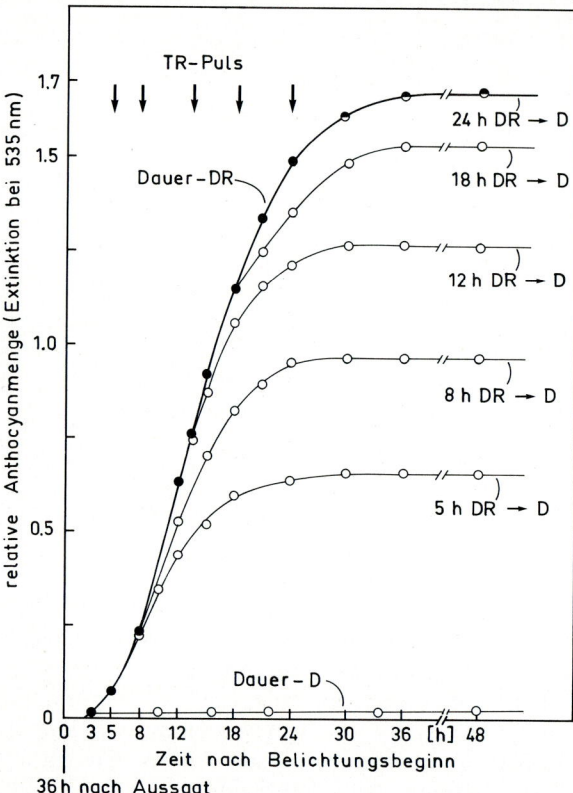

Abb. 21.19. Der zeitliche Verlauf (Kinetik) der Anthocyan-akkumulation in den Kotyledonen des Senfkeimlings unter dem Einfluß von Dauer-DR. Energiefluß, $3,5 \, W \cdot m^{-2}$; Lichtbeginn 36 h nach Aussaat. Die Abschaltkinetiken nach 5, 8, 12, 18 h zeigen, daß Phytochrom (HIR) ständig gebraucht wird, um die hohe Rate der Anthocyansynthese, die für Dauer-DR charakteristisch ist, aufrecht zu erhalten. Die DR-Belichtung wurde mit einem Tiefrot(TR)-Lichtpuls (Lichtfilter RG9 für langwelliges DR, $\varphi_{TR} < 0,01$) abgeschlossen, um vor dem Transfer ins Dunkel (D) einen möglichst niedrigen P_{fr}-Pegel einzustellen ($\rightarrow$ Abb. 21.15). (Nach Brödenfeldt und Mohr 1988)

Die molekularen Studien zur lichtinduzierten Anthocyansynthese haben, zumindest qualitativ, zu einem geschlossenen Bild geführt (Abb. 21.20). Das Modell beruht auf den folgenden Beobachtungen:

- In die Anthocyansynthese des Senfkeimlings kann man spezifisch mit Inhibitoren der RNA- und Proteinsynthese, beispielsweise Actinomycin D oder Puromycin ($\rightarrow$ Abb. 10.9) eingreifen.
- Schlüsselenzyme der Flavonoid-Biogenese ($\rightarrow$ Abb. 18.2), z. B. PAL oder CS werden durch Phytochrom induziert (Abb. 21.21; $\rightarrow$ Abb. 21.15).
- Die Pegel der mRNAs für PAL und CS (Abb. 21.22) werden durch Phytochrom dramatisch erhöht; es besteht jedoch keine Korrelation zwischen mRNA-Pegel und Intensität der Enzymsynthese.

Die oben dargestellte *Präzision* der Umsetzung des P_{fr}-Signals in Anthocyan ($\rightarrow$ Abb. 21.18) und die *quantitativ* nicht passenden Beziehungen zwischen mRNA-Pegel und Enzymsyntheserate bzw. En-

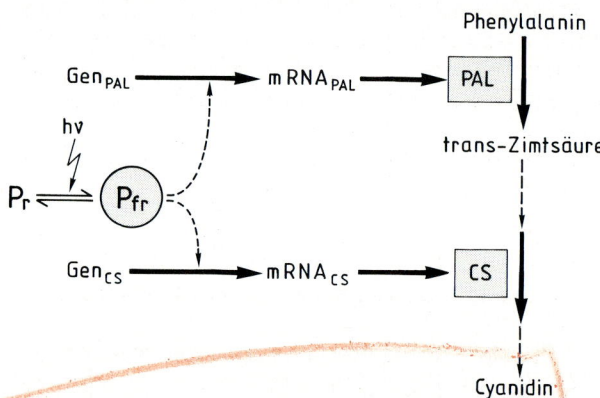

Abb. 21.20. Schema zur lichtinduzierten Anthocyansynthese als eine Folge lichtgesteuerter Genexpression. Berücksichtigt sind nur zwei Enzyme der biochemischen Sequenz, nämlich Phenylalaninammoniumlyase (PAL) und Chalconsynthase (CS) ($\rightarrow$ Abb. 18.2). Wahrscheinlich führt die vom P_{fr} ausgehende Signalkette nicht unmittelbar zu den Promotoren der Strukturgene für PAL, CS, usw.; aufgrund der Erfahrungen mit Mais muß man vielmehr damit rechnen, daß Regulatorgene dazwischen geschaltet sind. Regulatorgene codieren für regulatorische Proteine, die als DNA-bindende Proteine (trans-acting factors; $\rightarrow$ S. 135) die Aktivität von Strukturgenen beeinflussen:

hinweg eine weitgehend stationäre Synthese (Abb. 21.19). Wäre ein bestimmtes Enzym geschwindigkeitsbegrenzend für die Anthocyansynthese, z. B. Phenylalaninammoniumlyase (PAL) oder Chalconsynthase (CS), müßte man für dieses Enzym während der (nahezu) stationären Anthocyansynthese (8–18 h nach Lichtbeginn) einen (nahezu) konstanten Pegel erwarten. Diese Erwartung hat sich weder für PAL noch für CS erfüllt ($\rightarrow$ Abb. 21.15, 21.21).

$$P_{fr} \xrightarrow{\text{aktiviert}} \text{Regulatorgene} \xrightarrow{\text{aktivieren}} \text{Strukturgene}$$

Abb. 21.21. Der zeitliche Verlauf (Kinetik) des steady-state-Pegels (Synthese *und* Abbau) an Chalconsynthase (CS) in den Kotyledonen des Senfkeimlings im Dunkeln (o) und Dauer-DR (●). Die Abschaltkinetiken nach 5, 8, 12... h DR zeigen, daß Phytochrom ständig gebraucht wird, um einen Anstieg des CS-Pegels zu gewährleisten und daß die CS einem erheblichen turnover unterliegt. Die DR-Belichtung wurde mit einem TR-Lichtpuls ($\varphi_{TR} < 0,01$; → Abb. 21.19) abgeschlossen, um vor dem Transfer ins Dunkle (D) einen möglichst niedrigen P_{fr}-Pegel einzustellen. Der Vergleich mit der Abb. 21.15 ist besonders instruktiv: Während die Grundkinetiken (Dauer-DR) sehr ähnlich sind, verlaufen die Abschaltkinetiken völlig unterschiedlich. Dies hängt vermutlich damit zusammen, daß der steady-state-Gehalt an mRNA im Fall der PAL sehr viel geringer ist als im Fall der CS. Die Bildung von CS ist in den Senfkotyledonen, wie auch bei einer Reihe anderer Pflanzen, auf die Epidermis beschränkt. (Nach Brödenfeldt und Mohr 1988)

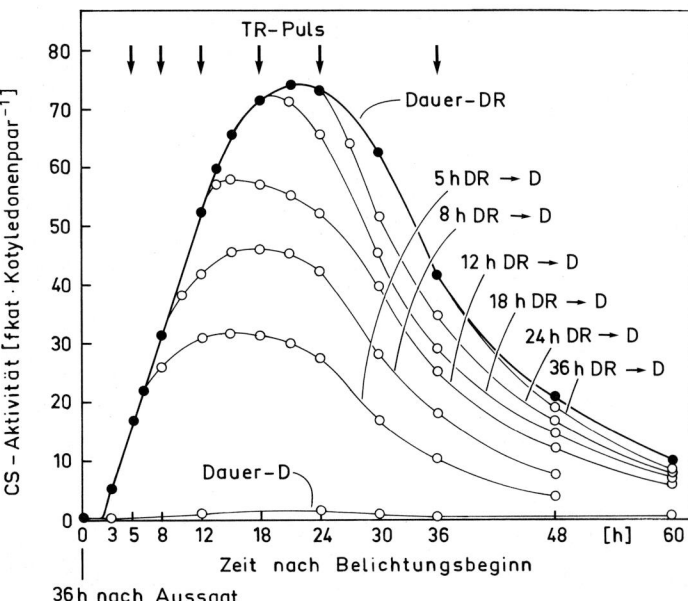

zympegel und Anthocyansyntheserate machen es unwahrscheinlich, daß das Modell der Abb. 21.20 für eine Erklärung der lichtinduzierten Anthocyansynthese hinreicht. Vielmehr muß man davon ausgehen, daß über Phytochrom zwar eine Grobregulation der mRNA- und Enzympegel erfolgt, daß es aber zusätzlich eine posttranslationale, phytochromabhängige Regulationsstelle gibt, die für die *Präzision* der Anthocyanbildung zuständig ist (Feinregulation; → S. 391).

Fallstudie 2: P_{fr}-Schwellenwertsregulationen bei der Photomorphogenese des Senfkeimlings

Im Fall der P_{fr}-induzierten Anthocyansynthese haben wir ein Beispiel für eine abgestufte Photoantwort (graded response) kennengelernt (Abb. 21.23, *oben;* Abb. 21.18). Viele P_{fr}-induzierte Photoantworten folgen diesem Beispiel. Andererseits gibt es P_{fr}-abhängige Photoantworten, die auf einen scharfen Schwellenwert an P_{fr} reagieren und in die Kategorie der *Alles-oder-Nichts-Reaktionen* gehören (Abb. 21.23, *unten*). Die Arretierung der Lipoxygenase (LOG)-Synthese in den Senfkotyledonen (→ Abb. 21.16) ist hierfür ein Beispiel. In diesem Fall hat die [P_{fr}]/Effekt-Funktion den Charakter einer Alles-oder-Nichts-Reaktion mit einem Schwellenwert (Abb. 21.24). Überschreitet die Konzentration

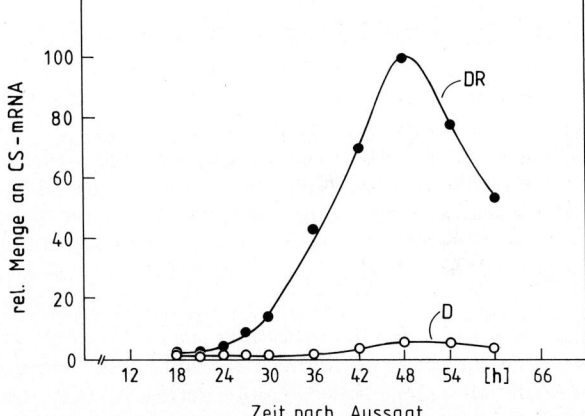

Abb. 21.22. Die Kinetik des steady-state-Pegels an CS-mRNA in den Kotyledonen des Senfkeimlings im Dunkeln (o) und im Dauer-DR (●). In diesem Fall wurde das Licht vom Zeitpunkt der Aussaat an gegeben. Beim Vergleich mit der Abb. 21.21 erkennt man, daß die Intensität (Rate) des CS-Anstiegs (entgegen der Erwartung) *nicht* mit dem steady-state-Pegel an mRNA-CS korreliert ist. Dies gilt vermutlich generell (→ Abb. 22.7). Die CS wird im Senfkeimling, wie bei vielen anderen Pflanzen, von einer Genfamilie (vier Gene) codiert. Für die Akkumulation der CS-mRNA sind hauptsächlich zwei Gene verantwortlich, die durch Phytochrom gleichartig reguliert werden. In-situ-Hybridisierung mit genspezifischen CS-Sonden zeigte, daß beide Transkripte nur in der Epidermis auftreten. Dies entspricht dem Auftreten des Enzyms. (Nach Batschauer et al. 1991)

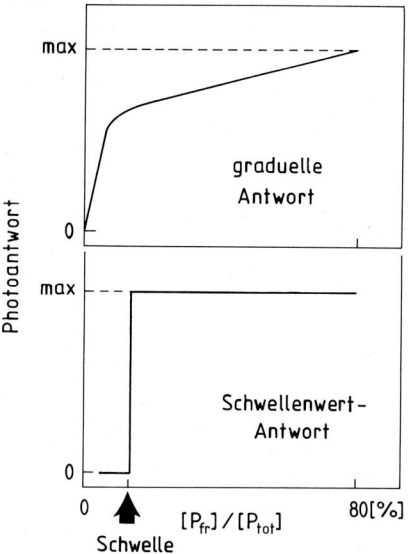

Abb. 21.23. Schema zur Illustrierung des Gegensatzes zwischen einer abgestuften Photoantwort (*oben*) und einer Schwellenwerts(Alles-oder-Nichts-)Reaktion (*unten*)

Kontrollsystem funktioniert symmetrisch, mit großer Präzision und ohne erkennbare zeitliche Verzögerung.

Die erstaunlich steile Schwelle kann nur verstanden werden, wenn man annimmt, daß irgendwo in der Reaktionskette zwischen P_{fr} und der Photoantwort ein Reaktionsschritt sehr stark *kooperativ* ist. Es gibt keine Hinweise darauf, daß Phytochrom selbst kooperative Eigenschaften hat. Die Kooperativität wird deshalb der primären Reaktionsmatrix zugeschrieben. Nach diesem Konzept ist P_{fr} ein Ligand und der primäre Reaktant ein integraler Bestandteil einer bereits vor dem Auftreten von P_{fr} existierenden Matrix (Membran?), die fähig ist, reversible Konformationsänderungen hochgradig kooperativ auszuführen. Bei der Schwellenwertsregulation der LOG-Synthese wurde erstmals eine schnelle und präzise Signalübertragung zwischen den Organen einer Pflanze demonstriert. Beim

an P_{fr} einen bestimmten Schwellenwert, so wird der Anstieg der LOG sofort und total gehemmt. Fällt der P_{fr}-Gehalt unter den Schwellenwert, so setzt der LOG-Anstieg sofort und mit voller Kapazität wieder ein. In Abb. 21.24 kommt die Symmetrie dieser Schwellenwertsreaktion unmittelbar zum Ausdruck. Sobald der Schwellenwert an P_{fr} (1,25%, bezogen auf $[P_{tot}]$ zum Zeitpunkt Null = 100%) überschritten wird (Beginn der HR-Belichtung zum Zeitpunkt Null), wird der weitere Anstieg der LOG gehemmt. Die Wiederaufnahme des LOG-Anstiegs erfolgt mit entsprechender Schnelligkeit, sobald man den P_{fr}-Pegel mit DR unter den Schwellenwert absenkt: Nach den 1,5 h HR ist durch P_{fr}-Abbau der Gehalt an P_{tot} so niedrig geworden (etwa 32% von $[P_{tot}]$ zum Zeitpunkt Null = 100%), daß der Übergang von HR ($\varphi_{HR} = 0,8$) zu DR ($\varphi_{DR} = 0,023$) zu einem P_{fr}-Gehalt von 0,74% führt (bezogen auf $[P_{tot}]$ zum Zeitpunkt Null = 100%), und dies ist weniger als der Schwellenwert von 1,25%. Demgemäß setzt der Anstieg der LOG mit dem HR → DR-Transfer sofort wieder ein. Bringt man die Keimlinge zurück ins HR (beispielsweise nach 3,5 h DR), wird der LOG-Anstieg sofort wieder gehemmt, da der P_{fr}-Pegel nun wieder über dem Schwellenwert liegt. Die Abb. 21.24 dokumentiert also die wesentlichen Züge der Schwellenwertsregulation: Das

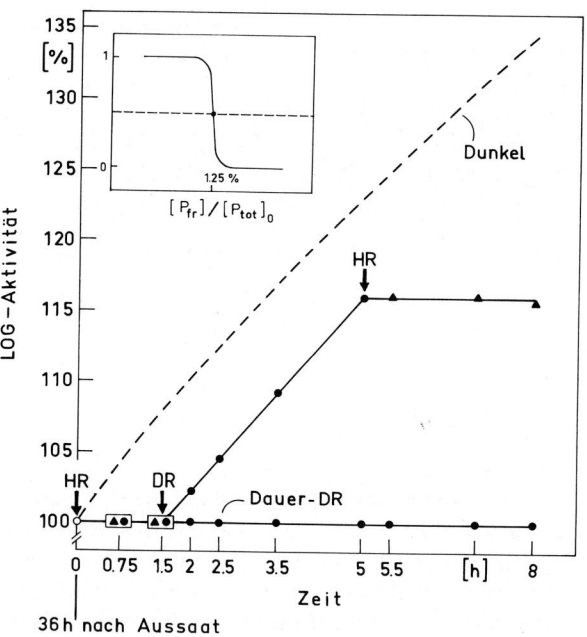

Abb. 21.24. Kinetik des Anstiegs der Lipoxygenase-Aktivität in den Kotyledonen des Senfkeimlings im Dunkeln, im Dauer-DR und unter der Belichtungsfolge 1,5 h HR, 3,5 h DR, 3 h HR. *Einsatz*: Anschauliche Darstellung der Schwellenwertsreaktion, über die das P_{fr} den Anstieg des Enzyms reguliert. $[P_{tot}]_0$ bedeutet Gesamtphytochrom zum Zeitpunkt Null (= 36 h nach Aussaat). Dieser Phytochromgehalt (100%) dient als Bezugssystem für den relativen Gehalt an P_{fr}. Der Schwellenwert an P_{fr} liegt bei 1,25%. (Nach Oelze-Karow und Mohr 1974)

Abb. 21.25. Kinetik des Lipoxygenase-Pegels in Senfkotyledonen, welche zu verschiedenen Zeiten nach einem HR-Puls (5 min, zum Zeitpunkt Null) vom belichteten Keimling abgeschnitten wurden (↓, Schnittführung 1 in Abb. 21.27). Die Kotyledonen wurden entweder zum Zeitpunkt Null im Dunkeln (△) oder 1,5 h nach dem HR-Puls (□) bzw. erst unmittelbar vor der Enzymextraktion (▲) isoliert. (Nach Oelze-Karow und Mohr 1974)

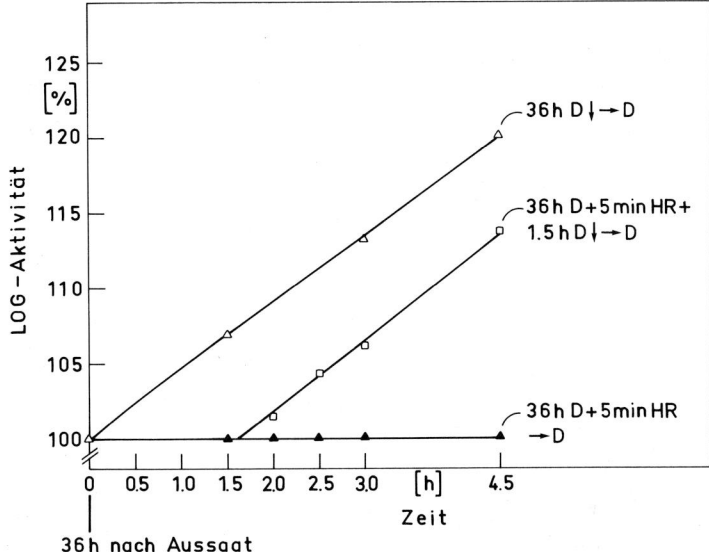

Senfkeimling wird die LOG ausschließlich in den Kotyledonen gebildet. Andererseits führten zwei unabhängige experimentelle Verfahren zu dem Resultat, daß das Phytochrom, welches die Regulation des LOG-Anstiegs in den Kotyledonen bewirkt, im Hypokotylhaken (→ Abb. 21.12) lokalisiert ist. Die experimentellen Befunde lassen sich wie folgt zusammenfassen (→ Abb. 21.27):

1. Eine Partialbelichtung der Kotyledonen hat keinen Effekt auf die Synthese der LOG; eine Partialbelichtung der Hakenregion hingegen führt zu genau demselben Resultat wie eine Belichtung der gesamten Pflanze.

2. Trennt man Kotyledonen und Hypokotyl (Schnittführung 1 in Abb. 21.27), hat das Licht keinen Einfluß mehr auf die LOG-Synthese. Wenn hingegen die *Hakenregion* an den Kotyledonen verbleibt (Schnittführung 2 in Abb. 21.27), beobachtet man die normale Repression der LOG-Synthese durch Phytochrom. Der Restkeimling unterhalb der Schnittführung 2 hat keinen Einfluß auf die LOG-Synthese. Wir besprechen ein repräsentatives Experiment im Detail, weil es die besonders wichtige Frage beantwortet, ob das vom Haken kommende Signal in den Kotyledonen gespeichert werden kann (Abb. 21.25). Verabreicht man dem Senfkeimling 5 min HR zum Zeitpunkt Null ($\varphi_{HR} = 0,8$), so bleibt die LOG-Synthese über 4,5 h ge-

hemmt. Dieser Zeitraum wird benötigt, um den P_{fr}-Pegel von 80% auf 1,25% (Schwellenwert) durch Abbau von P_{fr} abzusenken. (Die Halbwertszeit der Reaktion $P_{fr} \xrightarrow{1k_d} P'_{fr}$ beträgt 45 min, 25°C). Auf diesem Ergebnis basiert das folgende Experiment: 5 min HR wurden zum Zeitpunkt Null verabreicht. Die Kotyledonen wurden nach 1,5 h an der Schnittlinie 1 (→ Abb. 21.27) vom Restkeimling getrennt. Als Resultat der Operation nehmen die isolierten Kotyledonen den LOG-Anstieg rasch wieder auf. Dies weist darauf hin, daß das vom Haken stammende Signal in den Kotyledonen nicht in nennenswertem Umfang gespeichert werden kann. Der Signaltransfer zwischen den Organen vollzieht sich also nicht nur schnell und präzis; es kommt auch zu keiner pool-Bildung des Signalträgers im Empfängerorgan.

Eine zweite Schwellenwertsregulation, die *Induktion* der Kapazität für Photophosphorylierung in den Kotyledonen des Senfkeimlings, arbeitet mit demselben Schwellenwert. Auch in diesem Fall hat das Phytochrom der Kotyledonen keinerlei Bedeutung, während eine Partialbelichtung der Hakenregion dieselbe Regulation bewirkt wie eine Belichtung des Gesamtkeimlings.

Eine dritte, intensiv studierte Schwellenwertsregulation betrifft das Längenwachstum des Senfhypokotyls. Werden bislang im Dauer-Dunkel gewachsene, etiolierte Senfkeimlinge einem Lichtpuls ausgesetzt, beobachtet man eine sofortige Reduk-

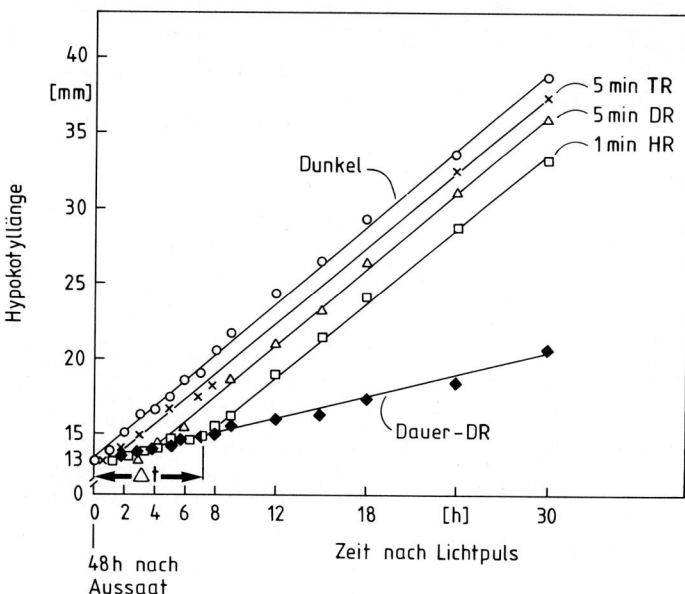

Abb. 21.26. Das Längenwachstum des Hypokotyls beim intakten Senfkeimling im Dunkeln, im Dauer-DR und nach saturierenden Lichtpulsen, die verschiedene P_{fr}-Pegel einstellen: $\varphi_{TR} = 0,0014$; $\varphi_{DR} = 0,023$; $\varphi_{HR} = 0,8$. Die Lichtpulse wurden zur Zeit Null = 48 h nach der Aussaat gegeben. Δt ist die Zeitdauer zwischen dem Lichtpuls und der Wiederaufnahme der hohen Wachstumsintensität (nur eingetragen für den HR-Puls). (Nach Oelze-Karow und Mohr 1989)

tion der Wachstumsintensität, die eine bestimmte Zeit (Δt) anhält. Anschließend wird die ursprüngliche Wachstumsintensität abrupt wieder aufgenommen (Abb. 21.26). Die Dauer von Δt ist von der Natur des Lichtpulses abhängig. Der Wiederanstieg der Wachstumsintensität tritt dann ein, wenn ein bestimmter Pegel an P_{fr} ($3 \cdot 10^{-2}$%, bezogen auf $[P_{tot}]$ 36 h nach Aussaat = 100%) unterschritten wird (Tabelle 21.1). Der Schwellenwert an P_{fr} liegt also im Fall der Wachstumsregulation weit tiefer als bei den oben besprochenen Schwellenwertsregulationen der LOG-Synthese und der Bildung der Kapazität für Photophosphorylierung (Abb. 21.27). Keimpflanzen, denen die Kotyledonen entfernt wurden (Schnittführung 1 in Abb. 21.27), zeigen dieselben Δt-Werte wie in Abb. 21.26, obgleich die Wachstumsintensität generell um 53% vermindert ist. Der Schwellenwertsmechanismus der Regulation des Wachstums ist also von der Intensität des Wachstums unabhängig. Die Fragen nach der Natur des Schwellenwertssignals (Pfeile in Abb. 21.27) und nach den Leitbahnen für die von der Hakenregion ausgehenden Signale finden derzeit keine Antwort. Es liegt nahe, ein *biophysikalisches* Signal zu fordern, da die wichtigsten Beobachtungen (Schwellenwertsregulation, Präzision und Schnelligkeit der Signaltransmission) mit einem *biochemischen* Transmissionsprozeß nicht verträglich erscheinen.

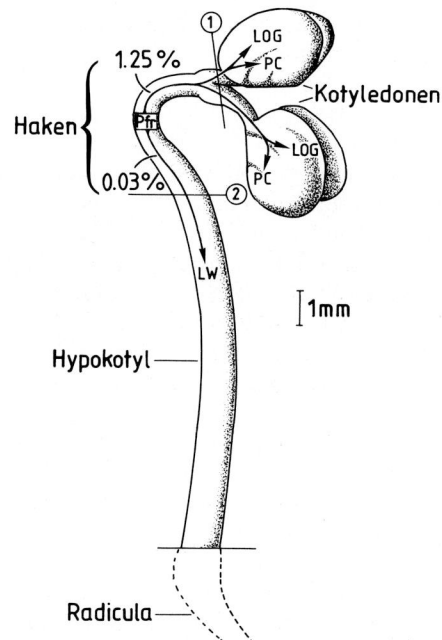

Abb. 21.27. Zusammenfassung der wichtigsten Schlußfolgerungen, die aus den Studien zur Schwellenwertsregulation bei Senfkeimlingen gezogen wurden. Die Keimlinge wurden jeweils 48 h im Dunkeln herangezogen und dann belichtet. Man kann davon ausgehen, daß ein P_{fr}-Schwellenwertsignal nach unten in die Wachstumszone des Hypokotyls geschickt wird, wenn im Haken ein P_{fr}-Pegel von 0,03% überschritten wird, während ein P_{fr}-Schwellenwertsignal vom Haken in die Kotyledonen erst bei einem P_{fr}-Pegel von 1,25% erfolgt. Die P_{fr}-Schwellenwerte sind auf Gesamtphytochrom im Haken bezogen (100%, 36 h nach Aussaat). LOG, Lipoxygenase-Synthese; PC, Aufbau der Kapazität für Photophosphorylierung; LW, Hemmung des Hypokotyllängenwachstums; ①, ②, zwei verschiedene Schnittführungen (→ Abb. 21.25)

Tabelle 21.1. Eigenschaften des Phytochroms im Hypokotylhaken des Senfkeimlings, die für eine Erklärung der Δt-Werte ($\rightarrow$ Abb. 21.26) als Ergebnis einer Schwellenwertsregulation wichtig sind. Die Halbwertszeit von P_{fr} im Hypokotylhaken (48 h nach der Aussaat, Reaktionsgeschehen 1. Ordnung, 25 °C) beträgt 38 min. Am Ende der Δt-Zeitspanne ist in allen drei Fällen der P_{fr}-Pegel auf $3 \cdot 10^{-2}\%$ abgefallen (Schwellenwert)

Lichtpulse	φ	Δt [h]
HR	80%	7,2
DR	2,3%	4,1
TR (RG9-Licht)	0,14%	1,5

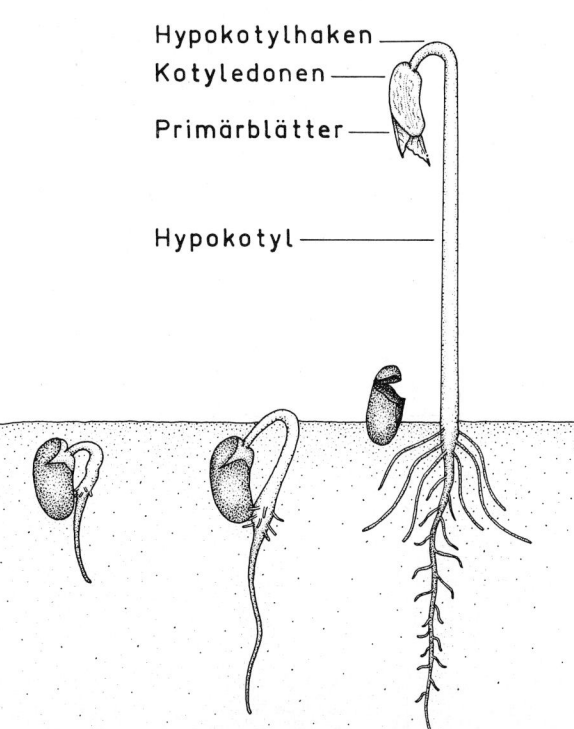

Abb. 21.28. Entwicklung einer Keimpflanze der Gartenbohne (*Phaseolus vulgaris*) im Dunkeln. Der Hypokotylhaken bleibt unter diesen Bedingungen geschlossen

Bei dikotylen Keimpflanzen kommt der Hakenregion generell für die Aufnahme und Verarbeitung der Lichtsignale eine besondere Rolle zu. Dies ist leicht einzusehen: In der Regel findet der Keimvorgang im Boden (und damit praktisch im Dunkeln) statt. Unter diesen Umständen bildet der apikale Teil des dikotylen Keimlings einen Haken aus, der im Fall des Senf- oder Bohnenkeimlings auf einer Krümmung des Hypokotyls beruht (Abb. 21.28). Mit dem Haken voran durchbricht die Keimpflanze die Erdoberfläche. Der Haken enthält besonders viel Phytochrom ($\rightarrow$ Abb. 21.4). Die Bildung von P_{fr} im Haken führt zu Signaltransduktionen, die darauf abzielen, das Etiolement zu beenden und den Keimling auf Photomorphogenese umzuprogrammieren. Der Haken selbst öffnet sich unter dem Einfluß von P_{fr} ($\rightarrow$ Abb. 21.6). Der makroskopische Vorgang beruht auf einem gesteigerten Wachstum der Zellen auf der konkaven Flanke des Organs. Der Haken ist also ein Organ, das sich während des Etiolements vom basalen Teil des Hypokotyls funktionell unterscheidet; während der Photomorphogenese wandelt sich die Hakenregion jedoch zu einem normalen Abschnitt des Hypokotyls (bzw. des Epikotyls bei hypogäisch keimenden Arten) um ($\rightarrow$ Abb. 21.12).

Fallstudie 3: Phytochromwirkungen auf die Entwicklung älterer, grüner Pflanzen

Das Phytochromsystem spielt nicht nur eine entscheidende Rolle bei der Photomorphogenese junger Samenpflanzen; man hat vielmehr gefunden, daß das Phytochrom den meisten lichtabhängigen Reaktionen bei potentiell grünen Pflanzen zu-

grunde liegt, von den Algen (z. B. *Mougeotia spec.*), Moosen (z. B. *Funaria hygrometrica*) und Farnen (z. B. *Dryopteris filix-mas*) bis herauf zu den Angiospermen. (Mit „potentiell grünen Pflanzen" meint man die Grünalgen und alle Pflanzengruppen, die aus ihnen im Verlauf der Evolution entstanden sind. Häufig ergrünen diese Pflanzen nur im Licht, deshalb *potentiell* grün.) In allen Fällen läßt sich die lichtabhängige Reaktion mit HR induzieren; und stets läßt sich diese Induktion durch eine unmittelbar nachfolgende Belichtung mit DR im Sinn des operationalen Kriteriums revertieren ($\rightarrow$ Abb. 21.5). An dieser Stelle sei eine historische Reminiszenz eingefügt: Das Phytochromsystem wurde in den fünfziger Jahren von Borthwick und Hendricks in der Plant Industry Station des US-Department of Agriculture in Beltsville (USA) bei Studien zum Photoperiodismus von Kulturpflanzen entdeckt. Erst in den sechziger Jahren wurde allmählich klar, daß dem Phytochrom als Sensorpigment für Entwicklung, Verhalten und Reproduktion eine universselle und zentrale Bedeutung im Leben der höheren Pflanzen zukommt. Mit dem folgenden Beispiel soll dokumentiert werden, daß das Phytochromsystem (vor allem das stabile PII) auch in normal herangewachsenen grünen Pflanzen das weitere Wachstum bestimmt (Abb. 21.29). Die Änderung des P_{fr}-Gehalts durch einen Lichtpuls unmittelbar vor dem Licht→Dunkel-Übergang („end-of-day treatment") wurde später vielfach analytisch verwendet. Die in Abb. 21.29 dargestellten Effekte sind darauf zurückzuführen, daß sich das P_{fr} im Dunkeln nur sehr langsam in das P_r zurückverwandelt (PII) oder abgebaut wird (PI). Der DR-Puls hingegen transformiert den größten Teil des am Ende der Lichtperiode vorhandenen P_{fr} in das inaktive P_r zurück und gibt damit den Weg zum Re-etiolement frei.

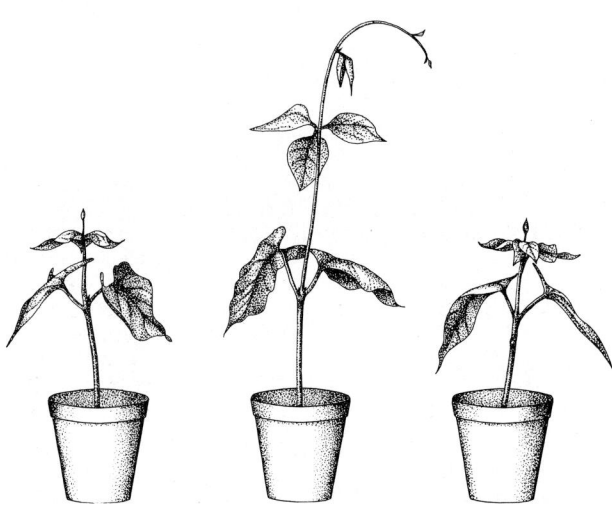

Abb. 21.29. Klassische Experimente zum Nachweis der Funktion des Phytochroms in grünen Pflanzen. Objekt: Gartenbohne (*Phaseolus vulgaris*, cv. Pinto). Alle Pflanzen erhielten eine tägliche Lichtperiode von 8 h Fluoreszenzweißlicht, in dem zwar viel HR aber praktisch kein DR vorhanden ist. Die Pflanze *links* wurde nach diesen täglichen 8 h Weißlicht sofort ins Dunkle gebracht; die Pflanze *in der Mitte* wurde nach dem Weißlicht 4 min mit DR bestrahlt und dann ins Dunkle gebracht; die Pflanze *rechts* erhielt nach dem DR noch 4 min HR. Die Behandlung mit dem Zusatzlicht erfolgte über 4 d hinweg; dann blieben alle Pflanzen zur weiteren Entwicklung noch 3 Perioden im 8 h-Weißlichttag ohne Zusatzlicht. (Nach Hendricks 1964)

Fallstudie 4:
Phytochrom und endogene Kontrollfaktoren

Es gibt keine Beweise dafür, daß P_{fr} über eine Änderung von Hormonpegeln seine morphogenetische Wirkung entfaltet. Auch in solchen Fällen, in denen P_{fr} auf Hormonpegel oder auf die Dosis-Effektkurven von Hormonen Einfluß nimmt (z. B. beim Ethylen), liegt kein Grund zu der Annahme vor, das P_{fr} bewirke die *Photomorphogenese* über eine Änderung von Hormonpegeln. In der Regel haben korrekt durchgeführte Mehrfaktorenanalysen eine multiplikative oder numerisch additive Verrechnung der P_{fr}- und Hormonwirkungen ergeben. Dies bedeutet, daß P_{fr} und die endogenen Kontrollfaktoren *unabhängig voneinander* wirken. Offenbar erfolgt die Koordination des Entwicklungsgeschehens auf der Stufe der Musterdetermination, d. h. bei der Herstellung des räumlichen und zeitlichen Kompetenzmusters für P_{fr} und für die endogenen Faktoren.

Der folgende Fall dokumentiert die multiplikative Verrechnung bei der simultanen Wirkung von Phytochrom und endogenen Faktoren, in diesem Fall die Nährstoffe, die dem Hypokotyl aus den Kotyledonen zufließen: Wenn man einem Senfkeimling die Kotyledonen entfernt (Schnittstelle 1 in Abb. 21.27), bleibt die Fähigkeit des Hypokotyls zum stationären Wachstum (konstante Wachstumsintensität in Dauerlicht und -Dunkel) für längere Zeit erhalten. Im Dunkeln und im Licht wird jedoch die Wachstumsintensität jeweils um 53% vermindert. Oder anders betrachtet: Die relative Wirkung des Lichts auf die Wachstumsintensität ist mit und ohne Kotyledonen dieselbe, obgleich das Entfernen der Kotyledonen die Wachstumsintensität um rund die Hälfte reduziert. Phytochrom und die aus den Kotyledonen stammenden „Wachstumsfaktoren" zeigen also eine multiplikative Verrechnung, d. h. der eine Faktor hat stets dieselbe relative Wirkung auf die Wachstumsintensität, unabhängig vom Ausmaß des anderen Faktors. Dies schließt eine *Wechselwirkung* zwischen den beiden Faktoren aus (→ S. 10).

Coaktion der Photosensoren

Um auf die wechselnden Lichtverhältnisse in ihrer Umgebung optimal reagieren zu können, benötigen höhere Pflanzen mehrere Sensorpigmente. Aus

Gründen der Molekülphysik reicht Phytochrom allein nicht aus, das ganze relevante Sonnenspektrum (290 – 800 nm) mit der erforderlichen Genauigkeit zu messen. Soviel man heute weiß, verfügen höhere Pflanzen über drei Photosensoren: *Phytochrom* (> 520 nm; Hellrot/Dunkelrot), *Cryptochrom* (340 – 520 nm; Blau/UV-A), *UV-B-Photosensor* (290 – 350 nm).

Das Phytochrom haben wir bereits kennengelernt. Cryptochrom, seiner chemischen Natur nach ein Flavoprotein (→ Abb. 21.43), kann durch sein charakteristisches Wirkungsspektrum (Abb. 21.30) erkannt werden. Es zeigt drei Gipfel (oder Schultern) im Blaubereich des Spektrums und einen weiteren Gipfel im UV-A bei 370 nm. Der UV-B-Photosensor absorbiert besonders effektiv um 300 nm; um 350 nm endet sein Wirkungsbereich (Abb. 21.31).

Die Frage, wie die drei Photosensoren bei der Photomorphogenese zusammenarbeiten, läßt sich durch ein Coaktionsschema beantworten, in dessen

Zentrum das Phytochrom steht (Abb. 21.32). Es ist das Phytochrom (P_{fr}), das direkt die Photoantworten hervorbringt. Die Lichtabsorption in Cryptochrom und UV-B-Photosensor dient (lediglich) dazu, die Empfindlichkeit der Pflanzen (genauer: der jeweiligen Signalreaktionsketten bei den Photoantworten der Pflanzen; → Abb. 21.2) festzulegen. Dies ist eine sehr ökonomische Strategie, da

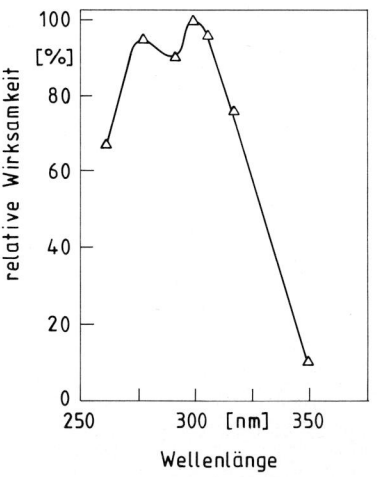

Abb. 21.31. Ein Wirkungsspektrum für die UV-induzierte Anthocyansynthese in der Koleoptile von etioliertem Mais (*Zea mays*, cv. Inra). Bestrahlungsprogramm: 30 min monochromatisches UV (Quantenfluß 10 μmol · m^{-2} · s^{-1}), gefolgt von 5 min HR (um das Phytochromphotogleichgewicht [$\varphi_{HR} = 0.8$] einzustellen, da die Anthocyansynthese Phytochrom-kontrolliert ist; → Abb. 21.32). Nach weiteren 24 h im Dunkeln wurde das Anthocyan bestimmt. (Nach Beggs und Wellmann 1985)

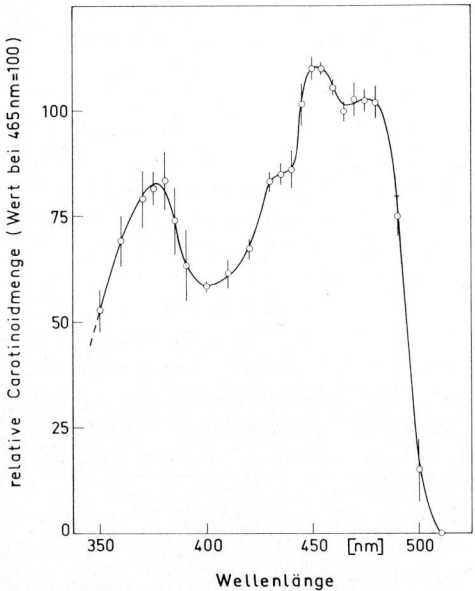

Abb. 21.30. Ein repräsentatives Wirkungsspektrum von Cryptochrom. In diesem Fall wurde die lichtinduzierte Carotinoidsynthese im Myzel des Pilzes *Fusarium aquaeductuum* untersucht (→ S. 384). Die Menge an Carotinoiden, die von einer Photonenfluenz von 4,2 · 10^{-3} mol · m^{-2} induziert werden, ist als Funktion der Wellenlänge aufgetragen. Da die Pilze über kein Phytochrom verfügen, läßt sich bei ihnen das Wirkungsspektrum des Cryptochroms ohne Störung durch Phytochrom messen. (Nach Rau 1967)

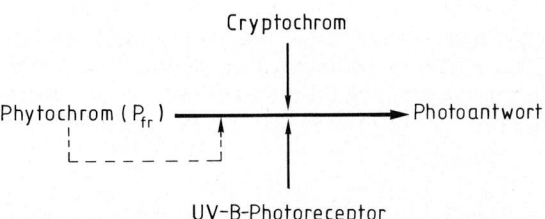

Abb. 21.32. Schema zur Coaktion zwischen Phytochrom und den Blau/UV-absorbierenden Photosensoren. Die Lichtabsorption in Cryptochrom und UV-B-Photoreceptor bestimmt die Empfindlichkeit einer Photoantwort gegenüber P_{fr}. Die gestrichelte Linie soll andeuten, daß Licht, das vom Phytochrom absorbiert wird, ebenfalls die Wirksamkeit von P_{fr} steigern kann (anders ausgedrückt: die Empfindlichkeit der Pflanzen gegenüber P_{fr} erhöhen kann). (Nach Mohr 1987)

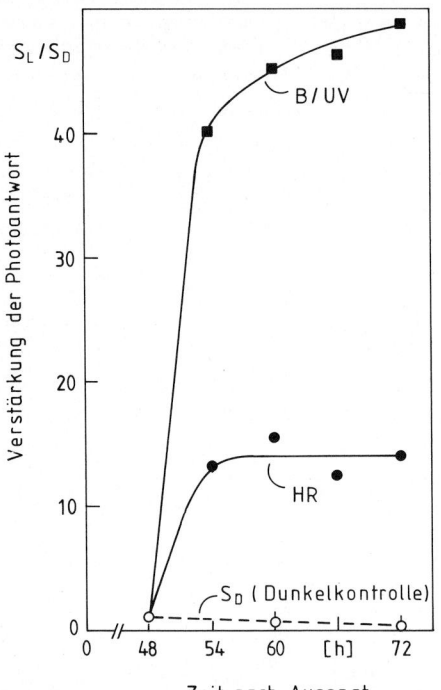

Abb. 21.33. Der zeitliche Verlauf der Empfindlichkeit einer Genexpression gegenüber P_{fr} am Beispiel der Bildung von Glycerinaldehydphosphatdehydrogenase im Primärblatt der Mohrenhirse (*Sorghum bicolor*). Die Pflanzen wurden zunächst im Dunkeln und ab 48 h nach Aussaat im HR bzw. Blau (B)/UV gehalten. Zu den angegebenen Zeiten wurde die relative Empfindlichkeit der Photoantwort gegenüber P_{fr} gemessen. S_L, Empfindlichkeit gegenüber P_{fr} bei den belichteten Pflanzen; S_D = Empfindlichkeit bei der Dunkelkontrolle. S_D bei 60 und 72 h ist bezogen auf S_D bei 48 h = 1. (Nach Oelmüller und Mohr 1984)

ein einziger Effektor (P_{fr}) ausreicht, um die Genexpression zu kontrollieren, und dennoch Information über das ganze Sonnenspektrum dazu beitragen kann, die Intensität und das Ausmaß der Photomorphogenese festzulegen.

Bei den meisten etiolierten Pflanzen besteht nur eine geringe Empfindlichkeit gegenüber P_{fr}. Sobald eine Pflanze ins Licht gelangt, wird die Empfindlichkeit für P_{fr} gesteigert. An dieser Signalverstärkung sind das Phytochrom selbst, Cryptochrom und der UV-B-Photosensor beteiligt (Abb. 21.32). Als repräsentatives Beispiel kann die Regulation der Genexpression der $NADP^+$-abhängigen Glycerinaldehydphosphatdehydrogenase im Primärblatt der Mohrenhirse dienen (Abb. 21.33). Man

sieht, daß die Signalverstärkung durch HR relativ gering und nach 6 h saturiert ist; es bedarf der Einstrahlung von Blau/UV, um eine hohe Empfindlichkeit gegenüber P_{fr} einzustellen.

Unter den vielen Fallstudien, die dazu beigetragen haben, das Coaktionsmodell der Abb. 21.32 zu begründen, wählen wir die lichtinduzierte Anthocyansynthese aus. In seltenen Fällen kann Phytochrom (P_{fr}) die volle Photoantwort bewirken, ohne daß die Lichtabsorption durch Cryptochrom oder UV-B-Photosensor ins Spiel kommt. Ein Beispiel hierfür sind die Kotyledonen des Senfkeimlings, wo HR das Weißlicht völlig ersetzen kann (Abb. 21.34). In diesem Fall wird die hohe Empfindlichkeit gegenüber P_{fr} durch die Lichtabsorption im Phytochrom selbst bewirkt (ein Fall von positiver Rückkoppelung). Das andere Extrem ist das Mesokotyl des Keimlings der Mohrenhirse (*Sorghum bicolor*), wo HR und DR ohne jede Wirkung bleiben

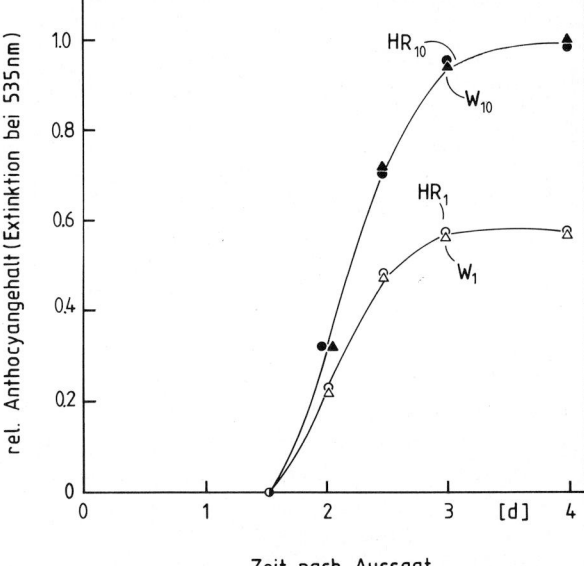

Abb. 21.34. Der zeitliche Verlauf des Anthocyangehalts in den Kotyledonen des Senfkeimlings im Dauer-HR und Dauer-Weißlicht (W) bei verschiedenen Energieflüssen. ($HR_1 = 0,68\ W \cdot m^{-2}$; $HR_{10} = 6,8\ W \cdot m^{-2}$; $W_1 = 0,86\ W \cdot m^{-2}$; $W_{10} = 8,6\ W \cdot m^{-2}$. Um W und HR jeweils mit etwa demselben Photonenfluß anzubieten, ist ein 30% höherer Energiefluß im W erforderlich). Da das Photogleichgewicht des Phytochroms im W im wesentlichen von dessen HR-Anteil bestimmt wird, ist der φ-Wert im HR und W etwa derselbe (0,7–0.8). (Nach Mohr 1986)

(Tabelle 21.2). Blau/UV hingegen hat dieselbe Wirkung wie Weißlicht. Zunächst sieht es so aus, als bewirke die Lichtabsorption im Cryptochrom die Anthocyansynthese. Wenn man aber mit 3 h Weißlicht oder Blau/UV die Anthocyanbildung induziert (die lag-Phase, bevor die Anthocyanbildung beginnt, ist etwas länger als 3 h), kann man durch anschließende Lichtpulse, die das Photogleichgewicht des Phytochroms einstellen ($\varphi_{HR} = 0,8$; $\varphi_{756\,nm} < 0,01$; → S. 360), leicht beweisen, daß in Wirklichkeit das P_{fr} die Anthocyansynthese bewirkt: Die Manifestation der Blau/UV-Wirkung unterliegt der Kontrolle durch Phytochrom. Andererseits zeigt Tabelle 21.2, daß Phytochrom (P_{fr}) nur nach einer Blau/UV-Belichtung die Anthocyansynthese auslösen kann. Bei Weizen-Keimpflanzen (*Triticum aestivum*, cv. Schirokko) erfolgt im natürlichen Sonnenlicht eine intensive Anthocyansynthese in der Koleoptile. Erstaunlicherweise erwiesen sich Bestrahlungen mit HR, DR, Blau und sogar reinem UV-A als unwirksam. Wenn man aber dem UV-A auch nur eine kleine Menge an UV-B beifügt, wird die Anthocyansynthese ausgelöst. Lichtpulsexperimente (in Analogie zu Tabelle 21.2) zeigen, daß nach einer Vorbelichtung mit UV die Anthocyansynthese durch Phytochrom (P_{fr}) gesteuert wird (Abb. 21.35).

Diese Fallstudien zeigen, daß sich die Keimpflanzen von Senf, Mohrenhirse und Schirokko-Weizen lediglich darin unterscheiden, wie sie die Empfindlichkeit gegenüber P_{fr} herstellen. Die Induktion der Anthocyansynthese erfolgt in allen Fällen durch P_{fr} in Übereinstimmung mit dem Coaktionsschema der Abb. 21.32.

Die weitere Frage war, ob dieses Coaktionsmodell auch im Dauerlicht oder im naturnahen Licht/Dunkel-Wechsel gilt. Mit Hilfe der *Dichromatbestrahlung* (zwei Wellenlängen gleichzeitig eingestrahlt) ließ sich diese wichtige Frage beantworten. Hierbei erwiesen sich Kiefernkeimlinge (*Pinus sylvestris*) als besonders geeignet: Ihr stationäres Achsenwachstum wird durch Licht kontrolliert. Weißlicht ist sehr wirksam, ebenso Blaulicht; HR wirkt kaum, DR gar nicht. (Die klassische HIR fehlt bei der Kiefer; → S. 362.) Die Dichromatbestrahlung führt zu dem eindeutigen Resultat, daß Blau/UV-A nur dann wirksam ist, wenn ein erheblicher Pegel an P_{fr} ($> 3\%$) vorliegt (Abb. 21.36). Blau/UV-A als solches hat keinen Effekt auf das Wachstum. Das Coaktionsmodell der Abb. 21.32 gilt somit auch unter stationären Lichtbedingungen.

Tabelle 21.2. Induktion (oder Nicht-Induktion) der Anthocyansynthese im Mesokotyl (1. Internodium) von *Sorghum bicolor*-Keimlingen durch Licht verschiedener Qualität (W, weißes Fluoreszenzlicht; TR, 756-nm-Licht). Die Keimlinge wurden nach der 3stündigen Belichtung für 24 h im Dunkeln gehalten. (Nach Drumm und Mohr 1978)

Belichtung	Anthocyanmenge (Messung 87 h nach Aussaat) [relative Einheiten]
27 h Dunkel	0
27 h W	115
27 h DR	0
27 h HR	0
3 h W	19
3 h W + 5 min HR	19
3 h W + 5 min TR	6
3 h W + 5 min TR + 5 min HR	20
3 h Blau/UV	19
3 h Blau/UV + 5 min HR	19
3 h Blau/UV + 5 min TR	5
3 h Blau/UV + 5 min TR + 5 min HR	19

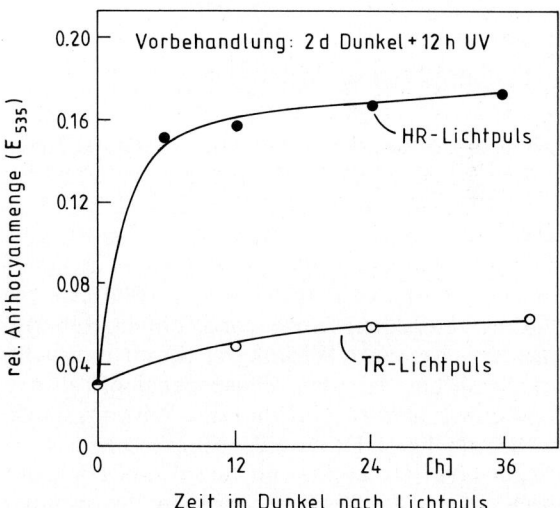

Abb. 21.35. Anthocyan-Akkumulation in der Weizenkoleoptile (*Triticum aestivum*, cv. Schirokko) im Dunkeln nach einer 12stündigen UV-Vorbelichtung. Das verwendete UV war hauptsächlich UV-A, mit einer kleinen Menge an UV-B (Gesamt-Energiefluß 12,6 W · m^{-2}). Nach der Vorbelichtung, also unmittelbar vor dem Transfer ins Dunkle, wurde entweder ein saturierender HR-Puls ($\varphi_{HR} = 0,8$) oder ein saturierender TR-Puls ($\varphi_{TR} < 0,01$) verabreicht. (Nach Mohr und Drumm-Herrel 1983)

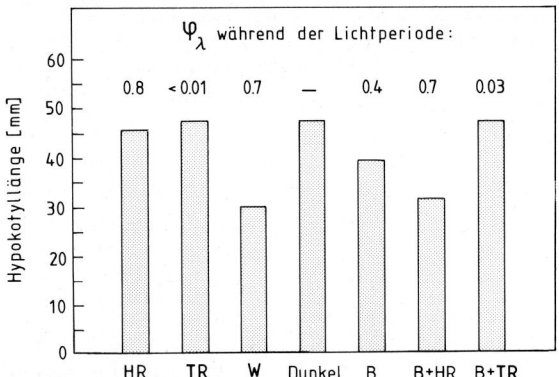

Abb. 21.36. Die Hypokotyllänge bei Keimpflanzen der Waldkiefer (*Pinus sylvestris*) 9 d nach Aussaat. Die tägliche Lichtperiode (8 h Licht pro Tag) wurde mit verschiedenen Lichtqualitäten gegeben: HR (Hellrot); TR (RG9, langwelliges Dunkelrot); W (Weißlicht); B (Blaulicht); B + HR (simultan B und HR); B + TR (simultan B und TR). Da simultan mit B eingestrahltes HR oder TR mit hohem Photonenfluß verabreicht wurde, bestimmt es im wesentlichen das Photogleichgewicht des Phytochroms im Dichromatlicht. (Nach Fernbach und Mohr 1990)

Ein positiver UV-B-Effekt: Synthese von Flavonglycosiden in Zellsuspensionskulturen

Zellsuspensionskulturen (→ Abb. 27.4) aus Blattstielen der Petersilie (*Petroselinum hortense*) bilden Flavonglycoside nur bei Belichtung (z. B. im Fluoreszenz-Weißlicht). Die produzierten Flavonglycoside *Apiin* und *Graveobiosid B* werden in einem ähnlichen Verhältnis auch in den Blättern der intakten Petersilienpflanze vorgefunden. Überraschenderweise zeigen Wirkungsspektren, daß sichtbare Strahlung bei den Zellsuspensionskulturen völlig unwirksam ist und daß der Wirkungsgipfel um 300 nm liegt. Das weiße Fluoreszenzlicht ist deshalb wirksam, weil es mit relativ viel UV „verunreinigt" ist. Das für die Experimente verwendete Standard-UV ($\lambda > 300$ nm) hat auf die Zellen keinerlei schädigende Wirkung; es handelt sich vielmehr um einen ausgesprochen *positiven* Effekt. Die Abb. 21.37 zeigt z. B., daß die Menge an Flavonglycosiden, die unter dem Einfluß des UV gebildet wird, *linear* mit der applizierten UV-Menge (UV-Fluenz) ansteigt. Außerdem gilt im ganzen Bereich das *Reciprocitätsgesetz* (→ S. 357). Während des

Experimentierzeitraums wurden in den Kulturen die Frischmasse, der Proteingehalt und die Aktivität der Glucose-6-phosphatdehydrogenase verfolgt. Das UV hatte keinerlei Wirkung auf diese Merkmale.

Nach einer Vorbehandlung mit UV steuert das Phytochrom (genauer: der durch Lichtpulse eingestellte Pegel an P_{fr}) die Flavonoidsynthese analog zu Abb. 21.35. Ohne die Vorbehandlung haben HR- und DR-Pulse keine Wirkung. Diese Ergebnisse stehen im Einklang mit dem Coaktionsmodell der Abb. 21.32.

Enzyme der Flavonoidbiosynthese, z. B. die Phenylalaninammoniumlyase (PAL; → S. 288), reagieren auf UV- und HR/DR-Bestrahlungen ähnlich wie die Pegel der Endprodukte des Biosyntheseswegs (Abb. 21.38). Die Daten liefern zwei bemerkenswerte Resultate:

1. Die etwa 4fache Zunahme des PAL-Pegels, die man nach einer UV(+ HR-)Bestrahlung beobachtet, ist völlig unter der Kontrolle von P_{fr}. Der schwache Effekt des Programms UV + TR ist darauf zurückzuführen, daß auch die Reversion mit der Wellenlänge 756 nm noch eine kleine Menge an wirksamem P_{fr} übrig läßt.

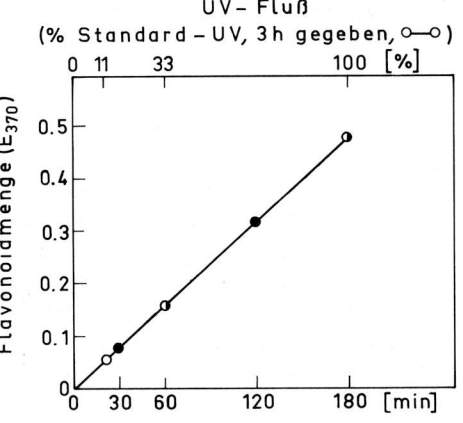

Abb. 21.37. Die Abhängigkeit der Flavonoidsynthese in Zellsuspensionskulturen der Petersilie (*Petroselinum hortense*) von der eingestrahlten UV-Fluenz. Die Energie-Fluenz wurde entweder durch die Bestrahlungszeit mit Standard-UV ($0,2$ W · m^{-2}) oder durch eine Reduktion des UV-Flusses von 100 auf 33 und 11% variiert. Der Dunkelpegel an Flavonoiden wurde abgezogen. (Nach Wellmann 1975)

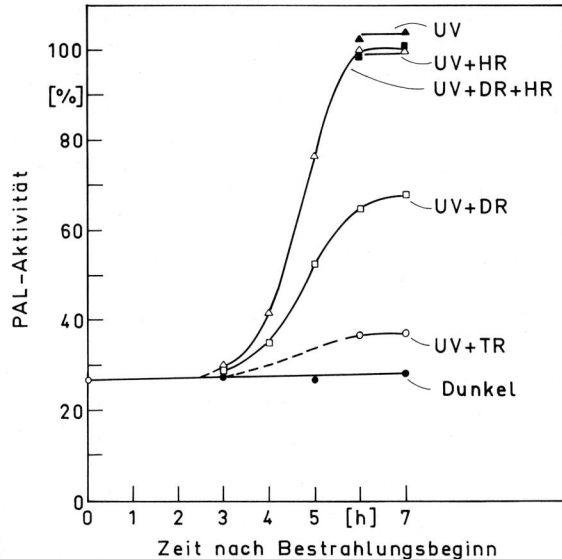

Abb. 21.38. Die Kontrolle der Phenylalaninammoniumlyase (PAL)-Synthese in Petersilienzellen (Suspensionskultur konstanter Zellzahl; → Abb. 21.37) durch Phytochrom nach einer Vorbestrahlung mit UV. Die Zellen wurden vom Zeitpunkt Null an für 15 min mit UV bestrahlt; unmittelbar danach wurden 10 min HR, DR+HR, DR oder TR (758 nm) gegeben. (Nach Wellmann und Schopfer 1975)

2. Die PAL-Synthese der Zellkulturen ist hochempfindlich für P_{fr}. Bereits kleine P_{fr}-Mengen führen zu einem starken Effekt ($\varphi_{HR} = 0{,}8$, $\varphi_{DR} = 0{,}023$, $\varphi_{756\,nm} < 0{,}01$, wobei $\varphi_\lambda = [P_{fr}]/[P_{tot}]$; → Abb. 21.4).

UV-Strahlung kürzerer Wellenlänge hat meist mehr oder minder schädigende Wirkungen auf Pflanzen. Das kurzwellige Ende des terrestrischen Sonnenspektrums (UV-B, 320–290 nm) ist somit ein kritischer Spektralbereich. Positive und (für Zellen und Pflanzen) schädigende Wirkungen liegen nahe zusammen. Die schädigende, Streß erzeugende Wirkung der kurzwelligen Strahlung wird in Kapitel 32 ausführlich behandelt.

Photomorphogenese bei Pilzen

Die Auslösung der Blütenbildung bei Spermatophyten durch Licht oder Hormone ist das klassische Beispiel für die Regulation der *reproduktiven* Entwicklung (→ S. 437). Über den molekularen Mechanismus der Blühinduktion (d. h. über die Abfolge der molekularen Einzelschritte) gibt es jedoch – trotz vieler Experimente und Spekulationen – noch keine zuverlässige Theorie (→ S. 438). Dies hängt vor allem mit der Komplexität des Phänomens „Blütenbildung" zusammen. Man hat deshalb einfachere Systeme herangezogen, bei denen die *molekulare* Analyse der reproduktiven Entwicklung eine höhere Erfolgschance verspricht, z. B. Pilze. Ein besonderer Vorzug vieler Pilze besteht darin, daß bei ihnen die reproduktive Entwicklung durch den *Lichtfaktor* gesteuert wird. Diese Photomorphogenese scheint einer präzisen Faktorenanalyse verhältnismäßig leicht zugänglich zu sein, auch auf dem molekularen Niveau. Wir behandeln zunächst drei repräsentative Fallstudien.

Fallstudie 1: Induktion der Konidienbildung durch Licht bei dem imperfekten Pilz *Trichoderma viride*

Dieser Pilz kann einerseits fast so leicht wie ein *Bacterium* kultiviert werden; andererseits handelt es sich um einen eukaryotischen Organismus, dessen Konidienbildung (*Sporulation*) durch einen leicht zu handhabenden Faktor (kurzwelliges Licht) induziert werden kann. Der Entwicklungsprozeß zwischen Lichtinduktion und Konidienbildung läßt sich folgendermaßen skizzieren (→ Abb. 21.41): Eine nicht-induzierte Kultur bildet nur gelegentlich und zufallsmäßig vertikale Hyphen. Dies ändert sich nach der Belichtung. Ein diffuser Kreis von vertikal wachsenden Hyphenspitzen taucht etwa 3 h nach der Induktion in einem Bereich auf, der zum Zeitpunkt der Belichtung die Peripherie der Kultur gebildet hat. Durch Partialbelichtung wurde gezeigt, daß die Lichtempfindlichkeit der Kultur auf die peripheren Hyphen beschränkt ist. Nur diese Hyphen sind bezüglich der Konidieninduktion durch Licht kompetent. Sieben bis acht Stunden nach der Induktion hat sich die Zahl der vertikalen Hyphen stark vermehrt. Außerdem sind diese Hyphen nunmehr verzweigt. Die ersten hyalinen Konidien beobachtet man etwa 12 h nach der Induktion. Die Pigmentbildung beginnt etwa 4 h später. Der aus dunkelgrünen Konidien bestehende Ring auf der Kultur ist etwa 24 h nach der Induktion voll ausgebildet. Das Wirkungsspektrum der Konidieninduktion (Abb. 21.39) deutet darauf hin, daß ein Flavoprotein die wirksame Strahlung ab-

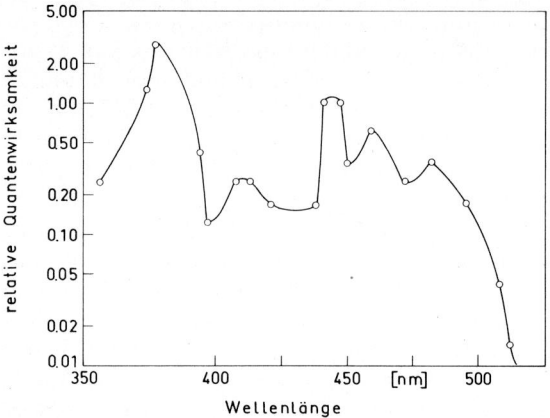

Abb. 21.39. Das Wirkungsspektrum der Photoinduktion der Konidienbildung bei *Trichoderma viride*. Das Spektrum wurde für die Reaktionsgröße ⅔ der maximalen Merkmalsgröße berechnet (→ Abb. 21.1). Längerwelliges Licht (>520 nm) hat keinen Effekt. (Nach Gressel und Hartmann 1968)

sorbiert (→ Abb. 21.43). Unabhängig von der molekularen Interpretation des Wirkungsspektrums wollen wir festhalten, daß von den Pilzen für die Steuerung der Entwicklung generell nur Blaulicht und UV benutzt werden; Phytochrom kommt bei den Pilzen nicht vor.

T. viride ist extrem lichtempfindlich. Eine Belichtung mit 15 s Blaulicht mittleren Energieflusses löst bereits eine intensive Konidienbildung aus. Die Induktion ist auch bei niedriger Temperatur (z. B. bei −3 °C) möglich. In der Kälte behält der Pilz den Lichtreiz im „Gedächtnis": Kulturen, die bei 0 °C belichtet und anschließend für 24 h bei dieser Temperatur (die kein Hyphenwachstum erlaubt) gehalten wurden, beginnen auch im Dunkeln mit den zur Konidienbildung führenden Veränderungen, sobald man die Temperatur auf 25 °C erhöht. Die Temperaturunabhängigkeit der Induktion deutet darauf hin, daß der erste Schritt des Induktionsvorgangs eine rein photochemische Angelegenheit ist. 5-Fluoruracil (FU), ein Inhibitor der Synthese „richtiger" RNA (Abb. 21.40), unterdrückt in ge-

5-Fluoruracil

Abb. 21.40. 5-Fluoruracil (FU), ein Analogon des Uracils, wird leicht anstelle der natürlichen Base (Uracil) in die RNA eingebaut

eigneten Konzentrationen die Konidienbildung ohne Beeinträchtigung des Wachstums. Diese FU-Hemmung kann durch Zugabe von Uracil zum Medium aufgehoben werden (kompetitive Wirkung). Tastet man den Zeitraum zwischen Induktion und Konidienbildung mit FU-Pulsen ab, so findet man, daß die Konidienbildung für mindestens 7 h nach der Induktion gegenüber FU empfindlich ist (Abb. 21.41). Ist die Verzweigung der Konidiophoren jedoch abgeschlossen, läßt sich die Konidienbildung durch FU nicht mehr aufhalten. Die Analyse des spezifischen FU-Effektes hat ergeben, daß FU in alle RNA-Sorten des Pilzes, auch in die mRNA, eingebaut wird. Die Interpretation des FU-Effektes geht demgemäß dahin, daß als Folge der Herstellung „falscher" RNA neue morphogenetische Schritte verhindert werden. Die neuen Schritte (z. B. Konidiendifferenzierung) verlangen

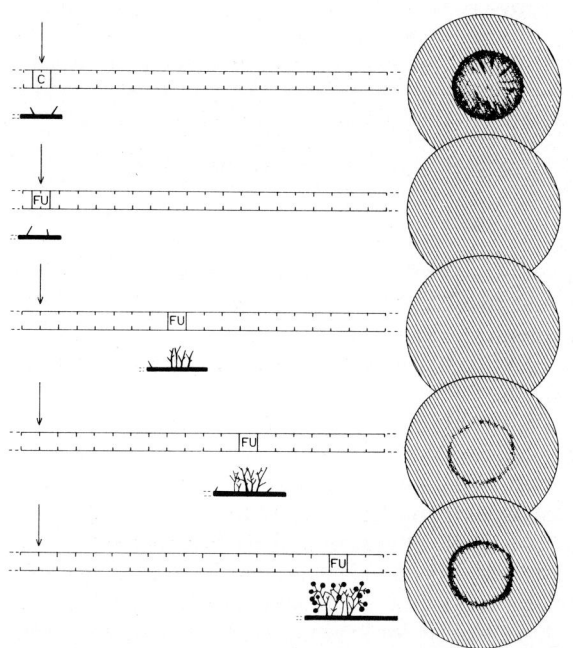

Abb. 21.41. Die Wirkung einer FU-Applikation auf die Unterdrückung der lichtinduzierten Konidienbildung in Abhängigkeit vom Zeitpunkt der Behandlung. Die Kulturen wurden für 1 h auf ein frisches Medium (*oben;* [C]) oder auf ein Medium mit 10⁻⁴ mol FU · l⁻¹ zu den angedeuteten Zeiten [FU] überführt. Die Belichtung der Kulturen erfolgte zu dem mit dem Pfeil markierten Zeitpunkt. Das Aussehen der Pilzkultur zum Zeitpunkt der FU-Behandlung ist schematisch angedeutet. Die Kulturen wurden 30 h nach der Belichtung photographiert (*rechts*). (Nach Gressel und Galun 1967)

Abb. 21.42. Das Wirkungsspektrum für die lichtinduzierte Perithezienbildung des Pyrenomyceten *Gelasinospora reticulispora* nach einer Dunkelinkubation von 48 h. Licht oberhalb von 520 nm ist völlig wirkungslos. (Nach Inoue und Furuya 1975)

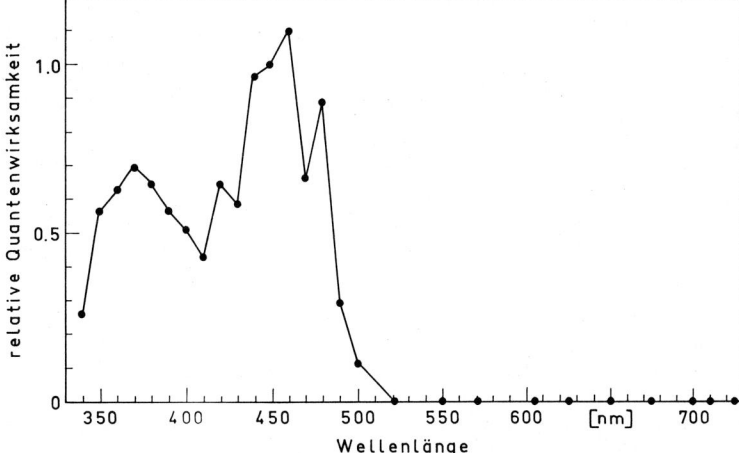

offensichtlich die Bildung neuer mRNA. Wird diese selektiv verhindert, bleiben die neuen Schritte aus, obgleich das Wachstum auf der Basis langlebiger mRNA ungestört weiterläuft.

Trotz dieser Erfolge hat die Arbeit an *Trichoderma* die Lösung des eigentlichen Problems der Morphogenese (Zusammenhang zwischen spezifischer Enzymsynthese und spezifischen Formmerkmalen) bisher nicht entscheidend gefördert. Allerdings sind die Möglichkeiten, die das System bietet, noch nicht ausgeschöpft.

Fallstudie 2: Mycochrom-System und Konidienentwicklung bei dem imperfekten Pilz *Helminthosporium oryzae* HA₂

Wenn dieser Pilz in völliger Dunkelheit auf Nähragar wächst, bilden sich weder Konidien noch Konidiophoren. Eine Bestrahlung mit UV (320–400 nm), z.B. 12 h lang, induziert in den jungen Teilen des Myzels die Konidienbildung. Die Induktion wird völlig aufgehoben, wenn man nach dem UV mit Blaulicht bestrahlt, z.B. 12 h lang. Mit zweistündigen Blaulichtgaben wurde festgestellt, daß die höchste Empfindlichkeit für Blaulicht 6–8 h nach dem Ende der UV-Bestrahlung vorliegt. Eine erneute UV-Bestrahlung (z.B. 1 h) hebt die Wirkung des Blaulichts wieder auf, usw. (Tabelle 21.3). Die Wirkungen von Blaulicht und UV sollen auf ein *Mycochrom* genanntes, reversibles Photoreaktionssystem zurückgehen. Die Charakterisierung dieses Systems, das bei den Fungi imperfecti offenbar weiter verbreitet ist, steht erst am Anfang.

Die beiden ersten Beispiele zeigen, wie unterschiedlich verschiedene Mitglieder der Fungi imperfecti auf Licht reagieren.

Fallstudie 3: Induktion der Perithezienbildung durch Licht bei dem Pyrenomyceten *Gelasinospora reticulispora*

Bei diesem Pilz kann die Bildung der Perithezien durch eine kurze Belichtung ausgelöst werden, sobald das Myzel für den Lichtfaktor kompetent geworden ist. Das Licht wirkt auch in diesem Fall nur auf ganz bestimmte, unterscheidbare Hyphen.

Tabelle 21.3. Konidienbildung am Myzel des Fungus imperfectus *Helminthosporium oryzae* HA₂ in Abhängigkeit von der Bestrahlung mit langwelligem UV bzw. Blaulicht (B). Acht Stunden nach dem Ende einer induktiven Vorbestrahlung wurden die inzwischen gebildeten Konidiophoren alternativ mit UV und B (jeweils 1 h) bestrahlt. Die Auswertung der Konidienbildung erfolgte 24 h nach dem Ende der letzten Bestrahlung. (Nach Kumagai 1978)

Bestrahlung	Konidien-bildung [%]
Kontrolle (nur induktive Bestrahlung)	100
UV	95
B	11
B + UV	93
B + UV + B	38
B + UV + B + UV	86
B + UV + B + UV + B	34
B + UV + B + UV + B + UV	91

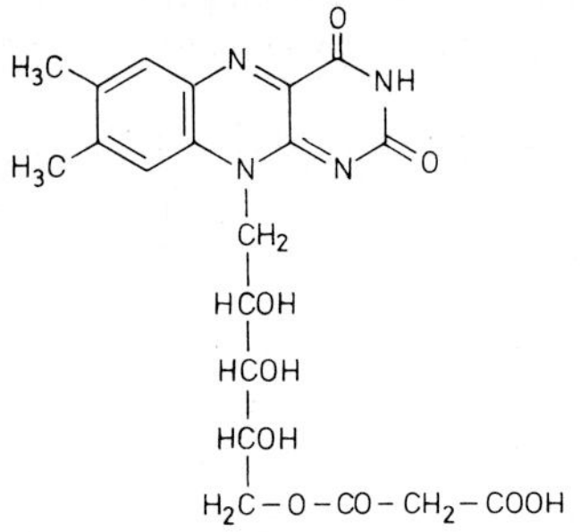

Abb. 21.43. Malonylriboflavin, ein Strukturvorschlag für die chromophore Gruppe des *Cryptochroms*. Bei den Pilzen ist nur kurzwelliges Licht und UV (< 520 nm) photomorphogenetisch wirksam. In der Regel zeigen die Wirkungsspektren drei Gipfel im Blaubereich und einen weiteren Gipfel im nahen UV bei 370 nm (→ Abb. 21.39, 21.42, 21.45). Aufgrund der Feinstruktur des Wirkungsspektrums geht man heute davon aus, daß die wirksame Strahlung von einem Flavin, das covalent an Protein gebunden ist, absorbiert wird (→ Abb. 31.30). Das im Cryptochrom vorliegende Flavin dürfte bezüglich Lichtabsorption und Fluoreszenz dem ubiquitären Riboflavin (6,7-Dimethyl-9-ribityl-iso-alloxazin) sehr ähnlich sein. Es ist aber ungeklärt, ob die verschiedenen Blaulicht-abhängigen Reaktionen auf ein und dasselbe Cryptochrom zurückgehen. Wahrscheinlich ist das (ein) Cryptochrom auch der Photoreceptor für die phototropischen Reaktionen (→ S. 531). (Nach Ghisla et al. 1984)

Das Wirkungsspektrum für die Induktion der Perithezienbildung wurde innerhalb des Bereichs, in dem das Reciprocitätsgesetz gilt, bestimmt (Abb. 21.42). Es zeigt einen Gipfel bei 460 nm, Schultern bei 420 und 480 nm und einen zweiten Gipfel bei 370 nm. Diese Art von Wirkungsspektrum – bei den Pilzen die Regel – deutet darauf hin, daß ein Flavoprotein (Cryptochrom, Abb. 21.43) die wirksame Lichtabsorption durchführt.

Auch das *Gelasinospora*-System wäre ein geeigneter Kandidat für eine *molekulare* Analyse der photomorphogenetischen Reaktion, von der Lichtabsorption bis hin zur Ausbildung der spezifischen Formmerkmale. *Biochemische Modellsysteme* können als Vorbilder dienen.

**Ein biochemisches Modell
für die Photomorphogenese bei Pilzen:
Die Biosynthese von Carotinoiden**

Auch bei Pilzen hat es sich als günstig erwiesen, beim Studium der molekularen Grundlagen der Entwicklung von *biochemischen Modellreaktionen* auszugehen. Wir behandeln ein repräsentatives Beispiel: Die lichtabhängige Carotinoidsynthese im Myzel des Pilzes *Fusarium aquaeductuum*. Diese Reaktion wird als Prototyp eines durch Licht verursachten Entwicklungsschritts (oder Differenzierungsschritts) angesehen. Allerdings spielt die Ausbildung von Struktur- und Formmerkmalen bei der Reaktion keine Rolle. Da die Chancen für eine molekulare Analyse im Fall der Carotinoidsynthese aber sehr viel günstiger sind, als im Fall der lichtabhängigen Sporen-, Konidien- oder Fruchtkörperbildung, hat man die lichtinduzierte Carotinoidsynthese vorrangig studiert.

Die Carotinoide gehören zu der Klasse der Isoprenoide (Terpenoide). Bei den Pilzen, die bekanntlich keine Plastiden besitzen, verläuft die gesamte Isoprenoidsynthese im Grundplasma/ER. Farnesylpyrophosphat ist die Verzweigungsstelle für die Steroid(Triterpen)- und Carotinoidbildung (→ Abb. 18.3). Das Myzel von *F. aquaeductuum* bildet im Dunkeln nur geringe Mengen an Carotinoiden. Als Folge einer Belichtung hingegen steigt der Carotinoidgehalt nach einer 30- bis 60minütigen lag-Phase rasch an (Abb. 21.44). Das Wirkungsspektrum der Carotinoid-Induktion zeigt, daß nur kurzwelliges Licht unter 520 nm (Blaulicht) wirksam ist. Die Feinstruktur des Wirkungsspektrums weist auch in anderen Fällen darauf hin, daß die wirksame Strahlung von einem gelben Flavoprotein (Cryptochrom) absorbiert wird. Beispielsweise zeigt das Wirkungsspektrum für den Pilz *Phycomyces blakesleeanus* (Abb. 21.45), der in seinem Myzel β-Carotin akkumuliert, eine sehr ähnliche Struktur wie das Wirkungsspektrum für *F. aquaeductuum* (→ Abb. 21.30). Alle Indizien deuten auch bei *Phycomyces* darauf hin, daß ein Flavoprotein der wirksame Photosensor ist.

Mit Hilfe spezifischer Inhibitoren (z. B. Actinomycin D, Distamycin und Cycloheximid) konnte nachgewiesen werden, daß die lichtinduzierte Carotinoidsynthese nur dann zustandekommt, wenn die RNA- und Proteinsynthese des Myzels intakt ist. Die Vermutung, daß das Licht die Bildung von Enzymen veranlaßt, die für die Carotinoidsynthese gebraucht werden, wird durch alle verfügbaren Daten gestützt. Die Induktion einzelner Enzyme durch Licht konnte allerdings bisher bei der Carotinoidsynthese noch nicht gemessen werden, da bei den Pilzen die zu postulierenden Enzyme biochemisch noch nicht zugänglich sind.

Abb. 21.44. Carotinoidsynthese im Myzel von *Fusarium aquaeductuum:* Die Kinetik der Carotinoid-Akkumulation. (○) im Dauer-Dunkeln; (●) nach 1stündiger Belichtung (Weißlicht, 16 klx) im Dunkeln. (Nach Rau 1967)

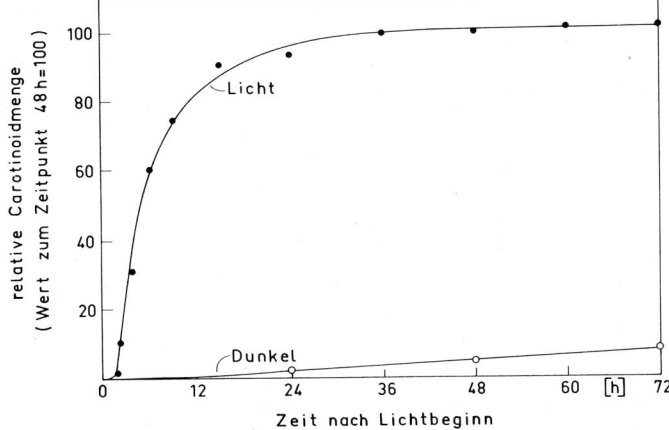

Mißt man die Anlaufphase der lichtinduzierten Carotinoidsynthese (Abb. 21.46), so findet man, daß die Synthese der einzelnen Carotinoide nicht gleichzeitig, sondern in einer bestimmten zeitlichen Sequenz einsetzt. Aufgrund solcher Ergebnisse läßt sich der wahrscheinliche Biosyntheseweg der Carotinoide in *F. aquaeductuum* rekonstruieren (Abb. 21.47). Dieser Weg stimmt mit den für andere Organismen entworfenen Modellen (Porter-Lincoln-Weg) überein. Carotinoide und Steroide (Triterpene) haben bis zur C_{15}-Verbindung, dem Farnesylpyrophosphat, den gleichen Biosyntheseweg (→ Abb. 18.3). Im Gegensatz zur Carotinoid-

synthese wird die Sterinsynthese (Ergosterin) im Myzel von *F. aquaeductuum* durch Licht nicht gesteigert, sondern reduziert. Bemerkenswert ist, daß die Menge der lichtinduzierten Carotinoide in der gleichen Größenordnung liegt, wie die durch Licht bewirkte Differenz bei den Sterinen. Diese Tatsachen deuten darauf hin, daß der Bereich der Carotinoidsynthese, in dem die Photoregulation eingreift,

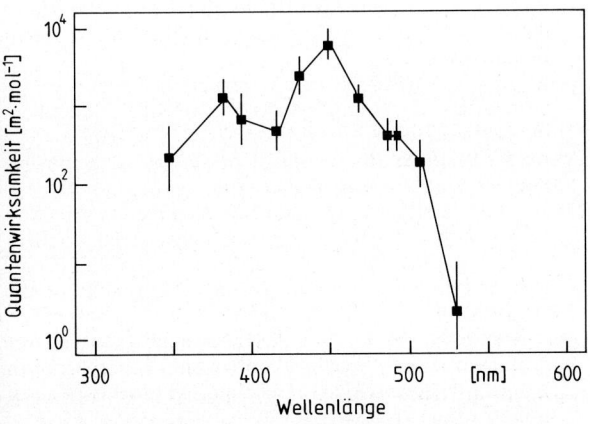

Abb. 21.45. Wirkungsspektrum der lichtinduzierten Biosynthese von *β*-Carotin im Myzel von *Phycomyces blakesleeanus.* Es wurde für den oberen Ast der Fluenz/Effekt-Kurve bestimmt. (Nach Bejarano et al. 1990)

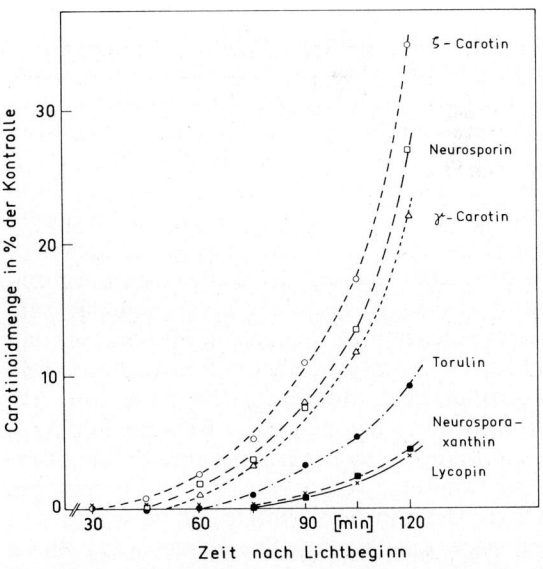

Abb. 21.46. Anfangsphase der Carotinoidsynthese nach Lichtinduktion im Myzel von *Fusarium aquaeductuum.* Belichtung: 10 min Weißlicht, 16 klx. Die Pigmentmenge ist jeweils in Prozent einer Kontrolle mit abgeschlossener Carotinoidbildung angegeben. (Nach Bindl et al. 1970)

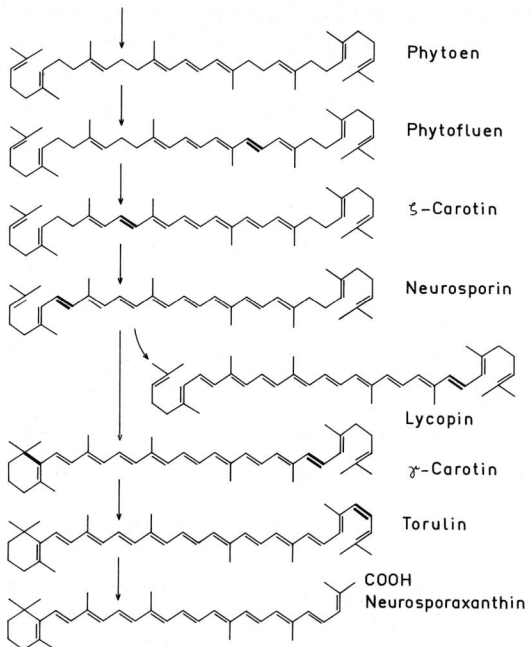

Phytoen

Phytofluen

ζ-Carotin

Neurosporin

Lycopin

γ-Carotin

Torulin

COOH
Neurosporaxanthin

Abb. 21.47. Wahrscheinlicher Biosyntheseweg der Carotinoide bei *Fusarium aquaeductuum*. Die fettgedruckten Bindungen und Gruppen bezeichnen die jeweilige Änderung am Molekül. (Nach Bindl et al. 1970).

hinter der Verzweigungsstelle von Sterin- und Carotinoidsynthese liegt. Experimente mit Cycloheximid sind dahin zu interpretieren, daß alle Enzyme des Biosynthesewegs der Carotinoide von der Bildung des ζ-Carotins bis zu den Endprodukten (Lycopin und Neurosporaxanthin; → Abb. 21.47) unter dem Einfluß des Lichts neu und gleichzeitig synthetisiert werden. Der Mechanismus der Lichtwirkung (d. h. die Sequenz der molekularen Einzelschritte) ist zwar im einzelnen noch ungeklärt, am wahrscheinlichsten ist jedoch die Hypothese, daß die Produkte der Belichtung (im Fall von *Fusarium* Photooxidationsprodukte) eine Derepression (Aktivierung) von Genen bewirken. Bei dem Pilz *Neurospora crassa* wurde neuerdings eine Blaulicht-induzierte Erhöhung verschiedener mRNA-Pegel beobachtet. Der Anstieg erfolgte zu verschiedenen Zeiten nach Lichtbeginn. Die kürzeste lag-Phase war <2 min. Da Mutanten, die bezüglich der morphogenetischen und biochemischen Photoantworten (Perithezienbildung, Carotinoidakkumulation) „Blaulicht-blind" sind, d. h. keine Reaktion dieser Art zeigen, geht man davon aus, daß die Photoin-

duktion der mRNAs ursächlich mit den „klassischen" Photoantworten zusammenhängt.

Werden dem Myzel von *Fusarium* Redox-Farbstoffe (Methylenblau, Toluidinblau, Neutralrot) zugesetzt, so ist eine Lichtinduktion der Carotinoidbildung auch mit Rotlicht möglich. Diese künstlichen Farbstoffe können also den natürlichen Photoreceptor in situ funktionell ersetzen.

Wiederholt wurde bei morphogenetischen Lichtreaktionen eine Mittlerrolle von cAMP und *Acetylcholin* diskutiert („second messenger"). Im Extremfall wurde ein dem Transducin-System ähnliches Modell vorgeschlagen. Derzeit fehlt aber eine solide experimentelle Begründung für diese Vorstellung.

Weiterführende Literatur

Furuya M (ed) (1987) Phytochrome and photoregulation in plants. Academic Press, Tokyo Orlando San Diego
Furuya M (1989) Molecular properties and biogenesis of phytochrome I and II. Adv Biophys 25:133–167
Gressel J, Rau W (1983) Photocontrol of fungal development. In: Encycl Plant Physiol NS, Vol 16B. Springer, Berlin Heidelberg New York, pp 603–639
Hartmann KM (1966) A general hypothesis to interpret 'high energy phenomena' of photomorphogenesis on the basis of phytochrome. Photochem Photobiol 5:349–366
Jenkins GI (1991) Photoregulation of plant gene expression. In: Grierson D (ed) Developmental regulation of plant gene expression. Blackie, London
Kendrick RE (ed) (1990) Photomorphogenesis in plants. Photochem Photobiol 52(1). Special Issue
Kendrick RE, Kronenberg GHM (eds) (1986) Photomorphogenesis in plants. Martinus Nijhoff Publ. Dordrecht Boston Lancaster
Kumagai T (1978) Myochrome system and conidial development in certain fungi imperfecti (a review). Photochem Photobiol 27:371–379
Kumagai T (1988) Photocontrol of fungal development. Photochem Photobiol 47:889–896
Mohr H (1987) Mode of coaction between blue/UV light and light absorbed by phytochrome in higher plants. In: Senger H (ed) Blue light responses: Phenomena and occurrence in plants and microorganisms, Vol 1. CRC Press, Boca Raton
Oelze-Karow H, Mohr H (1989) An analysis of phytochrome-mediated threshold control of hypocotyl growth in mustard (*Sinapis alba* L.) seedlings. Photochem Photobiol 50:133–141
Rau W (1976) Photoregulation of carotenoid biosynthesis in plants. Pure Appl Chem 47:237–243
Shropshire W, Mohr H (eds) (1983) Photomorphogenesis. Encycl Plant Physiol NS, Vol 16. Springer, Berlin Heidelberg New York

22 Chloroplastenentwicklung

Die zentrale Frage der Entwicklungsphysiologie betrifft den Zusammenhang zwischen genetischer Information und spezifischer Gestaltbildung:

$$\text{DNA} \xrightarrow{\text{Mechanismus}} \text{spezifische Gestalt}.$$

Der „Mechanismus" der Photomorphogenese (die Abfolge der molekularen Einzelschritte und deren Regulation) bietet einen Einstieg in die Erforschung der Morphogenese, da der Übergang von der Skoto- zur Photomorphogenese ($\rightarrow$ Abb. 19.50), nach allem was wir derzeit wissen, auf der Regulation der Genexpression durch Phytochrom (P_{fr}) beruht und diese Vorgänge im Prinzip erforschbar sind (zur Definition der Genexpression $\rightarrow$ Abb. 21.20). Andererseits ist klar, daß die ganze Pflanze, auch eine Keimpflanze, für die molekulare Analyse des Mechanismus der Morphogenese zu komplex ist. Das Problem der „Reduktion" besteht darin, ein Modellsystem zu finden, das für eine molekulare Analyse einfach genug ist, aber andererseits das morphogenetische Geschehen in Raum und Zeit ungeschmälert repräsentiert. Die Chloroplastenentwicklung, genauer der Übergang vom Etioplasten zum Chloroplasten ($\rightarrow$ Abb. 11.8), erweist sich hierfür als geeignet.

Regulation der Chlorophyllsynthese

Die Bildung reifer Chloroplasten aus den viel einfacheren Etioplasten erfordert nicht nur genetische Information (Kerngene und Plastidengene), sondern auch organische Substanz (molekulare Bausteine) und Energie (in Form von ATP; Abb. 22.1). Diese *essentiellen Komponenten* hat das Cytoplasma bereitzustellen. Die Bildung der Chloroplasten ist deshalb für die Zelle zunächst eine massive Investition. Der regulierende Faktor der Etioplast $\rightarrow$Chloroplast-Transformation ist das *Licht*. Der Lichtfaktor wirkt zum Teil (Phytochrom) über das Cytoplasma. Das System *Chloroplast* ist also eingebaut in das Obersystem (*Mesophyll*)-*Zelle*, das alle essentiellen Faktoren und den Regulator P_{fr} bereitstellt. Als ein für den Einstieg in die Analyse der Chloroplastenbildung geeignetes Untersystem bietet sich die lichtabhängige Chlorophyllbildung an. Chlorophyll wird nur in der Plastide synthetisiert und auch nur dort in Funktionsstrukturen eingebaut ($\rightarrow$ Abb. 11.15).

Bei den Angiospermen ist die Chlorophyllbildung obligatorisch von Licht abhängig. Hingegen werden bei den Gymnospermen kleinere Mengen an Chlorophyll auch im Dunkeln synthetisiert, allerdings nur in der Keimachse und den Kotyledonen. Die Chlorophyllbildung in den Primär- und Folgenadeln benötigt auch hier unbedingt Licht. Licht reguliert die Chlorophyllsynthese in zweifacher Weise (Abb. 22.2):

1. Es ermöglicht die Photokonversion von Protochlorophyllid (Pchl) zu Chlorophyllid *a*. Dieser Schritt in der Biosynthesebahn ist deshalb lichtabhängig, weil die Pchl-Oxidoreductase nur das *angeregte* Pchl reduzieren kann ($\rightarrow$ S. 149).

2. Licht bewirkt die Phytochrom-Photokonversion $P_r \rightarrow P_{fr}$. Das aktive Phytochrom (P_{fr}) steigert die Kapazität der zum Pchl führenden Biosynthese-

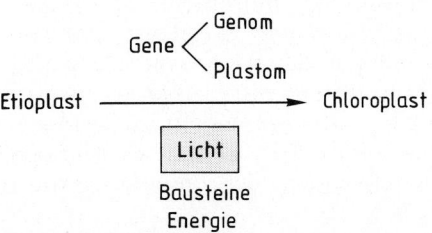

Abb. 22.1. Der Übergang vom Etioplasten zum reifen Chloroplasten ist hier im Hinblick auf die Voraussetzungen (essentielle Faktoren) und die Regulation verdeutlicht. Der *regulierende* Faktor ist das Licht

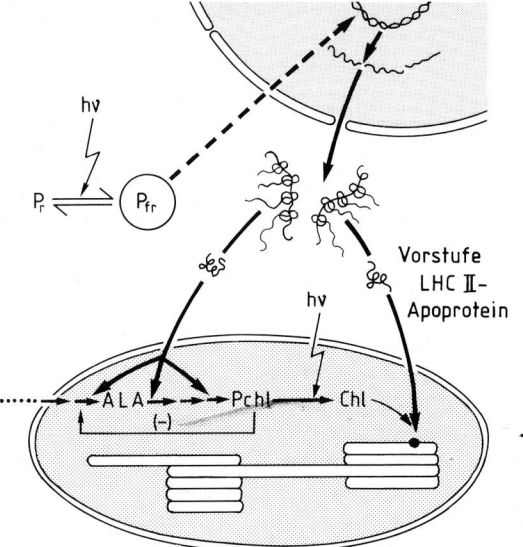

Abb. 22.2. Doppelte Lichtregulation bei der Bildung von Chlorophyll/Protein-Komplexen während der Chloroplastengenese. Das Schema soll verdeutlichen, daß hierbei zwei photochemische Reaktionen beteiligt sind: 1. die Photoreduktion von Protochlorophyllid (*Pchl*) zu Chlorophyllid *a* (*Chl*) und 2. die Phototransformation von inaktivem Phytochrom (P_r) zu aktivem Phytochrom (P_{fr}). P_{fr} löst im Kern die Transkription bestimmter Gene aus, deren im Cytoplasma synthetisierte Translationsprodukte (Proteine) in die Plastide importiert werden. Dazu gehören Enzyme aus der Biosynthesekette des Chlorophylls (z. B. Enzyme für die Synthese von 5-Aminolävulinat = ALA; → Abb. 18.6) und die Proteinkomponenten (Apoproteine) der Pigmentkomplexe (z. B. LHCII). Auch für viele andere Plastidenproteine ist eine Regulation durch Phytochrom nachgewiesen. Außerdem ist die feedback-Hemmung der ALA-Synthese durch Pchl angedeutet

bahn (→ Abb. 18.7, 18.8). Diese Regulation erfolgt vor allem bei der Bildung von 5-Aminolävulinat (ALA) aus Glutamat (→ Abb. 18.6). Außer den Lichtkontrollen ist in die Chlorophyllsynthese eine negative *feedback-Hemmung* eingebaut, die von Pchl ausgeht und auf die ALA-Synthese wirkt. Diese Kontrolle ist sehr effektiv: Auch wenn man Phytochrom stetig und stark wirken läßt (Dauer-Dunkelrot, HIR; → S. 362), kommt es dennoch schnell zu einer Sättigung des photokonvertierbaren Pchl-pools.

Bildung von Holokomplexen

Chlorophyll wird nicht als solches in der Plastide akkumuliert, sondern im Verband von stöchiometrisch aufgebauten Holokomplexen, bestehend aus Chlorophyll, Carotinoiden und Strukturprotein (Apoprotein; → S. 171). Es ist wahrscheinlich, daß es in den Photosynthesemembranen (Thylakoiden) zumindest fünf verschiedene Holokomplexe mit jeweils charakteristischen Relationen zwischen den einzelnen Komponenten gibt. Als Beispiel für die Regulation soll hier die Bildung des Chlorophyll-*a*/*b*-Antennenkomplexes vom Photosystem II (LHCII; → S. 171) herausgegriffen werden. Man kann dabei eine Grob- und Feinregulation unterscheiden. Die Grobregulation bei der Bildung des Apoproteins erfolgt durch Phytochrom, das die Transkription der im Zellkern lokalisierten Apoprotein-Genfamilie stimuliert (Abb. 22.2). Das im Cytoplasma an den 80S-Ribosomen gebildete Apoprotein (genauer, dessen höhermolekulare Vorstufe; → S. 139) dringt in die Plastide ein, wo es in die Holokomplexbildung einbezogen oder proteolytisch abgebaut wird, falls nicht genügend Chlorophyll bereitsteht. Sowohl die Intensität der Apoprotein-Synthese als auch die Kapazität der Chlorophyllsynthese werden durch P_{fr} reguliert und grob aufeinander abgestimmt. Die Feinregulation geschieht durch die Proteolyse überschüssigen Apoproteins. Erst die Bindung an Chlorophyll schützt das Apoprotein gegen die intraplastidäre Proteolyse.

Die Konstituenten der Holokomplexe treten in konstanten Verhältnissen auf (z. B. Chlorophyll *a*/Chlorophyll *b* oder Chlorophyll/Carotinoide). Während der Mechanismus hinter der stöchiometrischen Akkumulation der Chlorophylle unbekannt ist, konnte für die Regulation der Carotinoidbildung ein Modell aufgestellt und experimentell begründet werden (Abb. 22.3). Demnach läuft die Biosynthese der Carotinoide im Dunkeln nur bis zu einem gewissen Grad ab und wird dann durch eine negative feedback-Kontrolle gehemmt. Die Kapazität zur Carotinoidbildung wird, analog zur Pchl-Synthese (→ Abb. 22.2), unter dem Einfluß von P_{fr} stark erhöht (*push-Regulation*). Die Phytochromwirkung kann sich aber wegen des negativen feedbacks kaum manifestieren. Erst wenn zusätzlich Chlorophyll gebildet und damit der Einbau der Carotinoidmoleküle in die Holokomplexe möglich wird, kommt es zur Aufhebung der feedback-Kon-

Abb. 22.3. Schema zur „push-and-pull"-Regulation der Carotinoid-Akkumulation durch Licht. Erläuterung im Text. (Nach Frosch und Mohr 1980)

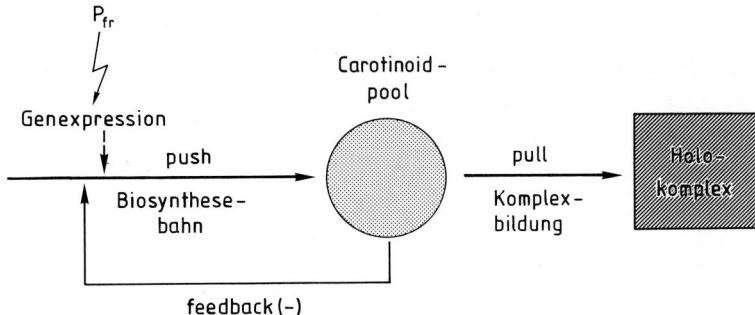

trolle (*pull-Regulation*). Die kombinierte *push-and-pull*-Regulation (wobei ein kleiner pool für den negativen feedback ausreicht) ist ökonomisch und gewährleistet gleichzeitig einen verläßlichen Schutz der Holokomplexe gegen Photooxidationen durch neu gebildetes Chlorophyll. Es ist eine lange bekannte Tatsache, daß Chlorophyllmoleküle photooxidativ wirken, wenn sie nicht mit Carotinoiden vergesellschaftet sind (→ S. 181). Es ist deshalb für die Chloroplastenentwicklung entscheidend wichtig, daß für jedes Chlorophyllmolekül, das gebildet wird, bereits ein Carotinoidpartner bereitsteht. Die Regulation bei der Bildung der Holokomplexe ist also durch eine Zweistufigkeit gekennzeichnet. Während die Biosynthese der Komponenten (im Fall von LHCII: Chl *a/b*, Carotinoide, Apoprotein) durch Phytochrom grob reguliert wird (*coarse control*), gewährleistet eine Feinregulation (*fine tuning*) beim Zusammenbau der Komponenten die hohe Effizienz der Holokomplexbildung. Von den Mechanismen der Feinregulation haben wir die differentielle Proteolyse des nicht-gebundenen Apoproteins und die pull-Regulation bei den Carotinoiden herausgestellt.

Im Gegensatz zur Genese der Chloroplasten ist die Bedeutung des Lichts für den optimalen „Betrieb" des *reifen* Chloroplasten nicht eingehend erforscht. Es gibt Anhaltspunkte dafür, daß im reifen Chloroplasten zusätzlich zum Phytochrom auch Photosystem I und II als Lichtsensoren beteiligt sind, um die Stöchiometrie der Chloroplastenkomponenten an die jeweiligen Lichtverhältnisse anzupassen. Als bewiesen gilt, daß Größe und Durchmesser der Chloroplasten sowie ihr Gehalt an Chlorophyll über Phytochrom (nach-)reguliert werden. Ein Beispiel: Beim Senfkeimling (→ Abb. 21.12) hat nach dem Abschluß der Chloroplastenentwicklung das Phytochrom zunächst über 48 h

hinweg keinen Einfluß mehr auf den Pegel an Chlorophyll. Wenn Senfkeimlinge aber für längere Zeit (>48 h) im Dunkeln gehalten werden, beginnt ein deutlicher Abbau des Chlorophylls (Abb. 22.4). Dieser Abbau kann als Indikator für das Zurückschalten von Photo- auf Skotomorphogenese angesehen werden. Er ist in der Literatur als „dunkelinduzierte Seneszenz" bekannt. Das Phänomen betrifft die gesamte Plastide und ist sowohl auf dem Niveau der Pigmente als auch der Ultrastruktur, der Thylakoidproteine und der plRNA studiert

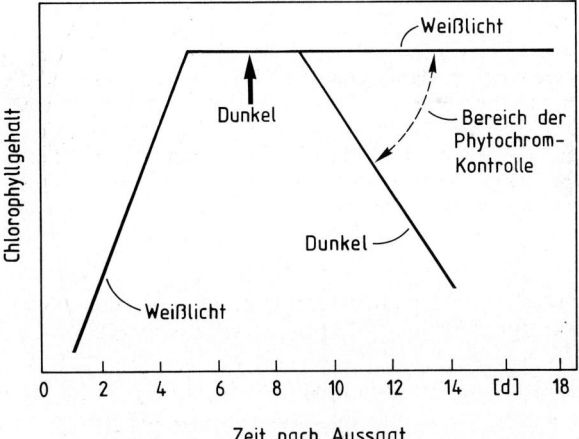

Abb. 22.4. Der prinzipielle Verlauf von Bildung und Abbau des Chlorophylls in einem Blatt. Objekt: Kotyledonen des Senfkeimlings (*Sinapis alba*). Wenn die Keimlinge 7 d nach Aussaat, also nach völliger Reifung der Chloroplasten, ins Dunkle gebracht werden, beginnt die Seneszenz nach weiteren zwei Tagen. Sie wird aufgehalten, wenn die Keimlinge während der Dunkelphase mit einigen kurzen Lichtpulsen bestrahlt werden. Durch entsprechende Experimente ist nachgewiesen, daß die Lichtwirkung ausschließlich über die Bildung von physiologisch aktivem Phytochrom (P_{fr}) abläuft. (Nach Biswal et al. 1983)

worden. Die dunkelinduzierte Seneszenz wird aufgehalten, wenn die Keimlinge während der Dunkelperiode mit kurzen Lichtpulsen, die P_{fr} bilden, bestrahlt werden. In länger anhaltendem Dunkel wird
die Plastide also wieder kompetent (= reaktionsfähig) für Phytochrom.

Regulation der Matrixenzyme

Im Innern der Plastide unterscheiden wir die Photosynthesemembranen (Thylakoide) und die Matrix (Stroma; → S. 159). In der Matrix befinden
sich viele Enzyme, z. B. jene, die den Ablauf des
Calvin-Cyclus katalysieren (→ S. 187). Die (molekulare) Physiologie der Bildung der Matrixenzyme
ist ein wichtiges Forschungsgebiet. Ein Schlüssel-

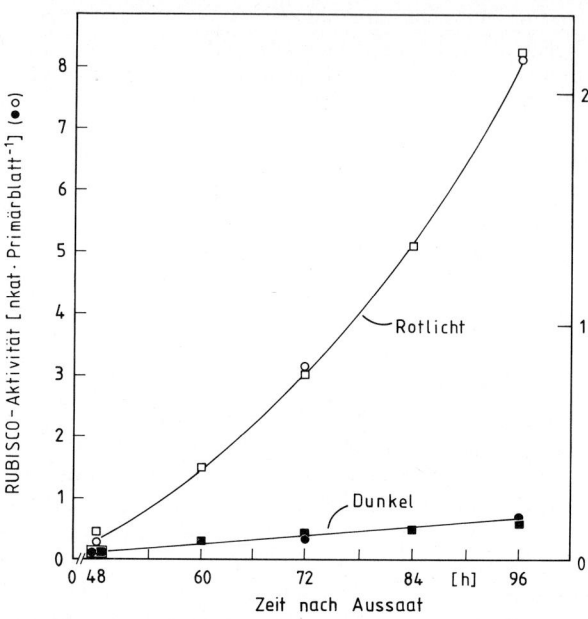

Abb. 22.6. Lichtinduzierte Akkumulation von Ribulosebis-
phosphatcarboxylase/oxygenase (*RUBISCO*) und Glycerinaldehydphosphatdehydrogenase (NADP$^+$-abhängig, *GPD*).
Objekt: Primärblatt der Mohrenhirse (*Sorghum bicolor*). Die
Keimlinge wurden entweder im Dunkeln (D) gehalten oder
mit hellrotem Licht (HR) bestrahlt. Das HR wirkt über
Phytochrom. (Nach Oelmüller und Mohr 1985)

enzym des Calvin-Cyclus, die *Ribulosebisphosphat-
carboxylase/oxygenase* (RUBISCO; → S. 186),
kann als Beispiel dienen. Das Enzym besteht aus
zwei Typen von Untereinheiten (je 8), von denen
die kleine (SSU) im Kern, die größere (LSU) im
Plastidengenom codiert ist. An dem Zusammenbau der beiden Untereinheiten zum Holoenzym in
der Plastide ist ein kerncodiertes Bindungsprotein
(Chaperon 60; → S. 133) maßgebend beteiligt
(Abb. 22.5).

Im Dunkeln bilden sich nur geringe Pegel der
Schlüsselenzyme des Calvin-Cyclus. Erst das Licht
löst die eigentliche Synthese aus (Abb. 22.6). Die
Lichtregulation erfolgt ausschließlich über Phytochrom (P_{fr}); sie ist völlig unabhängig vom Chlorophyll, vom Zustand der Thylakoide oder von der
Photosynthese (solange Bausteine und Energie
nicht begrenzend wirken; → Abb. 22.1).

Auch bei der Regulation der RUBISCO kann
man die beiden Stufen der Grob- und Feinregulation unterscheiden. In den Kotyledonen des Senfkeimlings nimmt z. B. die Enzymmenge im Licht

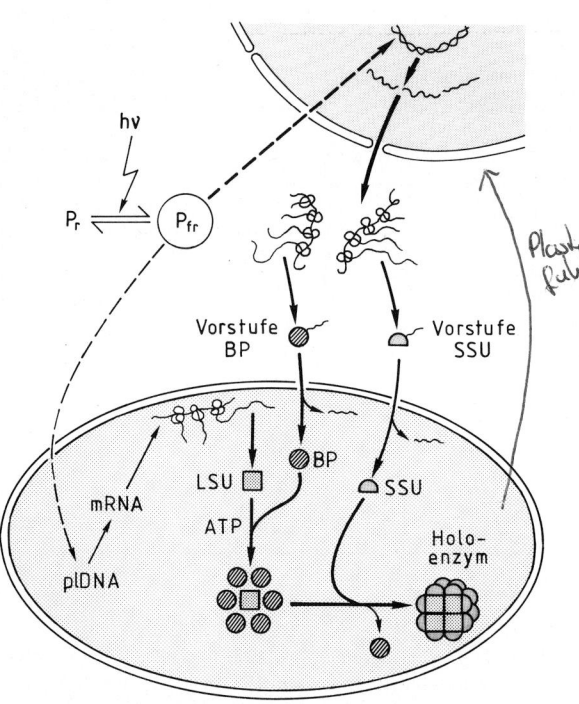

Abb. 22.5. Schema zur Bildung der Ribulosebisphosphat-
carboxylase/oxygenase (Holoenzym). Die Synthese der beiden Untereinheiten SSU und LSU wird durch Phytochrom
auf der Ebene der Transkription reguliert. In die Bildung des
Holoenzyms ist ein Bindungsprotein (Chaperon 60, BP) verwickelt, das, ebenso wie SSU, im Cytoplasma als Vorstufe
mit einer Transitsequenz gebildet wird. (In Anlehnung an
Ellis und Hemmingsen 1989; Roy 1989)

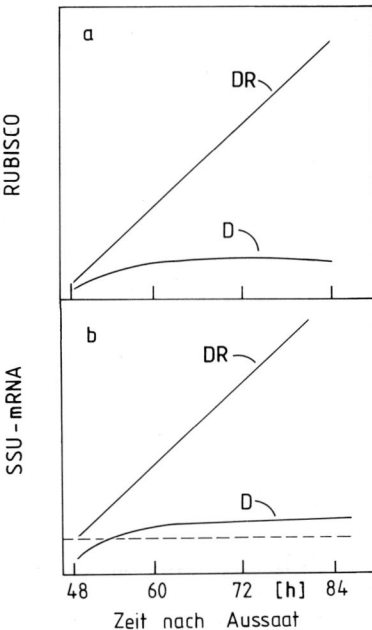

Abb. 22.7 a und b. Akkumulation von Ribulosebisphosphat-carboxylase/oxygenase (*RUBISCO,* a) und der mRNA für die kleine Untereinheit des Enzyms (SSU-mRNA, b). Objekt: Kotyledonen des Senfkeimlings (*Sinapsis alba*). Die Keimlinge wurden entweder im Dunkeln (D) gehalten oder mit Dauerdunkelrot (DR) bestrahlt. Das Dunkelrot wirkt ausschließlich über die HIR des Phytochroms (→ S. 362), ---- Erwartungswert für den Fall, daß im DR der Pegel an SSU-mRNA die Synthese des Holoenzyms begrenzt. (Nach Schuster et al. 1988 b)

Der Plastidenfaktor

Auf verschiedenen Wegen (Defektmutanten, photooxidative Schädigung der Plastiden) gelangte man zu der Schlußfolgerung, daß es ein Plastidensignal gibt, das als Transkriptionsfaktor auf Kerngene wirkt. Dieses Signal (*Plastidenfaktor*) teilt jenen Genen im Kern, die für Plastidenproteine codieren, mit, daß die Plastiden für ihre Proteinprodukte aufnahmebereit sind (Abb. 22.8). Fällt das Signal aus, etwa als Folge einer photooxidativen Schädigung der Plastiden (→ S. 180), wird die Transkription jener Kerngene, die für Plastidenproteine codieren, blockiert. Phytochrom ist dann als Induktor unwirksam. Der Plastidenfaktor, dessen molekulare Natur noch nicht feststeht, ist somit dem Phytochrom (und dem Nitrat; → S. 393) bei der Regulation der Transkription übergeordnet.

Die Genexpression der typisch cytosolischen Enzyme wird von einem Ausfall des Plastidenfaktors nicht tangiert. Unter experimentellen Bedingungen, unter denen z. B. die Pegel an SSU-mRNA und LHCII-Apoprotein-mRNA völlig verschwinden, wird die Genexpression cytosolischer Markerenzyme nicht beeinträchtigt.

zwischen 48 und 84 h nach der Aussaat linear zu. Da das Enzym in diesem Zeitraum kein turnover hat, muß die Syntheserate für das Holochrom konstant sein (Abb. 22.7 a). Mißt man über diesen Zeitraum hinweg den Pegel an translatierbarer mRNA für die kleine Untereinheit (SSU), so findet man, daß deren Pegel ebenfalls stetig ansteigt (Abb. 22.7 b). Wäre der Pegel an SSU-mRNA geschwindigkeitsbegrenzend für die Synthese des Holoenzyms, so müßte ihr Pegel jedoch konstant bleiben. Diese Erwartung bestätigt sich nicht. Über Phytochrom wird zwar der Pegel an SSU-mRNA (und an LSU-mRNA) stark angehoben (Grobregulation der Synthesekapazität auf der Ebene der Transkription); die *Feinregulation* der Enzymsynthese erfolgt aber, ebenfalls über Phytochrom, post-transkriptionell auf der Ebene der *Translation*.

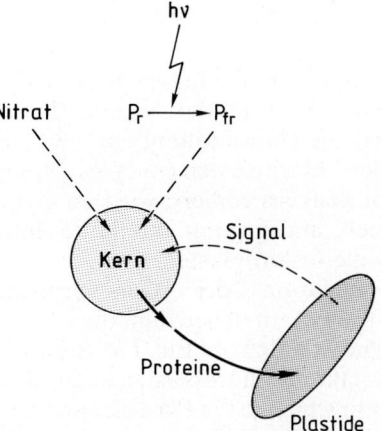

Abb. 22.8. Schema zur Bedeutung des Plastidenfaktors (*Signal*) für die Expression jener Kerngene, die für Plastidenproteine codieren. Der Plastidenfaktor kann als ein unspezifischer Transkriptionsfaktor aufgefaßt werden, ohne den weder Licht (über Phytochrom) noch Nitrat auf der Ebene der Transkription wirksam werden können

Ausbildung des Apparats der Nitratassimilation während der Chloroplastenentwicklung

Die Chloroplasten sind nicht nur die Organellen der CO_2-Assimilation, sondern auch die Orte der Assimilation von Nitrat (→ S. 190). Insofern liegt die Frage nahe, ob – neben dem Licht – auch dem Nitrat ein regulierender Einfluß auf die Chloroplastenentwicklung zukommt. Die Frage ist zu bejahen: Die Expression jener Gene, die am Aufbau des Apparats der Nitratassimilation beteiligt sind, wird durch Nitrat (mit-)reguliert. Die Induktion durch Nitrat ist aber nur dann ausgeprägt, wenn genügend Licht auf die Pflanze fällt. Dies ist teleonomisch verständlich, weil der Kanal der Nitratassimilation nur dann aufgemacht werden darf, wenn eine entsprechende Photosynthese, die das reduzierte Ferredoxin und die 2-Oxosäuren bereitstellt, gewährleistet ist (→ Abb. 12.36). Die Lichtmessung erfolgt nicht über den Photosyntheseapparat, der dafür ungeeignet ist; vielmehr reguliert das Phytochrom (P_{fr}) in Coaktion mit Nitrat das Ausmaß der Genexpression auch bei den Enzymen der Nitratassimilation. Zur Verdeutlichung dieses komplizierten Kontrollsystems dienen die beiden folgenden Fallstudien.

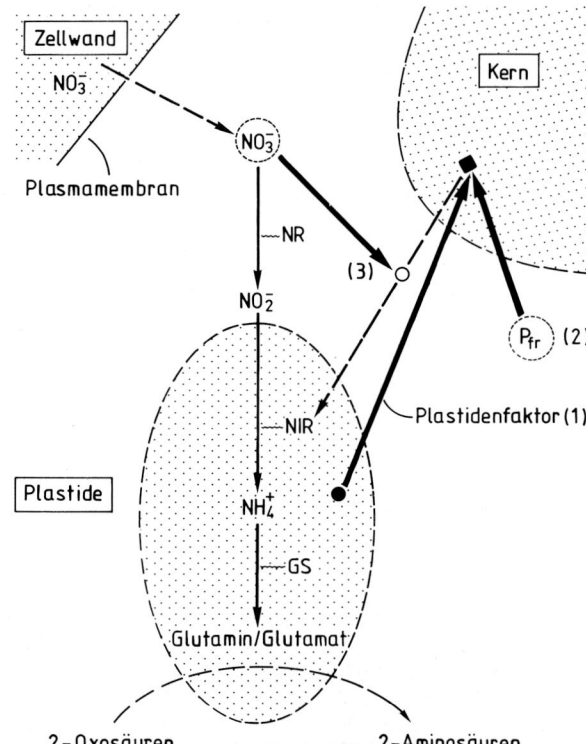

Abb. 22.9. Schematische Zusammenfassung der bisher erzielten Ergebnisse zur Regulation der Genexpression der Nitritreductase (NIR) in den Kotyledonen des Senfkeimlings. Erläuterungen im Text. (Nach Mohr 1990)

Fallstudie 1: Die Regulation der Nitritreductase (NIR)

Die plastidäre, Ferredoxin-abhängige NIR ist das zweite Enzym in der Sequenz der Nitratassimilation; sie katalysiert die Umwandlung von NO_2^- in NH_4^+ innerhalb der Chloroplasten (→ Abb. 12.36). Das Enzym ist im Zellkern codiert, wird im Cytoplasma synthetisiert und gelangt mit Hilfe eines Transitpeptids in die Chloroplasten.

An der Regulation der Genexpression (Abb. 22.9) sind drei Faktoren beteiligt, die in einer strengen Hierarchie arbeiten: 1. Ein *Plastidenfaktor*, der von den intakten Chloroplasten abgegeben wird, und jene Kerngene, die für Plastidenproteine codieren – also auch das NIR-Gen – transkriptionsbereit macht. Fehlt der Plastidenfaktor, etwa als Folge einer photooxidativen Schädigung der Plastiden, kann die Transkription dieser Gene nicht induziert werden. 2. *Licht*, das über Phytochrom wirkt, stimuliert die Transkription – gemessen als

Anstieg der mRNA für NIR (Abb. 22.10). 3. *Nitrat* ermöglicht die Translation der NIR-mRNA im Cytoplasma und damit die Bildung des Enzymproteins. Nitrat hat aber keinen Effekt auf den Pegel der translatierbaren NIR-mRNA (→ Abb. 22.10).

Die Steuerung der Genexpression scheint den Bedürfnissen der Pflanze genau zu entsprechen. Die naheliegende Erwartung, daß die Genexpression bei allen Enzymen der Nitrat-assimilierenden Sequenz in derselben Weise reguliert werde, hat sich indessen nicht bestätigt.

Fallstudie 2: Die Regulation der Nitratreductase (NR)

Die NR ist das erste Enzym in der Reaktionssequenz der Nitratassimilation. Sie katalysiert die Umwandlung von NO_3^- in NO_2^- im Grundplasma

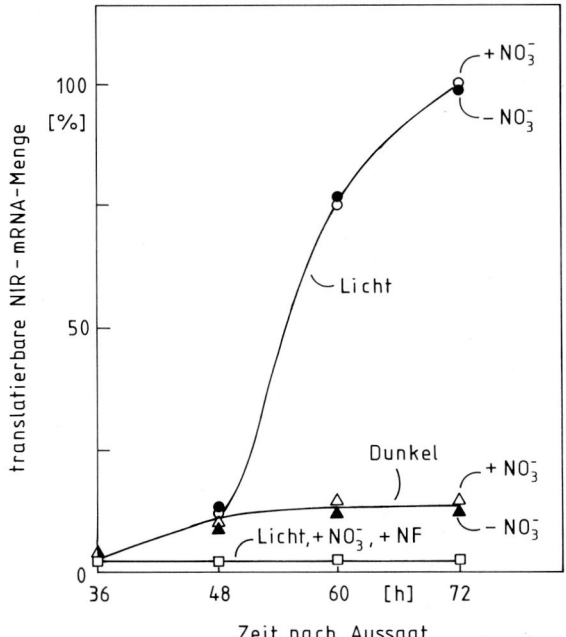

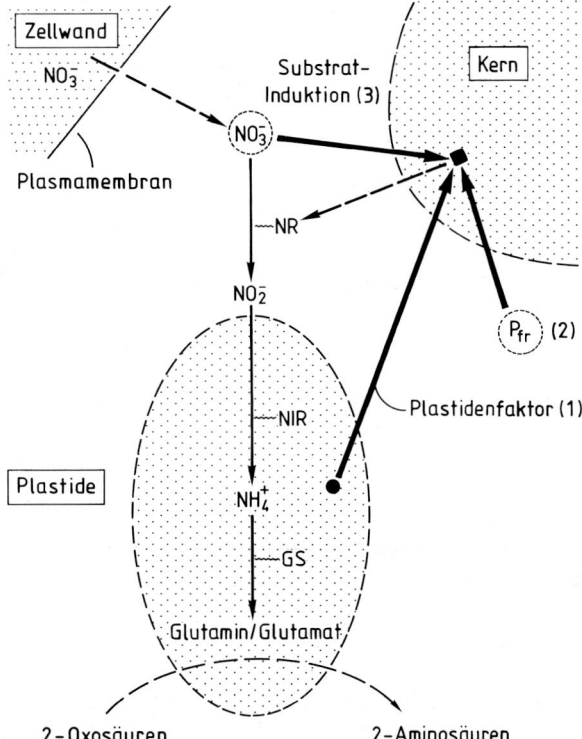

Abb. 22.10. Der Pegel an translatierbarer Nitritreductase-mRNA (NIR-mRNA) in den Kotyledonen des Senfkeimlings zwischen 36 und 72 h nach Aussaat. Nitrat hat keinen Effekt auf den NIR-mRNA-Pegel, obgleich es für die NIR-Synthese unbedingt gebraucht wird. □, bei diesem Programm – in Gegenwart von Norflurazon (NF) – werden die Chloroplasten photooxidativ so stark geschädigt, daß sie keinen Plastidenfaktor mehr abgeben. Demgemäß bleibt die NIR-mRNA unter der Nachweisgrenze. (Nach Schuster und Mohr 1990)

Abb. 22.11. Schematische Zusammenfassung der bisher erzielten Ergebnisse zur Regulation der Genexpression der Nitratreduktase (NR) in den Kotyledonen des Senfkeimlings. Erläuterungen im Text. (Nach Mohr 1990)

($\rightarrow$ Abb. 12.36). Das Enzym ist im Zellkern codiert (kleine Genfamilie), wird im Cytoplasma synthetisiert und verbleibt auch im Cytoplasma. Die Michaelis-Konstante (für NR aus Senfkotyledonen) bezüglich NO_3^- liegt relativ hoch (6 mmol $\cdot$ l^{-1}), was als Hinweis darauf gewertet wird, daß der von der NR katalysierte Schritt geschwindigkeitsbestimmend für die Nitratassimilation ist. (Die Michaelis-Konstante der NIR aus Senfkotyledonen für NO_2^- liegt bei 230 μmol $\cdot$ l^{-1}.)

Bezüglich der Regulation des NR-Pegels in den Kotyledonen des Senfkeimlings ergab sich folgendes Bild (Abb. 22.11): Die Regulation der Genexpression erfolgt, ähnlich wie bei der NIR, durch 1. *Plastidenfaktor*, 2. *Licht* (P_{fr}) und 3. *Nitrat*. Der Mechanismus der Coaktion der beiden letzten Faktoren ist jedoch verschieden: P_{fr} und Nitrat, jeweils allein angeboten, stimulieren die mRNA- und En-

zymsynthese nur wenig, während die simultane Applikation beider Faktoren zu einem stark synergistischen Effekt auf die Genexpression führt. Man geht davon aus, daß sowohl das P_{fr}-Signal als auch das Nitratsignal über DNA-bindende Proteine (*trans-acting factors*) entsprechende enhancer-Sequenzen der NR-Gene beeinflussen ($\rightarrow$ S. 135).

Werden die Chloroplasten photooxidativ geschädigt, so unterbleibt die Induktion der NR. Daraus muß man den zunächst unerwarteten Schluß ziehen, daß auch für die Genexpression der cytosolischen NR die positive Kontrolle durch den Plastidenfaktor genau so essentiell ist wie für die plastidären Proteine. Bislang ist die NR das einzige cytosolische Enzym, bei dem die Genexpression vom Plastidenfaktor abhängt. Der Umstand, daß die Zelle die NR in einer Weise reguliert, als ob sie ein plastidäres Protein wäre, ist sowohl teleonomisch (Frage nach dem Sinn!) als auch historisch (d. h. vom Ablauf der Evolution her) verständlich: Die NR war vermutlich ursprünglich ein *plastidäres* Enzym!

Weiterführende Literatur

Beale SI (1990) Biosynthesis of the tetrapyrrole pigment precursor, δ-aminolevulinic acid, from glutamate. Plant Physiol 93:1273–1279

Ellis RJ (1984) Chloroplast biogenesis. Cambridge Univ Press, Cambridge

Ellis RJ, Hemmingsen SM (1989) Molecular chaperones: Proteins essential for the biogenesis of some macromolecular structures. Trends Biochem Sci 14:339–342

Mohr H (1984) Phytochrome and chloroplast biogenesis. In: Baker NR, Barber J (eds) Chloroplast biogenesis. Elsevier, Amsterdam, pp 305–347

Mohr H (1990) Der Stickstoff – ein kritisches Element der Biosphäre. Sitzungsberichte der Heidelberger Akademie der Wissenschaften, Mathematisch-naturwissenschaftliche Klasse, 5. Abhandlung, pp 293–330

Oelmüller R (1989) Photooxidative destruction of chloroplasts and its effect on nuclear gene expression and extraplastidic enzyme levels. Photochem Photobiol 49:229–239

Roy H (1989) Rubisco assembly: A model system for studying the mechanism of chaperonin action. Plant Cell 1:1035–1042

Taylor WC (1989) Regulatory interactions between nuclear and plastid genomes. Annu Rev Plant Physiol Plant Mol Biol 40:211–233

23 Physiologie der Hormonwirkungen

Vielzellige Organismen bestehen aus einer großen Zahl spezialisierter Organe und Gewebe, welche zu einer funktionellen Einheit zusammengefügt sind. Zur Koordination der verschiedenen Teile des Organismus werden chemische Botenstoffe eingesetzt, für die der Begriff *Hormon* geprägt wurde. Im Tier werden Hormone in der Regel in speziellen Drüsen gebildet und über die Blutbahn im Organismus verbreitet. Sie erreichen auf diese Weise das reaktionsbereite Ziel- oder Erfolgsgewebe und lösen dort spezifische Steuerungsprozesse aus (Abb. 23.1 a). Dieses klassische, ursprünglich für tierische Organismen entwickelte Hormonkonzept wurde nach der Entdeckung des „Wuchsstoffes" der Haferkoleoptile (*Auxin*) auch auf die vielzelligen Pflanzen ausgeweitet. Hierfür gab es zunächst gute Gründe: Auxin wird von der selbst nicht wachstumsfähigen Koleoptilspitze sezerniert, basipetal in die Wachstumszone des Organs transportiert und reguliert dort die Zellstreckung (→ Abb. 7.3). Die hier zutage tretende Analogie zwischen dem Phytohormon Auxin und typischen tierischen Drüsenhormonen und die darauf gegründete Übertragung des tierischen Hormonkonzepts auf Pflanzen hat in der Folgezeit zu erheblicher Verwirrung geführt, da es zu der Annahme verleitet, die Phytohormone müßten sich widerspruchsfrei in das tierische Hormonkonzept einordnen lassen. Heute, über 60 Jahre nach der Entdeckung des Auxins, weiß man jedoch, daß das in Abb. 23.1 a dargestellte Schema die Wirkungsweise der pflanzlichen Hormone in vielen Fällen nicht adäquat beschreibt. Pflanzen besitzen keine echten, morphologisch abgegrenzten Hormondrüsen. Das Auxin (wie alle später entdeckten Phytohormone) kann in vielen Bereichen des Kormus gebildet werden. Oftmals wird ein bestimmtes Organ oder Gewebe erst durch Umweltfaktoren zur Hormonsynthese angeregt. Noch gravierender ist der Umstand, daß bei pflanzlichen Hormonen oft keine obligatorische Trennung zwischen Bildungs- und Wirkort festzustellen ist; sie können gegebenenfalls in denselben Zellen (Geweben) wirken, in denen sie entstehen. Man muß davon ausgehen, daß diese Substanzen nicht nur als Botenstoffe im Kormus dienen, sondern darüber hinaus weitere regulatorische Aufgaben erfüllen. Zwischen pflanz-

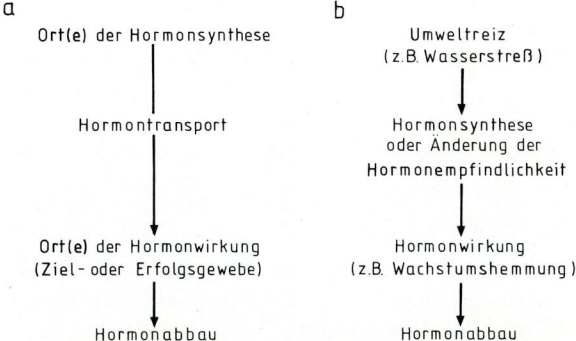

Abb. 23.1 a und b. Zwei allgemeine Schemata zur Funktion pflanzlicher Hormone. (a) Nach diesem Konzept, das zunächst für Tiere entwickelt wurde, sind Hormone regulatorische Botenstoffe im vielzelligen Organismus, die an einem bestimmten *Bildungsort* synthetisiert werden (dort aber nicht wirken) und über Transportbahnen zu bestimmten *Wirkorten* mit spezifischer Reaktionsbereitschaft für das Hormon (Kompetenz) gelangen. Obwohl dieses Konzept in bestimmten Fällen auch auf Pflanzen anwendbar ist, beschreibt es die Funktion pflanzlicher Hormone – ebenso wie die der tierischen Gewebehormone – nur unvollkommen. (b) Die Hormone der Pflanzen besitzen häufig die Funktion von *autochtonen Signalüberträgern* innerhalb eines Gewebes oder Organs. Bildungsort und Wirkort sind in diesem Fall nicht verschieden. Das Hormon wird unter dem Einfluß eines Umweltreizes gebildet und setzt in den Zellen regulatorische Prozesse in Gang, welche zu einer Reaktion auf den Umweltreiz führen. Alternativ zur *Hormonsynthese* kann eine *Empfindlichkeitsänderung* für das Hormon der regulatorisch wichtige Schritt in der Signalkette sein. Für beide Hormonkonzepte gilt, daß das Hormon einem raschen Abbau (oder einer Ausscheidung) unterliegt. Hierdurch wird verhindert, daß es sich am Wirkort anhäuft, d.h. die wirksame Konzentration kann gegebenenfalls über die Hormonsynthese reguliert werden

lichen und tierischen Hormonen besteht keine Homologie; es handelt sich vielmehr um funktionell allenfalls *analoge* Substanzen.

Eine allgemeine Definition, die den vielseitigen, schwer abgrenzbaren Funktionen der pflanzlichen Hormone gerecht wird, ist die folgende: Hormone sind niedermolekulare Substanzen, die in der Pflanze gebildet werden und – in sehr niedriger Konzentration – spezifische, meist zellübergreifende Steuerfunktionen ausüben, ohne hierbei chemisch verändert zu werden. Diese „katalytische" Wirkung kommt durch Bindung an spezifische Receptoren zustande, die hierdurch in einen aktivierten Zustand versetzt werden.

Hormone sind Werkzeuge der Stoffwechsel- und Entwicklungshomöostasis im vielzelligen Organismus. Sie erfüllen ihre koordinierende und integrierende Funktion auf zweierlei Weise:

● Sie können, ganz im Sinn des klassischen tierischen Hormonkonzepts, als *transportierbare Botenstoffe* dem Informationsaustausch zwischen Organen oder Geweben dienen (Abb. 23.1 a).

● In vielen Fällen übernehmen sie jedoch auch eine Funktion als *autochtone (ortsgebundene) Signalüberträger* bei der Reaktion der Pflanze auf Umwelteinflüsse (Abb. 23.1 b).

Beide Funktionsweisen setzen ein zeitliches und räumliches *Kompetenzmuster* voraus, d.h. die Hormone dienen als *Realisatoren* eines in den reaktionsbereiten (kompetenten) Zellen bereits vorher festgelegten Reaktionsmusters. Die in Zusammenhang mit der Photomorphogenese entwickelte Logik (räumliche und zeitliche Kompetenzmuster, Trennung von Anlage und Ausprägung bei der Musterbildung; → S. 322) gilt sinngemäß auch für die Hormonwirkungen.

In diesem Zusammenhang ist es wichtig, zwischen einem *Regulator* und einem notwendigen – aber nicht regulierenden – *Faktor* zu unterscheiden (→ S. 305). Beispielsweise hat das Auxin nur dann die Funktion eines *Wachstumsregulators*, wenn es am Wirkort in nichtsättigender Konzentration vorliegt und daher der Wachstumsprozeß auf Änderungen der Auxinkonzentration anspricht. Liegt das Auxin in sättigender Konzentration vor, so ist es zwar noch ein notwendiger („permissiver") *Wachstumsfaktor*, besitzt aber unter diesen Bedin-

gungen keinerlei *regulierende* Funktion. Die Wirkung eines Hormons als Regulator wird im Experiment häufig dadurch herbeigeführt, daß man mit isolierten Organen oder Organsegmenten arbeitet, welche nach der Entnahme aus der Pflanze rasch an endogenen Hormonen verarmen und daher sehr empfindlich auf eine exogene Applikation von Hormonen reagieren. In diesem Fall wird also das Hormon durch einen experimentellen Kunstgriff zu einem limitierenden Faktor, d.h. zu einem Regulator, gemacht. Ob dies in gleicher Weise auch in der intakten Pflanze gilt, läßt sich hierdurch in keiner Weise beurteilen.

Ähnlich wie Phytochrom bei der Induktion der Photomorphogenese besitzen Hormone eine multiple Wirksamkeit, d.h. ein und dasselbe Hormon kann in verschiedenen Zellen viele verschiedene physiologischen Reaktionen bewirken (→ Abb. 23.9). Nach der Informationstheorie sind für Regulationsprozesse Informationsträger erforderlich, deren Informationsgehalt mindestens demjenigen der regulierten Prozesse entspricht. Die bekannten Phytohormone sind jedoch relativ einfache Moleküle mit einer sehr geringen Kapazität zur Speicherung von Information. Wie können diese einfachen Moleküle (z.B. das Ethylen, C_2H_4) als Informationsüberträger für die Regulation der ungeheuer vielfältigen und komplexen Prozesse im Organismus dienen? Die Antwort auf diese Frage ist einfach: Die Phytohormonmoleküle steuern tatsächlich nur sehr wenig Information zum Regulationsgeschehen bei. Sie müssen lediglich so viel Information mitbringen, um die Spezifität der Wechselwirkung mit den im Zielgewebe vorhandenen Receptormolekülen zu gewährleisten. Die Bildung des Hormon/Receptor-Komplexes entspricht dem Umlegen eines Schalters von der Aus- in die An-Position, ein Vorgang, der nur 1 bit an Information erfordert. Alle weitere Information, die zur Durchführung der vielfältigen Folgeprozesse in der Pflanze benötigt wird, ist nicht im Hormonmolekül, sondern in der spezifischen Programmierung der reagierenden Zellen enthalten. Hormone sind also weitgehend *wirkungsunspezifische Auslöser* von zellspezifisch vorgegebenen Reaktionsmustern und benötigen daher selbst nur eine geringe Speicherkapazität für Information.

Die Funktion eines Hormons als Signalauslöser setzt voraus, daß es von den kompetenten Zellen spezifisch erkannt wird. Dies geschieht durch Bindung des Hormons an einen *Receptor*. Hormonreceptoren sind durch zwei Kriterien funktionell definiert: 1. durch die Fähigkeit, Hormonmoleküle *spezifisch* und mit *hoher Affinität* in einer *reversiblen Reaktion* zu binden, und 2. durch die Fähigkeit, über die Bildung eines *Hormon/Receptor-Komplexes* in der Zelle eine biochemische Signalkette in Gang zu setzen, welche zu physiologischen Folgereaktionen führt:

$$\text{Hormon} + \text{Receptor} \overset{\text{Bindung}}{\rightleftharpoons} \text{Hormon/Receptor-Komplex},$$

$$\text{Hormon/Receptor-Komplex} \xrightarrow{\text{Signaltransduktion}} \text{Folgereaktion(en)}.$$

Die Bindungsreaktion sollte im Prinzip der Michaelis-Menten-Beziehung [→ Gl. (5.5)] gehorchen, d.h. bei Variation der Hormonkonzentration eine hyperbolische Sättigungskurve liefern. Die für eine halbmaximale Bindung notwendige Hormonkonzentration sollte theoretisch mit derjenigen Hormonkonzentration übereinstimmen, welche für eine halbmaximale physiologische Folgereaktion benötigt wird. Weiterhin ist zu erwarten, daß das Hormon bei der Bindungsreaktion – und ebenso hinsichtlich der physiologischen Folgereaktion – durch inaktive Analoga kompetitiv verdrängt werden kann.

Für die meisten Phytohormone konnten in den letzten Jahren mit biochemischen Methoden Bindungsstellen identifiziert werden, welche diese operationalen Kriterien zumindest teilweise erfüllen. Die Frage, ob diese Bindungsstellen auch eine Signaltransduktion auslösen – und daher als *Receptoren* zu bezeichnen sind –, ist sehr viel schwieriger zu entscheiden und konnte bisher in keinem Fall definitiv geklärt werden. Dies liegt vor allem daran, daß die Signaltransduktionsketten der Phytohormone nur sehr unvollständig bekannt sind. Die bisher entdeckten Bindungsstellen gehen auf Proteine zurück, die in der Zelle meist membrangebunden vorliegen. Die derzeit am besten untersuchte Hormonbindungsstelle beruht auf einem auxinbindenden Glycoprotein, das aus zwei Untereinheiten von je 22 kDa besteht und aus ER-Membranen von Maiskeimlingen isoliert wurde. Mit Antikörpern gegen dieses Protein konnten auxinabhängige Zellfunktionen gehemmt werden, ein erster Hinweis, daß es sich bei diesem Auxinbindeprotein tatsächlich um einen Auxinreceptor handelt.

Die Signaltransduktionskette hormongesteuerter Entwicklungsprozesse schließt in der Regel die Mechanismen der *Genexpression* ein. Es gibt inzwischen für alle bekannten Phytohormone Beispiele, bei denen eine Aktivierung der Transkription spezifischer Gene, gefolgt vom Auftreten neuer mRNAs und der darin codierten Proteine, nachgewiesen werden konnte. In einzelnen Fällen ist die molekularbiologische Analyse der Genaktivierung bereits weit fortgeschritten (→ S. 136). Obwohl der funktionelle Zusammenhang zwischen dem Auftreten bzw. Verschwinden bestimmter Proteine und den physiologischen Reaktionen in der Zelle oft noch nicht genau bekannt ist, erscheint die Annahme berechtigt, daß Hormone Entwicklungsprozesse durch spezifische Veränderungen im Muster der aktiven Gene steuern. Ähnlich wie bei der Entwicklungssteuerung durch Phytochrom (→ S. 365) wird man jedoch erst dann zu einem vollen Verständnis der Wirkungsweise von Hormonen kommen, wenn die beiden folgenden Fragen beantwortet werden können: 1. Über welche biochemischen Mechanismen wird das Signal vom Hormon/Receptor-Komplex zu den Genen geleitet? 2. Wie wird das Muster der durch ein bestimmtes Hormonsignal aktivierbaren bzw. reprimierbaren Gene festgelegt? Beide Fragen werden derzeit intensiv erforscht.

Die physiologische Wirksamkeit eines Hormons hängt von der Konzentration an zugeführten Hormonmolekülen und von der Empfindlichkeit der reagierenden Zellen für das Hormon ab. Letztere ist durch mehrere Faktoren bestimmt, z.B. durch die Anzahl an Receptormolekülen, deren Affinität für das Hormon, und durch die Effektivität der vom Hormon/Receptor-Komplex in Gang gesetzten Signaltransduktionskette. Bei tierischen Hormonen geht man in der Regel davon aus, daß ihre Wirksamkeit durch Erhöhung oder Erniedrigung des Hormonspiegels im Zielgewebe reguliert wird. Dies impliziert die Annahme, daß sich die Empfindlichkeit der Zielzellen für das Hormon zumindest kurzfristig nicht ändert. Im Fall der Pflanzenhormone ist diese Annahme nicht a priori gerechtfertigt. Die bisher vorliegenden Untersuchungen zeigen, daß die Regulation auf zwei Ebenen stattfinden kann: 1. durch Variation des Hormonspiegels bei gleichbleibender Empfindlichkeit, oder 2. durch Variation der Empfindlichkeit bei gleichbleibendem Hormonspiegel. Eine Unterscheidung zwischen diesen beiden Regulationsprinzipien ist experimentell nicht einfach zu treffen und daher in vielen Fällen noch offen. Die physiologische Analyse der Hormonregulation ist unter anderem deswegen so schwierig, weil die endogenen Hormonspiegel und die Hormonempfindlichkeit in der intakten Pflanze experimentell oft kaum beeinflußbar sind, und weil die Wirksamkeit (oder Unwirksamkeit) zugesetzter Hormone die in den Zellen vorliegenden Wirkkonzentrationen meist nicht korrekt widerspiegeln. Eine sehr elegante Möglichkeit zur experimentellen Beeinflussung des endogenen Hormonspiegels (oder anderer Elemente der gesamten Wirkkette) eröffnen *Hormonmutanten*, welche in den letzten Jahren bei einer Reihe von Pflanzenarten experimentell erzeugt werden konnten (z. B. bei *Zea mays*, *Arabidopsis thaliana*, *Pisum sativum* und *Lycopersicon lycopersicum*). Nach mutagener Behandlung umfangreicher Pflanzenpopulationen ließen sich vier Typen von (meist recessiven) Einzelgen-Mutanten isolieren:

- Mutanten mit fehlender (oder reduzierter) Fähigkeit zur Hormonbildung (*Hormonmangelmutanten*). Dieser Defekt beruht meist auf der Inaktivierung eines Enzyms im Biosyntheseweg des Hormons. (Eine entsprechende Situation kann mit einem spezifischen Hemmstoff der Hormonsynthese experimentell herbeigeführt werden.) Die im Phänotyp dieser Pflanzen auftretenden Ausfallserscheinungen (z. B. Zwergwuchs) zeigen direkt, an welchen Entwicklungsschritten das Hormon im Wildtyp beteiligt ist. Die Defekte der Mutante lassen sich durch experimentelle Applikation des Hormons heilen (*Substitutionstherapie*).
- Mutanten mit überhöhtem Hormonspiegel (*hormonüberproduzierende Mutanten*). Hierfür ist entweder eine gesteigerte Synthese oder eine Blockierung des Abbaus des Hormons verantwortlich. Beides macht sich in abnorm erhöhten physiologischen Hormonwirkungen bemerkbar (z. B. Riesenwuchs), falls das Hormon nicht bereits im Wildtyp in sättigenden Mengen vorliegt.
- Mutanten mit fehlender (oder reduzierter) Empfindlichkeit für ein Hormon (*hormoninsensitive Mutanten*). Diese Pflanzen enthalten zwar hohe Hormonspiegel, zeigen aber trotzdem ähnliche phänotypische Defekte (z. B. Zwergwuchs) wie die Hormonmangelmutanten. Sie lassen sich von letzteren dadurch unterscheiden, daß die Defekte durch Hormonapplikation nicht aufgehoben werden können.

- Mutanten mit überhöhter Empfindlichkeit für ein Hormon (*hormonübersensitive Mutanten*). Im Phänotyp dieser Pflanzen treten abnorm erhöhte physiologische Wirkungen auf (z. B. Riesenwuchs), obwohl das verantwortliche Hormon nicht vermehrt produziert wird. Eine Verminderung des Hormonspiegels durch Inhibitoren hat meist keine erheblichen Auswirkungen auf den Phänotyp. In extremen Fällen kann man die Biosynthese des Hormons vollständig hemmen, ohne den Phänotyp zu verändern, d. h. die physiologische Reaktion ist nicht mehr unter der Kontrolle des Hormons; sie ist durch die Mutation konstitutiv geworden.

Die verschiedenen Mutantenklassen sind wichtige Hilfsmittel für die Aufklärung der Biosynthese und der molekularen Wirkungsweise von Hormonen. Von besonderem Interesse für die Forschung sind die Sensitivitätsmutanten, bei denen der Hormonreceptor – oder ein nachgeschaltetes Glied der Signaltransduktionskette – funktionell verändert ist. Solche Mutanten eröffnen möglicherweise einen Zugang zu den derzeit noch weitgehend unbekannten biochemischen Mechanismen der Hormon/Receptor-Wechselwirkung und der anschließenden Schritte der Signaltransduktionskette.

Überblick über die Struktur und Funktion der Phytohormone

Auxin

Die Entdeckung des Auxins geht ursprünglich auf eine Beobachtung Darwins zurück, der um 1880 die phototropische Krümmung der Koleoptile von Graskeimlingen untersuchte. Er zog aus Partialbelichtungsexperimenten den Schluß, daß die (seitlich belichtete) Organspitze einen „Krümmungswachstum verursachenden Einfluß" auf den unteren Organbereich ausübt. Der holländische Pflanzenphysiologe Went führte dann 1926 die klassischen Experimente durch, die zum physiologischen Nachweis des Auxins als pflanzlichen „Wuchsstoff" führten (Abb. 23.2). Went verwendete für seine Versuche die Koleoptile des Haferkeimlings (*Avena sativa*), ein zu raschem Streckungswachstum befähigtes Jugendorgan, das auch heute noch ein Standardobjekt der Auxinforschung ist (Abb. 23.3).

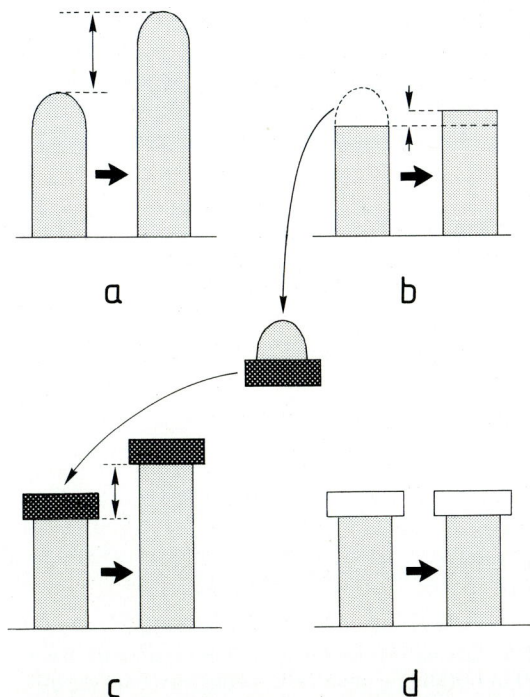

Abb. 23.2a–d. Physiologischer Nachweis von Auxin als wachstumsfördernder Faktor in der Koleoptile von Haferkeimlingen (*Avena sativa*) (schematisch). (a) Die intakte Koleoptile führt ein rasches Längenwachstum durch Zellstrekkung im subapikalen Bereich durch. (b) Schneidet man die äußerste (nicht wachsende) Spitze ab, wird das Wachstum des dekapitierten Organs stark reduziert. (c) Setzt man die isolierte Spitze für einige Stunden auf einen Agarblock und bringt diesen anschließend auf die Schnittfläche einer dekapitierten Koleoptile, so findet rasches Wachstum statt. (d) Ein unbehandelter Kontrollblock bringt keine Wachstumsförderung hervor. Aus diesen Resultaten kann man den Schluß ziehen, daß die Organspitze einen „Wuchsstoff" sezerniert, der in Agar eindiffundieren und von dort an den Koleoptilstumpf abgegeben werden kann. (Nach Galston 1961)

Das in Abb. 23.2 im Prinzip illustrierte Experiment belegt nicht nur die Existenz eines wachstumsauslösenden stofflichen Faktors, sondern zeigt auch paradigmatisch die Trennung zwischen *inkompetentem Bildungsort* und *kompetentem Wirkort* des Faktors.

Der „Wuchsstoff" der Haferkoleoptile konnte mit Hilfe eines von Went entwickelten, empfindlichen *Biotests* spezifisch nachgewiesen und quantitativ bestimmt werden (Abb. 23.4, 23.5). Es zeigte sich bald, daß dieser Wirkstoff auch in anderen

Pflanzen in „abfangbarer" Form produziert wird. Da die hierbei erhaltenen Mengen jedoch extrem niedrig sind, konnte die wirksame Komponente zunächst nicht chemisch identifiziert werden. Um 1934 wurde die den Chemikern schon seit 1904 bekannte Verbindung *Indol-3-essigsäure* (*IAA*) aus Urin und Hefe isoliert und nachgewiesen, daß diese Substanz im Biotest als „Wuchsstoff" wirkt. Erst 1941 gelang der eindeutige Nachweis, daß IAA auch in höheren Pflanzen vorkommt und identisch mit dem von Went charakterisierten „Wuchsstoff" ist.

IAA ist mit hoher Wahrscheinlichkeit das universelle Auxin der höheren Pflanzen. Daneben kennt man eine ganze Palette mehr oder minder eng verwandter Verbindungen, die im Biotest ähnlich wie IAA wirksam sind, aber in der Natur nicht

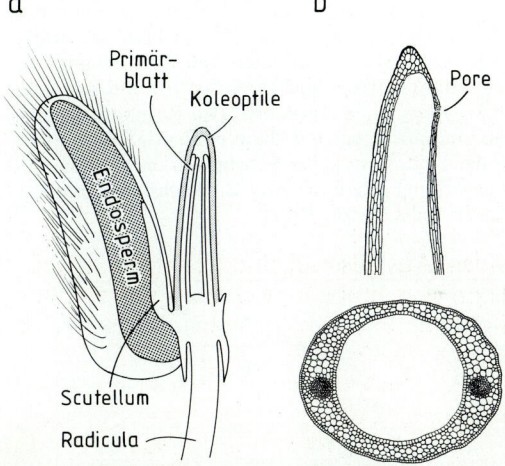

Abb. 23.3a und b. (a) Längsschnitt durch einen jungen Haferkeimling (*Avena sativa*, etwa 2 d nach der Aussaat). Nach diesem Zeitpunkt finden in der Koleoptile keine Zellteilungen mehr statt. Das Organ wächst durch Zellstreckung in die Länge und erreicht dabei eine Wachstumsintensität von etwa $1 \text{ mm} \cdot \text{h}^{-1}$. Die Ernährung der wachsenden Zellen wird durch den Abbau von Speicherstoffen im Endosperm gewährleistet, wobei das Scutellum für den Transport der Produkte (vor allem Zucker und Aminosäuren) in die Leitbahnen der Koleoptile verantwortlich ist. (b) Quer- und Längsschnitt durch eine ältere Koleoptile (bei verschiedener Vergrößerung, ohne das im Innenraum befindliche Primärblatt). Die Koleoptile kann als blatthomologes Organ aufgefaßt werden. Das Mesophyll ist von zwei Leitbündeln durchzogen und von einer äußeren und einer inneren Epidermis (beide mit Stomata) begrenzt. Durch die sich erweiternde Pore tritt später das Primärblatt aus. Das Organ zeigt eine bilaterale Symmetrie. (Nach Went und Thimann 1937)

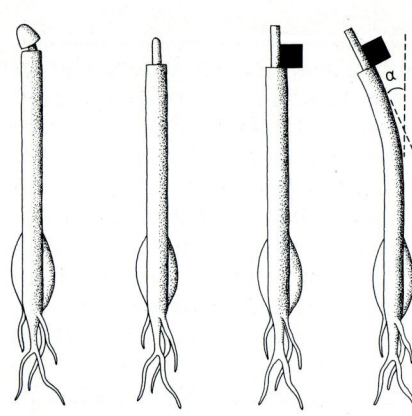

Abb. 23.4a–d. Koleoptil-Krümmungstest nach Went als *Biotest* für Auxin. Die Koleoptile eines Haferkeimlings wird nach Dekapitation (a) für einige Stunden an endogenem Auxin verarmt. Das oben freigelegte Primärblatt (b) wird einige Millimeter herausgezogen (es reißt dabei an der Basis ab) und ebenfalls dekapitiert. Ein mit der Testlösung (z. B. Pflanzenextrakt) getränkter Agarblock wird seitlich auf den Koleoptilstumpf gesetzt, wobei das Primärblatt als Stütze dient (c). Der nach einer bestimmten Zeit (z. B. 90 min) erreichte Krümmungswinkel wird gemessen (d) und mit einer Eichkurve (→ Abb. 23.5) verglichen. Die Resultate derartiger Biotests sind allerdings nur dann eindeutig interpretierbar, wenn die Testlösung keine Substanzen enthält, die mit der Hormonwirkung interferieren (z. B. Wachstumshemmer). (Nach Bonner und Galston 1952)

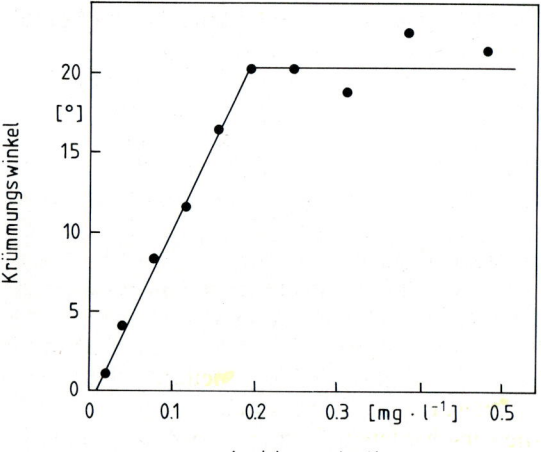

Abb. 23.5. Konzentrationsabhängigkeit des Koleoptil-Krümmungstests für Auxin (reine Indol-3-essigsäure). Die Durchführung des Tests ist in Abb. 23.4 illustriert. Es ergibt sich eine lineare Abhängigkeit des Krümmungswinkels von der Auxinkonzentration im Bereich von 0,01 bis 0,2 mg·l^{-1}. Bei höheren Konzentrationen ist die Reaktion mit Auxin gesättigt. (Nach Daten von Went und Thimann 1937)

Indol–3–essigsäure (IAA)

Indol–3–buttersäure (IBA)

1–Naphthylessigsäure (1–NAA)

2,4–Dichlorphenoxyessigsäure (2,4–D)

Abb. 23.6. Das natürliche Auxin, Indol-3-essigsäure (IAA), und drei in Forschung und Praxis häufig verwendete synthetische Auxine. 2,4-Dichlorphenoxyessigsäure findet auch als selektives Herbizid Verwendung (→ S. 612)

vorkommen (Abb. 23.6). Diese synthetisch leicht herstellbaren „künstlichen Auxine" (z. B. das 2,4-D) weisen meist eine höhere Lebensdauer in der Pflanze auf und werden daher vielfach für experimentelle und biotechnologische Zwecke eingesetzt.

Die Biosynthese der IAA zweigt an einem noch nicht definitiv geklärten Punkt aus dem Indolstoffwechsel ab (→ Abb. 18.5). Die bis vor kurzem gängige Vorstellung, die Aminosäure *Tryptophan* sei generell ein Zwischenprodukt der IAA-Synthese (Abb. 23.7), ist nach neuen Befunden mit einer Tryptophansynthese-Mangelmutante von Mais fraglich geworden. Diese Mutante kann große Mengen an IAA bei blockierter Tryptophansynthese bilden. Möglicherweise sind bei verschiedenen Pflanzen alternative Wege zur IAA-Synthese vorhanden. Die Regulation der IAA-Biosynthese ist bis heute noch völlig ungeklärt. Das im Biotest erfaßte Auxin („diffusible IAA") ist stets *freie* (nicht-konjugierte) IAA. Daneben kann man mit geeigneten Methoden aus vielen Pflanzengeweben auch *gebundene* (konjugierte) IAA extrahieren, z. B. IAA-Glycosylester oder IAA-Peptide. Es dürfte sich hierbei vor allem um Speicher- oder

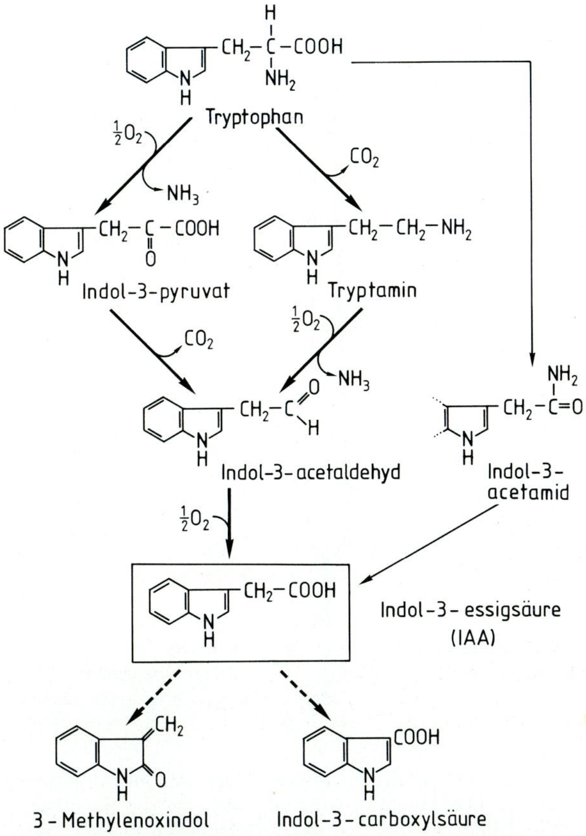

Abb. 23.7. Hypothetisches Schema zur Biosynthese von Indol-3-essigsäure (IAA) aus Tryptophan. Obwohl die Enzyme für die einzelnen Schritte in Pflanzen nachgewiesen werden konnten, ist der Biosyntheseweg bisher noch bei keiner Pflanze definitiv geklärt. Neben den eingezeichneten Verbindungen werden auch Indol-3-acetonitril und Indol-3-ethanol als Zwischenstufen diskutiert. Der Weg über Indol-3-acetamid wird bei der durch *Agrobacterium tumefaciens* ausgelösten Tumorbildung eingeschlagen (→ S. 334). 3-Methylenoxindol und Indol-3-carboxylsäure sind Zwischenstufen des IAA-Abbaus

Abbauformen des Hormons handeln. IAA kann in der Pflanze rasch durch oxidative Decarboxylierung irreversibel zerstört werden. Hierfür macht man eine spezielle Peroxidase mit IAA-Oxidase-Aktivität verantwortlich, welche verschiedene Abbauprodukte liefert, z. B. 3-Methylenoxindol und Indol-3-carboxylsäure (→ Abb. 23.7). Durch den Abbau der IAA wird dafür gesorgt, daß der Hormonspiegel im Gewebe von einer beständigen Neusynthese abhängt und hierdurch reguliert werden kann.

Der in Abb. 23.2 dargestellte experimentelle Ansatz eignet sich auch zur Analyse des *IAA-Transports* in der Pflanze. Bereits 1932 konnte Went mit dieser Methode zeigen, daß IAA strikt *polar* vom Apex zur Organbasis wandert (→ Abb. 7.3), wobei sich das Hormon nicht über den Organquerschnitt verteilt (→ Abb. 23.4). Die Transportgeschwindigkeit in der Koleopile beträgt $10-20 \text{ mm} \cdot \text{h}^{-1}$, kann also nicht mit einer einfachen Diffusion erklärt werden. Es handelt sich um einen zumindest indirekt aktiven Prozeß, der z. B. durch eine Hemmung der Atmung blockiert wird (→ S. 76). Neuere Untersuchungen haben ergeben, daß der IAA-Transport durch eine basipetal gerichtete Weitergabe des Hormons von Zelle zu Zelle erfolgt (*Parenchymtransport*). Die Polarität des Transports ist eine Manifestation der Zellpolarität (→ S. 98). Eine Modellvorstellung zum Mechanismus des polaren Transports von IAA ist in Abb. 23.8 dargestellt. Nach dieser Vorstellung besteht der Transportmechanismus aus zwei Teilprozessen, die sich an der Plasmamembran benachbarter Zellen abspielen: 1. der durch einen elektrochemischen Gradienten getriebenen IAA-Aufnahme und 2. der nur an der basalen Zellfläche lokalisierten Sekretion durch einen IAA-Effluxcarrier. An Koleoptile und Mesokotyl von Maiskeimlingen konnte man zeigen, daß dieser Prozeß bevorzugt in der äußeren Epidermis stattfindet.

Die IAA wird vor allem im Sproßapex (Apikalknospe und junge Blätter) der Pflanze gebildet. Selbst bei der gut untersuchten Koleoptile der Gräser ist noch nicht definitiv geklärt, ob die in der Spitze stattfindende Bildung der freien IAA auf einer Neusynthese oder einer Freisetzung aus einer gebundenen Form (*myo*-Inositol-IAA-Komplex) beruht, die im Endosperm synthetisiert und in die Organspitze transportiert wird. Daneben sind auch Blüten, Früchte und junge Samen als Produktionsorte des Hormons nachgewiesen.

Die bisher bekannten Wirkungen der IAA in der Pflanze sind außerordentlich vielfältig. Das Hormon steuert insbesondere Wachstumsprozesse, wobei die verschiedenen Wirkorte (Organe) qualitativ verschiedene Kompetenzen aufweisen (Abb. 23.9). Die Sensitivität eines Wachstumsprozesses für IAA läßt sich in Form einer apparenten Michaelis-Konstanten ausdrücken (Abb. 23.10). Eine wichtige, integrative Rolle im Kormus spielt die IAA bei der Unterdrückung des Austreibens von Seitenknospen (Aufrechterhaltung der apikalen Dominanz,

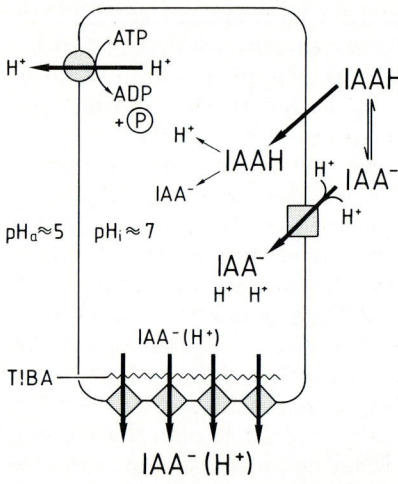

Abb. 23.8. Hypothetisches Modell zum polaren Auxintransport. IAA kann entweder durch Diffusion des ungeladenen Moleküls, oder über einen elektrogenen Symport von IAA$^-$ mit 2 H$^+$ (indirekt aktiver Transport) durch die Plasmamembran aus dem Apoplast in die Zelle aufgenommen werden. In der Apoplastenflüssigkeit (pH um 5) liegt IAA (pK$_a$ = 4,8) teilweise in undissoziierter Form vor. Bei dem alkalischen intrazellulären pH (um 7) bildet sich bevorzugt die geladene Form (IAA$^-$), welche die Plasmamembran nicht passieren kann. Es kommt daher zu einer Akkumulation von IAA$^-$ in der Zelle („Ionenfalle"). Der pH-Gradient wird durch eine Protonenpumpe aufrechterhalten (→ S. 73). IAA$^-$ kann durch einen Effluxcarrier wieder in den Apoplasten sezerniert werden. Dieser Prozeß läßt sich durch IAA-Transporthemmer (z. B. 2,3,5-Trijodbenzoesäure = TIBA) spezifisch hemmen. Die geschilderten Influx- und Effluxmechanismen sind durch Transportmessungen mit radioaktiver IAA an isolierten Plasmamembranvesikeln experimentell gut belegt. In diesem Modell wird darüber hinaus die Annahme gemacht, daß der IAA-Efflux – im Gegensatz zum IAA-Influx – auf die basalen Zellflächen beschränkt ist und somit den Apoplastenraum über der nächstunteren Zelle lokal mit IAA anreichert. Durch vielfache Wiederholung von Influx und basalem Efflux entlang einer Zellreihe soll sich, diesem Modell zufolge, ein basipetal gerichteter Transport durch das Gewebe ergeben. (In Anlehnung an Hertel 1986)

Abb. 23.11; → S. 330) und der Fruchtentwicklung (→ Abb. 433). Neben Wachstumsprozessen wird auch die Mitoseaktivität mancher Gewebe durch Auxin positiv beeinflußt (z. B. im Kambium oder in Gewebekulturen; → Abb. 23.27). Eine weitere wichtige Funktion des Auxins ist die Induktion der Differenzierung von Xylem- und Phloemzellen, welche in einem bestimmten Abstand hinter dem Meristem wachsender Organe einsetzt und basipetal (parallel zum Auxintransport) fortschreitet. Bei

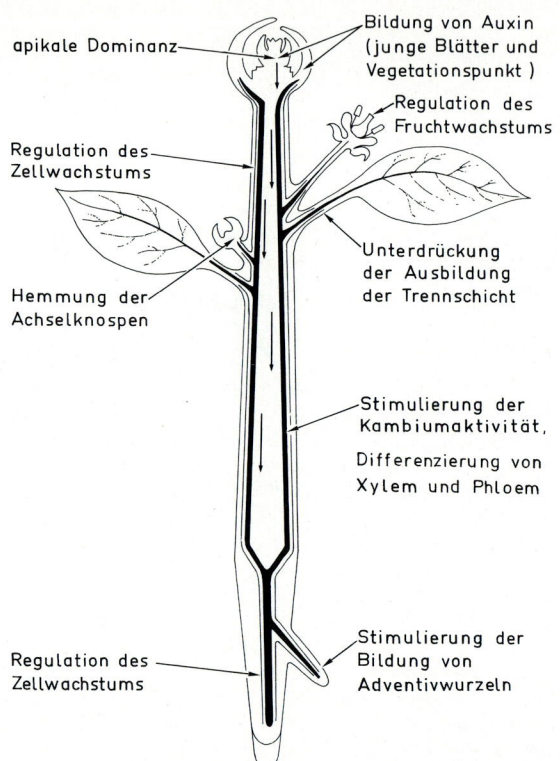

Abb. 23.9. Die multiple Wirkung des Auxins in höheren Pflanzen. Das Hormon wird vor allem an der Sproßspitze gebildet und von dort in die verschiedenen Organe transportiert. Gemäß ihrer vorgegebenen Kompetenz für Auxin reagieren verschiedene Wirkorte mit spezifischen Wachstums- und Differenzierungsprozessen. (Nach Steward 1964; verändert)

abgeschnittenen Sproßabschnitten (Stecklingen) führt eine Behandlung mit IAA in vielen Fällen zur Bildung von Adventivwurzeln, was in der gärtnerischen Praxis ausgenützt wird. Die *multiple Wirkung* der IAA in der Pflanze (→ Abb. 23.9) ist ein eindrucksvoller Beleg für die These, daß Hormone als relativ unspezifische *Auslöser* organ- oder gewebespezifischer Reaktionsmuster funktionieren, wobei die *Kompetenz*, d. h. die spezifische Reaktionsbereitschaft am Wirkort über die Art der jeweiligen Reaktion entscheidet.

Gibberelline

Die *Gibberelline* (*GAs*) wurden um 1926 von japanischen Phytopathologen als Phytotoxine entdeckt. Der pathogene Pilz *Gibberella fujikuroi* (= *Fusa-*

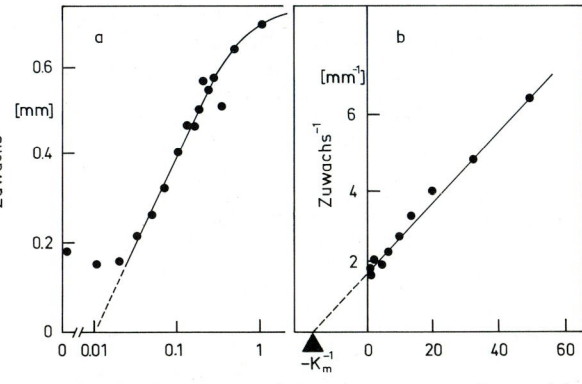

Abb. 23.10a und b. Die Abhängigkeit des Koleoptil-Strekkungswachstums von der Auxinkonzentration. Objekt: Subapikale Segmente aus Haferkoleoptilen (*Avena sativa*). Die auxinverarmten Segmente (5 mm) wurden in einem gepufferten (pH 4,7), Saccharose-haltigen (20 g·l^{-1}) Medium mit verschiedenen IAA-Konzentrationen für 150 min inkubiert. Der in dieser Zeitspanne induzierte Zuwachs ergibt bei Auftragung gegen die IAA-Konzentration eine Sättigungskurve (a, hinterer Teil nicht dargestellt), die sich durch doppelt-reziproke Darstellung (Lineweaver-Burk-Diagramm; → Abb. 5.2b) in eine Gerade transformieren läßt (b). Aus dem Schnittpunkt mit der Abszisse erhält man als Wert für die apparente Michaelis-Konstante K$_m$ = 60 nmol·l^{-1}. (Bei sehr niedrigen IAA-Konzentrationen zeigen die Segmente ein endogenes Wachstum, das bei der Berechnung nicht berücksichtigt wurde.) (Nach Daten von Cleland 1972)

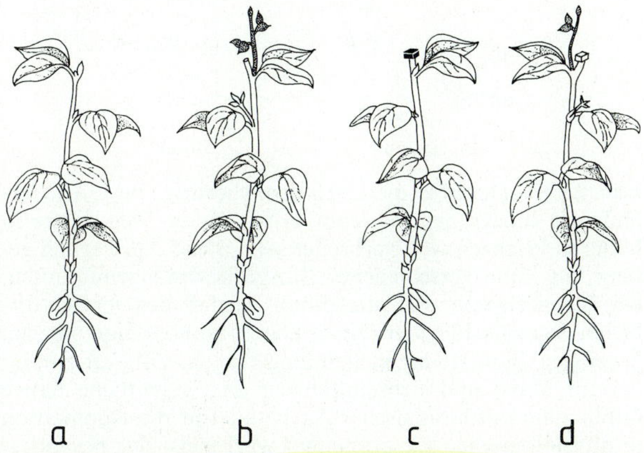

Abb. 23.11a–d. Experiment zur Steuerung der apikalen Dominanz durch Auxin. Objekt: Ackerbohne (*Vicia faba*). Nach Entfernung der apikalen Endknospe (a) wachsen Seitenknospen in tiefer liegenden Blattachseln aus (b). Bedeckt man die apikale Schnittfläche mit einem IAA-haltigen Agarblock, so bleiben die Seitenknospen gehemmt (c). Ein Kontrollblock (ohne IAA) hat keine Wirkung (d). IAA kann also die Endknospe hinsichtlich der apikalen Dominanz ersetzen. (In Anlehnung an Bonner und Galston 1952)

rium moniliforme) befällt Reispflanzen und veranlaßt diese durch Ausscheidung eines Wirkstoffes zu einem pathologischen Längenwachstum (Bakanae, „Krankheit der verrückten Keimlinge"). In den Jahren 1935 bis 1938 gelang japanischen Forschern die Isolierung und Kristallisation der aktiven Substanz, die als *Gibberellin* bezeichnet wurde. Die Strukturaufklärung der *Gibberellinsäure* (GA$_3$) aus dem Kulturfiltrat des Pilzes gelang erst 1954/55 in England und den USA, nachdem man dort auf die älteren japanischen Arbeiten aufmerksam wurde. Aufgrund der in den Folgejahren einsetzenden intensiven Forschung wurde bald klar, daß Gibberelline auch von höheren Pflanzen gebildet werden können und dort eine wichtige Funktion bei der Steuerung von Wachstums- und Differenzierungsprozessen besitzen.

Zum Nachweis von GA in Pflanzenextrakten standen zunächst nur Biotests zur Verfügung (z. B. die Förderung des Streckungswachstums von isolierten Hypokotylen oder die Förderung der Samenkeimung). Als besonders ergiebige Quellen für „Substanzen mit GA-Aktivität" erwiesen sich Samen und Früchte. Nach Entwicklung verfeinerter analytischer Trenn- und Nachweismethoden stellte sich bald heraus, daß GAs in höheren Pflanzen universell verbreitet sind und in einer verwirrenden Fülle chemisch ähnlicher Formen vorkommen. Das Grundgerüst der bis heute (1992) identifizierten rund 80 GAs ist das tetracyclische Ringsystem des *ent*-Gibberellans (Abb. 23.12a) mit zwei 6- und zwei 5gliedrigen Ringen, oft ergänzt durch einen zusätzlichen Lactonring. Manche GAs treten in konjugierter Form auf (z. B. als Glucoside oder Glucosylester). Gibberelline sind *Diterpene*; sie leiten sich vom *ent*-Kauren ab, das durch Cyclisierung aus Geranylgeranylpyrophosphat entsteht (Abb. 23.12b). Die meisten Pflanzen enthalten komplexe Gemische mehrerer GAs, welche in Biotests eine unterschiedlich starke Aktivität besitzen. Die Frage, warum diese Hormonklasse eine so große strukturelle Heterogenität aufweist, läßt sich bis heute nicht befriedigend beantworten. Viele der isolierten Formen dürften biosynthetische Zwischenstufen darstellen. In den letzten Jahren mehren sich die Hinweise, daß zumindest bei vielen Pflanzen GA$_1$ das wesentliche native, biologisch aktive GA ist. Der Biosyntheseweg von GA$_{12}$-Aldehyd zum GA$_1$ konnte mit Hilfe von Biosynthesemangelmutanten im Prinzip aufgeklärt werden (Abb. 23.13). GAs dürften in der Pflanze generell leicht transportier-

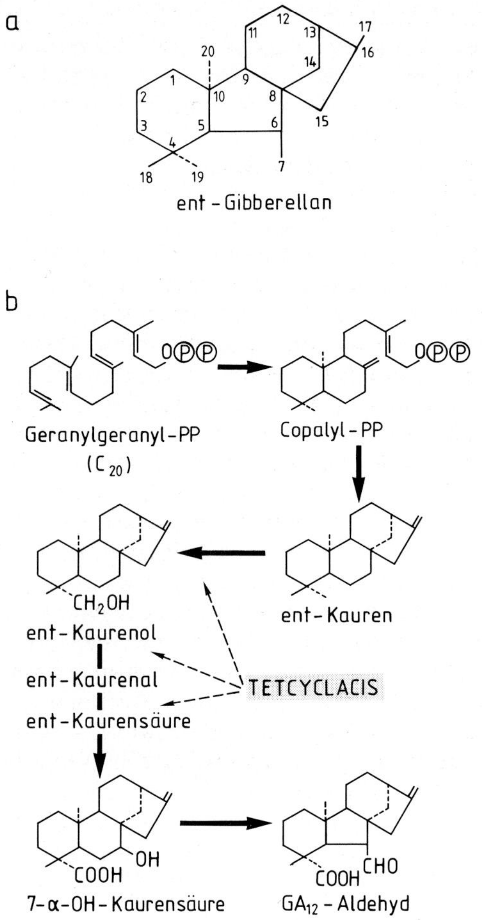

a

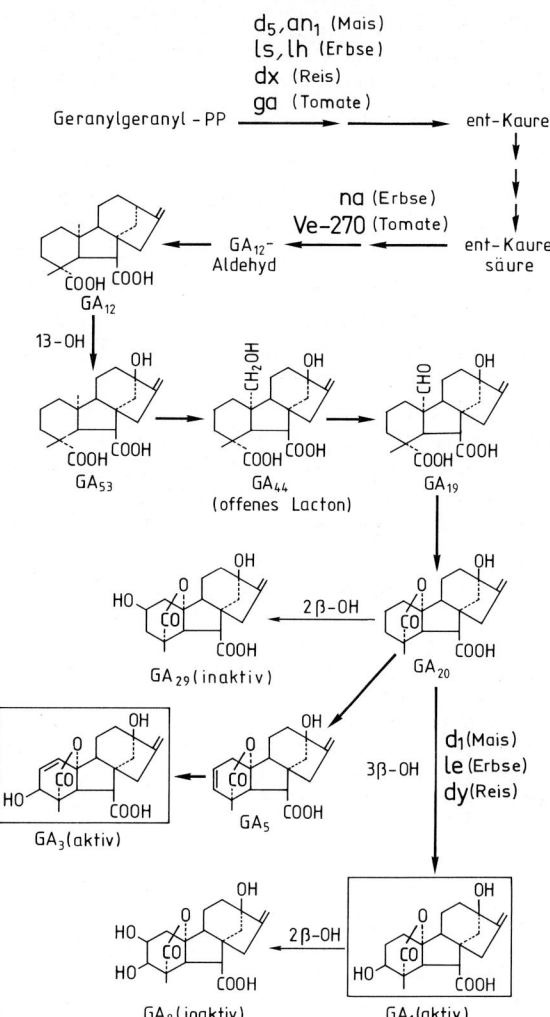

ent-Gibberellan

b

Geranylgeranyl-PP
(C$_{20}$)

Copalyl-PP

ent-Kauren

ent-Kaurenol

ent-Kaurenal

ent-Kaurensäure

TETCYCLACIS

7-α-OH-Kaurensäure

GA$_{12}$-Aldehyd

Abb. 23.12 a und b. Grundgerüst und Biosynthese der Gibberelline. (a) Strukturformel des *ent*-Gibberellans. Die Numerierung im Ringsystem erfolgt derart, daß die Gibberelline Teil eines einheitlichen Nomenklatursystems von Diterpenen darstellen, das auch ihre biosynthetischen Vorstufen (z. B. *ent*-Kauren) einschließt. (b) Biosyntheseweg vom Geranylgeranylpyrophosphat (→ Abb. 18.3) zum GA$_{12}$-Aldehyd. Dieser Weg wurde in unreifen Samen von Angiospermen gefunden (z. B. im Endosperm von Kürbissamen). Die ersten Schritte laufen im Plastidenkompartiment ab; die Umsetzung von *ent*-Kauren zum GA$_{12}$-Aldehyd findet hingegen im endoplasmatischen Reticulum statt. Die drei oxidativen Schritte vom *ent*-Kauren zur *ent*-Kaurensäure werden durch eine Cytochrom-P-450-abhängige Monooxygenase (*Kaurenoxygenase*) katalysiert, welche durch bestimmte Pyrimidinverbindungen gehemmt werden kann. Diese Verbindungen (z. B. *Tetcyclacis*, *Ancymidol*) unterbinden die GA-Synthese und sind daher sehr wirksame Wachstumsretardanzien (→ S. 613). GA$_{12}$-Aldehyd ist die Ausgangssubstanz für eine große Zahl weiterer Gibberelline (→ Abb. 23.13). Nach einer Konvention werden die Gibberelline nicht nach ihrem biosynthetischen Zusammenhang, sondern in der Reihenfolge ihrer Entdeckung durchnumeriert

d$_5$, an$_1$ (Mais)
ls, lh (Erbse)
dx (Reis)
ga (Tomate)

Geranylgeranyl-PP → → ent-Kauren

ent-Kaurensäure

na (Erbse)
Ve-270 (Tomate)

GA$_{12}^-$-Aldehyd

GA$_{12}$

13-OH

GA$_{53}$

GA$_{44}$
(offenes Lacton)

GA$_{19}$

GA$_{29}$ (inaktiv)

2β-OH

GA$_{20}$

d$_1$ (Mais)
le (Erbse)
dy (Reis)

GA$_3$ (aktiv)

GA$_5$

3β-OH

GA$_8$ (inaktiv)

2β-OH

GA$_1$ (aktiv)

Abb. 23.13. Der über die 13-Hydroxylierung von GA$_{12}$ verlaufende Biosyntheseweg zum GA$_1$. Dieser Weg dürfte in höheren Pflanzen weit verbreitet sein. Seine Aufklärung gelang mit Hilfe verschiedener Biosynthesemangelmutanten, bei denen einzelne Schritte durch Ausfall des verantwortlichen Enzyms blockiert sind. Die Mutanten sind an den jeweiligen Blockierungsstellen eingetragen. GA$_1$ ist zumindest in Mais- und Erbsenpflanzen das wesentliche native Gibberellin mit biologischer Aktivität. Für die Applikation in physiologischen Experimenten wird meist das besonders leicht herstellbare GA$_3$ (Gibberellinsäure) eingesetzt, das sich vom GA$_1$ nur durch den Besitz einer Doppelbindung zwischen den C-Atomen 1 und 2 unterscheidet. Erst vor kurzem konnte gezeigt werden, daß GA$_3$ auch von höheren Pflanzen gebildet werden kann. (Nach Reid 1990; verändert)

bar sein; sie konnten sowohl im Phloemsaft als auch im Xylemwasser nachgewiesen werden (z. B. im Blutungssaft von Bäumen). Über den Abbau der GAs ist noch sehr wenig bekannt.

Während der Entwicklung der Pflanze treten charakteristische Änderungen im GA-Gehalt verschiedener Gewebe und Organe auf. Ein hoher GA-Pegel ist in der Regel mit Phasen aktiven Wachstums korreliert. Die Bedeutung von GA für die Normalentwicklung wird besonders an Mutanten deutlich, welche die Fähigkeit zur Bildung aktiver GA-Spezies verloren haben. Solche Mutanten, die besonders von Mais und Erbse bekannt sind, fallen zunächst durch *Zwergwuchs* auf, der durch GA-Applikation aufgehoben werden kann (Abb. 23.14). GA-defiziente Pflanzen sind in der Regel steril. Es kommt zwar zum Ansatz von Blüten, aber nicht zur Ausbildung funktionsfähiger Blütenorgane; sowohl die Mikro- als auch die Megasporogenese sind blockiert. Wird diese Blockade

durch eine Behandlung mit GA überwunden, so läuft die Samenreifung normal ab, allerdings sind die reifen Samen ohne GA-Zufuhr nicht keimfähig. Die Rolle von GA bei der Steuerung der Samenkeimung wird in Kapitel 24 ausführlich behandelt. Bei den Poaceen ist GA an der Steuerung der Speicherstoffmobilisierung im Korn im Anschluß an die Keimung beteiligt (→ S. 415).

Bei vielen Pflanzen kann man durch Applikation von GA drastisch in den normalen Entwicklungsablauf eingreifen. Besonders auffällig ist die Steigerung des Internodienwachstums bei Rosettenpflanzen (Abb. 23.15) und die Induktion der Keimung bei vielen dormanten Samen (→ S. 430). Dabei handelt es sich jedoch zunächst um pharmakologische Effekte, welche keine direkten Rückschlüsse auf die Rolle des endogenen GA's bei diesen Prozessen zulassen. Klarheit kann auch hier die Analyse von Mutanten liefern. Bei Rübsen konnte eine Mutante erzeugt werden, in welcher infolge der Änderung eines Gens eine Überproduktion von GA stattfindet. Diese Pflanzen unterscheiden sich vom Wildtyp vor allem durch ein drastisch gesteigertes Internodienwachstum (Abb. 23.16). Damit ist überzeugend gezeigt, daß das Sproßachsenwachstum beim Wildtyp durch endogenes GA *limitiert*, d. h. *reguliert* wird.

Cytokinine

Die Vermutung, daß die Mitoseaktivität pflanzlicher Meristeme durch endogene Faktoren reguliert wird, stammt aus dem letzten Jahrhundert. Die Suche nach zellteilungsfördernden Hormonen war jedoch erst erfolgreich, als es gelang, aseptische *Gewebekulturen* herzustellen. Um 1955 machten amerikanische Forscher die Beobachtung, daß eine autoklavierte (bis 120 °C erhitzte) Probe von Hering-DNA in einer Tabakkalluskultur Mitose und Zellteilung stark förderte. Dieser Effekt war nicht, wie zunächst erwartet, auf die DNA zurückzuführen, sondern auf ein beim Autoklavieren in Spuren gebildetes DNA-Abbauprodukt, das als *Kinetin* bezeichnet wurde. Es handelte sich dabei um die Verbindung *6-(2-Furfuryl)-aminopurin* (Abb. 23.17), die durch Erhitzen aus DNA entstehen kann. Kinetin ist seit dieser Zeit ein essentieller Bestandteil von Gewebekulturmedien. Für die volle Entfaltung seiner zellteilungsfördernden Aktivität ist gleichzeitig Auxin notwendig (→ Abb. 23.27). Einige andere

Abb. 23.14. Zwergwuchs bei einer GA-Mangelmutante und seine Aufhebung durch GA-Applikation. Objekt: *dwarf-5*-Mutante (*d-5/d-5*) und Wildtyp von Mais (*Zea mays*). Die Mutante erhielt insgesamt 250 µg, GA$_3$, appliziert in 2- bis 5tägigen Intervallen auf den Apex vom Keimlingsstadium an. Von *links* nach *rechts*: Wildtyp, unbehandelt; Wildtyp, behandelt; Mutante, unbehandelt; Mutante behandelt. Die genauere Analyse zeigte, daß der Zwergwuchs auf dem Ausfall eines Gens beruht, das die Cyclisierung von Copalylpyrophosphat zum *ent*-Kauren kontrolliert (→ Abb. 23.12, 23.13). Der phänotypische Defekt kann daher z. B. auch durch Applikation von *ent*-Kauren behoben werden. (Nach Phinney und West 1960)

Abb. 23.15. Induktion des Internodienwachstums bei Rosettenpflanzen durch Applikation von Gibberellin. Objekt: Weißkohl (*Brassica oleracea*, var. *capitata*). Der Apex der *rechten* Pflanze wurde vom Keimlingsstadium an in regelmäßigen Abständen mit GA$_3$-Lösung behandelt; *links*: unbehandelte Kontrolle. GA induziert in diesem Fall nicht nur das Internodienwachstum, sondern auch die Blütenbildung, d. h. physiologische Reaktionen, wie sie auch beim natürlichen Schossen der Pflanze auftreten. Daraus läßt sich jedoch nicht ohne weiteres ableiten, daß diese Prozesse durch einen Anstieg des endogenen GA-Pegels verursacht werden. (Nach Galston 1961)

Abb. 23.16. Riesenwuchs bei einer GA-überproduzierenden Mutante. Objekt: *ein*-Mutante (*ein/ein*) und Wildtyp von Rübsen (*Brassica rapa*) nach 11 d Anzucht im Gewächshaus. Im Vergleich zum Wildtyp (*links*) konnte bei der Mutante (*rechts*) etwa 4mal mehr GA$_1$ und 10mal mehr GA$_{20}$ (bezogen auf Trockenmasse) aus der Sproßachse extrahiert werden. Das gesteigerte Streckungswachstum läßt sich durch Hemmstoffe der GA-Synthese vollständig unterdrücken. Bei *Brassica rapa* ist auch eine GA-Mangelmutante bekannt (*ros/ros*), bei der der GA-Gehalt auf etwa 10% gegenüber dem Wildtyp reduziert ist. Diese Mutante zeigt Rosettenwachstum, das durch GA-Applikation aufgehoben werden kann. (Nach Rood et al. 1990)

Adenin-verwandte Verbindungen, z. B. *6-Benzyladenin*, haben eine dem Kinetin sehr ähnliche physiologische Wirksamkeit. Diese Substanzen wurden daher als *Cytokinine* (CYT, von Cytokinese = Zellteilung) bezeichnet.

Der erste Nachweis eines nativen pflanzlichen CYT gelang 1963 durch die Isolierung von *Zeatin* aus Maiskaryopsen (Abb. 23.17). In der Folgezeit zeigte sich, daß Zeatin auch in vielen anderen Pflanzen vorkommt, entweder in freier Form oder gebunden als Ribosid (oder Ribonucleotid). Es ließ sich z. B. die schon lange bekannte zellteilungsfördernde Wirkung von Cocosnußmilch (flüssiges Endosperm) auf die Anwesenheit von Zeatinribosid

Kinetin

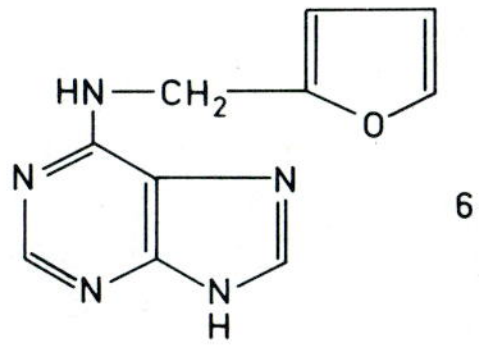

6-(2-Furfuryl)
– aminopurin

Zeatin

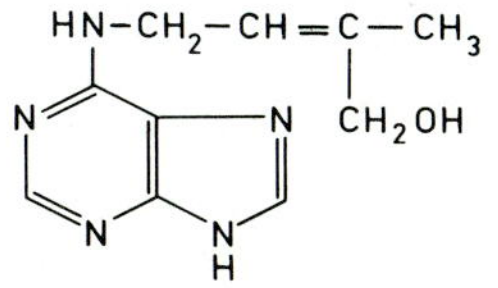

6-(4-Hydroxy-3-methylbut-2-enyl)
– aminopurin

Abb. 23.17. Chemische Struktur der Cytokinine. Kinetin wurde als künstlich erzeugtes Abbauprodukt von DNA entdeckt. Es kommt in Pflanzen nicht vor, kann jedoch als „pharmakologische" Substanz die pflanzeneigenen Cytokinine sehr effektiv substituieren. Zeatin ist ein natürlich vorkommendes Cytokinin, das zuerst aus Maiskaryopsen isoliert wurde

zurückführen. Neben Zeatin sind inzwischen über 10 weitere natürliche N^6-substituierte Adeninverbindungen mit Kinetinaktivität bekannt geworden. Es kann heute als gesichert gelten, daß CYTs zumindest in allen höheren Pflanzen vorkommen und eine wichtige Rolle bei der Steuerung der Zellteilung sowie einiger anderer Entwicklungsprozesse spielen.

Die Biosynthese der CYTs in der Pflanze erfolgt durch Kondensation des freien Adenins mit geeigneten N^6-Substituenten, die sich wahrscheinlich alle vom Isopentenylrest ableiten, d. h. aus dem Isoprenstoffwechsel stammen (→ Abb. 18.3). In vielen Geweben treten CYT-Konjugate (z. B. Glucosylzeatin) auf, die als Speicher-, Transport- oder Abbauformen interpretiert werden. Für den Abbau der CYTs wird das Enzym *Cytokininoxidase* verantwortlich gemacht, das das Molekül in Adenin und N^6-Seitenkette spaltet. Dieses Enzym greift künstliche CYTs wie Kinetin und Benzyladenin nicht an, wodurch sich die langanhaltende Wirkung dieser Substanzen in Zellkulturen erklärt.

Interessanterweise kommen CYTs auch als „seltene Basen" in manchen tRNAs bei Pflanzen und Tieren vor, und zwar stets im Anschluß an das 3′-Ende des Anticodons (→ S. 131). Dieser Befund hat zunächst zu Spekulationen über eine mögliche Funktion der CYTs bei der Regulation der Proteinsynthese geführt, die sich jedoch nicht bestätigt ha-

ben. Es gibt bisher keine Anhaltspunkte dafür, daß ihr Vorkommen in tRNAs etwas mit der Hormonfunktion der CYTs zu tun hat.

Als Syntheseorte für CYTs dienen in der Regel Gewebe mit hoher meristematischer Aktivität, z. B. Kambium, Vegetationspunkte und junge Blätter. Hohe Konzentrationen treten z. B. im Xylemwasser von Bäumen während des Frühjahrs auf. In jungen Keimlingen ist der Wurzelapex der Hauptbildungsort des Hormons, das von dort über die Leitbündel in den Sproß transportiert wird. Nach Entfernung der Wurzel kann man im Sproß Veränderungen im Entwicklungsgeschehen beobachten, die Aufschlüsse über die physiologischen Funktionen der CYTs liefern. Die Entfernung der „Hormondrüse" Wurzel bewirkt eine starke Hemmung des Streckungswachstums der Blätter (Kotyledonen), verbunden mit einigen spezifischen Effekten auf der Zellebene. Besonders auffällig ist die Hemmung der Synthese von Chlorophyll, Calvin-Cyclus-Enzymen und anderen Chloroplastenkomponenten. Diese Mangelsymptome können durch CYT-Applikation verhindert werden. Man kommt aufgrund solcher Befunde zu dem Schluß, daß CYTs nicht nur für die Zellteilung, sondern auch für das Zellwachstum und die Entwicklung funktionsfähiger Chloroplasten notwendig sind. Die weitergehende Frage, ob diese Prozesse durch CYT-Zufuhr aus der Wurzel gesteuert werden, ist sehr viel schwieriger zu beantworten. Ein Beweis dafür, daß die Chloroplastenentwicklung durch den CYT-Pegel im Blatt *limitiert* wird, konnte bisher noch nicht erbracht werden. Im jungen, ergrünenden Keimling erfolgt die Regulation der Chloroplastengenese durch Licht (→ S. 149). Es gibt keine Anhaltspunkte dafür, daß CYTs an der Umsetzung des Lichtsignals in biochemische Folgeprozesse beteiligt sind. Wie in vielen anderen Fällen der gleichzeitigen Beeinflussung eines physiologischen Prozesses durch Licht und Hormone hat sich auch hier gezeigt, daß das Licht nicht über eine Veränderung des Hormonspiegels wirksam wird.

Mit der oben beschriebenen Wirkung von CYTs auf die Chloroplastenentwicklung dürfte auch ein anderer Effekt dieser Hormone zusammenhängen: Die in isolierten Blättern rasch einsetzende Vergilbung durch Abbau von Chlorophyll kann durch CYT-Applikation aufgehalten werden. Entsprechende Effekte erzielt man auch an Blättern intakter Pflanzen, welche im Rahmen der *Seneszenz* ihre Chloroplasten abbauen. Bei isolierten Blättern kann man die Degradation der Chloroplasten (und alle anderen Seneszenzphänomene) auch dadurch verhindern, daß man durch eine IAA-Behandlung die Bildung von Adventivwurzeln am Blattstiel induziert (→ S. 472) und dadurch eine Quelle für endogenes CYT schafft. Die Seneszenz-verhindernde Wirkung der CYTs hat zu der Vorstellung geführt, daß der Alterungs- und Absterbeprozeß bei Blättern mit einer Absenkung des CYT-Spiegels zusammenhängt (→ S. 455).

Wie andere Phytohormone, z. B. Gibberelline, können auch CYTs von phytopathologischen Mikroorganismen gebildet und als spezifische Toxine in der Wechselwirkung mit der Wirtspflanze eingesetzt werden. Ein bekanntes Beispiel ist *Corynebacterium fascians*, das bei Erbsen durch CYT-Ausscheidung ein abnormes, büscheliges Wachstum durch gleichzeitiges Austreiben vieler Seitenknospen erzeugt. In diesem Fall ist die Apikaldominanz offenbar völlig aufgehoben. Möglicherweise liegt auch den durch den Pilz *Taphrina* bei Holzgewächsen verursachten „Hexenbesen" eine ähnliche Ursache zugrunde. Hingegen wird die von *Agrobacterium tumefaciens* ausgelöste Tumorbildung durch eine Übertragung von Genen der CYT- (und IAA-)Synthese in das Wirtsgenom bewirkt (→ S. 334).

Abscisinsäure

Die *Abscisinsäure (ABA)* wurde bereits als Signalsubstanz im Rahmen der hydroaktiven Regelung der Stomaweite bei Wasserstreß vorgestellt (→ S. 251). Dieses Hormon wurde um 1960 von zwei verschiedenen Arbeitsgruppen aufgrund von zwei unterschiedlichen physiologischen Funktionen entdeckt: 1. als „Abscisin", das die Fruchtabscission bei Baumwolle bewirkt und 2. als „Dormin", das bei Birken die Knospenruhe (Dormanz) einleitet. Als sich 1965 herausstellte, daß es sich bei „Abscisin" und „Dormin" um die gleiche Substanz handelte, wurden diese Namen zugunsten der Bezeichnung *Abscisinsäure* aufgegeben.

ABA ist eine Sesquiterpenverbindung; ihre Synthese geht also vom Mevalonat aus. Nach neueren Befunden wird das ABA-Molekül jedoch nicht wie andere Sesquiterpene direkt durch stufenweise Verknüpfung von drei C_5-Körpern gebildet (→ Abb. 18.3), sondern entsteht durch Spaltung des Tetraterpengerüsts der *Carotinoide* (Abb. 23.18). ABA kann in vielen Teilen der Pflanze gebildet wer-

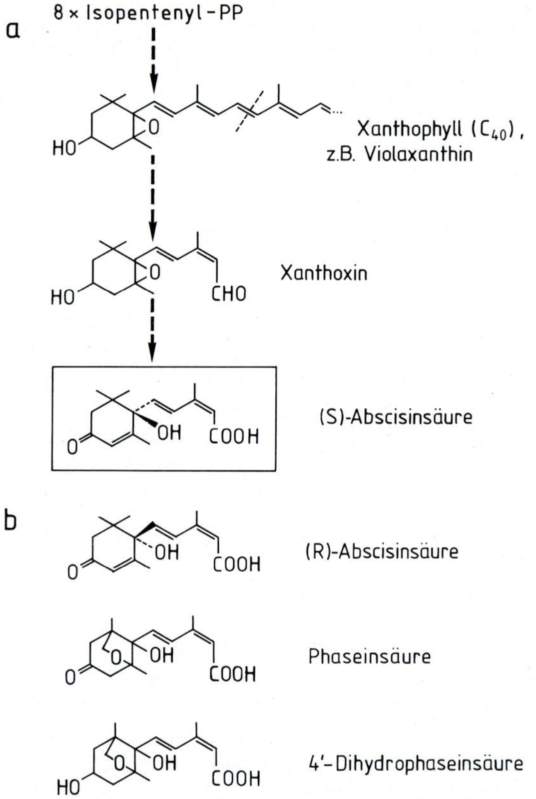

Abb. 23.18a und b. (a) Biogenese von Abscisinsäure (ABA) aus dem Grundgerüst der Carotinoide (von dem Xanthophyll (Epoxi-Carotinoid) *Violaxanthin* ist nur eine Molekülhälfte gezeichnet; → Abb. 12.8). Durch oxidative Spaltung unter Beteiligung von Lipoxygenase entsteht Xanthoxin, das über Abscisinaldehyd zu Abscisinsäure umgesetzt wird. Dieser indirekte Biosyntheseweg (anstelle der direkten Synthese aus Farnesylpyrophosphat; → Abb. 18.3) wird z. B. dadurch belegt, daß die Bildung von ABA durch Hemmstoffe der Carotinoidsynthese (z. B. *Fluridon;* → Abb. 24.5) blockiert werden kann und daß Mutanten mit defekter Xantophyllsynthese auch keine ABA bilden. Die Einzelschritte dieses Weges sind noch nicht vollständig bekannt; sie verlaufen vermutlich im Plastidenkompartiment. (b) (R)-Abscisinsäure kommt neben der natürlichen (S)-Abscisinsäure im synthetisch erzeugten Hormon (Racemat) vor. In der Regel sind beide Enantiomere physiologisch aktiv. Phaseinsäure (oft ebenfalls physiologisch aktiv) und 4'-Dihydrophaseinsäure treten als Abbauprodukte in vivo auf

den, vor allem in Blättern, Wurzeln und reifenden Früchten. Das Hormon wird von den Zellen in den Apoplasten ausgeschieden und ist daher in der Pflanze relativ leicht transportierbar. Es konnte sowohl im Xylemwasser als auch im Phloemsaft nachgewiesen werden.

ABA spielt in der Pflanze generell die Rolle eines Streßhormons, dessen Synthese durch verschiedene streßerzeugende Umweltfaktoren ausgelöst werden kann. Besonders gut untersucht ist die Induktion durch *Wasserstreß* (Abb. 23.19). Nach Beendigung der Streßperiode wird der erhöhte ABA-Pegel wieder rasch abgebaut, wobei *Phaseinsäure* und *Dihydrophaseinsäure* als Zwischenprodukte auftreten (→ Abb. 23.18). Die vielfältigen physiologischen Wirkungen der ABA stehen in aller Regel in Zusammenhang mit der Abwehr von Streßfolgen in verschiedenen Stadien der Entwicklung. Ein typisches Beispiel hierfür ist ihre Beteiligung an der Umstellung der CO_2-Fixierung vom C_3-Weg auf den C_4-Weg der Photosynthese unter dem Einfluß von Wasserstreß bei CAM-Pflanzen (→ S. 264). An der fakultativ halophytischen CAM-Pflanze *Mesembryanthemum crystallinum* konnte gezeigt werden, daß das CAM-Syndrom, einschließlich der Neusynthese der hierfür erforderlichen Enzyme, durch ABA induziert wird. Außerdem vermittelt dieses Hormon die Hemmung der stomatären

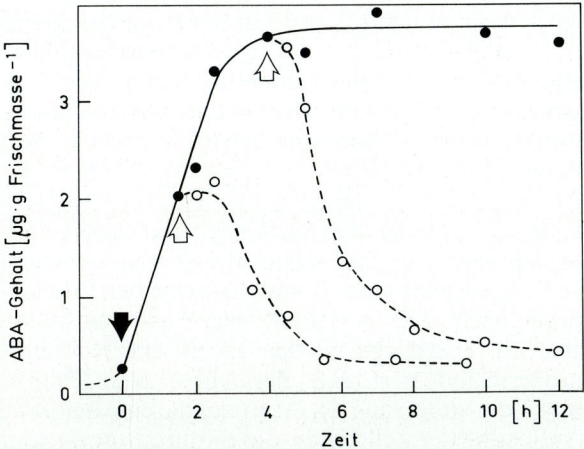

Abb. 23.19. Induktion der Abscisinsäuresynthese durch Wasserstreß. Objekt: Blatt der Spitzklette (*Xanthium strumarium*). Abgeschnittene, vollturgeszente Blätter wurden bei 0 h rasch von 100% auf 90% Wassergehalt getrocknet (*dunkler Pfeil*) und nach 1,5 bzw. 4 h durch Untertauchen in Wasser wieder auf volle Turgeszenz gebracht (*helle Pfeile*). Der rasche Anstieg des ABA-Pegels (lag-Phase <1 h) geht auf Neusynthese des Hormons zurück. Nach Beendigung der Streßperiode wird der ABA-Pegel durch Abbau innerhalb weniger Stunden wieder auf den niedrigen Ausgangswert reduziert. Ähnliche Veränderungen treten in den Blättern intakter (transpirierender) Pflanzen auf, deren Wasserpotential durch Hemmung der Wasseraufnahme in die Wurzel abgesenkt wird. (Nach Zeevart 1980)

Transpiration bei Wasserstreß (→ S. 251), die Förderung der Kälte- und Frostresistenz bei niedrigen Temperaturen (→ S. 576) und die Aufrechterhaltung von umweltresistenten Ruhezuständen in Samen und Knospen (→ S. 427, 435). Die letzten drei Wirkungen sind mit dem Auftreten neuer Proteine (und deren mRNA) verbunden. Dies hat zu der Vorstellung geführt, daß ABA hier über die Aktivierung von bestimmten „Streßgenen" wirksam wird. Die Rolle der ABA bei der Reifung und Dormanz von Samen und Knospen wird in Kapitel 24 ausführlich behandelt. Die Funktion dieses Hormons bei der Abscission von Früchten und Blättern ist noch relativ unklar, da hierbei auch andere Hormone (IAA, Ethylen) maßgeblich beteiligt sind (→ S. 454).

Ethylen

Das gasförmige *Ethylen* (*Ethen*, C_2H_4) nimmt eine Sonderstellung unter den Phytohormonen ein. Obwohl schon lange bekannt war, daß z.B. ethylenhaltiges Leuchtgas drastische Effekte auf verschiedene Entwicklungsprozesse in der Pflanze hat, konnte erst 1935 gezeigt werden, daß Ethylen ein natürliches Produkt des pflanzlichen Stoffwechsels ist und in physiologisch wirksamen Konzentrationen in Pflanzen vorkommt und von ihnen ausgeschieden wird. Trotz dieser Befunde konnte sich die Einreihung des Ethylens unter die Phytohormone nur langsam durchsetzen. Dies änderte sich erst nachdem (etwa ab 1960) mit Hilfe gaschromatographischer Verfahren zuverlässige Messungen niedriger Ethylenkonzentrationen möglich wurden und damit die vielseitige Rolle dieser Substanz als endogener Regulator von Entwicklungsprozessen nachgewiesen werden konnte.

Ethylen ist in Wasser nur schlecht löslich und kommt daher praktisch nur im lufterfüllten Interzellularraum des Kormus in meßbaren Konzentrationen vor (meist $<1\ \mu l \cdot l^{-1}$). Auch die Wirkkonzentrationen bei der Auslösung physiologischer Effekte sind in der Regel sehr niedrig (meist im Bereich von $0{,}01-10\ \mu l \cdot l^{-1}$). Begasungsexperimente mit Pflanzen werden dadurch erschwert, daß die Luft häufig physiologisch wirksame Mengen an Ethylen aus industriellen und anderen Verbrennungsprozessen enthält. Das Gas wird im Interzellularraum der Pflanze durch Diffusion sehr schnell verbreitet; es ist daher prädestiniert, eine integrative Rolle bei der Regulation der Entwicklung in

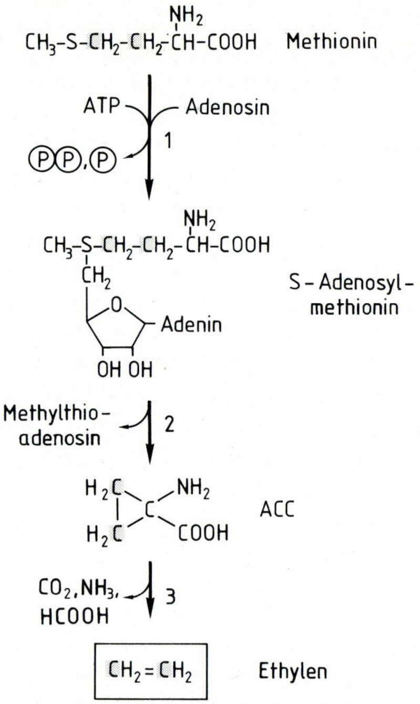

Abb. 23.20. Biosynthese des Ethylens in höheren Pflanzen. Dieser Weg wurde vor allem an reifenden Früchten (z. B. Apfel, Tomate) aufgeklärt. ACC = 1-Aminocyclopropan-1-carboxylsäure. Die Enzyme S-Adenosylmethioninsynthetase (Schritt 1) und ACC-Synthase (Schritt 2) konnten in vitro relativ gut charakterisiert werden, während das Ethylen-bildende Enzym (Schritt 3) noch nicht genau bekannt ist. Die ACC-Synthase wird als das geschwindigkeitsbestimmende Enzym der Kette angesehen. Mit Aminoethoxyvinylglycin (AVG) kann dieses Enzym – und damit die Ethylensynthese – spezifisch gehemmt werden

der vielzelligen Pflanze zu spielen. Allerdings scheint der Transport über größere Strecken im Sproß nur relativ langsam zu erfolgen, weil die lateralen Diffusionsverluste über die axiale Diffusion dominieren. Man muß daher damit rechnen, daß Ethylen zwischen den Organen der Pflanze normalerweise kaum ausgetauscht wird. Erst wenn man im Experiment die Abgabe nach außen verhindert (z. B. durch Inkubation unter Wasser), verbreitet sich das Gas in der Pflanze rasch von Organ zu Organ.

Die Biosynthese des Ethylens in höheren Pflanzen erfolgt aus der Aminosäure *Methionin* (Abb. 23.20). Als unmittelbare Vorstufe dient eine cyclische Aminosäure ungewöhnlicher Struktur (1-Aminocyclopropan-1-carboxylsäure = ACC), aus der in einer noch nicht näher aufgeklärten Reak-

tion $CH_2 = CH_2$ freigesetzt wird. Die Bildung von Ethylen in der Pflanze wird wahrscheinlich durch die *ACC-Synthase* reguliert. Die Aktivität dieses Enzyms steigt z. B. in reifenden (oder verletzten) Früchten durch de-novo-Synthese stark an. Neben Früchten können viele andere Teile der Pflanze Ethylen synthetisieren, wobei insbesondere Streßfaktoren (vor allem Verwundung, Pathogenbefall) eine induzierende Funktion zukommt. Bei Früchten, Blüten und Blättern fällt der Übergang zur Seneszenz häufig mit einem starken Anstieg der Ethylensynthese zusammen (→ S. 457). Über einen Abbaumechanismus für Ethylen ist nichts bekannt; das Gas wird offensichtlich durch Abgabe an die Außenluft beständig aus der Pflanze entfernt. Als lipophile Substanz kann Ethylen relativ leicht durch Wachsschichten (z. B. an der Apfelschale) diffundieren.

Die physiologischen Wirkungen von Ethylen in der Pflanze sind außerordentlich vielfältig. Bei ihrer Erforschung macht man sich den Umstand zunutze, daß das Gas in $Hg(ClO_4)_2$-Lösung nahezu quantitativ absorbiert wird und auf diese Weise aus einer Atmosphäre – und den Interzellularen einer darin wachsenden Pflanze – entfernt werden kann. Als spezifisches Kriterium für eine ethylenabhängige Reaktion gilt die kompetitiv hemmende Wirkung von CO_2 (Abb. 23.21). Die physiologische Funktion dieses Hormons betrifft vor allem zwei Bereiche:

1. *Beschleunigung der Fruchtreife und anderer Seneszenzprozesse.* Bei vielen fleischigen Früchten (z. B. bei Äpfeln und Tomaten) steigt der Ethylenpegel nach dem Abschluß der Wachstumsphase steil an. Hierdurch werden spezifische Reifungsprozesse induziert, z. B. der Abbau von Chlorophyll, die Steigerung der Atmung, die enzymatische Auflösung der Zellwände, die Bildung von Zucker, Aromastoffen und Farbstoffen. Diese Effekte gehen auf die Induktion der Synthese bestimmter „Reifungsenzyme" zurück; man kann daher die Fruchtreifung durch Hemmstoffe der Proteinsynthese blockieren. Oft fördert Ethylen auch seine eigene Synthese („autokatalytische" Wirkung), was zu einer Beschleunigung und räumlichen Synchronisation der biochemischen Reifungsvorgänge in der Frucht führt. Die Funktion des Ethylens als Reifungshormon wird bei der Lagerung von Früchten nach der Ernte in großem Stil technisch ausgenützt: Äpfel, Bananen u. a. können in unrei-

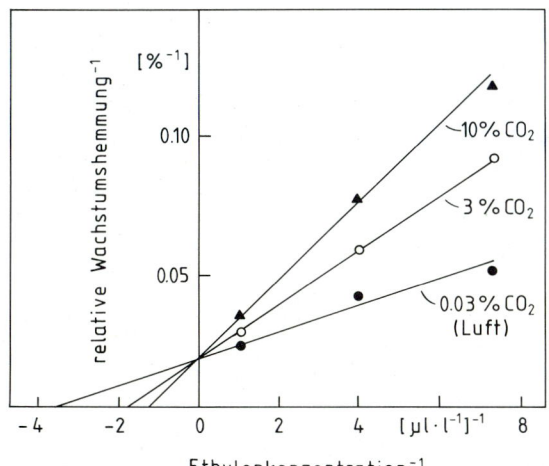

Abb. 23.21. Kompetitive Hemmung der Ethylenwirkung durch CO_2. Objekt: Segmente von Erbsenwurzeln (*Pisum sativum*). Die Segmente wurden in gasdichten Behältern bei verschiedenen C_2H_4- bzw. CO_2-Konzentrationen inkubiert und die Hemmung des Längenwachstums gemessen. Die doppelt-reziproke Darstellung der Daten nach Lineweaver und Burk (→ Abb. 5.2 b) liefert zwei wichtige Einsichten (→ S. 69): 1. Die Wachstumshemmung durch Ethylen läßt sich durch die Michaelis-Menten-Beziehung beschreiben. Als apparente Michaelis-Konstante (an Luft) ergibt sich 0,3 $\mu l \cdot l^{-1}$. 2. CO_2 hemmt die Ethylenwirkung kompetitiv, konkurriert also offenbar an den Bindungsstellen des Ethylenreceptors mit dem C_2H_4. (Nach Chadwick und Burg 1967)

fem Zustand in ethylenarmer, CO_2-reicher Atmosphäre lange Zeit gelagert werden. Begasung mit Ethylen führt in wenigen Tagen zur reifen, verkaufsfähigen Frucht. Auch die Förderung des Frucht- (oder Blatt-)Abwurfs durch Ethylen wird bei der Ernte gelegentlich ausgenützt. Man besprüht z. B. Baumwollpflanzen mit (2-Chlorethyl)-phosphonsäure (Ethephon), einer Substanz, die nach der Aufnahme in die Pflanze Ethylen freisetzt. Andere „Defoliantien", z. B. das künstliche Auxin 2,4-D (→ Abb. 23.6), werden über die Induktion der Ethylensynthese in der Pflanze wirksam. Die Rolle des Ethylens bei der Reifung (Seneszenz) von Blüten wird im Kapitel 26 ausführlich behandelt.

2. *Auslösung von Streßreaktionen.* Verschiedene Streßfaktoren, z. B. Überflutung (O_2-Mangel), Verwundung oder Infektion mit Krankheitserregern, führt in Pflanzen zur Bildung von „Streßethylen". In vielen Fällen konnten funktionelle Zusammenhänge zwischen Ethylenbildung und Streß-

reaktionen aufgezeigt werden, z. B. bei der Synthese von Abwehrenzymen gegen pathogene Pilze (→ S. 590). Ein Beispiel für die Rolle des Hormons bei der Reaktion wachsender Sproßachsen auf eine mechanische Belastung ist in Abb. 23.22 illustriert. In diesem Zusammenhang ist es bemerkenswert, daß die Applikation von Ethylen bei Dikotylenkeimlingen zu einer Förderung des Dickenwachstums auf Kosten des Längenwachstums führt. Diese Umorientierung der Wachstumsrichtung der Zellen läßt sich auf eine Umorientierung der peripheren Mikrotubuli und der anschließend gebildeten Cellulosefibrillen in der Zellwand (von transvers nach longitudinal) zurückführen (→ S. 108). Im Gegensatz hierzu induziert Ethylen in vielen submers wachsenden Pflanzen das Längenwachstum und wird als Signalgeber zur Anpassung der Sproßlänge an den Wasserspiegel verwendet (→ S. 418).

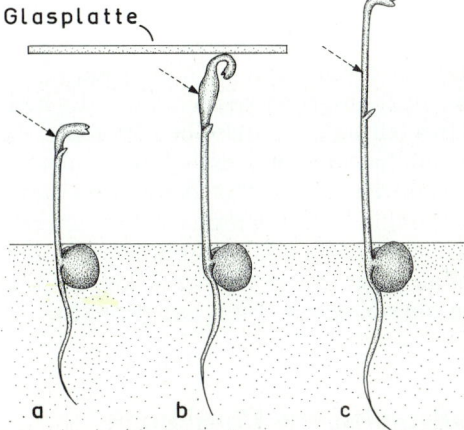

Abb. 23.22 a – c. Wirkung einer mechanischen Belastung auf das Sproßachsenwachstum. Objekt: etiolierte Erbsenkeimlinge (*Pisum sativum*). Die Darstellung zeigt wachsende Keimlinge vor (a), nach (b) bzw. ohne (c) Auftreffen auf ein unbewegliches Hindernis. Ähnliche Bedingungen treten z. B. nach der Keimung in tieferen Erdschichten auf. Die Pfeile zeigen auf eine Zone im 2. Internodium, die im Zustand (a) markiert wurde. Der mechanische Streß (b) führt im Apex zu einer starken Erhöhung der Ethylensynthese. In der Wachstumszone der Sproßachse wird das Längenwachstum der Zellen gehemmt und gleichzeitig das Dickenwachstum gefördert. Dies ist eine typische ethylenabhängige Wachstumsreaktion, wie sie z. B. auch durch Begasung mit dem Hormon erzeugt werden kann. Eine Behandlung mit hohen Konzentrationen an Auxin induziert eine ganz ähnliche Umorientierung der Wachstumsrichtung. Man konnte zeigen, daß dieser Effekt auf eine Induktion der Ethylenbildung durch Auxin zurückgeht. (Nach Osborne 1977)

Weitere Substanzen mit hormonähnlichen Eigenschaften

Neben den bisher besprochenen fünf Hormonklassen gibt es bei Pflanzen eine Reihe weiterer, vergleichsweise wenig gut erforschter Verbindungen, bei denen eine Funktion als Hormon vermutet wird. Hierzu gehören z.B. verschiedene aus Pflanzen isolierbare Stoffe, welche im Biotest als Wachstumsinhibitoren wirken, z.B. die *Jasmonsäure* (Abb. 23.23). Diese Verbindung wurde inzwischen in über 200 Pflanzengattungen nachgewiesen. Ihre native physiologische Funktion ist unbekannt. Exogen applizierte Jasmonsäure hemmt in geringer Konzentration (10^{-6} bis 10^{-4} mol·l^{-1}) das Wachstum und fördert die Seneszenz isolierter Blätter und Früchte. *Methyljasmonat*, ein flüchtiges, als Duftstoff bekanntes Derivat wird von manchen Pflanzen in die Luft ausgeschieden und kann auf diesem Weg in anderen Pflanzen physiologisch wirksam werden (*Allelopathie*). Besonderes Interesse haben neuerdings die *Jasmonsäure-induzierbaren Proteine* (*JIPs*) gefunden, deren Expression in vielen Pflanzen experimentell ausgelöst werden kann. Es handelt sich dabei teilweise um dieselben Proteine, die auch unter dem Einfluß von Abscisinsäure oder bei Wasserstreß auftreten. Da jedoch das Muster dieser Proteine in verschiedenen Pflanzen (und in verschiedenen Geweben derselben Pflanze) unterschiedlich ist, kann man nicht damit rechnen, daß sie eine einheitliche physiologische Funktion besitzen.

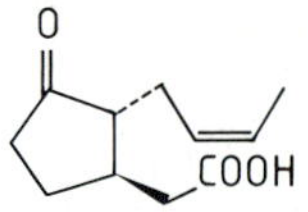

Sechs Fallstudien zur Physiologie der Hormonwirkung

Fallstudie 1: Mechanismus der Auxinwirkung beim Streckungswachstum der Graskoleoptile

Die bedeutsamste Funktion des Auxins ist die Steuerung des Streckungswachstums. Zwar haben in vielen Fällen auch Gibberelline eine wachstumsregulierende Funktion (→ Abb. 23.15, 23.16), können aber Auxin in keinem Fall ersetzen. Die unabhängige (gewebespezifische) Wirkung der beiden Hormone läßt sich z.B. bei Maispflanzen demonstrieren: Das Wachstum der Koleoptile reagiert auf Auxin (nicht aber auf Gibberellin); das Wachstum der Internodien reagiert auf Gibberellin (nicht aber auf Auxin; → Abb. 23.14).

Abb. 23.23. Chemische Struktur der (−)-Jasmonsäure, eines pflanzlichen Stoffwechselprodukts mit hormonähnlichen Eigenschaften. Die Biosynthese der Cyclopentanonverbindung erfolgt aus der Linolensäure. Ein (+)-Enantiomer [(+)-7-Isojasmonsäure] besitzt ebenfalls physiologische Wirksamkeit

Die *Koleoptile* (→ Abb. 23.3) ist auch heute noch das bevorzugte Objekt zur experimentellen Untersuchung der Wachstumssteuerung durch IAA. Hierzu einige Daten: Ein subapikales Segment aus einer Maiskoleoptile verarmt nach seiner Isolierung sehr rasch an endogener IAA; bereits 60 min nach dem Entfernen der Organspitze (Hormonquelle) wird das Wachstum vollständig von der exogenen Zufuhr von IAA abhängig. Die durch IAA induzierbare Wachstumsreaktion setzt nach einer lag-Phase von 15 min ein und erreicht nach 45 min eine stationäre Intensität (Abb. 23.24a). Das induzierte Wachstum ist von der beständigen Anwesenheit des Hormons abhängig; es fällt nach dessen Entfernung im Inkubationsmedium rasch wieder ab (Abb. 23.24b). Eine Hemmung der Atmung mit KCN oder eine Hemmung der Proteinsynthese mit Cycloheximid hemmt das induzierte Wachstum bereits nach wenigen Minuten (Abb. 23.24c, d). Diese Befunde deuten auf einen relativ engen Zusammenhang zwischen Wachstum und Energiestoffwechsel bzw. Proteinsynthese hin.

Ähnlich wie bei Sproßsegmenten kann man das auxininduzierte Wachstum auch bei der Koleoptile auf eine Erhöhung der *Zellwanddehnbarkeit* zurückführen (→ Abb. 8.4). Mit einem mechanischen Dehnungstest läßt sich zeigen, daß IAA spezifisch die Dehnbarkeit der äußeren Epidermiswand steigert (Abb. 23.25). Die Frage nach dem biochemischen Mechanismus der auxininduzierten „Zellwandlockerung" läßt sich derzeit noch nicht abschließend beantworten. Da die Wachstumsinduktion auch bei gehemmter Cellulosesynthese noch normal abläuft, kann die Neubildung von Mikrofibrillen (und deren Orientierung; → S. 108) hier keine Rolle für die Regulation der Wanddehnbarkeit spielen. Man muß vielmehr einen permanent ablaufenden, schnell umsteuerbaren Lockerungsprozeß in der Matrix der bereits vorhandenen Wand annehmen, der durch einen von den Epidermisprotoplasten sezernierten *wandlockernden Faktor* (*WLF*) bewirkt wird.

In einer lange Zeit favorisierten Hypothese wird der WLF mit H^+ identifiziert. Diese „Säure-Wachstumstheorie" gründet sich im wesentlichen auf drei experimentelle Befunde: 1. IAA induziert in der Epidermis der Koleoptile eine Exkretion von H^+ in die Zellwand. 2. Durch Ansäuerung der Zellwand (z. B. mit Pufferlösung bei pH 3,5) läßt sich eine Wachstumsreaktion induzieren. 3. Alkalische

Puffer hemmen das Wachstum. Durch Ansäuerung sollen, dieser Hypothese zufolge, H^+-empfindliche Bindungen in der Zellwand gelockert, oder Enzyme mit wandlockernder Funktion aktiviert werden. Neuere Befunde haben jedoch ergeben, daß die IAA-induzierte H^+-Exkretion quantitativ nicht ausreicht, um den pH-Wert in der Zellwand auf das nach den Wachstumsmessungen zu fordernde niedrige Niveau (etwa pH 3,5) abzusenken. Daneben spricht die Additivität von Säureeffekt und IAA-Effekt beim Wachstum gegen die Vorstellung, daß H^+ der WLF ist (Abb. 23.26). Eine andere naheliegende Vermutung, daß es sich beim WLF um ein

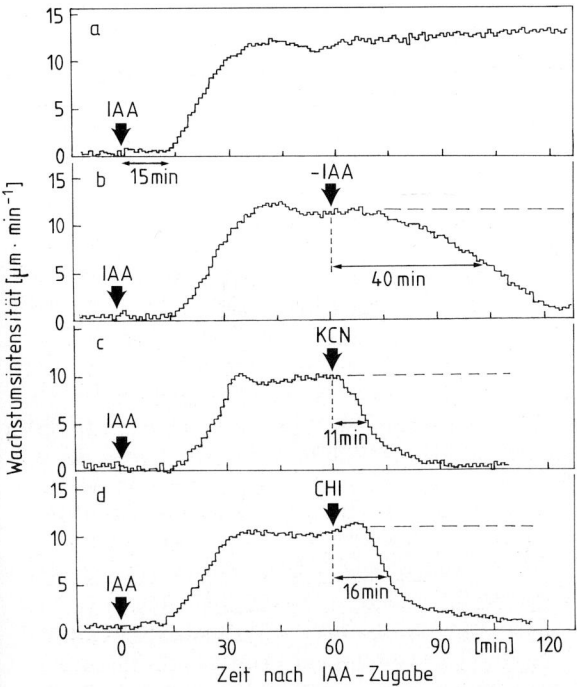

Abb. 23.24 a–d. Induktion des Streckungswachstums durch Auxin (IAA) und seine Abhängigkeit von der Atmung (Inhibition mit KCN) bzw. von der Proteinsynthese (Inhibition mit Cycloheximid, CHI). Objekt: Segmente aus Maiskoleoptilen (*Zea mays*). Einzelne 1 cm lange, subapikale Segmente wurden in Wasser für 60 min an endogenem Auxin verarmt und zur Zeit Null in IAA-Lösung (10 μmol·l^{-1}, 25 °C) inkubiert. Die Messung der Wachstumsintensität erfolgte im Minutenabstand mit einem empfindlichen elektronischen Wegaufnehmer. Das IAA-induzierte Wachstum setzt nach einer lag-Phase von 15 min ein und erreicht eine konstante Intensität nach etwa 45 min (a). Nach Auswaschen des Hormons geht die Wachstumsintensität wieder zurück (halbmaximaler Wert nach 40 min (b). Zusatz von KCN (1 mmol· l^{-1}) oder CHI (10 μmol·l^{-1}) in Gegenwart von IAA führt zu einer schnellen Wachstumshemmung (c, d). Die Inhibitoren haben keinen Einfluß auf das osmotische Potential des Gewebes; d. h. die Wachstumshemmung geht auf eine Verminderung der Extensibilität der wachstumslimitierenden Zellwand (äußere Epidermiswand (→ Abb. 8.12)) zurück. (Nach Edelmann und Schopfer 1989)

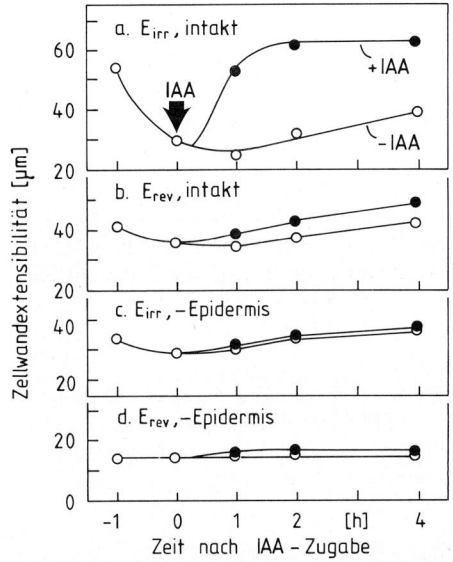

Abb. 23.25 a–d. Der Einfluß von Auxin auf die irreversible und reversible Extensibilität der Zellwand. Objekt: Segmente aus Maiskoleoptilen (*Zea mays*). Einzelne 1 cm lange, subapikale Segmente wurden in Wasser für 1 h an endogener IAA verarmt und zur Zeit Null mit IAA (10 μmol·l^{-1}) inkubiert. Zur Messung der mechanischen Zellwandextensibilität wurden die Segmente in einem Extensiometer unter konstanter Last (20 g bei intakten, 6 g bei epidermisfreien Segmenten) gedehnt. Nach 15 min wurde die Last entfernt und die reversible (elastische) und die irreversible Längenausdehnung (E_{rev} bzw. E_{irr}) gemessen. Die Messungen wurden entweder mit intakten Segmenten (a, b) oder nach Abziehen der Epidermis (c, d) durchgeführt. Die durch IAA bewirkte Steigerung von E_{irr} (a) ist nach Entfernung der Epidermis nicht mehr nachzuweisen (c). Auf E_{rev} hat IAA keinen erheblichen Einfluß (b, d). Nach neueren Befunden geht E_{irr} nicht auf eine plastische, sondern auf eine mit Hysterese verbundene *viskoelastische* (=verzögert elastische) Dehnung der Zellwand zurück. (Nach Hohl 1992; verändert)

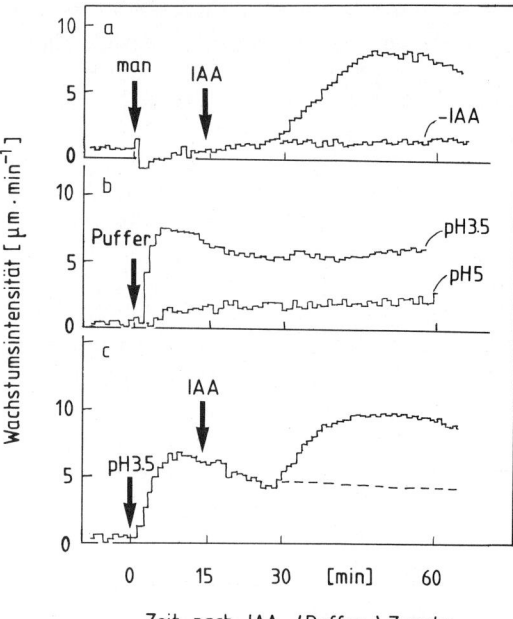

Abb. 23.26 a–c. Additivität von Auxin- und Säure-Wirkung bei der Wachstumsinduktion. Objekt: Segmente aus Maiskoleoptilen (*Zea mays*), bei denen die Cuticula durch Abrasion für H$^+$ permeabel gemacht wurde. (a) Kinetik des auxininduzierten Wachstums (10 μmol $\cdot$ l^{-1} IAA, in Gegenwart von 20 mmol $\cdot$ l^{-1} Mannit = man als Osmoticum). (b) Kinetik des durch einen sauren Puffer (pH 3,5; 20 mmol $\cdot$ l^{-1}) induzierten Wachstums. (c) Kinetik des Wachstums nach Zugabe von saurem Puffer (0 min) und IAA (15 min). Es wird deutlich, daß IAA auch dann noch voll wirksam ist, wenn in der Zellwand ein pH-Wert herrscht, der ein „Säurewachstum" vergleichbarer Intensität erzeugt. (Nach Schopfer 1989)

Enzym handelt, welches in der Zellwand kritische Bindungen zwischen lasttragenden Polymeren spaltet, hat sich bis jetzt ebenfalls nicht bestätigen lassen. Trotz intensiver, jahrzehntelanger Forschung ist die Identität des WLF derzeit noch unbekannt. Es gibt jedoch inzwischen viele Hinweise, daß IAA die Bildung des WLF durch eine sehr schnelle Aktivierung der Genexpression bewirkt (lag-Phase < 10 min).

Fallstudie 2: Hormonelle Regulation der Mitoseaktivität und der Organbildung in Gewebekulturen

Pflanzliche Gewebe lassen sich (unter aseptischen Bedingungen) leicht auf einem Nährmedium kulti-

vieren, welches alle Stoffe enthält, die für die Ernährung der Zellen notwendig sind (meist Saccharose, anorganische Nährsalze, einige Aminosäuren und Vitamine; → S. 463). Trotz vollwertiger Ernährung entwickeln sich solche Gewebe in aller Regel nicht weiter, da sie nicht in der Lage sind, die hierzu außerdem notwendigen Hormone selbst zu bilden. Gewebe- oder Zellsuspensionskulturen sind daher ideale Testsysteme zur Untersuchung von Hormonwirkungen auf die Zellentwicklung. Fügt man z. B. einer Gewebekultur aus Tabakmarkparenchym relativ hohe Konzentrationen an *Auxin* und *Kinetin* zu, so findet rasche Zellvermehrung statt. Die Zellen wachsen, ohne dabei ihren Differenzierungszustand zu ändern. Die Richtung der Zellteilung ist zufallsmäßig; es entsteht ein amorphes Gewebe, ein *Kallus* (Abb. 23.27). Keines der beiden Hormone hat, einzeln appliziert, eine entsprechende Wirkung. IAA und CYT limitieren also gemeinsam die Mitoseaktivität im Ausgangsgewebe; sie sind daher als Zellteilungs*regulatoren* aufzufassen (im Gegensatz zu den Nährstoffen, die als Zellteilungs*faktoren*, d. h. als Voraussetzung für Zellteilung, anzusprechen sind; → S. 396). Es ist sehr wahrscheinlich, daß IAA und CYT auch in den Meristemen der intakten Pflanze als Zellteilungsregulatoren wirksam sind. Ein in diesem Zusammenhang sehr aufschlußreiches Naturexperiment ist die durch *Agrobacterium tumefaciens* an höheren Pflanzen verursachte Tumorbildung (→ S. 334). Hierbei kommt es zur Übertragung bakterieller Gene der IAA- und CYT-Synthese in das pflanzliche Genom. Durch Expression dieser Gene werden die transformierten Pflanzenzellen zu einer pathologisch überhöhten Synthese der beiden Hormone angeregt und nehmen dadurch dauerhaft die Modifikation von proliferierenden, amorph wachsenden Kalluszellen (Tumorzellen) ein.

Ein Kallus kann durch Subkultivierung auf IAA + CYT-Medium beliebig lange im Zustand des amorphen Wachstums gehalten werden. Variiert man jedoch das IAA/CYT-Verhältnis in geeigneter Weise, so läßt sich hierdurch die Bildung von *Organen* induzieren. Eine relativ hohe IAA-Konzentration fördert die Wurzelbildung, eine relativ hohe CYT-Konzentration hingegen die Sproßbildung (Abb. 23.27). Dieser Befund deutet darauf hin, daß das *Verhältnis* der beiden Hormone darüber bestimmt, welcher Weg bei der Entwicklung eingeschlagen wird. Experimente mit genetisch transformierten Pflanzen unterstützen diese Vorstellung:

Abb. 23.27. Auxin (IAA) und Cytokinin (Kinetin) als begrenzende Faktoren der Mitoseaktivität und der Organbildung in einer Gewebekultur. Objekt: Explantat aus dem Stengelmark einer Tabakpflanze (*Nicotiana tabacum*). Relativ hohe IAA- und Kinetinkonzentrationen führen nach einigen Wochen zur Bildung eines Kallus. Die Entwicklung kann zur Bildung von Wurzeln oder Sprossen umgelenkt werden, indem man das IAA/Kinetin-Verhältnis entweder erhöht oder erniedrigt. (Nach Ray 1963)

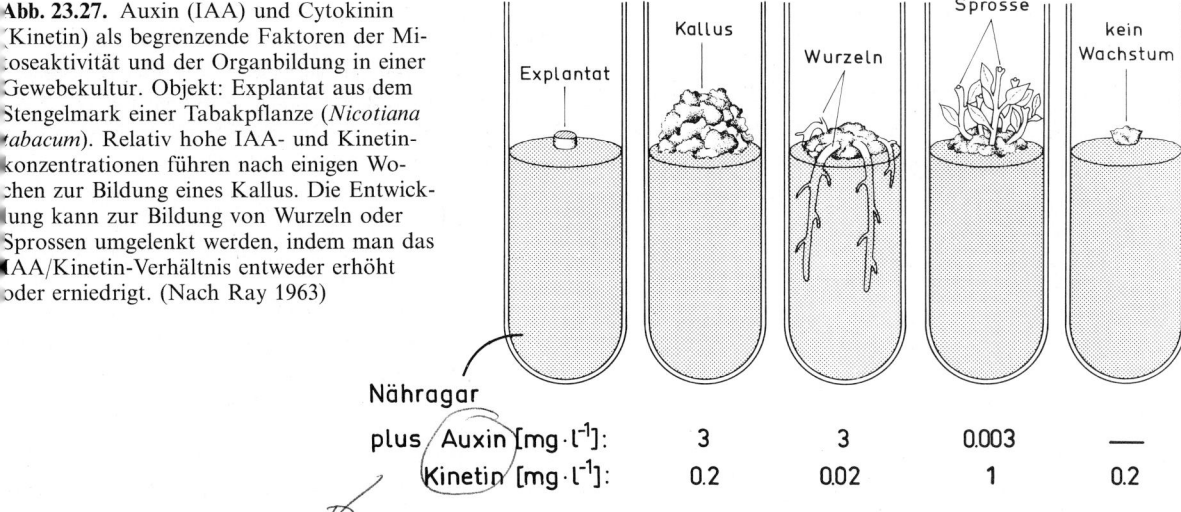

	Explantat	Kallus	Wurzeln	Sprosse	kein Wachstum
Nähragar plus Auxin [mg·l⁻¹]:		3	3	0.003	—
Kinetin [mg·l⁻¹]:		0.2	0.02	1	0.2

Agrobakterien mit einem defekten IAA-Synthese-Gen induzieren in infizierten Pflanzen Tumoren mit sproßähnlicher Morphologie. Umgekehrt erzeugen Agrobakterien mit defektem CYT-Synthese-Gen Tumoren mit wurzelähnlicher Morphologie. Dieses Gen (= *ipt*-Gen; codiert für die *Isopentenyltransferase*, einem Schlüsselenzym der CYT-Biosynthese) wurde isoliert, kloniert und – mit einem sehr starken Promoter gekoppelt – zur Transformation von Tabakpflanzen mit Hilfe von Agrobakterien eingesetzt (→ Abb. 33.20). Die Folge war eine Überexpression des *ipt*-Gens und ein starker Anstieg des CYT-Pegels in den transformierten Zellen in der Umgebung der Infektionsstelle. Gleichzeitig wurden in diesem Bereich Büschel von Adventivsprossen ausgebildet.

Die Induktion der Wurzel- bzw. Sproßbildung durch IAA/CYT wird in der Praxis häufig ausgenützt, um kultivierte Zellen zu Regeneration ganzer Pflanzen zu veranlassen (→ Abb. 27.8). Tumorzellen sind, wie zu erwarten, hormonautonom, d. h. sie proliferieren und wachsen auch ohne Zusatz von IAA und CYT.

Das IAA/CYT-Verhältnis spielt vermutlich auch für die Organbildung in der intakten Pflanze eine wichtige integrative Rolle. So wird z. B. die Kontrolle der Verzweigung im Sproß auf die antagonistische Wirkung der beiden Hormone zurückgeführt. Nach dieser Vorstellung fördert der acropetale Strom von CYT aus der Wurzel das Austreiben der Seitenknospen, während der basipetale Strom von IAA diesen Prozeß hemmt. Zum mono-

podialen Wachstum (*apikale Dominanz;* → S. 330) kommt es, wenn die IAA-Wirkung gegenüber der CYT-Wirkung überwiegt.

Fallstudie 3: Embryo-abhängige hormonelle Regulation der Speicherstoffmobilisierung in der Karyopse der Gräser

Die im Endosperm der Poaceen-Karyopse deponierten Speicherstoffe werden nach der Keimung durch spezielle Enzyme zu löslichen, transportierbaren Molekülen abgebaut. Es entstehen vor allem Disaccharide und Aminosäuren, welche, nach Resorption durch das Scutellum, der Ernährung der jungen Pflanze dienen. Die enzymatische Speicherstoffmobilisierung setzt erst ein, nachdem der Keimling eine gewisse Größe erreicht hat und ist daher nicht der Keimung, sondern der anschließenden Keimlingsentwicklung zuzuordnen (→ S. 430). Die zeitliche Koordination von Keimlingsentwicklung und Speicherstoffmobilisierung wird durch ein hormonelles Signal des Keimlings an das Endosperm gewährleistet (Abb. 23.28). Es handelt sich hierbei um ein *Gibberellin (GA),* dessen genaue Struktur und Entstehungsweise noch nicht feststeht. Dieses Signal löst zunächst im Scutellumepithel, später auch in der Aleuronschicht des Endosperms, die Produktion einer Gruppe von Hydrolasen aus, z. B. von *α-Amylase, Proteinase, RNase, DNase* und *1,3-β-Glucanase.* Ein Teil dieser Enzyme wird von den Aleuronzellen in die inneren

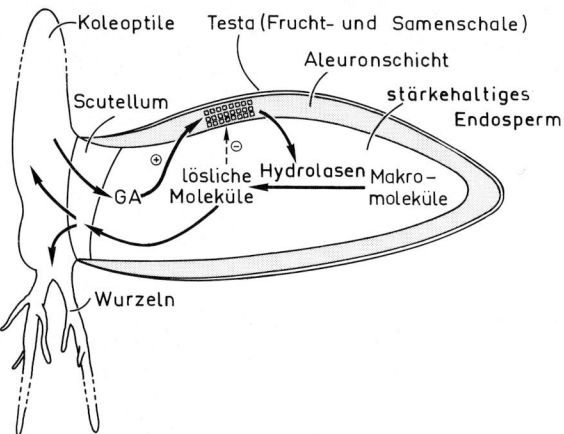

Abb. 23.28. Induktion des Speicherstoffabbaus im Endosperm der Gerstenkaryopse (*Hordeum vulgare*) durch ein hormonelles Signal (Gibberellin = GA) des jungen Keimlings (schematisch). GA wird vom jungen Keimling produziert und in das Endosperm sezerniert. Dieses Speicherorgan besteht im reifen Gerstenkorn aus zwei Geweben, dem toten stärkehaltigen Endosperm, das von einer lebenden Aleuronschicht (bei Gerste drei Zellagen) umgeben ist. Das Hormon gelangt in die Aleuronzellen und löst dort die Synthese hydrolytischer Enzyme (α-Amylase, Proteinase, RNase, DNase, 1,3-β-Glucanase u.a.) aus. Diese Hydrolasen bauen die Speicherstoffe im Aleurongewebe (vor allem Protein) und im stärkehaltigen Endosperm (Stärke und Protein) ab. Die Produkte (vor allem Zucker und Aminosäuren) werden vom Scutellum aktiv aufgenommen und in den wachsenden Keimling transportiert. Die Synthese der Hydrolasen wird durch einen Anstieg des osmotischen Potentials über einen kritischen Wert gehemmt (bedarfsabhängige Regulation durch negative Rückkoppelung; → Abb. 5.24). Der quantitativ wichtigste Abbauprozeß ist die Hydrolyse der Stärke durch α-Amylase, die in den Aleuronzellen synthetisiert und von dort in das stärkehaltige Endosperm sezerniert wird. Durch Abschneiden der embryohaltigen Karyopsenhälfte vor der Keimung erhält man ein experimentelles System, in dem sich die Enzyminduktion durch exogene GA steuern läßt. (Nach Matile 1975; verändert)

Bereiche des Endosperms sezerniert. Hierzu gehört vor allem die α-Amylase, welche die Hydrolyse der Stärke zu Maltose einleitet (→ S. 218).

Die Induktion hydrolytischer Enzyme im Aleurongewebe durch GA wird seit der Entdeckung dieses Phänomens (1960) intensiv untersucht und gilt heute als Musterbeispiel einer hormongesteuerten differentiellen Genexpression. Man macht sich hierbei den Umstand zunutze, daß sich die Aleuronschicht gequollener Karyopsen bestimmter Gerstensorten relativ leicht isolieren läßt. Dieses

Gewebe hat selbst Speicherfunktion für Protein und Fett und bedarf daher keiner besonderen Ernährung. Zusätzlich besitzen die Aleuronzellen die Funktion von Drüsenzellen mit einer spezifischen Kompetenz für GA. Eine Voraussetzung für die Entwicklung der GA-Kompetenz ist die Austrocknung der Karyopse nach der Reifung auf der Mutterpflanze. Die Kompetenz setzt 1–2 d nach der Keimung ein und erreicht nach 3–4 d ihren Höhepunkt. Eine Applikation von GA (z. B. GA₃) an aseptisch inkubiertes, voll kompetentes Aleurongewebe setzt eine biochemische Signalkette in Gang, die schließlich zur Sekretion von aktiven Enzymmolekülen ins Medium führt. Durch Fütterungsexperimente mit markierten Aminosäuren ließ sich zeigen, daß die Bildung der GA-induzierten Hydrolasen nicht auf eine Aktivierung bereits vorliegender, inaktiver Proteinvorstufen (Proenzyme) zurückgeht, sondern auf eine de-novo-Synthese (Translation von mRNA am ribosomalen Proteinsyntheseapparat). Das Hormon löst die Bildung einer eng umgrenzten Gruppe von Polypeptiden aus, wobei die Gesamtproteinsynthese der Aleuronzellen weitgehend unverändert bleibt. Der Induktionsprozeß weist also alle wesentlichen Merkmale einer *differentiellen Genexpression* auf. Wie zu erwarten, hemmen Inhibitoren der RNA-Synthese (z. B. Actinomycin D, Cordycepin) und der Proteinsynthese (z. B. Cycloheximid; → Abb. 10.9) die Bildung der GA-induzierten Proteine. Da man die GA-Wirkung auch mit ABA sehr empfindlich hemmen kann, hat man diesem Hormon eine in bezug auf GA antagonistische Rolle bei der Regulation zugeschrieben. ABA bewirkt jedoch in den Aleuronzellen neben der Repression der GA-induzierbaren Proteine eine Induktion mehrerer anderer Proteine und hat daher offensichtlich keine spezifische Funktion als GA-Antagonist.

Die molekularen Teilschritte der GA-abhängigen Enzyminduktion wurden vor allem am Beispiel der α-Amylase genauer untersucht. Im kompetenten Aleurongewebe setzt die α-Amylasesynthese 6–8 h nach der Zugabe von GA₃ ein. Bereits 12 h später hat dieses Enzym einen Anteil von 70% an der gesamten Proteinsynthese der Zellen. Nahezu zeitgleich mit dem Auftreten der Enzymaktivität steigt die Menge an translatierbarer α-Amylase-mRNA an. Aus der Übereinstimmung von mRNA-Akkumulation und *Rate* der Enzymsynthese (Abb. 23.29) kann man schließen, daß die Enzymsynthese eine direkte Folge der mRNA-Bildung ist. Neuer-

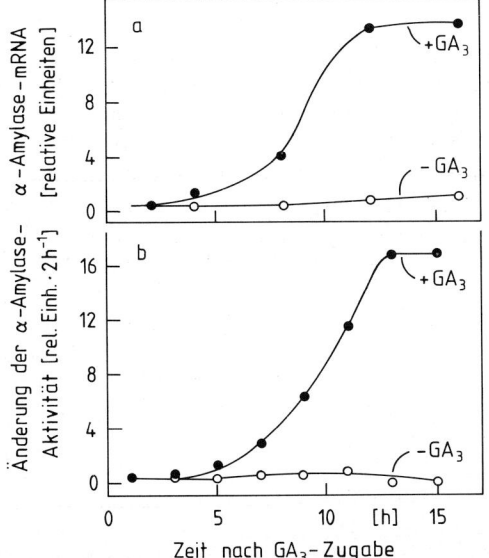

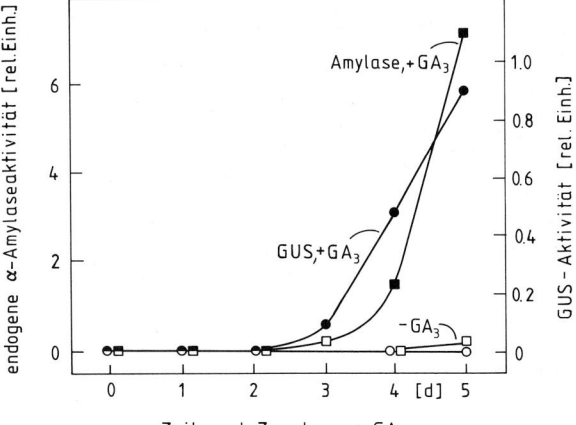

Zeit nach Zugabe von GA₃

Abb. 23.29a und b. Induktion von translatierbarer mRNA und Enzymaktivität der α-Amylase durch Gibberellinsäure (GA₃) im Aleurongewebe. Objekt: isolierte Aleuronschichten von Gerstenkaryopsen (*Hordeum vulgare*). GA₃-kompetente Aleuronschichten wurden bei 25 °C mit oder ohne 1 μmol·l⁻¹ GA₃ inkubiert. (a) GA₃-induzierter Anstieg der mRNA für α-Amylase, gemessen als Stimulation der Synthese von α-Amylaseprotein durch den Zusatz von Gesamt-mRNA (poly-A-haltige Fraktion) aus Aleurongewebe zu einem zellfreien Proteinsynthese-Testsystem. Diese aus Weizenkeimen hergestellte Reaktionsmischung enthält alle Bestandteile des zellulären Proteinsyntheseapparats außer mRNA und translatiert daher zugesetzte mRNA in die zugehörigen Polypeptide. Die relative Menge eines hierbei synthetisierten Polypeptids kann als Maß für die relative Menge der zugehörigen mRNA in der zugesetzten mRNA-Fraktion dienen. (b) GA₃-induzierter Anstieg der α-Amylase-Aktivität in vivo, gemessen als Änderung der extrahierbaren enzymatischen Aktivität pro 2 h. (Nach Higgins et al. 1976)

Abb. 23.30. Gibberellinabhängige Expression eines Reportergens in Aleuronprotoplasten. Ein Fusionsgen, bestehend aus der Promotorregion des α-Amylase2-Gens aus Weizen und einem Reportergen (GUS-Gen, codiert für das Enzym β-Glucuronidase aus Bakterien; → Abb. 10.15), wurde mit Hilfe von Polyethylenglycol in isolierte Protoplasten aus Haferaleurongewebe eingeschleust (→ S. 616). Die transformierten Protoplasten wurden anschließend über 5 d mit oder ohne Gibberellinsäure (GA₃, 1 μmol·l⁻¹) inkubiert und ihr Gehalt an GUS bestimmt. Zum Vergleich ist der GA₃-induzierte Anstieg der α-Amylase in denselben Zellen dargestellt. Dieses Experiment erlaubt drei wichtige Schlüsse: 1. Das künstliche DNA-Konstrukt wird – zumindest in einem Teil der Zellen – dem Genom hinzugefügt und unterliegt der gleichen regulatorischen Kontrolle hinsichtlich der zeitlichen Wirkung des Hormonsignals wie das endogene α-Amylasegen. 2. Die für das Anschalten des α-Amylasegens durch GA₃ verantwortlichen cis-acting elements sind vollständig in der übertragenen Promotorsequenz enthalten (→ S. 134). 3. Die regulatorischen Proteine (trans-acting factors), welche an der Übermittlung des Hormonsignals an den Promotor beteiligt sind, sind bei Weizen und Hafer wirkungsgleich. (Nach Lazarus 1991)

dings ist es auch gelungen, die induzierte Synthese der α-Amylase-mRNA direkt in isolierten Zellkernen aus GA-behandeltem Aleurongewebe zu messen. Die Mechanismen der Transkriptionsinduktion an der DNA werden derzeit intensiv untersucht. Diese Analyse wird dadurch erschwert, daß man es bei der α-Amylase nicht mit einem einheitlichen Protein, sondern mit zwei Isoenzymgruppen (Genfamilien) zu tun hat, deren Gene auf zwei verschiedenen Chromosomen liegen und die charakteristische Abweichungen bei der Regulation aufweisen (z. B. unterschiedliche Empfindlichkeit für GA und unterschiedliche Abhängigkeit von Ca²⁺). Für

die α-*Amylase2*-Genfamilie konnte der Nachweis geführt werden, daß die Induzierbarkeit der Genexpression durch GA-spezifische regulatorische Sequenzen in der Promotorregion vermittelt wird: Ein künstlich hergestelltes Fusionsgen, bestehend aus dem α-Amylase2-Promotor und einem Reportergen, wird nach Einschleusung in Aleuronprotoplasten GA-abhängig exprimiert (Abb. 23.30).

Alle Formen des Enzyms sind monomere Polypeptide, die mit einer *Signalsequenz* an ER-gebundenen Polysomen synthetisiert und cotranslational in das ER-Lumen transportiert werden (→ S. 141). Von dort erfolgt der Weitertransport in Vesikeln zum Golgi-Apparat, gefolgt von der Exocytose durch sekretorische Vesikel an der Plasmamembran (→ Abb. 11.1).

In der Frage nach dem Mechanismus der Signalerkennung und den darauf folgenden Schritten der Signaltransduktionskette bis hin zur Genebene ist man trotz intensiver Bemühungen auch beim Aleuronsystem bisher noch nicht weitergekommen. Man weiß jedoch, daß in den GA-behandelten Zellen bereits vor dem Auftreten neuer α-Amylasemoleküle eine gesteigerte Synthese von Membranlipiden, verbunden mit einer Neubildung von ER-Membranen einsetzt. Die GA-Wirkung ist also nicht auf die Aktivierung der α-Amylasegene beschränkt, sondern umfaßt einen größeren Komplex von zellulären Differenzierungsprozessen, welche insgesamt für die funktionelle Umstellung der Speicherzellen zu sekretorischen Zellen verantwortlich sind.

Dieses Beispiel zeigt in paradigmatischer Weise die Funktion der Hormone als transportierbare Botenstoffe, welche in der Pflanze gezielt dafür eingesetzt werden, die Entwicklung verschiedener Organe bzw. Gewebe zeitlich zu koordinieren.

Fallstudie 4: Regulation der Hormonempfindlichkeit bei der Induktion der Knospenruhe durch kurze Photoperioden

Die physiologische Wirksamkeit eines Hormons hängt nicht zuletzt von der Empfindlichkeit des Zielgewebes für das Hormon ab. Viele Studien haben gezeigt, daß sich diese Empfindlichkeit während der Entwicklung der Pflanze erheblich ändern kann. Das folgende Beispiel illustriert, wie die Hormonempfindlichkeit eines Organs unter dem Einfluß von Umweltfaktoren drastisch ansteigt.

Die Blatt- und Blütenknospen von Holzgewächsen durchlaufen nach ihrer Bildung häufig eine mehrmonatige Ruheperiode, während der endogene Faktoren das Austreiben auch unter optimalen Umweltbedingungen verhindern. Als Auslöser der *Knospendormanz* dient in vielen Fällen die Verkürzung der täglichen Lichtperiode im Herbst (→ S. 435). Da auch das Besprühen der Knospen mit *Abscisinsäure* (*ABA*) den Knospenaustrieb verhindern kann, hat man dem Hormon eine Mittlerrolle bei der Induktion der Knospenruhe zugeschrieben. Diese Problematik wird an anderer Stelle ausführlicher behandelt (→ S. 435); hier interessiert uns die

Frage nach dem Regulationsprinzip, das in diesem Fall verwirklicht ist.

Der funktionelle Zusammenhang zwischen Tageslänge, ABA und Knospendormanz wurde am Beispiel der Korbweide genauer untersucht. Im Langtag (LT) treiben die Knospen dieser Pflanze ohne Ruheperiode aus, während eine längere Folge von Kurztagen (KT) zu einer vollständigen Hemmung des Austriebs führt. Hormonbestimmungen ergaben jedoch, daß der ABA-Gehalt der Knospen während der Ausbildung der Dormanz nicht ansteigt, sondern sogar deutlich vermindert wird. Der zunächst naheliegende Schluß, ABA wäre in diesem Fall an der Dormanzinduktion nicht beteiligt, ist jedoch voreilig. Dies geht aus den in Abb. 23.31 dargestellten Experimenten hervor, in denen die Reaktionsfähigkeit isolierter Knospen von LT- und KT-adaptierten Pflanzen auf exogene ABA getestet wurde. Die Daten lassen sich wie folgt interpretieren: Die Knospen von LT-Pflanzen sind nicht dormant und lassen sich auch durch ABA nicht in den Ruhezustand versetzen; sie sind offenbar *unempfindlich* für das Hormon. Die Knospen der KT-Pflanzen (welche im Kontakt mit der Pflanze nicht austreiben) werden durch die Isolation von dem Einfluß des dormanzerzeugenden Faktors (leicht auswaschbare ABA) befreit und treiben daher auf einem ABA-freien Medium ebenfalls aus. Bei Übertragung auf ein ABA-haltiges Medium zeigt sich jedoch, daß diese Knospen mit steigender Anzahl von KT eine zunehmende Empfindlichkeit für ABA entwickeln, die schließlich zu einer vollständigen Dormanz führt. Aus diesen Befunden läßt sich schließen, daß die durch KT induzierte Knospenruhe an der intakten Pflanze nicht durch eine Steigerung des ABA-Pegels, sondern durch eine Steigerung der Empfindlichkeit der Knospen für ABA reguliert wird. Der ABA-Pegel der Knospen ist in diesem Fall unerheblich, zumindest solange ein kritischer Wert nicht unterschritten wird.

Fallstudie 5: Zweistufige hormonelle Regulation des Streckungswachstums beim Tiefwasserreis

Viele Wasserpflanzen, die ihre Blätter und Blüten normalerweise über die Wasseroberfläche hinaus erheben, können einen Anstieg des Wasserspiegels mit einem entsprechend schnellen Streckungswachstum des Sprosses ausgleichen. Diese Anpassungsreaktion ist z. B. bei bestimmten Reisvarietäten

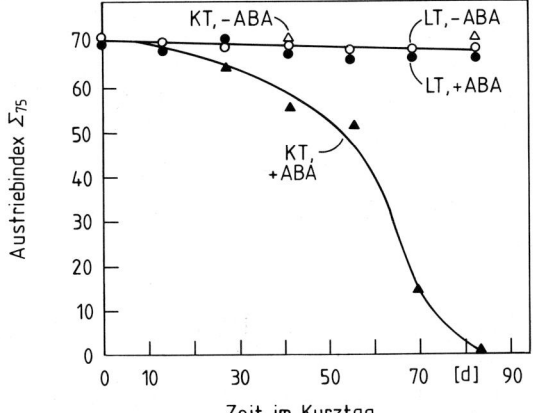

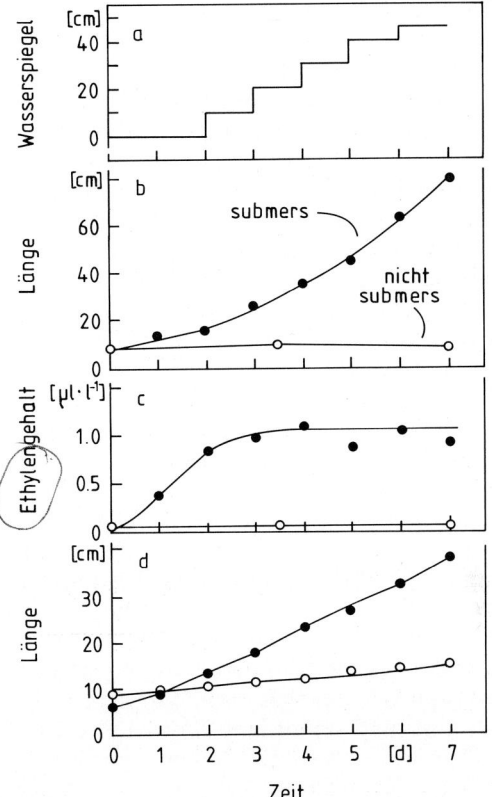

Abb. 23.31. Wirkung von Abscisinsäure (ABA) und der Photoperiode auf den Knospenaustrieb. Objekt: Knospen von jungen Zweigen der Korbweide (*Salix viminalis*). Die Pflanzen wurden entweder im Kurztag (KT, 8 h Starklicht/16 h Dunkel) oder im Langtag (LT, jeweils 4 h Schwachlicht vor und nach der 8 h-Starklichtperiode/8 h Dunkel) gehalten. Zu verschiedenen Zeiten nach Beginn der KT- bzw. LT-Behandlung wurden Knospen isoliert und unter aseptischen Bedingungen auf einem Nährmedium mit oder ohne ABA-Zusatz (1 μmol · l^{-1}) im LT kultiviert. Der Austriebindex Σ_{75} repräsentiert die Anzahl der austreibenden Knospen mit Gewichtung der Schnelligkeit des Austriebs (für Knospen, die am Tag 1, 2, 3 . . . 75 austreiben, ist $\Sigma_{75} = 74, 73, 72$ . . . 0). Unter den gegebenen Bedingungen treiben die von LT-Pflanzen isolierten Knospen mit oder ohne ABA sehr rasch aus; d.h. es besteht keine Empfindlichkeit für das Hormon. Die von KT-Pflanzen isolierten Knospen treiben auf einem ABA-freien Medium ebenfalls aus. Gleichzeitig beobachtet man jedoch eine mit der Anzahl der Kurztage zunehmende Hemmung des Austriebs durch ABA, d.h. die KT-Behandlung erzeugt eine stetig zunehmende Empfindlichkeit für das Hormon. Die in den Knospen parallel bestimmten Pegel an endogener ABA waren im KT und LT nicht verschieden. (Nach Barros und Neill 1986)

Abb. 23.32 a–d. Induktion des Halmwachstums und der Ethylensynthese durch Überflutung beim Tiefwasserreis (*Oryza sativa*, cv. Habiganj Aman II). (a) Junge Reispflanzen wurden in einem Behälter mit Wasser kultiviert, dessen Spiegel täglich um 10 cm erhöht wurde. (b) Hierdurch wird in den jungen, submersen Internodien eine Wachstumsreaktion ausgelöst, welche den Anstieg des Wasserspiegels gerade ausgleicht. (Unter diesen Bedingungen ragen stets etwa ein Drittel der Blätter aus dem Wasser heraus.) Die nichtsubmers kultivierten Kontrollpflanzen zeigen während der Versuchsperiode kein Internodienwachstum. (c) In den luftgefüllten Lacunen untergetauchter Internodien steigt die Konzentration an Ethylen auf etwa 1 μl · l^{-1} an. (d) Bei nichtsubmers kultivierten Pflanzen löst eine Begasung mit Ethylen (0,4 μl · l^{-1}; ●) die Wachstumsreaktion der Internodien aus. (Nach Métraux und Kende 1983; verändert)

ausgeprägt, die in Südostasien in Überflutungsgebieten kultiviert werden, wo der Wasserstand während der Monsunzeit innerhalb kurzer Zeit um mehrere Meter ansteigen kann. Der „Tiefwasserreis" besitzt die Fähigkeit, durch Induktion eines schnellen Streckungswachstums (bis zu 25 cm · d^{-1}) die Position seiner apikalen Blätter der steigenden Wasseroberfläche perfekt anzupassen und dabei eine Länge von bis zu 7 m zu erreichen. Die physiologischen Hintergründe dieser auffälligen Wachstumsreaktion konnten in den letzten Jahren im Prinzip aufgeklärt werden. Hierzu wurden Tiefwasserreiskeimlinge unter Laborbedingungen teilweise

überflutet und das Streckungswachstum der rosettenartig gestauchten Internodien im oberen Teil der Pflanzen verfolgt. Bereits 1–2 h nach Überflutung dieser Internodien setzt ein intensives Streckungswachstum ein (Abb. 23.32 b). Die Messung der Zusammensetzung der Gasphase in den Interzellularen der untergetauchten Internodien ergab, wie zu erwarten, eine starke Verminderung der O₂-Konzentration. Außerdem trat eine 50fache Erhöhung der Ethylenkonzentration auf (Abb. 23.32 c). Eine Unterdrückung der Ethylensynthese in der Pflanze durch spezifische Inhibitoren verhinderte die Wachstumsreaktion bei überfluteten Pflanzen, während eine Begasung mit 0,4 $\mu l \cdot l^{-1}$ Ethylen in Luft das Wachstum ähnlich wie bei Überflutung steigerte (Abb. 23.32 d). Außerdem ließ sich zeigen, daß eine O₂-arme Atmosphäre (Luft mit 3% O₂) bei nicht-untergetauchten Pflanzen die Synthese von Ethylen auslöst, und zwar durch Induktion der ACC-Synthase, dem limitierenden Enzym im Biosyntheseweg des Hormons (→ Abb. 23.20). Diese Resultate führten zur Aufstellung folgender Kausalkette für die Induktion des Internodienwachstums:

1. *Überflutung* verursacht eine Behinderung der O₂-Zufuhr in den untergetauchten Bereichen des Halms. Durch O₂-Verbrauch (Atmung) kommt es zu einer Absenkung des O₂-Pegels im Gewebe.
2. *O₂-Mangel* (Anaerobiose) dient als Signal für die Induktion der Synthese von Ethylen, welches sich aufgrund seiner langsamen Diffusion in Wasser in den submersen Teilen der Pflanze anhäuft.
3. *Ethylen* löst in den jüngeren (kompetenten) Internodien unter der Wasseroberfläche Streckungswachstum aus. Sobald ein Internodium an die Luft kommt, steigt der O₂-Pegel im Gewebe wieder an; das Ethylen verflüchtigt sich durch Diffusion und das Wachstum stoppt.

Wie kann Ethylen in den jungen Internodien das Streckungswachstum beeinflussen? Eine überraschende Antwort auf diese Frage ergab sich, als man das bekanntermaßen bei Reis sehr wirksame wachstumsfördernde Hormon *Gibberellin* (GA; → S. 402) in die Untersuchung einbezog. Hierbei wurden folgende Resultate erhalten: Ein Inhibitor der GA-Biosynthese (*Tetcyclacis*; → Abb. 23.12) hemmt die durch Überflutung – oder durch Ethylenbegasung an Luft – ausgelöste Wachstumsreaktion, und diese Hemmung ist durch Applikation von GA₃ revertierbar. Ethylen ist also offenbar nur in Anwesenheit von GA wirksam. Hingegen kann GA₃ das Wachstum in vollem Umfang auch in Abwesenheit von wirksamem Ethylen induzieren, wobei allerdings relativ hohe GA₃-Konzentrationen erforderlich sind. In Anwesenheit von

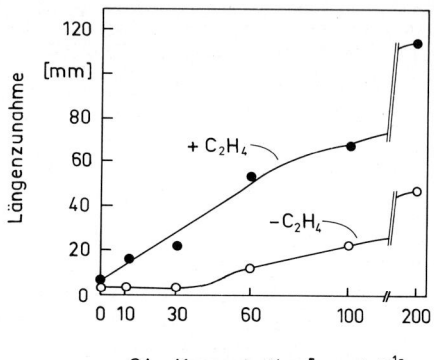

Abb. 23.33. Wirkung von Ethylen auf das gibberellininduzierte Wachstum der Internodien von Tiefwasserreis (→ Abb. 23.32). Halmsegmente mit jungen (apikalen) Internodien wurden mit der Basis in Gibberellinsäure(GA₃)-Lösungen (0–200 $nmol \cdot l^{-1}$) gestellt und in geschlossenen Gefäßen für 3 d inkubiert. Die endogene GA-Synthese wurde mit dem Hemmstoff Tetcyclacis blockiert (→ Abb. 23.12). Die Gefäße wurden entweder mit 1 $\mu l \cdot l^{-1}$ Ethylen in Luft oder mit reiner Luft begast. Die Daten zeigen, daß Ethylen in Abwesenheit von GA₃ selbst praktisch unwirksam ist, aber in Anwesenheit von GA₃ die Wirksamkeit dieses Hormons drastisch steigert. (Nach Raskin und Kende 1984; verändert)

Ethylen wird eine vergleichbare Wachstumsreaktion bereits mit wesentlich niedrigeren GA₃-Konzentrationen erreicht, d.h. Ethylen erhöht offensichtlich die *Empfindlichkeit für GA₃* (Abb. 23.33). Diese Resultate führen zu dem Schluß, daß der eigentliche wachstumsstimulierende Faktor endogenes GA ist.

Ethylen wirkt hier offensichtlich indirekt auf das Wachstum, und zwar indem es die Empfindlichkeit der jungen Internodien für GA steigert. Dieses Beispiel illustriert in sehr anschaulicher Weise eine komplexe regulatorische Signaltransduktionskette, in der zwei Hormone in Serie funktionell verknüpft sind. Außerdem tritt die Funktion von Hormonen als autochtone Signalüberträger bei der Verarbeitung von Umwelteinflüssen auf die pflanzliche Entwicklung deutlich hervor.

Fallstudie 6: Hormonelle Regulation des Blattdimorphismus bei semi-aquatischen Pflanzen

Viele teilweise submers wachsenden Pflanzen haben die Fähigkeit zur Ausbildung von verschiedenen Blattformen unter bzw. über der Wasseroberfläche (*adaptive Heterophyllie*). Morphologie und Anatomie der Wasserblätter und der Luftblätter sind distinkt verschieden (Abb. 23.34 a, b). Der zunächst submers wachsende Sproß bildet Wasserblätter aus. Nach Durchbrechen der Wasseroberfläche wird die Morphogenese jedoch sehr schnell auf die Bildung von Luftblättern umgestellt. Diese Pflanzen besitzen also offenbar für ihre Blattentwicklung zwei alternative, genetisch festgelegte Programme, wobei Umweltfaktoren darüber entscheiden, welches von beiden phänotypisch zur Ausprägung kommt. Im Experiment kann diese Entscheidung durch verschiedene Behandlungen beeinflußt werden, z. B. durch Wasserstreß (erzeugt durch hohes osmotisches Potential im Wasser) oder Temperaturstreß. Viele Befunde deuten darauf hin,

daß hierbei Hormone eine Rolle als Signalübermittler spielen. So kann z. B. durch *ABA* auch unter Wasser die Ausbildung von „Luftblättern" ausgelöst werden (Abb. 23.34 c). Umgekehrt bewirkt *GA* an Luft die Ausbildung von „Wasserblättern" (Tabelle 23.1). Wie bei vielen anderen Experimenten mit applizierten Hormonen stellt sich auch hier die Frage, ob man aus solchen Befunden auf eine entsprechende Funktion der endogenen Hormone bei der Steuerung der Blattentwicklung schließen darf, oder ob hier lediglich ein unbekannter Steuer-

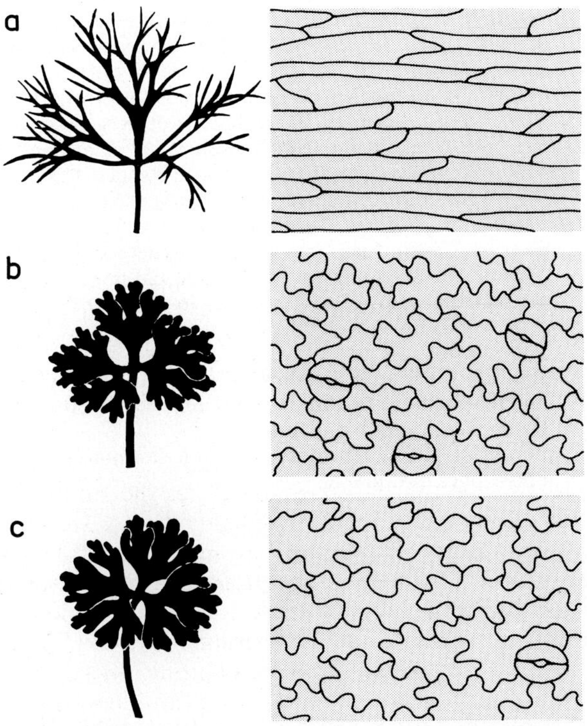

Abb. 23.34 a–c. Blattdimorphismus bei einer semi-aquatischen Pflanze und seine Steuerung durch Abscisinsäure (ABA). Objekt: *Ranunculus flabellaris.* Morphologie (*links*) und Histologie (*rechts*, Aufsicht auf die Blattepidermis) des submers gebildeten Wasserblatts (a) und des über der Wasseroberfläche gebildeten Luftblattes (b). Die Wasserblätter sind anatomisch sehr einfach aufgebaut; sie besitzen z. B. keine Stomata. Nach Zusatz von ABA (25 μmol·l^{-1}) bilden sich auch unter Wasser typische „Luftblätter" aus (c). (Nach Young et al. 1987)

Tabelle 23.1. Ausbildung von Wasser- bzw. Luftblättern bei einer semi-aquatischen Pflanze unter verschiedenen experimentellen Bedingungen. Objekt: Wasserstern (*Callitriche heterophylla*). Pflanzen gleicher genetischer Herkunft wurden entweder unter Wasser (*submers,* a) oder auf feuchter Erde an der Luft (*emers,* b) kultiviert. Die Länge der Epidermiszellen wurde an den ausgewachsenen Blättern, der Turgordruck an den sich entwickelnden Blättern ermittelt. Zusätzliche experimentelle Behandlungen: (c) Besprühen der Sprosse mit 10 μmol·l^{-1} Gibberellinsäure (GA$_3$), (d) Zusatz von 10 μmol·l^{-1} Abscisinsäure (ABA) zum Wasser, (e) Zusatz von 0,24 mol·kg^{-1} Mannit als Osmoticum zum Wasser, (f) Erhöhung der Temperatur von 23 auf 30 °C. Diese Daten führen zu zwei wichtigen Schlüssen: 1. GA$_3$ und ABA wirken offenbar als Antagonisten bei der Festlegung der Blattform. 2. Bei einem Abfall des Turgordrucks werden Luftblätter induziert. Allerdings weisen die hohen Turgorwerte bei (d) und (f) darauf hin, daß ein niedriger Turgor nicht direkt für die Ausbildung von Luftblättern verantwortlich sein kann. Die Daten stehen vielmehr mit der Annahme in Einklang, daß niedriger Turgor und hohe Temperatur die Bildung von ABA induzieren, welche ihrerseits die Bildung von Luftblättern auslöst. (Nach Daten von Deschamp und Cooke 1983)

Wachstums-bedingungen	Blatt-morphologie	Länge der Epidermis-zellen [μm]	Blatt-turgor [bar]
a. Submers, reines Wasser	Wasserform	120	3,5
b. Emers, reines Wasser	Luftform	57	≈ 0
c. Emers, + GA$_3$	Wasserform	109	2,9
d. Submers, + ABA	Luftform	44	4,0
e. Submers, + Osmoticum	Luftform	56	0,6
f. Submers, hohe Temp.	Luftform	60	4,4

faktor pharmakologisch substituiert wird. Zumindest im Fall der ABA gibt es gute Hinweise für eine entsprechende Funktion des endogenen Hormons in der Pflanze. Die in Tabelle 23.1 aufgeführten Daten zeigen, daß Streßbedingungen, welche in vielen Pflanzen zur Synthese von ABA führen, bei einer semi-aquatischen Art ähnlich wie eine ABA-Behandlung wirken. Durch direkte Messungen an der ganz ähnlich reagierenden Art *Hippuris vulgaris* konnte schließlich bestätigt werden, daß die Sprosse an der Luft – ebenso wie in Wasser mit Osmoticum – einen drastisch erhöhten ABA-Gehalt aufweisen. Die kausalen Zusammenhänge erscheinen nach diesen Resultaten ziemlich klar: Der Sproß semi-aquatischer Pflanzen gerät an der Luft aufgrund der erhöhten Transpiration unter Wasserstreß. Der Abfall des Wasserpotentials löst folgende Sequenz von Ereignissen aus: Abfall des Turgors → Induktion der ABA-Synthese → Umsteuerung der Morphogenese von Wasser- auf Luftblätter. Auch dieses Beispiel läßt sich zwanglos mit der Funktion der ABA als Streßhormon vereinbaren (→ S. 568). Ähnlich wie Ethylen in der vorigen Fallstudie spielt das Hormon auch hier die Rolle eines autochtonen Signalüberträgers für einen Umweltreiz.

Weiterführende Literatur

Chadwick CM, Garrod DR (1986) Hormones, receptors and cellular interactions in plants. Cambridge University Press, Cambridge

Davies PJ (ed) (1987) Plant hormones and their role in plant growth and development. Martinus Nijhoff, Dordrecht Boston Lancaster

Davies AJ, Jones AG (eds) (1991) Abscisic acid: Physiology and Biochemistry. Bios Sci Publ, Oxford

Fincher GB (1989) Molecular and cellular biology associated with endosperm mobilization in germinating cereal grains. Annu Rev Plant Physiol Plant Mol Biol 40:305–346

Goliber TE, Feldman LJ (1989) Osmotic stress, endogenous abscisic acid and the control of leaf morphology in *Hippuris vulgaris* L. Plant Cell Environ 12:163–171

Hetherington AM, Quatrano RS (1991) Mechanisms of action of abscisic acid at the cellular level. New Phytol 119:9–32

Hoad GV, Lenton JR, Jackson MB, Atkin RK (eds) (1987) Hormone action in plant development – A critical appraisal. Butterworths, London

Jones RL, Heupke HJ, Robinson DG (1989) Die Aleuronzellen des keimenden Getreides. Ein Modellsystem für Untersuchungen von Sekretion und Hormonwirkungen bei Pflanzen. Naturwiss 76:15–23

Kende H (1987) Studies on internodal growth using deepwater rice. In: Cosgrove DJ, Knievel DP (eds) Physiology of cell expansion during plant growth. The American Society of Plant Physiologists, Rockville, pp 227–238

Klee H, Estelle M (1991) Molecular genetic approaches to plant hormone biology. Annu Rev Plant Physiol Plant Mol Biol 42:529–551

Lazarus CM (1991) Hormonal regulation of plant gene expression. In: Grierson D (ed) Developmental regulation of plant gene expression. Blackie, Glasgow London, pp 42–74

Moore TC (1989) Biochemistry and physiology of plant hormones. 2. ed. Springer, New York Heidelberg Berlin

Napier RM, Venis MA (1990) Receptors for plant regulators: Recent advances. J Plant Growth Regul 9:113–126

Parthier B (1989) Hormone-induced alterations in plant gene expression. Biochem Physiol Pflanzen 185:289–314

Parthier B (1991) Jasmonates, new regulators of plant growth and development. Many facts and few hypotheses on their action. Bot Acta 104:446–454

Reid JB (1990) Phytohormone mutants in plant research. J Plant Growth Regul 9:97–111

Roberts LW, Gahan PB, Aloni R (eds) (1988) Vascular differentiation and plant growth regulators. Springer, Berlin Heidelberg New York

Takahashi N (1986) Chemistry of plant hormones. CRC Press, Boca Raton

Takahashi N, Phinney BO, MacMillan J (eds) (1991) Gibberellins. Springer, New York Berlin Heidelberg

Zeevaart JAD, Creelman RA (1988) Metabolism and physiology of abscisic acid. Annu Rev Plant Physiol Plant Mol Biol 39:439–473

24 Reifung und Keimung von Fortpflanzungs- und Verbreitungseinheiten

Pflanzen bilden während ihrer Ontogenie verschiedene Formen von Fortpflanzungs- und Verbreitungseinheiten aus, die unter dem allgemeinen Begriff *Diaspore* zusammengefaßt werden. Typische Diasporen sind *Samen (Früchte)*, *Pollen* und *Sporen*, aber auch rein vegetative Einheiten wie z. B. *Brutknospen*, *Brutknollen* und *Turionen* (Brutknospen von Wasserpflanzen). Diasporen stehen primär im Dienst der Vermehrung und Ausbreitung. Außerdem dienen sie in vielen Fällen dem Überleben unter ungünstigen Umweltbedingungen. Aufgrund dieser Aufgaben besitzen Diasporen einige typische physiologische Gemeinsamkeiten: 1. Sie enthalten meist große Mengen an Speicherstoffen. 2. Sie können in einen mehr oder minder stark dehydratisierten Zustand übergehen, in dem der Stoffwechsel auf ein Minimum reduziert ist (physiologischer Ruhezustand). 3. Sie besitzen (im dehydratisierten Zustand) eine hohe Resistenz gegen ungünstige Umweltbedingungen (z. B. Hitze, Kälte, Trockenheit). Beim Eintreten günstiger Bedingungen kann der Ruhezustand durch den Vorgang der *Keimung* abgebrochen werden; die Diaspore entwickelt sich weiter zu einer *Keimpflanze*. (Im Fall der Pollenkeimung ist diese Keimpflanze auf den Pollenschlauch reduziert.)

In diesem Kapitel stehen die physiologischen Eigenschaften der Samen höherer Pflanzen im Vordergrund. Der *Same* ist ein aus einer Samenanlage entstandenes Verbreitungsorgan, das einen vorübergehend ruhenden Embryo enthält, der von einer Samenschale (*Testa*) umgeben ist und häufig noch ein besonderes Nährgewebe besitzt. Das Nährgewebe ist entweder ein *Endosperm* (entspricht bei den Gymnospermen einem Megaprothallium, bei Angiospermen wegen der doppelten Befruchtung triploid), oder ein rein mütterliches Gewebe (*Nucellus*, entspricht einem Megasporangium). Die Testa entsteht aus den Integumenten; sie ist also ebenfalls ein rein mütterliches Gewebe. Der Same steht über das Samenstielchen (*Funiculus*) mit der Mutterpflanze in Verbindung. Viele Samen sind auch im reifen Zustand noch von den Fruchtblättern (*Pericarp*) umgeben (z. B. die Achänen der Asteraceen und die Karyopsen der Poaceen). Die Samen (Früchte) der höheren Pflanzen sind also komplex aufgebaute Gebilde, in denen Gewebe verschiedener genetischer Herkunft vereinigt sind.

Die Rolle des Samens im ontogenetischen Kreislauf der Pflanze ist in Abb. 24.1 illustriert. Die Abfolge der einzelnen Entwicklungsschritte in diesem Sektor der Ontogenie wird in vielfältiger Weise durch *Hormone* gesteuert. Vor allem durch neuere Untersuchungen mit Hormonmangelmutanten hat sich gezeigt, daß die Samenreifung durch *Abscisinsäure* (ABA; → S. 408) und die Samenkeimung durch *Gibberellin* (GA; → S. 402) kontrolliert werden.

Die Entwicklung zum reifen Samen

Histodifferenzierung

Die Körpergrundgestalt der Pflanze wird bereits in den frühen Stadien der Embryonalentwicklung im Embryosack festgelegt (Abb. 24.2). Bereits kurz nach dem Torpedostadium sind die Anlagen der Keimlingsorgane (Kotyledonen, Hypokotyl, Radicula) gut erkennbar (Abb. 24.1). An den beiden Entwicklungspolen (Sproßapex, Wurzelapex) bilden sich Meristeme aus. Im späten Torpedostadium wird die Zellteilung im Embryo beendet. Die physiologischen Vorgänge während der Histodifferenzierung sind noch weitgehend unerforscht, da der Embryo in dieser Phase experimentell sehr schwer zugänglich ist. Eine steuernde Rolle von Hormonen (vor allem von Gibberellin, das vom Suspensor abgegeben wird) ist wahrscheinlich, aber noch nicht eindeutig erwiesen. Die Histodifferenzierung kann auch außerhalb des Embryosacks

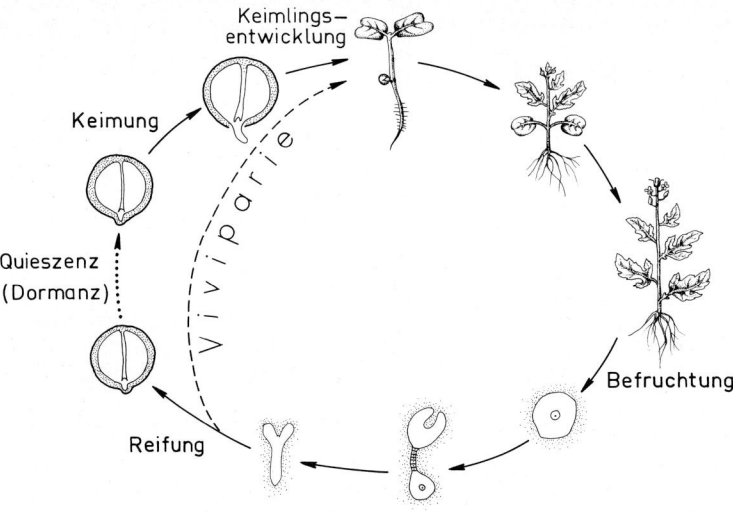

Abb. 24.1. Samenbildung und Samenkeimung im Entwicklungskreislauf einer höheren Pflanze. Aus der Zygote (*rechts unten*) entsteht durch Zellteilung und -differenzierung der junge Embryo, der bereits alle Organanlagen des Keimlings (Kotyledonen, Hypokotyl, Radicula) besitzt. Dieser Abschnitt wird als *Histodifferenzierung* bezeichnet. Anschließend folgt die *Reifungsphase*, in der der Embryo ohne weitere Zellteilungen durch Einlagerung von Speicherstoffen in die Kotyledonen stark heranwächst. (In manchen Samen erfolgt die Speicherstoffeinlagerung nicht nur innerhalb des Embryos, sondern in einem umgebenden Nährgewebe, dem Endosperm oder dem Perisperm.) Die Reifungsphase wird durch die *Desiccation* abgeschlossen, während der der Same 90–95% seines Wassergehalts verliert. Der trockene Same befindet sich in einem Ruhezustand, der im einfachsten Fall durch erneute Wasserzufuhr aufgehoben werden kann (*Quieszenz*). Von *Dormanz* spricht man, wenn der Abbruch des Ruhezustands eine zusätzliche keimstimulierende Behandlung erfordert. Die *Keimung* erfolgt durch Austritt der Radicula aus der Samenschale (Testa); sie leitet die Entwicklung des Embryos zum Keimling ein. Wenn die Normalentwicklung des Embryos dadurch abgekürzt wird, daß der Embryo vor (oder während) der Reifung bereits auf der Mutterpflanze auskeimt, spricht man von *Viviparie*

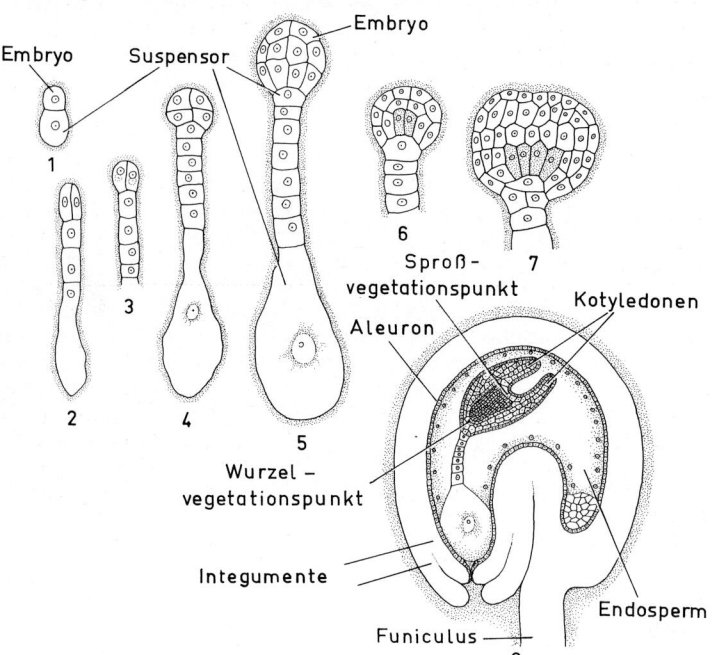

Abb. 24.2. Stadien der frühen Embryonalentwicklung bei einer dikotylen Samenpflanze. Objekt: Hirtentäschel (*Capsella bursa-pastoris*). Die Entwicklung vollzieht sich im Embryosack. Die Teilabb. 8 zeigt, bei reduzierter Vergrößerung, einen Längsschnitt durch die Samenanlage. Die Aleuronschicht (Endothel) ist bei den Brassicaceen ein Teil des inneren Integuments. (Nach Holman und Robbins 1939; verändert)

stattfinden. Unter geeigneten experimentellen Bedingungen kann man z. B. die (vegetativen) Zellen einer Suspensionskultur zur Entwicklung von Embryonen veranlassen (*somatische Embryogenese;* → Abb. 19.33), welche sich morphologisch und physiologisch von den zygotisch entstandenen Embryonen kaum unterscheiden.

Samenreifung

Nach Abschluß der Zellteilungen im Embryo geht die Samenanlage in die *Reifungsphase* über, die je nach Art einen unterschiedlichen Verlauf nehmen kann. Bereits während der Histodifferenzierung des Embryos bildet sich im Embryosack ein *Endosperm.* In manchen Pflanzen wächst dieses Gewebe unter Speicherstoffeinlagerung stark heran und wird erst nach der Keimung als Nährgewebe abgebaut (Samen mit Endospermspeicherung; z. B. bei *Pinus*, *Ricinus*, *Cocospalme* und den Karyopsen der *Gräser*). In selteneren Fällen bildet der *Nucellus* ein dauerhaftes Nährgewebe (*Perisperm;* z. B. bei *Agrostemma*). Bei den meisten dikotylen Pflanzen üben Endosperm und Nucellus die Funktion als Nährgewebe jedoch nur vorübergehend während der frühen Embryonalentwicklung aus und werden anschließend aufgelöst. In Abwesenheit eines dauerhaften extraembryonalen Nährgewebes erfolgt die Speicherstoffeinlagerung im Embryo selbst, vor allem in den Kotyledonen (Samen mit Kotyledonenspeicherung; z. B. bei Fabaceen und Brassicaceen). Als Speicherstoffe dienen *Speicherpolysaccharide* (meist *Stärke*), *Fette* (*Triacylglycerole*) und *Speicherproteine*. Die Biosynthese dieser Stoffe und ihre Ablagerung in speziellen Speicherorganellen erfolgt in allen Samenspeichergeweben in sehr ähnlicher Weise (→ Abb. 13.19, 13.22, 13.23). Dem Samen werden in diesem Stadium große Mengen an Assimilaten aus der Mutterpflanze durch die Leitbündel des Funiculus zugeführt, vor allem Zucker und Aminosäuren.

Aufgrund ihres einfacheren morphologischen Aufbaus sind Arten mit Kotyledonenspeicherung bevorzugte Objekte zum Studium der physiologischen Vorgänge bei der Samenreifung. Die Abb. 24.3 zeigt den Verlauf des Embryowachstums und der Speicherstoffakkumulation beim Weißen Senf, einem typischen Vertreter dieses Pflanzentyps. Wie alle Brassicaceen enthält der reife Senfsame (neben einer kleinen Menge löslicher Kohlen-

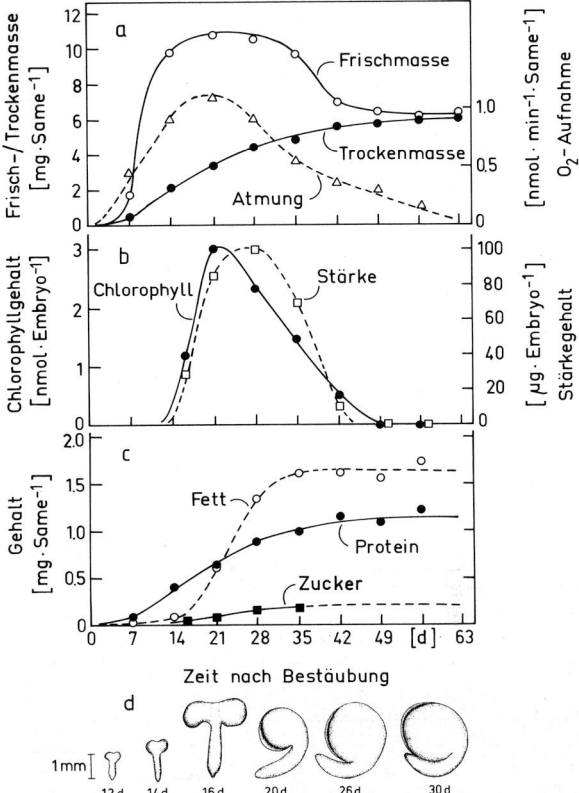

Abb. 24.3a–d. Embryowachstum und Speicherstoffeinlagerung während der Samenreifung. Objekt: Weißer Senf (*Sinapis alba*). Die Pflanzen wurden unter kontrollierten Bedingungen in der Klimakammer angezogen (20 °C, Dauerlicht) und synchron bestäubt. Unter diesen Bedingungen ist die Samenreife nach etwa 60 d abgeschlossen. (a) Änderung der Frischmasse, der Trockenmasse und der Atmungsintensität der Samen während dieser Zeitspanne. (b) Im mittleren Teil der Reifungsperiode werden im Embryo vorübergehend photosynthetisch aktive, Stärke-akkumulierende *Chloroplasten* ausgebildet, die anschließend in *Amyloplasten* und schließlich in *Proplastiden* übergehen (→ Abb. 13.22). Chlorophyll und Stärke steigen zunächst an und werden anschließend wieder abgebaut. (c) Akkumulation der Speicherstoffe Fett (Triacylglycerol) und Speicherprotein (etwa 25% bzw. 20% der Trockenmasse des reifen Samens). Daneben wird eine kleinere Menge löslicher Zucker, vor allem Disaccharide, akkumuliert, welche als Substrat für den Energiestoffwechsel während der Keimung dient. Die Mobilisierung der Hauptspeicherstoffe Fett und Speicherprotein erfolgt erst im Keimlingsstadium. (d) Embryonalstadien während der Hauptreifungsphase. (Nach Fischer et al. 1988; verändert)

hydrate) Fett und Speicherprotein. In der Mitte der Reifungsperiode entsteht auch Stärke, die jedoch anschließend in Fett umgebaut wird.

Die Reifungsphase wird durch eine kontrollierte Austrocknung (*Desiccation*) des Samens beendet (→ Abb. 24.3 a). Diese wird durch die Unterbrechung der Wasser- und Nährstoffzufuhr durch den Funiculus eingeleitet (Ausbildung eines Trenngewebes). Die Zellen der Testa sterben ab (mit Ausnahme der Aleuronschicht; → Abb. 23.28). Mit der Dehydratisierung des Protoplasmas geht eine Verminderung der metabolischen Aktivität im Embryo einher; der Same geht in den *Ruhezustand* über. Dieser Schritt ist allerdings keine obligatorische Voraussetzung für die Keimfähigkeit des Samens. Bei vielen Pflanzen kann man auch die unreifen Samen zur Keimung bringen, wenn man sie von der Mutterpflanze isoliert (Abb. 24.4). Die ungereiften Samen besitzen jedoch noch nicht die Fähigkeit, eine Austrocknung lebend zu überstehen (Abb. 24.4). Die Toleranz gegen Austrocknung, ein entscheidendes Merkmal des normal gereiften Samens, wird erst gegen Ende der Reifungsphase erworben. Hierbei kommt es zu auffälligen strukturellen Veränderungen in den Zellen, z. B. zu einer Umwandlung von Chloroplasten in strukturarme Proplastiden (→ Abb. 13.22). Die zuvor akkumulierte Stärke wird meist vollständig abgebaut (→ Abb. 24.3 b).

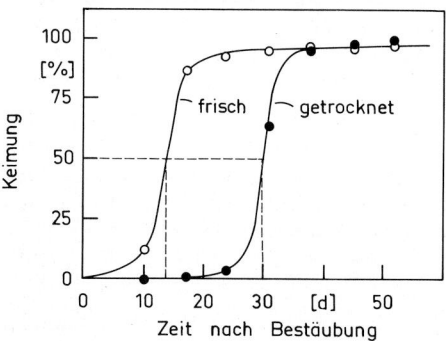

Abb. 24.4. Erwerb der Keimfähigkeit und der Austrocknungstoleranz während der Samenreifung. Objekt: Weißer Senf (*Sinapis alba*). Von den wie in Abb. 24.3 angezogenen und bestäubten Pflanzen wurden reifende Samen zu verschiedenen Zeiten nach der Bestäubung aus den Früchten herauspräpariert und ihre Keimfähigkeit entweder direkt (*frisch*) oder nach raschem Zurücktrocknen auf 5% Wassergehalt (*getrocknet*) bestimmt. Man erkennt, daß die unreifen Samen bereits 14 d nach der Bestäubung zu 50% keimfähig sind. Die Austrocknungstoleranz wird jedoch erst nach etwa 30 d erworben. (Nach Fischer et al. 1988)

Dafür steigt der Gehalt an löslichen Zuckern (vor allem von *Saccharose* und *Trehalose*) im Cytoplasma an. Diesen Verbindungen wird eine Schutzfunktion für Membranen bei der Zelldehydratisierung zugeschrieben. Die Vacuolen sind vollständig verschwunden. Das Cytoplasma besteht zum größten Teil aus Proteinkörpern und Oleosomen (→ Abb. 13.23 c). Bei Wasserentzug tritt keine Plasmolyse sondern eine Cytorrhyse auf, d. h. die Zellen schrumpfen ohne Ablösung des Protoplasten von der Zellwand (→ S. 50). Dies scheint eine wichtige Voraussetzung für die erstaunliche Austrocknungsfähigkeit gereifter Samen zu sein.

Steuerung der Samenreifung

In manchen Samen kann die Samenruhe umgangen werden, d. h. der Embryo entwickelt sich direkt auf der Mutterpflanze bis zum Keimling (z. B. bei Mangroven). Dieses Phänomen nennt man *Viviparie* (→ Abb. 24.1). Auch Getreide kann auf dem Halm auskeimen, wenn es während der Reife hoher Feuchtigkeit ausgesetzt wird. Die Samenreifung ist kein starr vorprogrammierter Entwicklungsprozeß, sondern unterliegt einer Steuerung durch Außenfaktoren. Dieser Schluß wird auch durch den Befund nahegelegt, daß unreife Samen häufig keimfähig sind, wenn man sie von der Mutterpflanze isoliert (→ Abb. 24.4). Der Embryo ist also bereits vor der Reifungsphase potentiell in der Lage, sich zum Keimling weiterzuentwickeln, wird aber offenbar durch die Mutterpflanze daran gehindert, diesen Weg einzuschlagen. Durch welche Einflüsse kann die Mutterpflanze die Viviparie verhindern? Es gibt viele experimenelle Hinweise dafür, daß dies durch zwei Faktoren bewirkt werden kann: 1. Durch eine restriktive Versorgung des Samens mit Wasser wird das Wasserpotential im Embryo niedrig gehalten. Der Turgor reicht dann nicht aus, um rasches Zellwachstum zu ermöglichen (→ S. 104). 2. Die Mutterpflanze bewirkt im Embryo einen starken Anstieg von ABA (Abb. 24.5 b). Die Anwesenheit dieses Hormons scheint insbesondere während der frühen Reifungsphase für die Unterdrückung der vorzeitigen Keimung verantwortlich zu sein. Darüber hinaus induziert ABA eine dauerhafte Keimhemmung (*Dormanz;* → S. 427) während der späteren Reifungsphase (Abb. 24.5 c). Mutanten von Mais und Tomate, welche die Fähigkeit zur ABA-Synthese verloren haben, zeigen Vi-

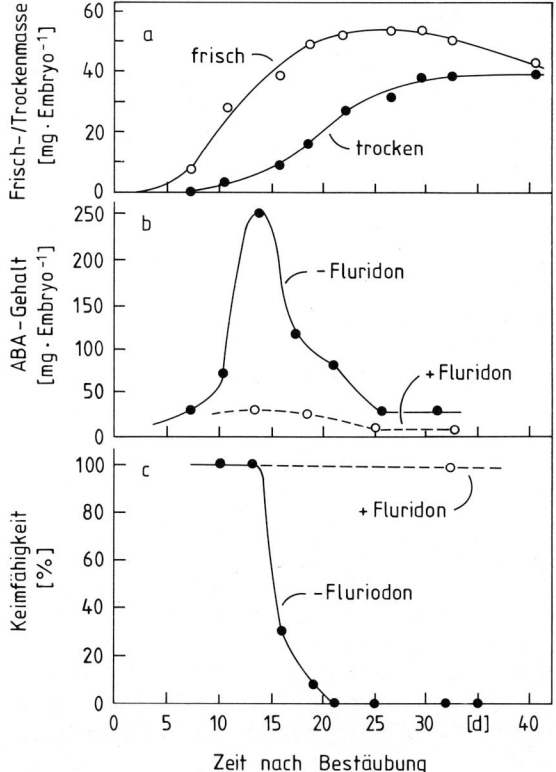

Abb. 24.5 a–c. Anstieg des Abscisinsäure(ABA)-Gehalts und Veränderung der Keimfähigkeit von Samen während ihrer Reife auf der Mutterpflanze. Objekt: Sonnenblume (*Helianthus annuus*, cv. Mirasol). Im Freiland gewachsene Pflanzen wurden gleichzeitig bestäubt, um die Samenentwicklung einzuleiten. Diese ist nach etwa 40 d abgeschlossen. In einigen Experimenten wurden die Samenanlagen vom 8 d an mit einem Hemmstoff der ABA-Synthese (*Fluridon*) behandelt. (a) Änderung von Frisch- und Trockenmasse der Embryonen während der Reifung. (b) Änderung des Gehalts an ABA im Embryo. (c) Änderung der Keimfähigkeit der Embryonen (nach Isolierung und Übertragung auf ein Agarmedium, wobei ABA aus den Embryonen ausgewaschen wird). Man erkennt, daß der ABA-Gehalt im Embryo während der ersten Hälfte der Embryonalentwicklung ansteigt und dann wieder abfällt. Isolierte Embryonen sind zunächst keimfähig, wenn man sie dem Einfluß der endogenen ABA entzieht. Sie verlieren diese Eigenschaft aber nach 15–20 d. Die Keimfähigkeit bleibt bis zum Ende der Reifungsperiode erhalten, wenn die ABA-Synthese mit Fluridon verhindert wird. Man kann also zwei ABA-Wirkungen unterscheiden: 1. eine direkte Hemmung der Keimung, welche die Anwesenheit des Hormons erfordert, und 2. die Induktion einer Keimhemmung (Dormanz), welche auch dann noch wirksam wird, wenn die ABA wieder abgebaut ist. (Nach LePage-Degivry et al. 1990)

viparie, können jedoch durch Besprühen mit ABA-Lösung zur normalen Samenentwicklung gebracht werden. Bei isolierten, unreifen Samen bewirkt ABA die Weiterführung der Reifungsentwicklung einschließlich der Synthese von Speicherstoffen. Diese Befunde machen deutlich, daß dieses Hormon eine zentrale Rolle beim normalen Ablauf der Samenreifung auf der Mutterpflanze spielt.

Keimung des gereiften Samens

Physiologische Analyse des Keimungsvorgangs

Wenn ein trockener (keimbereiter) Samen bei günstiger Temperatur und ausreichender O_2-Versorgung mit Wasser in Kontakt kommt, setzt der Embryo seine zeitweilig unterbrochene Entwicklung fort. Man kann hierbei zwei aufeinderfolgende Phasen unterscheiden (Abb. 24.6): 1. Die *Quellungsphase*, während der der Embryo (und, wenn vorhanden, das Endosperm) Wasser bis zur Sättigung des Wasserpotentialdefizits aufnimmt. Dies ist ein rein physikalischer Prozeß, der z. B. auch bei niedrigen Temperaturen abläuft. Durch Expansion der inneren Gewebe kommt es dabei gelegentlich schon zur Sprengung der Testa (Abb. 24.6 b). Die Vorgänge während der Quellungsphase sind noch weitgehend reversibel, d. h. der Same kann ohne Beeinträchtigung seiner Keimfähigkeit wieder zurückgetrocknet werden. 2. Die *Wachstumsphase*, während der der Embryo unter weiterer Wasseraufnahme zum aktiven Streckungswachstum übergeht. Dies äußert sich zunächst in einer Verlängerung der Radicula, welche nun sichtbar aus der Testa austritt (Abb. 24.6 b). Dieses Ereignis dient in der Regel zur operationalen Definition der Keimung. Es zeigt an, daß im Embryo irreversible Wachstumsprozesse eingesetzt haben. Dieser kann nun nicht mehr ohne gravierende Schäden zurückgetrocknet werden und hat damit irreversibel den „point of no return" beim Übergang zur Keimlingsentwicklung überschritten (Abb. 24.7).

Der im vorigen Abschnitt geschilderte Ablauf gilt für Samen, die lediglich durch das Fehlen von Wasser, Sauerstoff oder günstiger Temperatur an der Keimung gehindert werden (*keimbereite* oder *quieszente* Samen, bei vielen Kulturpflanzen erst durch Züchtung bewirkt). Bei den meisten Wildpflanzen sind die reifen Samen hingegen *dormant*,

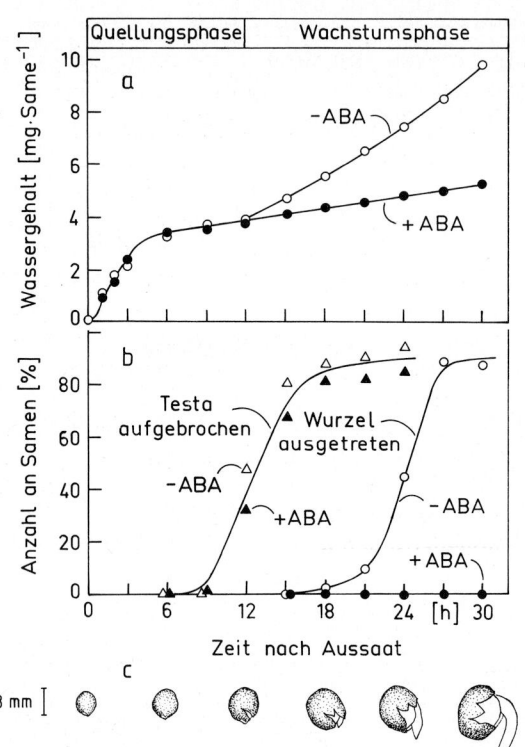

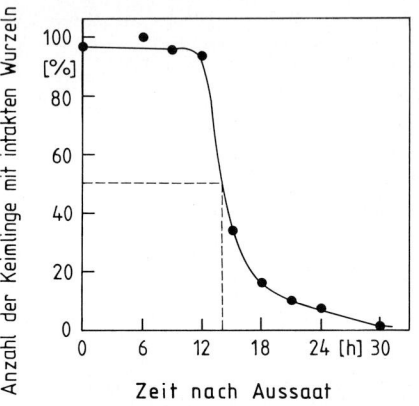

Abb. 24.7. Verlust der Austrocknungstoleranz während der Keimung. Objekt: Raps (*Brassica napus*). Samen wurden wie in Abb. 24.6 zur Keimung ausgelegt. Nach verschiedenen Zeiten (Abszisse) wurde der Keimungsprozeß durch rasches Zurücktrocknen auf 5% Wassergehalt abgebrochen und die Wachstumsfähigkeit der Radicula nach Wiederaussaat bestimmt. Man erkennt, daß die Austrocknungstoleranz der Radicula 12 h nach der Aussaat steil abfällt. Nach 14 h ist die Radicula bei 50% der Samen nicht mehr ohne Schädigung austrocknbar („point of no return"). (Nach Schopfer und Plachy 1984)

Abb. 24.6 a–c. Die Quellungsphase und die Wachstumsphase der Keimung. Objekt: Raps (*Brassica napus*). Trockene Samen wurden bei 25 °C an Luft auf angefeuchtetes Filterpapier mit oder ohne Abscisinsäure (ABA, 100 μmol·l^{-1}) ausgelegt. (a) Während der *Quellungsphase* nehmen die Samen rasch Wasser auf und verharren dann einige Stunden im voll gequollenen Zustand. Nach etwa 12 h setzt die *Wachstumsphase* ein, erkennbar an einem erneuten Anstieg der Wasseraufnahme. Das keimungshemmende Hormon ABA hemmt spezifisch den Übergang zur Wachstumsphase (Induktion der Dormanz). (b) Der Testaaufbruch durch den expandierenden Embryo setzt bei diesen Samen bereits während der Quellungsphase ein (unbeeinträchtigt durch ABA). Der etwa 12 h später beobachtbare Wurzelaustritt wird durch ABA vollständig gehemmt. Die Samen können durch ABA in gequollener Form für lange Zeit im Zustand der Dormanz gehalten werden. Sie sind dann noch vollständig austrocknungstolerant (→ Abb. 24.7). Nach Auswaschen des Hormons geht der Same sofort in die Wachstumsphase über und verliert seine Austrocknungstoleranz innerhalb weniger Stunden. (c) Stadien der Keimung in Wasser (ohne ABA). (Nach Schopfer und Plachy 1984)

d. h. sie keimen selbst unter optimalen Bedingungen bezüglich Wasser, Sauerstoff und Temperatur nicht, sondern benötigen einen zusätzlichen Stimulus, um von der Quellungsphase in die Wachstumsphase überzugehen. Die Dormanz kann alleine vom Embryo ausgehen; in diesem Fall keimt der Embryo auch dann nicht, wenn man ihn aus dem Samen isoliert. Viele dormante Samen können jedoch durch Entfernung der Hüllgewebe (Testa, Endosperm) zur Keimung gebracht werden, d. h. diese Gewebe sind an der Keimblockade zumindest mitbeteiligt (z. B. durch Hemmung der Wasseraufnahme, als mechanische Barriere für die Embryoexpansion, oder durch den Besitz von keimhemmenden Substanzen). Die Dormanz entwickelt sich in der Regel erst gegen Ende der Samenreifung auf der Mutterpflanze; ihre Tiefe hängt sehr stark von den Umweltbedingungen in dieser Periode ab. Hemmung der ABA-Synthese während der Samenreifung kann die Dormanz verhindern, ein Hinweis dafür, daß ABA während der Reifungsperiode für die Induktion der Dormanz verantwortlich ist (→ Abb. 24.5 c). Die Abb. 24.8 zeigt ein Beispiel für die Steuerung der Samendormanz durch die *Photoperiode* während der Reifung. Manche (quieszente)

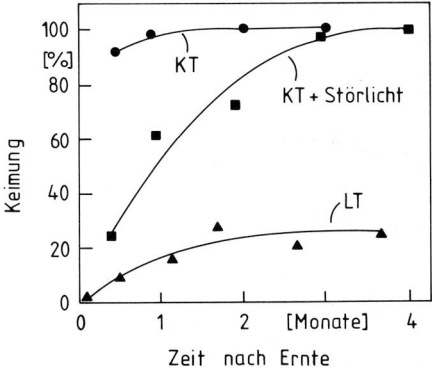

Abb. 24.8. Festlegung der Dormanz durch die Tageslänge während der Samenreifung auf der Mutterpflanze. Objekt: Weißer Gänsefuß (*Chenopodium album*). Die Pflanzen wurden nach der Blütenbildung im Kurztag (KT, 8 h Licht/16 h Dunkel), Langtag (LT, 18 h Licht/6 h Dunkel) oder im Kurztag + Störlicht (8 h Licht/7,5 h Dunkel/1 h hellrotes Licht/7,5 h Dunkel) gehalten. Nach Abschluß der Reife wurde die Keimfähigkeit der Samen (in Dunkelheit) über eine Periode von 4 Monaten getestet. Der Befund, daß auch durch Kurztag + Störlicht eine (wenn auch kürzer anhaltende) Dormanz bewirkt wird, demonstriert die Beteiligung des Phytochroms bei der Registrierung der Tageslänge (→ S. 445). (Nach Karssen 1970)

Samen können erst nach der Aussaat durch bestimmte Umwelteinflüsse dormant gemacht werden, z. B. durch längere Belichtung oder durch hohe Temperaturen (*sekundäre Dormanz*). Im Experiment kann man auch reife Samen mit ABA in den dormanten Zustand versetzen (Abb. 24.6). Dies scheint jedoch ein pharmakologischer Effekt zu sein; in natürlicherweise dormanten Samen läßt sich meist kein erhöhter ABA-Gehalt nachweisen.

In manchen Fällen verliert sich die Dormanz langsam im Verlauf der Samenalterung. Häufig sind jedoch spezifische Umwelteinflüsse für die Wiedererlangung der Keimfähigkeit verantwortlich. Die wichtigste Rolle spielt hierbei, neben der Entfernung oder Beschädigung der Hüllgewebe, die Einwirkung einer Kälteperiode (z. B. einige Tage oder Wochen bei etwa 5 °C). Die ökologische Bedeutung der Samendormanz ist offensichtlich: Der reife Same keimt nicht sofort nach dem Abwurf von der Mutterpflanze, sondern erst nach einer bestimmten Zeit, z. B. wenn die hemmenden Einflüsse der Hüllgewebe durch Witterungseinflüsse ausreichend geschwächt sind, oder wenn die Temperatur nach einer längeren Kälteperiode wieder ansteigt. In Klimazonen mit ausgeprägtem Winter ist die Verzögerung der Keimung vom Herbst in das folgende Frühjahr eine entscheidende Voraussetzung für das Überleben der Art.

Neben Kälte wirkt bei vielen Samen auch *Licht* als dormanzbrechender Umweltfaktor („Lichtkeimer"). Bei bestimmten Varietäten des Kopfsalats (*Lactuca sativa*) wird die Keimung der gequollenen Achänen bereits durch einen Lichtpuls von 1 min ausgelöst. An diesem Objekt wurde das Phytochromsystem entdeckt (→ S. 359): Hellrotes Licht (um 660 nm) fördert die Keimung ebenso wie weißes Licht, während dunkelrotes Licht (um 730 nm) die Keimung hemmt (Abb. 24.9). Ein unmittelbar nach einem Hellrotpuls gegebener Dunkelrotpuls revertiert die Keiminduktion. Damit waren die operationalen Kriterien für die Induktionswirkung des Phytochromsystems bei photomorphogenetischen Reaktionen etabliert, lange bevor es gelang, das Pigment zu isolieren und seine lichtabhängige Umwandlung im Reagenzglas zu studieren (→ S. 360). Ähnlich wie bei *Lactuca*-Achänen ist auch die Keimung vieler Sporen durch Phytochrom gesteuert, z. B. die der Meiosporen des Wurmfarns (*Dryopteris filix-max;* → Abb. 19.5). In manchen Samen wird die Keimung durch Licht gehemmt („Dunkelkeimer"). Insbesondere eine längere Bestrahlung mit dunkelrotem Licht (Hochintensitätsreaktion des Phytochroms) führt in sol-

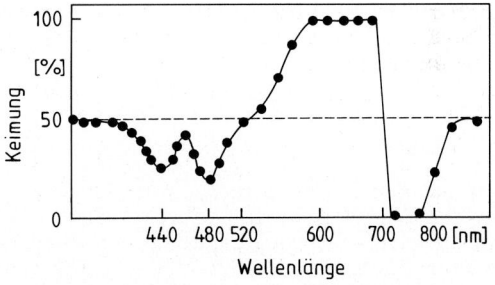

Abb. 24.9. Förderung und Hemmung der Samenkeimung durch Licht. Objekt: Kopfsalat (*Lactuca sativa*, cv. Grand Rapids). Die Achänen wurden durch Vorbelichtung mit hellrotem Licht auf eine Keimrate von 50% eingestellt. Anschließend wurde die Wirksamkeit eines Lichtpulses bei verschiedenen Wellenlängen auf die Keimung bestimmt. Man erkennt, daß die Keimung durch hellrotes Licht (600–700 nm) gefördert und durch dunkelrotes Licht (720–780 nm) gehemmt wird. (Nach Flint und McAllister 1937.) Erst 1952 wurde von Borthwick und Mitarbeitern gezeigt, daß ein Dunkelrotpuls die Wirkung eines vorher gegebenen Hellrotpulses revertiert, ein Ergebnis, das implizit in den Daten dieser Abbildung bereits enthalten ist (→ S. 360)

chen Samen zu einer Verhinderung oder Verzögerung der Keimung (→ Abb. 24.13).

Der Mechanismus der Phytochromwirkung bei
der Keiminduktion oder -repression ist trotz vieler
Bemühungen noch nicht aufgeklärt. Im Experiment kann die Lichtinduktion durch GA-Applikation vollwertig ersetzt werden. Es ist jedoch nicht
klar, ob es sich hierbei um einen pharmakologi-
schen Effekt handelt, oder ob dieses Hormon bei
der phytochrominduzierten Keimung natürlicherweise beteiligt ist. Auch hier können Experimente
mit Hormonmangelmutanten weiterhelfen. Neuerdings konnten bei verschiedenen Arten Mutanten
hergestellt werden, welche die Fähigkeit zur Gibbe-
rellinsynthese verloren haben (→ S. 405). Die von
diesen Pflanzen gebildeten Samen sind – im Gegensatz zu den Wildtypsamen – dormant, können jedoch durch Zufuhr von GA zur Keimung gebracht
werden (Abb. 24.10). Dieser Befund ist ein starkes
Indiz dafür, daß GA bei der Keimungsauslösung
natürlicherweise beteiligt ist. Die mangelnde Keim-
bereitschaft mancher Samen beruht nicht auf Dormanz im engeren Sinn, sondern auf einer *Nach-
reifebedürftigkeit* des Embryos. In diesem Fall ist
der Embryo zum Zeitpunkt des Samenabwurfs
noch nicht voll ausgereift und benötigt daher noch

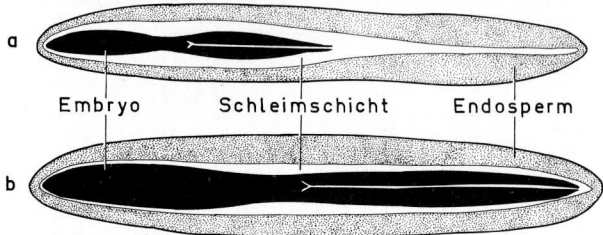

Abb. 24.11 a und b. Embryoentwicklung während der Nach-
reife. Objekt: Frucht (einsamige Nuß) der Esche (*Fraxinus
excelsior*; Längsschnitte, die Hüllschichten außerhalb des
Endosperms sind nicht eingezeichnet). (a) Zum Zeitpunkt
des Fruchtabwurfs, (b) nach sechsmonatiger Lagerung in
feuchter Erde. Die Schleimschicht entsteht aus den innersten
Schichten des Endosperms. (Nach Ruge 1966)

einige Zeit (meist einige Monate), um auf Kosten
des Endosperms zur Endgröße heranzuwachsen.
Ein bekanntes Beispiel hierfür ist die Esche, deren
Früchte erst nach einer halbjährigen Nachreife-
periode einen ausgewachsenen Embryo enthalten
(Abb. 24.11). Während dieser Zeit entwickelt sich
in den Eschenfrüchten eine Dormanz, die erst
durch eine anschließende Kälteperiode überwunden werden kann.

Biochemische Analyse des Keimungsvorgangs

Der Abbau der Samenspeicherstoffe (Stärke, Fett,
Speicherprotein) setzt erst während der frühen
Keimlingsentwicklung ein (→ Abb. 11.17) und ist
daher für den Keimungsstoffwechsel ohne Belang.
Der reife, ausgetrocknete Same enthält funktions-
fähige Mitochondrien, welche sofort nach der Hydratisierung der Embryozellen in der Quellungsphase einen Atmungsstoffwechsel auf der Basis von
Zuckerreserven ermöglichen. Der Übergang zur
Wachstumsphase ist mit einer drastischen Erhöhung der metabolischen Aktivität des Embryos verbunden, die z.B. als Anstieg der Atmung oder des
ATP-Pegels gemessen werden kann (Abb. 24.12).
Dies scheint jedoch eher eine Folge als eine Ursache der Keimung zu sein. Auch im dormanten
Samen wird die Dissimilation während der Quellungsphase voll aktiviert; die Blockierung der Keimung kann daher nicht auf eine Hemmung des
Energiestoffwechsels zurückgeführt werden. Ähnlich wie die Atmung wird auch die Protein- und
RNA-Synthese des Embryos bereits während der

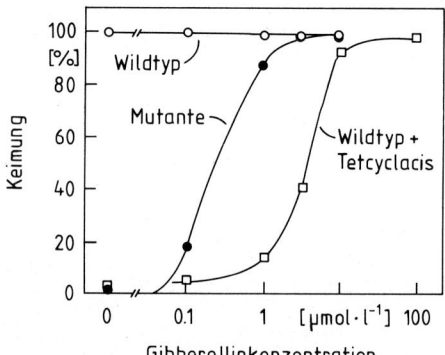

Abb. 24.10. Gibberellinbedürftigkeit der Keimung bei gene-
tischer Gibberellindefizienz. Objekte: *ga-1*-Mutante und
Wildtyp des Schmalwands (*Arabidopsis thaliana*). Durch ei-
nen Defekt am *ga-1*-Locus ist die Synthese von Gibberellin
(GA) blockiert. Die Samen wurden im Licht in verschiede-
nen Konzentrationen von GA_{4+7} zur Keimung ausgelegt.
Während der Wildtyp auch ohne GA zu 100% keimt, ist die
Keimung der Mutante vollständig GA-abhängig. Dieser Ef-
fekt kann auch dadurch erzielt werden, daß man Wildtyp-
Samen mit einem Hemmstoff der GA-Synthese (*Tetcyclacis*;
→ Abb. 23.12) behandelt. (Nach Daten von Karssen et al.
1989)

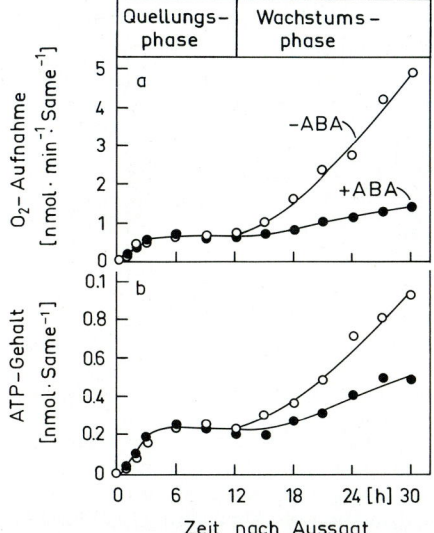

Abb. 24.12a und b. Atmung (O$_2$-Aufnahme) und ATP-Gehalt während der Keimung. Objekt: Raps (*Brassica napus*). Trockene Samen wurden bei 25°C an Luft auf angefeuchtetes Filterpapier mit oder ohne Abscisinsäure (ABA, 100 μmol·l^{-1}) ausgelegt. (a) Die Atmungsintensität steigt bereits 1 h nach der Aussaat an und bleibt während der Quellungsphase auf einem konstanten, niedrigen Wert stehen. Zu Beginn der Wachstumsphase setzt ein starker Atmungsanstieg ein. Das dormanzinduzierende Hormon ABA hat keinen Effekt während der Quellungsphase, hemmt jedoch den Atmungsanstieg (und die Keimung) während der anschließenden Wachstumsphase (→ Abb. 24.6). (b) Der ATP-Gehalt der Samen ändert sich parallel zur Atmungsintensität. Da die Samenhülle (Testa) keinen wesentlichen Beitrag leistet, gehen die gemessenen Veränderungen praktisch vollständig auf den Embryo zurück. (Nach Schopfer und Plachy 1984)

lung nicht voraus. Dies folgt z. B. aus dem Befund, daß *Lactuca*-Achänen, deren Teilungsaktivität durch Röntgen-Bestrahlung eliminiert wurde, normal keimen. Das spätere Wurzelwachstum des jungen Keimlings stoppt erst, wenn es von der Nachlieferung neuer Zellen durch das Meristem abhängig wird. Keimung beruht also auf der Ausdehnung vorhandener Zellen. Dieser Prozeß kann als *hydraulisches Wachstum* (→ S. 103) beschrieben werden, auf das die von Lockhart entwickelte Wachstumsgleichung [→ Gl. (8.6)] anwendbar ist. Diese Gleichung besagt, daß die Wachstumsintensität im Prinzip von einem *Wachstumspotential* (treibende Kraft) und einem *Wachstumskoeffizienten* (Geschwindigkeitskoeffizient) abhängt. Die Rolle des Wachstumspotentials kann man sichtbar machen, indem man keimbereite Samen in einer Reihe osmotischer Lösungen mit abgestuftem Wasserpotential (ψ_a) aussät und anschließend denjenigen ψ_a-Wert bestimmt, der die Keimung zu 50% unterdrückt (Abb. 24.13). An diesem Punkt ist offensichtlich ein Gleichgewicht zwischen ψ_a und dem Wachstumspotential des durchschnittlichen Samens eingestellt.

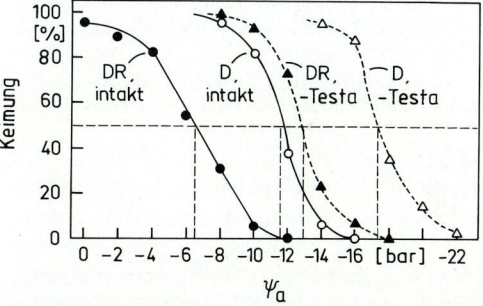

Abb. 24.13. Einfluß des äußeren Wasserpotentials (ψ_a) auf die Keimung. Objekt: Rettich (*Raphanus sativus*). Die Samen wurden in osmotischen Lösungen (Polyethylenglycol 6000) bei 25°C im Dunkeln (D) und im dunkelroten Licht (DR) zur Keimung ausgelegt. DR (Hochintensitätsreaktion des Phytochroms; → S. 362) übt bei diesen Samen einen hemmenden Einfluß auf die Keimung aus. Bei weiteren Ansätzen wurde die Samenschale vor der Aussaat entfernt (– Testa). Der Prozentsatz gekeimter Samen wurde als Endwert nach 3 d bestimmt. Man erkennt, daß DR den ψ_a-Wert für 50% Keimung mit und ohne Testa um 5 bar erhöht, während die Entfernung der Testa diesen Wert in D und DR um 6 bar erniedrigt. Man kann aus diesen Daten schließen, daß das Wachstumspotential der Embryonen durch DR um 5 bar erniedrigt wird. Zusätzlich ergibt sich eine, in beiden Fällen gleichgroße, Erniedrigung des Wachstumspotentials um 6 bar durch die einengende Wirkung der Testa. (Nach Schopfer und Plachy 1992)

Quellungsphase aktiviert, wobei wiederum keine quantitativen Unterschiede zwischen dormanten und keimbereiten Samen festzustellen sind. Die Ursachen der Dormanz und ihrer Aufhebung dürften demnach nicht im Bereich des Grundstoffwechsels zu suchen sein. Die biochemischen Mechanismen der Keimungsauslösung in dormanten Samen sind bis heute noch weitgehend unbekannt.

Physikalische Analyse des Keimungsvorgangs

Die Expansion des keimenden Embryos zu Beginn der Wachstumsphase, insbesondere die Streckung seiner Radicula, setzt DNA-Synthese und Zelltei-

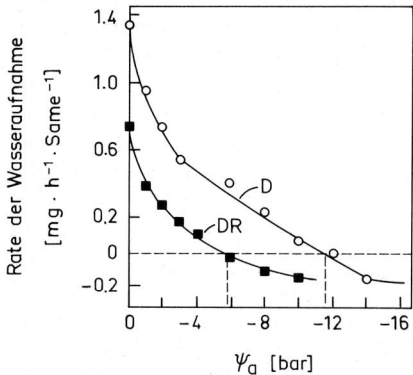

Abb. 24.14. Bestimmung des Wachstumspotentials und des Wachstumskoeffizienten von keimenden Samen. Objekt: Rettich (*Raphanus sativus*). Für diese Samen kann im Prinzip die vereinfachte Wachstumsgleichung $dV/dt = m (P - Y)$ angewendet werden ($\rightarrow$ Abb. 8.3). Die Samen wurden für 15 h im Dunkeln (D) bzw. im dunkelroten Licht (DR) auf Wasser angekeimt (25 °C). Anschließend wurden sie in osmotischen Lösungen (Polyethylenglycol 6000) inkubiert und ihre Wasseraufnahmerate (als Maß für dV/dt) gravimetrisch bestimmt. Es wird deutlich, daß die keimungshemmende Vorbehandlung mit DR ($\rightarrow$ Abb. 24.13) zu einer Verminderung des Wachstumspotentials (P – Y, Schnittpunkte der Kurven mit der Nullinie der Wasseraufnahme) um 6 bar führt, den Wachstumskoeffizienten (= Extensibilitätskoeffizient m, Anfangssteigerung der Kurven) jedoch nicht beeinflußt. (Im Gegensatz zu der theoretischen Kurve in Abb. 8.3 treten hier gekrümmte Kurven auf, da sich m mit fallendem Turgordruck vermindert. Diese Komplikation hat jedoch keinen Einfluß auf die Interpretation.) (Nach Schopfer und Plachy 1992)

Eine physikalisch exaktere Methode zur Bestimmung des Wachstumspotentials (und des Wachstumskoeffizienten) ist die Messung der Volumenänderung von Samen (dV/dt) als Funktion von ψ_a. Diese Methode ist in Abb. 8.3 illustriert, für den einfachen Fall, daß die Wasseraufnahme in die Zellen nicht geschwindigkeitsbestimmend ist [d. h. es gilt $dV/dt = m (P - Y)$; $\rightarrow$ S. 105]. Messungen an keimenden Samen mit diesem Verfahren sind in Abb. 24.14 dargestellt. Aus den Daten ergibt sich, daß dunkelrotes Licht die Keimung durch eine Erniedrigung des Wachstumspotentials (P – Y) hemmt. Da hierbei keine meßbare Erniedrigung von P auftritt, kann diese Hemmung auf eine *Erhöhung* von Y, dem Turgorschwellenwert für irreversible Zellwanddehnung, zurückgeführt werden. Mit dieser Methode konnte andererseits am Beispiel von Rapssamen nachgewiesen werden, daß das Wachstumspotential des Embryos während der Keimung im Dunkeln stark ansteigt. Dies geht

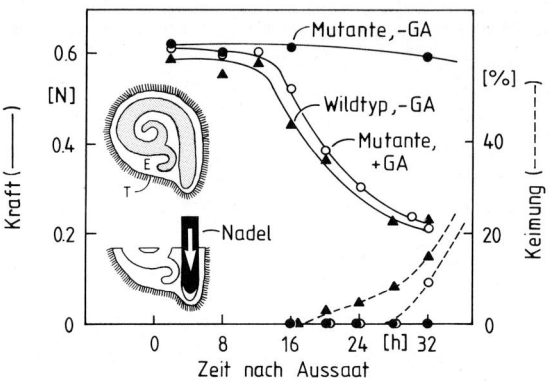

Abb. 24.15. Steuerung der Bruchfestigkeit des Endosperms und der Keimung durch Gibberellin: Objekte: *ga-1*-Mutante und Wildtyp der Tomate (*Lycopersicon lycopersicum*). Der Embryo ist in ein rigides Endosperm (E) eingebettet, das von einer dünnen Testa (T) umgeben ist. Durch einen Defekt am *ga-1*-Locus ist die Synthese von Gibberellin (GA) blockiert ($\rightarrow$ Abb. 23.13). Die Samen wurden im Dunkeln mit oder ohne GA_{4+7} (10 μmol $\cdot$ l^{-1}) zur Keimung ausgelegt. Die Bruchfestigkeit des Endosperms (+ Testa) an der Durchbruchstelle der Radicula wurde als diejenige Kraft bestimmt, welche notwendig ist, um das Gewebe an dieser Stelle mit einer Nadel zu durchstoßen. Zum Verständnis dieser Experimente ist folgende Information wichtig: Die Keimung der Mutante ist im Gegensatz zum Wildtyp von der Zufuhr an GA abhängig ($\rightarrow$ Abb. 24.10). Nach Entfernung des Endosperms über der Radiculaspitze keimen die Mutantensamen jedoch auch ohne GA; d. h. die Keimhemmung wird durch dieses Gewebe verursacht. Die Daten zeigen, daß die Keimung des Wildtyps mit einer Abnahme der Bruchfestigkeit des Endosperms einhergeht; bei der Mutante ist hierfür exogene GA notwendig. In weiteren Experimenten konnte gezeigt werden, daß die Abnahme der Bruchfestigkeit auch im Wildtyp exogene GA benötigt, wenn man den Embryo zuvor entfernt. Insgesamt ergibt sich aus diesen Resultaten, daß der Embryo die Keimung durch eine Erniedrigung der Endospermbruchfestigkeit bewirkt, wobei GA als hormonelles Signal dient. (Nach Daten von Groot und Karssen 1987)

nicht auf einen Anstieg von P, sondern auf einen entsprechenden *Abfall* von Y zurück. Gleichzeitig steigt auch der Extensibilitätskoeffizient m stark an. Die Keimung ist also, physikalisch betrachtet, eine Folge von Änderungen in den mechanischen Eigenschaften der Embryozellwände bei unverändertem Turgordruck (und unverändertem osmotischen Potential). ABA hemmt die Keimung, indem sie sowohl den Abfall von Y, als auch den Anstieg von m blockiert. Dagegen hemmt Phytochrom die Keimung vorwiegend durch eine Verhinderung des Abfalls von Y, wodurch das Wachstumspotential auf einem niedrigen Niveau gehalten wird ($\rightarrow$

Abb. 24.13). Diese Resultate führen also zu der Vorstellung, daß die Keimung primär über Veränderungen in der Zellwanddehnbarkeit reguliert wird: Eine über einen kritischen Schwellenwert hinaus erhöhte Dehnbarkeit (durch Abnahme von Y) führt bei unverändertem Turgordruck zur Wasseraufnahme und damit zur Expansion des Embryos. Die gleichzeitige Stoffwechselaktivierung dürfte durch die zunehmende Hydratisierung des Cytoplasmas bewirkt werden.

Neben der Dehnungsfähigkeit der embryonalen Zellwände spielt in den meisten Samen auch die mechanische Behinderung der Embryoexpansion durch die Samenschale eine erhebliche Rolle. In dem in Abb. 24.13 dargestellten Beispiel vermindert die Testa das Wachstumspotential um etwa 6 bar. (Dieser Betrag läßt sich formal als konstanter Anteil in den Turgorschwellenwert Y einbeziehen.) Bei Samen mit Endosperm liefert dieses (lebende) Gewebe häufig den Hauptbeitrag zum mechanischen Widerstand, der vom Embryo bei der Keimung überwunden werden muß. Bei den Samen der Tomate wird die Bruchfestigkeit des Endosperms an der Druchbruchstelle der Radicula durch ein hormonelles Signal aus dem Embryo reguliert. Genauere Untersuchungen haben gezeigt, daß der Embryo GA sezerniert, welche im Endosperm die Synthese zellwandauflösender Enzyme induziert. Durch die Hydrolyse von Hemicellulosen kommt es zu einer Verminderung der mechanischen Stabilität des Gewebes (Abb. 24.15). Dies ist ein weiteres Beispiel für die zentrale Rolle von GA bei der Steuerung der Samenkeimung.

Regulation der Genexpression während der Embryonalentwicklung

Während der Entwicklung der jungen Pflanze vom jungen Embryo bis zum Keimling kommt es zu drastischen Änderungen im Muster der transkribierten Gene. Durch den Einsatz molekularbiologischer Methoden konnten – neben konstitutiv aktiven Genen – stadienspezifisch exprimierte Gene nachgewiesen werden. So erfolgt z. B. die Transkription der Speicherproteingene nur während der Reifungsphase. Die hierfür vorübergehend in großen Mengen gebildeten mRNAs ermöglichen während eines begrenzten Zeitraums eine Massensynthese von Speicherproteinen (→ Abb. 24.3 c, 13.23)

und werden während der anschließenden Austrocknungsphase wieder abgebaut. Andere Gene werden erst im gekeimten Embryo aktiviert und in Form keimlingsspezifischer Proteine exprimiert (z. B. die Enzyme für den Abbau der Speicherstoffe). Durch die Messung der Transkriptionsprodukte von isolierten Zellkernen aus verschiedenen Entwicklungsstadien konnte man direkt zeigen, daß der Übergang von der Samenreifung zur Samenkeimung mit der Repression bzw. Induktion bestimmter Gengruppen einhergeht. Die ältere Vorstellung, nach der keimlingsspezifische mRNAs in der Reifungsphase gebildet, in maskierter Form als „gespeicherte mRNA" während der Ruhephase konserviert und nach der Keimung translatiert werden, hat sich nicht bestätigen lassen. Die während der Quellungsphase sehr rasch anlaufende Proteinsynthese geht größtenteils auf konservierte mRNA von konstitutiv exprimierten Genen zurück.

Die spezifischen Veränderungen im Genaktivitätsmuster des reifenden und des keimenden Embryos unterliegen einer Kontrolle durch extraembryonale Faktoren. Dies kann wiederum am Beispiel der Speicherproteingene besonders deutlich demonstriert werden. Wenn man z. B. Rapsembryonen während der Reifungsperiode von der Mutterpflanze isoliert und auf einem Nährmedium weiterkultiviert, wird die Transkription dieser Gene eingestellt. Gleichzeitig kommt es zur vorzeitigen Keimung. Setzt man dem Medium ABA (oder ein Osmoticum) zu, so bleibt die Expression der Speicherproteingene erhalten und die Keimung unterbleibt. Hoher ABA-Gehalt (oder die Einstellung eines niedrigen Wasserpotentials) sind diejenigen Faktoren, welche auf der Mutterpflanze für die Aufrechterhaltung der Reifungsprozesse im Embryo sorgen und eine vorzeitige Keimung (Viviparie) verhindern (→ S. 426).

Steuerung der Fruchtentwicklung durch den Samen

Die Entwicklung von Samen und Frucht erfolgt streng koordiniert. In der Regel entwickelt sich ein Fruchtknoten nicht weiter, wenn die Befruchtung und damit die Entwicklung von Embryonen in der Samenanlage unterbleibt (Abb. 24.16). Die Koordination der Samen- und Fruchtentwicklung wird

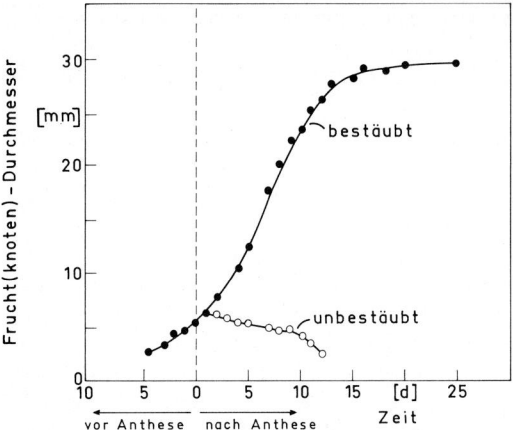

Abb. 24.16. Der Einfluß der Bestäubung auf das Fruchtwachstum. Objekt: *Cucumis anguria*. Fruchtknoten unbestäubter Blüten entwickeln sich nicht mehr weiter; sie schrumpfen und werden nach kurzer Zeit abgeworfen. Hingegen zeigen die Fruchtknoten bestäubter Blüten einen typisch sigmoiden Wachstumsverlauf. (Nach Nitsch 1952)

durch hormonelle Signale ermöglicht, welche vom reifenden Samen ausgehen. Darauf deutet z. B. die Beobachtung hin, daß die einzelnen Samen die ihnen räumlich zugeordneten Bereiche einer Frucht kontrollieren (Abb. 24.17). Da man bei manchen Arten parthenokarpe Früchte durch Applikation von Auxin oder Gibberellin erzeugen kann, nimmt man an, daß diese Hormone auch während der Normalentwicklung für die Koppelung zwischen Samen- und Fruchtentwicklung verantwortlich sind.

Ein physiologisch gut untersuchtes Beispiel ist die Induktion der Fruchtentwicklung bei der Erdbeere. Die Entwicklung des Receptaculums zur Sammelfrucht wird bei dieser Pflanze durch die sich entwickelnden Nüßchen kontrolliert (→ Abb. 24.17). Nach Entfernung der Nüßchen unterbleibt das weitere Wachstum dieses Organs, kann aber durch Zufuhr von Auxin wieder angeregt werden. Auxin induziert die Fruchtentwicklung in unbestäubten Blüten (Abb. 24.18). Außerdem konnte nachgewiesen werden, daß die reifenden Nüßchen, im Gegensatz zum Receptaculumgewebe, große Mengen an Auxin produzieren.

Knospenruhe und Knospenkeimung

Knospen sind gestauchte, end- oder achselständige Sproßabschnitte, die eine größere Zahl von Blatt-

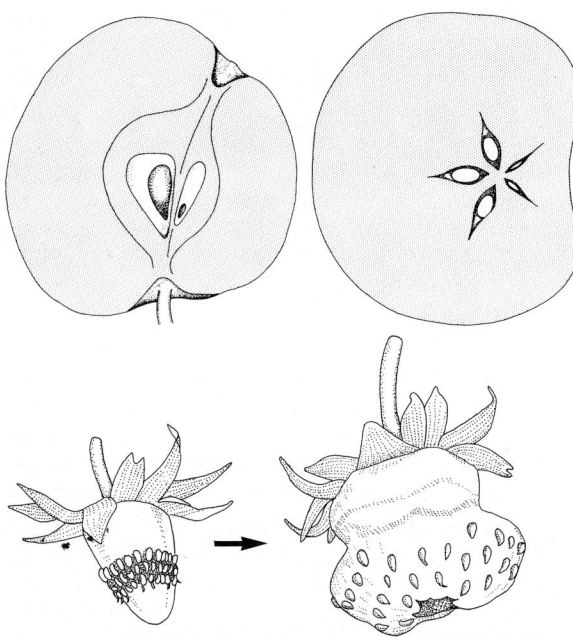

Abb. 24.17. *Oben*: Ungleiche Entwicklung der Hälften eines Apfels (links: im Längsschnitt; rechts: im Querschnitt). Die Entwicklung der Sammelbalgfrucht ist mit der Samenentwicklung räumlich korreliert. *Unten*: Entwicklung der Blütenachse (Receptaculum) zur fleischigen Sammelnußfrucht bei einer Erdbeere, bei der die sich entwickelnden Nüßchen im frühen Stadium teilweise entfernt wurden. Auch hier wird deutlich, daß die Samen (Nüßchen) einen lokalen Einfluß auf die Fruchtentwicklung ausüben. (Nach Molisch 1918; Nitsch 1950)

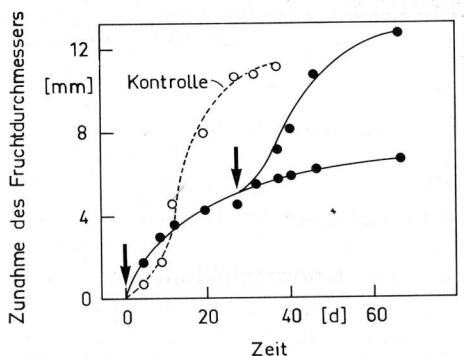

Abb. 24.18. Induktion der Fruchtentwicklung in Abwesenheit der Samenentwicklung durch Auxin. Objekt: Erdbeere (*Fragaria magna*). Aus den Blüten wurden im unreifen Zustand die Antheren entfernt, um eine Befruchtung zu verhindern. Unter diesen Bedingungen entwickelt sich das Receptaculum nicht weiter. Zur Zeit Null und nochmal am 24. d wurden die Blüten für 10 s in eine Auxinlösung getaucht (Pfeile). Die Kontrolle zeigt die normale Entwicklung des Receptaculums zur Frucht bei bestäubten Blüten (Nach Mudge et al. 1981)

oder Blütenanlagen enthalten und meist von Schuppenblättern umhüllt sind. Die in der Knospe angelegten Organe und Meristeme befinden sich in einem vorübergehenden Ruhezustand, der vor dem Eintritt ungünstiger Umweltbedingungen (z. B. Frost, Trockenheit) eingeleitet, und nach deren Beendigung wieder aufgehoben wird. Knospen enthalten also junge, dormante Blatt- oder Blütentriebe. Bei manchen Pflanzen lösen sich Knospen regelmäßig vom Kormus und dienen dann auch als vegetative Fortpflanzungs- und Verbreitungseinheiten (z. B. Turionen bei Lemnaceen, Brutknospen bei manchen Liliaceen). Bei den meisten perennierenden Pflanzen dienen die Knospen allerdings nicht der Fortpflanzung im engeren Sinn, sondern dem Überleben von Meristemen an der Pflanze zwischen den Vegetationsperioden (z. B. die Knospen von Holzgewächsen oder die Knospen von Knollen und Rhizomen). Die physiologischen Prozesse bei der Ausbildung und dem Austrieb (Keimung) der verschiedenen Knospentypen sind sehr ähnlich und zeigen auffällige Analogien zu den entsprechenden Vorgängen in Samen.

Für die überwinternden Pflanzen der gemäßigten Breiten ist es wichtig, sich auf die kalte Jahreszeit einzustellen, bevor die ungünstigen Umweltbedingungen tatsächlich eintreten. Bei den meisten Holzpflanzen wird hierzu die Abnahme der Tageslänge im Herbst als exogener Signalgeber für die Einleitung der Dormanz benützt. Das Unterschreiten einer kritischen Tageslänge (*Kurztag*) löst tiefgreifende Umsteuerungen in der Entwicklung aus: In den Blättern wird die Seneszenz und Abscission eingeleitet (→ S. 454), das Wachstum der Zweige wird eingestellt und die Vegetationspunkte gehen zur Bildung von Knospen über. (Daneben können auch Kälte, Wasserstreß und niedriger Lichtfluß eine fördernde Rolle spielen.) Vielfach kann die normalerweise im Spätherbst eintretende Dormanz einschließlich der Knospenbildung durch Aufrechterhaltung von Langtagbedingungen experimentell verhindert oder zumindest verzögert werden (Abb. 24.19). Wie bei anderen durch die Photoperiode gesteuerten Entwicklungsprozessen ließ sich auch hier zeigen, daß die Tageslänge über das Phytochromsystem gemessen wird (→ S. 445). Da die Registrierung des photoperiodischen Signals in der Regel in den Blättern erfolgt, muß man eine Signalübertragung von den Blättern in den Vegetationspunkt postulieren. Die stoffliche Natur des Signals („Dormanzhormon") ist noch unbekannt.

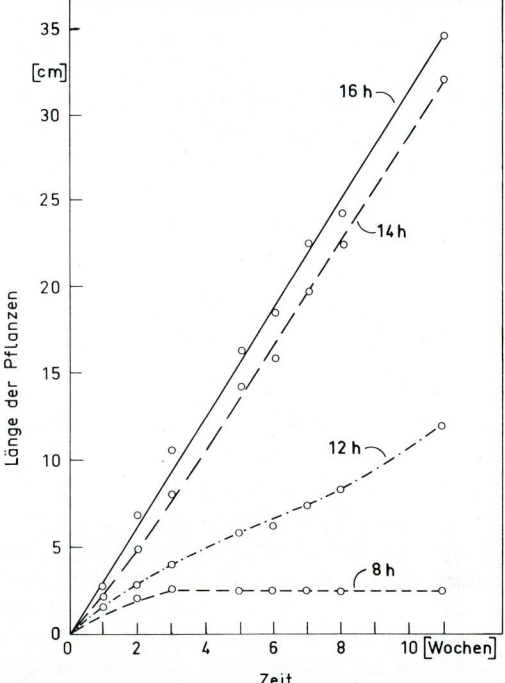

Abb. 24.19. Der Einfluß der Tageslänge auf das Wachstum von Holzpflanzen mit photoperiodisch gesteuerter Dormanz. Objekt: junge Pflanzen von *Catalpa bignonioides*. Die Pflanzen wurden bei vier verschiedenen Photoperioden (16, 14, 12, 8 h Licht pro 24 h-Tag) gehalten. Beim Unterschreiten einer kritischen Tageslänge von 14–13 h gehen die Pflanzen in den dormanten Zustand über: Das Längenwachstum wird gehemmt und es entstehen Ruheknospen. (Nach Downs und Borthwick 1956)

Die Ausbildung von Ruheknospen bei der Birke und einigen anderen Holzgewächsen läßt sich auch im Langtag erzwingen, wenn man die Vegetationspunkte mit ABA behandelt. Außerdem konnte gezeigt werden, daß es unter Kurztagsbedingungen in den Knospen zu einem Anstieg des ABA-Pegels kommt. Diese Befunde haben zu der Vorstellung geführt, daß ABA für die Auslösung und Aufrechterhaltung der Knospendormanz verantwortlich ist. Es ist jedoch bis heute noch nicht klar, inwieweit dieses an wenigen Arten (Birke, Ahorn, Buche) erarbeitete Konzept allgemeine Gültigkeit beanspruchen kann (→ S. 418).

Auf der zellulären Ebene äußert sich der Ruhezustand bei Knospen in ganz ähnlicher Weise wie bei reifen Samen. In den inneren Geweben (Blattanlagen) werden während der Knospenentwicklung Speicherstoffe (Stärke, Fett, Speicherprotein) eingelagert. Anschließend verringert sich die Atmung auf ein Minimum und die Zellen verlieren einen Großteil ihres Wassergehalts. Die starke Dehydratisierung verleiht den Knospen eine hohe Toleranz gegen Austrocknung und Frost (→ S. 577). Eine Hülle aus festen, stark cutinisierten Schuppenblättern dient als zusätzlicher Schutz gegen Umwelteinflüsse (z. B. gegen das Eindringen von Wasser). Die typischen Merkmale dormanter Zellen (Speicherstoffeinlagerung, stark reduzierte Atmung, stark reduzierter Wassergehalt) finden sich auch im Bast und in den lebenden Zellen des Holzes während der jährlichen Ruhepause.

Bei der Birke und beim Ahorn kann die durch Kurztage induzierte Dormanz ohne weiteres durch den Übergang zu Langtagen aufgehoben werden. Die meisten anderen Holzpflanzen (z. B. Apfel, Kirsche und andere Obstbäume) benötigen jedoch eine *Kälteperiode* bei < 5 °C, um anschließend in der Wärme (> 15 °C) auszutreiben, wobei die Knospen direkt der niedrigen Temperatur ausgesetzt werden müssen (Abb. 24.20). Im Experiment kann in vielen Fällen auch durch GA ein Abbruch der Knospenruhe bewirkt werden. Bei der Birke fällt der endogene GA-Pegel zu Beginn der Dormanzperiode. Weiterhin hat man in manchen Fällen einen Anstieg des GA-Gehalts vor und während des Knospenaustriebs beobachtet. Es wird daher vermutet, daß dieses Hormon (als Gegenspieler von ABA?) eine wichtige Rolle bei der Aktivierung ruhender Knospen spielt. Oft kann man im Experiment auch mit Cytokininen die Knospendormanz brechen. Beim Austrieb der Knospen gehen die Blattanlagen unter Wasseraufnahme und Verbrauch von Speicherstoffen zu einem raschen Streckungswachstum über. Sie verlieren dabei ihre Toleranz gegen Austrocknung und Frost und gleichen auch in dieser Beziehung dem Embryo des keimenden Samens.

Auch bei einjährigen Pflanzen tritt das Phänomen der Knospenruhe auf. In den Blattachseln werden regelmäßig Knospen ausgebildet, welche jedoch häufig durch organismuseigene Entwicklungssignale (Hormone) im Zustand der Dormanz gehalten oder aus diesem Zustand entlassen werden. Die Steuerung der *Apikaldominanz* (→ S. 330) und der *Verzweigung* (→ S. 408) durch die Repression bzw. Induktion des Knospenaustriebs ist ein wichtiger Aspekt der Entwicklungsintegration im Kormus.

Weiterführende Literatur

Berrie AMM (1984) Germination and dormancy. In: Wilkins MB (ed) Advanced plant physiology. Pitman, London

Bewley JD (1979) Physiological aspects of desiccation tolerance. Annu Rev Plant Physiol 30:195−238

Bewley JD, Black M (1978/1982) Physiology and biochemistry of seeds in relation to germination, Vol 1 and 2. Springer, Berlin Heidelberg New York

Bewley JD, Black M (1985) Seeds. Physiology of development and germination. Plenum Press, New York London

Goldberg RB, Barker SJ, Perez-Grau L (1989) Regulation of gene expression during plant embryogenesis. Cell 56:149−160

Müntz K (1982) Seed development. In: Boulter D, Parthier B (eds) Encycl Plant Physiol NS, Vol 14 A. Springer, Berlin Heidelberg New York, pp 505−558

Noodén LD, Weber JA (1978) Environmental and hormonal control of dormancy in terminal buds of plants. In: Clutter ME (ed) Dormancy and developmental arrest. Experimental analysis in plants and animals. Academic Press, New York San Francisco London, pp 221−268

Shirsat AH (1991) Control of gene expression in the developing seed. In: Grierson D (ed) Developmental regulation of plant gene expression. Blackie, Glasgow London, pp 153−181

Walbot V (1978) Control mechanisms for plant embryogeny. In: Clutter ME (ed) Dormancy and developmental arrest. Experimental analysis in plants and animals. Academic Press, New York San Francisco London, pp 113−166

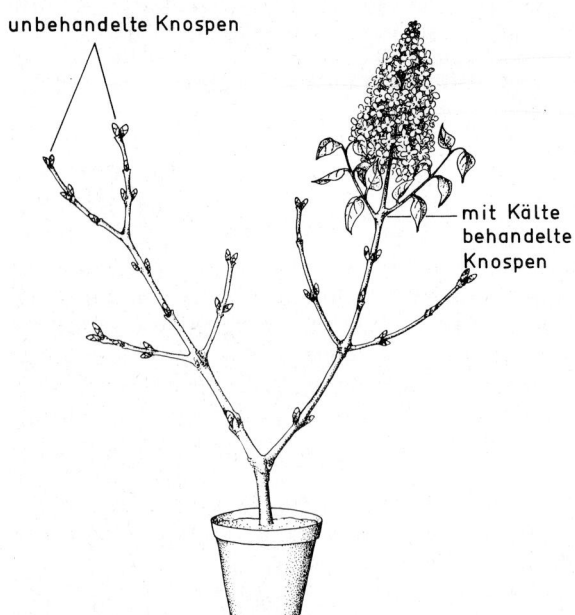

unbehandelte Knospen

mit Kälte behandelte Knospen

Abb. 24.20. Aufhebung der Knospenruhe durch eine lokale Kältebehandlung. Objekt: Flieder (*Syringa vulgaris*). Die Knospen am Ende des rechten Zweiges wurden einer Dormanz-brechenden Kältebehandlung unterzogen. (Nach Kimball 1965)

25 Blütenbildung und Photo-/Thermoperiodismus

Blühinduktion und Morphogenese

Die Auslösung („Induktion") der Blütenbildung ist bei vielen Pflanzen ein umweltabhängiger Prozeß; die Ausbildung der Blüten hingegen, die Morphogenese, ist endogen reguliert (Entwicklungshomöostasis; → S. 296). Die präzise Regulation der Blütenbildung äußert sich nicht nur im streng stockwerkartigen Auftreten der Primordien für die verschiedenen Blütenorgane, z. B. Staubgefäßanlagen, sondern auch in der Anordnung der Primordien innerhalb eines Stockwerks (Abb. 25.1).

Bei der Morphogenese der Blüten hat man häufig *homöotische Transformationen* (→ S. 329) beobachtet, z. B. *Petalen → Sepalen, Petalen → Stamina, Stamina → Karpelle*, die sich auf mutierte homöotische Gene zurückführen lassen. Kürzlich wurde eine Mutation (*agamous*), die bei *Arabidopsis thaliana* zu agamen Blüten führt (Stamina und Karpelle sind zu petaloiden Gebilden transformiert; Abb. 25.2), näher charakterisiert: Das bei der *agamous*-Mutante betroffene Gen codiert in der Wildform für einen generellen Transkriptionsfaktor, der an regulatorische DNA-Sequenzen bindet und jene Genexpression steuert, die zur Ausbildung von Stamina und Karpellen führt. Entsprechende Resultate wurden bei der molekularen Analyse des homöotischen Gens *deficiens* von *Antirrhinum majus* erzielt: Auch dieses Gen codiert für einen generellen Transkriptionsfaktor (DNA-bindendes Protein), der ein hohes Maß an Homologie zu Transkriptionsfaktoren aus Tier- und Hefezellen aufweist.

Das physiologische Problem ist auch bei der Blütenbildung die *Regulation* der Genexpression: Welche Faktoren sind es, die die übergeordneten

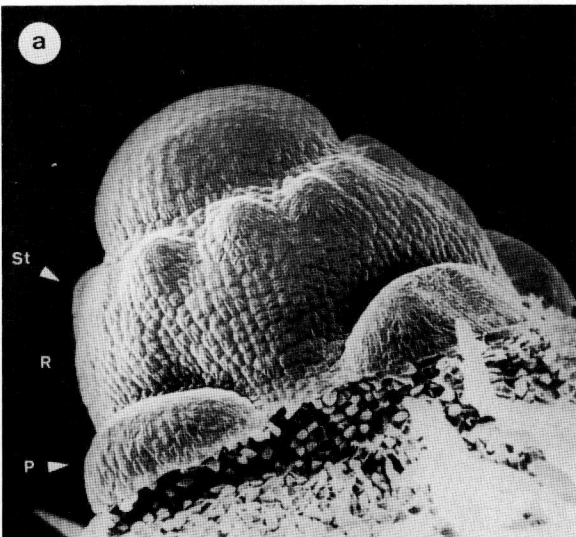

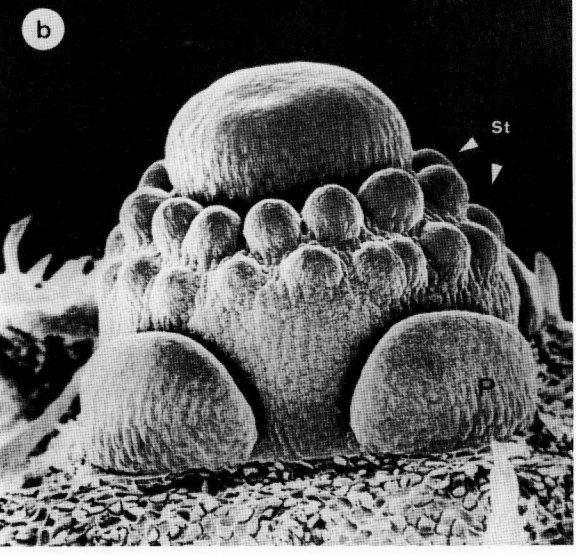

Abb. 25.1 a und b. Entwicklungsstadien der Blütenknospe von *Capparis spinosa* var. *inermis*. (a) Bildung des androecealen Ringwalls mit dem ersten Stockwerk der Stamenanlagen; (b) Bildung des zweiten Stockwerks der Stamenanlagen. Am apikalen Kegel erkennt man bereits die Andeutung von Karpellprimordien. P, Petalen; R, androecealer Ringwall; St, Stamina. (Nach Leins und Metzenauer 1979)

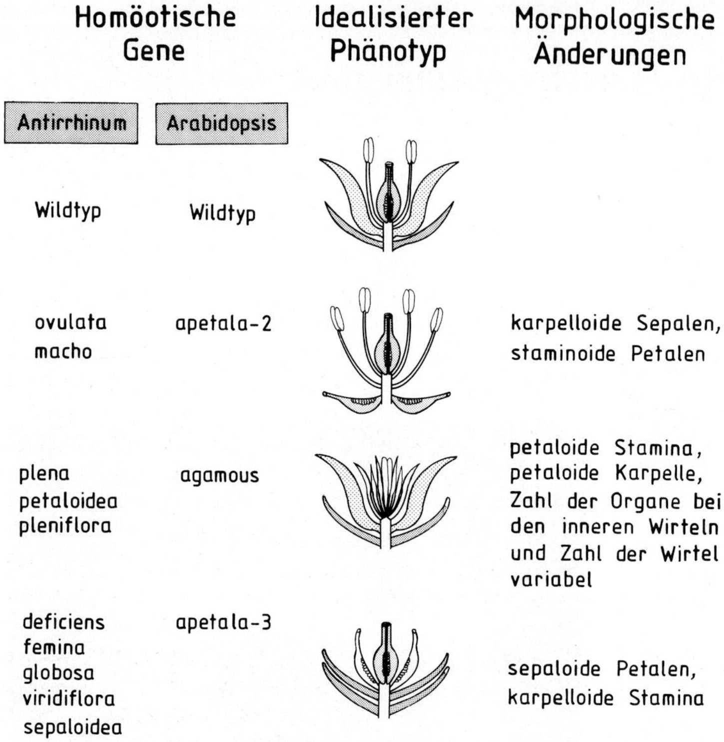

Homöotische Gene		Idealisierter Phänotyp	Morphologische Änderungen
Antirrhinum	Arabidopsis		
Wildtyp	Wildtyp		
ovulata macho	apetala-2		karpelloide Sepalen, staminoide Petalen
plena petaloidea pleniflora	agamous		petaloide Stamina, petaloide Karpelle, Zahl der Organe bei den inneren Wirteln und Zahl der Wirtel variabel
deficiens femina globosa viridiflora sepaloidea	apetala-3		sepaloide Petalen, karpelloide Stamina

Abb. 25.2. Homöotische Gene bei *Antirrhinum majus* und *Arabidopsis thaliana* und die bei ihrem Ausfall enstehenden homöotischen Transformationen im Bereich der Blüten. Beispielsweise führt eine Mutation des *agamous*-Gens zu petaloiden Stamina und Karpellen, eine Mutation des *deficiens*-Gens zu sepaloiden Petalen und karpelloiden Stamina. (Nach Schwarz-Sommer et al. 1990)

Regulatorgene irreversibel anschalten und damit jene Kaskade in Gang setzen, die letztlich zur Expression der formbildenden Strukturgene führt? Das Problem wird dadurch verschärft, daß man ein räumliches und ein zeitliches Muster der Genexpression innerhalb des blühbereiten Meristems postulieren muß: Die noch undeterminierten Zellen in einem blühbereiten Meristem müssen ihre *Position* innerhalb des Meristems erkennen und gemäß dieser Lageinformation die ‚richtige' Expression der homöotischen Gene anschalten.

Blütenbildung und Florigen

Die Blütenbildung, der Übergang von der vegetativen in die reproduktive Phase, ist ein Kardinalpunkt in der Entwicklung (Ontogenie) der Pflanze (→ Abb. 19.2). Die Blütenbildung geht darauf zurück, daß die Sproßvegetationspunkte anstelle vegetativer Blattanlagen die Mikro- und Megasporophylle und die ebenfalls blatthomologen Struktu-

ren des Perianths bilden. Dieser Übergang von der vegetativen zur reproduktiven Funktion geht mit charakteristischen Veränderungen des apikalen Meristems einher. Wenn man den Vegetationspunkten ^{3}H-markiertes Thymidin zuführt, kann man nach einiger Zeit in mikroskopischen Längsschnitten mit Hilfe der Autoradiographie jene Orte im apikalen Meristem erkennen, in denen in der Zwischenzeit DNA synthetisiert (d. h. ^{3}H-Thymidin eingebaut) wurde (Abb. 25.3). Auf diese Weise gewinnt man ein Bild von der Verteilung der mitotischen Aktivität über das Meristem.

Wir können davon ausgehen, daß für die Ausbildung der Blüten und Infloreszenzen (Abb. 25.4) genetische Information benötigt wird, die bei der vegetativen Entwicklung keine Rolle spielt. Man kann sich somit die Umsteuerung des Vegetationspunktes von der Bildung vegetativer Blattanlagen zur Bildung von Blütenorganen mit der Hypothese verständlich machen, daß bestimmte Gene, die im vegetativen Meristem nicht in Funktion waren, nunmehr stufenweise in Betrieb gesetzt werden (*Blühgene*). Die mit histochemischen Methoden im

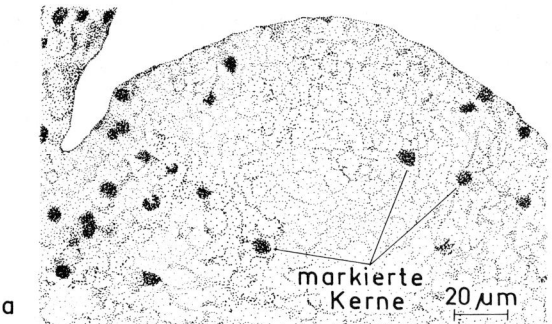

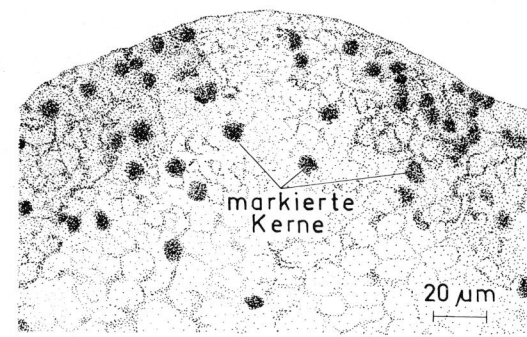

Abb. 25.3a und b. Autoradiographische Lokalisierung von teilungsbereiten Zellkernen im Apikalmeristem einer Senfpflanze (*Sinapis alba;* medianer Längsschnitt). Jene Kerne, die nach der Zugabe von ^{3}H-markiertem Thymidin DNA synthetisiert haben, tragen die radioaktive Markierung (geschwärzte Flächen). (a) Vor der Ankunft des Blühhormons (→ Abb. 25.6); (b) nach der Ankunft des Blühhormons, zum Zeitpunkt der Steigerung der DNA-Replication; → Abb. 25.5. (Nach Bernier 1973)

Meristem meßbaren Veränderungen stehen mit dieser Auffassung im Einklang (Abb. 25.5). Die Frage ist, wie es kommt, daß in einer bestimmten Phase der Ontogenie die Blühgene aktiv werden. Mit zwei Möglichkeiten muß man von vornherein rechnen:

Abb. 25.4. Entwicklungsstadien der staminaten Infloreszenz-Anlage der Spitzklette (*Xanthium strumarium*). *Links oben* der vegetative Apex. (Nach Salisbury 1955)

1. Die autonome Umsteuerung des Vegetationspunktes

Es gibt Pflanzen, z. B. die Gartenerbse (*Pisum sativum*), bei denen die Umstimmung des Vegetationspunktes zur Blütenbildung als eine *autonome* Leistung des Vegetationspunktes anzusehen ist. Der Zeitpunkt der Umschaltung ist genetisch festgelegt (z. B. früh- oder spätblühende Sorten). Im Rahmen der Reaktionsbreite ist dieser Zeitpunkt durch Außenfaktoren in bescheidenem Maße beeinflußbar. Faktoren, die aus den Blättern stammen, spielen bei der Umstimmung des Vegetationspunktes keine wesentliche Rolle.

2. Die Umsteuerung des Vegetationspunktes durch ein Blühhormon

Es gibt viele Pflanzen, z. B. Senf, bei denen die Umsteuerung des Vegetationspunktes durch einen Stimulus bewirkt wird, der aus den Blättern stammt. Man nennt diesen Blühstimulus *Blühhormon (Florigen)*. Im Prinzip muß man sich die folgende Vorstellung machen (Abb. 25.6): Das Blühhormon wird in den herangewachsenen Blättern gebildet, in die Sproßachse transportiert und von dort allseitig verteilt. Es gelangt also auch in die Sproßvegetationspunkte, wo es die Blühgene aktiviert. Es ist wahrscheinlich, daß das Blühhormon in den Siebröhren mit dem *Assimilatstrom* transportiert wird. Es gibt allerdings auch Argumente zugunsten der

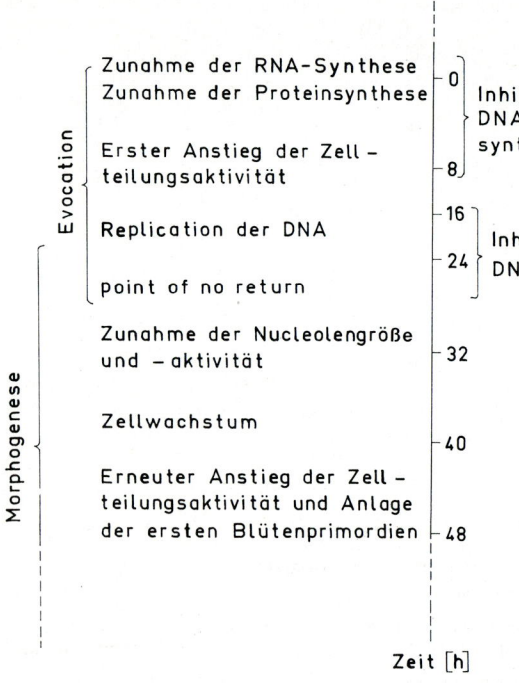

Abb. 25.5. Die Veränderungen im Apikalmeristem einer Senfpflanze (*Sinapis alba*) beim Übergang zur Blütenbildung. *Rechts* im Bild ist angedeutet, welche Inhibitoren (→ Abb. 10.9) zu welchem Zeitpunkt besonders wirksam sind. Der Punkt 0 auf der Zeitachse repräsentiert den Zeitpunkt, zu dem das Blühhormon (→ Abb. 25.6) im Meristem ankommt. Mit dem Begriff *Evocation* bezeichnet man die frühen Phasen bis zum Zeitpunkt der *irreversiblen* Umsteuerung des Vegetationspunktes auf Blütenbildung. (Nach Bernier 1973)

Auffassung, daß sich das Blühhormon unabhängig von den Assimilaten in den Pflanzen bewegt; z.B. ist die Geschwindigkeit des Blühhormonstromes $(1-2 \text{ cm} \cdot \text{h}^{-1}$ bei *Lolium temulentum*) viel niedriger als die Translocationsgeschwindigkeit für ^{14}C-markierte Assimilate in derselben Pflanze $(80-100 \text{ cm} \cdot \text{h}^{-1})$.

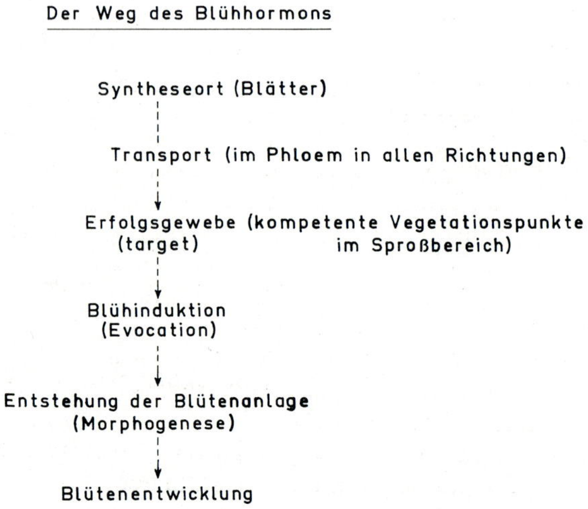

Die Vegetationspunkte im Sproßbereich sind das Zielgewebe (oder Erfolgsgewebe) für das Blühhormon, falls sie den Zustand der *Kompetenz für Florigen* erreicht haben. Bei einer Reihe von Pflanzen wurde festgestellt, daß die Kompetenz, auf das Blühhormon zu reagieren, erst dann auftritt, wenn der Vegetationspunkt eine bestimmte *Größe* erreicht hat. Dies ist teleonomisch verständlich.

Auf der molekularen Ebene kann man die Evocation der Blütenbildung als jenen Prozeß ansehen, bei dem es im kompetenten Meristem zur Aktivierung von *Regulator*genen kommt. Es gibt Hinweise darauf, daß spezifische mRNAs (und die entsprechenden Proteine), die im vegetativen Meristem völlig fehlen, dann im Meristem auftauchen, wenn die irreversible Umsteuerung des Meristems nahe bevorsteht. Vermutlich handelt es sich um Produkte aktivierter Regulatorgene, z.B. der homöotischen Gene.

Die biochemische Natur des Florigens ist immer noch unbekannt. Man kann bislang das Florigen nur *operational* (in erster Linie durch Pfropfexperimente) charakterisieren (→ S. 426).

Der Weg des Blühhormons

Syntheseort (Blätter)
↓
Transport (im Phloem in allen Richtungen)
↓
Erfolgsgewebe (kompetente Vegetationspunkte (target)   im Sproßbereich)
↓
Blühinduktion (Evocation)
↓
Entstehung der Blütenanlage (Morphogenese)
↓
Blütenentwicklung

Abb. 25.6. Ein Schema, das die Vorstellungen über den Weg und die Wirkungen des Blühhormons zusammenfaßt

Photoperiodismus

Unter Photoperiodismus versteht man die Erscheinung, daß bei vielen Pflanzen die Länge der täglichen Belichtungszeit, die *Tageslänge* oder *Photoperiode*, darüber entscheidet, ob die Vegetationspunkte auf Blütenbildung umschalten oder nicht (Abb. 25.7). Man kann *Kurztagpflanzen* (KTP) und *Langtagpflanzen* (LTP) unterscheiden. Außerdem gibt es *tagneutrale Pflanzen*, bei denen die Photoperiode keinen spezifischen Einfluß auf die Blütenbildung hat. Wir betrachten hier lediglich obligatorische KTP und obligatorische LTP. Fakultative KTP und LTP und komplizierte Typen wie KT-LT-Pflanzen und LT-KT-Pflanzen lassen wir außer Betracht. Die *Phänomenologie des Photoperiodismus* ist überhaupt viel mannigfaltiger als es in diesem kurzen Abschnitt zum Ausdruck kommen kann. Es ist auf diesem Gebiet besonders schwierig, die Gesetzmäßigkeiten herauszustellen und gleichzeitig den erheblichen Unterschieden zwischen den einzelnen Pflanzensippen gerecht zu werden.

Kritische Tageslängen

Eine KTP blüht nur dann, wenn eine kritische Tageslänge (z.B. 15 h Licht pro Tag bei der KTP *Pharbitis nil*) unterschritten wird (Abb. 25.8). An-

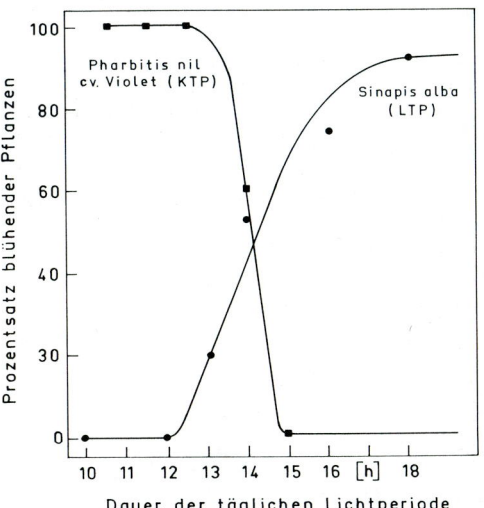

Abb. 25.8. Die Blühreaktion einer typischen Kurztagpflanze (KTP) und einer typischen Langtagpflanze (LTP) in Abhängigkeit von der Dauer der täglichen Lichtperiode (Photoperiode, Tageslänge). (Nach Vince-Prue 1975.) Gelegentlich wird die *kritische Tageslänge* definiert als jene Tageslänge, bei der 50% der Pflanzen einer Population blühen. Für unsere Zwecke genügt es, die kritische Tageslänge aufzufassen als jene Tageslänge, unterhalb oder oberhalb der die Blütenbildung einer Pflanzensippe ausbleibt

Abb. 25.7. Die Blütenbildung als Funktion der Tageslänge. Objekt: *Pharbitis hederacea*, cv. Scarlett O'Hara. Beide Pflanzen erhielten eine Hauptlichtperiode von 8 h Tageslicht pro Tag. Die Pflanze auf der rechten Seite erhielt zusätzlich 8 h schwaches Glühlampenlicht (400 lx) pro Tag, also eine Photoperiode von 16 h. Das Zusatzlicht verhindert *spezifisch* die Blütenbildung. Die vegetative Entwicklung verläuft ungestört. (Nach einer Photographie aus der Pionierzeit der Photoperiodismusforschung von Borthwick)

dererseits blüht eine LTP nur dann, wenn eine bestimmte kritische Tageslänge (z.B. 12 h Licht pro Tag bei der LTP *Sinapis alba*) überschritten wird. Die kritischen Tageslängen der beiden Typen können sich natürlich überlappen, z.B. blühen sowohl *Sinapis alba* als auch *Pharbitis nil* bei einer Tageslänge von 14 h. Im Unterschied zu Senf blüht aber *Pharbitis nil* nicht mehr, wenn die tägliche Photoperiode länger ist als 15 h. Die kritische Tageslänge (und damit der Reaktionstyp KTP oder LTP) ist *genetisch* festgelegt. Auch nahe verwandte Sippen können sich grundlegend unterscheiden (Abb. 25.9). Bei *Chenopodium rubrum* kennt man beispielsweise eine ganze Reihe photoperiodischer Rassen. Allerdings können Umweltfaktoren, vor allem die Temperatur, die kritische Tageslänge etwas verschieben. Auch das Alter der Pflanzen ist von Einfluß: Die kritische Tageslänge von *Pharbitis nil* liegt z.B. bei adulten Pflanzen höher als bei Keimpflanzen. Bei manchen Pflanzensippen ist die *Präzision* der photoperiodischen Reaktion erstaunlich. Ein Experiment mit der KTP *Xanthium strumarium* ergab, daß bei einer Photoperiode von 15,75 h alle Pflan-

Kurztag

Nicotiana
sylvestris

Langtag

Nicotiana
tabacum
(Maryland
Mammoth)

Abb. 25.9. *Nicotiana sylvestris* (eine Langtagpflanze) und *Nicotiana tabacum*, cv. Maryland Mammoth (eine Kurztagpflanze) im Kurz- bzw. Langtag. (In Anlehnung an Bünning 1953)

hochempfindlich für das photoperiodische Signal; bei der KTP *Xanthium strumarium* hingegen sind die Kotyledonen unempfindlich. Erst die Primärblätter reagieren, nachdem sie sich zur Hälfte entfaltet haben, auf die photoperiodische Situation. Die Pflanzensippen unterscheiden sich nicht nur in der Kompetenz der Blätter für das photoperiodische Signal, sondern auch in der Zahl der photoperiodischen Cyclen, die für eine Blühinduktion erforderlich sind. Im Extremfall genügt ein einziger Tag mit der „richtigen" Photoperiode, um Blütenbildung auszulösen. Dies ist z. B. der Fall bei den KTP *Xanthium strumarium* und *Pharbitis nil* und bei der LTP *Lolium temulentum*. Diese Arten werden deshalb in der Forschung viel benützt. Auch wenn man die Pflanzen anschließend wieder in die „falsche" Photoperiode bringt, setzt doch die Blütenbildung ein. Offenbar ist während der Zeit, welche die Pflanze in der jeweils „richtigen" Photoperiode verbrachte, das Florigen in den Blättern gebildet worden. In diesen Fällen liegt eine echte, nicht mehr revertierbare Blüh*induktion* vor. Andere Pflanzen brauchen mehrere oder viele photoperiodische Cyclen für eine erfolgreiche Blühinduktion, z. B. die Chrysanthemen (KTP). Außerdem beobachtet man hier eine Reversion der Blühinduktion insofern als die Blütenanlagen (Blütenknospen) abortieren, wenn die induktiven Kurztagbedingungen zu früh durch Langtag ersetzt werden.

Pfropfexperimente und Florigen

Die wichtige Frage, ob das Florigen in KTP mit dem Florigen der LTP funktionell identisch ist, konnte mit Hilfe von Pfropfexperimenten abgeklärt werden. Pfropft man z. B. von der KTP *Nicotiana tabacum* (cv. Maryland Mammoth) (→ Abb. 25.9) auch nur ein einziges Blatt auf die LTP *Nicotiana sylvestris*, so kommt die LTP auch im Kurztag zum Blühen. Umgekehrt blüht die KTP im Langtag, wenn sie mit einem Blatt der LTP *N. sylvestris* bepfropft wurde. Ein zweites Beispiel: Pfropft man die LTP *Sedum spectabile* auf die KTP *Kalanchoe blossfeldiana* und hält das System im Kurztag, so blüht das *Sedum*-Pfropfreis (Abb. 25.11, *links*). Entblättert man die Unterlage bei der Pfropfung, bleibt das Pfropfreis vegetativ (Abb. 25.11, *rechts*). Man muß aus diesen Experimenten

zen der Population vegetativ blieben, während bei einer Photoperiode von 15,00 h alle Pflanzen blühten. Wie die Abb. 25.8 zeigt, ist bei anderen Pflanzensippen der Übergang viel kontinuierlicher: Bei der LTP *Sinapis alba* bleiben bei einer 12 h-Photoperiode alle Pflanzen vegetativ; man muß die Photoperiode jedoch auf 18 h anheben, um alle Pflanzen der Population zum Blühen zu bringen.

Blätter als Receptororgane des Photoperiodismus

Der Vegetationspunkt selbst braucht für eine photoperiodische Blühinduktion nicht belichtet zu werden; eine Belichtung von Blättern genügt (Abb. 25.10). Bei den KTP *Chenopodium rubrum* und *Pharbitis nil* sind bereits die Kotyledonen

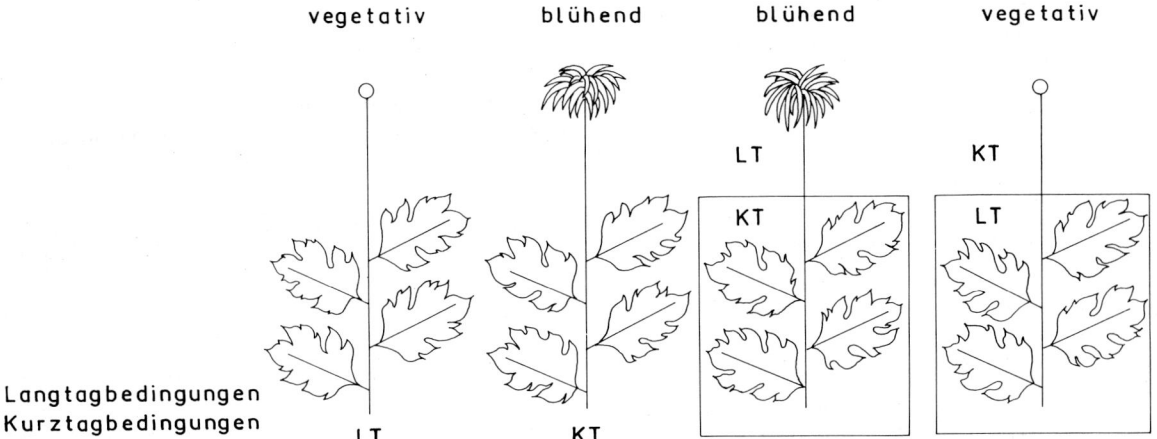

vegetativ   blühend   blühend   vegetativ

LT, Langtagbedingungen
KT, Kurztagbedingungen

Abb. 25.10. Die Wirkung einer photoperiodischen Behandlung von Blättern und Apex (endständiger Vegetationspunkt) auf die Blühreaktion von *Chrysanthemum morifolium* (KTP). (Nach Chailakhyan 1937.) Man weiß heute, daß die Pflanzen generell das photoperiodische Signal über die Blätter aufnehmen und daß es keine Rolle spielt, ob die Vegetationspunkte (die Zielorgane für den photoperiodischen Stimulus!) ebenfalls den induktiven Bedingungen ausgesetzt werden

schließen, daß sich das Florigen der KTP und das Florigen der LTP gegenseitig vertreten können. Wahrscheinlich handelt es sich um dieselbe Substanz. Weitere Pfropfexperimente weisen darauf hin, daß auch die tagneutralen Pflanzen (funktionell) dasselbe Florigen bilden. Bei diesem Pflanzentyp ist die Florigenbildung unabhängig von der Tageslänge.

Welche Rolle spielen Inhibitoren?

Bei der KTP *Xanthium strumarium* genügt ⅛ Blatt in der richtigen Photoperiode, um Blütenbildung auszulösen, auch wenn sich die übrige Pflanze im Langtag befindet (Abb. 25.12, *oben*). Das Pfropfexperiment zeigt, daß das Blühhormon über eine Pfropfstelle von einer Pflanze in die andere übertreten kann (Abb. 25.12, *unten*). Die Experimente liefern keinen Anhaltspunkt dafür, daß in der „falschen" Photoperiode irgendwelche Inhibitoren gebildet werden, welche dem Florigen oder seiner Wirkung entgegenarbeiten. Andere Daten deuten hingegen darauf hin, daß nicht nur in der „richtigen" Photoperiode das Florigen in den Blättern entsteht, sondern daß (bei manchen Pflanzen) die Blätter in der „falschen" Photoperiode Inhibitoren der Blütenbildung bilden. Ein erstes Beispiel: Die mit einer Speicherwurzel versehene LTP *Hyoscyamus niger* blüht auch im Kurztag, wenn man sie völlig entblättert. Ein zweites Beispiel: Eine zweisprossige Pflanze von *Perilla crispa* (KTP) wird zur Hälfte im Langtag und zur Hälfte im Kurztag gehalten. Der im Langtag gehaltene Teil blüht nur, wenn man ihn entblättert. Dieses Verhalten ist dem von *Xanthium strumarium* (Abb. 25.12, *oben*) ge-

Abb. 25.11. *Links:* Ein Pfropfreis der LTP *Sedum spectabile* ist auf eine Unterlage der KTP *Kalanchoe blossfeldiana* gepfropft. Die LTP blüht im Kurztag. *Rechts:* Die Unterlage wurde zum Zeitpunkt der Pfropfung entblättert. Das Pfropfreis bleibt im Kurztag vegetativ. (Nach Zeevaart 1958)

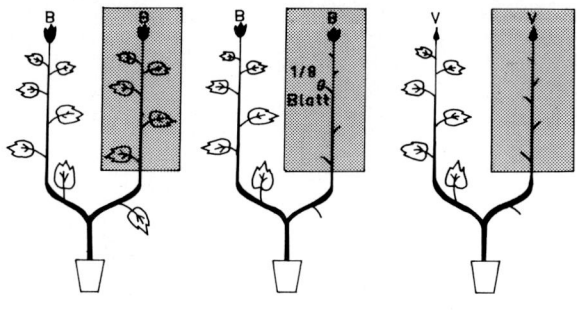

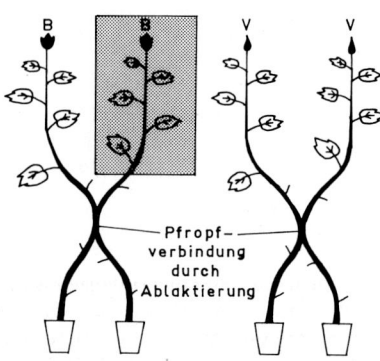

Abb. 25.12. *Oben:* Zweisprossige Pflanzen der Spitzklette (*Xanthium strumarium*). Der hervorgehobene Bereich wurde jeweils Kurztagbedingungen ausgesetzt, der Rest der Pflanze hingegen Langtagbedingungen. Beide Sprosse blühen, falls der Kurztagsproß nicht völlig entblättert ist. Ein Achtel einer Blattes genügt für eine Induktion (*Mitte*). *Unten:* Jeweils zwei *Xanthium*-Pflanzen wurden zusammengepfropft (zur Propftechnik → Abb. 27.18). Der hervorgehobene Bereich erhielt die Kurztagbehandlung. Es ist offensichtlich, daß das Blühhormon über die Pfropfstelle geleitet wurde (*links*). B blühender, V vegetativer Sproß. (Nach Hamner 1942)

rade entgegengesetzt. Eine Erklärung dieses Verhaltens ist allerdings auch ohne die Annahme eines Inhibitors möglich, wenn man davon ausgeht, daß das Florigen gegen den Assimilatstrom, der die „Langtagblätter" verläßt, nicht ankommt. Alle mit KTP erhobenen Befunde lassen sich in der Tat ohne die Annahme eines Inhibitors deuten. Bei den LTP *Nicotiana sylvestris* und *Hyoscyamus niger* scheint man hingegen ohne die Annahme eines Inhibitors nicht auszukommen. Beispiele: Die Blütenbildung tagneutraler Pflanzen kann unterdrückt werden, wenn man sie mit *Hyoscyamus niger* oder *Nicotiana sylvestris* zusammenpfropft und das ganze System im Kurztag hält. Außerdem beobachtet man bei

diesen Experimenten, daß die tagneutrale Pflanze „versucht", wie eine Rosettenpflanze zu wachsen. Der Schluß liegt nahe, daß die LTP im Kurztag eine „rosettenbildende Substanz" produziert, die über die Pfropfstelle auch in die tagneutrale Pflanze transloziert wird.

Sekundärinduktion

Wenn man ein einzelnes Blatt einer blühenden *Xanthium*-Pflanze auf eine vegetative Pflanze unter Langtagbedingungen pfropft, wird diese Pflanze blühen (Sekundärinduktion). Nimmt man von dieser Pflanze andere junge Blätter, die selbst nie dem Kurztag exponiert waren und pfropft sie auf im Langtag gehaltene Empfängerpflanzen, so blühen diese ebenfalls. Die Blätter waren also induziert (d. h. in diesem Fall, zur Bildung von Florigen befähigt), obgleich sie selbst nie die „richtige" Photoperiode erhalten hatten. Bei der KTP *Perilla crispa* ist es wiederum anders (Abb. 25.13): Photoperiodisch induzierte Blätter bleiben zwar Lieferanten von Florigen, auch wenn man sie sukzessiv auf mehrere im Langtag gehaltene Empfängerpflanzen pfropft. Nicht-induzierte Blätter der ursprünglichen oder der sekundär induzierten Pflanzen haben aber keine induzierende Wirkung. Induzierte Blätter bleiben also permanent induziert; der Zustand des Induziertseins bleibt aber strikt lokalisiert, breitet sich also (im Gegensatz zu *Xanthium*) nicht über die ganze Pflanze aus.

Blütenbildung und Gibberelline

Man hat gefunden, daß die Applikation von Gibberellinen (besonders gut untersucht wurde die Wirkung von GA_3) bei vielen LTP die Blütenbildung auch im Kurztag auslösen kann. Besonders wirksam ist Gibberellin bei solchen LTP, die im vegetativen Zustand eine Rosette bilden, z. B. *Hyoscyamus niger* oder *Daucus carota* (→ Abb. 25.21).

Man vermutete zunächst, das Florigen sei mit einem Gibberellin identisch. Diese Vorstellung mußte jedoch aufgegeben werden, als sich zeigte, daß die Applikation von Gibberellin die Blütenbildung obligatorischer KTP im Langtag *nicht* ermöglicht. Da durch die Pfropfversuche (→ S. 442) ge-

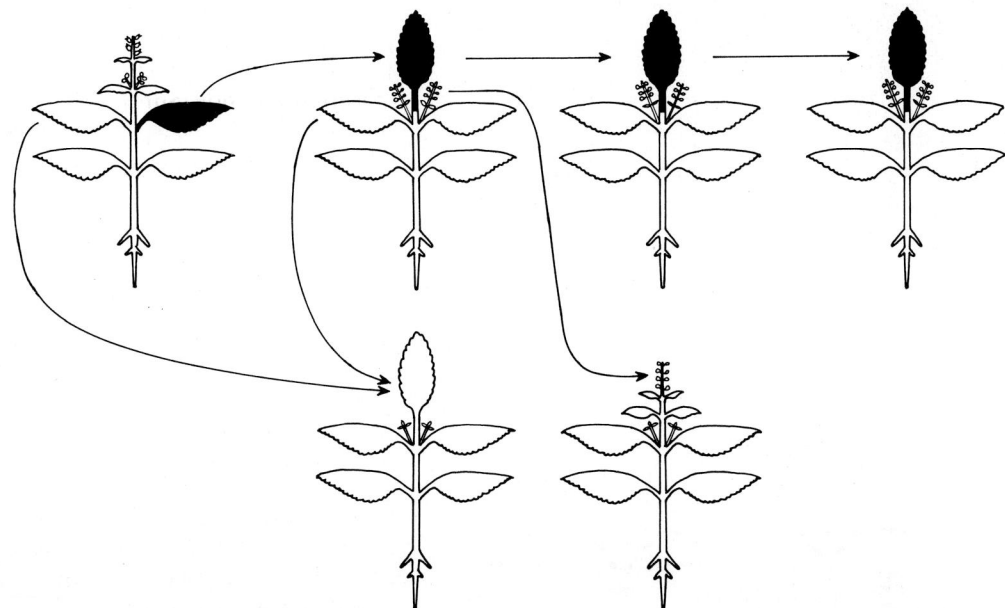

Abb. 25.13. Schema zur Erläuterung des Verhaltens der KTP *Perilla crispa* bei Pfropfexperimenten. Dunkel gezeichnete Blätter: mit Kurztag zur Florigenbildung induziert; hell gezeichnete Pflanzenteile: nur mit Langtag behandelt. Blätter, die direkt eine Kurztagbehandlung erfahren haben, veranlassen die Blütenbildung auch dann, wenn sie sukzessiv auf mehrere nicht-induzierte Empfängerpflanzen gepfropft werden (*obere Reihe*). Nicht-induzierte Blätter der Ausgangspflanze oder der Empfängerpflanzen haben keine blühinduzierende Wirkung. Auch die blühenden Sprosse der Empfängerpflanzen wirken nicht induzierend, wenn sie verpfropft werden. (Nach Lang 1965)

zeigt ist, daß KTP und LTP zumindest funktionell dasselbe Florigen besitzen, kann Florigen nicht mit Gibberellin identisch sein. Es ist wohl so, daß Gibberellin das Längenwachstum der Rosettenpflanzen auslöst. Bei manchen LTP scheint das rasche Schossen eine Aktivierung der Blühgene mit sich zu bringen. Beim Vergleich verschiedener Gibberelline hat sich allerdings herausgestellt, daß die Wirkung auf das Schossen und die florigene Aktivität nicht korreliert sind. Dieser Befund weist darauf hin, daß es bestimmte Gibberelline gibt, die ausschließlich mit der Blühinduktion zu tun haben.

Phytochrom und Photoperiodismus

In manchen Fällen kann die photoperiodische Wirkung eines Langtags durch einen Kurztag plus Zusatzlicht („Störlicht") ersetzt werden (Abb. 25.14). Zusätzlich zu einem Kurztag (Hauptlichtperiode mit hohem Lichtfluß zur Saturierung der Photosynthese) gibt man, am besten etwa in der Mitte der zugehörigen Dunkelperiode, einen Lichtpuls, z. B. ein paar Minuten Fluoreszenz-Weißlicht mittleren Lichtflusses. Damit hat man für die Pflanze Langtagbedingungen geschaffen. Die Wirkungsspektren des Störlichts stimmen bei KTP und LTP überein.

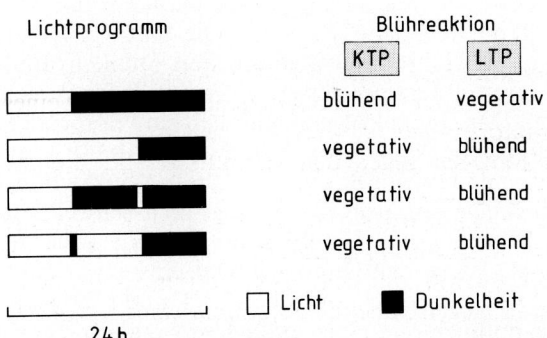

Abb. 26.14. In vielen Fällen kann das tägliche Belichtungsprogramm „Kurztag plus Zusatzlicht" einen Langtag bezüglich der Blühinduktion völlig ersetzen. Dies gilt sowohl für KTP als auch für LTP. Bei LTP ist aber meist ein kräftiges Störlicht erforderlich, um den Langtageffekt zu erzielen

Abb. 25.15. Die regulierende Wirkung von Phytochrom auf die Blütenbildung der KTP *Kalanchoe blossfeldiana. Links:* Pflanze im Kurztag (8 h Weißlicht · d⁻¹). *Mitte:* Pflanze im Kurztag plus 1 min hellrotes „Störlicht" in der Mitte der Dunkelphase. *Rechts:* Pflanze im Kurztag plus 1 min Hellrot plus 1 min Dunkelrot in der Mitte der Dunkelphase. (Nach Hendricks und Siegelman 1967)

Sie zeigen klar die Charakteristika eines Phytochrom-Wirkungsspektrums (→ Abb. 21.6; Induktion). Man kann also bei beiden photoperiodischen Reaktionstypen mit einem Hellrotpuls (zusätzlich zu einer Kurztag-Hauptlichtperiode) einen Langtageffekt erzielen, und man kann in beiden Fällen den Hellroteffekt durch einen unmittelbar nachfolgenden Dunkelrotpuls revertieren (Abb. 25.15). Wie erklärt man sich diese Reaktion? In der Dunkelzeit nach der Hauptlichtperiode verlieren die Pflanzen rasch das im Licht gebildete P_{fr} durch irreversible Destruktion ($P_{fr} \rightarrow P'_{fr}$) oder Dunkelreversion ($P_{fr} \rightarrow P_r$; → Abb. 21.2). Gleichzeitig aber wird neues P_r gebildet ($P'_r \rightarrow P_r$; → Abb. 21.2). Wenn der Hellrotpuls die Pflanzen in der Mitte der Dunkelperiode trifft, erfolgt die Phototransformation ($P_r \rightarrow P_{fr}$). Der anschließend gegebene Dunkelrotpuls bewirkt die Reversion ($P_{fr} \rightarrow P_r$). Die 100%ige Reversion des Hellroteffekts durch den Dunkelrotpuls zeigt an, daß eine Wirksamkeitsschwelle für P_{fr} vorliegt. Das Dunkelrot stellt nämlich ein Photogleichgewicht des Phytochromsystems $\varphi_{fr} = [P_{fr}]/[P_{tot}]$ mit mehreren Prozent P_{fr} ein (→ S. 360). Wie die Experimente zeigen, liegt die Wirksamkeitsschwelle für P_{fr} bei den *Kalanchoe*-Pflanzen offenbar höher als der P_{fr}-Pegel, den Dunkelrotlicht einstellt.

Die Unterschiede zwischen KTP und LTP lassen sich nunmehr auf einen einfachen Nenner bringen:

LTP: Kurztag + ausreichend P_{fr} (in der Mitte der Dunkelperiode) → Blühhormon

KTP: Kurztag + ausreichend P_{fr} (in der Mitte der Dunkelperiode) → kein Blühhormon.

Dieser *qualitative* Unterschied in der Reaktion auf ein und dasselbe P_{fr}-Signal ist *genetisch* festgelegt (→ Abb. 25.9). *Wie* das P_{fr} in den kompetenten Blättern die Bildung von Florigen stimuliert bzw. unterdrückt, ist noch nicht bekannt. Man vermutet, daß es sich um eine transkriptionelle Regulation handelt.

Photoperiodismus und circadiane Rhythmik

Bereits die klassischen Experimente zum Photoperiodismus haben gezeigt, daß die Empfindlichkeit der Pflanzen für Störlicht im Zusammenhang mit der Blühinduktion weder quantitativ noch qualitativ konstant ist. Besonders aufschlußreich sind Experimente mit Störlichtpulsen gewesen, die erwiesenermaßen ausschließlich über Phytochrom (P_{fr}) wirken. Die typischen Reaktionen von KTP und LTP gegenüber Phytochrom (P_{fr}) lassen sich aufgrund dieser Studien folgendermaßen zusammenfassen (Abb. 25.16): Im Fall der KTP ist ein hoher Pegel an P_{fr} zu Beginn der täglichen Dunkelperiode für die Blütenbildung förderlich (manchmal geradezu eine Voraussetzung für die Blühinduktion), während ein hoher Pegel an P_{fr} in der Mitte der Dunkelperiode die Blütenbildung hemmt. Bei der

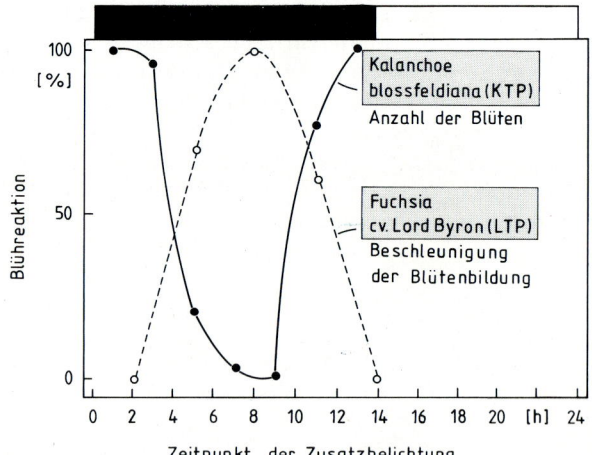

Abb. 25.16. Die Wirkung von Störlicht, zu verschiedenen Zeiten während der 13stündigen Dunkelperiode verabreicht, auf die Blütenbildung einer typischen Kurztag- bzw. Langtagpflanze. (Nach Hart 1988)

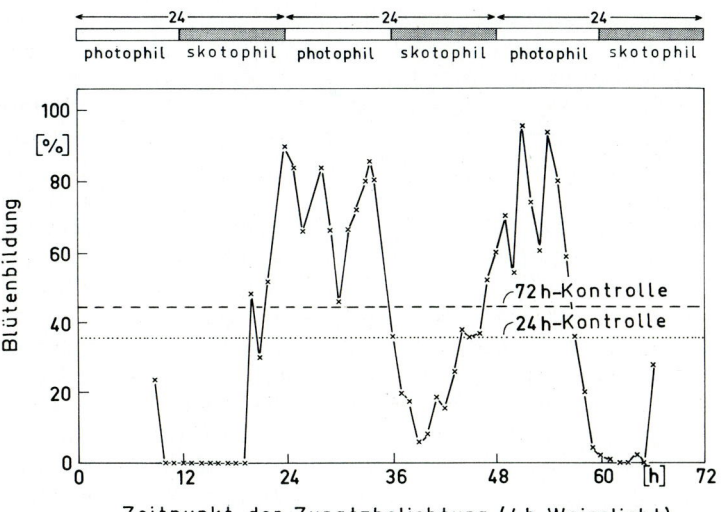

Abb. 25.17. Die Blühreaktion der Kurztagpflanze *Glycine max* cv. Biloxi auf Störlicht, das zu verschiedenen Zeitpunkten während einer 64 h-Dunkelperiode gegeben wurde (7 Cyclen). Die Meßpunkte sind zu dem Zeitpunkt eingetragen, an dem das 4stündige Störlicht (Weißlicht) einsetzte. Die 72 h-Kontrollen erhielten 7 Cyclen, von denen jeder aus einer 8stündigen Hauptlichtperiode, gefolgt von 64 h Dunkel, bestand. Die 24 h-Kontrolle gibt die Blühreaktion an, die man mit 7 normalen Kurztagcyclen (8 h Licht/16 h Dunkel) erhält. Die vermutete Abfolge von photophilen und skotophilen Phasen ist oben angedeutet. (Nach Hamner 1963)

LTP erfolgt die umgekehrte Änderung der Empfindlichkeit gegenüber P_{fr}: In der Mitte der Dunkelperiode fördert ein hoher Pegel an P_{fr} die Blütenbildung am meisten.

Es ist sehr wahrscheinlich, daß die rhythmischen, quantitativen und qualitativen Änderungen der Empfindlichkeit der Pflanzen für P_{fr} (operational, für entsprechendes Störlicht) darauf zurückzuführen sind, daß die Pflanzen endogene circadian-rhythmische Aktivitätsänderungen durchmachen, die durch eine „physiologische Uhr" gesteuert werden (→ S. 115). Diese Auffassung wird durch den folgenden Befund nahegelegt: Die Empfindlichkeits

änderung setzt sich in rhythmischer Weise über mehrere Tage hinweg fort, auch wenn die Pflanzen unter konstanten Umweltbedingungen im Dauerdunkel gehalten werden (Abb. 25.17, 25.18). Man stellte bei dieser Art von Experiment nicht nur quantitative, sondern auch *qualitative* Änderungen der Empfindlichkeit gegenüber Störlicht fest. Aus den Beobachtungen ließ sich der Schluß ziehen, daß (zumindest bei KTP) im Verlauf eines Tages eine *photophile* und eine *skotophile Phase* aufeinanderfolgen. In einer „lichtliebenden" (photophilen) Phase reagiert die Pflanze bezüglich der Blütenbildung positiv auf weißes oder hellrotes Störlicht; in

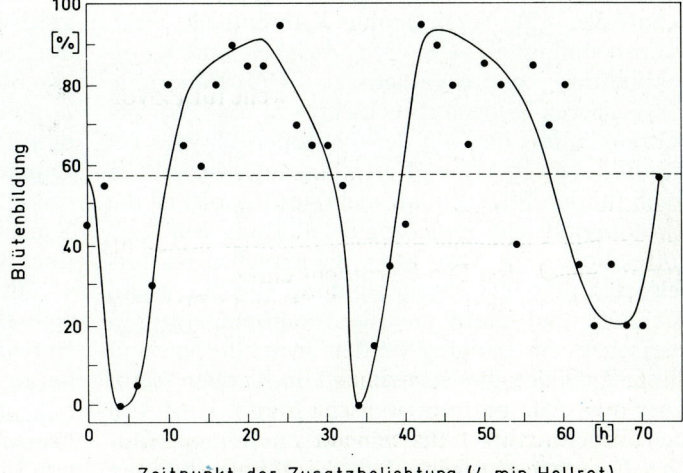

Abb. 25.18. Die Wirkung eines Störlichts (4 min Hellrot) auf die Blühreaktion der Kurztagpflanze *Chenopodium rubrum*. Das Störlicht wurde zu verschiedenen Zeitpunkten (im 2 h-Abstand) während einer 72 h-Dunkelperiode gegeben. Vor und nach der 72 h-Dunkelperiode wurden die Pflanzen im Dauerweißlicht gehalten. *Horizontale Linie:* Die Blühreaktion jener Pflanzenpopulation, die nur die 72 h-Dunkelperiode (ohne Störlicht) erhielt (57% Blütenbildung). (Nach Cumming et al. 1965)

der darauffolgenden „dunkelliebenden" (skotophilen) Phase reagiert die Pflanze bezüglich der Blütenbildung negativ auf das Störlicht. Die rhythmische Abfolge von photophiler und skotophiler Phase setzt sich auch unter konstanten Umweltbedingungen über eine Reihe von Tagen hinweg fort.

Die periodischen Änderungen der Störlichtempfindlichkeit werden auf eine *endogene*, circadiane (d. h. etwa 24stündige) Rhythmik zurückgeführt. In dieser endogenen Rhythmik manifestiert sich der Gang einer *„physiologischen Uhr"*. Diese innere Uhr erlaubt der Pflanze eine Zeitmessung, unabhängig von den Periodizitäten der Umwelt (→ S. 115). Das Zusammenwirken von Phytochrom und physiologischer Uhr beim Photoperiodismus läßt sich auf den folgenden Nenner bringen: Mit Hilfe von Phytochrom stellt die Pflanze fest, ob Licht vorhanden ist. Mit Hilfe der physiologischen Uhr legt sie fest, wie sie qualitativ und quantitativ auf dieses Licht reagiert. Die *Umwelt* kommt in zweifacher Hinsicht ins Spiel. Sie kann erstens darüber entscheiden, ob die innere Uhr läuft oder nicht; zweitens wird die Präzision, mit der die innere Uhr läuft, von der exogenen Periodizität (zum Beispiel dem natürlichen Licht/Dunkel-Wechsel) bestimmt.

Photoperiodische Phänomene unabhängig von der Blütenbildung

Neben der Blütenbildung stehen eine Reihe weiterer physiologischer Prozesse unter photoperiodischer Kontrolle, z. B. Verzweigung, Kambiumaktivität, Knospenbildung (→ S. 435), Zwiebel- und Knollenbildung, photosynthetische CO_2-Fixierung, Crassulaceen-Säurestoffwechsel (→ S. 264). Wir beschränken uns hier auf den Photoperiodismus bei der Bildung vegetativer Fortpflanzungskörper. Ein auch für den Pflanzenbau wichtiges Beispiel ist die photoperiodische Steuerung der Bildung von Kartoffelknollen (→ Abb. 30.4). Bei manchen Kartoffelsorten setzt die Knollenbildung erst ein, wenn Kurztage und relativ niedrige Nachttemperaturen herrschen. Im Langtag werden zwar Stolone und Blüten gebildet, die Entstehung von Knollen bleibt aber aus. Das photoperiodische Signal wird von den ausgewachsenen Blättern aufgenommen. Manche Forscher glauben, daß die Knollenbildung

an der Spitze der Stolone durch ein spezifisches *„knollenbildendes Hormon"* ausgelöst wird, das in den Blättern unter Kurztagbedingungen und bei relativ niedriger Temperatur gebildet wird. Die Steuerung der Knollenbildung dürfte aber komplizierter sein. Zum Beispiel hat man festgestellt, daß Knollen auch unter nicht-induktiven Tageslängen gebildet werden, falls man die jungen Blätter und die apikalen Vegetationspunkte im Sproßsystem entfernt. Man vermutet deshalb, daß an der Steuerung der Knollenbildung neben dem knollenbildenden Hormon noch mindestens ein Inhibitor beteiligt ist.

Untersuchungen mit isolierten Stolonen unterstützen diese Auffassung. An Stolonen, die in vitro auf einem Nährmedium kultiviert werden, kann man die Bildung von Knollen durch Cytokinin auslösen. Gibberellinsäure wirkt dagegen hemmend auf diesen morphogenetischen Prozeß.

Die Bedeutung des Photoperiodismus

Der Photoperiodismus, weit verbreitet bei Pflanzen und Tieren, muß als eine *genetische* Anpassung an den Gang der Jahreszeiten aufgefaßt werden. Es handelt sich also um eine Anpassung der Pflanzen und Tiere an die für ihr Biotop *normalen* jahreszeitlichen Umweltveränderungen. Die Kurztagpflanzen zum Beispiel kommen *zu ihrem Vorteil* erst dann zum Blühen, wenn an ihrem natürlichen Standort Kurztagbedingungen eintreten. Man kann sich die *„selektionistische Wertfunktion"* des Photoperiodismus jeweils plausibel machen. Beispielsweise sind die Fichten an die geographische Breite ihres Standorts durch eine genetisch fixierte Nachtlängenreaktion bezüglich der Knospenbildung im Herbst angepaßt. Arktische Bäume beenden ihr Wachstum, wenn die Dauer der täglichen Dunkelperiode (Nachtlänge) 2 h übersteigt, während zentraleuropäische Fichten erst dann zur Knospenbildung übergehen, wenn die Nachtlänge über 8 h hinausgeht.

Die Studien zum Photoperiodismus haben auch eine grundsätzliche Bedeutung für die Theorie der Entwicklung gewonnen. Wir heben einen Aspekt heraus: *die Phänotypisierung genetischer Information als Mehrstufenprozeß*. Mit diesem Ausdruck bezeichnen wir das Phänomen, daß die Umsetzung von Information in Merkmale über mehrere Stufen erfolgt, wobei sich umweltoffene Phasen mit Phasen der Entwicklungshomöostasis abwechseln. Bei der Blütenbildung einer obligatorischen KTP zum Beispiel (→ Abb. 25.7) bestimmt die Umwelt – das Lichtprogramm – darüber, ob Blüten gebildet werden oder nicht. Das Licht hat aber keinerlei Einfluß auf die *Spezifität* der Blütenentwicklung, nachdem die Blühinduktion einmal erfolgt ist.

Thermoperiodismus

Man hat häufig beobachtet, daß Pflanzen bei konstanter Temperatur schlechter wachsen als bei einem periodischen Wechsel der Temperatur (relativ kühl während der Dunkelperiode, relativ warm während der Photoperiode). Die Abb. 25.19 zeigt am Beispiel einer Tomatensorte, daß unter den vorgegebenen Lichtbedingungen das beste Wachstum – gemessen als Zunahme der Sproßachsenlänge pro Tag – dann erzielt wird, wenn bei Tag 26,5 °C, bei Nacht 17–20 °C herrschen. Der positive Effekt der tieferen Temperatur tritt nur auf, wenn sie während der Nacht (und nicht etwa konstant) gegeben wird. Die günstige Wirkung einer tagesperiodisch wechselnden Temperatur auf die Tomatenpflanzen kommt auch beim Fruchtansatz zum Vorschein. Die beste Fruchtentwicklung beobachtet man bei Nachttemperaturen von 15–20 °C.

Offensichtlich haben die während der Lichtphase und die während der Dunkelphase ablaufenden Vorgänge verschiedene Temperaturoptima. Man spricht von einem *Thermoperiodismus.* Es gibt Hinweise, daß die tagesperiodisch sich ändernden Temperaturoptima Manifestationen einer endogenen Rhythmik sind, gesteuert von der „physiologischen Uhr" (→ S. 115).

Vernalisation

Eine Vernalisation liegt dann vor, wenn eine mehr oder minder ausgedehnte Kältebehandlung (experimentell i. a. mit Temperaturen etwas über dem Gefrierpunkt) die Blütenbildung einer Pflanze spezifisch und positiv beeinflußt. Gute Beispiele liefern monokarpische Pflanzen, z. B. winterannuelle Pflanzen oder biannuelle Rosettenpflanzen.

1. Beispiel: Vernalisation beim Wintergetreide. Wenn man die gequollenen Karyopsen einer Kältebehandlung unterwirft, wird die Blütenbildung der Pflanzen, die aus diesen Karyopsen hervorgehen, stark beschleunigt. Der „Angriffsort" der Vernalisation ist das Sproßmeristem im Embryo. Die „Prägung", welche diese Zellen erfahren, wird bei der Keimung und beim Heranwachsen der Getreidepflanze über zahllose Zellteilungen weitergege-

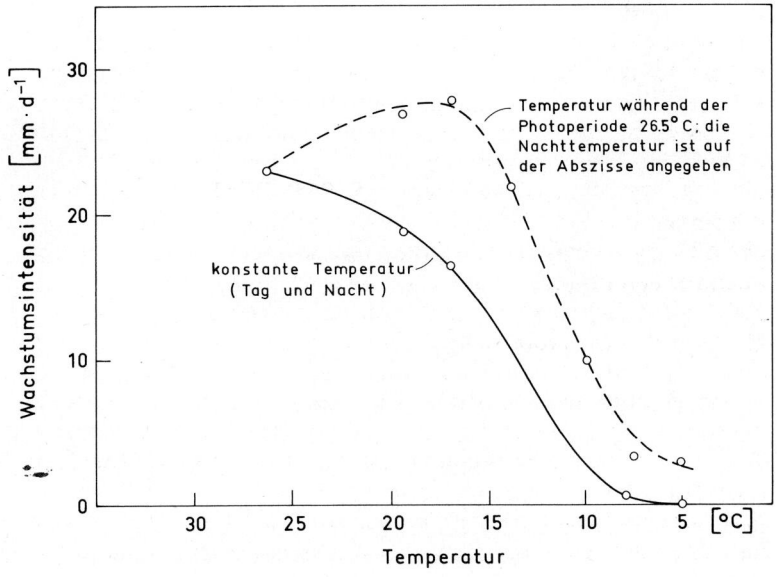

Abb. 25.19. Thermoperiodizität bei der Tomate (*Lycopersicon lycopersicum*). Die *ausgezogene* Linie gibt die Wachstumsintensität der Sproßachse in Abhängigkeit von der konstanten Temperatur wieder; die *gestrichelte* Linie erhält man bei täglichem Temperaturwechsel. (Nach Went 1944)

ben, z. B. auch über die Verzweigungen des Achsensystems hinweg. Es scheint in der Tat so zu sein, daß die ontogenetischen Nachkommen der vernalisierten Zellen diese durch die Kältebehandlung geschaffene spezifische Prägung beibehalten. Eine beschleunigte Blütenbildung ist die Folge.

2. Beispiel: Vernalisation bei biannuellen Rosettenpflanzen. Als Beispiel wählen wir eine biannuelle Rasse vom Bilsenkraut, *Hyoscyamus niger*. Diese Pflanze benötigt eine längere Kältebehandlung im Rosettenstadium, damit die Blütenbildung erfolgen kann. Die Blütenbildung ist aber auch dann nur im Langtag möglich (Abb. 25.20). In der Natur bilden diese Pflanzen im ersten Jahr eine vegetative Rosette mit Speicherwurzel, die überwintert. Im zweiten Jahr entsteht dann, nach Eintritt von Langtag-

bedingungen, die lange Achse mit dem Blütenstand. Die biannuellen Pflanzen kann man nicht bereits im Samen- oder Keimlingszustand vernalisieren. Die Kältebehandlung hat erst dann Erfolg, wenn die vegetative Rosette angelegt ist. Erst in diesem Entwicklungszustand sind die Vegetationspunkte kompetent für den „Kältereiz". Gibberelline (z. B. GA_3) vermögen die Kältebehandlung zu ersetzen (Abb. 25.21). Man darf daraus aber nicht ohne weiteres schließen, daß die Kältebehandlung zur Bildung von endogenem Gibberellin führt. Wie leicht man bei derlei Argumentation fehlgehen kann, haben wir uns bei der Blütenbildung (Florigen und Gibberellin; → S. 444) klargemacht.

Der Vernalisationseffekt ist eine verhältnismäßig spezifische Temperaturwirkung. Dennoch hat man bisher keine molekulare Deutung dieses

nicht vernalisiert

Langtag   Kurztag

vernalisiert

Abb. 25.20. Der Zusammenhang zwischen Vernalisation und Photoperiodismus bei einer biannuellen Rasse der Langtagpflanze *Hyoscyamus niger*. (In Anlehnung an Kühn 1955)

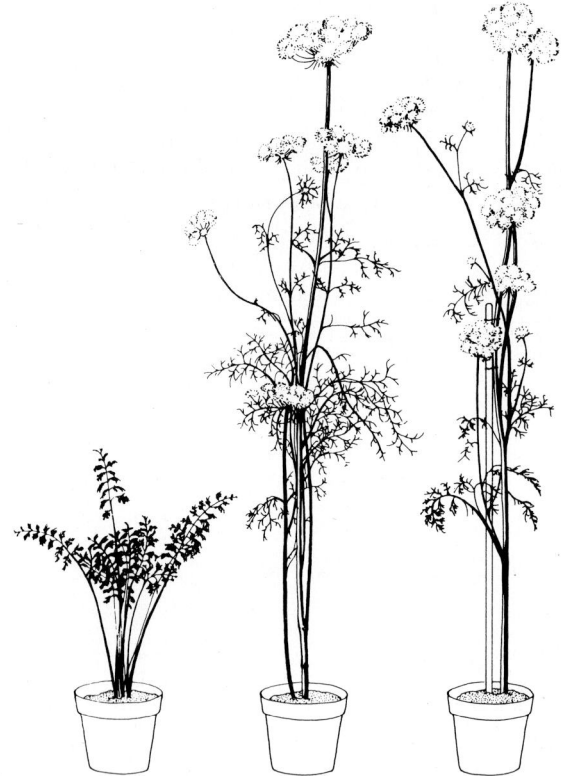

Abb. 25.21. Die Wirkung von Gibberellin auf die Blütenbildung. Objekt: frühblühende Karottenvarietät (*Daucus carota*). Die Anzucht erfolgte im Langtag. *Links:* Kontrolle (weder Kältebehandlung noch Gibberellin); *Mitte:* keine Kältebehandlung, aber Gibberellin (10 μg pro d über 4 Wochen hinweg auf den Sproßvegetationspunkt geträufelt); *rechts:* 6 Wochen Kältebehandlung, kein Gibberellin. (Nach Lang 1957)

Phänomens geben können. Dies hängt mit den prinzipiellen Schwierigkeiten zusammen, die einer Faktorenanalyse von Temperaturwirkungen entgegenstehen.

Weiterführende Literatur

Bernier G (1988) The control of floral evocation and morphogenesis. Annu Rev Plant Physiol Plant Mol Biol 39:175–219

Chailakhyan MK (1968) Internal factors of plant flowering. Annu Rev Plant Physiol 19:1–36

Evans LT (ed) (1969) The induction of flowering. MacMillan, Melbourne London

Lang A (1965) Physiology of flower initiation. In: Handbuch der Pflanzenphysiologie, Bd 15 (1). Springer, Berlin Göttingen Heidelberg, pp 1380–1536

Salisbury FB (1963) The flowering process. Pergamon Press, Oxford London New York

Schwarz-Sommer Z et al. (1990) Genetic control of flower development by homeotic genes in *Antirrhinum majus*. Science 250:931–936

Sutcliffe J (1977) Plants and temperature. Edward Arnold, London

Vince-Prue D (1975) Photoperiodism in Plants. McGraw-Hill, London

Vince-Prue D (1983) Photomorphogenesis and flowering. In: Encycl Plant Physiol NS, Vol 16 B. Springer, Berlin Heidelberg New York, pp 457–490

Went FW (1957) The experimental control of plant growth. The Ronald Press, New York

26 Physiologie der Seneszenz

Der Lebenscyclus einer Senfpflanze (→ Abb. 19.2) repräsentiert die Ontogenie vieler krautiger Pflanzen: Die Pflanze wächst, blüht, altert und stirbt. Die Bildung von Samen und Früchten ist mit einem irreversiblen Alterungsprozeß der gesamten Pflanze verknüpft. In diesem Zusammenhang wird das N-haltige Material der Mutterpflanze in die Samen verlagert (→ Abb. 33.3) (*monokarpische* Pflanzen; → Tabelle 26.1). Bei perennierenden Stauden und bei Sträuchern und Bäumen hingegen führt die Blüten- und Samenbildung nicht zu einer Alterung der Gesamtpflanze (*polykarpische* Pflanzen). Die meisten Bäume werden in der Natur eher getötet als daß sie aus inneren Ursachen sterben. Teile der Bäume jedoch, beispielsweise die Blätter, besitzen prinzipiell nur eine beschränkte Lebensdauer und sind in dieser Hinsicht den monokarpischen Pflanzen vergleichbar (Tabelle 26.1).

Monokarpische Pflanzen

Die Alterung oder Seneszenz (gemessen z. B. als Protein- oder Chlorophyllverlust der Blätter; Abb. 26.1) kann bei diesen Pflanzen hinausgezögert werden, wenn man die Blüten oder die jungen Früchte entfernt. Trotz Anwendung moderner Trennverfahren für lösliche Proteine (Gelelektrophorese, Chromatographie) konnte die einsetzende, in der Regel sequentielle Seneszenz der Blätter bisher nicht mit einem *differentiellen* Proteinverlust in Zusammenhang gebracht werden. Es gibt allerdings Hinweise darauf, daß die Chloroplastenproteine

Tabelle 26.1. Die verschiedenen Seneszenz-Typen

Typ	Umschreibung
Monokarpische Seneszenz	Die Pflanze stirbt als Ganzes nach der Bildung von Samen und Früchten ab (z. B. annuelle Pflanzen)
Polykarpische Seneszenz	Unter diesen Typ fallen die perennierenden Stauden, Sträucher und Bäume mit einem periodischen und in der Regel synchronen Blattfall (z. B. Laubbäume mit herbstlichem Blattfall)
Sequentielle Seneszenz der Blattorgane	Zu diesem Typ gehört die Blattalterung unserer Nadelbäume, aber auch die von Modul zu Modul fortschreitende Seneszenz der älteren Blattorgane bei monokarpischen Pflanzen („Stockwerk-Seneszenz")
Seneszenz der oberirdischen Pflanzenteile	Zu diesem Typ rechnet man die Kryptophyten, die ihre Erneuerungsknospen unter der Erdoberfläche tragen (Rhizomgeophyten, Zwiebelgeophyten)

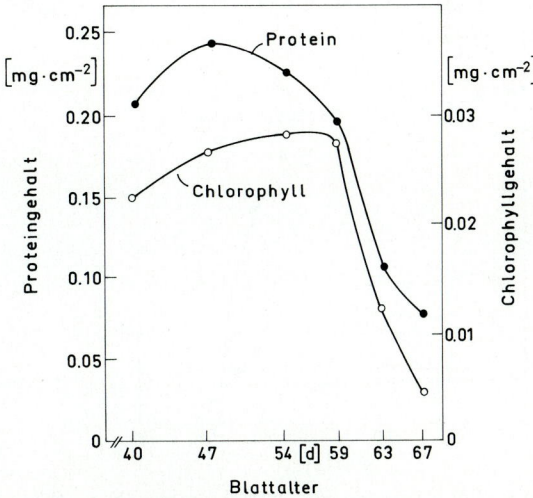

Abb. 26.1. Chlorophyll- und Proteingehalt in Blättern in Abhängigkeit vom Blattalter. Objekt: *Perilla frutescens*. Die Blätter befinden sich an der Pflanze. (Nach Woolhouse 1967)

(z. B. Ribulosebisphosphatcarboxylase/oxygenase) schneller als die cytoplasmatischen Proteine im Zuge der Seneszenz abgebaut werden. Damit korreliert ist der rasche Abfall der *Photosyntheseleistung* im alternden Blatt (Abb. 26.2). Hinsichtlich der *Zellatmung* findet man im typischen Fall die in Abb. 26.2 dargestellte Kinetik: Die Atmungsintensität bleibt zunächst ziemlich konstant; erst gegen Ende der Seneszenzperiode erfolgt ein scharfer Anstieg, der vom endgültigen Abfall gefolgt ist. Dieser *klimakterische Gipfel* der Atmungsintensität wird häufig auch bei der Fruchtreife beobachtet (→ S. 433). Es scheint, daß die Blüten und Früchte ihren die Seneszenz fördernden Einfluß nicht nur auf die Blätter, sondern auch auf die Meristeme ausüben. Auf jeden Fall geht die monokarpische Pflanze in den Prozeß der Seneszenz als eine Einheit ein. Der einsetzende Tod ist ein organismisches, autonomes Phänomen, eine *Systemeigenschaft*. Früher übliche Auffassungen, der Tod der Pflanze sei die allmähliche Folge einer nachlassenden photosynthetischen Aktivität der Blätter oder die Folge der „sink"-Wirkung der sich entwickelnden Samen für Aminosäuren, werden dem tatsächlichen Sachverhalt nicht gerecht. Man muß vielmehr davon ausgehen, daß von den reifenden Früchten (Samen) ein *Seneszenzsignal* ausgeht, das sich über die Pflanze verbreitet und Blätter, Vegetationspunkte und Wurzelspitzen auf „Tod" umprogrammiert, sobald es die Organe erreicht.

Blattalterung bei perennierenden Pflanzen

Der jahresperiodische Laubwechsel ist ein Charakteristikum der Laubbäume der gemäßigten Breiten. Dieses Verhalten ist in erster Linie eine genetische Anpassung an die schwierige Wasserversorgung während der kalten Jahreszeit. Der herbstliche Blattfall wird durch einen präzisen Alterungsprozeß vorbereitet, der darauf abzielt, die mobilisierbaren Kohlenhydrate und die für die Pflanze wichtigen phloemmobilen Elemente (in erster Linie N, S, Fe, P, K, Mg, Mn) in das Speichergewebe des Stammes und der Zweige zurückzuführen und die mit dem Blattverlust verbundene Verwundung minimal zu halten. Die auffälligsten biochemischen Vorgänge bei der Blattalterung sind der Abbau von Stärke, Protein, Chlorophyll und Nucleinsäuren sowie die Synthese von Anthocyan. Anatomisch wird die Blattalterung bei vielen Holzpflanzen von der Ausbildung einer Trennschicht an der Basis des Blattstiels begleitet (Abb. 26.3). Die komplizierten anatomischen Veränderungen bei der Ausbildung der Trennschicht (sie erfolgen gelegentlich bereits im noch voll aktiven Blatt) stellen eine hohe Entwicklungsleistung dar, die Zellteilungen und Zelldifferenzierung einschließt. Nachdem die Ablösung (Abscission) des Blattes erfolgt ist, kommt es an der Blattnarbe zu erneuten Zellteilungen und zur

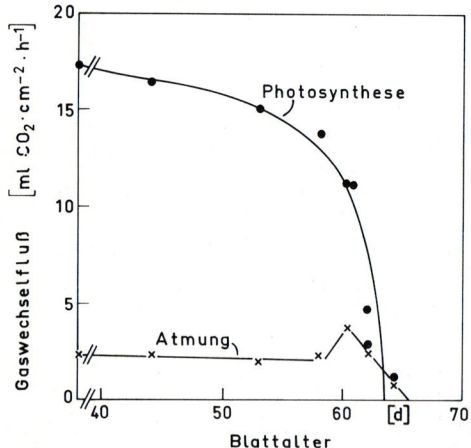

Abb. 26.2. Photosynthese- und Atmungsintensität in Blättern in Abhängigkeit vom Blattalter. Objekt: *Perilla frutescens*. Die Blätter befinden sich an der Pflanze. (Nach Woolhouse 1967)

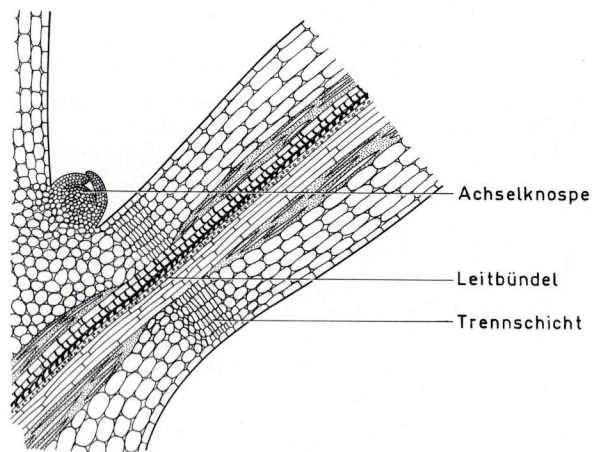

Abb. 26.3. Eine schematische Darstellung jener Zone des Blattstiels, in der die Trennschicht ausgebildet wird. Man beachte die kleinen Zellen und das Fehlen von Fasern im Bereich der Trennschicht. (Nach Addicott 1965)

Suberinisierung der an der Oberfläche gelegenen Zellen und Interzellularen. Auf diese Weise schützt sich die Pflanze gegen Wasserverlust und gegen die Invasion pathogener Keime.

Abbau der Plastiden

Die Blattalterung geht einher mit einer Dekomposition der Chloroplasten. Dabei kommt es zu einer Gestaltänderung dieser Organellen (oval → rund) und zu einem Zerfall der Ultrastruktur. Der Abbau ist insofern spezifisch, als die verschiedenen Komponenten unterschiedlich rasch einbezogen werden. Der Antennenkomplex von Photosystem II (→ S. 171) wird z. B. schon früh abgebaut. Da der Komplex äquimolare Mengen an Chlorophyll *a* und *b* enthält, äußert sich dies in einer starken Verschiebung des Chlorophyll *a/b*-Verhältnisses zugunsten von Chlorophyll *a*.

Chlorophyllabbau

Der für das rasche Verschwinden des Chlorophylls in den alternden Blättern verantwortliche biochemische Mechanismus – jeden Herbst werden weltweit etwa $9 \cdot 10^9$ t Chlorophyll abgebaut – ist immer noch ein Rätsel. Während die Abfolge der biochemischen Einzelschritte bei der *Synthese* der Porphyrine wohlbekannt ist (→ S. 291), haben sich die in-vivo-Abbauprodukte des Chlorophylls bislang dem analytischen Nachweis entzogen. Die *Chlorophyllase*, die das Phytol vom Chlorophyll abspaltet, ist das einzige Enzym, dessen Beteiligung am Chlorophyllabbau in vivo gesichert erscheint. Das Chlorophyll wird allem Anschein nach noch im Verband des Holokomplexes (→ S. 171) dephytyliert. Als nächster Schritt des Chlorophyllid-Abbaus wird die enzymatische Entfernung des Magnesiums in Betracht gezogen. Der Abbau des Chlorophylls zu ungefärbten Verbindungen läßt sich nicht vom Abbau der Apoproteine trennen. Dies ist teleonomisch verständlich: Das photodynamisch gefährliche Chlorophyll *muß* mit dem Apoprotein zusammen abgebaut werden, um zu verhindern, daß freie Porphyrine entstehen.

Abbau der RNA

Der Anstieg der RNase-Aktivität, der auf eine de-novo-Synthese zurückgeht, dient häufig als Indikator einsetzender Blattseneszenz. Aber auch im Fall der RNA sind weder die Abbauprodukte noch die Transportformen des Purin- und Pyrimidin-Stickstoffs sicher bekannt. Man vermutet, daß mit Hilfe einer cytosolischen Glutaminsynthetase (→ S. 191), die bei einsetzender Seneszenz verstärkt auftritt, die gängige Transportform Glutamin gebildet wird.

Physiologie der Blattalterung

An der *Regulation* der Alterungsprozesse bei Blättern sind endogene Faktoren mit Fernwirkung (Hormone) beteiligt (→ S. 395). Man kann experimentell zeigen, daß die Alterung eines Blattes nicht auf der Anhäufung zufallsmäßiger Defekte beruht; die Alterung wird vielmehr vom Gesamtorganismus her kontrolliert. Man weiß z. B. seit langem, daß die in der Regel rasche Alterung abgeschnittener Blätter revertiert wird, wenn es zur Regeneration von Wurzeln kommt. Dies wird bei der Herstellung von Blattstecklingen in der gärtnerischen Praxis ausgenutzt. Auch durch eine optimale Zufuhr von *Cytokininen* (Kinetin, Benzyladenin, Benzimidazol; → S. 405) läßt sich die Seneszenz abgetrennter Blätter verhindern oder zumindest hinausschieben (Abb. 26.4, Tabelle 26.2). In die Prozesse der Blattalterung und Abscission (Blattfall)

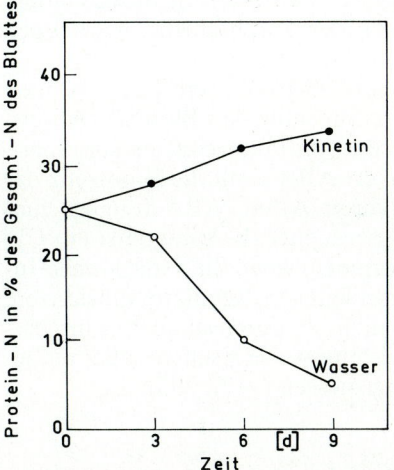

Abb. 26.4. Änderungen im Proteingehalt der beiden Blatthälften abgetrennter, ungeteilter Blätter von *Nicotiana rustica*. Die Blatthälften wurden entweder mit einer Kinetinlösung (→ S. 405) oder mit Wasser behandelt. (Nach Wollgiehn 1961)

Tabelle 26.2. Die Chlorophyll- und Proteingehalte isolierter Gerstenblätter (*Hordeum vulgare*) 120 h nach Beginn der experimentellen Behandlung. Bezugssystem: Chlorophyll- bzw. Proteingehalt zum Zeitpunkt 0 = 100%. Die Daten zeigen, daß die Seneszenz-retardierende Wirkung des Lichts nichts mit der Photosynthese zu tun hat, sondern über das Phytochrom verläuft. (Nach Biswal und Sharma 1976)

Behandlung	Protein	Chloro-phyll
120 h Dauer-Dunkel	35	36
120 h Dauer-Weißlicht	71	70
5 min Hellrot[a]	60	63
5 min Dunkelrot[a]	35	35
5 min Hellrot + 5 min Dunkelrot	34	35
120 h Dauer-Dunkel, aber Blätter mit Benzyladenin-Lösung (10 μmol · l^{-1}) behandelt	57	70

[a] Die Hellrot- und Dunkelrot-Lichtpulse wurden in 12 h-Intervallen verabreicht.

sind jedoch mehrere Hormone verwickelt. Außerdem verhalten sich verschiedene Arten recht unterschiedlich. Ein klassisches Experiment, das die komplizierte Beteiligung des *Auxins* beweist, zeigt die Abb. 26.5. Licht hemmt den Abscissionsprozeß über Phytochrom (Tabelle 26.2). Es gibt Hinweise, daß das Lichtsignal ($P_r \rightarrow P_{fr}$) von der Lamina aufgenommen wird und über die verstärkte Bereitstellung von Auxin wirkt. Die stimulierende Wirkung von *Ethylen* auf den Blattfall, insbesondere auf die Ausbildung der Trennschicht, ist vielfach gezeigt worden.

Die *Abscisinsäure* (ABA) trägt ihren Namen deshalb, weil diese Substanz den Blattfall (Abscission) bei einer Reihe von Pflanzenarten stimuliert. Außerdem stimuliert ABA auch die Seneszenz der Blattlamina bei vielen Arten. ABA fungiert hier (zumindest im Experiment) als Antagonist der Cytokinine. Das Hormon*system*, die funktionelle Integration der verschiedenen Regulatorsubstanzen, ist zur Zeit noch nicht zu durchschauen. Eine monokausale Betrachtungsweise erscheint aber auf jeden Fall nicht angemessen (→ S. 395).

Wirkung von Außenfaktoren

Der Alterungsprozeß in Blättern wird durch Außenfaktoren (Licht, Temperatur) stark beeinflußt. Unter Langtagbedingungen (künstliches Zusatz-

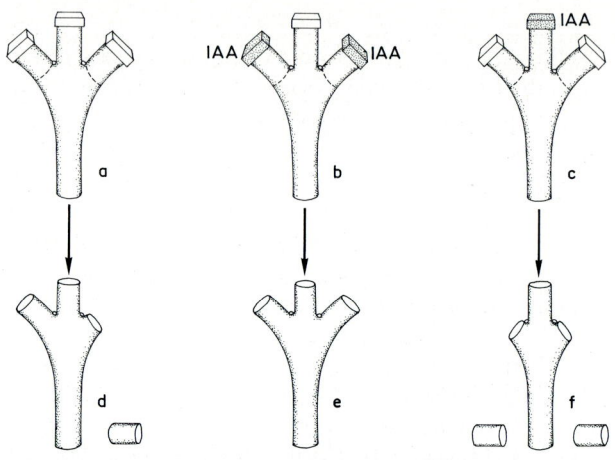

Abb. 26.5a–f. Auxin (Indol-3-essigsäure, IAA) kann bei getrimmten Baumwollkeimlingen (*Gossypium hirsutum*) den Abfall der Blattstiele hemmen oder beschleunigen, je nachdem, von welcher Seite das Hormon auf die Trennschicht (*gestrichelte Linie*) trifft. Man entfernt von Baumwollkeimlingen die Wurzel, die Sproß-Spitze und die Laminae (Blattflächen) der Kotyledonen. Mit dem Restsystem kann man in einer feuchten Kammer arbeiten, indem man Agarblöckchen, die IAA enthalten, auf die Schnittstellen setzt (*obere Reihe*) und den Abfall der Petioli der Kotyledonen beobachtet. Diese lösen sich an der Trennschicht (*gestrichelt angedeutet*) von der Achse. Wenn die Agarblöckchen keine IAA enthalten, setzt der Blattfall nach einer bestimmten Zeit ein (a → d). Enthalten die Agarblöckchen, welche die Stümpfe der Petioli bedecken, IAA, so wird der Blattfall lange hinausgezögert (b → e). Gibt man die IAA aber lediglich in das Agarblöckchen, das den Epikotylstumpf bedeckt, so wird der Blattfall gegenüber der Kontrolle stark beschleunigt (c → f). Das Beispiel zeigt, daß ein und dieselbe Konzentration eines Hormons gegenseitige Effekte hervorbringen kann, je nachdem, von welcher Seite es auf das Erfolgsgewebe (die Trennschicht) trifft. Es ist offensichtlich, daß der *Zustand des Erfolgsgewebes* (in diesem Fall die Zell- und Gewebepolarität) darüber entscheidet, welche Wirkung das Hormon auszuüben vermag. (Nach Addicott et al. 1955)

licht zu der natürlichen Hauptlichtperiode) verzögert sich die Blattalterung bei Holzpflanzen. Bei isolierten Blättern von Getreide (Hafer, Weizen, Reis) verzögert eine Belichtung die Seneszenz. Die Lichtwirkung erfolgt über *Phytochrom* (→ Tabelle 26.2). Andererseits beschleunigen Stickstoffmangel, Trockenheit und ein versalzter Wurzelraum die Alterung. Der Einfluß der *Temperatur* auf die Seneszenzphänomene ist jedem Naturbeobachter geläufig. Eine rasche Blattalterung und die damit verbundene intensive Herbstfärbung erfolgen nur bei höheren Temperaturen. Am wirksamsten ist die Kombination: niedere Nacht- und relativ hohe Tagestemperaturen. Dies hängt damit zusammen, daß Blattalterung und Herbstfärbung von der Gesamtpflanze her gesteuerte, *aktive* Prozesse sind, die eine hohe allgemeine Stoffwechselaktivität und *spezifische* biogenetische (anabolische) Leistungen der Blätter einschließen. Eine Behandlung von Blättern mit Atmungsgiften oder mit Inhibitoren der Proteinsynthese verhindert deshalb die Blattalterung.

Herbstfärbung

Die leuchtend roten Farben der alternden Blätter gehen auf Anthocyane (in der Regel mit dem Anthocyanidin Cyanidin) zurück (→ Abb. 18.2). Die Bildung des Anthocyans wird durch höhere Tagestemperaturen und durch Licht gefördert. Die Anthocyanbildung in den alternden Blättern hat keinen erkennbaren „biologischen Sinn". Man muß diese Syntheseleistung als ein Nebenprodukt des auf hohen Touren laufenden klimakterischen Stoffwechsels ansehen (→ Abb. 26.2). Das Ziel des klimakterischen Stoffwechsels ist die rasche und möglichst vollständige Rückführung der leicht mobilisierbaren Kohlenhydrate und der für die Pflanzen schwierig zu beschaffenden Elemente N, S, Mg, Fe, P, K, Mn in den Stamm. Dies impliziert einen effektiven Abbau der Proteine, Nucleinsäuren und Porphyrine. Die nur aus C, H und O bestehenden Carotinoide werden nicht (oder unvollständig) abgebaut. Die gelben Herbstfarben gehen auf Carotinoide in den seneszenten Plastiden zurück, deren Eigenfarbe nach dem Verschwinden der Chlorophylle zum Vorschein kommt (→ Abb. 12.11).

Die Ursachen für die Farbenpracht des nordamerikanischen Indianersommers kann man sich ebenfalls verständlich machen. Maßgebend sind einmal günstige Umweltbedingungen: relativ hohe Tagtemperaturen, hohe Lichtflüsse. Andererseits zeigen aber auch die in Europa angepflanzten nordamerikanischen Laubholzarten eine prächtigere Färbung als die bei uns heimischen Arten. Eine Erklärung für die genetische Komponente der intensiven Herbstfärbung lautet: Unter den Bedingungen im östlichen Nordamerika (rascher Übergang vom warmen, sonnenreichen Klima auf winterliche Witterung) hatten solche Sippen einen Selektionsvorteil, die in der Lage waren, die Blattalterung möglichst lange hinauszuzögern, sie aber dann rasch (z. B. innerhalb von zwei Wochen) durchzuführen. Auf diese Weise kann die Photosynthese lange aufrechterhalten werden, ohne daß Gefahr besteht, daß der hereinbrechende Winter die Blätter zum Erfrieren bringt, bevor die wichtigen chemischen Elemente in den Stamm zurücktransportiert sind. Die rasche Blattalterung geht mit einer besonders hohen klimakterischen Stoffwechselintensität einher. Entsprechend hoch ist die Syntheseleistung für Anthocyan.

Alterung bei Blütenblättern

Das Verblühen ist ein besonders auffälliger, bei manchen Sippen rasch ablaufender, präzis kontrollierter Prozeß. Die Blüten sind auf relativ rasche

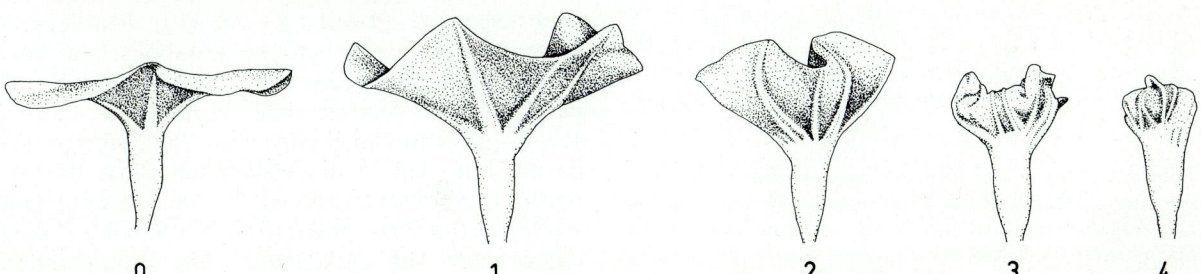

Abb. 26.6. Der Verwelkungsprozeß bei der Blüte der Prachtwinde (*Ipomoea tricolor*, cv. *rubro-coerulea praecox*). Stadium 0 repräsentiert die voll geöffnete Krone, die Stadien 1–4 geben die progressive Seneszenz wieder. Unter natürlichen Lichtbedingungen öffnen sich die Blüten morgens um 6 Uhr und bleiben bis etwa 15 Uhr geöffnet (0). Dann krümmt sich die Krone aufwärts und ändert ihre Farbe von Blau nach Purpur. Die Phasen 1–4 werden in wenigen Stunden durchlaufen. (Nach Kende und Baumgartner 1974)

Seneszenz programmiert. Ihr Alterungsprozeß ist von der Gesamtpflanze weitgehend unabhängig. *Ethylen* scheint bei der Seneszenz der Blüten (ähnlich wie bei der Reifung der Früchte) eine wesentliche Rolle zu spielen. Ein Beispiel (Abb. 26.6): Die Blüten der Prachtwinde öffnen sich am frühen Morgen und verblühen am Nachmittag des gleichen Tages. Die Seneszenz (gemessen als Einkrümmung und Verfall der Blütenkrone und Zunahme der RNase-Aktivität) kann durch eine Behandlung mit Ethylen vorverlegt werden. Andererseits läßt sich der Alterungsprozeß durch eine Behandlung mit CO_2 oder durch eine Absorption des endogen produzierten Ethylens mit Quecksilberperchlorat hinauszögern (→ S. 410). Bei den unbehandelten

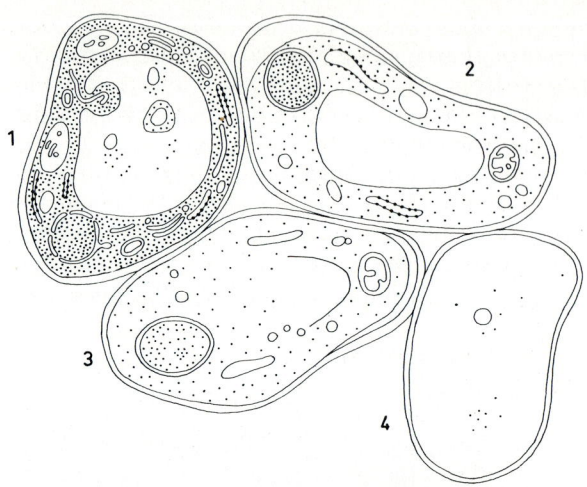

Abb. 26.8. Alterung und Autolyse von Mesophyllzellen aus den Blütenblättern der Prachtwinde (*Ipomoea tricolor*). 1–4, verschiedene Stadien von der einsetzenden *Autophagie* über die *Autolyse* bis zum *Zelltod*. Die Autolyse kommt dadurch zustande, daß der Tonoplast zerreißt und sich die Hydrolasen des Zellsaftes mit dem Cytoplasma mischen. Erst nach dem Zusammenbruch des *lytischen Kompartiments* beobachtet man eine Degradation des Zellkerns. Die Abnahme der DNA in dem Blütengewebe (→ Abb. 26.7) ist ein Maß für das Einsetzen und Fortschreiten der Autolyse. (Nach Matile und Winkenbach 1971)

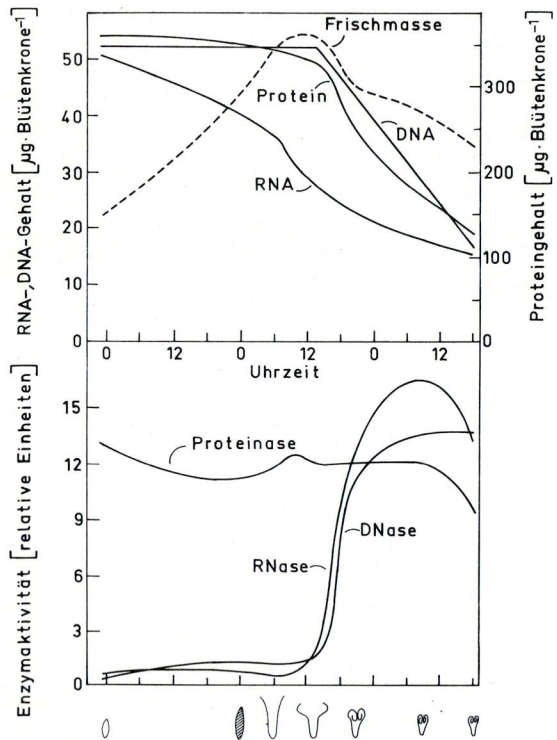

Abb. 26.7. Molekulare Veränderungen während der Seneszenz der Blütenblätter der Prachtwinde (*Ipomoea tricolor*). Die Angaben beziehen sich jeweils auf eine Blütenkrone. Die Skizzen unterhalb der Zeitachse deuten die jeweilige Gestalt der Krone an (→ Abb. 26.6). Die starke Zunahme der *RNase-Aktivität* ist typisch für die Blattseneszenz. Im Fall von *Ipomoea* wurde durch Dichtemarkierung mit Deuterium bewiesen, daß der RNase-Aktivitätsanstieg auf eine Neusynthese des Enzyms zurückzuführen ist. (Nach Matile und Winkenbach 1971)

Blüten fällt das Verblühen der Blütenkrone mit einem scharfen Anstieg der endogenen Ethylensynthese zusammen. Die endogene Ethylenbildung wird nach Art einer autokatalytischen Reaktion (positive Rückkoppelung) gesteigert: Ethylen steigert die Ethylen-Synthese. Auch bei der Reifung von Früchten (Äpfel, Bananen, Citrusfrüchte), die durch Ethylen gefördert wird, dürfte eine derartige positive Rückkoppelung vorkommen, die man vertriebstechnisch ausnutzt (→ S. 410). Matile und seine Mitarbeiter haben die katabolischen Vorgänge bei der Seneszenz der *Ipomoea*-Blüte eingehend studiert. Der zeitliche Verlauf des DNA-, RNA- und Proteingehalts (Abb. 26.7, *oben*) weist darauf hin, daß in der welkenden Blüte dramatische, katabolische Prozesse ablaufen, die mit dem Auftreten der Hydrolasen für DNA und RNA korreliert sind (Abb. 26.7, *unten*). Der Proteinabbau hingegen wird offensichtlich nicht durch die Menge an proteolytischer Enzymaktivität kontrolliert, sondern durch jene Prozesse, die das Zellprotein mit den Proteasen in Kontakt bringen. Nach Matile nennt man die kontrollierten Abbauprozesse, während derer das *lytische Kompartiment* (Vacuole und Tonoplast) noch voll intakt ist, *Autophagie*. Erst wenn das lytische Kompartiment zusammenbricht (Zerreißen des Tonoplasten), mischen sich die Hydrolasen des Zellsaftes mit dem Rest des Cytoplasmas, und die zellinterne Verdauung gerät außer Kontrolle. Diese Endstufe der Seneszenz wird *Autolyse* genannt. Sie geht mit dem Zelltod einher (Abb. 26.8).

Weiterführende Literatur

Biswal UC, Bergfeld R, Kasemir H (1983) Phytochrome-mediated delay of plastid senescence: changes in pigment contents and ultrastructure. Planta 157:85–90

Brady CJ (1987) Fruit ripening. Annu Rev Plant Physiol 38:155–178

Kelly MO, Davies PJ (1988) The control of whole plant senescence. Crit Rev Plant Sci 7:139–173

Matile P (1975) The lytic compartment of plant cells. Springer, Wien New York

Noodén LD, Guiamét JJ (1989) Regulation of assimilation and senescence by the fruit in monocarpic plants. Physiol Plant 77:267–274

Noodén LD, Leopold AC (eds) (1988) Senescence and aging in plants. Academic Press, San Diego New York

Osborne DJ (1989) Abscission. Crit Rev Plant Sci 8:103–129

Thimann KV (1978) Senescence. Bot Mag Tokyo, Special Issue 1:19–43

Woolhouse HW (1967) The nature of senescence in plants. Symp Soc Exp Biol 21:179–213

27 Physiologie der Regeneration und Transplantation

Mit dem Begriff *Regeneration* bezeichnet man das Phänomen, daß sich ein Organismus wieder vervollständigt, nachdem ihm Teile verlorengegangen sind. Neuerdings wird der Begriff auch dann gebraucht, wenn sich aus isolierten Teilen eines Organismus der ganze Organismus entwickelt. Die isolierten Teile können auch somatische Einzelzellen sein. Regeneration ist bei Pflanzen weit verbreitet. Sie spielt in der Landwirtschaft, im Gartenbau und in der Forstwirtschaft seit jeher eine hervorragende Rolle (z.B. Stecklingsvermehrung, Klonierung, Niederwaldbetrieb). Die Bedeutung von Regenerationsexperimenten für die theoretische Pflanzenphysiologie kann man kaum überschätzen.

Ergebnisse von Organkulturen

Man entnimmt Teile einer Pflanze und versucht, sie isoliert wachsen zu lassen (Abb. 27.1). Eine Organkultur kann in zweierlei Hinsicht Information liefern: 1. Man kann feststellen, ob jedes Organ einer autotrophen Pflanze alle organischen Moleküle, die es braucht, selbst bilden kann oder ob eine mehr oder minder ausgeprägte Heterotrophie besteht. 2. Man kann feststellen, inwieweit die einzelnen Organe bezüglich ihrer Entwicklungsleistung autonom sind. Eine isolierte Wurzelspitze kann in vitro nur wachsen, wenn ihr außer Nährsalzen und einer Energie- und Kohlenstoffquelle (z.B. Saccharose) noch gewisse Vitamine in ausreichenden Mengen zur Verfügung gestellt werden. Die Erbsenwurzel z.B. benötigt Thiamin und Nicotinsäure. Dies bedeutet, daß ihr Enzyme für die Synthese dieser Vitamine fehlen, obgleich die Wurzelzellen die genetische Information für diese Enzyme besitzen. Die Erbsenpflanze als Ganzes ist ja autotroph. In der intakten Pflanze werden die von der Wurzel benötigten Vitamine in den Blättern synthetisiert und über die Siebröhren in die Wurzel transportiert. *Morphogenetisch* hingegen ist die Wurzel autonom (Abb. 27.1). Isolierte Wurzelspitzen bilden artgemäße Wurzelsysteme. Diese Sequenz (Wurzelspitze → Wurzel) läßt sich über beliebig viele Passagen wiederholen. Bei manchen Pflanzen (z.B. *Convolvulus*-Arten) bilden die isolierten Wurzeln auch adventive Sproßknospen, aus denen schließlich normale ganze Pflanzen entstehen. Dies bedeutet, daß die Wurzelzellen noch die gesamte genetische Information der Pflanze besitzen, obgleich in der Organkultur in der Regel aus Wurzeln lediglich Wurzeln entstehen. Auf alle Fälle ist die Wurzelspitze morphogenetisch autonom. Dasselbe gilt für den apikalen Vegetationspunkt, der im isolierten Zustand zuerst Wurzeln und dann eine normale Pflanze regeneriert. Auch Blattprimordien

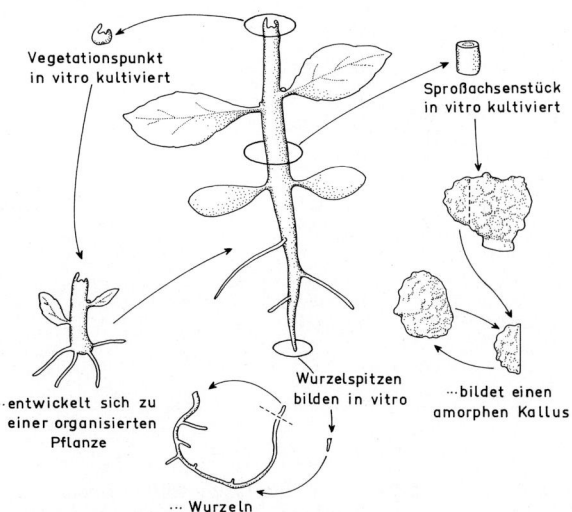

Abb. 27.1. Zusammenfassung der prinzipiellen Resultate von Organkulturen. Man isoliert die Pflanzenteile aseptisch und studiert ihr Verhalten (insbesondere Wachstum und Morphogenese) auf einem vollsynthetischen, sterilen Medium. Auf diese Weise gewinnt man Information über das Ausmaß an Autonomie, das die einzelnen Pflanzenteile besitzen. (Nach Torrey 1967)

pflegen morphogenetisch autonom zu sein. Isoliert man sie und hält sie in Organkultur, so wachsen sie in der Regel zu zwar kleinen, aber durchweg artgemäßen Blättern heran. Man hat z. B. Blattanlagen verschiedener Größe aus Vegetationspunkten von Farnsporophyten (*Osmunda-* und *Dryopteris-*Arten) herausoperiert und in Sterilkultur auf einem komplexen Medium zu normalen Trophophyllen heranwachsen lassen (Abb. 27.2). Aus diesen Befunden geht hervor, daß bereits die jungen Blattanlagen hinsichtlich der Differenzierung autonome Systeme sind. Der korrelative Zusammenhang mit der Sproßachse ist ähnlich locker wie bei der Wurzel. Wenn man sehr junge Primordien isoliert, erhält man häufig keine Blätter, sondern radiärsymmetrische Regenerate, die Sproßachsen und schließlich ganze Pflanzen bilden. Die jüngsten Primordien verhalten sich im Regenerationsexperiment also weitgehend wie isolierte Vegetationspunkte. Wenn man junge Farnblattprimordien (weniger als 1 mm lang) median längs spaltet, pflegt jede Spalthälfte ein ganzes Blatt zu regenerieren (Abb. 27.3). Handelt es sich um sehr junge Primordien, so pflegen in der Organkultur jedoch zwei Sproßachsen und schließlich zwei ganze Pflanzen zu entstehen. Aus diesen Beobachtungen kann man folgendes lernen: Die jüngsten Blattprimordien regenerieren wie Vegetationspunkte; sie sind also noch nicht auf den Differenzierungsablauf „Blatt" determiniert. Die älteren Blattprimordien hingegen bilden normale Blätter; der autonome Differenzierungsablauf ist also bereits programmiert. Die Regeneration von zwei ganzen Blättern nach medianer Längsspaltung der Primordien zeigt, daß das autonome Differenzierungssystem nicht als starr angesehen werden darf. Und schließlich hat man guten Grund für die Auffassung, daß alle lebenden Zellen der untersuchten Farnblätter omnipotent bleiben. Diese Blätter sind nämlich potentielle Sporophylle, und die Omnipotenz der Sporenmutterzellen kann wohl nur dadurch gewährleistet werden, daß generell Omnipotenz besteht (→ S. 464). Isolierte Blütenteile entwickeln sich in vitro normal; bestäubte isolierte Blüten entwickeln sich in vitro zu normalen ganzen Früchten. Die hormonale und morphogenetische Autonomie der einzel-

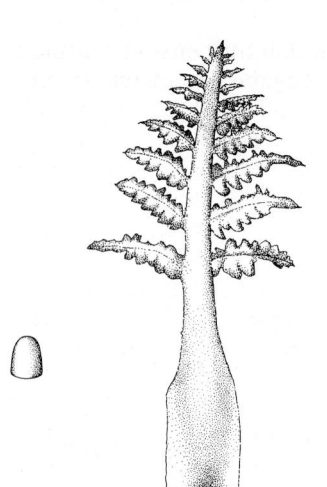

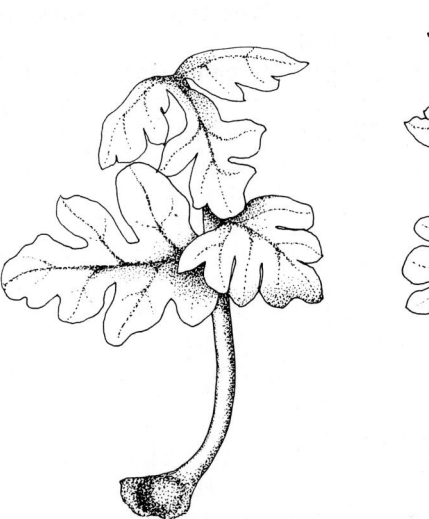

Abb. 27.2. Das explantierte Blattprimordium (*links*, vergrößert) entwickelt sich auf einem komplexen Agarmedium zu einem Gebilde, welches die typische Form eines Farnblattes zeigt (*rechts*). Objekt: Zimtfarn (*Osmunda cinnamomea*). (In Anlehnung an Steeves und Sussex 1957)

Abb. 27.3. Blattregeneration in vitro. Objekt: Zimtfarn (*Osmunda cinnamomea*). Ein junges Blattprimordium wurde explantiert und sagittal gespalten. Die beiden Hälften haben sich zu jeweils einem Blatt entwickelt. Die ursprüngliche Dorsiventralität des Primordiums hat dabei eine Reorientierung erfahren. Die beiden Blätter sind in der Zeichnung so orientiert, daß die Wundstelle des die beiden Primordienhälften trennenden Schnitts dem Betrachter zugekehrt ist. (Nach Kuehnert und Steeves 1962)

nen Organe ist also erstaunlich groß. Offenbar müssen wir das Problem der Integration der einzelnen Organe beim vegetativen Wachstum in erster Linie unter dem Gesichtspunkt einer *quantitativen Koordination* sehen, die man – zumindest bei geeigneten Systemen – mit relativ einfachen Formeln beschreiben kann (z. B. mit der allometrischen Gleichung; → S. 310). Die Bedeutung der hormonalen Wurzel/Sproß-Wechselwirkungen für die *Spezifität* der Morphogenese der Organe darf man nicht hoch einschätzen. Auch diese Wechselwirkungen dienen bevorzugt der *quantitativen* Koordination.

Entnimmt man ein Stück der Sproßachse, an dem sich keine organisierte meristematische Struktur (also kein Vegetationspunkt) befindet, so erhält man – unter geeigneten Ernährungsbedingungen – eine amorphe Gewebekultur, aus der man wiederholt Subkulturen gewinnen kann (→ Abb. 27.1). Im Gegensatz zu den Organkulturen benötigen die Gewebekulturen für ihr Wachstum neben Zucker, Nährsalzen und Vitaminen auch ein oder mehrere Hormone (z. B. Auxin und ein Cytokinin). Läßt man die Hormone weg, kommt kein Wachstum zustande (→ Abb. 23.27). Die Erklärung für diesen Sachverhalt lautet: Bei den *Organ*kulturen werden organisierte meristematische Zentren (Vegetationspunkte) weitergegeben. Diese sind Zentren der Hormonproduktion. Die isolierten Organe sind deshalb bezüglich der Hormonversorgung autonom (hormonautotroph). Den *Gewebe*kulturen fehlen die organisierten meristematischen Zentren. Sie sind deshalb hormonheterotroph. Dies darf nicht so verstanden werden, als hätten die Zellen in der Gewebekultur die genetische Information für die Hormonsynthese verloren. Die Zellen sind lediglich unfähig, diese genetische Information zu benützen.

Ein technischer Einschub: Gewebekulturen

Man unterscheidet heutzutage Kalluskulturen und Zellsuspensionskulturen (Abb. 27.4). In den Suspensionskulturen findet man außer Einzelzellen häufig auch Zellhaufen. Trotzdem lassen sich die Zellsuspensionskulturen in der Regel sowohl praktisch als auch theoretisch wie Bakterien- oder Hefekulturen behandeln. Weitgehend synchronisierte Suspensionskulturen eignen sich zum Studium der

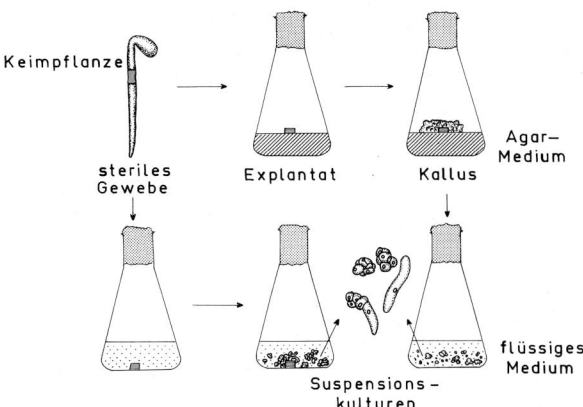

Abb. 27.4. Entstehung der verschiedenen Typen pflanzlicher Gewebekulturen. Entscheidend für das Gelingen einer Gewebekultur ist steriles Arbeiten. *Oben:* Auf einem festen Agar-Medium entsteht ein mehr oder minder kompakter Kallus; *unten:* In einem flüssigen Kulturmedium entsteht eine Zellsuspensionskultur (Einzelzellen und Zellaggregate). (Nach Steck und Constabel 1974)

Vorgänge beim Zellcyclus. Steady-state-Kulturen eignen sich besonders für eine *Faktorenanalyse von Regulationsvorgängen* (→ S. 9) oder für das Studium von *Biotransformationen*. Hierzu ein Beispiel: Reinhard konnte zeigen, daß Suspensionskulturen von *Digitalis lanata* bei Zugabe geeigneter Vorstufen bestimmte Glycoside bilden, die medizinisch wichtig und deshalb von der pharmazeutischen Industrie besonders begehrt sind. Die Zellsuspensionskultur kann als Transformator der Vorstufen in die gewünschten Verbindungen aufgefaßt und industriell genutzt werden.

Auch der kompakten Gewebekultur (Kallus) kommt bereits eine erhebliche praktische Bedeutung zu. Viele Ziergewächse, Nutzpflanzen und Schnittblumen werden inzwischen routinemäßig über Gewebekulturen vermehrt. Ein einziges, besonders marktgerechtes Pflanzenexemplar genügt, um daraus in einem Gewebelabor in kurzer Zeit je nach Bedarf tausende (oder Millionen) gleicher Tochterpflanzen zu klonieren. Neuerdings konnte die Kloniertechnik auch auf wertvolle Holzpflanzen, besonders Laubbäume, ausgedehnt werden. Als Ausgangsmaterial dienen häufig Sproßspitzen aus Knospen. Aus ihnen entsteht – bei geeigneter Versorgung mit Hormonen – ein Kallus, an dem sich neue Knospen oder somatische Embryonen (→ Abb. 19.33) bilden. Diese lassen sich ablösen und zu ganzen Pflanzen regenerieren. Im Idealfall erhält man auf diesem Weg Klone genetisch identischer Pflanzen. Es hat sich allerdings gezeigt, daß man generell bei Gewebekulturen mit genetischen Veränderungen rechnen muß, vor allem mit Änderungen in der Chromosomenzahl. Dies steht im krassen Gegensatz zu der genetischen Stabilität der Meristeme (→ S. 295). Bislang gibt es keine Möglichkeit, Kalli genetisch zu stabilisieren. Die aus der cytogenetischen Instabilität resultierende *somaklonale Variation* kann unter günstigen Voraussetzungen als Grundlage für Neuzüchtungen positiv genutzt werden.

Beweisführung für die Omnipotenz spezialisierter Zellen

Die Befunde, die in diesem Abschnitt dargestellt werden, gehören zu den wichtigsten Resultaten der Entwicklungsbiologie. Wenn man zeigen kann, daß bei der Differenzierung die Omnipotenz (d. h. die volle Reaktionsbreite) der betreffenden Zellen erhalten bleibt (→ Abb. 19.30), scheidet eine ganze Reihe von zunächst möglichen Modellen der Differenzierung aus der generellen Betrachtung aus, z. B. alle Vorstellungen, die eine inäquale Teilung der genetischen Information bei inäqualen Zellteilungen annehmen, oder jene Mechanismen, die Gensegregation, Genverlust oder irreversible Genblockierung postulieren. Es ist ferner für jedwede Theorie über die Wirkungsweise der determinierenden Faktoren (→ Abb. 19.30) von entscheidender Bedeutung, ob der Nachweis gelingt, daß die Omnipotenz bei der Bildung spezialisierter Zellen erhalten bleibt. Wir besprechen zunächst einige Beispiele, aus denen folgt, daß sowohl bei den Thallophyten als auch bei den Kormophyten die Erhaltung der Omnipotenz die Regel ist. Bei Tieren konnte bisher aus technischen Gründen nur die Omnipotenz von Zellkernen experimentell geprüft werden.

Regenerationsexperimente an Farnprothallien

Ein Farnprothallium (= Farngametophyt) ist ein haploider Thallus von relativ einfacher Organisation. Es entsteht aus einer Gonospore über ein Protonemastadium (→ Abb. 19.5). Wir fragen uns, ob die Assimilationsparenchymzellen des Prothal-

liums noch omnipotent sind, ob sie also noch die gesamte genetische Information der Farnspore besitzen. Man isoliert einzelne Zellen, indem man alle Nachbarzellen mit feinen Glasnadeln abtötet. Die isolierten Zellen bilden auf einem geeigneten Medium zuerst ein Rhizoid, dann teilt sich die Zelle inäqual. Es entsteht zunächst ein fädiges Chloronema und bald ein zweidimensionales Prothallium (Abb. 27.5). Nach einigen Wochen ist das herzförmige *Regenerationsprothallium* fertig. Es bildet Archegonien und Antheridien. Von dem ursprünglichen Prothallium unterscheidet es sich nicht. Man lernt aus diesem Experiment, daß bei den Zelldifferenzierungen im Verband eines Prothalliums die Omnipotenz erhalten bleibt.

Regenerationsexperimente an Begonienblättern

Es handelt sich hier um das Paradebeispiel für Regeneration bei Kormophyten. Dieses Beispiel zeigt, daß auch extrem spezialisierte Zellen – in diesem Fall Epidermiszellen – omnipotent geblieben sind. Schneidet man ein Begonienblatt ab und legt es auf ein feuchtes Substrat, kommt es zur Bildung von Adventivwurzeln und Adventivknospen. Diese entstehen nicht nur an der Basis der Lamina, sondern auch am äußeren Schnittrand durchtrennter Leitbündel (Abb. 27.6). Aus den Adventivknospen

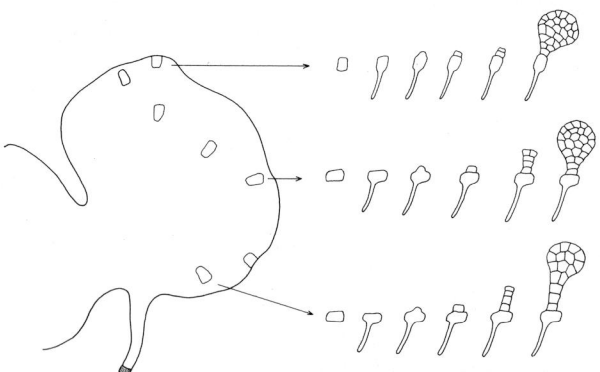

Abb. 27.5. Beliebige Zellen im marginalen und mittleren Teil eines Prothalliumlappens wurden durch Abtötung ihrer Nachbarn isoliert. Einige Tage nach der Operation beginnen die isolierten Einzelzellen mit der Regeneration. Die Zellen verhalten sich dabei ähnlich wie eine keimende Gonospore (Rhizoidbildung, Protonemabildung, zweidimensionales Prothallium). Objekt: Prothallien von *Pteris vittata*. (Nach Ito 1962)

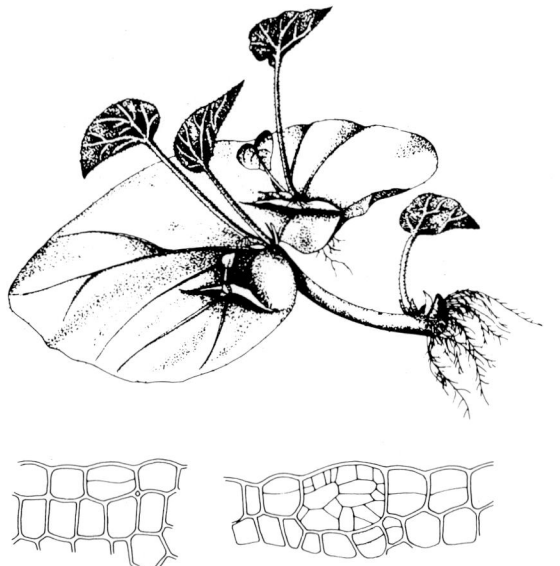

Abb. 27.6. Ein Blattsteckling von *Begonia spec.* mit Regeneraten (*oben*). *Unten:* Anfang der Bildung eines Adventivsprosses aus einer Epidermiszelle. *Links:* die betreffende Epidermiszelle hat sich geteilt; *rechts:* aus der Epidermiszelle ist ein embryonales Gewebe (Meristemoid) entstanden. (Nach Schumacher 1962)

können normale Begonienpflanzen hervorgehen. Wie die histologische Untersuchung zeigt, lassen sich die Regenerate auf eine einzige Epidermiszelle zurückführen, die eine *Entspezialisierung* und *Reembryonalisierung* durchmacht und unter vielfachen Teilungen eine Adventivknospe bildet.

Regeneration in vitro aus isolierten Einzelzellen

Ein klassisches Experiment: Man entnimmt Gewebestücke, z. B. aus der Speicherwurzel von *Daucus carota*, am besten aus einem Bereich des sekundären Phloems, der bereits so weit vom Kambium entfernt ist, daß sich die Phloemparenchymzellen normalerweise nicht mehr teilen. Man bringt nun diese Explantate in ein flüssiges Medium [Standard-Medium für Gewebekulturen plus Cocosnußmilch (=flüssiges Endosperm)]. Unter diesen Bedingungen fangen die Zellen wieder an, sich zu teilen, und es beginnt eine starke Proteinsynthese. Man erhält eine rasch wachsende Gewebekultur. Läßt man die Kulturbehälter langsam rotieren, lösen sich häufig Einzelzellen von dem Gewebe (Abb. 27.7). Sie schwimmen frei in der Suspension und können sich teilen. Nicht selten entstehen dabei organisierte Zellverbände (Embryoide), die wurzelähnliche Strukturen ausbilden. Bringt man diese Gebilde auf ein geeignetes festes Agar-Medium, so wächst die Wurzel positiv gravitropisch in den Agar hinein, und es bildet sich ein Sproßvegetationspunkt. Die heranwachsenden „Keimpflanzen" werden ausgetopft. Sie wachsen zu normalen Karottenpflanzen heran, die sich nicht von der Mutterpflanze unterscheiden. Die eben geschilderte Prozedur kann man wiederholen und modifizieren (→ Abb. 27.7).

Später hat man gefunden, daß für die Regeneration von Embryonen aus freien Karottenzellen Cocosnußmilch oder anderes Endosperm nicht unbedingt notwendig ist. Die Regeneration gelingt auch in einem vollsynthetischen Medium (Abb. 27.8).

Abb. 27.7. Der Weg vom Phloemexplantat aus einer Rübe der Karotte (*Daucus carota*) führt über freie Einzelzellen und daraus entstehende Embryoide zu einer in jeder Hinsicht normalen Pflanze. Man kann die Einzelzellen auch aus Embryonen (jungen Sporophyten) herstellen. Nähere Erläuterungen im Text. (Nach Steward et al. 1964)

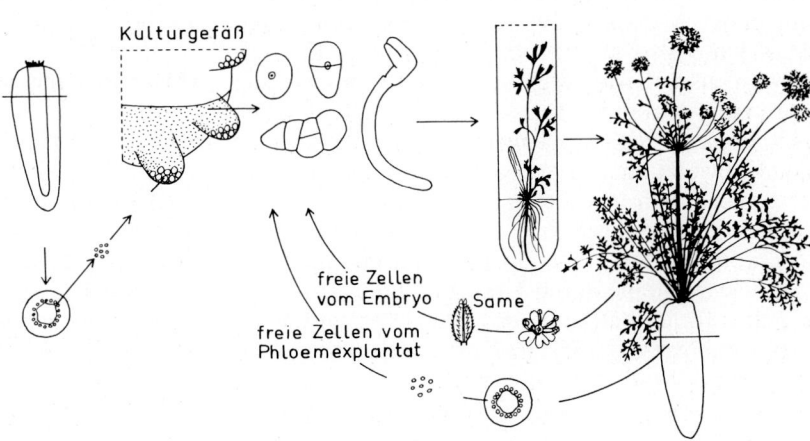

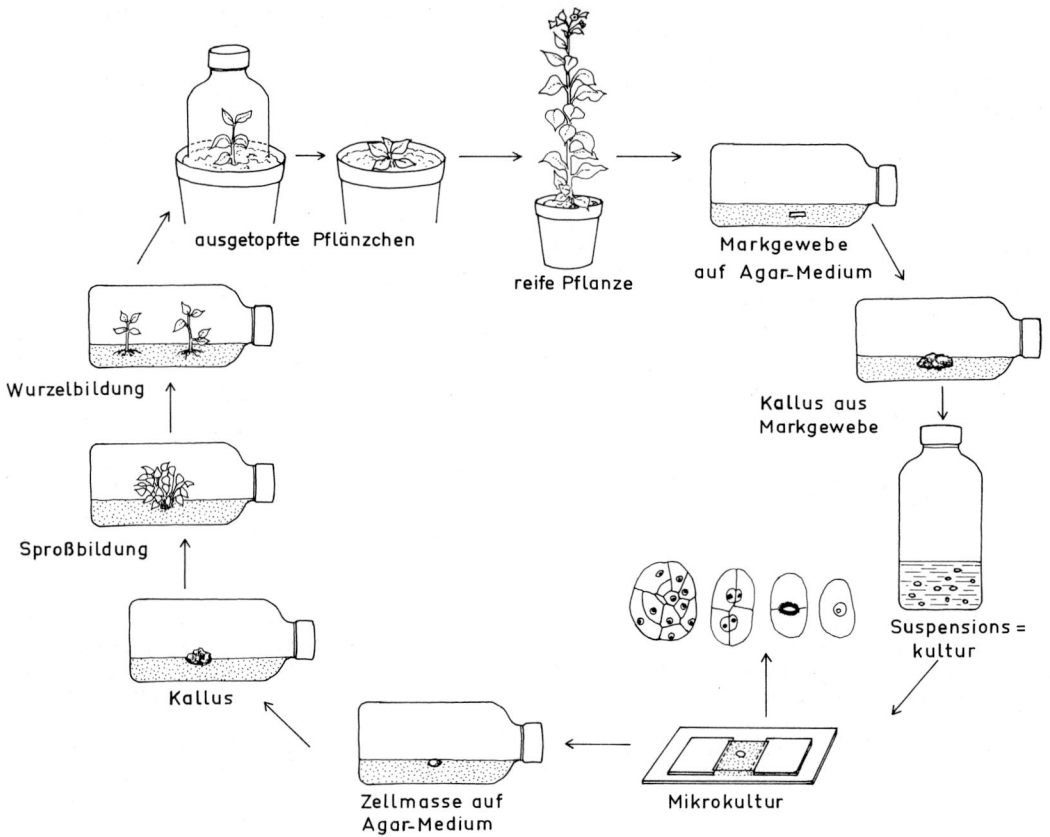

Abb. 27.8. Eine diagrammatische Darstellung der Entwicklung einer normalen Tabakpflanze (Hybride aus *Nicotiana glutinosa × N. tabacum*) aus einer isolierten Einzelzelle. Als Ausgangsmaterial diente frisch entnommenes Markgewebe der Sproßachse (*oben rechts*). (Nach Vasil und Hildebrandt 1967)

Aus isolierten, vegetativen Tabakzellen lassen sich normale Tabakpflanzen heranziehen, wenn man der in der Abb. 27.8 angedeuteten Prozedur folgt. Man kann also die Entstehung normaler Kormophyten aus isolierten vegetativen Zellen unter völlig durchschaubaren Kulturbedingungen ablaufen lassen. Dieses Ergebnis ist nicht nur für die Theorie der Entwicklung von größter Bedeutung, sondern es ergeben sich aus diesen Resultaten auch praktische Konsequenzen, z. B. für die Klonierung und Züchtung. Aus der Abb. 27.8 geht unmittelbar hervor, wie man eine durch Kreuzung oder Mutation erzielte, für die Belange des Menschen geeignete Genkombination rasch und praktisch unbegrenzt vermehren kann. Man gewinnt auf diese elegante Art genetisch identische Populationen (Klone), ohne daß man auf die Organe der vegetativen Fort-

pflanzung oder auf die traditionelle Stecklingsvermehrung angewiesen wäre.

Differenzierung und Regeneration

Die Elastizität des jeweiligen Differenzierungszustandes (→ Abb. 19.30) zeigt sich auch bei Regenerationsexperimenten. Ein besonders eindrucksvolles Regenerationsexperiment, in dem die biogenetische Kapazität für sekundäre Pflanzenstoffe über die Sequenz Ausgangspflanze → Kallus → Regenerationspflanze verfolgt wurde, ist in Abb. 27.9 dargestellt. Die Resultate zeigen, daß es im Zuge der Differenzierung von Sproßachse und Blatt zu einem partiellen oder totalen Verlust der biogenetischen Kapazität für bestimmte Alkaloide kommt.

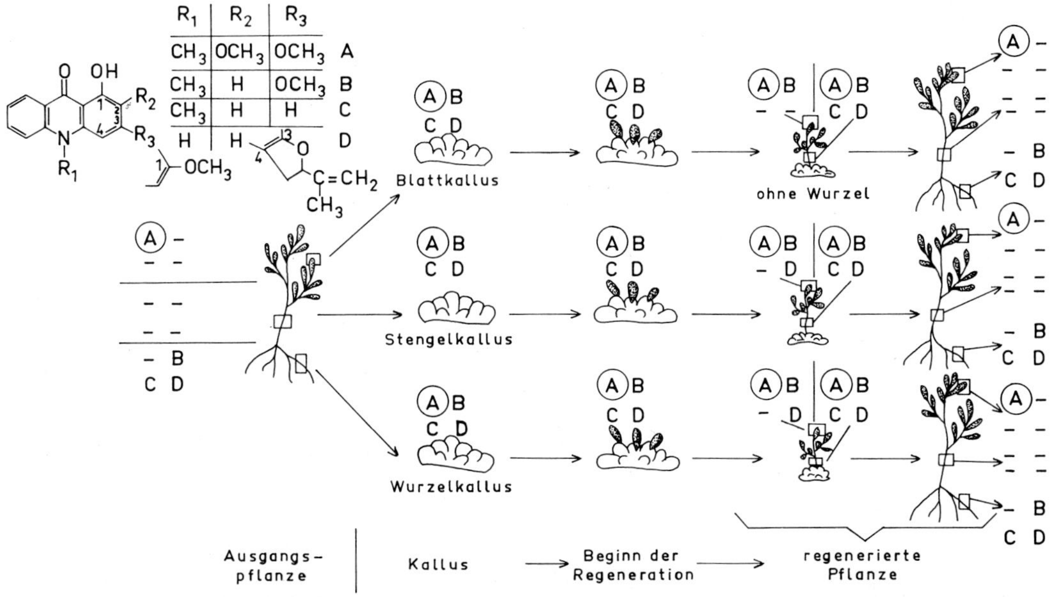

Abb. 27.9. Experimente mit intakten Pflanzen, Kalluskulturen und Regenerationspflanzen von *Ruta graveolens*. Angegeben ist die qualitative Zusammensetzung der *Acridin-Alkaloide* in Blatt, Sproßachse und Wurzel, in aus diesen Organen angelegten Kalluskulturen und in aus diesen Kalli regenerierten Pflanzen. Das Symbol – bedeutet, daß die entsprechenden Alkaloide (→ *links oben*) nicht nachweisbar sind. Besonders wichtig sind folgende Befunde: 1. Kalli stimmen in ihrer Alkaloidzusammensetzung völlig überein, unabhängig vom Ausgangsorgan. 2. Die Regenerationspflanzen aus Wurzel-, Stengel- und Blattkalli stimmen in ihrer Alkaloidzusammensetzung mit der Ausgangspflanze, *nicht* mit dem Ausgangsorgan überein. A, Aborinin (wird nur im Licht gebildet); B, 1-Hydroxy-3-methoxy-N-methylacridon; C, 1-Hydroxy-N-methylacridon; D, Rutacridon. (Nach Czygan 1975)

Die Fähigkeit zur Bildung der Alkaloide tritt jedoch wieder in Erscheinung, sobald man aus den Blatt- oder Sproßachsenzellen Gewebekulturen herstellt.

Bildung („Regeneration") haploider Sporophyten aus Pollenkörnern

Die Pollenkörner der Spermatophyten sind Mikrosporen homolog. Normalerweise entsteht aus einem Pollenkorn ein haploider männlicher Gametophyt. Unter bestimmten experimentellen Bedingungen gelingt es, aus abgetrennten Antheren haploide Sporophyten hervorgehen zu lassen (Androgenese). Der Ausgangspunkt für die Androgenese sind (unreife) Pollenkörner. Aus Antheren von *Nicotiana*-Arten (z. B. *N. tabacum*, *N. sylvestris*) wurden Hunderte von haploiden Tabakpflanzen erzeugt, die wie normale Sporophyten heranwachsen und blühen. Erwartungsgemäß bilden sie keine Sa-

men. In der Regel sind die haploiden Pflanzen und ihre Blüten etwa um ein Drittel kleiner als die diploiden Kontrollen. Im Prinzip ist die Erzeugung der haploiden Sporophyten nicht schwierig (Abb. 27.10, *oben*). Man entnimmt die Antheren zu einem Zeitpunkt aseptisch aus der Blüte, zu dem sich die Mikrosporen zwar bereits aus der Gonentetrade freigemacht haben, aber noch stärkefrei sind. Die Regeneration erfolgt in der Regel aus der vegetativen Zelle, während die generative Zelle degeneriert. Eine Streßbehandlung (Kälte, Chemikalien) fördert die Androgenese. Wenn man die isolierten Antheren auf ein relativ einfaches, mit Agar verfestigtes Nährmedium bringt, treten nach drei bis vier Wochen Embryonen und Keimlinge auf, die man nun einzeln weiterkultivieren kann. Während der ersten Regenerationsstadien spielen Antherensubstanzen (Aminosäuren, Glutamin) eine wesentliche Rolle bei der Entwicklung der Regenerate. Sobald sich aber ein Wurzelsystem gebildet hat, lassen sich die Jungpflanzen in Blumentöpfe versetzen und wie

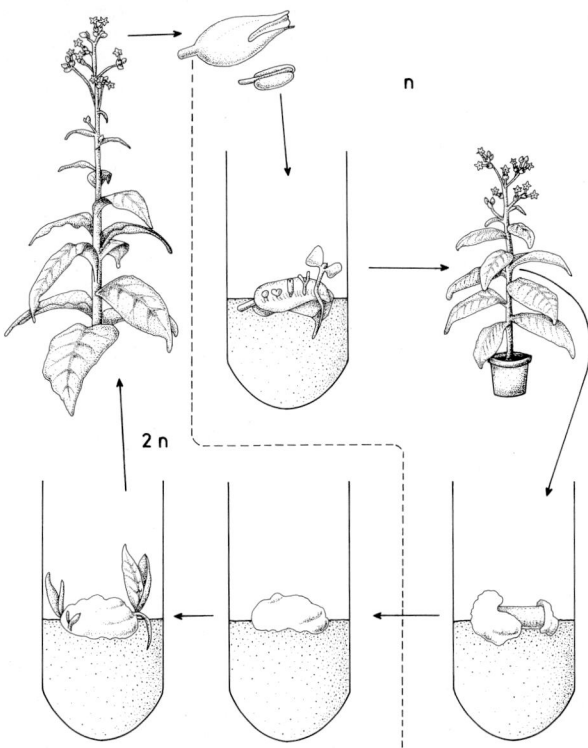

Abb. 27.10. *Oben:* Diagramm für die Herstellung haploider Sporophyten aus unreifen Pollenkörnern (Androgenese); *unten:* Diagramm für die Herstellung diploider, völlig homozygoter Pflanzen über eine Kallusbildung. Die haploide Kalluskultur wird mit Colchicin behandelt. Dies führt (bei manchen Zellen) zur Diploidisierung und zur Regeneration diploider Sporophyten (*links*). (Nach einer Vorlage von Nitsch)

normale Tabakpflanzen heranziehen. Chromosomenzählungen (sie werden in erster Linie an Präparaten von Wurzelspitzen durchgeführt) zeigen, daß die experimentell gewonnenen Pflanzen haploid sind. Gelegentlich treten zwar auch höhere Ploidiegrade auf, aber in der Regel bleiben die Produkte der Antherenkultur haploid.

Die eben skizzierten Resultate sind aus mehreren Gründen wichtig: 1. Sie beweisen die Omnipotenz der Pollenkörner und damit, cum grano salis, die Omnipotenz der Sporophylle, Pollensäcke, usw. Sie beweisen gleichzeitig, daß der männliche Gametophyt in den ersten Phasen seiner Entwicklung (vor der Stärkebildung im Pollenkorn) durchaus in der Lage ist, auch einen Sporophyten hervorzubringen (*Androgenese*). Die Sporophyten der

Spermatophyten müssen also nicht notwendigerweise diploid sein und aus einer befruchteten Eizelle hervorgehen. 2. Es ist wahrscheinlich, daß Androgenese von Sporophyten auch in der normalen (d. h. experimentell nicht beeinflußten) Ontogenie zuweilen vorkommt. Auf diese Weise erklären sich die bereits Jahrzehnte alten Befunde, wonach bei gewissen Kreuzungen (z. B. *N. diguta* × *N. tabacum*) haploide Pflanzen entstehen, die ausschließlich Merkmale des Pollen-liefernden Elters zeigen. 3. Auch solche Mutationen, die bei diploiden Systemen rezessiv sind, treten an den haploiden Sporophyten phänotypisch in Erscheinung, so daß man züchterisch geeignete Pflanzen ohne Umweg selektionieren kann. 4. Durch Verdoppelung der Chromosomenzahl, etwa mit Hilfe einer Colchicinbehandlung, gelangt man direkt zu völlig homozygoten, diploiden Pflanzen (Abb. 27.10, *unten*).

Die Entwicklung von Pflanzen aus Pollenkörnern in Antherenkulturen kann auf verschiedenen Wegen erfolgen, die sich schon hinsichtlich der ersten Zellteilungen im Pollenkorn unterscheiden (Abb. 27.11). Während die aus einzelnen Pollen-Embryonen herangewachsenen Pflanzen stets haploid sind, weisen die aus embryogenem Pollen-Kallus hervorgegangenen Individuen unterschiedliche Ploidiestufen (von haploid bis triploid) auf. Wahrscheinlich spielt eine endomitotische Chromosomenverdoppelung eine wesentliche Rolle.

Seit der Entdeckung der Androgenese hat man sich die Frage gestellt, wie und wann darüber bestimmt wird, ob Pollenkörner die sporophytische oder die gametophytische Entwicklungsrichtung einschlagen, d. h. das sporophytische oder das gametophytische Genprogramm einschalten. Einen Fortschritt brachte die Beobachtung bei Tabak, daß ein Pollendimorphismus existiert: Nur ein kleiner Teil des Pollens – er kann im Färbetest erkannt werden – ist zur Androgenese fähig (Abb. 27.12). Da sich die vier Pollenkörner einer Tetrade stets gleich verhalten, erfolgt die entsprechende Determination (Festlegung auf das sporophytische oder gametophytische Genprogramm) allem Anschein nach bereits bei der Bildung der Mikrosporenmutterzelle. Auch bei solchen Pflanzen, bei denen man mikroskopisch keinen Pollendimorphismus feststellen kann (z. B. *Datura innoxia*), dürfte eine entsprechende Determination (unsichtbar) vorliegen. Heberle-Bors (1985) hat das Konzept verallgemeinert, wonach die Determination zur gametophytischen Entwicklung generell bereits auf der Stufe

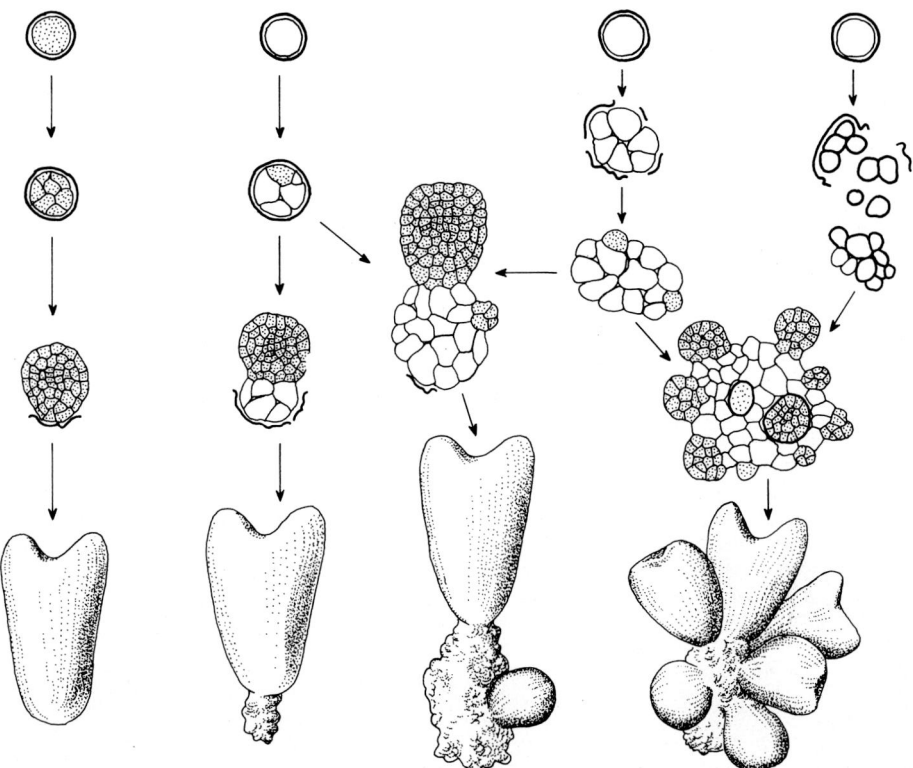

Abb. 27.11. Schematische Darstellung der verschiedenen Möglichkeiten zur Bildung androgenetischer Embryonen von *Datura innoxia*. Die punktierten Zellen nehmen jeweils an der Bildung der Embryonen teil. Mitosen ohne erhebliches Zellwachstum führen unmittelbar zu Einzelembryonen (*links*, direkte Embryogenese); Mitosen in Kombination mit stärkerem Zellwachstum führen zunächst zu Verbänden aus Kalluszellen, an denen sich früher oder später mehr oder minder viele Adventivembryonen (punktiert hervorgehoben) bilden (*Mitte*); embryogener Kallus kann sich auch dadurch bilden, daß beim Platzen der Pollenwand teilweise oder ganz voneinander isolierte, dickwandige Zellen entstehen (*rechts*). (Nach Geier und Kohlenbach 1973)

der Mikrosporenmutterzelle erfolgt. Ohne diese Determination bleiben die sporophytischen Determinanten wirksam, die während der Sporophytengeneration vorherrschen. Nach dieser Auffassung gibt es keinen undeterminierten Zustand in der Entwicklung von Keimzellen, sondern nur den Wechsel zwischen einem Vorherrschen der sporophytischen oder gametophytischen Determinanten. Der Wechsel erfolgt normalerweise bei der Bildung der Mikrosporenmutterzelle und bei der Oogenese.

Zusammenfassung dieses Kapitels

Sowohl bei Thallophyten als auch bei Kormophyten beweisen uns viele Beispiele, daß in der Regel bei der Differenzierung einer Zelle die gesamte genetische Information erhalten bleibt. Solche Fälle, in denen die Spezialisierung der Zelle mit einem irreversiblen Verlust an genetischer Information einhergeht (z. B. bei Siebröhrenelementen), dürften Ausnahmen sein. In der Regel gilt, daß die Einstellung eines vom Embryonalzustand verschiedenen Zellphänotyps *nicht* mit einem Genverlust oder mit einer irreversiblen Genblockierung verbunden ist. Das in der Abb. 19.30 dargestellte Modell ist also gerechtfertigt.

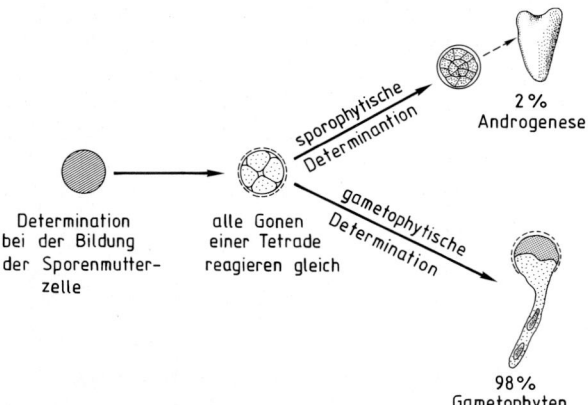

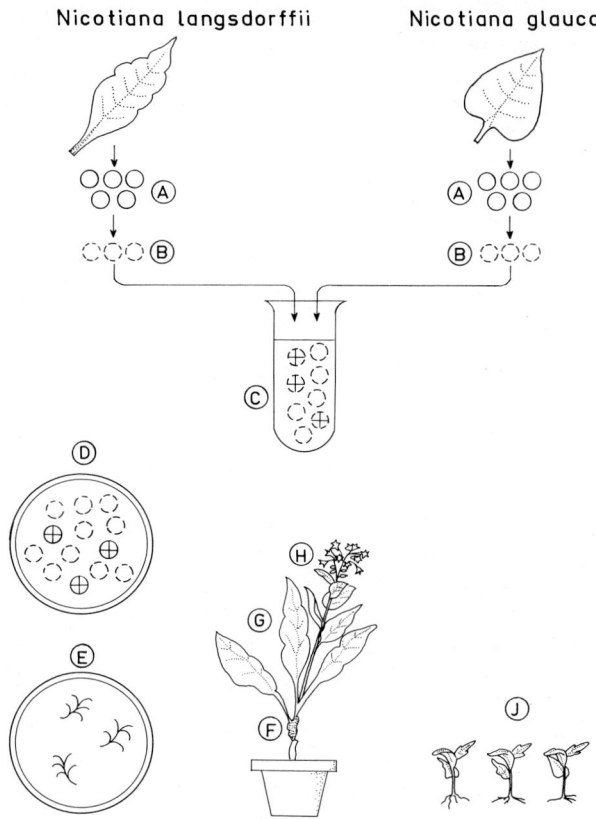

Abb. 27.12. Schema zum Pollendimorphismus beim Tabak. Nur ein kleiner Teil der Pollenkörner ist embryogen (P-Pollen). Sie unterscheiden sich nach Größe und Färbbarkeit vom „normalen" Pollen. Das Schema betont die Vorstellung, daß die Determination „P-Pollen" oder „normaler Pollen" bereits auf der Stufe der Mikrosporenmutterzelle erfolgt. Ausgangspunkt für die Androgenese ist aber erst die vegetative Zelle nach erfolgter Pollenkornmitose. Weitere Erklärungen im Text. (Nach einer Vorlage von Heberle-Bors)

Parasexuelle Hybridisierung

Winkler hat sich schon um 1910 im Rahmen seiner Studien zur Chimärenbildung (→ S. 475) intensiv mit der Frage beschäftigt, ob Zell- und Kernverschmelzung (Befruchtung) auch zwischen somatischen Zellen möglich ist. Es war das Ziel seiner Experimente, „die Verschmelzung zweier artfremder Körperzellen zu erzwingen und die so erhaltene Bastardzelle zum Ausgangspunkt für ein neues *Individuum* zu machen". Den „Verschmelzungspfropfbastard" nannte er kurz „Burdo" (lat. *burdo* = Maulesel). Winkler war der Auffassung, daß bei einigen der von ihm erzeugten Periklinalchimären zwischen Tomate und Nachtschatten das Dermatogen Burdonencharakter habe. Die Arbeiten Winklers wurden seinerzeit von den maßgebenden Fachvertretern nicht ernstgenommen. Erst neuerdings hat sich das Bild gewandelt. Um 1970 gelang es erstmals, aus somatischem Gewebe (Mesophyll) des Tabaks mit Hilfe von Enzymen (Pektinase, Cellulase) Protoplasten zu isolieren und aus ihnen ganze Pflanzen zu regenerieren (→ S. 316). Ähnliche Erfolge wurden inzwischen auch mit zahlreichen anderen Pflanzengattungen (z. B. Möhre,

Abb. 27.13. Schematische Darstellung der Verfahren, die zur parasexuellen Hybridisierung führen. A, Mesophyllzellen der beiden Ausgangsarten (*Nicotiana glauca* und *N. langsdorffii*) werden mit Enzymen behandelt, die die Zellwand verdauen; B, die resultierenden „nackten" Protoplasten; C, die Protoplasten werden in einem Polyethylenglycol-haltigen Medium suspendiert und zusammen zentrifugiert; D, die Suspension wird auf ein Agar-Medium ohne Auxinzusatz ausplattiert; E, nur die durch Fusion entstandenen, *auxinautotrophen* Hybridzellen (⊕) wachsen („regenerieren") zu Pflänzchen heran (→ S. 463); F, diese Regenerationspflänzchen werden auf eine Elternpflanze gepfropft; G, das „Hybridreis" wächst heran und bildet fertile Blüten (H) und Samen; J, die Samen keimen, und es bilden sich Keimpflanzen, die in jeder Hinsicht mit solchen übereinstimmen, die aus Samen eines sexuell hergestellten Amphidiploiden hervorgehen. (Nach Smith 1974.) Melchers und Mitarbeiter haben den Selektionsfaktor *Auxinautotrophie* (→ S. 335) der Tabakhybriden durch den Selektionsfaktor *Lichtempfindlichkeit* ersetzt. Sie konnten von zwei Tabakvarietäten, die beide chlorophylldefekt und lichtempfindlich sind, zum Wildtyp komplementierte *Fusionshybriden* gewinnen, die den *sexuellen Hybriden* in jeder Hinsicht entsprechen

Petunien, Stechapfel, Raps) erzielt. Die *Fusion von Protoplasten* wurde erstmals um 1970 von Cocking beobachtet. Carlson berichtete 1972 über die Gewinnung einer reifen, interspezifischen Hybridpflanze aus *Nicotiana glauca* und *N. langsdorffii*. Diese Pflanze war aus einer Hybridzelle hervorgegangen, die durch die Fusion von Mesophyllprotoplasten entstanden war (Abb. 27.13). Die beiden beteiligten Tabakarten sind auch sexuell kreuzbar.

Parasexuelle Bildung von Hybridzellen und deren Regeneration über einen Kallus zu Pflanzen konnten neuerdings auch mit Pflanzensippen erzielt werden, die sich sexuell nicht kreuzen lassen. Als bereits klassische Beispiele können die intergenerischen Bastarde von Kartoffel (*Solanum tuberosum*) und Tomate (*Lycopersicon lycopersicum*) sowie Acker-Schmalwand (*Arabidopsis thaliana*) und Feldkohl (*Brassica campestris*) gelten. Die Regenerationsprodukte wurden *Tomoffel* bzw. *Arabidobrassica* genannt. In beiden Fällen kommt es bei der Entwicklung der Hybridpflanzen zu Entwicklungsstörungen. Offensichtlich ist die Inkompatibilität der beiden Genome so stark, daß morphogenetische Anomalien, z.B. falsche Muster, entstehen. Für die Pflanzenzüchtung erscheinen diese Hybriden wenig attraktiv. Allerdings hat sich bei *Arabidobrassica* eine Erfolgschance insofern eröffnet, als „asymmetrische Hybride" gefunden wurden, die infolge einer Chromosomenelimininierung und -rekombination von dem einen Genom sehr viel weniger genetisches Material enthielten als von dem anderen. Da sich diese asymmetrischen Hybriden weitgehend normal entwickelten und sogar blüh-

ten, besteht hier vielleicht eine Chance für genetisch stabile, praktisch interessante, intergenerische Bastarde. Extrem asymmetrische Bastarde, bei denen das meiste genetische Material von dem einen Elter stammt, unterscheiden sich nur noch graduell von den transgenen Pflanzen, die mittels Gentechnik erzeugt werden (→ S. 616).

Wundheilung

Rasche Heilung von Wunden ist für die Pflanze lebenswichtig, da die meisten Pathogene über Wundstellen eindringen (→ S. 334). Wir wählen als experimentelles System die Kartoffelknolle (→ Abb. 30.4). Schneidet man eine Knolle in Scheiben, so führen die spezialisierten, normalerweise nicht mehr teilungsbereiten Stärkespeicherzellen, die an den Schnittflächen liegen, wieder Zellteilungen durch. Außerdem kommt es zu einer Umdifferenzierung in Zellen mit Abschlußfunktion (Abb. 27.14). Die ersten Anzeichen einer physiologischen Aktivierung (Erhöhung von Enzymaktivitäten, Stärkeabbau, Anstieg der Zellatmung) lassen sich bereits 2 bis 3 h nach dem Zerschneiden messen; die mikroskopisch erfaßbaren Änderungen (Verkorkung der wundnahen Zellwände, Mitosen) beginnen 12 bis 15 h nach der Verwundung und sind nach 6 bis 8 d abgeschlossen. Die Regeneration geht nur dann vonstatten, wenn die RNA- und Proteinsynthese intakt ist. Aus zahlreichen Untersuchungen von Kahl und Mitarbeitern darf geschlos-

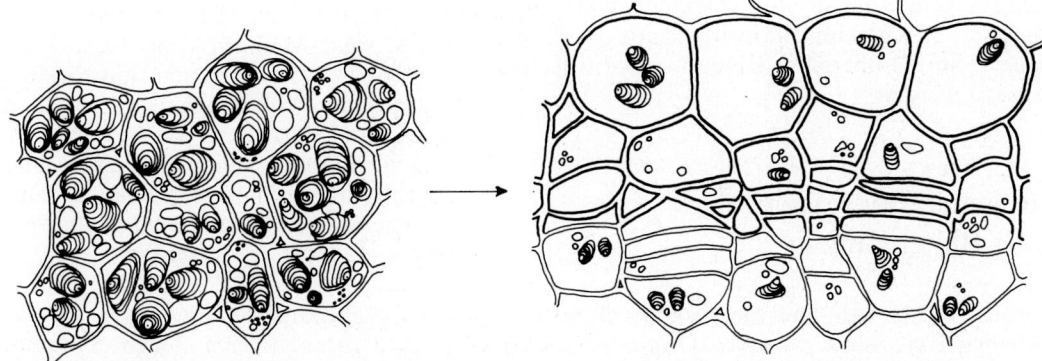

Abb. 27.14. Cytologische Vorgänge an der Schnittfläche von Kartoffelscheiben bei der Regeneration eines Abschlußgewebes. *Links:* Stärkespeicherzellen aus der intakten Knolle; *rechts:* Zellteilungen und Suberinisierung der peripheren Zellwände 96 h nach der Verletzung. Die Suberinisierung ist durch die verdickte Linienführung angedeutet. (Nach Kahl 1973)

sen werden, daß in der ruhenden Kartoffelknolle (geringe Proteinsynthese, reduzierter Stoffwechsel) nur wenig mRNA verfügbar ist. Nach dem Zerschneiden in Gewebescheiben findet eine mRNA-Synthese statt, die sich in der folgenden Sequenz manifestiert: Verstärkte Polysomenbildung, gesteigerte Proteinsynthese, Aktivierung bestimmter Biogeneseketten, biochemische und cytologische Differenzierung. Während die differentielle Genaktivierung beim Vorgang der Regeneration auch durch Studien mit isoliertem Chromatin gut belegt ist, kann die Frage, *wie* die Verwundung die immensen Regenerationsleistungen der Speicherparenchymzellen hervorbringt, noch nicht beantwortet werden.

Zusammenwirken mehrerer Faktoren bei der Regeneration

Einige Systeme eignen sich für eine Faktorenanalyse der Regeneration im Sinn der Abb. 2.2, z.B. die Kotyledonen des Senfkeimlings. Die Isolierung der Kotyledonen ist eine notwendige, aber keineswegs hinreichende Bedingung für die Regeneration von Adventivwurzeln. Die Abb. 27.15 illustriert den Befund, daß *Phytochrom* (P_{fr}) die Adventivwurzelbildung auslöst. Der Lichteffekt tritt auch auf, wenn die Belichtung vor der Abtrennung der Kotyledonen erfolgt. Alle Daten deuten darauf hin, daß unter dem Einfluß von Phytochrom in den Kotyledonen ein hormonaler Faktor („*Bewurzelungshormon*") entsteht, der sich erst manifestiert, wenn eine Regenerationsleistung tatsächlich erforderlich ist. Das Bewurzelungshormon kann durch exogenes Auxin, Gibberellin, Kinetin oder Ethylen *nicht* ersetzt werden.

Regenerationsexperimente mit Blütenbildung

Tran Thanh Van hat die Regenerationsleistung kleiner Explantate (direkte Organogenese ohne Kallusbildung) in meisterhaften Experimenten untersucht. Die Explantate (3–6 Zellagen dick, stets mit Epidermis) wurden aus der Oberfläche der Sproßachse von Tabakpflanzen entnommen, auf

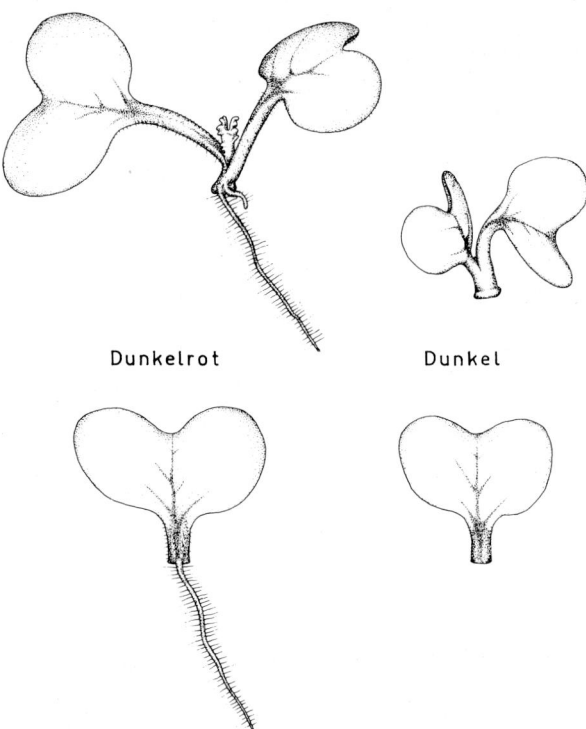

Abb. 27.15. Bildung von Adventivwurzeln an isolierten Kotyledonen (*unten*) oder an Restkeimlingen (*oben*) vom Weißen Senf (*Sinapis alba*). Die Restkeimlinge bestehen aus Kotyledonen, Kotyledonarknoten und Plumula. Die Keimlinge wurden im Dunkeln angezogen. 36 h nach der Aussaat erfolgte die Isolierung der Kotyledonen bzw. Restkeimlinge. Die Isolate wurden im Dunkeln (*rechts*) bzw. im Dauer-Dunkelrot (*links*) zur Regeneration gebracht. Das Dunkelrot wirkt ausschließlich über Phytochrom (P_{fr}); → S. 362. (Nach Pfaff und Schopfer 1974)

ein Agar-Medium (mit Auxin und Kinetin; → Abb. 23.27) übertragen und die Regenerationsleistung in Abhängigkeit von der ursprünglichen Lage der Explantate am Gesamtorganismus festgestellt. Dabei ergaben sich die in Abb. 27.16 dargestellten, faszinierenden Resultate, die in dreifacher Hinsicht von besonderem Interesse sind: 1. Sie zeigen, daß die spezifische Regenerationsleistung eines Gewebes von seiner Herkunft im Gesamtsystem abhängen kann. 2. Die Explantate aus dem Infloreszenzbereich stellen eine relativ kleine, homogene Zellpopulation dar, die cytologisch aus extrem spezialisierten Zellen besteht. Diese Zellen sind in der Lage, direkt (d.h. ohne die Vermittlung eines Kallus) das komplexe Organ, das man Blüte

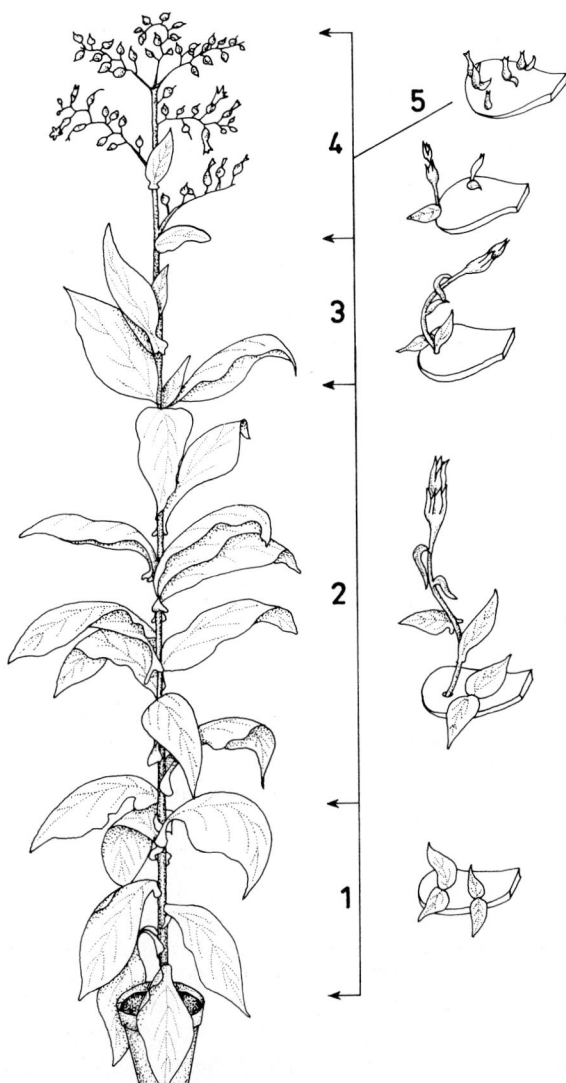

nennt, zu bilden. 3. Der Determinationszustand von Zellen und Geweben kann eine Regenerationsleistung überdauern. Es kommt bei der Regeneration also *nicht notwendigerweise* zur völligen Reembryonalisierung und Entspezialisierung der Zellen; man muß vielmehr damit rechnen, daß beim Regenerationsgeschehen auch der bereits einmal erreichte Determinations- oder Differenzierungszustand eine maßgebende Rolle spielen kann.

Intrazelluläre Regeneration

Chloroplasten sind ständig der Gefahr ausgesetzt, photooxidativ geschädigt zu werden. Dies gilt besonders für Plastiden in Keimpflanzen oder in austreibenden Knospen, die während der Ergrünung ins Starklicht geraten. Experimentell kann man photooxidative Schädigungen an sich entwickelnden Plastiden dadurch bewirken, daß man chlorophyllhaltige, aber carotinoidfreie Plastiden in photooxidativ wirksames Licht bringt (→ S. 180). Die Frage war, ob auch photooxidativ geschädigte Plastiden sich wieder erholen können, oder ob sie durch neue Chloroplasten, die aus Proplastiden entstehen, ersetzt werden. Die Analyse ergab ein eindeutiges Resultat: Auch schwer geschädigte Plastiden regenerieren, wenn man sie in nicht-photooxidativ wirksames Licht zurückversetzt, überraschend schnell (Abb. 27.17). Die strukturell sichtbare Regeneration geht einher mit einer Erholung der plastidären RNA- und Enzympegel. Eine entscheidende Voraussetzung für die rasche und vollständige Regeneration ist vermutlich der Umstand, daß die plastidäre DNA die Photooxidation ohne erkennbare Schäden übersteht.

Abb. 27.16. Regenerationsleistung kleiner Explantate (3–6 Zellagen dick) in Abhängigkeit von der Entnahmestelle an der Sproßachse. Objekt: *Nicotiana tabacum,* cv. Wisconsin 38. Man findet: 100% vegetative Knospen, wenn die Explantate aus der Zone 1 stammen; 75% vegetative Knospen und 25% Knospen, die zu blühenden Sprossen mit vier Internodien auswachsen, falls die Explantate aus der Zone 2 stammen; 60% vegetative Knospen und 40% Knospen, die zu blühenden Sprossen mit drei Internodien auswachsen, falls die Explantate aus der Zone 3 stammen; 38% vegetative Knospen und 62% Knospen, die zu blühenden Sprossen mit zwei Internodien auswachsen, falls die Explantate aus der Zone 4 stammen. Werden die Explantate aus den Achsen der Infloreszenz entnommen, so bilden sich 100% Blütenknospen direkt an der Oberfläche des Explantats aus Epidermiszellen (5). (Nach Tran Thanh Van 1973)

Transplantation

Mit dem Ausdruck *Transplantation* bezeichnet man nach Molisch „jede künstliche Vereinigung und darauffolgende Verwachsung eines Pflanzenteils mit einem anderen". Die wichtigste Technik der Transplantation ist das *Pfropfen.* Davon spricht man, wenn mit Knospen besetzte Teile einer Pflanze abgetrennt und auf eine andere Pflanze übertragen werden und dort zur Verwachsung gelangen.

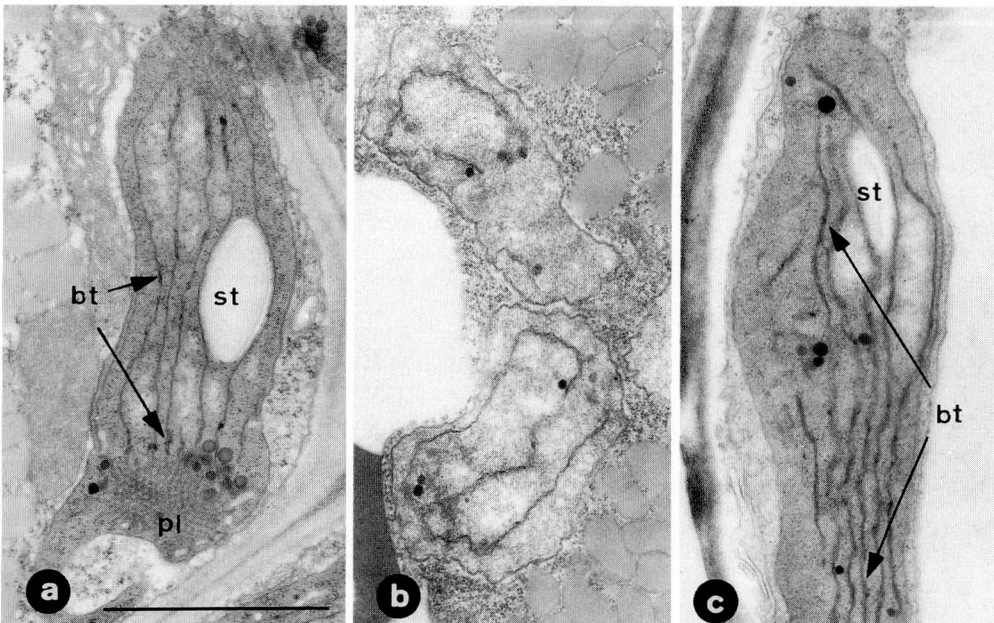

Abb. 27.17 a–c. Elektronenmikroskopische Aufnahmen von Längsschnitten durch Plastiden aus dem Mesophyll von Senfkotyledonen (*Sinapis alba*). Die Keimpflanzen wurden in Gegenwart von 10 μmol · l^{-1} Norflurazon herangezogen, um die Carotinoidsynthese zu hemmen ($\rightarrow$ S. 612). Solange die Keimlinge im dunkelroten Licht (DR) wachsen (a), hat das Fehlen der Carotinoide keinen Einfluß auf die Plastidogenese, da es in diesem Licht zu keinen Photooxidationen kommt ($\rightarrow$ S. 362). Im DR entstehen mit und ohne Norflurazon dieselben Super-Etioplasten ($\rightarrow$ Abb. 11.8) mit einem geringen Gehalt an Chlorophyll *a*. Experimentelle Behandlung der Keimpflanzen: (a) 48 h DR, (b) 48 h DR + 3 h photooxidativ wirksames Rotlicht (HR), (c) 48 h DR + 3 h HR + 45 h Regeneration im DR. *pl*, Prolamellarkörper; *st*, Stärke; *bt*, Bithylakoide (kleine Grana, charakteristisch für DR-Plastiden). Strich: 1 μm. (Nach Schuster et al. 1988 a)

Das Pfropfen als Technik der Pflanzenphysiologie

Es sind zahlreiche (nach Molisch mindestens 137 verschiedene) Techniken entwickelt worden, um das *Pfropfreis* mit der *Unterlage* in Verbindung zu

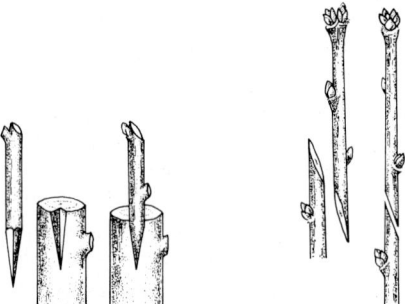

Abb. 27.18. Zwei häufig verwendete Pfropftechniken. *Links:* Pfropfen mit dem Geißfuß (Unterlage mit dreieckigem Einschnitt; Reis entsprechend zugespitzt); *rechts:* Kopulieren. (Nach Molisch 1918)

bringen. Diese Techniken spielen vor allem bei der „Veredelung" von Kulturpflanzen eine entscheidende Rolle (Abb. 27.18); sie sind aber auch für die theoretische Pflanzenphysiologie (von *Acetabularia* bis *Perilla*) unentbehrlich. Sowohl das Reis als auch die Unterlage bilden Wundkallus, d. h. ein zunächst amorphes Gewebe aus ziemlich großen, locker miteinander verbundenen, parenchymatischen Zellen. Dieses Kallusgewebe entsteht aus den Kambien der Pfropfpartner. Es lassen sich deshalb bei den Kormophyten nur solche Pflanzen mit Erfolg pfropfen, die Kambium besitzen. Die beiden Kallusgewebe verwachsen allmählich miteinander, insbesondere bilden sich Leitbahnen zwischen Unterlage und Reis aus. Die Pfropfpartner arbeiten zwar soweit zusammen, daß beide existieren können, die Wechselwirkung zwischen Reis und Unterlage ist aber unerwartet gering. Obwohl sich Plasmodesmen zwischen den Partnern ausbilden können, werden im allgemeinen nur xylem- und phloembürtige

Stoffe wie Wasser, Ionen (Nährsalze), Assimilate (besonders Saccharose), gewisse sekundäre Pflanzenstoffe und Hormone von einem Pfropfpartner in den anderen befördert. Als Differenzierungssysteme bleiben die Pfropfpartner strikt getrennt. Jeder entwickelt sich gemäß seiner eigenen genetischen Information. Darauf beruht natürlich die praktische Verwendung der Pfropfung in Landwirtschaft und Gartenbau.

Erfolgreiche Pfropfungen sind im allgemeinen nur zwischen relativ nahe verwandten Sippen möglich. Meist gelingen nur Pfropfungen innerhalb einer Familie. Wahrscheinlich müssen die Pfropfpartner hormonal und vielleicht auch hinsichtlich des sekundären Stoffwechsels fein aufeinander abgestimmt sein. Mit Hilfe von Pfropfexperimenten zwischen Crassulaceen wurde bewiesen, daß Lang- und Kurztagpflanzen zumindest funktionell dasselbe Florigen besitzen (→ Abb. 25.11). Man kann ohne weiteres auch zwei oder noch mehr genetisch verschiedene Reiser auf ein und dieselbe Unterlage pfropfen. Sofern die allgemeine Verträglichkeit gewährleistet ist (z. B. gleiche Familienzugehörigkeit der Pfropfpartner), pflegen die genetisch verschiedenen Teile miteinander zu kooperieren. Sie bleiben aber als Entwicklungssysteme strikt verschieden, z. B. hinsichtlich der Spezifität der Morphogenese.

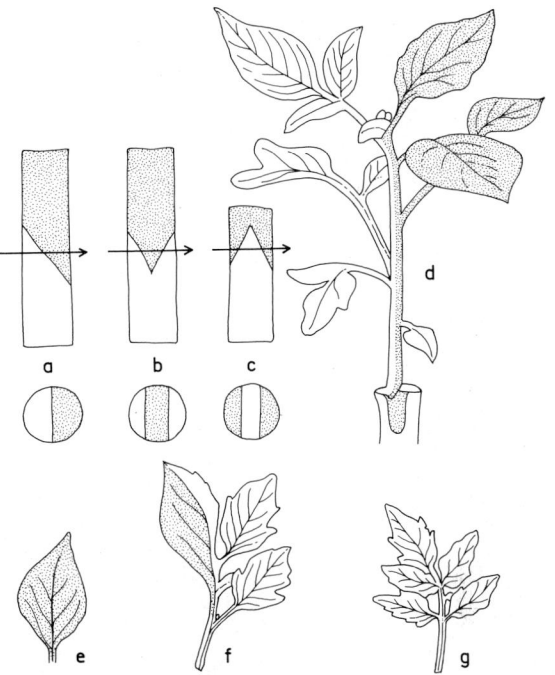

Abb. 27.19 a–g. Schematische Darstellung verschiedener Pfropfungsarten (a, b, c) mit den zugehörigen Querschnitten der Pfropfstellen in Höhe der Pfeile. *Punktiert:* das Pfropfreis, *Solanum nigrum* (Nachtschatten); *nicht punktiert:* die Unterlage, *Lycopersicon lycopersicum* (Tomate); (d) eine Sektorialchimäre; (e) Blatt vom Nachtschatten; (g) Blatt der Tomate; (f) Chimärenblatt. (Aus Bünning 1953)

Chimären

Chimären sind Organismen, die, obgleich sie aus genetisch verschiedenen Zellen (bzw. Geweben) bestehen, sich zu einem einheitlichen, harmonischen Individuum entwickeln. Die Chimärenbildung zeigt, daß auch genetisch verschiedenartige Zellen und Gewebe im Prinzip derart harmonisch miteinander zu kooperieren vermögen, daß ein einheitlicher Organismus entsteht. Da die höheren Pflanzen kein auf die Abstoßung fremder Zellen gerichtetes Immunsystem besitzen, kann man bei ihnen die Chimärenbildung relativ leicht studieren.

Das klassische Beispiel für die Entstehung einer *Sektorialchimäre* ist in Abb. 27.19 dargestellt. Wenn man auf eine Tomatenunterlage (*Lycopersicon lycopersicum*) ein Reis des Nachtschattens (*Solanum nigrum*) pfropft und die Verwachsungsstelle in der angedeuteten Weise durchschneidet, so bilden sich an der Verwachsungsstelle Adventivsprosse, von denen ein kleiner Teil Chimärencharakter

hat. Die in Abb. 27.19 d dargestellte Sektorialchimäre kommt dadurch zustande, daß ein Teil (ein Sektor) des Adventivvegetationspunktes aus Zellen des Nachtschattens, das übrige Gewebe aus Zellen der Tomate besteht (Abb. 27.20).

Bei *Periklinalchimären* (Abb. 27.21) hingegen sind die einzelnen Schichten des Vegetationspunktes genetisch verschieden. Es ist lediglich der einfachste Fall dargestellt, daß nur die äußerste Schicht des Vegetationspunktes, das Dermatogen, von der einen Art, alles übrige hingegen von der anderen Art stammt. Man sieht, daß sich der Aufbau des Vegetationspunktes aus genetisch verschiedenen Schichten (*Solanum nigrum* und *Lycopersicon lycopersicum*) in der fertigen Blattgestalt widerspiegelt. Erwartungsgemäß überwiegt der Habitus des Innenpartners, da das Dermatogen lediglich die Epidermis des Blattes liefert. Die harmonische Mitwirkung des andersartigen Dermatogens bei der

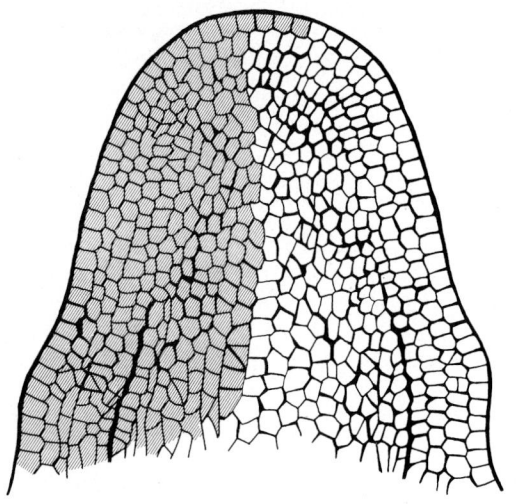

◄ **Abb. 27.20.** Längsschnitt durch den Vegetationspunkt einer Sektorialchimäre. *Dunkel* und *Hell* kennzeichnen die genetisch verschiedenen Gewebe. Objekt: *Pelargonium zonale* (nach Molisch 1918). Den Gärtnern ist seit langem eine „Rasse" von *Pelargonium zonale* bekannt, die weiß geränderte Laubblätter hat oder solche, die zur Hälfte oder gänzlich weiß sind. Baur hat gefunden, daß diese Pelargonien Vegetationspunkte besitzen, die etwa zur Hälfte grünlich, zur Hälfte weiß sind. Entstehen Blätter aus dem grünen Sektor, so sind sie normal grün; entstehen sie aus dem weißen Sektor, so sind sie rein weiß. Entstehen die Blattanlagen an der Grenze zwischen Grün und Weiß, so bilden sich weiß-grüne Blätter. Baur nannte diese Chimären *Sektorialchimären.* Die beiden verschiedenen Gewebearten müssen aber nicht immer nebeneinander, sie können auch übereinander gelagert sein (→ Abb. 27.21). Baur nannte diese Chimären *Periklinalchimären.* Beide Chimärentypen faßt man neuerdings unter dem Begriff „intraapikale Heterohistonten" zusammen (Bergmann).

Blattbildung ist aber unverkennbar. Für uns ergeben sich aus dem Studium der Chimären zwei grundlegend wichtige Resultate: 1. Zellen und Gewebe, die sich genetisch erheblich unterscheiden, können auch bei der Entwicklung komplizierter Organe harmonisch kooperieren; 2. ein Austausch genetischer Information zwischen den genetisch verschiedenartigen Zellen einer Chimäre erfolgt nicht. Winkler erwähnt z.B., daß aus den Samen der Monektochimäre *Solanum tubingense* [Abb. 27.21 (2)] „natürlich reine Individuen des Innenpartners *Solanum nigrum* hervorgehen".

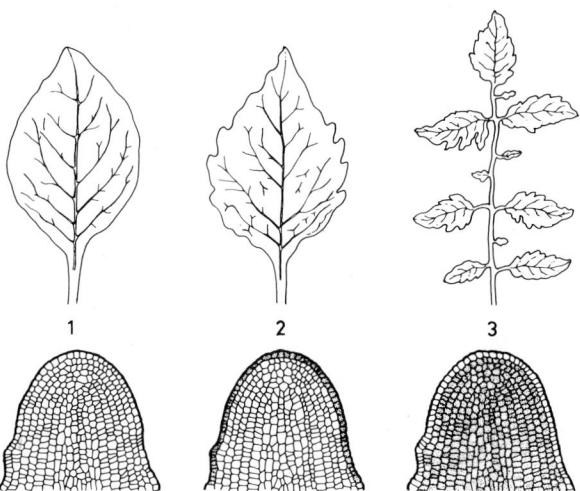
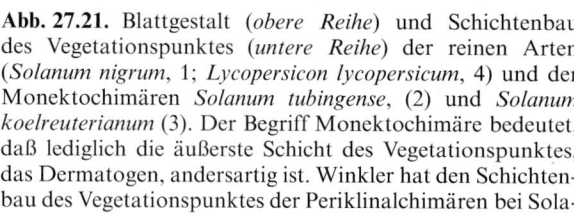
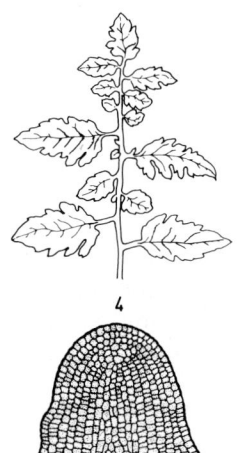

Abb. 27.21. Blattgestalt (*obere Reihe*) und Schichtenbau des Vegetationspunktes (*untere Reihe*) der reinen Arten (*Solanum nigrum*, 1; *Lycopersicon lycopersicum*, 4) und der Monektochimären *Solanum tubingense*, (2) und *Solanum koelreuterianum* (3). Der Begriff Monektochimäre bedeutet, daß lediglich die äußerste Schicht des Vegetationspunktes, das Dermatogen, andersartig ist. Winkler hat den Schichtenbau des Vegetationspunktes der Periklinalchimären bei Solanaceen durch Chromosomenuntersuchungen bewiesen (*Solanum nigrum:* 2n = 72; *Lycopersicon lycopersicum:* 2n = 24). Er fand beispielsweise, daß bei *Solanum tubingense* die Chromosomenzahl in der äußersten Schicht des Vegetationspunktes 24 betrug, in allen anderen Schichten hingegen 72. Bei *Solanum koelreuterianum* ist es umgekehrt. (Nach Winkler 1935)

In die Chimärenforschung wurden eine Zeitlang große wirtschaftliche Hoffnungen gesetzt. „Die Chimärenforschung hat gelehrt, daß man einer Pflanze eine artfremde Haut verschaffen kann, und damit eröffnet sich die Aussicht, die Pflanze gegen pilzliche und tierische Feinde zu schützen, vorausgesetzt, daß die neue Haut widerstandsfähiger wäre als die alte. Dies wäre namentlich für Kartoffel, Tabak, Tomate, Weinstock und andere Kulturpflanzen, die viel unter Pilzen und Tieren zu leiden haben, von großem Wert" (Molisch 1918). Die hochgesteckten Erwartungen haben sich bislang nicht erfüllt.

Weiterführende Literatur

Bergann F (1955) Einige Konsequenzen der Chimärenforschung für die Pflanzenzüchtung. Z Pflanzenzüchtung 34:113–124

Dodds JH, Roberts LW (1982) Experiments in plant tissue culture. 2. ed. Cambridge University Press, Cambridge, London New York

Gleba YY, Hoffmann F (1980) „Arabidobrassica": A novel plant obtained by protoplast fusion. Planta 149:112–117

Grisebach H, Hahlbrock K (1970) Pflanzliche Zellkulturen zur Aufklärung von Biosynthesewegen. Biologie in unserer Zeit 7:170–177

Heberle-Bors E (1985) In vitro haploid formation from pollen: A critical review. Theor Appl Genet 71:361–374

Kahl G (1973) Genetic and metabolic regulation in differentiating plant storage tissue cells. Bot Reviews 39:274–299

Maheshwari SC, Rashid A, Tyagi AK (1982) Haploids from pollen grains – retrospect and prospect. Amer J Bot 69:865–879

Melchers G, Labib G (1970) Die Bedeutung haploider höherer Pflanzen für Pflanzenphysiologie und Pflanzenzüchtung. Ber Dtsch Bot Ges 83:129–150

Molisch H (1918) Pflanzenphysiologie als Theorie der Gärtnerei. Fischer, Jena

Steward FC, Mapes MO, Kent AE, Holsten RD (1964) Growth and development of cultured plant cells. Science 143:20–27

28 Wirkungen ionisierender Strahlung

Anregende und ionisierende Strahlung

Die ultraviolette, sichtbare und nahe infrarote Strahlung führt zu *elektronischen Anregungen* in den absorbierenden Molekülen. Die angeregten Moleküle können bestimmte photochemische Reaktionen durchführen; z. B. haben wir den photosynthetischen Elektronentransport besprochen oder die photochemischen Transformationen des Phytochroms.

Die Absorption von Quanten in einem Molekül, die zu Anregungen führt, ist *selektiv*. Es werden nur solche Quanten absorbiert, deren Energiegehalt ($E = h\nu$) der Energiedifferenz ΔE zwischen zwei Elektronenbahnen (korrekter: der Energiedifferenz zwischen zwei Quantenzuständen des Moleküls) entspricht. Bei der Absorption eines Quants wird also ein Elektron auf eine höhere (d. h. energiereichere) Elektronenbahn gehoben, die im Grundzustand des Moleküls unbesetzt ist ($\rightarrow$ Abb. 12.14). Der Energiegehalt des Moleküls nimmt um den Betrag $E = h\nu$ zu. In dem Spektralbereich zwischen 200 und 1000 nm kommen für die Absorption der Quanten nur jene Elektronen in Betracht, die im Grundzustand die äußersten besetzten Elektronenbahnen einnehmen. Auch im angeregten Zustand des Moleküls verbleiben die Elektronen im Molekülverband; daher die *diskrete* Absorption. In seltenen Fällen kann es indessen dazu kommen, daß die energiereichsten UV-Quanten ein Elektron der äußersten besetzten Elektronenbahn ganz aus dem Molekülverband hinauswerfen. Das Molekül wird dadurch zum geladenen Ion. Den Vorgang nennt man *Ionisation*.

Im UV kommt es nur im sehr kurzwelligen Bereich (UV-C; $\rightarrow$ Abb. 32.18) gelegentlich zu Ionisationen. Die Wirkungen des UV sind, wie wir gesehen haben, in erster Linie auf elektronische Anregungen zurückzuführen. Andere Strahlungstypen hingegen führen bevorzugt zu Ionisationen. Man spricht von *ionisierender Strahlung*. Die häufig tödlichen Effekte dieser Strahlung werden in der Öffentlichkeit stark beachtet.

Typen ionisierender Strahlung

Man kann die ionisierende Strahlung folgendermaßen aufteilen:
1. *Wellenstrahlung* (Teilchen mit Ruhemasse Null): Röntgenstrahlen, γ-Strahlen.
2. *Korpuskularstrahlung:* α-Teilchen, β-Teilchen, Neutronen, Protonen, Deuteronen usw.

Die ohne das Dazutun des Menschen in der Natur vorkommende ionisierende Strahlung (Höhenstrahlung = kosmische Strahlung; terrestrische Strahlung = Strahlung der natürlichen Radionuclide) hat seit jeher auf die Lebewesen eingewirkt. An den im allgemeinen geringen Fluß dieser Strahlung haben sich die Lebewesen im Verlauf der Evolution angepaßt (Ausbildung von Reparaturmechanismen). Auf *hohe* Dosen ionisierender Strahlung, wie man sie technisch erzeugen kann, sind die Lebewesen aber nicht eingestellt.

Zum Vorgang der Ionisation

Im Gegensatz zu den Anregungen im Infrarot, im sichtbaren Spektralbereich und im UV sind die Ionisationen nicht auf bestimmte Molekültypen beschränkt, sondern können in aller Materie erfolgen. Meist werden die äußersten, am schwächsten gebundenen Elektronen durch die ionisierenden Quanten oder Korpuskeln aus dem Molekülverband hinausgeworfen, also jene Elektronen, die an den chemischen Bindungen beteiligt sind. Deshalb können chemische Bindungen durch ionisierende Strahlung leicht zerbrochen werden. Es entstehen

Ionen und Radikale. Radikale sind kurzlebige, valenzmäßig ungesättigte und daher reaktionsfähige anorganische und organische Verbindungen, die ungepaarte Elektronen aufweisen. In unserem Zusammenhang ist das Hydroxylradikal HÓ besonders wichtig (→ S. 181). Wird ein Elektron aus einer tieferen Elektronenschale eliminiert, so rückt ein Elektron von weiter außen in die frei gewordene Quantenbahn ein. Letztlich fällt also auch in diesem Fall ein Bindungselektron aus. Die bei der primären Ionisation aus dem Molekülverband eliminierten Elektronen besitzen häufig eine so hohe kinetische Energie, daß sie ihrerseits wieder Ionisationen bewirken können: *Sekundäre Ionisationen.* Außerdem ist die beim Übergang der Elektronen von äußeren in innere Schalen ausgesandte charakteristische Röntgenstrahlung eine Ursache für sekundäre Ionisationen. Nicht nur die primären und sekundären Ionisationen sind für die Schäden, welche die ionisierende Strahlung an den Biomolekülen anrichtet, wichtig, sondern auch die meist „indirekt" genannten Effekte, die z. B. auf die Bildung von Radikalen aus dem allgegenwärtigen Wasser zurückgehen (Wasserradiolyse).

Im wäßrigen Milieu der Zelle wird der größte Teil der Strahlungsenergie vom Wasser absorbiert, wodurch primär Wassermoleküle ionisiert werden. Aus dem Radikal-Kation $H_2\dot{O}^+$ entstehen das Hydroxyl- und das Wasserstoffradikal:

$$H_2O + \mathbf{h}v \rightarrow H_2\dot{O}^+ + e^- \rightarrow \dot{H} + H\dot{O}.$$

Diese ungemein reaktionsfähigen Teilchen reagieren nun mit den Biomolekülen. Es handelt sich also um einen *indirekten Strahleneffekt.* Beispielsweise kann das HÓ den Nucleotidstrang der DNA angreifen, was primär zu Einzelstrangbrüchen führt. Der als indirekter Strahleneffekt viel seltenere Doppelstrangbruch in der DNA entsteht nur dann, wenn sich zwei Einzelstrangbrüche auf den beiden Strängen zufällig gegenüberliegen oder nur durch wenige Nucleotidpaare voneinander getrennt sind (→ S. 582).

Dosimetrie

Bei der Behandlung der Licht- und UV-Wirkungen auf die Pflanze beziehen sich in diesem Buch die quantitativen Angaben stets auf die *applizierte* elektromagnetische Strahlung. Es werden also die Verhältnisse unmittelbar vor einem Flächenele-

ment (in der Regel 1 m²) beschrieben („auffallende Oberflächenenergie"). Ob sich auf der bestrahlten Fläche ein biologisches System (Empfänger) befindet, ist für die Quantifizierung der auffallenden Strahlung irrelevant. Welcher Anteil der applizierten Strahlung im Empfänger tatsächlich absorbiert wird, hängt von den spezifischen Absorptions-, Reflexions- und Streueigenschaften des Empfängers ab. Die pro Einheit Masse *absorbierte* Energiemenge nennt man

absorbierte Energiedosis, $D_{abs} [J \cdot kg^{-1}]$.

Diese Angabe ist nur sinnvoll, wenn das absorbierende Material angegeben wird, z. B. $D_{abs}(DNA) = 50 J \cdot kg^{-1}$ oder D_{abs} (Virusprotein) $= 10 J \cdot kg^{-1}$.

Bei der Quantifizierung ionisierender Strahlung steht die *Dosis,* die absorbierte Energiemenge, ganz im Vordergrund (Tabelle 28.1). Da die Energiedosis nicht leicht zu messen ist, charakterisiert man die wirksame Strahlung auch über die Ionendosis, die der Messung leichter zugänglich ist. Energie- und Ionendosis sind einander proportional: $D = g \cdot I$.

Tabelle 28.1. Einheiten der Dosimetrie

Energiedosis $D = \dfrac{\text{absorbierte Energie}}{\text{absorbierende Materie}}$	$[J \cdot kg^{-1} = Gy]^a$
Ionendosis $I = \dfrac{\text{erzeugte Ionenmenge}}{\text{absorbierende Masse}}$	$[C \cdot kg^{-1}]^b$
Entsprechend *Dosisleistungen* $[Gy \cdot s^{-1}]$ oder $[C \cdot kg^{-1} \cdot s^{-1}]$	
Äquivalentdosis $H = $ Bewertungsfaktor $\cdot$ Energiedosis $[Sv]^c$	
Schnelle Elektronen, geringe LET (→ Abb. 28.1): Bewertungsfaktor 1	
α-Teilchen, hohe LET (→ Abb. 28.1): Bewertungsfaktor 10	
LET (*Linear Energy Transfer*) $= \dfrac{\text{abgegebene Energiemenge}}{\text{Weglänge}}$ $\approx \dfrac{\text{Zahl der Ionisationen}}{\text{Weglänge}}$	

a Gy = Gray (ältere Einheit: Rad = 0,01 Gy)
b ältere Einheit: R (= Röntgen) = $2,58 \cdot 10^{-4} C \cdot kg^{-1}$
c Sv = Sievert (ältere Einheit: rem = 0,01 Sv)

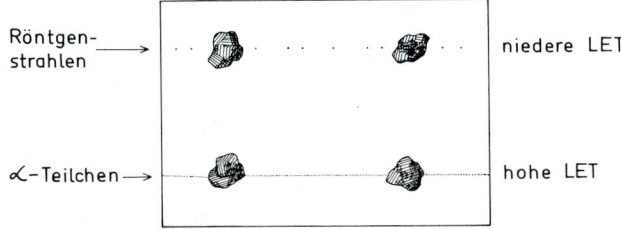

Abb. 28.1. Eine Illustration zur Unterscheidung der verschiedenen Typen ionisierender Strahlung (Röntgenquanten bzw. α-Teilchen). Die vier Partikel könnten z. B. gelöste Protein-Makromoleküle sein. Das α-Teilchen produziert viele Ionisationen auf seiner Bahn (hohe LET); das Röntgenquant nur wenige (niedere LET). Jedes α-Teilchen produziert viele Ionisationen innerhalb eines Partikels. Die Röntgenquanten hingegen produzieren in dem angenommenen Beispiel allenfalls eine Ionisation pro Partikel. (Nach Epstein 1963)

Ionisierungsdichte

Den verschiedenen Strahlungsarten kommt eine unterschiedliche biologische Gefährlichkeit zu. Dies hängt besonders mit der unterschiedlichen Ionisierungs*dichte* zusammen. α-Strahlen erzeugen beispielsweise längs eines bestimmten Weges viel mehr Ionenpaare als β-Strahlen. Die Strahlenbiologen interessieren sich deshalb für die Zahl der Ionisationen pro Weglängeneinheit. Diese Größe wird meist als LET (*Linear Energy Transfer*) angegeben. Gemeint ist damit die von der ionisierenden Korpuskel abgegebene Energiemenge pro Weglängeneinheit. Wenn man weiß, wieviel Energie pro Ionisation abgegeben wird, kennt man auch die biologisch bedeutsame Zahl der Ionisationen pro Weglängeneinheit. Die Abb. 28.1 illustriert den Unterschied zwischen dem wenig gefährlichen Röntgenquant (niedere LET) und dem besonders gefährlichen α-Teilchen (hohe LET).

Zeitlicher Ablauf der Strahlenwirkung

Bei der Strahlenwirkung auf Zellen unterscheidet man drei Phasen: die physikalische, die chemische und die biologische (Abb. 28.2). Die Phasen können zeitlich voneinander getrennt werden. Die eigentlichen Ionisationen erfolgen in weniger als 10^{-15} s, während der Zerfall eines Radikal-Ions oder eines angeregten Moleküls mindestens 10^{-14} s erfordert. Die chemische Phase setzt also nicht vor 10^{-14} s ein. Sie führt zur Bildung chemischer Produkte, deren Struktur und Verteilung unphysiologisch ist. Die biologische Phase wird durch Enzymreaktionen bestimmt, die zum Teil darauf abzielen, den Strahlenschaden durch Reparatur zu verringern. Man geht davon aus, daß es einige Sekunden dauert, bevor an einer strahlengeschädigten DNA Enzymreaktionen einsetzen.

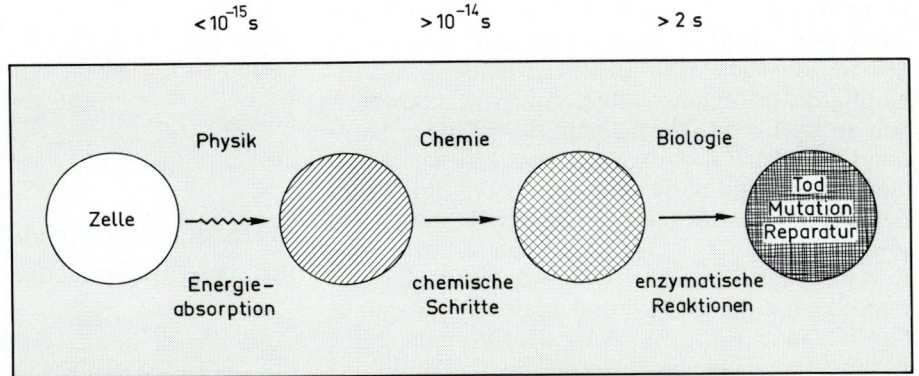

Abb. 28.2. Bei der Wirkung von Strahlen auf Zellen unterscheidet man drei Phasen: In der ersten – physikalischen – Phase wird die Strahlenenergie absorbiert, was bei Röntgen-, γ- und Elektronenstrahlen vor allem zu Ionisierungen und Anregung von Elektronen führt; in der zweiten – chemischen – Phase laufen chemische Reaktionen der ionisierten und/oder angeregten Moleküle ab; die dritte – biologische – Phase der Strahlenwirkung wird von Enzymreaktionen bestimmt. (Nach Schulte-Frohlinde 1990)

Zur Treffertheorie

Es war und ist schwierig, die durch ionisierende Strahlung verursachten biologischen Wirkungen *molekular* zu erklären. Zunächst hat man sich deshalb mit formalmathematischen Deutungen begnügt („Treffertheorie"). Da heutzutage die Tendenz dahin geht, die Effekte ionisierender Strahlung auf der molekularen Ebene zu verstehen, erwähnen wir die Treffertheorie nur kurz an einem einfachen Beispiel. Man bestrahlt eine Bakterien- oder Hefekultur mit verschiedenen Dosen ionisierender Strahlung und trägt den Bruchteil der Überlebenden N/N_0 auf einer logarithmischen Skala als Funktion der verabreichten Strahlendosis D auf. Als Dosiseinheit wählen wir jene Strahlendosis, bei der 37% (e^{-1}) der Population überleben. Handelt man gemäß dieser Vorschrift, so erhält man häufig eine Gerade der Form $\ln N/N_0 = -D$ oder $N = N_0 \cdot e^{-D}$ bzw. $N/N_0 = e^{-D}$ (Abb. 28.3). Man kann diesen Kurvenverlauf so interpretieren, daß *ein* „Treffer" (genauer: *eine* Ionisation) pro Zelle genügt, um die Zelle zu inaktivieren. Allerdings muß dieser Treffer in einer „empfindlichen" Region erfolgen, die viel kleiner ist als das Volumen der Zelle. Der Kurvenverlauf für $n = 1$ wäre eine *Eintreffer-Kurve*. Häufig findet man statt der Eintreffer-Kurve sogenannte *Mehrtreffer-Kurven*, die sich als $\ln N/N_0 = \ln n - D$ oder $N/N_0 = n \cdot e^{-D}$ beschreiben lassen (Abb. 28.3). Man kann diese Kurven so interpretieren, daß n Treffer in der „empfindlichen" Region gebraucht werden, um das System zu inaktivieren. *Ein Beispiel:* In mehrkernigen Zellen kann es notwendig sein, alle Kerne zu inaktivieren, wenn man die Zelle inaktivieren will. Man muß also in jeder Zelle mehrere gleichermaßen strahlenempfindliche Regionen (die Kerne, bzw. das eigentlich strahlenempfindliche Material in ihnen) treffen. Der lineare Verlauf der Trefferkurven gestattet eine Extrapolation, die Rückschlüsse auf die Zahl der besonders strahlenempfindlichen Regionen pro Zelle (n) erlaubt (→ Abb. 28.3). Diese Extrapolation ist möglich, weil $\ln N/N_0 = \ln n - D$ ist. Setzt man $D = 0$, folgt $N/N_0 = n$, d. h. der Schnittpunkt der Extrapolationsgeraden mit der Ordinate ergibt n. Man kann heute davon ausgehen, daß die einfachen Annahmen der Treffertheorie der komplexen Situation in der bestrahlten Zelle nicht voll gerecht werden, z. B. hat man gefunden, daß die Strahlenempfindlichkeit einer Zelle oder eines Organismus keineswegs konstant ist. Die Abb. 28.4 zeigt z. B.,

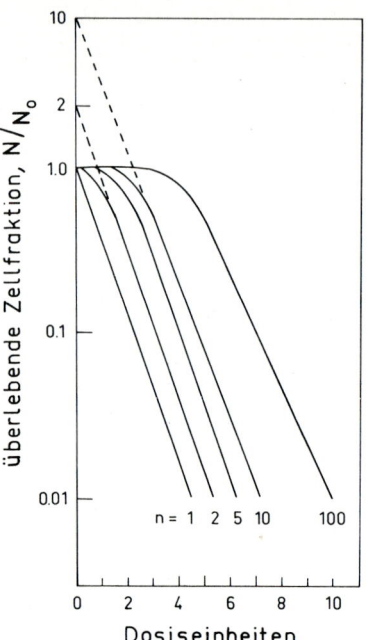

Abb. 28.3. Theoretische Überlebenskurven für die Annahme, daß pro Zelle n gleichermaßen strahlenempfindliche Orte (z. B. Zellkerne) vorhanden sind. N/N_0 ist logarithmisch gegen die Dosis D für mehrere Werte von n aufgetragen. Die Dosiseinheit D ist diejenige Dosis, bei der 37% der bestrahlten Population überleben, falls $n = 1$. Die gestrichelten Extrapolationen der geraden Abschnitte der Kurven ergeben beim Schnittpunkt mit der Ordinate die Zahl der strahlenempfindlichen Orte (z. B. Zellkerne). (Nach Epstein 1963)

wie sich die Strahlenempfindlichkeit einer Bakterienkultur während des Wachstums ändert. Man kann sich vorstellen, daß sich die Fähigkeit der Zellen, Strahlenschäden zu reparieren, mit der Zeit ändert.

Wirkung ionisierender Strahlung auf Bestandteile der Zelle

Beim Bruch der DNA-Kette unterscheidet man den Einzelstrangbruch und den Doppelstrangbruch (beide Stränge in der Doppelhelix sind zugleich gebrochen). Die Doppelstrangbrüche machen nur wenige Prozent der Gesamtbrüche aus. Bestrahlt man Zellen und isoliert anschließend die DNA, so findet man bei beiden Bruchtypen eine

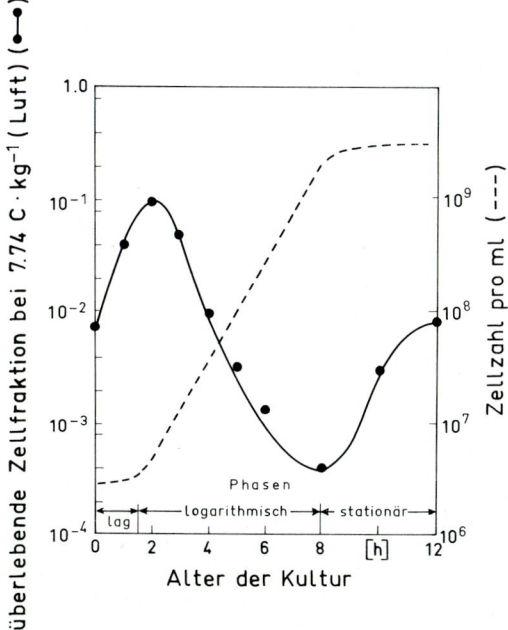

Abb. 28.4. Die Empfindlichkeit einer Bakterienkultur gegenüber Röntgenstrahlen ändert sich mit dem Alter der Kultur. Die höchste Empfindlichkeit findet man am Ende der logarithmischen Wachstumsphase. (Nach Epstein 1963)

lineare Zunahme mit der Dosis. Die DNA-Brüche entstehen in situ im wesentlichen beim Angriff von HȮ auf die Desoxyribose und die Basen (→ Abb. 2.8). Bei der Doppelstrang-DNA (ds-DNA) hat man gefunden, daß in vitro etwa 20% der HȮ-Radikale mit der Zuckerkomponente reagieren und 80% an die Basen addieren. Dies bestätigt die klassische Auffassung, daß der Strangbruch in der ds-DNA über HȮ-Radikale an der Zuckerkomponente bewerkstelligt wird; man muß aber auch damit rechnen, daß Basenradikale in der ds-DNA zum Strangbruch führen können. Die Zerstörung der Basen kann man leicht spektralphotometrisch verfolgen. Beispielsweise nimmt die Absorption einer DNA-Lösung bei 260 nm (→ Abb. 32.19) mit steigender Dosis exponentiell ab.

Für die biologische Funktion der DNA haben die strahlenbedingten Schäden katastrophale Konsequenzen:

- Man muß damit rechnen, daß die semi-konservative Replication der DNA (→ Abb. 6.5) gestört ist.

- Die Gesamtmenge der an DNA synthetisierten RNA nimmt mit steigender Strahlendosis ab. Dies beruht auf abnehmender Kettenlänge der RNA. Es sind die Einzelstrangbrüche, welche Stopstellen für die RNA-Polymerase (→ Abb. 32.20) bilden. Die Basenschäden hingegen halten die Polymerase wahrscheinlich nicht auf.

- Es kommt (zumindest im in-vitro-System) zum falschen Einbau von RNA-Basen bei der Transkription an bestrahlter DNA.

Erwartungsgemäß (vom Standpunkt der Treffertheorie) findet man häufig eine exponentielle Abnahme der Enzymaktivität, wenn man Enzyme in vitro steigenden Dosen ionisierender Strahlung aussetzt. Dies bedeutet (→ Abb. 28.3), daß ein einzelner „Treffer" an der richtigen Stelle ausreicht, die katalytische Fähigkeit eines Enzymmoleküls zu zerstören. Muß der Treffer das aktive Zentrum selektiv schädigen oder ändert sich durch den Treffer die gesamte Tertiärstruktur? Die Antwort auf diese Frage ist offenbar von Enzym zu Enzym etwas verschieden. Beispielsweise ist bei der *Ribonuclease* eine Konformationsänderung des Proteins der entscheidende Faktor; beim *Papain* hingegen geht die Enzyminaktivierung auf die selektive Oxidation der am aktiven Zentrum beteiligten SH-Gruppe zurück.

Bei der direkten und indirekten, d. h. über Radikale erfolgenden Strahlenwirkung auf Enzyme in situ (Sprengung von S−S-Brücken, Sprengung von Peptidbindungen, Angriffe von Radikalen – vor allem von HȮ – auf aromatische Aminosäuren) liegt die Schädigungsdosis um eine Größenordnung höher als bei Zellen. Die hohe Strahlenempfindlichkeit von Zellen ist also nicht primär eine Folge von

Tabelle 28.2. Klassen von Strahlenschäden an der DNA. (Nach Schulte-Frohlinde 1990)

Einzel- und Doppelstrangbrüche
Basenschäden
Verluste von Basen, Nucleosiden und Nucleotiden
Addukte
Vernetzungen zwischen zwei DNA-Strängen und zwischen DNA und Proteinen
Mehrfachschäden
Änderungen der Struktur der DNA

Enzyminaktivierungen. Dasselbe gilt für die Strahlenwirkung auf dem Niveau der RNA: Die Proteinsynthese ist relativ unempfindlich. Die Strahlenwirkung betrifft in erster Linie die DNA (Tabelle 28.2). Im wesentlichen führen ionisierende Strahlen an der DNA zu chemischen Veränderungen an den Nucleotidbasen. Vernetzungen der Moleküle untereinander und „lokale Denaturierung" (Öffnung von Wasserstoffbrücken im Doppelstrang; → Abb. 2.8) treten dagegen zurück.

Reparatur von Strahlenschäden an der DNA

Da die Organismen an die von Natur aus auf sie einwirkende ionisierende Strahlung angepaßt sind, wurde postuliert, daß es Reparaturmechanismen für Strahlenschäden geben müsse. Diese Erwartung hat sich bestätigt. Beispielsweise konnte die Reparatur der strahlenbedingten Einzelstrangbrüche in Bakterien und in Eukaryotenzellen nachgewiesen werden. Dabei wirken Exonucleasen, DNA-Polymerase I und die Polynucleotid-Ligase zusammen (Abb. 28.5). Die Reparatur setzt natürlich voraus, daß der Partnerstrang in der Doppelhelix intakt ist. Ein Doppelstrangbruch in der DNA führt, wenn er nicht repariert wird, zur Inaktivierung der betroffenen DNA. Doppelstrangbrüche entstehen vor allem dann, wenn bei einer hohen LET Radikale entstehen, so daß es in einem engen Bereich der DNA-Doppelhelix zu Mehrfachschäden kommt. Dies ist der Grund, weshalb α-Strahlung, bezogen auf die absorbierte Energie, biologisch sehr viel wirksamer ist als Röntgenstrahlung (→ Abb. 28.1, → Tabelle 28.1).

Auch ein Doppelstrangbruch in der DNA ist nur dann „tödlich", wenn er nicht repariert werden kann. Eine Doppelstrangbruch-Reparatur setzt allerdings voraus, daß die gleiche genetische Information noch einmal im Genom vorliegt und räumlich für den Reparaturprozeß verfügbar ist. Man rechnet damit, daß in der Eukaryotenzelle bereits 40 bis 50 Doppelstrangbrüche letal wirken. Der *reproduktive* Tod der Zelle erfolgt noch eher, da Doppelstrangbrüche zur Bildung von Chromosomenaberrationen führen, die in der Regel keine Mitosen mehr zulassen.

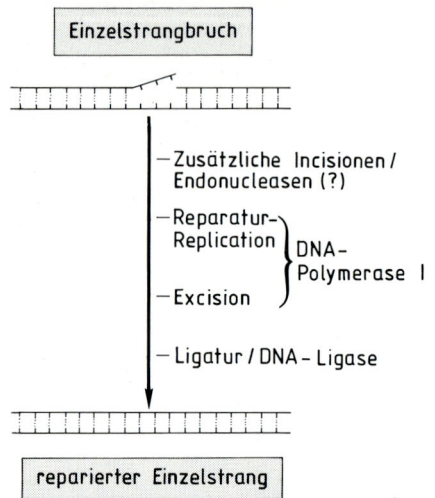

Abb. 28.5. Schema zur Reparatur von Strahlenschäden (Einzelstrangbrüche) an der DNA. Da die Enzyme konstitutiv gebildet werden, kann die Reparatur des Strahlenschadens innerhalb weniger Sekunden aufgenommen werden (→ Abb. 28.2)

Wirkung ionisierender Strahlung auf höher organisierte Strukturen der Zelle

Auch Biomembranen, Chromatin, Plastiden, Mitochondrien usw. werden durch ionisierende Strahlung geschädigt, ohne daß man bislang diese Veränderungen präzis beschreiben könnte. Wir haben eingangs betont, daß die Möglichkeiten, wie ionisierende Strahlen in der Zelle wirken können, praktisch unbeschränkt sind. Auf dem Niveau der Zellen und Organismen steht deshalb in der Strahlenbiologie die Beschreibung der Phänomene im Vordergrund.

Bleibende Effekte

Seit Mullers berühmten Arbeiten mit Röntgenstrahlen an *Drosophila* weiß man, daß ionisierende Srahlung Mutationen auszulösen vermag, und zwar sowohl Gen- als auch Chromosomenmutationen. Dieser Effekt ist nicht nur für die theoretische Genetik, sondern auch für die praktische Pflanzenzüchtung wichtig, weil ein kleiner Prozentsatz der Mutanten positive Eigenschaften (im Sinn der Züchtungsforschung) zeigt. Meist kommt es freilich zu Störungen oder Zerstörungen der genetischen Information, die z. B. cytologisch als Chromosomenbrüche sichtbar sein können. Diese Störungen werden natürlich vererbt, wenn sie in der Keimbahn liegen und das System lebensfähig bleibt. Wenn die Mutationen sich nicht auf die nächste Generation auswirken, nennt man sie bekanntlich *somatisch*. Zweifellos ist die genetische Information besonders strahlengefährdet, z. B. ergibt sich bei diploiden Pflanzen eine klare Beziehung zwischen dem Kernvolumen in den Zellen des Vegetationspunktes und der Toleranz gegen chronische γ-Strahlung (Abb. 28.6). Pflanzen mit großen Chromosomen sind strahlenempfindlicher als solche mit kleinen Chromosomen; polyploide Arten sind resistenter als diploide Arten derselben Gattung.

Mehr oder minder reparable Effekte

Strahleninduzierte somatische Mutationen lassen sich von „plasmatisch" genannten Strahlenwirkungen häufig dadurch unterscheiden, daß die Pflanzen in den Fällen, in denen die genetische Information nicht bleibend verändert wurde, nach Ende der Bestrahlung allmählich wieder zum normalen Wachstum zurückkehren. Die Pflanzen erholen sich, vorausgesetzt, daß die Schäden nicht letal waren. Die plasmatischen Schäden, die bei intakter genetischer Information häufig völlig rückgängig gemacht werden können, gehen wohl in erster Linie auf Enzyminaktivierungen und Membranschädigungen zurück. Die Erhöhung der Permeabilität und die Erhöhung der Plasmaviscosität sind häufig zu beobachtende zellphysiologische Änderungen nach Bestrahlung. Man hat vorgeschlagen, die phänomenologisch faßbaren Veränderungen der Morphogenese höherer Pflanzen unter dem Einfluß ionisierender Strahlung als „Radiomorphosen" zu bezeichnen (z. B. Verzwergung, Mißbildung der Blätter und Blütenorgane, Strahlensukkulenz).

Ein Beispiel für die unterschiedliche Empfindlichkeit verschiedener Gewebe derselben Pflanze

Die Strahlenempfindlichkeit einer Pflanze ist nicht konstant. Es gibt z. B. eine besonders strahlenempfindliche Keimlingsphase. Das in Abb. 28.7 dargestellte Beispiel zeigt ferner, daß die verschiedenen Gewebe ein und derselben Pflanze völlig verschieden empfindlich sein können. Die Stecklinge von

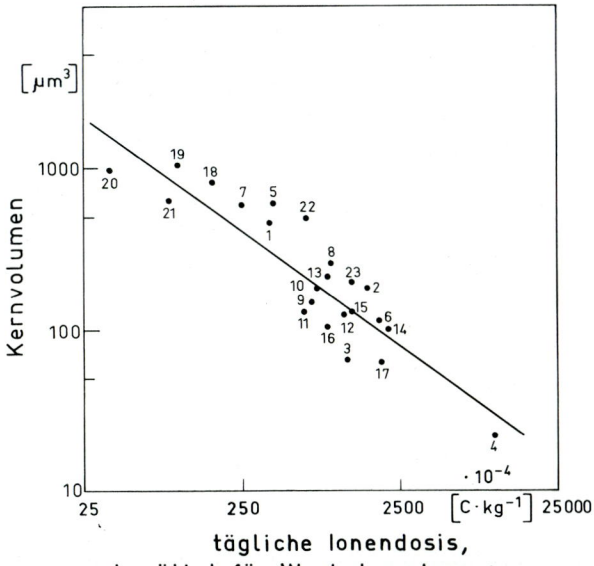

Abb. 28.6. Der Zusammenhang zwischen Kernvolumen und Strahlenempfindlichkeit (chronische γ-Strahlung von Cobalt-60). Untersucht wurden 23 Angiospermenarten. Das Ergebnis: Je größer das Kernvolumen, um so empfindlicher ist der Organismus. (Nach Sparrow und Mischke 1961)

Tradescantia elongata bilden nur an den abgeschirmten Knoten Adventivwurzeln. Die Bildung von Seitensprossen und sogar die Blütenbildung verlaufen hingegen auch an den bestrahlten Teilen völlig normal.

Gibt es positive Wirkungen ionisierender Strahlung?

Molisch hat bereits 1912 festgestellt, daß Flieder- und Roßkastanienzweige durch eine Behandlung mit Radon zum frühen Austreiben gebracht werden. In den folgenden Jahrzehnten wurden z. T. phantastische Befunde publiziert. So berichtete Breslavets 1958, daß durch Bestrahlung von Buchweizen bereits mit $5 \cdot 10^{-4}$ C · kg^{-1} pro Tag eine 60%ige Zunahme des Pflanzengewichts erzielt werden konnte. Cervigni et al. teilten 1962 sogar mit, daß sie das Gewicht von Weizenpflanzen durch chronische Bestrahlung mit γ-Strahlen versechsfachen konnten. Leider hielten diese „Ergebnisse" einer seriösen Nachprüfung nicht stand. Das Forschungsgebiet der *positiven* Strahlenwirkungen ist deshalb in Mißkredit gekommen.

Im Zusammenhang mit dem zunehmenden Interesse an dem Phänomen der *Hormese* (Steigerung

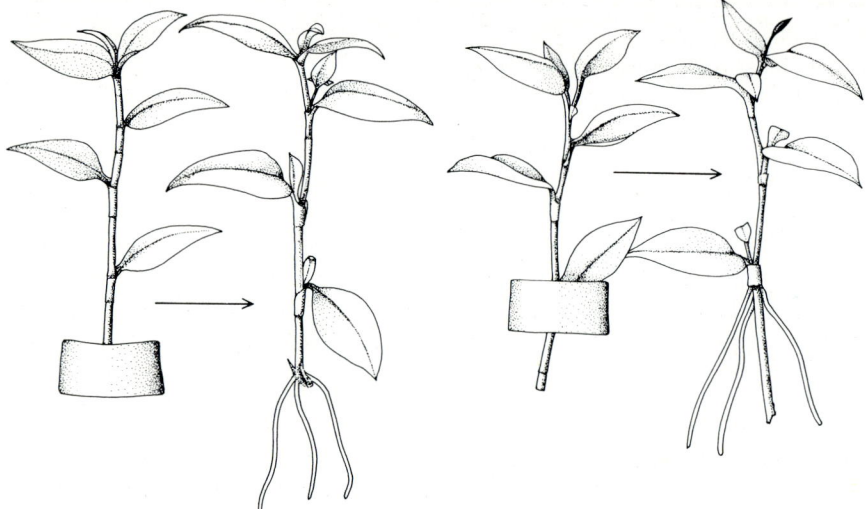

Abb. 28.7. Stecklinge von *Tradescantia elongata*, 15 d nach einer Röntgenbestrahlung mit 0,8 C · kg⁻¹. Die in der Abbildung an den Knoten mit Bleispangen bedeckten Stecklinge repräsentieren die Versuchsanordnung während der Bestrahlung. Resultat: An den bestrahlten Knoten unterbleibt die Wurzelbildung, die Seitensproß- und Blütenbildung wird jedoch nicht gehemmt. (Nach Biebl 1961)

des Wachstums durch geringe Dosen an Stressoren) ist neuerdings auch die strahlenbedingte Hormese wieder ein Gegenstand der Forschung geworden. Für ein abschließendes Urteil über die Bedeutung und Erklärung des Phänomens ist es aber noch zu früh. Obgleich die Stimulierung des pflanzlichen Wachstums durch niedere Dosen an ionisierender Strahlung häufig dokumentiert wurde, sind die Ergebnisse meist schwer zu reproduzieren, da die Effekte nur wenig über die natürliche Variation hinausgehen. Die klassische Erklärung der strahlenbedingten Hormese ist auch heute noch plausibel: Durch niedere Strahlendosen werden Reparaturprozesse in Gang gesetzt, die den gesetzten Schaden korrigieren und darüber hinaus zu einer generellen Stimulierung des Stoffwechsels führen.

Verfrühte Differenzierung

In mitotisch aktiven Geweben, z. B. im Endosperm oder in Wurzelspitzen können Röntgenstrahlen eine „verfrühte Differenzierung" verursachen. Dies bedeutet im Prinzip, daß sich in den Abstammungslinien die Zahl der mitotischen Cyclen (→ S. 92), die vor der terminalen Differenzierung der Zellen durchlaufen werden, vermindert. Man kann experimentell sogar erreichen, daß die Zellen nach der Bestrahlung sofort in die terminale Differenzierung eintreten. In der Regel sind die verfrüht ausdifferenzierten Zellen völlig normal. Das Phänomen der verfrühten Differenzierung soll darauf zurückgehen, daß die Prozesse des cytoplasmatischen Wachstums und der Differenzierung hochgradig strahlungsresistent sind, während bereits kleine Strahlendosen eine (vorübergehende) Hemmung der Mitose bewirken. Dadurch kommt es zu einem Anstieg der Relation Cytoplasmamenge/Chromatinmenge, was offenbar die Zellen auf die Bahn der Differenzierung zwingt, bevor sie sich von der strahleninduzierten Schädigung des Mitoseapparats erholt haben.

Weiterführende Literatur

Alpen EL (1990) Radiation biophysics. Prentice Hall, Englewood Cliffs

Biebl R (1961) Wirkung ionisierender Strahlung auf die Pflanze. Naturwiss Rdsch 14:127–132

Broda E (1973) Gibt es biopositive Wirkungen ionisierender Strahlen? Biologie in unserer Zeit 3:109–115

Gunkel JE, Sparrow AH (1961) Ionizing radiations: Biochemical, physiological and morphological aspects of their effects on plants. In: Encycl Plant Physiol, Vol 16. Springer, Berlin Göttingen Heidelberg, pp 555–611

Mitzel-Landbeck L, Hagen U (1976) Strahlenwirkung auf Biopolymere. Chemie in unserer Zeit 10:65–74 (1976)

Niemann E-G (1982) Strahlenbiophysik. In: Hoppe W, Lohmann W, Markl H, Ziegler H (eds) Biophysik. 2. Aufl. Springer, Berlin Heidelberg New York, pp 300–312

Schulte-Frohlinde D (1990) Die Chemie des zellulären Strahlentods. Chemie in unserer Zeit 24:37–44

Sheppard SC, Hawkins JL (1989) Radiation hormesis of seedlings and seeds, simply elusive or an artifact. Environ and Exptl Botany 30:17–25

Zimmer KG (1960) Studien zur quantitativen Strahlenbiologie. Akademie der Wissenschaften und der Literatur in Mainz. Franz Steiner Verlag, Wiesbaden

29 Physiologie des Xylemtransports

Der Transportweg aus dem perirhizalen Raum in die Gefäße der Wurzel

Die Wurzelhaare der Saugwurzeln wachsen in den Hohlräumen des Bodens den Wasservorräten und den darin gelösten Ionen nach (Abb. 29.1). Der Wassertransport vom Boden in die Gefäße des Zentralzylinders der Wurzel erfolgt in der flüssigen Phase und wird durch Unterschiede im Wasserpotential angetrieben. Der Weg des Wassers vom perirhizalen Raum in die Gefäße des Zentralzylinders führt durch die *Endodermis*. Für besonders wichtig

werden die suberinisierten Caspary-Streifen in den radialen Wänden der Endodermis gehalten, da sie die Bewegung des Wassers im Apoplasten blockieren (→ Abb. 2.12). An dieser Zellschicht wird der apoplastische Wasserstrom in den Symplasten umgelenkt. Der Caspary-Streifen sperrt natürlich auch den radialen apoplastischen Wasserstrom in der anderen Richtung, also von innen nach außen. Dies ist eine Voraussetzung für die Ausbildung positiver Drücke im Xylem: Der Caspary-Streifen verhindert, daß das unter Druck stehende Xylemwasser durch den Apoplasten der Wurzel in den Boden entweicht. Manche Forscher glauben, daß

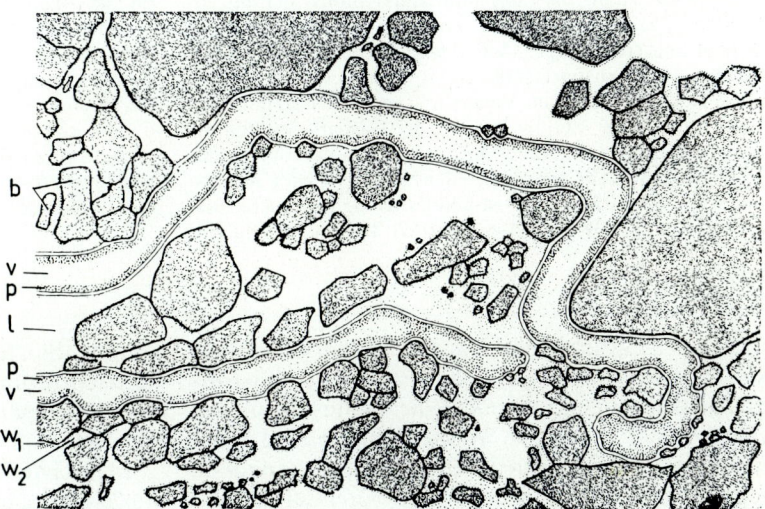

Abb. 29.1. Wurzelhaare im Boden. Die Wurzelhaare sind im optischen Längsschnitt mit Plasmaschlauch (p) und Zellsaftraum (Vacuole, v) dargestellt. b, feste Bodenteilchen; w_1, Hydratationswasser; w_2, Kapillarwasser; l, Lufträume. Auf der linken Seite der Abbildung ist das der Wurzel zugängliche Wasser fast völlig aufgenommen, auf der rechten Seite befinden sich noch Wasservorräte. (Nach Stocker 1952.) Zur Funktion der Wurzelhaare: Das übliche Argument, die Wurzelhaare vergrößerten die Wurzeloberfläche, wäre nur dann gültig, wenn ein wesentlicher Teil des Widerstandes gegen

den Einstrom von Wasser in den Zentralzylinder in der Epidermis lokalisiert wäre. Dies ist aber wahrscheinlich nicht der Fall. Eine plausiblere Erklärung für die Existenz der Wurzelhaare lautet, daß sie den Kontakt zwischen Wurzel und Boden verbessern. Sie verhindern beispielsweise, daß bei Wasserentnahme aus dem Boden luftgefüllte Hohlräume zwischen Wurzeln und Bodenpartikeln entstehen. Solche Hohlräume würden eine Barriere für die Wasserbewegung zur Wurzel darstellen

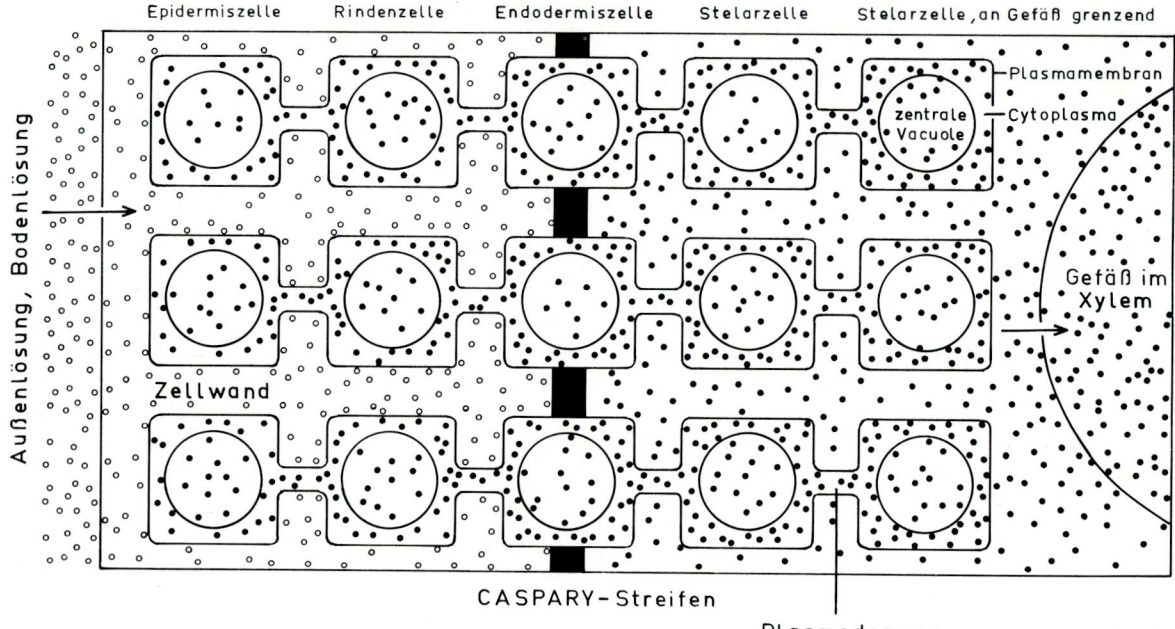

Abb. 29.2. Ein Modell zur Illustration der Vorstellungen, die man sich gegenwärtig über den Ionentransport vom Bodenwasser (Außenmedium) in die Gefäße des Zentralzylinders der Wurzel macht. Bis zur Endodermis können sich die Ionen im *apparent freien Diffusionsraum* (→ Abb. 3.16) der Wurzelrinde frei bewegen (*helle Punkte*). Die treibende Kraft für den Nettotransport ist das elektrochemische Potentialgefälle. Nach der üblichen Vorstellung endet der freie Diffusionsraum an der Endodermis, da der Caspary-Streifen die Ionen daran hindert, durch Diffusion in den Zentralzylinder einzudringen. Der Caspary-Streifen, der die Wände der Endodermiszellen durchsetzt, ist undurchlässig für Wasser und gelöste Ionen. Dies ist auf eine Art Imprägnierung mit wachsähnlichen Substanzen zurückzuführen. Die Existenz des Caspary-Streifens gibt der Wurzel die Möglichkeit, den Eintritt von Ionen in den Zentralzylinder zu kontrollieren, da alle Ionen spätestens an der Endodermis über das Cytoplasma laufen müssen (*dunkle Punkte*). Ihre Aufnahme in das Cytoplasma erfolgt *aktiv* über carrier-Proteine (→ S. 73). Bei dem raschen Transport im *Symplasten* spielen vermutlich die *Plasmodesmen* eine besondere Rolle. Jenseits der Endodermis können die Ionen über die entsprechenden carrier wieder in die Zellwände, vor allem in die Wände der Gefäße, transportiert werden. Durch Diffusion gelangen sie dann in das Lumen der Gefäße. (Nach Epstein 1973)

dies die eigentliche Funktion des Caspary-Streifens sei. Wie wir sehen werden, kommt der Endodermis auch beim Ionentransport eine Schlüsselrolle zu (→ Abb. 29.2). Aktive Wasserpumpen sind nicht bekannt; das Wasser in der Pflanze wird ausnahmslos durch Unterschiede im Wasserpotential bewegt. Ein radialer Wassertransport ins Xylem findet also nur dann statt, wenn das Wasserpotential im Lumen der Gefäße niedriger ist als im Boden. Der simultan zum radialen Wassertransport ablaufende Ionentransport vom Bodenwasser in das Lumen der Gefäße stellt an die Wurzel höhere Anforderungen, da die Ionenaufnahme sowohl selektiv als auch akkumulativ sein muß. An den meisten Standorten stellt die Bodenlösung eine sehr verdünnte Salzlösung dar. Außerdem variieren die Konzentrationen der einzelnen Ionen und die Gesamtionenstärke erheblich und weichen in der Regel weit von einer optimalen Nährlösung (→ S. 272) ab. Die Pflanzen müssen also in der Lage sein, aus einem sehr bescheidenen und variablen Reservoir ihren Ionenbedarf zu decken.

Im einzelnen hat man über die radialen Ionenbewegungen durch die Wurzel folgende Vorstellungen entwickelt (Abb. 29.2): Die Ionen können das Gewebe bis hin zu den Gefäßen auf zwei Bahnen durchqueren: 1. Im apparent freien Diffusionsraum, d. h. in den Zellwänden (→ Abb. 3.16). Dieser *apoplastische Transportweg* endet allerdings an der Endodermis, da nach der üblichen Auffassung die Caspary-Streifen die freie Diffusion zwischen Cortex und Zentralzylinder unterbinden. 2. Im *Symplasten* (→ S. 35), nachdem die Ionen aktiv (d.h. gegen das elektrochemische Potentialgefälle) oder passiv (d.h. mit dem elektrochemischen Potentialgefälle) durch die Plasmamembran in das Binnenplasma gelangt sind. Die Aufnahme von Ionen in das Plasma wurde bereits auf S. 74 dargestellt. Man geht heute davon aus, daß der radiale Transport von Nährsalzen im wesentlichen symplastisch ist. Der Mechanismus des verhältnismäßig schnellen Ionentransports *innerhalb* des Symplasten ist allerdings nicht klar. Von den lebenden Zellen des Zentralzylinders, dem Xylemparenchym, werden die Ionen wieder in den Außenraum (Zellwände) abgegeben. Man stellt sich vor, daß vor allem die an Gefäße grenzenden lebenden Zellen des Leitbündels, die sogenannten *Transferzellen*, in der Plasmamembran *carrier-Proteine* besitzen, welche die Ionen in die Zellwände der Gefäße transportieren. Von hier aus können die Ionen durch Diffusion in das Lumen der Gefäße gelangen.

Wurzelsystem und Wurzelhaare

Es ist eine *Funktion der Wurzel*, aus der verdünnten (Konzentration in der Größenordnung von 10^{-4} mol · l^{-1}) und weitgehend immobilen *Boden-lösung* mineralische Ionen aufzunehmen und zu akkumulieren. Das Wurzelsystem der Pflanze besitzt deshalb eine riesige Oberfläche. Eine besondere Rolle spielen die *Wurzelhaare:* lang ausgewachsene Epidermiszellen, die einen engen Kontakt mit der Bodenlösung herstellen (→ Abb. 29.1). Die Wurzelhaare sind es auch, die eine aktive H^+-Sekretion durchführen (mit Hilfe von Protonenpumpen in der Plasmamembran; → Abb. 5.7) und auf dem Weg des Ionenaustausches solche Kationen, die elektrostatisch an die Bodenkolloide gebunden sind, verfügbar machen.

Die Struktur des Wurzelsystems ist ebenso genetisch determiniert und für jede Pflanzenart charakteristisch ausgebildet wie die Gestalt ihres oberirdischen Sprosses (Abb. 29.3). Einige Zahlen sollen die Oberflächenentwicklung des Wurzelsystems veranschaulichen: Dittmer hat in den 30er Jahren das Wurzelsystem einer einzeln wachsenden, 4 Monate alten Roggenpflanze (*Secale cereale*) ausgemessen. Die gesamte Länge, Wurzelhaare eingeschlossen,

betrug mehr als 10 000 km, die gesamte Oberfläche etwa 1000 m². Dies sind sicherlich extreme Werte; aber mit Gesamtwurzellängen in der Größenordnung von 1000 km kann man beim Roggen (Einzelaussaat) wohl generell rechnen.

Der enge und ausgedehnte Kontakt zwischen Boden und Wurzeln – durch die Funktion des Wurzelsystems diktiert – ist der Grund dafür, daß die Landpflanzen stationär sind. Mobile Organismen können auf dem Festland die Ionenversorgung aus einer sehr verdünnten Bodenlösung nicht leisten. Das auf dem Festland lebende *mobile Tier* ist somit auch bezüglich der Versorgung mit mineralischen Ionen weitgehend auf die Akkumulationsleistung der stationären Pflanze angewiesen.

Die beiden Transportsysteme der Pflanze

Höhere Pflanzen nehmen mit Hilfe der Wurzeln aus dem Boden Wasser und Ionen (Nährsalze) auf. Der Transport dieser Substanzen in Sproßachsen und Blätter, von denen aus das Wasser in die umgebende Atmosphäre verdunstet, führt notwendigerweise zu einem aufwärts gerichteten *Stofftransport* (*Transpirationsstrom*). Andererseits finden bei höheren Pflanzen die Vorgänge der Photosynthese in erster Linie in den Blättern statt, also in jenen Organen, die am weitesten in den Lichtraum hineinragen. Da die Produkte der Photosynthese (organische Moleküle) von allen Teilen der Pflanze benötigt werden (z.B. auch von den Wurzeln) muß bezüglich der organischen Moleküle ein bevorzugt abwärtsgerichteter Stofftransport stattfinden (*Assimilatstrom*). Die Tatsache, daß die Pflanzen Wasser und Nährsalze aus dem Boden, organische Moleküle hingegen aus den Blättern bezieht, impliziert also zwangsläufig zwei einander entgegengesetzte „Saftströme“, die sich in verschiedenen Bahnen vollziehen müssen. Der Transpirationsstrom benützt das Xylem der Leitbündel (bzw. das Holz im Fall von sekundärem Dickenwachstum): der Assimilatstrom benützt das Phloem der Leitbündel (bzw. den Bast im Fall von sekundärem Dickenwachstum; → S. 29.8). Der Transpirationsstrom fließt also im Apoplasten, der Assimilatstrom dagegen im Symplasten. In der Regel erfolgen die Stoffbewegungen in den beiden Leitsystemen in entgegengesetzter Richtung; es ist aber bemerkens-

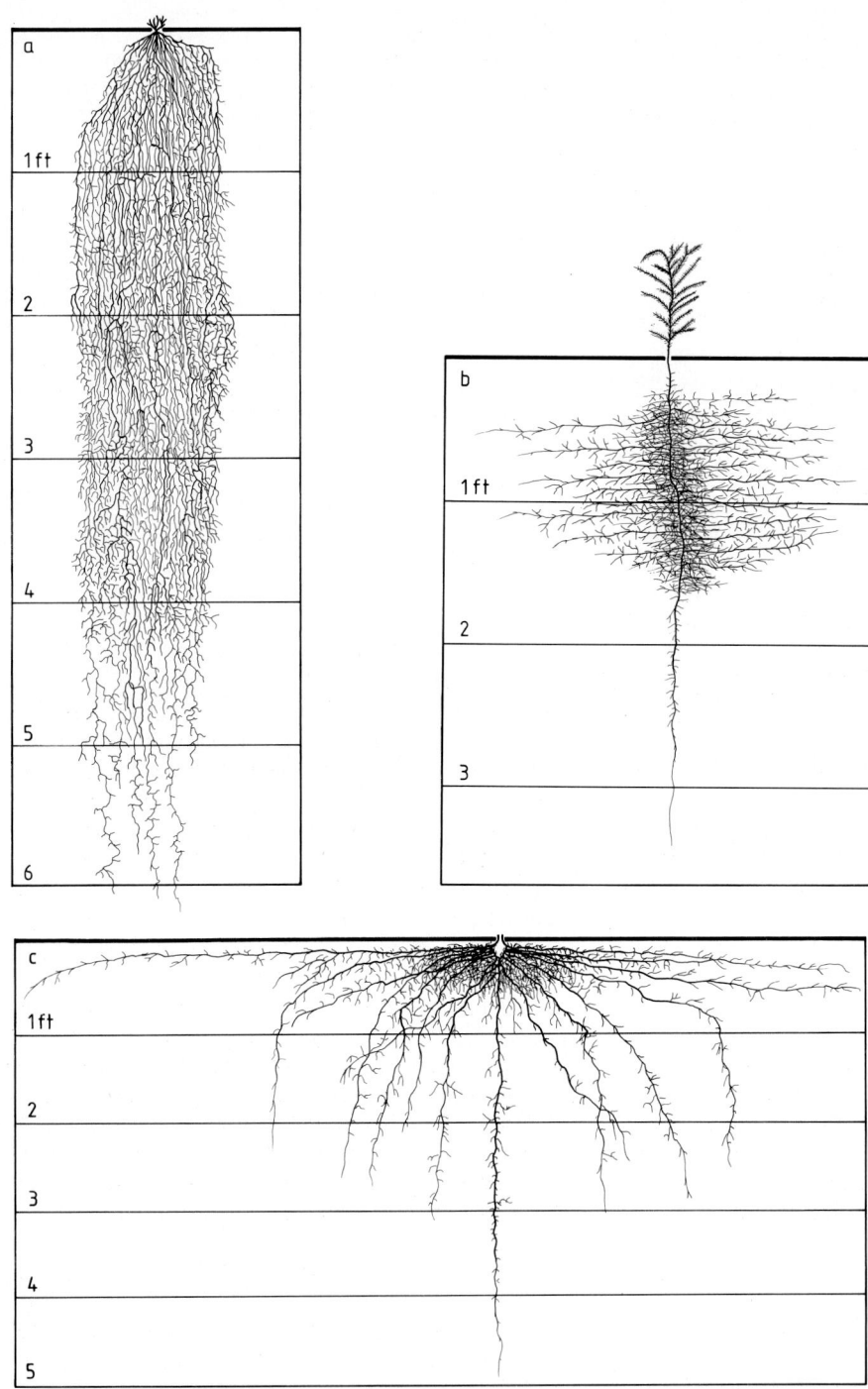

Abb. 29.3 a–c. Morphologie und Verteilung des Wurzelsystems verschiedener Pflanzen im Boden. (a) Wurzelsystem des Saatweizens (*Triticum aestivum*) gegen Ende der Vegetationsperiode; (b) Wurzelsystem einer 3 Monate alten Keimpflanze von *Gleditsia triacanthos*; (c) Wurzelsystem einer 2,5 Monate alten Sonnenblume (*Helianthus annuus*). ft, Fuß (1 ft = 30,48 cm). (Nach Weaver 1926)

wert, daß auch gleichgerichtete Bewegungen möglich sind: Vegetationspunkte, endständige Sproßknollen (z. B. der Kartoffel). Samen und Früchte müssen simultan und in gleicher Richtung von beiden Leitsystemen versorgt werden.

Am Beispiel des Stickstofftransports kann man sich die Interdependenz der beiden Transportsysteme deutlich machen (Abb. 29.4). Die Tracheen des Xylems sind die hauptsächliche Route für den Transport des *anorganischen* Stickstoffs (in der Regel Nitrat, seltener Ammonium) von der Wurzel in das Sproßsystem. Aber auch organische Stickstoffprodukte, Ergebnisse des Wurzelstoffwechsels, werden über das Xylem transportiert (→ Abb. 29.5). Die Siebröhren des Phloems sind zuständig für die Translocation jener N-haltigen *organischen* Moleküle, die in den Blättern entstehen. Dies gilt nicht nur für den Export in Samen (Früchte), Vegetationspunkte und vegetative Speicherorgane, sondern auch für den Weg zurück in die Wurzel, die im Durchschnitt weit mehr N-haltige organische Substanz aus dem Sproßsystem empfängt als sie dahin über das Xylem exportiert.

Eine faszinierende Beobachtung, die die subtile Interaktion von Xylem und Phloem beleuchtet, sei noch mitgeteilt: Bei der Weißen Lupine (*Lupinus albus*) wurde gefunden, daß der Phloemsaft, der in den Früchten und Vegetationspunkten ankommt, eine weit höhere Konzentration an N-haltiger organischer Substanz (Amide, Aminosäuren) aufweist als der Phloemsaft, der das Blatt verläßt. Durch Markierung mit ^{15}N konnte gezeigt werden, daß die Anreicherung durch Amide und Aminosäuren aus dem Xylemsaft zustande kommt. Dieser Transfereffekt, der über spezielle Transferzellen geschieht, ist teleonomisch verständlich: Auf diese Weise wird die N-Versorgung jener Regionen verbessert, die eine besonders intensive Proteinsynthese betreiben, aber nur einen sehr beschränkten Zugang zu den Substanzen des Transpirationsstromes haben, da ihre Transpiration gering ist.

Der Stickstoff im Xylemsaft

Xylemsaft läßt sich in größeren Mengen gewinnen (Blutungssaft aus dekapitierten Pflanzen, Vacuumextraktion aus verwundeten Sproßachsen). Der Xylemsaft, in der Regel eine sehr verdünnte Lösung ($0,01-0,04$ g · l^{-1}), enthält anorganische Io-

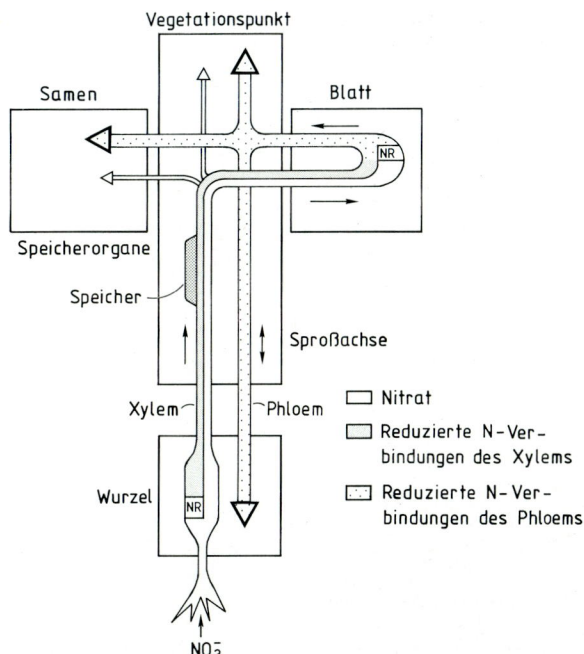

Abb. 29.4. Schema für die Leitbahnen der N-Translocation in höheren Pflanzen. NR, Nitratreductase. Die Speicherung betrifft sowohl das Nitrat als auch organisch gebundenen Stickstoff, z. B. in Form von Glutamin, Asparagin, Arginin. (Nach Lewis 1986)

nen (Nährsalze), kleine Mengen an Kohlenhydraten und organischen Säuren. Er reagiert leicht sauer mit einem pH zwischen 5,4 und 6,5. N-haltige Substanzen bilden den Hauptbestandteil der Trockensubstanz. Das C/N-Verhältnis liegt zwischen 1,5 und 6 (verglichen mit 15 bis 200 im Phloemsaft; → S. 513). Dies zeigt die überragende Bedeutung der N-haltigen Substanz beim Xylemtransport.

Die Natur der N-haltigen Verbindungen im Xylemsaft ist von Pflanze zu Pflanze unterschiedlich (Abb. 29.5). Im Fall von *Xanthium spec.* macht Nitrat >95% des Gesamt-N aus, im Fall von *Lupinus albus* hingegen wird das Nitrat fast völlig in der Wurzel assimiliert, und der Stickstoff wird in reduzierter organischer Form in den Sproß transportiert. Die meisten Pflanzen jedoch führen die Nitratreduktion sowohl in der Wurzel als auch in den Blättern durch (→ S. 190), und demgemäß findet man bei ihnen sowohl Nitrat als auch organisch gebundenen Stickstoff im Xylemsaft.

Die einzelnen organischen N-Verbindungen im Xylemsaft sind charakteristisch für die jeweilige

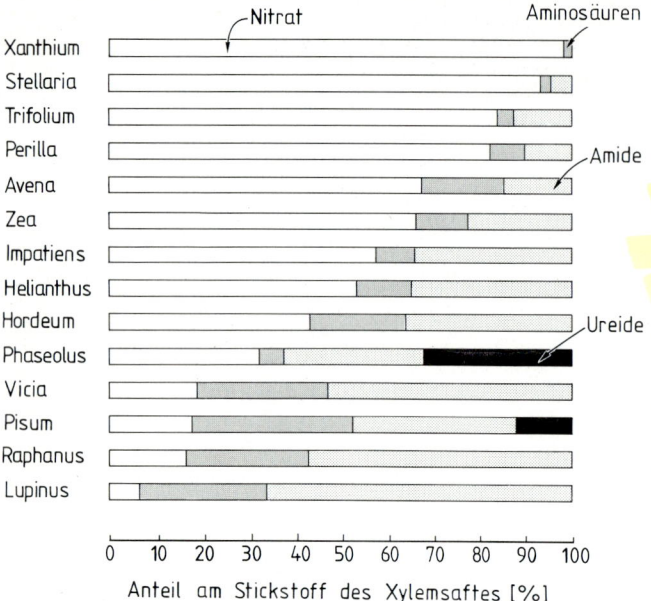

Abb. 29.5. Die Zusammensetzung der N-haltigen Substanz im Xylemsaft („Blutungssaft") verschiedener Pflanzen. Das Bezugssystem ist Gesamt-N. (Nach Lewis 1986)

und Boraginaceen. Sie dürfte eine besonders ökonomische Form des N-Transports darstellen (hohes N/C-Verhältnis im Molekül!).

Die Konzentration an N-haltiger Substanz im Xylemsaft ist nicht konstant; vielmehr sind zwei Regeln deutlich zu erkennen: 1. Es besteht eine circadiane Rhythmik mit einem Maximum am Mittag und einem Minimum um Mitternacht. 2. Man beobachtet eine Anpassung der Konzentration an die Intensität des Transpirationsstroms in dem Sinn, daß ähnliche Mengen an N pro Tag translociert werden, unabhängig von der Intensität der Transpiration. Die hier deutlich werdende Regulation des Substanzgehalts im Transpirationsstrom betrifft nicht nur die N-haltigen Verbindungen, sondern auch die übrigen gelösten Bestandteile.

Transpiration und Ionenversorgung

Es hat die Physiologen immer wieder irritiert, daß auch erhebliche Änderungen in der Intensität der Transpiration weder die Ionenaufnahme durch die Wurzel noch die Versorgung des Sprosses mit Nährstoffen signifikant beeinflussen. Bei Mais- und Gerstenpflanzen z.B. kann sich die Menge an Wasser, die durch die Pflanze strömt (Transpiration *und* Guttation), um den Faktor 2 bis 4 ändern, ohne daß sich der Mineralgehalt im Sproß ändert.

Heute können wir davon ausgehen, daß in der Wurzel der Einstrom von Ionen in das Xylemwasser die regulierte Größe ist, unabhängig vom Ausmaß der Transpiration. Die Pflanze reguliert somit die Ionenmenge, die pro Zeitintervall in das Xylemwasser gelangt, unabhängig davon, mit welcher Intensität sich der Wasserstrom bewegt, in dem die Ionen abtransportiert werden. Diese Strategie macht die Versorgung der Pflanze mit Nährstoffen weitgehend unabhängig von den Wechselfällen der Transpiration.

Der Xylemsaft ist in der Regel eine sehr verdünnte wäßrige Lösung. Für die jetzt anstehende Frage, welche Kräfte den Xylemsaft durch die Pflanze treiben, genügt es in erster Näherung, nur die Wasserkomponente des Xylemsaftes in Betracht zu ziehen. Wir sprechen deshalb im folgenden vom *Wassertransport*.

Spezies. Dies gilt auch für das Verhältnis von Aminosäuren, Amiden (Glutamin, Asparagin) und Ureiden (→ Abb. 29.5). Auch nicht-proteinogene Aminosäuren wie Homoserin oder Citrullin kommen vor. Bei manchen Arten findet man auch erhebliche Mengen an Alkaloiden im Xylemsaft.

Bei den Fabaceen mit Wurzelknöllchen (→ Abb. 33.12) ist der Xylemsaft besonders reich an N-haltigen organischen Molekülen. Man unterscheidet hier „*Amidpflanzen*" (Amide, insbesondere *Asparagin* als Transportform für N) und „*Ureidpflanzen*" (Ureide, insbesondere *Allantoin(säure)* als Transportform für N). Bei den Ureidpflanzen (z.B. *Glycine*, *Phaseolus*), welche im Gegensatz zu den Amidpflanzen (z.B. *Pisum*, *Lupinus*) meist tropischen Ursprungs sind, wird das in den Knöllchen assimilierte Ammonium zur Synthese von Purin eingesetzt. Hieraus entstehen über mehrere Schritte Ureide, wobei die Schlüsselreaktion, die Oxidation von Harnsäure zu Allantoin, in speziellen Peroxisomen, den *Uricosomen*, abläuft (Abb. 29.6; → Abb. 11.16). Die Verwendung von Ureiden als N-Transportmoleküle von der Wurzel zu den N-sinks des Sprosses ist auch bei einigen Familien ohne Wurzelknöllchen nachgewiesen, z.B. bei Aceraceen

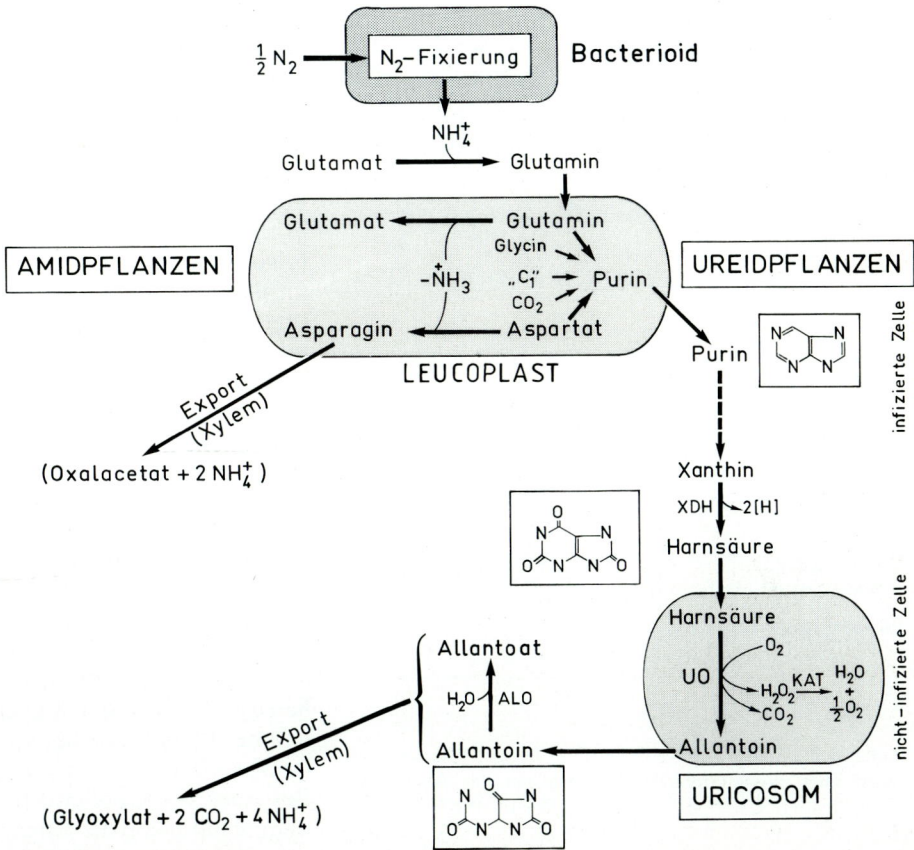

Abb. 29.6. Der Weg des Stickstoffs von den Wurzelknöllchen zu den Verbrauchsorten im Sproß bei Amid- und Ureid-transportierenden Fabaceen. Die N$_2$-Fixierung durch die Nitrogenase der Bacterioide führt zur Ausscheidung von NH$_4^+$ in den infizierten Cortexzellen der Knöllchen ($\rightarrow$ Abb. 33.12), gefolgt von dessen Assimilation in Form von Aminosäuren (Glutamat, Aspartat) und Amiden (Glutamin, Asparagin). Die hierfür benötigten Enzyme (z.B. GS/ GOGAT; $\rightarrow$ Abb. 12.36) sind größtenteils in den Plastiden (Leucoplasten) dieser Zellen lokalisiert. Bei den *Amidpflanzen* wird *Asparagin* an die Xylembahnen der Wurzel abgegeben und dient als hauptsächliche Transportform für N in den Sproß. Bei den *Ureidpflanzen* enthält das Cortexgewebe der Knöllchen neben den größeren *infizierten Zellen* (mit stark ausgeprägten Plastiden) kleinere *nicht-infizierte Zellen* (mit stark ausgeprägten Peroxisomen). In den Plastiden der infi-zierten Zellen wird aus N-Assimilat Purin de-novo synthetisiert. Hieraus entsteht durch partielle Oxidation Xanthin und daraus Harnsäure, die in den nicht-infizierten Zellen weiter zu Allantoin oxidativ decarboxyliert wird. (Der inter-zelluläre Transport findet wahrscheinlich auf der Stufe des Xanthins statt.) Die Uratoxidase (UO; $\rightarrow$ Tabelle 13.2) produziert als Nebenprodukt H$_2$O$_2$, das durch Katalase (KAT) beseitigt wird. Diese beiden Enzyme sind in den Peroxisomen (*Uricosomen*) der nichtinfizierten Zellen kompartimentiert ($\rightarrow$ Abb. 11.16). Allantoin und die hieraus durch Allantoi-nase (ALO) gebildete Allantoinsäure sind die hauptsächli-chen Transportformen für N in den Sproß, wo diese Ureide durch einen speziellen Abbauweg schrittweise zu Glyoxylat, CO$_2$ und NH$_4^+$ zerlegt werden können. (Nach Boland et al. 1982; verändert)

Wasserbilanz

Die höheren Landpflanzen nehmen das Wasser in der Regel mit den jungen Teilen der Wurzeln aus dem Boden auf. Aber auch ältere Wurzelteile, die bereits ein Periderm oder zumindest eine verkorkte Endodermis ausgebildet haben, sollen noch zur Wasseraufnahme fähig sein. Da die Ausnutzung des Wassers, gemessen als *Wasserökonomiequotient*, gering ist, müssen die meisten Pflanzen verhältnismäßig viel Wasser aufnehmen. In dem in Tabelle 29.1 zusammengefaßten Experiment nahm

Tabelle 29.1. Wasserbilanz von Maispflanzen während einer vierwöchigen Wachstumsperiode in Hydrokultur (→ S. 271) bei einer relativen Luftfeuchtigkeit von 50%. Die Zahlen stehen für jeweils zwei Pflanzen am Ende des Experiments. Anfangswerte (15 cm hohe Keimpflanzen): Frischmasse, 4,3 g; Trockenmasse, 0,39 g; Asche, 38 mg. (Nach Tanner und Beevers 1990)

Frischmasse [g]	
Wurzel	303
Sproß	578
Gesamt	881
Trockenmasse [g]	
Wurzel	22
Sproß	65
Gesamt	87
Aschegehalt [g]	
Wurzel	2,3
Sproß	5,9
Gesamt	8,2
Wasserverlust [g]	
(Transpiration, Guttation)	8875
Wasserökonomiequotient	
[g Trockenmasse gebildet/kg Wasser verbraucht]	9,8

Tabelle 29.2. Wasserökonomiequotient einiger Pflanzen, gemessen über einen längeren Zeitraum, in der Regel eine Vegetationsperiode. (Nach Daten von Polster 1967; Simpson 1981)

	Wasserökonomiequotient $\left[\dfrac{\text{g Trockenmasse gebildet}}{\text{kg Wasser verbraucht}}\right]$
Sonnenblume	1,7
Gartenbohne	1,9
Weizen	2,3
Eiche	2,9
Kiefer	3,3
Mais (C$_4$-Pflanze)	4,0
Fichte	4,3
Buche	5,9
Opuntie (CAM-Pflanze)	10

eine junge Maispflanze in Hydrokultur innerhalb von vier Wochen etwa 5 l Wasser auf. Aber weniger als 10% des Wassers verblieben in der Pflanze (entweder als H$_2$O in den Vacuolen, im Symplasten und in den Zellwänden, oder es wurde als Rohstoff der Photosynthese oder als Reaktionspartner im intermediären Stoffwechsel verbraucht). Das meiste Wasser wurde von der Pflanze wieder abgegeben,

entweder in flüssiger Form (Guttation; <25%) oder – hauptsächlich – als H$_2$O-Dampf. Diesen letzteren Vorgang nennt man *Transpiration.*

Bei Bäumen liegt der Wasserökonomiequotient in derselben Größenordnung wie bei den krautigen Pflanzen (Tabelle 29.2). Entsprechend hoch ist der Wasserbedarf. Die Wasserbilanz einer bestimmten Pflanze hängt zu jedem Zeitpunkt von den beiden folgenden Größen ab: *Intensität der Wasserabgabe* (mg H$_2$O · kg^{-1}), *Intensität der Wasseraufnahme* (mg H$_2$O · kg^{-1}). Bei ausgeglichener Wasserbilanz müßten die beiden Größen gleich sein. Dieser stationäre Zustand ist jedoch selten realisiert. Meist überwiegt unter natürlichen Bedingungen bei Tag die Abgabe, bei Nacht die Aufnahme (Abb. 29.7). Gleichzeitige Messungen der Transpiration und der Wasseraufnahme durch die Wurzeln an einzelnen Bäumen ergaben, daß die Wasseraufnahme durch die Wurzeln ihren Höhepunkt erst einige Stunden nach dem Transpirationsgipfel erreicht und nach Ende der Transpiration mit nachlassender Tendenz auch während der Nacht andauert. Die Wasseraufnahme zwischen 18 Uhr abends und 6 Uhr morgens betrug 25–30% der täglichen Gesamt-Wasseraufnahme. Wasserspeicher spielen deshalb im Wasserhaushalt der Pflanze eine wichtige Rolle (→ S. 507). Bei einer wachsenden Pflanze übersteigt die Aufnahme natürlich die Abgabe, da ein großer Teil des neu gewonnenen Volumens von Wasser eingenommen wird.

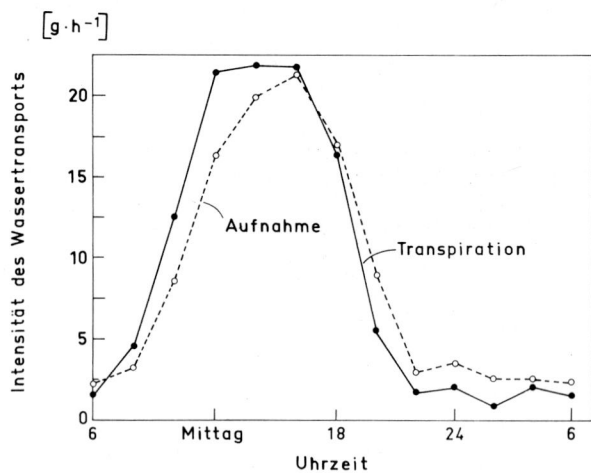

Abb. 29.7. Die Intensität von Wasseraufnahme und Transpiration bei einer Sonnenblume (*Helianthus annuus*) im Freiland im Verlauf eines Sommertages, einschließlich der dazugehörigen Nacht. (Nach Ray 1963)

Bei der Betrachtung des Wassertransports ergeben sich zunächst zwei Fragen: 1. Welche Beschaffenheit haben die Leitbahnen? 2. Welche Kräfte treiben das Wasser durch den Pflanzenkörper?

Die Leitbahnen

Der Ferntransport des Wassers in der Pflanze geschieht im Xylem der Leitbündel (Abb. 29.8) bzw. im Holz. Die leitenden Elemente bezeichnet man als *Gefäße* (Tracheen, Tracheiden). Sie haben die Dimension von *Kapillaren*. Von den Zellen, welche die Gefäße bilden, sind im funktionsfähigen Zustand lediglich die mehr oder minder kompliziert verdickten Zellwände erhalten. Bei den Tracheen werden während der Zelldifferenzierung auch die Querwände aufgelöst, so daß sie im fertigen Zustand lange Röhren kapillarer Dimension darstellen (Abb. 29.9), die von den Wurzelspitzen bis in die letzten Verzweigungen der Leitbündel der Blätter ununterbrochene Wasserleitungsbahnen bilden (Abb. 29.10). Die ununterbrochenen Wasserfäden

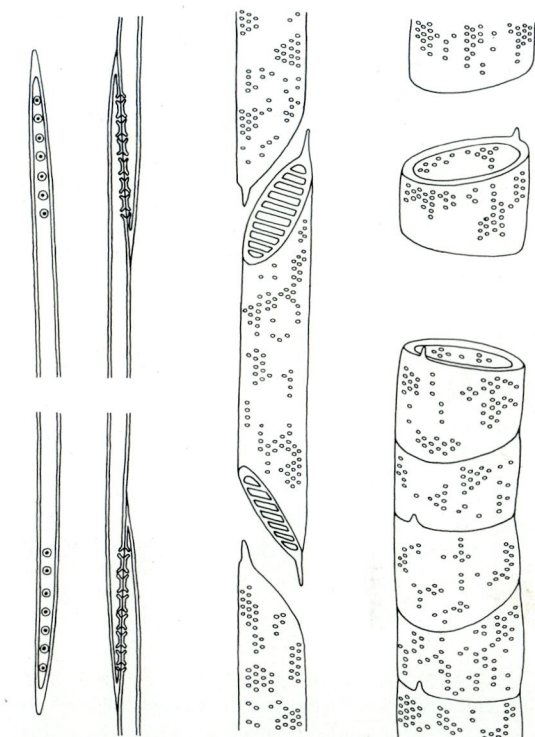

Abb. 29.9. *Links:* Bei der Kiefer (Repräsentant der Gymnospermen) führen in der Längsrichtung des Stammes angeordnete Tracheiden (spindelförmige, mit verbindenden Hoftüpfeln versehene tote Zellen) die Wasserleitung durch. Der innere Durchmesser der Tracheiden liegt in der Größenordnung von 10 μm. *Mitte:* Bei der Birke (Angiospermen; Repräsentant der zerstreutporigen Hölzer) erfolgt die Wasserleitung durch tote Tracheen mit teilweise aufgelösten Endwänden. *Rechts:* Bei der Eiche (Angiospermen; Repräsentant der weit- oder ringporigen Hölzer) sind im fertigen Zustand die Endwände der Tracheenelemente völlig verschwunden. Das Wasser strömt durch eine lange, stabile Kapillare, die aus vielen toten Elementen zusammengesetzt ist. Die lichte Weite der Tracheen (Gefäße) liegt in diesem Fall in der Größenordnung von 100–500 μm. (In Anlehnung an Zimmermann 1963)

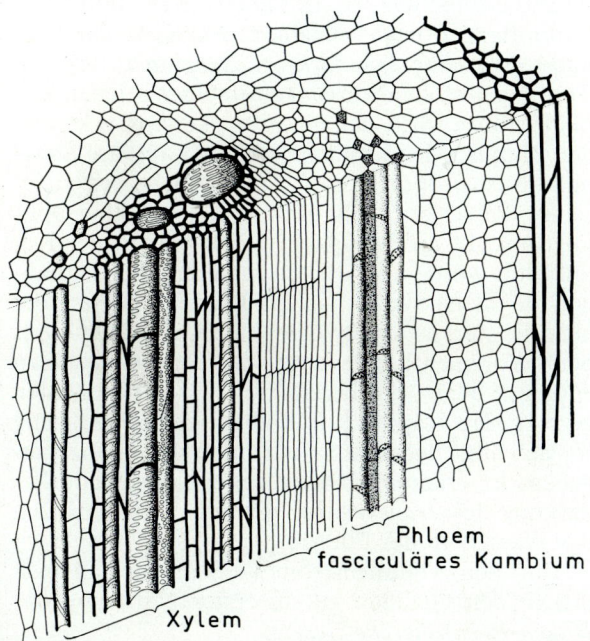

Phloem
fasciculäres Kambium
Xylem

Abb. 29.8. Ausschnitt aus der Sproßachse von *Aristolochia spec.* zu Beginn des sekundären Dickenwachstums. Es soll vor allem die Struktur eines offenen kollateralen Leitbündels demonstriert werden

in den Gefäßen sind durch eine hohe *Zerreißfestigkeit* (Zugfestigkeit) gekennzeichnet. Diese Eigenschaft ist auf die *Kohäsion* der Wassermoleküle (intermolekulare Wasserstoffbrücken; → Abb. 16.1) zurückzuführen. Auch die *Adhäsion* der Wasserfäden an die Gefäßwand ist so groß, daß selbst bei starkem Sog (= negativer Druck = hydrostatische Spannung) die kapillaren Wasserfäden in den Gefäßen nicht kollabieren. Die versteiften Wände der Gefäße können einen starken Sog in den Gefäßen

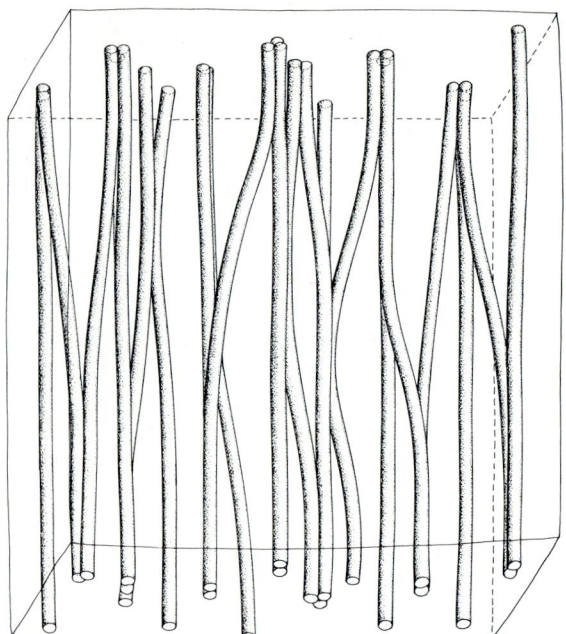

Abb. 29.10. Ausschnitt aus dem Tracheennetz einer Pappel (*Populus*, Sektion *Aigeiros*). Das Modell soll die Vernetzung sowohl in tangentialer als auch in radialer Richtung veranschaulichen. (Nach Braun 1959)

aushalten; sie geben lediglich dem Sog elastisch ein wenig nach. Da der stärkste Sog in den Gefäßen während der Zeit höchster Transpiration (→ Abb. 29.7) auftritt, ist es verständlich, daß die Stämme der Bäume um die Mittagszeit den geringsten, gegen Ende der Nacht den größten Durchmesser haben (→ Abb. 29.13). Die feinen Änderungen des Stammdurchmessers beruhen darauf, daß sich die hydrostatische Spannung innerhalb der Xylemelemente dem Wasser in den Zellwänden und allmählich dem Wasser im ganzen Stamm mitteilt. Der negative hydrostatische Druck kann somit über die Kohäsion der Wassermoleküle den ganzen Stamm zur Kontraktion bringen.

Der Zerreißfestigkeit der Wasserfäden in den Gefäßen sind artspezifische Grenzen gesetzt. Wird die Spannung in den Gefäßen zu groß, kommt es zu Embolien (Wasserstreß-induzierte Gefäßembolien). Das quantitative Studium dieser Erscheinung hat artspezifische Unterschiede deutlich gemacht, die mit dem Angepaßtsein an Wasserstreß zusammenhängen. Bei *Abies balsamea* z.B. setzte die Embolienbildung bereits bei Gefäßspannungen

zwischen 20 und 30 bar ein und hatte bei 40 bar alle Gefäße erfaßt; bei *Juniperus virginiana* hingegen traten Embolien erst bei 40 bar auf, und noch bei 100 bar waren 10% der Wasserleitbahnen intakt. Die rasche Ausbreitung der Embolien nach Erreichen der kritischen Spannung kommt bei beiden Arten dadurch zustande, daß Luft aus bereits embolisierten Gefäßen in benachbarte, noch intakte Tracheiden eingesaugt wird (air seeding). Der Lufteinbruch erfolgt über Hoftüpfel, deren Torus nicht mehr richtig aufsitzt.

Die enormen Spannungen, die die Wasserfäden in den Gefäßen aushalten, setzen eine entsprechende Adhäsion des Xylemsaftes an die Gefäßwände voraus. Diese Adhäsion des Füllwassers an die Gefäßwände führt zu einem relativ starken *Strömungswiderstand*. Bei mittlerer Strömungsgeschwindigkeit (einige Meter pro Stunde) müssen etwa 0,1 bis 0,2 bar · m^{-1} aufgewendet werden, um diesen Widerstand zu überwinden. Die entsprechenden Druckgradienten (in der Größenordnung von 0,1 bis 0,2 bar · m^{-1}) konnten mit Hilfe der Druckbombe (→ Abb. 4.9) an Zweigen aus unterschiedlichen Höhen eines Baumes tatsächlich gemessen werden.

Die Gefäße wurden im Laufe der Evolution der Landpflanzen nach verschiedenen Kriterien optimiert. Die reine *Kapillarkraft*, die zum Aufsteigen einer benetzenden Flüssigkeit in einer offenen Kapillare führt, wirkt sich um so stärker aus, je kleiner der Radius r der Kapillare ist (die kapillare Steighöhe h ist proportional r^{-1}). Beispielsweise steigt reines Wasser bei r = 20 μm 75 cm hoch. Eine Optimierung auf größtmögliche Wirksamkeit der Kapillarität würde also dahin tendieren, die Leitbahnen möglichst eng zu machen. Dieser Tendenz steht aber die starke Zunahme des Reibungswiderstands beim Volumenfluß in enger werdenden Gefäßen entgegen. Hales hat bereits um 1725 experimentell gezeigt, daß Kapillarkräfte allein keine Erklärung für den aufsteigenden Saftstrom in der Pflanze abgeben. Er erkannte bereits die entscheidende Bedeutung der *Transpiration* für den Volumenstrom des Wassers in der Pflanze.

Für den Volumenstrom (= Strömungsintensität) in den Gefäßen gilt in erster Näherung das *Hagen-Poiseuillesche Gesetz*:

$$I_v = \frac{dV}{dt} = -\frac{\pi\, r^4}{8\,\eta}\frac{dP}{dl}, \qquad (29.1)$$

wobei $\pi = 3,1416$, η die Viskosität des Wassers, r der Radius der Kapillare und $-dP/dl$ das Druckgefälle entlang der Kapillare sind. Für den mittleren Volumenfluß (Volumenstrom pro Kapillarenquerschnitt) ergibt sich daher [vgl. 1. Ficksches Gesetz; $\rightarrow$ Gl. (5.7)]:

$$J_v = \frac{dV}{dt\,F} = -\frac{r^2}{8\eta}\frac{dP}{dl}\,. \tag{29.2}$$

Man erkennt, daß sowohl der *Strom* als auch der *Fluß* des Wassers um so kleiner werden, je geringer der Radius der Gefäße ist. Eine Verringerung von r muß also durch eine unverhältnismäßig große Steigerung der Zahl der Gefäße pro Achsenquerschnitt kompensiert werden. Im Lauf der Evolution der Landpflanzen hat sich ein Kompromiß zwischen *Gefäßradius* und *Gefäßzahl* herausgebildet: $r = 20$ bis $200\ (-500)\ \mu m$. Die weitesten Gefäße findet man erwartungsgemäß bei Lianen.

Die treibende Kraft für den Wasserstrom in den Gefäßen, das Druckgefälle $- dP/dl$, geht in der Regel auf die Transpiration zurück. Da unter diesen Bedingungen ein negativer Druck (Sog, Spannung) in den Gefäßen herrscht, ist die bereits betonte hohe *Zerreißfestigkeit* der kapillaren Wasserfäden eine wichtige Voraussetzung für den Wasserstrom. Experimentell wurden bei 20 °C bis zu 300 bar Zerreißfestigkeit in Kapillaren gefunden. In der Regel

können wir in den Gefäßen jedoch nur mit 30–50 bar Zerreißfestigkeit rechnen. Der tatsächliche Wert hängt nicht nur von der Beschaffenheit der Gefäße ab, sondern auch von der Reinheit des Wassers. Verunreinigungen beeinträchtigen die optimale Ausbildung der intermolekularen Wasserstoffbrücken. Gasblasen im Wasser können leicht zu einem Zerreißen der unter negativem Druck stehenden Wasserfäden und damit zu Embolien führen. Dadurch können Gefäße auf Dauer funktionsunfähig werden. Zumindest bei den ringporigen Hölzern scheinen die Gefäße ohnehin nur in der ersten Vegetationsperiode nach ihrer Bildung für den Wassertransport in Frage zu kommen. Später dürften sie in der Regel durch Gasblasen verstopft sein.

Klassische Experimente

Huber hat 1935 das in der Abb. 29.11 dargestellte Verfahren entwickelt, um die *Geschwindigkeit* des aufsteigenden Saftstroms zu messen. Besonders wichtig war sein Befund, daß am Morgen der aufsteigende Saftstrom zuerst in den Zweigen beschleunigt wird (Abb. 29.11, *rechts*). Erst später greift die Wasserbewegung auch auf den Stamm über. Am Nachmittag, wenn die Photosynthese-

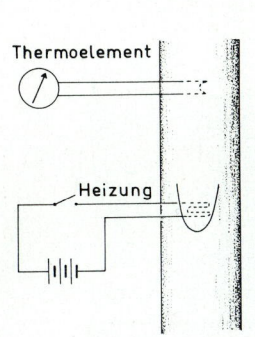 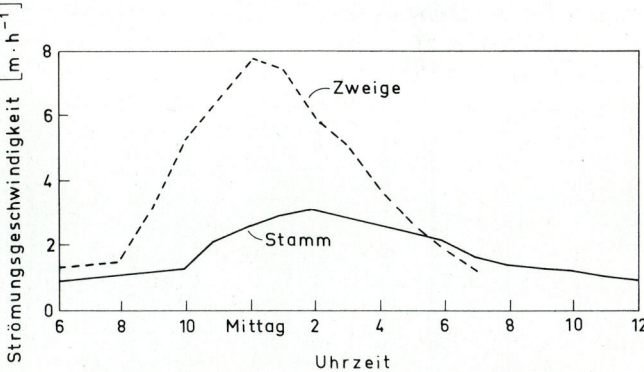

Abb. 29.11. *Links:* Die Geschwindigkeit des Saftstroms im Holz läßt sich mit Hilfe der skizzierten Apparatur messen. Ein kleines Heizelement, das man in die wasserführenden Bereiche des Holzes eingebracht hat, erwärmt den aufsteigenden Saft für einige Sekunden. Ein oberhalb der Heizstelle plaziertes Thermoelement registriert die Wärmewelle. Der zeitliche Abstand zwischen den beiden Ereignissen ist ein Maß für die Geschwindigkeit des aufsteigenden Saftstroms. Man kann durch zusätzliche Thermoelemente unterhalb und

neben der Heizstelle prüfen, ob Diffusion und Konvektion von Wärme bei diesen Experimenten eine wesentliche Rolle spielen. *Rechts:* Ein Vergleich der beiden Kurvenzüge ergibt, daß am Morgen die Geschwindigkeit des Saftstroms zuerst in den Zweigen zunimmt und erst später im Stamm. Ab Mittag hingegen vermindert sich die Geschwindigkeit des Saftstroms zuerst in den Zweigen. (Nach Zimmermann 1963)

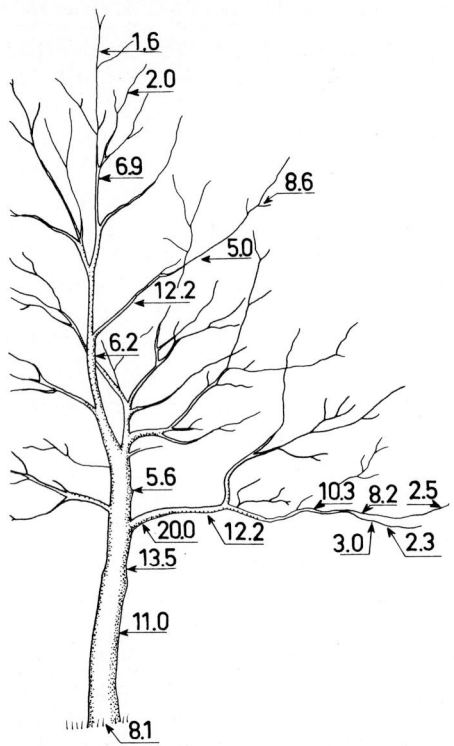

aktivität der Blätter nachläßt und sich die Stomata schließen, läßt der Transpirationsstrom zuerst in den Zweigen nach und erst später auch im Stamm. Dieser Befund zeigt, daß der „Motor" des aufsteigenden Saftstroms in der *Krone* eines Baumes lokalisiert ist und nicht etwa im Wurzelsystem. Aufgrund dieser Daten lag es nahe, den Transpirationssog, den die nicht mit Wasserdampf gesättigte Atmosphäre auf die Blätter ausübt, für den aufsteigenden Saftstrom verantwortlich zu machen.

Mit der thermoelektrischen Methode Hubers ließ sich auch die besonders interessante Geschwindigkeitsverteilung des aufsteigenden Saftstroms innerhalb eines Baumes bei stationärer Transpiration messen (Abb. 29.12). Im Gegensatz zum Blutkreislauf (Schlagadern, Kapillaren) ist das Wasserleitungssystem der Pflanzen auf der ganzen Strecke aus annähernd gleichartigen Elementen aufgebaut (→ Abb. 29.9). Im Prinzip gilt, daß an jeder Astgabel die Querschnittssumme der ableitenden Gefäße gleich der Querschnittssumme der zuleitenden Gefäße ist (Querschnittsregel). Meist beobachtet man aber spitzenwärts eine leichte Zunahme der Querschnittssumme, so daß die Geschwindigkeiten spitzenwärts langsam abnehmen („Eichentyp"; der „Birkentyp", bei dem die Geschwindigkeiten vom Stamm über die Äste zu den Zweigen immer größer werden, ist selten verwirklicht).

Das folgende Experiment, das Friedrich 1897 zum ersten Mal durchführte, bestätigte seinerzeit

Abb. 29.12. Geschwindigkeitsverteilung des aufsteigenden Saftstroms in einer Eiche. Die eingetragenen Maßzahlen $[m \cdot h^{-1}]$ sind Mittelwerte der mittäglichen Höchstgeschwindigkeiten. (Nach Huber 1956)

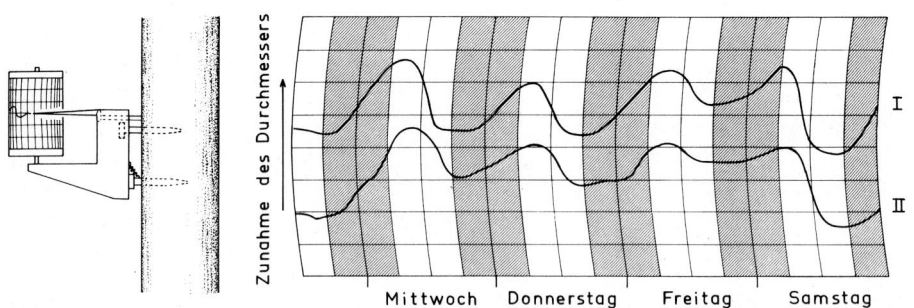

Abb. 29.13. Ein *Dendrometer* (*links*) registriert die täglichen Schwankungen im Durchmesser eines Baumstammes. Diese Schwankungen sind auf reversible Volumenkontraktionen der wasserleitenden Elemente zurückzuführen. Wenn man gleichzeitig an verschiedenen Höhen am Baumstamm Dendrometermessungen ausführt (*rechts*), so findet man Anzeichen dafür, daß die am Vormittag einsetzende Kontraktion des Stammes im oberen Stammbereich (I) etwas früher einsetzt als im unteren Bereich (II). Dies ist darauf zurückzuführen, daß die am Morgen mit der Öffnung der Stomata einsetzende Transpiration das Wasser aus dem oberen Stammbereich rascher abzieht als es von den Wurzeln her nachgeliefert werden kann. Die aus der Transpiration resultierende *hydrostatische Spannung* (ein negativer Druck) ist vorübergehend im oberen Stammbereich stärker als weiter unten. (Nach Zimmermann 1963)

die Auffassung, daß der Wasserferntransport im Boden-Pflanze-Atmosphäre-Kontinuum von der Transpiration angetrieben wird (Abb. 29.13). Mit Hilfe eines Dendrometers (dies ist ein empfindliches Instrument zur Messung der Änderungen im Durchmesser eines Baumstammes) konnte er zeigen, daß sich die oberen Bereiche eines Baumstammes am Morgen, wenn die Photosynthese beginnt und die Stomata sich öffnen, etwas früher zusammenziehen als die tiefer gelegenen Bereiche. Dies läßt sich mit der Hypothese erklären, daß der Wasserverlust durch Transpiration etwas intensiver erfolgt als der Nachschub, so daß in den wassergefüllten Leitbahnen starke hydrostatische Spannungen (negative Drücke) auftreten, die von oben nach unten fortschreitend zu einer Volumenkontraktion des Stammes führen (→ Abb. 29.13).

Böhm und Dixon führten kurz vor der Jahrhundertwende das in Abb. 29.14 im Prinzip dargestellte Experiment durch. Wenn man Wasser aus einem porösen Tonzylinder oder aus einem Zweig verdunsten läßt, so wird in einem mit dem verdunstenden System verbundenen Kapillarrohr der Quecksilberfaden sehr viel höher gesaugt (z. B. 100 cm), als dies ein Vacuum vermag (ca. 76 cm). Damit ist experimentell bewiesen, daß in der Kapillare die Kohäsion zwischen den Wassermolekülen und die Adhäsion zwischen Wasser und Glaswand bzw. Wasser und Quecksilber ausreicht, um den unter dem Transpirationssog stehenden Wasserfaden nicht abreißen zu lassen. Böhm hat aus diesen Experimenten bereits um 1900 den richtigen Schluß gezogen: „An den verdunstenden Blattzellen hängen kontinuierliche Wasserfäden, die mit dem Bodenwasser in Verbindung stehen." Böhms „Kohäsionstheorie" besagt, daß die Kapillarität der Leitbahnen und die Kohäsions- und Adhäsionsfähigkeit der Wassermoleküle aus rein physikalischen Gründen zu einem Wasserstrom aus dem Boden durch die Pflanze in die Atmosphäre führen, solange die Transpiration funktioniert.

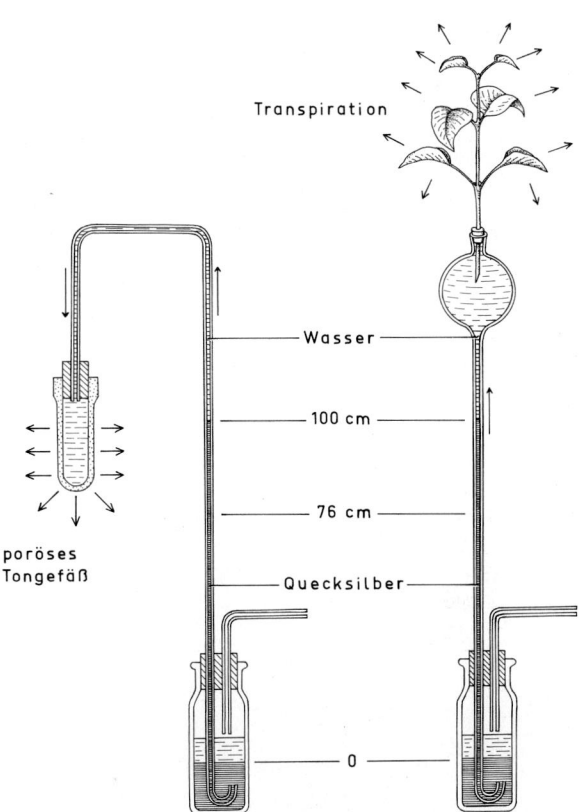

Abb. 29.14. Demonstrationsexperimente für *Kohäsion* und *Adhäsion* in wassergefüllten Kapillaren. Die Verdunstung von Wasser (aus dem Tonzylinder, *links*, oder aus den Blättern, *rechts*) bewirkt, daß das Wasser in der Kapillare hochsteigt. Es zieht das Quecksilber mit und zwar wesentlich höher als 76 cm. Bis zu dieser Höhe würde der äußere Luftdruck das Quecksilber im Vacuum hochtreiben. (Es sei daran erinnert, daß Quecksilber eine (schwache) Kapillar*depression* zeigt. Das Aufsteigen der Quecksilbersäule beruht also *nicht* auf Kapillarität.) Bilden sich irgendwo im System Luftblasen, so fällt die Quecksilbersäule sofort auf den normalen Barometerstand (ca. 76 cm) zurück. Deshalb sind die Experimente, insbesondere mit dem Zweig und bei höheren Spannungen, nicht leicht auszuführen. Auf jeden Fall sollte man abgekochtes Wasser verwenden, das nur noch sehr wenig Luft enthält. (Zum Teil nach Zimmermann 1963)

Transpiration

Die kontinuierliche Wasserbewegung vom Boden über die Pflanze in die Atmosphäre geschieht teils in der flüssigen, teils in der Gasphase. Angetrieben wird der Vorgang durch die Wasserpotentialdifferenz zwischen dem perirhizalen Boden und der Atmosphäre, welche durch die Sonnenenergie aufrechterhalten wird (Abb. 29.15). Normalerweise herrscht im Boden und in der Pflanze ein im Vergleich zur Atmosphäre hohes Wasserpotential. Die aus der Erniedrigung des Wasserpotentials (ψ) resultierende „Saugkraft" der Pflanzenzellen kann maximal die Höhe des osmotischen Potentials der Vacuolenfüllung erreichen ($\psi_{min} = -\pi = -10$ bis

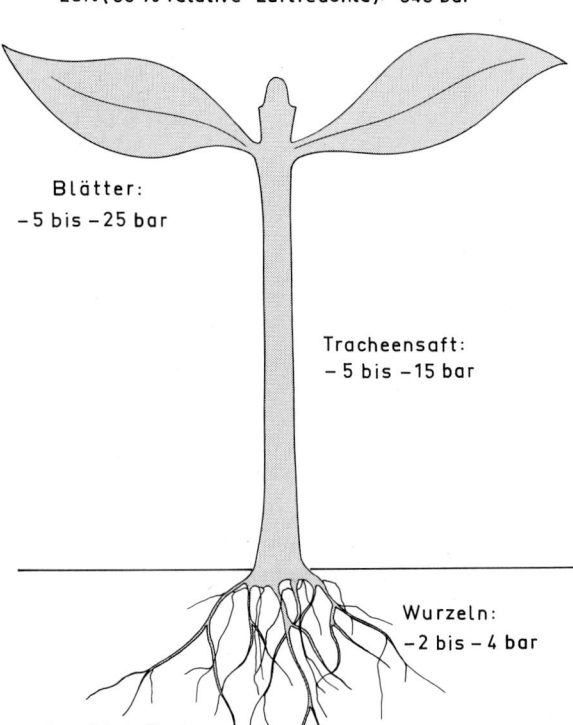

Luft (50% relative Luftfeuchte): −940 bar

Blätter:
−5 bis −25 bar

Tracheensaft:
−5 bis −15 bar

Wurzeln:
−2 bis −4 bar

feuchter Boden:
−1 bar

Abb. 29.15. Einige repräsentative Werte für das Wasserpotential entlang der Wasserbahn im Boden-Pflanze-Atmosphäre-Kontinuum (25 °C). Die Werte können natürlich je nach den Bedingungen stark variieren. Auf jeden Fall hat aber die nicht mit Wasserdampf gesättigte Luft stets ein niedriges Wasserpotential. Selbst bei feuchter Luft (90% relative Luftfeuchtigkeit) beträgt die Wasserpotentialdifferenz zwischen einem feuchten Boden und der Atmosphäre rund 140 bar (→ Abb. 4.3). Das Wasserpotential in einem wassergesättigten Boden („Feldkapazität") liegt in der Regel zwischen 0 und −1 bar. (In Anlehnung an Price 1970)

−100 bar; → S. 50). Die „Saugkraft" der nicht wasserdampfgesättigten Atmosphäre ist hingegen enorm hoch; eine relative Wasserdampfspannung (= relative Luftfeuchtigkeit) von 47% entspricht $\psi = -1000$ bar (20 °C; → Abb. 4.3). Zwischen dem Boden und der Pflanze einerseits und der Atmosphäre andererseits herrscht also ein starkes ψ-Gefälle. Die Pflanze stellt gewissermaßen eine Verlängerung des hohen Wasserpotentials des Bodens in den Luftraum hinein dar. Es ist deshalb von vornherein zu erwarten, daß von der Pflanze Wasser in Dampfform in die umgebende Atmosphäre über-

tritt. Üblicherweise setzt die Pflanze diesem Transpirationsstrom an der Grenze zur Atmosphäre einen hohen Diffusionswiderstand entgegen. Für den Transpirationsstrom (Volumenstrom $dV/dt = J_v F$) durch die Oberfläche F wird häufig folgende Formel benutzt:

$$\frac{dV}{dt} = -\frac{F}{r}(c_{innen} - c_{außen}) = -\frac{F}{r}\Delta c, \qquad (29.3)$$

wobei: $c_{außen}$ = relative Luftfeuchtigkeit außerhalb des Blattes; c_{innen} = relative Luftfeuchtigkeit in den Interzellularen (Atemhöhlen) des Blattes; r = Widerstandskoeffizient; F = Blattfläche.

Diese allgemeine Formulierung, die sich aus dem 1. Fickschen Gesetz (→ Abb. 5.5) herleitet, beschreibt die Permeation von Wassermolekülen durch eine homogene Diffusionsbarriere unbegrenzter Fläche. Der Widerstandskoeffizient r (= Permeabilitätskoeffizient^{-1}) hat die Dimension $s \cdot m^{-1}$ [→ Gl. (5.10)] und ist somit unabhängig von c. In diesem Fall ist der Widerstand analog dem Ohmschen Widerstand eines elektrischen Leiters.

Ein Argument gegen die Verwendung der Gl. (29.3) lautet: Der Transpirationsstrom aus dem Blatt ist – zumindest bei bewegter Luft – vor allem durch die Wegsamkeit der über die Blattfläche verteilten Stomata begrenzt, welche jeweils Poren in der Dimension von Kapillaren darstellen. Daher ist theoretisch das Hagen-Poisseuillesche Gesetz [→ Gl. (29.1)] für die quantitative Beschreibung des Wasserdampfstromes durch ein Stoma eher angemessen als Gl. (29.3). Der wesentliche Unterschied zwischen beiden Gleichungen liegt einmal in der Antriebskraft (Druckdifferenz ΔP gegenüber Konzentrationsdifferenz Δc) und zum anderen in der Bedeutung des Strömungswiderstandes, welcher beim laminaren Strom durch eine Kapillare durch $8\eta/\pi r^4$ (Dimension: $s \cdot bar \cdot m^{-3}$) gegeben ist [→ Gl. (29.1)]. Wir gehen im folgenden davon aus, daß für eine hinreichend große Blattfläche der stomatäre Widerstandskoeffizient r in guter Näherung als reziproker Permeabilitätskoeffizient beschrieben werden kann (→ Abb. 29.18).

Die Abgabe von H_2O-Dampf erfolgt in erster Linie aus den Blättern, da die Diffusionswiderstände suberinisierter Zellschichten (z. B. bei der Borke) für H_2O sehr hoch sind. Am Blatt selber kann man zwei Typen von Transpiration beobachten, die *stomatäre Transpiration* (>90% der Gesamttranspiration) und die *cuticuläre Transpiration*

(<10% der Gesamttranspiration). Das meiste Wasser verläßt die Pflanze also über die Stomata, obgleich diese häufig nur etwa 1% der Blattfläche ausmachen (dies sind beim Maisblatt immerhin etwa 10^4 Stomata/cm^2 Blattfläche). Die Cuticula der Epidermis setzt dem Wasserdurchtritt einen hohen Diffusionswiderstand entgegen.

Der Weg der Wassermoleküle im Blatt läßt sich folgendermaßen beschreiben (Abb. 29.16): Die Interzellulärräume im Blatt einer turgeszenten Pflanze enthalten eine hohe Wasserdampfkonzentration, da sie an die Mesophyllzellen grenzen, die ihrerseits ein relativ hohes ψ (in der Größenordnung von -8 bar) haben. Die an das Blatt grenzende Atmosphäre hat hingegen ein viel niedrigeres ψ und besitzt demgemäß eine niedrige Wasserdampfkonzentration. Die Differenz der Wasserdampfkonzentrationen zwischen den Interzellularen und der äußeren Atmosphäre kann sich wegen der Cuticula praktisch nur über die Stomata ausgleichen. Der Diffusionswiderstand der Stomata ist nicht konstant, da die Schließzellen beweglich sind ($\rightarrow$ S. 250). Bei ruhiger Luft (stabile Grenzschichten) wirkt sich die Spaltenweite jedoch erst bei kleinen Werten gravierend auf den Diffusionswiderstand aus (Abb. 29.17). Nur bei starker Luftbewegung, d.h. bei beständiger Störung der Grenzschichten am Blatt, ist die Stomaweite über einen

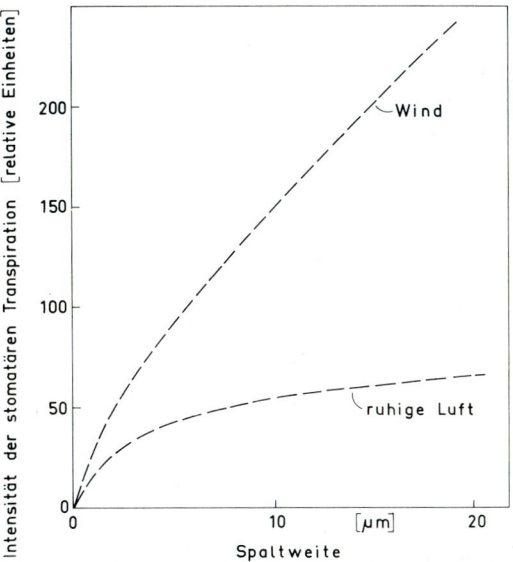

Abb. 29.17. Der Zusammenhang zwischen stomatärer Transpiration und Stomaweite. Parameter: Intensität der Luftbewegung. Objekt: Blatt von *Zebrina spec.* (Nach Strafford 1965)

weiten Bereich hinweg ein begrenzender Faktor der Transpirationsintensität. Für eine gegebene Luftbewegung findet man, daß [entsprechend Gl. (29.3)] der Transpirationsfluß umgekehrt proportional zum stomatären Widerstandskoeffizient ansteigt (Abb. 29.18).

Obere Grenze für die Höhe von Bäumen

Bis zu welchen Dimensionen eines Pflanzenkörpers kann der Wasserstrom im Sinn der Böhmschen Kohäsionstheorie bestenfalls funktionieren?

Nehmen wir an, die Zugfestigkeit des Gefäßwassers betrage 35 bar. Diese Zerreißfestigkeit genügt, um eine Wassersäule von 350 m Höhe zusammenzuhalten (für h = 10 m ist das Gravitationspotential etwa 1 bar; $\rightarrow$ S. 44). Eine solche Höhe erreicht kein Baum, da bei Wasserströmung in den Gefäßen ein beträchtlicher Teil der 35 bar für die Überwindung der Reibung eingesetzt werden muß. Bei einem 120 m hohen Baum müssen wir etwa 20 bar für die Überwindung des Reibungswiderstandes beim Poiseuilleschen Fluß abziehen. Es bleiben etwa 15 bar der Zugfestigkeit für die Überwindung der Schwerkraft. Man kann also voraus-

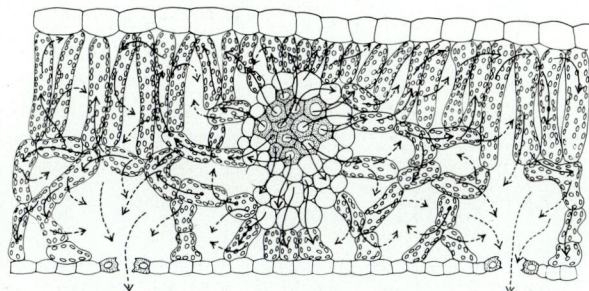

Abb. 29.16. Diese Darstellung (Querschnitt durch ein bifaciales, hypostomatisches Laubblatt) soll den Weg des Wassers vom Xylem des Leitbündels bis in die äußere Atmosphäre veranschaulichen. *Ausgezogene Pfeile,* flüssiges Wasser; *gestrichelte Pfeile,* Wasserdampf. Die meist nur geringe cuticuläre Transpiration ist vernachlässigt. Es wird angenommen, daß der Wasserdampf lediglich über Atemhöhle und Stomata das Blatt verlassen kann. Im Blatt der Angiospermen gibt es keine Caspary-Streifen. Das Wasser kann sich also ungehindert im freien Diffusionsraum nach Maßgabe der Wasserpotentialdifferenzen fortbewegen (*ausgezogene Pfeile*). (In Anlehnung an Sinnot und Wilson 1963)

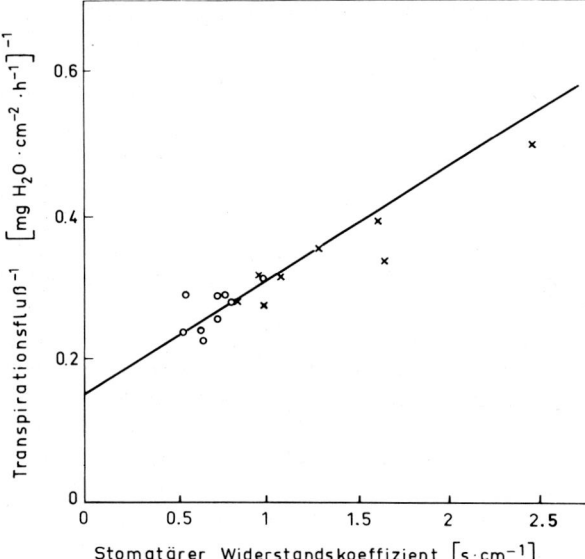

Abb. 29.18. Die Beziehung zwischen dem Kehrwert des Transpirationsflusses und dem stomatären Widerstandskoeffizient. Objekt: Tabakblätter (*Nicotiana tabacum*). ○ unbehandelte Blätter; × Blätter besprüht mit Phenylmercuriacetat. Diese Verbindung bewirkt eine Reduktion der Stomaweite. Die gefundenen Widerstandskoeffizienten (0,5– 2,5 s · cm⁻¹) sind typisch für die Blätter der Mesophyten. (Nach Waggoner und Zelitch 1965)

sagen, daß Bäume mit einer Höhe von über 150 m unwahrscheinlich sind. Tatsächlich hat man auch nie höhere Bäume beobachtet. Die höchsten Bäume der Welt, Exemplare von *Sequoia sempervirens* in Kalifornien, messen etwa 120 m.

Permanenter Welkepunkt

Bei einer Sonnenblume kann der turgeszente Zustand nicht mehr aufrechterhalten werden, wenn das Wasserpotential im Boden auf etwa −15 bar abgesunken ist. Unter diesen Umständen bleibt die Pflanze auch in feuchter Atmosphäre welk (*permanenter Welkepunkt;* → S. 567). Sie kann sich aber rasch erholen, sobald man durch Wasserzufuhr das Wasserpotential im Boden weniger negativ macht. Die Erklärung für diesen wichtigen Befund lautet: Das osmotische Potential (π) in den Blattzellen krautiger Pflanzen liegt meist nahe bei 15 bar (Abb. 29.19). Bei Xerophyten kann π – und damit der permanente Welkepunkt – allerdings über 100 bar

betragen. Das osmotische Potential ist keine Konstante, sondern in erheblichem Umfang regelfähig (z. B. kann beim Weizen in Trockenjahren π bis auf 25 bar ansteigen; → S. 52). Die Gleichung $\psi = P - \pi$ (→ S. 48) zeigt, daß beim Absinken von ψ_{Zelle} bis zum Grenzwert $\psi_{\text{min}} = -\pi$ die Zellen ihren Turgor verlieren ($P_{\text{Zelle}} = 0$). Damit kommt es zum hydroaktiven Spaltenschluß (→ Abb. 32.5). Wird ψ_{Boden} negativer als $-\psi_{\text{Zelle}}$, so fließt das Wasser aus der Pflanze in den Boden. In Trockenwüsten kann ψ_{Boden} bis auf < -90 bar absinken. Der *permanente Welkepunkt* einer Pflanze ist durch π_{Blatt} vorgegeben. Normalerweise bewegt sich das Wasserpotential in den Landpflanzen im Bereich 0 bis −15 (bis −40) bar. Gegen das meist sehr niedrige Wasserpotential der Atmosphäre schützt sich die Pflanze durch extrem hohe Diffusionswiderstände an der Cuticula bzw. Borke und durch die hydroaktiven und -passiven Kontrollsysteme der stomatären Transpiration (→ S. 250). Xerophyten können auch an der Rhizodermis ein wasserundurchlässiges Abschlußgewebe ausbilden. Unter extremen Bedingungen können Pflanzen sich auch dadurch

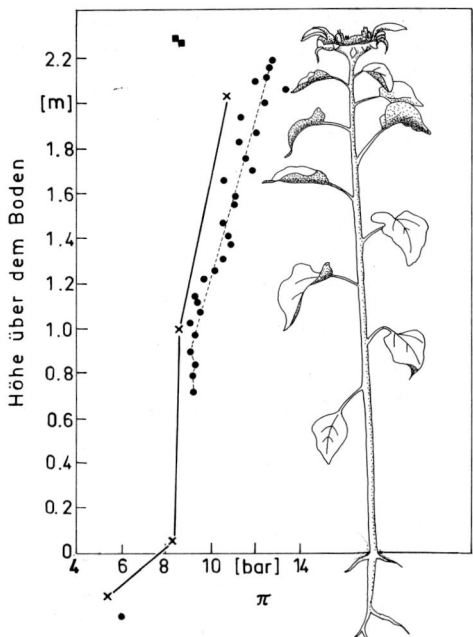

Abb. 29.19. Die Höhe des osmotischen Potentials in den verschiedenen Teilen einer Sonnenblume (*Helianthus annuus*). Die Messung von π erfolgte mit Preßsaft der Seitenwurzeln bzw. Laubblätter (14. bis 45. Blatt, ●), des Stengels (×) und der Hüllblätter bzw. Blüten (■). (Nach Walter 1947)

gegen Austrocknung vom Boden her schützen, daß sie ihr Wurzelsystem reduzieren (Kakteen).

Für das Leben der Pflanze kommt es darauf an, daß das Wasserpotential in den Interzellularen der Blätter nicht unter das negativste Wasserpotential absinkt, das die Blattzellen ohne Cytorrhyse ertragen können. Fällt bei trockener Luft und unvollständigem Spaltenschluß in den Interzellularen (Atemhöhlen) ψ unter diesen Wert, so trocknen die Blätter aus, auch wenn unter diesen prämortalen Bedingungen noch ein Wasserstrom vom Boden über die Pflanze in die Atmosphäre läuft. Entscheidend für das Überleben der Pflanze ist nicht der Transpirationsstrom, der durch sie hindurchfließt; entscheidend ist vielmehr, ob sich die Zellen mit ihrem vorgegebenen π-Wert aus diesem Wasserstrom versorgen können.

Analogiemodell für den Wassertransport in einer Pflanze

Der Wassertransport in einer Pflanze kann durch ein Analogiemodell repräsentiert werden, in dem Potentiale, Kapazitäten, Widerstände und Ströme eine Rolle spielen (Abb. 29.20). Der Vorteil eines Analogiemodells liegt in erster Linie darin, daß es die Systemeigenschaften deutlich macht und wenigstens näherungsweise eine Berechnung des Systemverhaltens erlaubt. Wir richten unser besonderes Augenmerk auf die Vielzahl der Widerstände. Beim *Transport in der flüssigen Phase* liegt der Hauptwiderstand in der Wurzel ($\rightarrow$ Abb. 2.12). Die Wasserpotentialdifferenz ($\Delta\psi$) zwischen den Gefäßen des Zentralzylinders und dem perirhizalen Raum be-

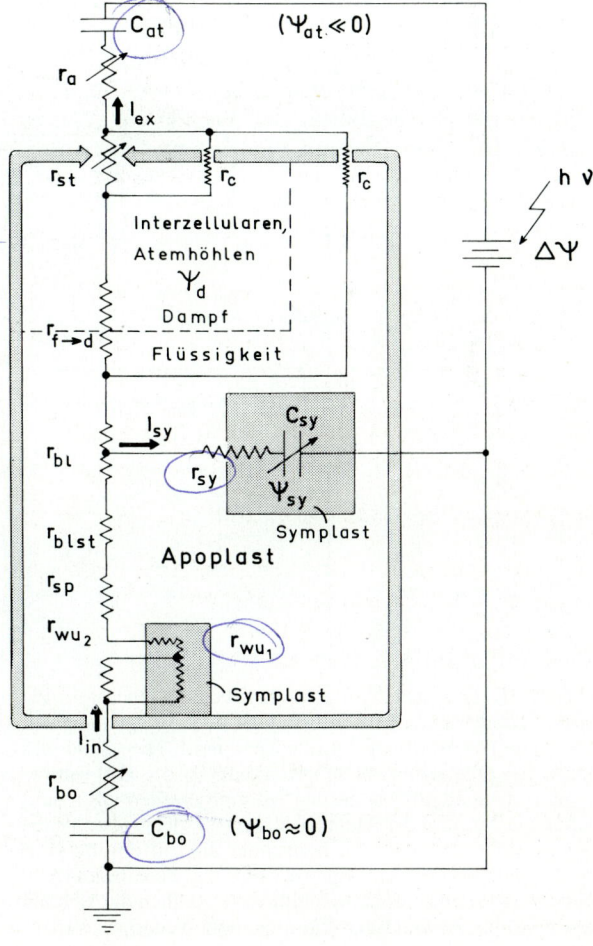

Abb. 29.20. Ein Analogiemodell für den Wassertransport in einer Pflanze (beispielsweise in einer Sonnenblume; $\rightarrow$ Abb. 29.19). *Kapazitäten:* C_{bo}, Wasserkapazität im (perirhizalen) Boden; C_{sy}, variable Kapazität des wachsenden Symplasten (Blattmesophyll); C_{at}, Kapazität der Atmosphäre. Die Wasserkapazitäten des Apoplasten und des Symplasten der Wurzelrinde sind nicht eigens symbolisiert. Kapazität ist definiert als Aufnahmefähigkeit für Wasser pro bar Druckänderung ($\Delta V/\Delta P$). *Widerstände im Symplasten:* r_{wu_1}, Widerstand des Wurzelcortex, einschließlich Endodermis; r_{sy}, Widerstand von Plasmamembran und Tonoplast. *Widerstände im Apoplasten:* r_{wu_2}, Wurzel; r_{sp}, Sproß; r_{blst}, Blattstiel; r_{bl}, Blatt; $r_{f \rightarrow d}$, Übergang flüssig $\rightarrow$ dampfförmig; r_{st}, Widerstand der Stomata; r_c, Cuticula. *Äußere Widerstände:* r_{bo}, Widerstand des Bodens gegen Wasserbewegung; r_a, äußerer Widerstand gegen den Transpirationsstrom. Die *schrägen Pfeile* deuten an, welche Widerstände *variabel* sind. *Potentiale:* ψ_{bo}, Wasserpotential im Boden; ψ_{sy}, im Symplasten; ψ_d, in den Interzellularen des Blattes; ψ_{at}, in der Atmosphäre.

Das Symbol $h\nu$ soll andeuten, daß die Wasserpotentialdifferenz $\Delta\psi$ zwischen Boden und Atmosphäre letztlich von der Sonnenenergie aufrecht erhalten wird. *Ströme:* I_{in}, Aufnahmestrom; I_{sy}, Wasserstrom in den wachsenden Symplasten (einschließlich Vacuolen); I_{ex}, Wasserdampfstrom in die Atmosphäre (Transpirationsstrom). Es gilt: $I = JF$, wobei J = Wasserfluß, F = Querschnitt. Bei gegebenem $\Delta\psi$ ist bei niedrigen Strömen der Gesamtwiderstand natürlich höher als bei hohen Strömen. Die Widerstandsänderung geschieht in erster Linie am Teilwiderstand r_{st}. Der Widerstand r_{sy} ist stets hoch. Nimmt r_{st} ab, so tritt die Wasserbewegung durch die Zellen hindurch zurück gegenüber der Wasserbewegung im apoplastischen Raum, dessen Widerstand viel geringer ist. Bei hohem I_{in} spielt also der Strom I_{sy} kaum noch eine Rolle im Vergleich zu I_{ex}

trägt einige bar. Nach der gängigen Auffassung blockieren die suberinisierten *Caspary-Streifen* der radialen Wände der Endodermis den Wasserdurchtritt im freien Diffusionsraum der Zellwände. An dieser Zellschicht läuft der gesamte Wasserstrom gegen einen beträchtlichen Widerstand durch den Protoplasten (Symplast). Der *Widerstand im Boden* ist natürlich nicht konstant. Wenn bei starker Transpiration der perirhizale Bodenraum austrocknet, nimmt der Widerstand zu, den der Boden der kapillaren, durch Matrixpotentialdifferenzen angetriebenen Wasserbewegung entgegensetzt.

Temperaturänderungen im Boden wirken sich erheblich auf den Wurzelwiderstand aus. Man nimmt zwar allgemein an, daß Temperaturunterschiede *innerhalb* der Pflanze den Wasserpotentialgradienten nur minimal beeinflussen, andererseits ist aber bekannt, daß eine Abkühlung des Wurzelraums auf wenige Grad über Null zu einem Wasserstreß in den oberirdischen Teilen der Pflanze führt, der sich in einem Stomaverschluß mit entsprechender Transpirationsverminderung äußert (→ Abb. 32.13).

Auch *metabolische Inhibitoren* (→ Abb. 13.7) können die Permeabilität der Wurzel für Wasser reduzieren. Dieser Befund wird dahingehend interpretiert, daß die relativ hohe Wasserpermeabilität der Zellmembranen (Plasmamembranen, Tonoplast) nur bei intaktem Energiestoffwechsel gewährleistet bleibt. Er wird auch als Beleg dafür herangezogen, daß der Wasserstrom durch die Wurzel tatsächlich Membranen zu permeieren hat und nicht nur im freien Diffusionsraum verläuft.

Beim *Wassertransport in der Gasphase* (Transpirationsstrom) liegt der Hauptwiderstand im Bereich der Stomata (→ Abb. 29.20). Der Widerstand, der sich für ein Blatt mit den üblichen Spaltöffnungen (→ Abb. 29.21) leicht berechnen läßt, enthält zwei Terme. Der erste ist ein äußerer Widerstand, der von der Windgeschwindigkeit und der Blattgeometrie abhängt (r_a). Der zweite Term ist ein innerer Widerstand (Stomatawiderstand r_{st}). Er ist eine Funktion der Dichte der Stomata und der Stomageometrie. Liegen die Stomata im Durchschnitt mehr als drei Spaltlängen auseinander, spielt die Wechselwirkung zwischen den Stomata keine Rolle mehr. Wenn man die übliche längliche Spaltöffnung zugrundelegt und die cuticuläre Transpiration vernachlässigt, ergibt sich der Stomatawiderstand eines Blattes aus der Dichte und der Geometrie der Spalten (Abb. 29.21):

$$r_{st} = \frac{\dfrac{d}{\pi\,a\,b} + \dfrac{\ln(4\,a/b)}{\pi\,a}}{D\,n} = \frac{d + b\ln(4\,a/b)}{D\,n\,a\,b\,\pi},$$

wobei a = halbe Länge des Spalts, b = halbe Weite des Spalts, d = Tiefe des Spalts, n = Dichte der Stomata (Zahl pro cm² Blattfläche), D = Diffusionskoeffizient für Wasserdampf, π = 3,1416. Die cuticuläre Transpiration wird bei diesen Rechnungen vernachlässigt. Da b nicht konstant ist, ist auch r_{st} variabel. Die Transpirationsintensität wird durch die Öffnungsweite der Spalten bestimmt, falls durch Luftbewegung dafür gesorgt wird, daß sich an der Epidermis keine Grenzschichten aufbauen (→ Abb. 29.17). Der Faktor b wird durch das *hydroaktive Regelsystem* des Stomaapparats unter Beteiligung des Hormons Abscisinsäure geregelt; nur bei extremem Wasserstreß tritt das *hydropassive Regelsystem* in Funktion (→ S. 250). Da die Stomata gleichzeitig den Ausstrom von H_2O und den Einstrom von CO_2 für die Photosynthese regeln, muß die jeweils günstigste Abstimmung zwischen den beiden gegenläufigen Gasströmen angestrebt werden (→ S. 250). Der Diffusionswiderstand der Stomata ist jene Größe, über die der

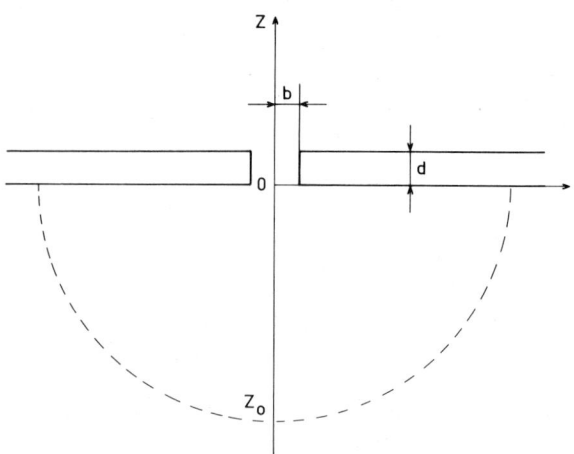

Abb. 29.21. Das den Widerstandsberechnungen zugrunde gelegte Modell einer Spaltöffnung (Stoma) im Querschnitt. Die Weite des Spalts ist 2 b, die Tiefe ist d. Die Länge des Spalts (im Querschnitt nicht erkennbar) ist 2 a. Die Entfernung vom Spalt (0) bis zu den Mesophyllzellen (Z_0) (und damit das Ausmaß der Atemhöhle) ist sehr viel größer als die Dimensionen des Spalts. Z bezeichnet die Entfernung vom Punkt 0 gegen die Atmosphäre. Für die Berechnung des Widerstandes r der Stomata interessiert lediglich der Bereich von Z = 0 bis Z = d. (Nach Parlange und Waggoner 1970)

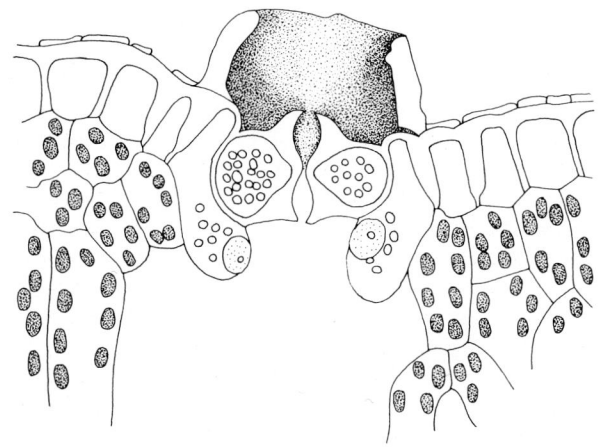

Abb. 29.22. Spaltöffnung von *Euphorbia tirucalli*. In diesem Fall ist die Spaltöffnung zwar nur schwach eingesenkt; durch die Ausbildung eines Wachszylinders über der Spaltöffnung entsteht jedoch ein Hohlraum, der funktionell einer *äußeren Atemhöhle* entspricht. Gradmann hat bereits 1923 durch Modellversuche gezeigt, daß die Einsenkung der Spaltöffnungen bzw. die Ausbildung äußerer Atemhöhlen die Wasserdampfabgabe sehr viel stärker herabsetzt als die CO$_2$-Aufnahme. (Nach Haberlandt 1924)

Transpirationsstrom von der Pflanze in weiten Bereichen reguliert werden kann, auch wenn die Wasserpotentialdifferenz zwischen Boden und Atmosphäre unverändert bleibt.

Mit Hilfe der Gleichung läßt sich der stomatäre Widerstand r_{st} eines Blattes gegen den Durchtritt von Wasserdampf berechnen (D für Wasserdampf ist 0,25 cm$^2 \cdot$ s^{-1} bei 20 °C). Der stomatäre Widerstandskoeffizient $r_{st} = r_{st}/F$ liegt bei den meisten Mesophyten im Bereich von 0,5–5 s $\cdot$ cm^{-1}. Während unsere Kulturpflanzen in der Regel relativ niedrige Widerstandskoeffizienten aufweisen (und deshalb viel Wasser verbrauchen), zeigen manche Xerophyten selbst bei geöffneten Stomata noch Werte bis 20 s $\cdot$ cm^{-1}. Diese Anpassung an arides Klima wird noch verstärkt, wenn die Stomata eingesenkt sind oder in anderer Weise eine äußere Atemhöhle zustande kommt (Abb. 29.22). Durch diese Hilfsstrukturen kommt ein weiteres Glied in Serie mit r_{st} dazu, wodurch der Austritt von Wasserdampf aus dem Blattinnern zusätzlich stark behindert wird.

Die *Schwächen des elektrischen Analogiemodells* sind offensichtlich. Es vernachlässigt beispielsweise den wichtigen Umstand, daß beim Wassertransport (*Volumenfluß*) in den Gefäßen das Hagen-Poiseuil-lesche Gesetz [→ Gl. (29.2)] die angemessene Beschreibungsart darstellt, während der durch Diffusion getriebene *Wassertransport* in Anlehnung an das 1. Ficksche Gesetz zu beschreiben ist (→ Abb. 5.5). Dies hat zur Folge, daß sowohl die treibenden Kräfte des Wasserflusses als auch die Bedeutung der Widerstände in verschiedenen Bereichen des Modells verschieden sind. Es gilt vereinfacht für den Transport im Xylem (flüssige Phase):

$$I = -\frac{\Delta V}{\Delta t} = -\frac{\Delta P}{r} , \qquad (29.4)$$

wobei r die Dimension [s $\cdot$ bar $\cdot$ m^{-3}] hat. Für den Transport an der Blattoberfäche gilt hingegen:

$$I = -\frac{N}{\Delta t} = -\frac{\Delta c}{r} , \qquad (29.5)$$

wobei: r[s $\cdot$ m^{-3}], N[mol H$_2$O]. Da in beiden Fällen der Widerstand jedoch unabhängig von I bzw. Δc oder ΔP ist, kann r stets analog dem Ohmschen Widerstand eines elektrischen Leiters aufgefaßt werden.

Verteilung des Wasserpotentials in einem Baum

Wir erinnern uns, daß der Wert des Wasserpotentials für Grenzplasmolyse in der Pflanzenzelle durch ihre osmotischen Eigenschaften vorgegeben ist: $\psi_{min} = -\pi$ bei P = 0 (→ S. 50). Das osmotische Potential ist in der Regel in allen Zweigen eines Baumes sehr ähnlich. Die Abb. 29.23 zeigt die ψ_{min}-Werte in Stamm und Endzweigen eines Nadelbaums unmittelbar vor dem Einsetzen des Spaltenschlusses. Im Wipfel eines Baumes wird ψ_{min} infolge der langen Leitwege (höhere Widerstände) früher ausgelastet als an den Seitenzweigen. Nur bei höchster Transpiration (trockene Luft, hohe Sonneneinstrahlung) wird auch in den unteren Zweigen der Zustand ψ_{min} (P = 0) näherungsweise erreicht. Die Endtriebe hoher Bäume sind deshalb häufig gegenüber den anderen Teilen der Pflanze mit Wasser unterversorgt. Dies hat zur Folge, daß der Spaltenschluß bereits am Vormittag eintritt und somit diesen Pflanzenteilen nur der frühe Morgen für die Photosynthese zur Verfügung steht. Damit ist eine positive Assimilationsbilanz der Endtriebe

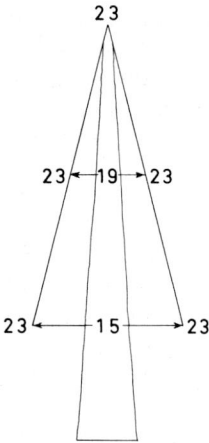

Abb. 29.23. Die Verteilung des Wasserpotentials in Stamm und Endzweigen eines Nadelbaums (*Sequoiadendron giganteum*) bei extremer Transpiration. Die Zahlen bedeuten *negative* Wasserpotentialwerte in bar. (Nach Richter 1972)

in Frage gestellt. Dies ist einer der Gründe, weshalb „die Bäume nicht in den Himmel wachsen". Man versteht jetzt auch, weshalb viele Bäume die Kugelform der Krone „anstreben", sobald ein allseitiger Lichtgenuß gewährleistet ist, z. B. einzeln stehende Eichen oder Buchen. Im Bestand kommt es solange wie möglich zu einem Kompromiß zwischen Lichtgenuß und Wasserversorgung. Der Optimierung sind aber Grenzen gesetzt. Hierzu ein Beispiel aus dem Schwarzwald: Am buschigen, abgeflachten Wipfel, den der Forstmann „Storchennest" nennt, erkennt man die alte Weißtanne (*Abies alba*) von weitem. Das auffällige Gebilde entsteht dadurch, daß der Gipfeltrieb im Alter das Wachstum einstellt, während die Seitenzweige weiterwachsen. Es ist sehr wahrscheinlich, daß die oben geschilderten Schwierigkeiten der Wasserversorgung dieser Wuchsform zugrunde liegen.

Guttation und Wurzeldruck

Man fragt sich, ob die Pflanze auch bei fehlender Transpiration Wasser aufnehmen und transportieren kann. Dies ist in bescheidenem Maße möglich. In diesem Fall steht das Gefäßwasser unter einem *positiven* Druck. Es erfolgt offensichtlich eine indirekt aktive Aufnahme von Wasser in die Gefäße der Wurzel. Der positive Druck in den Leitbahnen läßt

sich bei geeigneten Pflanzen unmittelbar nachweisen, z. B. bei der *Guttation* (Abb. 29.24). Bei diesem Vorgang erfolgt eine Abgabe flüssigen Wassers aus *Hydathoden*. Dies sind Öffnungen an Blattzipfeln, wo aus den Gefäßen unter Druck Wasser austritt (Abb. 29.25). Der positive Druck in den Gefäßen wird in der Wurzel erzeugt. Bei manchen Pflanzen kann man leicht zeigen, daß nach Dekapitation hart oberhalb des Wurzelansatzes aus dem Stumpf unter Druck Gefäßwasser austritt. Dieser *Wurzeldruck* ist im allgemeinen <1 bar; es wurden aber, bei Tomaten unter optimalen Wachstumsbedingungen, Werte bis 6 bar gemessen. Ein Wurzeldruck kann besonders im Frühjahr bei vielen Pflanzen nachgewiesen werden. Das Phänomen kommt wahrscheinlich dadurch zustande, daß von den lebenden Zellen des Zentralzylinders (→ Abb. 2.12) verstärkt Ionen und Zuckermoleküle in die Gefäße sezerniert werden. Die entstehende Lösung besitzt ein so niedriges Wasserpotential, daß Wasser aus den lebenden Zellen in die Gefäße eingesaugt wird. Auf diese Weise kommt das Gefäßwasser unter einen positiven Druck.

Bei manchen Bäumen läßt sich, z. B. an gefällten Stämmen, auch ein „Stammdruck" messen. Dies bestätigt die theoretische Erwartung, daß es im pflanzlichen Gewebe jederzeit zu Wasserverschiebungen kommen kann. Diese lassen sich auf lokale Unterschiede im Wasserpotential, in der Regel ver-

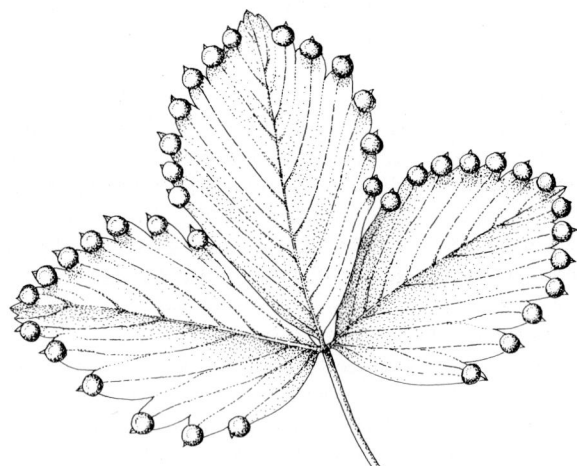

Abb. 29.24. Ein Beispiel für Guttation. Die Tropfen von Guttationswasser an den Blattzähnen eines Erdbeerblattes (*Fragaria spec.*) wurden während der Nacht aus Hydathoden ausgeschieden. (Nach Sinnott und Wilson 1963)

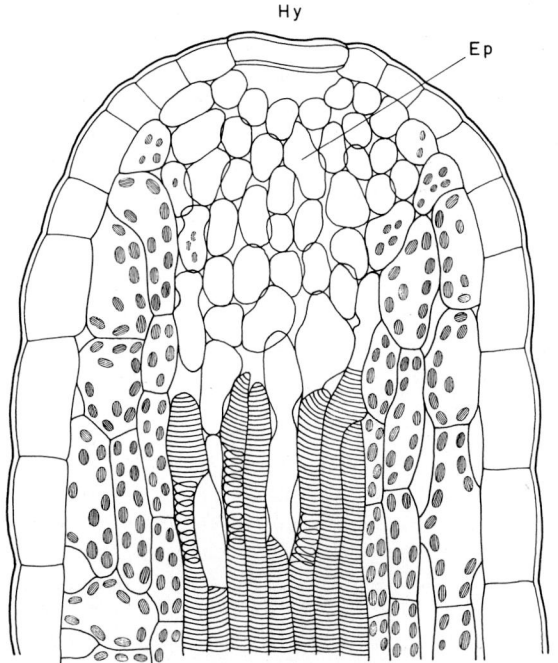

Hy

Ep

Abb. 29.25. Längsschnitt durch einen Zahn des Spreitenrandes mit Hydathode (Hy), Leitbündelendigung und Epithem (Ep). Objekt: Blatt der Chinesenprimel (*Primula praenitens*). (Nach Haberlandt 1924)

ursacht durch entsprechende Unterschiede im osmotischen Potential, zurückführen. Durch derartige, durch Stärkemobilisierung zustande kommende, osmotisch bedingte Wasserbewgungen vom Holzkörper in Kambium, Bast und – bei jungen Sproßachsen – in der Rinde geraten im Frühjahr die Bäume „in Saft". Erst nach dem Laubaustrieb ist die Transpiration die Basis für den Wasserferntransport in den auf dem Festland lebenden Kormophyten. Wurzel- und Stammdruck spielen beim belaubten Baum nur dann eine Rolle, wenn bei fehlender Transpiration (bei sehr hoher Luftfeuchtigkeit) die Wasserbewegung *und damit auch der Ionenferntransport* in der Pflanze stagniert, z. B. im tropischen Regenwald. Die für den Regenwald charakteristische intensive Guttation zeigt auf jeden Fall an, daß das Gefäßwasser vieler Bäume zumindest zeitweilig unter positivem Druck steht.

Bei manchen (krautigen) Pflanzen kann die Guttation aber auch bei einer Luftfeuchte <100% erheblich ins Gewicht fallen. Neuere Messungen zeigen, daß z. B. bei Maispflanzen bei einer Luft-

feuchtigkeit von 50% ein beträchtlicher Teil (bis 25%) der Wasserabgabe aus dem Sproß in flüssiger Form geschieht. Man kann also davon ausgehen, daß in einer Maispflanze auch bei einer Luftfeuchtigkeit <100% das Xylemwasser häufig unter positivem Druck steht.

Bei den Bäumen der gemäßigten Breiten kommen jedoch dem Wurzel/Stammdruck und der Guttation, abgesehen vom „Frühjahrsbluten" vor dem Laubaustrieb (→ S. 509), keine erhebliche Bedeutung zu. Der Tagesgang des Wasserpotentials im Xylem (bei der Tanne wurden auf demselben Niveau Werte zwischen –17 und –4 bar gemessen) steht im Einklang mit der etablierten Vorstellung, daß der Transpirationssog den Wasserfluß durch den Baum treibt. Auch die zeitliche Verzögerung zwischen Wasserabgabe durch Transpiration und Wasseraufnahme (→ Abb. 29.13) entspricht genau den Erwartungen: Während der Nacht werden die Wasserspeicher in Stamm und Wurzel wieder aufgefüllt.

Weiterführende Literatur

Anderson WP (ed) (1973) Ion transport in plants. Academic Press, London New York

Böhm J (1893) Capillarität und Saftsteigen. Ber Dtsch Bot Ges 11:203–212

Bowling DJF (1976) Uptake of ions by plant roots. Chapman and Hall, London

Boyer JS (1985) Water transport. Annu Rev Plant Physiol 36:473–516

Dainty J (1969) The water relations of plants. In: Wilkins MB (ed) The Physiology of plant growth and development. McGraw-Hill, London New York, pp 419–452

Higinbotham N (1973) The mineral absorption process in plants. Bot Reviews 39:15–69

Huber G (1956) Die Saftströme der Pflanzen. Springer, Berlin Göttingen Heidelberg

Lange OL, Kappen L, Schulze ED (eds) (1976) Water and plant life. Problems and modern approaches. Ecological studies, Vol 19. Springer, Berlin Heidelberg New York

Lewis OAM (1986) Plants and nitrogen. Arnold, London

Lüttge U (1973) Stofftransport der Pflanzen. Springer, Berlin Heidelberg New York

Meidner H, Sheriff DW (1976) Water and plants. Blackie, Glasgow

Nobel PS (1991) Physicochemical and environmental plant physiology. Academic Press, San Diego London New York

Schubert KR, Boland MJ (1990) The ureides. In: Stumpf PK, Conn EE (eds) The biochemistry of plants. A comprehensive treatise, Vol 16. Academic Press, San Diego New York Boston, pp 197–282

Slatyer RO (1967) Plant–water relationships. Academic Press, London New York

Tanner W, Beevers H (1990) Does transpiration have an essential function in long-distance ion transport in plants? Plant Cell Environ 13:745–750

Tyree MT, Evers FW (1991) The hydraulic architecture of trees and other woody plants. New Phytol 119:345–360

Zimmermann MH (1983) Xylem structure and the ascent of sap. Springer, Berlin Heidelberg New York

30 Physiologie des Phloemtransports

Grundlegende Gesichtspunkte

Einige Laubbäume transportieren im Frühjahr erhebliche Mengen an Zucker in den Gefäßen. Wenn man z.B. einen Zuckerahorn (*Acer saccharum*) noch vor dem Knospentreiben anbohrt, fließt ein zuckerreicher „Blutungssaft" aus dem Holz. Wie kommt das? Eine über *Kontaktzellen* erfolgende Absonderung von Zucker (besonders Saccharose) aus den *Speicherzellen* des Holzes in die *Tracheen* hat zur Folge, daß das Wasserpotential des Tracheeninhalts stark abnimmt. Dies wiederum führt zu der Konsequenz, daß Wasser aus dem Boden, in dem ein relativ hohes Wasserpotential herrscht, osmotisch in das Tracheensystem eingesaugt wird. Dieses interessante Phänomen – Massentransport organischer Moleküle in den Tracheen – ist jedoch auf kurze Phasen im Jahrescyclus der Bäume beschränkt. Im allgemeinen erfolgt der Massentransport im Phloem, bei sekundärem Dickenwachstum im *Bast* (Abb. 30.1). Die Analyse des Phloemtransports war und ist eine besonders schwierige Aufgabe der Pflanzenphysiologie.

Die *Richtung des Phloemtransports* ist nicht konstant. Sie wird vielmehr durch die jeweilige Bedarfssituation festgelegt. In der Regel erfolgt zumindest der Transport der Kohlenhydrate von den *Orten der Produktion (sources)* zu den *Orten des Verbrauchs (sinks)* (Abb. 30.2). Da die Transportgeschwindigkeit in der Größenordnung von 20–100 (maximal 200) cm · h^{-1} liegt (Abb. 30.3) entfällt die Diffusion als Motor des Transports (diese würde allenfalls 2–3 cm · d^{-1} leisten). Der Massentransport bei der Translocation ist sehr hoch. Der Saccharosefluß in einem Blattstiel liegt z.B. in der Größenordnung von 2,5 μmol · cm^{-2} · s^{-1}. Thermoelektrische Messungen des Wärmetransports sprechen dafür, daß in den Siebröhren eine *Massenströmung* stattfindet.

Wir machen uns anhand der Abb. 30.4 klar, daß die Leitung organischer Moleküle *über weite Strek-*

ken im Leben der Pflanze eine wesentliche Rolle spielt. Solange sich Knollen bilden, geht der Transport organischer Moleküle in der Kartoffelpflanze bevorzugt basipetal. Wenn hingegen aus der keimenden Knolle eine Sproßachse auswächst, geht die Stoffleitung fast ausschließlich akropetal (→ Abb. 30.4). Die Orte des Bedarfs, die den Strom der organischen Moleküle im Kormus „anziehen", sind in erster Linie Vegetationspunkte, junge Blätter, vegetative Speicherorgane, Samen und Früchte.

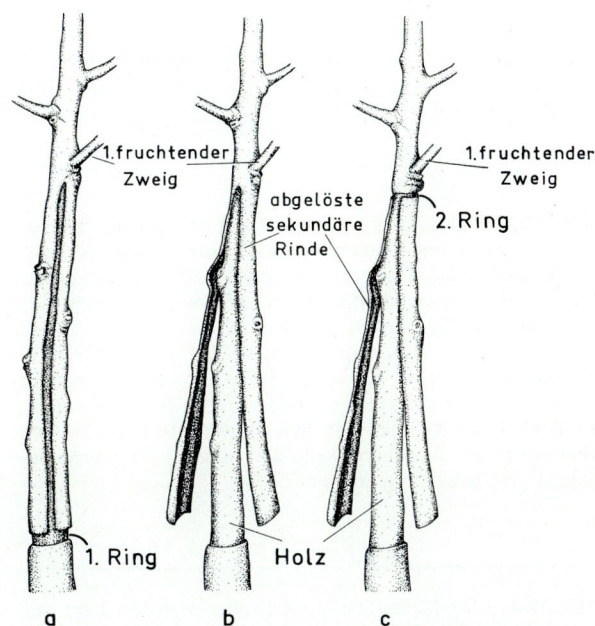

Abb. 30.1 a–c. Mit diesem Experiment wurde seinerzeit bewiesen, daß die sekundäre Rinde (Bast) das Gewebe ist, in dem sich der Ferntransport der Kohlenhydrate bei einer Holzpflanze vollzieht. Die basipetale Bewegung der Kohlenhydrate in die sekundäre Rinde oberhalb des 1. Rings (a) erfolgte auch nach der Ablösung der sekundären Rindenteile vom Holzkörper (b) mit unverminderter Intensität. Der Einstrom der Kohlenhydrate hörte aber völlig auf, sobald die 2. Ringelung ausgeführt wurde (c). (Nach Mason und Maskell 1928)

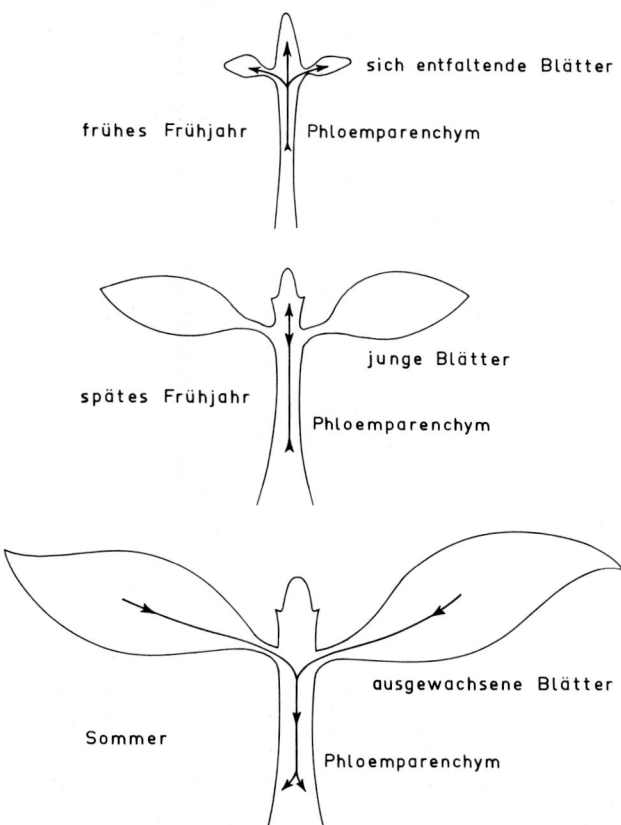

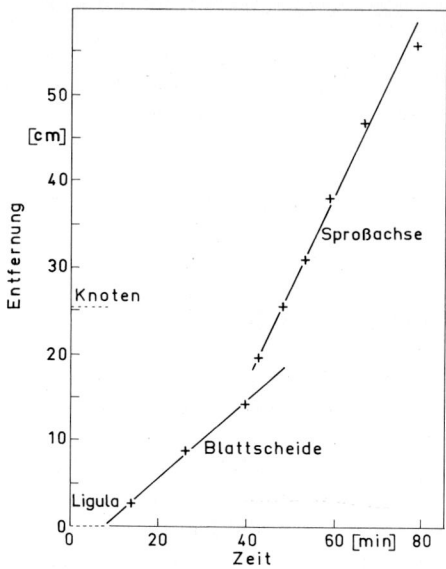

Abb. 30.3. Die Bewegung von ^{14}C-markierten Assimilaten vom Fahnenblatt bis zur Ähre einer Weizenpflanze (*Triticum aestivum*). Der belichteten Pflanze wurde an den oberen 19 cm der Spreite des Fahnenblattes $^{14}CO_2$ verabreicht. Dann wurde die Bewegung des ^{14}C in der Blattscheide des Fahnenblatts und in der zur Ähre führenden Sproßachse (Halm) gemessen. Der Zeitpunkt t = 0 ist der Zeitpunkt der $^{14}CO_2$-Applikation. Die Geschwindigkeit, mit der die ^{14}C-Front vorrückt, beträgt in der Blattscheide etwa 30 cm · h^{-1} und im Halm etwa 60 cm · h^{-1}. (Nach Canny 1973)

Abb. 30.2. Richtung des Phloemtransports an der Zweigspitze eines laubwerfenden Baums während einer Vegetationsperiode. Die Transportrichtung für organische Moleküle (*Pfeile*) ist stets von den Orten der Produktion (bzw. den Orten der Speicherung) zu den Orten des Verbrauchs. *Oben:* Im Phloemparenchym gespeicherte Kohlenhydrate fließen in die sich entfaltenden Knospen. *Mitte:* In diesem Zustand erfolgt kein Nettotransport von oder zu den Blättern. *Unten:* Kohlenhydrate strömen von den photosynthetisch aktiven Blättern in das Speichergewebe der Achsen (Phloemparenchym). (In Anlehnung an Price 1970)

Abb. 30.4. Eine Kartoffelpflanze (*Solanum tuberosum*) mit unterirdischen Sproßknollen. Die Speichermoleküle, die in den Knollen mit hoher Intensität akkumuliert werden (z. B. Stärke), gehen auf Photosyntheseprodukte zurück. Das Phänomen eines *Massentransports organischer Substanz* über weite Strecken ist evident. Dixon und Ball haben bereits 1922 festgestellt, daß der spezifische Massentransport in eine einzelne Kartoffelknolle hinein etwa 4,5 g Trockenmasse · h^{-1} · cm^{-2} Phloemquerschnitt beträgt. Dies entspricht dem Strom einer 10%igen Saccharose-Lösung in der Größenordnung von 40 cm · h^{-1} durch denselben Querschnitt. (Daten aus Canny 1973)

Die Leitbahnen

Dem *Ferntransport* organischer Moleküle dienen bei den Angiospermen die Siebröhren, bei den Gymnospermen die Siebzellenstränge und bei den großen Braunalgensporophyten die Siebschläuche. Wir beschränken unsere Behandlung auf die Siebröhren. Diese verlaufen im Phloem der Leitbündel (→ Abb. 29.8) bzw. im Bast (sekundäre Rinde) bei Pflanzen mit sekundärem Dickenwachstum. Der jeweils aktive Bast stellt nur eine hauchdünne Zone von meist weniger als 0,5 mm Dicke dar („Safthaut"). Die Siebröhren bilden ein verzweigtes, kommunizierendes System, das die ganze Pflanze durchzieht. In den üblichen Abbildungen, z. B. Abb. 29.8, werden nur die Bahnen in den Internodien abgebildet. In den Knoten ist die Anatomie viel komplizierter. Aber auch zwischen den primären Leitbündeln von Internodien bilden sich bei vielen Pflanzenarten *Phloemanastomosen* aus (Abb. 30.5). Man darf davon ausgehen, daß über diese Anastomosen die azimutale Verteilung von Transportmolekülen in der Sproßachse erfolgt. Die langen Siebröhren bestehen aus *Siebröhrengliedern* (*Siebelementen*), die über *Siebporen* miteinander verbunden sind (Abb. 30.6). Die Siebporen lassen sich phylogenetisch und ontogenetisch auf Plasmodesmen bzw. Plasmodesmenaggregate zurückführen. Die Frage ist, inwieweit die Funktion der Siebporen noch mit der von Plasmodesmen übereinstimmt. Physiologisch stellt sich die Frage so: Inwieweit ist der Transport organischer Moleküle in den Siebröhren vergleichbar mit dem Transport im Symplasten? Die Siebröhrenglieder sind auch im funktionsfähigen Zustand *lebende* Zellen. Sie sind turgeszent (Turgordrücke in der Regel um 20, im Extrem bis 60 bar) und plasmolysierbar, also von einer semipermeablen Membran umhüllt. Allerdings machen die Siebröhrenglieder bei der Differenzierung charakteristische, irreversible Veränderungen durch (selektive Autolyse), die mit einem Verlust an genphysiologischer Omnipotenz verbunden sind: *Der Zellkern der Siebröhrenglieder zerfällt.* Zuerst desintegrieren die Chromosomen, dann die Kernhülle. Am längsten ist der Nucleolus noch nachweisbar. Das Cytoplasma geht bei diesem eigenartigen Reifungsprozeß nicht zugrunde, wohl aber verschwinden Dictyosomen, Ribosomen, Mikrotubuli und Mikrofilamente. Das ER wird umorganisiert (es durchzieht jetzt den Protoplasten bevorzugt in Längsrichtung); Mitochon-

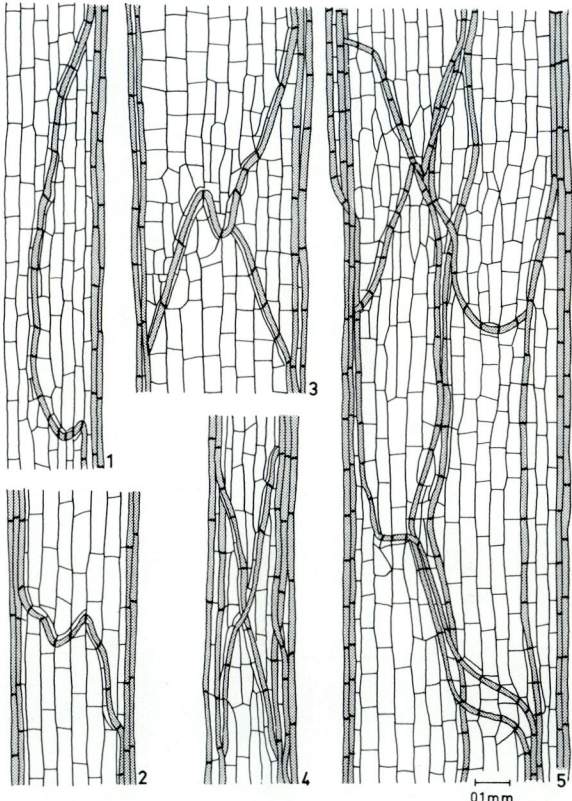

Abb. 30.5. Phloemanastomosen in ausgewachsenen Internodien. Objekt: *Coleus blumei-Hybride*. 1, eine Siebröhre zweigt zwar ab, kehrt aber zum gleichen Leitbündel zurück; 2, einfache Anastomose; 3, verzweigte Anastomose; 4, zwei sich ohne Kontakt überkreuzende Anastomosen; 5, komplexe Anastomosen. (Nach Aloni und Sachs 1973)

drien und Plastiden zerfallen oder werden umstrukturiert. Das P-Protein, bislang nur von Siebröhren angiospermer Pflanzen bekannt, wird gebildet; die Plasmodesmen der primären Tüpfelfelder entwickeln sich zu Siebporen in Siebplatten und Siebfeldern. Der Tonoplast ist nicht mehr lückenlos vorhanden. Er fehlt auf jeden Fall stets an den Querwänden. Eine klare Grenze zwischen Plasma und Vacuole ist somit nicht mehr gegeben. Man spricht deshalb besser von „*Lumen*" statt von „Vacuole". Die semipermeable Plasmamembran hingegen bleibt bei der Reifung der Siebröhrenglieder erhalten (und damit die Fähigkeit zur Turgeszenz). Im funktionstüchtigen Siebröhrenglied begegnen wir schließlich einer Zelle mit einem dünnen, der Zellwand fest anhaftenden Plasmabelag, der wenige

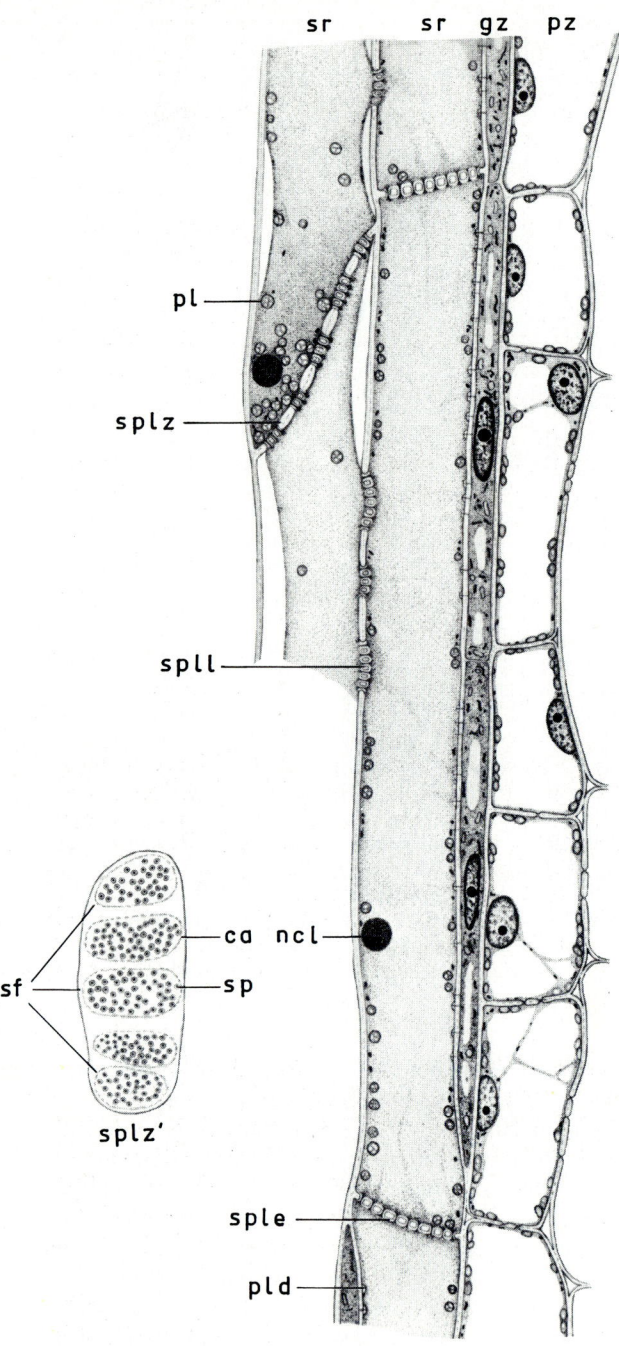

sr   sr   gz   pz

pl

splz

spll

sf   ca   ncl
      sp

splz'

sple

pld

Abb. 30.6. Längsschnitt durch das Phloem eines Leitbündels. Objekt: *Passiflora caerulea.* sr, Siebröhrenglieder; gz, Geleitzellen; pz, Parenchymzellen; sple, einfache Siebplatte; splz, zusammengesetzte Siebplatte mit fünf Siebfeldern im Längsschnitt; splz', zusammengesetzte Siebplatte (frühes Differenzierungsstadium) mit fünf Siebfeldern (sf) in Aufsicht; sp, plasmatische Verbindungsstränge in den Siebporen; ca, Calloseauflage; spll, laterale Siebplatten; pld, Plasmabrücken zwischen Siebröhrenglied und Geleitzelle; ncl, freier Nucleolus; pl, Plastiden mit Stärke. Die *linke* Siebröhre zeigt ein beim Anschneiden der Zellelemente regelmäßig auftretendes Artefakt: Abhebung des wandständigen Protoplasten und Ansammlung des Zellinhalts (Plasma, Nucleolus, Plastiden) vor der Siebplatte (splz). In der *rechten*, unverletzten Siebröhre sind die Protoplasten (nach Rückbildung des Tonoplasten) in den Zellumina gleichmäßig verteilt; die Zellorganellen sind im wandnahen Plasmabereich angeordnet. Bemerkenswert ist ferner die unterschiedliche Dichte des Zellplasmas und die unterschiedliche Organellenverteilung bei Siebröhrengliedern und Geleitzellen bzw. Phloemparenchymzellen. Neuerdings wurden die sog. „freien Nucleoli" (ncl) als Proteinkörper identifiziert. (Originalzeichnung von Kollmann)

len aus einer gemeinsamen Mutterzelle durch eine inäquale Teilung. Die Siebröhrenglieder sind durch viele verzweigte Plasmodesmen mit den Geleitzellen eng verbunden. Der symplastische Zusammenhang mit den Phloemparenchymzellen soll hingegen nur gering sein oder ganz fehlen. Offensichtlich bilden Siebröhrenglieder und Geleitzellen eine funktionelle Einheit. Zwar dürfte die eigentliche Transportleistung in den Siebröhren erfolgen; die Geleitzellen scheinen aber für die Funktion der Siebröhrenglieder unentbehrlich zu sein. Die enge symplastische Verbindung mit den Siebröhrengliedern zeigt dies bereits strukturell an. Die Struktur der Geleitzellen deutet auf ihre hohe Aktivität hin. Sie haben einen großen, stark färbbaren Zellkern mit hohem Endopolyploidiegrad. Ihr Plasma ist dicht, es enthält viel RNA (Ribosomen) und viele Mitochondrien (die Mitochondriendichte ist etwa 10mal höher als in meristematischen Zellen). ATPase, Peroxidase und saure Phosphatase lassen sich in den Geleitzellen in der Regel in besonders hoher Konzentration nachweisen. Da die Geleitzellen keine Längskontinuität zeigen, können sie selbst keine Leitfunktion besitzen.

Meist arbeitet eine bestimmte Siebröhre auch bei Holzpflanzen nur über eine Vegetationsperiode hinweg. Dann geht sie zugrunde und wird in der

Mitochondrien, Plastiden und lokale ER-Komplexe einschließt (Abb. 30.6).

Zu jedem Siebröhrenglied gehören eine oder mehrere *Geleitzellen* (Abb. 30.6). Im typischen Fall entstehen die Siebröhrenglieder und die Geleitzel-

Regel zerdrückt. Bei der alternden Siebröhre werden die Siebporen durch die Anlagerung von *Callose* (β-1,3-Glucan; → S. 587) verengt und schließlich geschlossen. Neben Details zum koordinierten Ablauf der selektiven Autolyse bilden vor allem die Fragen nach der natürlichen Verteilung des P-Proteins und nach der Feinstruktur der Siebporen im unversehrten, transportierenden Siebelement ein ungelöstes Problem. Solange diese Fragen ungeklärt sind, müssen auch die Vorstellungen über den Transportmechanismus unvollständig bleiben.

Da P-Protein keine Aktin- oder Tubulin-Eigenschaften besitzt, erscheint seine aktive Beteiligung am Stofftransport unwahrscheinlich. Neuerdings wird daher die Meinung vertreten, daß es sich beim P-Protein um ein spezifisches Strukturprotein handelt, das im Bedarfsfall, etwa bei verletzungsbedingten Druckdifferenzen, rasch in die Siebporen gezogen wird und diese vorübergehend verschließt.

ren verfrachtet werden. Nach allgemeiner Auffassung können auch Hormone in den Siebröhren geleitet werden. Auch Kationen (K^+, Mg^{2+}, aber nur Spuren von Ca^{2+} und Na^+) hat man im Siebröhrensaft gefunden. Charakteristisch für den Phloemsaft ist sein *hoher pH-Wert* (7,4 bis 8,7) und der relativ hohe Kaliumgehalt. Man vermutet, daß diese Eigenschaften des Phloemsaftes mit dem aktiven Ladevorgang für Zucker zusammenhängen (Hypothese eines Cotransports der Zucker mit Protonen beim Ladevorgang einer Siebröhre, getrieben von einer gekoppelten Protonenefflux-Pumpe). Was die Natur der Zucker angeht, so gibt es Hinweise darauf, daß jene Pflanzen, die bevorzugt die Oligosaccharide der Raffinosefamilie transportieren, diese Verbindungen im Zusammenhang mit der Photosynthese bilden. Das Ladesystem für das Phloem benützt vermutlich einfach jene transportfähigen Zucker, die ihm angeboten werden.

Transportmoleküle

Um die *Natur der Transportmoleküle* festzustellen, benötigt man reinen Siebröhrensaft. Man gewinnt ihn am besten mit Hilfe von *Blattläusen*, die mit ihrem haarfeinen Saugrüssel das Lumen einzelner Siebröhrenglieder anzustechen vermögen. Betäubt man eine saugende Blattlaus und trennt das Insekt mit einem Schnitt vom Saugrüssel, so läuft durch den isolierten Rüssel, der eine Mikrokanüle darstellt, der Siebröhreninhalt (eine wäßrige Lösung) aus. Der Antrieb erfolgt durch den Turgordruck des Siebröhrenglieds (meist >15 bar). In dem derart gewonnenen Saft, in der Regel eine 0,5- bis 1molale Lösung, überwiegen die *Kohlenhydrate*. Sie repräsentieren etwa 90% der organischen Moleküle. Das Hauptkohlenhydrat ist *Saccharose* ($100-300 \text{ g} \cdot l^{-1}$). Seltener sind die Oligosaccharide *Raffinose*, *Stachyose* und *Verbascose* (diese Zucker bestehen aus Saccharose mit einem oder mehreren D-Galactosemolekülen). Noch seltener kommen Zuckeralkohole wie *Mannit* oder *Sorbit* vor. Das Tripeptid *Glutathion* (= γ-Glutamylcysteylglycin) dient in seiner reduzierten Form (GSH) als Transportmolekül für Schwefel. Bemerkenswert ist, daß weder Hexosen noch Makromoleküle als Transportsubstanzen eine Rolle spielen. Allerdings können Viruspartikel relativ rasch in den Siebröh-

Stickstoff im Phloemsaft

Der Phloemsaft enthält sehr viel höhere Konzentrationen an N-haltiger Substanz als der Xylemsaft (→ S. 491). Es wurden bis zu $40 \text{ g} \cdot l^{-1}$ N gemessen. Wegen des hohen Kohlenhydratgehalts liegt aber das C/N-Verhältnis im Phloemsaft trotzdem zwischen 15 und 200 (im Vergleich zu 1,5 bis 6 im Xylemsaft). Genaue Zahlen sind indessen mit Vorsicht zu gebrauchen, da die Gewinnung von *reinem* Phloemsaft schwierig ist. Der Grund liegt darin, daß sich die Siebröhren, wahrscheinlich mit Hilfe von P-Protein, selbst versiegeln, sobald sie verletzt werden. Mit der Aphiden-Technik und durch die Benützung von Pflanzen, die nach einem Einschnitt ihre Siebröhren relativ langsam versiegeln (Erbsen, Lupinen, *Ricinus*, Gurken), ist es aber neuerdings gelungen, genügende Mengen reinen Phloemsaftes für die Analyse zu gewinnen. Es zeigte sich, daß die N-haltigen organischen Verbindungen im Phloemsaft in der Regel dieselben sind wie im Xylemsaft (→ Abb. 29.5), mit Ausnahme von Nitrat und Ammonium, die im Phloemsaft praktisch fehlen. Die N-haltigen Moleküle sind hauptsächlich Aminosäuren und Amide (Tabelle 30.1). Glutamin/Glutamat dominiert häufig im Phloemsaft, aber auch Asparagin/Aspartat kann den Hauptanteil bilden.

Tabelle 30.1. Freie Aminosäuren und Amide im Phloemsaft. Objekt: *Yucca flaccida.* (Nach Van Die und Tammes 1975)

Substanz	Molprozent
Glutamin/Glutamat	54,9
Asparagin/Aspartat	9,4
Valin	8,0
Prolin + Threonin	9,2
Serin	5,7
Lysin	4,0
Isoleucin	2,8
Leucin	2,4
Glycin	1,5
Alanin	1,3
Phenylalanin	2,0
Ornithin	0,3
Tyrosin	Spur

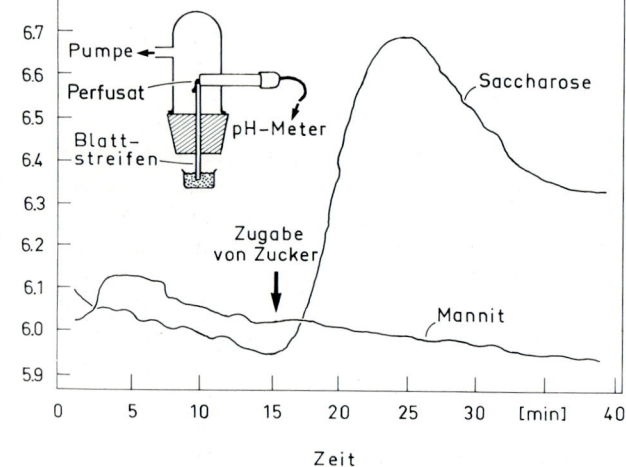

Abb. 30.7. Induktion des Protonentransports bei der Phloembeladung. Objekt: Längsstreifen aus einem Maisblatt (*Zea mays*). In diesem Perfusionsexperiment wurde das Xylem eines Blattstreifens durch Anlegen eines Unterdrucks mit einer KCl-Lösung durchspült. Der pH-Wert des am oberen Ende austretenden Perfusats ließ sich mit einer pH-Elektrode kontinuierlich messen (*links oben*). Die Kurven zeigen die pH-Änderung im Perfusat nach Zugabe von Saccharose bzw. Mannit (25 mmol · l^{-1}) zur Aufnahmelösung, in die der Blattstreifen mit dem unteren Ende eintaucht. Ähnlich wie Mannit haben auch Hexosen (z. B. Glucose, Fructose) keine Wirkung auf den pH-Wert im Xylem. Lediglich Saccharose führt zu einem massiven, schnellen pH-Anstieg. Daten dieser Art haben zu der Vorstellung geführt, daß die Beladung der Siebröhren mit Saccharose aus dem Apoplasten erfolgt und durch einen Cotransport mit H$^+$ bewerkstelligt wird. (Nach Heyser 1980; verändert)

Zum Mechanismus des Siebröhrentransports

Beladung der Siebröhren

An den Orten der Produktion organischer Materie (sources) werden die Siebröhren aktiv, d. h. unter Einsatz freier Enthalpie beladen. Das Konzept einer aktiven Beladung ist sehr gut begründet: Das osmotische Potential in den Siebröhren ist sehr viel höher als im Palisadenmesophyll; der Saccharosefluß durch die Plasmamembran der Siebröhren beträgt bis zu 10^{-4} mol · m^{-2} · s^{-1}. Dies ist ein hoher Wert im Vergleich zu Ionenflüssen durch Membranen (bis $3 \cdot 10^{-9}$ mol · m^{-2} · s^{-1}). Unter optimalen Bedingungen für den Ladevorgang kann es bis zu einer 40fachen Saccharoseanreicherung gegenüber dem Mesophyll kommen. Das Material für den Ladevorgang stammt nach neuerer Auffassung in erster Linie aus dem Apoplasten (*Apoplasttheorie der Phloembeladung*). Man geht zumindest in solchen Fällen (Zuckerrübe, Mais), in denen nur wenige symplastische Verbindungen zwischen Mesophyll und Geleitzellen existieren, davon aus, daß die Mesophyllzellen die Saccharose in den freien Diffusionsraum des Apoplasten sezernieren. Von dort aus wird die Saccharose in den Siebröhren/Geleitzellen-Komplex bzw. direkt in das Siebelement geladen. Saccharose als elektrisch neutrales Molekül wird durch einen H$^+$/Saccharose-Symport ($\rightarrow$ S. 74) indirekt aktiv durch die Plasmamembran geschleust (Abb. 30.7). Den energetischen Hintergrund bildet die Koppelung an eine ATP-getriebene Protonenpumpe, die einen H$^+$-Export aus den Siebröhren in den Apoplasten und damit den Aufbau eines Protonenpotentials bewirkt ($\rightarrow$ S. 74).

Für einen Vorrang des ebenfalls postulierten *symplastischen* Beladungsweg gibt es gute Gründe in solchen Fällen, in denen der Siebröhren/Geleitzellen-Komplex über zahlreiche Plasmodesmen mit den Mesophyllzellen verbunden ist, z. B. bei *Fraxinus* oder *Cucurbita*.

Entladung der Siebröhren

Die aktive Beladung der Siebröhren an den Orten der Produktion hat ihr Gegenstück in der aktiven Entladung der Siebröhren an den Orten des Verbrauchs (sinks). Da die Saccharose in den Siebelementen sehr viel höher konzentriert vorliegt als im umgebenden Apoplasten, kann sie im Prinzip passiv durch die Plasmamembran diffundieren. Man geht davon aus, daß der Prozeß über einen Saccharose-spezifischen carrier kontrolliert wird. Solange die „entladene" Saccharose jedoch nicht aus dem Apoplasten entfernt wird, bleibt sie der „Affinität der Siebröhren für Saccharose" ausgesetzt und wird über das Protonen-Cotransportsystem umgehend zurückgeladen. Nur wenn die entladene Saccharose im Apoplasten durch *Invertase* (ß-Fructofuranosidase) in Glucose und Fructose gespalten und die Hexosen in den Zellen des sink-Gewebes verbraucht werden, kann weitere Saccharose entladen werden. Die beiden Hexosen selbst sind nicht „phloemaffin", d.h. sie werden nicht in die Siebröhre aufgenommen. Die Aktivität der apoplastischen Invertase und die Intensität des Verbrauchs der gebildeten Hexosen bestimmen somit, ob es sich um eine sink-Region für Saccharose handelt oder nicht.

Die Druckstromtheorie

Bereits 1930 postulierte Münch einen Mechanismus der Translocation, bei dem der Fluß durch das Phloem aus einer Differenz im osmotischen Potential an den Enden des Translocationssystems resultiert. Nach dieser Auffassung führt die Differenz im osmotischen Potential durch den Einstrom von Wasser zu einem entsprechenden Druckgradienten, welcher einen Poiseuilleschen Fluß [→ Gl. (29.1)] in den Siebröhren antreibt. Dem Einstrom von Wasser an den Orten hohen osmotischen Potentials entspricht ein Ausstrom von Wasser aus dem Phloem an den Orten niederen osmotischen Potentials. Durch die Verbindung mit dem in der Regel entgegengerichteten Wasserstrom im Xylem kann sich in den Leitbahnen ein Wasserkreislauf ausbilden.

Die Durckstromtheorie, die eine Massenströmung von Wasser + Gelöstem impliziert, erscheint plausibel. Die zentrale Frage bleibt aber, ob der hydrostatische Druckgradient zwischen source und sink (nicht mehr als einige bar) ausreicht, um den Widerstand der Siebröhren, insbesondere der Siebplatten, gegen eine Massenströmung (Saccharosefluß etwa 10^{-2} mol $\cdot$ m^{-2} $\cdot$ s^{-1}) zu überwinden. Der kritische Punkt hierbei ist, ob und inwieweit die Siebporen „wegsam" sind. In der Tat muß die Druckstromtheorie davon ausgehen, daß die Siebporen praktisch offen sind und die Leitfähigkeit jeder Siebplatte und der Siebröhre insgesamt nach dem Poiseuilleschen Gesetz (→ S. 496) berechnet werden kann. Dem steht die Auffassung mancher Phloemforscher entgegen, daß die Siebporen auch im Leben mit fibrillär strukturiertem Material mehr oder minder dicht erfüllt sind (→ Abb. 30.6). Diesem Problem wird die „Volumenstromtheorie" eher gerecht.

Die Volumenstromtheorie

Diese von Eschrich (1972) formulierte Alternative geht davon aus, daß sich osmotische Prozesse entlang der gesamten Transportstrecke abspielen. Nach dieser Vorstellung kann eine Siebröhre im Prinzip an jeder beliebigen Stelle mit Saccharose be- oder entladen werden. Der daraufhin stattfindende osmotische Nachstrom von Wasser (bis zum Ausgleich der Wasserpotentialdifferenz zwischen Lumen und Apoplast) sorgt für eine lokale Volumenveränderung und für eine entsprechende Bewegung der Zuckermoleküle. Da Wasser durch Diffusion jederzeit frei zwischen Apoplast und Lumen ausgetauscht werden kann, wandern die an der source aufgenommenen Wassermoleküle nicht gemeinsam mit den Zuckermolekülen durch die Siebröhre, sondern bleiben praktisch stationär. Es kommt also zu keiner longitudinalen Massenströmung von Wasser + Gelöstem, sondern lediglich zu einer Längsbewegung der Saccharose. Die Volumenstromtheorie ersetzt also den longitudinalen Druckgradienten durch viele transversale osmotische Gradienten und ist daher mit einem hohen Strömungswiderstand der Siebröhren eher verträglich.

Druckstrom- und Volumenstromtheorie schließen sich nicht gegenseitig aus, sondern sind als die beiden Extremfälle einer durch Wasserpotentialgradienten $\Delta\psi = \Delta P - \Delta\pi$ (→ S. 44) angetriebenen Lösungsströmung anzusehen, wobei entweder die Druckkomponente (ΔP) oder die osmotische Komponente ($\Delta\pi$) als die alleinige Triebkraft postuliert wird. In Wirklichkeit dürfte in einer Siebröhre eine Kombination von Druckstrom und Volumenstrom vorliegen. Die Ergebnisse thermoelektrischer Messungen sind ein Beleg dafür, daß es in den Siebröhren zumindest gelegentlich zur Massenströmung kommen kann; andererseits deuten Experimente mit markiertem Wasser darauf hin, daß die Wasser-

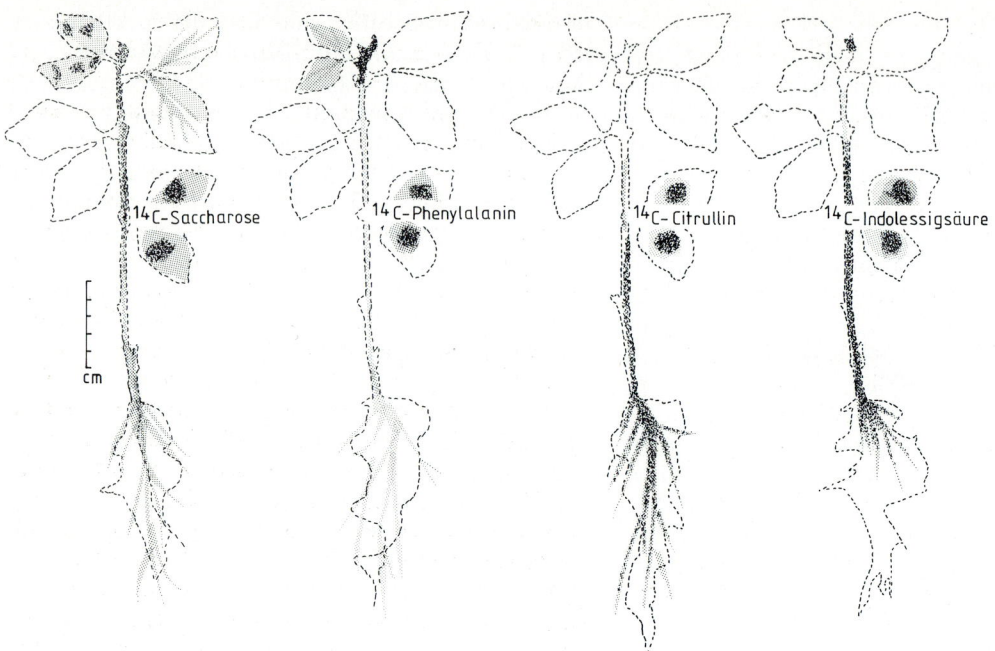

Abb. 30.8. Demonstration des Ferntransports von radioaktiv markierten Substanzen durch Autoradiographie. Objekt: Ackerbohne (*Vicia faba*). Die ^{14}C-markierten Verbindungen wurden an aufgerauhte Flächen der Primärblätter appliziert. Die Schwärzungen innerhalb der gestrichelt umrandeten, ge- preßten Pflanzen zeigen Verteilung und relative Dichte der Markierung. Ein Xylemtransport erscheint ausgeschlossen, da der Export aus den behandelten Blättern nur über das Siebröhrensystem möglich ist. (Nach Eschrich 1989)

phase auch unter Bedingungen, unter denen Saccharose transportiert wird, weitgehend stationär bleiben kann.

Verteilungsmuster für Assimilate

Neben der Saccharose werden auch weitere organische Moleküle im Phloem transportiert, z. B. Aminosäuren, das Tripeptid Glutathion, Hormone und auch xenobiotische Substanzen, z. B. gewisse systemische Herbizide (→ S. 613). Nach welchen Gesichtspunkten werden sie in der Pflanze verteilt? Werden einer Pflanze ^{14}C-markiertes Phenylalanin, Citrullin oder Auxin anstelle markierter Saccharose angeboten, verteilt sich die Markierung jeweils nach einem anderen Muster (Abb. 30.8): Sinks für Phenylalanin sind hauptsächlich die Sproßspitzen und die jüngsten Blätter. Citrullin, eine Aminosäure mit drei Aminogruppen, wandert fast ausschließlich zu den Wurzeln. Auxin (IAA) hingegen akkumuliert hauptsächlich in der Sproßachse, we-

niger in Sproß- und Wurzelspitzen. Wie können die mit der Saccharose im selben Siebröhrensaft gelösten und nach dem Druck- oder Volumenstromprinzip transportierten Substanzen derart unterschiedlich verteilt werden? Die Antwort kann nur lauten: Es gibt keinen differentiellen Transport, sondern nur eine differentielle Phloementladung. Im Fall der Saccharose haben wir gelernt, daß nur dann ein aktiver sink vorliegt, wenn Saccharose oder – nach Invertasespaltung – ihre Hydrolyseprodukte verbraucht werden. Analog darf man annehmen, daß es auch bei den Aminosäuren und bei der IAA nur dann zu einer Nettoentladung kommt, wenn die Substanzen gebraucht (verbraucht) werden.

Bidirektionelle Translocation

Die Frage lautet, ob in ein und demselben Leitbündel der Stofftransport gleichzeitig in verschiedenen Richtungen erfolgen kann. Die mit verschiedenen

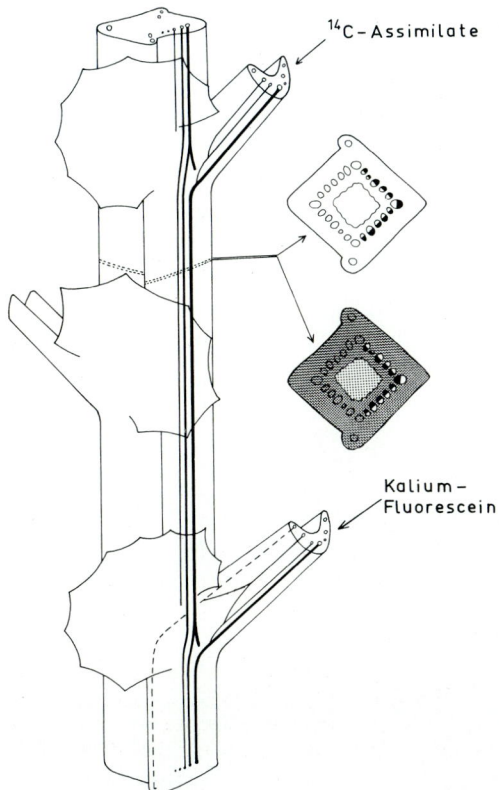

Abb. 30.9. Modellhafte Darstellung des Leitbündelverlaufs in der Sproßachse und in zwei Blattstielen einer jungen Ackerbohne (*Vicia faba*). Rechts sind zwei Stengelquerschnitte von derselben Position gezeigt. *Oben:* Darstellung einer Autoradiographie bei vierstündiger Versorgung des oberen Blattes mit ^{14}C-Verbindungen. Schwarze Phloemteile führen Radioaktivität. *Unten:* Im Fluoreszenzmikroskop zeigen die weißgelassenen Phloemteile fluoreszierende Siebröhren, wenn das untere Blatt 4 h zuvor mit Kalium-Fluorescein behandelt wurde. (Nach Eschrich 1967)

Techniken ausgeführten Experimente bejahen diese Frage. Für die in Abb. 30.9 dargestellten Experimente wurden Sproßachsen von *Vicia faba* verwendet. Wurde das Blatt unterhalb der Schnittstelle mit Kalium-Fluorescein und das darüber inserierte Blatt mit ^{14}C-Verbindungen versorgt, so wanderten beide tracer (die Fluoreszenz und das ^{14}C) in den gleichen Leitbündeln gegeneinander und aneinander vorbei. Während der *gleichzeitige* bidirektionelle Transport innerhalb eines Leitbündels als bewiesen gelten kann, herrscht bezüglich der weitergehenden Frage, ob ein gleichzeitiger bidirektioneller Transport auch in ein und derselben Siebröhre stattfinden kann, keine einheitliche Auffassung. Eine positive Evidenz ist die folgende: Wenn ein starker sink entlang einer Siebröhre auftritt, der im Experiment durch einen Aphidenrüssel nachgeahmt werden kann, muß man aufgrund der Druckstromtheorie erwarten, daß der Phloemsaft aus beiden Richtungen zu dem sink strömt. Dies läßt sich im Experiment auch tatsächlich belegen.

Weiterführende Literatur

Aronoff S et al. (ed) (1975) Phloem transport. Plenum, New York

Baker DA, Milburn JA (eds) (1989) Transport of photoassimilates. Longman, Harlow

Behnke H-D (1990) Siebelemente – Kernlose Spezialisten für den Stofftransport in Pflanzen. Naturwiss 77:1–11

Eschrich W (1984) Untersuchungen zur Regulation des Assimilattransports. Ber Deutsch Bot Ges 97:5–14

Eschrich W, Heyser R (1984) Saccharosetransport im Phloem. Biologie in unserer Zeit 14:133–139

Giaquinta RT (1983) Phloem loading of sucrose. Annu Rev Plant Physiol 34:347–387

Lüttge U, Higinbotham N (1979) Transport in plants. Springer, New York Heidelberg Berlin

Patrick JW (1990) Sieve element unloading: Cellular pathway, mechanism and control. Physiol Plant 78:298–308

Zimmermann MH, Milburn JA (eds) (1975) Transport in Plants I. In: Encycl Plant Physiol NS, Vol 1. Springer, Berlin Heidelberg New York

31 Physiologie der Bewegungen

Freie Ortsbewegungen

Diese Bewegungsform ist bei den höheren Pflanzen selten. Lediglich Rhizome, d.h. mehr oder minder horizontal wachsende, unterirdische Sproßachsen, führen *freie Ortsbewegungen* aus. Wie das monopodiale Rhizom von *Paris quadrifolia* zeigt (Abb. 31.1), treten die als Blütentriebe in Erscheinung tretenden Seitenachsen von Jahr zu Jahr an verschiedenen Stellen auf. Das Rhizom stirbt im Laufe der Jahre von hinten her ab; vorne – mit dem apikalen Vegetationspunkt – wächst es weiter. Analoge „Wandervorgänge" beobachtet man auch bei anderen Pflanzengruppen, z.B. bei manchen Lebermoosen oder beim Rhizom von Farnen. Physiologisch sind diese Bewegungsformen kaum untersucht.

Die freie Ortsbewegung *begeißelter Zellen* findet man – abgesehen von tierischen Zellen – bei manchen Bakterien, bei den Flagellaten, bei Zoosporen und Gameten vieler Algen und Pilze, bei den ♂ Gameten der Bryophyten und Pteridophyten und bei den ♂ Gameten einiger Gymnospermen. Dem Studium der freien Ortsbewegung einzelliger Organismen kommt eine allgemeine, über die Aufklärung des speziellen Problems hinausgehende Bedeutung zu, da sie sich für die *systemtheoretische Analyse von Reiz-Reaktionsketten* besonders eignen (→ Abb. 31.9).

Feinstruktur der Geißel

Geißeln und Cilien sind durch distinkte Strukturen (Basalkorn; Basalkörper) in der Zelle verankert (→ Abb. 31.8). Da der Durchmesser der Geißeln in den Grenzbereich der Auflösungskraft des Lichtmikroskops fällt, konnte der Feinbau der Geißeln und Basalkörper nur mit Hilfe des Elektronenmikroskops studiert werden. Dabei hat sich gezeigt, daß der Feinbau des aus der Zelle herausragenden, freien Teils der Geißel (oder der Cilie) im ganzen Tier- und Pflanzenreich (abgesehen von den Bakterien) weitgehend derselbe ist. Wir halten uns an den Feinbau der Geißeln bei den Zoosporen der Grünalge *Stigeoclonium spec.* (Abb. 31.2). Der Querschnitt im freien Teil der Geißel zeigt 2 zentrale Mikrotubuli (→ Abb. 3.8), die von 9 Doppelmikrotubuli umgeben sind. Diese Anordnung findet man bei allen Geißeln. Man erkennt, daß die Geißel *bilateral-symmetrisch* (nicht radiärsymmetrisch!) gebaut ist. Die Mikrotubuli verlaufen parallel zur Geißellängsachse. Die Geißel wird von einer Plasmamembran abgegrenzt; die Materie zwischen den Mikrotubuli und der Plasmamembran zeigt keine spezifische Struktur. Die mit den heutigen Methoden im Geißelquerschnitt erkennbaren Strukturen gibt das Schema der Abb. 31.3 wieder. Es betont die besondere Bedeutung des *Dyneins*, eines kontraktilen Proteins, für den Geißelschlag. Der

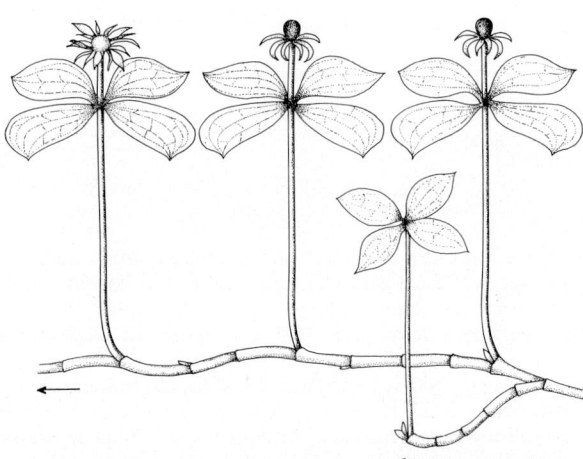

Abb. 31.1. Das monopodiale Rhizom der Einbeere (*Paris quadrifolia*) als Beispiel für eine freie Ortsbewegung. Das Rhizom ist über drei Vegetationsperioden hinweg dargestellt. Es wächst vorne weiter und stirbt jeweils hinten ab. (In Anlehnung an Troll 1959)

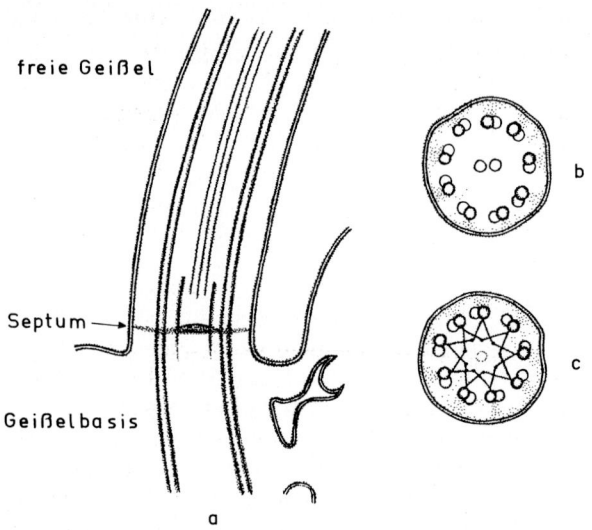

freie Geißel

Septum

Geißelbasis

a

b

c

Abb. 31.2 a–c. (a) Medianer Längsschnitt durch Geißel und Geißelbasis der Zoospore von *Stigeoclonium spec.* (b) Querschnitt durch eine Geißel im freien Bereich. (c) Querschnitt durch eine Geißel im Übergangsbereich zwischen freier Geißel und Geißelbasis. (Nach Manton 1963)

Längsschnitt (Abb. 31.2 a) zeigt, daß ein *Septum* in dem Bereich ausgebildet zu sein scheint, wo die freie Geißel und der Basalkörper der Geißel (Geißelbasis) zusammenstoßen (Übergangsregion). Die beiden zentralen Mikrotubuli treten in die Übergangsregion ein, enden aber vor dem Septum. Ein Querschnitt durch die Übergangsregion zeigt ein charakteristisches Sternmuster (Abb. 31.2 c). Es könnte sein, daß man hier strukturelle Elemente vor sich hat, die für eine Koordination der Leistung der peripheren Mikrotubuli wichtig sind. In dem der Geißelbasis benachbarten Cytoplasma (Kinoplasma) findet man ungewöhnlich viele Mitochondrien. Bei Zugabe von ATP kann auch die isolierte Geißel noch Bewegungen ausführen.

Äußere Mechanik der Geißelbewegung

Die Geißelbewegung treibt die Zelle vorwärts. Es muß also aus der Geißelbewegung ein Impuls in der Bewegungsrichtung resultieren. Sowohl die äußere

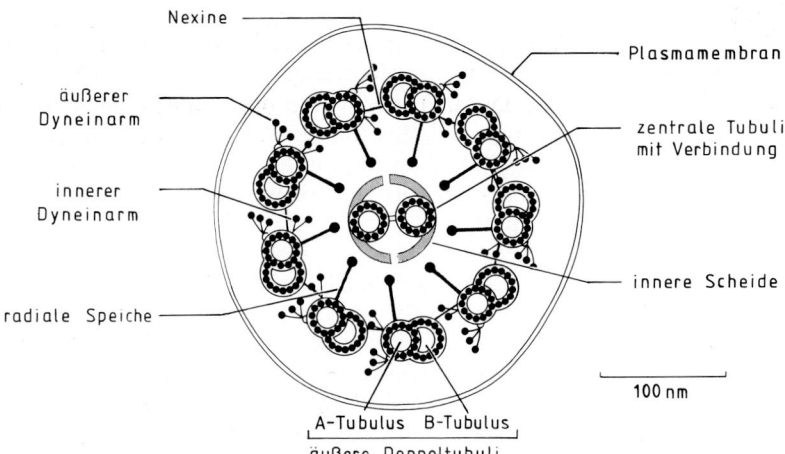

Nexine

äußerer Dyneinarm

innerer Dyneinarm

radiale Speiche

Plasmamembran

zentrale Tubuli mit Verbindung

innere Scheide

100 nm

A-Tubulus   B-Tubulus
äußere Doppeltubuli

Abb. 31.3. Schema eines Geißelquerschnitts mit den im Elektronenmikroskop erkennbaren Strukturen. Man erkennt 9 periphere (äußere) Doppelmikrotubuli, 2 zentrale Einzelmikrotubuli und verschiedene verbindende Strukturen. Die Querschnitte durch die Protofilamente innerhalb der Tubuli sind dunkel gehalten. Die beiden Arme an den A-Tubuli bestehen aus *Dynein* (ATPase). Die permanenten Verbindungsstücke zwischen den Doppeltubuli nennt man *Nexine*. Das Schlagen der Geißel kommt durch cyclisches Binden und Lösen der Dyneinarme an die – und von den – benachbarten Doppeltubuli unter ATP-Verbrauch zustande. Die Analogie zum Actomyosinsystem (→ S. 551) ist offensichtlich; allerdings ist das Dynein komplexer gebaut als das Myosin. Dies ist verständlich, da die Geißel Bewegung in

Biegung umsetzen muß. Der Geißelschlag kommt nach der gängigen Auffassung durch Gleiten der Doppeltubuli relativ zueinander zustande (sliding-filament-Mechanismus). Dies setzt natürlich deren feste Verankerung an der Geißelbasis voraus (→ Abb. 31.2). Die radialen Speichen scheinen einem reinen Aneinandervorbeigleiten der Doppeltubuli entgegenzuwirken und die Bewegung in Biegung umzusetzen. Ihre Verbindung zum zentralen Zylinder (innere Scheide) kann wahrscheinlich gelöst und wieder geknüpft werden. Die Nexine dagegen verbinden benachbarte Doppeltubuli permanent; sie sind aber offenbar elastisch und erlauben dadurch ein gewisses, aber nicht zu weites Gleiten. (Nach Kleinig und Sitte 1986; Taylor 1989)

Mechanik der Geißelbewegung als auch die Bewegungen der Zellen sind ungeheuer vielfältig und kompliziert. Die Bewegung der Geißel erfolgt entweder in einer Ebene (manche Geißeln, alle Cilien) oder im Raum. Formal kann man sich den *drei-*

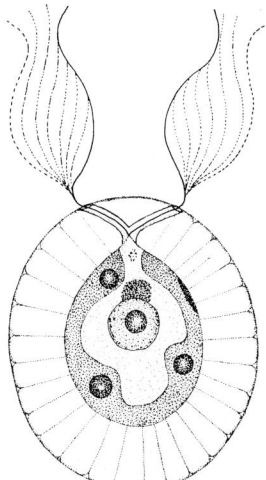

Abb. 31.4. Ein Flagellat der Gattung *Haematococcus* als Beispiel für einen zweigeißeligen Flagellaten, bei dem die beiden Geißeln strukturell und funktionell gleich sind (*isokonte* Flagellaten). Die Geißeln bilden jeweils einen *dreidimensionalen Schwingungsraum*, dessen Form vom Zellkörper her beeinflußt werden kann

dimensionalen Schwingungsraum (Abb. 31.4) aus Schwingungsebenen zusammengesetzt vorstellen. Als Beispiel für eine einfache, *uniplanare Geißelbewegung* ist in Abb. 31.5 der Ruderschlag einer *Monas*-Zelle wiedergegeben. Die Mechanik des Geißelschlags ist auch in diesem einfachen Fall nicht starr; sie kann vielmehr vom Zellkörper her nach Schwingungsbereich und Schlagfrequenz reguliert werden.

Viel komplizierter als die Geißelbewegung in einer Ebene ist die Geißelbewegung im Raum. Einmal benutzen die Geißeln in diesem Fall komplizierte, schwer zu analysierende, räumliche Bahnen; zum andern dreht sich im allgemeinen der ganze Flagellat, weil durch die Geißelbewegung für die Zelle ein Drehimpuls resultiert. Die Bahn, die der Flagellat beschreibt, hängt in erster Linie von der Schlagweise der Geißel, von der äußeren Zellform und von der Insertionsstelle der Geißel ab. Sind zwei und mehr Geißeln vorhanden, müssen noch weitere Faktoren bei der Analyse in Betracht gezogen werden. Als Beispiel gibt die Abb. 31.6 die *Bewegungsschrauben von Dinoflagellaten* wieder, die mit zwei verschiedenartigen Geißeln ausgestattet sind. Solche Flagellaten schwimmen in einer weiten Schraube bei gleichzeitiger Rotation des Zellkörpers. Die Körperachse ist dabei gegen die Achsenrichtung der Fortbewegung geneigt. Die Bahn-

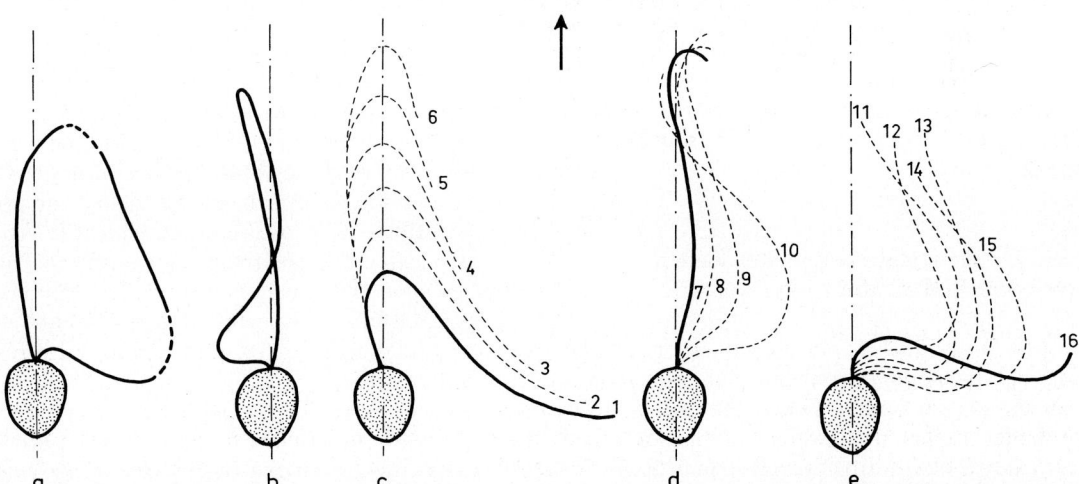

Abb. 31.5 a–e. Der Geißelschlag von *Monas spec.* bei einer Vorwärtsbewegung (*Pfeil*) mit maximaler Geschwindigkeit. (Dieser Flagellat besitzt zwar neben der großen, terminal inserierten Geißel noch eine kleine; für das Zustandekommen der Bewegung spielt jedoch lediglich die große Geißel, auf die wir uns hier beziehen, eine Rolle.) (a) der Schwingungsbereich der Geißel in Flächenansicht; (b) die Schwingungsebene von der Seite [gegenüber (a) um 90° gedreht]; (c) Zurückführen der Geißel in die Schlagstellung; (d, e) aktiver Geißelschlag. (Nach Pohl 1962)

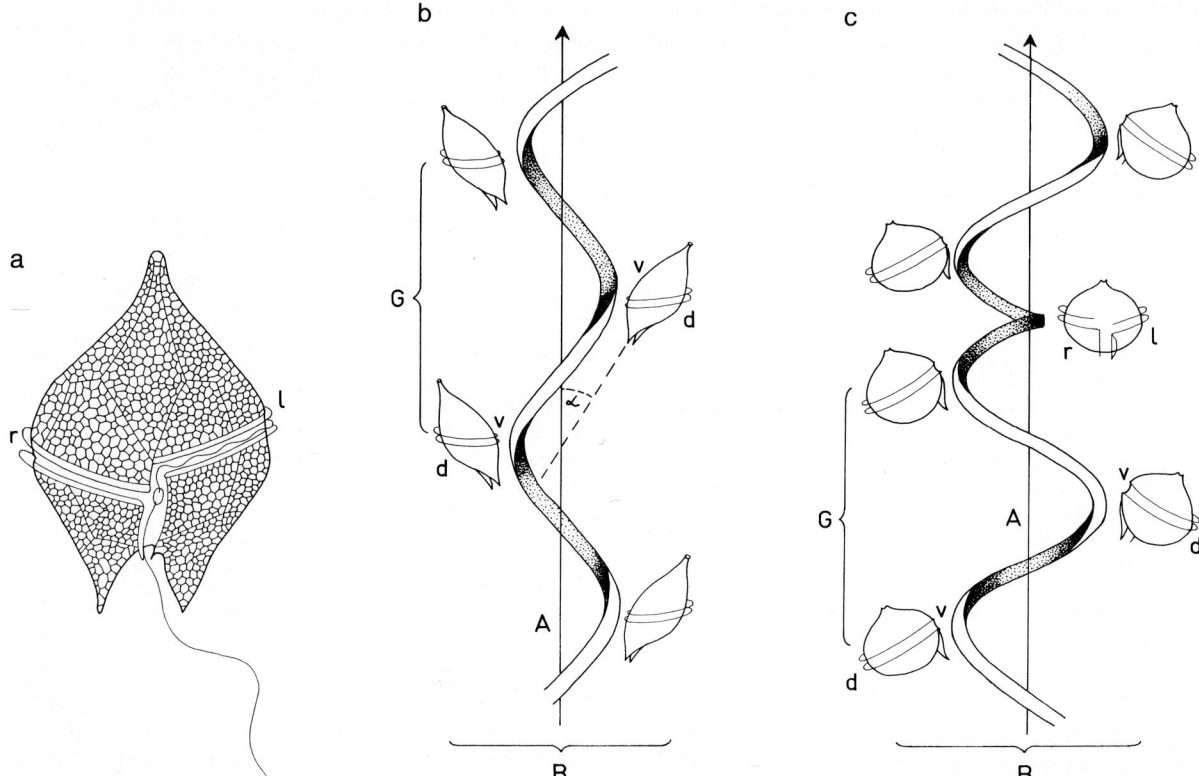

Abb. 31.6 a–c. Bewegungsschrauben bei *Peridinium*-Arten. (a) *Peridinium claudicans* in Ventralansicht; (b) die Bewegungsschraube von *P. claudicans*; (c) die Bewegungsschraube von *P. oratum* mit Änderung der Rotationsrichtung; B, Breite der Bewegungsschraube; G, Ganghöhe der Bewegungsschraube; d, Neigungswinkel der Längsachse der Zelle gegen die Bewegungs-(Schrauben-)achse, A; v, ventral; d, dorsal; r, rechts; l, links. (Nach Pohl 1962)

kurve läßt sich im einfachen Fall (Abb. 31.6 b) durch drei Größen quantitativ beschreiben: B, G und α.

Freie Ortsbewegung begeißelter Zellen unter dem Einfluß von Licht

Motile, photoautotrophe Organismen führen Bewegungen aus, die darauf abzielen, *optimale Lichtbedingungen* zu finden. Die Akkumulation frei beweglicher Zellen im jeweils bevorzugten Teil des Lichtraumes kann über verschiedene Reaktionstypen zustande kommen:

1. *Photokinese.* Darunter versteht man eine lichtabhängige Änderung der *Bewegungsintensität*. Wenn begeißelte Zellen bei niedrigem Lichtfluß schneller schwimmen als bei hohem Lichtfluß, so werden sie sich im hellsten Teil des Lichtfeldes anreichern. Man nennt diese Reaktionsweise negativ (oder invers) photokinetisch, da die Zellen mit steigendem Lichtfluß ihre Bewegungsintensität *herabsetzen.* (Im Fall einer positiven oder direkten Photokinese bewegen sich die Zellen im hellen Teil des Lichtfeldes schneller. Sie verbringen deshalb im Durchschnitt mehr Zeit im dunkleren Teil ihres Lebensraumes.)

2. *Photophobische Reaktion.* Darunter versteht man eine Änderung in der *Bewegungsrichtung,* die durch einen plötzlichen Wechsel des Lichtflusses verursacht wird. Falls die Zellen ihre Richtung ändern, wenn sie auf eine *Lichtflußabnahme* stoßen, so werden sie sich im helleren Teil des Lichtfeldes ansammeln ("Lichtfalle") (Abb. 31.7). Erfolgt die

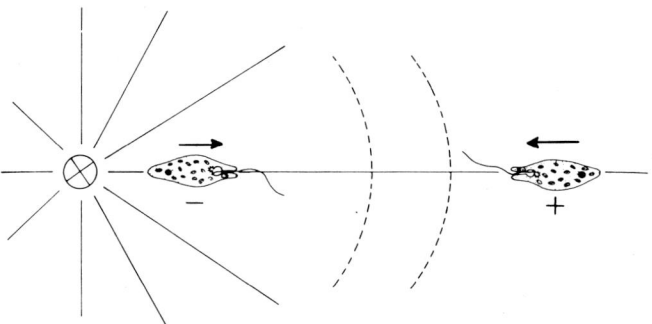

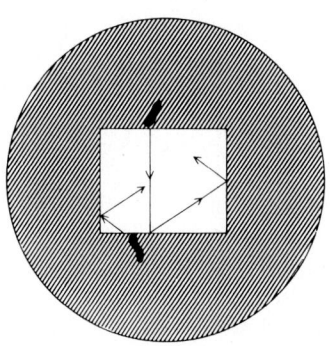

Abb. 31.7. Eine prinzipielle Darstellung der Phototaxis (Beispiel: *Euglena spec., links*) und der photophobischen Reaktion (Beispiel: *Rhodospirillum spec., rechts*). Bei der Phototaxis wird die Richtung der Ortsbewegung durch die Lichtrichtung bestimmt. Wie die Abbildung andeutet, kann man eine positive (auf die Lichtquelle zu) und eine negative (von der Lichtquelle weg gerichtete) Phototaxis unterscheiden. Der Indifferenzbereich, in dem sich die Flagellaten schließlich ansammeln werden, ist gestrichelt angedeutet. Die Einstellung der Bewegungsrichtung in die Lichtrichtung erfolgt durch entsprechende Änderungen des Geißelschlags. Bei der photophobischen Reaktion schwimmen die Zellen glatt vom Dunkeln in den Lichtfleck hinein. Beim Übergang Licht → Dunkel jedoch kommt es zu einer „Schreckreaktion". Die Zellen ändern ihre Schwimmrichtung. Das Resultat ist eine Ansammlung der Zellen in der „Lichtfalle". Bei der Auslösung der phobischen Reaktion der Purpurbakterien scheinen alle photosynthetisch wirksamen Pigmente beteiligt zu sein. Bei den begeißelten Algen hingegen besteht kein unmittelbarer Zusammenhang zwischen der Lichtabsorption in den Photosynthesepigmenten und der phototaktischen oder photophobischen Reaktion (Rotlicht ist als Stimulus unwirksam, die Zellen reagieren nur auf kürzerwelliges Licht und UV)

photophobische Reaktion auf eine *Lichtflußerhöhung* hin, so meiden die Zellen den helleren Teil des Lichtfeldes.

3. *Phototaxis.* In diesem Fall orientiert sich die Bewegung an der *Lichtrichtung.* Wenn die Zellen auf die Lichtquelle zuschwimmen (*positive Phototaxis*), so werden sie sich im Bereich höchsten Lichtflusses ansammeln. Kommt es bei überoptimalem Lichtfluß zu einem qualitativen Umschlag des Verhaltens (*negative Phototaxis*), so sammeln sich die Zellen in einem Indifferenzbereich an (Abb. 31.7). Die Phototaxis tritt bei den begeißelten Algen besonders klar in Erscheinung. Die verschiedenen Reaktionstypen können jedoch bei den hochorganisierten Flagellaten nebeneinander vorkommen.

Im Fall der photokinetischen und photophobischen Reaktion müssen die Zellen lediglich die Fähigkeit besitzen, zeitliche Änderungen des Lichtflusses registrieren zu können; bei der phototaktischen Reaktion muß die Zelle hingegen auch in der Lage sein, die Lichtrichtung festzustellen – ein viel schwierigeres Problem.

Vermutlich sind die meisten photoautotrophen Flagellaten sowohl zu phototaktischen als auch zu photophobischen Reaktionen fähig. Ein häufig untersuchtes System ist *Chlamydomonas reinhardtii.*

Diese sehr motilen, isokonten, grünen Monaden – nahe verwandt mit *Haematococcus* (→ Abb. 31.4) – schwimmen wie üblich bei niederen Photonenflüssen auf die Lichtquelle zu, bei höheren Photonenflüssen von der Lichtquelle weg (→ Abb. 31.7, *links*). Außerdem reagieren die Chlamydomonaden auf plötzliche Änderungen der Lichtintensität mit abrupten Änderungen der Bewegungsrichtung oder mit einem Bewegungsstop. Diese photophobischen Reaktionen haben mechanistisch keine unmittelbare Beziehung zur Phototaxis, obgleich beide Reaktionstypen auf die Lichtabsorption im selben Photoreceptor zurückgehen. Im Fall der Chlamydomonaden ist das Photoreceptorpigment ein *Retinalprotein* („Rhodopsin"). Der biochemische Mechanismus, d.h. die Abfolge der molekularen Einzelschritte bei der Signaltransduktion, ist bei beiden Reaktionstypen noch offen.

Die Phototaxis von *Euglena gracilis*

Dem Studium der Phototaxis kommt eine allgemeine, über die Aufklärung des speziellen Problems hinausgehende Bedeutung zu. Einzellige Organismen eignen sich besonders gut für die auf Prinzipien abzielende Analyse sinnesphysiologischer Reiz-Reaktionsketten, da sich bei ihnen das ganze Geschehen *innerhalb einer Zelle* abspielt und somit die komplexen Wechselwirkungen *zwischen Zellen* keine Rolle spielen. Bei Verwendung von Licht als Signal (Reiz, input) ist die Analyse verhältnismäßig einfach, da man Änderungen der Reaktion (output) leicht messen kann und sich Änderungen des Signals leicht bewerkstelligen lassen. Beispielsweise verschwindet das Signal sofort und total, sobald man das Licht abschaltet. Derart rasche Änderungen des inputs sind bei chemischen Signalen nicht möglich. Das input/output-System der Phototaxis (die Signalwandlung) ist bei dem grünen Flagellaten *Euglena gracilis* bereits gut analysiert (Abb. 31.8). Das output-System für lichtinduzierte Reaktionen der freischwimmenden *Euglena*-Zelle wird stets durch die Geißel (Flagellum) repräsentiert. Das Organell ist am Vorderende inseriert. Eine zweite, kurze Geißel ragt nicht aus dem Kanal heraus. Sie spielt für die Lokomotion keine Rolle. Der Schlag der lokomotorischen Geißel ist schraubenförmig. Er veranlaßt die Zelle zu einer

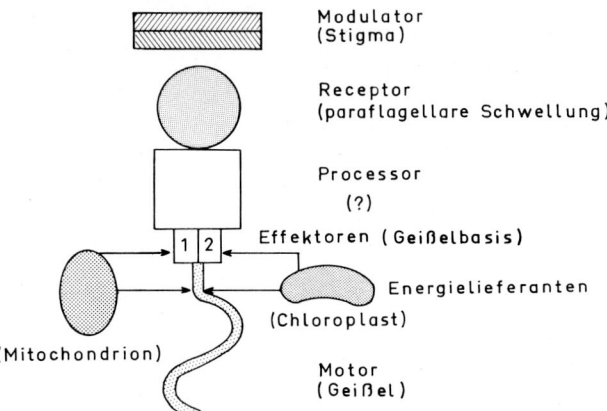

Abb. 31.9. Eine modellhafte Wiedergabe der Komponenten des Reiz-Reaktionssystems, das die positiv phototaktische Reaktion der *Euglena*-Zelle ermöglicht. Die Kombination von Signalreceptor (Photoreceptor) und Modulator führt zu einem „Irrtumsignal", sobald die Zelle von der „richtigen" Orientierung gegenüber dem Lichtfaktor abweicht (→ Abb. 31.7, *links*). Der motorische Teil des Reiz-Reaktionssystems reagiert dann in der Art, daß das Irrtumsignal minimiert wird. Diese negative Rückkoppelung ermöglicht eine Art von Homöostasis, nämlich eine optimale Einstellung des Organismus auf den Lichtfaktor. Die Abfolge der Einzelschritte zwischen Receptor und Motor ist noch weitgehend unbekannt. Beim reizverarbeitenden System (Processor) ist das morphologische Äquivalent noch nicht identifiziert. Als die Effektoren, von denen aus die Antwortreaktion erfolgt, muß der Bereich der beiden Geißelbasen angesehen werden. Die Geißelkörper selbst können nur als Motoren aufgefaßt werden. Eine andere Rückkoppelung, nämlich zwischen dem Photosyntheseapparat und dem motorischen System, ist maßgebend für die *Photokinese*, also für die Änderungen der linearen Schwimmgeschwindigkeit bei Änderungen des Lichtflusses

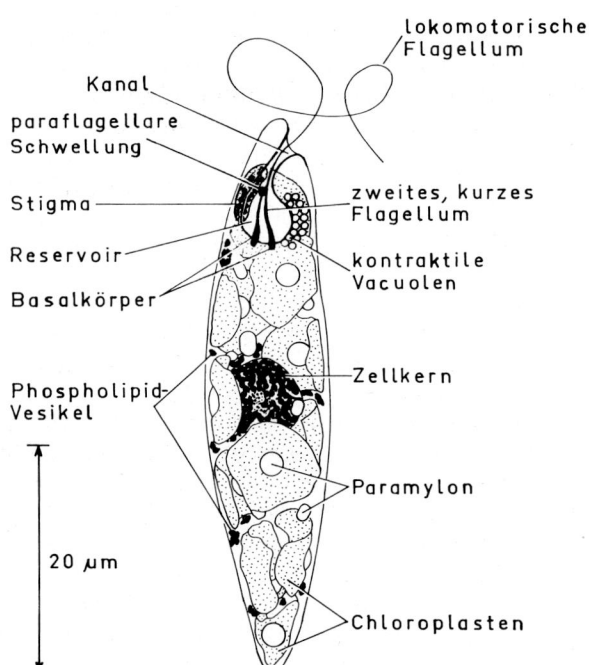

Abb. 31.8. Die Struktur einer Zelle von *Euglena gracilis*. Die Flagellaten der Gattung *Euglena* wurden für viele sinnesphysiologische Experimente verwendet. Sie sind typische Repräsentanten der monadoiden Organisationsstufe der Algen. (In Anlehnung an Diehn 1973)

Rotation um ihre Längsachse. Darüber hinaus ist der Schub der Geißel unsymmetrisch, so daß die Zelle gegen die Bewegungsrichtung geneigt ist. Deshalb bewegt sich die um ihre Achse rotierende *Euglena*-Zelle auf einer schraubenförmigen Bahn durch das Wasser. Die Richtung der Vorwärtsbewegung ist durch die Schraubenachse definiert (→ hierzu die Schraubenbahnen der Dinoflagellaten, Abb. 31.6). Die Abb. 31.9 zeigt jene Elemente der *Euglena*-Zelle, die für ein Verständnis der phototaktischen Reaktion benötigt werden. Das Lichtsignal (die Photonen) wird in der *Photoreceptorstruktur (paraflagellare Schwellung)* absorbiert. Dies ist eine winzige Verdickung in der Nähe der Geißelbasis, die Flavine in dichroitischer Anordnung enthält (→ S. 529). Eine Modulation der Lichtabsorption wird über das *Stigma* bewerkstelligt. Dies ist ein chromoplastenähnliches, orangerotes Gebilde am Vorderende der Zelle, das hauptsächlich Carotinoide enthält. Kommt das Licht von der Seite, so beschattet das Stigma intermittierend den Photoreceptor, da die *Euglena*-Zelle bei der Rotation um ihre Längsachse die Orientierung zum Licht ändert (Abb. 31.10). Allerdings tritt eine erhebliche Schattenwirkung nur im Blaulicht auf, da die Carotinoide des Stigmas das längerwellige Licht (> 550 nm) nicht absorbieren.

Wie kommt es zur *positiven Phototaxis?* Wenn das Stigma in den Lichtstrahl eintritt, führt die *Euglena*-Zelle eine leichte Kursänderung zur stigmahaltigen Seite hin durch (Abb. 31.10). Eine rasche Folge solcher Kursänderungen führt zur positiv phototaktischen Reaktion. Kursänderungen unterbleiben erst dann, wenn das Licht direkt von vorne auf die Zelle trifft (→ Abb. 31.7, *links*).

Wie kommt es zur *negativen Phototaxis* der *Euglena*-Zelle? Wenn der Fluß des von vorne oder von der Seite kommenden Lichts *über* dem für die Zelle optimalen Lichtfluß (Adaptationsniveau) liegt, so

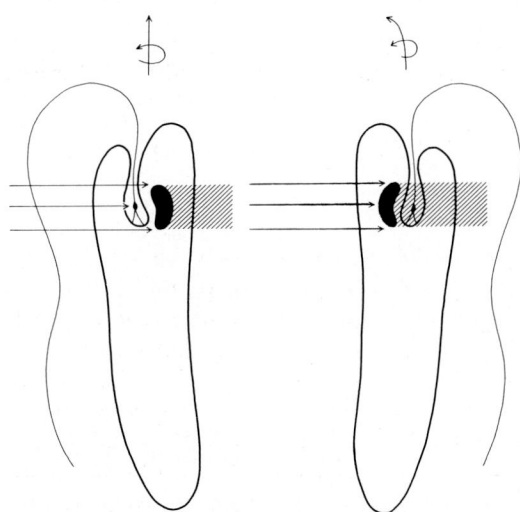

Abb. 31.10. Zum Mechanismus der positiven Phototaxis. Eine *Euglena*-Zelle wird von links beleuchtet. Infolge der Rotation der Zelle um die Längsachse (*Pfeil!*) ändert sich die Belichtung der Photoreceptorstruktur (*Verdickung in der Nähe der Geißelbasis*). Der „Augenfleck" (Stigma), der im Bild nierenförmig dargestellt ist, beschattet die Photoreceptorstruktur in der rechten Stellung. Ergebnis: Kursabweichung nach links (*Pfeil!*). (Nach Haupt 1965)

führt die Zelle eine entsprechende photophobische Reaktion aus. Die Zelle wird somit im überoptimalen Licht solange ihre Bewegungsrichtung ändern, bis der Photoreceptor ständig intensiv beschattet ist. Die „gewünschte" Beschattung wird am besten durch den mit Chloroplasten erfüllten Zellinhalt erreicht. Maximale Beschattung des Photoreceptors liegt vor, wenn die Zelle von der Lichtquelle wegschwimmt (→ Abb. 31.7, *links*). Das Stigma spielt also bei der negativ phototaktischen Reaktion keine Rolle.

Phototaxis der Gameten von *Ectocarpus siliculosus*

Die Gameten der Braunalgen sind durch ungleiche Geißeln charakterisiert (heterokonte Algen; → Abb. 20.4). Die längere der beiden Geißeln ist nach vorne gerichtet, mit feinen „Härchen" (Mastigonemen) besetzt und für die Fortbewegung der Zelle zuständig. Durch kreisende Bewegungen sorgt sie wie ein Flugzeugpropeller für den notwendigen Schub. Das zweite, kürzere Flagellum besitzt dagegen keine Mastigonemen, ist nach rückwärts orientiert und bleibt meist bewegungslos. Nur gelegentlich führt diese Schleppgeißel Ausschläge aus, die dann jedesmal zu einer Richtungsänderung der schwimmenden Zelle führen. Zur Theorie der Phototaxis haben die Gameten von *Ectocarpus siliculosus* dadurch beigetragen, daß sie eine sehr präzise positive Phototaxis zeigen, die sich auf die kurskorrigierende Tätigkeit der rückwärts gewandten Geißel zurückführen läßt (Abb. 31.11).

An der verdickten Flagellenbasis sind Flavinmoleküle (vermutlich Flavoproteine) lokalisiert, die den phototaktischen Lichtreiz percipieren. Analog zu den Vorgängen bei *Euglena gracilis* funktioniert die Geißelbasis in Zusammenarbeit mit dem carotinoidhaltigen Stigma (Modulator) in seiner Nähe (→ Abb. 31.10). Da die Gameten bei der Vorwärtsbewegung eine schraubige Drehung um ihre Längsachse ausführen, kommt es bei seitlicher Belichtung zu einem Schattenwurf, sobald das Stigma zwischen Lichtquelle und Geißelbasis gelangt. Eine periodische Unterbrechung der Lichtperception an der Geißelbasis durch den Schattenwurf des Stigmas gilt als der eigentliche Reiz, der den Ruderschlag der kleinen Geißel und damit die Bewegungsänderung auslöst. Die Kurskorrektur wird so lange vorgenommen, bis Schwimmrichtung und Lichtrichtung parallel sind.

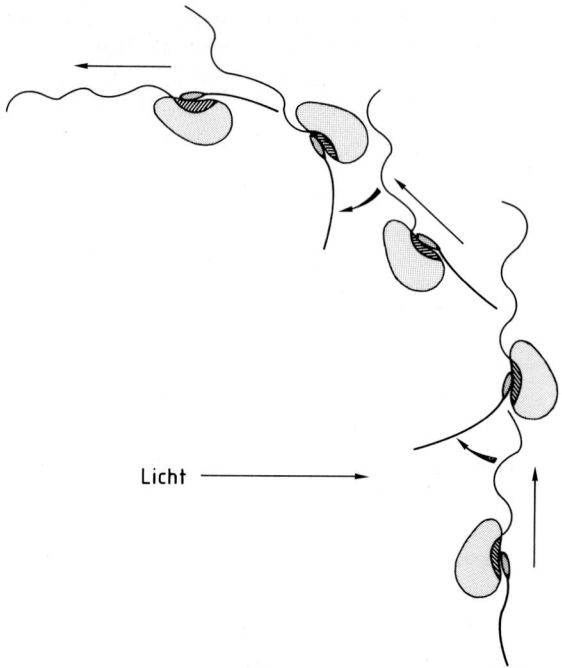

Abb. 31.11. Schema zur positiven Phototaxis der Gameten von *Ectocarpus siliculosus* nach dem Einsetzen von seitlichem Licht. Die Flagellenbasis der kürzeren, nach hinten gerichteten Schleppgeißel (Photoreceptorstruktur) und das Stigma (Modulator) sind herausgehoben. *Dünne Pfeile*: Schwimmrichtung; *dicke Pfeile*: Ausschläge der Schleppgeißel. (Nach Kawai et al. 1990)

Wirkungsspektren der Phototaxis

Wir behandeln diese Frage an dem von Halldal beispielhaft untersuchten Flagellaten *Platymonas subcordiformis*. Dieser marine, viergeißelige Flagellat, der zu den Chlamydomonaden gehört, reagiert bevorzugt negativ oder positiv phototaktisch, je nach dem Mengenverhältnis der Ionen Ca^{2+}, Mg^{2+} und K^+ im Medium (bei konstanter Ionenstärke und bei konstantem pH). Man kann also die gewünschte Reaktionsart durch das Ionenverhältnis einstellen. Die Abb. 31.12 zeigt die Wirkungsspektren der beiden Reaktionsweisen. Sie sind ihrer Form nach ähnlich, jedoch auf der Ordinate gegeneinander verschoben. Bezüglich der positiven Phototaxis ist der Flagellat erwartungsgemäß viel empfindlicher. Aus Halldals Arbeit lassen sich folgende Schlüsse ziehen:

- Eine phototaktische Reaktion ist nur im kurzwelligen Licht (Blaulicht) und im UV möglich.
- Positive und negative Phototaxis benützen die Lichtabsorption im gleichen Pigment(-gemisch?).

Die Interpretation eines Wirkungsspektrums hängt natürlich entscheidend davon ab, ob es in erster Linie das Absorptionsspektrum des Photoreceptors repräsentiert oder das Absorptionsspektrum des Modulators (→ Abb. 31.9). Außerdem muß

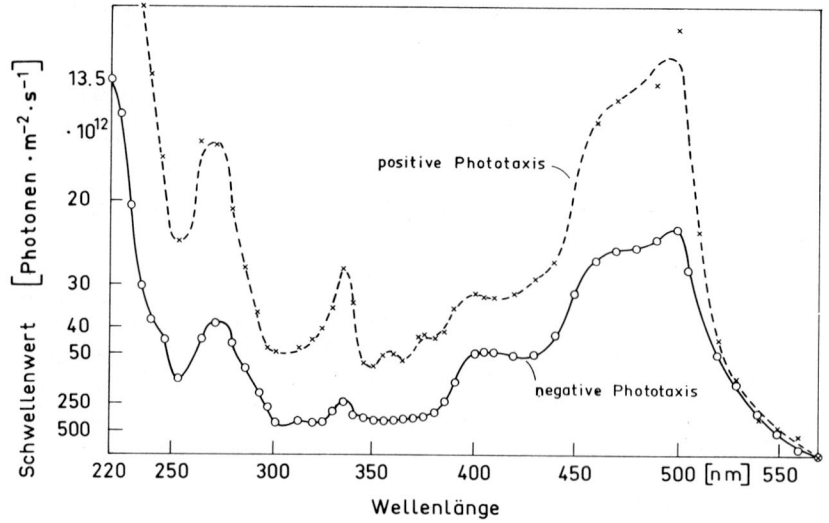

Abb. 31.12. Wirkungsspektren der positiven und negativen Phototaxis auf der Basis von Schwellenwertsbestimmungen. Objekt: der grüne Flagellat *Platymonas subcordiformis*. Auf der Ordinate ist derjenige Photonenfluß aufgetragen, der gerade zu einer erkennbaren Reaktion führt. Wellenlängen > 550 nm verursachen keine phototaktische Reaktion. (Nach Halldal 1961)

man damit rechnen, daß die verschiedenen Flagellaten unterschiedliche Photoreceptorpigmente verwenden. In der Tat hat sich herausgestellt, daß in der Natur sowohl Retinalproteine (*Chlamydomonas*) als auch Flavoproteine (*Euglena*) eingesetzt werden. Hingegen repräsentiert die Einstellung in die Lichtrichtung, die man bei *Platymonas subcordiformis* analysiert hat, ein generelles Prinzip: Wenn sich der grüne Flagellat beim Schwimmen um die eigene Achse dreht, wird durch die „Schattenspender" Stigma und Chloroplasten die Photoreceptorstruktur periodisch verdunkelt. Diese Modulation ist die Grundlage der positiv phototaktischen Reaktion (→ Abb. 31.10).

Phototropismus

Die meisten Pflanzen können keine freie Ortsbewegung durchführen. Um so wichtiger sind für die Orientierung der stationären Pflanze die Bewegungen der Organe im Raum. In diesem Kapitel behandeln wir die vielfach untersuchten Wachstumsbewegungen von Zellen oder von Organen, bei denen der Lichtfaktor die entscheidende Rolle spielt. Wenn die Wachstumsbewegungen eine klare Beziehung zu der *Richtung* des steuernden Außenfaktors besitzen, nennt man sie *Tropismen* (Einzahl: *Tropismus*). Beim *Phototropismus* legt also der Lichtfaktor die Richtung der Bewegung fest. Da die Pflanzen in der Regel auf den Lichtfaktor hin optimiert sind, ist der Phototropismus ökophysiologisch wichtig und demgemäß weit verbreitet. Wir betrachten die Grundphänomene an zwei wesentlich verschiedenen Systemen, an einem *Farnchloronema* und an einem *Dikotylenkeimling*. In beiden Fällen gilt, daß eine asymmetrische Belichtung (beispielsweise nur von einer Seite oder einseitig stärker) zu einer phototropischen Krümmung führt, die eine Wachstumsbewegung darstellt.

Das Chloronema

Im längerwelligen Licht (Rotlicht) wachsen die jungen Gametophyten vieler leptosporangiater Farne als Zellfäden (→ Abb. 19.10). Das Chloronema zeigt Spitzenwachstum. Das Wachstum ist auf die äußerste Spitze der Apikalzelle beschränkt; wahrscheinlich findet der Einbau von Wandsubstanz

überhaupt nur in der apikalen Kalotte (5–10 μm) statt. Wie erfolgt hier die phototropische Krümmung (Abb. 31.13)? Die Krümmung erfolgt *nicht* durch ein verstärktes Wachstum auf der Schattenflanke der apikalen Kalotte, sondern durch eine Vorwölbung auf der dem Licht zugewandten Flanke. Besonders elegant kann man diese Auffassung verifizieren, indem man die Verlagerung von Reisstärkekörnern verfolgt. Man legt die Körner auf die apikale Kalotte und beobachtet ihre Verlagerung nach Drehung der Lichtrichtung um 90° (Abb. 31.14).

Die Entdeckung, daß die Chloronemen *polarotropisch* reagieren, hat die Analyse der phototropischen Reaktion entscheidend vorangebracht. Verabreicht man horizontal wachsenden Farnchloro-

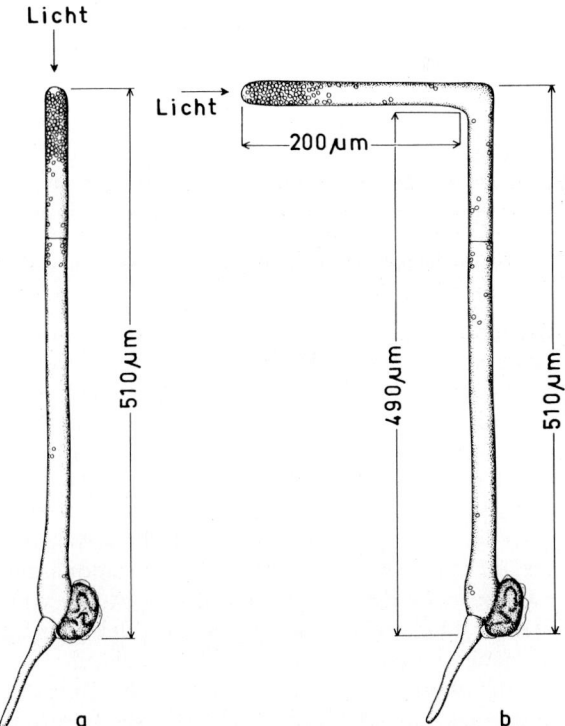

Abb. 31.13 a und b. Phototropismus von Farnchloronemen. Objekt: Sporenkeimlinge des Wurmfarns (*Dryopteris filixmas*), 5 d (a) bzw. 7 d (b) nach der Sporenkeimung. Der Pfeil gibt die jeweilige Lichtrichtung an. Die Änderung der Lichtrichtung um 90° erfolgte 5 d nach der Sporenkeimung. Die phototropische Krümmung des Chloronemas erfolgt mit einem scharfen Knick. Zur Terminologie: Der aus der haploiden Gonospore entstehende Sporenkeimling besteht aus dem chloroplastenhaltigen *Chloronema* und dem farblosen *Rhizoid*. (Nach Mohr 1956)

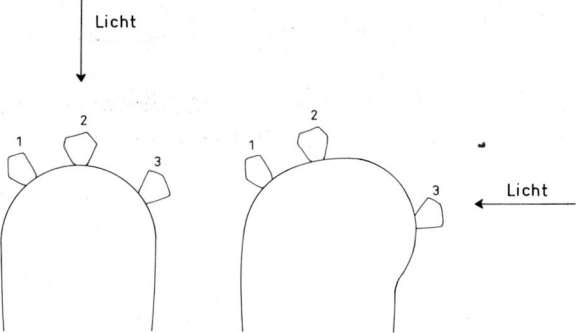

Abb. 31.14. Die Position von Reisstärkekörnern als Marken auf den Chloronemaspitzen von *Dryopteris filix-max*, vor (*links*) und nach (*rechts*) dem Einsetzen der phototropischen Krümmung. Es ist offensichtlich, daß die phototropische Krümmung mit einer Verlagerung des Wachstumszentrums von der Spitze an die Flanke der apikalen Kalotte zusammenhängt. (Nach Etzold 1965)

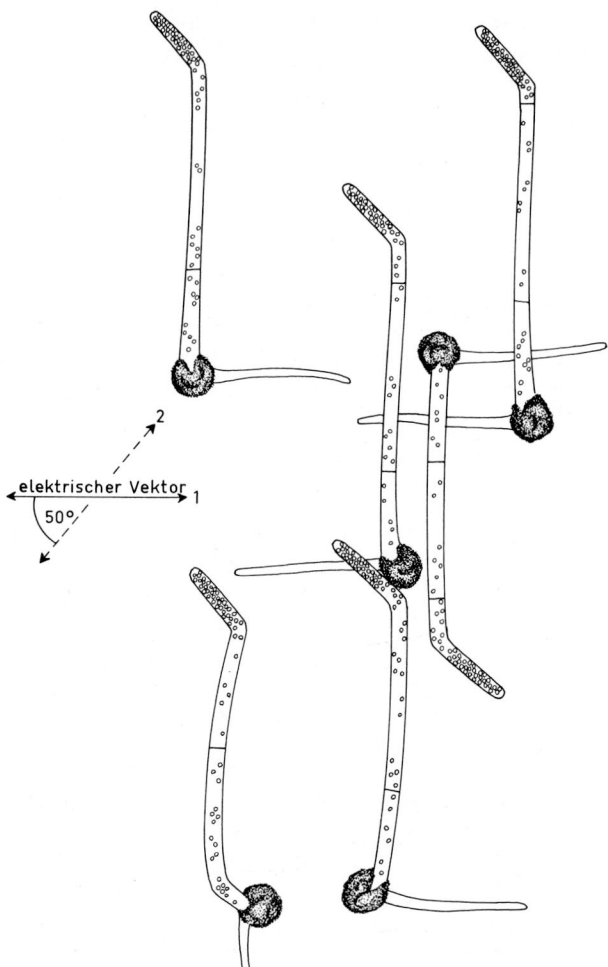

Abb. 31.15. Grundphänomene des Polarotropismus. Objekt: Sporenkeimlinge von *Dryopteris filix-mas*. Linear polarisiertes Licht (↔, elektrischer Vektor, E), von oben – also senkrecht auf die Wachstumsebene – eingestrahlt, bestimmt die Wachstumsrichtung von Chloronema und Rhizoid. Die Chloronemen wachsen senkrecht zur Schwingungsebene des E-Vektors. (Nach Etzold 1965)

nemen linear polarisiertes hellrotes Licht von oben, so wachsen sie strikt senkrecht zur Schwingungsebene des E-Vektors (Abb. 31.15). Dreht man die Schwingungsebene, so stellen die Chloronemen die Richtung des fädigen Spitzenwachstums sofort auf die neue Lage des E-Vektors ein. Es bildet sich, genau wie beim Phototropismus bei Änderung der Lichtrichtung (→ Abb. 31.13), ein scharfer Knick.

Wie ist die polarotropische Reaktion im Prinzip zu deuten? Die wirksame Hellrot-Strahlung – so besagt die Theorie – wird von langgestreckten Photoreceptormolekülen absorbiert, die im peripheren Plasma (vermutlich im Bereich der Plasmamembran) oberflächenparallel orientiert liegen. Im Modell (Abb. 31.16) bedeutet ein Strich die Achse der stärksten Absorption der Photoreceptormoleküle; ein Punkt bedeutet, daß man auf diese Achse vom Ende her blickt. Die Photoreceptormoleküle sind also nach diesem Modell in einer *dichroitischen* Struktur oberflächenparallel angeordnet. In erster Näherung können wir annehmen, daß die Photoreceptormoleküle das polarisierte Hellrotlicht nur absorbieren, wenn ihre Dipolachse in der Schwingungsebene des E-Vektors liegt. Nach diesem Modell würde sich also der Wachstumspol jeweils dort befinden, wo am meisten Hellrot absorbiert wird. Dreht man den E-Vektor, so wird die Absorption an den *Flanken* der apikalen Kalotte stärker als ganz vorne. Der Wachstumspol wandert an die eine oder andere Flanke.

Das Photoreceptorpigment für das polarotropisch wirksame Hellrotlicht ist das *Phytochrom* (→ S. 359). Experimente im Mikromaßstab, bei denen Teilbereiche der apikalen Kalotte mit polarisiertem Licht bestrahlt wurden, haben die Auffassung bestätigt, daß die Phytochrommoleküle, welche die phototropische/polarotropische Reaktion bewirken,[?]an der Peripherie der apikalen Kalotte lokalisiert sind, und daß die differentielle Lichtabsorption im Phytochrom über die Kalotte hinweg der

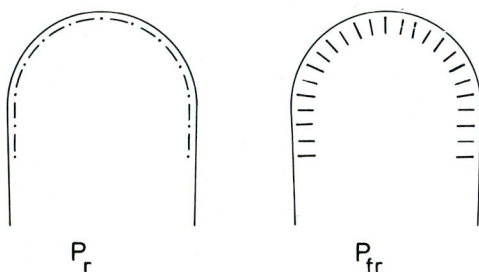

P_r P_{fr}

Abb. 31.16. Dieses Modell (Spitze eines Farnchloronemas im optischen Längsschnitt) soll die Orientierung der Achsen maximaler Absorption der Photoreceptormoleküle (Dipolachse) illustrieren. Die Photoreceptormoleküle sind mit Phytochrom zu identifizieren. *Links*: Nur P_r vorhanden. Die Photoreceptormoleküle sind zwar strikt oberflächenparallel, innerhalb der dichroitischen Schicht aber zufallsmäßig angeordnet. Dieser Verteilung wird durch die Anordnung von Strichen und Punkten Rechnung getragen. *Rechts*: Nur P_{fr} vorhanden. Die Photoreceptormoleküle (genauer: ihre Achse maximaler Absorption) stehen im Fall von P_{fr}, also *senkrecht* auf der Oberfläche der Zelle. Der Übergang $P_r \rightleftarrows P_{fr}$ ist somit mit einer Drehung der Achse maximaler Absorption um 90° verbunden. Wir werden später sehen ($\rightarrow$ S. 562), daß eine entsprechende, dichroitische Anordnung von Phytochrommolekülen auch in den Zellen der Grünalge *Mougeotia* entdeckt wurde. (Nach Etzold 1965)

phototropischen Reaktion zugrunde liegt. Der Ort stärksten Wachstums befindet sich jeweils dort in der Zelle, wo das P_r seine höchste Absorptionswahrscheinlichkeit besitzt und somit die lokale P_{fr}-Konzentration am größten ist. Beim normalen Phototropismus der Farnchloronemen ist dies die *Lichtflanke* der apikalen Kalotte ($\rightarrow$ Abb. 31.13).

Die Chloronemen des Lebermooses *Sphaerocarpus donnellii* zeigen ebenfalls das Phänomen des Polarotropismus (Abb. 31.17). In diesem Fall kann die polarotropische (und phototropische) Reaktion jedoch *nicht* mit dem Phytochrom in Zusammenhang gebracht werden. Die Studien zum Wirkungsspektrum des Polarotropismus der *Sphaerocarpus*-Keimlinge ergaben vielmehr, daß in diesem Fall nur *kurzwelliges* Licht wirksam ist. Die Details des Wirkungsspektrums (Abb. 31.18) lassen vermuten, daß *Cryptochrom* ($\rightarrow$ S. 377) als Photoreceptorpigment fungiert. Auch in diesem Fall muß man annehmen, daß die Photoreceptormoleküle hochgradig orientiert in einer dichroitischen Struktur in der Nähe der Zelloberfläche angeordnet sind. Drei Gesichtspunkte erscheinen besonders wichtig: 1. Die *Sphaerocarpus*-Keimlinge enthalten, wie Messungen in vivo und nach Extraktion zeigen, relativ viel

Phytochrom. In diesem System steht das Phytochrom aber nicht mit dem Polarotropismus/Phototropismus in Beziehung. 2. In den Farnchloronemen dürfte neben dem Phytochrom auch Cryptochrom polarotropisch wirksam sein. Das Wirkungsspektrum für *Dryopteris*-Keimlinge (Abb. 31.18) läßt sich unterhalb 500 nm auf der Basis von Phytochrom allein nicht verstehen. Man muß vielmehr davon ausgehen, daß sowohl Phytochrom als auch Cryptochrom-Moleküle dichroitisch im Ectoplasma angeordnet sind und unabhängig von-

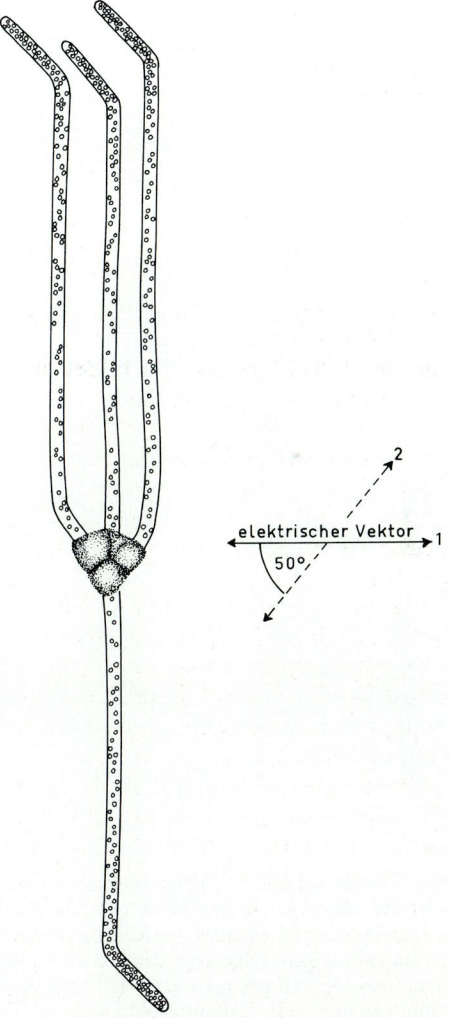

elektrischer Vektor   1

2

50°

Abb. 31.17. Grundphänomene des Polarotropismus bei Lebermooschloronemen. Objekt: Sporenkeimlinge aus Gonosporen von *Sphaerocarpus donnellii*. (Nach Steiner)

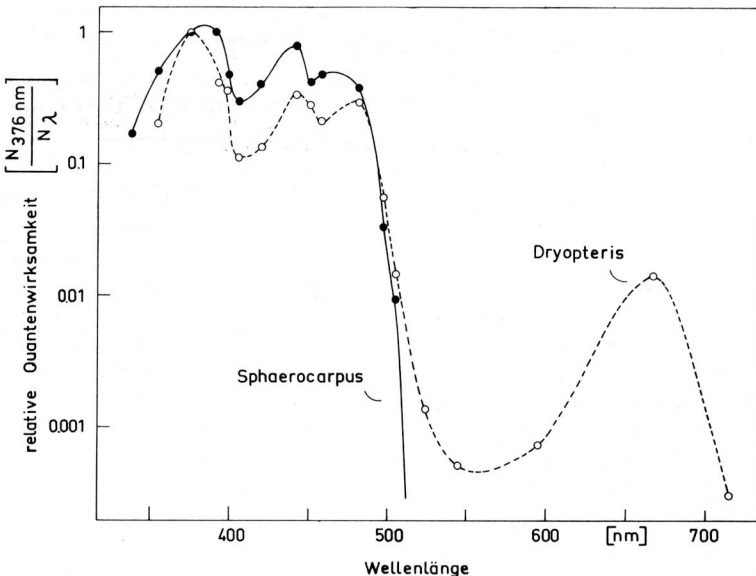

Abb. 31.18. Wirkungsspektren für den Polarotropismus bei Sporenkeimlingen eines Farns (*Dryopteris filix-mas*) und eines Lebermooses (*Sphaerocarpus donnellii*). Das Wirkungsspektrum wurde bei *Dryopteris* für den Reaktionswinkel 17,5°, bei *Sphaerocarpus* für den Reaktionswinkel 22,5° berechnet. Beide Winkel repräsentieren 50% des maximalen Reaktionswinkels. Wellenlängen oberhalb 520 nm haben bei *Sphaerocarpus* keine polarotropische oder phototropische Wirkung. (Nach Steiner 1967)

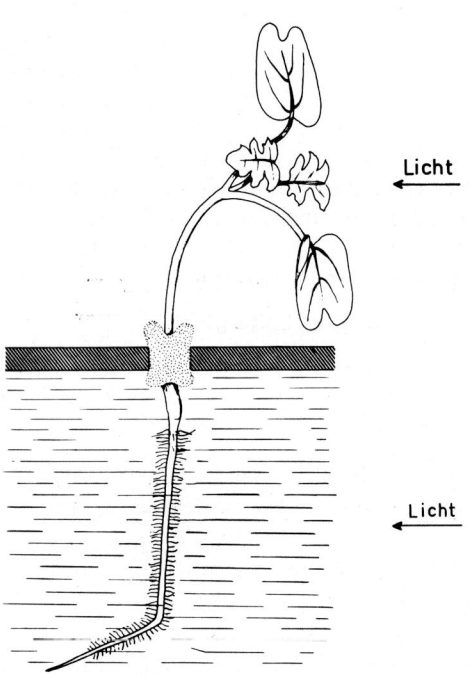

Abb. 31.19. Die phototropischen Wachstumsbewegungen einer repräsentativen dikotylen Keimpflanze (Weißer Senf, *Sinapis alba*). Das Hypokotyl reagiert positiv, die Wurzel reagiert negativ phototropisch. (Nach Boysen-Jensen 1939.) Mit *Diaphototropismus* bezeichnet man eine sich senkrecht zur Lichtrichtung orientierende Krümmungsbewegung. Im vorliegenden Fall zeigen die Blattflächen eine diaphototropische Einstellung, die auf eine entsprechende Orientierungsreaktion der Blattstiele zurückgeht (→ S. 556)

einander die polarotropische/phototropische Reaktion hervorbringen. 3. Der Vergleich von Farn- und Lebermooschloronemen liefert ein Beispiel für *physiologische Konvergenz*: Ein und dasselbe Problem, die optimale phototropische Reaktion, wird von verschiedenen Organismen mit Hilfe unterschiedlicher Elemente in sehr ähnlicher Weise gelöst.

Der Dikotylenkeimling

Das *Hypokotyl* reagiert *positiv phototropisch*, krümmt sich also zum Licht hin (Abb. 31.19). Die Reaktion ist darauf zurückzuführen, daß die Zellen auf der lichtabgewandten Flanke des Hypokotyls (Schattenflanke) schneller wachsen als auf der dem Licht zugewandten Flanke (Lichtflanke) (Abb. 31.20). Da das Hypokotyl (ebenso wie die Internodien) eine ausgedehnte Wachstumszone aufweist, bildet sich bei der phototropischen Reaktion ein weiter Bogen. Die *Radicula* hingegen, die – wenn überhaupt – *negativ phototropisch* reagiert, macht einen ziemlich scharfen Knick, weil ihre Wachstumszone bekanntlich nur kurz ist (→ Abb. 31.19). Auch im Fall der Keimwurzel ist die phototropische Reaktion des Organs auf unterschiedlich intensives Zellwachstum der beiden Flanken zurückzuführen.

Es gibt auch die Erscheinung, daß ein und dasselbe System je nach Photonenfluß positiv oder ne-

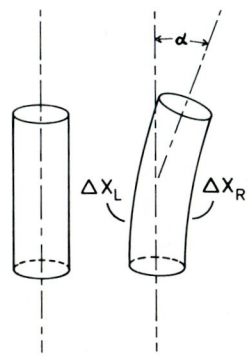

Abb. 31.20. Modellhafte Darstellung der phototropischen Reaktion des Hypokotyls. *Links:* Bei symmetrischer Belichtung oder im Dunkeln wachsen beide Flanken des Achsenzylinders gleich schnell entlang der Längsachse (keine Krümmung). *Rechts:* Nach einem Lichtreiz von rechts wächst die Schattenflanke schneller als die Lichtflanke ($\Delta X_L > \Delta X_R$). Dies führt zu einer Richtungsänderung der Längsachse um den Winkel α. Das Problem besteht darin, zu verstehen, wie das vielzellige System es fertig bringt, auf einen Lichtreiz hin das Wachstum in der angedeuteten Weise umzustellen. Man muß dabei berücksichtigen, daß bereits kleine Unterschiede der Wachstumsintensität auf den beiden Flanken zu starken Krümmungen führen. Außerdem muß man stets im Auge behalten, daß Pflanzenzellen nur wachsen, sich aber nicht gegeneinander verschieben können. Wachstum ist deshalb *stets* eine *Systemleistung,* die eine hohe Koordination im Verhalten der Einzelzellen voraussetzt. Für die Theorie des Phototropismus erwiesen sich zwei Befunde als besonders wichtig: 1. Die phototropische Reaktion hat in der Regel keinen Einfluß auf das Gesamtwachstum des Organs. In dem Maße, in dem die Lichtflanke langsamer wächst, wächst die Schattenflanke schneller. Die *Verlagerung* des Wachstums ist somit die Basis der phototropischen Krümmung. 2. Da die phototropische Reaktion sehr lichtempfindlich ist, kann man sie in vielen Fällen mit seitlichen Lichtflüssen auslösen, die keinen Effekt auf das Längenwachstum haben, wenn man das Licht symmetrisch oder von oben einstrahlt. Die phototropische Reaktion und die Steuerung des longitudinalen Wachstums durch Licht ($\rightarrow$ S. 306) sind also getrennte Phänomene

gativ phototropisch reagiert. Ein Beispiel: Die Keimpflanzen der tropischen Aracee *Monstera gigantea* zeigen bei geringen Lichtflüssen positiven Phototropismus, bei höheren Lichtflüssen reagieren sie negativ phototropisch. Die teleonomische Erklärung dieses Verhaltens ist einfach: Die Keimlinge dieser Windepflanze sind darauf programmiert, den *dunklen* Wirtsbaum zu erreichen. Allerdings dürfen die Keimlinge dem Licht nicht allzu sehr ausweichen, da sie auf Photosynthese angewie-

sen sind. Beiden Gesichtspunkten nachzukommen, erfordert eine gemischte Strategie.

Man unterscheidet beim Dikotylenkeimling den Lichtpuls-induzierten Phototropismus (LIP) und den Phototropismus im Dauerlicht. Der LIP ist ein Laborartefakt, während der Phototropismus im Dauerlicht den natürlichen Verhältnissen eher entspricht. Da beide Phototropismen dasselbe Wirkungsspektrum besitzen, handelt es sich um zwei Aspekte desselben Phänomens. Sowohl bei Dikotylenkeimlingen als auch bei der Monokotylen-Koleoptile ($\rightarrow$ S. 533) wurde der LIP häufig studiert, da man ihn für das einfachere Geschehen hielt. Heute wissen wir, daß ein stetiger Reiz für die Analyse der Reiz(Signal)-Reaktionskette besser geeignet ist. Moderne photographische Verfahren, beispielsweise die *holographische Interferometrie,* erlauben eine präzise, weitgehend störungsfreie Messung pflanzlicher Wachstumsbewegungen auch bei normalen grünen Pflanzen. Dabei hat sich die Vermutung der klassischen Physiologen bestätigt, daß die phototropischen Reaktionen nicht nur schnell erfolgen, sondern auch mit verhältnismäßig einfachen, exponentiellen Funktionen beschrieben werden können (Abb. 31.21). Auch diese Resultate deuten darauf hin, daß die phototropische Reaktion eine *Systemeigenschaft* des Organs ist, die eine strenge Koordination im Verhalten der einzelnen Zellen in der vielzelligen Sproßachse voraussetzt.

Die phototropische Reaktion des Dikotylenkeimlings kann nur durch Blaulicht und UV ausgelöst werden. Die Empfindlichkeit für diesen Spektralbereich ist sehr hoch. Einseitiges Hellrot oder Dunkelrot bewirken, auch wenn diese Strahlung das Hypokotylwachstum stark hemmt, keine phototropische Krümmung (Abb. 31.22). Die phototropische Reaktion wird also *nicht* über Phytochrom bewirkt. Das Wirkungsspektrum für Dikotylenkeimlinge (Abb. 31.23) ist dem für die Haferkoleoptile bestimmten sehr ähnlich: zwei Gipfel im Blaubereich, eine Schulter bei 420 nm und ein zweiter Gipfel im UV-A bei 370 nm ($\rightarrow$ Abb. 31.29). Aufgrund der Wirkungsspektren geht man davon aus, daß der Phototropismus bei den höheren Pflanzen generell auf einer Lichtabsorption im Cryptochrom ($\rightarrow$ S. 377) beruht.

Das phototropische Reaktionsgeschehen wird durch längerwelliges Licht (> 520 nm) zwar nicht ausgelöst, aber stark moduliert. Das hierbei effektive Licht wirkt über Phytochrom. Aus dem komplizierten Interaktionsgeschehen greifen wir nur ei-

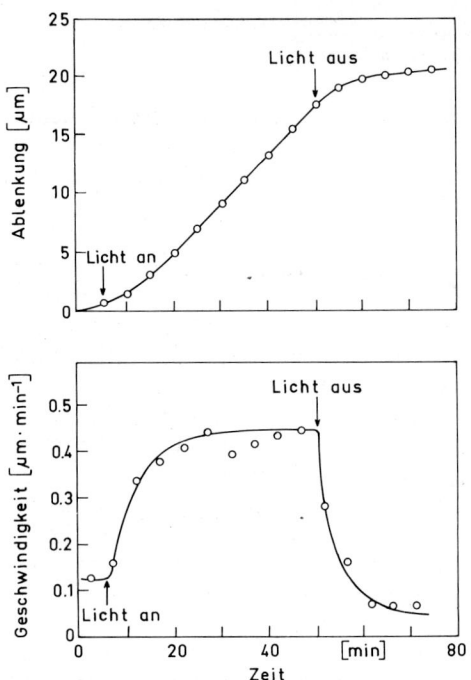

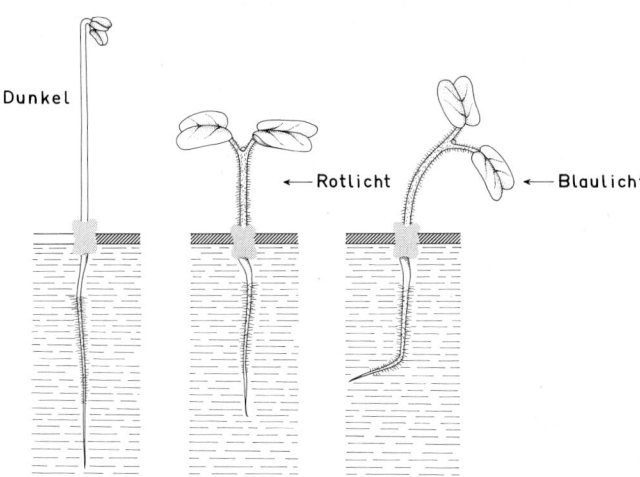

Abb. 31.22. Einseitiges Rotlicht (>550 nm) bewirkt beim Senfkeimling (*Sinapis alba*) keine phototropische Krümmung, obgleich das Wachstum des Hypokotyls stark gehemmt wird und im Hypokotyl auch für Rotlicht ein Lichtflußgradient besteht. Gegenüber Blaulicht (<520 nm) besteht eine hohe phototropische Empfindlichkeit. Die beiden Fragen „Wie bewirkt das Blaulicht eine phototropische Krümmung?" und „Weshalb bewirkt das einseitig verabfolgte Rotlicht *keine* phototropische Krümmung?" müssen als gleich bedeutsam betrachtet werden. Man kann davon ausgehen, daß im Blaulicht ein relativ stabiler Photoprodukt-Gradient im Organ die Grundlage für das unterschiedliche Wachstum der beiden Flanken bildet, während es im Rotlicht zu einer schnellen azimutalen Gleichverteilung der Lichtwirkung kommt

Abb. 31.21. Phototropische Experimente mit grünen Pflanzen, die unter natürlichen Lichtbedingungen herangewachsen sind. Objekt: *Orbea variegata*. Die seitliche Belichtung erfolgte mit 450-nm-Licht (Energiefluß 0,2 W·m^{-2}). Das Licht setzte zum Zeitpunkt t = 5 min ein und endete zum Zeitpunkt t = 50 min. *Oben*: Phototropische Ablenkung eines Punktes (senkrecht zur Längsachse der Pflanze), der 3,5 cm von der Basis einer 4,2 cm hohen Pflanze entfernt ist; *unten*: Geschwindigkeit der Ablenkung. Vor dem Zeitpunkt t = 5 min führte die Pflanze eine geringe, konstante Bewegung durch. Die Analyse erfolgte mit Hilfe der *holographischen Interferometrie*. Diese Technik erlaubt eine bisher unerreichte Präzision der Beobachtung von Wachstumsbewegungen. Die eingetragenen Punkte sind experimentell bestimmt, die ausgezogenen Kurven repräsentieren den „best fit" unter der Annahme, daß die Geschwindigkeitsdaten nach Einsetzen des Blaulichts der Formel $v = 1 - e^{-0,2t}$ und nach Abschalten des Lichts der Formel $v = e^{-0,2t}$ gehorchen. (Nach Fox und Puffer 1976)

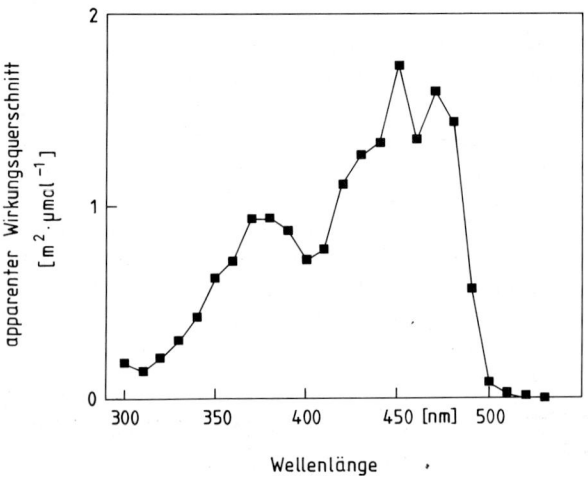

Abb. 31.23. Wirkungsspektrum für Lichtpuls-induzierten Phototropismus des Hypokotyls. Objekt: Alfalfa-Keimpflanzen (*Medicago sativa*). Auf der Ordinate ist der Kehrwert der Photonenfluenz aufgetragen, die für die Induktion einer bestimmten Reaktion (13° Krümmung) benötigt wird. Der apparente Wirkungsquerschnitt wird auch Quantenwirksamkeit genannt ($\rightarrow$ Abb. 21.1). (Nach Baskin und Iino 1987)

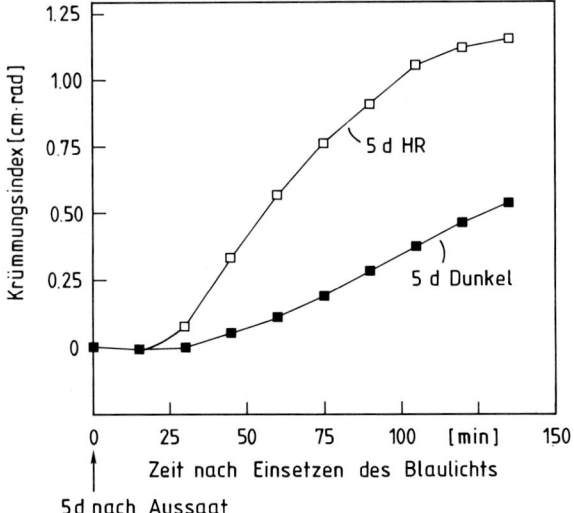

Abb. 31.24. Der Verlauf der phototropischen Krümmung des Hypokotyls im einseitigen Blaulicht (8 mW·m^{-2}). Objekt: Sesamkeimpflanzen (*Sesamum indicum*). Der Krümmungsindex ist ein besonders sensitives Maß für den Krümmungsverlauf einer Achse. Die einfache Winkelmessung (→ Abb. 31.20) lieferte im Prinzip dasselbe Resultat. Das einseitige Blaulicht (B) setzte 5 d nach der Aussaat ein. Bis zu diesem Zeitpunkt wurden die Keimlinge entweder im Dunkeln oder im schwachen, allseitigen Hellrot (HR, 0,68 W·m^{-2}) gehalten. Weder B noch HR hatten einen Einfluß auf das Längenwachstum des Hypokotyls. Man sieht, daß die Vorbehandlung mit HR einen massiven Einfluß auf den Verlauf der phototropischen Krümmung hat. (Nach Woitzik und Mohr 1988a)

nen Sachverhalt heraus: Die Vorbehandlung eines Dikotylenkeimlings mit Hellrot führt zu einer massiven Verstärkung der phototropischen Reaktion (Abb. 31.24), obgleich diese Vorbehandlung die phototropische Empfindlichkeit des Keimlings gegenüber Blaulicht erniedrigt (z. B. erhöht sich der Photonenfluß, der für die Halbsaturierung oder Saturierung der phototropischen Reaktion durch Blaulicht benötigt wird). Eine Vorbelichtung wirkt also auf der Photoreceptorebene desensibilisierend, während dieselbe Vorbelichtung das Krümmungsgeschehen stimuliert. Mit anderen Worten: Der vorbelichtete Keimling ist gegenüber dem Reiz zwar unempfindlicher; er reagiert aber viel stärker, wenn es zur Reizung kommt (→ S. 548).

Die phototropische Reiz-Reaktionskette vielzelliger Organe

Trotz jahrzehntelanger Studien zu diesem Thema sind die entscheidenden Fragen noch offen.

Zwei Auffassungen stehen sich derzeit gegenüber:

1. Die Cholodny-Went-Hypothese. Sie lautet im Prinzip: Bei einseitigem (oder einseitig stärkerem) Licht bildet sich infolge Streuung und Absorption der Lichtquanten ein Lichtfluß-Gradient im Organ aus. Dies führt zu einem entsprechenden Gradienten an Photoprodukt. Dieser Gradient wird vom System erkannt. Die Folge ist die Ausbildung einer Querpolarität im Organ, die zu einer lateralen Verschiebung des basipetalen Auxinstroms führt. Dieses Ereignis bildet die stoffliche Basis für die Verlagerung von Wachstumsintensität von der Licht- auf die Schattenflanke und für die resultierende Krümmung.

2. Die Blaauw-Hypothese. Auch diese Hypothese geht natürlich von einem Lichtgradienten aus. Das phototropisch wirksame Licht führt jedoch *lokal* zu einer Hemmung des Zellwachstums durch die Bildung von Wachstumsinhibitoren. Der Lichtgradient durch das Organ bewirkt somit einen Gradienten der Wachstumshemmung, mit der geringsten Hemmung auf der Schattenflanke.

Da mit physikochemischen Bestimmungsmethoden keine Unterschiede im Auxingehalt von Licht- und Schattenflanke gemessen werden konnten, hat die Cholodny-Went-Hypothese ihre dominierende Rolle eingebüßt, zumal in-situ-Gradienten von Wachstumsinhibitoren (z. B. Xanthoxin) gefunden wurden. Andererseits stehen viele physiologische Daten, z. B. das verstärkte Wachstum der Schattenflanke oder die Unwirksamkeit symmetrisch verabreichten Blaulichts (→ S. 531) mit der Cholodny-Went-Hypothese in Einklang.

Die Monokotylen-Koleoptile

Die Koleoptile der Gräser (Poaceen) ist nicht einem Achsenorgan, sondern einem Blatt homolog (→ Abb. 23.3). Trotzdem hat man den auffälligen Phototropismus der Koleoptile über Jahrzehnte hinweg als ein Modellbeispiel für den Phototropismus schlechthin aufgefaßt.

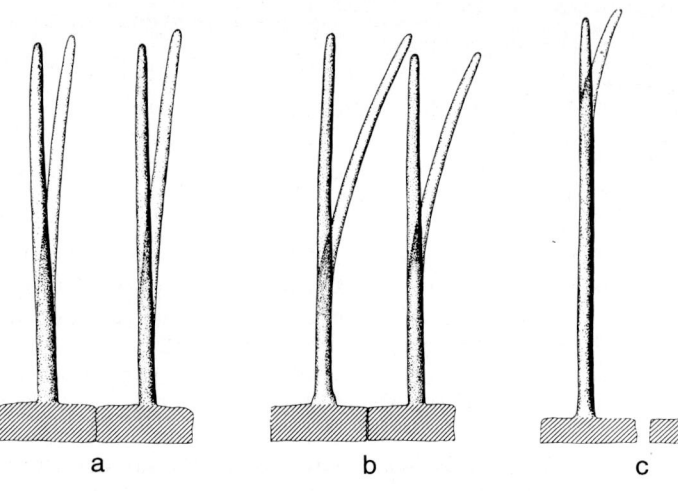

a   b   c

Abb. 31.25 a–c. Typische phototropische Krümmungen der Haferkoleoptile (*Avena sativa*). (a) Basiskrümmung, verursacht durch 10 min Blaulicht bei mittlerem Photonenfluß (436 nm); (b) Basiskrümmung, verursacht durch 10 s UV (254 nm); (c) Spitzenreaktion verursacht durch 1 s Blaulicht [Photonenfluß und Wellenlänge gleich wie bei (a)]. Das Licht kommt von rechts. Die Koleoptilen wurden bei Lichtbeginn und 90 min später photographiert. (Nach Curry und Thimann 1961)

Von der phototropischen Reaktionsfähigkeit der Koleoptile gibt die Abb. 31.25 einen Eindruck. Auch diese Organkrümmung geht darauf zurück, daß die Zellen auf der Lichtflanke in ihrem Wachstum gehemmt werden, während die Zellen auf der Schattenflanke *entsprechend* schneller wachsen (→ Abb. 31.20). Das unterschiedlich intensive Zellwachstum auf Licht- und Schattenflanke ist darauf

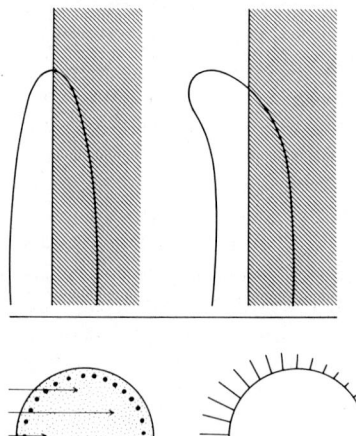

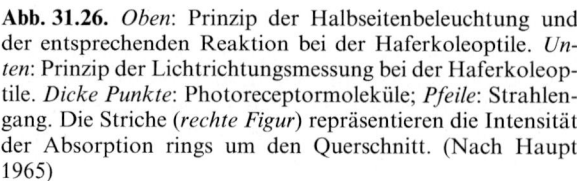

Abb. 31.26. *Oben*: Prinzip der Halbseitenbeleuchtung und der entsprechenden Reaktion bei der Haferkoleoptile. *Unten*: Prinzip der Lichtrichtungsmessung bei der Haferkoleoptile. *Dicke Punkte*: Photoreceptormoleküle; *Pfeile*: Strahlengang. Die Striche (*rechte Figur*) repräsentieren die Intensität der Absorption rings um den Querschnitt. (Nach Haupt 1965)

zurückzuführen, daß die Lichtflanke eine stärkere Lichtabsorption durchführt als die Schattenflanke (Abb. 31.26, *unten*). Durch Absorption und Streuung kommt es zu einer Reduktion des Lichtflusses beim Durchtritt durch das Organ. Die Strichlänge in der Abb. 31.26 (*unten rechts*) repräsentiert das Ausmaß der Absorption durch die als schwarze Punkte (*unten links*) angedeuteten Photoreceptormoleküle. Diese Auffassung läßt sich durch Halbseitenbeleuchtung experimentell bestätigen (Abb. 31.26, *oben*): Die Koleoptile wächst in der Zeichenebene. Wir strahlen Licht von vorne senkrecht auf die Zeichenebene. Die rechte Hälfte der Koleoptile wird verdunkelt. Unter diesen Bedingungen krümmt sich die Koleoptile nicht in der Lichtrichtung, sondern senkrecht zur Lichtrichtung ins Licht hinein, also nach der beleuchteten Flanke hin. Man sieht, daß es bei der phototropischen Krümmung nicht auf die Lichtrichtung als solche ankommt, sondern ausschließlich auf die Verteilung der Lichtabsorption in dem betreffenden Organ. Damit im Einklang steht die Beobachtung, daß die Koleoptilen im Rahmen der im nächsten Abschnitt beschriebenen *1. positiven Krümmung* stärker reagieren, wenn man sie von der Schmalseite anstatt von der breiten Flanke her belichtet (→ Abb. 23.3). Der steilere, innere Gradient des Lichtflusses führt zu einer entsprechend stärkeren Reaktion.

Man hat zunächst den Eindruck, die Koleoptile als histologisch relativ einfaches Organ sei der weiteren Analyse des phototropischen Effektes leicht zugänglich. Der Phototropismus dieses Organs ist jedoch in Wirklichkeit ein sehr komplexes Phänomen. Man kann zwei Krümmungstypen der Koleoptile unterscheiden (→ Abb. 31.25), eine *Spitzenreaktion* und eine *Basiskrümmung*. Im Fall der Spitzenreaktion erfolgt die Krümmung im subapikalen Bereich, bei der Basiskrümmung erfolgt die Reaktion über die ganze Länge der Koleoptile hinweg. Im folgenden beschränken wir uns auf die Lichtpuls-induzierte Spitzenreaktion (Abb. 31.27). Die phototropische Krümmung einer Koleoptile (Abweichung von der Lotrechten), die man 90 min nach dem Lichtpuls beobachtet, ist nicht nur dem Ausmaß, sondern auch dem Vorzeichen nach eine Funktion der eingestrahlten Photonenfluenz (hier als Lichtfluenz angegeben). In der Abb. 31.27 kann man wenigstens drei Krümmungsarten unterscheiden: Die *1. positive*, die *1. negative* und die *2. positive* Krümmung. Welche Krümmungsart auftritt, hängt von der Photonenfluenz ab, die man bei der Induktion einseitig appliziert.

Wenn die Belichtung kürzer ist als ein paar Minuten, gilt das Reciprocitätsgesetz (Reizmengengesetz) über den ganzen Fluenzbereich hinweg, d. h. die Reaktionsgröße, im vorliegenden Fall das Ausmaß der Krümmung, hängt nur von der *Photonenfluenz* (mol·m^{-2}) ab, nicht von dem *Photonenfluß* (mol·m^{-2}·s^{-1}), mit dem eine bestimmte Photonenfluenz appliziert wird (→ S. 357). Die Gültigkeit des Reciprocitätsgesetzes weist darauf hin, daß die photochemische Primärreaktion beim Phototropismus verhältnismäßig einfach ist. Jedenfalls braucht man bei dem System, auf das die applizierten Photonen wirken, während der Belichtungszeit mit keinen anderen Veränderungen als der Bildung eines Photoprodukts zu rechnen.

Die Frage ist, wie unter diesen Umständen die komplizierte Fluenz/Effekt-Funktion (→ Abb. 31.27) zu deuten ist. Man geht davon aus, daß der Lichtgradient einen Gradienten an primärem Photoprodukt bewirkt. Allerdings, so argumentiert die neuere Theorie (Iino 1987), besteht zwischen den beiden Größen ein komplizierter, nicht-linearer Zusammenhang.

Die weitere Frage lautet, wie der Photoprodukt-Gradient in Krümmung umgesetzt wird. Bei der Antwort auf diese Frage beschränken wir uns auf die 1. positive Krümmung. Sie ist praktisch identisch mit der Spitzenreaktion (→ Abb. 31.25c). Die Krümmung erfolgt also im subapikalen Bereich. Die äußerste Spitze der Koleoptile (etwa 250 μm) ist extrem lichtempfindlich. Unterhalb der Spitze

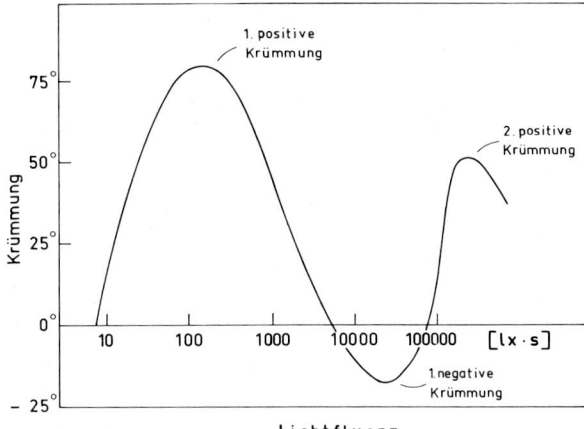

Abb. 31.27. Der Zusammenhang zwischen dem Ausmaß der phototropischen Krümmung der Haferkoleoptile und der einseitig verabreichten Lichtfluenz [lx · s]. Das Licht wird im Sekundenbereich verabreicht. Etwa 20 min später setzt die Reaktion ein und erreicht etwa 60–90 min nach der Belichtung einen Endwert. Die Messung der phototropischen Krümmung erfolgte im vorliegenden Fall 90 min nach der Belichtung. (In Anlehnung an Du Buy und Nuernbergk 1934)

nimmt die Lichtempfindlichkeit rasch ab. Wenn man nur die äußerste Spitze belichtet, erhält man die typische Spitzenreaktion, auch wenn die Zellen in der reagierenden subapikalen Zone der Koleoptile gar nicht belichtet wurden. Die Reiz-Reaktionskette schließt also eine in der Längsrichtung der Koleoptile erfolgende Kommunikation zwischen den Koleoptilzellen ein („Reizleitung").

Wie kann man sich die Spitzenreaktion erklären? Der Photoprodukt-Gradient im Organ führt, so lautet das Argument, zu einer *Querpolarisierung* der Koleoptile, unter den üblichen Versuchsbedingungen also zu einer Querpolarisierung in der Lichtrichtung. Unter dem Einfluß dieser *Querpolarität* wird der von der Koleoptilspitze ausgehende, basipetale Auxinstrom mehr oder minder stark auf die Schattenflanke abgelenkt. Das Auxin strömt also auf der Schattenflanke in größerer Konzentration basipetal als auf der Lichtflanke. Da das Wachstum der Koleoptilzellen über Auxin reguliert wird (→ Abb. 23.24), kommt es zu einem stärkeren Wachstum auf der Schattenflanke und zu einem verminderten Wachstum auf der Lichtflanke und damit zu der phototropischen Krümmung.

Für diesen simplistisch wirkenden Erklärungsversuch (Cholodny-Went-Hypothese; → S. 533) gibt es experimentelle Evidenz: Wenn man Koleoptilspitzen auf Agarblöckchen setzt, wird das transportfähige Auxin an der Schnittfläche sezerniert (→ Abb. 23.2). Es diffundiert von der Schnittfläche aus in den Agar hinein. Die Agarblöckchen können dann im Krümmungstest (→ Abb. 23.4) quantitativ auf den Auxingehalt („diffusionsfähiges Auxin") geprüft werden. Da man die abgeschnittenen Koleoptilspitzen ohne wesentliche Schwierigkeiten mit dünnen Glas- oder Glimmerplättchen längsspalten kann, wird der experimentelle Ansatz der Abb. 31.28 möglich: Die Spaltung der Koleoptilspitze hat keinen Einfluß auf die Auxinsekretion im Dunkeln. Die pro Koleoptilspitze abgegebene Auxinmenge wird durch Licht nicht verändert. Bei unversehrter Koleoptilspitze kommt es unter dem Einfluß von Licht zu einer starken *Querverschiebung* des basipetal strömenden Auxins. Die Spaltung der Koleoptilspitze verhindert diese Querverschiebung. Die Frage ist, ob das Konzept einer Auxinquerverschiebung wirklich gerechtfertigt ist. Neuere Arbeiten von Wilkins stellen den engen Zusammenhang zwischen phototropischer Krümmung und lateralem Auxintransport in Frage. Es wurden die üblichen phototropischen Krümmungen auch unter solchen Bedingungen beobachtet, die weder zu einem lateralen Transport exogener ^{3}H-IAA, noch zu einer Hemmung des longitudinalen Transports in intakten Mais- oder Haferkoleoptilen führten. In Studien von Hasegawa et al. wurden keine Unterschiede im IAA-Gehalt zwischen den beiden Flanken der phototropisch stimulierten Haferkoleoptile gefunden. Die Autoren berichten, daß die klassischen Experimente von Went et al. (→ Abb. 31.28) mit Methoden, die eine *direkte* chemische Bestimmung von IAA (anstelle des Krümmungstests) erlauben, nicht reproduziert werden können. Trotz aller Bemühungen ist somit die Frage immer noch offen, ob ein lateraler Transport von IAA an dem differentiellen Wachstum, das zur phototropischen Krümmung von Koleoptilen und Sproßachsen führt, ursächlich beteiligt ist.

Das Wirkungsspektrum der 1. positiven Krümmung (Spitzenreaktion) ist insofern kompliziert, als die Energiefluenz/Effekt-Kurven für die verschiedenen Wellenlängen nicht parallel verlaufen. Es ergeben sich somit etwas verschiedene Wirkungsspektren, je nachdem, welche Reaktionsgröße man wählt (Abb. 31.29). Klar ist indessen, daß lediglich *kurzwelliges Licht* und *UV* wirksam sind. Die Wirkungsspektren der Abb. 31.29 zeigen drei Gipfel im Blaubereich und einen mit zunehmender Reaktionsgröße immer mehr sich ausprägenden Gipfel im nahen UV. Für die richtige Interpretation muß man sich klarmachen, daß für die Herstellung eines Absorptionsgradienten in der Koleoptilspitze zwei Voraussetzungen gegeben sein müssen: Der aktive Photoreceptor und ein Lichtgradient. Dieser Gradient wird durch zwei Faktoren bewirkt, durch die Absorption physiologisch inaktiver Pigmente („Abschirmpigmente", „Schattenspender") und durch die Lichtstreuung im Gewebe. Das Spektrum für mittlere Reaktionsgrößen (10°) ist dem Wirkungsspektrum der Lichtpuls-induzierten Krümmung bei Dikotylen-Keimpflanzen (→ Abb. 31.23) sehr ähnlich. Es kann deshalb wenig Zweifel bestehen, daß das Wirkungsspektrum in erster Linie die Absorptionseigenschaften des aktiven Photoreceptors repräsentiert und daß bei Mono- und Dikotylen derselbe Photoreceptor wirksam ist. Man geht davon aus, daß der Photore-

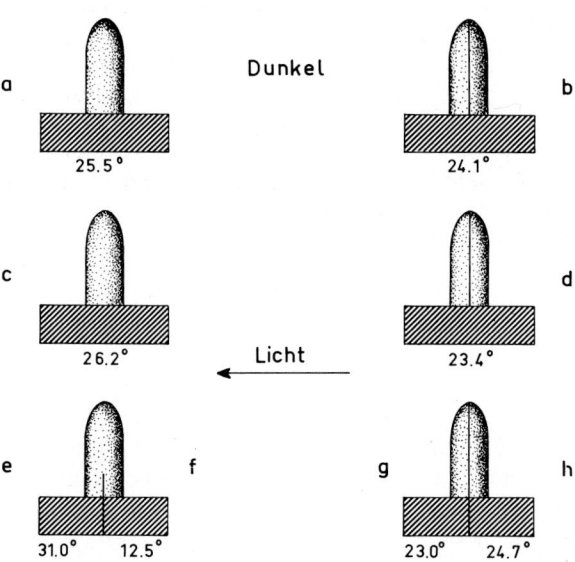

Abb. 31.28 a–h. Auxin-Diffusionsexperimente, ausgeführt mit Koleoptilspitzen. Objekt: Mais (*Zea mays,* cv. Burpee Snowcross). Die Diffusionszeit war stets 3 h. (a) Intakte Spitzen, Dunkel; (b) gespaltene Spitzen, Dunkel; (c) intakte Spitzen, Licht; (d) gespaltene Spitzen, Licht; (e) teilweise gespaltene Spitzen, Schattenflanke; (f) teilweise gespaltene Spitzen, Lichtflanke; (g) völlig gespaltene Spitzen, Schattenflanke; (h) völlig gespaltene Spitzen, Lichtflanke. Die Zahlen (Krümmungswinkel im Koleoptil-Krümmungstest; → Abb. 23.4) repräsentieren die Auxinmenge, die in die Agarblöckchen diffundiert ist. In den Fällen (e–h) wurde die doppelte Zahl von Spitzen verwendet. (Nach Briggs et al. 1957)

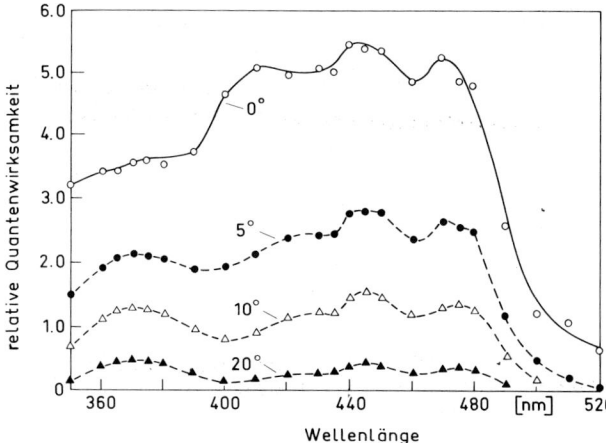

Abb. 31.29. Wirkungsspektren für die 1. positive Krümmung (Spitzenreaktion) der Haferkoleoptile. Die Wirkungsspektren sind für die Reaktionsgrößen 5, 10, 20 und, nach Extrapolation, für 0° Krümmung berechnet. (Nach Shropshire und Withrow 1958)

ceptor ein Flavoprotein und wahrscheinlich mit Cryptochrom (→ S. 377) identisch ist (Abb. 31.30). Carotinoide scheiden aus, da diese Stoffklasse in der Pflanzenzelle nur in Plastiden vorkommt, während der Blaulichtreceptor auch in dichroitischer Anordnung im Bereich der Plasmamembran vorliegen kann (→ Abb. 31.18).

Die desensibilisierende Wirkung von Rotlicht (Phytochrom, P_{fr}) auf der Photoreceptorebene (→ S. 533) ist auch bei Koleoptilen ausgeprägt. Eine längerfristige Vorbehandlung mit Rotlicht führte z. B. bei der Haferkoleoptile zu einer Verzehnfachung des Schwellenwerts für die phototropische Reaktion.

Die *Phycomyces*-Sporangiophore

Die einzelligen Sporangiophoren des Phycomyceten *Phycomyces blakesleeanus* reagieren positiv phototropisch auf einseitiges Blaulicht (Abb. 31.31). Die phototropische Krümmung beruht auf einem unterschiedlichen Wachstum von Licht- und Schattenflanken in der subsporangialen Wachstumszone der Zellwand. Gegenüber dem natürlichen Licht (> 300 nm) ist die phototropische Reaktion positiv; benützt man jedoch als Reizlicht kürzere Wellenlängen, so krümmt sich die Sporangiophore vom Licht weg. Dieser unphysiologische Effekt soll im folgenden außer Betracht bleiben.

Für die Erklärung des phototropischen Verhaltens der Sporangiophore sind drei Beobachtungen wichtig: 1. Im Gegensatz zu Dikotylen-Keimling und Koleoptile ist das Wachstum innerhalb der Wachstumszone der Sporangiophore dort am

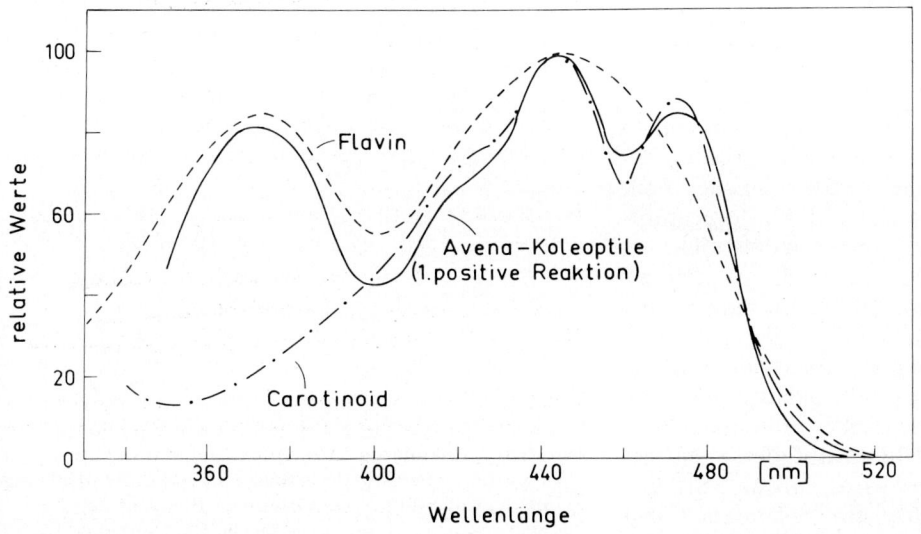

Abb. 31.30. Eine Gegenüberstellung des phototropischen Wirkungsspektrums der Haferkoleoptile (bezüglich der 1. positiven phototropischen Krümmung) und der Absorptionsspektren von Carotinoiden und Flavinen. Es kommt hier nur auf die allgemeine Charakteristik an. (Nach einer Vorlage von Shropshire und Withrow)

Licht

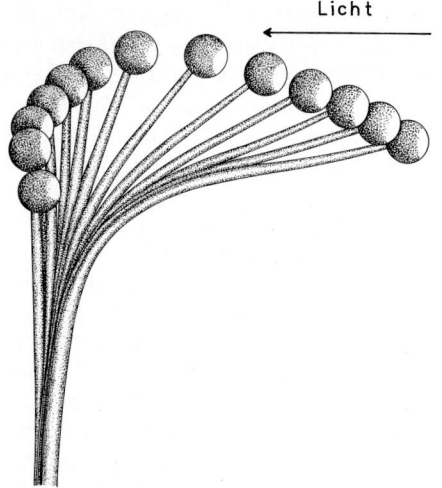

Abb. 31.31. Abfolge der positiv phototropischen Krümmung einer Sporangiophore (Entwicklungsstadium IV) von *Phycomyces blakesleeanus*. Die einzelnen Stadien liegen 5 min auseinander. Das einseitige Blaulicht kommt von rechts. Die Sporangiophore wächst mit $3\,\mathrm{mm \cdot h^{-1}}$ in die Länge. Sie ist fast durchsichtig und trägt ein kugeliges Sporangium von 0,5 mm Durchmesser an ihrer Spitze. Der Bereich 0,5 bis 3 mm unterhalb des Sporangiums ist lichtempfindlich. Auch die streng lokalisierten Wachstumsreaktionen spielen sich in dieser Zone ab. *Reiz- und Reaktionsort fallen also zusammen.* Eine Reizleitung tritt nicht in Erscheinung. Auch der Adaptationszustand ($\rightarrow$ Legende Abb. 31.33) bleibt streng lokalisiert. Der Adaptationszustand der belichteten Region der Wachstumszone breitet sich also nicht aus, obgleich es sich bei der Sporangiophore um ein nichtzellulär gegliedertes System handelt. (Nach Shropshire 1974)

stärksten, wo am meisten Photonen pro Zeiteinheit absorbiert werden. 2. Die zylindrische, größtenteils von einer Zentralvacuole eingenommene Zelle wirkt wie eine Zylinderlinse. 3. Die Photoreceptormoleküle sitzen in einer dichroitischen Schicht ($\rightarrow$ Abb. 31.16) an der Peripherie der Zelle, in der Plasmamembran. Den Linseneffekt kann man an der durchsichtigen, mit einem randständigen Plasmaschlauch und einer großen Zentralvacuole ausgestatteten Sporangiophore direkt nachweisen. Man kann zeigen, daß durch die Lichtbrechung des Sporangiophoreninhalts das Licht auf der Schattenflanke derart konzentriert wird, daß im mittleren Bereich der Schattenflanke ein besonders hoher Photonenfluß entsteht (Abb. 31.32). Bei Wellenlängen größer als 300 nm ist der Photonenfluß auf der lichtabgewandten Seite des Zylinders so groß, daß

es zu einer positiv phototropischen Reaktion kommt. Der Punkt 1, wonach das Wachstum innerhalb der Wachstumszone der Sporangiophore dort am stärksten ist, wo am *meisten* Photonen absorbiert werden, kann in eleganter Weise durch die Technik der *Halbseitenbelichtung* geprüft und bestätigt werden (Abb. 31.32). Die Krümmung im Bereich der subsporangialen Wachstumszone erfolgt vom Licht weg. Man muß aus diesem Befund schließen, daß das Licht das Wachstum der belichteten Flanke *steigert*. Dies deckt sich mit der oben gegebenen Erklärung für die positiv phototropische Krümmung, wonach im einseitigen Blaulicht die Zylinderlinsenwirkung zu einer *positiven Lichtwachstumsreaktion* auf der Schattenflanke führt.

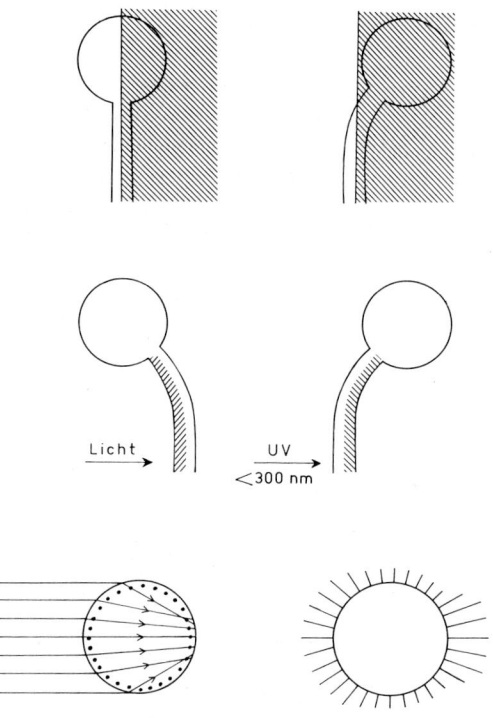

Abb. 31.32. *Oben:* Halbseitenbelichtung einer *Phycomyces*-Sporangiophore; *Mitte:* die phototropische Reaktion der reifen Sporangiophore im Licht (positiv) und im kurzwelligen UV (negativ); *unten:* auf der linken Seite ist der Strahlengang in der Sporangiophore im einseitigen Blaulicht dargestellt. Die dicken Punkte repräsentieren die Photoreceptor-Moleküle. Auf der rechten Figur stellen die Striche das Ausmaß der Absorption rings um den Sporangiophorenquerschnitt dar. (Nach Haupt 1965)

Die Wirkungsspektren für die Lichtwachstumsreaktion und für die phototropische Krümmung der *Phycomyces*-Sporangiophore sind oberhalb von 300 nm identisch (Abb. 31.33). Man beobachtet Maxima bei 485, 455 und 385 nm. Die Wirkungsspektren für den Phototropismus des Dikotylen-Keimlings und der Graskoleoptile (→ Abb. 31.23, 31.29) zeigen eine sehr ähnliche Feinstruktur. Es ist wahrscheinlich, daß die meisten spezifischen Blaulichtwirkungen sowohl bei den Pilzen als auch bei den Algen, Moosen, Lebermoosen, Farnen und Samenpflanzen auf das gleiche, universell verbreitete Photoreceptorpigment zurückzuführen sind. Was die chemische Natur des Pigments anbelangt, sprechen die Indizien für ein Flavin (Flavoprotein; → Abb. 21.43). Da das angeregte Flavin meist vom Triplettzustand aus reagiert, wurde von Delbrück vermutet, daß Licht einer Wellenlänge, die direkt vom Grundzustand zum Triplettzustand führt, zu einem Nebengipfel im Wirkungsspektrum führen müßte. Tatsächlich konnte bei *Phycomyces* mit Hilfe eines Farbstofflasers dieser Nebengipfel zwischen 595 und 600 nm gefunden werden. Dieses Ergebnis bekräftigt (zusammen mit den Befunden an Mehrfachmutanten von *Phycomyces*) die Flavinnatur des Cryptochroms.

Der Mechanismus, über den die Auswertung der Photonenflußverteilung in der Sporangiophore erfolgt, ist unbekannt. Vermutlich wird auch in der Sporangiophore das Photonenflußprofil an der Plasmamembran in ein Photoproduktprofil umgesetzt. Die Frage, wie aus dem Produktprofil das Wachstumsprofil entsteht, findet derzeit noch keine Antwort.

Selbst die Grundfrage, ob der Phototropismus der *Phycomyces*-Sporangiophore tatsächlich eine Folge der positiven Lichtwachstumsreaktion ist, kann nicht als eindeutig geklärt gelten. Das Problem liegt darin, daß bei symmetrischer Belichtung die Zunahme der Wachstumsintensität als Folge einer Zunahme der Lichtintensität (positive Lichtwachstumsreaktion) nur vorübergehend ist. Nach kurzer Zeit adaptiert sich das System an die herrschende Lichtintensität. Im Gegensatz dazu zeigt die phototropische Krümmung bei einseitiger Belichtung keine Adaptation (→ Abb. 31.31). Dieser Widerspruch kann nicht aufgelöst werden, solange man beim Phototropismus eine lokale Signalverarbeitung annimmt.

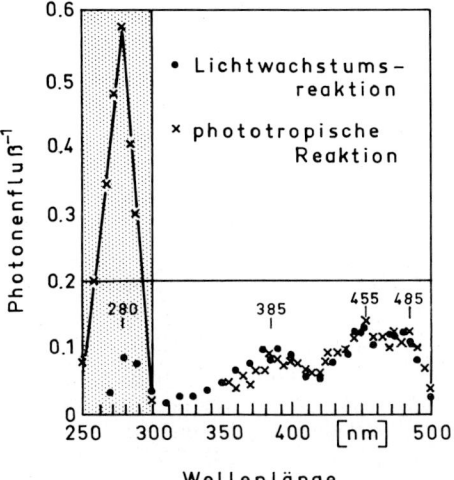

Abb. 31.33. Die Wirkungsspektren der Lichtwachstumsreaktion und der phototropischen Reaktion bei Sporangiophoren von *Phycomyces blakesleeanus*. Unter *Lichtwachstumsreaktion* versteht man die Änderung des Längenwachstums der Sporangiophore unter dem Einfluß von *symmetrisch* verabreichtem Licht. Die Lichtwachstumsreaktion der Sporangiophore ist stets *positiv*, d. h. es kommt zu einer vorübergehenden *Steigerung* der Wachstumsintensität. Die Lichtwachstumsreaktion ist auch dann nur von kurzer Dauer, wenn man die Sporangiophore im Licht beläßt. Dies ist darauf zurückzuführen, daß sich die Sporangiophore an die jeweils herrschenden Lichtflüsse adaptiert. Es läßt sich ein *Adaptationszustand der Sporangiophore* definieren, der dem jeweils herrschenden Lichtfluß proportional ist. Die Wirkungsspektren wurden mit der *Nullmethode* bestimmt. Experimentell geht man dabei so vor, daß man bei den verschiedenen Wellenlängen den Photonenfluß bestimmt, der benötigt wird, um die Wirkung eines konstanten Standardlichtes zu ersetzen bzw. zu kompensieren. Der Kehrwert dieses Photonenflusses ist als Funktion der Wellenlänge aufgetragen. Unterhalb von 300 nm ist die phototropische Reaktion *negativ* (durch Raster hervorgehoben). Die Erklärung für diesen qualitativen Umschwung ist offen. Im Bereich des natürlichen Spektrums (> 300 nm) zeigt das Wirkungsspektrum drei deutliche Gipfel. Die Ähnlichkeit mit dem phototropischen Wirkungsspektrum der höheren Pflanzen (→ Abb. 31.23, 31.29) ist offensichtlich. (Nach Delbrück und Shropshire 1960)

Gravitropismus

Die festgewachsene autotrophe Pflanze kann sich im Raum orientieren. Ihre Organe nehmen eine der Funktion gemäße Lage ein, z. B. wachsen bei einem normalen Kormus die Wurzeln in den Boden hinein, die Sproßachse mit den Blättern aber wächst dem Licht entgegen.

Wie erfolgt die Orientierung im Raum? Sie erfolgt in erster Linie mit Hilfe phototropischer und gravitropischer Wachstumsbewegungen. *Gravitropismen* sind Wachstumsbewegungen pflanzlicher Organe, die bezüglich ihrer Richtung durch die Richtung der Erdbeschleunigung $\vec{g}$ (Betrag von $\vec{g} = 9{,}81 \ \mathrm{m \cdot s^{-2}}$) bestimmt sind. Jedermann weiß, daß Fichtenstämme an einem Steilhang genau in der Gegenrichtung von $\vec{g}$ wachsen, unabhängig von der Steigung des Hangs. Es erfolgt nicht etwa eine Orientierung senkrecht zur jeweiligen Erdoberfläche. Diese Beobachtung kann man verallgemeinern. Die Orientierung an $\vec{g}$ spielt im Leben der Kormophyten eine entscheidende Rolle.

Grundphänomene

Wenn man einen normal gewachsenen Dikotylenkeimling um 90° dreht, beobachtet man die in Abb. 31.34 dargestellten Phänomene. Die Sproßachse zeigt einen *negativen* Gravitropismus, d. h. sie orientiert sich *entgegen* der Richtung der Erdbeschleunigung; die Keimwurzel hingegen zeigt einen *positiven* Gravitropismus, d. h. sie orientiert sich *in* Richtung der Erdbeschleunigung. Dies sind die Grundphänomene des *Orthogravitropismus*. Seitenwurzeln 1. Ordnung (in der Abb. nicht dargestellt) wachsen häufig in einem bestimmten Winkel schräg nach unten. Ihre Wachstumsrichtung wird

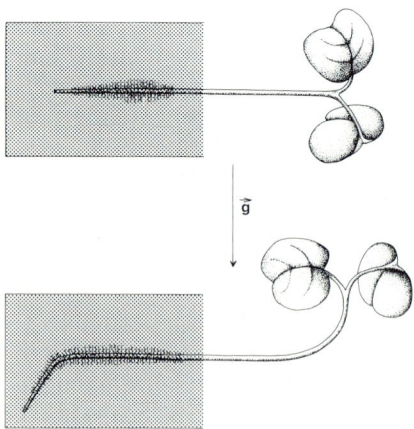

Abb. 31.34. Grundphänomene des Gravitropismus. *Oben:* Ein Senfkeimling (*Sinapis alba*) unmittelbar nach der Drehung in die horizontale Lage. *Unten:* Derselbe Senfkeimling einen Tag später

in einer etwas komplizierten Weise ebenfalls durch $\vec{g}$ mitbestimmt (*Plagiogravitropismus*).

Die gravitropischen Bewegungen vielzelliger Organe sind auf verschieden starkes Zellwachstum auf den beiden Flanken der Organe zurückzuführen. Sie treten also nur dort auf, wo das Zellwachstum noch nicht erloschen ist bzw. wieder aufgenommen werden kann.

Wie läßt sich zeigen, daß die pflanzlichen Organe tatsächlich auf $\vec{g}$ (also auf eine *Beschleunigung*) reagieren? Antwort: Die Erdbeschleunigung kann hinsichtlich ihrer Wirkung auf die Wachstumsrichtung durch eine Zentrifugalbeschleunigung ersetzt werden. Es kommt also beim gravitropischen Reiz tatsächlich nur auf Richtung und Betrag einer Beschleunigung an. Die *einseitige* Beschleunigung $\vec{g}$ kann man ausschalten, indem man eine bisher normal herangewachsene Pflanze horizontal legt und mit Hilfe eines *Klinostaten* (Abb. 31.35, *rechts*) langsam um ihre Längsachse dreht (etwa 1 Umdrehung/min). Die gravitropischen Bewegungen bleiben aus, da die Schwerkraft nunmehr *allseitig* auf die Pflanze einwirkt. Auf dem Klinostaten zeigt sich also, welche Bewegungen Gravitropismen sind und welche nicht.

Die Ausschaltung der einseitig wirkenden Schwerkraft hat zur Folge, daß die Blattstiele sich zur Sproßachse hin krümmen (Abb. 31.35, *rechts*). Dieses Phänomen ist formal folgendermaßen zu deuten: Der dorsiventral gebaute Blattstiel wird durch den Antagonismus von zwei Wachstumstendenzen in seiner normalen Position gehalten: 1. Eine Wachstumstendenz der Oberseite, die ihn nach unten krümmen „will" (*Epinastie*). 2. Eine Wachstumstendenz der Unterseite, die ihn nach oben krümmen „will" (*Hyponastie*). Die Blattstellung der normal wachsenden *Coleus*-Pflanze (Abb. 31.35, *links*) resultiert aus einem Gleichgewicht von Epi- und Hyponastie. Die Hyponastie kann sich nur manifestieren, wenn die einseitige Schwerkraft einwirkt; auf dem Klinostaten tritt sie also nicht in Erscheinung. Die Epinastie hingegen ist von $\vec{g}$ unabhängig.

Die jungen Blütenstiele des Türkenbunds sind durch eine positiv gravitropische Krümmung ausgezeichnet (Abb. 31.36). Das nach dem Fruchtansatz wieder aufgenommene Wachstum der Fruchtstiele hingegen führt zu einer strikt negativen gravitropischen Krümmung. Man muß also damit rechnen, daß sich die gravitropische Reaktionsfähigkeit eines Organs während der Entwicklung radikal än-

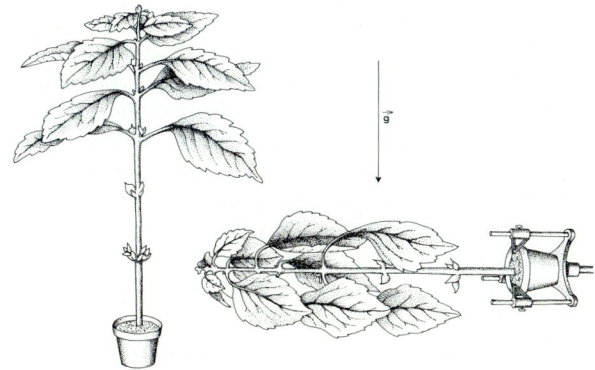

Abb. 31.35. Eine typische, monopodiale Blütenpflanze (*Coleus spec.*) in Normalstellung (*links*) und auf dem rotierenden Klinostaten (*rechts*). (Nach Pohl 1961)

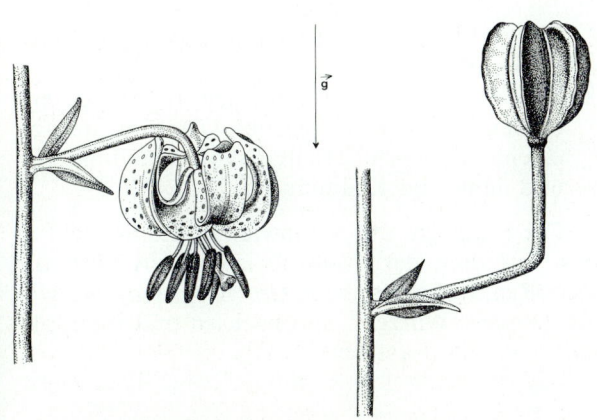

Abb. 31.36. Ein Beispiel für gravitropische Umstimmung. Der Blütenstiel des Türkenbunds (*Lilium martagon*) reagiert positiv gravitropisch, der Fruchtstiel hingegen negativ gravitropisch. (Nach Pohl 1961)

dert. Dasselbe Phänomen beobachtet man auch beim *Phototropismus* mancher Organe, z. B. reagieren die Blütenstiele von *Cymbalaria muralis* positiv phototropisch, die Fruchtstiele hingegen negativ phototropisch. Die ökophysiologische Bedeutung dieser Phänomene ist evident; physiologisch sind sie nicht analysiert.

Diese Beispiele mögen genügen, um die Fülle der gravitropischen *Phänomene* anzudeuten. Im folgenden beschränken wir uns auf solche Systeme, die sich bei der *physiologischen Analyse* des Gravitropismus als besonders geeignet erwiesen haben.

Das *Chara*-Rhizoid

Das Rhizoid der sessilen Grünalge *Chara foetida* ist ein *einzelliges*, etwa 30 μm breites und mehrere cm lang werdendes Organ, das sehr empfindlich positiv gravitropisch reagiert. Es krümmt sich also, wenn man es horizontal legt, nach unten. Die verhältnismäßig rasche, gravitropische Bewegung beruht auf dem verschieden starken Wachstum der Ober- und Unterseite der Zelle (Abb. 31.37). Das *Chara*-Rhizoid kann als ein verhältnismäßig einfaches System für die Analyse der gravitropischen Reiz-Reaktionskette angesehen werden. In der Spitzenregion der Zelle (Apex) erfolgen sowohl die *Suszeption* des Schwerereizes als auch die gravitro-

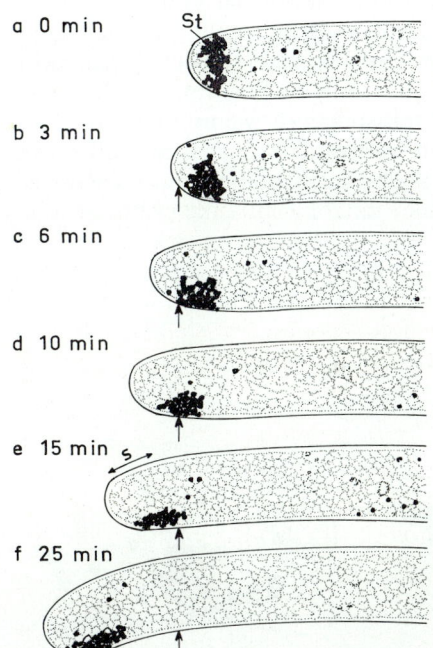

Abb. 31.37 a–f. Serienaufnahmen eines Rhizoids von *Chara foetida* nach Horizontallegung zum Zeitpunkt t = 0. Gezeigt ist die Initialphase und der Beginn der Krümmungsbewegung. Die *Pfeile* weisen auf identische Punkte der Zellwand hin. Die Krümmung erfolgt im Neuzuwachs der Zellspitze. Der Beginn der Reaktion wird durch eine Wachstumshemmung der unteren Flanke (d und e, *Pfeile*) markiert. Die obere Flanke (e, *Bereich S*) flacht zu Beginn der Krümmungsbewegung ab. St, Statolithen. (Nach Sievers und Schröter 1971.) Weitere deskriptive Information: Bei 20 °C wächst das Rhizoid mit einer Geschwindigkeit von etwa 120 μm · h^{-1}. Der Zellkern liegt etwa 250 μm von der Spitze entfernt. Die mehr basalen, älteren Teile des Rhizoids enthalten die übliche große Zentralvacuole

pische Reaktion: *Reizort* und *Reaktionsort* fallen zusammen.

Die Fähigkeit zur gravitropischen Reaktion ist an die Wachstumsfähigkeit des Rhizoids und an die Anwesenheit von *Glanzkörpern* im Apikalbereich gebunden. Die Glanzkörper (etwa 30 bis 60 pro Apex) sind dichte, große Partikel (Durchmesser $1-2$ μm), die im Schwerefeld innerhalb der Zelle rasch sedimentieren. Man kann die Glanzkörper aus der Wachstumszone wegzentrifugieren, ohne das Wachstum ernsthaft zu beeinträchtigen. Mit diesem Eingriff verschwindet die gravitropische Empfindlichkeit. Durch weitere, subtile Experimente dieser Art wurde die Auffassung begründet, die Glanzkörper seien *Statolithen* (Schwerkraftsensoren). Im normal (d.h. senkrecht nach unten) wachsenden Rhizoid liegen die Glanzkörper $10-20$ μm oberhalb des Zellscheitels über den Querschnitt verteilt. Diese Partikel werden durch Aktinfilamente in der richtigen Position gehalten bzw. dahin zurücktransportiert, wenn man sie durch Zentrifugation basipetal verlagert. Sie fallen aber relativ rasch nach Horizontallegung des Rhizoids auf die nunmehr untere Zellflanke (Abb. 31.38).

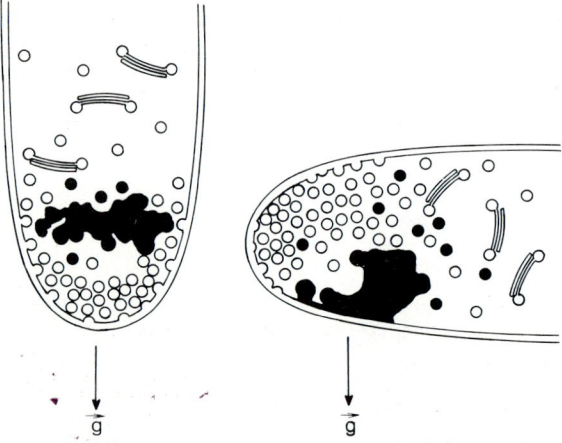

Abb. 31.38. Die Spitze eines *Chara*-Rhizoids (etwa 50 μm) in vertikaler Position (Zeitpunkt t=0) und 10 min nach Drehung in die horizontale Lage. Die nach licht- und elektronenmikroskopischen Bildern angefertigten Schemata zeigen drei *Dictyosomen*, zahlreiche *Golgivesikel* (*offene Kreise*) und die *Glanzkörper* (*Statolithen*, *gefüllte Kreise* und *dunkle Masse*). Die hier zusammengefaßten Beobachtungen haben zu der These geführt, daß die Ablenkung der Golgivesikel an die Oberseite ein wesentliches Glied in der gravitropischen Reiz-Reaktionskette des *Chara*-Rhizoids ist. (Nach Sievers 1971)

Das Rhizoid wächst wie andere Zellen mit *Spitzenwachstum* durch Einbau von Material in die apikale Zellwand, welches durch Golgivesikel nach außen geschleust wird. In elektronenmikroskopischen Untersuchungen konnte man zeigen, daß 10 min nach Horizontallegung in der physikalisch oberen, leicht subapikalen Zellwand weit mehr Golgivesikel nach außen entleert werden als in der entsprechenden unteren (Abb. 31.38). Während der etwa 10minütigen Initialphase sinken die Glanzkörper (Statolithen) ab, und das Rhizoid wächst weiter geradeaus, ohne daß schon eine Krümmung sichtbar wäre ($\rightarrow$ Abb. 31.37). Aufgrund dieser Befunde wurde das folgende Konzept für die Reiz-Reaktionskette entwickelt:

1. *Suszeption des Schwerereizes*: Verlagerung der Statolithen nach unten (physikalische Phase).
2. *Perception*: Die Statolithen blockieren die untere Zellflanke für die Golgivesikel (physiologische Phase).
3. *Reaktion*: Die Vesikel werden bevorzugt zur oberen Zellflanke umgeleitet. Dies führt dort zu einem vermehrten Einbau von Wandmaterial und damit zur Krümmung.

Die Frage ist, ob und inwieweit die Einsicht in das Verhalten der *Chara*-Rhizoide uns hilft, die Reiz-Reaktionskette beim *Gravitropismus vielzelliger Organe* (Wurzeln, Sproßachsen und Koleoptilen) besser zu verstehen.

Das Statolithen-Konzept bei vielzelligen Organen

Die Kausalanalyse des Gravitropismus ist deshalb so schwierig, weil $\vec{g}$ auf alle Zellen eines Organs gleich wirkt. Man kann nicht mit einem Gradienten der Wirkung im Organ rechnen wie beim Phototropismus. Außerdem werden bei der Pflanze keine extrazellulären Flüssigkeiten oder Statolithen relativ zu sensorischen Strukturen (z.B. Sinneshärchen) bewegt wie beim Tier; die Schwerkraftperception in der Pflanze muß vielmehr auf rein intrazellulären Mechanismen beruhen. Die Vorstellung liegt nahe, daß unter dem Einfluß von $\vec{g}$ Masseteilchen in den gravitropisch empfindlichen Zellen verschoben werden. Die schweren *Amyloplasten*, die man in den zentralen Columellazellen der Wurzelhaube häufig findet (Abb. 31.39), verlagern sich in der Tat unter dem Einfluß von $\vec{g}$. Man kann sich vorstellen, daß die Stärkekörner („Statolithenstärke") den Zellen jeweils anzeigen, wo *unten* ist. Dabei dürfte nicht die Bewegung der Stärkekörner (ein relativ langsamer Prozeß) die entscheidende Rolle spielen, sondern die Veränderung der Druckwirkung an dem Ort, an dem diese zum Zeitpunkt der gravitropischen Reizung liegen. Ob Amyloplasten tatsächlich die gesuchten Statolithen sind, war lange Zeit eine vieldiskutierte Frage. Sie dürfte heute entschieden sein. Die neueren, im wesentlichen mit Wurzeln von *Lepidium sativum* erzielten Ergebnisse lassen sich wie folgt zusammenfassen: Die Schwerkraft-percipierenden Columellazellen (*Statocyten*) in der Kalyptra der Primärwurzel zeichnen sich durch eine *polare* Anordnung der Organellen aus (Abb. 31.40). Insbesondere wurde gezeigt, daß die Amyloplasten auf einem vielschichtigen, rauhen endoplasmatischen Reticulum (ER-Komplex) liegen, das seine Lage nahe der distalen periklinen Zellwand auch bei Abweichung der Wurzel von der Senkrechten nicht verändert. Dieser stationäre ER-Komplex stellt also bei gravitropischem Gleichgewicht die Unterlage für die relativ schweren Amyloplasten dar. In gravitropischer Reizlage soll ein *differentieller* Druck der Amylo-

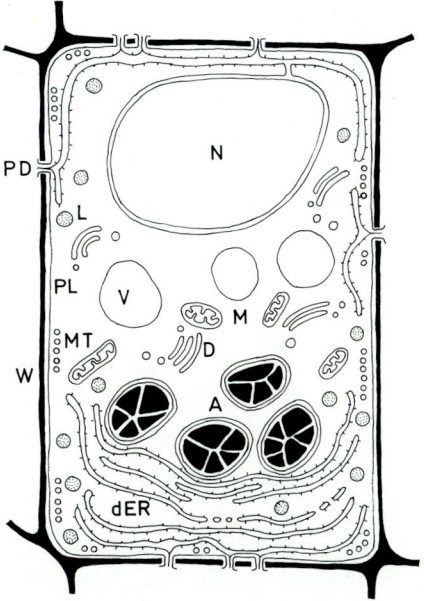

Abb. 31.40. Längsschnitt durch eine Statocyte aus dem zentralen Statenchym (Columella) der Wurzelhaube von Primärwurzeln. Objekt: Gartenkresse (*Lepidium sativum*). Die Statocyte ist polar gebaut. Die polare Organisation wird über Actinfilamente aufrechterhalten. Die *Amyloplasten* (A) liegen auf dem distalen ER-Komplex (dER). Der *Zellkern* (N) ist nahe dem proximalen Pol der Zelle lokalisiert. *Mitochondrien* (M), *Dictyosomen* (D) und einige kleine *Vacuolen* (V) sind offenbar zufallsmäßig im Plasma verteilt; sie kommen aber zwischen den ER-Cisternen nicht vor. *Mikrotubuli* (MT) verlaufen senkrecht zur Wurzelachse. W, Zellwand; L, Lipidtropfen; PD, Plasmodesmos; PL, Plasmamembran. (Nach Sievers und Volkmann 1977)

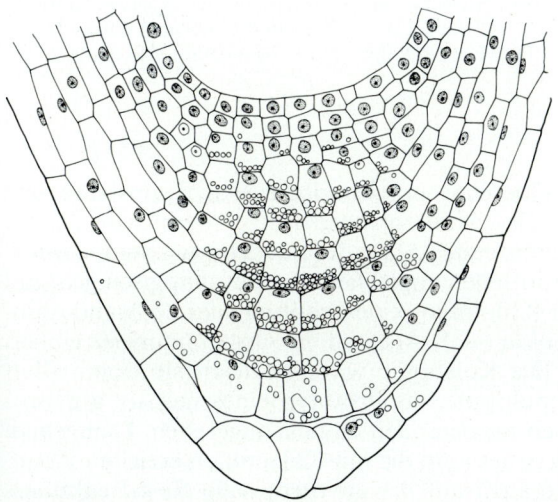

Abb. 31.39. Ein medianer Längsschnitt durch die Wurzelspitze (Kalyptra) von *Rorippa amphibia*. Man erkennt in der Columella die *Statolithenstärke* (*Amyloplasten*). (Nach Brauner 1962.) Eine Reihe von Experimenten weisen darauf hin, daß die positiv gravitropische Reaktion der Primärwurzel von der Kalyptra aus reguliert wird. Die zentralen Columellazellen werden *Statocyten* genannt, das Gewebe *Statenchym*. In ihm erfolgt die Perception der Schwerkraft. Als *Statolithen* fungieren die Amyloplasten

plasten auf den ER-Komplex die Graviperception verursachen (Abb. 31.41).

Unabhängig von den mechanistischen Details kann man heute wohl davon ausgehen, daß innerhalb der Statocyten der Kontakt zwischen Amyloplasten und einem ER-Komplex die Voraussetzung für die Perception des Schwerereizes bei Primärwurzeln und plagiotropen Seitenwurzeln darstellt. Schafft man im Experiment eine räumliche Trennung von Amyloplasten und ER-Komplex, so bleibt die gravitropische Reaktion aus. Erst wenn sich unter den Amyloplasten ein neuer ER-Komplex gebildet hat und damit ein funktionsfähiges Graviperceptorsystem regeneriert ist, setzt die gravitropische Empfindlichkeit der Wurzel wieder ein. Die Einwände gegen die Identifizierung der postulierten Statolithen mit Amyloplasten gründen sich

normale Orientierung

Wurzel-
achse

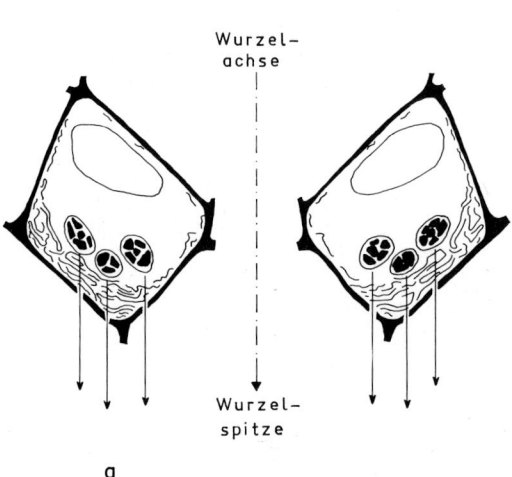

Wurzel-
spitze

a

Schwerereizung (90°)

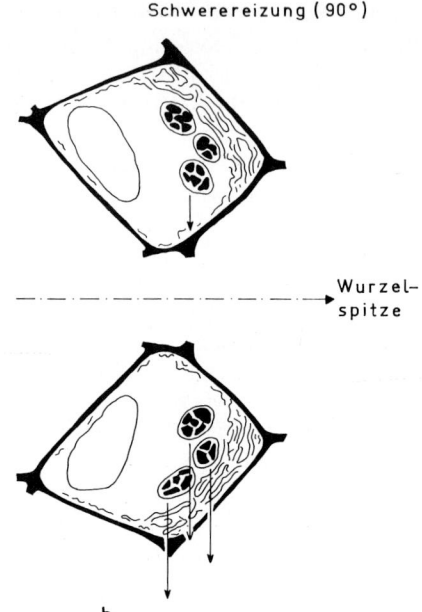

Wurzel-
spitze

b

Abb. 31.41 a und b. Modellvorstellung für die Graviperception im Statenchym einer Primärwurzel der Gartenkresse. Es sind zwei periphere *Statocyten* dargestellt, die sich bezüglich der geometrischen Lage (Radialsymmetrie) entsprechen. Es wird angenommen, daß der Kontakt zwischen Amyloplasten und distalem ER-Komplex die Perception des Schwerereizes ermöglicht. (a) Normales, vertikales Wachstum der Wurzel. Es herrscht ein labiles Gleichgewicht, da sich die Signale, die von der Gesamtheit der ER-Komplexe ausgehen, gerade aufheben. Jede Abweichung von der Senkrechten verursacht ein Ungleichgewicht. (b) In der horizontalen Lage ist das Ungleichgewicht besonders groß: Auf der physikalischen Unterseite bleibt der Druck, den die Amyloplasten auf das ER ausüben, erhalten, auf der physikalischen Oberseite hört der Druck völlig auf. Ein an Ober- und Unterseite unterschiedliches Signal ist die Folge. (Nach Sievers und Volkmann 1972)

auf die Beobachtung, daß auch stärkefreie Mutanten von *Arabidopsis thaliana* gravitropisch reagieren. Aber sie reagieren weniger effektiv! Im Prinzip geht also die Graviperception auch mit stärkefreien Plastiden, aber mit den schweren Amyloplasten funktioniert sie besser.

Mit dem Graviperceptorsystem ist das erste Glied in der Reiz-Reaktionskette des Gravitropismus vielzelliger Organe identifiziert. Für eine Behandlung der weiteren Glieder eignet sich wiederum die Poaceen-Koleoptile besonders gut.

Die gravitropische Reiz-Reaktionskette

Die Koleoptile der Gräser (→ Abb. 23.3) reagiert negativ gravitropisch (Abb. 31.42, *links*). In horizontale Lage verbracht, strecken sich die Zellen der Organunterseite schneller als die der Oberseite. Die resultierende gravitropische Wachstumsbewegung gilt als auxinkontrolliert, d. h. Auxin wird als der begrenzende Faktor des Längenwachstums der Koleoptilzellen angesehen. Zellphysiologisch geht mit der Krümmung eine Erhöhung der Zellwandextensibilität (→ S. 412) auf der Organunterseite einher.

Die Koleoptile wird, obgleich sie einem Blatt homolog ist, als Prototyp eines negativ gravitropisch reagierenden Organs angesehen. Demgemäß überträgt man die mit Koleoptilen erzielten Resultate auch auf die gravitropische Reiz-Reaktionskette von Sproßachsen und umgekehrt.

Als Kernstück der Reiz-Reaktionskette gilt die Ablenkung des basipetalen Auxinstroms nach der Organunterseite (Anwendung der Cholodny-Went-Hypothese, → S. 533, auf den Gravitropismus). Dafür gibt es viele Hinweise aus der klassischen Auxinphysiologie (z. B. Abb. 31.42, 31.43, 31.44). Aber auch molekulare Daten stützen dieses Kon-

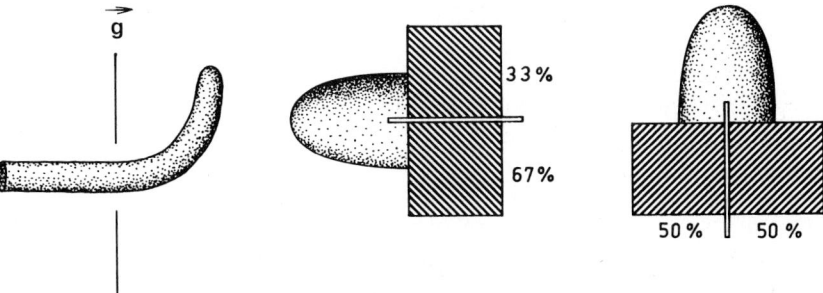

Abb. 31.42. Der Zusammenhang der gravitropischen Reaktion mit der Querverschiebung von Auxin in einem Organ. Mit Hilfe der „Agarabfang-Methode" (→ Abb. 31.28) kann man beweisen, daß horizontal gelegte Koleoptilspitzen aus ihrer unteren Hälfte mehr Auxin sezernieren als aus der oberen Hälfte. *Links*: Die horizontal gelegte Koleoptile krümmt sich negativ gravitropisch nach oben. *Mitte*: eine horizontal gelegte Koleoptilspitze sezerniert an ihrer unteren Flanke mehr Auxin als an der oberen Flanke. *Rechts*: Die Koleoptilspitze in Normalstellung sezerniert in die beiden Agarteilblöckchen dieselbe Menge an Auxin (Kontrollexperiment). (Nach Gordon 1963)

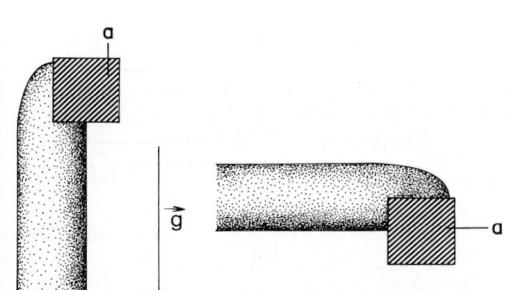

Abb. 31.43. Versuchsanordnung zur Messung der seitlichen Auxinabgabe bei vertikal bzw. horizontal orientierten Koleoptilen. Man entfernt eine Hälfte der Koleoptilspitze und fügt an ihrer Stelle einen Agarblock (a) ein. Die Agarblöckchen werden im Krümmungstest (→ Abb. 23.4) auf ihren Auxingehalt geprüft. Resultat: In der vertikalen Position empfängt der Agarwürfel praktisch kein Auxin; in der horizontalen Position empfängt der Agarwürfel während 60 min beträchtliche Auxinmengen. (Nach Brauner und Appel 1960)

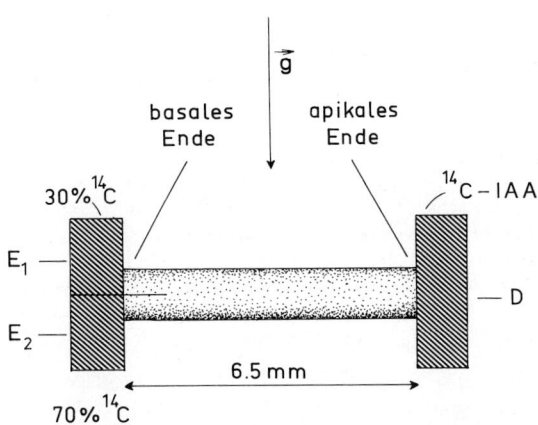

Abb. 31.44. Beweis für die Querverschiebung exogener IAA in der Mais- oder Haferkoleoptile. ^{14}C-IAA wird am apikalen Ende horizontal liegender Koleoptilsegmente mittels eines Donator-Agarblocks (D) appliziert. Die Koleoptilzellen der apikalen Schnittfläche nehmen die markierte IAA auf und transportieren sie polar weiter. Am basalen Ende kann man die IAA mit Agar „abfangen". Die Radioaktivität gelangt unsymmetrisch in die Empfänger-Agarteilblöckchen (E_1, E_2), die am basalen Ende den sezernierten Wuchsstoff aufnehmen. (In Anlehnung an Gillespie und Thimann 1963)

zept. Dafür ein Beispiel: Solange das Hypokotyl von Soja (*Glycine max*) vertikal wächst, sind die auxinregulierten RNAs symmetrisch in der Wachstumszone des Hypokotyls verteilt. Im horizontal orientierten Keimling wird die Verteilung innerhalb von 20 min, also noch vor dem Beginn der Krümmung, zugunsten der Organunterseite asymmetrisch, und die stärkste Asymmetrie der auxinregu-

lierten Genexpression fällt mit dem Einsetzen der gravitropischen Organkrümmung zusammen. Solche Daten legen den Schluß nahe, daß die auxinregulierte Genexpression am Zustandekommen der physiologischen Reaktion ursächlich beteiligt ist.

Die Lücke in der Reiz-Reaktionskette zwischen der Perception des gravitropischen Reizes und der meßbaren Ablenkung des basipetalen Auxinstroms nach der Organunterseite (bei der Maiskoleoptile etwa 40 min nach Beginn der Reizung bei 24 °C) ist derzeit nicht zu schließen. Die Beteiligung einer bioelektrischen Dorsiventral-Polarität im Organ ließ sich ebensowenig belegen wie das Postulat eines dorsiventralen Protonengradienten.

Eine Alternative zur Cholodny-Went-Hypothese ist die Vorstellung, daß sowohl die Graviperception als auch die gravitropische Reaktion *lokale Ereignisse* sind, in Analogie zur Blaauw-Hypothese beim Phototropismus (→ S. 533). Auxin ist auch nach dieser Vorstellung eine Voraussetzung für das Zellwachstum, aber eine Ablenkung des basipetalen Auxinstroms nach der Organunterseite wird nicht als *Ursache* für die Organkrümmung angenommen. Vielmehr wirke der Gravistimulus direkt über die Statolithen in den peripheren Zellschichten, und dies führe, wenn die Epidermiszellen mit ihrer äußeren Zellwand nach unten orientiert sind, dort zu einer erhöhten Extensibilität. Es gibt in der Tat experimentelle Daten, die eine Erhöhung der Auxinempfindlichkeit auf der Organunterseite belegen.

Die Entscheidung zwischen den alternativen Hypothesen muß derzeit auch im Fall des Gravitropismus offenbleiben. Es scheint aber, daß die neuesten Arbeiten zu diesem Thema eher für die Cholodny-Went-Hypothese sprechen: „We conclude that redistribution of IAA in the transport stream occurs in maize coleoptiles during gravitropism, and is sufficient in degree and timing to be the immediate cause of gravitropic curvature" (Parker and Briggs 1991).

Induktion der gravitropischen Reaktion

Auch die gravitropische Reaktion kann man *induzieren.* Wenn man z. B. einen Sonnenblumenkeimling 3 min horizontal legt und dann auf den Klinostaten bringt, kann man – bei Zimmertemperatur – etwa 90 min später eine Krümmung des Hypokotyls beobachten. Entsprechend, nur etwas schneller, reagiert auch die Koleoptile. Man kann auch einfach so vorgehen, daß man die Organe für einige Minuten in der Horizontalen hält und sie dann wieder in die vertikale Normallage zurückbringt. Es erfolgt nach einiger Zeit eine Krümmung im Sinn der durchgeführten gravitropischen Induktion. Induktion und gravitropische Reaktion lassen sich zeitlich weit trennen. Die Abb. 31.45 (*oben*) zeigt den Ablauf und das prinzipielle Resultat eines entsprechenden Experiments. Man legt die Keimlinge bei 4 °C waagrecht (Induktion). Da bei dieser Temperatur kein Wachstum erfolgt, beobachtet man nach der Aufrichtung in die Vertikale keine Krümmung. Sobald man aber die Temperatur erhöht (z. B. 12 h nach der Induktion), setzt die gravitropische Krümmung ein. Wir lernen aus diesem Experiment zweierlei: 1. Die Induktion erfolgt auch bei der tiefen Temperatur. 2. Die Induktion kann lange Zeit gespeichert werden. Die Induktion ist auch in *Abwesenheit* von Auxin möglich. – Auch die Konservierung der Induktion ist nicht auf Auxin angewiesen. Läßt man dekapitierte Keimlinge mehrere Tage im Dunkeln, sind sie so weitgehend an Auxin verarmt, daß sie keine gravitropischen Krümmungen mehr ausführen können, auch wenn

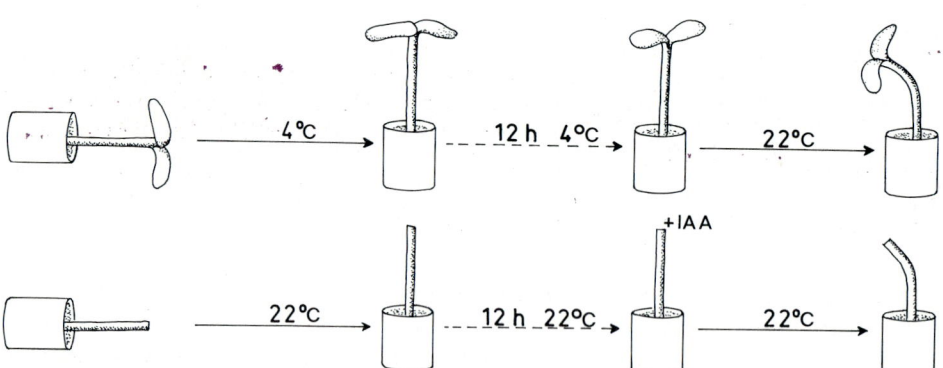

Abb. 31.45. Gravitropische Experimente mit Sonnenblumenkeimlingen (*Helianthus annuus*). *Oben*: Konservierung einer bei 4 °C durchgeführten gravitropischen Induktion über einen langen Zeitraum (12 h bei 4 °C) hinweg. *Unten*: Durch Dekapitierung (Entfernung von Kotyledonen und Plumula) an „Wuchsstoff" verarmte Hypokotyle können gravitropisch induziert werden. Sie krümmen sich aber erst nach Auxinzugabe. Die gravitropische Induktion kann auch in diesem Fall über viele Stunden hinweg gespeichert werden. (In Anlehnung an Brauner und Hager 1958)

man sie für Stunden in der Horizontalen hält. Bringt man die horizontal gehaltenen Hypokotyle in die Vertikale zurück und verabreicht ihnen über die apikale Schnittfläche Auxin, so führen sie starke gravitropische Krümmungen aus (Abb. 31.45, *unten*).

Gravitropische Experimente mit Wurzeln

Die Reiz-Reaktionskette bei der positiv gravitropischen Reaktion der Wurzeln ist noch weitgehend ungeklärt. Die Perception des Schwerereizes geschieht in den Statocyten der Columella mit Hilfe von Amyloplasten und ER-Komplex (→ S. 543); die weiteren Glieder der Reaktionskette liegen aber noch weitgehend im Dunkeln. Nach der gravitropischen Reizung beobachtet man bei einer Primärwurzel insgesamt eine *Reduktion* der Wachstumsintensität. Diesen Befund hat bereits Sachs 1874 erhoben und publiziert. Die Abwärtskrümmung (→ Abb. 31.34) rührt daher, daß das Wachstum der Unterseite stärker gehemmt wird als das Wachstum der Oberseite. Die Frage ist, wie es in der horizontal gelegten Wurzel zu dem differentiellen Wachstum von oberer und unterer Flanke kommt. Vieles deutet darauf hin, daß Auxin (IAA) an der unteren Flanke einer horizontal orientierten Wurzel akkumuliert und über eine *Hemmung* des Streckungswachstums die positiv gravitropische Krümmung der Wurzel bewirkt. (Exogen appliziertes Auxin bewirkt bei der Wurzel – im Gegensatz zum Sproß – in der Regel eine Wachstumshemmung.) Die Frage ist aber noch offen, ob die meßbaren Unterschiede im Auxingehalt zwischen den beiden Flanken tatsächlich bereits vor dem Beginn der Krümmung nachzuweisen sind.

Die entscheidende Bedeutung der *Wurzelhaube* für die gravitropische Reaktion der Wurzel ist schon früh erkannt worden. Bei Poaceen, z. B. bei Mais, ist es möglich, die Wurzelhaube ohne Schaden für die Wurzel abzuziehen (Abb. 31.46). Die Entfernung der Haube hat keinen bleibenden Einfluß auf das *Längenwachstum* der Wurzel. Die bei der intakten Wurzel so stark ausgeprägte gravitropische Reaktionsfähigkeit ist aber durch die Entfernung der Haube völlig aufgehoben. Enthaubte, horizontal gelegte Maiswurzeln wachsen bis zu 30 h horizontal, ohne sich zu krümmen. Erst wenn aus dem „ruhenden Zentrum" heraus eine neue Wurzelhaube wenigstens partiell regeneriert ist,

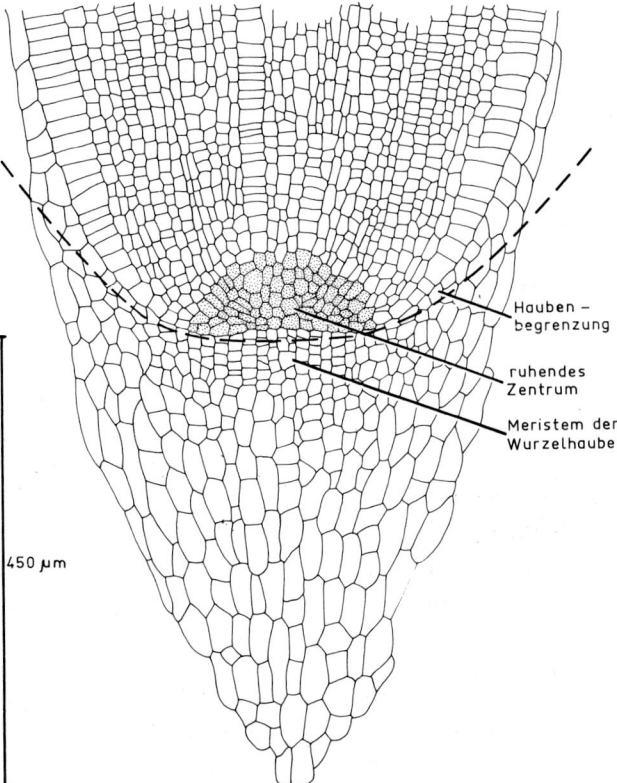

Abb. 31.46. Ein medianer Längsschnitt durch eine Wurzelspitze von Mais (*Zea mays*). Die gestrichelte Linie gibt an, wo die Wurzelhaube sich vom Rest der Wurzelspitze ablöst. Das Wurzelmeristem wird bei der mechanisch bewirkten Ablösung der Haube nicht geschädigt. (Nach Juniper et al. 1966)

setzt die gravitropische Reaktionsfähigkeit wieder ein. Diese Daten zeigen, daß die Wurzelhaube für die gravitropische Reaktion der Wurzel unerläßlich ist; sie erlauben aber nicht den Schluß, daß der Gravitropismus der Wurzel von der Wurzelhaube her *reguliert* wird.

Gravitropismus und Phytochrom

Die gravitropische Reaktion von Thalli, Koleoptilen, Sproßachsen und Wurzeln ist nicht unabhängig vom Licht. Beispielsweise wachsen die Wurzeln der Ackerwinde (*Convolvulus arvensis*) im Dunkeln horizontal; erst eine Belichtung induziert eine positiv orthogravitropische Reaktion. Das Licht wirkt über Phytochrom (P_{fr}). Das wirksame Phytochrom ist in der Wurzelspitze, wahrscheinlich in der Wurzelhaube, lokalisiert. Das Verhalten der Statolithen ist mit und ohne Licht genau gleich. Das Phytochrom dürfte somit weniger die Perception des Schwerereizes als vielmehr seine Verarbeitung beeinflussen.

Die negativ gravitropische Reaktion des Hypokotyls von Senfkeimlingen (→ Abb. 31.34) wird durch Belichtung verstärkt. Das Licht wirkt auch hier über Phytochrom. Der Sesamkeimling erwies sich für das genauere Studium dieses Effekts dem Senfkeimling als überlegen, da langwelliges Licht (> 520 nm) bei Sesam das Wachstum des Hypokotyls nicht beeinflußt. Eine Belichtung des Sesamkeimlings mit Hellrot (ausschließlich über Phytochrom wirkend) führte zum gleichen Resultat wie bei Senf: Es kommt zu einer Verstärkung der gravitropischen Reaktion (Abb. 31.47). Detaillierte Studien führten auch hier zu der Schlußfolgerung, daß Phytochrom die gravitropische Reiz-Reaktionskette nicht auf der Ebene der Perception, sondern im Zusammenhang mit der Krümmung beeinflußt.

Die Thalli des Lebermooses *Marchantia polymorpha* wachsen normalerweise horizontal auf dem Substrat. Deskriptiv handelt es sich um eine *diagravitropische* Orientierung. Die Analyse zeigt, daß in Wirklichkeit zwei antagonistische Komponenten die normale Gleichgewichtslage bestimmen: ein *negativer Orthogravitropismus* und eine *epinastische Tendenz*. Die Epinastie funktioniert nur in Anwesenheit von aktivem Phytochrom (P_{fr}). Beseitigt man mit einem Dunkelrotpuls vor Beginn der täglichen Dunkelperiode das P_{fr} weitgehend aus dem System, so wächst der *Marchantia*-Thallus aufwärts. Auf dem Klinostaten zeigt sich, daß diese Wachstumsreaktion als negativer Gravitropismus aufgefaßt werden muß.

Weitere Bewegungsvorgänge

Wachstumsbewegungen der Pollenschläuche

Seit der Entdeckung, daß bei den meisten Gymnospermen und bei allen Angiospermen der Pollenschlauch die ♂ Geschlechtszellen transportiert und in den Embryosack geleitet (→ Abb. 20.16), hat man sich darum bemüht, herauszufinden, welche Faktoren den Pollenschlauch bei seinem Wachstum steuern. *Zur Erinnerung* (→ Abb. 20.16): Das Drüsengewebe der Narbe ist mit dem Hohlraum des Fruchtknotens durch ein Gewebe verbunden, das ebenfalls den Charakter eines Drüsengewebes hat. Durch dieses *stigmatoide Gewebe* wachsen die Pollenschläuche. Hat der Griffel einen Kanal, so kleidet das stigmatoide Gewebe diesen *Stylarkanal* aus; ist der Griffel solide, so bildet das stigmatoide Gewebe einen oder mehrere Stränge, die in das Grundgewebe eingebettet oder mit den Leitbündeln verbunden sind. Die Pollenschläuche durchdringen in diesem Fall das stigmatoide Gewebe in den Interzellularen. Das Wachstum des Pollenschlauchs, ein typisches Spitzenwachstum, geht auf die Verschmelzung von Vesikeln aus dem subapikalen Bereich mit der Plasmamembran im Bereich der apikalen Kalotte zurück (→ Abb. 31.38). Die Vesikel liefern neues Membranmaterial sowie Zellwandbausteine. Stylarkanal oder Interzellularen

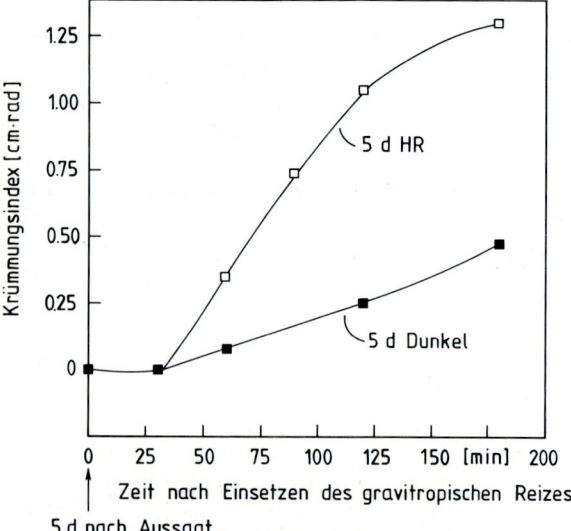

Abb. 31.47. Der Verlauf der gravitropischen Krümmung des Hypokotyls bei Sesamkeimpflanzen (*Sesamum indicum*) nach einem gravitropischen Reiz (Drehung eines bisher vertikal wachsenden Keimlings um 90°). Der Krümmungsindex ist ein besonders sensitives Maß für den Krümmungsverlauf einer Achse. Die einfachere Winkelmessung (→ Abb. 31.20) liefert im Prinzip dasselbe Resultat. Der gravitropische Reiz setzte 5 d nach Aussaat ein. Bis zu diesem Zeitpunkt werden die Keimlinge entweder im Dunkeln (■) oder im schwachen Hellrot (□) gehalten (HR, 0,68 W·m⁻²). Man sieht, daß die Vorbehandlung mit HR, das ausschließlich über Phytochrom wirkt, einen massiven Einfluß auf den Verlauf der gravitropischen Krümmung hat. (Nach Woitzik und Mohr 1988 b)

sind von einer viskosen Flüssigkeit erfüllt, die sowohl Polysaccharide (hauptsächlich Arabinogalactane) als auch Glyco- und Lipoproteine enthält. Diese extrazelluläre Matrixsubstanz dient einmal der Ernährung des Pollenschlauchs; andererseits spielt sie auch eine aktive Rolle beim Vorankommen der Pollenschläuche. Experimente mit eingebrachten Latexkügelchen deuten darauf hin, daß man sich das stigmatoide Gewebe nicht als eine mechanische Leitschiene vorstellen darf; man muß vielmehr annehmen, daß die typischen Drüsenzellen des stigmatoiden Gewebes (dichtes Cytoplasma, große Zellkerne) Substanzen sezernieren, die den Pollenschlauch mit einer erstaunlichen Geschwindigkeit aktiv und zielgerichtet wachsen lassen. Bei den Überlegungen zum Mechanismus des Pollenschlauchwachstums muß man den Umstand berücksichtigen, daß Pollenschläuche sowohl Aktin als auch Myosin in relativ großen Mengen enthalten und durch eine intensive Plasmaströmung charakterisiert sind. Das weitere zielsichere Wachstum des Pollenschlauchs zu Mikropyle und Embryosack muß *chemotropisch* gelenkt sein. Eine chemotropische Wachstumsbewegung liegt dann vor, wenn die Wachstumsrichtung eines Organs oder einer Zelle durch einen stofflichen Konzentrationsgradienten bestimmt wird. Vermutlich stammen die auf den Pollenschlauch chemotropisch wirkenden Stoffe aus dem *Eiapparat.* Da der Pollenschlauch eine Zelle mit Spitzenwachstum darstellt, muß man davon ausgehen, daß der zwischen den beiden Flanken der apikalen Kalotte bestehende Konzentrationsunterschied an chemotropisch aktiver Substanz zu einer Verlagerung der Wachstumszone führt (analog zu den Vorgängen beim Photo- und Polarotropismus der Farnchloronemen; → Abb. 31.14).

In in-vitro-Experimenten mit keimenden Pollenkörnern von *Lolium longiflorum* wurde gezeigt, daß durch den wachsenden Pollenschlauch ein *elektrischer Strom* fließt, der innerhalb des Schlauchs eine erhebliche Stromdichte ($0,1$ mA $\cdot$ cm^{-2}) erreichen kann. Der Strom kommt im wesentlichen dadurch zustande, daß Kaliumionen in den Pollenschlauch eintreten und Protonen im Bereich des Pollenkorns das System verlassen. Die Abgabe der Protonen ist aktiv (*Protonenpumpe*), während Kaliumionen passiv in die Zelle einströmen. Die Bedeutung der Protonenpumpe ist zur Zeit noch nicht klar; die Frage ist, ob die eindrucksvollen elektrischen Eigenschaften des Pollenschlauchs mit seinen immensen Leistungen als *Chemodetektor* beim Chemotropismus in Zusammenhang zu bringen sind oder ob es sich um ein Epiphänomen der Strukturpolarität des Systems handelt (→ S. 97).

Rankenbewegungen

Die Wachstumsbewegungen von *Ranken*, die man bei vielen *Kletterpflanzen* beobachten kann, sind auffällige, von der klassischen Pflanzenphysiologie häufig untersuchte Phänomene. Trotz der Faszination, die von diesen Organleistungen für den Physiologen ausgeht, fehlt eine umfassende biophysikalische Theorie der Rankenbewegungen. Wir benützen deshalb bei der Darstellung von Fallstudien die klassische reizphysiologische Terminologie.

Es gibt vielerlei Ranken; sie können Sproßachsen, Wurzeln, Blättern oder Blatteilen homolog sein. Wir betrachten in erster Linie die Blattranken der Cucurbitacee *Bryonia dioica* (Abb. 31.48). Die Ranken dieser Pflanze sind, wie die Blätter, dorsiventral gebaut. Auch morphologisch kann man Oberseite und Unterseite unterscheiden. Die jungen Ranken sind eingerollt. Mit der Zeit strecken sich die Ranken, bleiben aber meist leicht gekrümmt. In diesem Zustand führen die Ranken kreisende autonome „Suchbewegungen" durch. Der neutralere, aber rein deskriptive Begriff für diesen Vorgang ist *Circumnutation*. Es handelt sich um autonome Nutationsbewegungen, die von der Pflanze aus „inneren Ursachen" heraus durchgeführt werden. Ein steuernder Einfluß von Außenfaktoren ist nicht erkennbar. Auch viele *Keimpflanzen* und die *Windepflanzen* führen solche *Nutationsbewegungen* durch.

Diese Art von Bewegung kommt im Prinzip dadurch zustande, daß eine Zone erhöhter Wachstumsintensität cyclisch um die Ranke bzw. Sproßachse kreist. Die Details der Wachstumsmechanik sind nicht einfach, wie die folgenden Beobachtungen zeigen: Während der Circumnutationen beschreibt die Spitze der Ranke eine Ellipse, die ganze Ranke einen Kegelmantel. Am Schnittpunkt mit der Hauptachse der Ellipse ist die Geschwindigkeit der Ranke am geringsten, die Krümmung am größten. Am Schnittpunkt mit der Nebenachse ist das Gegenteil der Fall. Sobald die Ranke anstößt, oder sich an einem rauhen Gegenstand reibt, erfolgt die *haptotropische Wachstumsbewegung*. Im Fall von *Bryonia dioica* krümmt sich

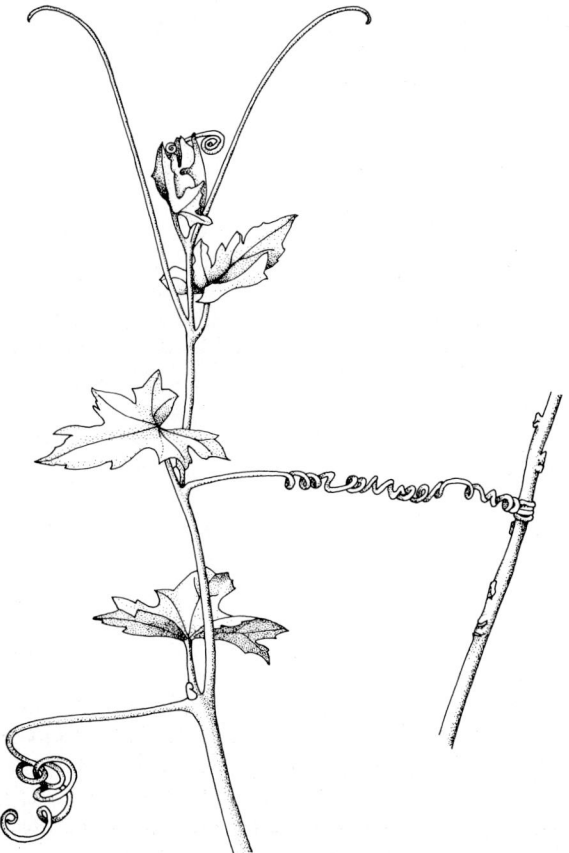

Abb. 31.48. Ein Sproßstück der Zaunrübe (*Bryonia dioica*) mit Blattranken in verschiedenen Entwicklungsstadien. Die oberste Ranke ist noch eingerollt. Die nächsten Ranken sind im Stadium der *autonomen Circumnutationsbewegungen*. In der *Mitte* hat eine Ranke eine geeignete Stütze gefaßt. Die Ranke *unten links*, die nicht an eine Stütze gelangte, hat bereits eine Alterseinrollung durchgeführt

die Rankenspitze rasch gegen die morphologische Unterseite ein und umwächst die Stütze. Die Einkrümmung beruht in erster Linie auf einem verstärkten Längenwachstum der morphologischen Oberseite der Ranke. Hat die Ranke gefaßt, bilden die basalen Teile der Ranke – ebenfalls durch einseitig verstärktes Längenwachstum – Schraubenfedern aus. Dabei werden *Umkehrpunkte* eingelegt, wodurch die Ranke Torsionen vermeidet (→ Abb. 31.48). Die Ranke ist bald fest und doch federnd verankert. Jetzt erfolgt im Rankengewebe eine rasch fortschreitende Zelldifferenzierung, gekennzeichnet in erster Linie durch die Bildung verholzter Festigungselemente. Ältere Ranken sind

kaum abzulösen; sie sind außerordentlich stabil und doch hochgradig elastisch. Ihre Morphologie ist ihrer Funktion in jeder Hinsicht angemessen.

Wenn die nutierenden Ranken keine Stütze zu fassen bekommen, rollen sie sich nach einiger Zeit autonom ein (→ Abb. 31.48). Man spricht von einer autonomen „Altersbewegung" der Ranke. Sie beruht auf einem verstärkten Wachstum der morphologischen Oberseite. Diese Ranken, die nicht fassen, gehen vorzeitig zugrunde. Ihre Entwicklung, z. B. die Zelldifferenzierung, schreitet nicht so weit fort, wie jene der funktionierenden Ranken.

Berührt („reizt") man eine Ranke mit einem rauhen Stäbchen, z. B. an der morphologischen Unterseite, so setzt nach kurzer Zeit plötzlich ein starkes Wachstum auf der gegenüberliegenden Flanke ein, auf der morphologischen Oberseite also. Die „gereizte" Flanke stellt ihr Wachstum ein. Hat man nur kurz berührt, so erfolgt zwar auch eine Einkrümmung; die gereizte Ranke streckt sich aber bald wieder durch ein verstärktes Wachstum der Unterseite. Man nennt dies eine *autotropische Streckung*. Nur wenn ein Dauerreiz einwirkt, erfolgt eine fortschreitende Krümmung. Der Sinn und Zweck dieser Reaktionen leuchtet unmittelbar ein; von einer *physiologischen Erklärung* der Reiz-Reaktionskette sind wir aber weit entfernt.

Wenn man die Ranken nach dem Zusammenhang von Reizort und Reaktionsmodus gruppiert, lassen sich einige Typen aufstellen. Die drei wichtigsten seien kurz skizziert (Abb. 31.49). *Typ a*: Die Ranke ist allseitig reiz- und krümmungsfähig. Es erfolgt stets eine positiv haptotropische Reaktion. *Typ b*: Die Ranke kann sich nur gegen die morphologische Unterseite hin krümmen. Sie ist auch nur von unten her reizbar. So verhalten sich wohl die meisten Ranken. Unter b_1 ist angedeutet, daß der Typ b als etwas komplizierter aufgefaßt werden muß. Ein Reiz von oben bewirkt zwar keine Reaktion, er ist aber nicht unwirksam. Reizt man nämlich gleichzeitig von unten und oben, so unterbleibt die Krümmung. Offenbar wird der Reiz von unten durch den Reiz von oben aufgehoben. *Typ c*: Die Reizung der Unterseite und die Reizung der Oberseite führen beide zu einer Krümmung nach der Unterseite hin. Die Ranken von *Bryonia* gehören zu diesem Typ. Eigentlich handelt es sich hier nicht mehr um eine tropische, sondern um eine *nastische Reaktion* (→ S. 551).

Die Reizung der Ranken kann nur durch eine Art „Kitzelreiz" erfolgen, z. B. mit einem rauhen

Abb. 31.49 a–c. Drei verschiedene Rankentypen (a, b, c) sollen durch diese Skizze bezüglich des Zusammenhangs von *Reizort* und *Reaktionsort* beschrieben werden. *Gestrichelte Pfeile* bezeichnen den Reizort; *ausgezogene Pfeile* markieren die Richtung der Krümmung. Die drei Typen sind im Text näher behandelt

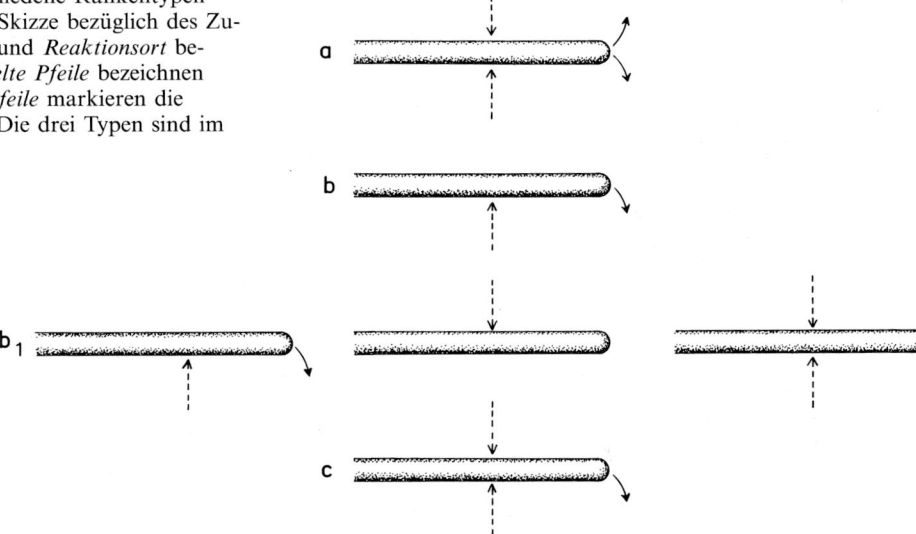

Holzstab oder mit einem Wollfaden. Ein Wasserstrahl oder auch ein glatter Glasstab bewirken keine Reaktion. Die Details der *Reizaufnahme* sind nicht klar.

Reizort und Reaktionsort sind meist getrennt, z. B. führt bei den *Bryonia*-Ranken eine Reizung der Unterseite zu einer Wachstumsbeschleunigung der Oberseite. Man muß also eine Reizleitung quer durch die Ranke postulieren, die mit beträchtlicher Geschwindigkeit (z. B. hat man $4\,\text{mm} \cdot \text{min}^{-1}$ berechnet) vonstatten geht. Bei manchen dorsiventralen Ranken ist die erste Reaktion, die auf eine Reizung hin erfolgt, eine *Kontraktion* der ventralen Flanke. Das ungleiche Wachstum der beiden Flanken setzt erst danach ein. Früher führte man die erste *thigmonastische Phase* der Rankenbewegung auf einen ventralen Turgorverlust und auf eine dorsale Turgorzunahme zurück. Untersuchungen an den dorsiventralen Blattranken der Erbse haben jedoch Hinweise darauf ergeben, daß die ventrale Kontraktion in erster Linie auf die Funktion einer kontraktilen ATPase zurückzuführen ist.

Im Jahr 1965 wurde erstmals Actomyosin in Pflanzen nachgewiesen. Seitdem häufen sich Berichte, in denen kontraktile Proteine für bestimmte pflanzliche Bewegungen verantwortlich gemacht werden. Auch im Fall der Rankenbewegungen der Erbse dürfte die Interaktion von Actin und Myosin eine Rolle spielen.

Turgorbewegungen

Es gibt eine Vielzahl, z. T. recht auffälliger Bewegungsvorgänge bei Pflanzen, die auf Turgoränderungen an Zellen oder Geweben beruhen. Diese *Turgorbewegungen* laufen meist schnell ab und sind oft vollständig reversibel. Wir behandeln drei repräsentative Beispiele.

1. Die Seismonastie von Mimosa pudica. Als *Nastie* bezeichnet man eine durch einen Außenfaktor bewirkte Bewegung, bei der die Richtung des wirksamen Außenfaktors keine Rolle für den Ablauf der Reaktion spielt. Bewegungsart und Bewegungsrichtung sind vielmehr durch die Struktur des reagierenden Organs vorgeschrieben. Viele, aber nicht alle, Nastien sind Turgorbewegungen. Die „Sinnpflanze" *Mimosa pudica* ist eine aus Südamerika stammende, heutzutage in den ganzen Tropen als Unkraut verbreitete Mimosacee. Die Pflanze hat doppelt gefiederte Blätter. Blattstiel, Fiederblättchen 1. Ordnung und Fiederblättchen 2. Ordnung tragen an der Basis Gelenke (*Pulvini*) (Abb. 31.50). Im ungereizten Zustand sind die Fiederblättchen 2. Ordnung in einer Ebene ausgebreitet. Die für diese Situation charakteristische Lage der Fiederblättchen 1. Ordnung und des Blattstiels sind auf der Abb. 31.50 (*links*) angedeutet. Wenn man die Pflanze (oder ein Blatt) kräftig erschüttert, beobachtet man die folgenden, sehr rasch ablaufenden seismonastischen Reaktionen (Abb. 31.50, *rechts*): 1. Die Fiederblättchen 2. Ordnung legen sich schräg nach oben zusammen. 2. Die vier Fiederblätter 1. Ordnung nähern sich einander. 3. Der Blattstiel senkt sich.

Diese erste Phase der seismonastischen Reaktion erfolgt innerhalb von Sekunden (Abb. 31.51 a). Die sich anschließende Erholungsphase nimmt viel mehr Zeit in Anspruch, bei Zimmertemperatur etwa 20 bis 30 min (Abb. 31.51 b).

Um die zellphysiologischen Voraussetzungen für die seismonastische Reaktion zu verstehen, betrachten wir einen medianen Längsschnitt durch das Gelenk an der Basis des Blattstiels (Abb. 31.52). In dem Gelenk (angeschwollener basaler Teil des Stiels) finden wir anstelle des in Blattstielen sonst üblichen Leitbündelrings einen relativ dünnen zentralen Leitbündelstrang, der von zartwandigem Parenchymgewebe umgeben ist. Während der ersten Phase der seismonastischen Reaktion

verlieren die Zellen der Gelenkunterseite weitgehend ihren Turgor. Es treten hier Wasser und Ionen aus den Vacuolen in die Interzellularen aus. Offenbar wird bei der Reizung der Plasmaschlauch plötzlich auch für Ionen, *insbesondere K^+*, permeabel. Damit geht der Turgor verloren. Da die Zellen der

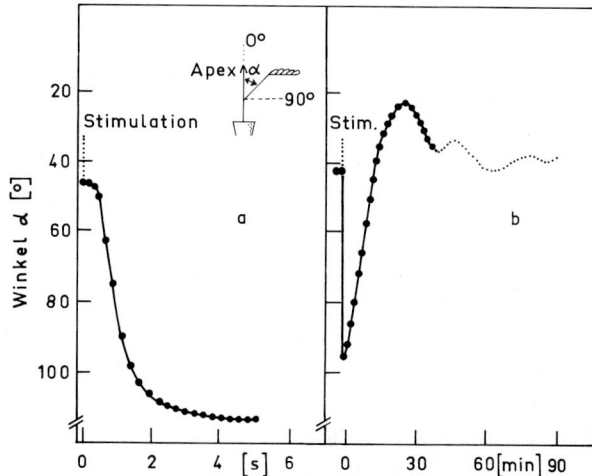

Abb. 31.51a und b. Der zeitliche Verlauf der seismonastischen Reaktion des Blattstiels von *Mimosa pudica*. Die zum sichtbaren Reaktionsverlauf führenden Vorgänge spielen sich in dem Gelenk an der Basis des Blattstiels ab (*primärer Pulvinus*). (a) Die in Sekundenschnelle ablaufende 1. Phase der seismonastischen Reaktion (der Kollaps); (b) die Erholungsphase, die etwa eine halbe Stunde in Anspruch nimmt und Oszillationen einschließt. (Nach Roblin 1976)

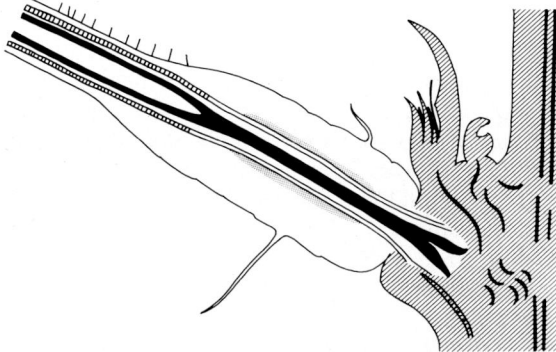

Abb. 31.52. Medianer Längsschnitt durch das Blattstielgelenk von *Mimosa pudica*. Die Leitbündel sind *schwarz* eingetragen. Die motorischen Zellen umgeben als zartwandiges Parenchym den zentralen Leitbündelstrang. Der jeweilige Turgordruck der motorischen Zellen an der Ober- bzw. Unterseite des Gelenks bestimmt die Lage des Blatts. (In Anlehnung an Schumacher 1962)

Abb. 31.50. Ein Sproß von *Mimosa pudica*. *Links*: Zwei Blätter im ungereizten Zustand; *rechts*: ein Blatt nach erfolgter seismonastischer Reaktion im Zustand des „Kollaps". (In Anlehnung an Schumacher 1962)

Gelenkoberseite ihren Turgor behalten und der Druckantagonist an der Gelenkunterseite nunmehr fehlt, dehnt sich die Oberseite des Gelenks aus. Die Folge ist eine Abwärtsbewegung des Blattstiels. An der Unterseite des Gelenks bilden sich dabei „Hautfalten", da die turgeszente Oberseite die schlaffe Unterseite zusammenpreßt. Während der Erholungsphase werden die semipermeablen Eigenschaften des Protoplasten wieder regeneriert, und durch aktiven Ioneninflux werden die osmotischen Eigenschaften der Vacuole wieder hergestellt. Die Zellen der Gelenkunterseite werden wieder turgeszent, und das ursprüngliche Druckgleichgewicht im Gelenk stellt sich wieder ein.

Wenn man ein Fiederblättchen intensiv reizt, z. B. schüttelt, mechanisch verwundet, anbrennt oder mit Säure benetzt, bleibt die nastische Reaktion nicht auf diese Fiederblättchen beschränkt; man beobachtet vielmehr eine Reizleitung. Die Reaktion pflanzt sich von der gereizten Stelle nach allen Seiten über eine mehr oder minder große Strecke (je nach der Intensität des Reizes) fort. An den sekundär reagierenden Blättern senkt sich zuerst der Blattstiel, dann reagieren die Fiederblättchen 1. Ordnung und dann die Fiederblättchen 2. Ordnung.

Die Geschwindigkeit der Reizleitung hängt von der Temperatur und vom allgemeinen physiologischen Zustand der Pflanze ab. Unter günstigen Bedingungen (bei 28 °C, der optimalen Temperatur) hat man eine Geschwindigkeit bis zu $10\ cm\cdot s^{-1}$ gemessen. Trotz vieler Untersuchungen gibt es keine zuverlässige Theorie der Reiz- (bzw. Erre-

gungs-)leitung bei *Mimosa pudica*. Man kann verhältnismäßig leicht feststellen, daß fortgeleitete *Aktionspotentiale* nicht nur mit der seismonastischen Reaktion, sondern auch mit der Reizleitung einhergehen. Die Aktionspotentialwelle pflanzt sich in den *Siebröhren* fort. Dies wurde mit dem folgenden Ansatz wahrscheinlich gemacht (Abb. 31.53): Eine Blattlaus, die sich am unteren Blattstiel eines Mimosenblatts angesiedelt hat und Honigtau abgibt, wird mit einem Laserstrahl von ihrem Stylett getrennt. Das aus dem Stylett-Stumpf austretende Siebröhrenexsudat wird mit der Spitze einer Mikroelektrode in Kontakt gebracht. Die Referenzelektrode taucht in dieselbe Elektrolyt-Lösung, in die auch der abgeschnittene Blattstiel hineinragt. Mit Anzeigegeräten hoher Impedanz läßt sich das Siebröhren-Membranpotential im Blattstiel messen. Im ausgebreiteten, ungereizten Blatt beträgt es $-160\ mV$. Wird nun eine Fieder durch Abkühlung mit Eiswasser gereizt (schwarzer Stern in Abb. 31.53), so tritt nach 3 s eine Depolarisierung auf, die rasch wieder abklingt (Abb. 31.54 a). Dies deutet darauf hin, daß der Kältereiz ein elektrisches Signal auslöst, das sich in den Siebröhren mit einer Geschwindigkeit von $2{,}7\ cm\cdot s^{-1}$ fortpflanzt. Die Aktionspotentialwelle ist von Ladungsverschiebungen begleitet (Abb. 31.54 b), die unter Energiezufuhr rasch wieder rückgängig gemacht werden. Aufgrund solcher Befunde neigen manche Forscher zu der Ansicht, daß die Aktionspotentialwelle eine „Erregungsleitung" darstellt. Andererseits wird die Auffassung vertreten, die Reizleitung bei *Mimosa pudica* sei auf eine chemische Reizleitung

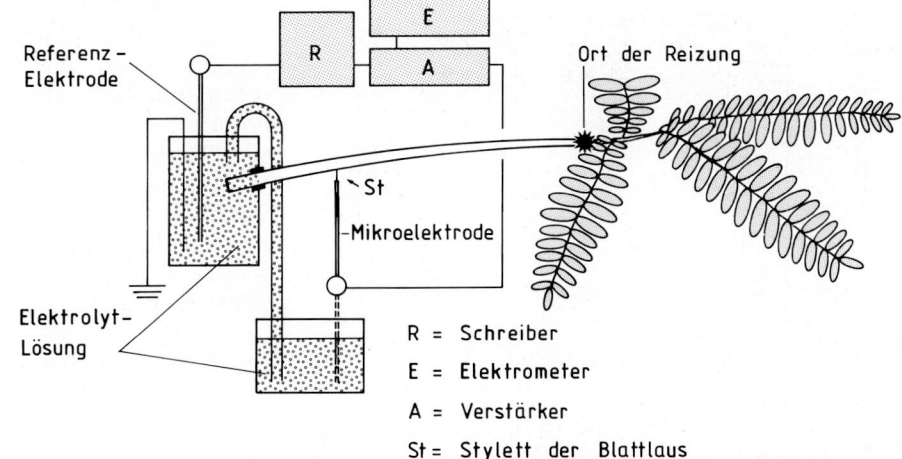

Abb. 31.53. Anordnung zur Messung von Aktionspotentialen im Blattstiel von *Mimosa pudica*. Die Mikroelektrode steht über das durch einen Laserstrahl abgetrennte Stylett einer Blattlaus mit dem Inneren einer Siebröhre (→ Abb. 30.6) in elektrischem Kontakt. Zur Eichung des Elektrometers wird die Mikroelektrode über die Elektrolyt-Lösung kurzgeschlossen. (Nach Eschrich 1989)

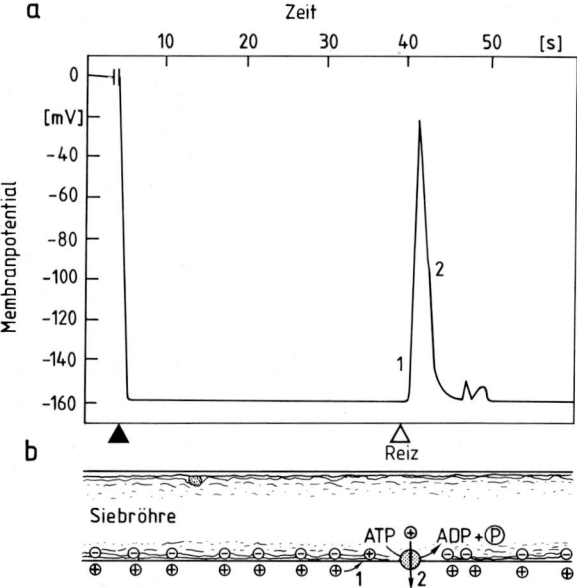

Abb. 31.54a und b. Ein mit der Versuchsanordnung in Abb. 31.53 gemessenes Aktionspotential. (a) Die plötzliche Abkühlung der Blattrhachis (schwarzer Stern in Abb. 31.53) bewirkt nach 3 s eine rasche Depolarisation (1) gefolgt von einer Repolarisierung (2) des Siebröhren-Membranpotentials am Ort des Aphidenstyletts. Der Kältereiz wurde zum Zeitpunkt △ verabreicht. ▲, Startpunkt der Messung. (b) Verantwortliche Ionenflüsse durch die Plasmamembran der Siebröhre: Passiver Influx von positiven Ladungsträgern (1) gefolgt von einer aktiven Ausschleusung positiver Ladungsträger durch eine Kationenpumpe (ATPase) (2). (Nach Eschrich 1989; verändert)

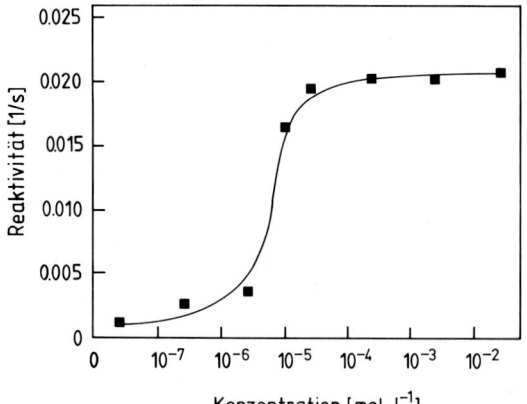

Abb. 31.55. Dosis/Effekt-Kurve des Turgorins 4-0-(β-D-Glucopyranosyl-6'-sulfat)-Gallussäure im Biotest mit *Mimosa pudica*. (Nach Kallas et al. 1989)

mittels *Turgorinen* zurückzuführen. Eines der Turgorine, das Zuckersulfat 4-0-(β-D-Glucopyranosyl-6'-sulfat)-Gallussäure, wurde aus der Mimose und anderen zu Turgorreaktionen fähigen Pflanzen isoliert. Diese Substanz übt in der Tat einen sehr spezifischen Effekt auf die Turgorbewegungen von *Mimosa pudica* aus, der sich in einem geeigneten Biotest quantitativ erfassen läßt (Abb. 31.55). Was die Funktionsweise des Turgorins angeht, wird eine Analogie zum Neurotransmitter Acetylcholin gesehen, da das Turgorin zwei hydrolysierbare Zentren besitzt und die Hydrolyseprodukte im Biotest inaktiv sind.

2. Die Photonastie von Mimosa pudica. Die Bewegung der Fiederblättchen der Mimose wird auch durch Licht reguliert. Die Fiederblättchen 2. Ordnung, die während der Photoperiode (Tageslicht oder Fluoreszenz-Weißlicht) ausgebreitet sind (Abb. 31.50, *links*) falten sich innerhalb von 30 min nach Beginn der Dunkelperiode in der in Abb. 31.50 (*rechts*) angedeuteten Weise über den tertiären Gelenken. Belichtet man die Pflanzen (oder die abgeschnittenen Fiederblättchen 1. Ordnung) zu Beginn der Dunkelperiode kurz mit Dunkelrot, so bleiben die Fiederblättchen für viele Stunden ausgebreitet. Gibt man nach dem Dunkelrot einen Hellrotpuls, schließen sich die Blättchen innerhalb von 30 min (Abb. 31.56). Es kann kein Zweifel daran bestehen, daß P_{fr} das Zusammenklappen der Fiederblättchen 2. Ordnung veranlaßt.

Offensichtlich ist der Einfluß des Lichts auf die Bewegungen der Fiederblättchen aber komplizierter. Man fragt sich beispielsweise, weshalb die Fiederblättchen während der Photoperiode offen bleiben; es ist im Licht ja stets P_{fr} vorhanden. Offenbar ist ein weiteres Photoreaktionssystem aktiv, welches während der Photoperiode die Fiederblättchen offenhält, obgleich das Phytochrom bevorzugt als P_{fr} vorliegt. Bei dieser Photoreaktion, die der Wirkung des Phytochroms (P_{fr}) entgegengerichtet ist, erweist sich kurzwelliges Licht (Blaulicht) als wirksam.

Sowohl bei der Blaulicht-abhängigen Öffnungsbewegung als auch bei der P_{fr}-abhängigen Schließbewegung erfolgt die wirksame Lichtabsorption *ausschließlich in den tertiären Gelenken* an der Basis der Fiederblättchen 2. Ordnung (Abb. 31.57). Eine Fortleitung des Stimulus gibt es also nicht. Dies ist ein wichtiger Unterschied gegenüber der Seismonastie.

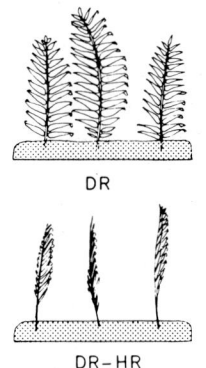
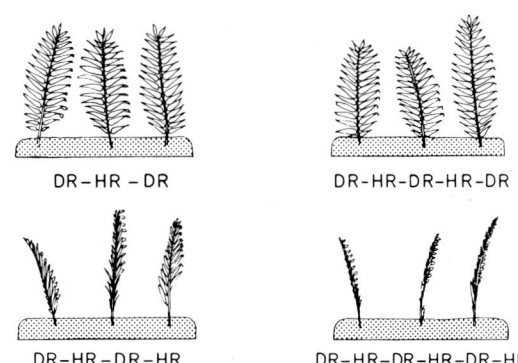

Abb. 31.56. Abgeschnittene Fiederblättchen 1. Ordnung von *Mimosa pudica* 30 min nach dem Übergang vom intensiven weißen Fluoreszenzlicht zu Dunkelheit. Unmittelbar nach Abschalten des Weißlichts wurden die Fiederblättchen für jeweils 2 min mit einer Folge von Dunkelrot (DR) und Hellrot (HR) bestrahlt, um das Phytochrom bevorzugt in die P_{fr}- oder P_r-Form zu bringen (→ S. 359). Die Fiederblättchen 2. Ordnung bleiben offen, wenn praktisch nur P_r vorliegt (nach DR). Sie schließen sich, wenn viel P_{fr} vorhanden ist (nach HR). (Nach Fondeville et al. 1966)

Eingehende Studien an nyctinastischen Pflanzen (d. h. Pflanzen mit nastischen Tag/Nacht-Bewegungen der Fiederblättchen 2. Ordnung; neben *Mimosa pudica* beispielsweise *Albizzia julibrissin* und *Samanea saman*) haben ergeben, daß die gepaarten Fiederblättchen unter normalen Bedingungen bei Tag offen (horizontal) und bei Nacht geschlossen (vertikal) sind. Hält man die Pflanzen im Dauerdunkel, so oszillieren die Blättchen innerhalb von 24 h zwischen den extremen Positionen. Maßgebend für die *circadiane Bewegung der Blättchen* ist die *physiologische Uhr* (→ S. 115), der sich die bereits angedeuteten Lichtwirkungen überlagern. Auch bei den Fiederblättchen wird die jeweilige Lage durch den relativen Turgor der motorischen Zellen an den entgegengesetzten Flanken eines Gelenks (*Pulvinulus*) bestimmt. Ähnlich wie bei der Stomabewegung (→ S. 253) hat man auch im Fall der Fiederblättchen nachweisen können, daß Zunahme und Abnahme des Turgordrucks der motorischen

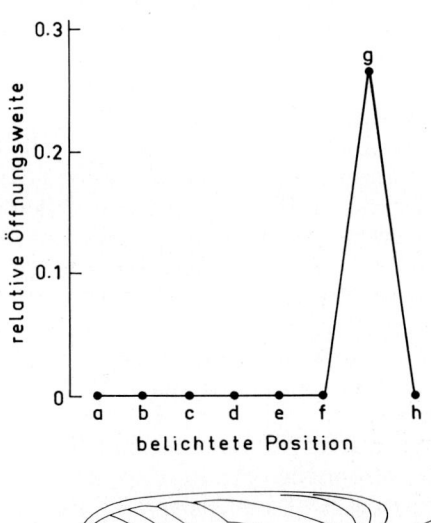

Abb. 31.57. Experimente zur Lokalisation der lichtempfindlichen Region bei der photonastischen Öffnungsbewegung der Fiederblattpaare 2. Ordnung. Objekt: *Mimosa pudica*. *Unten*: Für die Experimente wurde ein Fiederblatt 2. Ordnung mitsamt einem Stück Rhachis verwendet. Vor der Belichtung wurden die Fiederblättchen 2. Ordnung seismonastisch völlig geschlossen. Der Weißlichtstrahl (●) fällt entweder auf ein tertiäres Gelenk (g), auf die Rhachis (h) oder auf die Laminateile der Fiederblättchen 2. Ordnung. *Oben*: Öffnungszustand der Fiederblättchenpaare 20 min nach Lichtbeginn. Definition der relativen Öffnungsweite: Entfernung zwischen den Spitzen der jeweils paarweise zusammengehörigen Fiederblättchen 2. Ordnung/Länge eines Blättchens × 2. Die Experimente zeigen, daß eine Öffnungsreaktion nur dann erfolgt, wenn das tertiäre Gelenk abaxial getroffen wird. Eine Reizleitung gibt es nicht. (Nach Watanabe und Sibaoka 1973)

Zellen mit einer Bewegung von *Kaliumionen* im Gelenk zusammenhängen. In den jeweils turgeszenten motorischen Zellen findet man viel, in den jeweils schlaffen motorischen Zellen wenig K^+. Da Inhibitoren der oxidativen Phosphorylierung und niedrige Temperaturen den Öffnungsvorgang hemmen und den Schließvorgang beschleunigen, geht man davon aus, daß bei der Öffnung eine Aufnahme von K^+ die wesentliche Rolle spielt, während beim Schließvorgang ein Efflux von K^+ dominiert. Die Verlagerungen von K^+ sind von (nahezu) entsprechenden Verlagerungen von Cl^- begleitet. Eine der offenen Fragen lautet, *wie* Phytochrom (P_{fr}) die K^+- und Cl^--Flüsse kontrollieren kann. Man vermutet, in Analogie zu tierischem Gewebe, daß intrazelluläres Ca^{2+}, Calmodulin und Phosphatidyl-Inositol eine Rolle in der Signal-Reaktionskette spielen. Erwartungsgemäß findet man, daß physiologische Uhr und Licht auch das *Membranpotential* in den motorischen Zellen beeinflussen. Vermutlich sind in diesem Fall die Potentialänderungen Folgeerscheinungen (Epiphänomene) der Ionenverschiebungen. Damit ist gemeint, daß es bei den Turgorbewegungen primär auf Verschiebungen osmotisch wirksamer Substanz ankommt. Da es sich bei dieser Substanz um Ionen (K^+, Cl^- usw.) handelt, kommt es *zwangsläufig* auch zur Verlagerung von Ladungen und zu Potentialänderungen (ΔE_M). Obgleich natürlich ΔE_M als eine energetische Komponente der Turgorbewegung aufgefaßt werden muß, erscheint es wenig wahrscheinlich, daß Potentialänderungen unmittelbar zum *Mechanismus* der Turgorbewegungen gehören (Mechanismus: Abfolge der molekularen bzw. biophysikalischen Einzelschritte in der Reiz-Reaktionskette).

Manche Leguminosenblätter(-blättchen), die nastische Bewegungen zeigen, sind auch zu diaphototropischen Reaktionen befähigt, d. h. sie stellen ihre Blattfläche jeweils senkrecht zur Lichtrichtung ein (→ Abb. 31.19). Unter natürlichen Umständen folgt die Lamina der Sonne von etwa 2 h nach Sonnenaufgang bis etwa 2 h vor Sonnenuntergang (solar tracking). Solange kein Wasserstreß ins Spiel kommt, bleibt die Lamina ausgebreitet und hält an der diaphototropischen Orientierung zur Sonne mit hoher Präzision fest. Während der biologische Sinn der diaphototropischen Reaktion offensichtlich ist (Maximierung der Lichtabsorption), ist der Mechanismus der Reaktion nur zum Teil aufgeklärt: Wirksam ist nur Licht, das auf den basalen Teil der Lamina trifft. Der Ort der Reaktion hinge-

gen ist, wie bei den nastischen Bewegungen, das jeweilige Blatt- oder Blättchenstielgelenk mit seinen motorischen Zellen (→ Abb. 31.52).

3. Ein Beispiel für Turgorschleuderbewegungen. Der Turgordruck von Pflanzenzellen wird auch für Schleudervorgänge benützt, die in erster Linie der Ausbreitung von Fortpflanzungskörpern dienen. Wir behandeln ein Beispiel, bei dem die Schleuderbewegung durch das Platzen einer einzelnen, turgeszent gespannten Zelle zustande kommt.

Die coprophilen Phycomyceten der Gattung *Pilobolus* (Abb. 31.58) sind aus zwei Gründen für die Pflanzenphysiologie interessant. 1. Wegen ihres *Phototropismus:* Reife Sporangiophoren reagieren auf asymmetrische Belichtung mit einer positiv phototropischen Krümmung im Bereich knapp unterhalb der subsporangialen Blase. Die Analyse dieser Bewegung hat zu ähnlichen Resultaten geführt wie bei dem nahe verwandten *Phycomyces* (→ S. 537). 2. Mit Hilfe der subsporangialen Blase, die bei Erreichen eines bestimmten Turgordrucks platzt, wird das Sporangium mit einer hohen Anfangsgeschwindigkeit abgeschossen. Wir betrachten diesen Vorgang jetzt genauer (Abb. 31.59). Die nicht verbreiterte Spitze des Sporangienträgers, die von dem umgekehrt becherförmigen Sporangium umschlossen wird, nennt man die *Columella.* Die Sporangiophore wird deshalb durch den Turgordruck (etwa 5,5 bar) zur subsporangialen Blase aufgetrieben, weil im Blasenbereich die Wand sehr ela-

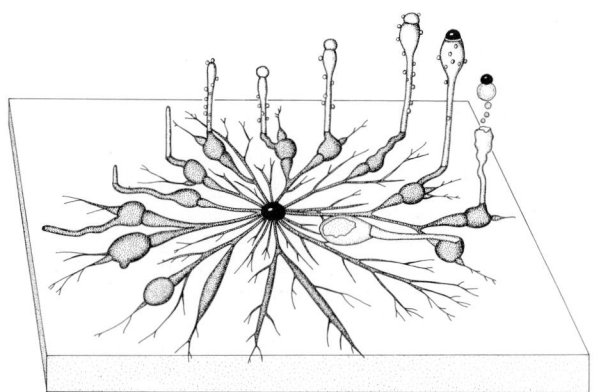

Abb. 31.58. Ein Modell für die ungeschlechtliche Ontogenie von *Pilobolus crystallinus*, ein Repräsentant der Phycomyceten. Die Trophocysten und Sporangien entwickeln sich in dem Modell im Uhrzeigersinn an Hyphen, die von einem Sporangium ausgehen. (In Anlehnung an Page 1962)

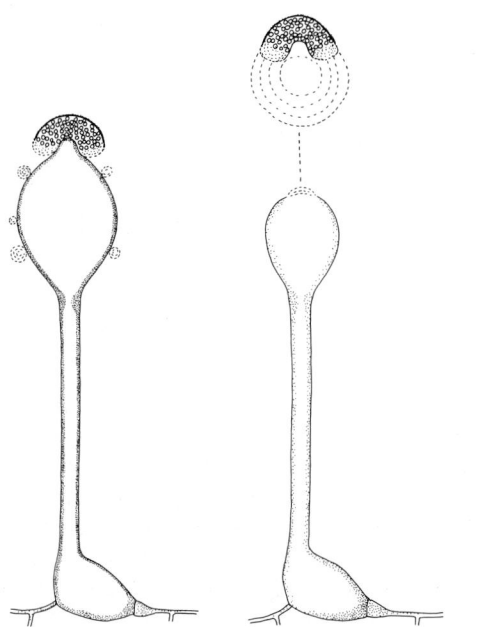

Abb. 31.59. Der Abschußvorgang für das Sporangium bei *Pilobolus kleinii*. (Nach Ingold 1963)

tet, das Phänomen der Plasmaströmung. In ihnen rotiert oder zirkuliert das Plasma aktiv und in einer für den jeweiligen Zelltyp charakteristischen Weise (Abb. 31.60). Die Partikel des Protoplasten, z.B. der Kern, die Mitochondrien, die Plastiden, werden häufig passiv von dieser Strömung mitgetragen. An der Translocationsgeschwindigkeit der Partikel läßt sich auch die Geschwindigkeit der Strömung näherungsweise ablesen (z.B. mehrere mm·min^{-1} in den großen Internodialzellen der *Nitella*-Arten). Drei Charakteristika der Plasmaströmung sind besonders wichtig:

● Plasma geringer Viskosität (Solzustand) strömt in mehr oder minder breiten Bahnen, die von Plasma hoher Viskosität (Gelzustand) gebildet werden.
● Trotz der Plasmaströmung bleibt die spezifische Struktur des Protoplasten, z.B. seine Polarität, erhalten. Man nimmt an, daß die wandnahen Bereiche des Grundplasmas (Ectoplasma) an der Bewegung nicht teilnehmen.
● Die Plasmaströmung kann in manchen Zellen durch Licht oder durch Zugabe bestimmter or-

stisch ist. An der Stelle jedoch, wo die Columella anfängt bzw. das Sporangium der Blase aufsitzt, befindet sich ein schmaler, starrer Streifen, der nicht nachgibt. An diesem dünnen Wandring reißt der Turgordruck die Blase auf. Der mit mehreren bar Überdruck austretende Zellsaft schleudert Columella und Sporangium weg, häufig bis zu 2 m. Das Sporangium pflegt bereits vor dem Abschuß durch Quellung aufzuplatzen, so daß bereits während des Flugs Sporen ausgestreut werden.

Aktive intrazelluläre Bewegungen

Auch innerhalb der Pflanzenzelle treten häufig aktive Bewegungsvorgänge auf, welche zu einer Umverteilung plasmatischer Bestandteile und zu gezielten Umorientierungen von Organellen führen können. Wir behandeln hier die aktiven Bewegungen in der Interphasezelle; auf die Bewegungen der Chromosomen bei der Kernteilung wurde bereits auf S. 93 eingegangen.

Plasmaströmung. Viele Eukaryotenzellen zeigen, wenn man sie unter dem Lichtmikroskop betrach-

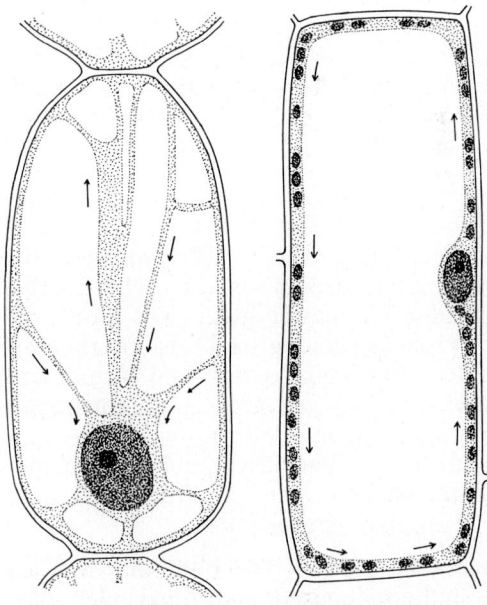

Abb. 31.60. Phänomene der Plasmaströmung (die Pfeile deuten die Bewegungsrichtung an). *Links*: Eine Zelle aus einem Staubfadenhaar von *Tradescantia virginiana* (Zirkulation); *rechts*: Eine Blattzelle (Assimilationsparenchym) von *Vallisneria psiralis* (Rotation)

ganischer Moleküle (besonders wirksam ist L-Histidin) ausgelöst oder beschleunigt werden. In der Regel ist nur kurzwelliges Licht (B/UV) wirksam. Bei den Mesophyllzellen von *Vallisneria gigantea* hingegen erwies sich Phytochrom (P_{fr}) als der regulierende Faktor. Die Erniedrigung des cytoplasmatischen Ca^{2+}-Pegels wird hier als ein Schritt in der Signaltransduktion angesehen. Auch in solchen Zellen, die eine autonome Plasmaströmung aufweisen, kann diese durch Außenfaktoren beeinflußt werden.

Die Plasmaströmung geht auf bestimmte Eigenschaften des Grundplasmas zurück. Es gibt im Grundplasma kontraktile Proteine (*Mikrofilamente*), die dem Actomyosin der Muskelfasern sehr ähnlich sind, und die durch ihre Kontraktion die Voraussetzung für die Plasmaströmung schaffen. Actin-ähnliche Mikrofilamente wurden nicht nur aus den hierfür besonders geeigneten Myxomycetenplasmodien isoliert, sondern beispielsweise auch in den Internodialzellen von *Chara* und *Nitella*, in Pollenschläuchen und in den Endospermzellen von *Haemanthus* nachgewiesen. Diese Zelltypen sind durch intensive Plasmaströmung gekennzeichnet. Im Cytoplasma der Characeen sind die Mikrofilamente auch mit dem Lichtmikroskop verhältnismäßig leicht auszumachen. Untersuchungen mit ausgepreßten Plasmatropfen von *Nitella flexilis* haben die Auffassung bestätigt, daß es sich um Actinfilamente handelt und daß die Plasmaströmung auf eine Actin/Myosin-Wechselwirkung zurückzuführen ist.

Die Energie, die für die Kontraktion der Actinfilamente gebraucht wird, stellt das ATP zur Verfügung. Die freie Enthalpie der ATP-Hydrolyse tritt uns unter dem Mikroskop als kinetische Energie des strömenden Plasmas entgegen. Die Kraft, die hinter der Plasmaströmung steckt, ist enorm. Mit Hilfe des Zentrifugalmikroskops fand Virgin, daß bei Blattzellen von *Elodea densa* eine Zentrifugalbeschleunigung von 200–360 g notwendig ist, um die Verlagerung von Partikeln durch die Plasmaströmung aufzuhalten. Ähnliche Werte fand man auch bei Myxomycetenplasmodien.

Chloroplastenbewegungen. Die photoautotrophen Pflanzen sind anatomisch und funktionell daraufhin konstruiert, ihren Chloroplasten möglichst günstige Voraussetzungen für die Photosynthese zu bieten. Die entsprechenden Optimierungsprozesse schließen Photomorphogenese, Phototropismen,

Photonastien und Chloroplastenbewegungen ein. Die Chloroplasten werden im Cytoplasma nicht nur passiv durch die Plasmaströmung bewegt; vielmehr kommt es im Plasma vieler Pflanzenzellen zu einer *spezifischen, aktiven* Orientierung der Chloroplasten unter dem Einfluß des Lichts. Schon lange ist bekannt, daß bei vielen Zellen die jeweilige Lage der Chloroplasten durch den Lichtfluß bestimmt wird. Recht gut kann man diese Phänomene in den Zellen von Moos-„Blättchen" oder im Mesophyll der Wasserlinse *Lemna trisulca* beobachten (Abb. 31.61, 31.62). Es lassen sich eine *Schwachlichtstellung* der Chloroplasten (Diastrophe; maximale Lichtabsorption) und eine *Starklichtstellung* (Parastrophe; verringerte Lichtabsorption) unterscheiden. Bringt man Moospflanzen vom Schwachlicht ins Starklicht und umgekehrt, wandern die Chloroplasten schnell in die entsprechende Position. Die Chloroplasten führen also unter dem Einfluß des Lichts zwei verschiedene Bewegungen aus: Eine Bewegung in die Schwachlichtstellung und eine Bewegung in die Starklichtstellung. Der Anpassungswert der Bewegungen ist offensichtlich: Die Schwachlichtstellung wird eingenommen, solange die Lichtintensitäten unterhalb des Saturierungspunktes der Photosynthese liegen. Die Starklichtstellung wird bei Saturierung der Photosynthese beobachtet, wo es darum geht, die Chloroplasten gegen schädigende Überbestrahlung zu schützen. Die *kausale* Erklärung ist hingegen nicht weit fortgeschritten. Klar ist folgendes: Die Chloroplasten werden im Cytoplasma gerichtet transportiert. Die Formulierung „Die Plastiden bewegen sich in der Zelle" wird dem tatsächlichen Sachverhalt nicht gerecht. Die für den Transport maßgebende Lichtabsorption geschieht im Cytoplasma, nicht in den Chloroplasten. In den meisten Fällen ist nur Blaulicht wirksam, so auch bei *Lemna trisulca* (Abb. 31.63). Die Frage nach der Natur der Signal-Reaktionskette läßt sich folgendermaßen aufgliedern: 1. Wie wird das Lichtsignal mit seinen Parametern (Lichtfluß und Lichtrichtung) von der Zelle perzipiert und zum Bewegungsapparat geleitet? 2. Von welcher Art ist der Bewegungsapparat, und woher stammt die Energie für die aktive Bewegung der Chloroplasten („aktiv" im Gegensatz zur „passiven" Verlagerung durch Plasmaströmung)? Es gilt als sicher, daß an der aktiven, gezielten Verlagerung der Chloroplasten an der Grenze zwischen Endo- und Ectoplasma das Actomyosin-System beteiligt ist und daß die freie Enthalpie vom ATP

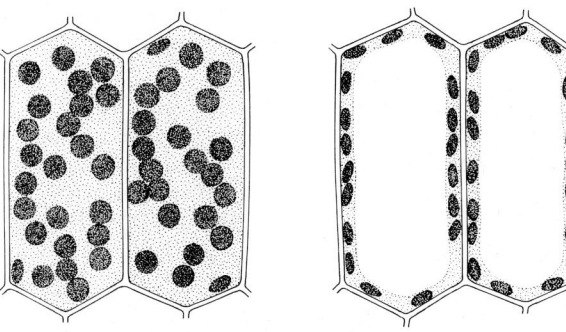

Abb. 31.61. Schwachlichtstellung (*links*) und Starklichtstellung (*rechts*) der Chloroplasten in den Zellen eines Moos-„Blättchens" (*Funaria hygrometrica*). *Links* sind die Zellen in Aufsicht; *rechts* sind die Zellen im optischen Schnitt gezeichnet. Lichtrichtung: senkrecht zur Zeichenebene. Die jeweilige Anordnung ist streng lokalisiert: Bestrahlt man eine Zelle zur Hälfte mit Schwach- und zur Hälfte mit Starklicht, so reagieren beide Bereiche unabhängig voneinander

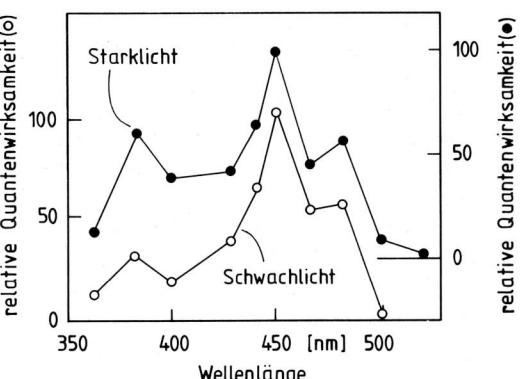

Abb. 31.63. Wirkungsspektren für die Orientierungsreaktionen der Chloroplasten in den Mesophyllzellen von *Lemna trisulca* (→ Abb. 31.62). Die Spektren weisen darauf hin, daß das ubiquitäre Cryptochrom (→ Abb. 21.43) sowohl für die Starklicht- als auch für die Schwachlichtreaktion die wirksame Strahlung absorbiert. (Nach Zurzycki 1962)

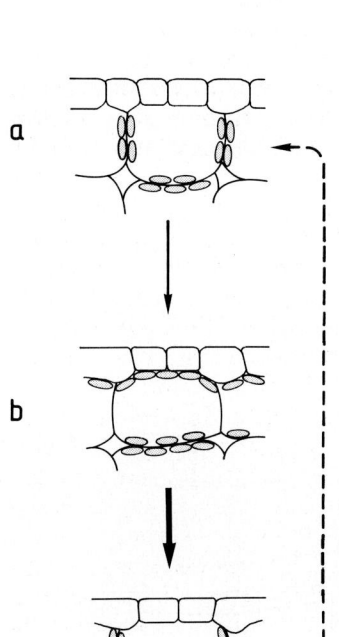

Abb. 31.62 a – c. Querschnitte durch Epidermis und subepidermale Mesophyllzellen im Blatt einer Wasserlinse (*Lemna trisulca*). Die Anordnung der Chloroplasten im Dunkeln (a), Schwachlicht (b) und Starklicht (c) ist angedeutet. Dünner Pfeil: Schwachlichtbewegung; starker Pfeil: Starklichtbewegung; unterbrochener Pfeil: Rückkehr zur Anordnung im Dunkeln über die Schwachlichtstellung. (Nach Haupt und Scheuerlein 1990)

geliefert wird. Die Details der Signaltransduktion sind hingegen noch nicht abgesichert.

Relativ weit fortgeschritten ist die Analyse der Chloroplastenbewegung in *Spirogyra*- und *Mougeotia*-Zellen (*Conjugales*; unverzweigte Fäden, alle Zellen gleichgestaltet). Manche *Spirogyra*-Arten haben nur einen bandförmigen Chloroplasten (Chromatophor) pro Zelle (Abb. 31.64). Wird eine Zelle lokal belichtet, erfolgt eine *Chloroplastendeformation*, die einen möglichst großen Teil des Chloroplasten in die belichtete Zone bringt. Die Lageveränderung geschieht in der Nähe der Licht/ Dunkel-Grenze. Nur Blaulicht, im Plasma absorbiert, verursacht die lokale Deformation. Durch Zentrifugierung kann man zeigen, daß in dem belichteten Zellbereich die Viskosität sehr viel höher ist als in den dunkel gehaltenen, benachbarten Teilen der Zelle.

Die zylindrischen Zellen der Grünalgengattung *Mougeotia* (jeweils *ein* plattenförmiger Chloroplast pro Zelle) haben sich als ein besonders günstiges Objekt für die biophysikalische Untersuchung der Chloroplastenbewegung erwiesen. Die Flächenstellung des Chloroplasten ist die Schwachlichtstellung, die Kantenstellung ist die Starklichtstellung (Abb. 31.65). Die Bewegung in die Schwachlichtlage läßt sich induzieren. Verabreicht man einer dunkeladaptierten Zelle, deren Chloroplast in Kantenstellung liegt (Abb. 31.65, *rechts*), von oben einen kurzen Lichtpuls, z. B. 1 min Weißlicht, und

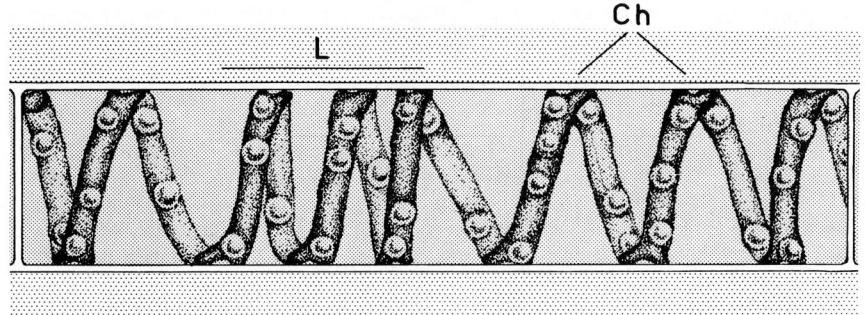

Abb. 31.64. Eine partiell belichtete Zelle von *Spirogyra spec.* Ch, bandförmiger Chloroplast; L, die Breite der senkrecht zur Zellachse belichteten Zone. Das Bild zeigt die Situation nach 3,5 h Belichtung. Nur kurzwelliges Licht (< 530 nm) ist wirksam. (Nach Ohiwa 1977)

verdunkelt dann wieder, so läuft die Bewegung in die Flächenstellung nach einer lag-Phase (Verzögerungsphase) von wenigen Minuten innerhalb von 30–60 min ab (Abb. 31.65, *Mitte* und *links*). Die wirksame Strahlung wird vom *Phytochrom* absorbiert; man kann demgemäß die Bewegung in die Schwachlichtlage mit Hellrot induzieren und diese Induktion mit einer unmittelbar anschließenden Dunkelrotbelichtung revertieren (Abb. 31.66).

Durch *Partialbelichtungen* der *Mougeotia*-Zellen konnte gezeigt werden, daß die einzelnen Regionen der Zelle recht autonom reagieren (Partial-

drehung des Chloroplasten), und daß die Chloroplastendrehung auf einen Phytochromgradienten in der zylindrischen Zelle zurückzuführen ist. Das aktive Phytochrom (P_{fr}) ist an der Peripherie der Zelle lokalisiert, und der Chloroplast reagiert auf die Bildung von P_{fr} durch hellrotes Licht stets dadurch, daß er sich von den Orten hoher P_{fr}-Konzentration wegbewegt (Abb. 31.67, *links*). Auch bei *Mougeotia* trägt Blaulicht (absorbiert von Cryptochrom) spezifisch zur Chloroplastenorientierung bei, nämlich bei der Starklichtbewegung in die Kantenstellung (→ Abb. 31.65). Blaulicht und

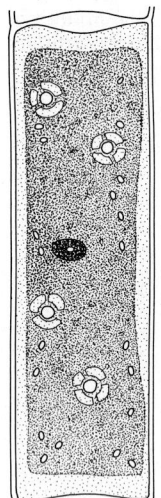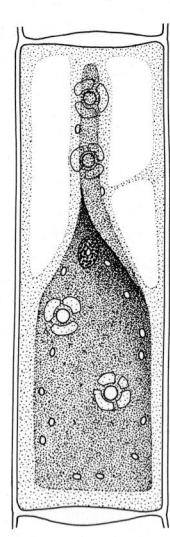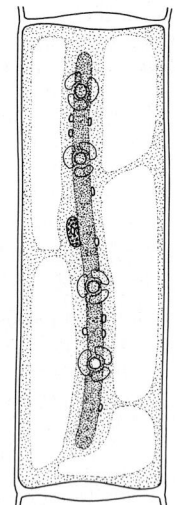

Abb. 31.65. Zellen von *Mougeotia spec. Links*: Chloroplast (= Chromatophor) in Schwachlichtstellung; *rechts*: Chloroplast in Starklichtstellung; *Mitte*: Übergang von der Schwachlicht- in die Starklichtstellung (oder umgekehrt). Lichtrichtung: Senkrecht zur Zeichenebene. (In Anlehnung an Oltmanns 1922)

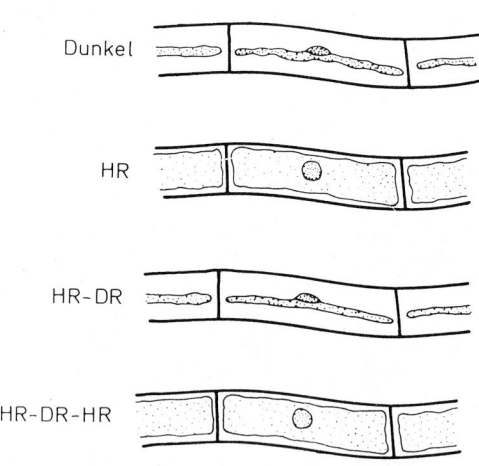

Abb. 31.66. Ein Experiment, das die Beteiligung des Phytochroms an der Schwachlichtbewegung (Kantenstellung → Flächenstellung) des *Mougeotia*-Chloroplasten demonstriert. Dunkel, Ausgangsposition; HR, HR-DR, HR-DR-HR, Orientierung des Chloroplasten etwa 30 min nach einem Lichtpuls (1 min) mit hellrotem und dunkelrotem Licht. (Nach Haupt 1970)

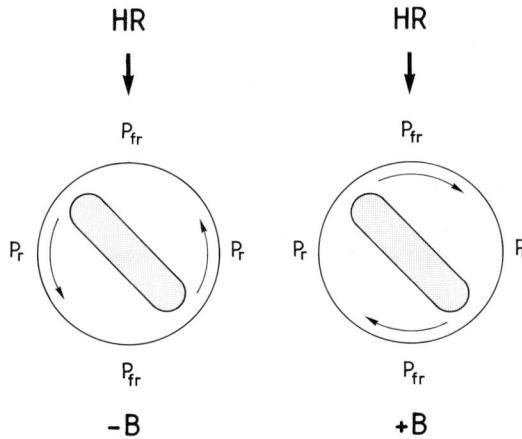

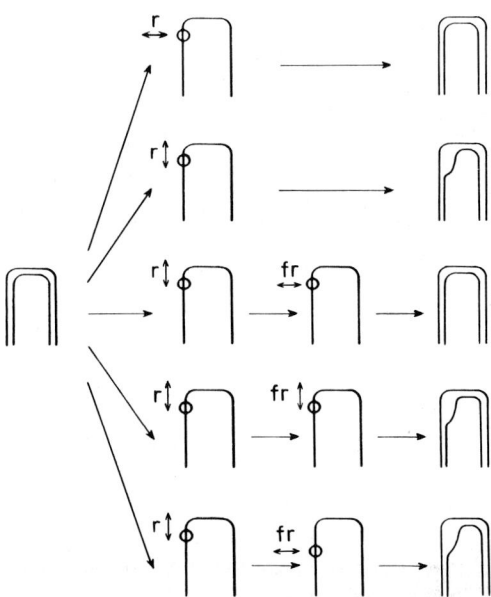

Abb. 31.67. Schematische Querschnitte durch eine *Mougeotia*-Zelle. Dargestellt ist die Orientierung des Chloroplasten in einem P_{fr}-Gradienten, der durch hellrotes Licht (HR, in Pfeilrichtung eingestrahlt) eingestellt wird. Die Zelle *rechts* erhält zusätzlich starkes Blaulicht ($+B$). Ohne Blaulicht ($-B$, *links*) bewegen sich die Kanten des Chloroplasten von den Orten höchster P_{fr}-Dichte weg; in Gegenwart von starkem Blaulicht ($+B$, *rechts*) bewegen sich die Kanten zu den Orten hoher P_{fr}-Dichte hin. (Nach Haupt und Scheuerlein 1990)

Abb. 31.68. Experimente an der *Mougeotia*-Zelle mit einem Mikrolichtstrahl polarisierten Lichts. Benutzt wurde ein Mikrospektralphotometer, um kleine Ausschnitte der *Mougeotia*-Zelle mit polarisiertem Hellrot (r) oder Dunkelrot (fr) zu belichten. Gegeben wurden Lichtpulse (1 min). Die *Doppelpfeile* kennzeichnen die jeweilige Lage des elektrischen Vektors des senkrecht zur Zeichenebene gegebenen, linear polarisierten Lichts. *Links* und *Mitte*: Die Situation während der Belichtung mit dem Mikrostrahl (Chloroplast in *Flächenstellung*); *rechts*: die Reaktion des Chloroplasten 30 min später. Bei den Experimenten war bereits bekannt, daß die Kante des Chloroplasten sich stets von den Orten hoher P_{fr}-Konzentration wegbewegt ($\rightarrow$ Abb. 31.67, *links*) und daß nur ein kleiner Teil des Chloroplasten reagiert, wenn man nur einen kleinen Teil der Zelle belichtet.

1. Experiment (obere zwei Reihen): Der Chloroplast dreht sich nur, wenn die Schwingungsebene des Lichts (E-Vektor) parallel zur Zellachse ist. Schluß: Die P_r-Form des Phytochroms (genauer: die Dipolachse des P_r-Moleküls) ist parallel zur Zelloberfläche orientiert.

2. Experiment (untere drei Reihen): Hier folgte dem induktiven Hellrot-Lichtpuls (r) ein Lichtpuls mit polarisiertem Dunkelrot (fr). Der Effekt des Hellrot wird nur dann annulliert, wenn die Schwingungsebene des Dunkelrot mit der Zellachse einen rechten Winkel bildet. Dies weist darauf hin, daß die Dipolachse der P_{fr}-Form des Phytochroms senkrecht auf der Zelloberfläche steht. Die *unterste Reihe* zeigt ein Kontrollexperiment, in dem der Hellrot- und der Dunkelrotpuls *nicht* auf die gleiche Stelle gesetzt wurden. Der Erwartung entsprechend erhält man keine Revertierung des Hellroteffekts durch den Dunkelrotpuls, trotz der „richtigen" Lage des E-Vektors. (Nach Haupt 1970)

Hellrotlicht interagieren nicht auf der Photorezeptorebene, sondern dadurch, daß starkes Blaulicht (oder Weißlicht) die Reaktionsweise des Chloroplasten gegenüber dem P_{fr}-Gradienten in der Zelle *qualitativ* ändert (Abb. 31.67, *rechts*). Man spricht von einem tonischen Blaulichteffekt.

Durch *Partialbelichtung* der *Mougeotia*-Zellen mit *polarisiertem* Licht (Abb. 31.68) konnten Haupt und Mitarbeiter zeigen, daß die Phytochrommoleküle im peripheren Plasma, wahrscheinlich an der Plasmamembran, in einer streng dichroitischen Orientierung verankert sind. Bei den Übergängen $P_r \rightarrow P_{fr}$ und $P_{fr} \rightarrow P_r$ dreht sich der Dipol des Phytochrommoleküls jeweils um $90°$ (Abb. 31.69). Eine entsprechende Orientierung und Drehung der Phytochrommoleküle haben wir bereits beim Photo-(bzw. Polaro-)tropismus von Farnchloronemen kennengelernt ($\rightarrow$ Abb. 31.16). Der resultierende P_{fr}-Gradient in der *Mougeotia*-Zelle wird rasch eingestellt (Lichtpulse genügen), bleibt aber auch im Dauerlicht erhalten, da die Verteilung von P_r und P_{fr} durch das Photogleichgewicht zwischen P_r und P_{fr} bestimmt ist (Abb. 31.70). Das physiologisch aktive P_{fr} absorbiert an den Flanken effektiver als vorne oder hinten (bezogen

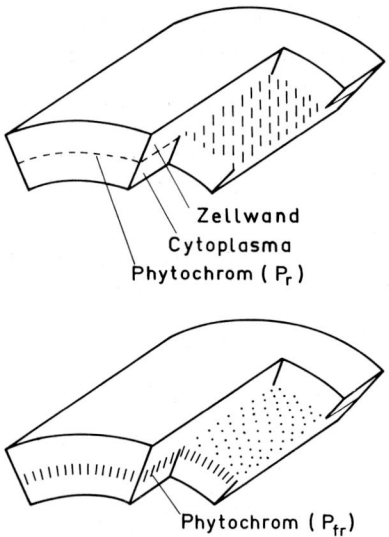

Abb. 31.69. Dieses Modell eines Teils der zylindrischen *Mougeotia*-Zelle bringt die dichroitische Orientierung von P_r (*oben*) und P_{fr} (*unten*) zum Ausdruck. Währen P_r *parallel* zur Oberfläche der Zelle orientiert ist, ist die P_{fr}-Form des Phytochroms senkrecht zur Oberfläche der Zelle orientiert. (Nach Haupt 1970)

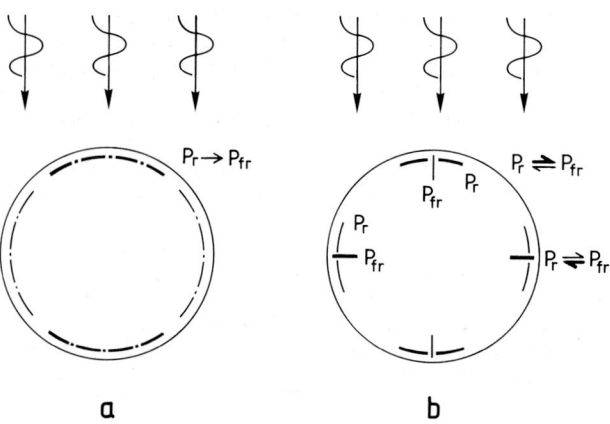

Abb. 31.70a und b. Schematische Querschnitte durch eine *Mougeotia*-Zelle (Chloroplast weggelassen). Angedeutet sind die Orientierung der dichroitisch angeordneten Phytochrommoleküle (genauer, ihrer Übergangsmomente) in der Zelle: P_r ist oberflächenparallel, in dieser Schicht aber zufallsmäßig orientiert (repräsentiert durch oberflächenparallele *Striche und Punkte*); P_{fr} ist um 90° dazu gedreht, d.h. senkrecht zur Oberfläche orientiert. Die *starken Striche und Punkte* bezeichnen jene Übergangsmomente, die in einer günstigen Position für die Absorption des von oben gegebenen, linear polarisierten Lichtes sind (*Pfeile*). (a) Situation zu Beginn der Belichtung, (b) photostationäre Situation bei saturierter Einstrahlung. (Nach Haupt 1972)

auf den Einfall des Lichts). Deshalb ist der photostationäre Zustand $P_r \rightleftarrows P_{fr}$ vorne/hinten anders als an den Flanken.

Die weiteren Schritte in der Reiz-Reaktionskette der Chloroplastenbewegung sind auch bei *Mougeotia* noch nicht überzeugend aufgeklärt. Man ist sich allerdings darin einig, daß intakte Actinfilamente eine Voraussetzung für den Bewegungsvorgang sind: Cytochalasin B, ein Inhibitor der Aktivität kontraktiler Proteine, blockiert reversibel die Chloroplastenbewegung, während die Lichtperception unbeeinflußt bleibt. Die Vermutung, die Chloroplastendrehung in der *Mougeotia*-Zelle sei mit elektrophysiologischen Reaktionen korreliert, hat sich bisher nicht bestätigt. Die intrazellulären Potentialänderungen, die sich mit Mikroelektroden bei Belichtung messen lassen, sind auf die Photosynthese des Chloroplasten zurückzuführen und nicht auf Veränderungen im Phytochromsystem.

Weiterführende Literatur

a. Freie Ortsbewegung begeißelter Zellen

Checcucci A (1976) Molecular sensory physiology of *Euglena*. Naturwiss 63:412–417
Foster KW et al. (1984) A rhodopsin is the functional photoreceptor for phototaxis in the unicellular eukaryote *Chlamydomonas*. Nature 311:756–759
Haupt W (1977) Bewegungsphysiologie der Pflanzen. Thieme, Stuttgart
Kleinig H, Sitte P (1992) Zellbiologie – ein Lehrbuch, 3. Auflage. Fischer, Stuttgart New York

b. Phototropismus

Bergman K et al. (1969) *Phycomyces*. Bacteriol Reviews 33:99–157
Briggs WR, Baskin TI (1988) Phototropism in higher plants – controversies and caveats. Bot Acta 101:133–139
Bruinsma J (1977) Hormonal regulation of phototropism in dicotyledonous seedlings. In: Pilet PE (ed) Plant growth regulation. Springer, Berlin Heidelberg New York
Darwin C (1880) The power of movements in plants. Murray, London
Hasegawa K, Sakoda M (1988) Distribution of endogenous indole-3-acetic acid and growth inhibitor(s) in phototropically responding oat coleoptiles. Plant Cell Physiol 29:1159–1164
Haupt W (1977) Bewegungsphysiologie der Pflanzen. Thieme, Stuttgart
Iino M (1990) Phototropism: Mechanisms and ecological implications. Plant Cell Environ 13:633–650

Kadota A, Wada M, Furuya M (1985) Phytochrome-mediated polarotropism of *Adiantum capillus-veneris* L. protonemata as analyzed by microbeam irradiation with polarized light. Planta 165:30–36

Steinhardt AR, Popescu T, Fukshansky L (1989) Is the dichroic photoreceptor for phycomyces located at the plasma membrane or at the tonoplast? Photochem Photobiol 49:79–87

Togo S, Hasegawa K (1991) Phototropic stimulation does not induce unequal distribution of indole-3-acetic acid in maize coleoptiles. Physiol Plant 81:555–557

Woitzik F, Mohr H (1988) Control of hypocotyl phototropism by phytochrome in a dicotyledonous seedling (*Sesamum indicum* L.). Plant Cell Environ 11:653–661

c. Gravitropismus

Evans ML (1991) Gravitropism: Interaction of sensitivity, modulation and effector redistribution. Plant Physiol 95:1–5

Hensel W (1990) Gravitropismus der Pflanzen. Neue Modelle zu einem alten Problem. Naturwiss Rdsch 43:135–140

McClure BA, Guilfoyle T (1989) Rapid distribution of auxin-regulated RNAs during gravitropism. Science 243:91–93

Parker KE, Briggs WR (1991) The transport of indole-3-acetic acid during gravitropism in intact maize coleoptiles. Plant Physiol 94:1763–1769

Poff KL, Martin HV (1989) Site of graviperception in roots: A re-examination. Physiol Plant 76:451–455

Sievers A (1984) Sinneswahrnehmung bei Pflanzen: Graviperception. Westdeutscher Verlag, Opladen

Sievers A, Schröter K (1971) Versuch einer Kausalanalyse der geotropischen Reaktionskette im *Chara*-Rhizoid. Planta 96:339–353

Wilkins MB (1978) Gravity-sensing guidance mechanisms in roots and shoots. Bot Mag Tokyo, Special Issue 1:255–277

Woitzik F, Mohr H (1988b) Control of hypocotyl gravitropism by phytochrome in a dicotyledonous seedling (*Sesamum indicum* L.). Plant Cell Environ 11:663–668

d. Weitere Bewegungsvorgänge

Bünning E (1953) Entwicklungs- und Bewegungsphysiologie der Pflanze. Springer, Berlin

Darwin C (1880) The power of movements in plants. Murray, London

Fleurat-Lessard P (1988) Structural and ultrastructural features of cortical cells in motor organs of sensitive plants. Biol Rev 63:1–22

Galston AW, Satter RL (1976) Light, clocks and ion flux: An analysis of leaf movement. In: Smith H (ed) Light and plant development. Butterworths, London Boston Sydney, pp 159–184

Haupt W (1977) Bewegungsphysiologie der Pflanzen. Thieme, Stuttgart

Haupt W (1982) Light-mediated movement of chloroplasts. Annu Rev Plant Physiol 33:205–233

Haupt W, Scheuerlein R (1990) Chloroplast movement. Plant Cell Environ 13:595–614

Kallas P, Meier-Augenstein W, Schildknecht H (1989) Turgorine – neue Phytohormone. Naturwiss Rdsch 42:309–317

Ma YZ, Yen LF (1988) The presence of mysosin and actin in pollen and their role in cytoplasmic streaming. Acta Bot Sin 30:285–291

Ma YZ, Yen LF (1989) Actin and myosin in pea tendrils. Plant Physiol 89:586–589

Picton JM, Steer MW (1982) A model for the mechanism of tip extension in pollen tubes. J Theoret Biol 98:15–20

Roblin G (1979) *Mimosa pudica*: A model for the study of the excitability in plants. Biol Reviews 54:135–153

Sanders LC, Lord EM (1989) Directed movement of latex particles in the gynoecia of three species of flowering plants. Science 243:1606–1608

Satter RL, Galston AW (1981) Mechanisms of control of leaf movements. Annu Rev Plant Physiol 32:83–110

Seitz K (1979) Cytoplasmic streaming and cyclosis of chloroplasts. In: Encycl Plant Physiol NS, Vol 7. Springer, Berlin Heidelberg New York, pp 150–169

Senn G (1908) Die Gestalts- und Lageveränderung der Pflanzenchromatophoren. Engelmann, Leipzig

Werker E, Shak T, Koller D (1991) Photobiological and structural studies of light-driven movements in the solar-tracking leaf of *Lupinus palaestinus* Bioss. (*Fabaceae*). Bot Acta 104:144–156

32 Physiologie der Streßresistenz

Die Begriffe *Streß* und *Streßresistenz* werden bei Pflanzen meist ähnlich wie bei Mensch und Tier verwendet. Als *Streß* (= Anspannungszustand) bezeichnet man demnach die Folgen einer Belastung des Organismus durch die Einwirkung äußerer Faktoren (*Streßfaktoren* oder *Stressoren*), welche zu einer Beeinträchtigung des Stoffwechsels oder der Entwicklung führen. Der Unterschied zwischen Streß und Streßfaktor wird im allgemeinen Sprachgebrauch häufig mißachtet; im folgenden verwenden wir den Begriff *Streß* stets im Sinn eines (komplexen) Syndroms, das im Organismus von einem oder mehreren Streßfaktoren erzeugt wird.

Bei optimaler Anpassung an die Umwelt – welche im Verlauf der Evolution in aller Regel nur näherungsweise erreicht wurde – tritt theoretisch kein Streß auf. Wenn jedoch der meist eng begrenzte Bereich optimaler Anpassung verlassen wird, gerät der Organismus unter mehr oder minder starke physiologische Belastungen, die sich als Streß äußern (Abb. 32.1). Diese Situation tritt z. B. ein, wenn eine Pflanze unter Umweltbedingungen gebracht wird, an die sie genetisch nicht angepaßt ist. Aber auch am natürlichen Standort kann Streß auftreten, etwa wenn der Zustand optimaler Anpassung für die wachsende Pflanze nur über begrenzte Zeiträume eingehalten werden kann oder wenn Konkurrenzdruck durch andere Pflanzen auftritt. Ein Streßfaktor erzeugt fast immer eine Vielzahl einzelner Streßreaktionen, d. h. ein *Streßsyndrom*. Sehr komplexe, schwer analysierbare Verhältnisse treten bei der Coaktion mehrerer Streßfaktoren auf, da sich deren Wirkungen meist nicht einfach additiv überlagern, sondern in nicht ohne weiteres vorhersagbarer Weise miteinander verrechnet werden.

Die Pflanze begegnet den potentiellen Streßfaktoren durch die Ausbildung von *Streßresistenz*. Darunter versteht man alle morphologischen und physiologischen Vorkehrungen, welche dazu geeignet sind, Streß zu verhindern oder zu mildern. Im Gegensatz zu den Tieren haben die sessilen Pflanzen meist keine Möglichkeit zum aktiven Ausweichen vor Streßfaktoren. Es ist daher verständlich, daß sich gerade im Pflanzenreich besonders vielfältige Mechanismen der Streßresistenz ausgebildet haben.

Hierbei kann man grundsätzlich drei Strategien unterscheiden:

- *Toleranz* gegenüber dem Streßfaktor (die Pflanze erträgt Streß, ohne gravierende Schäden zu erleiden),
- *Abwehr* des Streßfaktors durch geeignete Schutzmechanismen,
- *Revertierung* der Streßfolgen durch Reparatur der eingetretenen Schäden.

Diese drei Typen von Resistenzmechanismen sind entweder *konstitutiv*, d. h. aufgrund genetischer Anpassung vorhanden, oder *adaptiv*, d. h. sie werden erst unter dem Einfluß von Streß- oder anderen

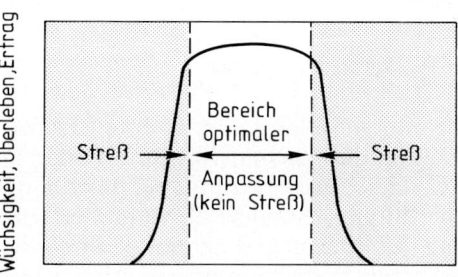

Abb. 32.1. Formales Schema zur Begriffsbestimmung von *Streß*. Die Abhängigkeit zentraler physiologischer Eigenschaften der Pflanze (z. B. Wüchsigkeit, Überleben, Ertrag) von Umweltfaktoren (= *potentielle Streßfaktoren*, z. B. Temperatur) verläuft im Prinzip in Form einer Optimumkurve. Streß tritt dann auf, wenn die auf der Abszisse aufgetragene Stärke des potentiellen Streßfaktors außerhalb des Bereichs optimaler Anpassung liegt. Die Grenzen zwischen Streß und Nicht-Streß können sich bei verschiedenen Pflanzen stark unterscheiden und durch Adaptation verschoben werden

Umweltfaktoren ausgebildet. Die Aufrechterhaltung erhöhter Widerstandskraft gegen Streßfaktoren ist in der Regel mit einem erhöhten Energiebedarf und Einbußen bei anderen Lebensfunktionen verbunden, z. B. mit einem reduzierten Wachstum oder mit verminderter Nachkommenschaft. Andererseits führt Streß auch zu manchen positiven Auswirkungen, vor allem durch die Stimulation der Abwehrkräfte gegen Extrembelastungen (*Abhärtung*). Im Einzelfall hängt die Streßresistenz von der spezifischen Reaktionsbreite der betroffenen Zellfunktionen ab (→ S. 329), welche bei verschiedenen Pflanzenarten in weitem Umfang variieren kann. Zwischen „normalen" Anpassungsreaktionen an Umweltfaktoren und Streßadaptation bestehen fließende Übergänge; die Abgrenzung ist in vielen Fällen willkürlich. Zum Beispiel könnten die in Kapitel 14 behandelten Modifikationen des Photosyntheseapparats im Prinzip auch als Streßadaptationen aufgefaßt werden. In den folgenden Abschnitten werden die wichtigsten Streßfaktoren und die zugehörigen Resistenzmechanismen behandelt, welche bei den höheren Landpflanzen eine Rolle spielen. Eine genaue Kenntnis der Streßphysiologie ist nicht zuletzt deswegen von großer Bedeutung, weil Ertrag und Anbaugrenzen der für den Mensch wichtigen Kulturpflanzen durch deren Streßresistenz festgelegt werden (→ Kapitel 33).

Wasserstreß

Konstitutive Wasserstreßresistenz

Bei den höheren Landpflanzen treten Streßerscheinungen auf, wenn die Wurzeln von zu viel oder zu wenig Wasser umgeben sind. Ein Überangebot an Wasser (Überflutung, Staunässe) verhindert die Durchlüftung des Bodens und hemmt dadurch die stark O_2-bedürftige Wurzelatmung (→ Abb. 5.16). Es handelt sich also hierbei eigentlich um eine durch Anaerobiose erzeugte Streßsituation. Der Begriff *Wasserstreß* wird meist in Zusammenhang mit Wassermangel verwendet und ist daher bedeutungsgleich mit *Trockenheitsstreß*. Die durch genetische Anpassung entstandene Streßresistenz wird besonders bei den vielfältigen morphologischen und physiologischen Vorkehrungen der Xerophyten gegen Wasserverlust deutlich (z. B. Transpirationsschutz durch dicke Cuticula und eingesenkte

Stomata, Sukkulenz, hoher Wasserökonomiequotient durch C_4-Photosynthese; → S. 262). Diese Eigenschaften sind typische konstitutive Schutzmechanismen zur Streßabwehr, welche es den Xerophyten erlauben, in Trockengebieten zu gedeihen, welche anderen Pflanzen aufgrund mangelnder Resistenz verschlossen bleiben.

Eine Anpassung an wechselfeuchte Umgebung ist die konstitutive *Austrocknungstoleranz* (z. B. bei vielen Flechten und Moosen, aber auch bei bestimmten Blütenpflanzen). Diese *poikilohydren* Pflanzen sind in der Lage, eine Reduktion ihres Wassergehaltes durch Austrocknung um mehr als 90% ($\psi_{Pflanze} \ll -1000$ bar; → Abb. 4.3) ohne Schaden in einem metabolischen Ruhezustand (*Dormanz*; → S. 427) zu überdauern und durch Wasseraufnahme kurzfristig wieder zu normaler Stoffwechselaktivität zurückzukehren. Für eine durchschnittliche mesophytische Pflanze ist hingegen ein Wasserverlust von > 30% in aller Regel tödlich. Die funktionellen und strukturellen Besonderheiten austrocknungstoleranter Zellen werden im Zusammenhang mit der Samenreifung besprochen (→ S. 426).

Bei anderen Bewohnern arider Gebiete hat sich eine *Meidungsstrategie* herausgebildet: Diese stets kurzlebigen (ephemerischen) Arten führen ihren Vegetationscyclus (von der Keimung bis zur Produktion neuer Samen) während einer Zeitspanne von wenigen Wochen nach einem ausgiebigen Regen durch und überdauern die restliche Trockenzeit in Form austrocknungstoleranter Samen. Derartige genetische Anpassungen, deren Fülle hier nicht im einzelnen dargestellt werden kann, verleiht den Pflanzen an ihrem autochtonen Standort eine weitgehende Resistenz gegen Wasserstreß.

Adaptive Wasserstreßresistenz bei Mesophyten

Die krautigen Landpflanzen bestehen zu 85–90 Gew.% aus Wasser mit einem relativ hohen (= wenig negativen) Wasserpotential ($\psi_{Pflanze} \geq -15$ bar). Ihr Sproß ist von einem Luftraum umgeben, dessen Wasserpotential meist mehrere hundert bar unter diesem Wert liegt (→ Abb. 29.15). Die hieraus resultierende starke Saugspannung zwischen Pflanze und Atmosphäre ($-\Delta\psi$) ist die treibende Kraft für eine spontane Wasserabgabe der Pflanze durch Transpiration (→ S. 499). Bei den Mesophyten, zu denen praktisch alle Kulturpflan-

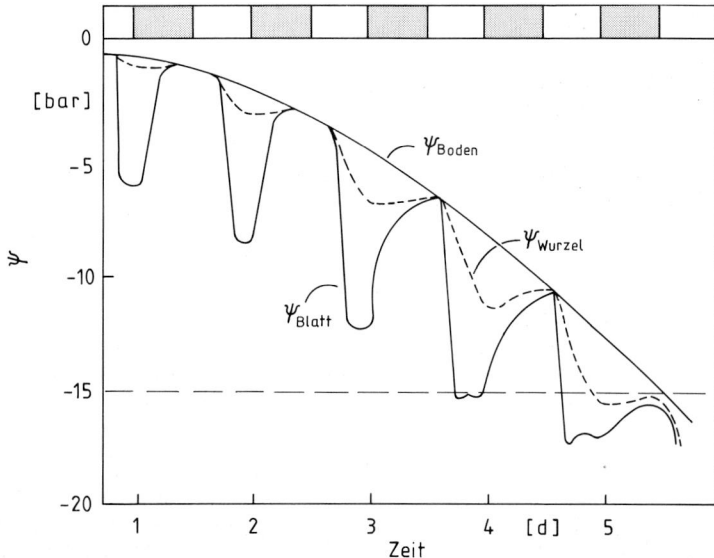

Abb. 32.2. Die Veränderung der Wasserzustandsparameter in einer Pflanze als Folge einer langsamen Austrocknung des Bodens (Reduktion von ψ_{Boden}), wie sie z. B. nach dem Einstellen der Bewässerung auftritt (schematische Darstellung). Während sich bei Nacht, bei minimaler Transpiration, ein Gleichgewichtszustand zwischen Pflanze und Boden ($\psi_{Blatt} = \psi_{Wurzel} = \psi_{Boden}$) einstellt, sinkt ψ_{Blatt} (und in vermindertem Umfang auch ψ_{Wurzel}) während des Tages aufgrund starker Transpiration vorübergehend ab. Die abfallende Kurve für ψ_{Boden} bildet stets die obere Begrenzung dieser tagesperiodischen Änderungen. Am 4. Tag erreicht der tägliche ψ-Abfall in der Pflanze kurzzeitig den *permanenten Welkepunkt*. Die Pflanze gerät am 5. Tag unter massiven Wasserstreß, der u. a. zu einer verzögerten Schließung der Stomata am Ende des Tages führt. (Nach Slatyer 1967; verändert)

zen zählen, treten auch am natürlichen Standort regelmäßig Bedingungen auf, unter denen die Transpiration gegenüber der Wasseraufnahme durch die Wurzel überwiegt (z. B. bei starker Sonneneinstrahlung). Dieser Pflanzentyp ist daher in besonderem Maße darauf eingerichtet, während kurzzeitiger Wasserstreßperioden eine adaptive Resistenz auszubilden. Bei guter Wasserversorgung stellt sich in der Pflanze im Fließgleichgewicht ein Wasserpotential ein, welches nur wenige bar unter dem Wasserpotential bei Vollturgeszenz ($\psi_{Pflanze} = 0$) liegt. Wenn jedoch der Transpirationsverlust nicht durch eine entsprechende Wasseraufnahme aus dem Boden ausgeglichen werden kann, fällt $\psi_{Pflanze}$ rasch ab; es entsteht ein Wasserdefizit, das zu Wasserstreß führt. Die Entwicklung der Streßsymptome lassen sich z. B. an einer mesophytischen Pflanze verfolgen, bei der, nach einer längeren Periode optimaler Versorgung, die Wasseraufnahme der Wurzel durch langsame Austrocknung des Bodens zunehmend behindert wird (Abb. 32.2). Neben den Änderungen der Wasserzustandsgrößen (ψ, P, π; → S. 49) lassen sich an solchen Pflanzen charakteristische Streßsymptome beobachten (Abb. 32.3), wobei man passive Reaktionen (z. B. Hemmung der Photosynthese) von aktiven Streßabwehrreaktionen (z. B. Akkumulation von Osmotica) unterscheiden kann. Bereits bei einem Wasserverlust von 15–20% tritt bei typischen Mesophyten Grenzcytorrhyse ($P_{Zelle} = 0$; → Abb. 4.7) ein, äußerlich erkennbar durch starke Welkesymptome. Derjenige Grenzwert von ψ_{Boden}, der es der Pflanze nicht mehr erlaubt, einen positiven Turgor aufrechtzuerhalten (und daher zu einer dauerhaften Erschlaffung der Blätter führt), bezeichnet man als den *permanenten Welkepunkt* (→ S. 502). Er liegt bei mesophytischen Pflanzen meist um −15 bar, bei Xerophyten jedoch meist wesentlich tiefer. Dieser Zustand kann in der Regel nur eine begrenzte Zeit ohne irreversible Schäden überdauert werden. Milderer Wasserstreß, insbesondere wenn die Austrocknung des Bodens relativ langsam fortschreitet, ermöglicht bei vielen Pflanzen eine adaptive Erhöhung der Resistenz gegen Wasserstreß, welche die Aufrechterhaltung wichtiger physiologischer Funktionen oder, bei sehr starkem Streß, zumindest das Überleben, ermöglicht. Eine optimale Adaptation setzt eine ausreichend langsame Steigerung der Streßstärke voraus; eine schnelle Austrocknung führt daher häufig zu irreparablen Schäden.

Die streßinduzierten adaptiven Veränderungen in der Pflanze sind äußerst komplex und äußern sich in vielen Fällen als *systemische Reaktion*. So induziert z. B. milder Wasserstreß eine Hemmung des Sproßwachstums bei gleichzeitiger Förderung des Wurzelwachstums (Abb. 32.4). Auf diese Weise wird die Transpiration vermindert, während die Wurzel durch Vordringen in tiefere Bodenzonen zusätzliche Wasserreserven erschließen kann. Eine zentrale Rolle bei der Adaptation mesophytischer

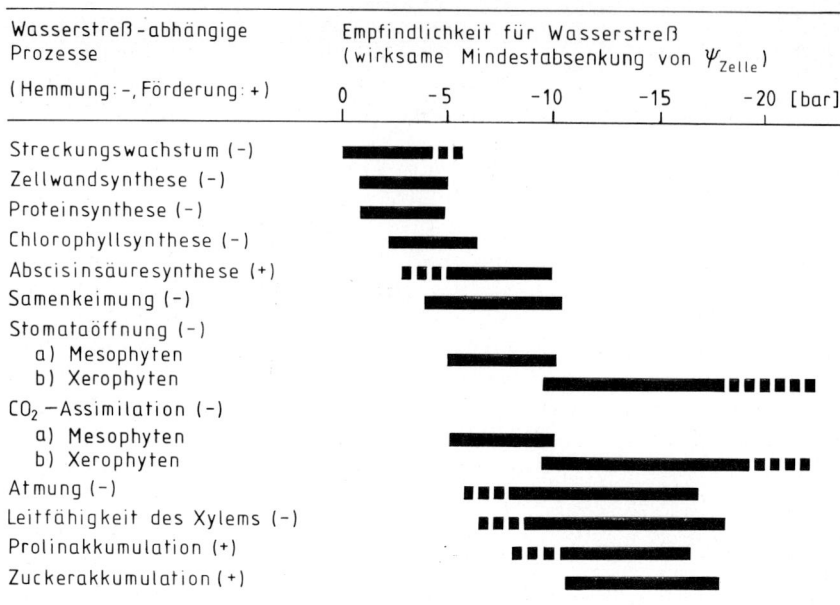

Wasserstreß-abhängige Prozesse (Hemmung: -, Förderung: +)	Empfindlichkeit für Wasserstreß (wirksame Mindestabsenkung von ψ_{Zelle})

Abb. 32.3. Empfindlichkeit einiger physiologischer Prozesse gegenüber Wasserstreß (Zusammenfassung von Messungen an verschiedenen Pflanzen). Die Balken bezeichnen jeweils den Bereich von ψ_{Zelle}, in dem erste Anzeichen der betreffenden Streßreaktion bei verschiedenen Arten beobachtet wurden. (Nach Hsiao et al. 1976; verändert)

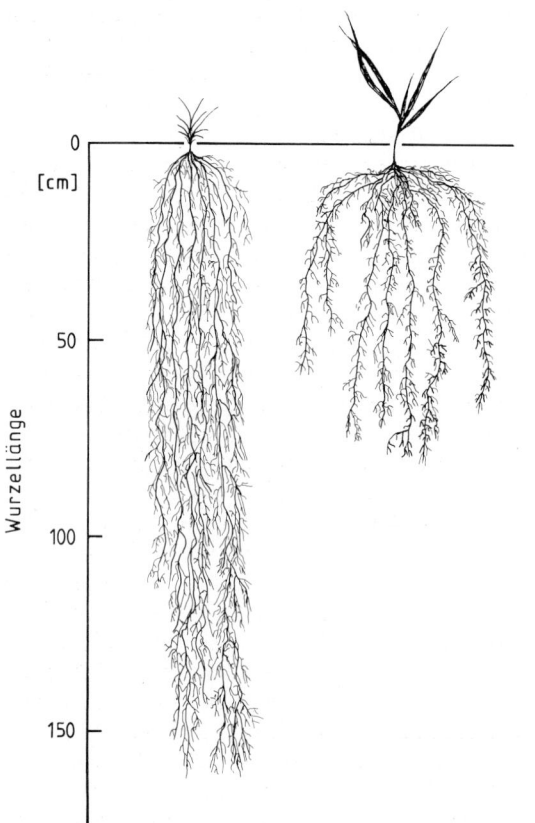

Pflanzen an Trockenheit spielt das „Streßhormon" *Abscisinsäure* (ABA; → S. 408). Bereits bei mittlerem Wasserstreß hat man in vielen Pflanzen einen starken Anstieg des ABA-Gehaltes beobachtet, der auf eine Induktion der Synthese des Hormons zurückgeht (→ Abb. 23.19). Nach Beendigung der Streßperiode fällt der ABA-Gehalt durch Abbau rasch wieder ab. Auch die Wurzel ist zu einer Wasserstreß-induzierten ABA-Synthese befähigt; das dort synthetisierte Hormon wird zum Teil in den Sproß transportiert und ist dort an der Regulation des Wasserhaushalts und des Wachstums beteiligt. Eine experimentelle Zufuhr von ABA bewirkt in allen Teilen der Pflanze charakteristische Reaktionen, z. B. Hemmung des Streckungswachstums, der Proteinsynthese und Veränderungen im Ionen- und Assimilattransport. Diese Effekte dürften auch

Abb. 32.4. Anpassung von Sproß- und Wurzelwachstum an Wasserstreß, der durch Bodentrockenheit bewirkt wird. Objekt: Quecke (*Agropyron smithii*). *Links*: Pflanze von einem relativ trockenen Standort. *Rechts*: Pflanze von einem relativ feuchten Standort. Anmerkung: Bei Maiskeimlingen konnte gezeigt werden, daß durch Wasserstreß induzierte Abscisinsäure für die Verschiebung des Wachstumsverhältnisses zugunsten der Wurzel verantwortlich ist (→ Abb. 16.5, 16.6). (Aus Fitter und Hay 1981; verändert)

durch die endogen synthetisierte ABA bewirkt werden. Langfristig erhöhte ABA-Pegel beschleunigen die Fruchtreife und führen zur Bildung kleinerer Samen oder zum vorzeitigen Blatt- und Fruchtabwurf (Abscission). Besonders gut untersucht ist der ABA-induzierte Verschluß der Stomata ($\rightarrow$ S. 251), eine der augenfälligsten physiologischen Reaktionen im Blatt, durch die die Transpiration schnell und wirksam gedrosselt werden kann. Die physiologische Bedeutung der ABA als Signalstoff für die Auslösung von resistenzerzeugenden, adaptiven Reaktionen auf Wasserstreß wird eindrucksvoll durch Mutanten belegt, bei denen die ABA-Synthese durch einen Enzymdefekt blockiert ist (z. B. die *flacca*-Mutante der Tomate). Diese Pflanzen sind bei Wasserknappheit nicht in der Lage, ihre Stomata zu schließen und zeigen daher bereits bei relativ geringem Wasserdefizit massive Welkesymptome, welche jedoch durch eine Behandlung mit ABA verhindert werden können. Auch die bei manchen Pflanzen beobachtbare *adaptive Austrocknungstoleranz* steht unter der Kontrolle von ABA. In diesem Fall kommt es bei langsamer Austrocknung (oder bei Behandlung mit ABA) zur Aktivierung von „Wasserstreßgenen" und zur Synthese der zugehörigen Streßproteine („Dehydrine"), denen eine Funktion bei der Vermeidung von Schäden in dehydratisierten Zellen zugeschrieben wird ($\rightarrow$ S. 426).

Eine entscheidende Frage ist in diesem Zusammenhang, welche der mit dem Wasserentzug einhergehenden Veränderungen in der Zelle als Auslöser der streßinduzierten Reaktionen in der Pflanze verwendet werden. Hierzu eine theoretische Überlegung: Aus dem osmotischen Zustandsdiagramm ($\rightarrow$ Abb. 4.7) folgt, daß ein ψ-Abfall in der Zelle zu einem steilen Abfall des Turgors (P_{Zelle}), begleitet von einer vergleichsweise geringen Zunahme des osmotischen Potentials (π_{Zelle}), führt. Außerdem nimmt die chemisch wirksame Konzentration an gelösten Teilchen (a_i) zu und die chemisch wirksame Konzentration an Wasser (a_{H_2O}) ab. Die Wasseraktivität a_{H_2O} nimmt bei einer Absenkung von ψ_{Zelle} vom Zustand der Vollturgeszenz (relativer Wassergehalt = 100%) bis zur Grenzcytorrhyse ($\psi \approx -15$ bar) nur um etwa 1% ab und dürfte daher als Signal für Wasserstreß keine praktische Bedeutung besitzen. π_{Zelle} und a_i nehmen unter diesen Bedingungen um etwa 20% zu, während P_{Zelle} von 100 auf 0% abfällt. Der Turgor ist demnach der bei weitem empfindlichste physikalische Indikator für

ψ-Veränderungen in der Zelle. Es gibt in der Tat gute Hinweise, daß viele Streßreaktionen direkt oder indirekt durch den Abfall des Turgors unter einen bestimmten Schwellenwert ausgelöst werden.

Ein unmittelbarer Bezug zum Turgor ist beim Zellwachstum gegeben. Aus der allgemeinen Gleichung des Zell-Volumenwachstums [$\rightarrow$ Gl. (8.3)] folgt, daß dieser Prozeß direkt vom Wachstumspotential (= effektiver Turgor, $P - Y$) abhängt; es ist daher verständlich, daß das Wachstum ganz besonders empfindlich auf eine ψ-Absenkung anspricht ($\rightarrow$ Abb. 32.3). Für die Auslösung anderer Streßreaktionen müssen tiefere Turgor-Schwellenwerte erreicht werden. Als Beispiel ist in Abb. 32.5 die Induktion der ABA-Synthese dargestellt, deren Schwellenwert bei $P_{Zelle} = 0$ bar (Grenzcytorrhyse) ermittelt werden konnte. Es ist offensichtlich, daß hier nicht der ψ-Abfall oder der π-Anstieg, sondern der P-Abfall von der Pflanze als auslösendes Signal registriert wird. Diese Resultate dürfen allerdings nicht verallgemeinert werden. So hat man z. B. bei Hemmung der Photosynthese durch Wasserstreß (bei gesättigter CO_2-Versorgung) gefunden, daß in diesem Fall ein deutlicher Effekt erst einsetzt, wenn der *relative Wassergehalt* den Wert 75% unterschreitet und dann parallel mit der weiteren Verminderung des Wassergehalts (bzw. mit dem Anstieg von π_{Zelle}) zunimmt.

Mittlerer bis starker Wasserstreß induziert in vielen Pflanzen einen Anstieg von π_{Zelle} durch aktive Akkumulation osmotisch wirksamer Substanzen im Zellsaft und im Cytoplasma. Diese *osmotische Adaptation* ($\rightarrow$ S. 52) kommt durch eine vermehrte Aufnahme oder Freisetzung von Metaboliten (z. B. Zucker, Aminosäuren) und Ionen (z. B. K^+, Cl^-, NO_3^-) zustande und darf nicht mit der rein passiven Erhöhung von π_{Zelle} durch Wasserabgabe ($\rightarrow$ Abb. 4.7) verwechselt werden. Neben einer unspezifischen Konzentrationserhöhung der normalerweise in der Zelle dominierenden Osmotica findet man häufig eine spezifische Akkumulation der Aminosäure *Prolin* oder der quaternären Ammoniumverbindung *Glycinbetain*, denen eine Schutzwirkung auf dehydratisierungsempfindliche Cytoplasmabestandteile zugeschrieben wird. Die osmotische Adaptation erlaubt theoretisch eine Erniedrigung von ψ_{Zelle} bei gleichbleibendem Turgordruck (Abb. 32.6), mit den damit verbundenen Konsequenzen für alle turgorabhängigen Prozesse (z. B. Zellwachstum, Stomataöffnung). Darüber hinaus wird der ψ-Gradient zwischen Pflanze und

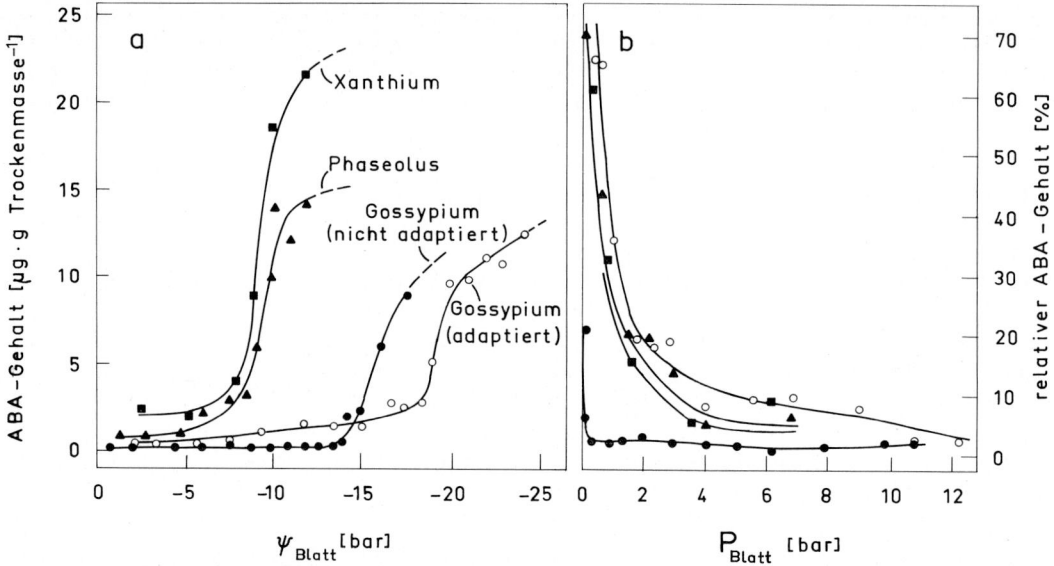

Abb. 32.5a und b. Zusammenhang zwischen ψ-Absenkung durch Austrocknung und Induktion der Abscisinsäure-Synthese. Objekte: isolierte Blätter der Spitzklette (*Xanthium strumarium*), Gartenbohne (*Phaseolus vulgaris*), Baumwolle (*Gossypium hirsutum*). (a) Das Wasserpotential der Blätter wurde um definierte Beträge (Abszisse) abgesenkt und die dadurch hervorgerufene Erhöhung des ABA-Gehaltes in den drei Arten gemessen. Bei *Gossypium* wurden Blätter von zwei Gruppen von Pflanzen verwendet: täglich gut gewässerte Pflanzen (*nicht adaptiert*) und zuvor unter Wassermangel gehaltene Pflanzen (3 d Trockenheit gefolgt von 3 d guter Wasserversorgung, *adaptiert*). Es wird deutlich, daß sich die verschiedenen Objekte hinsichtlich des ψ-Schwellenwerts für

die Induktion der ABA-Synthese deutlich unterscheiden. (b) Dieselben Daten als Funktion des Turgordrucks aufgetragen, der jeweils durch die ψ-Absenkung in den Pflanzen eingestellt wurde. Man erkennt, daß die ABA-Synthese in allen Fällen dann einsetzt, wenn der Turgor sich dem Wert Null nähert (Grenzcytorrhyse). Die Unterschiede zwischen den verschiedenen Pflanzen in (a) beruhen also auf unterschiedlichen Werten von π im Zustand der Grenzcytorrhyse. Auch der durch die Akklimatisation erzeugte Unterschied bei der Baumwolle läßt sich auf eine Erhöhung von π (osmotische Adaptation) zurückführen ($\rightarrow$ Abb. 32.8). (Nach Pierce und Raschke 1980; verändert)

Boden verstärkt und damit die Wasseraufnahme durch die Wurzel potentiell gefördert. Die physiologische Steuerung der osmotischen Adaptation ist bisher in ihren Einzelheiten noch nicht aufgeklärt. Die in Abb. 32.6 dargestellten experimentellen Daten führen zu der wichtigen Einsicht, daß ein Abfall von ψ_{Zelle} alleine kein zuverlässiger Indikator für Wasserstreß ist.

Neben der Turgorregulation durch osmotische Adaptation besitzen manche Pflanzen die Fähigkeit zur *Turgorregeneration* durch aktives Schrumpfen der Zellwände („negatives Wachstum"). Dieses erstaunliche Phänomen ist in Abb. 32.7 illustriert. Die Daten zeigen, daß pflanzliche Zellwände unter bestimmten Bedingungen zu einer aktiven Kontraktion, begleitet von einer Erniedrigung der mechanischen Dehnbarkeit, befähigt sind, welche zur Turgorregulation eingesetzt werden kann.

Abhärtung gegen Wasserstreß

Die adaptive Resistenz gegen Wassermangel ist häufig kurzfristig reversibel, wenn Wasser wieder ausreichend zur Verfügung steht ($\rightarrow$ Abb. 32.6). Dies ist allerdings nicht immer so. Viele Pflanzen bewahren ihre während einer längeren Streßperiode erworbene Resistenz für mehrere Tage oder Wochen, d. h. sie zeigen *Akklimatisation* an Wasserstreß. Dieser mittelfristig stabile Anpassungsprozeß kann sich z. B. in einem erniedrigten ψ-Schwellenwert für die streßinduzierte ABA-Synthese äußern ($\rightarrow$ Abb. 32.5). Wie zu erwarten, beobachtet man bei akklimatisierten Pflanzen auch einen veränderten ψ-Schwellenwert für den Stomataverschluß (Abb. 32.8). Daneben werden bei diesem Abhärtungsprozeß viele weitere Funktionen der wachsenden Pflanze beeinflußt, z. B. die für das

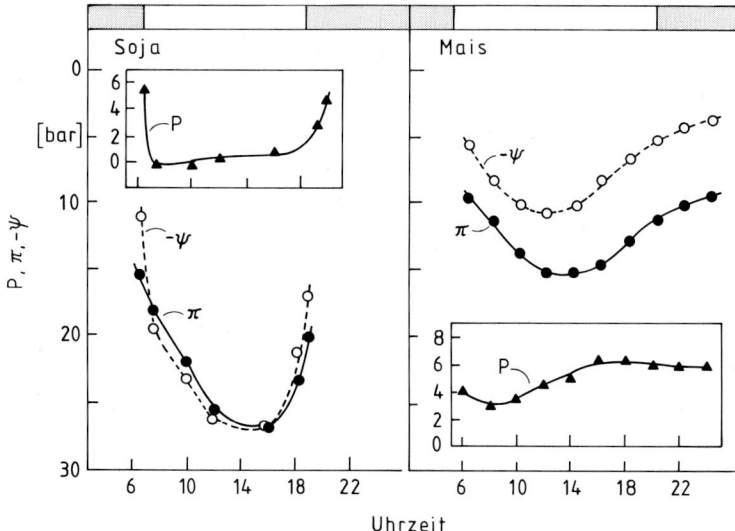

Abb. 32.6. Änderung der Wasserzustandsgrößen ψ, π und P im Blatt mit oder ohne osmotischer Adaptation. Objekte: Soja (*Glycine max*, *links*), Mais (*Zea mays*, *rechts*). Die Pflanzen waren während der Wachstumsperiode im Freiland (ohne Bewässerung) dem sich unter der Sonneneinstrahlung entwickelnden Wasserdefizit ausgesetzt (Transpiration überwiegt gegenüber Wasseraufnahme aus dem Boden). In beiden Arten stellt sich daher um die Mittagszeit eine maximale Absenkung von ψ ein. Bei Soja fällt der Turgor (P) bereits am frühen Morgen auf Null (Grenzcytorrhyse). Anschließend fallen ψ und π zusammen weiter ab (P = 0). Gegen

Abend steigen ψ und π zusammen wieder bis zum Zustand der Grenzcytorrhyse an; erst dann kann eine weitere Erhöhung von ψ eine Regeneration des Turgors bewirken. In diesem Fall ist die ψ-Absenkung also von rein *passiven* Änderungen von P und π begleitet ($\to$ Abb. 4.7). Im Gegensatz dazu findet bei Mais osmotische Adaptation statt: Der ψ-Abfall wird, mit leichter Zeitverschiebung, von einer nahezu gleichstarken, reversiblen Erhöhung von π weitgehend kompensiert; der Turgor [P = $\pi - (-\psi)$] bleibt daher während des ganzen Tages relativ konstant. (Nach verschiedenen Autoren; aus Hanson und Hitz 1982)

Streckungswachstum bedeutsame Dehnbarkeit der Zellwände ($\to$ Abb. 32.7).

Die Erzeugung von Streßhärte durch Akklimatisation besitzt potentiell große Bedeutung für den Anbau von Kulturpflanzen bei suboptimaler Wasserversorgung. In diesem Zusammenhang hat man auch versucht, konstitutiv streßharte Pflanzen durch Selektion unter Streßbedingungen zu isolieren, in der Hoffnung, auf diese Weise zu Sorten zu kommen, bei denen die Streßhärte genetisch fixiert ist. Hierzu bieten sich Zellkulturen mit hoher Individuenzahl und hoher Teilungsrate an, welche durch einen subletalen Wasserstreß unter Selektionsdruck gesetzt werden. Ein derartiges Experiment ist in Abb. 32.9 dargestellt. In diesem Fall gelang es zwar, die Zellen im Verlauf von vielen Generationen an eine stark erhöhte Osmoticumkonzentration zu adaptieren. Die hierbei erworbene Resistenz erwies sich jedoch als vollständig reversibel, nachdem die Zellen aus dem Streß entlassen wurden; d. h. es handelte sich nicht um eine Selektion genetisch resistenter Individuen, sondern um eine phänotypische Anpassung.

Salzstreß

Der hohe, vor allem durch NaCl bedingte Salzgehalt mancher Böden führt zu einer Verminderung des Wasserpotentials im Wurzelraum (0,1 mol $\cdot$ l^{-1} NaCl vermindert ψ um 5 bar). Dieser Effekt erzeugt in der Pflanze einen entsprechenden Wasserstreß mit allen oben beschriebenen Folgen. Darüber hinaus bewirkt NaCl zusätzliche, spezifische Stoffwechselbelastungen, in dem Maß, wie es in die Pflanze aufgenommen und in toxischen Mengen im Cytoplasma angehäuft wird. Insbesondere der photosynthetische Elektronentransport wird durch einen Anstieg der NaCl-Konzentration empfindlich gestört. Salzresistente Arten (*Halophyten*)

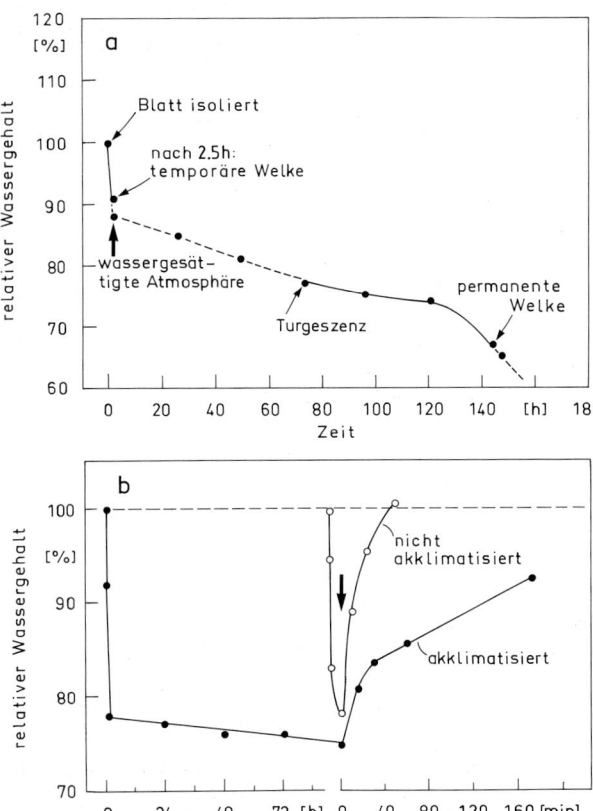

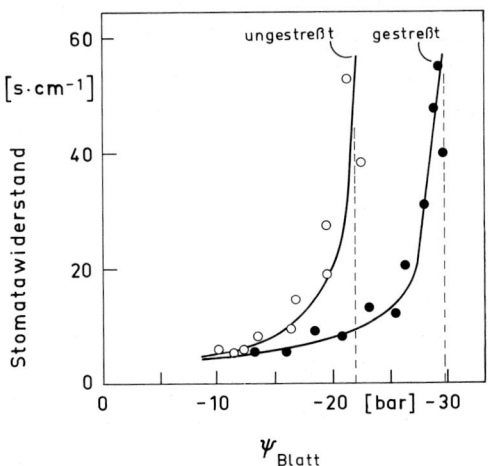

Abb. 32.8. Akklimatisation des Wasserpotential-Schwellenwertes für die Wasserstreß-induzierte Schließung der Stomata. Objekt: Blatt der Baumwolle (*Gossypium hirsutum*). Die Pflanzen wurden im Freiland entweder bei guter Wasserversorgung (*ungestreßt*) oder bei reduzierter Wasserversorgung (*gestreßt*) für 40 d vorbehandelt. Anschließend wurden sie während einer Periode von 28 d langsam ausgetrocknet und der Öffnungszustand der Stomata in der unteren Blattepidermis (porometrische Messung des Diffusionswiderstandes für Luft) als Funktion des fortschreitenden Abfalls von ψ_{Blatt} bestimmt. Man erkennt, daß die Vorbehandlung den Schwellenwert der Stomataschließung von -22 auf -30 bar verschiebt. Diese Verschiebung läßt sich mit einer Erhöhung von π um 8 bar erklären ($\rightarrow$ Abb. 32.5). (Nach Thomas et al. 1976)

Abb. 32.7a und b. Turgorregeneration durch Volumenkontraktion. Objekt: isolierte Blätter von Weißkohl (*Brassica oleracea* var. *capitata*). (a) Revertierung der Welke ohne Wasseraufnahme. Vollturgeszente Blätter (relativer Wassergehalt 100%) wurden an der Luft getrocknet, bis sie deutlich schlaff waren (10% Wasserverlust nach 2,5 h, *temporäre Welke*) und dann für 6 h in einer mit Wasserdampf nahezu gesättigten Kammer im Licht ausgelegt. Obwohl ihr Wassergehalt langsam weiter abfiel, waren die Blätter nach 72 h wieder straff ausgespannt (*Turgeszenz*). Erst bei weiterer Abnahme des Wassergehalts unter 66% trat *permanente Welke* ein. In den turgorregenerierenden Blättern stieg π durch osmotische Adaptation deutlich an. Dies kann jedoch wegen der fehlenden Möglichkeit zur Wasseraufnahme nicht für die Entstehung von Turgor verantwortlich gemacht werden. Die Turgorregeneration kann unter den gegebenen Bedingungen nur durch eine aktive Zellwandschrumpfung, verbunden mit einer Volumenreduktion, erklärt werden. (b) Rehydratisierungskinetik der Blätter vor und nach einer 4tägigen Akklimatisationsphase bei 75–80% relativem Wassergehalt. Unmittelbar nach der partiellen Trocknung (*nicht akklimatisiert*) wird der Wasserverlust schnell und vollständig rückgängig gemacht, wenn man die Blätter in Wasser legt (*Pfeil*). Bei den *akklimatisierten* Blättern erfolgt die Wasseraufnahme sehr viel langsamer, ein Anzeichen dafür, daß die Zellwände eine verminderte Dehnbarkeit besitzen. (Nach Levitt 1986)

besitzen häufig spezielle Einrichtungen zur Entfernung von NaCl aus dem Cytoplasma, z. B. durch Kompartimentierung in der Vacuole oder durch Exkretion in Salzdrüsen ($\rightarrow$ S. 275).

Temperaturstreß

Resistenz gegen Hitzestreß

Die Temperatur in der *poikilothermen* Pflanze wird weitgehend von der Umgebungstemperatur diktiert. Es ist daher nicht verwunderlich, daß sich auch bezüglich dieses Umweltfaktors eine ausgeprägte konstitutive Anpassung an den natürlichen Wuchsort ausgebildet hat. In Abb. 32.10 werden zwei Arten von verschiedenen Standorten in Hinsicht auf die Temperaturabhängigkeit des Wachs-

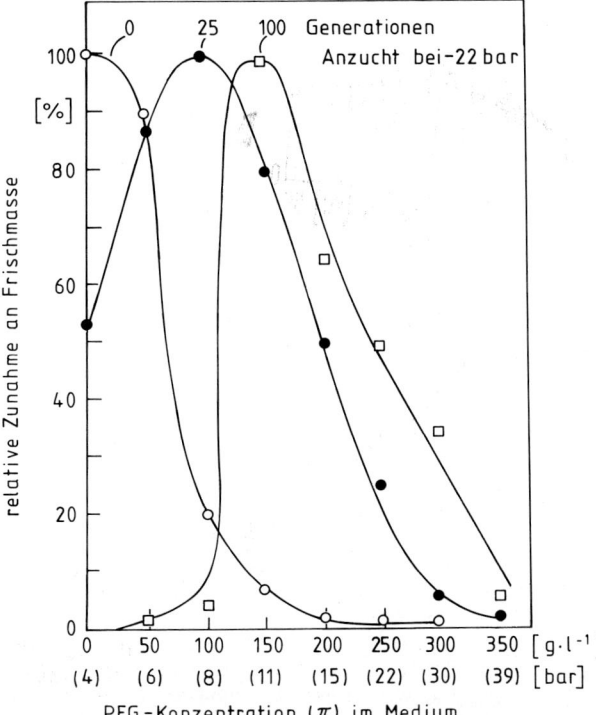

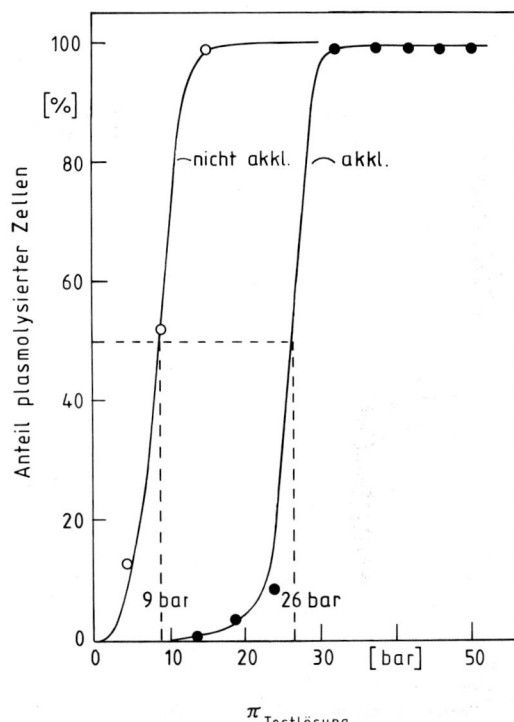

Abb. 32.9. Akklimatisation von kultivierten Zellen an Wasserstreß (hohes osmotisches Potential im Kulturmedium). Objekt: Zellsuspensionskultur von Tomate (*Lycopersicon lycopersicum*). Die Zellen wurden in einem Nährmedium kultiviert ($\pi = 4$ bar). Durch Zusatz von 250 g·l^{-1} Polyethylenglycol 6000 (PEG; inertes Osmoticum, das nicht in die Zellen eindringt) wurde π_{Medium} auf 22 bar erhöht (= Erniedrigung von ψ_{Medium} um 22 bar) und die Zellen für 25 oder 100 Generationen weiterkultiviert. *Links*: Die Kurven repräsentieren die Wachstumsfähigkeit der verschieden vorbehandelten Kulturen bei den auf der Abszisse aufgetragenen PEG-Konzentrationen. Es wird deutlich, daß die Zellen durch Akklimatisation befähigt werden, bei höherem π_{Medium} zu wachsen (jedoch die Wachstumsfähigkeit bei niedrigem π_{Medium} verlieren). *Rechts*: Messung von π_{Zelle} durch Grenzplasmolyse (→ Abb. 4.8) ergibt für voll akklimatisierte Zellen eine starke Erhöhung gegenüber den auf reinem Nährmedium wachsenden Zellen. In beiden Fällen liegt π_{Zelle} etwa 5 bar über π_{Medium}, d.h. $P_{Zelle} \approx 5$ bar (Turgorregulation durch osmotische Adaptation; → Abb. 32.6). Die induzierte Wasserstreßresistenz der behandelten Zellen wurde bei Überführung auf PEG-freies Medium wieder vollständig rückgebildet. (Nach Handa et al. 1982)

tums, der Photosynthese und der Atmung verglichen. Beide Arten sind an die Temperaturbedingungen ihres natürlichen Standorts gut angepaßt, aber unfähig, unter den jeweils für die andere Art optimalen Temperaturen zu leben. Für die Resistenz gegen hohe Temperaturen (im physiologischen Bereich, bis etwa 50 °C) ist vor allem die thermische Stabilität des Photosyntheseapparats maßgebend. In den in Abb. 32.10 dargestellten Beispielen geht der steile Abfall der Temperaturkurve bei höheren Temperaturen mit einer irreversiblen Inaktivierung wärmeempfindlicher Enzyme des Photosystems II und des Calvin-Cyclus einher, wobei charakteristische Empfindlichkeitsunterschiede zwischen den verschieden angepaßten Arten auftreten.

Pflanzen aus Klimazonen mit starken jahreszeitlichen Temperaturschwankungen sind häufig zu einer weitgehenden *Akklimatisation* befähigt, die sich z.B. in einer Anpassung des Temperaturoptimums der Photosynthese an die herrschenden Verhältnisse äußert (Abb. 32.11). Die biochemischen Ursachen der Temperaturakklimatisation sind noch weitgehend unklar. Beim Oleander läßt sich die Temperaturkurve der apparenten Photosynthese durch eine geeignete Wärmebehandlung um etwa

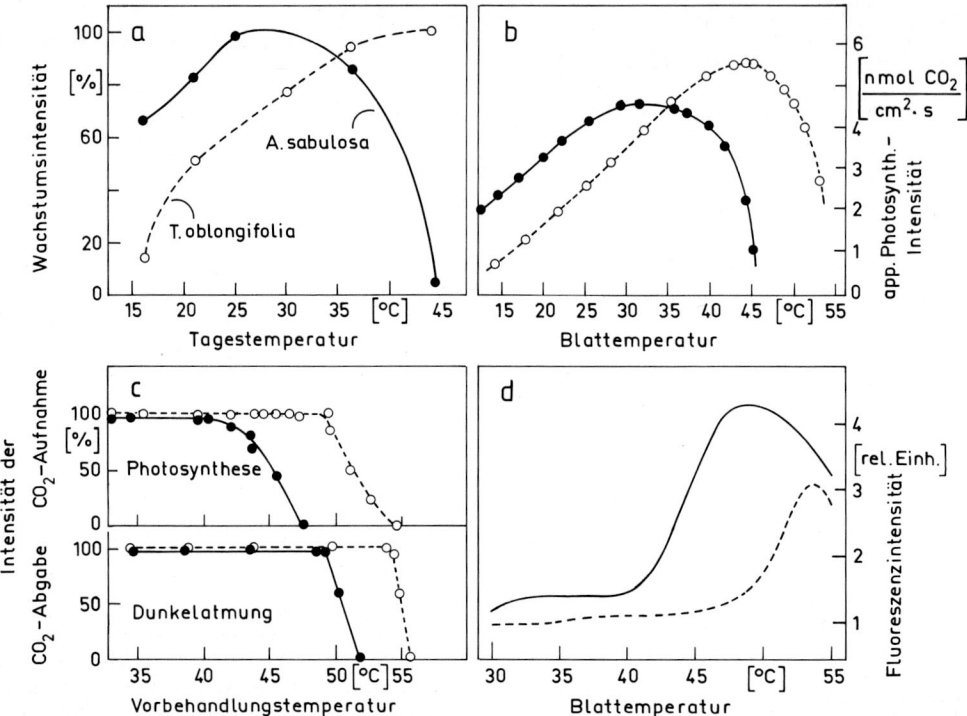

Abb. 32.10 a–d. Konstitutive Anpassung einiger physiologischer Eigenschaften an die Umgebungstemperatur (Vergleich zweier verschieden angepaßter Arten). Objekte: *Atriplex sabulosa* (Heimat: kühle Küstenregionen) und *Tidestromia oblongifolia* (Heimat: heiße Wüstenregionen; → Abb. 15.2). (a) Zunahme der Trockenmasse (bezogen auf den maximal erreichbaren Wert) als Funktion der Tagestemperatur. (b) Apparente Photosyntheseintensität bei Licht- und CO_2-Sättigung als Funktion der Blattemperatur. *A. sabulosa* wurde bei 25°C/15°C (Tag/Nacht) und *T. oblongifolia* bei 45°C/32°C bei guter Wasserversorgung angezogen. (c) Irreversible Hemmung von Photosynthese und Atmung durch eine Wärmebehandlung (Anzucht wie bei b). Die Pflanzen wurden für 15 min den auf der Abszisse angegebenen Temperaturen ausgesetzt; anschließend wurde bei 30°C der CO_2-Gaswechsel (bei sättigender CO_2-Konzentration) gemessen. (d) Induktion der Chlorophyll-Fluoreszenz (als Indikator für die Hemmung des Photosystems II) bei Erhöhung der Blattemperatur (Anzucht wie bei b). (Nach Björkmann et al. 1980)

10°C verschieben (Abb. 32.12). Erste Messungen an diesem Objekt haben auch hier Anhaltspunkte für Veränderungen in der thermischen Stabilität enzymatischer Prozesse ergeben. Es ist darüber hinaus wahrscheinlich, daß die Akklimatisation der apparenten Photosyntheseintensität nicht nur Chloroplastenfunktionen betrifft, sondern auch mit einer Veränderung des Verhältnisses zwischen reeller Photosynthese und Photorespiration verbunden ist (→ S. 239).

Hitzeschockproteine

Im kritischen Temperaturbereich um 30°C führt eine abrupte Erhöhung um 8–10°C in Mikroorganismen, Tieren und Pflanzen zur Aktivierung einer Gruppe von Genen und zur Synthese der zugehörigen Polypeptide. Gleichzeitig stoppt die Synthese einiger anderer Proteine. Die etwa 30 in Pflanzen induzierbaren *Hitzeschockproteine* weisen in verschiedenen Arten einen hohen Grad an Übereinstimmung auf; sie dürften teilweise die Funktion von *Chaperonen* besitzen (→ S. 133). Hitzeschockproteine können in allen Geweben bereits wenige Minuten nach dem Einsetzen der Wärmebehandlung gebildet werden. Nach Rückkehr zur Ausgangstemperatur stoppt ihre Synthese; die vorhandenen Proteine verschwinden aber erst nach vielen Stunden oder Tagen. Da gleichzeitig mit ihrem Auftreten in einigen Fällen eine erhöhte Überlebensfähigkeit bei hohen Temperaturen (40–50°C)

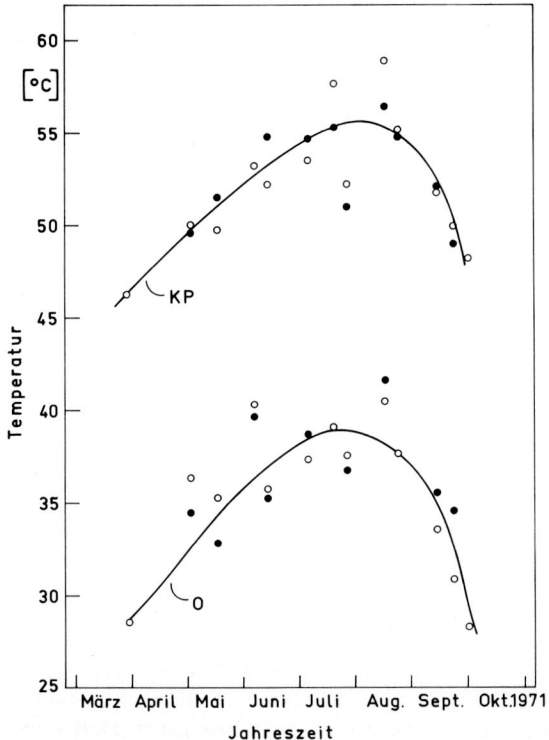

Abb. 32.11. Anpassung der Temperaturabhängigkeit der apparenten Photosynthese an die Jahreszeit. Objekt: *Hammada scoparia* (*Chenopodiaceae*). Sowohl das Temperaturoptimum (0), als auch der obere Temperaturkompensationspunkt (KP; → Abb. 14.16) zeigen einen maximalen Wert im Juli–August. Eine Bewässerung der Pflanzen (●) ergibt keinen Unterschied gegenüber den natürlichen, sehr trockenen Bedingungen (○). Die Daten wurden im Jahr 1971 in der Negev-Wüste (Israel) gewonnen. (Nach Lange et al. 1975)

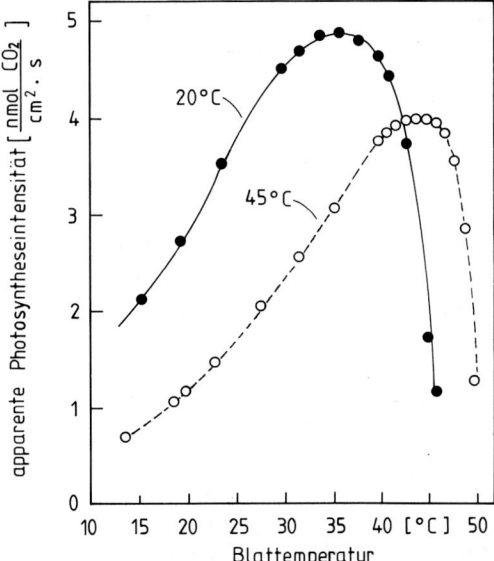

Abb. 32.12. Anpassung der Temperaturkurve der Photosynthese an die Anzuchttemperatur. Objekt: Blätter von Oleander (*Nerium oleander*). Die Pflanzen wurden für mehrere Wochen bei Tagtemperaturen von 20 oder 45 °C angezogen; die Nachttemperaturen lagen jeweils 5–7 °C tiefer. Anschließend wurde die apparente Photosynthese der Blätter als Funktion der Temperatur bei sättigender CO_2-Konzentration (d. h. unabhängig vom Öffnungszustand der Stomata) gemessen. Die Daten zeigen, daß die bei 20 °C angezogenen Pflanzen bei 20 °C, und die bei 45 °C angezogenen Pflanzen bei 45 °C gegenüber den nicht-akklimatisierten Pflanzen weit überlegen sind. (Nach Björkmann et al. 1980)

beobachtet wurde, hat man diesen Proteinen eine Funktion bei der Ausbildung von Resistenz gegen Hitzestreß zugesprochen. Direkte Belege für diese These stehen jedoch derzeit noch aus.

Resistenz gegen Kältestreß

Unter *Kälte* versteht man in diesem Zusammenhang den Temperaturbereich von 0 bis etwa 15 °C. Die in den kühleren Klimazonen beheimateten Pflanzen sind an diese Temperaturen meist gut angepaßt und werden daher, abgesehen von einer allgemeinen Verlangsamung des Stoffwechsels und des Wachstums, durch Kälteperioden nicht wesentlich beeinträchtigt. Im Gegensatz dazu geraten wärmeliebende (tropische oder subtropische) Arten bei Temperaturen unter 15 °C häufig unter massiven *Kältestreß*. Zu diesen kälteempfindlichen Arten gehören auch viele Kulturpflanzen, die in Mitteleuropa nur in der wärmeren Jahreszeit mit Erfolg angebaut werden können, z. B. Mais, Soja, Tomate, Gurke und viele Fabaceen. Unterhalb einer kritischen Durchschnittstemperatur stellen diese Pflanzen ihr Wachstum ein, verlieren ihren Turgor und sterben nach einiger Zeit ab. Bei subletalem Kältestreß wird in erster Linie die Fruchtreife und die Samenkeimung stark gehemmt.

Für die *Kälteempfindlichkeit* physiologischer Funktionen macht man heute primär temperaturabhängige Veränderungen in der Struktur von Biomembranen verantwortlich. Darauf deutet der Befund, daß Kälte in empfindlichen Pflanzen zu einem pathologischen Ausströmen von Ionen und Metaboliten (z. B. K$^+$, Aminosäuren, Zucker) durch die Plasmamembran führt. Die funktionellen Störungen bestimmter Membranfunktionen, z. B. von Ionenpumpen, werden möglicherweise von Veränderungen in der stark temperaturabhängigen Fluidität der Lipidkomponenten bewirkt. Membranlipide machen bei einer bestimmten Temperatur (meist im Bereich von 0–15 °C) einen Phasenübergang (fest ⇌ flüssig) durch, der zu abrupten Änderungen der Permeabilität und der Aktivität von Membranenzymen führen kann. Elektronenspinresonanzmessungen haben ergeben, daß die Übergangstemperatur (die u. a. vom Gehalt an ungesättigten Fettsäuren abhängt) bei kälteempfindlichen Arten deutlich höher als bei kälteresistenten Arten liegt (10–17 °C gegenüber 0–2 °C).

Das erste Anzeichen von Kältestreß ist bei vielen empfindlichen Arten eine auffällige Welke der Blätter (trotz optimaler Wasserversorgung im Boden). Dieses Phänomen geht im Prinzip auf drei Ursachen zurück, welche meist zusammenwirken dürften:

- Die Wasserleitfähigkeit der kritischen Membranen, welche bei der Wasseraufnahme in der Wurzel passiert werden müssen (→ S. 488) nimmt bei niedrigen Temperaturen stark ab.
- Gleichzeitig nimmt die Viskosität des Wassers zu.
- Der hydroaktive Stomataverschluß (→ S. 251) wird in der Kälte verhindert oder stark verzögert.

Es ist offensichtlich, daß sich unter diesen Bedingungen in der Pflanze *Wasserstreß* einstellen muß. Dies läßt sich auch experimentell eindeutig demonstrieren (Abb. 32.13). Insbesondere tritt auch bei Nadelbäumen im Winter regelmäßig Wasserstreß durch stark erhöhten Wassertransportwiderstand in der Wurzel auf. (Dieser Streß wird noch verstärkt durch Frosttrocknis, die auftritt, wenn das Wasser im Boden und/oder Stamm gefroren ist.)

Wenn Kälte indirekt über die Erzeugung von Wasserstreß auf die Pflanze wirkt, sollte man erwarten, daß eine Akklimatisation an Wassermangel (→ S. 570) auch die Resistenz gegen Kälte erhöht. Dieser Zusammenhang konnte an vielen Beispielen nachgewiesen werden. Sowohl Kälte als auch Trockenheit induzieren, bei geeigneter Dosierung, z. B. bei *Phaseolus vulgaris* Abhärtung gegen

beide Streßformen. Hierbei treten die zu erwartenden zellulären Adaptationen auf, z. B. eine Erhöhung von π_{Zelle} (→ S. 569). Darüber hinaus konnte mehrfach gezeigt werden, daß Abscisinsäure auch die Resistenz gegen Kältestreß erhöhen kann. Abkühlung der Wurzel auf 10 °C führt bei *Phaseolus* zu einem Anstieg des Abscisinsäuregehaltes in den (nicht gekühlten) Blättern.

Resistenz gegen Froststreß

Frost, d. h. der Temperaturbereich unter 0 °C, führt zu Streßerscheinungen, welche nicht direkt mit der niedrigen Temperatur, sondern mit dem Gefrieren des Wassers in der Pflanze zusammenhängen. In diesem Temperaturbereich ist der Zellstoffwechsel auf ein Minimum reduziert; daher sind auch die wesentlichen physiologischen Funktionen praktisch stillgelegt. Resistenz bezieht sich in diesem Fall auf die *Toleranz* gegen Frost, d. h. auf die Fähigkeit des Organismus, tiefe Temperaturen ohne Schaden zu *überleben* (Frosthärte). Hierbei treten bei Pflanzen krasse konstitutive und adaptive Unterschiede auf. Während z. B. alle Kartoffelsorten beim Unterschreiten von −3 °C abgetötet werden, können bestimmte Winterweizensorten bis −37 °C überleben.

Wenn die Temperatur in der Pflanze unter den Nullpunkt abfällt, gefriert zunächst die wäßrige Phase im Apoplasten. Da die osmotische Konzentration dieser Lösung meist relativ gering ist (< 0,05 osmolal), kann das apoplastische Wasser bereits unmittelbar unterhalb 0 °C gefrieren. Es entstehen Eiskristalle in den Interzellularen und in den Zellwänden, ohne daß dies zunächst mit tiefgreifenden Folgen für den Symplasten verbunden wäre. Selbst wenn das gesamte Apoplastenwasser gefroren ist (erkennbar an der Brüchigkeit und dem glasigen Aussehen des Gewebes), können sich frosttolerante Pflanzen bei Erwärmung aus diesem Zustand wieder vollständig erholen. Wenn jedoch die Eisbildung vom Apoplast auf den Symplast übergreift, treten irreversible Schäden auf (z. B. die mechanische Zerstörung der Membranen durch wachsende Eiskristalle), die in aller Regel zum Zelltod führen. *Frostresistenz* kommt grundsätzlich dadurch zustande, daß die Eisbildung im Symplasten verhindert wird.

Ein wichtiger Mechanismus zur Verhinderung oder Verzögerung der symplastischen Eisbildung ist

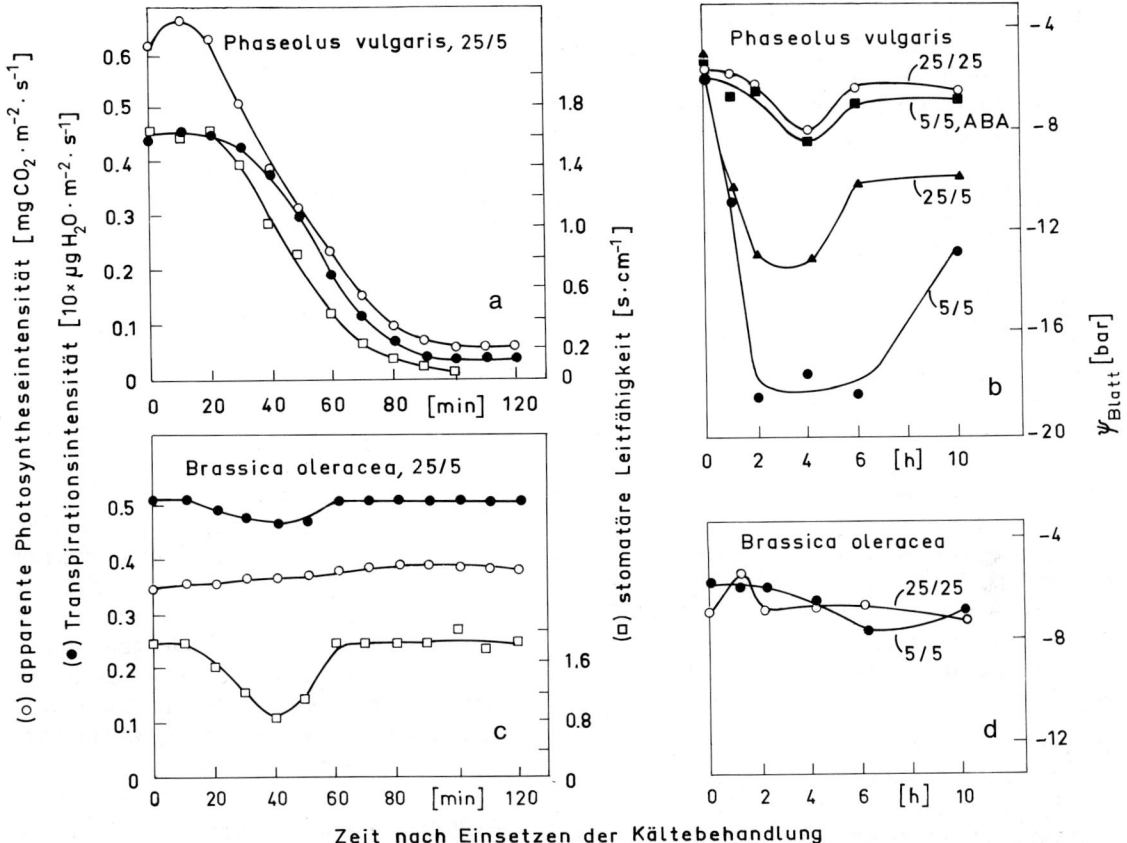

Abb. 32.13a–d. Erzeugung von Wasserstreß in den Blättern durch Bodenkälte (Vergleich zwischen einer kälteempfindlichen und einer kälteresistenten Art). Objekte: Junge Pflanzen von Gartenbohne (*Phaseolus vulgaris*) und Kohl (*Brassica oleracea*). Die Pflanzen wurden bei 25 °C angezogen und dann einer 24 h-Kältebehandlung bei optimaler Wasserversorgung unterworfen. *5/5:* Sproß und Wurzel bei 5 °C, *25/25:* Sproß und Wurzel bei 25 °C, *25/5:* nur Wurzel bei 5 °C. (a) Die kälteempfindlichen Bohnenpflanzen zeigen nach dem Abkühlen der Wurzel einen Verschluß der Stomata und eine damit einhergehende Hemmung von Photosynthese und Transpiration. (b) Das Wasserpotential der Blätter fällt in den ersten 2 h stark ab und erholt sich nach völligem Stomataverschluß wieder etwas. Abkühlung von Wurzel und Sproß führt zu einem verstärkten ψ-Abfall. Ein Stomataverschluß durch Vorbehandlung der Blätter mit Abscisinsäure (ABA) verhindert den kälteinduzierten ψ-Abfall. (c, d) Bei den kälteresistenten Kohlpflanzen treten unter den gleichen Bedingungen keine Wasserstreßsymptome im Blatt auf. (Nach McWilliam et al. 1982; verändert)

die *Frostplasmolyse.* Da der Übergang vom flüssigen zum festen Wasser ein spontaner (exergonischer) Prozeß ist ($\Delta G = -6\,kJ \cdot mol^{-1}$ bei 0 °C), wachsen die Eiskristalle im Apoplasten bei konstanter Temperatur (z. B. bei $-3\,°C$) auf Kosten des flüssigen Wassers. Es entsteht ein Wasserpotentialgefälle, welches dem Protoplasten beständig flüssiges Wasser entzieht und schließlich zu dessen Kollabieren führt, ganz ähnlich wie bei der osmotisch bewirkten Plasmolyse ($\rightarrow$ Abb. 4.7). Auf diesem Umweg führt also auch Frost zu einer Situation, wie sie im Prinzip für Wasserstreß charakteristisch ist. An dieser Stelle setzen bei frosttoleranten Pflanzen entsprechende Resistenzmechanismen an. So besitzt z. B. der Zellsaft solcher Pflanzen häufig ein erhöhtes osmotisches Potential, wodurch das ψ-Gefälle zum Apoplast reduziert und der Gefrierpunkt des Protoplasmas geringfügig herabgesetzt wird (etwa 2 °C pro $1\,mol \cdot l^{-1}$). Wenig hydratisierte, an Wasserstreß akklimatisierte Pflanzen zeigen erwartungsgemäß auch eine gesteigerte Frosthärte. Entscheidend ist in dieser Situation vor allem das Ausmaß der *Austrocknungstoleranz* (→ S. 566), welche auch hier ein begrenzender Faktor der Überlebensfähigkeit sein kann. Extrem austrocknungstolerante Pflanzen, z. B. die Embryonen ausgereifter Samen, können ohne Schaden bei $-200\,°C$ lebendig konserviert werden. Bereits wenige Stunden nach der Keimung geht diese Frosttoleranz zusammen mit der Austrocknungstoleranz wieder verloren (→ Abb. 24.7). Die Frostplasmolyse setzt voraus, daß die Abkühlung des Gewebes relativ langsam erfolgt (z. B. $-1\,°C \cdot h^{-1}$). Schneller Temperaturabfall (z. B. $-10\,°C \cdot h^{-1}$) kann unter sonst gleichen Bedingungen letal sein; wenn nämlich die Eisbildung den Symplasten schneller erfaßt als dies die Dehydratisierung durch Frostplasmolyse verhindern kann. Eine hohe Wasserleitfähigkeit der Plasmagrenzmembranen wirkt sich daher günstig auf die Frosttoleranz aus.

Das symplastische Wasser gefriert in frostharten Pflanzen selbst dann nicht, wenn der Gefrierpunkt deutlich unterschritten wird. Auch viele Arten der gemäßigten Klimazone verdanken ihre Frosthärte im Winter dem Umstand, daß das symplastische

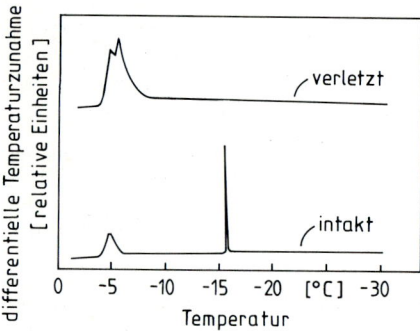

Abb. 32.14. Bestimmung der kritischen Temperatur für die symplastische Eisbildung (Nucleationstemperatur) in unterkühltem Gewebe durch Messung der Kristallisationswärme beim Übergang von flüssigem zu festem Wasser (Differentialthermoanalyse). Objekt: dormante Blütenknospen von Pfirsich (*Prunus persica*). Bei diesem Verfahren werden biologische Objekte in einem Kalorimeter langsam abgekühlt (hier $-5\,°C \cdot h^{-1}$) und die mit der Eisbildung einhergehende exotherme Reaktion als differentielle Temperaturzunahme gemessen. Bei intakten Knospen beobachtet man zwei Gipfel bei -5 und $-16\,°C$, welche auf das Gefrieren der Knospenachse (und Hüllblätter) bzw. des unterkühlbaren Vegetationspunktes zurückgehen. Die Lage des zweiten Gipfels ändert sich mit der Jahreszeit ($-15\,°C$ im Sommer, $-25\,°C$ im Winter; Frostakklimatisation). Nach Beschädigung des Vegetationspunktes durch Anstechen mit einer Nadel ist die Fähigkeit zur Unterkühlung des symplastischen Wassers aufgehoben. (Nach Ashworth 1982; verändert)

Wasser langfristig im thermodynamisch instabilen Zustand einer *unterkühlten Flüssigkeit* gehalten werden kann (Abb. 32.14). Die Verfestigung einer Lösung unterhalb des Gefrierpunktes findet bekanntlich nur dann statt, wenn geeignete Keime für die Kristallisation des Wassers zur Verfügung stehen. Völlig reines Wasser kann bis $-38\,°C$ abgekühlt werden, bevor sich solche Keime durch geordnete Zusammenlagerung von H_2O-Molekülen spontan bilden (homogene Nucleation). Rauhe Oberflächen oder Partikel bestimmter Struktur führen zur Auslösung der Eisbildung bei sehr viel höheren Temperaturen (heterogene Nucleation). Bei geeigneter Zusammensetzung einer Lösung kann die kritische Temperatur der Wasserkristallisation jedoch bis in den Bereich von $-50\,°C$ erniedrigt werden. In den meisten Pflanzen liegt der Schwellenwert für die symplastische Eisbildung im Bereich von -2 bis $-12\,°C$; er kann aber bei subarktischen Baumarten bis $-47\,°C$ betragen und ist damit die entscheidende Voraussetzung für deren extreme Frostresistenz. Neuerdings hat man entdeckt, daß bei einigen extrem frostharten Baumarten das Protoplasma bei tiefen Temperaturen verglasen kann (*Vitrifikation*, Übergang in den Zustand einer amorphen Flüssigkeit mit der Viskosität eines Festkörpers). Die Glasbildung wird durch hohe Konzentrationen an Saccharose und anderer Zucker gefördert. In diesem relativ stabilen Zustand können Zellen bis in die Nähe des absoluten Temperatur-Nullpunktes ohne Zerstörung abgekühlt werden.

Winterharte Pflanzenarten zeigen in aller Regel eine ausgeprägte Fähigkeit zur *Frostakklimatisation*, die im Herbst unter dem Einfluß sinkender Durchschnittstemperaturen und kurzer Lichtperioden stattfindet und im Frühjahr wieder aufgehoben wird (Abb. 32.15). Bei Bäumen geht die Entwicklung von Frosthärte meist mit einem Übergang zur Dormanz einher. Unter experimentellen Bedingungen kann man zeigen, daß bereits relativ milde Kälteperioden von einigen Tagen oberhalb des Gefrierpunktes Frostresistenz induzieren können (Abb. 32.16). Eine Behandlung mit Abscisinsäure hat in vielen Fällen eine ähnliche Wirkung wie eine Kältebehandlung. Die für die Frostakklimatisation verantwortlichen intrazellulären Veränderungen sind im einzelnen noch wenig bekannt; man vermutet, daß auch hier adaptive Vorgänge in Membranen eine maßgebliche Rolle für die Begünstigung der Frostplasmolyse und die Herabsetzung

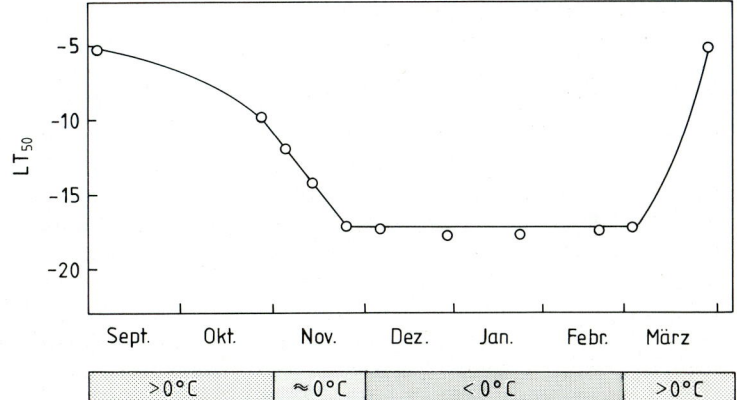

Abb. 32.15. Entwicklung von Frosthärte durch Akklimatisation während der kalten Jahreszeit. Objekt: Winterraps (*Brassica napus*). Als Maß für die Frostresistenz wurde experimentell diejenige Temperatur ermittelt, welche zum Abtöten von 50% der Pflanzen einer Stichprobe erforderlich war (LT_{50}). Die Frostakklimatisation erfolgte bei dieser Pflanze in zwei Stufen: Im Frühherbst wird bei mittleren Umgebungstemperaturen von 2–5°C eine Toleranz durch Wasser-

unterkühlbarkeit bis −10°C erreicht. Parallel dazu steigt der Zuckergehalt in den Blättern stark an. Anschließend sinkt die Grenztemperatur für symplastische Eisbildung, und damit LT_{50}, unter dem Einfluß leichten Frosts (Nachtfrost) bis auf −17°C ab, begleitet von einer massiven Erniedrigung des Wasserpotentials (Frostdesiccation). (Nach Kacperska-Palacz 1978; verändert)

der Temperaturschwelle für die symplastische Eisbildung spielen.

Licht- und UV-Streß

Photoinhibition der Photosynthese

Lichtstreß durch überoptimale Einstrahlung von weißem Licht (Tageslicht) wirkt sich in der Pflanze in erster Linie auf die Photosynthese aus. Unter hohen Lichtflüssen beobachtet man bei nicht-angepaßten Pflanzen eine mehr oder minder starke Reduktion der Photosyntheseintensität, die mit einer Verschlechterung der Quantenausbeute einhergeht (Abb. 32.17). Lichtempfindliche Arten zeigen darüber hinaus nach kurzer Zeit gravierende Lichtschäden, die zum Ausbleichen oder gar Absterben der Blätter führen können. Dieses Streßphänomen wird als *Photoinhibition* bezeichnet. Es tritt insbesondere bei konstitutiven Schattenpflanzen auf, aber auch bei Sonnenpflanzen, welche nach einer Schwachlichtperiode abrupt hohen Lichtflüssen ausgesetzt werden (→ Abb. 32.17). In diesem Fall ist die Photoinibition jedoch meist reversibel, d. h.

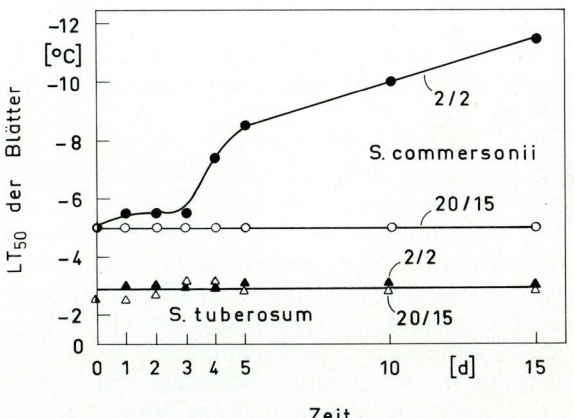

Abb. 32.16. Frostakklimatisation durch Kältebehandlung. Objekte: Pflanzen von *Solanum commersonii* und *Solanum tuberosum* (Kartoffel). Die Versuchspflanzen wurden bei 20°C/15°C (Tag-/Nachttemperatur) angezogen und am Tag Null in 2°C/2°C umgesetzt. Die Abtötungstemperatur (LT_{50} = Temperatur, auf die eine Stichprobe von Blättern abgekühlt werden muß, um 50% davon abzutöten) wurde anschließend während einer Periode von 15 d verfolgt. Man erkennt, daß der LT_{50}-Wert bei *S. commersonii* nach 3 d Kältebehandlung kontinuierlich von −5 bis −12°C abfällt. Im Gegensatz hierzu zeigt *S. tuberosum* unter diesen Bedingungen keinerlei Akklimatisation. (Nach Chen et al. 1983; verändert)

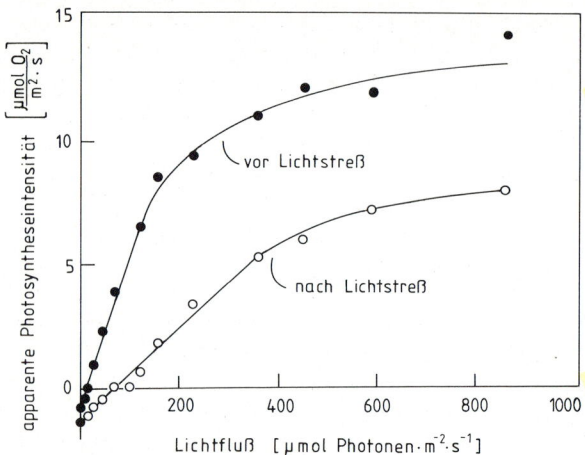

Abb. 32.17. Photoinhibition der Photosynthese. Objekt: Blatt von Spinat (*Spinacia oleracea*). Die Pflanzen wurden im Schwachlicht (120 μmol Photonen · m⁻² · s⁻¹) angezogen. Die beiden Lichtkurven der Photosynthese wurden vor bzw. nach einer vierstündigen Starklichtbehandlung (1800 μmol Photonen · m⁻² · s⁻¹) gemessen. Die Photoinhibition führt zu einer Reduktion der Photosyntheseintensität bei Lichtsättigung und zu einer Verminderung der Quantenausbeute (Steigung im linear ansteigenden Ast der Lichtkurven). (Nach Anderson und Osmond 1987)

die Pflanzen besitzen die Fähigkeit zur *Lichtakklimatisation* durch Ausbildung von Resistenzmechanismen.

Das Wirkungsspektrum der Photoinhibition zeigt, daß dieser Prozeß durch Lichtabsorption im Chlorophyll bewirkt wird. Alle Streßfaktoren, die zu einer Hemmung des biochemischen Bereichs der Photosynthese führen, verstärken die Photoinhibition massiv (z. B. Stomataverschluß bei Trockenheit, Enzyminaktivierung durch Hitze oder Kälte). Eine besonders kritische Situation ist z. B. für Nadelbäume die Kombination niedriger Temperatur mit hoher Sonneneinstrahlung im Winter, welche zu starker Chlorophyllausbleichung in den Nadeln führen kann. Diese Befunde deuten darauf hin, daß es sich bei der Photoinhibition um die destruktiven Folgen einer Übersättigung des Photosyntheseapparats mit Lichtenergie handelt. Bei hohen Lichtflüssen (im Sättigungsbereich der photosynthetischen Lichtkurve; → Abb. 14.10) wird die CO_2-Assimilation durch die Kapazität der biochemischen Reaktionen (Elektronentransport, Calvin-Cyclus) begrenzt. Die in den Antennenpigmentkomplexen der Thylakoide absorbierte Lichtenergie übersteigt die Aufnahmefähigkeit der zur Energiekonservie-

rung führenden biochemischen Reaktionen und steht daher auch für solche photochemischen Reaktionen zur Verfügung, welche die Bildung von toxischen Photoprodukten (*Singulett-O_2*, *Superoxidanion- und Hydroxyl-Radikale*) nach sich ziehen (→ S. 181). Die Übersättigung der Pigmentkollektive mit Anregungsenergie gibt sich durch einen charakteristischen Anstieg der Chlorophyllfluoreszenz zu erkennen (→ S. 166). Singulett-O_2 und die radikalischen Produkte, die unter diesen Bedingungen im Chloroplasten entstehen können, reagieren unspezifisch mit Lipiden, Proteinen, Nucleinsäuren und anderen Molekülen und führen zu deren photooxidativer Zerstörung. Unter anderem trifft diese Destruktion auch die Pigmentkomplexe. Veränderungen der Fluoreszenzemission deuten darauf hin, daß hiervon insbesondere das Reaktionszentrum des Photosystems II betroffen ist.

Zur Vermeidung der destruktiven Folgen überschüssiger Anregungsenergie im Photosyntheseapparat stehen mehrere Schutzmechanismen zur Verfügung, die im Zusammenhang mit der Photosynthese dargestellt werden (→ S. 181). Besondere Bedeutung besitzen hierbei die Dissipation der Anregungsenergie des Chlorophylls über *Carotinoide* und die Entgiftung von Sauerstoffradikalen über spezielle *Radikalabfangreaktionen*. Diese Mechanismen sind jedoch bei starkem Lichtstreß, der zu einer massiven Überbelastung der Thylakoidmembran mit Energie führt, oft nicht ausreichend, um photooxidative Zerstörungen völlig zu verhindern. Man hat vielmehr in einigen Pflanzen gefunden, daß Lichtstreß zu einem erhöhten Umsatz von kritischen Bestandteilen des Photosyntheseapparats führt; d. h. die lichtinduzierten Destruktionsprozesse werden nicht verhindert, sondern von einem aktiven Reparatursystem (z. B. Neusynthese von Enzymprotein und Pigmenten) ausgeglichen. Die Fähigkeit zur Reparatur eingetretener Schäden im Chloroplasten dürfte besonders bei Starklichtpflanzen eine wesentliche Ursache der Resistenz gegen Lichtschäden sein.

Vor allem viele Schwachlichtpflanzen verfügen außerdem über einen wirksamen *Meidungsmechanismus* für Starklicht. Gesteuert durch einen Blaulicht-Photoreceptor können die Chloroplasten beim Überschreiten eines kritischen Lichtflusses von der Flächenstellung zur Kantenstellung wechseln (→ S. 558). Diese *phototaktische Orientierungsbewegung* führt zu einer deutlich verminderten Lichtexposition der Photosynthesepigmente.

Resistenz gegen UV-Schäden

Als Ultraviolett(UV)-Strahlung bezeichnet man den an den sichtbaren Bereich (Licht) grenzenden Spektralbereich der elektromagnetischen Strahlung (200–400 nm). Die UV-Strahlung wird in der Medizin in drei Abschnitte untergliedert: UV-A (320–400 nm), UV-B (280–320 nm) und UV-C (200–280 nm). Weniger als 7% der auf die Erdoberfläche auftreffenden Sonnenstrahlung fallen in den UV-Bereich, und zwar ausschließlich in den Abschnitt von etwa 295 bis 400 nm (Abb. 32.18). Der gesamte kürzerwellige UV-Anteil der Sonnenstrahlung wird durch die Ozonschicht der Stratosphäre (in 15–30 km Höhe) herausgefiltert. Die Pflanzen haben sich an den natürlichen UV-Anteil der Strahlung (UV-A plus langwelliger Teil von UV-B) ähnlich gut wie an den sichtbaren Spektralbereich angepaßt. Wichtige Pigmente, z. B. Chlorophylle, Carotinoide und Flavine absorbieren sowohl Licht als auch langwelliges UV, d.h. die beiden Spektralbereiche müssen in diesem Zusammenhang als photobiologisch einheitlich wirksamer Ausschnitt des elektromagnetischen Spektrums angesehen werden (→ Kapitel 21). Im Gegensatz dazu umfaßt das kurzwellige UV (UV-C plus kurzwelliger Teil von UV-B, 200–295 nm) einen Spektralbereich, der in der natürlichen, auf die Erdoberfläche gelangenden Strahlung nicht enthalten ist und somit auch keine genetische Anpassung

der Organismen bewirken konnte. Es ist daher verständlich, daß UV-Strahlung von <295 nm aus künstlichen Strahlungsquellen (z. B. Quecksilberniederdrucklampe, Emissionsmaximum 254 nm) in der Regel unphysiologische (destruktive) Wirkungen besitzt. In bezug auf Streßerscheinungen muß man daher zwischen dem *kurzwelligen UV* (200–295 nm) und dem *langwelligen UV* (295–400 nm) deutlich unterscheiden.

Kurzwelliges UV (200–295 nm) wird in der Zelle von einer Vielzahl funktionell wichtiger Moleküle absorbiert, z. B. von allen aromatischen Verbindungen. Die Aminosäuren *Phenylalanin*, *Tyrosin* und *Tryptophan* (in geringerem Umfang auch *Cystein*) sind für die UV-Absorptionsbande der Proteine bei 280 nm verantwortlich (Abb. 32.19). *Purine* und *Pyrimidine* absorbieren stark bei 260 nm und verursachen einen entsprechenden Gipfel im Absorptionsspektrum der *Nucleinsäuren* (Abb. 32.19). Die elektronische Anregung solcher Moleküle durch UV-Quanten kann in einer photochemischen Reaktion zum Aufbrechen und zur Neuknüpfung von covalenten Bindungen führen, z. B. zur Bildung von intra- und intermolekularen *Thymin-Dimeren* (Abb. 32.20). Diese Veränderung in der Molekülstruktur verursacht naturgemäß Störungen bei der Transkription und Replication der DNA. Falls codierende Sequenzen getroffen werden, kommt es zu *Genmutationen* und den damit möglicherweise verbundenen Ausfallserscheinun-

Abb. 32.18. Emissionsspektren von UV-Quellen und Absorptionsspektren einiger UV-absorbierender Moleküle. *Oben*: Spektrale Energieverteilung (logarithmisch geteilte Skala) des Sonnenlichts auf der Erdoberfläche und im extraterrestrischen Raum. Außerdem sind die Emissionsspektren von zwei künstlichen UV-Strahlungsquellen eingetragen (Hg-Niederdrucklampe, welche bevorzugt eine Spektrallinie bei 253,7 nm emittiert, und eine UV-B-Röhre, in der die Hg-Linien in einem speziellen Belag die Emission von Fluoreszenzstrahlung anregen). *Unten*: Absorptionsspektren von Nucleinsäuren (DNA, RNA), Protein, Flavoproteinen und Cytochrom *c* (reduziert). (Nach Caldwell 1981; verändert)

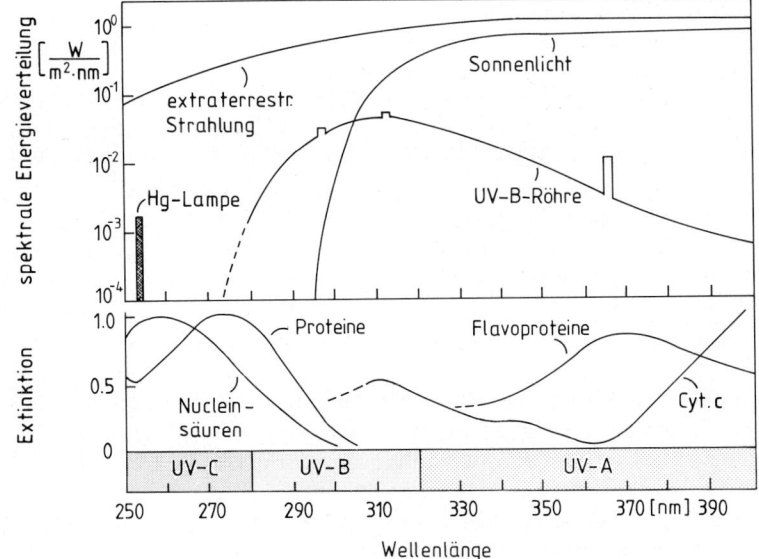

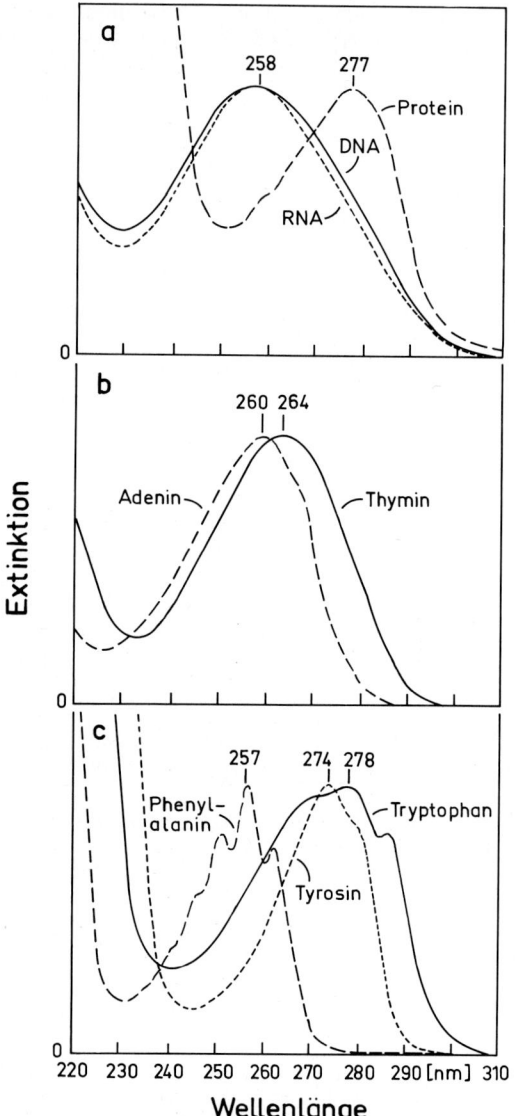

Abb. 32.19 a–c. Absorptionsspektren (bei pH 7) von DNA, RNA und Protein (a) sowie deren UV-absorbierender Bausteine Thymin (Pyrimidinbase, b) und Adenin (Purinbase, b) bzw. den Aminosäuren Phenylalanin, Tyrosin und Tryptophan (c). Die Spektren sind auf gleiche Maximalextinktion normiert

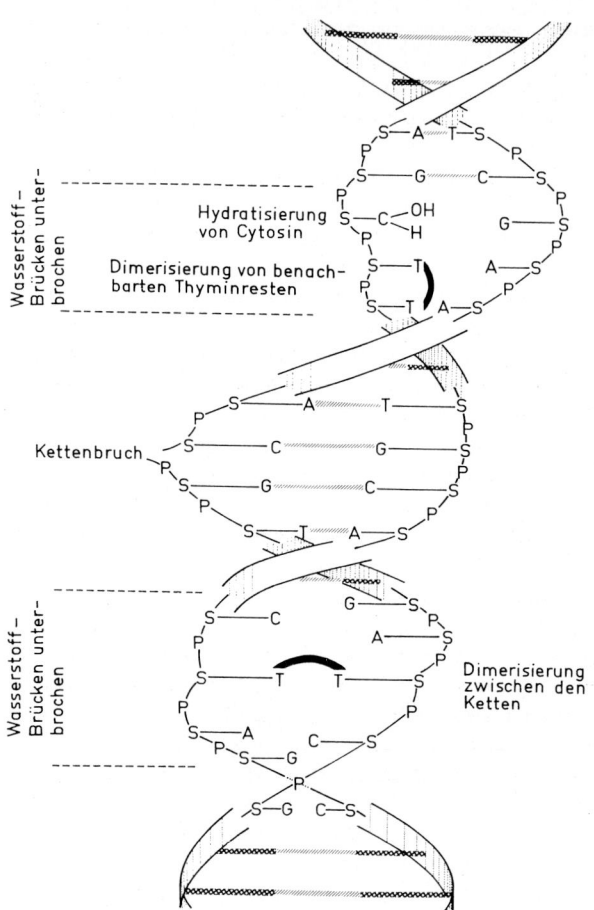

Abb. 32.20. Modell des DNA-Doppelstranges mit den durch Absorption von UV-Quanten bewirkten photochemischen Reaktionen: Bildung von Thymin-Dimeren (*T-T*) innerhalb eines, oder zwischen den beiden Strängen, Hydratisierung von Cytosin und Kettenbruch zwischen Desoxyribose (*S*) und Phosphatrest (*P*). Für UV-induzierte DNA-Schäden in der Zelle wird vor allem die Thymin-Dimerenbildung verantwortlich gemacht. (Nach Deering 1962)

gen bei lebenswichtigen Proteinen. In einer haploiden Zelle kann also auf diese Weise die Absorption eines einzigen UV-Quants zur Inaktivierung einer zentralen Zellfunktion führen. Diese inaktivierende Wirkung wird z. B. bei der Abtötung von Bakterien und anderen Mikroorganismen („Sterili-

sation") durch kurzwellige UV-Strahlung (254 nm) ausgenützt. Vermutlich treten auch in der RNA bei der Absorption von UV-Quanten ähnliche photodestruktive Veränderungen auf, die jedoch wegen der im Vergleich zur DNA viel größeren Zahl gleicher Moleküle erst bei viel höherer Trefferzahl ins Gewicht fallen. Dies gilt auch für die Photodestruktion von Proteinen, bei der vor allem die Disulfidbrücken zwischen Cysteinresten gesprengt werden. Wirkungsspektren der Photoinaktivierung von Mikroorganismen zeigen in der Regel einen ausgeprägten Gipfel um 260 nm (Abb. 32.21). Dies ist ein deutlicher Hinweis darauf, daß vor allem Nucleinsäureschäden (insbesondere in der DNA) für die abtötende Wirkung kurzwelliger UV-Strahlung verantwortlich sind.

Bestrahlt man eine Bakterienkultur nach einer letalen UV-Fluenz bei 254 nm kurz mit UV-A oder Blaulicht, so wird die Inaktivierung rückgängig gemacht. Dieses erstaunliche Phänomen wird als *Photoreaktivierung* bezeichnet. Es geht auf die Existenz des Enzyms *DNA-Photolyase* zurück, das in einer durch Strahlung im Bereich von 300–500 nm sensibilisierten Reaktion (Flavin als Photoreceptor) Thymin-Dimere in der DNA spaltet und somit die ursprüngliche, intakte Struktur des Makromoleküls wieder herstellt. Dieser enzymatische Reparaturmechanismus konnte nicht nur bei Bakterien, sondern auch bei Eukaryoten (Pilze, Algen, höhere Pflanzen, Säugetiere) nachgewiesen werden und besitzt daher offensichtlich universelle Verbreitung. Die Bildung des Enzyms wird in Pflanzen durch Licht induziert, wobei Phytochrom als Photoreceptor nachgewiesen werden konnte. Die Ausbildung des Reparatursystems für UV-Schäden wird auf diese Weise der Regulation durch Licht unterstellt. Darüber hinaus unterliegt die Photolyase der direkten Aktivitätskontrolle durch Blaulicht. Ein in diesem Zusammenhang besonders intensiv untersuchtes Objekt ist der Flagellat *Euglena gracilis*, dessen lichtabhängige Chloroplastendifferenzierung ein sehr empfindliches Testsystem für die Inaktivierung durch kurzwelliges UV darstellt (Abb. 32.22). Das Wirkungsspektrum für die Reaktivierung (Abb. 32.23) zeigt einen breiten Gipfel um 370 nm, der auf die Absorption durch die DNA-Photolyase zurückgeht. Dieses Enzym konnte inzwischen aus verschiedenen Organismen isoliert werden; es katalysiert auch in vitro in einer lichtabhängigen Reaktion die Spaltung der Thymin-Dimeren und trennt dabei DNA-Doppelstränge, welche zuvor durch Thymin-Dimerenbildung covalent verknüpft wurden. Die theoretische Bedeutung dieser Experimente ist groß. Im landläufigen Sinn ist eine Zelle, die mit 260 nm massiv bestrahlt wurde, „tot“. Durch das reaktivierende Licht wird sie wieder „lebendig“. „Abtötung“ und „Wiederbelebung“ lassen sich in diesem Fall auf der molekularen Ebene verstehen. Weiterhin zeigen diese Experimente, daß Pflanzen (und andere Organismen) durch den UV-A/Blau-Anteil des Tageslichts wirksam vor bleibenden DNA-Schäden durch

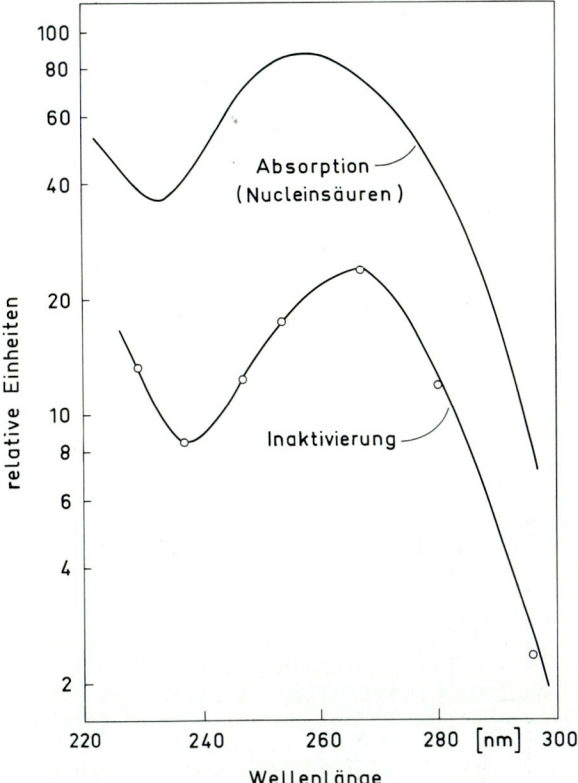

Abb. 32.21. Wirkungsspektrum der Inaktivierung von Bakterienzellen durch kurzwellige UV-Strahlung. Objekt: Kultur von *Escherichia coli*. Die Inaktivierung (Hemmung der Zellteilung) durch eine bestimmte UV-Fluenz (gemessen in $J \cdot m^{-2}$ oder mol Quanten $\cdot m^{-2}$) im Bereich von 220–300 nm ist in relativen Einheiten auf einer logarithmischen Skala aufgetragen. Zum Vergleich ist das Absorptionsspektrum von Nucleinsäuren eingezeichnet. (Nach Rupert 1960)

kurzwelliges UV bewahrt werden. Die DNA-Photolyase dürfte auch bei niedrigen Lichtflüssen voll aktiviert vorliegen. Erst wenn die UV-induzierte Thymin-Dimerenbildung die Kapazität des Reparaturenzyms übersteigt (oder wenn das Reparaturenzym in UV-geschädigten Zellen nicht mehr gebildet werden kann), ist mit gravierenden Schäden zu rechnen. Dieser Gesichtspunkt ist insbesondere auch bei der Abschätzung der Folgen einer Verminderung des Ozonschutzmantels der Erde durch anthropogene Schadstoffe (vor allem Fluorchlorkohlenwasserstoffe) zu berücksichtigen. Bei entsprechenden Experimenten mit höheren Pflanzen konnten bisher keine Anhaltspunkte dafür gewonnen werden, daß eine befürchtete 5- bis 10prozen-

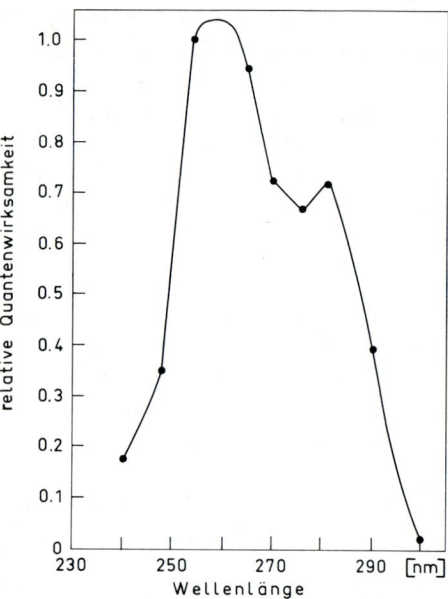

Abb. 32.22. Wirkungsspektrum der Inaktivierung der Ergrünungsfähigkeit (Chloroplastenbildung) durch kurzwelliges UV. Objekt: dunkeladaptierte Zellen von *Euglena gracilis* var. *bacillaris*. Die Ausbildung chlorophyllhaltiger Chloroplasten ist bei diesem fakultativ autotrophen Organismus (ähnlich wie bei den Angiospermen; → S. 149) nur im Licht möglich. Dieser Prozeß kann durch geringe Mengen kurzwelliger UV-Strahlung sehr empfindlich gehemmt werden, ohne daß es hierbei zur Beeinträchtigung anderer Zellfunktionen (z. B. der Zellteilung) kommt. Das Wirkungsspektrum für die Verhinderung der Ergrünung zeigt einen Hauptgipfel bei 260 nm, der auf die UV-Absorption durch Nucleinsäuren (DNA) zurückgeht. Der Nebengipfel bei 280 nm spricht für eine zusätzliche Photodestruktion von Proteinen, die an der Chloroplastenbildung beteiligt sind. (Nach Lyman et al. 1961)

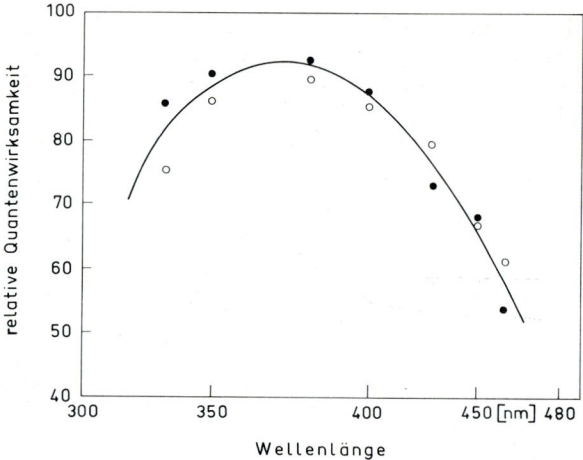

Abb. 32.23. Wirkungsspektrum für die Reaktivierung der Ergrünungsfähigkeit (Chloroplastenbildung) nach einer inaktivierenden Bestrahlung mit kurzwelligem UV (→ Abb. 32.22) durch nachfolgende Bestrahlung mit UV-A/ Blaulicht. Objekt: dunkeladaptierte Zellen von *Euglena gracilis* var. *bacillaris*. Die beiden Symbole repräsentieren zwei Versuchsserien. (Nach Lyman et al. 1961)

tige Steigerung des natürlichen UV-Anteils der Sonnenstrahlung auf der Erdoberfläche zu erheblichen irreparablen Schäden führt (Abb. 32.24a).

Durch UV verursachte Schäden an der DNA können auch unabhängig von photoreaktivierendem Licht repariert werden. Am besten untersucht ist die Eliminierung intramolekularer Pyrimidin-Dimeren durch *Endonucleasen*. Diese Enzyme erkennen die Schadstellen im DNA-Strang und schneiden den defekten Abschnitt heraus. Durch die *DNA-Polymerase I* („Reparaturenzym") und eine *Ligase* wird der defekte Abschnitt durch ein DNA-Fragment ersetzt, das komplementär zum Partnerstrang neu aufgebaut wird (→ Abb. 28.5).

Langwelliges UV (295–400 nm) hat neben vielen positiven Wirkungen auf die pflanzliche Entwicklung (Photomorphogenese; → S. 377) auch schädigende oder hemmende Effekte, die zu UV-Streß führen. Diese Form der Strahlenbelastung tritt bei Pflanzen im Hochgebirge besonders deutlich in Erscheinung. Der UV-Anteil des Sonnenlichtes ist z. B. wesentlich an der Photoinhibition des Photosyntheseapparats beteiligt (→ S. 579). Da Nucleinsäuren noch bis etwa 310 nm meßbar absorbieren, ist auch starkes Sonnenlicht in der Lage, DNA-Schäden zu erzeugen. Dies läßt sich an geeigneten Objekten leicht demonstrieren, z. B. an Bakterien, die durch intensives Sonnenlicht abgetötet werden können. Auch in Dunkelheit oder in UV-freiem (schwachem) Weißlicht angezogene Pflanzen reagieren sehr empfindlich auf langwelliges UV. Darauf beruht z. B. der „Auspflanzschock", den unter (UV-undurchlässigem) Glas gehaltene Jungpflanzen bei Überführung ins Freiland häufig erleiden (vorübergehende Welke, Ausbleichung und Entwicklungsstillstand). Die Pflanzen erholen sich in der Regel nach einiger Zeit und werden UV-resistent. Diese Resistenz hat zumindest zwei Ursachen: die Induktion der *Photoreaktivierung* und die Induktion der *Synthese von Schirmpigmenten* (Flavonoide und Cuticularwachse). Viele Pflanzen besitzen die Fähigkeit zur lichtinduzierten Synthese von UV-B-absorbierenden Flavonoiden, welche bevorzugt in den Vacuolen der Epidermiszellen der Blätter akkumulieren und auf diese Weise einen wirksamen Schutzfilter für das Assimilationsparenchym bilden. Wie das Wirkungsspektrum (Abb.

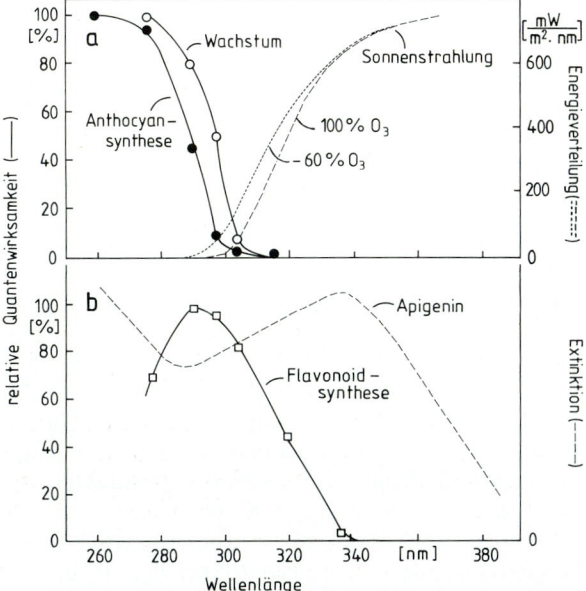

Abb. 32.24a und b. Wirkungsspektren von hemmenden und fördernden UV-Effekten. (a) Die Wirkungsspektren für die Hemmung der Anthocyansynthese (Objekt: etiolierte Senfkeimlinge, *Sinapis alba*) und die Hemmung des Längenwachstums (Objekt: Hypokotyl und Wurzel etiolierter Kressekeimlinge, *Lepidium sativum*) zeigen maximale Effekte im kurzwelligen UV und fallen gegen 310 nm steil ab. Die Hemmung der Anthocyansynthese wird auf eine UV-induzierte Thymin-Dimerenbildung zurückgeführt, während die Wachstumshemmung andere Ursachen haben dürfte. Zum Vergleich ist die kurzwellige Kante des Sonnenspektrums (nach Filterung durch die natürliche Ozonschicht und nach Reduktion der Ozonschicht um 60%) eingetragen. (b) Das Wirkungsspektrum für die Induktion der Flavonoidsynthese in einer Zellkultur von Petersilie (*Petroselinum hortense*) zeigt einen maximalen Effekt im langwelligen UV (der Abfall bei <290 nm geht zumindest teilweise auf die schädigende Wirkung im kürzerwelligen Spektralbereich zurück). Außerdem ist das Absorptionsspektrum von Apigenin eingetragen, einem Hauptbestandteil des von *Petroselinum* gebildeten Gemisches von Flavonoidglycosiden. Diese Verbindung eignet sich aufgrund ihrer hohen Extinktion im gesamten UV-Bereich sehr gut als Schirmpigment gegen UV-Strahlung. Die Flavonoide werden in der intakten Pflanze bevorzugt in der Epidermis akkumuliert. (Nach Wellmann 1983; Green et al. 1980)

32.24 b) zeigt, kann die Synthese dieser Pigmente durch UV-B-absorbierende Photoreceptoren induziert werden. In vielen Pflanzen ist die Flavonoidsynthese von einer Coaktion mehrerer Photoreceptoren (UV-, Blaulicht-Photoreceptor, Phytochrom) abhängig (→ S. 376). Im allgemeinen kann man davon ausgehen, daß (adaptierte) höhere Pflanzen, im Gegensatz zu vielen Mikroorganismen, weitgehend vor UV-Streß geschützt sind.

Biogener Streß (Pflanzenkrankheiten)

Wirt/Pathogen-Wechselwirkungen

Ähnlich wie Mensch und Tier werden auch Pflanzen von Parasiten aus dem Bereich der Viren, Bakterien und Pilze befallen, welche spezifische Krankheitssymptome und damit Streß erzeugen. Die phytopathogenen Organismen haben häufig raffinierte Mechanismen zur Infektion und Besiedelung von Wirtspflanzen entwickelt. Im Gegenzug haben die Pflanzen im Verlauf einer Coevolution mit den Parasiten ähnlich raffinierte Abwehrmechanismen ausgebildet, welche ihnen in vielen Fällen eine relative Resistenz gegen Krankheiten verleihen. Der Kampf zwischen Parasit und Wirt wird letztlich entschieden durch die Schlagkraft und Schnelligkeit, mit der die chemischen Waffen der beiden Gegner zum Einsatz gelangen.

Die Infektion der Pflanze mit phytopathogenen Mikroorganismen erfolgt häufig durch die natürlichen oder künstlichen Öffnungen im Kormus (z. B. Stomata, Lenticellen, Wunden). Bereits auf dieser Stufe kommt es zu spezifischen Wechselwirkungen (Interaktionen) zwischen Wirt und Parasit (Pathogen), welche über den weiteren Verlauf der Krankheit (Pathogenese) entscheiden. Ist die Pflanze *suszeptibel* und das Pathogen *aggressiv*, so kommt es zu einer *kompatiblen Interaktion* und die Krankheit wird *virulent*. Von einer *inkompatiblen Interaktion* spricht man, wenn das Pathogen die Pflanze zwar infiziert, jedoch vor – oder nach schwacher – Symptomausprägung in seinem Wachstum gehemmt bzw. abgetötet wird. In diesem Fall ist die Pflanze *resistent* gegen den betreffenden *avirulenten* Erreger. Die Kompatibilität der Wirt/Pathogen-Beziehung hängt also gleichermaßen von beiden Partnern ab und ist häufig auf beiden Seiten durch eine hochgradige, genetisch determinierte Spezifität gekennzeichnet. Nicht selten hängt die Suszeptibilität einer Wirtspflanze von einem einzigen Gen ab. Umgekehrt ist vielfach nur ein bestimmter Stamm eines phytopathogenen Organismus in der Lage, mit einem bestimmten Wirt eine kompatible Interaktion einzugehen. Über die biochemischen Erkennungsreaktionen, welche dieser Spezifität zugrundeliegen, weiß man bis heute noch sehr wenig. Vermutlich spielen hier spezifische Wechselwirkungen zwischen Zellwandkomponenten des Pathogens (z. B. Lipopolysaccharide der Bakterien) und artspezifischen Glycoproteinen (Lectinen) der Wirtspflanze eine entscheidende Rolle (→ Abb. 33.13). Die bei kompatibler Interaktion auftretenden Krankheitssymptome (Chlorosen, Nekrosen, Welke, Schorf, Wurzel- oder Fruchtfäule) sind meist Erreger-spezifisch und erlauben daher eine erste Diagnose der Krankheit.

Die folgende Darstellung der komplizierten „chemischen Kriegsführung" zwischen Wirtspflanze und Pathogen ist auf Pflanzenkrankheiten beschränkt, welche durch obligat biotrophe pilzliche Erreger, z. B. aus dem Bereich der *Ustilaginales* (Brandpilze) und *Uredinales* (Rostpilze), verursacht werden. Die Bekämpfung dieser Pilze bei Kulturpflanzen mit biologischen und chemischen Methoden ist ein wichtiger Aspekt der Ertragsphysiologie (→ S. 596).

Infektionsabwehr durch konstitutive Barrieren und ihre Überwindung

Die erste Barriere der Pflanze gegen phytopathogene Pilze ist ihr oberflächliches Abschlußgewebe (*Borke, Periderm*) bzw., bei krautigen Pflanzen, die mit einer widerstandsfähigen *Cuticula* bedeckte epidermale Zellwand. Diese Barriere kann vom Pilz nur unter erheblichem Aufwand überwunden werden. Bei einigen pathogenen Pilzen (z. B. beim echten Mehltaupilz *Erysiphe*) bahnt sich die nach der Keimung einer Spore oder Konidie aus dem Keimschlauch hervorgehende *Penetrationshyphe* ihren Weg durch die Epidermiswand vermittels lokal an der Hyphenspitze sezernierter Hydrolasen (z. B. Cutinase, Cellulase, Pektinase). Andere Arten (z. B. die Uredosporen des Rostpilzes *Puccinia*) meiden die Epidermisbarriere, indem der Keimschlauch auf der Blattoberfläche bis zur nächsten Spaltöffnung wächst, sich dort mit einem speziellen Haftorgan (*Apressorium*) verankert und eine *Infektions-*

hyphe in die Atemhöhle aussendet. Dieser Prozeß verläuft ohne chemische Wechselwirkung mit der Unterlage; der Keimschlauch findet und penetriert eine Spaltöffnung auch auf einem Kunststoffmodell der Blattoberfläche. In der Pflanze breitet sich das Mycel in vielen Fällen zunächst unter lokaler Auflösung der pflanzlichen Zellwand nur im Apoplasten aus. Erst nachdem die Besiedelung des Wirts weiter fortgeschritten ist, bildet der Pilz Saugorgane (*Haustorien*) aus, welche sich in die Protoplasten des Wirts einsenken und dort Nahrungsstoffe entziehen. Hierbei bleibt die pflanzliche Plasmamembran erhalten und stülpt sich zusammen mit dem Haustorium in das Cytoplasma ein (Abb. 32.25 b). Der Parasit zerstört die befallenen Zellen, wenn überhaupt, erst am Ende seiner Entwicklung. In diesem Stadium treten normalerweise die ersten makroskopisch erkennbaren Krankheitssymptome auf (z. B. chlorotische Verfärbungen des Blattes). Bei kompatibler Interaktion zwischen Wirt und Pathogen breitet sich die Krankheit von den Infektionsstellen ausgehend weiter aus, bis sie das ganze Organ (seltener die ganze Pflanze) befallen hat. Die Pathogenese wird in der Regel durch die Bildung von Verbreitungseinheiten des Pilzes (Sporen, Konidien) abgeschlossen.

In aller Regel läuft die Krankheitsentwicklung nicht unbehindert ab, da die Pflanze dem Eindringling neben physikalischen Barrieren eine Vielzahl chemischer Abwehrstoffe entgegensetzen kann. Gespeicherte *Gerbstoffe*, *Alkaloide*, *Terpene*, *cyanogene Glycoside*, *Senfölglycoside* und andere fungitoxische Stoffe können bei ihrer Freisetzung bzw. enzymatischen Spaltung das Wachstum des Myzels hemmen. Die Epidermis vieler Pflanzen ist mit fungitoxischen *Phenolen* und *Phenylpropanen* (z. B. Ferulasäure) imprägniert. Auch die Einlagerung von *Lignin* in manche Zellwände ist ein wirksamer Schutz gegen das apoplastische Myzelwachstum. Die vergleichsweise hohe Krankheitsanfälligkeit unserer Kulturpflanzen beruht nicht zuletzt darauf, daß diese chemischen Abwehrstoffe aus ernährungsphysiologischen Gründen durch Züchtung eliminiert wurden. Bei Wildpflanzen sind jedoch die vorhandenen mechanischen und chemischen Abwehrbarrieren meist so gut entwickelt, daß eine Erkrankung eher die Ausnahme als die Regel darstellt.

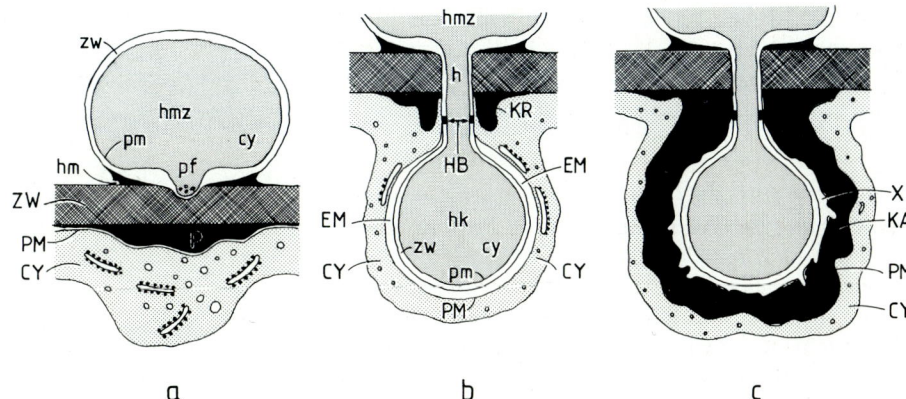

Abb. 32.25 a–c. Haustorienbildung bei Rostpilzen (schematisch): Penetration der Wirtszellwand, Bildung des Haustoriums aus einer interzellulären Hyphe und die Abwehrreaktionen der Pflanze. (a) Die Haustorienmutterzelle (*hmz*; mit Zellwand, *zw*; Plasmamembran, *pm*; Cytoplasma, *cy*) ist mit einer Haftmatrix (*hm*) auf der Wirtszellwand (*ZW*) fixiert und bildet einen dünnwandigen Penetrationsfortsatz (*pf*). Die Wirtszelle mit Cytoplasma (*CY*) und Plasmamembran (*PM*) lagert Callose-haltiges Zellwandmaterial (Papille, *P*) an der Penetrationsstelle ab. (b) Bei erfolgreicher Penetration bildet der Pilz ein funktionsfähiges Haustorium, bestehend aus Haustorienhals (*h*) und Haustorienkopf (*hk*), dessen Zellwand durch eine extrahaustoriale Matrix (*EM*) unbekannter Herkunft gegen die eingestülpte Plasmamembran der Wirtszelle abgegrenzt ist. In der Zellwand des Haustorienhalses bildet sich ein ringförmiges Halsband (*HB*) aus impermeablem Material aus, das eine ähnliche Funktion wie der Caspary-Streifen der Endodermis besitzt (→ Abb. 29.2). Das Papillenmaterial bildet einen Kragen (*KR*) um den Haustorienhals. (c) Haustorium, das durch eine Kapsel (*KA*) aus Papillenmaterial vom Protoplasten der Wirtszelle isoliert und dadurch inaktiviert wurde (*X*, Schicht aus Resten der extrahaustorialen Matrix und Wirtscytoplasma). (Nach Bracker und Littlefield 1973; verändert)

Induzierte Abwehr, hypersensitive Reaktion

Neben konstitutiven Abwehrbarrieren besitzt die Pflanze ein umfangreiches Arsenal von induzierbaren Schutzmechanismen gegen Pathogene. So begegnen viele Pflanzen dem durch Exoenzyme unterstützten Eindringen einer Penetrationshyphe durch die induzierte Ablagerung von neuem Zellwandmaterial an der Penetrationsstelle (Abb. 32.25 a). Es entstehen lokale Wandverdickungen (*Papillen*), welche das gegen pilzliche Hydrolasen resistente Polysaccharid *Callose* (1,3-β-Glucan) und häufig auch *Lignin* und *hydroxyprolinreiches Glycoprotein* (HRGP; → S. 30) enthalten. Der Pilz kann den Wettlauf nur gewinnen, wenn das Hyphenwachstum schneller als die Ablagerung des Papillenmaterials erfolgt. Auch Haustorien können durch eine entsprechende Abkapselungsreaktion inaktiviert werden (Abb. 32.25 c).

Eine ganz anders geartete Strategie der induzierten Pathogenabwehr liegt bei der *hypersensitiven Reaktion* vor. Hierbei kommt es zunächst zu einer lokalen Infektion. Bevor sich jedoch der Pilz weiter ausbreiten kann, sterben die Wirtszellen an der Infektionsstelle ab und bilden einen Hof toten Gewebes um den Eindringling (*Abwehrnekrose*). Der induzierte Zelltod erfolgt sehr schnell. Zum Beispiel sterben bei der inkompatiblen Interaktion zwischen *Phytophtora infestans* (Erreger der Kartoffelfäule) und *Solanum tuberosum* die Wirtszellen 10–60 min nachdem ihre Plasmamembran mit einer Hyphe in Kontakt gekommen ist. Dagegen dringen die Hyphen kompatibler Stämme des gleichen Pilzes ohne erkennbare Reaktion in das Lumen der Wirtszellen ein und lassen deren Protoplasten noch mehrere Tage am Leben. Man hat daraus den Schluß gezogen, daß die kompatiblen *Phytophtora*-Stämme die hypersensitive Reaktion der Wirtszellen durch einen Suppressor hemmen können.

Bei der hypersensitiven Reaktion wird gleichzeitig mit dem lokal begrenzten Zelltod in den umgebenden (lebenden) Zellen der Pflanze die Bildung antimikrobieller Substanzen induziert. Die Auslösung dieser Prozesse erfolgt durch chemische Signalstoffe (*Elicitoren*), deren Bildung vom Pilz ausgeht. Auf diese Weise entstehen kleine, durch kondensierte Phenole (Melanine) meist dunkel gefärbte Nekrosen, in denen der Pilz abgekapselt und schließlich abgetötet wird; die Interaktion bleibt inkompatibel. Auch hier kann das Pathogen nur dann erfolgreich sein (kompatible Interaktion), wenn seine Ausbreitung im Wirt schneller erfolgt, als dieser seine Abwehr aufbauen kann.

Schwächung der Wirtspflanze durch Pathotoxine

Phytopathogene Pilze und Bakterien produzieren häufig toxische Stoffwechselprodukte, welche in sehr niedriger Konzentration pflanzliche Zellen schädigen oder abtöten können, aber keine entsprechende Wirkung auf das Pathogen besitzen. Die Funktion dieser Toxine in der Wirt/Pathogen-Beziehung ist zweifach: Einmal wird die Widerstandskraft der Pflanze, d.h. ihre Kapazität zum Aufbau von Abwehrbarrieren, vermindert. Zum zweiten bewirken viele Toxine einen Efflux von Ionen und anderen Zellinhaltsstoffen an der Plasmamembran und erleichtern dadurch die Nährstoffaufnahme des Parasiten. Von den mehr als 120 bis heute bekannten Pathotoxinen werden im folgenden zwei Beispiele kurz behandelt.

Fusicoccin ist ein Vertreter der wirtsunspezifischen Pilztoxine. Es ist ein Diterpenglucosid (Abb. 32.26), das von *Fusicoccum amygdali*, dem Erreger einer Welkekrankheit bei Mandel- und Pfirsichbäumen, gebildet wird. Das Toxin, das aus dem Kulturfiltrat des Pilzes gewonnen werden kann, induziert auch bei anderen Pflanzen Welkesymptome; die Wirkung setzt bei 10^{-8} bis 10^{-7} mol·l^{-1} ein. Dieser Effekt geht primär darauf zurück, daß die Stomata weit geöffnet werden und nicht mehr auf endogene Schließsignale reagieren (→ S. 254). Der biochemische Wirkmechanismus des Fusicoccins ist weitgehend aufgeklärt. Das Toxin induziert, nach Bindung an ein spezifisches Receptormolekül, in der pflanzlichen Plasmamembran die Sekretion von Protonen durch Aktivierung von Protonenpumpen. Dieser Effekt kann z.B. anhand der mit dem H$^+$-Austritt aus der Zelle einhergehenden Hyperpolarisierung der Membran verfolgt werden (→ Abb. 5.7). In den Schließzellen wird auf diese Weise die Aufnahme von K$^+$ und damit die Öffnungsbewegung ausgelöst (→ S. 253). Da der Fusicoccinreceptor offenbar in der Plasmamembran aller höherer Pflanzen vorkommt, bewirkt das Toxin auch bei anderen Zellen eine pathologische Protonensekretion und greift dadurch indirekt in viele Transportprozesse ein (z.B. in den

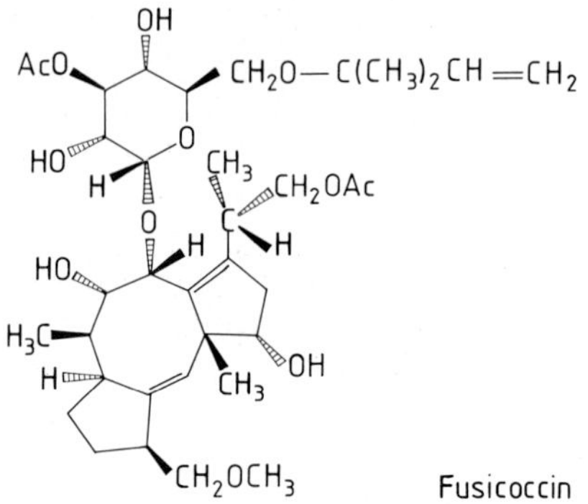

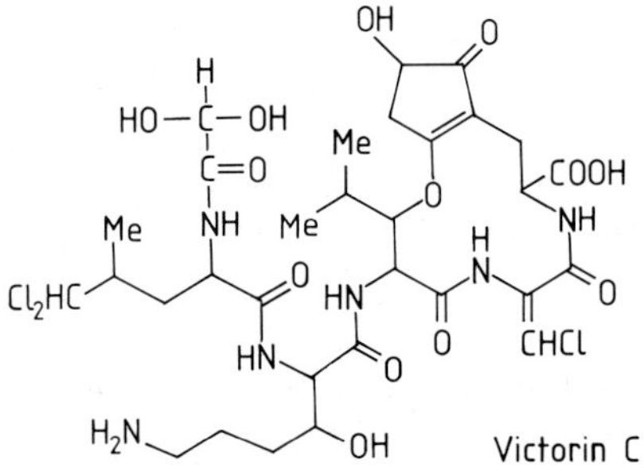

Abb. 32.26. Chemische Struktur zweier Pathotoxine, welche von pilzlichen Krankheitserregern produziert werden. Fusicoccin ist ein von *Fusicoccum amygdali* gebildetes Diterpenglucosid. Victorin C, ein cyclisches Pentapeptid, ist die Hauptkomponente des aus *Cochliobolus victoriae* isolierbaren Toxins. (Nach Marré 1979; Wolpert und Macko 1989)

H$^+$/Zucker-Cotransport; → S. 76). Die durch Protonensekretion bewirkte Ansäuerung der Apoplastenlösung (bis unter pH 4) führt zu einer säureinduzierten Lockerung der Zellwandstruktur. Fusicoccin fördert auf diesem Weg Wachstumsprozesse, z.B. die Samenkeimung oder das Streckungswachstum (→ S. 413). Aufgrund seiner spezifischen Wirkung auf die Protonenpumpen der pflanzlichen Plasmamembran ist Fusicoccin heute ein wichtiges pharmakologisches Hilfsmittel der Membranphysiologie.

Victorin ist im Gegensatz zum Fusicoccin durch eine extreme Wirtsspezifität ausgezeichnet. Es wird von dem Pilz *Cochliobolus* (*Helminthosporium*) *victoriae* produziert, der beim Hafer (*Avena sativa*), und zwar spezifisch bei der Sorte *Victory*, eine Brandkrankheit auslöst. Die Suszeptibilität dieser Sorte beruht auf einem einzigen, dominanten Gen;

alle Hafersorten, die dieses Gen nicht besitzen, sind resistent gegen den Pilz und gegen das Toxin. Bei der Sorte *Victory* löst eine Zufuhr des Toxins die charakteristischen Symptome der Krankheit aus. Alle Stämme des Pilzes, die das Toxin nicht bilden können, sind nicht virulent; sie werden jedoch virulent, wenn man sie zusammen mit dem Toxin auf die Pflanze bringt. Damit ist gezeigt, daß die Fähigkeit zur Toxinbildung die entscheidende Ursache der Virulenz ist. Victorin bewirkt Krankheitssymptome bereits ab einer Konzentration von 10^{-10} mol $\cdot$ l^{-1} (etwa 100 Moleküle pro Zelle). Die suszeptiblen Zellen besitzen offenbar einen Victorinreceptor mit extrem hoher Affinität für das Toxin. Die Bindung des Toxins an den Receptor verursacht einen Zusammenbruch des Membranpotentials und den Austritt von Zellinhaltsstoffen durch Zusammenbruch der Semipermeabilität der Plasmamembran. Die chemische Struktur des Victorins konnte vor kurzem aufgeklärt werden (Abb. 32.26).

In diesem Zusammenhang muß erwähnt werden, daß manche Erreger während der Pathogenese auch fördernd in den Stoffwechsel der Pflanze eingreifen, und zwar durch Abgabe von *Phytohormonen*. Ein bekanntes Beispiel ist der Pilz *Gibberella fujikuroi*, der seine Wirtspflanze Reis durch Gibberellinsäure zu einer auffälligen Halmverlängerung veranlaßt. Diese Bakanae-Krankheit hat zur Entdeckung der Hormonklasse der Gibberelline durch japanische Forscher geführt (→ S. 402). Andere Erreger stimulieren Zellteilung und Stoffwechsel ihres Wirts durch die Induktion der Synthese von Cytokininen oder Auxinen (z. B. *Agrobacterium tumefaciens*, der Erreger der Wurzelhalstumoren; → S. 334).

Pflanzliche Antibiotica: Phytoalexine und fungitoxische Proteine

Um 1940 entdeckten Müller und Börger, daß der Erreger der Kartoffelfäule (*Phytophtora infestans*) in Kartoffelpflanzen einige Zeit nach der Infektion die Bildung eines Stoffes induziert, der das Wachstum des Pathogens hemmt. Sie nannten diesen Abwehrstoff *Phytoalexin*. Es handelt sich hierbei hauptsächlich um das *Rishitin* (Abb. 32.27), das 1968 aus infizierten Kartoffeln isoliert werden konnte. Seither wurden ähnlich wirksame Substanzen in vielen anderen Pflanzen entdeckt. Die Phy-

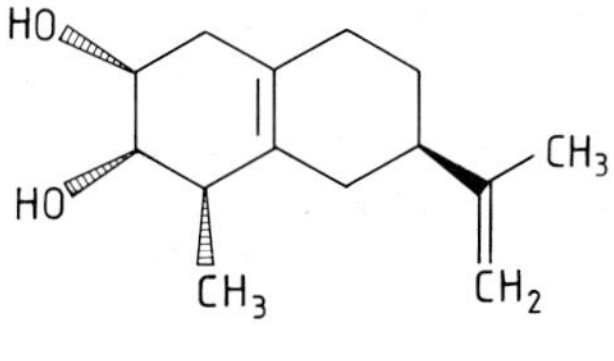

Rishitin

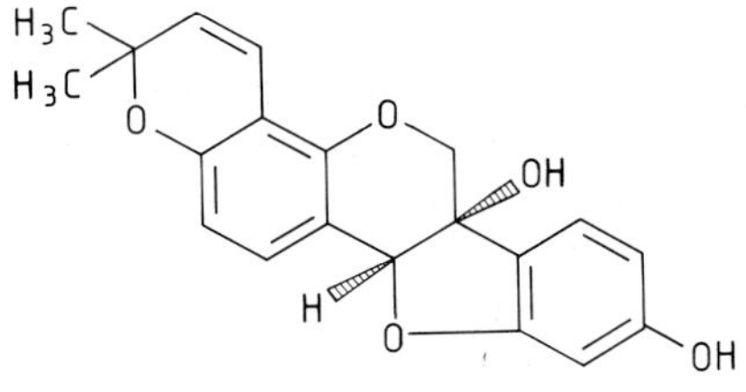

Glyceollin

Abb. 32.27. Chemische Struktur zweier Phytoalexine, welche in Pflanzen als Abwehrstoffe gegen pathogene Pilze produziert werden. Rishitin ist ein Sesquiterpenabkömmling, der aus infizierten Kartoffelpflanzen isoliert wurde. Glyceollin ist ein Pterocarpanderivat (Isoflavonoid), das in Soja (*Glycine max*) gebildet wird. Ähnliche Moleküle wirken als Phytoalexine in *Pisum* (Pisatin) und *Phaseolus* (Phaseollin)

toalexine sind eine chemisch heterogene Gruppe von Verbindungen, welche als Folge der Pathogen/Wirt-Beziehung im pflanzlichen Stoffwechsel induziert werden und das Wachstum von Mikroorganismen beeinträchtigen. Sie haben daher die Funktion von Antibiotica. Inzwischen wurden aus verschiedenen Pflanzengruppen mehr als 200 Substanzen (sekundäre Pflanzenstoffe; → S. 285) isoliert, welche eine Funktion als Phytoalexine besitzen. Charakteristisch für alle diese Verbindungen ist, daß sie unspezifisch das Wachstum von (pathogenen und nicht-pathogenen) Mikroorganismen hemmen können. Sie dienen zur postinfektionellen Isolierung von Krankheitsherden, insbesondere in Kombination mit der hypersensitiven Reaktion. Die Synthese der Phytoalexine wird durch Elicitoren ausgelöst, welche nach der Infektion vom Pilz oder von der Pflanze gebildet werden. In manchen Fällen kann die Phytoalexinsynthese auch durch abiogene Streßfaktoren (z. B. Schwermetallsalze, UV-Strahlung, Verwundung) ausgelöst werden.

Die Induktion des Phytoalexins *Glyceollin* (→ Abb. 32.27) bei der Interaktion zwischen *Phytophtora megasperma* f. sp. *glycinea* und der Sojabohne (*Glycine max*) ist in den letzten Jahren besonders intensiv untersucht worden. Bei kompatibler Interaktion tritt in Sojakeimlingen eine Stamm- und Wurzelfäule auf, die zum Absterben der Pflanzen führt. Bei Inokulation mit einer wenig aggressiven Rasse des Pilzes dringt der Pilz nur wenige Zellschichten weit in die Pflanze ein und wird dort von einer hypersensitiven Reaktion gestoppt, die mit einer im Vergleich zur kompatiblen Reaktion stark erhöhten Synthese von Glyceollin in den Nachbarzellen einhergeht (Abb. 32.28 a). Glyceollin ist ein Isoflavonoid, das über den Flavonoid-Biosyntheseweg gebildet werden kann (→ Abb. 18.2). Die Schlüsselenzyme dieses Weges (z. B. Phenylalanin-

ammoniumlyase) werden etwa 3 h nach der Inokulation induziert (Abb. 32.28 b). Die Synthese dieser Enzyme ist die Folge der Induktion der entsprechenden mRNAs (Genaktivierung). Aus der Zellwand des Pilzmyzels konnte ein Oligosaccharid (verzweigtes 1.3,1.6-β-Glucan) isoliert werden, das (ab einer Konzentration von 10^{-9} mol $\cdot$ l^{-1}) in nicht-infizierten Pflanzen die Glyceollinsynthese auslöst, d. h. die Funktion eines Elicitors besitzt. Die Plasmamembran der Sojazellen besitzt ein spezifisches Bindungsprotein für das β-Glucan. Daneben wirken auch bestimmte pektische Oligosaccharidfraktionen aus der pflanzlichen Zellwand als Elicitoren. Es ist daher denkbar, daß nicht nur Stoffe aus der Zellwand des Pilzes, sondern auch Abbauprodukte der pflanzlichen Zellwand, die unter dem Einfluß des Pilzes freigesetzt werden, als Induktoren der Phytoalexinsynthese wirken.

Neuerdings hat man, z. B. in Bohnen-, Gurken- und Tomatenpflanzen, Proteine entdeckt, welche offenbar in einem Zusammenhang mit der Pathogenabwehr stehen. Sie werden als *PR-Proteine* (*P*athogenesis-*R*elated *P*roteins) bezeichnet. Diese Proteine werden nach Infektion von der Pflanze gebildet und zumindest teilweise im Zellwandraum akkumuliert. Sie enthalten unter anderem Chitinase und 1,3-β-Glucanase, zwei Hydrolasen, die spezifisch gegen das Chitin und die Callose pilzlicher Zellwände gerichtet sind. In Bohnenblättern kann die Synthese dieser Proteine durch *Ethylen* ausgelöst werden (→ Abb. 23.20). Eine Infektion induziert die Synthese von Ethylen; dieses gasförmige Hormon spielt also hier die Rolle eines Elicitors.

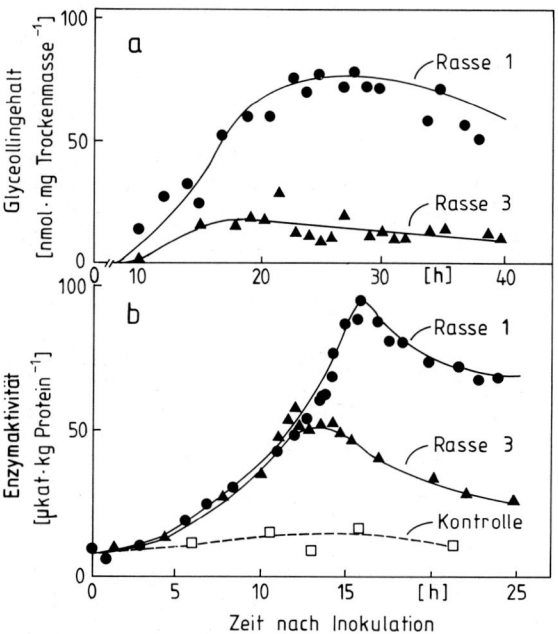

Abb. 32.28 a und b. Induktion des Phytoalexins Glyceollin nach Infektion mit einer avirulenten und einer virulenten Pilzrasse. Objekt: Sojakeimlinge (*Glycine max* cv. *Harosoy*) infiziert mit Myzel der Rasse 1 (avirulent) bzw. Rasse 3 (virulent) von *Phytophtora megasperma* f. sp. *glycinea* durch eine epidermale Wunde. (a) Anstieg des Glyceollingehaltes im Gewebe. Im Fall der inkompatiblen Interaktion (Rasse 1) erreicht die lokale Glyceollinkonzentration in unmittelbarer Nähe der Infektionsstelle 25 h nach der Infektion etwa 3000 μg $\cdot$ ml^{-1} und beträgt damit das 10fache des EC$_{90}$-Wertes (= Konzentration, die im Biotest das Pilzwachstum zu 90% hemmt). Bei der kompatiblen Interaktion (Rasse 3) wird zwar ebenfalls Phytoalexin gebildet; die lokale Konzentration erreicht jedoch nur etwa 160 μg $\cdot$ ml^{-1}. (b) Anstieg der Phenylalaninammoniumlyase-Aktivität nach Infektion mit den beiden Pilzrassen. Kontrolle: Verwundung ohne Infektion. (Nach Grisebach und Ebel 1983; verändert)

Induzierte Resistenz durch Immunisierung

Pflanzen besitzen kein dem tierischen Immunsystem direkt vergleichbares Abwehrsystem für Pathogene. Das Phänomen der aktiven Immunisierung ist jedoch im Prinzip auch bei Pflanzenkrankheiten oft beobachtet worden. Inokulation einer Pflanze mit einem inkompatiblen (oder abgetöteten) Pathogen erzeugt nach einigen Tagen Resistenz gegen ein zuvor kompatibles Pathogen. Diese *erworbene Resistenz* beruht auf der Aktivierung pflanzlicher Abwehrstoffe, z. B. der Synthese von Phytoalexinen und PR-Proteinen. Da solche Abwehrstoffe eine begrenzte Lebensdauer besitzen, ist diese Form der Immunität meist nur von kurzer Dauer. Häufig bleibt die induzierte Resistenz auf die unmittelbare Umgebung der Infektionsstelle (z. B. auf das behandelte Blatt) begrenzt. In einigen Fällen, z. B. bei Cucurbitaceen, konnte man jedoch auch eine *systemische Immunisierung* nachweisen. Wenn man z. B. das erste (unterste) Blatt einer Kürbispflanze mit *Coletotrichum lagenarium* infiziert, erkrankt dieses Blatt, ohne daß sich der Pilz in der Pflanze weiter ausbreitet. Alle in der Folgezeit gebildeten Blätter der Pflanze besitzen nach einigen Tagen eine lang anhaltende Resistenz gegen spätere Infektionen mit denselben (oder anderen) Erregern. Die Resistenz bleibt auch nach Entfernung des kranken Blattes erhalten. Systemisch resistente Blätter enthalten keine antimikrobiellen Substanzen, bilden diese jedoch sofort nach Inokulation mit einem Pathogen. Offensichtlich wird von dem kranken Blatt ein Transmitter in die weiter oben gelegenen Bereiche des Sprosses ausgesandt, der dort bei Bedarf eine schnelle Ausbildung von Schutzmechanismen ermöglicht. Die chemische Natur dieses Transmitters und seine Translocation konnten noch nicht aufgeklärt werden.

Anhang: Symbiose zwischen Pflanzen und Pilzen: Mykorrhiza

Während der Coevolution von Pflanzen und Mikroorganismen (Bakterien, Pilze) haben sich gelegentlich stabile Wechselwirkungssysteme herausgebildet, bei denen sich beide Partner ernährungsphysiologisch ergänzen und daher wesentlich voneinander profitieren können. Diese Lebensgemeinschaften bezeichnet man als *Symbiosen*. Eine bekannte Symbiose ist diejenige zwischen den Knöllchenbakterien und Fabacceen (→ S. 605). Hier richten wir unser Augenmerk auf die *Mykorrhiza*, die Symbiose zwischen einem Pilz und einer Pflanzenwurzel. Mykorrhizen sind unter den terrestrischen Pflanzen fast universell verbreitet. Man unterscheidet zwei Haupttypen: *Endo-* und *Ectomykorrhizen*. Etwa 4/5 aller Landpflanzen bilden Endomykorrhizen aus, während die Ectomykorrhizen in erster Linie bei Bäumen und Sträuchern vorkommen. Bei der *Endomykorrhiza* wächst das Pilzmyzel in die Pflanzenzellen ein und bildet intrazellulär charakteristische Verzweigungen. Die beteiligten Pilze gehören meist zu den *Phycomyceten*. Bei der *Ectomykorrhiza* dringt der Pilz nicht in die lebenden Zellen der Pflanze ein, sondern lediglich in die Interzellularen der Wurzelrinde. Von dort aus treten die Hyphen in einen engen Kontakt mit den Zelloberflächen. Die Kontakte (Hartigsches Netz) leisten den Stoffaustausch. Die beteiligten Pilze sind meist *Basidiomyceten*, seltener Ascomyceten.

Endomykorrhiza der Orchideen. Die Gastpilze der Orchideen sind häufig Basidiomyceten der Ordnung *Tulasnellales*, die normalerweise Parasiten stellt, aber auch Saprophyten einschließt, die komplexe C-Quellen wie Cellulose und Lignin nützen können. Orchideensämlinge zeigen hinsichtlich ihrer Nahrungsaufnahme und ihres Wachstums eine totale Abhängigkeit von ihrem Pilzpartner, der vor allem Kohlenhydrate in das Orchideenprotokorm transferiert. Mit dem Auftreten von Chloroplasten und dem Einsetzen der Photosynthese tritt der Import von Kohlenhydraten zurück. Adulte grüne Orchideen gelten hinsichtlich der Kohlenhydratversorgung als autotroph. Ihre Wachstumsintensität bleibt aber vom Kontakt mit einem metabolisch aktiven Myzel abhängig. Vor allem die Aufnahme von Phosphat erfolgt weiterhin über den Pilz. Das Verhältnis zwischen Pflanze und Pilz ist metastabil; d. h. der delikate Gleichgewichtszustand der mutualistischen Symbiose kann jederzeit zu einem parasitischen Verhalten des Pilzes und anschließendem Tod der Pflanze umschlagen. Andererseits werden zu „schwache" Symbiosepilze von der Orchidee eliminiert.

Ein extremes Beispiel für Endomykorrhiza bietet die Moderorchidee *Neottia nidus-avis* (Abb. 32.29). Die Pilzhyphen dringen anfangs aus dem perirhizalen Raum in die Zellen der Wurzelrinde (→ Abb. 2.12) ein und breiten sich über einige Zellagen aus. In diesen *Pilzwirtszellen* bleibt der Pilz offenbar ungestört. Sein weiteres Vordringen wird jedoch in den angrenzenden Zellschichten der Wurzelrinde aufgehalten, da diese *Pilzverdauungszellen* die Fähigkeit besitzen, die Hyphen bis auf kleine Chitinreste abzubauen (→ Abb. 32.29). Es bildet sich schließlich ein *Fließgleichgewicht* aus, in dem die Intensität, mit der das Myzel in die Verdauungszone vorrückt, der Verdauungsintensität die Waage hält. Man spricht in diesem Fall zwar auch von einer *Symbiose*, weil nach allgemeiner Auffassung beide Partner aus dem Zusammenleben einen Vorteil ziehen. Bei der heterotrophen *Neottia nidus-avis* ist indessen an die Stelle einer Symbiose eher ein *Schmarotzertum* getreten: Die Blütenpflanze lebt ausschließlich von jenen Stoffen, die ihr der Pilz über die Endomykorrhiza zuführt.

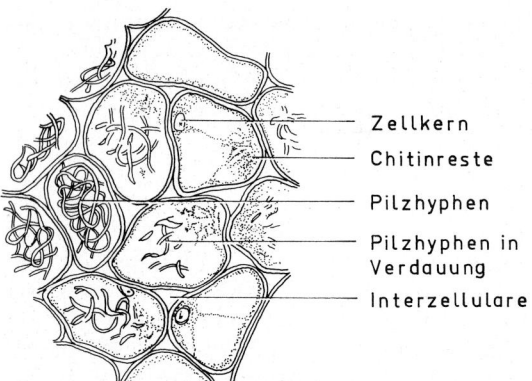

Abb. 32.29. Querschnitt durch eine Pilzwurzel der Nestwurz (*Neottia nidus-avis*). Der Name dieser Orchidee rührt davon her, daß die kurzen, dicken und derben Wurzeln, die ihre ursprüngliche Funktion fast völlig verloren haben, einen dichten Knäuel bilden, der an ein Vogelnest erinnert. *Links* sind die Pilzwirtszellen der Wurzelrinde getroffen, in denen der Pilz ungestört bleibt; *rechts* sieht man Pilzverdauungszellen, in denen das eindringende Myzel bis auf Chitinreste abgebaut wird. In den Verdauungszellen sind die Zellkerne stark vergrößert

Ectomykorrhiza der Waldbäume. Unsere Waldbäume, sowohl die Koniferen als auch die Laubbäume wie Buche und Eiche, bilden eine Ectomykorrhiza (=ectotrophe Mykorrhiza) aus, eine Symbiose der Baumwurzeln mit den Hyphen gewisser Bodenpilze (besonders Basidiomyceten). Die Mykorrhiza ist dadurch gekennzeichnet, daß sich die sonst fadenförmigen, dünnen Saugwurzeln durch die Verbindung mit dem geeigneten Pilzpartner in verdickte bis korallenförmig verzweigte Wurzelenden verformen (Abb. 32.30). Die Pilzhyphen dringen nicht in die Wurzelzellen ein (daher „ectotroph"), sondern wachsen zwischen die äußeren Rindenzellen, die sie fingerartig umspinnen (Hartigsches Netz). Auf der Wurzeloberfläche bildet sich ein Pilzmantel, der die Wurzel vor den Angriffen pathogener Organismen aus der Rhizosphäre schützt, und von dem aus Hyphen weit in den Boden ausstrahlen (Abb. 32.31). Zwischen den Wurzelzellen und den Pilzhyphen besteht ein enger Stoffaustausch: Der Pilz bezieht vom Baum lösliche Kohlenhydrate, die an das Hartigsche Netz übergeben werden. Im Gegenzug erhält der Baum von dem Pilzgeflecht im Boden Wasser und Nährsalze, vor allem stickstoff- und phosphorhaltige Verbindungen, aber auch die Kationen. Die My-

korrhiza hat für den Baum also die Bedeutung eines weit ausgebreiteten, reich verästelten Absorptionssystems für Wasser und essentielle Ionen, das ungleich leistungsfähiger ist als ein normales Wurzelsystem. Der Pilz andererseits ist vom Baum derart abhängig, daß er Fruchtkörper nur bei intakter Mykorrhiza bildet. Unter normalen Bedingungen erscheinen die Fruchtkörper des Pilzpartners im Herbst über der Erdoberfläche. Zu ihnen gehören zahlreiche bekannte Blätterpilze und Röhrlinge, die auch als Speisepilze gesammelt werden.

Im Experiment – bei aseptischer Kultur auf einem Bodensubstitut mit Nährlösung – bilden auch die Bäume Saugwurzeln mit Wurzelhaaren. Am natürlichen Standort hingegen erscheint die Mykorrhiza unverzichtbar. Erfahrungsgemäß besitzen die zur Mykorrhiza fähigen Bäume unter den Bedin-

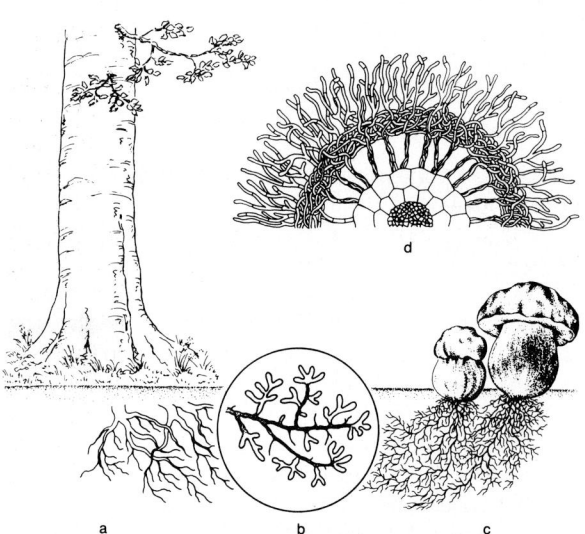

Abb. 32.30 a–d. Bei der ectotrophen Mykorrhiza (=Ectomykorrhiza) der Waldbäume umspinnt das Pilzmyzel die kurz und dick bleibenden Saugwurzeln mit einem dichten Geflecht. Die Wurzelhaare werden verdrängt, und ihre Funktion wird durch Hyphen übernommen, die die Verbindung zwischen dem Pilzmantel und dem Myzel im Boden herstellen. Teilweise wachsen die Hyphen in die Interzellularräume der äußeren Wurzelschichten und bilden hier das Hartigsche Netz. In der schematischen Darstellung fungiert eine Rotbuche (*Fagus sylvatica*, a) als Symbiosepartner des Steinpilzes (c), der als Fruchtkörper und als reich verzweigtes unterirdisches Myzel dargestellt ist. Das Lupenbild (b) zeigt die Ausbildung der Mykorrhiza an den Wurzelspitzen. Der mikroskopische Ausschnitt aus dem Querschnitt einer Wurzelspitze (d) zeigt schematisch die Organisation einer ectotrophen Mykorrhiza. (Nach Butin 1989)

Abb. 32.31. Mykorrhiza-Wurzel bei der Fichte (*Picea abies*). Die Dunkelfeldaufnahme (*oben*) läßt den Umfang des Pilzmantels (weiß) erkennen. (Nach Hock und Elstner 1988.) Die Hellfeldaufnahme (*unten*) zeigt eine typische „weiße Ectomykorrhiza" mit langen abziehenden Hyphen und Hyphenbündeln (Rhizomorphen). (Nach Meyer)

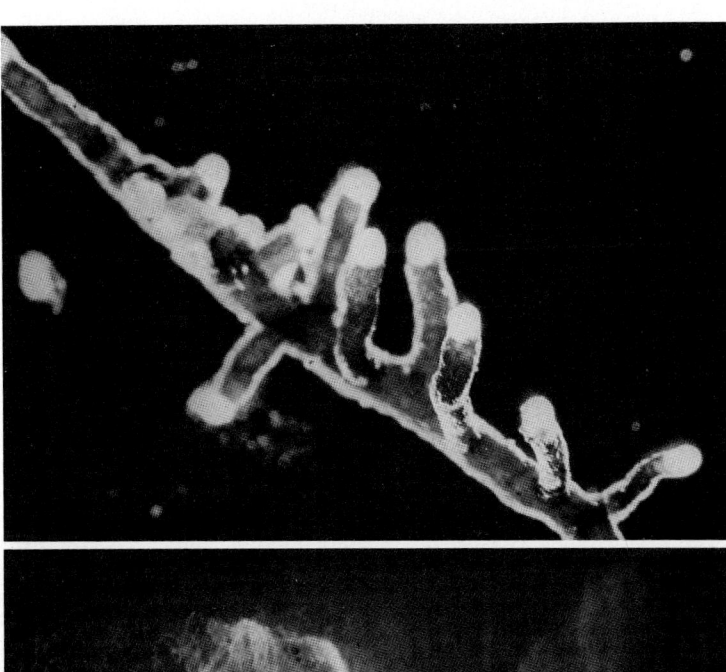

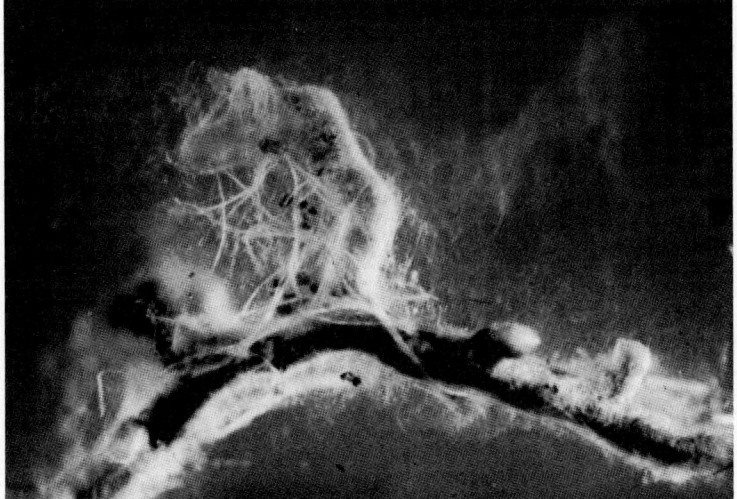

gungen des Waldstandortes einen erheblichen Prozentsatz (>50%) mykorrhizierter Wurzelspitzen. Es besteht eine Art Arbeitsteilung zwischen den nicht-mykorrhizierten Wurzelspitzen, die die unmittelbare Nachbarschaft der Baumwurzeln „abweiden" und den mykorrhizierten Wurzeln, die mit Hilfe der Pilzhyphen dem Baum ein viel weiteres Einzugsgebiet für Nährsalze und Wasser erschließen.

Das harmonisch und stabil erscheinende, symbiontische Gleichgewicht zwischen Pilz und Baum ist durch Umwelteinflüsse, z. B. durch ein Überangebot an Ammonium, leicht zu stören. Wird die Mykorrhiza geschädigt, zeigt der Baum Wachs-

tumsstörungen und Wurzelfäule. Experimente mit Jungpflanzen von Waldbäumen ergaben, daß diese bei fehlender Mykorrhiza auch dann kümmern oder absterben, wenn die Bodenanalyse einen ausreichenden Nährstoffgehalt anzeigt.

Weiterführende Literatur

a. Allgemeines

Alscher RG, Cumming JR (eds) (1990) Stress responses in plants: Adaptation and acclimation mechanisms. Wiley-Liss, New York Chichester Brisbane

Katterman F (ed) (1990) Environmental injury to plants. Academic Press, San Diego New York

Larcher W (1987) Streß bei Pflanzen. Naturwiss 74:158–167

Osmond CB et al. (1987) Stress physiology and the distribution of plants. BioScience 37:38–48

b. Wasserstreß

Bewley JD (1979) Physiological aspects of desiccation tolerance. Annu Rev Plant Physiol 30:195–238

Hanson AD, Hitz WD (1982) Metabolic responses of mesophytes to plant water deficits. Annu Rev Plant Physiol 33:163–203

Hsiao TC et al. (1976) Stress metabolism. Water stress, growth, and osmotic adjustment. Phil Trans R Soc Lond, B 273:479–500

Kaiser WM (1987) Effects of water deficit on photosynthetic capacity. Physiol Plant 71:142–149

Leopold AC (ed) (1986) Membranes, metabolism, and dry organisms. Comstock, Ithaca London

Turner NC, Kramer PJ (eds) (1980) Adaptation of plants to water and high temperature stress. Wiley, New York Chichester Brisbane

c. Temperaturstreß

Berry JA, Raison JK (1981) Responses of macrophytes to temperature. In: Encyl Plant Physiol NS, Vol 12A. Springer, Berlin Heidelberg New York, pp 277–338

Kimpel JA, Key JL (1985) Heat shock in plants. Trends Biochem Sci 10:353–357

Sakai A, Larcher W (1987) Frost survival of plants. Responses and adaptation to freezing stress. Ecological Studies, Vol 62. Springer, Berlin Heidelberg New York

Turner NC, Kramer PJ (eds) (1980) Adaptation of plants to water and high temperature stress. Wiley, New York Chichester Brisbane

Vierling E (1991) The roles of heat shock proteins in plants. Annu Rev Plant Physiol Plant Mol Biol 42:579–620

d. Licht- und UV-Streß

Caldwell MM (1979) Plant life and ultraviolet radiation: Some perspective in the history of the earth's UV climate. BioScience 29:520–525

Caldwell MM (1981) Plant response to ultraviolet radiation. In: Encycl Plant Physiol NS, Vol 12A. Springer, Berlin Heidelberg New York, pp 169–197

Osmond CB, Chow WS (1988) Ecology of photosynthesis in the sun and shade: Summary and prognostications. Aust J Plant Physiol 15:1–9

Powles SB (1984) Photoinhibition of photosynthesis induced by visible light. Annu Rev Plant Physiol 35:15–44

Wellmann E (1983) UV radiation in photomorphogenesis. In: Encycl Plant Physiol NS, Vol 16B. Springer, Berlin Heidelberg New York, pp 745–756

e. Biogener Streß (Pflanzenkrankheiten)

Bell AA (1981) Biochemical mechanisms of disease resistance. Annu Rev Plant Physiol 32:21–81

Burgeff H (1909) Die Wurzelpilze der Orchideen. Ihre Kultur und ihr Leben in der Pflanze. Fischer, Jena

Callow JA (1983) Biochemical plant pathology. Wiley, Chichester New York Brisbane

Dixon RA (1986) The phytoalexin response: Elicitation, signalling and control of host gene expression. Biol Reviews 61:239–291

Ebel J (1986) Phytoalexin synthesis: the biochemical analysis of the induction process. Annu Rev Phytopathol 24:235–264

Linthorst HJM (1991) Pathogenesis-related proteins of plants. Crit Rev Plant Sci 10:123–150

Malloch DW, Pirozynski KA, Raven PH (1980) Ecological and evolutionary significance of mycorrhizal symbioses in vascular plants (A review). Proc Natl Acad Sci USA 77:2113–2118

Moser M, Haselwandter K (1983) Ecophysiology of mycorrhizal symbioses. In: Encycl Plant Physiol NS, Vol 12C. Springer, Berlin Heidelberg New York, pp 391–421

Scheel D, Parker JE (1990) Elicitor recognition and signal transduction in plant defense gene activation. Z Naturforsch 45c:569–575

Staples RC, Toenniessen GH (1981) Plant disease control. Resistance and susceptibility. Wiley, New York Chichester Brisbane

Werner D (1987) Pflanzliche und mikrobielle Symbiosen. Thieme, Stuttgart New York

33 Physiologie der Ertragsbildung

Grundlegende Gesichtspunkte

Zur Situation

Zur Zeit werden etwa 14 Millionen km² der Erdoberfläche (rund 10%) landwirtschaftlich genutzt. Dieser Prozentsatz läßt sich ohne massive ökologische Risiken und ohne gewaltige Investitionen an Kapital, technischer Innovation und Energie nicht mehr erheblich steigern. Die riesigen Areale, die von Tundren, Wüsten, Savannen, Buschwäldern und tropischen Regenwäldern eingenommen werden, eignen sich kaum für ertragfähiges Ackerland. Darüber hinaus werden überall auf der Welt beträchtliche Flächen potentiellen Agrikulturlandes den menschlichen Siedlungen und den Einrichtungen der Infrastruktur (Straßen, Eisenbahnlinien) geopfert. Noch größere Flächen gehen durch falsche Behandlung (Entwaldung, Überweidung, Versalzung, Kontamination, Erosion) für die Land- und Forstwirtschaft irreversibel verloren. Da die Erdbevölkerung immer noch exponentiell zunimmt (1830: 1 Milliarde (Mia), 1930: 2 Mia, 1960: 3 Mia, 1990: 5,4 Mia, 2000: 6,5 Mia), nimmt die landwirtschaftliche Nutzfläche pro Kopf ständig ab (1980: $0{,}30 \, ha \cdot Kopf^{-1}$, 2000: $0{,}22 \, ha \cdot Kopf^{-1}$). Den Bedarf der wachsenden Erdbevölkerung an Nahrungsmitteln, Holz und anderen pflanzlichen Rohstoffen muß also im wesentlichen durch *Ertragssteigerung* befriedigt werden. Der Ertragssteigerung sind jedoch natürliche Grenzen gesetzt. Auch aus diesem Grunde gibt es keine *technische* Lösung für die Schwierigkeiten, die eine dauernde Vermehrung der Erdbevölkerung mit sich bringt.

Zur Terminologie

Unter *biologischem Ertrag* versteht man die gesamte, pro Flächeneinheit und pro Vegetationsperiode gebildete, wasserfreie Pflanzenmasse einschließlich der Wurzeln (*Biomasse;* Tabelle 33.1). Der *ökonomische Ertrag* zieht nur jene Pflanzenorgane oder Inhaltsstoffe in Betracht, um derentwegen die Pflanze angebaut wird (*Ertragsgut;* z. B. Körner, Knollen, Drogen). In der Regel ist ein hoher biologischer Ertrag die Grundlage für einen hohen ökonomischen Ertrag.

Der ökonomische (und der finanzielle) Ertrag hängt natürlich von den jeweiligen Interessen des Menschen ab. Ein Beispiel: In jüngster Zeit hat das Interesse an verbrennbarer Biomasse zur Substitution für Erdöl plötzlich zugenommen. Es könnte sein, daß in absehbarer Zeit aus der Biomasse von besonders leistungsfähigen C_4-Pflanzen ($\rightarrow$ S. 255) ebenso billig Nutzenergie erzeugt werden kann wie aus dem teuer gewordenen Erdöl oder aus Kohle. Das Pflanzenmaterial wird vor der Verbrennung trocken destilliert, wobei wertvolle Nebenprodukte gewonnen werden und der aktuelle Heizwert gesteigert wird. Die Beheizung von Kraftwerken mit Pflanzenmaterial hätte den Vorteil, daß hierbei kaum schädliche Verbrennungsabgase entstehen und der Umsatz CO_2-neutral ist (es wird nicht mehr CO_2 freigesetzt als vorher fixiert wurde). Allerdings müßte man für eine rationelle, auf einen hohen Umsetzungsfaktor ($\rightarrow$ Abb. 33.1) abzielende Produktion die Biomasse auf großen, zusammenhängenden Arealen erzeugen, die für die Gewinnung von konventionellem Ertragsgut (z. B. Nahrungsmitteln) verloren wären.

Tabelle 33.1. Die verschiedenen Formen des Ertrags

Biologischer Ertrag	$Biomasse \cdot ha^{-1} \cdot a^{-1}$
Ökonomischer Ertrag (Flächenertrag)	$Ertragsgut \cdot ha^{-1} \cdot a^{-1}$
Finanzieller Ertrag	$Geld \cdot ha^{-1} \cdot a^{-1}$
Finanzieller Nettoertrag = Ertrag minus Kosten (Rentabilität)	$Geld \cdot ha^{-1} \cdot a^{-1}$ oder $Geld \cdot Person^{-1} \cdot a^{-1}$

Ertrag und Energie

Der moderne, ertragreiche Pflanzenbau benötigt viel terrestrische Energie, um solare Energie im Ertragsgut zu binden (Abb. 33.1). Der energetische Umsetzungsfaktor ist je nach Rahmenbedingungen und Ertragsgut auch bei den Feldfrüchten sehr unterschiedlich (zur Zeit am günstigsten beim Mais, $r = 4,7$). Zur terrestrischen Energie gehören u. a. Dieselkraftstoff, beim Bau von Maschinen und Geräten investierte Energie, Dünger, Elektrizität, menschliche Arbeitskraft, tierische Arbeitskraft, Pflanzenschutzmittel usw. Auf Nahrung bezogen ist der Umsetzungsfaktor stets < 1, beim Weißbrot z. B. 0,2. Faustregel: Um 1 kg Weißbrot herzustellen, braucht man das terrestrische Energieäquivalent von 1 l Erdöl. Die Steigerung der Flächenerträge ($\rightarrow$ Tabelle 33.1) senkt den energetischen Umsetzungsfaktor, besonders auf marginalen Böden und dann, wenn Bewässerung notwendig ist. Der Bodennutzungswandel zugunsten der Nahrungswirtschaft (Wald, Ödland, Steppe usw. $\rightarrow$ Agrarland) ist deshalb von billiger, fossiler Energie abhängig.

schaftlichen Produktion abzubauen. Hier spielt die *Züchtung* eine besonders wichtige Rolle, da eine Verbesserung des Erbguts mit den heutigen Verfahren energetisch billig ist, im Gegensatz etwa zu einer Verbesserung der Bodenfruchtbarkeit (Tabelle 33.2). Eine Linie der gentechnisch orientierten Züchtungsforschung zielt demgemäß darauf ab, Kulturpflanzen zu entwickeln, die mit einem niedrigen Angebot an Makroelementen (N, K, P, Ca) auskommen. Für den Einsatz in der Praxis kommt es natürlich darauf an, einen günstigen Kompromiß zwischen Ertragslage und Nährstoffbedürfnis zu finden.

Ein weiteres Maß für die Leistungsfähigkeit eines Wirtschaftszweiges ist die *Produktivität*, die in der Landwirtschaft danach zu bemessen ist, wieviele Menschen ein Landwirt zusätzlich ernähren kann. Die Steigerung der Produktivität in der Landwirtschaft kann sich neben den entsprechenden Zahlen aus Industrie und gewerblicher Wirtschaft sehen lassen (Abb. 33.2). Während um 1850 noch die meisten Deutschen bei einer minimalen Rentabilität ($\rightarrow$ Tabelle 33.1) in der Landwirtschaft tätig waren, arbeiteten 1950 noch 23% der Erwerbstätigen im Agrarbereich. Heute sind es

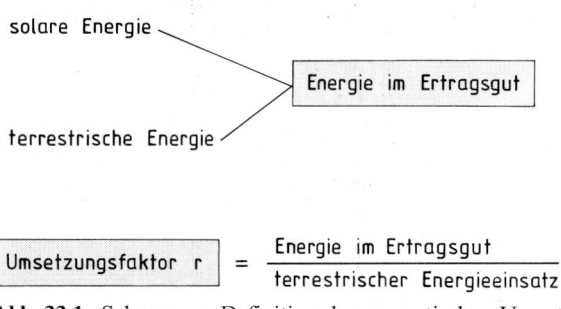

Abb. 33.1. Schema zur Definition des energetischen Umsetzungsfaktors r

Zielsetzung der Ertragsphysiologie

Es geht um die verstärkte Erzeugung von Biomasse (Ertragsgut) bei Erhaltung stabiler, anthropogener Ökosysteme (Felder, Wiesen, Gärten, Plantagen usw.). Voraussetzung ist die Kenntnis jener Prozesse, auf denen die Bildung nutzbarer Biomasse beruht. Aufgabe der Ertragsphysiologie ist es insbesondere, den hohen Energiebedarf der landwirt-

Tabelle 33.2. Limitierende Faktoren des Ertrags. Die nichtfixen Faktoren sind nach den Energiekosten gereiht, die unter Feldbedingungen aufzuwenden sind, um diese günstiger zu gestalten (Ergebnisse eines Oberseminars zum Thema „Landwirtschaft und Energie")

Fixe Faktoren:

CO_2-Partialdruck (350 μl $\cdot$ l^{-1})
Licht (gesamte Sonnenscheindauer)
Temperatur (Länge der Vegetationsperiode)
Bodentyp

Faktorenvariation, teuer:

Bodenfeuchtigkeit (Bewässerung)
Bodenfruchtbarkeit (Düngung)
Pflanzenkrankheiten (Pflanzenschutzmittel)
Unkräuter, Ungräser (Bodenbearbeitung, Herbizide)
Speicherung nach der Ernte
Nährwert
Vermarktung

Faktorenvariation, billig:

Pflanzdichte
Aussaattermin
Äußere Qualität des Ertragsguts (frei von
  Krankheiten, Uniformität)
Genotyp

Abb. 33.2. Die Zunahme der Produktivität in der deutschen Landwirtschaft. (Nach Führ et al. 1989)

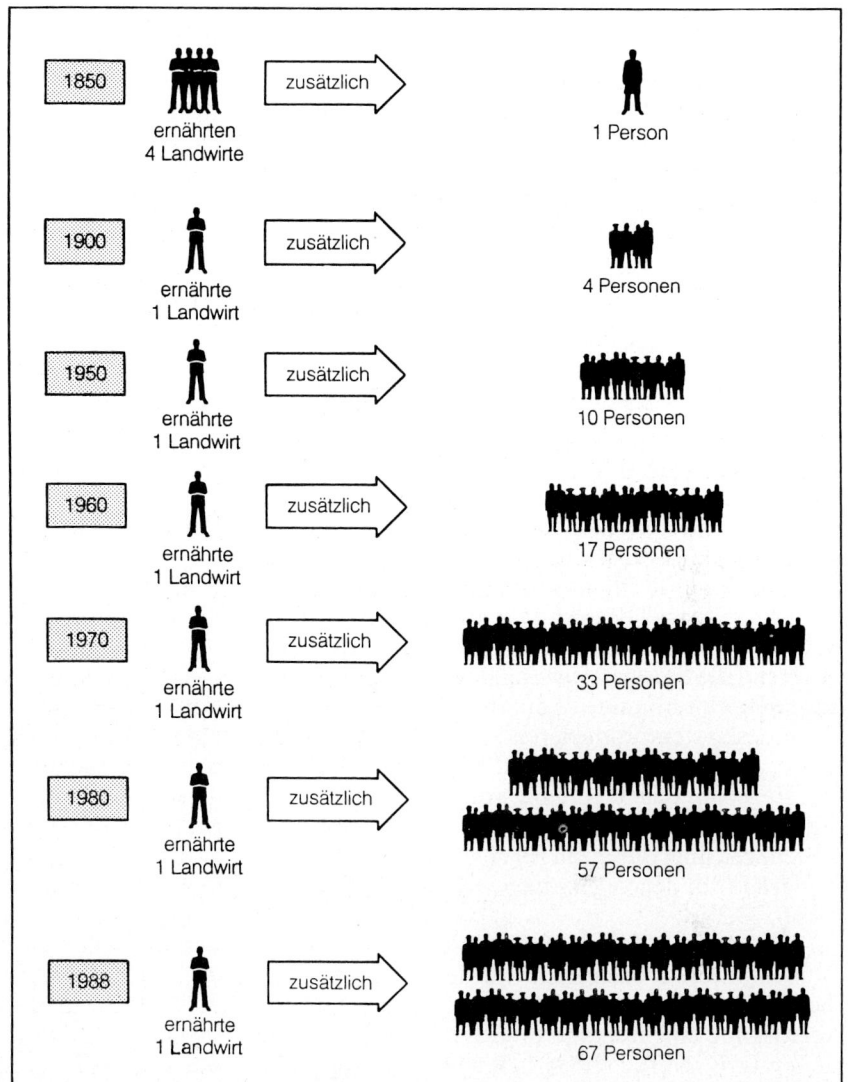

1850	ernährten 4 Landwirte	zusätzlich	1 Person
1900	ernährte 1 Landwirt	zusätzlich	4 Personen
1950	ernährte 1 Landwirt	zusätzlich	10 Personen
1960	ernährte 1 Landwirt	zusätzlich	17 Personen
1970	ernährte 1 Landwirt	zusätzlich	33 Personen
1980	ernährte 1 Landwirt	zusätzlich	57 Personen
1988	ernährte 1 Landwirt	zusätzlich	67 Personen

rund 4%. Auf der anderen Seite ernährt ein deutscher Landwirt heute – unter Anwendung monetär und energetisch teurer Produktionshilfen – 67 Personen gegenüber 10 im Jahre 1950. Vergleichsweise billig sind heute die Lebensmittel: Der Bundesbürger verbraucht derzeit im Schnitt rund 16% seines Einkommens für den breitesten Nahrungskorb, den es je gab, im Vergleich zu 35% um die Mitte der 50er Jahre. In früheren Phasen der Menschheitsgeschichte, auch noch im 19. Jahrhundert, waren viele, häufig die meisten Menschen aus finanziellen Gründen nicht in der Lage, ihren Bedarf an Nahrungsmitteln angemessen zu decken.

Systemsynthese, Produktsynthese

Unter *Systemsynthese* verstehen wir nach Linser die Bildung des Ertragsgut bildenden Systems, unter *Produktsynthese* die Bildung des eigentlichen Ertragsguts. Ein Beispiel (→ Abb. 19.2): Das Ertragsgut beim Senf (*Sinapis alba*) sind die Senfkörner (Samen); die Systemsynthese umfaßt die vegetative Entwicklung und die Blütenbildung. Der Proteingehalt (Protein pro Trockenmasse) gilt als Maß für die Leistungsfähigkeit des Systemsynthese betreibenden Systems. Es ist evident, daß in der Regel eine hohe Systemsynthese die Voraussetzung

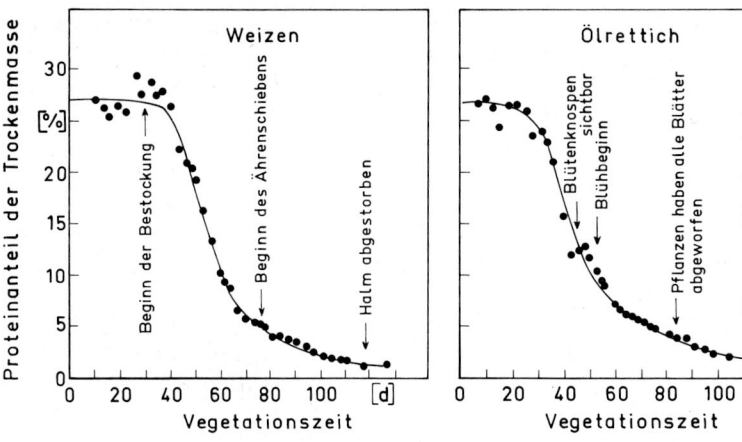

Abb. 33.3. Die Änderung des relativen Proteingehalts (Protein pro Trockenmasse) in den vegetativen Organen von Weizen (*Triticum aestivum*; *links*) und Ölrettich (*Raphanus sativus* var. *oleiformis*; *rechts*) im Verlauf der Vegetationsperiode (6. April bis 4. August). (Nach Linser et al. 1968)

für eine hohe Produktsynthese ist; die Zusammenhänge sind aber nicht einfach und müssen individuell (d. h. für jede Pflanzensippe) erforscht werden. Generell gilt, daß die Syntheseleistung des Systems für *System* im Verlauf der Ontogenie abnimmt, während die Syntheseleistung des Systems für *Produkt* eine Optimumkurve durchläuft. Die Umsteuerung des systemproduzierenden Stoffwechsels auf einen produktproduzierenden Stoffwechsel, die in der Regel mit dem Übergang von der vegetativen in die reproduktive Entwicklung zusammenfällt, ist gekennzeichnet durch ein *rapides Absinken des Proteingehalts* in den vegetativen Organen der Pflanze (Abb. 33.3).

Der Zeitpunkt der Umsteuerung kann durch Außenfaktoren beeinflußt werden, z.B. bewirkt beim Sommerweizen eine Erhöhung der Stickstoffversorgung eine Verzögerung. Die Aufnahme von Ionen (z.B. NO_3^-, HPO_4^{2-}, K^+, Ca^{2+}, Mg^{2+}) ist mit der Systemsynthese gekoppelt, nicht mit der Produktsynthese. Bei manchen Pflanzen führt ein hohes Stickstoffangebot im Boden zu einer exzessiven Systemsynthese (vegetatives Wachstum) mit wenig Produktsynthese (Samen, Früchte, Knollen). Die Düngung hat in diesen Fällen so früh wie möglich zu erfolgen, um das Systemwachstum (und damit die Photosynthesekapazität und die anabolische Kapazität insgesamt) zu fördern. Beim Übergang zur Produktsynthese muß der Stickstoffpegel im Boden soweit erniedrigt sein, daß ein hemmender Effekt auf die Produktsynthese nicht mehr auftritt.

Bildung von Speicherstoffen

Ein integraler Bestandteil der Produktsynthese ist die zur Speicherung führende Translocation organischen Materials (→ Abb. 30.4). Maßgebend für die Richtung und für die Intensität der Translocation von Assimilaten ist der „Sog", der von den Senken (sinks) ausgeht (z. B. Meristeme, junge Blätter, Samen, Früchte, vegetative Speichergewebe). Die diversen Senken konkurrieren um das organische Material der Quellen (sources; photosynthetisch aktive Blätter). Eine Verkürzung der Halme beim Getreide durch die Anwendung von Wachstumsretardanzien (→ S. 613) hat den Nebeneffekt, daß sich die sink-Kapazität der Halmregion verringert und deshalb mehr Material für die Produktsynthese (Getreidekorn) zur Verfügung steht.

Die Assimilationsintensität während der Periode der Speicherung ist der entscheidende Faktor für das Ausmaß der Speicherung. Diese *Assimilationsintensität* (gemessen als mol CO_2, assimiliert pro Zeiteinheit und pro Einheit Trockenmasse) hängt maßgeblich vom Ausmaß der Systemsynthese ab, insbesondere von der Ausbildung der Blattmasse während der vegetativen Phase. Es ist darüber hinaus notwendig, daß die einmal erreichte Assimilationsintensität während der Periode der Speicherung möglichst lange erhalten bleibt. Ein Beispiel: Bei reichlichem Stickstoffangebot bleiben die vegetativen Pflanzenteile der Getreidepflanzen, besonders der obere Teil des Halms (Fahnenblatt und Ähre), länger grün. Die in diesen Teilen während der Kornausbildung synthetisierten Kohlenhydrate werden zum großen Teil für die Stärkebildung im Endosperm der Körner verwendet. Deshalb hat eine reichliche Stickstoffgabe einen *positiven* Effekt auf das Korngewicht (Trockenmasse). Wahrscheinlich ist der Stickstoffeffekt auch indirekter Natur. Es gibt Hinweise darauf, daß die Synthese von Cytokininen ($\rightarrow$ S. 407) und ihr Transport aus der Wurzel in die oberirdischen Pflanzenteile von der Stickstoffernährung der Pflanzen abhängt. Das Grünbleiben von Fahnenblatt und Ähre dürfte primär mit dem Antiseneszenzeffekt, den die Cytokinine auf die Blätter ausüben, zusammenhängen ($\rightarrow$ Abb. 26.4).

Der beim Getreide nachgewiesene positive Zusammenhang zwischen Stickstoffangebot und Produktsynthese gilt nicht generell. Bei Hackfrüchten, z. B. bei der *Kartoffel* ($\rightarrow$ Abb. 30.4), *reduziert* ein hohes Stickstoffangebot das Knollenwachstum und damit den ökonomischen Ertrag. Offenbar werden in diesem Fall die Assimilate von den oberirdischen Pflanzenteilen bevorzugt für die Ausbildung weiterer Blatt- und Stengelmasse verwendet und nicht in die Stolone transportiert. Bei *Zuckerrüben* hat man ähnliche Beobachtungen gemacht. Eine reichliche Stickstoffversorgung in den letzten Wochen vor der „technischen Reife" stimuliert das Blattwachstum, hält die Blätter länger grün und behindert die Translocation der Assimilate in den Rübenkörper. Bei der Zuckerrübe ist der Zuckergehalt des Speichergewebes umgekehrt proportional dem zum Zeitpunkt der Produktsynthese im Boden verfügbaren Nitratgehalt.

Produktionsfaktoren

Der Ertrag hängt (im Sinn der Abb. 2.2) von vielen Faktoren ab (*Produktionsfaktoren*), falls sich nicht ein begrenzender Faktor im absoluten Minimum befindet. *Die wichtigsten Produktionsfaktoren* sind: Genotyp, Makroelemente, Mikroelemente, Bodenstruktur (Bodenbearbeitung), pH des Bodens, Wasser, Licht, Temperatur, CO_2-Konzentration ($\rightarrow$ Tabelle 33.2). In der Praxis sind die klimatischen Faktoren (Licht, Temperatur, CO_2-Konzentration) und der Bodentyp am wenigsten zu beeinflussen (Parameter, fixe Faktoren). Eine Ausnahme machen Sonderkulturen in Gewächshäusern (künstliches Zusatzlicht, Warmhäuser, CO_2-Düngung). Die Voraussetzung für rentable Gewächshauskultur ist billige Primärenergie.

Als *wichtigste Antagonisten der Produktionsfaktoren* gelten *Schädlinge* (d. h. Lebewesen, die den gewünschten Ertrag durch Befall oder Fraß reduzieren), *Unkräuter* (d. h. Pflanzen, die mit den Kulturpflanzen konkurrieren und deren Ertragsleistung mindern) und *Streßfaktoren* (Wasserstreß, Salzstreß, atmogene Schadstoffe, Pilzbefall, Lichtstreß, UV-Streß; $\rightarrow$ S. 565). Neben den grundlegenden biologischen Produktionsfaktoren spielen technische Faktoren (z. B. Mechanisierung der Ernte und optimale Lagerung des Ertragsguts) und ökonomische Faktoren (z. B. der Preis von Energie, Wasser und Düngemitteln) eine oft entscheidende Rolle. Eine Steigerung des ökonomischen Ertrags (Menge an Ertragsgut pro Fläche) geht nicht immer mit *Rentabilität* (Ertrag pro Arbeitskraft oder Ertrag pro eingesetzte Kapitalmenge) einher. Ertragsstudien zielen deshalb in der Regel auf eine wirtschaftlich vertretbare Optimierung des ökonomischen Ertrags, nicht auf eine Maximierung. Die Zielgrößen und Randbedingungen sind dabei in hohem Maße variabel. Die abrupte Erhöhung der Erdölpreise im Jahre 1973 steigerte nicht nur die Kosten von Düngemitteln und Dieselöl, sondern gelegentlich auch den Erlös pro Einheit Ertragsgut (z. B. bei Ölsaaten oder Baumwolle). Der Unterschied zwischen den *üblichen* und den *möglichen* Erträgen ist in der Regel erheblich (Tabelle 33.3).

Der Beitrag der Pflanzenphysiologie zur Ertragsphysiologie betrifft in erster Linie die folgenden Punkte: 1. Formulierung von Ertragsgesetzen, einschließlich der Formulierung theoretischer Modellsysteme zur Mehrfaktorenanalyse. 2. Neue Verfahren der Pflanzenzüchtung ($\rightarrow$ S. 614). 3. Empirische Untersuchungen zur Ertragssteigerung über die Optimierung einzelner oder mehrerer Produktionsfaktoren. 4. Verbesserung der Herbizide über einen besseren Einblick in den Wirkmechanismus. 5. Physiologie der Bildung von Speicherorganen. Dieser Aspekt hängt eng zusammen mit der Physiologie des Stofftransports ($\rightarrow$ S. 509).

Ertragsgesetze

Ursprünglich ging die Ertragsphysiologie davon aus (Liebig, um 1850), daß der Ertrag von einem *Minimumfaktor* bestimmt wird, d. h. von dem in ungenügender Menge vorhandenen Faktor. Dieses „Minimumgesetz" erwies sich als unbefriedigend,

Tabelle 33.3. Durchschnitts-, Spitzen- und Rekorderträge der wichtigsten Kulturpflanzen in den USA. (Nach Wittwer 1974.) Die Zahlen sind *bushel pro acre*. Bushel ist das im Getreidegeschäft in den USA noch immer übliche Hohlmaß. Ein *standard bushel* in den USA ist gleich 35 239,07 cm^3. Ein *acre* (statute acre) ist das übliche Flächenmaß in England, den USA und in Kanada. Ein Hektar (10^4 m^2) ist gleich 2,47 acres. Eine Umrechnung der Zahlen in t · ha^{-1} ist nicht ohne weiteres möglich, da die Umrechnungsfaktoren (Durchschnittsgewicht pro bushel im Jahr 1973) nicht mitgeteilt sind

Frucht	Ökonomische Erträge 1973		
	Durchschnitt	Spitze	Rekord
Mais	94	230	306
Weizen	32	135	216
Soyabohne	28	80	110
Sorghum	63	200	320
Reis	28	130	350
Kartoffeln	385	1000	1400
Bataten (Süßkartoffeln)	180	600	900
Gerste	41	150	212
Hafer	49	150	296
Zuckerrüben	20[a]	40[a]	54[a]

[a] t pro acre.

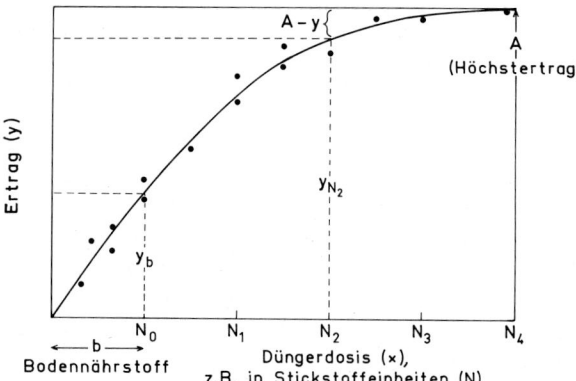

Abb. 33.4. Der Ertrag (y) als Funktion der Düngerdosis (x). Die experimentell gefundene Punkteschar (●) wird durch die theoretische Funktion hervorragend repräsentiert. Die Angabe in Stickstoffeinheiten (N) soll illustrieren, wie sich eine Erhöhung dieses Faktors über den im Boden bereits vorhandenen Pegel hinaus auswirkt. Der Ertrag y_b ist auf die Bodennährstoffe zurückzuführen, der Ertrag y_{N_2} beispielsweise auf die Düngerdosis N_2. (Nach Finck 1976)

da sich in den angestellten Experimenten ergab, daß bei höheren Faktordosen der Ertrag nicht mehr linear mit dem Minimumfaktor ansteigt. Das Minimumgesetz wurde deshalb (Liebscher 1895) zum „Optimumgesetz" modifiziert: Der Minimumfaktor ist um so stärker ertragswirksam, je mehr die anderen Faktoren im Optimum sind. Mitscherlich (1906) schließlich formulierte das *Gesetz vom abnehmenden Ertragszuwachs*: Der Pflanzenertrag ist abhängig von einem jeden Wachstumsfaktor (heute besser: Produktionsfaktor) mit einer dem Faktor eigenen Intensität, und zwar ist der Ertragszuwachs pro Zunahme des Wachstumsfaktors proportional zu dem am Höchstertrag fehlenden Ertrag. In dieser Formulierung werden zwei wichtige Gesichtspunkte klar herausgestellt: 1. *Jeder* Produktionsfaktor begrenzt den Ertrag. 2. Die Zunahme eines jeden Produktionsfaktors steigert grundsätzlich den Ertrag, falls das jeweilige Optimum nicht erreicht (oder überschritten) ist. Das Mitscherlichsche Ertragsgesetz läßt sich für einen bestimmten Wachstumsfaktor (Testfaktor), z.B. für ein Makroelement, folgendermaßen formulieren:

$$\frac{dy}{dx} = c\,(A - y)\,, \qquad (33.1)$$

wobei: A = Höchstertrag (Testfaktor optimal), y = aktueller Ertrag (Testfaktor suboptimal), A−y = Differenz zum Höchstertrag, x = Dosis des Testfaktors, c = Wirkungskoeffizient. Diese Funktion paßt sich den experimentell gefundenen Daten in der Regel recht gut an (Abb. 33.4). Je größer c, um so steiler steigt die exponentielle Funktion an. Der *Wirkungskoeffizient* ist eine *empirische Größe*, die z.B. für einen gegebenen Boden und gegebene klimatische Faktoren für verschiedene Makroelemente vergleichend festgestellt werden kann. Bei einer genauen Kenntnis des Höchstertrags A erhält man gemäß Gl. (33.1), die gelöst $y = A\,(1 - e^{-cx})$ oder $\ln(A-y)/A = -cx$ ergibt, bei einer halblogarithmischen Auftragung von $(A-y)/A$ gegen x eine Gerade. Aus der Steigung der Geraden läßt sich direkt der Wirkungskoeffizient ablesen. Man findet dann in der Regel ein kleines c für Stickstoff, ein großes für Schwefel; die anderen wichtigen Makroelemente liegen dazwischen ($c_N < c_K < c_P < c_{Mg} < c_S$).

Die prinzipielle Schwierigkeit bei der Interpretation der für einzelne Produktionsfaktoren aufgestellten Ertragsfunktionen (als Prototyp → Abb. 33.4) rührt daher, daß man die (möglicherweise

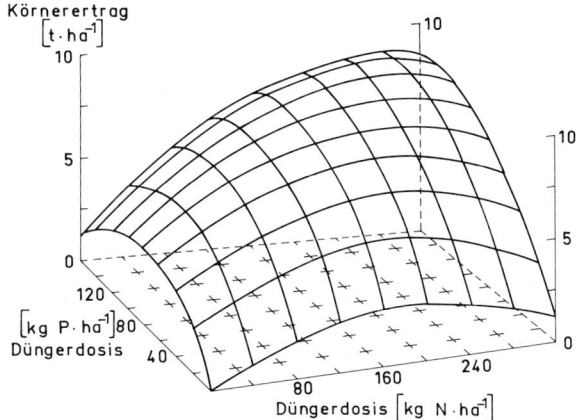

Abb. 33.5. Der ökonomische Ertrag (Maiskörner pro Fläche) als Funktion der Stickstoff- und Phosphatdüngung. Für zwei Faktoren ist eine anschauliche Darstellung der erhaltenen Daten als „Ertragsoberfläche" möglich. (Nach Finck 1976)

ben, aber mit Hilfe von Computern nach den Verfahren multifaktorieller statistischer Analyse verhältnismäßig leicht auswerten. Man darf nicht erwarten, daß man bei diesen Analysen auf Gesetzmäßigkeiten stößt, da die Wechselwirkung zwischen den Produktionsfaktoren (zumal im Freiland) für die jeweilige Situation spezifisch ist.

Bisher sind wir davon ausgegangen, daß Ertragskurven im Prinzip exponentielle Funktionen sind, die sich mit steigender Faktordosis asymptotisch einem Grenzwert nähern (→ Abb. 33.4). Diese Annahme ist nicht immer berechtigt. Nicht selten müssen wir mit *Optimum*kurven rechnen, z. B. führt die *Überdüngung* mit einer bestimmten Ionensorte in der Regel zu einer relativen Minderung des Ertrags (Abb. 33.6). Da die *optimale Menge eines Faktors* in der Regel von den Mengen, in denen die anderen Produktionsfaktoren vorhanden sind, abhängt, ergeben sich für die theoretische und praktische Ertragsphysiologie schwierige Probleme, die nur näherungsweise zu lösen sind.

Düngemittel sind für den Landwirt Faktoren der Ertragssteigerung. Hierbei muß man sowohl den *ökonomischen Ertrag* (Menge an Ertragsgut pro Fläche) als auch die *Rentabilität* (Ertrag pro Arbeitskraft oder Ertrag pro eingesetzte Kapitalmenge) in Betracht ziehen. In der Abb. 33.7 ist die Rentabilitätsfunktion für den Ertragsfaktor *Düngung* im Prinzip dargestellt. Düngung verursacht fixe Kosten (Maschinen und Arbeitslohn für die Ausbringung) und variable Kosten (Düngemittel) und führt im Normalfall zu einem Gewinn (Geld pro Fläche) durch Mehrertrag. Zu geringe Düngergaben sind auf alle Fälle unrentabel, da die Kosten

dosisabhängige) *Wechselwirkung* (Interaktion) zwischen den verschiedenen Produktionsfaktoren theoretisch nicht im Griff hat (→ S. 11). Andererseits darf man nicht davon ausgehen, daß die einzelnen Faktoren unabhängig voneinander den Ertrag bestimmen. Die Annahme einer *Nicht-Wechselwirkung* in der Theorie muß empirisch begründet werden (→ S. 10).

Das *empirische* Resultat eines *Zwei*faktorenexperiments läßt sich als (gekrümmte) *Ertragsoberfläche* anschaulich darstellen (Abb. 33.5). Die empirischen Ergebnisse von *Mehr*faktorenexperimenten lassen sich zwar nicht mehr bildlich wiederge-

Abb. 33.6. Illustration der Optimumkurve für die Düngung. Objekt: Haferpflanzen (*Avena sativa*) die mit verschiedenen Kaliummengen gedüngt wurden. Jedes Kulturgefäß erhielt als Grunddüngung 1,34 g Stickstoff. Man sieht, daß bei einer Steigerung der Kaliumdüngung über das Optimum hinaus Wachstum und Ertrag zurückgehen. Diese Depression beobachtet man regelmäßig dann, wenn Produktionsfaktoren in stark überhöhter Dosis angeboten und damit zum Streßfaktor werden (→ Abb. 32.1). (Nach Ruge 1966)

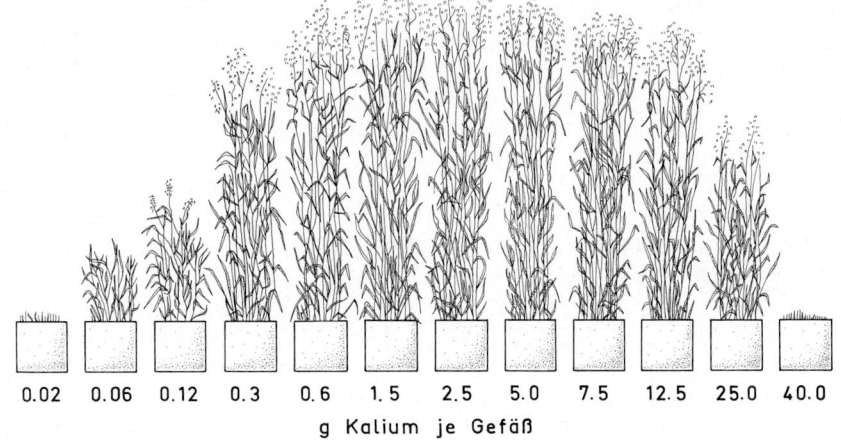

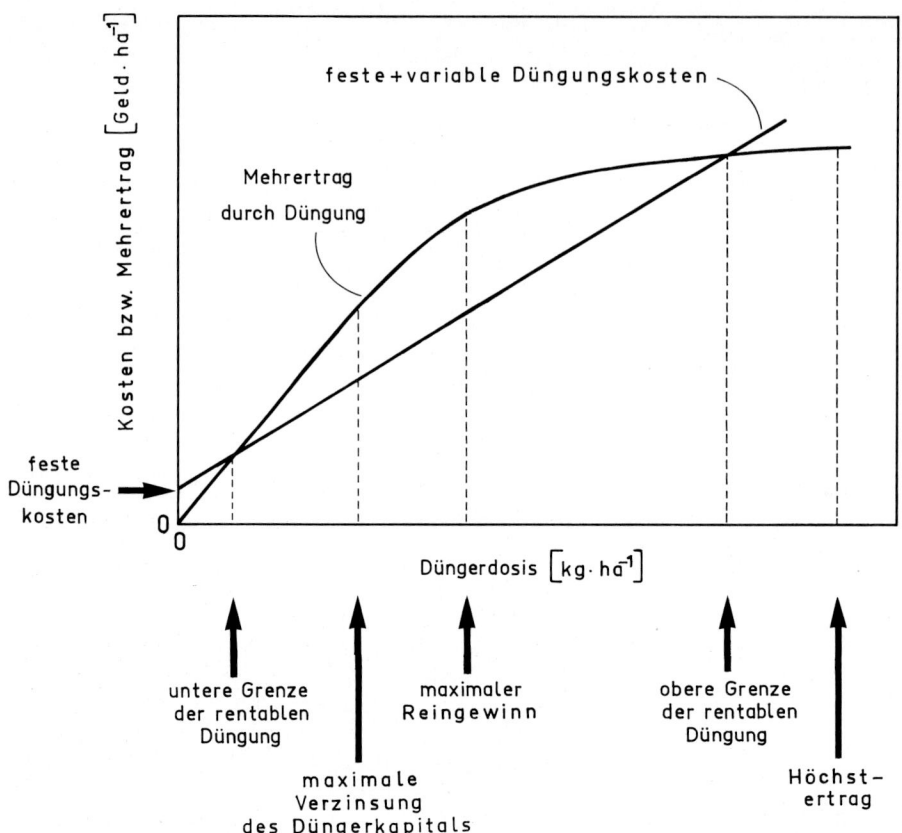

Abb. 33.7. Eine prinzipielle Darstellung der *Rentabilitäts-funktion* für den Ertragsfaktor *Düngung*. Die *Pfeile* bezeichnen die für den Praktiker besonders wichtigen Düngerdosen, beispielsweise jene Düngerdosis, die einen maximalen Rein- gewinn verspricht. Diese für einen wirtschaftlichen Ertrag günstige Düngerdosis liegt stets niedriger als die für den Höchstertrag erforderliche Dosis (→ Tabelle 33.3). Die wei- tere Erklärung erfolgt im Text. (Nach Finck 1976; verändert)

höher sind als der Gewinn (untere Grenze der Ren- tabilität); aber auch bei hohen Düngergaben kön- nen die Kosten den Mehrertrag übersteigen. Im Be- reich rentabler Düngung hängt es von den Gege- benheiten eines Betriebs ab, ob der Landwirt oder Gärtner die Düngung auf eine *maximale Kapital- verzinsung* (bei Geldknappheit) oder auf einen *ma- ximalen Reingewinn* (bei Bodenknappheit) anlegt.

Optimierung eines Produktionsfaktors: Stickstoff

Ersatzdüngung

In der Biosphäre ist der pflanzenverfügbare Stick- stoff stets knapp gewesen. Deshalb herrschte wäh- rend der terrestrischen Evolution ein starker Selek- tionsdruck in Richtung Einsparung und Recycling. Die Natur – die Evolution – hat auf diese Rahmen- bedingungen mit der Etablierung eines Kreislaufs reagiert (→ Abb. 17.3). Höhere Pflanzen nehmen unter natürlichen Verhältnissen nur anorganischen Stickstoff auf, und zwar meist in Form von Nitrat (Abb. 33.8). Nitrat entsteht im Boden aus Ammo- nium unter der Einwirkung nitrifizierender Bakte- rien; Ammonium (oder primär Ammoniak, NH_3) entsteht bei der Mineralisation, d.h. beim Endab- bau N-haltiger organischer Substanz durch hete- rotrophe Mikroorganismen. Die organische Sub- stanz stammt letztlich immer von autotrophen grü- nen Pflanzen.

Der terrestrische Stickstoffkreislauf ist, wie alle biologischen Kreisläufe, auch unter naturnahen

Abb. 33.8. Stickstoffdüngung und Umsetzung der Dünger im Boden. N-Dünger sind chemische Stoffe, die das Nährelement N in aufnehmbarer Form (Ammonium, Nitrat) enthalten oder die nach Umsetzung solche Formen liefern. (Nach Fink 1979)

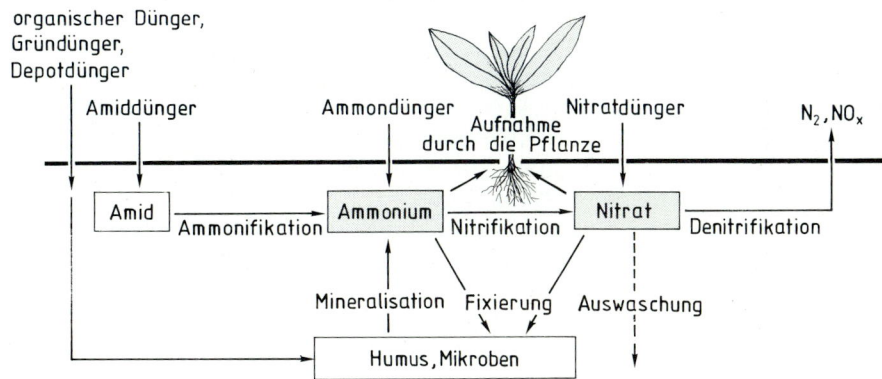

Verhältnissen nicht geschlossen (→ Abb. 17.3). Gravierende Verluste entstehen ständig durch Auswaschung von Nitrat – letztlich ins Meer – und über die Denitrifikation durch aerobe Bodenbakterien und -pilze, die bei O_2-Mangel im Boden Nitrat als Sauerstoffquelle verwenden. Diese Nitratatmung ist für einen Teil der Bodenmikroben als eine ökologische Alternative zur Sauerstoffatmung zu verstehen. Die Voraussetzungen für intensive Denitrifikationsverluste ($NO_3^- \rightarrow N_2$, N_2O, NO) sind dann gegeben, wenn ein relativ hohes Angebot an leicht mineralisierbarer organischer Substanz mit relativ hoher Bodenfeuchte, Temperatur und Nitratkonzentration zusammentrifft. Die Denitrifikationsverluste unserer Böden dürften derzeit in der Größenordnung von $20–30 \ kg \ N \cdot ha^{-1} \cdot a^{-1}$ liegen.

Eine Zufuhr in den Kreislauf erfolgt unter natürlichen Bedingungen vor allem durch die biologische Fixierung des N_2 der Luft. Gewisse Bakterien und Blaualgen (Cyanobakterien) leisten – zum Teil in Symbiose mit bestimmten höheren Pflanzen, z. B. Fabaceen – diese biologische N_2-Fixierung (→ S. 605). Da die Überführung von N_2 in organische Bindung sehr energieaufwendig ist, hat sich die N_2-Fixierung während der Evolution nicht generell durchgesetzt.

Auf den Agrarflächen ist eine N-Düngung unerläßlich (Abb. 33.8). Eine Ersatzdüngung, d. h. ein Ersatz der mit dem Ertragsgut entzogenen Nährstoffe, ist eine Voraussetzung für gleichmäßige, verläßliche Erträge. Deshalb findet man auch in den primitivsten Landbausystemen zumindest eine einfache Form der Düngung, z. B. mit Fäkalien oder Stallmist. Die N-Düngung soll die natürliche N-Anlieferung aus dem Boden ergänzen, d. h. zusam-

men mit dem bodenbürtigen Ammonium/Nitrat ein dem Bedarf der Kulturpflanzen angepaßtes Angebot bewirken.

„Ziel des Düngereinsatzes ist die Erzielung hoher und hochwertiger Erträge durch Verbesserung der Nährstoffversorgung unter Erhaltung oder Verbesserung der Bodenfruchtbarkeit ohne nachteilige Auswirkungen auf die Welt" (Fink 1989). Da die Proteinversorgung der Menschheit besonders problematisch ist, spielt die N-Düngung weltweit eine zentrale Rolle.

Bei einem Verzicht auf N-Düngung kommt es zu schweren Ertragseinbußen. Hierzu ein repräsentatives Beispiel: Bei einem 20jährigen Dauerversuch mit Roggenanbau auf einem sandigen Lehmstandort im Weser-Ems-Gebiet fiel der Flächenertrag ohne N-Düngung schließlich auf 10–15% des bei optimaler N-Düngung ($150 \ kg \ N \cdot ha^{-1} \cdot a^{-1}$) möglichen Ertrags ($8,8 \ dt \cdot ha^{-1}$ gegenüber $60,7 \ dt \cdot ha^{-1}$). Die hohen Erträge bei N-Düngung zeigen eine Abhängigkeit vom Pflanzenschutz: Ohne N-Düngung blieben Pflanzenschutzmaßnahmen nahezu wirkungslos, während bei optimaler N-Düngung die Versuchsvariante ohne Pflanzenschutz auf 50–60% des möglichen Flächenertrags zurückfiel.

Die Effizienz der Stickstoff-Verwertung in der Pflanzenproduktion

Während der ganzen Evolution der Landpflanzen war der den Pflanzen zugängliche Stickstoff (NO_3^-, NH_4^+) ein Mangelfaktor. Das Angebot war knapp und schwankend; es herrschte eine rigorose Konkurrenz um die in der Regel eng begrenzte Ressource. Entsprechend subtil sind die Strategien, die

die Pflanzen im Laufe der Evolution entwickelt haben, um an das wertvolle Element zu gelangen. Dies gilt sowohl für die strukturelle (→ S. 489) als auch für die biochemisch-molekulare Ebene.

Das Nitrat wird von der Pflanzenwurzel über wenigstens zwei (vielleicht drei) diskrete Transportsysteme aufgenommen (Abb. 33.9; → Abb. 5.13). Unterhalb von $1\,mmol \cdot l^{-1}$ erfolgt die Aufnahme über ein Transportsystem, das bereits bei einer externen Nitratkonzentration von $0,1\,mmol \cdot l^{-1}$ saturiert ist; oberhalb von etwa $1\,mmol \cdot l^{-1}$ tritt ein zweites Transportsystem in Aktion, das nur bei einem hohen Nitratangebot arbeitet und nicht saturierbar erscheint. Je nach Nitratangebot werden von der Pflanzenwurzel also verschiedene Transportsysteme eingesetzt: Bei niedrigem Angebot ein System mit hoher Affinität für Nitrat, aber entsprechend kleinen Flüssen; bei einem, in aller Regel zeitlich eng begrenzten, massiven Angebot ein System mit geringer Affinität für Nitrat, das aber hohe Flüsse zuläßt.

Der ohnehin labile Kreislauf des N in der Natur ist auf den Ertragsflächen nachhaltig gestört. Durch den Abtransport von Ertragsgut gehen den Agrarflächen große Mengen an Nährstoffen verloren, die durch Ersatzdüngung wieder bereitgestellt werden müssen, um die künftigen Erträge zu sichern (→ Abb. 33.8). Bei der Anwendung von

Tabelle 33.4. Verwertung des in die Landwirtschaft der Bundesrepublik Deutschland pro Jahr eingebrachten Stickstoffs (Werte für 1986; Zahlenangaben in $kg\,N \cdot ha^{-1}$ landwirtschaftlich genutzter Fläche). (Nach Isermann 1990)

Eintrag		*Verwertung*	
total	218	Pflanzenproduktion	
davon:		Nahrungsmittel	23
Mineraldünger	126	Futtermittel	115
Importierte Futtermittel	47		
Atmosphäre	30	Tierproduktion	28
Biologische N_2-Bindung	12		
Klärschlamm	3		

Effizienz der N-Verwertung	
Pflanzenproduktion	73%
Tierproduktion	17%
Landwirtschaft insgesamt	23%

Mineraldünger ist eine genaue Dosierung der Nährstoffe möglich (→ Abb. 33.5), da sie in unmittelbar pflanzenverfügbarer Form ausgebracht werden. Außerdem können die Nährstoffe in der Zeitspanne, in der sie für die Systemsynthese gebraucht und demgemäß rasch aufgenommen werden, gezielt angeboten werden.

Durch den vermehrten Einsatz von Mineraldünger ist die Effizienz der N-Verwertung in der Pflanzenproduktion bereits heute sehr hoch (Tabelle 33.4). Bei der Verwendung von Stallmist liegt der Ausnutzungsgrad niedriger (bei 20–30%). Eine Nitratauswaschung kann durch keine Bewirtschaftungsform (Mineraldünger, organischer Dünger, Fabaceenanbau) völlig verhindert werden. Bei der sogenannten alternativen Landbewirtschaftung, die auf Mineraldünger verzichtet, liegt das Problem darin, daß der N aus dem organischen Material auch dann mineralisiert wird, wenn kein oder nur ein geringer Bedarf von seiten der Pflanzen vorliegt. Der damit verbundenen Nitratauswaschungsgefahr muß durch den Anbau einer Nach- oder Zwischenfrucht entgegengewirkt werden.

Bei der Tierproduktion ist die N-Effizienz immer noch niedrig, so daß sich für die Landwirtschaft insgesamt eine bescheidene Bilanz ergibt (→ Tabelle 33.4).

Verglichen mit dem Einsatz an mineralischem N-Dünger tritt die Bedeutung der biologischen N_2-Bindung zurück (→ Tabelle 33.4). Dies hat gute Gründe. Um die Agrarflächen in der Bundesrepublik ausreichend mit N zu versorgen, müßten ca. 40% der landwirtschaftlichen Nutzfläche jeweils

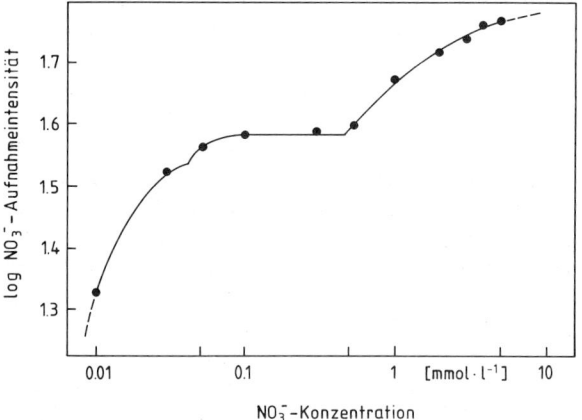

Abb. 33.9. Eine doppellogarithmische Darstellung der Aufnahmeintensität für Nitrat als Funktion des Nitratangebots. Objekt: Wurzeln der Gartenbohne (*Phaseolus vulgaris*). Die Aufnahmeintensität wurde als $\mu mol\,NO_3^- \cdot h^{-1} \cdot g$ Frischmasse^{-1} gemessen. Solche Daten haben zu dem Konzept multipler Transportsysteme geführt (→ S. 78). (Nach Breteler und Nissen 1982; verändert)

mit Fabaceen bebaut werden. Dabei stellt sich die Frage, was bei Futter-Fabaceen mit dem Ertragsgut geschehen soll. Bei Fabaceen als Hauptfruchtform (Erbsen, Ackerbohnen) ist der ökonomische Ertrag gegenüber Weizen wesentlich geringer. Diese Diskrepanz gilt auch beim Vergleich von Soja (C₃-Pflanze) und Mais (C₄-Pflanze) (Abb. 33.10). Die Nettoassimilation bei hohem Photonenfluß ist beim Mais mindestens zweimal so hoch wie bei der Sojabohne. Dies spiegelt sich entsprechend im ökonomischen Ertrag wider. Die Durchschnittserträge beim Mais haben sich zwischen 1950 und 1970 verdreifacht, während die Durchschnittserträge bei Soja nur um rund 20% gestiegen sind. Wie kommt das? Es wurden Maissorten gezüchtet (→ S. 614), die auf eine starke N-Düngung mit hohen Erträgen reagieren. Offenbar halten diese Varietäten eine hohe Nettoassimilation auch während der Kornbildung aufrecht. Sojabohnen andererseits, die das N₂ der Luft mit Hilfe der Knöllchenbakterien fixieren (→ S. 607), reagieren auf Nitrat mit einer Hemmung der Knöllchenbildung und der N₂-Fixierung. Selbst die Anwendung der zur Zeit besten Agrikulturtechnik hat die Sojaerträge nicht wesentlich steigern können, da die relativ niedrige Nettoassimilationsrate der C₃-Pflanze und – vor allem – der hohe Energieaufwand für die biologische N₂-Fixierung dem ökonomischen Ertrag enge biologische Grenzen setzen.

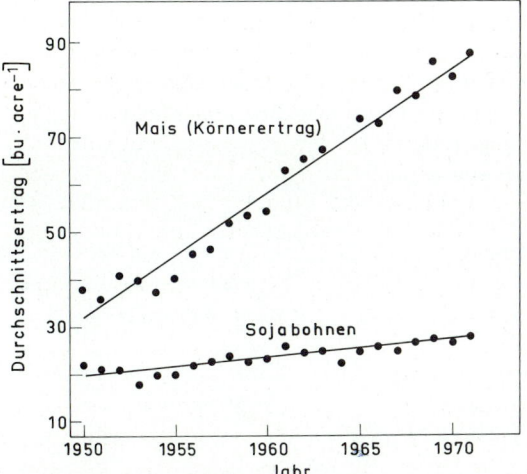

Abb. 33.10. Die durchschnittlichen ökonomischen Erträge von Mais und Soja in den USA ab 1950. Wegen bushel (bu) und acre → Tabelle 33.3. (Nach Zelitch 1975)

Fixierung von atmosphärischem Distickstoff

Der Gehalt an pflanzenverfügbarem Stickstoff im Boden ist in vielen Teilen der Welt der begrenzende Faktor für den Ertrag (→ Abb. 33.4). N-haltige Düngemittel sind deshalb eine wesentliche Voraussetzung für akzeptable Erträge (→ Abb. 33.5). Der N in den Düngemitteln stammt heutzutage aus dem N₂ der Luft. Der Beitrag der Salpeterlagerstätten zur N-Versorgung der Landwirtschaft fällt nicht mehr ins Gewicht. Es gibt zwei Verfahren, den N₂ der Luft in die Biosphäre einzubeziehen: Das großtechnisch angewandte Haber-Bosch-Verfahren und die natürliche Nitrogenasereaktion, die in manchen Bakterien abläuft. Das Industrieverfahren und der natürliche Prozeß sind sich sehr ähnlich (Abb. 33.11). Das Haber-Bosch-Verfahren benötigt große Mengen an Energie, da es Wasserstoffgas und extreme Reaktionsbedingungen erfordert. In diesem Prozeß reagieren 1 mol N₂ mit 3 mol H₂ bei relativ hoher Temperatur (etwa 500 °C) und hohem Druck (etwa 200 bar) zu 2 mol NH₃. Um 1 kg N in Düngerform zu bringen, benötigt man den Energieinhalt von 1 l Erdöl. Das natürliche Verfahren ist entsprechend teuer: Um 2 mol NH₃ (+1 mol H₂) zu gewinnen, müssen von der Bakterienzelle unter optimalen Reaktionsbedingungen 8 mol H⁺, 8 mol e⁻ und 16 mol ATP eingesetzt werden [→ Gl. (12.20)].

Um 1888 entdeckten Hellriegel und Wilfarth die Bindung des freien N₂ durch die Knöllchenbakterien der Gattungen *Rhizobium* und *Bradyrhizobium* in den Wurzelknöllchen von Fabaceen (Abb. 33.12). Die N₂-Fixierung im Rahmen der *Rhizobium*-Fabaceen-Symbiose ist bis heute die wichtigste Alternative zum Haber-Bosch-Verfahren geblieben. Sie leistet weltweit etwa die Hälfte der gesamten biologischen N₂-Fixierung. Außer der endosymbiontischen N₂-Fixierung kennt man die assoziative N₂-Fixierung und die N₂-Fixierung durch freilebende Bakterien und Cyanobakterien (Tabelle 33.5).

Die einzelnen Fabaceen-Arten sind jeweils mit bestimmten *Rhizobium*- bzw. *Bradyrhizobium*-Arten assoziiert. Diese erstaunliche Spezifität ist wahrscheinlich darauf zurückzuführen, daß die Bakterien von der Oberfläche der Wurzelhaare ihrer prospektiven Wirtspflanzen spezifisch erkannt werden. Beispielsweise tritt bei Soja (*Glycine max*) an der Oberfläche der Wurzelhaare ein Lectin auf, das nur an die Zellen von *Bradyrhizobium japoni-*

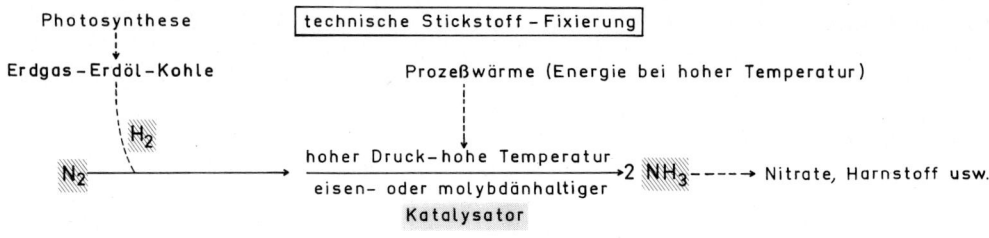

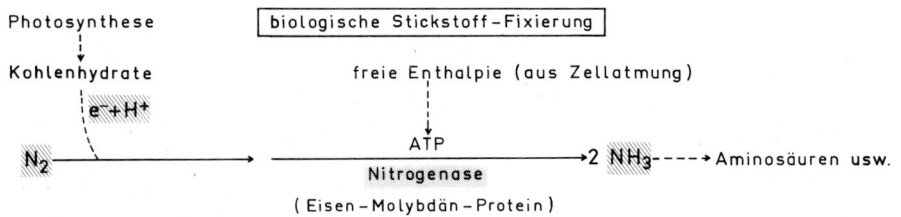

Abb. 33.11. Eine Gegenüberstellung von technischer und biologischer Stickstoff-Fixierung. In beiden Fällen ist der Aufwand an arbeitsfähiger Energie sehr hoch. Der benötigte Wasserstoff leitet sich in beiden Fällen von Photosynthese-produkten (fossil oder rezent) ab. Sowohl an der technischen als auch an der biologischen Katalyse sind Eisen- und/oder Molybdänatome beteiligt. Die katalytische Leistungsfähig-keit des Enzyms ist allerdings sehr viel besser als die des technischen Katalysators. Während das Haber-Bosch-Verfahren recht extreme Reaktionsbedingungen benötigt (200 bar, 500 °C) arbeitet das Metalloenzym *Nitrogenase* bei den in der Natur vorherrschenden Normalbedingungen (1 bar, 20 bis 30 °C)

Tabelle 33.5. Die Hauptgruppen der N_2-fixierenden Bakterien. (Nach Erfkamp und Müller 1990)

Art der N_2-Fixierung	Lebensweise der Bakterien	Organismen
Symbiontische N_2-Fixierung:		
endosymbiontische N_2-Fixierung	in speziell von der Wirtspflanze ausgebildeten Strukturen:	
	z. B. Fabaceen/Knöllchenbakterien	*(Brady-)Rhizobium spec.*
	Azolla/Cyanobakterien	*Anabaena azollae*
assoziative N_2-Fixierung	Bakterien leben auf oder in der Nähe von Wurzeln oder in enger Gemeinschaft mit anderen Bakterien	*Azospirillum lipoferum*
N_2-Fixierung durch freilebende Organismen:	obligat aerobe Bodenbakterien	*Azotobacter vinelandii*
	mikroaerophile Bodenbakterien	*Xanthobacter autotrophicus*
	fakultativ anaerobe Bakterien (N_2-Fixierung nur anaerob)	*Klebsiella pneumoniae*
	strikt anaerobe Bodenbakterien	*Clostridium pasteurianum*
	Cyanobakterien mit Heterocysten (auf N_2-Fixierung spezialisierte Zellen innerhalb der Filamente)	*Anabaena variabilis*
	Cyanobakterien, die Photosynthese (O_2-Produktion!) und N_2-Fixierung zeitlich trennen	*Nostoc spec.*

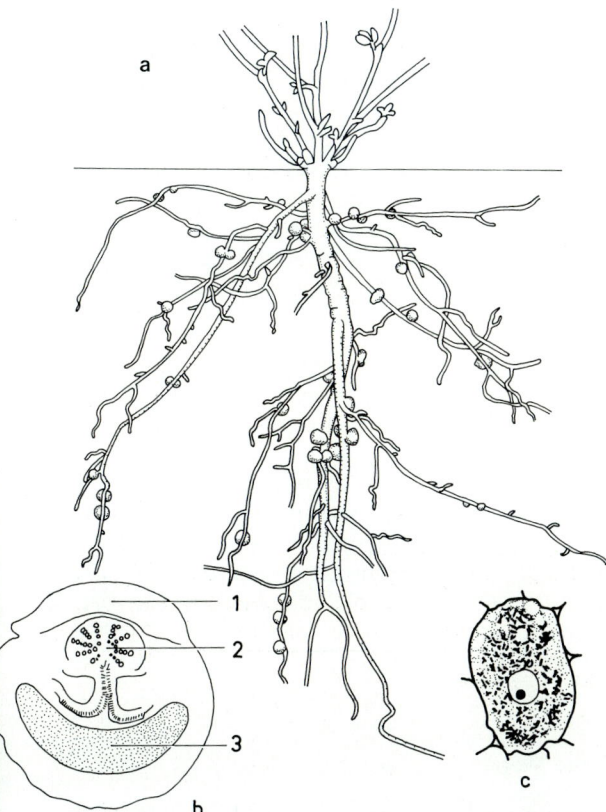

Abb. 33.12 a–c. Illustrationen zur *Rhizobium*-Fabaceen-Symbiose. (a) Wurzelknöllchen am Wurzelsystem der Fabacee *Tetragonolobus maritimus*. (b) Schematischer Querschnitt durch ein Wurzelknöllchen von *Lupinus luteus*: 1, Wurzelrinde; 2, Zentralzylinder; 3, bakterienhaltiges Gewebe. (c) Einzelne Zelle aus einem Wurzelknöllchen der Mimosacee *Neptunia oleracea* mit zahlreichen Bakterien („Bacterioide") im Cytoplasma. (Nach Schumacher 1962)

cum bindet. Dies ist jene *Bradyrhizobium*-Art, die Sojawurzeln infiziert. Beim Klee findet man an der Oberfläche der Wurzelhaare ein anderes Lectin (Trifoliin), das an ein Polysaccharid der Oberfläche des für Klee spezifischen *Rhizobium trifolii* bindet, hingegen nicht an Oberflächenpolysaccharide anderer *Rhizobium*-Arten. Da die Wurzelhaare die Orte der Primärinfektion sind, dürfte das Trifoliin die „gewünschte" spezifische Verbindung zwischen der Kleepflanze und dem Bacterium herstellen. Vieles spricht dafür, daß die Wurzel- und die Bakterienoberfläche dieselben Zuckerreste (Exopolysaccharide) exponieren, an die die Lectine spezifisch binden. (Zuckerreste an Zelloberflächen sind die

Bindungsstellen für Lectine = Phytohämagglutinine.) Auf diese Weise bilden die Lectinmoleküle eine Klammer zwischen dem Wurzelhaar und den Rhizobien (Abb. 33.13).

Das Schlüsselmolekül bei der biologischen N_2-Fixierung ist das molybdänhaltige Enzym Nitrogenase, ein komplexes Enzymsystem, das offenbar in allen Bakterien, die bislang als N_2-Fixierer erkannt wurden, sehr ähnlich aufgebaut ist. Die Nitrogenase besteht aus zwei Komponenten – dem Eisen-Protein (Fe-Protein) und dem Eisen-Molybdän-Protein (FeMo-Protein). Das FeMo-Protein wird neuerdings als Dinitrogenase bezeichnet. Es stellt also die „eigentliche" Nitrogenase dar, während das Fe-Protein als Dinitrogenase-Reductase bezeichnet wird, entsprechend seiner Funktion als Elektronencarrier zum FeMo-Protein. Jedes der beiden Enzyme besteht aus mehreren Untereinheiten.

Die zur N_2-Fixierung notwendigen Gene werden als nif-Gene (nitrogen fixing genes) bezeichnet. Bei *Klebsiella pneumoniae* handelt es sich um 20 Gene, die auf dem Chromosom direkt hintereinander liegen und in 7 oder 8 Operons organisiert sind. (Ein Operon ist eine Gruppe von Genen, die gemeinsam abgelesen werden; → Abb. 10.13.) Die nif-Gene von *Klebsiella pneumoniae* lassen sich zu verschiedenen funktionalen Gruppen zusammenfassen (Tabelle 33.6) und auf einer entsprechenden Genkarte der nif-Region des Chromosoms lokalisieren.

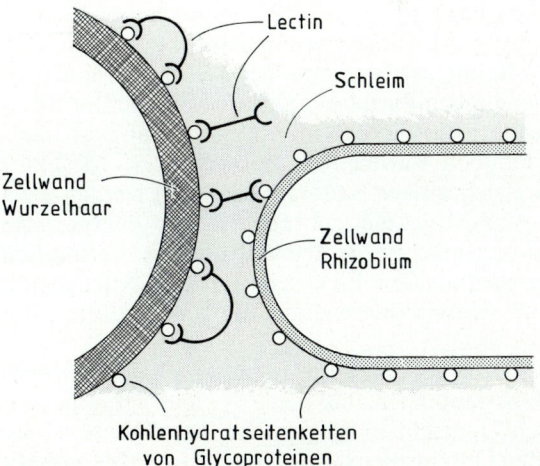

Abb. 33.13. Schema für die durch ein Lectin vermittelte Bindung einer *Rhizobium*-Zelle an ein Wurzelhaar. (Nach Lewis 1986)

Tabelle 33.6. Funktion der *nif*-Gene bei *Klebsiella pneumoniae*. (Nach Erfkamp und Müller 1990)

Genbe-zeichnung	Funktion des von diesem Gen codierten Proteins [a]
*nif*K *nif*D	Dinitrogenase
*nif*H	Dinitrogenase-Reductase
*nif*Q *nif*B *nif*N *nif*E *nif*V	beteiligt an Synthese bzw. Einbau des Eisen-Molybdän-Cofaktors in die Nitrogenase
*nif*M *nif*X *nif*Y *nif*S *nif*U [a]	Hilfsproteine bei der Aktivierung der Nitrogenase und des Eisen-Molybdän-Cofaktors
*nif*A *nif*L	Regulation der *nif*-Gene
*nif*F *nif*J	Elektronentransport

[a] Weitere Gene sind: *nif*W, *nif*Z und *nif*T; für einige Genprodukte ist die Funktion nicht eindeutig geklärt.

Der an der Nitrogenase ablaufende Prozeß, die Reduktion $N_2 \rightarrow NH_3$, erfordert arbeitsfähige Energie (in Form von ATP) und die Bereitstellung von Wasserstoff ($e^- + H^+$). Die Elektronen stammen (abgesehen von N_2-fixierenden, photosynthetischen Bakterien; → S. 193) letztlich aus Kohlenhydraten. Als Elektronenüberträger zur Dinitrogenase-Reductase fungieren bei *Klebsiella* Flavoproteine, die von Pyruvat reduziert werden. Der Energiebedarf der biologischen N_2-Fixierung ist unerwartet hoch. Für die Reduktion eines N_2-Moleküls (bei gleichzeitiger Bildung von 1 H_2) werden etwa 16 ATP-Moleküle gebraucht. Der energetische Wirkungsgrad ist demgemäß niedrig. Vermutlich liegt dies an den Eigenschaften der Nitrogenase (hohe Aktivierungsenergie für die Spaltung von N_2).

Eine bemerkenswerte Eigenschaft der Nitrogenase besteht darin, daß beide Proteinkomponenten durch O_2 leicht inaktiviert werden. Die N_2-fixierenden Organismen haben Strategien dafür entwickelt, dieser Schwierigkeit zu begegnen. Beispielsweise binden die Fabaceen in den Wurzelknöllchen das O_2 mit Hilfe von *Leghämoglobin*, bevor es die Bakterien erreichen kann. Dieses rote Hämoprotein ist ein Symbioseprodukt, zu dem der Wirt die Proteinkomponente und die Bakterien das Porphyrin beisteuern.

Wahrscheinlich ist es auf die O_2-Empfindlichkeit der Nitrogenase und auf den geringen energetischen Wirkungsgrad des Gesamtprozesses zurückzuführen, daß die biologische N_2-Fixierung im Verlauf der Evolution auf relativ wenige Taxa beschränkt blieb. Wichtige Fragen, mit denen sich die Forschung zur Zeit befaßt, sind die folgenden:

- Wie lassen sich die Erträge bei solchen Pflanzen (im wesentlichen Fabaceen) steigern, die bereits in Symbiose mit N_2-fixierenden Mikroorganismen leben?
- Lassen sich N_2-fixierende Bakterien zu einer Symbiose mit Getreidepflanzen, besonders Mais und Weizen, vereinigen?
- Lassen sich chemische Systeme der N_2-Fixierung entwickeln, die mit weniger Energieaufwand auskommen als das konventionelle Haber-Bosch-Verfahren?

Neue Wege

Man hat tropische Gräser gefunden, z. B. *Digitaria decumbens*, die mit N_2-fixierenden Bakterien (*Azospirillum lipoferum*) eine Symbiose bilden (→ Tabelle 33.5). Die Spirillen leben in der Wurzelrinde in der Nähe des Leitbündels. Sie bilden aber keine Wurzelknöllchen und fixieren N_2 auch außerhalb des Wirts. Dieses Beispiel zeigt, daß die von den Fabaceen her bekannte Symbiose im Prinzip auch bei Gramineen (Poaceen) vorkommt. Es erscheint deshalb möglich, Bakterien zu züchten, die als N_2-fixierende Symbionten für die etablierten Getreidepflanzen geeignet wären. Das wissenschaftliche Nahziel ist, N_2-fixierende Azospirillen in einen engen Kontakt (Symbiose, Assoziation in der Rhizosphäre) mit Mais oder Weizenpflanzen zu bringen. Man versucht ferner, die für N_2-Fixierung notwendigen *nif*-Gene (→ Tabelle 33.6) in Bodenbakterien zu transferien, die sie von Natur aus nicht besitzen. Ein solcher Gentransfer ist auf dem Weg der Konjugation von *Klebsiella pneumoniae* auf *Escherichia coli* gelungen (Abb. 33.14). Das Darmbacterium *E. coli* erwarb auf diese Weise die Fähigkeit, den Nitrogenase-Komplex zu bilden. Einige Forscher glauben, sie könnten in absehbarer Zeit mit Hilfe

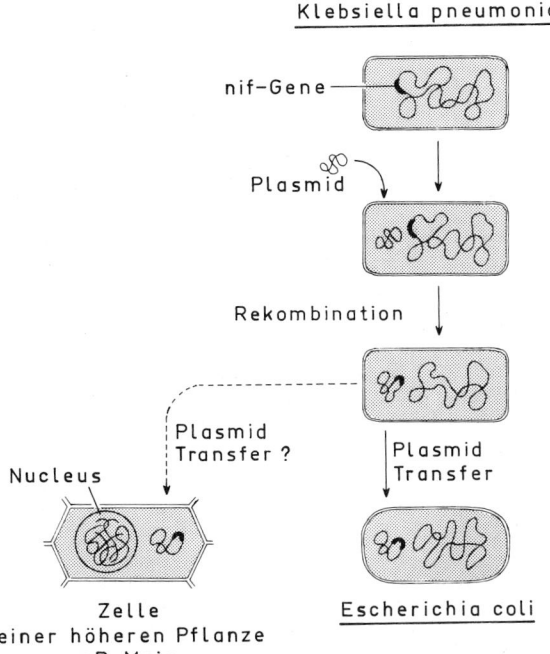

Klebsiella pneumoniae

nif-Gene

Plasmid

Rekombination

Plasmid
Transfer ?

Nucleus

Plasmid
Transfer

Zelle
einer höheren Pflanze
z.B. Mais

Escherichia coli

Abb. 33.14. Modell für den Transfer von *nif*-Genen von einem N_2-fixierenden Bacterium (*Klebsiella pneumoniae*) in andere, ertragsphysiologisch unmittelbar interessante Zellen, z. B. Mais. Die erste Stufe dieser Genübertragung ist experimentell bereits durchgeführt worden: *nif*-Gene von *Klebsiella pneumoniae* wurden in ein Plasmid (ringförmige extrachromosomale DNA) inkorporiert und in das Darmbacterium *Escherichia coli*, das von Natur aus keine Nitrogenase besitzt, transferiert. Ein ähnlicher Transfer von *nif*-Genen in die Zellen höherer Pflanzen dürfte sehr viel schwieriger sein. Außerdem wäre der Besitz von *nif*-Genen allein noch keine Gewähr, daß tatsächlich N_2-Fixierung erfolgen kann. Die *nif*-Gene enthaltenden *E. coli*-Zellen bilden zwar Nitrogenase, sie fixieren aber kein N_2, da sie das Enzym nicht gegen den destruktiven Einfluß von O_2 schützen können. Die N_2-fixierende Getreidepflanze liegt noch in weiter Ferne. (Nach Brill 1977)

von *Plasmiden* die *nif*-Gene auch direkt in Protoplasten höherer Pflanzen einführen (Abb. 33.14). Von solchen Spekulationen bis zur Ertragssteigerung ist aber noch ein weiter Weg. Selbst wenn es gelingen sollte, den ganzen Satz der *nif*-Gene ($\rightarrow$ Tabelle 33.6) in den Zellen einer Maispflanze zu verankern, bliebe beispielsweise das Problem, die Nitrogenase gegen O_2 zu schützen. Außerdem würde eine Umstellung des Stoffwechsels der Maispflanze auf effiziente N_2-Fixierung auch andere Gene tangieren, nicht nur die *nif*-Gene. Erfolgver-

sprechender sind wahrscheinlich Studien mit Mutanten des im Boden freilebenden Bacteriums *Azotobacter*, die selbst in Gegenwart von Nitrat N_2 fixieren und sogar NH_4^+ ausscheiden. Es wird versucht, diese Stämme genetisch so zu adaptieren, daß sie im Boden in der Nähe von Mais- oder Weizenwurzeln gedeihen. Die Mais- oder Weizensorten müssen ebenfalls züchterisch abgewandelt werden, damit sie reichlich organisches Material (Kohlenhydrate) aus dem Wurzelsystem ausscheiden, das den Bakterien als Kohlenstoffquelle dienen kann.

Dämpfung von Antagonisten der Ertragsbildung: Herbizide

Herbizide sind Substanzen, die auf Agrarflächen ausgebracht werden, um unerwünschte, den Ertrag mindernde Pflanzen (die jeweiligen „Unkräuter" und „Ungräser") auszuschalten. Herbizide sind für die moderne Landwirtschaft unentbehrlich. Die wesentlichen Zielsetzungen der landwirtschaftlichen Praxis sind durch ca. 350 Wirkstoffe abgedeckt, welche jedoch zum Teil mit heute unerwünschten Nebenwirkungen auf die Umwelt behaftet sind. Hier Ersatz durch neue Produkte zu schaffen, ist ein wesentliches Forschungsmotiv. Man unterscheidet aus praktischen Gründen zwischen nicht-selektiven *Vorauflauf-Herbiziden* (*VAH*) und selektiven *Nachauflauf-Herbiziden* (*NAH*). VAHs müssen vor dem Auflaufen (d.h. Keimung und Sichtbarwerden der ersten Blätter) der jungen Kulturpflanzen alle auflaufenden Unkräuter(-gräser) vernichten, weil die VAHs als nicht-selektive Totalherbizide sonst auch die Kulturpflanzen schädigen würden. Im Gegensatz dazu können NAHs wegen ihrer selektiven Wirkung auf bestimmte Pflanzen nach dem Auflaufen der Kulturpflanzen gegen Unkräuter(-gräser) eingesetzt werden. Demgemäß besitzen selektive Herbizide eine hohe Wirksamkeit gegen bestimmte Pflanzen, Totalherbizide eine hohe Wirksamkeit gegen alle Pflanzen (außer resistenten Sorten). Beide Kategorien von Herbiziden müssen leicht abbaubar und in den anzuwendenden Konzentrationen für Mensch und Tier unschädlich sein.

Bis in die 70er Jahre war die Zückerrübe die klassische Hackfrucht. Sehr viel menschliche Arbeitskraft (und Mühsal!) war notwendig, um die auflaufenden jungen Rübenpflanzen vor der Konkurrenz schneller wachsender Unkräuter(-gräser) zu schützen. Mit rübenspezifischen Vor- und Nachlaufherbiziden läßt sich heute ein Großteil der menschlichen Arbeitsleistung einsparen. Der Fortschritt bei den Rübenherbiziden vom ersten VAH *Chloridazon*, das seinerzeit den Rübenanbau revolutionierte, bis zu dem speziellen, gegen Gräser gerichteten NAH *Cycloxydim*, das 1987 auf den Markt kam, spiegelt sich eindrucksvoll im Rückgang der Wirkstoff-Aufwandmengen von ca. 2 auf ca. $0,2 \text{ kg} \cdot \text{ha}^{-1}$ wider.

Ein derzeit besonders wichtiges Rüben-VAH ist *Metamitron*. Im praxisnahen Lysimeterversuch hat man u. a. die Verlagerung und den Abbau des ^{14}C-markierten Wirkstoffs im Boden erforscht (Abb. 33.15). Die Radioaktivitätsbilanzen belegen, daß zum Zeitpunkt der Rübenernte, 160 d nach der

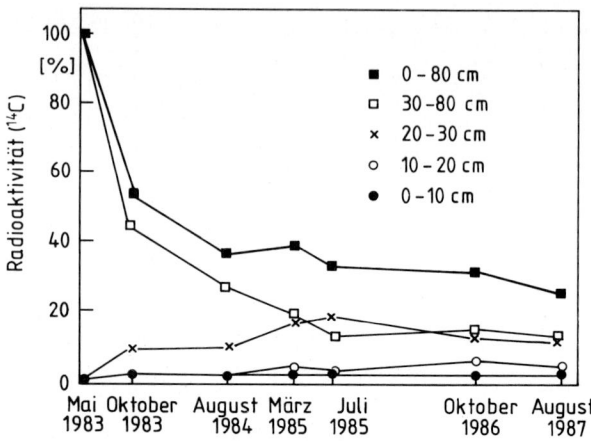

Abb. 33.16. Radioaktivitätsverteilung in verschiedener Tiefe im Boden (Parabraunerde) von Freilandlysimetern nach Vorauflaufspritzung von [3-^{14}C]Metamitron ($\rightarrow$ Abb. 33.15) zu Zuckerrüben. Applizierte Radioaktivität = 100%. Die Tiefenangaben beziehen sich auf die Basislinie = 0 cm. (Nach Führ et al. 1989)

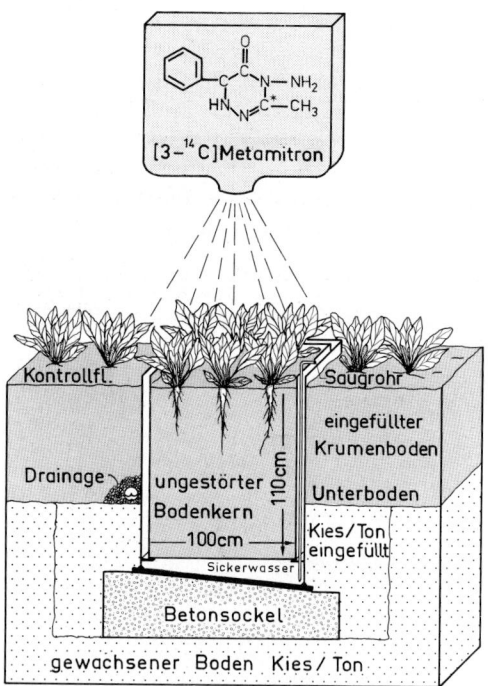

Abb. 33.15. Querschnitt durch eine Lysimeter-Anlage. Lysimeter sind Ausschnitte aus dem Agrarökosystem. Ungestörte Bodenblöcke mit 110 cm Profiltiefe, die mit einem Edelstahlzylinder aus dem Boden ausgestanzt werden, stehen in dichten Edelstahlbehältern, die fest im Boden eingebaut sind. Die Lysimeter sind von Kontrollflächen umgeben, die mit der gleichen Kultur bestellt werden. Besonders wichtig ist natürlich die Messung jener Substanzen, die bis in das Sickerwasser gelangen und somit als potentiell Grundwasser-gefährdend anzusehen sind. (Nach Führ et al. 1989)

Metamitron-Spritzung, bereits die Hälfte der applizierten Substanz zu CO_2 abgebaut worden war (Abb. 33.16). Danach verlangsamte sich allerdings der Verlust an ^{14}C aus dem System, vermutlich wegen der Wurzelaufnahme von Metaboliten und der lokalen Reassimilation des CO_2. Besonders wichtig ist der Befund, daß der Wirkstoff und seine organischen Abbauprodukte nur wenig in die tieferen Bodenschichten verlagert werden ($<0,5\%$ der applizierten Radioaktivität landen über einen Zeitraum von 4 Jahren im Sickerwasser, ein erheblicher Teil davon als [^{14}C] $CaCO_3$), und daß sich zum Erntezeitpunkt keine Rückstände des Wirkstoffs oder des Hauptmetaboliten Desamino-Metamitron im Ertragsgut finden lassen.

Totalherbizide und Gentechnik

Totalherbizide haben in der Landwirtschaft eine enorme Bedeutung erlangt, da sie arbeitswirtschaftliche Probleme lösen helfen. Die meisten dieser Herbizide üben ihre Wirkung dadurch aus, daß sie Zielproteine (üblicherweise Enzyme) inaktivieren, die für vitale Funktionen wie Photosynthese oder Biosynthesebahnen essentiell sind (Tabelle 33.7). Da Kulturpflanzen und Unkräuter(-gräser) auf diese Stoffwechselleistungen gleichermaßen angewiesen sind, wirken Totalerbizide notwendiger-

Tabelle 33.7. Wichtige Herbizide und ihre Zielproteine. (Nach Stalker 1991)

Verbindung (Trivial- bzw. Handelsname)		Gehemmte Stoffwechselbahn	Zielprotein
Glyphosat (Roundup)	$HO-\overset{O}{\underset{OH}{P}}-CH_2-NH-CH_2-COOH$	Synthese aromatischer Aminosäuren	5′Enolpyruvyl-shikimat-3′-phosphat-Synthase
Chlorsulphuron (Glean)	[Strukturformel]	Synthese verzweigter Aminosäuren	Acetolactatsynthase
AC 243, 997 (Arsenal)	[Strukturformel]	Synthese verzweigter Aminosäuren	Acetolactatsynthase
Phosphinothricin (Basta)	$CH_3-\overset{O}{\underset{OH}{P}}-CH_2-CH_2-\overset{NH_2}{CH}-COOH$	Nitrat/Ammonium-Assimilation	Glutaminsynthetase
Atrazin (Lasso)	[Strukturformel]	Photosynthese	32-kDa-Protein (Photosystem II)

weise nicht-selektiv. Die Gentechnik bietet die Chance, die Kulturpflanzen durch einen passenden Gentransfer resistent gegen bestimmte Totalherbizide zu machen. Dadurch wird aus dem Totalherbizid ein selektives Herbizid. Derzeit gibt es hierfür drei Verfahren:

- Man modifiziert das Zielprotein so, daß es gegenüber dem Herbizid unempfindlich wird. Beispiel: *Atrazin*-Resistenz kann bereits durch den Austausch *einer* Aminosäure in dem Zielprotein (B-Protein von Photosystem II = 32-kDa-Protein) bewirkt werden.
- Man veranlaßt die Überproduktion des unmodifizierten Zielproteins und erzielt dadurch einen normalen Metabolismus auch in Gegenwart des Herbizids. Beispiel: *Phosphinothricin*, ein Analogon des Glutamats, ist ein sehr wirksamer Inhibitor der Glutaminsynthetase (GS). Transgene Tabakpflanzen, die ein GS-Gen von Alfalfa überexprimieren, zeigen einen 5fachen Anstieg der spezifischen GS-Aktivität und einen 20fachen Anstieg der Resistenz gegenüber L-Phosphinothricin.

- Man führt in die Kulturpflanzen Enzyme oder Enzymsysteme ein, die das Herbizid abbauen oder detoxifizieren. Beispiel: Gene aus Herbizidabbauenden Mikroorganismen, die in Pflanzen – als Modell dient Tabak – übertragen werden und sich dort exprimieren, bewirken Resistenz gegenüber manchen Herbiziden (Tabelle 33.8). Hier wird die Resistenz des transgenen Tabaks gegenüber Phosphinothricin dadurch bewirkt, daß mit Hilfe des Enzyms aus *Streptomyces* das Phosphinothricin sehr effektiv acetyliert und damit entgiftet wird. (Das Schicksal des acetylierten Metaboliten in der transgenen Pflanze ist allerdings noch nicht abgeklärt.)

Eine weitere Linie moderner Totalherbizide geht auf die Beobachtung zurück, daß das Chlorophyll nur dann Lichtstabilität zeigt, wenn es mit Carotinoiden vergesellschaftet ist (→ S. 181). Fehlen die Carotinoide, zerstört das angeregte Chlorophyll in Gegenwart von O_2 sich selbst und seine Umgebung photooxidativ. Substanzen, welche die Bildung gefärbter Carotinoide auf dem Niveau der Phytoendesaturase spezifisch hemmen, z.B. *Norflurazon*

Tabelle 33.8. Abbau bzw. Umbau von Herbiziden durch bakterielle Enzyme. (Nach Stalker 1991)

Verbindung	Enzym	Produkt	Organismus
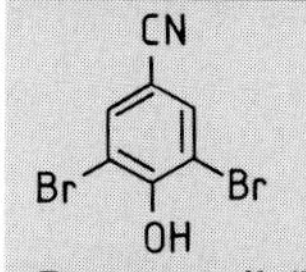 Bromoxynil (Buctril)	Nitrilase	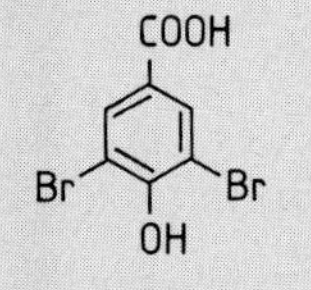	*Klebsiella ozaenae*
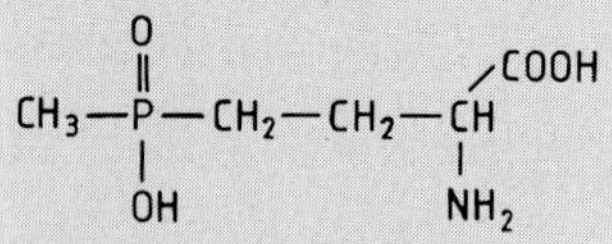 Phosphinothricin (Basta)	Acetyl-transferase	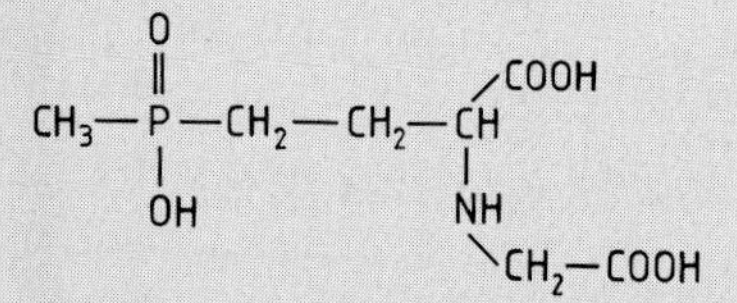	*Streptomyces hydroscopicus*
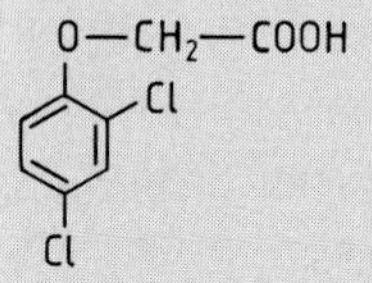 2,4-Dichlorphenoxy-essigsäure (2,4-D)	Mono-oxygenase	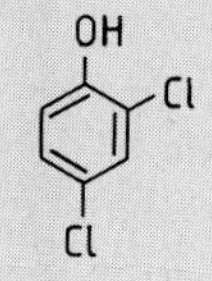	*Alcaligenes eutrophus*

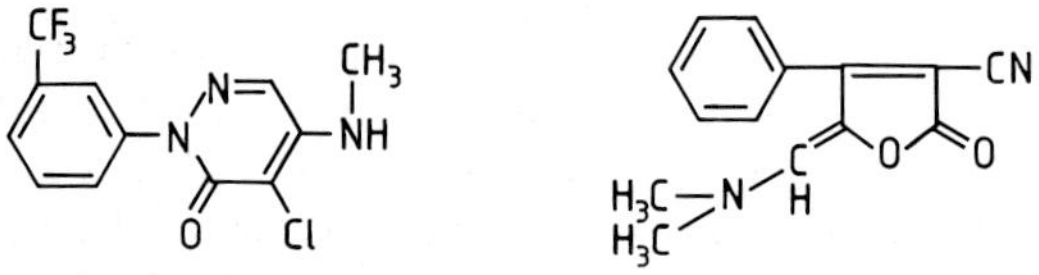

Abb. 33.17. Die chemischen Strukturen zweier Bleichherbizide, die über eine Hemmung der Phytoendesaturase (→ S. 287) ihre Wirkung entfalten

und *Difunon* (Abb. 33.17), wirken demgemäß als „Bleichherbizide". Ein anderes, viel benütztes Totalherbizid ist das strukturell einfache *Paraquat* (1,1'-Dimethyl-4,4'-dipyridiniumdichlorid), welches in belichteten Chloroplasten die Freisetzung von Sauerstoffradikalen, besonders HO, bewirkt (→ S. 181). Eine rasche Zerstörung der Chloroplasten ist die Folge.

Selektive Herbizide: 2,4-D als Beispiel

Selektivität beruht entweder auf relativ groben Mechanismen wie unterschiedliche Benetzbarkeit von Blattflächen und unterschiedliche Schnelligkeit der Aufnahme und Translocation oder auf der unter-schiedlichen Fähigkeit der Pflanze, das Herbizid abzubauen.

Das synthetische Auxin *2,4-Dichlorphenoxyes-sigsäure (2,4-D;* → Abb. 23.6, Tabelle 33.8) bewirkt eine Steigerung der DNA-, RNA- und Proteinsynthese, besonders im meristematischen Gewebe. Die unspezifische Steigerung der anabolischen Aktivität stört das ausbalancierte System des Stoffwechsels (die Homöostasis) und führt, zusammen mit unkontrolliertem Zellwachstum zum Tod. Das 2,4-D hat eine selektive Wirkung: Breitblättrige Pflanzen (Dikotylen) sind in der Regel sehr empfindlich; die schmalblättrigen Gräser sind hingegen ziemlich resistent. Deshalb können Pflanzen wie *Bellis perennis, Taraxacum officinale, Plantago major, Trifolium spec.* mit 2,4-D selektiv abgetötet werden, ohne daß die Gräser Schaden erleiden. Die Gründe für diese Selektivität sind nicht befriedigend bekannt. Sie hängt vermutlich auch hier in erster Linie mit der verschiedenartigen Aufnahme, Translocation und Entgiftung durch empfindliche bzw. von Natur aus resistente Pflanzensippen zusammen. Natürlich ist die Selektivität nicht absolut. Bei relativ hohen Konzentrationen tötet 2,4-D auch Weizen und Mais. Die Vorteile von 2,4-D sind die folgenden: Es wirkt auf sensitive Pflanzen bereits bei niedrigen Konzentrationen toxisch. Es wird in der Pflanze ähnlich schnell und polar transportiert wie das native Auxin (IAA). Dies hat zur Folge, daß auch die Wurzeln der Unkräuter absterben (*systemisches Herbizid*). Es wird durch Bodenbakterien leicht abgebaut. Es ist harmlos für Mensch und Tier. Diese Aussage wird zwar gelegentlich angezweifelt, es dürfte aber bislang keinen Nachweis dafür geben, daß 2,4-D bei den üblichen Konzentrationen schädliche Wirkungen auf Tier oder Mensch ausübt. Auch im Fall von 2,4-D besteht die Chance, mit Hilfe der Gentechnik resistente Pflanzensippen zu schaffen, da es kürzlich gelang, das Gen für eine Monooxygenase, die 2,4-D abbaut, aus einem Mikroorganismus zu isolieren und in transgenem Tabak zur Expression zu bringen (→ Tabelle 33.8).

Selektivität der Herbizidwirkung kann auch mit Hilfe der sog. *safener* erreicht werden. Darunter versteht man organische Substanzen, die in der Lage sind, die Toleranz von Kulturpflanzen gegenüber Herbiziden entscheidend zu erhöhen. Die safener werden entweder als Saatbeize verwendet oder als Mischung mit dem Herbizid ausgebracht. Bislang wurden nur safener gegen Herbizidschäden bei Mais, Hirse, Weizen und Reis entwickelt. Für dikotyle Kulturpflanzen sind noch keine safener bekannt. Die Wirkung dieser Substanzen beruht darauf, daß sie den Herbizidabbau in der Kulturpflanze dramatisch beschleunigen. Dabei spielt die Erhöhung des Pegels an Glutathion-S-Transferase eine wesentliche Rolle. Dieses Enzym katalysiert die Verknüpfung (Konjugation) der fraglichen Herbizide mit der SH-Gruppe des Tripeptids Glutathion. Die Konjugate, von denen der Abbau der Herbizide ausgeht, sind nicht mehr phytotoxisch.

Synthetische Wachstumsretardanzien

Eine Reihe synthetischer Substanzen (also Produkte der organischen Chemie) spielen als Wachstumsretardanzien in der Pflanzenphysiologie sowie in Horti- und Agrikultur eine erhebliche Rolle. Besonders wichtig sind für die Praxis solche Substanzen geworden, die das Achsenwachstum ohne Schädigungen der Pflanze hemmen und somit die Standfestigkeit von Kulturpflanzen oder die Dauerhaftigkeit und das Aussehen von Zierpflanzen verbessern. Seit langem spielen *substituierte Cho-*

line, die das Längenwachstum von Getreidepflanzen beeinflussen, in der Praxis eine große Rolle. Die Substanzen werden auf die Pflanzen gesprüht. Sie bewirken bereits in geringen Konzentrationen eine Halmverdickung und -verkürzung und damit eine erhöhte Standfestigkeit. Dadurch wird dem Umfallen („Lagern") der Getreidepflanzen (besonders beim Weizen) entgegengewirkt. Als wichtigste Verbindung in dieser Hinsicht gilt das *Chlorcholinchlorid* (*CCC*; Abb. 33.18). Auch *quarternäre Ammoniumsalze* sind als Wachstumsretardanzien im Gebrauch. Der wichtigste Vertreter dieser Gruppe ist das 2-Isopropyl-4-dimethylamino-5-methylphenyl-1-piperidincarboxylatmethylchlorid (*AMO 1618;* Abb. 33.18).

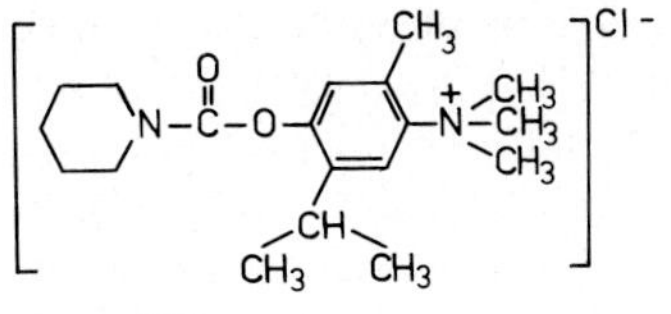

Neben den klassischen Verbindungen spielen heute eine Reihe von hochaktiven Wirkstoffen, die mit Cytochrom-P450-abhängigen Monooxygenasen interagieren, eine Rolle (Abb. 23.12). Was den physiologischen Wirkmechanismus angeht, hemmen Wachstumsretardanzien die Zellteilungs- und Zellstreckungsprozesse in den subapikalen Meristem- und Wachstumsbereichen der Pflanze. Als Ursache gilt eine Hemmung der Gibberellinbiosynthese (→ S. 402). Die in der Praxis erfolgreichen Wachstumsretardanzien wirken sich nicht nur auf Morphologie und Aussehen der Pflanzen aus; sie fördern vielmehr eine Reihe physiologischer Funktionen, die für die Ertragsleistung von Bedeutung sind (Tabelle 33.9).

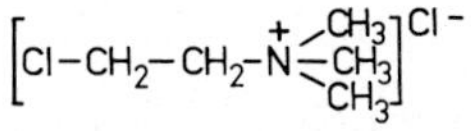

Abb. 33.18. CCC und Amo 1618 als Repräsentanten der herkömmlichen Wachstumsretardanzien

Tabelle 33.9. Modifikation des Pflanzenwachstums durch Wachstumsretardanzien. (Nach Grossmann et al. 1989)

Wirkungen auf das Wachstum:
- Hemmung des Sproßwachstums
  (Wuchshöhe/Internodienstreckung/Blattfläche)
  - bei unveränderter Internodien-/Blattanzahl,
  - bei intensivierter grüner Blattpigmentierung,
- Förderung des Wurzelwachstums/Wurzel-Sproß-
  Verhältnisses.

Vorteile für die landwirtschaftliche Praxis:
u.a. Erhöhung der Standfestigkeit der Kulturpflanze,
Verbesserung der Nährstoffversorgung.

Wirkungen auf andere physiologische Größen:
- Verzögerung der Seneszenz,
- Förderung des Assimilattransports in die Samen,
- Verminderung des Wasserverbrauchs,
- Förderung der Widerstandsfähigkeit gegen Streß-
  bedingungen
  (Kälte, Hitze, SO_2, Pilzinfektion).

Vorteile für die landwirtschaftliche Praxis:
Optimierung der Ertragsleistung.

Verbesserungen des Erbguts

Ein Rückblick

Der Mensch hat seit der „Erfindung" der Landwirtschaft im Neolithikum die Erbeigenschaften von Pflanzen und Tieren nach seinen Bedürfnissen und Wünschen modifiziert. Die dabei verwendete Strategie war die Auslese („Züchtung") geeigneter Individuen und Sippen, insbesondere die absichtliche innerartliche und – selten – zwischenartliche Kreuzung und die Selektion der Nachkommen. Auf diese Weise entstanden Kulturpflanzen – vom Menschen angebaute und der Auslese oder Züchtung unterworfene Pflanzenarten – und entsprechend Haustiere. Der Pflanzenbau (Anbau, Pflege und Vermehrung von Kulturpflanzen) stellt seit dem Neolithikum die Grundlage der menschlichen Nahrungsmittelversorgung dar. Es werden entweder unmittelbar über die von der Pflanze gebildeten Ertragsteile Nahrungsmittel erzeugt oder aber organisches Material, das als Futter die Viehhaltung ermöglicht und damit die Produktion von Nahrungsmitteln tierischer Herkunft erlaubt. Nur ein geringer Anteil der Nahrungsmittelversorgung

geht heute noch auf die Quellen unserer Sammler- und Jägervorfahren zurück (z. B. Fischfang). Auch die Ernährung der domestizierten Tiere erfolgt heute vorrangig über den Pflanzenbau. Neben Nahrungsmitteln beziehen wir auch technisch nutzbare Stoffe (*nachwachsende Rohstoffe*) von der Pflanze. Hierzu gehören Holz, Fasern, technische Öle, Naturkautschuk, thermisch nutzbare Biomasse. Sekundäre Pflanzenstoffe (z. B. Alkaloide) haben eine besondere Bedeutung für den Menschen, vor allem die in der Heilkunde oder als Genußmittel gebräuchlichen Drogeninhaltsstoffe. Von den rund 500 000 Pflanzenarten, die gegenwärtig die Lebensräume der Erde bevölkern, werden durch den Menschen vielleicht 20 000 in irgendeiner Weise genutzt (Nutzpflanzen). Aber davon haben allenfalls 120 Arten mehr als nur lokale Bedeutung erlangt. Die eigentlichen Feldfrüchte der Ackerbauern stammen von ein paar Dutzend Arten ab (Getreidearten, Hülsenfrüchte, Knollen- und Rübenpflanzen). Derzeit liefern uns die Zuchtsorten von weniger als einem Dutzend Kulturpflanzen mehr als 90% des pflanzlichen Ertragsguts. Die „sieben Säulen", auf denen die Versorgung der Menschheit (derzeit 5,5 Milliarden Menschen) hauptsächlich beruht, sind: Weizen, Reis, Mais Kartoffel, Batate und Yam, Zuckerrohr und Zuckerrübe, Soja. Nur ständige Züchtung gewährleistet die notwendige Produktivität der Hochleistungssorten.

Klassische Züchtung

Unter den klassischen Verfahren zur Verbesserung des Erbguts von Kulturpflanzen (Auslesezüchtung, Kreuzungszüchtung, Heterosiszüchtung) spielt die *Inzucht-Heterosis-Züchtung* (Herstellung von Hybridsaatgut) eine besonders wichtige Rolle. Im Prinzip ist das Verfahren einfach: Eine Population von fremdbefruchtenden Pflanzen, z. B. Mais oder Roggen, enthält eine große Zahl von heterozygoten Genen. Bei der (erzwungenen) Selbstbefruchtung ist für jedes dieser Gene die Wahrscheinlichkeit, homozygot zu werden, 50% (Selbstung von *Aa* führt zu *AA* : 2 *Aa* : *aa*). Das Ausmaß an Heterozygotie halbiert sich also bei jeder Selbstungsgeneration. Aus einer in vielen Genen heterozygoten Ausgangspopulation lassen sich durch fortgesetzte Selbstung einzelner Individuen viele Inzuchtstämme gewinnen, die mehr und mehr homozygot werden (*reine Linien*). Jeder dieser Stämme ist homozygot für die meisten Gene, aber natürlich besitzen verschiedene Selbstungsstämme Homozygotie für verschiedene Kombinationen von Allelen der ursprünglich heterozygoten Gene, z.B.:

(I)   aa BB cc dd ee FF GG ——
(II) aa bb CC DD ee ff GG ——
(III) AA bb cc dd EE FF GG ——
(IV) AA BB CC dd ee ff gg —— .

Bei der Inzucht zeigte sich, daß mit fortschreitender Homozygotie die Vitalität der Pflanzen, z.B. Größe, Länge der Maiskolben, Kornzahl, stark abnahm und sich erst auf einem niedrigen Niveau wieder stabilisierte (Inzucht-Depression). Offensichtlich war die ursprüngliche Heterozygotie von Vorteil für die Pflanzen. Den Beweis dafür lieferte die Fremdbefruchtung der praktisch homozygoten Stämme untereinander: Die wieder weitgehend heterozygote F1 lieferte Pflanzen von hoher Wachstumsleistung und hohem Ertrag. Auf diesem Heterosis-Effekt („Luxurieren der Bastarde") beruht heute die Züchtung bei fremdbefruchtenden Pflanzen wie Mais und Roggen. Bei normalerweise selbstbefruchtenden Pflanzen, z.B. Weizen und Hafer, hat man damit keinen Erfolg, da bei ihnen bereits alle Defektallele ausgemerzt sind und genetisch optimale Bedingungen vorliegen.

Das praktische Vorgehen des Züchters ist in Abb. 33.19 dargestellt: Auf der Parzelle (1) wird die Inzuchtlinie I entfahnt (die männlichen Blütenstände entfernt), Inzuchtlinie II nicht; auf der Parzelle (2) wird umgekehrt verfahren. Auf diese Weise erntet man auf der Parzelle (1) wieder das Saatgut der Inzuchtlinie II, das man für die Erhaltungszüchtung braucht, auf der Parzelle (2) das Saatgut der Inzuchtlinie I. Außerdem wird auf der Parzelle (1) von I und auf der Parzelle (2) von II das Hybridsaatgut geerntet. Dieses Verfahren wird als Einfachkreuzung (*single cross*) bezeichnet. Es hat den Nachteil, daß die Ernte der Körner an Inzuchtpflanzen erfolgt, die infolge der Inzuchtdepression nur einen geringen Ertrag bringen. Das aus Einfachkreuzungen stammende Hybridsaatgut ist deshalb teuer. Eine Doppelkreuzung (*double cross*) umgeht die Schwierigkeit. Hier werden parallel auf zwei weiteren Parzellen (3) und (4) die Inzuchtlinien III und IV erhalten und aus ihnen Hybridsaatgut hergestellt. Im zweiten Jahr werden dann die Hybridstämme (I × II) und (III × IV) gekreuzt. Erst das dabei anfallende Saatgut wird in den Handel gebracht. Der Heterosis-Effekt wird in der Regel durch double cross nicht verstärkt; die Herstellungskosten pro Einheit Saatgut verringern sich aber entscheidend.

Bei Mais ist die Kastration einer Inzuchtlinie durch Entfahnen zwar möglich, aber sehr arbeits-

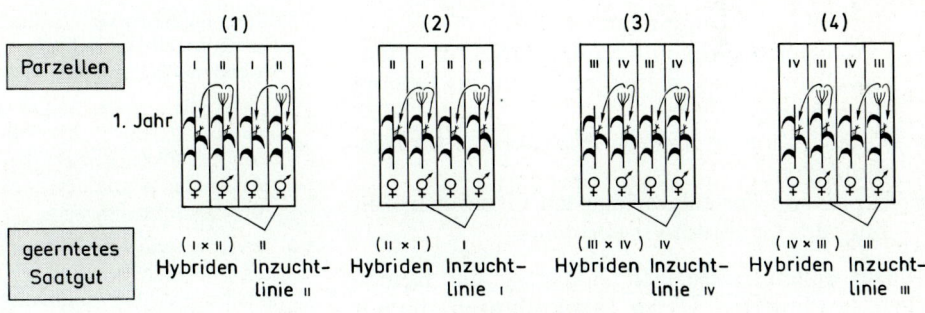

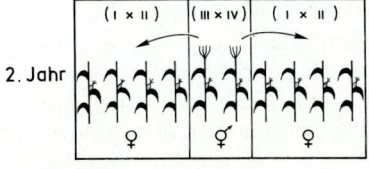

Abb. 33.19. Schema für die Inzucht-Heterosis-Züchtung beim Mais (*Zea mays*) (double cross). (Nach Günther 1969)

(und entsprechend kosten-)intensiv. Bei anderen Kulturpflanzen mit zwittrigen und kleinen Blüten (z. B. Roggen, Raps) ist die praktische Verwendung der Heterosis nur dann möglich, wenn man pollensterile Linien hat (→ S. 355). Allele für Pollensterilität (*ms*, male sterility) wirken sich nur auf die Funktion des Pollens aus; die Eizellen und Samenanlagen funktionieren normal und können nach Fremdbefruchtung keimfähige Samen bilden. Zur Herstellung des Heterosissaatguts verwendet man eine pollensterile Linie *ms/ms*, die man mit einer pollenfertilen Linie kreuzt. Die F1 ist dann normal fertil. Um den pollensterilen Elter zu erhalten, muß er ständig mit einer Hybride *ms/ms*$^+$ rückgekreuzt werden.

Gentechnik

Gentechnik ist der Prozeß, bei dem zwei verschiedene DNA-Stücke in vitro miteinander verknüpft, in eine Empfängerzelle gebracht und zusammen mit dieser Zelle vervielfältigt werden. DNA, die durch eine in-vitro-Verknüpfung gebildet wird, nennt man *rekombinante DNA.* Gentechnik umfaßt somit alle Experimente, bei denen rekombinante DNA eingesetzt wird. Die Voraussetzungen für erfolgversprechende Gentechnik bei Pflanzen sind:

● Herstellung rekombinanter DNA,
● Einschleusung rekombinanter DNA in Pflanzenzellen und deren Integration in das Genom (→ *transgene Zellen*),
● Regeneration *transgener Pflanzen* aus transgenen Zellen,
● Expression der eingeschleusten Gene, d.h. Bildung des Genprodukts (Protein).

Die ersten transgenen Pflanzen, die fremde Gene exprimierten, waren Tabakpflanzen, die mit Hilfe von Vektoren aus *Agrobacterium tumefaciens* (→ Abb. 33.20) hergestellt worden waren. Der eigentliche Vorteil der Gentransfertechnik – als Alternative zur Kreuzung – liegt darin, daß man *einzelne* Gene übertragen kann. Wenn man eine züchterisch schon weitgehend optimierte Kulturpflanze weiter verbessern will, geht es darum, einzelne Merkmale zu verändern, ohne die restlichen wertvollen Eigenschaften der Pflanze zu gefährden. Ein Beispiel: Die Gene für die hohe Krankheitsresi-

stenz einer Wildpflanze sollen auf eine Kulturpflanze übertragen werden, unter Beibehaltung aller anderen Gene und Genkombinationen der Kulturpflanze. Bei der konventionellen Kreuzung ist dies sehr schwierig, denn bei der Befruchtung werden nicht nur die wenigen „nützlichen" Gene der Wildpflanze mit dem Erbgut der Kulturpflanze vereinigt, sondern unzählige andere Gene auch. Es bedarf deshalb jahrelanger Anzucht und Auslese, um – vielleicht – eine Pflanze mit der gewünschten Merkmalskombination zu isolieren. Deswegen ist man an Verfahren zur Einführung einzelner Gene ins Erbgut einer Pflanze so sehr interessiert. Hier liegt derzeit der Schwerpunkt der Gentechnik bei Pflanzen. Die *pflanzenphysiologischen* Vorarbeiten zur Gentechnologie betreffen somit die folgenden Forschungsrichtungen:

● Techniken der Zell- und Gewebekultur (→ S. 463),
● Techniken zur Regeneration ganzer Pflanzen aus somatischen Zellen, in der Regel über ein Kallusstadium (→ Abb. 27.8),

Tabelle 33.10. Derzeit erprobte Methoden, um rekombinante DNA in Pflanzenzellen einzuschleusen

1. *Ti-Plasmide* aus Agrobakterien als quasi-natürliche Genfähren. Bei Dikotylen die bei weitem erfolgreichste Methode.

2. *Gurkenmosaikvirus* als quasi-natürliche Genfähre. Infektion einfach, aber schmales Wirtsspektrum und problematischer Einbau der DNA.

3. Chemisch vermittelte Aufnahme von DNA in *Protoplasten* (→ Abb. 19.33). Durch Polyethylenglykol, Polyvinylalkohol, Ca^{2+} bei hohem pH werden Protoplasten zur Aufnahme nackter DNA veranlaßt. Erfolge auch bei Poaceen.

4. *DNA-Injektion* mit Mikroprojektilen hoher Geschwindigkeit. Kleine Metallpartikel (0,5–5 μm) werden mit DNA ummantelt und mit hoher Geschwindigkeit (mehrere hundert m · s^{-1}) durch die Zellwand in das Cytoplasma geschossen.

5. *Elektroporation.* Durch Stromstöße wird die Zellmembran der Protoplasten für DNA permeabel gemacht. Problem: Oft nur transiente Genexpression.

6. *Mikroinjektion.* Einspritzen von DNA in Zelle und/oder Zellkern. Problem: Geringe Größe der Objekte.

7. *DNA-Injektion* in Infloreszenzen. Einfache Methode, aber sehr geringe Erfolgsquote (offenbar bei Roggen gelungen).

Abb. 33.20 a und b. Schema zur *Agrobacterium*-vermittelten Transformation einer Pflanzenzelle. (a) Ein generalisierter Pflanzen-Transformationsvector (PTV). Das Plasmid enthält eine Startstelle für die Replication in *Agrobacterium* (Ori-Agro) und eine Startstelle für die Replication in *E. coli* (Ori-*E. coli*). Letztere gestattet eine leichte und schnelle Produktion (hohe Kopiezahl!) der manipulierten Plasmide, bevor diese in *Agrobacterium* übertragen werden. Das PTV trägt üblicherweise zwei Resistenzgene, eines für die Selektion der Bakterien (im vorliegenden Beispiel das Gen für Spectinomycin-Resistenz, Spc^r) und ein zweites (im vorliegenden Fall das Gen für Kanamycin-Resistenz, Kan^r), das erst in der Pflanze zur Expression kommt. Das Plasmid enthält ferner die Plätze für ein oder mehrere eingesetzte Gene (inserted genes, IG) und gerichtete border-Sequenzen, welche die T-DNA-Region definieren, die vom Transfer-System der Agrobakterienzelle erkannt und in die Pflanzenzelle übertragen wird. (b) Schema für den eigentlichen Transformationsprozeß. Der in *E. coli* vermehrte PTV wird auf *Agrobacterium* übertragen (mating). Das *Agrobacterium* enthält ein „entschärftes" Ti-Plasmid (D-Ti), dem die Gene für Pathogenität entfernt wurden. Die *vir*-Region auf dem D-Ti-Plasmid (→ Abb. 19.64) interagiert in *trans* mit den border-Sequenzen auf dem PTV. Dadurch wird die Region zwischen den border-Sequenzen mobilisiert, in die Pflanzenzelle transferiert und in deren Genom eingebaut. Die Kanamycin-Resistenz, die das Kan^r-Gen auf die Pflanze übertragen hat, erlaubt die Selektion der transformierten Pflanzen während der Regeneration. (Nach Gasser und Fraley 1989). *Anmerkung:* Kanamycin ist ein Antibioticum aus der Kulturflüssigkeit von *Streptomyces kanamyceticus*. Es stört auch in der Eukaryotenzelle die Proteinsynthese durch fehlerhafte Ablesung der genetischen Information in der mRNA. Der dadurch erfolgende Einbau „falscher" Aminosäuren in die Polypeptidketten führt zu funktionell inaktiven Proteinmolekülen. *Spectinomycin* ist ein Antibioticum (substituiertes Pyranobenzodioxinon) aus der Kulturflüssigkeit von *Streptomyces spectabilis*. Es ist gegen Erreger wie Gonokokken sehr wirksam, hat aber ein breites Wirkungsspektrum gegen Bakterien. Die (reversible) bakteriostatische Wirkung beruht auf einer Störung der Proteinsynthese

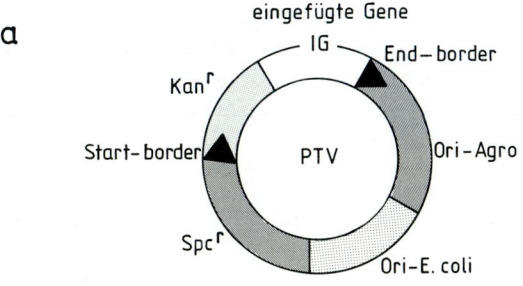

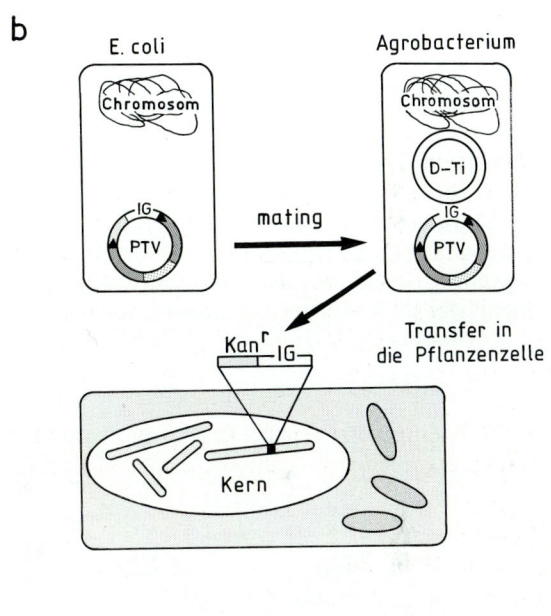

- Techniken zur Regeneration haploider Sporophyten aus Mikrosporen (Androgenese; → S. 469),
- Verwendung von Ti-Plasmiden aus *Agrobacterium tumefaciens* als *Genfähren* (→ S. 335).

Da andere Methoden, rekombinante DNA in Pflanzenzellen einzuschleusen (Tabelle 33.10), hinter der Ti-Plasmid-Technik an Bedeutung zurückstehen, beschränken wir uns auf dieses Verfahren.

Ti-Plasmide als quasi-natürliche Genfähren

Die normale Infektion kann folgendermaßen zusammengefaßt werden (→ Abb. 19.64). Dikotyle Pflanzen scheiden aus Wunden, in der Natur häufig am Wurzelhals, phenolische Substanzen aus. Dadurch werden Agrobakterien angelockt, die das verwundete Gewebe besiedeln. Plasmid-haltige Zellen von *Agrobacterium tumefaciens* infizieren die parenchymatischen Pflanzenzellen mit T-DNA. Die T-DNA wird in das Genom eingebaut. Sie „zwingt" die Pflanzenzelle, ungewöhnliche Stoffe – Opine – zu synthetisieren, die den Bakterien als

Nahrung dienen. Parallel dazu veranlaßt die T-DNA, die synchron mit dem Genom der Wirtszellen repliziert wird, die Initiation eines Tumorzustandes: Es entstehen Wucherungen („Wurzelhalsgallen"; → Abb. 19.63).

Der quasi-natürliche Gentransfer kann mit Hilfe der T-DNA erfolgen (Abb. 33.20). Übertragen werden alle DNA-Sequenzen, die zur T-Region gehören, d.h. innerhalb der border-Sequenzen (=Grenzsequenzen) liegen. Da Gentransfer nur dann sinnvoll ist, wenn die transformierten Zellen normales Wachstum zeigen, ist es notwendig, die onc-Gene (→ Abb. 19.64) aus der T-Region zu entfernen. Eine derart amputierte („entschärfte") T-DNA (D-T-DNA) löst keine Tumorbildung mehr aus; die restliche T-Region wird aber mitsamt der Fremd-DNA normal übertragen und in das Wirtsgenom eingebaut. Das binäre Vektorsystem hat folgende Vorteile: Man kann eine in gewünschter Weise veränderte T-Region, definiert durch die border-Sequenzen, in ein Plasmid mit breitem Wirtsspektrum (PTV) einfügen, das sich z.B. in der E. coli-Zelle zu vielen Kopien vermehrt. Aus dem intermediären PTV, der in das Agrobacterium ein-

geschleust wird, kann dann die T-Region mit Hilfe der vir-Region des D-Ti-Plasmids in das Pflanzengenom übertragen werden. Für die Infektion genügt es, Agrobakterien, die das D-Ti-Plasmid und den PTV enthalten, zusammen mit Pflanzenzellen in einer Zellsuspension zu halten oder ein Stück kompetentes Pflanzengewebe, z.B. von einem Tabakblatt, in einer Flüssigkultur von infektiösen Agrobakterien zu baden (Abb. 33.21). Einige Erfahrungen, die man mit der T-DNA-Gentechnik gemacht hat, zeigen Vorzüge und Grenzen des Verfahrens:

- Die Stabilität des Einbaus ist bei den meisten Genen, die man mit Hilfe der T-DNA übertragen hat, ausgezeichnet.
- Da nur wenige monokotyle Pflanzen natürliche Wirte für Agrobakterien sind, ist die Methode bei den wichtigsten Getreidepflanzen (Reis, Mais, Weizen) nicht erfolgreich.
- Bislang wurden in der Regel einzelne Strukturgene in die transgenen Pflanzen eingeführt, die mit starken, ständig arbeitenden Promotoren versehen waren. Diese sorgen für eine ständige

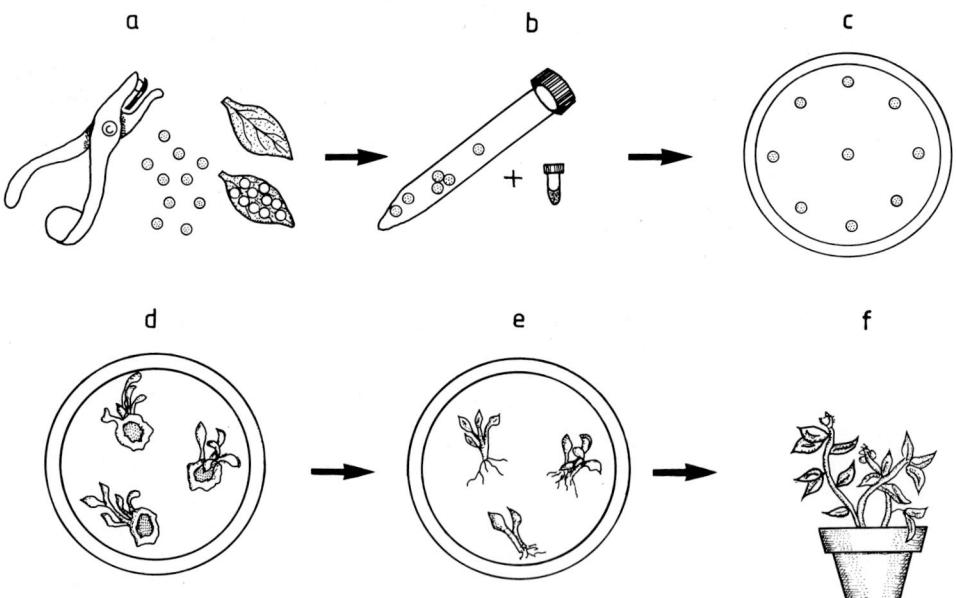

Abb. 33.21 a–f. Schema für ein System, bei dem Blattscheibchen (vom Tabak) für die Transformation verwendet werden. (a) Herstellung von Blattscheibchen aus sterilen Blättern. (b) Inokulation mit *Agrobacterium tumefaciens* in einer Flüssigkultur. (c) Auslegen der Blattstücke auf Nähragar für 2 d. (d) Transfer auf ein Medium, das Kanamycin enthält (2–3 Wochen). (e) Abschneiden der gebildeten Sprosse und Selektion für Bewurzelung in Gegenwart von Kanamycin. (f) Transgene Pflanzen. (Nach Horsch et al. 1985)

Expression der Strukturgene. Das ist in manchen Fällen (→ nachfolgende Fallstudie) erwünscht. In Zukunft wird es aber eher darum gehen, die eingeführten Gene dem zeitlichen und räumlichen Muster der Genexpression anzupassen und nicht nur einzelne Gene, sondern ganze metabolische Bahnen zu manipulieren. Hier sind indessen die Erwartungen sehr gedämpft. Das Hauptproblem liegt darin, etwa bei dem Versuch einer gentechnischen Verbesserung der Photosynthese oder der Nitratassimilation, daß polygenische Funktionssysteme in der Regel von Natur aus derart optimiert sind, daß jeder grobe Eingriff sich als Störung auswirkt. Es geht ja nicht darum, einzelne defekte Gene auszutauschen oder einzelne neue Gene einzuführen; das Ziel ist vielmehr, in ein bereits subtil optimiertes, durch viele Gene bestimmtes *System* verbessernd einzugreifen. Unter diesen Umständen sind der Gentechnik – zumindest vorläufig – enge Grenzen gesetzt. Rasche Erfolge sind mit transgenen Pflanzen eher dort zu erwarten, wo es um Produkte geht, die von einzelnen oder von wenigen Genen gebildet werden.

Fallstudie: Antikörperproduktion in Pflanzen

Seit der Erfindung der Hybridomazellinien können reine Antikörper in theoretisch unbegrenzter Menge gewonnen werden. Für eine breite Anwendung sind die in Säugetier-Zellkulturen erzeugten Antikörper aber viel zu teuer. Da man weiß, daß entsprechend manipulierte Pflanzen das Potential für die Produktion von Säugerproteinen und pharmazeutisch interessanten Peptiden besitzen, lag es nahe, zu prüfen, ob höhere Pflanzen funktionale Antikörper herstellen können. Dieser Nachweis ist kürzlich mit Tabakpflanzen gelungen (Hiatt 1990). Die Gene für die schweren und leichten Immunglobulinketten wurden mit starken Promotoren versehen und mit Hilfe von „entschärften" Plasmiden aus *Agrobacterium tumefaciens* (→ Abb. 33.20) getrennt in Tabakzellen eingeschleust. Nach der Blattscheibchen-Methode wurden aus den transformierten Zellen wieder ganze Tabakpflanzen regeneriert (→ Abb. 33.21). In den Blättern dieser Pflanzen fanden sich tatsächlich die leichten bzw. die schweren Immunglobulinketten. Besonders lei-

stungsfähige Pflanzen dieser „Parentalgeneration" wurden dann über eine normale Bestäubung gekreuzt und die Individuen der F1 auf *funktionale* Antikörper getestet. Dabei zeigte sich, daß die Tabakzellen tatsächlich einen intakten Antikörper zusammensetzen können und daß die gekreuzten Pflanzen weit mehr an Immunglobulin bilden als die Ausgangspflanzen, die nur jeweils eine der beiden Polypeptidketten herstellen.

Die Möglichkeit, intakte Antikörper in Tabak (Solanaceae) herzustellen, eröffnet die Perspektive, die leicht vegetativ zu vermehrende und pflanzenbaulich optimierte Kartoffel (ebenfalls eine Solanacee) künftig für die Gewinnung von Immunglobulinen einzusetzen.

Weiterführende Literatur

Erfkamp J, Müller A (1990) Die Stickstoff-Fixierung. Chemie in unserer Zeit 24: 267–279

Evans LT (ed) (1975) Crop physiology. Some case histories. Cambridge University Press, London

Finck A (1979) Dünger und Düngung. Verlag Chemie, Weinheim New York

Gasser CS, Fraley RT (1989) Genetically engineering plants for crop improvement. Science 244: 1293–1299

Grierson D (1991) Plant genetic engineering. Blackie, London

Grossmann K, Sauerbrey E, Jung J (1989) Synthetische Wachstumsretardanzien – was sie bewirken. Biologie in unserer Zeit 19: 112–120

Hiatt A (1990) Antibodies produced in plants. Nature 344: 469–470

Hock B, Elstner EF (eds) (1988) Schadwirkungen auf Pflanzen. Lehrbuch der Pflanzentoxikologie, 2. Aufl. BI-Wiss-Verlag, Mannheim Wien Zürich

Kahl G, Weising K (1988) Gentransfer bei Pflanzen. Biologie in unserer Zeit 18: 181–188

König K-H (1990) Fortschritte im chemischen Pflanzenschutz, Teil I: Herbizide. Chemie in unserer Zeit 24: 217–226

Lamb CJ, Beachy RN (eds) (1990) Plant gene transfer. Wiley-Liss, New York

Marschner H (1986) Mineral nutrition of higher plants. Academic Press, London Orlando San Diego

Milthorpe FL, Moorby J (1974) An introduction to crop physiology. Cambridge University Press, London

Nap J-P, Bisseling T (1990) Developmental biology of a plant-prokaryote symbiosis: The legume root nodule. Science 250: 948–954

Potrykus I (1991) Gene transfer to plants: Assessment of published approaches and results. Annu Rev Plant Physiol Plant Mol Biol 42: 205–225

Werner D (1987) Pflanzliche und mikrobielle Symbiosen. Thieme, Stuttgart New York

Anhang:
Physikalische Größen, Einheiten, Umrechnungsfaktoren, Konstanten

Basisgrößen, Basiseinheiten und Einheitenzeichen des SI (Système Internationale d'Unités)

Länge (l):	Meter [m]	*Supplementeinheiten:*
Masse (m):	Kilogramm [kg]	ebener Winkel: Radiant [rad]
Zeit (t):	Sekunde [s]	Raumwinkel: Steradiant [sr]
elektrischer Strom (I):	Ampere [A]	
Temperatur (T):	Kelvin [K]	
Lichtstärke:	Candela [cd]	
Stoffmenge (n):	Mol [mol]	

Wichtige abgeleitete SI-Einheiten (eine Auswahl)

Kraft (F):	Newton [N]; $1 \text{ N} = 1 \text{ kg} \cdot \text{m} \cdot \text{s}^{-2}$
Energie (E):	Joule [J]; $1 \text{ J} = 1 \text{ W} \cdot \text{s} = 1 \text{ N} \cdot \text{m} = 1 \text{ kg} \cdot \text{m}^2 \cdot \text{s}^{-2}$
Leistung:	Watt [W]; $1 \text{ W} = 1 \text{ kg} \cdot \text{m}^2 \cdot \text{s}^{-3}$
Druck (P):	Pascal [Pa]; $1 \text{ Pa} = 1 \text{ N} \cdot \text{m}^{-2} = 1 \text{ kg} \cdot \text{m}^{-1} \cdot \text{s}^{-2}$
elektrische Ladung (Q):	Coulomb [C] ; $1 \text{ C} = 1 \text{ A} \cdot \text{s} = 1 \text{ J} \cdot \text{V}^{-1}$
elektrische Spannung (E):	Volt [V]; $1 \text{ V} = 1 \text{ J} \cdot \text{A}^{-1} \cdot \text{s}^{-1} = 1 \text{ W} \cdot \text{A}^{-1}$
Radioaktivität:	Becquerel [Bq]; $1 \text{ Bq} = 1 \text{ s}^{-1}$
Lichtstrom (I):	Lumen [lm]; $1 \text{ lm} = 1 \text{ cd} \cdot \text{sr}$
Lichtfluß (J) (= Beleuchtungsstärke):	Lux [lx]; $1 \text{ lx} = 1 \text{ lm} \cdot \text{m}^{-2}$
Energiedosis (ionisierende Strahlung):	Gray [Gy]; $1 \text{ Gy} = 1 \text{ J} \cdot \text{kg}^{-1}$

Außerdem werden in diesem Buch folgende Einheiten für **photochemisch wirksame Strahlung** verwendet (Einheiten für **ionisierende Strahlung** → Tabelle 28.1):

Lichtmenge [lm · s]
Lichtfluenz [lm · m^{-2} · s]
Quanten-(Photonen-)menge [mol]
Quanten-(Photonen-)strom [mol · s^{-1}]
Quanten-(Photonen-)fluenz [mol · m^{-2}]
Quanten-(Photonen-)fluß [mol · m^{-2} · s^{-1}] (englisch: *quantum (photon) fluence rate*)
Energiemenge [J]
Energiestrom [J · s^{-1}]
Energiefluenz [J · m^{-2}]
Energiefluß [J · m^{-2} · s^{-1}] = [W · m^{-2}] (englisch: *energy fluence rate*)

Transportvorgänge werden charakterisiert durch den

Strom (I) $[mol \cdot s^{-1}]$ oder $[m^3 \cdot s^{-1}]$, bzw. den
Fluß (J) $[mol \cdot m^{-2} \cdot s^{-1}]$ oder $[m^3 \cdot m^{-2} \cdot s^{-1}] = [m \cdot s^{-1}]$.
In diesem Zusammenhang ist es wichtig zu unterscheiden zwischen dem
Widerstand $[s \cdot m^{-3}]$ oder $[s \cdot bar \cdot m^{-3}]$ = Leitfähigkeit^{-1} $[m^3 \cdot s^{-1}]^{-1}$ oder $[m^3 \cdot bar^{-1} \cdot s^{-1}]^{-1}$ und dem
Widerstandskoeffizient $[s \cdot m^{-1}]$ oder $[s \cdot bar \cdot m^{-1}]$ = Leitfähigkeitskoeffizient^{-1} $[m \cdot s^{-1}]^{-1}$ oder $[m \cdot bar^{-1} \cdot s^{-1}]^{-1}$.
Der *Widerstand* korrespondiert mit dem Strom I (OHMsches Gesetz), der *Widerstandskoeffizient* mit dem Fluß J.

Sonstige Prozesse (z. B. chemische Reaktionen, Wachstum) werden charakterisiert durch die

Intensität, z. B. $[mol \cdot s^{-1}]$, $[m \cdot s^{-1}]$
(bei Enzymreaktionen: katalytische Aktivität $[mol \cdot s^{-1}]$ = [kat];
bei Bewegungsvorgängen: Geschwindigkeit $[m \cdot s^{-1}]$).

Weiterhin werden folgende in der Physiologie aus praktischen Gründen kaum ersetzbare (jedoch im SI nicht enthaltene) Einheiten verwendet:

Volumen (V):	Liter [l]; $1\,l = 10^{-3}\,m^3$
Masse (m):	Tonne [t]; $1\,t = 10^3\,kg$
Druck (P):	Bar [bar]; $1\,bar = 10^5\,Pa = 10^5\,N \cdot m^{-2}$
Zeit (t):	Minute [min]; Stunde [h]; Tag [d]; Jahr [a]
Temperatur (T):	Grad Celsius [°C]; $0\,°C \triangleq 273,15\,K$
Energie (E):	Elektronenvolt [eV]; $1\,eV = 1,602 \cdot 10^{-19}\,J$
Molmasse („Molekulargewicht"):	Gramm pro Mol $[10^{-3}\,kg \cdot mol^{-1}]$
numerisch äquivalent ist die Teilchenmasse:	Dalton [Da]; $1\,Da = \frac{1}{12}$ der Masse von $^{12}C = 1,6605 \cdot 10^{-27}\,kg$ (Häufig wird auch das Vielfache dieser Einheit als M_r [ohne Dimension] angegeben.)

Stoffmengenkonzentration (c): Mol pro Liter $[mol \cdot l^{-1}]$ (anstelle der SI-Einheit $mol \cdot m^{-3}$)
Bei Konzentrationsangaben von Lösungen sind folgende Unterscheidungen wichtig:

Molarität (M):	Mol pro Liter Lösung
Molalität (M′):	Mol pro kg Lösungsmittel
Osmolalität (OsM):	Mol osmotisch wirksamer Teilchen pro kg Lösungsmittel (Wasser)

Extinktion (E):	$\log J_0/J$ (J_0, auffallender Quantenfluß; J, transmittierter Quantenfluß) (englisch: *absorbance*, A)
Absorption (A):	$(J_0 - J)/J_0$ (englisch: *absorptance*)

Der Begriff „Absorption" wird häufig auch als Überbegriff für E und A verwendet.

Umrechnungsfaktoren für bisher gebräuchliche, jedoch nicht mehr zulässige Einheiten

1 Kalorie [cal]	$= 4{,}1868$ J
1 Ångström [Å]	$= 0{,}1$ nm $= 10^{-10}$ m
1 Micron [μ]	$= 1\ \mu$m $= 10^{-6}$ m
1 erg	$= 0{,}1\ \mu$J $= 10^{-7}$ J
1 Torr $= 1$ mm Hg	$= 1{,}333$ mbar $= 133{,}3$ Pa
1 Atmosphäre [at] ($= 760$ mm Hg)	$= 1{,}013$ bar $= 1{,}013 \cdot 10^5$ Pa
1 Curie [Ci]	$= 3{,}77 \cdot 10^{10}$ Bq $= 3{,}77 \cdot 10^{10}$ s^{-1}
1 Röntgen [R]	$= 2{,}58 \cdot 10^{-4}$ C $\cdot$ kg^{-1}
1 Rad [rd]	$= 0{,}01$ Gy $= 0{,}01$ J $\cdot$ kg^{-1}

Dezimale Erweiterung von Einheiten, ausgedrückt durch Vorsetzen von Vorsilben (Vorsätze)

10^{-1}:	Dezi- (d), z. B. dm	–	
10^{-2}:	Zenti- (c), z. B. cm	–	
10^{-3}:	Milli- (m), z. B. mm	10^{3}:	kilo- (k), z. B. km
10^{-6}:	Mikro- (μ), z. B. μm	10^{6}:	Mega- (M), z. B. Mm
10^{-9}:	Nano- (n), z. B. nm	10^{9}:	Giga- (G), z. B. Gm
10^{-12}:	Pico- (p), z. B. pm	10^{12}:	Tera- (T), z. B. Tm

Einige Naturkonstanten (Nach Cordes 1972)

Lichtgeschwindigkeit (im Vakuum)	$\mathbf{c} = 2{,}998 \cdot 10^8$ m $\cdot$ s^{-1}
*Loschmidt*sche Zahl	$\mathbf{N} = 6{,}022 \cdot 10^{23}$ mol^{-1}
*Planck*sche Konstante	$\mathbf{h} = 6{,}626 \cdot 10^{-34}$ J $\cdot$ s
Gaskonstante	$\mathbf{R} = \mathbf{k} \cdot \mathbf{N} = 8{,}314$ J $\cdot$ mol$^{-1} \cdot$ K^{-1}
*Boltzmann*sche Konstante	$\mathbf{k} = \mathbf{R} \cdot \mathbf{N}^{-1} = 1{,}381 \cdot 10^{-23}$ J $\cdot$ K^{-1}
*Faraday*sche Konstante	$\mathbf{F} = \mathbf{e} \cdot \mathbf{N} = 9{,}649 \cdot 10^4$ C $\cdot$ mol^{-1}
	(C $\cdot$ mol$^{-1} =$ A $\cdot$ s $\cdot$ mol$^{-1} =$ J $\cdot$ V$^{-1} \cdot$ mol^{-1})
elektrische Elementarladung	$\mathbf{e} = \mathbf{F} \cdot \mathbf{N}^{-1} = 1{,}602 \cdot 10^{-19}$ C ($=$ A $\cdot$ s $=$ J $\cdot$ V^{-1})
Gravitationsbeschleunigung (Meeresniveau, 45° Breite)	$\mathbf{g} = 9{,}806$ m $\cdot$ s^{-2}

Weitere wichtige Konstanten (bezogen auf Normaldruck $= 1{,}013$ bar)

Molarität von Wasser:	$55{,}509$ mol $\cdot$ l^{-1} (0 °C)
normales Molvolumen von Wasser:	$18{,}015$ ml $\cdot$ mol^{-1} (0 °C); $18{,}05$ ml $\cdot$ mol^{-1} (25 °C)
normales Molvolumen idealer Gase:	$22{,}415$ l $\cdot$ mol^{-1} (0 °C); $24{,}79$ l $\cdot$ mol^{-1} (25 °C)

Weiterführende Literatur

Bender D, Pippig E (1973) Einheiten Maßsysteme SI. Vieweg und Sohn, Braunschweig

Cordes JF (1972) Das neue internationale Einheitensystem. Naturwiss 59:177–182

Rotter F (1979) Das Internationale Einheitensystem in der Praxis. Physik in unserer Zeit 10:43–51

Salisbury FB (1991) Système internationale: The use of SI units in plant physiology. J Plant Physiol 139:1–7

Literatur

Addicott FT (1965) In: Encycl Plant Physiol, Vol 15 (2). Springer, Berlin Heidelberg New York, pp 1094–1126

Addicott FT, Lynch RS, Carns HR (1955) Science 121:644–645

Akita S, Moss DN (1972) Crop Sci 12:789–793

Aloni R, Sachs T (1973) Planta 113:345–353

Anderson JM, Osmond CB (1987) In: Kyle DJ, Osmond CB, Arntzen CJ (eds) Photoinhibition. Elsevier, Amsterdam, pp 1–38

Ashworth EN (1982) Plant Physiol 70:1475–1479

Bajer A, Allen RD (1966) Science 151:572–574

Bajracharya D, Falk H, Schopfer P (1976) Planta 131:252–261

Baker JJW, Allen GE (1968) Hypothesis, prediction, and implication in biology. Addison-Wesley, Reading Mass

Balegh SE, Biddulph O (1970) Plant Physiol 46:1–5

Barksdale AW (1969) Science 166:831–837

Barros RS, Neill SJ (1986) Planta 168:530–535

Baskin TI, Iino M (1987) Photochem Photobiol 46:127–136

Bassham JA (1971) Science 172:526–534

Bassham JA, Benson AA, Kay LD, Harris AZ, Wilson AT, Calvin M (1954) J Amer Chem Soc 76:1760–1770

Bassham JA, Kirk M (1960) Biochim Biophys Acta 43:447–464

Bassham JA, Kirk M (1968) In: Shibata K, Takamiya A, Jagendorf AT, Fuller RC (eds) Comparative biochemistry and biophysics of photosynthesis. University Tokyo Press, Tokyo, pp 365–378

Bassham JA, Kirk M (1973) Plant Physiol 52:407–411

Batschauer A, Ehmann B, Schäfer E (1991) Plant Mol Biol 16:175–187

Beckmann RP, Mizzen LA, Welch WJ (1990) Science 248:850–854

Beggs CJ, Wellmann E (1985) Photochem Photobiol 41:481–486

Behnke, H-D, Richter K (1990) Bot Acta 103:296–304

Bejarano ER, Avalos J, Lipson ED, Cerda-Olmedo E (1990) Planta 183:1–9

Bell P (1970) Sci Progr Oxford 58:27–45

Ben-Amotz A, Sussman I, Avron M (1982) Experientia 38:49–52

Bentrup FW (1971) Umschau 10:335–339

Bergfeld R, Kühnl T, Schopfer P (1980) Planta 148:146–156

Bergmann L (1964) Naturwiss 51:325–332

Bernier G (1973) In: Yearbook Science and Technology. Mc-Graw-Hill, New York

Berry JA (1975) Science 188:644–650

Berry LJ, Norris WE (1949) Biochim Biophys Acta 3:593–606

Biebl R (1961) Naturwiss Rdsch 14:127–132

Bienger I, Schopfer P (1970) Planta 93:152–159

Bindl E, Lang W, Rau W (1970) Planta 94:156–174

Birky CW (1976) Bioscience 26:26–33

Biswal UC, Bergfeld R, Kasemir H (1983) Planta 157:85–90

Biswal UC, Sharma R (1976) Z Pflanzenphysiol 80:71–73

Björkmann O (1973) In: Giese AC (ed) Photophysiology, Vol VIII. Academic Press, New York London, pp 1–63

Björkman O, Badger MR, Armond PA (1980) In: Turner NC, Kramer PJ (eds) Adaptation of plants to water and high temperature stress. Wiley, New York Chichester Brisbane, pp 233–249

Björkman O, Gauhl E, Hiesey WM, Nicholson F, Nobs MA (1969) Carnegie Inst Year Book 67:477–479

Björkman O, Gauhl E, Nobs MA (1970) Carnegie Inst Year Book 68:620–633

Björkman O, Hiesey WM, Nobs MA, Nicholson F, Hart RW (1968) Carnegie Inst Year Book 66:228–232

Björkman O, Mooney HA, Ehleringer J (1975) Carnegie Inst Year Book 74:743–748

Björkman O, Pearcy RW (1971) Carnegie Inst Year Book 70:511–520

Boland MJ, Hanks JF, Reynolds PHS, Blevins DG, Tolbert NE, Schubert KR (1982) Planta 155:45–51

Bonner J, Galston AW (1952) Principles of plant physiology. Freeman, San Francisco

Booth A (1959) J Linnean Soc (Bot) 56:166–169

Boyer JS (1970) Plant Physiol 46:233–235

Boysen-Jensen P (1939) Die Elemente der Pflanzenphysiologie. Fischer, Jena

Bracker CE, Littlefield LJ (1973) In: Byrde RJW, Cutting CV (eds) Fungal pathogenicity and the plant's response. Academic Press, London, pp 159–313

Braun HJ (1959) Z Bot 47:421–434

Brauner L (1962) In: Handbuch der Pflanzenphysiologie, Bd 17 (2). Springer, Berlin Heidelberg New York, pp 74–102

Brauner L, Appel E (1960) Planta 55:226–234

Brauner L, Hager A (1958) Planta 51:115–147

Breidenbach RW, Kahn A, Beevers H (1968) Plant Physiol 43:705–713

Breteler H, Nissen P (1982) Plant Physiol 70:754–759

Brett C, Waldron K (1990) Physiology and biochemistry of plant cell walls. Unwin Hyman, London

Briggs WR, Tocher RD, Wilson JF (1957) Science 126:210–212

Brill WJ (1977) Sci Amer 236(March issue):68–81

Brödenfeldt R, Mohr H (1988) Planta 176:383–390

Bühnemann F (1955) Biol Zbl 74:691–705

Bünning E (1953) Entwicklungs- und Bewegungsphysiologie der Pflanze. Springer, Berlin Heidelberg New York

Bünning E (1958) Polarität und inäquale Teilung des pflanzlichen Protoplasten. Protoplasmatologia, Vol VIII/9a. Springer, Wien

Bünning E (1963) Die physiologische Uhr. Springer, Berlin Heidelberg New York

Bünning E, Tazawa M (1957) Planta 50:107–121

Bünsow R (1953) Planta 42:220–252

Burns R (1989) Nature 340:511–512

Busch G (1953) Biol Zbl 72:598–629

Butin H (1989) Krankheiten der Wald- und Parkbäume: Diagnose, Biologie, Bekämpfung, 2. Aufl. Thieme, Stuttgart New York

Butler WL, Hendricks SB, Siegelman HW (1964) Photochem Photobiol 3:521–527

Caldwell MM (1981) In: Encycl Plant Physiol NS, Vol 12A. Spinger, Berlin Heidelberg New York, pp 169–197

Canny MJ (1973) Phloem translocation. University Press, Cambridge

Caplin SM (1968) BioScience 18:193–200

Chadwick AV, Burg SP (1967) Plant Physiol 42:415–420

Chailakhyan MK (1937) Hormonal theory of plant development. Akad Naukk SSSR, Moscow

Chen H-H, Li PH, Brenner ML (1983) Plant Physiol 71:362–365

Cleland R (1972) Planta 104:1–9

Clowes F (1961) Apical meristems. Blackwell, Oxford

Cosgrove DJ (1985) Plant Physiol 78:347–356

Criddle RS, Schatz G (1969) Biochemistry 8:322–334

Cumming BG, Hendricks SB, Borthwick HA (1965) Can J Bot 43:825–853

Curry GM Thimann KV (1961) In: Christensen BC, Buchmann B (eds) Progress in photobiology. Elsevier, Amsterdam London New York, pp 127–134

Czygan FC (1975) Planta medica: Suppl 169–185

Darlington CD, LaCour LF (1942) The handling of chromosomes. Allen and Unwin, London

Deering GA (1962) Sci Amer 207(Dec issue):135–144

Delbrück M, Shropshire W (1960) Plant Physiol 35:194–204

Deschamp PA, Cooke TJ (1983) Science 219:505–507

Diehn B (1973) Science 181:1009–1015

Downs RJ, Borthwick HA (1956) Bot Gaz 117:310–326

Drumm H, Mohr H (1974) Photochem Photobiol 20:151–248

Drumm H, Mohr H (1978) Photochem Photobiol 27:241–248

Du Buy HG, Nuernbergk E (1934) Ergebn Biol 10:207–322

Dyer AF (1976) In: Yeoman MM (ed) Cell division in higher plants. Academic Press, London New York San Francisco, pp 49–110

Edelmann H, Schopfer P (1989) Planta 179:475–485 (und unpublizierte Daten)

Ellis RJ, Hemmingsen SM (1989) Trends Biochem Sci 14:339–342

Elzam IE, Rains DW, Epstein E (1964) Biochem Biophys Res Comm 15:273–276

Emerson R, Lewis CM (1943) Amer J Bot 30:165–178

Epstein E (1965) In: Bonner J, Varner JE (eds) Plant Biochemistry. Academic Press, New York London, pp 438–466

Epstein E (1972) Mineral nutrition of plants: Principles and perspectives. Wiley, New York London Sydney

Epstein E (1973) Sci Amer 228(May issue):48–58

Epstein HT (1963) Elementary biophysics. Selected topics. Addison-Wesley, Reading (Mass) Palo Alto London

Erfkamp J, Müller A (1990) Chemie in unserer Zeit 24:267–279

Eschrich W (1967) Planta 73:37–49

Eschrich W (1989) Stofftransport in Bäumen. Sauerländer, Frankfurt aM

Etkin W (1973) BioScience 23:652–653

Etzold H (1965) Planta 64:254–280

Evans AM (1964) Science 143:261–263

Faiz-Ur-Rahman ATM, Trewavas AJ, Davies DD (1974) Planta 118:195–210

Fernbach E, Mohr H (1990) Planta 180:212–216

Fields S (1990) Trends Biochem Sci 15:270–273

Finck A (1976) Pflanzenernährung in Stichworten. Hirt, Kiel

Finck A (1979) Dünger und Düngung. Verlag Chemie, Weinheim New York

Fischer W, Bergfeld R, Plachy C, Schäfer R, Schopfer P (1988) Bot Acta 101:344–354

Fitter AH, Hay RKM (1981) Environmental physiology of plants. Academic Press, London New York Toronto

Flint LH McAllister ED (1937) Smithonian Misc Coll 96:1–8

Foard DE (1960) PhD Thesis. North Carolina State University. University Microfilm, Ann Arbor

Fondeville JC, Borthwick HA, Hendricks SB (1966) Planta 69:357–364

Förster H (1957) Z Naturforsch 12b:765–770

Fox MD, Puffer LG (1976) Nature 261:488–490

Frederick SE, Newcomb EH (1969) J Cell Biol 43:343–353

French CS (1962) In: Johnson WH, Steere WC (eds) This is life. Holt, Rinehart and Winston, New York, pp 3–38

French CS, Brown JS, Lawrence MC (1972) Plant Physiol 49:421–429

Frosch S, Mohr H (1980) Planta 148:279–286

Fry SC (1989) In: Linskens HF, Jackson JF (eds) Modern methods of plant analysis NS, Vol 10. Springer, Berlin Heidelberg New York, pp 12–36

Führ F, Steffens W, Mittelstaedt W, Brumhard B (1989) Pflanzenschutzmittel: Gift in Boden und Grundwasser. Jahresbericht 1988/89 der Kernforschungsanlage Jülich, pp 11–21

Fukuda H (1989) Bot Mag Tokyo 102:491–501

Gabrielsen EK (1948) Nature 161:138–139

Galston AW (1961) The life of the green plant. Prentice-Hall, Englewood Cliffs

Gantt E, Conti SF (1966) J Cell Biol 29:423–434

Gantt E, Lipschultz CA (1974) Biochemistry 13:2960–2966

Gantt E, Lipschultz CA, Zilinskas B (1976) Biochim Biophys Acta 430:375–388

Gasser C, Fraley RT (1989) Science 244:1293–1299

Gauhl E (1969) Carnegie Inst Year Book 67:482–487

Gehring H, Kasemir H, Mohr H (1977) Planta 133:295–302

Geier T, Kohlenbach HW (1973) Protoplasma 78:381–396

Ghisla S, Mack R, Blankenhorn G, Hemmerich P, Krienitz E, Kuster T (1984) Eur J Biochem 138:339–344

Gibor A (1966) Sci Amer 215(Nov issue):118–124

Gillespie B, Thimann KV (1963) Plant Physiol 38:214–225

Glazer AN (1982) Annu Rev Microbiol 36:173–198

Gordon SA (1963) In: Space biology. Proc 24. Biol Coll, Oregon State Univ. Oregon State Univ Press, Corvallis

Grahl H, Wild A (1972) Z Pflanzenphys 67:443–453

Grahl H, Wild A (1973) Ber Deutsch Bot Ges 86:341–349

Gray CJ (1971) Enzyme-catalyzed reactions. Van Nostrand Reinhold, London Cincinatti New York

Green AES, Cross KR, Smith LA (1980) Photochem Photobiol 31:59–65

Green PB, King A (1966) Aust J Biol Sci 19:421–437

Gressel J, Galun E (1967) Dev Biology 15:575–598

Gressel JB, Hartmann KM (1968) Planta 79:271–274

Grill E, Zenk MH (1989) Chemie in unserer Zeit 23:193–199

Grisebach H, Ebel J (1983) Biologie in unserer Zeit 13:129–136

Groot SPC, Karssen CM (1987) Planta 171:525–531

Grossmann K, Sauerbrey E, Jung J (1989) Biologie in unserer Zeit 19:112–120

Gunning BES, Steer MW (1975) Plant cell biology. An ultrastructural approach. Arnold, London

Günther E (1969) Grundriß der Genetik. Fischer, Jena Stuttgart

Haberlandt G (1924) Physiologische Pflanzenanatomie, 6. Aufl. Engelmann, Leipzig

Halldal P (1961) Physiol Plant 14:133–139

Halliwell B, Gutteridge JMC (1985) Free radicals in biology and medicine. Clarendon Press, Oxford London New York

Hämmerling J (1934) Naturwiss 22:829–836

Hamner KC (1942) Cold Spring Harbor Symp 10:49–60

Hamner KC (1963) In: Evans LT (ed) Environmental control of plant growth. Academic Press, New York London, pp 215–230

Handa AK, Bressan RA, Handa S, Hasegawa PM (1982) Plant Physiol 69:514–521

Hanke J, Hartmann KM, Mohr H (1969) Planta 86:235–249

Hanson AD, Hitz WD (1982) Annu Rev Plant Physiol 33:163–203

Harold FM (1986) The vital force: A study of bioenergetics. Freeman, New York

Hart JW (1988) Light and plant growth. Unwin Hyman, London Boston Sydney

Harvey GW (1980) Carnegie Inst Year Book 79:160–164

Hastings JW, Sweeney BM (1957) Proc Natl Acad Sci USA 43:804–811

Hastings JW, Sweeney BM (1958) Biol Bull 115:440–458

Hatch MD (1971) In: Hatch MD, Osmond CB, Slatyer RO (eds) Photosynthesis and photorespiration. Wiley Interscience, New York London Sydney, pp 139–152

Haupt W (1962) Ergebn Biol 25:1–32

Haupt W (1965) Naturwiss Rdsch 18:261–267

Haupt W (1970) Physiol vég 8:551–563

Haupt W (1972) In: Mitrakos K, Shropshire W (eds) Phytochrome. Academic Press, London, pp 554–569

Haupt W, Scheuerlein R (1990) Plant Cell Environ 13:595–614

Hawker LE, Linton AH, Folkes BF, Carlile MJ (1962) Einführung in die Biologie der Mikroorganismen. Thieme, Stuttgart

Haxo FT (1960) In: Allen MB (ed) Comparative biochemistry of photoreactive systems. Academic Press, New York, pp 339–360

Hedrich R, Schroeder JI (1989) Annu Rev Plant Physiol Plant Mol Biol 40:539–569

Hendricks SB (1964) In: Giese AC (ed) Photophysiology, Vol 1. Academic Press, New York London, pp 305–331

Hendricks SB, Siegelman HW (1967) In: Florkin M, Stotz EH (eds) Comprehensive biochemistry, Vol 27. Elsevier, Amsterdam New York, pp 211–235

Hertel R (1986) In: Bopp M (ed) Plant growth substances 1985. Springer, Berlin Heidelberg New York, pp 214–217

Hess D (1964) Umschau 64:758–762

Hess O (1966) Naturwiss Rdsch 19:176–184

Heyser W (1980) Ber Deutsch Bot Ges 93:221–228

Higgins TJV, Zwar JA, Jacobsen JV (1976) Nature 260:166–169

Higinbotham N (1973) Bot Reviews 39:15–69

Hoagland DR, Arnon DI (1950) The water-culture method for growing plants without soil. Circular 347, Calif Agr Exp Station, Berkeley

Hoagland DR, Davis AR (1929) Protoplasma 6:610–626

Hoch G, Owens OVH, Kok B (1963) Arch Biophys 101:171–180

Hock B, Elstner EF (Hrsg) (1988) Schadwirkungen auf Pflanzen – Lehrbuch der Pflanzentoxikologie, 2. Aufl. BI Wissenschaftsverlag, Mannheim Wien Zürich

Hock B, Mohr H (1964) Planta 61:209–228

Hoffmann NE, Bent AF, Hanson AD (1986) Plant Physiol 82:658–663

Hohl M, Schopfer P (1992) Planta 187:498–504

Holldorf AW (1964) In: Rauen HM (ed) Biochemisches Taschenbuch, Bd 2. Springer, Berlin Göttingen Heidelberg New York, pp 121–150

Holman RM, Robbins WW (1939) A textbook of general botany. Wiley, New York

Horsch RB, Rogers SG, Fraley RT (1985) Science 227:1229–1233

Hsiao TC, Acevedo E, Fereres E, Henderson DW (1976) Phil Trans R Soc London (B) 273:479–500

Huber B (1956) Die Saftströme der Pflanzen. Springer, Berlin Göttingen Heidelberg

Hulbary RL (1944) Amer J Bot 31:561–580

Humble GD, Raschke K (1971) Plant Physiol 48:447–453

Ikuma H (1972) Annu Rev Plant Physiol 23:419–436

Ingold CT (1963) Dispersal in fungi. Clarendon, Oxford

Inoue Y, Furuya M (1975) Plant Physiol 55:1098–1101

Isermann K (1990) Die Stickstoff- und Phosphor-Einträge in die Oberflächengewässer der Bundesrepublik Deutschland durch verschiedene Wirtschaftsbereiche unter besonderer Berücksichtigung der Stickstoff- und Phosphor-

Bilanz der Landwirtschaft und der Humanernährung. DLG-Forschungsberichte zur Tierernährung

Ito M (1962) Bot Mag Tokyo 75:19–27

Jachetta JJ, Appleby AP, Boersma L (1986) Plant Physiol 82:995–999

Jaenicke L (1975) Chemie in unserer Zeit 9:50–58

Jaffe L (1958) Exp Cell Res 15:282–299

James WO, Beevers H (1950) New Phytol 49:353–374

Joliot P, Joliot A, Kok B (1968) Biochim Biophys Acta 153:635–652

Jung G, Wernicke W (1990) Protoplasma 153:141–148

Juniper BE, Groves S, Landau-Schachar B, Audus LJ (1966) Nature 209:93–94

Kacperska-Palacz A (1978) In: Li PH, Sakai A (eds) Plant cold hardiness and freezing stress. Mechanisms and crop implications. Academic Press, New York San Francisco London, pp 139–152

Kadouri A, Atsmon D, Edelman M (1975) Proc Nat Acad Sci USA 72:2260–2264

Kagawa Y, Sone N, Hirata H, Yoshida M (1979) Structure and function of H^+-ATPase. J Bioenerg Biomembr 11:39–78

Kahl G (1973) Bot Reviews 39:274–299

Kahl G, Weising K (1988) Biologie in unserer Zeit 18:181–188

Kallas P, Meier-Augenstein W, Schildknecht H (1989) Naturwiss Rdsch 42:309–317

Karow H, Mohr H (1967) Planta 72:170–186

Karssen CM (1970) Acta Bot Neerl 19:81–94

Karssen CM, Zagorski S, Kepczynski J, Groot SPC (1989) Ann Bot 63:71–80

Kasemir H, Oberdorfer U, Mohr H (1973) Photochem Photobiol 18:481–486

Kawai H, Müller DG, Fölster E, Häder D-P (1990) Planta 182:292–297

Kelln RA, Gear JR (1980) BioScience 30:110–111

Kende H, Baumgartner B (1974) Planta 116:279–289

Kimball JW (1965) Biology. Addison-Wesley, Palo Alto

Kirk JTO (1971) Annu Rev Biochem 40:161–196

Kleinig H, Sitte P (1992) Zellbiologie. Ein Lehrbuch, 3. Aufl. Fischer, Stuttgart New York

Klekowski EJ (1972) Ann Missouri Bot Garden 59:138–151

Kochian LV, Lucas WJ (1982) Plant Physiol 70:1723–1731

Kohlenbach HW, Schmidt B (1975) Z Pflanzenphysiol 75:369–374

Kok B (1956) Biochim Biophys Acta 21:245–258

Kollmann A (1979) Einführung in die Genetik, 2. Aufl. Diesterweg-Salle, Frankfurt a.M. und Sauerländer, Aarau Frankfurt a.M.

Komaki MK, Okada K, Nishino E, Shimura Y (1988) Development 104:195–203

Komor E, Tanner W (1974) J Gen Physiol 64:568–581

Koski VM, French CS, Smith JHC (1951) Arch Biochem 31:1–17

Kreutz W (1966) Umschau 66:806–813

Kuehnert CC, Steeves TA (1962) Nature 196:187–189

Kühn A (1955) Vorlesungen über Entwicklungsphysiologie. Springer, Berlin Heidelberg New York

Kühn A (1961) Grundriß der Vererbungslehre, 2. Aufl. Quelle und Meyer, Heidelberg

Kumagai T (1978) Photochem Photobiol 27:371–379

Laing WA, Ogren WL, Hageman RH (1974) Plant Physiol 54:678–685

Lance C (1972) Ann Sci nat Bot 12e Sér. Tome XIII, pp 477–495

Lang A (1957) Proc Natl Acad Sci USA 43:709–717

Lang A (1965) In: Encycl Plant Physiol, Vol 15A. Springer, Berlin Heidelberg New York, pp 1380–1536

Lange H, Shropshire W, Mohr H (1971) Plant Physiol 47:649–655

Lange OL, Schulze E-D, Kappen L, Buschbom U, Evenari M (1975) In: Gates DM, Schmerl RB (eds) Ecological studies, Vol 12. Springer, Berlin Heidelberg New York, pp 121–143

Larcher W (1974) Ökologie der Pflanzen, 2. Aufl. Ulmer, Stuttgart

Lazarus CM (1991) In: Grierson E (ed) Developmental regulation of plant gene expression. Blackie, Glasgow London, pp 42–74

Lea PJ, Miflin BJ (1974) Nature 251:614–616

Lecharny A, Tremolières A, Wagner E (1990) Planta 182:211–215

Leguay JJ, Guern J (1975) Plant Physiol 56:356–359

Leins P, Metzenauer G (1979) Bot Jahrb Syst 100:542–554

Leinweber FJ (1956) Z Bot 44:337–364

Lemasson C, Demarsac NT, Cohen-Bazire G (1973) Proc Natl Acad Sci USA 70:3130–3133

LePage-Degivry M-T, Barthe P, Garello G (1990) Plant Physiol 92:1164–1168

Levan A (1940) Hereditas 26:456–462

Levitt J (1969) Introduction to plant physiology. Mosby, Saint Louis

Levitt J (1986) Plant Physiol 82:147–153

Lewis OAM (1986) Plants and nitrogen. Arnold, London

Linser H, Lach G, Titze L (1968) Z Pflanzenernähr Bodenk 121:199–211

Linskens HF (1969) In: Metz CB, Monroy A (eds) Fertilization. Academic Press, New York, pp 189–253

Low VHK (1971) Aust J Biol Sci 24:187–195

Lüttge U (1973) Stofftransport der Pflanzen. Springer, Berlin Heidelberg New York

Lyman H, Epstein HT, Schiff JA (1961) Biochim Biophys Acta 50:301–309

Machlis L (1961) In: Physiology of reproduction. Proc 22 Biol Coll, Oregon State Univ. Oregon State Univ Press, Corvallis, pp 79–91

Mahler HR, Cordes EH (1967) Biological chemistry. Harper & Row, New York Evanston San Francisco London

Maksymowych R (1973) Analysis of leaf development. Cambridge Univ Press, London

Mansfield TA, Jones RJ (1971) Planta 101:147–158

Manton I (1963) J Roy Microscop Soc 82:279–285

Marré E (1979) Annu Rev Plant Physiol 30:273–288

Marschner H (1986) Mineral nutrition of higher plants. Academic Press, London Orlando San Diego

Mason TG, Maskell EJ (1928) Ann Bot 42:189–253

Masoner M, Kasemir H (1975) Planta 126:111–117

Matile P (1975) The lytic compartment of plant cells. Cell biology monographs, Vol 1. Springer, Wien New York

Matile P, Winkenbach F (1971) J Exp Bot 22:759–771

May R (1964) Staatsexamensarbeit. Universität Freiburg

McClure BA, Haring V, Ebert PR, Anderson MA, Bacic A, Clarke AE (1990) Austr J Plant Physiol 17:345–353

McWilliam JR, Kramer PJ, Musser RL (1982) Aust J Plant Physiol 9:343–352

Meidner H, Sheriff DW (1976) Water and Plants. Blackie, Glasgow

Menke W (1960) Experientia 16:537–538

Métraux JP, Kende H (1983) Plant Physiol 72:441–446

Meyer H, Thienel U, Piechulla B (1989) Planta 180:5–15

Mohr H (1956) Planta 47:127–158

Mohr H (1964) Biol Reviews 39:87–112

Mohr H (1970) Beilage zu Naturwiss Rdsch, Stuttgart, Heft 7

Mohr H (1972) Lectures on photomorphogenesis. Springer, Berlin Heidelberg New York

Mohr H (1977a) Endeavour, New Series 1:107–114

Mohr H (1977b) Lectures on structure and significance of science. Springer, New York Heidelberg Berlin

Mohr H (1986) In: Kendrick RE, Kronenberg GHM (eds) Photomorphogenesis in plants. Martinus Nijhoff, Dordrecht Boston Lancaster, pp 547–564

Mohr H (1987) In: Senger H (ed) Blue light responses: Phenomena and occurrence in plants and microorganisms, Vol 1. CRC Press, Boca Raton, pp 133–144

Mohr H (1990) In: Sitzungsber. Heidelberger Akad. Wiss Math-naturwiss Klasse, 5. Abh, pp 293–330

Mohr H, Appuhn U (1962) Planta 59:49–67

Mohr H, Barth C (1962) Planta 58:580–593

Mohr H, Drumm-Herrel H (1983) Physiol Plant 58:408–414

Mohr H, Oelze-Karow H (1976) In: Smith H (ed) Light and plant development. Butterworths, London Boston, pp 257–284

Mohr H, Ohlenroth K (1962) Planta 57:656–664

Molisch H (1918) Pflanzenphysiologie als Theorie der Gärtnerei. Fischer, Jena

Morse DS, Fritz L, Hastings JW (1990) Trends Biochem Sci 15:262–265

Mudge KW, Narayanan KR, Poovaiah BB (1981) J Amer Soc Hort Sci 106:80–84

Müller DG (1972) Ber Deutsch Bot Ges 85:363–369

Müller H, Gassmann G (1978) Naturwiss 65:389–390

Murata T, Wada M (1989) Planta 178:334–341

Narayan RKJ, Rees H (1976) Chromosoma 54:141–154

Neville AC, Levy S (1985) In: Brett CT, Hillman JR (eds) Biochemistry of plant cell walls. Cambridge Univ Press, Cambridge London New York, pp 99–124

Nilsen KN (1971) Hort Science 6:26–29

Nitsch JP (1950) Amer J Bot 37:211–215

Nitsch JP (1952) Quart Rev Biol 27:33–57

Nobel PS (1974) Introduction to biophysical plant physiology. Freeman, San Francisco

Oehlkers F (1956) Das Leben der Gewächse. Springer, Berlin Göttingen Heidelberg

Oelmüller R, Mohr H (1984) Plant Cell Environ 7:29–37

Oelmüller R, Mohr H (1985) Plant Cell Environ 8:27–31

Oelze-Karow H, Mohr H (1974) Photochem Photobiol 20:127–131

Oelze-Karow H, Mohr H (1989) Photochem Photobiol 50:133–141

Oesterhelt D (1974) In: Jaenicke L (ed) Biochemistry of sensory functions. Springer, Berlin Heidelberg New York, pp 55–77

Ohashi K, Tanaka A, Tsuji H (1989) Plant Physiol 91:409–414

Ohiwa T (1977) Planta 136:7–11

Oltmanns F (1899) Flora Allg Bot Ztg 86:86–99

Oltmanns F (1922) Morphologie und Biologie der Algen. Fischer, Jena

Osborne D (1977) Sci Progr Oxford 64:51–63

Osmond CB, Lüttge U, West KR, Pallaghy CK, Sacher-Hill B (1969) Aust J Biol Sci 22:797–814

Osmond CB, Ziegler H (1975) Naturwiss Rdsch 28:323–328

Page RM (1962) Science 138:1238–1245

Paolillo DJ (1970) J Cell Sci 6:243–255

Park RB, Pfeifhofer AO (1969) J Cell Sci 5:299–311

Parker W, Romanowski M, Pill-Soon Song (1991) In: Thomas B, Johnson CB (eds) Phytochrome properties and biological action. Springer, Berlin Heidelberg New York, pp 85–112

Parlange JY, Waggoner PE (1970) Plant Physiol 46:337–342

Pedersen TA, Kirk M, Bassham JA (1966) Physiol Plant 19:219–231

Perara E, Lingappa VR (1988) In: Das RC, Robbins PW (eds) Protein transfer and organelle biogenesis. Academic Press, San Diego New York Berkeley, pp 3–47

Pfaff W, Schopfer P (1974) Planta 117:269–278

Pfeffer W (1904) Pflanzenphysiologie. Engelmann, Leipzig

Phinney BO, West CA (1960) In: Rudnick D (ed) Developing cell systems and their control. Ronald, New York, pp 71–92

Pierce M, Raschke K (1980) Planta 148:174–182

Poethig S (1989) Trends Genet 5:273–277

Pohl R (1961) Studium generale Univ Freiburg 14:450–465

Pohl R (1962) In: Handbuch der Pflanzenphysiologie, Bd 17 (2). Springer, Berlin Göttingen Heidelberg, pp 843–875

Polster H (1967) In: Lyr H, Polster H, Fiedler H-J (eds) Gehölzphysiologie. Fischer, Jena, p 181

Price CA (1970) Molecular approaches to plant physiology. McGraw-Hill, New York St Louis San Francisco

Radin JW, Ackerson RC (1981) Plant Physiol 67:115–119

Ramsay JA (1965) The experimental basis of modern biology. Cambridge Univ Press, London

Raper JR (1955) In: Butler EG (ed) Biological specificity and growth. Princeton Univ Press, Princeton, pp 119–140

Raschke K (1966) Planta 68:111–140

Raschke K (1975) Annu Rev Plant Physiol 26:309–340

Raskin I, Kende H (1984) Plant Physiol 76:947–950

Rau W (1967) Planta 72:14–28

Ray PM (1963) The living plant. Holt, Rinehart and Winston, New York

Rees H (1976) Trends Biochem Sci 1:N250–N251

Reid JB (1990) J Plant Growth Regul 9:97–111

Reis D, Roland JC, Vian B (1985) Protoplasma 126:36–46

Reznik H (1975) Ber Dtsch Bot Ges 88:179–190

Richter H (1972) Ber Deutsch Bot Ges 85:341–351

Robards AW (1971) Protoplasma 72:315–323

Robertson RN, Turner JS (1945) Aust J Exp Biol Med Sci 23:64–73

Roblin G (1976) Nature 261:437–438

Roland J-C, Vian B (1979) Int Rev Cytol 61:129–166

Rood SB, Williams PH, Pearce D, Murofushi N, Mander LN, Pharis RP (1990) Plant Physiol 93:1168–1174

Roy H (1989) Plant Cell 1:1035–1042

Rüdiger W (1986) In: Kendrick RE, Kronenberg GHM (eds) Photomorphogenesis in plants. Martinus Nijhoff, Dordrecht Boston Lancaster, pp 17–33

Rufty TW, Kerr PS, Huber SC (1983) Plant Physiol 73:428–433

Ruge U (1966) Angewandte Pflanzenphysiologie. Ulmer, Stuttgart

Ruhland W (1915) Jahrbuch Wiss Bot 55:408–498

Rupert CS (1960) In: Burton M, Kirby-Smith JS, Magee JL (eds) Comparative Effects of Radiation. Wiley, New York, pp 49–71

Rutishauser A (1969) Embryologie und Fortpflanzungsbiologie der Angiospermen. Springer, Wien New York

Salisbury FB (1955) Plant Physiol 30:327–334

Schmid R (1984) In: Senger H (ed) Blue light effects in biological systems. Springer, Berlin Heidelberg New York, pp 419–432

Schmidle A (1951) Arch Mikrobiol 16:80–100

Schopfer P (1970) Experimente zur Pflanzenphysiologie. Rombach, Freiburg

Schopfer P (1984) In: Wilkins MB (ed) Advanced plant physiology. Pitman, London Marshfield Melbourne, pp 380–407

Schopfer P (1989) In: Plant water relations and growth under stress. Yamada Science Foundation, Osaka, pp 301–308

Schopfer P, Apel K (1983) Encycl Plant Physiol NS, Vol 16A. Springer, Berlin Heidelberg New York, pp 258–288

Schopfer P, Bajracharya D, Bergfeld R, Falk H (1976) Planta 133:73–88

Schopfer P, Bajracharya D, Falk H, Thien W (1975) Ber Deutsch Bot Ges 88:245–268

Schopfer P, Oelze-Karow H (1971) Planta 100:167–180

Schopfer P, Plachy C (1984) Plant Physiol 76:155–160

Schopfer P, Plachy C (1992) unpublizierte Daten

Schopfer P, Siegelman HW (1968) Plant Physiol 43:990–996

Schulte-Frohlinde D (1990) Chemie in unserer Zeit 24:37–44

Schumacher W (1962) In: Lehrbuch der Botanik für Hochschulen, 28. Aufl. Fischer, Stuttgart

Schussnig B (1954) Grundriß der Protophytologie. Fischer, Jena

Schuster C, Mohr H (1990) Planta 181:327–334

Schuster C, Oelmüller R, Bergfeld R, Mohr H (1988a) Planta 174:289–297

Schuster C, Oelmüller R, Mohr H (1988b) Planta 174:426–432

Schwarz-Sommer Z, Huijser P, Nacken W, Saedler H, Sommer H (1990) Science 250:931–936

Schweiger E, Walraff HG, Schweiger HG (1964) Science 146:658–659

Schweiger HG, Master W, Werz G (1967) Nature 216:554–557

Shropshire W (1974) In: Schenk GO (ed) Progress in photobiology, paper No 024. Deutsche Gesellschaft für Lichtforschung, Frankfurt a.M.

Shropshire W, Withrow RB (1958) Plant Physiol 33:360–365

Siebers AM (1971) Acta Bot Neerl 20:211–220

Sievers A (1965) In: Wohlfarth-Bottermann KE (ed) Sekretion und Exkretion. Springer, Berlin Heidelberg New York, pp 89–118

Sievers A (1971) In: Gordon SA, Cohen MJ (eds) Gravity and the organism. Univ Chicago Press, Chicago, pp 51–63

Sievers A (1973) In: Hirsch GC, Ruska H, Sitte P (eds) Grundlagen der Cytologie. Fischer, Jena Stuttgart, pp 281–296

Sievers A, Schröter K (1971) Planta 96:339–353

Sievers A, Volkmann D (1972) Planta 102:160–172

Sievers A, Volkmann D (1977) In: Pilet PE (ed) Plant growth regulation. Springer, Berlin Heidelberg New York, pp 208–217

Simpson GM (1981) Water stress on plants. Praeger, New York

Singer SJ, Nicolson GL (1972) Science 175:720–731

Sinnot EW (1960) Plant morphogenesis. McGraw-Hill, New York Toronto London

Sinnot EW (1963) The problem of organic form. Yale Univ Press, New Haven

Sinnot EW, Wilson KS (1963) Botany: Principles and problems. McGraw-Hill, New York Toronto London

Sitte P (1965) Bau und Feinbau der Pflanzenzelle. Fischer, Jena Stuttgart

Slatyer RO (1967) Plant–water relationships. Academic Press, London New York

Slayter RO (1970) Planta 93:175–189

Sloboda RD (1980) Amer Sci 68:290–298

Smith HH (1974) BioScience 24:269–276

Solomonson LP, Barber MJ (1990) Annu Rev Plant Physiol Plant Mol Biol 41:225–253

Solomos T, Laties GG (1976) Plant Physiol 58:47–50

Sparrow AH, Mischke JP (1961) Science 134:282–283

Staehelin LA (1976) J Cell Biol 71:136–158

Stalker DM (1991) In: Grierson D (ed) Plant genetic engineering. Blackie, London, pp 82–104

Steck W, Constabel F (1974) Lloydia 37:185–191

Steeves TA, Sussex JM (1957) Amer J Bot 44:665–673

Stein GS, Stein JS, Kleinsmith JL (1975) Sci Amer 233 (Febr. issue):46–57

Steiner AM (1967) Naturwiss 54:497–498

Steudle E, Zimmermann U, Lüttge U (1977) Plant Physiol 59:285–289

Steward FC (1964) Plants at work. A summary of plant physiology. Addison-Wesley, Reading Mass

Steward FC, Mapes MO, Kent AE, Holstein RD (1964) Science 143:20–27

Steward FC, Mühlethaler K (1953) Ann Bot 17:295–316

Stewart GR (1968) Phytochem 7:1139–1142

Stocker O (1952) Grundriß der Botanik. Springer, Berlin Göttingen Heidelberg

Strafford GA (1965) Essentials of plant physiology. Heinemann, London

Swanson CP (1960) In: McElroy WD, Swanson CP (eds) The cell. Foundations of modern biology series. Prentice-Hall Inc, Englewood Cliffs

Takahashi Y, Niwa Y, Machida Y, Nagata T (1990) Proc Natl Acad Sci USA 87:8013–8016

Tanner W, Beevers M (1990) Plant Cell Environ 13:745–750

Taylor DL (1942) Amer J Bot 29:721–738

Taylor EW (1989) Nature 340:354–355

Thomas JC, Brown KW, Jordan RW (1976) Agron J 68:706–708

Thuret G (1854) Ann Sci Nat Bot Ser IV 2:197–214

Tolbert NE (1971) Annu Rev Plant Physiol 22:45–74

Tong WF (1975) Dissertation. Universität Freiburg

Torrey JG (1967) Development in flowering plants. Macmillan, New York

Tran Thanh Van M (1973) Planta 115:87–92

Trebst A, Hauska G (1974) Naturwiss 61:308–316

Troll W (1954) Praktische Einführung in die Pflanzenmorphologie. Fischer, Jena

Troll W (1959) Allgemeine Botanik. Ein Lehrbuch auf vergleichend-biologischer Grundlage. Enke, Stuttgart

Ullrich WR, Novacky A (1981) Plant Sci Lett 22:211–217

Umesono K Ozeki H (1987) Trends Genet 3:281–287

Van Die J, Tammes PML (1975) In: Zimmermann MH, Milburn JA (eds) Phloem transport. Encycl Plant Physiol NS, Vol 1. Springer, Berlin Heidelberg New York, pp 196–222

Vasil V, Hildebrandt AC (1967) Planta 75:139–151

Vigil EL (1970) J Cell Biol 46:435–454

Vince-Prue D (1975) Photoperiodism in plants. McGraw-Hill, London New York

Vitousek PM, Ehrlich PR, Ehrlich AH, Matson PA (1986) BioScience 36:368–373

Waggoner PE, Zelitsch I (1965) Science 150:1413–1420

Wagner E, Mohr H (1966) Planta 71:204–221

Walter H (1947) Grundlagen des Pflanzenlebens. Ulmer, Stuttgart

Warburg O (1932) Angew Chem 45:1–6

Wareing PF, Phillips IDJ (1970) The control of growth and differentiation in plants. Pergamon, Oxford New York Toronto

Watanabe S, Sibaoka T (1973) Plant Cell Physiol 14:1221–1224

Weaver JE (1926) Root development of field crops. McGraw-Hill, New York

Wehrmeyer W (1964) Planta 63:13–30

Weiss P (1967) The science of biology. McGraw-Hill, New York Toronto London

Weissenböck G (1976) Biologie in unserer Zeit 6:140–147

Wellmann E (1975) FEBS Letters 51:105–107

Wellmann E (1983) In: Shropshire W, Mohr H (eds) Encycl Plant Physiol NS, Vol 16B. Springer, Berlin Heidelberg New York, pp 745–756

Wellmann E, Schopfer P (1975) Plant Physiol 55:822–827

Went FW (1944) Amer J Bot 31:135–150

Went FW, Thimann KV (1937) Phytohormones. Macmillan, New York

Widholm JM, Ogren WL (1969) Proc Natl Acad Sci USA 63:668–675

Wilkins MB, Holowinsky AM (1965) Plant Physiol 40:907–909

Winkler H (1935) Der Biologe, Heft 9, pp 279–290

Withrow RB, Klein WH, Elstad V (1957) Plant Physiol 32:453–462

Witt HT (1971) Quart Rev Biophys 4:365–477

Wittwer SH (1974) BioScience 24:216–224

Woitzik F, Mohr H (1988a) Plant Cell Environ 11:653–661

Woitzik F, Mohr H (1988b) Plant Cell Environ 11:663–668

Wollgiehn R (1961) Flora 151:411–437

Wolpert TJ, Macko V (1989) Proc Natl Acad Sci USA 86:4092–4096

Woolhouse HW (1967) Symp Soc Exp Biol 21:179–214

Yamamoto Y (1989) Bot Mag Tokyo 102:565–582

Young JP, Dengler NG, Horton RF (1987) Ann Bot 60:117–125

Zabka GG, Chaturvedi SN (1975) Plant Physiol 55:532–535

Zeevaart JAD (1958) Mededel Landbouwhogeschool, Wageningen 58:1–88

Zeevaart JAD (1980) Plant Physiol 66:672–678

Zelitch I (1975) Science 1988:626–633

Zimmermann MH (1963) Sci Amer 208(March issue):132–142

Zugenmeyer P (1981) In: Robinson DG, Quader H (eds) Cell wall '81. Wissensch Verlagsges, Stuttgart, pp 57–65

Zurzycki J (1962) Acta Soc Bot Polon 31:489–538

Sachverzeichnis

H. Remmert

Ökologie

5., neu bearb. u. erw. Aufl. 1992. Etwa 400 S.
208 Abb. 12 Tab. (Springer-Lehrbuch)
Brosch. DM 58,– ISBN 3-540-54732-0

Sowohl Biologiestudenten als auch Entscheidungsträger in Politik,
Wirtschaft und Verwaltung können mit diesem Werk solide Grundkenntnisse der Ökologie erwerben. Von der Beziehung des einzelnen Lebewesens zu seiner Umwelt über die Populationsökologie
bis hin zum komplexen Zusammenwirken verschiedenster
Faktoren in Ökosystemen – der bekannte Autor dieses Lehrbuchs
beschreibt die Fakten und Zusammenhänge knapp und leicht
verständlich. Der unverwechselbare, treffsichere Stil
des Autors, die zahlreichen Abbildungen und
interessanten Beispiele machen dieses
Lehrbuch zu einer aufregenden
Lektüre.

Springer-Lehrbuch

H. Kindl

Biochemie der Pflanzen

3. Aufl. 1991. XII, 379 S. 323 Abb.
(Springer-Lehrbuch)
Brosch. DM 40,– ISBN 3-540-54484-4

Dieses bereits in früheren Auflagen bewährte Lehrbuch beschreibt dem Studenten die pflanzliche Zelle aus der Sicht des Biochemikers. Damit wendet es sich nicht nur an die Studenten der Biologie und Biochemie, sondern auch an diejenigen der Molekularbiologie, Chemie, Agronomie, Pharmazie und Pflanzenzucht sowie an alle Lehrenden und Lernenden, die schnell einen Überblick über Teilgebiete der Biochemie gewinnen wollen.

Wenn dieses Buch auch Grundkenntnisse aus Biologie und Chemie voraussetzt, ermöglicht es die didaktische Aufarbeitung auch dem Anfänger, sich leicht darin zurechtzufinden. Die zahlreichen Abbildungen sind übersichtlich gestaltet und mit nicht zu vielen Details überfrachtet, wobei die unterschiedlichen Informationen durch Schattierungen und grünen Farbdruck deutlich hervorgehoben und dem Leser dadurch eindrucksvoll vermittelt werden.

Springer-Lehrbuch

Wie können wir unsere Lehrbücher noch besser machen?

Diese Frage können wir nur mit Ihrer Hilfe beantworten. Zu den unten angesprochenen Themen interessiert uns Ihre Meinung ganz besonders. Natürlich sind wir auch für weitergehende Kommentare und Anregungen dankbar.

Unter allen Einsendern der ausgefüllten Karten aus **Springer-Lehrbüchern** verlosen wir pro Semester **Überraschungspreise** im Wert von insgesamt **DM 5.000,–!**

Springer-Verlag
Koordination Lehrbuch

(Der Rechtsweg ist ausgeschlossen)

Finden Sie, daß der Umfang dieses Lehrbuchs angemessen ist?
☐ Nein, das Buch sollte knapper sein.
☐ Nein, das Buch sollte ausführlicher sein.
☐ Ja, der Umfang ist angemessen.

Finden Sie, daß das Lehrbuch verständlich geschrieben ist?
☐ Ja
☐ Mit Einschränkungen
☐ Nein, der Stil ist schwer verständlich.

Welche/s Kapitel hat/haben Ihnen am besten gefallen?

_____

_____

Welche/s Kapitel fanden Sie am wenigsten gelungen?

_____

_____

Die Autoren haben sich bemüht, den Inhalt Ihres Lehrbuchs möglichst lernfreundlich aufzubereiten. Würden Sie sich bei einer Neuauflage dennoch zusätzliche didaktische Hilfsmittel wünschen?
☐ Nein, das Buch sollte so bleiben.

☐ Ja, z. B.:_____

Sollten wir bei einer Neuauflage sonst noch etwas ändern?

_____

_____